四川省道地药材生产区划

主编 赵军宁 方清茂

四川科学技术出版社

图书在版编目(CIP)数据

四川省道地药材生产区划 / 赵军宁主编. —成都：四川科学技术出版社，2020.8

ISBN 978-7-5364-9890-7

Ⅰ.①四… Ⅱ.①赵… Ⅲ.①中药材—生产—区划—四川 Ⅳ.①S567

中国版本图书馆CIP数据核字(2020)第135112号

四川省第四次全国中药资源普查丛书

四川省道地药材生产区划
SICHUANSHENG DAODI YAOCAI SHENGCHAN QUHUA

主　　编	赵军宁　方清茂
出 品 人	程佳月
责任编辑	戴　玲
封面设计	韩建勇
责任出版	欧晓春
出版发行	四川科学技术出版社
	成都市槐树街2号　邮政编码 610031
	官方微博：http://e.weibo.com/sckjcbs
	官方微信公众号：sckjcbs
	传真：028-87734039
成品尺寸	210 mm × 285 mm
印　　张	41.75　字数850千　插页2
印　　刷	成都蜀通印务有限责任公司
版　　次	2020年9月第1版
印　　次	2020年9月第1次印刷
定　　价	680.00元

ISBN 978-7-5364-9890-7

邮购：四川省成都市槐树街2号　邮政编码：610031

电话：028-87734035

■ 版权所有　翻印必究 ■

四川省第四次全国中药资源普查丛书

编辑委员会

主 任 委 员：田兴军

副主任委员：杨正春　赵军宁　彭　成　徐　涛

编辑委员会成员（以姓氏笔画为序）

马云桐	成都中医药大学　教授、博士生导师
马逾英	成都中医药大学　教授、博士生导师
尹　莉	四川省中医药管理局规划财务处
方清茂	四川省中医药科学院　博士、研究员
王光志	成都中医药大学　教授
王化东	四川中医药高等专科学校　讲师
王　野	四川省食品药品检验检测院　主任药师
田兴军	四川省中医药管理局
田孟良	四川农业大学　教授、博士生导师
龙兴超	成都天地网信息科技有限公司　首席战略运营官
龙　飞	成都中医药大学　教授、博士生导师
甘友清	四川省食品药品学校　教授
刘友平	成都中医药大学科技处　博士、教授、博士生导师
刘　圆	西南民族大学　教授、博士生导师
伍丕娥	四川省食品药品检验检测院　主任药师
朱　烨	西南医科大学　副教授
华　桦	四川省中医药科学院、四川省转化医学中心　副研究员
张大明	四川省中医药管理局
张　浩	四川大学　教授、博士生导师
张　美	四川省中医药科学院　副研究员
张　磊	四川省中医药科学院科研处　博士、研究员
严铸云	成都中医药大学　教授、博士生导师

何道文	西华师范大学	教授
李　敏	成都中医药大学	教授、博士生导师
李应军	四川省食品药品学校	教授
李青苗	四川省中医药科学院	博士、研究员
李　军	四川省中医药科学院	副研究员
吴　萍	四川省中医药科学院	硕士、助理研究员
吴秀清	资阳市食品药品检验所	
杨正春	四川省中医药管理局	
杨殿兴	四川省中医药学会	会长、教授、博士生导师
杨　军	四川省中医药发展服务中心	
易进海	四川省中医药科学院	博士、研究员
周　毅	四川省中医药科学院	研究员
周先建	四川省中医药科学院	副研究员
罗　冰	四川省中医药科学院	助理研究员
罗　敏	内江市食品药品检验所	
赵军宁	四川省中医药科学院	博士、研究员、博士生导师
祝世杰	四川省食品药品学校	教授
祝之友	洪雅县中医院	主任医师
祝正银	四川省食品药品学校	教授
胡　平	四川省中医药科学院	副研究员
徐　涛	四川省中医药管理局科技产业处	
顾　健	西南民族大学	教授、博士生导师
彭　成	成都中医药大学	博士、研究员、博士生导师
舒光明	四川省中医药科学院	研究员
蒋舜媛	四川省中医药科学院	博士、研究员
温川飚	成都中医药大学	教授、硕士生导师
税丕先	西南医科大学	教授、硕士生导师
董洋利	德阳市食品药品检验所	副主任药师
裴　瑾	成都中医药大学	教授、博士生导师
谭　睿	西南交通大学	教授、博士生导师
黎跃成	四川省食品药品检验检测院	主任药师

四川省第四次全国中药资源普查丛书

审定委员会

（以姓氏笔画为序）

万德光　成都中医药大学　教授、博士生导师

印开蒲　中国科学院成都生物研究所　研究员

刘建全　四川大学生命科学学院　教授、博士生导师

李　涛　四川省农业厅经济作物处　调研员、高级农艺师

张本刚　中国医学科学院药用植物研究所资源研究中心　研究员、博士生导师

张忠辉　四川省经济信息委员会医药产业处

赵润怀　中国中药公司　技术顾问、研究员，《中国现代中药》执行主编

韩忠成　四川省科学技术厅

蔡少青　北京大学　教授、博士生导师

《四川省道地药材生产区划》
编辑委员会

主　　编	赵军宁	方清茂			
副 主 编	彭文甫	李青苗	蒋舜媛	舒光明	
编　　委	王红兰	王　娟	王晓宇	方清茂	毛　欢
	李　军	李青苗	曲春梅	孙洪兵	杜玖珍
	吴　萍	肖　特	张冬梅	张　优	张　杰
	张　美	林　娟	杨玉霞	罗　冰	罗艳梅
	罗　瑶	周先建	周　毅	赵军宁	胡　平
	祝　聪	郭俊霞	夏燕莉	彭文甫	蒋舜媛
	董永波	舒光明	樊淑云	税丕先	兰志琼
	华　桦	王洪苏	倪林英	陈铁柱	

序 一

中药资源是中医药事业传承和发展的物质基础,是关系国计民生的战略性资源。新中国成立以来,我国相继组织实施过三次全国性中药资源普查。为履行国家中医药管理局关于组织开展全国中药资源普查,促进中药资源保护、开发和合理利用的职能,国家中医药管理局以项目支撑工作方式组织开展了第四次全国中药资源普查工作。

四川省素有"中医之乡,中药之库"的美誉,四川省委、省政府高度重视中医药事业发展,把中医药列为推动全省经济发展重点产业之一。2011年11月11日,四川省在全国率先启动实施了第四次全国中药资源普查(试点)工作。整合全省政产学研等方面的资源,开展各县域中药资源调查、与中药资源相关传统知识调查,中药资源动态监测信息和技术服务体系、中药材种子种苗繁育基地和种质资源库建设,服务四川省中药资源可持续利用、中医药事业和社会经济发展。

由《四川省中药资源志要》《四川省道地药材生产区划》《四川省常用中药材原色图谱》《广义中药学导论——中药大品种与大健康产业发展思路与路径》《四川省中药材信息服务与购销指南》《四川省中医药传统知识》等组成的丛书,以第四次全国(四川省)中药资源普查取得的第一手资料为主,参考吸收了全省历次普查成果和相关研究资料,通过系统地研究整理,全面反映了四川省本次普查的最新成果。既有普查工作的实践、又有基础资料的汇集,既有鲜明的专业特点,也有明显的科普特色,极大地丰富了四川省中医药学文献宝库。这套丛书的出版发行,必将对四川及全国的中药资源保护与利用、科研、教学、生产等工作发挥重要的指导作用。

丛书即将付梓,乐为之序!

黄璐琦 博士

中国工程院院士
中国中医科学院院长
第四次全国中药资源普查试点工作专家指导组组长

序 二

四川位于中国大陆地势三大阶梯中的第一级和第二级，即处于第一级青藏高原和第二级长江中下游平原的过渡带，横跨青藏高原、云贵高原、秦巴山地与横断山脉四大地貌区。四川得天独厚的地理气候孕育了丰富的中药资源，形成了优质的道地药材，为中医临床用药和中药工业化生产提供了丰富的优质药源。四川中药工业占全省医药工业半壁河山，不仅是我省的传统特色产业，更是优势产业。根据国家中医药管理局总体部署，在全国第四次中药资源普查试点工作专家组组长黄璐琦院士指导下，四川省于2011年在国家率先启动第四次中药资源普查试点工作。这是进入新世纪后的第一次全国性中药资源"家底勘察"，对于做好中药资源管理、确保中药质量、维护人民健康和发展中医药事业具有十分重要的意义。

四川省第四次中药资源普查已经历时七年，全部工作预计在2020年结束。四川省中医药管理局专门成立了"四川省普查办公室和专家委员会"，由四川省中医药科学院赵军宁研究员作为技术负责人，组织全省力量，全面开展全省181个区县中药资源普查工作。通过普查工作进一步准确、全面摸清了我省中药资源的家底。迄今为止，四川省有据可查的中药资源分布数量达7290种，品质优良、历史悠久的道地药材86种，堪称中国省区之最。同时，还依托四川省中医药科学院建设中药材种子种苗繁育基地、省级中药资源动态监测中心，依托成都中医药大学建设国家中药种质资源库，为四川作为我国著名"中医之乡，中药之库"的中药产业发展提供了更为强劲的发展动力。

根据最新资源普查成果编辑的《四川省中药资源志要》《四川省道地药材生产区划》《四川省常用中药材原色图谱》《四川省中药材信息服务与购销指南》《四川省中医药传统知识》《广义中药学导论——中药材大品种培育思路与方法》《中国姜黄属中药材研究》《羌活研究》等，不仅为中医药事业的发展提供了坚实的科学支撑，也必将对全省乃至全国的中药资源的可持续发展发挥积极的推进作用。

中药资源普查需要爬山涉水，身临其境，是异常艰辛的工作。我在1960年曾参加全国首次中药资源普查，赴四川省甘孜藏族自治州普查，是有亲身体会的。这次四川省在全国统一部署下开展的第四次中药资源普查，在人员的选拔、现代技术方法的运用、资源实况的精细调查分析等各方面，都已经达到新时代的先进水平，取得的成果是令人鼓舞的，这正应验了朱熹《观书有感》中的那句名言："问渠那得清如许，为有源头活水来"。中药资源普查，正是"源头活水"，任重道远。在本系列丛书即将付梓之际，作为四川省第四次中药资源普查顾问、中药资源战线的老同志，我非常高兴为之作序。

成都中医药大学　教授、博士生导师
首届国家级教学名师
全国名老中医药专家
成都中医药大学教授

万德光

前　言

　　道地药材，又称为地道药材，是优质中药材的代名词，是指药材质优效佳。这一概念源于生产和中医临床实践，是源于古代的一项辨别优质中药材质量的独具特色的综合标准，也是中药学中控制药材质量的一项独具特色的综合判别标准，数千年来被无数的中医临床实践所证实。四川栽培与使用道地药材的历史悠久。早在四川新都出土的2 000多年前的《老官山医简》中就有了道地药材"蜀椒"的记载："八治风：石脂七分，蜀椒五分，方风、细辛各四分，厚柎五分，陈朱臾一分，圭十分，薑六分，皆冶合。"根据《中华人民共和国中医药法》（2016年12月25日通过）定义，道地中药材是指经过中医临床长期应用优选出来的，产在特定地域，与其他地区所产同种中药材相比，品质和疗效更好，且质量稳定，具有较高知名度的中药材。2018年12月20日，农业农村部会同国家药品监督管理局、国家中医药管理局发布了《全国道地药材生产基地建设规划(2018—2025年)》，国家通过道地药材评价体系建设，支持道地中药材品种选育，扶持道地中药材生产基地建设，加强道地中药材生产基地生态环境保护，鼓励采取地理标志产品保护等措施保护道地中药材。

　　道地药材的现代研究始于20世纪80年代。迄今为止，在道地药材的概念、形成机制、评价标准、优质生产等领域取得了一系列突破性成果，道地药材作为独立的学科方向已经成为中药学重要的热门研究领域。道地药材相关代表性著作包括：胡世林的我国首部道地药材专著《中国道地药材》（1989年），胡世林《中国道地药材原色图说》（1997年），黎跃成《道地药与地方标准药原色图谱》（2002年），王强、徐国均《道地药材图典》（2003年），王家葵《中药材品种沿革及道地性》（2007年），徐春波《本草古籍常用道地药材考》（2007年），彭成《中华道地药材》（2013年），黄璐琦、张瑞贤《道地药材理论与文献研究》（2016年），曹晖、王孝涛《中国传统道地药材图典》（2017年），以及万德光、彭成、赵军宁《四川道地中药材志》（2005年）、邓家刚、韦松基《广西道地药材》（2007年）、陈蔚文、徐鸿华《岭南道地药材研究》（2007年）、孙启时《辽宁道地药材》（2009年）等区域性著作。

　　道地药材源自特定产区、具有独特药效，需要在特定地域内生产，才能保证其优良的品质。多年来，资源过度开发，一些野生药材资源濒临枯竭。同时，适宜产区种植不规范，非适宜区盲目扩种，造成药效下降、道地性丧失。道地药材是中医药事业发展的基石，加强道地药材资源保护和生产管理，规划引导道地药材生产基地建设，推进标准化、规范化生产，稳步提升中药材质量，对于实施健康中国战略和乡村振兴战略具有十分重要的意义。中药生产区划的目的在于揭示药材资源与药材生产

的地域分布规律，按照区内相似性和区间差异性原则将道地药材资源进行分区，对于科学指导药材区划和生产布局有重要参考价值。中国药材公司编著《中国中药区划》（1995年），陈士林《中国药材产地生态适宜性区划》（2011年）等提出的中药材区划与生产布局，为我国中药材的引种栽培和规范化种植（养殖）提供了科学依据。

"川广云贵，道地药材"。四川省作为我国著名的"中医之乡，中药之库"，同时也是道地药材生产的最具代表性区域之一。根据国家中医药管理局总体部署，四川省于2011年在全国率先启动第四次中药资源普查试点工作，有据可查的中药资源分布数量达7 290种，其中高等植物194科，6 066种；蕨类44科，353种；菌类等257种，动物573种，矿物41种。作者系统考证了《神农本草经》《图经本草》《本草纲目》《本草经集注》《本草品汇精要》《药物出产辨》《中国道地药材》《中国道地药材原色图说》《道地药与地方标准药原色图谱》《道地药材图典》《四川道地中药材志》《中华道地中药材》以及四川各地的地方志如《四川通志》、清·雍正《叙州府志》、清·乾隆《直隶达州志》、清·蒋超《峨眉山志》、民国《四川通志》、民国《犍为县志》、清·同治《仁寿县志》、明、清《营山县志》、民国《北川县志》、清·光绪《雷波县志》、清·光绪《盐源县志》、清·光绪《越西县志》等资料，有据可考四川省具有品质优良、历史悠久的道地药材86种。四川省中医药科学院作为《四川省道地药材生产区划》的编写组织单位，从2013年开始与有关单位合作，收集整理了四川省道地药材的分布资料，四川省的海拔、温度、降水量、土壤等生态因子，以及近期四川省的DEM和ETM遥感影像、四川省行政区矢量边界等数据信息，四川省土地利用信息，基于GIS的环境因子，如海拔、温度、降水量等的叠加分析，对四川省86种道地药材的适宜分布区域、最适宜分布区进行了研究，获得了86种道地药材的适宜分布区域与最适宜分布区的分布图与分布面积。同时，根据药材的实际分布情况进行了验证与校正。根据自然生态环境与栽培产区，我省道地药材区域分为4个：盆地中央药材生产区，主要有川芎、附子、麦冬、白芷、半夏、丹参、郁金、姜黄、泽泻、白芍、红花、川明参、半夏、鱼腥草、补骨脂、佛手、栀子、川黄柏、杜仲和川楝子等；盆地边缘山地药材生产区，主要有杜仲、厚朴、黄柏、黄连、金银花、天麻、川牛膝、桔梗、大黄、仙茅、吴茱萸、秦皮、银耳、川续断、使君子等；攀西药材生产区，主要有牡丹皮、天麻、半夏、补骨脂、大黄、黄柏、杜仲、川牛膝、川续断、麝香等；川西高原高山峡谷药材生产区，主要有冬虫夏草、川贝母、羌活、秦艽、黄芪、党参（素花党参）、大黄、藁本、重楼、半夏、川续断等。

《四川省道地药材生产区划》包括来源、道地沿革、性味归经、功能主治、药理作用、品质研究、原植物、生物学特性、栽培技术、采收加工、适宜区与最适宜区、基地建设等内容。

由于编者水平、技术的局限性，加之我省地形地貌复杂，本书通过研究得出的道地药材的适宜区与最适宜区仅作为中药材生产的参考资料，在生产实践中应结合实际的气候与生态因子等因素指导中药材区划生产。热烈欢迎广大专家、学者、读者对本书的不足之处，给予指导和帮助。

编者　赵军宁　方清茂
2019年2月8日

目 录

第一章 四川省中药资源

第一节 地理与气候特征 … 3
一、地理位置 … 3
二、地形地貌 … 3
三、气候特征 … 5
第二节 自然资源 … 6
一、土地资源 … 6
二、生物资源 … 8
第三节 四川省中药资源 … 9
一、四川省中药材分布特点 … 10
二、四川省中药材生产区 … 10
第四节 四川省中药资源开发利用 … 12

第二章 道地药材

第一节 道地药材的研究历史 … 15
一、我国道地药材的研究历史 … 15
二、川产道地药材研究历史 … 15
第二节 道地药材的成因 … 16
一、优良的种质资源是道地药材形成的内在因素 … 16
二、自然环境是道地药材形成的外在因素 … 16
三、人的主动调控是道地药材形成的"人和"因素 … 22
第三节 川产道地药材 … 23
一、川产道地药材的重要性 … 23
二、四川省道地药材的本草考证研究 … 24
三、四川省道地药材的区域分布研究 … 37
四、四川省道地药材的区划说明 … 38

第三章　"3S"技术及其在道地药材研究中的应用

第一节　"3S"技术在道地药材研究中的应用 … 45
第二节　"3S"技术研究思路 … 46
第三节　"3S"技术研究方法 … 46
　一、土地利用遥感信息提取 … 46
　二、基于GIS的环境因子叠加分析 … 48
　三、数据来源 … 51
第四节　GIS研究实例 … 51
　一、川芎GIS分析 … 51
　二、党参GIS分析 … 57

第四章　川产道地药材生产区划

第一节　盆地中央药材生产区 … 63
　一、川芎生产区划 … 63
　二、丹参生产区划 … 72
　三、白芷生产区划 … 80
　四、白芍生产区划 … 87
　五、麦冬生产区划 … 94
　六、川楝子生产区划 … 101
　七、红花生产区划 … 107
　八、附子生产区划 … 115
　九、干姜生产区划 … 126
　十、姜黄生产区划 … 134
　十一、郁金生产区划 … 141
　十二、川明参生产区划 … 146
　十三、使君子生产区划 … 154
　十四、天冬生产区划 … 161
　十五、栀子生产区划 … 168
　十六、半夏生产区划 … 175
　十七、黄精生产区划 … 183
　十八、白及生产区划 … 194
　十九、枳壳生产区划 … 202

二十、石斛生产区划 ……………………………………………………… 209
二十一、仙茅生产区划 …………………………………………………… 218
二十二、陈皮生产区划 …………………………………………………… 224
二十三、泽泻生产区划 …………………………………………………… 232
二十四、吴茱萸生产区划 ………………………………………………… 240
二十五、佛手生产区划 …………………………………………………… 247
二十六、秦皮生产区划 …………………………………………………… 255
二十七、天花粉生产区划 ………………………………………………… 262
二十八、密蒙花生产区划 ………………………………………………… 271
二十九、通草生产区划 …………………………………………………… 277
三十、海金沙生产区划 …………………………………………………… 283
三十一、菊花生产区划 …………………………………………………… 288
三十二、巴豆生产区划 …………………………………………………… 295
三十三、蟾蜍生产区划 …………………………………………………… 302

第二节　盆地边缘山地药材生产区 …………………………………………… 309
三十四、厚朴生产区划 …………………………………………………… 309
三十五、石菖蒲生产区划 ………………………………………………… 316
三十六、川乌生产区划 …………………………………………………… 323
三十七、桔梗生产区划 …………………………………………………… 331
三十八、土茯苓生产区划 ………………………………………………… 337
三十九、川木通生产区划 ………………………………………………… 343
四十、花椒生产区划 ……………………………………………………… 351
四十一、杜仲生产区划 …………………………………………………… 357
四十二、黄柏生产区划 …………………………………………………… 363
四十三、五倍子生产区划 ………………………………………………… 370
四十四、淫羊藿生产区划 ………………………………………………… 377
四十五、鱼腥草生产区划 ………………………………………………… 384
四十六、金钱草生产区划 ………………………………………………… 390
四十七、金银花生产区划 ………………………………………………… 396
四十八、山茱萸生产区划 ………………………………………………… 404
四十九、赶黄草生产区划 ………………………………………………… 408
五十、魔芋生产区划 ……………………………………………………… 414
五十一、灵芝生产区划 …………………………………………………… 420
五十二、银耳生产区划 …………………………………………………… 426
五十三、钩藤生产区划 …………………………………………………… 432

　　五十四、狗脊生产区划 ················· 438
　　五十五、独活生产区划 ················· 443
　　五十六、柴胡生产区划 ················· 448
　　五十七、乌梅生产区划 ················· 454
　　五十八、虎杖生产区划 ················· 458
　　五十九、黄连生产区划 ················· 466
　　六十、川牛膝生产区划 ················· 472
　　六十一、天麻生产区划 ················· 477
　　六十二、金果榄生产区划 ··············· 484
　　六十三、骨碎补生产区划 ··············· 489
　　六十四、何首乌生产区划 ··············· 494
　　六十五、天南星生产区划 ··············· 500

第三节　川西高原高山峡谷药材生产区 ········ 506

　　六十六、麝香生产区划 ················· 506
　　六十七、冬虫夏草生产区划 ············· 512
　　六十八、川贝母生产区划 ··············· 517
　　六十九、黄芪生产区划 ················· 529
　　七十、大黄生产区划 ··················· 535
　　七十一、川射干生产区划 ··············· 545
　　七十二、川赤芍生产区划 ··············· 550
　　七十三、川续断生产区划 ··············· 556
　　七十四、羌活生产区划 ················· 561
　　七十五、升麻生产区划 ················· 566
　　七十六、甘松生产区划 ················· 572
　　七十七、党参生产区划 ················· 576
　　七十八、藁本生产区划 ················· 582
　　七十九、秦艽生产区划 ················· 588
　　八十、川木香生产区划 ················· 593
　　八十一、猪苓生产区划 ················· 601

第四节　攀西药材生产区 ··················· 606

　　八十二、葛根生产区划 ················· 606
　　八十三、益母草生产区划 ··············· 612
　　八十四、补骨脂生产区划 ··············· 618
　　八十五、牡丹皮生产区划 ··············· 624
　　八十六、重楼生产区划 ················· 630

第一章 四川省中药资源

第一节 地理与气候特征

一、地理位置

四川省介于东经97°21′~108°33′和北纬26°03′~34°19′，位于中国西南腹地，地处长江上游，东西长1 075 km，南北宽921 km，东西边境时差51 min。与7个省（区、市）接壤，东邻重庆，北连青海、甘肃、陕西，南接云南、贵州，西衔西藏。是西南、西北和中部地区的重要结合部，是承接华南华中、连接西南西北、沟通中亚南亚东南亚的重要交汇点和交通走廊，见图1-1。

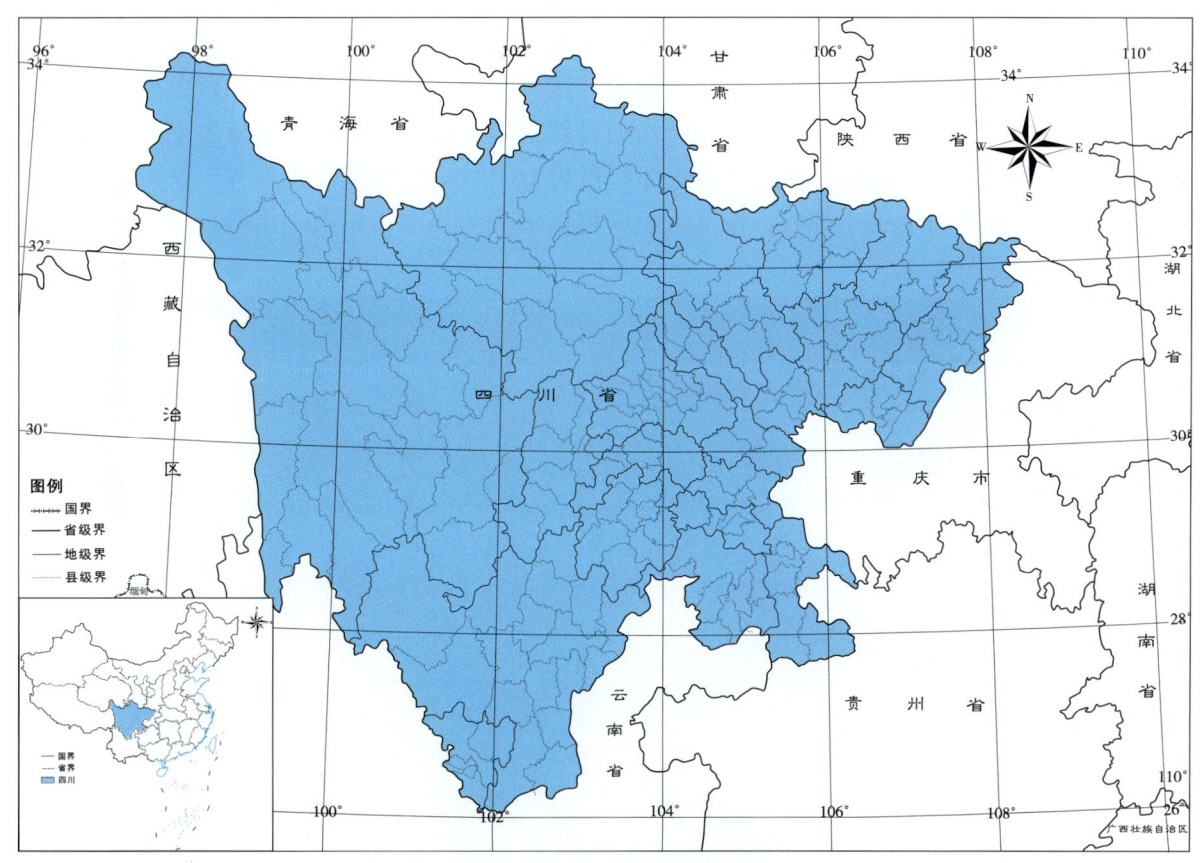

图1-1 四川省地理位置图

二、地形地貌

四川省位于中国大陆地势三大阶梯中的第一级和第二级，即处于第一级青藏高原和第二级长江中下游平原的过渡带，高低悬殊，西高东低的特点明显。西部为高原、山地，海拔多在3 000 m以上；东部为盆地、丘陵，海拔多在500~700 m。全省可分为四川盆地、川西高山高原区、川西北丘状高原山地区、川西南山地区、米仓山大巴山中山区五大部分。四川地貌复杂，以山地为主要特色，具有山地、丘陵、平原和高原4种地貌类型，分别占全省面积的74.2%、10.3%、8.2%、7.3%。

（一）川西高原

川西高原为青藏高原东南缘和横断山脉的一部分，地面海拔 3 000~4 500 m，分为川西北高原和川西山地两部分。川西高原与成都平原的分界线为雅安的邛崃山脉，山脉以西为川西高原。川西北高原地势由西向东倾斜，分为丘状高原和高平原。丘谷相间，谷宽丘圆，排列稀疏，广布沼泽。川西山地西北高、东南低。根据切割深浅可分为高山原和高山峡谷区。川西高原上群山争雄，江河奔流。

（二）四川盆地

四川盆地由连结的山脉环绕而成，位于中国大西部东缘中段，长江上游，包括四川中东部，人口稠密，城镇密布。四川盆地的面积 26 万余 km²，占总面积的 33%。四川盆地西依青藏高原和横断山脉，北近秦岭，与黄土高原相望，东接湘鄂西山地，南连云贵高原，盆地北缘米仓山，南缘大娄山，东缘巫山，西缘邛崃山，西北边缘龙门山，东北边缘大巴山，西南边缘大凉山，东南边缘相望于武陵山。岩石，主要由紫红色砂岩和页岩组成。这两种岩石极易风化发育成紫色土。紫色土含有丰富的钙、磷、钾等营养元素，是中国最肥沃的自然土壤。四川盆地是全国紫色土分布最集中的地方，向有"紫色盆地"的美称。四川盆地底部面积约 16 万 km²，按其地理差异，又可分为川西平原、川中丘陵和川东平行岭谷三部分，按其方位又可以细分为川东、川西、川南、川北和川中五部分。四川盆地地形见图 1-2。

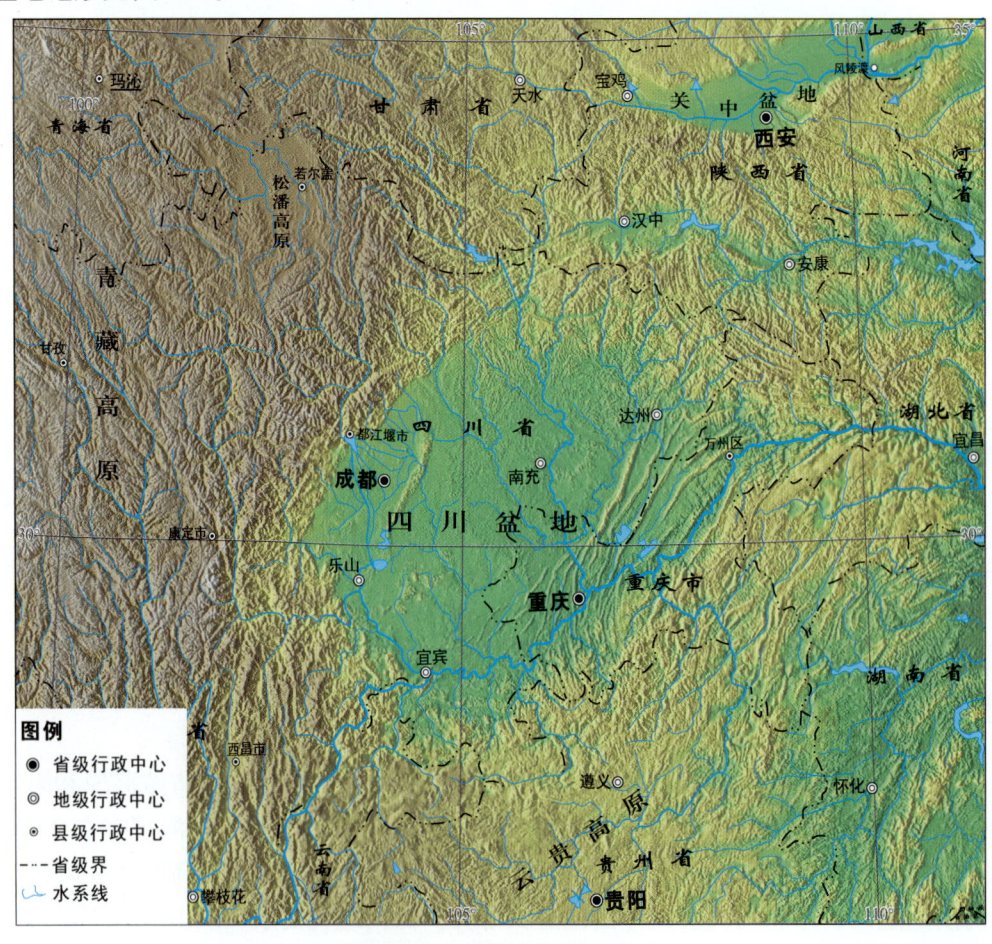

图 1-2　四川盆地地形图

（三）成都平原

成都平原（川西平原），又称盆西平原，为中国西南最大平原、河网稠密地区之一，中国最大芒硝产地，位于四川盆地西部。广义的成都平原介于龙泉山、龙门山、邛崃山之间，北起江油，南到乐山五通桥，包括北部绵阳、江油、安县间的涪江冲积平原，中部岷江、沱江冲积平原，南部青衣江、大渡河冲积平原等。三平原之间有丘陵台地分布，总面积近 23 000 km^2。狭义的成都平原仅指灌县、绵竹、罗江、金堂、新津、邛崃六地为边界的岷江、沱江冲积平原，面积 8 000 km^2，是构成川西平原的主体部分。因成都市位于平原中央故称成都平原。

三、气候特征

四川气候总的特点是：区域差异显著，东部冬暖、春旱、夏热、秋雨、多云雾、少日照、生长季长，西部则寒冷、冬长、基本无夏、日照充足、降水集中、干雨季分明；气候垂直变化大，气候类型多，有利于农、林、牧综合发展；气象灾害种类多，发生频率高，范围大，主要是干旱，暴雨、洪涝和低温等也经常发生。根据水热条件和光照条件的差异，全省分为三大气候区。

（一）四川盆地中亚热带湿润气候区

该区热量条件好，全年温暖湿润，年均温 16~18℃，积温 4 000~6 000℃，气温日差较小，年差较大，冬暖夏热，无霜期 230~340 d。盆地云量多，晴天少，全年日照时间较短，年日照仅 1 000~1 400 h，比同纬度的长江流域下游地区少 600~800 h。雨量充沛，年降雨量 1 000~1 200 mm，50% 以上集中在夏季，多夜雨。

（二）川西南山地亚热带半湿润气候区

该区全年气温较高，年均温 12~20℃，日差较大，年差较小，早寒午暖，四季不明显。云量少，晴天多，日照时间长，年日照时间为 2 000~2 600 h。降水量较少，干湿季分明，全年有 7 个月为旱季，年降水量 900~1 200 mm，90% 集中在 5~10 月。河谷地区受焚风影响形成典型的干热河谷气候，山地形成显著的立体气候。

（三）川西北高山高原高寒气候区

该区海拔高差大，气候立体变化明显，从河谷到山脊依次出现亚热带、暖温带、中温带、寒温带、亚寒带、寒带和永冻带。总体上以寒温带气候为主，河谷干暖，山地冷湿，冬寒夏凉，水热不足，年均温 4~12℃，年降水量 500~900 mm。天气晴朗，日照充足，年日照 1 600~2 600 h。四川气候总的特点是：季风气候明显，雨热同季；区域差异显著，东部冬暖、春旱、夏热、秋雨、多云雾、少日照、生长季长，西部则寒冷、冬长、基本无夏、日照充足、降水集中、干雨季分明；气候垂直变化大，气候类型多；气象灾害种类多，发生频率高且范围大，主要有干旱，其次是暴雨、洪涝和低温等。

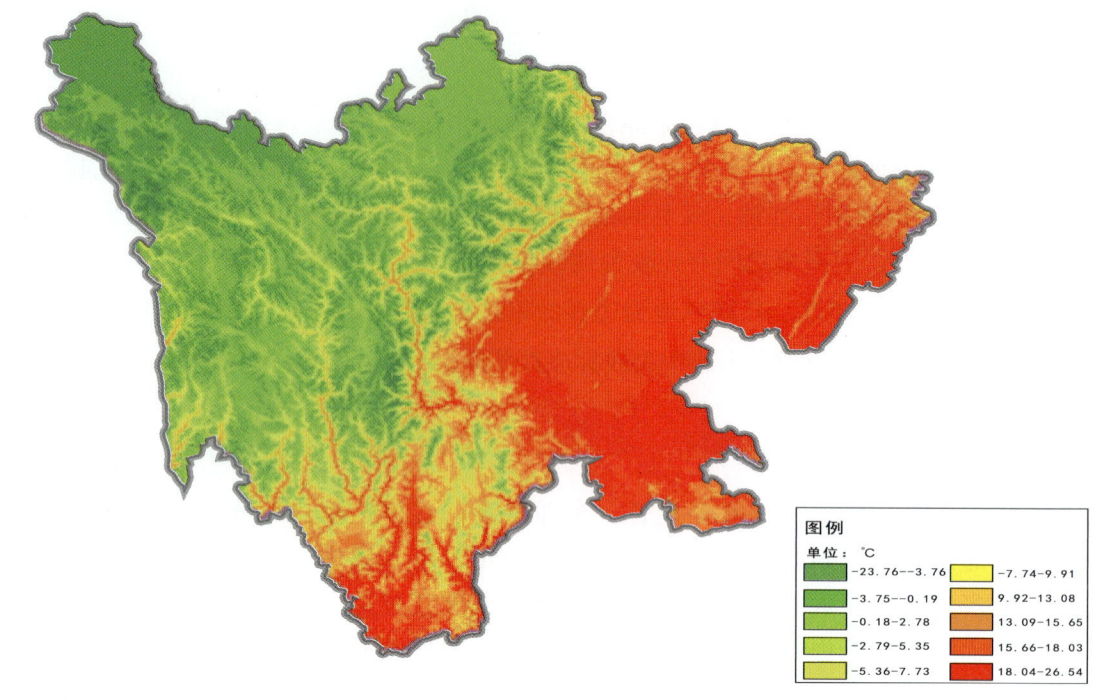

图1-3 四川省2000~2010年平均气温分布图

第二节 自然资源

一、土地资源

四川省国土面积 48.6 万 km^2，占全国国土面积的 5.1%，居全国第 5 位。四川地貌类型复杂，以多山和高原为特色，有山地、丘陵、平原和高原 4 种地貌类型，分别占全省幅员的 77.1%、12.9%、5.3%、4.7%。按照全国划分标准，四川主要土壤类型划分为 8 个土纲，25 个土类，63 个亚类，137 个土属。其中土纲包括铁铝土、淋溶土、半淋溶土、初育土、半水成土、水成土、人为土和高山土。土类包括赤红壤、红壤、黄壤、黄棕壤、黄褐土、棕壤、暗棕壤、棕色针叶林土、燥红土、褐土、紫色土、石灰（岩）土、新积土、风沙土、粗骨土、石质土、潮土、草甸土、山地草甸土、沼泽土、泥炭土、水稻土、亚高山草甸土、高山草甸土和高山寒漠土。

（一）赤红壤

赤红壤包括赤红壤、赤红壤性土，全省有 55.00 万亩，占土壤总面积的 0.07%。主要分布于米易、盐边境内的雅砻江、安宁河、三源河等河谷地带。

（二）红壤

红壤包括黄红壤、山原红壤、红壤性土，全省有 664.87 万亩，占土壤总面积的 2.24%。分布于北纬 29.5° 以南的川西南地区，在涪江、嘉陵江沿岸的四、五级阶地，川西台地也有零星分布。在海拔 360~2 200 m 的高度范围内也有。

（三）黄壤

黄壤包括黄壤、漂白性黄壤、黄壤性土。黄壤全省有 6 782.51 万亩，占土壤总面积的 9.13%。

主要分布于东部盆地边缘的中低地区，除攀枝花市和甘孜州外，其余市地州均有分布。其大部分作为基带土壤分布在盆边山地的下部，而盆地底部土壤由于以紫色土和水稻土为主，黄壤较少。

（四）黄棕壤

黄棕壤全省有 3 902.35 万亩，占土壤总面积的 5.25%。广泛分布于四川盆地边缘的山地和川西南山地。除自贡、内江、遂宁、南充 4 个市地外，其余市地州均有分布，以凉山州分布面积最大。

（五）黄褐土

黄褐土全省有 308.01 万亩，占土壤总面积的 0.41%。主要分布在成都平原东部龙泉山以西的缓丘平坝阶地，涪江、嘉陵江两岸二、三级阶地，以广元市分布较集中。

（六）棕壤

棕壤全省有 3 134.60 万亩，占土壤总面积的 4.22%。分布于中山、高山、高原地区，遍及凉山、阿坝、甘孜、雅安、绵阳、攀枝花、达州市、成都等 9 个市地州，以凉山州分布面积最大。

（七）暗棕壤

暗棕壤全省有 6 077.08 万亩，占土壤总面积的 8.18%。分布于川西南山地，遍及甘孜、阿坝、凉山、雅安、乐山、绵阳、成都、广元、德阳、攀枝花等 10 个市地州。以甘孜、阿坝、凉山州分布面积最大。

（八）燥红土

燥红土全省有 89.35 万亩，占土壤总面积的 0.12%。主要分布于川西南金沙江及其附近支流河谷地带，集中分布于会理、会东、宁南、金阳等县。

（九）褐土

褐土全省有 2 417.80 万亩，占土壤总面积的 3.25%。分布于金沙江和雅砻江中上游、岷江上游及大金川地带，包括甘孜、阿坝、凉山 3 个州，以甘孜州分布面积最大。

（十）紫色土

紫色土全省有 13 669.90 万亩，占土壤总面积的 18.40%。紫色土是四川盆地水稻土的主要母土，主要分布在东经 102°～110°，北纬 26°～32°范围内，以盆中丘陵和川东平行岭谷地带分布最集中。全省除阿坝州外，其余各市地州均有紫色土。集中连片的有南充、遂宁、内江、凉山、达州市、广元、乐山、绵阳、宜宾等 11 个市地州，面积多在 500 万亩以上。

酸性紫色土全省有 3 124.35 万亩，占紫色土面积的 22.8%。主要分布在盆西南深丘及盆周山地。以乐山、宜宾、泸州、雅安等市地较为集中成片。

中性紫色土全省有 4 189.21 万亩，占紫色土面积的 30.65%。集中分布在盆地东北以达州市为中心的平行岭谷地区。

钙质紫色土全省有 6 356.34 万亩，占紫色土面积的 46.50%。集中分布于南充、内江、绵阳、遂宁、广元、达州市等盆中丘陵区。

（十一）石灰（岩）土

石灰（岩）土全省有 2 729.01 万亩，占土壤总面积的 3.67%。主要分布于盆地川西南山地石灰岩出露地带。全省除遂宁市外，其余市地州均有分布。

（十二）新积土

新积土全省有364.33万亩，占土壤总面积的0.49%。主要分布于江河、溪流两岸的阶地、河漫滩、河心洲，以及中、低山的洪水冲积扇形地带，全省各市地州均有分布，以乐山市、阿坝和凉山州分布面积较大。

（十三）粗骨土

粗骨土全省有2640.14万亩，占土壤总面积的3.55%。分布在盆周山区、川西南山地和川西高原峡谷区，除遂宁、内江市外，18个市地州均有分布，以阿坝、甘孜、凉山、达州、雅安、广元等市地州分布面积最大。

（十四）潮土

潮土全省有134.59万亩，占土壤总面积的0.18%。分布于长江、岷江、沱江、涪江、安宁河、金沙江、雅砻江等江河两岸的冲积平坝及一级阶地。除甘孜、阿坝州外，其余市地州均有分布，以成都平原最为集中，凉山州分布面积亦较大。

（十五）水稻土

水稻土是因长期周期性种稻，经人为淹灌而形成的一种土壤。全省有水稻土6901.49万亩，占耕地总面积的41.30%。集中分布于四川盆地，面积最大的成都市，耕地的70%为水稻土，其次是泸州、德阳等。

（十六）亚高山草甸土

亚高山草甸土全省有6521.97万亩，占土壤总面积的8.78%。集中分布于川西北高原和高山的中上部，阿坝、甘孜、凉山州和雅安地区均有分布，以阿坝州分布面积最大。

（十七）高山草甸土

高山草甸土全省有11912.13万亩，占土壤总面积的16.04%。无农耕地。主要分布于甘孜、阿坝州的部分县，处于高原缓坡和高山峡谷上部。

（十八）草甸土

草甸土全省有324.91万亩，占土壤总面积的0.44%。其中耕地18.92万亩，占耕地总面积的0.11%。集中分布于四川西北部黑河、白河的河谷地带，牟尼茫起山的东西两侧和雅砻江及其支流河谷也有零星分布。在阿坝和甘孜州，以若尔盖、红原县面积最大。

二、生物资源

四川省地处亚热带，生物资源丰富。四川的野生动物资源以及植物资源，均在全国占有重要地位。四川地貌和气候多样，植物种类极为丰富。全省维管束植物种属约占全国的1/3。全省森林面积746万hm^2，是全国第二大林区——西南林区的主体部分，长有许多珍贵树种。森林多分布于江河中上游，具有极重要的水源涵养和水土保持效益。全省有天然草地1638万hm^2。资源植物约在8000种以上。四川幅员辽阔，且受冰川大面积破坏性的影响较小，现代生态环境优越，动物资源丰富，种类繁多。仅脊椎动物就有1100余种，占全国的40%，其中列入国家保护的珍稀动物有55种。举世闻名的大熊猫，主要栖息于四川境内。在全省已知的脊椎动物中，一半以上的种类有明显的经济意义。

（一）植物资源

由于四川省位于水热充沛的亚热带季风气候区，并且地形复杂，因而植物种类很多。据不完全统计，有高等植物270余科，1700多属，1万余种。其中乔木约1000多种，占全国总数的一半。多种多样的树种资源，构成了繁多的森林类型。

四川盆地（包括盆周山地）山地丘陵区，气候终年温暖湿润，森林是以樟科、壳斗科、山茶科为建群种的湿性亚热带常绿阔叶林，以马尾松、杉木、川柏木为主的亚热带低山常绿针叶林，以多种大茎竹为主的亚热带竹林组成。川东南山地宽谷盆地区，气候干湿季分明，森林是以耐干性的壳斗科种类为优势的干性亚热带常绿阔叶林和以云南松为主的亚热带针叶林。川西高山峡谷区，山高谷深，垂直差异大，但主要属温带高原气候，有大面积的以冷杉属、云杉属为主的亚高山常绿针叶林和以高山栎为主的山地硬叶常绿阔叶林。川西北高原区，属高原寒冷大陆性气候，亚高山常绿针叶林仅小块状分布于局部水热条件适宜之地，而广大高原、山原面上，或因气候严寒，最暖月均温已在10℃以下，在森林生长线之上；或因风速过大，环境条件恶劣，乔木难于成长，广泛分布着高山高原灌丛和高山高原草甸。

（二）动物资源

四川动物资源十分丰富，仅脊椎动物就有1100余种，占全国所产总数的40%左右，其中鸟类和兽类约占全国的一半。资源动物是指特产与珍稀动物，以及与人类生产生活、卫生保健、文化教育等有密切关系的野生动物。根据它们对人类的社会经济意义大体分为珍贵稀有动物类，毛皮、革、羽用动物类，渔猎动物类以及其他资源动物类和有害动物类等。

四川盆地及其边缘山地，耕作历史悠久，种植业较为发达，以农田动物群为主，珍贵动物有鸳鸯等。盆地西缘山地、川西高山峡谷及川西南山地，资源动物丰富，特产动物繁多。珍稀动物中主要有大熊猫、牛羚、金丝猴、小熊猫、白唇鹿、梅花鹿、毛冠鹿、林麝、蓝马鸡、藏雪鸡、斑角雉等。鸟类以画眉亚科和雉科占优势，其中四川山鹧鸪、雉鹑为特产鸟类。爬行类与两栖类丰富，有不少国内特有品种，如宜宾龙蜥、峨眉髭蟾、北鲵等。川西北高原动物食料较为稀少，主要是一些能适应于高原恶劣条件的奔驰性和穴栖性动物群，毛皮动物量多质优，珍稀动物主要有野驴、野牦牛、白唇鹿、藏羚、马鹿、林麝、黑颈鹤、藏雪鸡等。毛皮资源动物中的喜马拉雅旱獭资源丰富。

第三节　四川省中药资源

四川省为著名的"中医之乡，中药之库"，经过1957年、1975年、1984年三次资源普查及2011年启动的第四次中药资源普查，据最新统计，四川省中药资源数量为7290种。2011年，国家启动了第四次全国中药资源普查试点工作，2017年5月，第四次全国中药资源普查正式启动。四川省被国家批准为中药资源普查首批6个试点省份之一。四川省第一批中药资源普查试点7个市（州），25个试点县于2011年正式启动。2013年与2014年四川省分别启动了第二批10个县与第三批11个县的中药资源普查试点工作。我省前三批普查试点工作，于2018年12月通过了国家验收。四川省46个普查试点县自2011年11月开展中药资源普查试点工作以来，完成了1764个样地调查、52 920个样方调查、17 044种药用植物品种的调查（含重复品种）；采集植物标本123 000多份，制作种质标本91 000多份，四川省采集标本数量全国领先；完成了2 118种药材、800多种中药材种子的收集；拍摄中药材图片与普查工作照51万多张，拍摄短片1 300个；开展传统知识调查290次，参加人员1 200多人。根据第四次中药资源普查试点工作46个县取得的成果，结合四川省第三次中药资

源普查各地区的资料记载，经统计，发现我省共有中药资源7 290种，摸清了我省中药资源的家底。

我省共有中药资源7 290种，其中高等植物194科，6 066种；蕨类44科，353种；菌类等257种，动物573种，矿物41种。第三次中药资源普查统计，我省的中药资源种类为4 103种，其中植物3 962种，动物108种，矿物33种。本次普查与整理工作发现我省中药资源的种类，比第三次中药资源普查统计的数据有了大幅度的增加，其中药用植物增加了2 714种，药用动物增加465种，矿物增加了8种，进一步摸清了我省中药资源的家底。

一、四川省中药材分布特点

四川省具有复杂多样的气候和地质地貌，药用植物分布十分丰富。根据自然生态环境，大致可将我省药材产区分为：盆地中央药材生产区、盆地边缘山地药材生产区、攀西药材生产区和川西高原高山峡谷药材生产区。

二、四川省中药材生产区

（一）盆地中央药材生产区

四川省四面环山，地貌以丘陵为主，属中亚热带温润气候，海拔200~700 m，药用植物种类近3 000种。特产及地区性药用植物主要有：乌头、麦冬、半夏、姜黄、黄丝郁金、蓬莪术、川芎、白芷、泽泻、忍冬、芍药、红花、菊花、薄荷、荆芥、马蓝、中华栝楼、筋骨草、荔枝草、半枝莲、连钱草、夏枯草、益母草、鱼腥草、金钱草、千里光、小木通、何首乌、紫苏、青蒿、桑、女贞、赶黄草等。其中，代表性中药材主要有：

1. 野生中药材

天南星、半夏、瓜蒌、五倍子、前胡、川木通、威灵仙、金钱草、马鞭草、泽兰、赶黄草、鸡血藤、钩藤、麦冬、紫菀、葛根、败酱草、野菊花、千里光、青葙子、青蒿、淡竹叶、何首乌、谷精草、女贞子、紫苏、夏枯草、筋骨草、活血丹、鱼腥草、枳壳、益母草、通草、桑叶（桑枝、桑葚）等。

2. 栽培中药材

白芍、牡丹、麦冬、附子、郁金、姜黄、莪术、泽泻、白芷、红花、菊花、赶黄草、桔梗、丹参、玄参、黄连、川明参、金银花、云木香、延胡索、姜、瓜蒌、荆芥、薄荷、薏苡、牛蒡子、补骨脂、枳壳、栀子、陈皮、佛手、使君子、巴豆、木瓜、川楝、苦楝、金钗石斛、铁皮石斛、山合欢、杜仲、厚朴及黄柏等。

4. 道地中药材

川芎、附子、麦冬、白芷、半夏、丹参、郁金、姜黄、泽泻、白芍、红花、川明参、鱼腥草、补骨脂、佛手、栀子、川黄柏、杜仲和川楝子等20余种。

（二）盆地边缘山地药材生产区

四川盆地边缘山地是海拔800~3 000 m的山地，气候温和湿润，云雾多，日照少。嘉陵江、沱江、岷江由北向南汇入长江。植被类型主要为常绿阔叶林，药用植物种类2000余种。特产及地区性药用植物主要有：岩白菜、朱砂莲、雪胆、大叶三七、羽叶三七、华重楼、狭叶重楼、黑籽重楼、九子莲、走马胎、珙桐、岩菖蒲、雅连、峨眉野连、草黄连、羽叶三七、竹节参、狭叶竹节参、西藏延龄草、翼梗五味子、凹叶延龄花、瓜叶乌头、甘西鼠尾草、仙茅、大叶仙茅、太白贝母、扇羽阴地蕨、峨眉藜芦、通江百合、延龄草等。动物资源主要有林麝、乌梢蛇。其中，代表性中药材主要有：

1. 野生中药材

黄连、草乌、小通草、雪胆、石菖蒲、珠子参、海金沙、仙鹤草、水杨梅、天南星、白附子、金钱草、活血丹、益母草、筋骨草、百合、八爪金龙、仙茅、重楼、黄精、赤芍、大黄、何首乌、矮地茶、当归、钩藤、党参、川射干、川党参、白及、鹿蹄草、云木香、大黄、金银花、川银花、山银花、天麻、五味子、独活、藁本、使君子、川楝子、麝香、熊胆等。

2. 栽培（或饲养）中药材

黄连、党参、云木香、川贝母、石斛、川牛膝、山茱萸、川银花、金银花、玄参、白术、桔梗、秦皮、天麻、大黄、款冬花、杜仲、厚朴、黄柏、川楝子、柴胡、独活、钩藤、使君子、花椒、辛夷、吴茱萸、木瓜、栀子、牡丹皮、麝香、熊胆等50余种。

3. 道地中药材

杜仲、厚朴、黄柏、黄连、金银花、天麻、川牛膝、桔梗、大黄、仙茅、吴茱萸、秦皮、银耳、川续断、使君子等。

（三）攀西药材生产区

攀西药材生产区山地与河流相间，海拔高低悬殊，属中亚热带气候区，药用植物种类4 000余种。特产及地区性药用植物主要有：乌头、川续断、金铁锁、云南重楼、昆明山海棠、石榴、一把伞、天南星、甘西鼠尾草、花椒、铁棒锤、云南红豆杉、灵芝、野坝子、毛子草、芦荟、螃蟹甲等。药用动物主要有穿山甲、林麝、乌梢蛇、斑蝥、蜈蚣、刺猬等。其中，代表性中药材主要有：

1. 野生中药材

天麻、乌头、草乌、吴茱萸、川续断、火把花、何首乌、龙胆草、防风、黄芩、远志、土茯苓、金铁锁、天南星、半夏、重楼、芦荟、石榴、野坝子、毛子草、益母草、金钱草、夏枯草、九眼独活、蒲公英、八角莲、骨碎补、秦艽、灵芝、茯苓、活血丹、松萝、穿山甲、地牯牛、麝香等。

2. 栽培（或饲养）中药材

乌头（附子）、黄柏、杜仲、官桂、金银花、何首乌、川续断、川牛膝、山药、美洲大蠊、火把花、金铁锁、石榴、芦荟、茯苓、牡丹皮、补骨脂、大黄、苦荞等。

3. 道地中药材

牡丹皮、天麻、半夏、补骨脂、大黄、黄柏、杜仲、川牛膝、川续断、麝香、滇重楼等。

（四）川西高原高山峡谷药材生产区

四川西北部为高原区，川西南部为高山峡谷区，谷地海拔为2 500~4 000 m，山脊海拔4 000~5 500 m。该区域药用植物有4 000余种。特产及地区性药用植物主要有：冬虫夏草、川贝母、暗紫贝母、甘肃贝母、梭砂贝母、瓦布贝母、羌活、宽叶羌活、粗茎秦艽、红毛五加、甘松、匙叶甘松、大花红景天、花锚、角蒿、素花党参、掌叶大黄、唐古特大黄、铁棒锤、伏毛铁棒锤、水母雪莲花、绵头雪莲花、独一味、梭果黄芪、川赤芍、珠芽蓼、蕲荑、变叶海棠、康定乌头、瑞香狼毒、波棱瓜等。药用动物主要有林麝、黑熊、梅花鹿等。其中，代表性中药材主要有：

1. 野生中药材

川贝母、冬虫夏草、雪莲花、党参、重楼、黄芪、大黄、川木通、川木香、狼毒、秦艽、羌活、独活、藁本、手掌参、麻黄、竹叶柴胡、龙胆、独一味、甘松、藏茵陈、绿绒蒿、三颗针、鹿蹄草、升麻、叉分蓼、雪上一支蒿、博落回、洪连、播娘蒿、蕲荑、莨菪、麻黄、花椒、天仙子、

飞廉、老鹳草、九眼独活、舌头党、泡参、花锚、丛菔、桃儿七、红景天、八角莲、红毛五加、唐松草、獐牙菜、雪灵芝、角蒿、兔耳草、小叶莲、沙棘、升麻、天南星、铁线莲、紫堇、刺参、翼首草、雪茶、狼毒、川续断、猪苓、马勃、麝香、熊胆、鹿茸等。

2. 栽培（或饲养）中药材

川贝母、冬虫夏草、秦艽、大黄、羌活、黄芪、牛蒡子、独一味、铁棒锤、猪苓、半夏、红毛五加、藁本、重楼、板蓝根、玛卡、波棱瓜、沙棘、麝香、鹿茸等。

3. 道地中药材

冬虫夏草、川贝母、羌活、秦艽、黄芪、刀党参（素花党参）、大黄、藁本、重楼、半夏、川续断、独活、麝香等。

第四节　四川省中药资源开发利用

至2017年，全省已有50余家企业在道地药材产区建立了药材基地，27家企业成为省级重点龙头企业，建成37个中药材规范化种植科技示范区。川芎、附子、白芷、鱼腥草、麦冬、丹参、川贝母种植基地及非洲大蠊养殖基地通过了国家GAP（中药材生产质量管理规范）认证，四川省药材生产正朝着规范化、规模化、科学化和现代化方向发展。

（一）中药农业

2017年，全省中药材人工种植307万亩，产量102万吨，产值173亿元。

（二）中药饮片

2015年中药工业产值全国排名第三（2015年一季度全国第一），中药饮片产值居全国第二。中药企业数位居全国前三，中药饮片工业产值160.76亿元，居全国第二位。中药农业实现产值173亿元，中药兽药、保健食品等相关产品实现产值20~30亿元。随着我国经济的快速发展，医药产业的增长速度已经超越了经济的平均增长率，成为世界上最具活力的医药市场。从子行业的运营情况来看，四川省中药饮片的销售收入和利润增长速度均位居行业之首。

（三）中成药

医药产业是四川省支柱产业之一，而中药产业则是四川医药产业的重点，全省有中药生产及中西药生产企业百余家。2015年，全省现代中药产业总产值536.04亿元，其中中成药产值375.28亿元，居全国第四。在四川省聚集了成都地奥集团、成都康弘药业集团、成都恩威集团、四川好医生药业集团、四川科创制药集团、四川升和药业股份有限公司等一批优秀的大型制药企业。

参考文献

[1]　四川植被协作组.四川植被[M].成都，四川科学技术出版社，1978.
[2]　四川省农业土壤区划研究组.四川省农业土壤区划[M].成都，四川科学技术出版社，1981.
[3]　张宏.四川地理[M].北京师范大学出版社，北京，2016.

道地药材

【第二章】

道地药材是指经过中医临床长期应用优选出来的，产在特定地域，与其他地区所产同种中药材相比，品质和疗效更好，且质量稳定，具有较高知名度的药材。

第一节　道地药材的研究历史

一、我国道地药材的研究历史

道地药材的现代研究始于20世纪80年代。迄今为止，在道地药材的概念、形成机制、评价标准、优质生产等领域取得了一系列突破性成果，道地药材作为独立的学科方向已经成为中药学重要的热门研究领域。道地药材相关代表性著作包括：胡世林的我国首部道地药材专著《中国道地药材》（1989年），胡世林《中国道地药材原色图说》（1997年），黎跃成《道地药与地方标准药原色图谱》（2002年），王强、徐国均《道地药材图典》（2003年），王家葵《中药材品种沿革及道地性》（2007年），徐春波《本草古籍常用道地药材考》（2007年），彭成《中华道地药材》（2013年），黄璐琦、张瑞贤《道地药材理论与文献研究》（2016年），曹晖、王孝涛《中国传统道地药材图典》（2017年），以及万德光、彭成、赵军宁《四川道地中药材志》（2005年），邓家刚、韦松基《广西道地药材》（2007年），陈蔚文、徐鸿华《岭南道地药材研究》（2007年），孙启时《辽宁道地药材》（2009年）等区域性著作。

二、川产道地药材研究历史

"川广云贵，道地药材"。四川省作为我国著名的"中医之乡，中药之库"，同时也是道地药材生产的最具代表性区域之一。四川栽培与使用道地药材的历史悠久。早在四川新都出土的2000多年前的《老官山医简》中就有了道地药材"蜀椒"的记载："八治风：石脂七分，蜀椒五分，方风、细辛各四分，厚柎五分，陈朱臾一分，圭十分，董六分，皆冶合。"川药人工栽培历史悠久。江油市古称"彰明"，由于盛产川乌与附子而闻名全国，北宋时当地知县杨天惠系统总结了附子的种植、加工经验，写了《彰明附子记》。都江堰川芎的栽培也始于宋代，有一千多年的历史。南宋范成大在《关船录》中就记载灌县（今都江堰市）栽培川芎的历史："癸酉（1153）西登山五里，至上清宫……上六十里，有坦夷白芙蓉坪，道人于此种川芎"。

道地药材是川药的一个特色。万德光教授等研究表明，四川道地药材品种达到49个，占全国主要道地药材品种的近20%。著名道地药材有川芎、附子、川贝母、雅连、川牛膝、川木通、川楝子、蜀椒等品种。其中更有冬虫夏草、川贝母、麝香等名贵珍稀品种。四川省川芎的产量占全国的90%以上，在此基础上，2005年，万德光、彭成、赵军宁等编写了《四川道地中药材志》，该书收载了49种川产道地药材。万德光教授根据四川省的自然地理条件，将道地药材分为4个区域：四川盆地中央药材生产区，盆地边缘山地药材生产区，攀西药材生产区，川西高原高山峡谷药材生产区。

第二节 道地药材的成因

道地药材的成因有三个，就是受遗传因素、自然环境与人类的影响。《易经》云："立天之道，曰阴与阳；立地之道，曰柔与刚；立人之道，曰仁与义。"而天道、地道又称为"自然环境"，人道又称为"人和"，最佳的天时、最佳的地利，再加上人的主动控制，就生产出了优质的中药材——道地药材。

一、优良的种质资源是道地药材形成的内在因素

"种瓜得瓜，种豆得豆"。基源不同，所产药材的形状与品质不同，药性也存在一定的差异。

黄精的品种有很多，目前主要有三种，一是黄精，又称"鸡头黄精"；二是多花黄精，又称"姜形黄精"；三是滇黄精，又称"大黄精"。除此外，还有诸如西藏黄精、热河黄精、二花黄精等等。三种主流黄精的名称都来源于其外形，黄精又称鸡头黄精，是它的外形如同鸡头一样；多花黄精又称姜形黄精，是它的外形如同姜块一样；而滇黄精则外形巨大，所以又称大黄精。鸡头黄精主产河南、河北、内蒙古、陕西、山西等地，北方气候近百年来干燥恶化，其产量不大；姜形黄精主产贵州、湖南、湖北、安徽、浙江、江西、四川等地区，以贵州、湖南、四川产量大而质量优；滇黄精主产云南，贵州、四川也产。

郁金为姜科植物，有四种基源植物：温郁金 Curcuma wenyujin Y, H. Chen et C.Ling、姜黄 Curcuma longa L.、广西莪术 Curcuma kwangsiensis S.G.Lee et C.F.Liang 或蓬莪术 Curcuma phaeocaulis Val. 的干燥块根。前两者分别习称"温郁金"和"黄丝郁金"，其余按性状不同习称"桂郁金"或"绿丝郁金"。

川贝母为百合科植物，生长在高原上的川贝母有5种基源：川贝母、暗紫贝母、甘肃贝母、梭砂贝母、瓦布贝母的干燥鳞茎。前三种按性状不同分别习称为"松贝"和"青贝"；梭砂贝母习称"炉贝"，产于中国四川、西藏、青海、甘肃等地。松贝的最大形态特征就是"怀中抱月"。怀中抱月的特点：此药材呈类圆锥形或近球形，外层鳞叶2瓣，大小悬殊，大瓣紧抱小瓣，未抱部分呈新月形，习称"怀中抱月"；顶部闭合。内有类圆柱形、顶端稍尖的心芽和小鳞叶1~2枚。先端钝圆或稍尖，底部平，微凹入，中心有一灰褐色的鳞茎盘，偶有残存须根。质硬脆，断面白色，富粉性。气微，味微苦。

黄连为毛茛科植物黄连 Coptis chinensis Franch.、三角叶黄连 Coptis deltoidea C. Y. Cheng et Hsiao 或云连 Coptis teeta Wall. 的干燥根茎。以上三种分别习称"味连""雅连""云连"，主产四川、湖北。黄连形似鸡爪，又称为"鸡爪连"。雅连每株只有一枝，又称为"单枝连"。

二、自然环境是道地药材形成的外在因素

自然环境主要包括气候与地理对药材的影响。

地球本身由于海洋、河流、湖泊、山脉、沙漠的影响而形成了很多小气候，比如四川盆地风少，空气湿度大，适宜于动物、植物的生长与繁衍。四川盆地周围山区是大熊猫的唯一栖息地。而青藏高原海拔高，紫外线强，缺氧，长冬无夏，植物的生长周期短，而休眠的时间长，这就决定了

植物的地上部分矮小而地下的根膨大，如大黄、红景天、秦艽等药材。我国新疆、甘肃、内蒙古的沙漠地区干旱、缺水，昼夜温差大，不利于植物的生长，但是对于肉苁蓉、锁阳等的生长却十分有利。甘肃自古为当归的道地产区，当归主产于甘肃岷县、武都、文县等地。

山脉对药材的质量有很大的影响。其中以岷县所产的"岷归"产量最大，质量最佳。甘肃岷山山脉，因山前、山后的地理位置、生态环境不同，区别很大。岷县属于山后，所产当归，主根肥大而长，支根少而粗壮，内外质地油润，气清香，为当归中的佳品。武都、文县属于山前，土层较薄，腐殖土少，气温较高，所产当归，主根较短，支根多而细，油性较差。故当地有"前山腿子后山王"之说。

河流对药材的质量也有很大的影响，比如，黄连在重庆市分布在三峡地区的长江两岸。石柱为道地产区，而长江北岸的巫溪所产黄连有长的"过桥"，形态上没有石柱的鸡爪连粗大。河流两岸土地肥沃，自古都是栽培道地药材的首选之地。四川的岷江流域就出产三种道地药材：都江堰石羊镇的川芎、双流舟渡村的郁金、犍为县新民镇的姜黄。四川的涪江流域也出产三种道地药材：江油河西镇的附子、三台县花园镇的麦冬、遂宁市船山区的白芷。

海拔是影响药材分布的关键因子。"人间四月芳菲尽，山寺桃花始盛开"。随着海拔的升高，不同的物种出现不同的分布规律。从生态学上，低海拔的南方常绿阔叶林分布多，海拔升高出现针阔混交林，海拔再升高出现了针叶林，而更高的地方则是高山灌丛与高山草甸，4 500 m以上的地方则是高山流石滩，几乎没有植物分布了。从峨眉山来说，海拔落差大，药材随着海拔的升高而呈现出十分有规律的分布，山脚的报国寺—万年寺，海拔低，500~900 m，荫蔽度大，分布有桫椤、灵芝、黄柏、杜仲、白及、石斛等道地药材；而海拔1 000~1 500 m的洪椿坪、九老洞等地，海拔升高，气温降低，适宜厚朴、黄连、天麻、重楼等道地药材生长；海拔2 400~3 000 m的雷洞坪、金顶等地则气候寒冷，药材表现出了高原药材的特征，分布了川赤芍、绣球藤、延龄草、鹿蹄草、刺参、喜马拉雅细辛、佛手参等药材。3月上中旬是成都平原最美的季节，百花齐放，遍地金黄，莺歌燕舞。此时，地处青藏高原的石渠县却仍然是冰天雪地，没有一点绿色，更谈不上开花了。石渠县海拔4 200 m，需到7月上旬，独一味、铁棒锤、马先蒿等先后开花，高原上的春天在低海拔地区的炎热的夏季出现，地域的差异如此巨大。见表2-1。

表2-1 中国不同地区的气候与生态因子比较

地 区	1月均温（℃）	7月均温（℃）	年降水量（mm）	年平均日照时数（h）	无霜期（d）	海拔（m）	纬度（°N）	年均风速（m/s）
成 都	6	25.1	1 500	1 071	296	500	30°67	1.2
石 渠	-12.8	8.9	570	2 305	21	4 200	33°00	2.0
哈尔滨	-18	21	488	2 088	110	127	44°04	2.07
北 京	-4.7	30.5	600	2 778	189	30	39°11	1.8~3
西 安	-0.9	26.6	658	2 267	232	400	34°16	1.8
南 京	2.3	28.8	1 090	2 182	225	10	31°14	1.96
南 宁	12.8	28.2	1 304	1 827	360	79	22°49	1.88
海 口	17.7	27.7	1 648	2 225	346	14	19°32	3.4

春季是指气温 10~22℃的阶段。位于我国南方的海口、南宁 1 月均温都大于 10℃，无霜期小于 20 d，因而，充分体现了《黄帝内经》"至低之地，春气常在"。《礼记》曰"南方曰夏"。《汉律志》载："南者，任也，阳气与时任养万物。"反之，位于我国高原的石渠县，7 月均温都只有 8.9℃，长冬无夏，体现了《黄帝内经》"至高之地，冬气常在"。哈尔滨的冬天寒冷是因为纬度偏北，而南宁、海口冬天热则是因为纬度偏南，见表 2-1 与图 2-1、2-2、2-3。从图 2-1 可以看出，黄色与蓝色之间的分界线十分明显，这就是我国南方与北方的分界线。纬度与海拔是决定气候的关键影响因子，山脉与河流则是影响气候的次要因子。而这些不同地区的气候的差异就是对道地药材药性影响的外在因素。四川省最低海拔不到 300 m，而最高海拔的贡嘎山则为 7 556 m，造就了四川多个不同地区的垂直气候分布，从而产生了药用植物的区域分布，这也是形成道地药材的关键因素。

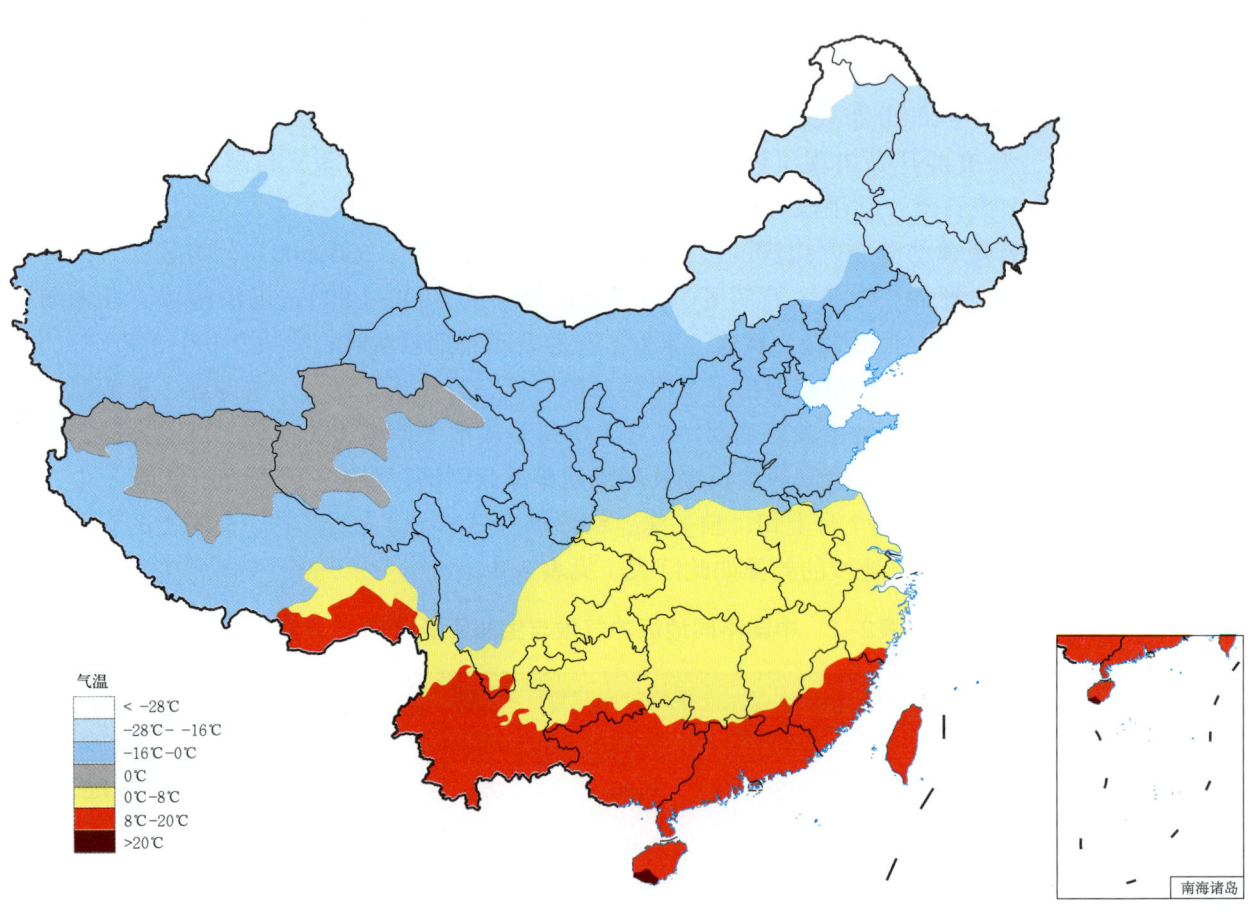

图 2-1　中国年平均气温分布图

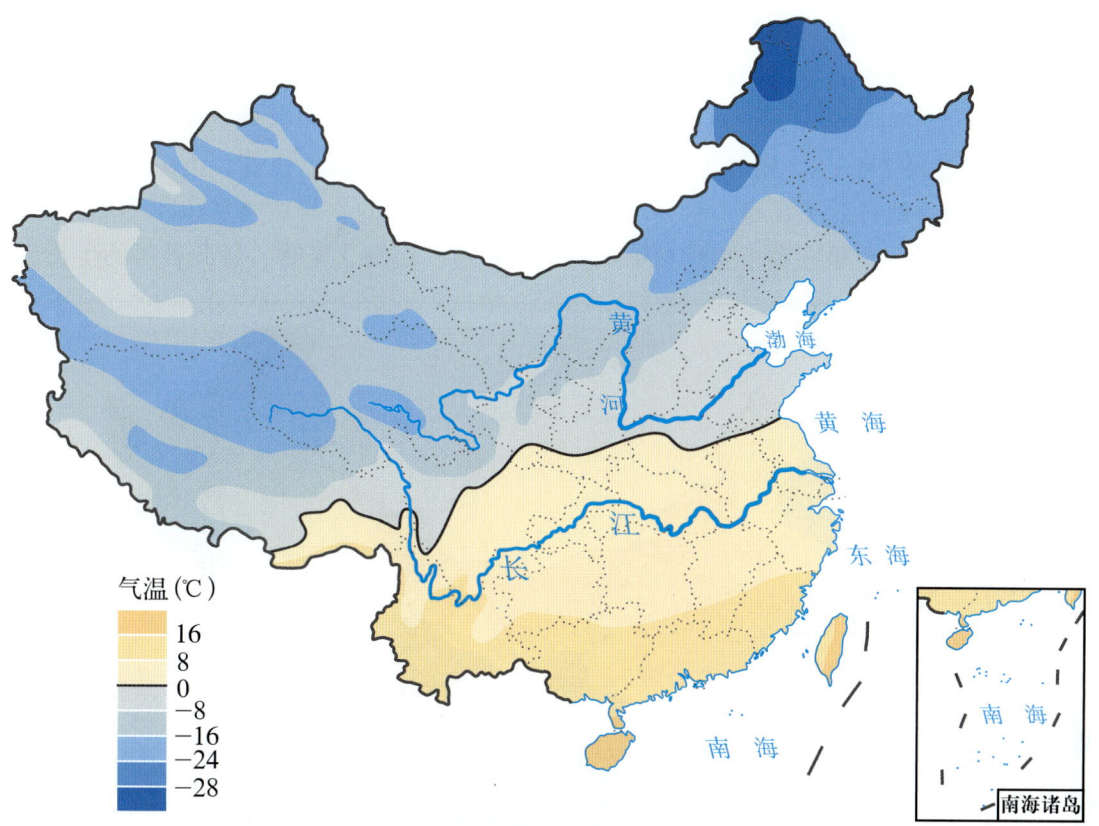

图2-2 中国1月平均气温分布图

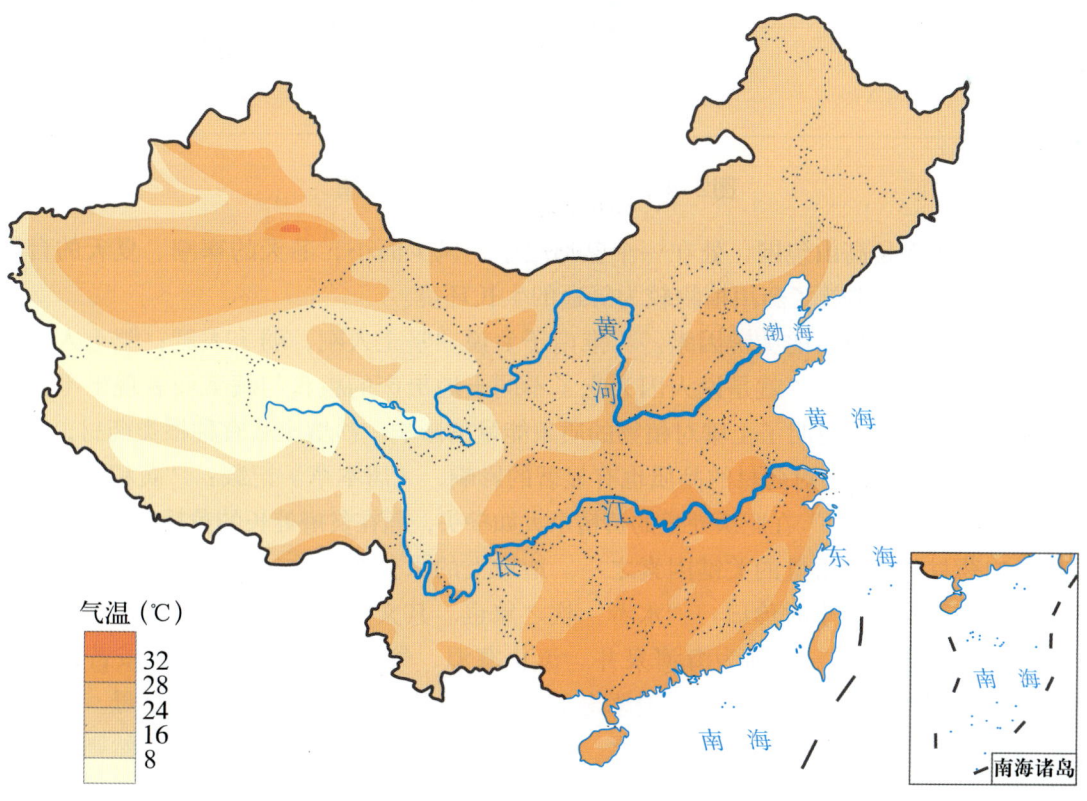

图2-3 中国7月平均气温分布图

光照是太阳能量对地球的影响,是植物生长的关键因子,从表2-1与图2-4可以看出,成都地区的日照时数只有1 071 h,不到其他地区的50%,这就决定了四川盆地的植物类药材具有不同的药性(质象能量),而与全国其他地区的药材存在显著的差异。四川盆地周围山区的年平均日照时数就更少,比如宝兴791.3 h。相对于北方地区的日照3 000 h来说(比如,内蒙古额济纳旗日照为3 452.2 h)。四川盆地日照不足是一种逆境,不利于喜光植物的生长。当然也不尽然,比较少的光照适宜于幼苗的生长,也更有利于喜荫植物如黄精、黄连、石斛、玉簪、骨碎补等的生长。

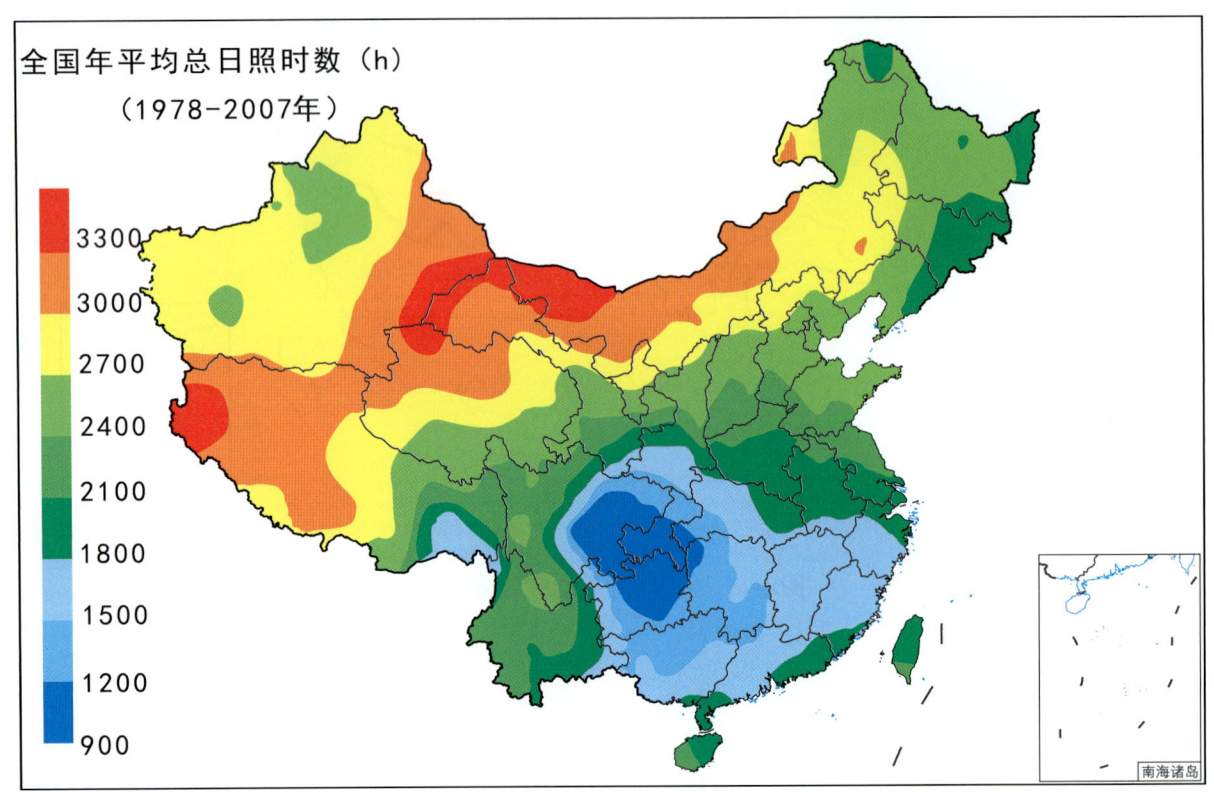

图2-4　全国平均日照时数分布图

四川因为四面都是高山包围,处在一个盆地之中,风少而小,冬天的寒潮、夏天的台风对于四川的影响都比较弱,这造就了药用植物较为舒适的生长环境。

土壤也是影响药材质量的关键因素。《淮南子》说"坚土人刚,弱土人肥;肥土人大,沙土人细;息土人美,耗土人丑"。就是说人因为吃了不同土地出产的粮食与蔬菜而表现出不同的外貌特征。这就从另外一个角度说明了土壤对植物的质象能量的影响。沙壤土适宜种根类药材,比如桔梗、防风、沙参等。土壤的肥力对药材的品质也有显著的影响,《唐本草》记载:"黄精,肥地生者即大如拳,薄地生者犹如拇指。"在肥沃处长的黄精个大如拳头,而在贫瘠处长的黄精就是拇指大小。

水是影响药材分布与质量的关键因素之一。地球上的水分布不均匀。物相之水是无形的能量的最佳载体。《本草纲目》李时珍曰:"水者,坎之象也。其文横则为三,纵则为川。其体纯阴,其用纯阳。上则为雨露霜雪,下则为海河泉井。流止寒温,气之所钟既异;甘淡咸苦,味之所入不同。是以昔人分别九州水土,以辨人之美恶寿夭。盖水为万化之源,土为万物之母。饮资于水,食资于土。饮食者,人之命脉也,而营卫赖之。故曰:水去则营竭,谷去则卫亡。然则水之性味,尤慎疾卫生者之所当潜心也。"

《本草纲目》(水部):"春雨宜男,秋霜肃肺。雪能凉肺消痈毒,腊雪则专杀诸虫。露还解暑退阳邪，花露则尤能润肺。潦水乃轻清味薄，能除湿热瘴黄。逆流则涌吐功多，可治风痰喉闭。甘澜水扬之万遍，不助肾邪。顺流水势善下趋，可疗腹疾。井泉新汲，煎之清热养阴。地浆为浆，服则除烦解毒。阿井水疏痰利膈。麻沸汤通络行经。至若水有阴阳，配宜生熟，可使调和霍乱，通利三焦。"春雨得春生升发之气，有滋水生肝发育万物之意。不同季节的水因为承载了不同的质象能量而具有不同的药性与功效。不管是雨、雪、霜、露、雾、雹、冰，水的分子与化学性质是始终没有改变，但是，水中的质象能量却存在显著的差异，甚至引起了形态的变化。地上的水也因为植被、土壤、岩石、河流等等因素而体现出了巨大的差异。泉水、河水、井水、自来水口感上差异显著，泉水泡的茶最好喝，而碱水所泡的茶则无法入口。阿井之水所熬制出来的阿胶是山东特色的道地药材。赤水河的水则是酿造茅台、郎酒的不可缺少的天然原料。

《淮南子·原道训》："天下之物，莫柔弱于水。然而大不可及，深不可测；修极于无穷，远沦于无涯；息耗减益，通于不訾；上天则为雨露，下地则为润泽；万物弗得不生，百事不得不成；大包群生而无好憎，泽及蚑蛲而不求报，富赡天下而不既，德施百姓而不费；行而不可得穷极也，微而不可得把握也；击之无创，刺之不伤，斩之不断，焚之不然（燃）；淖溺流通，错缪相纷而不可靡散；利贯金石，强济天下；动溶无形之域，而翱翔忽区之上，遭回川谷之间，而滔腾大荒之野；有余不足，与天地取与，授万物而无所前后。是故无所私而无所公，靡滥振荡，与天地鸿洞……与万物始终。是谓至德。"

"万物弗得不生"，没有水的地方就没有生命，比如月球、土星、金星。而地球因为70%都是水而生机勃勃。当然，地球上的沙漠、戈壁则因为缺水而植被稀少，种类也与水分充足的地方大不相同。

四川省水资源丰富，居全国前列。全省多年平均降水量约为4 889.75亿 m^3。水资源以河川径流最为丰富，境内共有大小河流近1 400条，号称"千河之省"，见图2-5。其中，大的河流有长江、

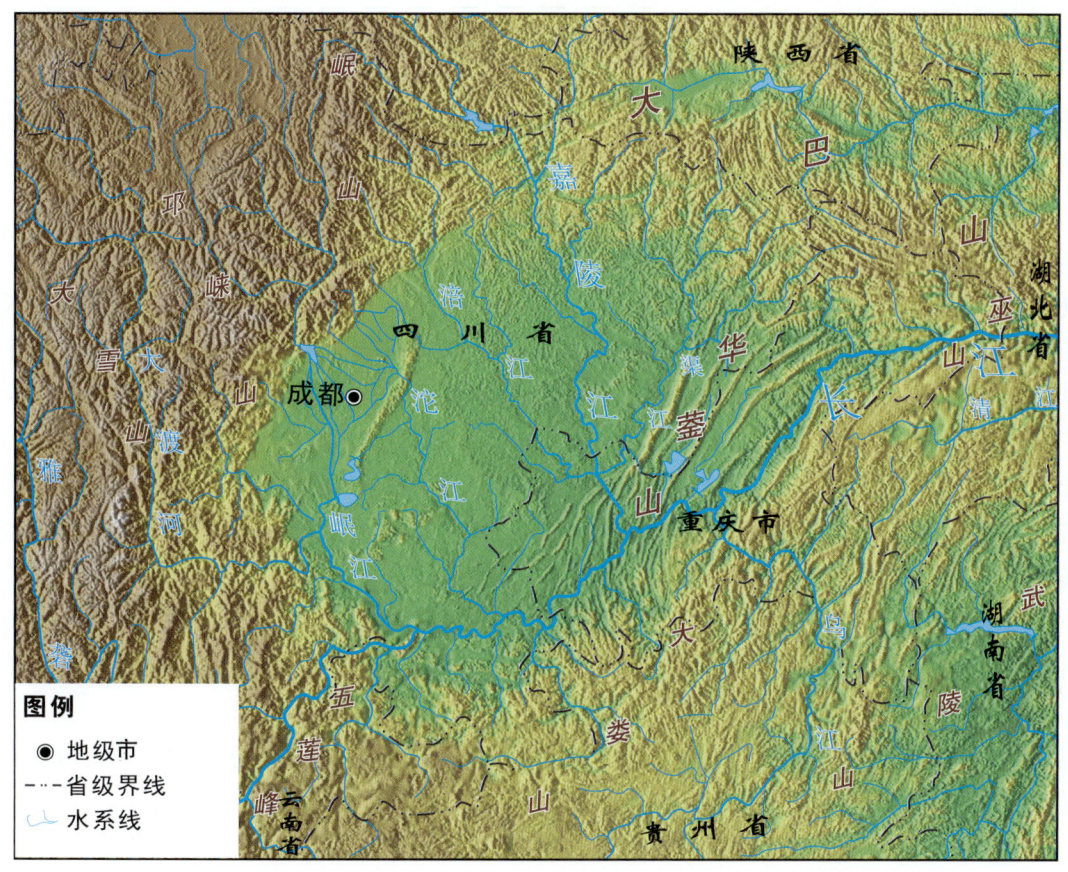

图2-5　四川主要河流分布图

岷江、嘉陵江等。如此丰富的水资源形成了四川独特的"潮湿"的气候，"潮湿"气候多数时候对植物的生长有利，但是，每年7~8月份的高温+高湿却是植物生长最大的逆境，附子、川芎等药材，因为不能克服这种逆境而只能在7月前采挖。

地形地貌对药材的品质的影响十分显著，不同产地的药材的形状存在差异，气味不同、无形的质象能量存在差异而表现出不同的临床疗效（药性）。黄连、川贝母、郁金、白芷、麦冬等药材的道地性都与产地有密切的关系。

黄连始载于《神农本草经》，列为上品。《名医别录》载："黄连生巫阳（今四川省巫山县）川谷及蜀郡（今四川省雅安境内）、太山。二月、八月采。"可见自古以来即以四川为主产地。《新修本草》载："蜀道者粗大节平，味极浓苦，疗渴为最；江东者节如连珠，疗痢大善。今澧州（今湖南澧县）者更胜。"《本草纲目》载："今虽吴、蜀皆有，惟以雅州、眉州者为良。药物之兴废不同如此。"这就充分说明了"地道"对药材形状与品质的影响。四川的"阴"+"湿"的气候特点最适宜于黄连的生长，而赋予了"雅连""味极浓苦"的药性。

贝母是常用的化痰止咳药，为百合科植物川贝母和浙贝母等药材的干燥鳞茎。主治热痰咳嗽、外感咳嗽、阴虚咳嗽、痰少咽燥、咯痰黄稠、肺痈、乳痈、痈疽肿毒、瘰疬等症。现代药理实验证明，贝母有镇咳、降压、升高血糖等作用。川贝母主产于中国的四川、云南、青海、甘肃等地。川贝母味苦、甘，性微寒，止咳化痰之效较强；入心、肺经，润肺功能显著。浙贝母主产于中国的浙江、江苏、安徽等地。浙贝母味苦，性寒，解毒功能突出。此外，还有新疆产的贝母称为"伊贝母"，主产于东北三省黑龙江、吉林、辽宁的贝母称为"平贝母"，二者均具有清热润肺、化痰止咳之功效。

三、人的主动调控是道地药材形成的"人和"因素

中国古代讲究"天人合一"。人总结出了天地自然的变化规律，比如一年四季、二十四节气、七十二候，更是用这些法则与规律指导药材的采收与初加工，形成了中药的播种季节、采收季节与初加工的方法，从而生产出品质最佳的药材——道地药材。

在播种季节上，最常见的是春播与秋播。春播的药材比如姜黄、白姜、丹参、麦冬等，而秋播的药材也很有特色，比如附子、黄连、白芍、大黄等。当然，也有一些植物具有特殊的生长规律而在独特的季节播种，比如川芎、白芷等是在八月下旬播种。郁金是一种块根药材，姜黄这个基源生产黄丝郁金，需要在夏至节播种，而需要生产姜黄药材则是需要在清明节播种。这就是典型的"人道"对中药药性的主动调控。

又比如都江堰川芎是知名的川产道地药材，川芎药材的生产也体现出了"人道"对中药药性的主动调控。川芎的适宜生长环境为海拔800~2 000 m的山区，比如青城山后山。但是这些地区气候相对比较寒冷，所产的川芎药材个头小，"热"的药性（热力）不足，药材的品质不佳。古蜀人于是发明了"山区育种、坝上种芎"的科学方法。将生长在高海拔的川芎移栽到海拔400~600 m的坝区人工种植，坝区种植的川芎个头大，气味浓香，具有"菊花心"，"热力"足，而成为临床效果显著的优质道地药材。

无独有偶，具有"百药之长"称号的"江油"附子，更是川产道地药材中，"人道"主动调控中药药性的经典案例。

附子的适宜生长环境为海拔900~2 800 m的山区，比如布拖、安县、青川、平武、北川等地的山区。但是这些地区气候相对比较寒冷，所产的附子药材个头小，"热"的药性（热力）不足，药

材的品质不佳。古蜀人于是发明了"山区育种、坝上种药"的科学方法，将生长在高海拔的"乌药"（附子种源）移栽到海拔400~600 m的江油市坝区人工种植，再加上田间管理的修根、打巅、摘芽、培土、施肥等等人工干预措施，江油坝区种植的附子个头大、气足、"热力"足，而与其他山区的附子药材区别开来。同时，人工的干预不仅仅是到此就为止了。附子还要进行复杂的初加工才能成为道地的"江油附子"。采收后的附子需要用胆巴水浸泡防止腐烂，再通过蒸后切片、漂洗、晾晒、染色等加工手段，形成了不同商品规格的附片，比如黑附片、黄附片、盐附子等等。临床上，中医根据自己的需求选择不同规格的附片或者是盐附子。

古人更是根据药材不同季节的质象能量的差异而确定了不同药材的采收期。其中最经典的例子是"三月茵陈四月蒿，五月六月当柴烧"。白蒿这种野菜，它在三月是一种药材——茵陈，此时它长约10 cm，味苦，但是药用价值非常高，是一种常用的中药。等到四月，茵陈长大，就成了白蒿，苦味淡去，只剩清香味，用来食用最好。此时正值清明节前后，熟知野菜习性的农村人会依据时节去挖白蒿回来，做"蒿子粑粑"吃。等到五月过后，白蒿猛长，就没什么价值了，只能砍了当柴烧。每一种药材都有自己的最佳采收期，麦冬与川明参是清明节采收，川芎是五月下旬，附子是七月初，根茎类的药材是秋冬季节，而叶花类药材则是开花前后采收，例如益母草，开花前采收的药材称为"童子益母草"，其活性成分高，品质优。

人根据气候、地理等的变化规律与差异来选择性地播种、采收、加工药材，这就是道地药材形成的"人和"因素。

第三节　川产道地药材

一、川产道地药材的重要性

川产道地药材在中药中占有十分重要的地位。道地药材相关代表性著作包括：胡世林的我国首部道地药材专著《中国道地药材》（1989年），胡世林《中国道地药材原色图说》（1997年），黎跃成《道地药与地方标准药原色图谱》（2002年），王强、徐国均《道地药材图典》（2003年），王家葵《中药材品种沿革及道地性》（2007年），徐春波《本草古籍常用道地药材考》（2007年），彭成《中华道地药材》（2013年），黄璐琦、张瑞贤《道地药材理论与文献研究》（2016年），曹晖、王孝涛《中国传统道地药材图典》（2017），以及万德光、彭成、赵军宁《四川道地中药材志》（2005年）、邓家刚、韦松基《广西道地药材》（2007年）、陈蔚文、徐鸿华《岭南道地药材研究》（2007年）、孙启时《辽宁道地药材》（2009年）等，都记载收录了大量的川产道地药材。

《中国道地药材》收载川产道地药材22种，《道地药材图典》收载川产道地药材36种。万德光等研究表明，四川道地药材品种达到49种，占全国主要道地药材品种的近20%。四川著名道地药材有川芎、附子、川贝母、雅连、川牛膝、川木通、川楝子、蜀椒等品种。其中更有冬虫夏草、川贝母、麝香等名贵珍稀品种。四川省川芎的产量占全国的90%以上。2005年，万德光、彭成、赵军宁主编并出版了《四川道地中药材志》。2013年，彭成《中华道地药材》收载川产道地药材84种。

二、四川省道地药材的本草考证研究

四川省中医药科学院作为中药资源普查的技术牵头单位,从 2013 年开始对川产道地药材进行了深入的本草考证研究。系统考察了《神农本草经》《图经本草》《本草纲目》《本草经集注》《本草品汇精要》《药物出产辨》以及各地的地方志,结合万德光教授等 2005 年编写的《四川道地中药材志》与彭成 2013 年主编的《中华道地药材》,统计出四川省共有道地药材 86 种,见表 2-2,包括川芎、丹参、白芷、白芍、麦冬、川楝子、红花、附子、干姜、姜黄、郁金、川明参、使君子、天冬、栀子、半夏、黄精、白及、枳壳、石斛、仙茅、陈皮、泽泻、吴茱萸、佛手、秦皮、天花粉、密蒙花、通草、海金沙、菊花、巴豆、蟾蜍、厚朴、石菖蒲、川乌、桔梗、土茯苓、川木通、花椒、杜仲、黄柏、五倍子、淫羊藿、鱼腥草、金钱草、金银花、山茱萸、赶黄草、魔芋、灵芝、银耳、钩藤、狗脊、独活、柴胡、乌梅、虎杖、黄连、川牛膝、天麻、金果榄、骨碎补、何首乌、天南星、麝香、冬虫夏草、川贝母、黄芪、大黄、川射干、川赤芍、川续断、羌活、升麻、甘松、党参、藁本、秦艽、川木香、猪苓、葛根、益母草、补骨脂、牡丹皮、重楼。《本草经集注》《本草品汇精要》记载的川产道地药材最多:《本草经集注》记载了川产药材 15 种,见表 2-3;《本草品汇精要》记载了川产药材 52 种,见表 2-4。赶黄草在《四川道地中药材志》与《中华道地药材》均没有收载,始载于明代《救荒本草》,古蔺县称为"神仙草",是苗族治疗肝炎的灵药。《天宝本草》《中药大辞典》《四川中药志》中均有记载。因此,也将赶黄草作为川产道地药材之一。

《图经本草》记载了川产道地药材 21 种,川芎、川楝子、附子、干姜、姜黄、郁金、栀子、石斛、吴茱萸、密蒙花、厚朴、川乌、黄柏、独活、乌梅、大黄、羌活、升麻、藁本、甘松、猪苓;《本草经集注》记载了川产药材 15 种,黄芪、杜仲、蜀椒、巴豆、厚朴、大黄、附子、牡丹皮、生姜、黄连、升麻、石菖蒲。《本草品汇精要》记载了川产药材 52 种,其中道地药材 24 种,独活、羌活、川芎、郁金、升麻、黄连、巴豆、附子、川乌、黄柏、大黄、厚朴、猪苓、仙茅、川续断、五倍子、使君子、密蒙花、牡丹皮、川楝子、黄芪、杜仲、骨碎补、狗脊。四川省历代地方志中也收录了大量的道地药材。清·雍正《叙州府志》记载了宜宾地区的道地药材 20 种,包括甘葛、通草(木通)、川续断、白及、吴茱萸、川牛膝、麦冬、川芎、姜黄、何首乌、金银花、益母草、使君子、仙茅、麝香、巴豆、半夏、石菖蒲、升麻以及凉山州雷波县所产黄连。清·乾隆《直隶达州志》记载了四川省达州市产的中药材 58 种,其中道地药材 31 种:淫羊藿、天门冬、麝香、白芍、川赤芍、何首乌、五倍子、天花粉、川牛膝、麦冬、使君子、通草、川芎、益母草、瓜蒌、金银花、石菖蒲、半夏、黄柏、天南星、枳壳、黄连、吴茱萸、陈皮、大黄、巴豆、厚朴、川乌、黄精、柴胡、葛根。清·蒋超《峨眉山志》收录中药材 67 种,其中道地药材 15 种:牡丹、芍药、黄精、天南星、何首乌、天门冬、益母草、吴茱萸、黄连、川乌、独活、半夏、桔梗、冬虫夏草、灵芝。民国《四川通志》记载四川省产道地药材 22 种:益母草、何首乌、忍冬、瓜蒌、天门冬、川芎、升麻、仙茅、黄精、狗脊、石斛、石菖蒲、川牛膝、菊花、贝母、独活、通草、附子、使君子、金银花、川乌、巴豆。民国《犍为县志》收录中药材 66 种,其中道地药材 24 种:陈皮、仙茅、红花、白及、郁金、川芎、五倍子、骨碎补、天南星、金银花、巴豆、何首乌、益母草、半夏、石菖蒲、麦冬、使君子、吴茱萸、瓜蒌仁、天花粉、通草(木通)、葛根(干葛、葛花)、黄精、蟾酥。清·同治《仁寿县志》收录中药材 74 种,其中道地药材 26 种,五倍子、巴豆(巴豆子)、栀子、牡丹皮、杜仲、通草(木通)、吴茱萸、川楝子(楝子)、骨碎补(猴姜)、葛根、郁金、姜黄、钩藤、菊花、狗脊、金银花、黄精、使君子、天冬、石菖蒲、柴胡、瓜蒌、牛膝、益母草、仙茅、何首乌。明清《营山县志》收录中药材85种，其中道地药材26种：海金沙、五倍子、升麻、土茯苓、天花粉、天冬、麦冬、仙茅、川楝子（楝子）、通草（木通）、何首乌、白芍、白芷、黄精、川乌、半夏、乌梅、牛膝、使君子、吴茱萸、天南星、枳壳、枳实、陈皮、柴胡、青皮。民国《北川县志》收录中药材46种，其中道地药材22种：甘松、石斛、升麻（绿升麻）、厚朴、杜仲、党参、牛膝、半夏、天麻、天南星、粉葛、天冬、天花粉、独活、木通（通草）、黄柏、黄芪、土茯苓、瓜蒌、山茱萸、柴胡、益母草。清·光绪《雷波县志》收录中药材65种：其中道地药材37种：贝母、羌活、独活、升麻、葛根（干葛）、桔梗、藁本、（川）牛膝、石斛（金钗石斛）、黄连、厚朴、补骨脂、黄精、秦艽、木通（通草）、仙茅、土茯苓、枳壳、钩藤、川续断、益母草、何首乌、白及、金银花、吴茱萸、天花粉、红花、大黄、柴胡、瓜蒌、淫羊藿、黄柏、石菖蒲、天南星、半夏、川乌、麝香。清·光绪《盐源县志》收录中药材153种，其中道地药材45种：厚朴、川芎、石菖蒲、大黄、黄连、川牛膝、杜仲、黄芪、巴豆、石斛、白及、秦艽、半夏、猪苓、丹参、川续断、川楝子、独活、羌活、土茯苓、黄精、麝香、五倍子（文蛤）、钩藤、何首乌、骨碎补、冬虫夏草、益母草、黄柏、藁本、柴胡、赤芍、白芍、贝母、陈皮、姜黄、天南星、木通（通草）、乌梅、天花粉、牡丹皮、淫羊藿、天冬、天麻、葛根。清·光绪《越西县志》收录中药材103种，其中道地药材29种：大黄、川贝母、石菖蒲、黄精、独活、藁本、升麻、柴胡、厚朴、五倍子（文蛤）、密蒙花、天麻、川牛膝、瓜蒌、半夏、赤芍、葛根（干葛）、黄柏、天南星、天花粉、川乌、桔梗、吴茱萸、通草、天门冬、淫羊藿、骨碎补、土茯苓、何首乌。见表2-2。

表2-2 本草文献记载的川产道地药材

品 种	古名称	道地性	古代产地	现代产地
川 芎	芎䓖、蘼芜	始载于《神农本草经》，列为上品。《本草图经》："今关陕、蜀川、江东山中多有之，而以者为胜。"《本草衍义》："芎䓖今出者大块，其里色白，不油色，嚼之微辛甘者佳。"清·雍正《叙州府志》记载"药材有川芎。"清·乾隆《直隶达州志》记载"药材有川芎"。民国《四川通志》记载"药材有芎䓖"	蜀川、川中、达州	都江堰、彭州
丹 参		始载于《神农本草经》，列为上品。《药物出产辨》："丹参产四川龙安府为佳，名川丹参。有产安徽、江苏，质味不佳"。清·《中江县志》（1715年）记载丹参在当时已经初具规模。1930年产量达三四十万斤	龙安府、中江	中江、广元、巴中
白 芷	川白芷	始载于《神农本草经》，列为中品。川白芷一名，出自《济生方》，产崇州者，称老川白芷，产遂宁者，称川白芷。《遂宁白芷志》记载，川白芷约在600前（南宋）时期由杭州引种而来。《药物出产辨》："白芷产四川为正，味馨香。如无川芷，则用会芷（河南），亦可。"	遂宁	遂宁
白 芍	川芍	清·乾隆《直隶达州志》记载"药材有白芍"。《药物出产辨》："白芍产四川中江、渠县为佳。亳芍、杭芍色肉气味均同川芍，色略黄，质略结，味略苦。"白芍以四川中江、安徽亳州、浙江杭州为道地	中江、渠县、达州	中江

续表

品 种	古名称	道地性	古代产地	现代产地
麦冬	麦门冬	始载于《神农本草经》，列为上品。清·雍正《叙州府志》记载"药材有麦冬"。清·乾隆《直隶达州志》记载"药材有麦门冬"。《三台县志》载："清嘉庆十九年（1814年），已在园河（今花园乡）白衣庵（今光明乡）广为种植。"	三台	三台
川楝子	楝实	《本草图经》："楝实即金铃子，生荆山山谷，今处处有之，以蜀川者为佳。"《证类本草》附有简州（简阳市）楝子图及梓（三台县）州楝子图	蜀川、简州、梓州	四川盆地
红花		始载于《开宝本草》。《药物出产辨》："以四川、河南、安徽为最。"四川始种于西汉，公元122年，张骞第二次出使西域，由西南进发，带红花种子入川，种于简阳等地。清·乾隆《简阳州县》："简州四野开花，州花染彩。"清·蒋超《峨眉山志》记载"峨眉山产红花"	四川	简阳、平昌
附子	天雄	始载于《神农本草经》，列为下品。《名医别录》："生犍为山谷及广汉。"唐·《新修本草》："天雄、附子、乌头并以蜀道绵州、龙州者佳。"《本草图经》："绵州彰明县（四川江油）多种之，惟赤水一乡者最佳。"民国《四川通志》记载"药材有附子"	犍为、彰明县、绵州、龙州	江油、平武、青川、安县
干姜	白姜	始载于《神农本草经》，列为中品。《名医别录》："生姜、干姜生犍为山谷及荆州、扬州"。《本草图经》："生姜生犍为山谷及荆州、扬州，今处处有之，以汉（成都）、温、池州者良。"《本草纲目拾遗》将四川产干姜命名为"川姜"。	犍为	犍为、沐川、宜宾
姜黄		《本草图经》："今江、广、蜀川多有之。"清·雍正《叙州府志》记载"药材有姜黄"	蜀川	犍为、沐川、屏山
郁金		始载于《药性论》。《唐本草》："生蜀地即西戎，苗似姜黄，花白质红。"《本草逢原》："郁金蜀产者，体圆尾锐。"《本草图经》："今广南、江西州郡亦有之，然不及蜀中者佳。"《药物出产辨》："产四川为正道地"。	蜀地、蜀中	双流、崇州
川明参	明党参	始载于《饮片从新》明党参项下。家种川明参始于金堂云华寺（云顶山）和巴中县三河场，分别有500年和300年历史。《中国土产综览》："川明参产量，1947年300吨，1949年100吨"	金堂、巴中	金堂、巴中、苍溪
使君子		始载于《开宝本草》。《本草品汇精要》："道地眉州"。《本草纲目》："蜀之眉州（今眉山市）皆栽种之"。清·雍正《叙州府志》记载"药材有使君子"。清·乾隆《直隶达州志》记载"药材有使君子"。《药物出产辨》："以四川为多出"。民国《四川通志》记载"药材有使君子"	眉州	四川盆地
天冬	天门冬	《新唐书》记载"普州（安岳）进贡的天门冬煎"。清·乾隆《直隶达州志》记载"药材有羚羊角、天门冬、麝香"。《药物出产辨》："以四川为上"。清·蒋超《峨眉山志》记载峨眉山产天门冬。民国《四川通志》记载"药材有天门冬"	普州、峨眉山	内江、古蔺

续表

品种	古名称	道地性	古代产地	现代产地
栀子		始载于《神农本草经》，列为中品。《本草图经》："栀子，今南方及西蜀诸郡皆有之。"《纳溪县志》记载："明清时期，纳溪境内，每到四五月栀子花香飘十里。年末，农民就上山采摘黄栀子。民国初期，开始种植。民国十年（1921年），栽培面积达4 700公顷。"	西蜀、纳溪	宜宾、泸州
半夏		清·雍正《叙州府志》记载"药材有半夏"。清·蒋超《峨眉山志》记载峨眉山药材有半夏。民国29年（1940年）陕西西京市（今西安市）国药商业同业公会《药材行规》半夏条记载产地说"四川、江南、北方各省"。另有"半夏曲"，记载产地："四川保宁（阆中）最佳"。《南充县志》："清代嘉庆二十五年（1820年）前，南充盛产的63种药材中，以半夏、僵蚕等有名气。"清·光绪《名山县志》记载"药材有半夏"	保宁、南充	南充、广安
黄精	山生姜（犍为）	《本草纲目》以为其"得坤土之精，为滋补中宫之胜品"，四川在后天八卦属于"坤卦"。黄精以四川为道地。清·雍正《叙州府志》记载"药材有黄精"。清·乾隆《直隶达州志》记载"药材有黄精"。清·蒋超《峨眉山志》"峨眉山产黄精"。清·光绪《名山县志》、民国《合江县志》、民国《犍为县志》与民国《四川通志》记载"药材有黄精"。王强《道地药材图典》："滇黄精分布于云南、四川、贵州、广西"	峨眉山、达州、叙州、名山	四川盆地、盆地丘陵地区
白及	白芨	清·雍正《叙州府志》记载"药材有白及"。清·光绪《四川通志》记载眉州（今四川眉山）出白及。《植物名实图考长编》引《陇蜀余闻》："武连梓潼间山谷多有之"。民国《犍为县志》记载"药材有白芨"	眉州、武连、梓潼	四川盆地
枳实/枳壳	川枳壳	清·乾隆《直隶达州志》记载"药材有枳壳"。清·嘉庆《金堂县志》记载"药材有枳实"。四川产者称为"川枳壳"，江西产者称为"江枳壳"，湖南产者称为"湘枳壳"。习惯以江枳壳、川枳壳质量最佳，湘枳壳次之	四川	泸州、广安
石斛	金钗花	始载于《神农本草经》，列为上品。《本草图经》："今荆、湖、川、广州郡及温、台州皆有之。"李时珍谓："石斛名义未详。今蜀人栽之，呼为金钗花"，又谓"处处有之，以蜀中者为胜"。清·光绪《名山县志》与民国《四川通志》记载"药材有石斛"	蜀中	合江、夹江、石棉
仙茅		《海药本草》："蜀中诸州皆有，粗细有筋，或如笔管"。《本草品汇精要》："产戎州（今四川宜宾）"。清·雍正《叙州府志》记载"药材有仙茅"。清·《植物名实图考》："川中产亦多"。民国《四川通志》记载"药材有仙茅"。	戎州、川中	四川盆地
陈皮	青皮、橘皮	杜甫梓州《甘园》，中华道地药材；清·乾隆《直隶达州志》记载"药材有陈皮"。清·嘉庆《金堂县志》记载"药材有橘皮"。民国《四川通志》记载："今数中成嘉叙泸渝夔诸州县遍种之，亦大宗产也。"民国《犍为县志》记载"药材有陈皮"。《药物出产辨》："川陈皮产量大，质量亦佳。"	梓州	泸州、三台、资中

续表

品　种	古名称	道地性	古代产地	现代产地
泽　泻	川泽泻	始载于《神农本草经》，列为上品。《中国道地药材原色图说》："泽泻主要在福建、四川、江西栽培。商品分为建泽泻和川泽泻（四川产）。"1951年《中国土产综览》记载，抗日战争以前，川泽泻外销旺盛时，最高产量600吨	四川	彭山
吴茱萸	食茱萸、茱萸	始载于《神农本草经》，列为中品。《本草图经》："食茱萸，蜀人呼其为艾子"，"今处处有之，江、浙、蜀汉尤多"，并附有蜀州食茱萸插图。清·雍正《叙州府志》记载"药材有吴茱萸"。清·蒋超《峨眉山志》记载峨眉山产吴茱萸。清·乾隆《直隶达州志》记载"药材有茱萸"	蜀汉	宜宾
佛　手	川佛手	《雅州府志》（1739年）卷之五："雅安县和芦山县产佛手、香橼、柑子"。产于四川江津、合川、泸县，云南新平、易门、峨山等地的药材称为"川佛手"。1934年（民国廿三年），《四川特产志》收载的峨眉山中药材有佛手	雅安、泸县、峨眉山	石棉、泸县、宜宾
秦　皮		始载于《神农本草经》，列为中品。李时珍谓："四川、湖广、滇南、闽岭、吴越东南皆有之，以川、滇、衡、永产者为胜。"	四川	
天花粉	瓜蒌	清·乾隆《直隶达州志》记载"药材有天花粉、瓜蒌仁"。清·乾隆《新繁县志》记载"药材有瓜蒌"。清·嘉庆《金堂县志》记载"药材有瓜蒌"。民国《四川通志》记载："瓜蒌蔓生结实名瓜蒌，根下结者有粉，名天花粉。"《中华道地药材》："尤以四川德阳、简阳、绵阳、乐山、雅安为最适宜。"	四川	四川盆地
密蒙花		《大观本草》附有简州密蒙花图。《开宝本草》："生益州川谷，树高丈余。"《大观本草》所附"简州密蒙花"与今马钱科植物密蒙花一致。《本草图经》："蜀中州郡皆有之"。清·嘉庆《金堂县志》记载"药材有密蒙花"	简州	四川盆地、丘陵
通　草	木通	民国《四川通志》记载"药材有通草"。民国《犍为县志》记载"药材有木通，木通即通草"。历史上分为台湾、四川两大类产品，规格有32方通、28方通、丝通等。产于四川者，称为"川通草"。王强《道地药材图典》：主产于贵州铜仁，四川兴文、达县、阿坝州	四川	犍为
海金沙		《本草纲目》："江、浙、湖、湘、川、陕皆有之。"《药物出产辨》："海金沙以湖南、四川等地所产为上，乃升金砂所结之粉，体轻色红棕为好。"	四川	四川盆地、丘陵
菊　花	甘菊、白菊	清·同治《仁寿县志》记载"药材有菊花"。民国《四川通志》记载"药材有甘菊"。民国《合江县志》记载"药材有白菊"。《中国道地药材》："近代因加工方法不同而有亳菊、祁菊、怀菊、川菊、滁菊、贡菊"。产四川者称川菊花		绵阳、广元

续表

品 种	古名称	道地性	古代产地	现代产地
巴 豆	巴菽	《范子计然》云："巴菽出巴郡"。《华阳国志》卷3："江阳郡（今四川泸州）物产有荔枝、巴菽"。《新修本草》记载巴豆产地云："出眉州、嘉州者良"。清·雍正《叙州府志》与民国《四川通志》记载"药材有巴豆"	江阳郡、眉州、嘉州	泸州、乐山
蟾 蜍	蟾 酥	清·嘉庆《金堂县志》记载"虫之属有蟾蜍"。民国29年（1940年）陕西西京市（今西安市）国药商业同业公会《药材行规》蟾蜍条记载产地说"河南、山东、江苏、四川"。民国《犍为县志》记载"虫类有蟾蜍"	四川	四川盆地、丘陵
厚 朴	紫朴	始载于《神农本草经》，列为中品。《本草图经》："梓州（三台）、龙州（平武）厚朴为上。"《本草品汇精要》："道地蜀川、商州"。清·乾隆《直隶达州志》记载"药材有厚朴"。民国《合江县志》记载"药材有紫朴"	蜀川、梓州、龙州	都江堰、平武、彭州
石菖蒲	菖 蒲	始载于《神农本草经》，列为上品。《名医别录》《唐本草》："生上洛池泽及蜀郡严道。一寸九节者良，露根不可用。"清·雍正《叙州府志》记载"药材有菖蒲"。《药物出产辨》："以四川者为佳"。民国《四川通志》记载"药材有石菖蒲"	蜀郡	四川盆地周围山区
川 乌	乌药	始载于《神农本草经》。《蜀本草》记载："以龙州、绵州者为佳"。《本草图经》："四品都是一种所产，其种出于龙州"。龙州即平武县。民国《四川通志》记载"药材有乌药。"	龙州、绵州	平武、青川、江油
桔 梗	凤桔	始载于《神农本草经》，列为下品。清·蒋超《峨眉山志》记载峨眉山产桔梗。《巴中县志》："巴中县三河场1924年开始种植桔梗，至今已有200年的历史。"万源市皮窝乡的桔梗家种于明清，距今已有350余年。梓潼桔梗，川桔梗中品质最优，种植历史已有300余年，药材业把产自梓潼的桔梗称为"梓桔"，将梓潼誉为"桔梗之乡"	巴中、万源、梓潼	梓潼、万源
土茯苓		《本草纲目》李时珍"楚、蜀山箐中甚多"。清·嘉庆《金堂县志》记载"药材有土茯苓"。清·光绪《名山县志》与民国《北川县志》记载"药材有土茯苓"。	四川	四川盆地周围山区
川木通	四朵梅	明代方书已有川木通之名，方以智《物理小识》："川木通色白，止通小便，伪者葡萄藤也。"《天宝本草》："四朵梅即木通，四朵花心方为贵。"谢宗万等考证认为四朵梅即木通。清·光绪《名山县志》记载"药材有木通"。《四川道地中药材志》收录了"川木通"	四川	盆地周围山区
花 椒	蜀椒、川椒	始载于《诗经·国风·唐风》："椒聊之实，蕃衍盈升。"《神农本草经》："蜀椒，味辛温。"《本草经集注》："蜀椒出蜀郡北部，人家种之，皮肉厚，腹里白，气味浓。"《本草纲目》："蜀椒肉厚皮皱，其子光黑，如人之瞳仁，故谓之椒目。"清·光绪《名山县志》记载"药材有川椒"	蜀郡北部	汉源、茂县、理县、九龙

续表

品 种	古名称	道地性	古代产地	现代产地
杜仲		始载于《神农本草经》，列为上品。清代郑肖岩谓"四川绥宁者最佳，巴河产者亦佳。"《通考》谓"杜仲青川者佳"。清·乾隆《直隶达州志》记载"药材有杜仲"。《药物出产辨》："杜仲产四川、贵州为最，其次湖北宜昌府各属。"《本草药品实地之观察》："药市中以四川产者为上品，称川杜仲而出售之。"	四川	四川盆地、盆地周围山区
黄柏	檗木	始载于《神农本草经》，列为中品。《蜀本草》："出房、商、合等州山谷中，以蜀中者为胜。"《本草图经》："处处有之，以蜀中者肉厚色深为佳。"清·乾隆《直隶达州志》记载"药材有黄柏"。清·光绪《名山县志》记载"药材有黄柏"	蜀中	荥经
五倍子		《本经逢原》："产川蜀，如菱角者佳。"《本草述钩元》："各处有此种，以蜀产结于盐肤木上者乃良。"清·乾隆《直隶达州志》与清·光绪《名山县志》记载"药材有五倍子"	蜀川	丘陵与四川盆地周围山区
淫羊藿		陶弘景："服此使人好为阴阳。西川北部有淫羊，一日百遍合，盖食藿所致，故名淫羊藿"。清·乾隆《直隶达州志》记载"药材有淫羊藿"。	西川北部	四川盆地周围山区
鱼腥草		始载于《名医别录》，列为下品。《蜀本草》："茎叶俱紫，赤。"	雅州	四川盆地、盆地周围山区
金钱草		始载于《滇南本草》。清·乾隆《四川百草堂验方》："金钱草是救命王"。《中药大辞典》："四川大金钱草。"王强《道地药材图典》："金钱草主产四川省，乐山、宜宾、温江、西昌等地区。"	洪雅	四川盆地、盆地周围山区
金银花		清·雍正《叙州府志》、清·乾隆《直隶达州志》记载"药材有金银花"。《叙州区志》载："蕨溪镇于清朝嘉庆年间开始种植金银花"	宜宾	宜宾、南江
山茱萸	枣皮	始载于《神农本草经》，列为上品。清代《安县志》记载，安县种植山茱萸已经有233年的历史。安县种植山茱萸是由清朝乾隆年间大学士李调元从江浙带回的200株山茱萸栽培于安县晓坝罐子山。现保存有百年枣树200余株。民国《北川县志》记载"药材有枣皮"	安县	安县
魔芋	蒟蒻	《开宝本草》："生蜀、吴，叶似由跋、半夏，根大如碗，生阴地。"《本草纲目》："蒟蒻，出蜀中，施州亦有之，呼为鬼头，闽中人亦种之。"	蜀中	四川盆地、盆地周围山区
灵芝	菌蕈	清·蒋超《峨眉山志》记载"峨眉山产菌蕈"。清·光绪《资州直隶州志》："卉之属，明正德间井研县产灵芝。"《中华道地药材》："主产于西南、华东、河北、山西、江西、广西、广东。"	四川	峨眉山、九寨沟

续表

品 种	古名称	道地性	古代产地	现代产地
银 耳	五木耳	《神农本草经》载有"五木耳"。《名医别录》："五木耳生犍为山谷，六月多雨时采，即暴干。"《通江县志》记载，通江银耳始种于清光绪六七年间（1880~1881年），陈河乡为其发祥地。至清光绪二十四年（1898年），通江陈河、涪阳一带已普遍种植	犍为	通江
钩 藤		清·同治《仁寿县志》记载"药材有钩藤，出老山。"民国《北川县志》记载"花类有钩藤"。《中华道地药材》："华钩藤主产四川昭化、宜宾"	宜宾、昭化	四川盆地周围山区
狗 脊	金毛狗脊	《证类本草》收载有眉州狗脊。《本草品汇精要》："道地产区为眉州。"《太平寰宇记》卷74记载，嘉州（今乐山）药物出产有金毛狗脊。清代《四川通志》："嘉州下辖之夹江县出。"民国《四川通志》记载"药材有狗脊"	夹江、眉州	四川盆地周围山区
独 活		《本草图经》："独活、羌活，出雍州川谷或陇西、南安，今蜀汉出者佳。"陶隐居云："独活生西川益州北部，色微白、形虚大，用与羌活相似。"《本草蒙筌》："多生川蜀，亦生陇西。"《本草乘雅半偈》："出蜀汉、西羌者良。"《本草品汇精要》："今出蜀汉者为佳。"民国《四川通志》记载"药材有独活"	蜀汉	四川盆地周围山区
柴 胡		清《雍正剑州志》卷十二土产篇36页有"药之属巴戟、桔梗、柴胡……"的记载。《剑阁县志》记载"柴胡 分布较广，资源丰富，有大柴胡、小柴胡之分。较著名的是小柴胡，特点是实心，药效优于外地柴胡，故称剑柴胡，历史上曾远销国外。"清·乾隆《直隶达州志》、民国《北川县志》记载"药材有柴胡"	剑州	剑阁、荣县
乌 梅	梅	《名医别录》："梅实生汉中川谷，五月采，火干。"《本草图经》："襄汉、川蜀、江湖、淮岭皆有之。"清·乾隆《直隶达州志》记载"林有桃、梅"。	蜀	达州、大邑、马边、宜宾
虎 杖	酸通、雄黄连（《天宝本草》）	《蜀本草》、《天宝本草》收录。《中华道地药材》："最适宜区为四川峨眉山、洪雅，浙江绍兴，陕西榆林、安康。"		峨眉山、洪雅、万源
黄 连		始载于《神农本草经》，列为上品。《唐本草》："蜀道者粗大节平，味极浓苦，疗渴为最。"《本草纲目》："今虽吴、蜀皆有，惟以雅州（雅安）、眉州者（洪雅、峨眉山）为良。"清·雍正《叙州府志》与清·乾隆《直隶达州志》记载"药材有黄连"	雅州、眉州	峨眉山、洪雅
川牛膝	牛 膝	始见于唐·《理伤续断方》，宋元明清方书中频频出现。《滇南本草》："川牛膝主产四川而得名，历来以四川天全县产者为最佳"。《本草纲目》："牛膝处处有之，谓之土牛膝，不堪服食，唯北土及川中人家栽培者为良。"清·雍正《叙州府志》、清·乾隆《直隶达州志》与清·乾隆《新繁县志》记载"药材有牛膝"	天全	天全、宝兴、金口河

续表

品 种	古名称	道地性	古代产地	现代产地
天麻	明天麻	始载于《神农本草经》,列为上品。《开宝本草》记载:"生郓州、利州(广元、旺苍)、太山、劳山诸处。"民国《北川县志》记载"药材有明天麻"。《药物川产辨》:"四川、云南、陕西汉中所产者佳"	利州	青川、平武、荥经
金果榄	青牛胆	《四川中药志》名地苦胆,《中华道地药材》:"广西、四川、贵州、湖南等地均为适宜区"		四川盆地周围山区
骨碎补		《本草品汇精要》记载骨碎补的道地产区为海州、舒州、戎州(今四川宜宾)、秦州。民国《犍为县志》记载"药材有骨碎补"	戎州	四川盆地、盆地周围山区
何首乌		清·雍正《叙州府志》记载"药材有何首乌"。清·乾隆《直隶达州志》、清·乾隆《新繁县志》、清·蒋超《峨眉山志》记载峨眉山产"何首乌"。民国《四川通志》记载"药材有何首乌"。王强《道地药材图典》"何首乌主产四川万源"	四川	四川盆地、盆地周围山区
天南星	南星	清·乾隆《直隶达州志》、清·嘉庆《金堂县志》、清·蒋超《峨眉山志》记载峨眉山产"南星"。《四川通志》卷38之6记载成都府亦产天南星。历代本草记载天南星出产于江苏、陕西、四川等地。一般以四川、江苏、陕西、河南、河北者为佳	四川	四川盆地、盆地周围山区
赶黄草	神仙草	赶黄草始载于明代《救荒本草》,古蔺称为"神仙草",是苗族治疗肝炎的灵药。	古蔺	古蔺
冬虫夏草	雪蛆	《本草从新》:"冬虫夏草,四川嘉定府所产者最佳,云南、贵州所产者次之。"《本草纲目拾遗》:"出四川江油化坪,夏为草,冬为虫。"《药物出产辨》:"冬虫夏草以四川打箭炉、泸州、灌县等处产者为正产地道。云南有出,但质味不如。"	嘉定府、江油	甘孜州、阿坝州
川贝母	贝母	始载于《神农本草经》,列为中品。《本草从新》:"川产最佳,圆正底平,开瓣味甘。"《本草汇言》:"川者味淡性优。"《药物出产辨》:"川贝母,以打箭炉、松潘等地为正地道,其余、灌县、大宁府、云南等均可。"清代《四川通志》(1725年)记载"川贝母主产松潘、雅州府理塘,龙安府青川。"民国《四川通志》记载"药材有贝母"	打箭炉、松潘	甘孜州、阿坝州
黄芪	黄耆	始载于《神农本草经》,列为中品。《名医别录》:"生蜀郡、白水(广元)、汉中,二月十月采,阴干。"民国《北川县志》记载"药材有黄耆"	蜀郡	甘孜州、阿坝州
大黄		始载于《神农本草经》,列为下品。《吴普本草》:"生蜀郡北部,或陇西。"《本草图经》:"今蜀川、河东、陕西州郡皆有之,以蜀川锦纹者佳,其次为秦陇来者,谓之吐蕃大黄。"清·乾隆《直隶达州志》记载"药材有大黄"	蜀川	甘孜州、阿坝州、北川、通江、雅安

续表

品　种	古名称	道地性	古代产地	现代产地
川射干		始载于《神农本草经》，列为下品。《植物名实图考》记载的鸢尾即为四川习用的川射干。《四川省中药材标准》（1987年）收载了川射干。《中国药典》2005版一部收载了川射干	四川	四川盆地周围山区
川赤芍	赤芍药	清·乾隆《直隶达州志》记载"药材有赤白芍药"。《药物出产辨》："赤芍原产陕西省汉中府，……四川亦有出，次之。"《中华道地药材》："川赤芍历来为四川主产的道地药材。"	四川	甘孜州、阿坝州
续　断	川续断	始载于《神农本草经》，列为上品。唐·《理伤续断方》中提到川续断。《本草品汇精要》："以蜀川者为道地"。李时珍曰："今人所用，以川中来，色赤而瘦，折之有烟尘起者为良焉。"清·雍正《叙州府志》记载"药材有续断"	川中	四川盆地周围山区、甘孜州
羌　活		始载于《神农本草经》独活项下。《本草图经》："独活、羌活，出雍州川谷，或陇西南安，今出蜀汉者佳。"《药物出产辨》："出川者佳。"	蜀汉	甘孜州、阿坝州
升　麻	绿升麻	始载于《神农本草经》，列为上品。《本草图经》附有茂州升麻图。宋代苏颂："生益州山谷，今蜀汉、陕西、淮南州郡皆有之，以蜀川者为胜。"《本草品汇精要》"以益州川谷及蜀川者为道地"。清·雍正《叙州府志》与民国《北川县志》记载"药材有绿升麻"	蜀川	甘孜州、阿坝州
党　参	刀党、晶党	产于平武、九寨沟的素花党参称为"西党"，《中华道地药材》将产于平武、青川、九寨沟、理县、松潘的党参称为"晶党"	平武、南坪	九寨沟
藁　本		《本草图经》："今西川、河东州郡及兖州、杭州有之。"元代危亦林《世医得效方》卷15神应圆处方提到"川藁本"。宋元以来，以四川产者为道地	四川	四川盆地周围山区、阿坝州
甘　松		《本草图经》："今黔蜀州郡及辽州亦有之"。《本草纲目》载："产于川西松州（松潘县），其味甘，故名。"民国《北川县志》记载"药材有甘松"	松州	甘孜州、阿坝州
秦　艽		《药物出产辨》："以陕西省汉中产为正地道，名曰西秦艽；其次云南产者多，四川产者少，总其名曰川秦艽，气味不及西秦艽之佳也。"而四川省的阿坝州与甘肃省甘南自治州接壤，所产秦艽也称为"西秦艽"	四川	甘孜州、阿坝州
川木香		《药物出产辨》："有产四川，名川木香，味清轻。"《中国药典》（1963版）收载川木香，以后各版均有收载	四川	甘孜州、阿坝州
猪　苓		始载于《神农本草经》，列为中品。《本草图经》附有龙州（平武）猪苓图。苏颂记载：今蜀州（崇州市）、眉州（眉山市）亦有之	龙州、蜀州、眉州	九寨沟、南江

续表

品　种	古名称	道地性	古代产地	现代产地
麝香		始载于《神农本草经》，列为上品。《名医别录》："生中台川谷及益州、雍州山中。春分去之，生者益良。"清·嘉庆《达县志》记载"药材有松香、麝香、淫羊藿"。《药物出产辨》："产四川打箭炉，为正地道。"	益州、打箭炉	甘孜州、阿坝州
补骨脂	故纸	《药物出产辨》："故纸产四川为最，河南安徽次之"。《中国道地药材原色图说》把补骨脂列为四川道地药材。《中药大辞典》记载我国的主产区，将四川省列为第一。晚近则完全以川产为正宗	四川	西昌
牡丹皮		始载于《神农本草经》，列为中品。《名医别录》："生巴郡山谷及汉中。"《日华子本草》："巴、蜀、合州者上，海盐者次之。"《唐本草》："生汉中。剑南（成都附近地区）所出者凌冬不雕，根似芍药。"《药品化义》："川丹皮内外俱紫，气香甚，治肝之有余。"	四川、剑南	彭州、西昌
重楼	蚤休	王强《道地药材图典》："滇重楼主产于云南、贵州、四川、广西。"《中华道地药材》："七叶一枝花分布于四川、贵州、云南、西藏东南部。"		凉山州、龙门山区
葛根	干葛、甘葛	《神农本草经》："生汶山（今茂县）川谷。"《新唐书·地理志》："土贡葛粉的州郡有眉州通义郡、剑州普安郡、龙州应灵郡。"清·雍正《叙州府志》、清·乾隆《直隶达州志》记载"药材有干葛"	茂县、眉州、剑州、龙州	达川
益母草	茺蔚子、坤草	清·雍正《叙州府志》、清·乾隆《直隶达州志》、清·乾隆《新繁县志》、民国《北川县志》记载"药材有益母草"。清·蒋超《峨眉山志》记载峨眉山产益母草。民国《四川通志》记载"药材有茺蔚"	峨眉山	四川盆地与攀西地区

表2-3　《本草经集注》中记载的川产道地药材

药　材	产地描述	今产地	附　注
菖蒲	生上洛池泽及蜀郡严道。今处处有之	四川雅安	今石菖蒲
升麻	生益州山谷。旧出宁州者第一	四川	
黄连	生巫阳山谷及蜀郡、太山	四川	
生姜	生犍为山谷及荆州、扬州。蜀汉姜旧美	四川犍为	
牡丹	生巴郡山谷及汉中	四川东部	
天雄	生少室山谷。此与乌头、附子三种，本出建平，故谓之三建，今宜都佷山最好，谓为西建	四川东部	今附子、川乌
大黄	今采益州汶山北部及西山者，虽非河西、陇西，好者亦为紫地锦色。西川阴干者胜	四川汶川、四川西部	
厚朴	今出建平、宜都，极厚肉紫色为好	四川东部	

续表

药 材	产地描述	今产地	附 注
巴 豆	生巴郡川谷。出巴郡，似大豆，最能泻人，新者佳	四川东部	
蜀 椒	生武都川谷及巴郡。出蜀都北部，人家种之。皮肉厚，腹里白，气味浓	四川北部	今花椒
黄 芪	生蜀郡山谷、白水、汉中。今第一出陇西	四川山区	
杜 仲	今用出建平、宜都者，状如厚朴，折之多白丝者为佳	四川东部	
白鲜皮	今处处有之，以蜀中者为良	四川	
苦 菜	生益州山谷，山陵道旁，凌冬不死	四川	
甘 草	今出蜀汉中，悉从汶山诸夷中来，赤皮断理，看之坚实者，是抱罕草，最佳。抱罕，羌地名	四川汶川	今四川不产

表2-4 《本草品汇精要》中记载的川产道地药材

药 材	产地描述	今产地	附 注
独 活	蜀汉者为佳	四川	
羌 活	今出蜀汉者佳	四川	
芎 䓖	蜀川者为胜	四川	今川芎
蘼 芜	今关陕、蜀川、江东山中皆有之	四川	川芎地上部分，本书未收录
郁 金	蜀州、潮州	四川双流、崇州	
升 麻	益州川谷及蜀川者为胜	四川	
黄 连	出宜城、秦地及杭州、柳州、蜀道、澧州、东阳、新安诸县者最胜	四川	
巴 豆	戎州、眉州、嘉州者良	四川宜宾、眉山	
附 子	梓州、蜀中	三台、川中	
乌 头	出蜀土及赤水、邵州、成州、晋州、梓州、江宁府者佳	四川三台	
侧 子	蜀地、龙州、绵州者佳	四川平武、绵阳	
檗 木	蜀州者为佳	四川	今黄柏
大 黄	蜀州、陕西、凉州	四川	
厚 朴	蜀川、商州、归州、梓州、龙州最佳	四川三台、平武	
猪 苓	龙州者良	四川平武	
仙 茅	戎州	四川宜宾	
续 断	蜀川者佳	四川	
使君子	眉州	四川眉山	

续表

药 材	产地描述	今产地	附 注
五倍子	蜀中者为胜	四川	
密蒙花	简州	四川简阳	
牡 丹	巴蜀、剑南、合州、和州、宜州者并良	四川、广元	
楝 实	蜀川、简州、梓州	四川简阳、三台	今川楝子
黄 芪	生蜀郡山谷、白水、汉中。今第一出陇西	四川山区	
杜 仲	建平、宜都者佳	四川东部	
骨碎补	海州、舒州、戎州、秦州	四川宜宾	
狗 脊	成德军、眉州、温州、淄州	四川眉山	
蜀 漆	明州、海州	四川	
常 山	宜都、建平	四川东部	
当 归	以川蜀及陇西、四阳、文州、宕州、当州、翼州、松州者最胜	四川松潘	
羊 桃	蜀川川谷	四川山区	
荞 草	蜀州、福州	四川	
荠 苨	润州、蜀州	四川	今沙参
紫 参	滁州、濠州、眉州、蒲州、晋州	四川眉山	今华鼠尾
茴香子	简州	四川简阳	
地肤子	密州、蜀州	四川	
蔓荆实	眉州	四川眉山	
巴戟天	蜀川者为佳	四川	
白 鲜	江宁府、滁州、蜀中	四川	
木 兰	益州	四川	
鼠 李	蜀州	四川	
木鳖子	益州、蜀郡	四川	
枇杷叶	眉州、江南、西湖	四川眉山	
李核仁	蜀州	四川	
芥	蜀州	四川	
苦 菜	蜀川	四川	
菴摩勒	戎州	四川宜宾	今余甘子
茗	雅州、蒙山、成州	四川雅安、名山	今茶叶

续表

药　材	产地描述	今产地	附　注
枸　杞	陕西、甘州、茂州	四川茂县	
地骨皮	陕西、甘州、茂州	四川茂县	
草　薢	兴元府、邛州、荆门军、成德军	四川邛崃	
麻　黄	茂州、同州、荥阳、中牟者为胜	四川茂县	
草　蒲	池州、戎州者佳	四川宜宾	

三、四川省道地药材的区域分布研究

研究中药生产区划的目的在于揭示药材资源与药材生产的地域分布规律，按照区内相似性和区间差异性原则将道地药材资源进行分区，对于科学指导药材区划和生产布局有重要参考价值。中国药材公司1995年编写出版了《中国中药区划》，陈士林研究员2011年编写出版了《中国药材产地生态适宜性区划》，提出了中药材区划与生产布局，为我国中药材的引种栽培和规范化种植（养殖）提供了科学依据。

四川省地理环境复杂，生态环境特殊，海拔落差大，这也是我省中药资源与道地药材丰富的主要原因。1992年陈善墉、肖小河等首倡川产道地药材生产布局研究，运用模糊数学方法，定量与定性分析相结合，研究川产道地药材的气候生态适宜性与生产合理布局，将川产道地药材生产布局大致划分为2个区和2个亚区。2003年，四川省中医药科学院姜荣兰等开展了《32种川产道地药材生产区划》研究，获得省科技进步三等奖。2005年，万德光、彭成、赵军宁等根据四川省的自然地理条件，将川产道地药材分为4个区域：四川盆地药材生产区，盆地边缘山地药材生产区，攀西药材生产区，川西高原高山峡谷药材生产区，该研究成果收入万德光等主编的《川产道地药材志》。

本区划根据自然生态环境与栽培产区，在万德光、姜荣兰教授研究的基础上，将我省86种道地药材区域分为4个区域：盆地中央药材生产区，包括成都市、资中市、内江市、南充市、遂宁市、眉山市、自贡市以及泸州市、宜宾市、乐山市、雅安市的大部分地区，主要有川芎、丹参、白芷、白芍、麦冬、川楝子、红花、附子、干姜、姜黄、郁金、川明参、使君子、天冬、栀子、半夏、黄精、白及、枳壳、石斛、仙茅、陈皮、泽泻、吴茱萸、佛手、秦皮、天花粉、密蒙花、通草、海金沙、菊花、巴豆、蟾蜍等。盆地边缘山地药材生产区，包括龙门山区、乌蒙山区、秦巴山区，主要有厚朴、石菖蒲、川乌、桔梗、土茯苓、川木通、花椒、杜仲、黄柏、五倍子、淫羊藿、鱼腥草、金钱草、金银花、山茱萸、赶黄草、魔芋、灵芝、银耳、钩藤、狗脊、独活、柴胡、乌梅、虎杖、黄连、川牛膝、天麻、金果榄、骨碎补、何首乌、天南星等。本区在地理分布上缺乏连贯性，四川省南部的古蔺县、合江县、兴文县、筠连县的部分地区也属于本区。川西高原高山峡谷药材生产区，主要包括甘孜州、阿坝州与凉山州北部地区，主要有麝香、冬虫夏草、川贝母、黄芪、大黄、川射干、川赤芍、川续断、羌活、升麻、甘松、党参、藁本、秦艽、川木香、猪苓等。攀西药材生产区，包括攀枝花市与凉山州南部地区，主要有葛根、益母草、补骨脂、牡丹皮、重楼等。见图2-6。

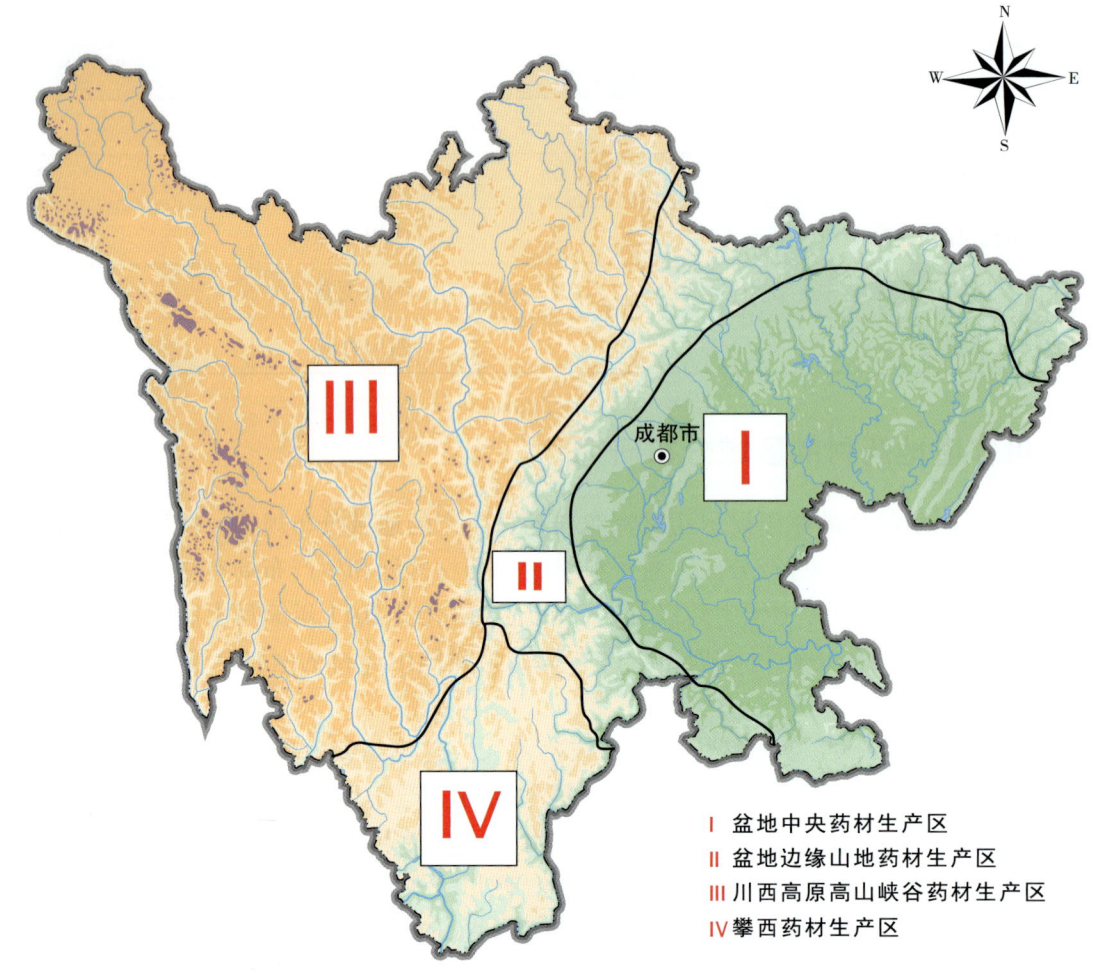

图2-6 四川省道地药材区域分布示意图

四、四川省道地药材区划说明

四川省道地药材的形成是天人合一的产物。我省道地药材栽培历史悠久，不少药材都总结出了特殊的栽培技术，比如川芎在青城山山区育苗，在都江堰坝上种"芎"；又例如附子在龙门山区的平武、青川建立种源基地，生产附子种苗"乌药"，而在江油市河西乡种植附子。本区划根据这些药材的实际生产情况分别制定了种源基地与药材生产基地的生产区划。

四川省道地药材中多基源的情况也比较突出，例如川贝母有6个基源，川贝母 *Fritillaria cirrhosa* D.Don、暗紫贝母 *Fritillaria unibracteata* Hsiao et K.C.Hsia、甘肃贝母 *Fritillaria przewalskii* Maxim.、梭砂贝母 *Fritillaria delavayi* Franch. 的干燥鳞茎及同属植物太白贝母 *Fritillaria taipaiensis* P.Y.Li 和瓦布贝母 *Fritillaria unibracteata* Hsiao et K.C.Hsia var. *wabuensis*（S.Y.Tang et S.C. Yue）Z.D. Liu，S.Wang et S.C.chen。这6个基源的分布范围、海拔、气候与生态环境均存在较大的差异，因此，本次研究分别确定了川贝母3个物种的适宜区与最适宜区。其他如川木通、重楼、黄精等也分别确定了不同基源的适宜区与最适宜区。

四川省目前主要栽培的黄连主要是黄连（味连）*Coptis chinensis* Franch.，而传统上，三角叶黄连（雅连）Coptis deltoidea C.Y.Cheng et Hsial 才是川产道地药材，而黄连主产于重庆市与湖北省。因此，我们根据三角叶黄连的气候与生态特征确定了黄连的适宜区与最适宜区。

四川省道地药材中也存在同一基源生产多种道地药材的情况，例如姜黄 Curcuma longa L. 这个原植物就生产了姜黄与郁金两种药材，它们的分布区域存在较大的差异。因此，本次研究确定了姜黄与郁金的适宜区与最适宜区。

四川省动物资源十分丰富，我省有两种动物药麝香与蟾酥也是道地药材。因此，本次研究也确定了麝香与蟾酥的适宜区与最适宜区。

参考文献

[1] 中华人民共和国主席令第五十九号.中华人民共和国中医药法[S].2016.

[2] 农业农村部会，国家药品监督管理局，国家中医药管理局.全国道地药材生产基地建设规划（2018-2025年）[EB/OL].（2018-12-21）[2019-12-10].

[3] 金安琪，池秀莲，杨光，等.道地药材的保护模式探究——以地理标志产品保护模式为例[J].中国中药杂志，2019，44（3）：619.

[4] 万德光.四川道地中药材志[M].成都：四川科学技术出版社，2005：224..

[5] 神农本草经[M].孙星衍，孙冯翼辑.太原：山西科学技术出版社，2018.

[6] 苏颂.图经本草[M].胡乃长等辑注.福州：福建科学技术出版社，1987.

[7] 李时珍.本草纲目[M].上海：上海科学技术出版社，1990.

[8] 郭秀梅，王少丽.本草经集注[M].北京：学苑出版社，2013.

[9] 刘文泰.本草品汇精要[M].北京：人民卫生出版社，1990.

[10] 陈仁山.药物出产辨[M].北京：新医药出版社，1977.

[11] 王麟祥.雍正叙州府志[M].北京：光明日报出版社，2014.

[12] 达州市人民政府地方志办公室.乾隆直隶达州志[M].陈庆门纂修，宋名立续纂.北京：国家图书馆出版社，2017.

[13] 蒋超.《峨眉山志》编纂委员会.峨眉山志[M].成都：四川科学技术出版社，1997.

[14] 宋育仁，王嘉陵.重修四川通志稿.第十一册[M].北京：国家图书馆出版社，2015.

[15] 犍为县地方志办公室.民国·犍为县志.第六册[M].成都：四川人民出版社，1991.

[16] 仁寿县地方志办公室.仁寿县旧志集成.第四册[M].北京：中国文史出版社，2014.

[17] 四川地方志编辑委员会.四川历代方志集成（8清·光绪雷波县志）[M]，北京：国家图书馆出版社，2017.

[18] 四川地方志编辑委员会.四川历代方志集成（8清·光绪盐源县志）[M]，北京：国家图书馆出版社，2017.

[19] 四川地方志编辑委员会.四川历代方志集成（8清·光绪越西县志）[M]，北京：国家图书

馆出版社，2017.

［20］四川省中江县志编纂委员会.中江县志［M］.成都：四川人民出版社，1994.

［21］严用和.济生方［M］.北京：人民卫生出版社影印，1956.

［22］遂宁地方志编辑委员会.遂宁县志［M］.成都：巴蜀书社，1993.

［23］四川省三台县志编纂委员会.三台县志［M］.成都：四川人民出版社，1992.

［24］唐慎微.证类本草［M］.上海：上海古籍出版社，1991.

［25］卢多逊.开宝本草［M］.合肥：安徽科学技术出版社，1998.

［26］四川地方志编辑委员会.四川历代方志集成（25 清·咸丰简州志）［M］，北京：国家图书馆出版社，2017.

［27］陶弘景.名医别录［M］.尚志钧辑校.北京：中国中医药出版社，2013.

［28］苏敬.新修本草［M］.尚志钧辑校.合肥：安徽科学技术出版社，1981.

［29］赵学敏.本草纲目拾遗［M］.北京：中医古籍出版社，2017.

［30］甄权.药性论［M］.合肥：安徽科学技术出版社，2006.

［31］张璐.本草逢原［M］.北京：中国医药科技出版社，2011.

［32］谢惟杰，黄烈，陈一津.金堂县志［M］.北京：北京章和文化传播有限公司，嘉庆16年（1811）刻本，2017.

［33］欧阳修.新唐书［M］.中华书局，1975.

［34］纳溪县志编委会.纳溪县志［M］.成都：四川科学技术出版社，1992.

［35］李甘亭.药材行规［M］.西京（西安）：西京东关通盛和印刷部，1940.

［36］四川省南充县志编纂委员会.南充县志［M］.成都：四川人民出版社，1993.

［37］合江县志编纂委员会.合江县志［M］.成都：四川科学技术出版社，1993.

［38］凤凰出版社编纂.中国地方志集成·省志辑（四川）［M］.南京：凤凰出版社，2011.

［39］吴其睿.植物名实图考长编［M］.上海：商务印书馆，1959.

［40］祁韵士.万里行程记陇蜀余闻［M］.上海：商务印书馆，1936.

［41］四川省金堂县志编纂委员会.金堂县志［M］.成都：四川人民出版社，1994.

［42］李珣.海药本草［M］.北京：人民卫生出版社，1997.

［43］杜甫.杜甫诗集［M］.长春：吉林大学出版社，2011.

［44］胡世林.中国道地药材原色图说［M］.济南：山东科学技术出版社，1998.

［45］彭成.中华道地药材［M］.北京：中国中医药出版社，2011.

［46］唐慎微.大观本草［M］.合肥：安徽科学技术出版社，2003.

［47］徐国钧，王强.道地药材图典（西南卷）［M］.福州：福建科学技术出版社，2003.

［48］胡世林.中国道地药材［M］.哈尔滨：黑龙江科学技术出版社，1989.

［49］南怀瑾.正统谋略学汇编（范子计然）［M］.上海：复旦大学出版社，2019.

［50］常璩．华阳国志（卷3）［M］．济南：齐鲁书社，2010.

［51］吴越．蜀本草日华子本草［M］．尚志钧辑释．合肥：安徽科学技术出版社，2005.

［52］四川省巴中县志编纂委员会，巴中县志［M］．成都：巴蜀书社，1994.

［53］方以智．物理小识［M］．上海：商务印书馆，1937.

［54］龚锡麟等．天宝本草新编［M］．谢宗万，邬家林新编．北京：中医古籍出版社，2010.

［55］孔丘．诗经［M］．长春：吉林出版集团有限责任公司，2016.

［56］马端临．文献通考［M］．上海：中华书局，2011.

［57］赵燏黄．本草药品实地之观察［M］．樊菊芬校．福州：福建科学技术出版社，2006.

［58］杨时泰．本草述钩元［M］．上海：上海科学技术出版社，1958.

［59］兰茂．滇南本草［M］．昆明：云南科技出版社，2004.

［60］冉德先．中华药海·上册［M］．哈尔滨：哈尔滨出版社，1993：157.

［61］南京中医药大学．中药大辞典［M］．上海：上海科学技术出版社，2006.

［62］四川省叙州区志编纂委员会编．叙州区志［M］．成都：巴蜀书社，1991.

［63］四川省安县志编纂委员会．安县志［M］．成都：巴蜀书社，1991.

［64］四川地方志编辑委员会．四川历代方志集成（10清·光绪资州直隶州志）［M］，北京：国家图书馆出版社，2017.

［65］四川省通江县志编纂委员会．通江县志［M］．成都：四川人民出版社，1998.

［66］乐史．太平寰宇记［M］．王文楚等点校．上海：中华书局，2007.

［67］陈嘉谟．本草蒙筌［M］．北京：中医古籍出版社，2009.

［68］卢之颐．本草乘雅半偈［M］．张永鹏注．北京：中国医药科技出版社，2014.

［69］四川省剑阁县志编纂委员会．剑阁县志［M］．成都：巴蜀书社，1992.

［70］蔺道人．理伤续断方［M］．南京：江苏科学技术出版社，1989.

［71］中国科学院四川分院中医中药研究所．四川中药志［M］．成都：四川人民出版社，1960.

［72］常明．四川通志［M］．杨芳灿等纂修．成都：巴蜀书社，1984.

［73］朱橚．救荒本草［M］．北京：中国书店，2018.

［74］吴仪洛．本草从新［M］．太原：山西科学技术出版社，2015.

［75］倪朱谟．本草汇言［M］．北京：中医古籍出版社，2005.

［76］吴普．吴普本草［M］．北京：人民卫生出版社，1987.

［77］四川省食品药品监督管理局编．四川省中药材标准［M］．成都：四川科学技术出版社，2011.

［78］国家药典委员会．中华人民共和国药典（一部）［S］．北京：中国医药科技出版社，2005.

［79］危亦林著．世医得效方［M］．北京：中国中医药出版社，2009.

［80］国家药典委员会．中华人民共和国药典（一部）［S］．北京：中国医药科技出版社，1964.

［81］常敏毅．日华子本草辑注［M］．北京：中国医药科技出版社，2015.

［82］黎跃成．道地药与地方标准药原色图谱［M］．成都：四川科学技术出版社，2002．

［83］王家葵．中药材品种沿革及道地性［M］．北京：中国中医药出版社，2007．

［84］徐春波．本草古籍常用道地药材考［M］．北京：人民卫生出版社，2007．

［85］黄璐琦，张瑞贤．道地药材理论与文献研究［M］．上海：上海科学技术出版社，2016．

［86］曹晖，王孝涛．中国传统道地药材图典［M］．北京：中国中医药出版社，2017．

［87］邓家刚，韦松基．广西道地药材［M］．北京：中国中医药出版社，2017．

［88］陈蔚文，徐鸿华．岭南道地药材研究［M］．广州：广东科技出版社，2007．

［89］孙启时．辽宁道地药材［M］．北京：中国中医药出版社，2009．

［90］中国药材公司．中国中药区划［M］．北京：科学出版社，1995．

［91］川中医药强省办．四川省中药材产业发展规划（2018–2025）年，2019（6）号．

第三章 "3S"技术及其在道地药材研究中的应用

第一节　"3S"技术在道地药材研究中的应用

"3S"技术是遥感技术（Remote Sensing，简称RS）、地理信息系统（Geography Information Systems，简称GIS）和全球定位系统（Global Positioning Systems，简称GPS）的统称，是空间技术、传感器技术、卫星定位与导航技术和计算机技术、通信技术相结合，多学科高度集成的对空间信息进行采集、处理、管理、分析、表达、传播和应用的现代信息技术。其中，RS技术是根据不同物体对波谱产生不同反应的原理，可以识别地面上各类地物；GPS技术具有全天候、自动化、功能多、抗干扰的特点，可以解决传统定位方法精度低、工作量大、复位难的问题；在计算机软硬件技术支持下，GIS技术则可以对空间数据按地理坐标或空间位置进行各种处理，对数据进行有效管理，研究各种空间实体及相互关系，迅速地获取应用信息，并能以地图、图形或数据的形式表示处理的结果。

当前，不少学者应用"3S"技术对作物估产进行了广泛研究，"3S"技术被广泛应用到植被信息提取及分类、土壤水分和养分监测、作物病虫害监测等领域。该技术已经发展到成熟应用阶段，其快速、准确、经济、方便等特点，在资源调查及监测方面显示出极大的优势。其在农林牧业等领域资源动态监测方面的应用和推广，为中药资源的动态监测提供了理论方法。"3S"技术在中药资源调查和保护中的应用刚刚起步，就展现出良好的前景。

目前，国内已有很多专家学者利用"3S"技术对中药资源进行了研究，并且都取得不错的成果。陈士林等依托GIS平台，利用聚类分析和空间分析技术，分析了蒙古黄芪的全国适宜产地，其研究结果对合理发展蒙古黄芪生产、认识黄芪道地产地形成具有重要指导意义。张本刚等利用RS技术，通过野外实地调查建立药用植物蕴藏量与RS数据之间的关系，计算出了甘草分布的面积和蕴藏量；周应群等也利用RS技术对中药三七资源进行了量测，并计算出了三七分布的面积、蕴藏量和产量，研究结果均表明了将基于遥感技术的资源调查方法应用于中药三七的资源调查是可行的。孙宇章等选取了3个时期的遥感影像图，利用RS和GIS的空间分析功能，对江苏邳州市的银杏资源量和分布变化规律进行动态监测研究。蒋舜媛等依托GIS平台，以分布区最适宜生长环境因子为依据，结合中药材产地适宜性分析地理信息系统（TCMGIS-I），分析了宽叶羌活在中国的适生区域，为人工种植适宜区划筛选提供了科学依据。中国林业科学研究院生物学研究员郭兰萍等利用GIS对苍术道地产区生境特征进行筛选，提取出苍术道地药材原产地生境特征为年均温高于15℃，冷月平均最低温度为-2~1℃，热月平均最高温度在32℃左右，极端低温-17~15℃，旱季为1~2个月，年均降水量1 000~1 160mm。发现苍术道地产区气候具有高温、旱季短、雨量充足的特点。该研究方法为中药资源调查提供了新思路、新方法。

根据中药生长特性，应用"3S"技术可以较为准确地确定该药材的野外生长适宜区，进而对该适宜区进行面积统计，依据单位面积药材产量，可以实现野生中药蕴藏量估算。同时还可以通过"3S"技术对野生中药材生长环境实施动态监测，掌握野生中药材的变化。"3S"技术在中药材资源研究中的应用，减少了中药资源调查所消耗的人力物力财力，对野生中药资源的研究和保护具有重要意义。

第二节 "3S"技术研究思路

采用遥感技术监测中药材的生长环境，开展四川省道地药材的面积测算、产量估算与动态监测。具体研究方法如下：

1）药材生长环境因子筛选和分类。查阅药材生态与环境文献及历史数据，了解影响其生长的环境因子，并进行分析归类；

2）获取药材遥感监测需要的地理背景数据和遥感反演数据；

3）建立遥感数据和地理背景数据之间的相关关系；

4）确定药材分布范围。

研究技术路线如图3-1。

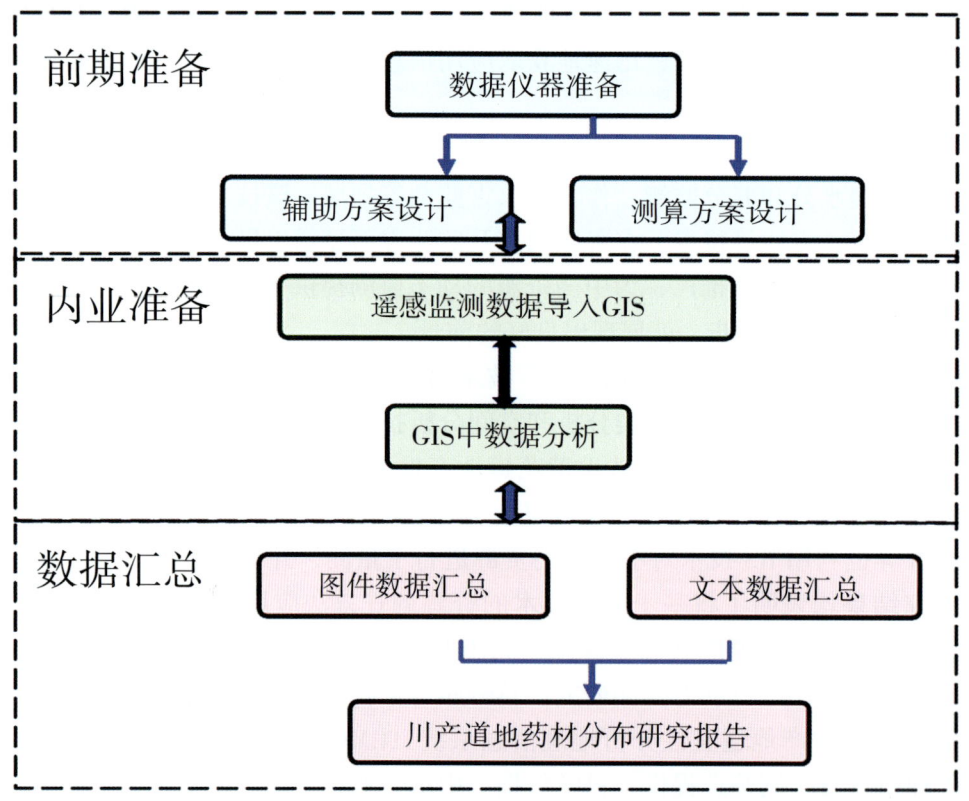

图3-1 研究技术路线图

第三节 "3S"技术研究方法

一、土地利用遥感信息提取

目前，传统的遥感图像处理中最常用的是基于像元光谱特征的统计分类方法。这类方法基于既不考虑地块图斑的整体特征的邻接关系，也不考虑图像中的纹理等特征信息。因此，解译准确率不高且解译结果存在大量斑点噪声。而基于像元光谱信息的统计分类方法作为常见的遥感信息提取方法，按照是否根据训练样本进行分类，可分为两大类：监督分类与分监督分类。本研究利用监督分类得到四川省土地利用信息。

监督分类法用于在数据集中根据用户自定义的训练样本类别来聚集像元，它又称为训练场地法或学习后分类法，在分类过程中，可以选择ROI训练样本（这里的样本尽可能选取纯净的像元）来"训练"计算机，对未知地区的像元进行处理分类，各类别之间不应该有重叠，最后将分类结果归入到已知的类别中，达到自动分类识别的目的。

监督分类主要包括以下两个阶段：一是训练样本ROI选取过程，二是执行监督分类的过程，具体的监督分类只需要选取某一种监督分类方法，其余的交给计算机自动完成。监督分类的过程如图3-2。

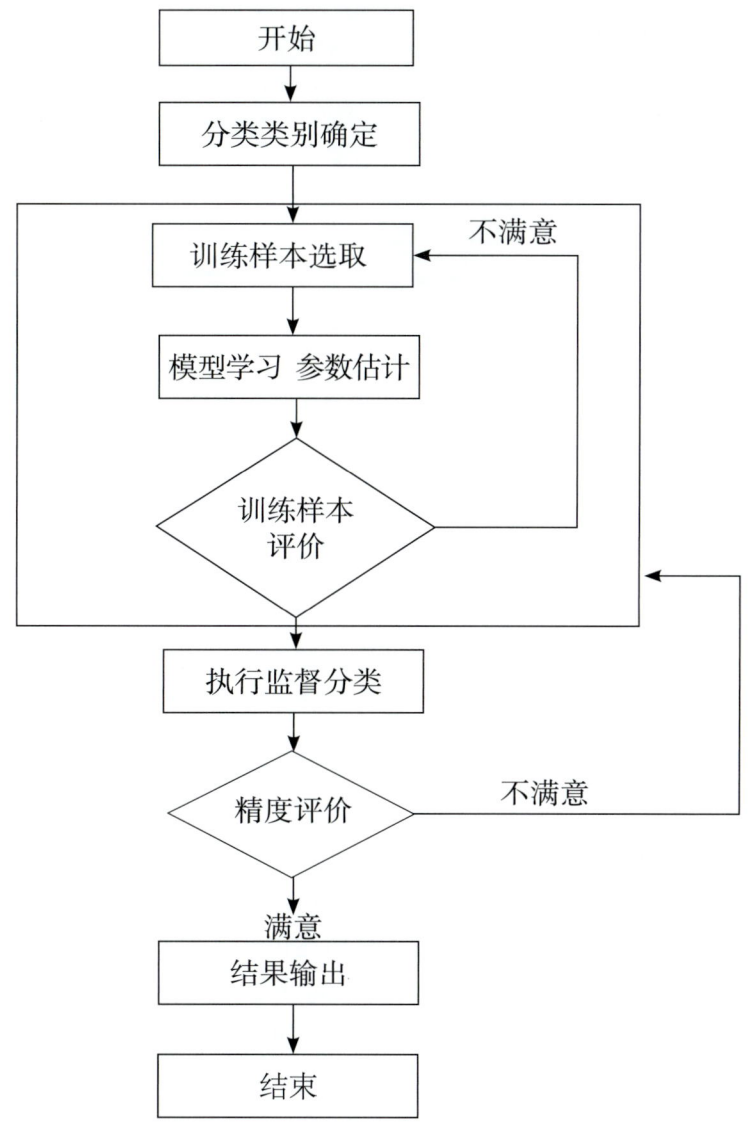

图3-2 监督分类流程图

通过进行监督分类提取得到近期四川省土地利用现状信息图，见图3-3。

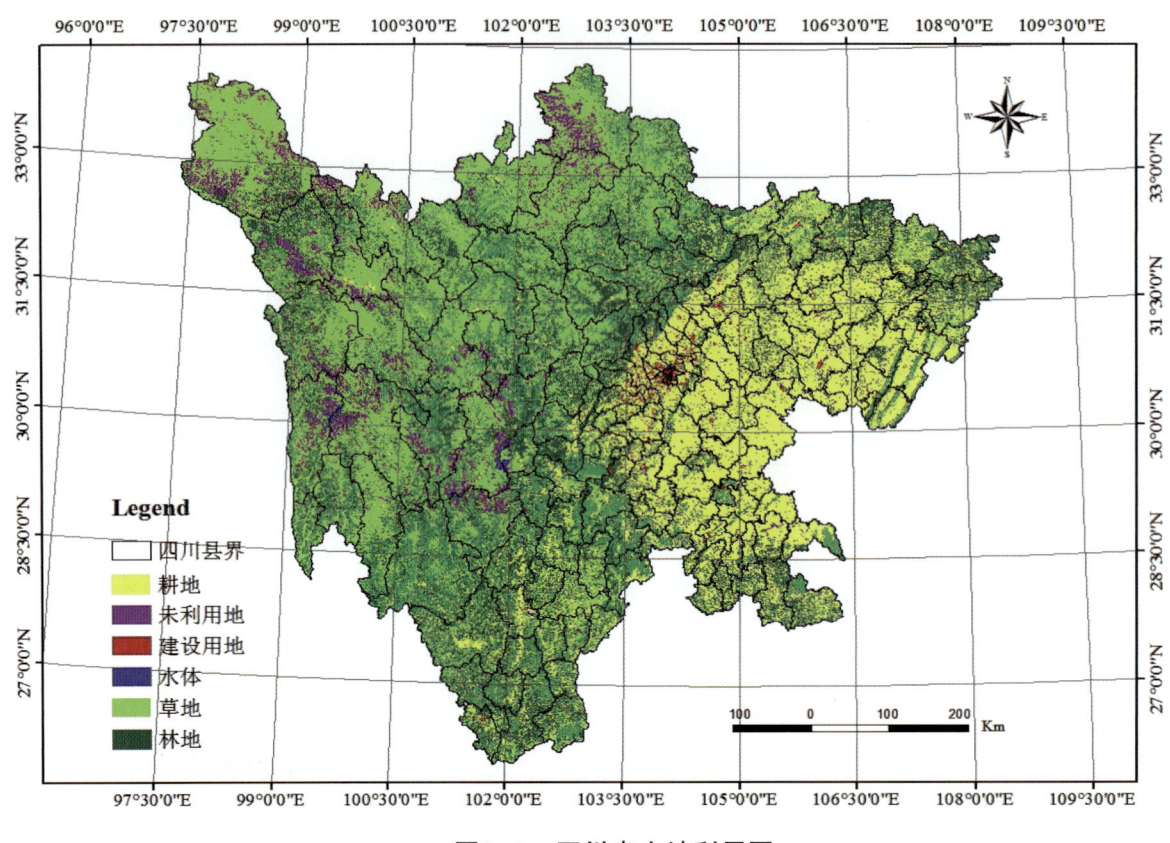

图3-3 四川省土地利用图

二、基于GIS的环境因子叠加分析

（一）提取海拔

从DEM影像上提取出药材适宜生长的海拔范围，结合野生川产道地药材的生长海拔环境及对川产道地药材种植基地的调研，我们将此次川产道地药材种植海拔范围确定为适宜区海拔范围和最适宜区海拔范围，这样有利于更精确的提取出川产道地药材的实际分布范围。DEM数据简介：

1. 内容简介

数字高程模型（Digital Elevation Model，简称DEM），它是用一组有序数值阵列形式表示地面高程的一种实体地面模型，是数字地形模型（Digital Terrain Model，简称DTM）的一个分支，其他各种地形特征值均可由此派生。一般认为，DTM是描述包括高程在内的各种地貌因子，如坡度、坡向、坡度变化率等因子在内的线性和非线性组合的空间分布，其中DEM是零阶单纯的单项数字地貌模型，其他如坡度、坡向及坡度变化率等地貌特性可在DEM的基础上派生。

2. 建立方法

建立DEM的方法有多种。从数据源及采集方式讲有：

（1）直接从地面测量，例如用GPS、全站仪、野外测量等；

（2）根据航空或航天影像，通过摄影测量途径获取，如立体坐标仪观测及空三加密法、解析测图、数字摄影测量等；

（3）从现有地形图上采集，如格网读点法、数字化仪手扶跟踪及扫描仪半自动采集然后通过内插生成DEM等方法。

3. 分辨率

DEM分辨率是DEM刻画地形精确程度的一个重要指标，同时也是决定其使用范围的一个主要的影响因素。DEM的分辨率是指DEM最小的单元格的长度。因为DEM是离散的数据，所以（X，Y）坐标其实都是一个一个的小方格，每个小方格上标识出其高程。这个小方格的长度就是DEM的分辨率。分辨率数值越小，分辨率就越高，刻画的地形程度就越精确，同时数据量也呈几何级数增长。所以DEM的制作和选取的时候要依据需要，在精确度和数据量之间做出平衡选择。

4. 用途

由于DEM描述的是地面高程信息，它在测绘、水文、气象、地貌、地质、土壤、工程建设、通信、军事等国民经济和国防建设以及人文和自然科学领域有着广泛的应用。如在工程建设上，可用于如土方量计算、通视分析等；在防洪减灾方面，DEM是进行水文分析如汇水区分析、水系网络分析、降雨分析、蓄洪计算、淹没分析等的基础；在无线通信上，可用于蜂窝电话的基站分析等。

（二）DEM数据处理过程

首先要对获取的DEM数据进行一系列的处理，包括转换格式、图像增强处理等，然后从整幅影像上面裁剪出川产道地药材整个适宜区和最适宜区的数字高程模型图，以便接下来的适宜区和最适宜区的道地药材种植高程范围的提取。

1. 裁剪

裁剪出来的四川省DEM数据如图3-4所示，分辨率为85 m。

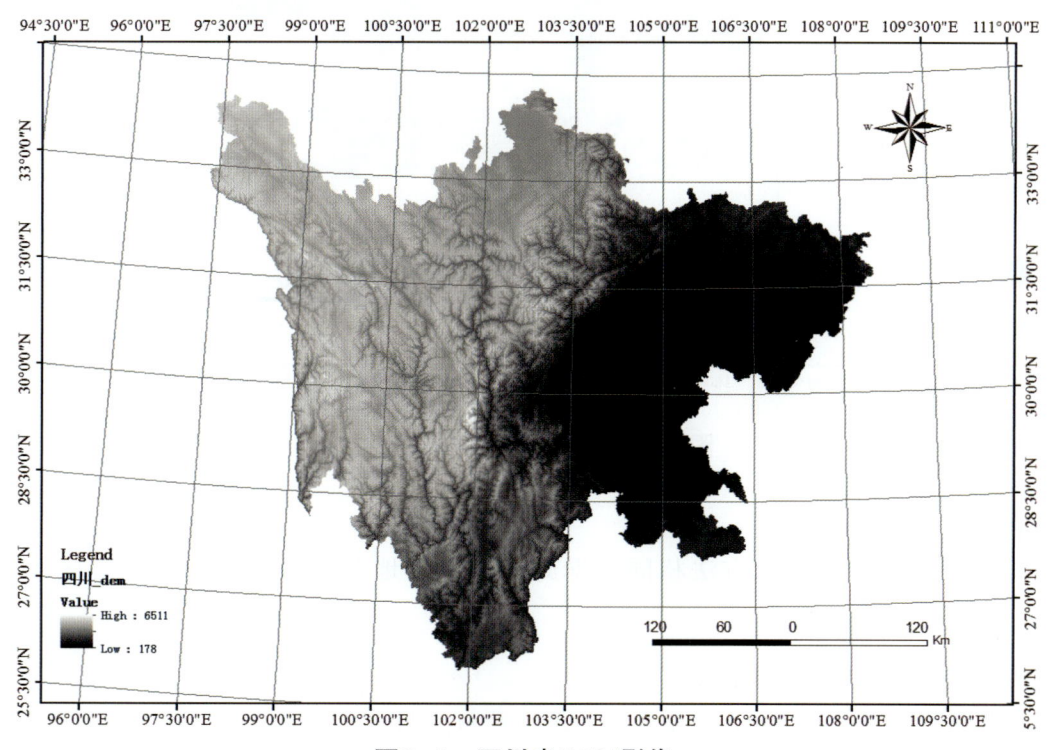

图3-4 四川省DEM影像

如图3-4中所示，四川省境内最高海拔处为6 511 m，而最低海拔处为178 m，可见海拔落差比较大。有利于多种道地药材的生长和种植。

2. 提取

为了能够更加精确地定位出川产道地药材的种植范围，利用ArcToolBox中的栅格计算器，从原始的DEM数据中提取出四川省道地药材种植的适宜区与最适宜区的海拔范围。

（三）年均温栅格影像上提取年均温

首先要对获取的栅格影像进行一系列的处理，包括转换格式、图像增强处理等，然后从整幅影像上面裁剪出川产道地药材整个适宜区和最适宜区的年均温栅格影像图，以便接下来的适宜区和最适宜区的道地药材种植适宜年均温范围的提取。

1. 裁剪

裁剪出基于DEM所制作的四川省年均温栅格影像图如图3-5所示，分辨率85 m。

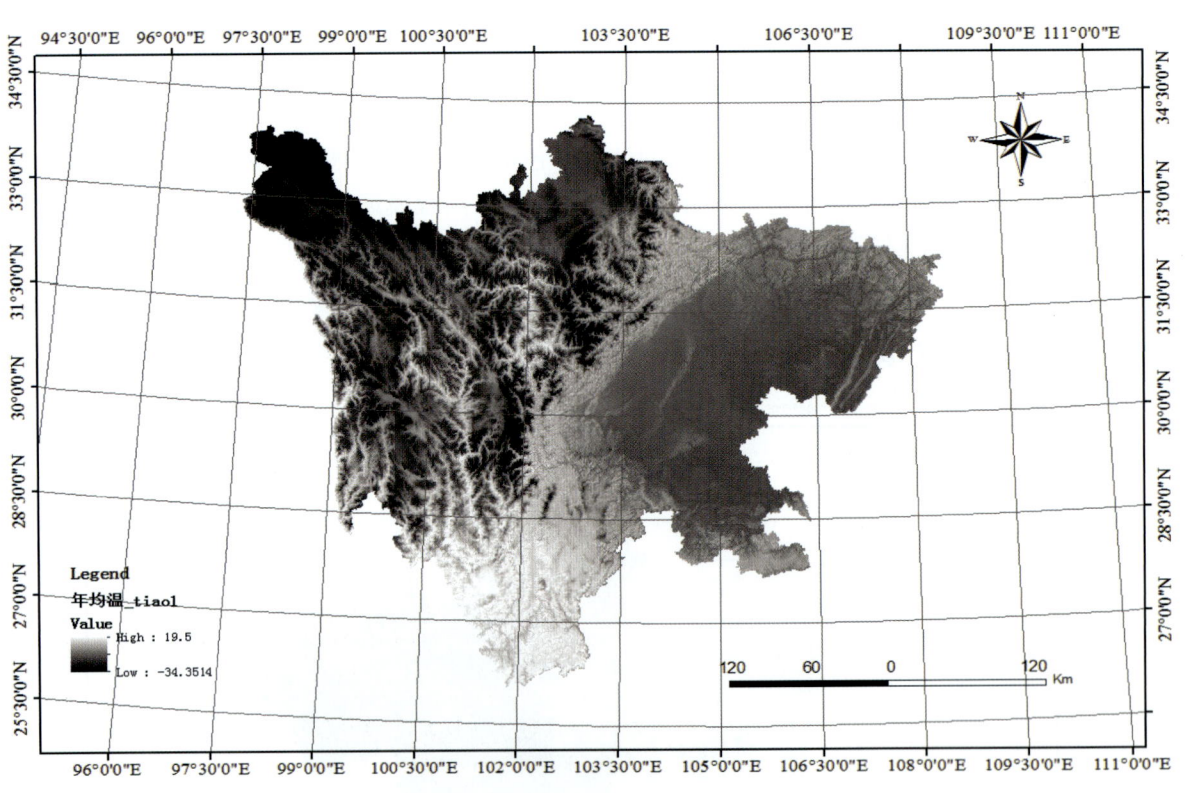

图3-5　四川省年均温栅格影像

2. 提取

年均温提取与高程提取的方法相同，据此提取出道地药材适宜区和最适宜区年均温栅格影像。

3. 其他因子栅格影像图的提取

为了所得到的结果更加精确，在整理川产道地药材分布时，需要考虑多种因素对道地药材生长分布的影响，因此还需分析有关药材生长的年均降水、极端气温、积温、霜期等的栅格影像图。同分析 DEM 数据和年均降水数据一样，每类因素都会从适宜区和最适宜区两个方面分析，具体分析方法同高程分析和年均温分析相同，这里不再赘述。

（四）环境因子叠加分析

使用 ArcGIS 软件，在四川省边界栅格图上依次叠加上述所提取的川产道地药材影响因子数据，利用 ArcToolBox 中的栅格计算器计算出适宜药材生长的范围。最后以四川省近期土地利用现状图为底图叠加适宜区和最适宜区提取范围，成图表示每种药材最终分布范围。

三、数据来源

本次四川省中药材分布的遥感监测的数据包括：近期四川省的 DEM、ETM 遥感影像，四川省土地利用信息，四川省行政区矢量边界，自然、社会和经济概况以及其他的相关背景资料。具体数据来源情况见表 3-1。

表3-1　川产道地药材分布遥感监测资料数据来源

调查内容	收集资料	调查方式	提供部门
基本信息	监测区域	部门资料收集	四川省中医药科学院
	DEM、ETM 影像	部门资料收集	四川师范大学
	矢量边界	部门资料收集	四川师范大学
土地利用现状调查	耕地、林地	遥感分类	四川师范大学
监测区域信息	种植基地定位	部门资料收集	四川师范大学
	四川省中药材种植信息	部门资料收集	四川省中医药科学院
自然、社会经济数据	行政边界，经济数据	部门资料收集	四川师范大学

第四节　GIS 研究实例

一、川芎GIS分析

（一）DEM上提取高程

川芎喜温暖湿润气候，宜日光充足、雨量充沛、环境湿润。药材多栽于平坝，海拔 600~700 m。从四川省 DEM 数字高程模型上提取符合条件的高程。如图 3-6、3-7 所示。

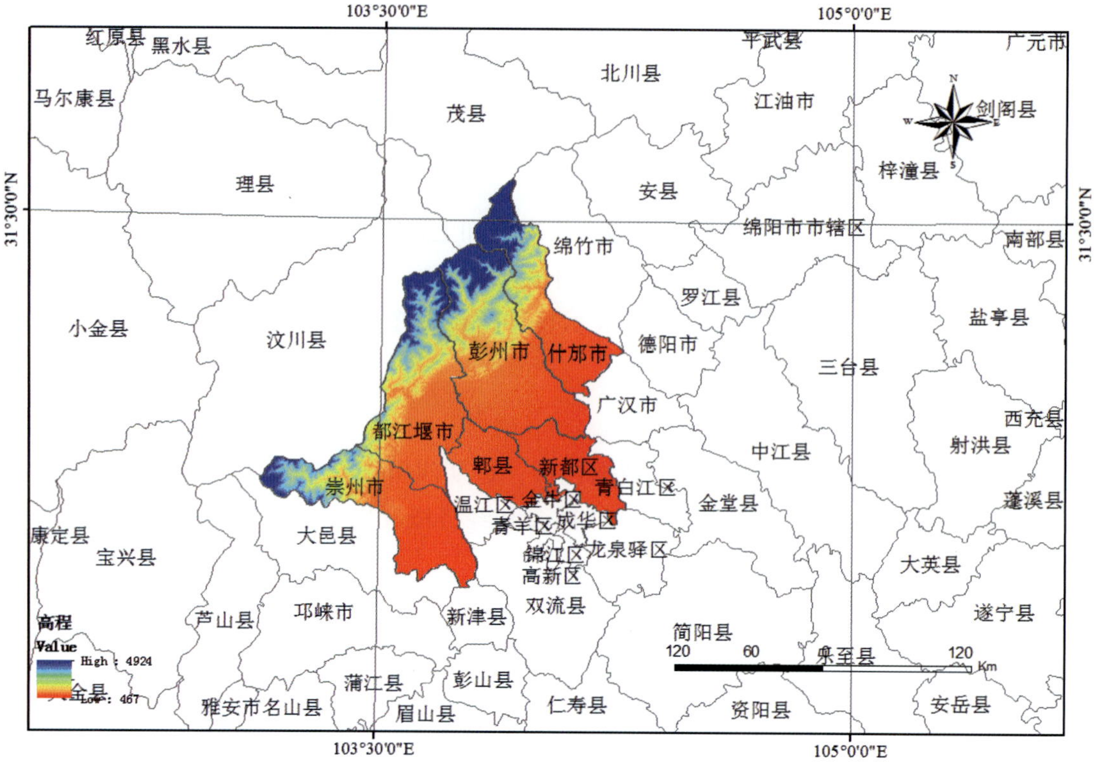

图3-6 川芎适宜区高程

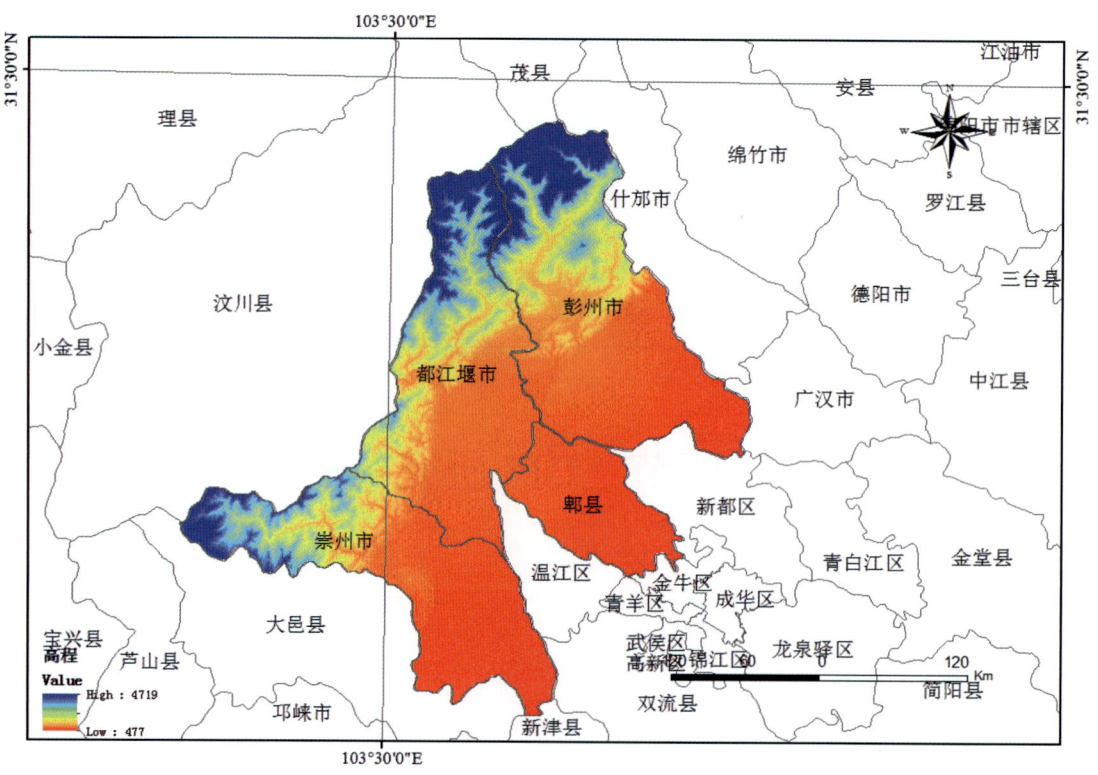

图3-7 川芎最适宜区高程

（二）提取年均温

川芎生长适宜年均气温为 15.2 ℃，积温 5 315.7 ℃。从四川省年均温栅格影像图上提取符合条件的年均温影像。如图 3-8、3-9 所示。

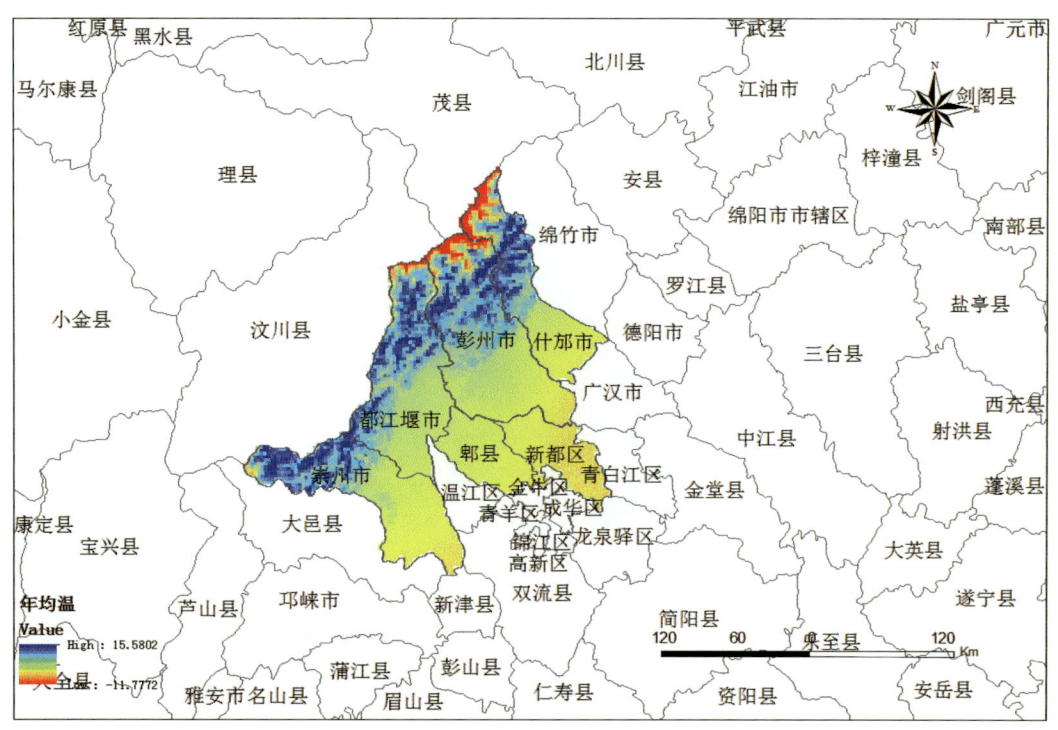

图3-8　川芎适宜区年均温

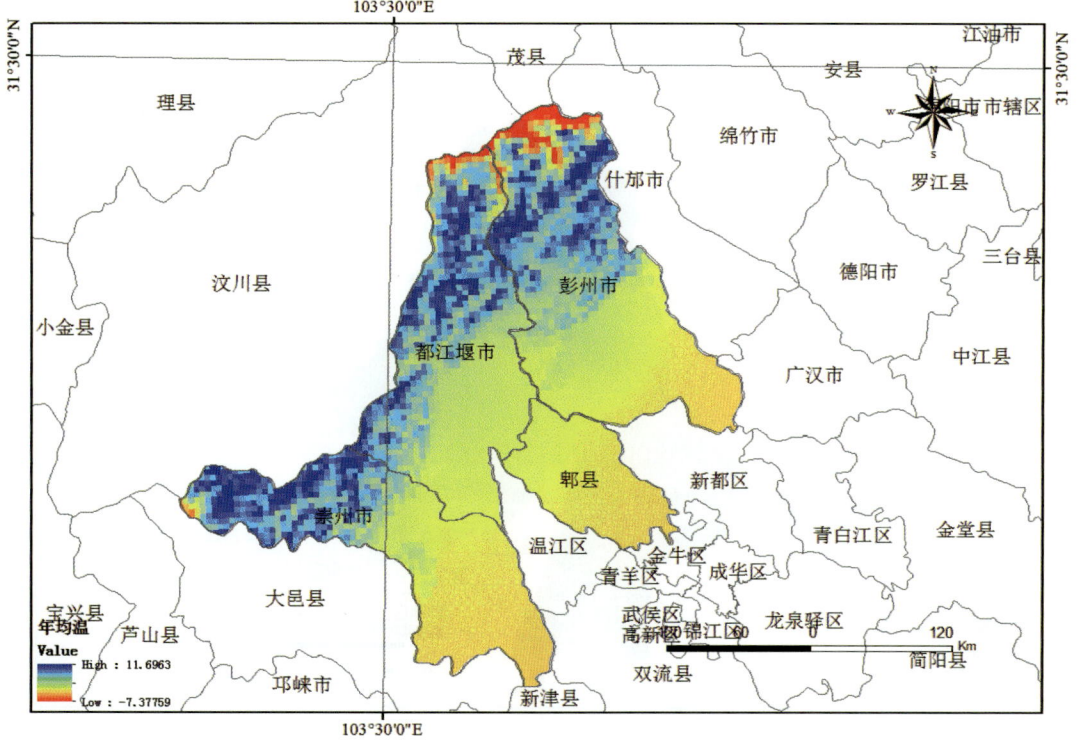

图3-9　川芎最适宜区年均温

(三）提取年降水量

川芎适宜生长的年降水量为 1 243.7 mm。从四川省年降水量栅格影像图上提取符合条件的栅格影像。如图 3-10、3-11 所示。

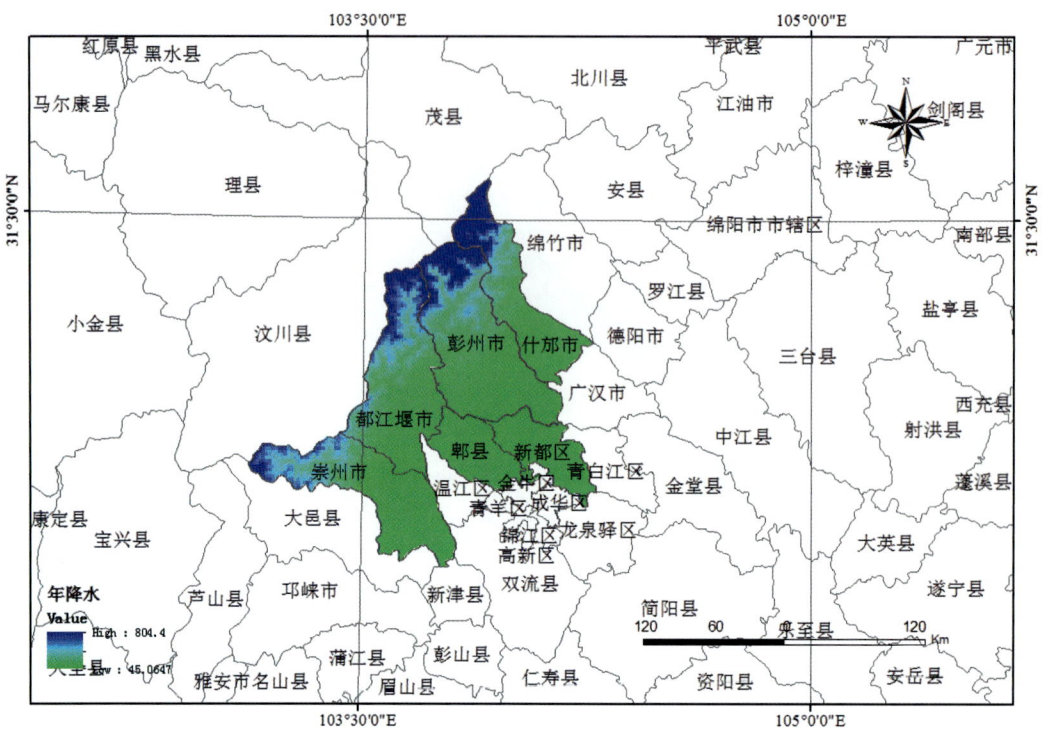

图3-10　川芎适宜区年降水量

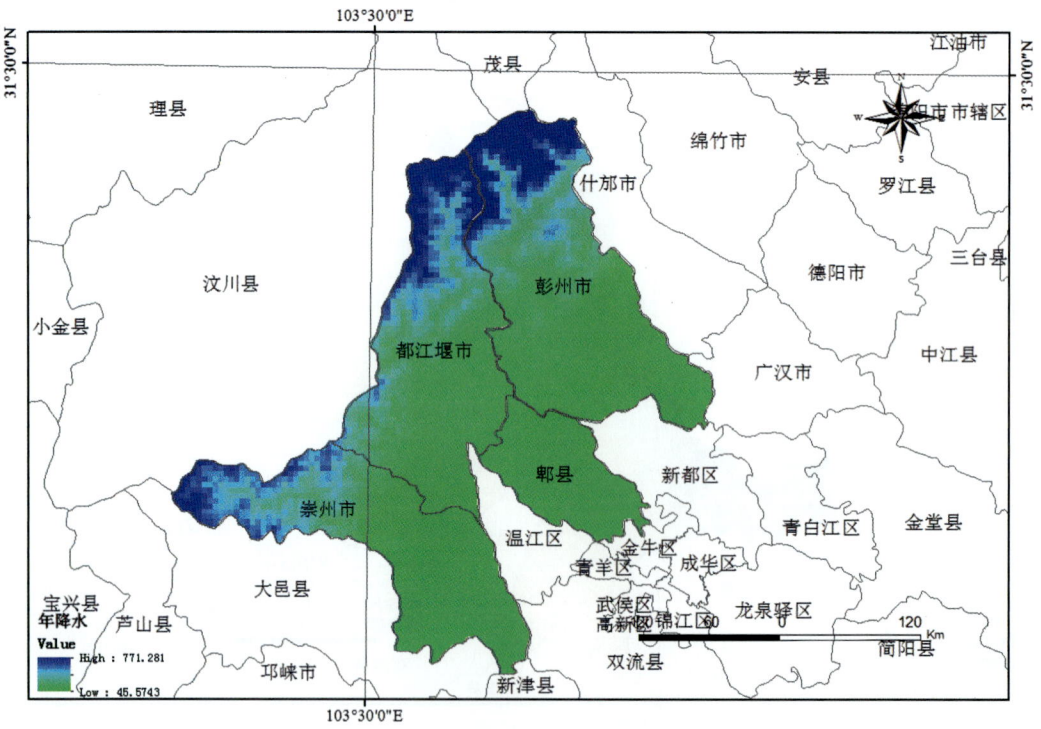

图3-11　川芎最适宜区年降水量

(四)分布区域

叠加分析以上各因素,得到川芎生长适宜区如图3-12、图3-13所示,最适宜区如图3-14、图3-15所示。

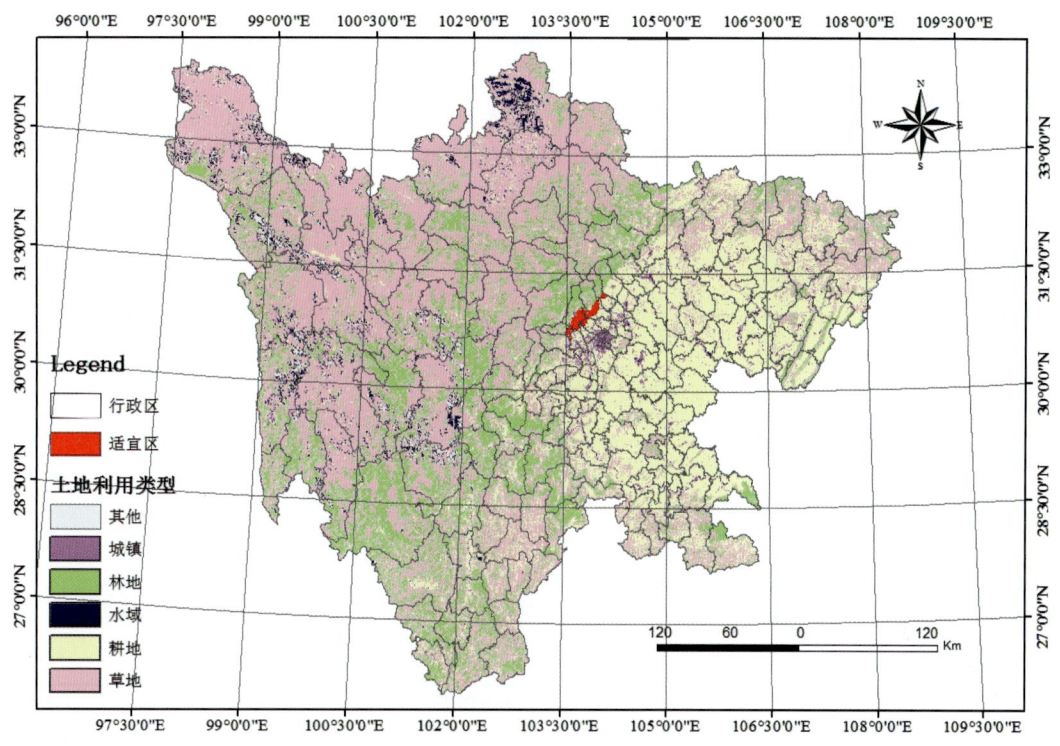

图3-12　川芎适宜区

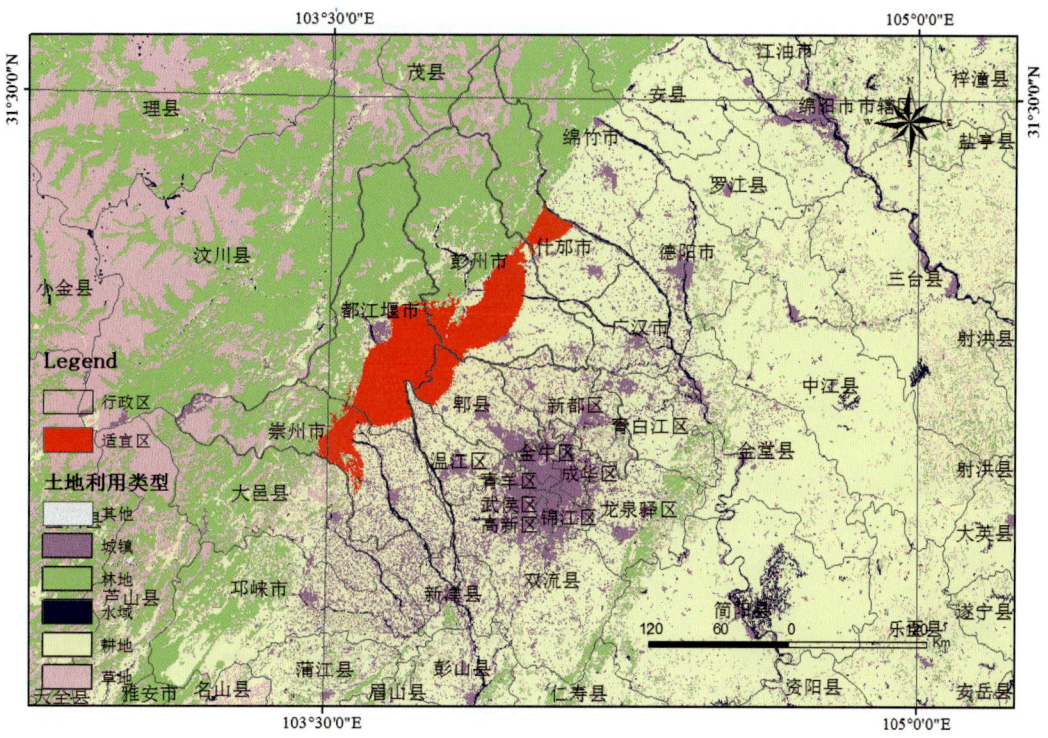

图3-13　川芎适宜区(放大图)

如图3-12、图3-13所示川芎适宜区主要分布在都江堰、崇州、彭州、什邡、郫都、新都等地。

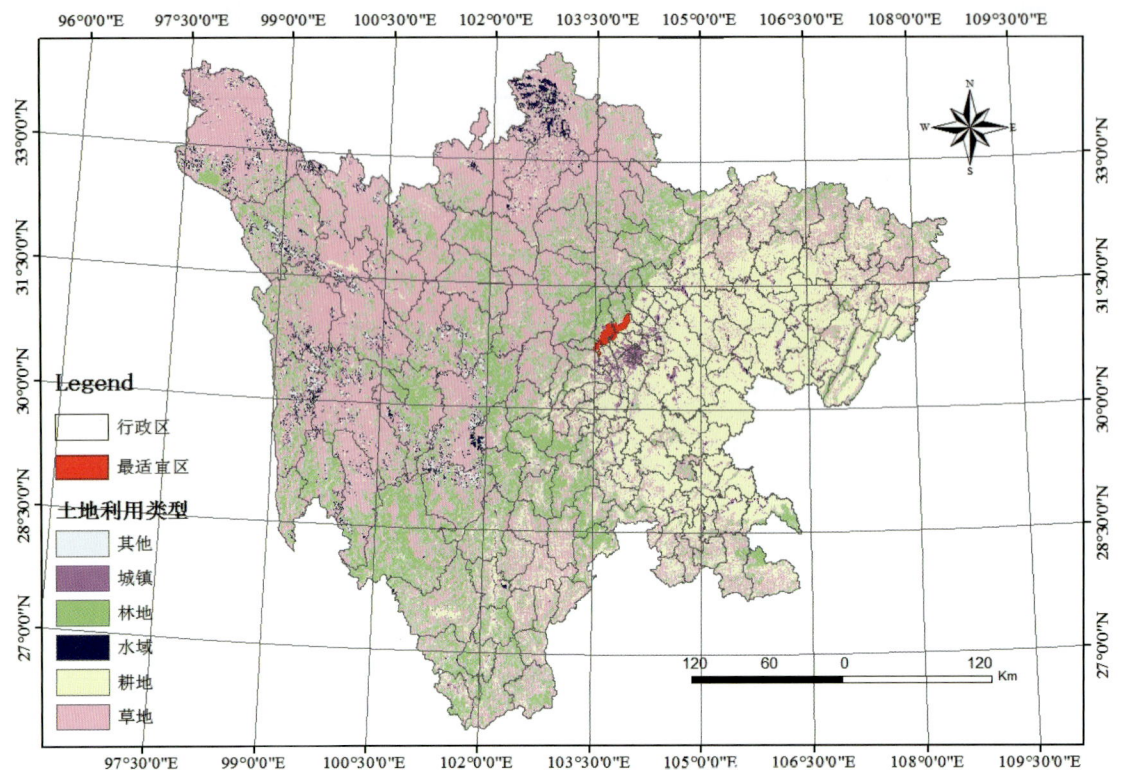

图3-14 川芎最适宜区

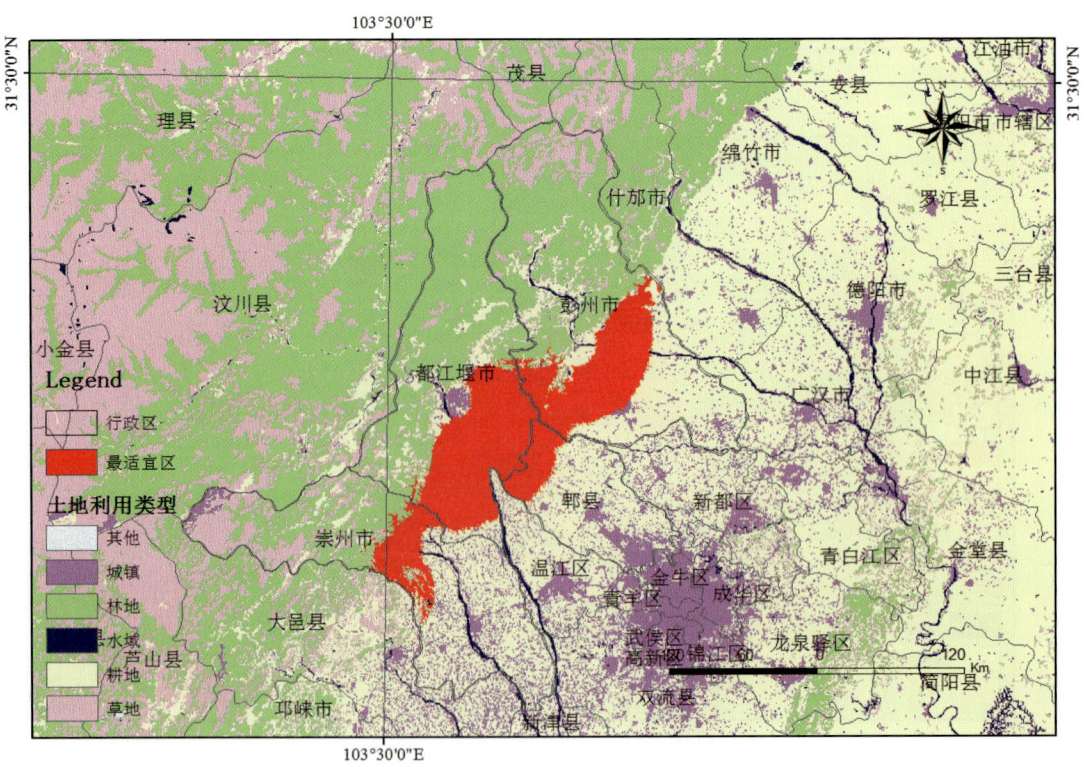

图3-15 川芎最适宜区（放大图）

川芎最适宜区主要分布在海拔 500~600 m 的向阳土地。如图 3-14、图 3-15 中所示的都江堰、崇州、彭州、郫都等地。

（五）分布面积

通过 ArcGIS 软件中的 ArcToolbox 工具对已经生成的适宜区进行面积测算，得到川芎适宜区面积，如表 3-2、表 3-3 所示。

表3-2　川芎适宜区面积（km²）

区　县	面积
什邡市	59.774
彭州市	300.073
都江堰市	366.179
郫都区	79.728
崇州市	115.687

表3-3　川芎最适宜区面积（km²）

区　县	面积
彭州市	301.912
都江堰市	365.475
郫都区	78.636
崇州市	115.701

二、党参 GIS 分析

（一）DEM 上提取高程

素花党参分布在川西高山峡谷区北段的九寨沟、松潘、平武，气候冷凉，海拔 2 000~4 000 m。从四川省 DEM 数字高程模型上提取符合条件的高程。如图 3-16 所示。

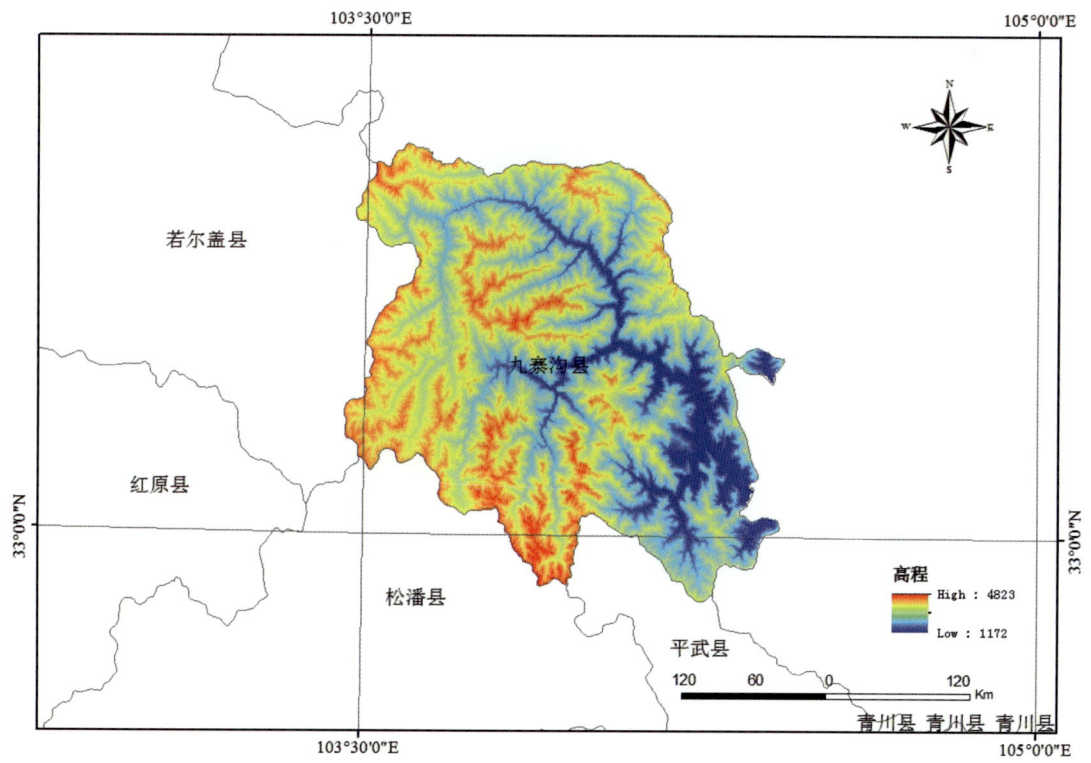

图3-16　素花党参最适宜区高程

(二）提取年均温

年均温为12.7℃左右，1月平均气温1.8℃以上，7月平均气温22.1℃。从四川省年均温栅格影像图上提取符合条件的年均温影像。如图3-17所示。

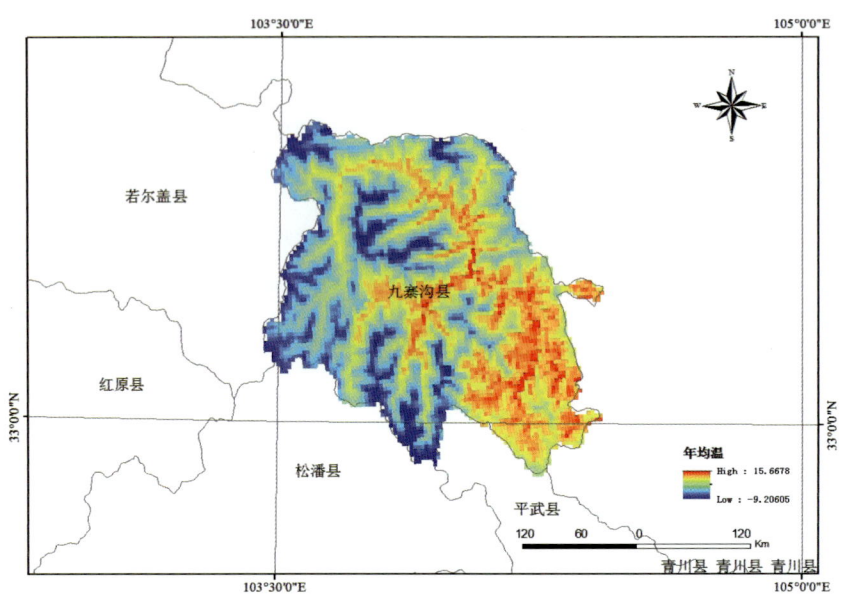

图3-17 素花党参最适宜区年均温

(三）提取年降水量

素花党参适宜生长的年降水量为550 mm。从四川省年降水量栅格影像图上提取符合条件的栅格影像。如图3-18所示。

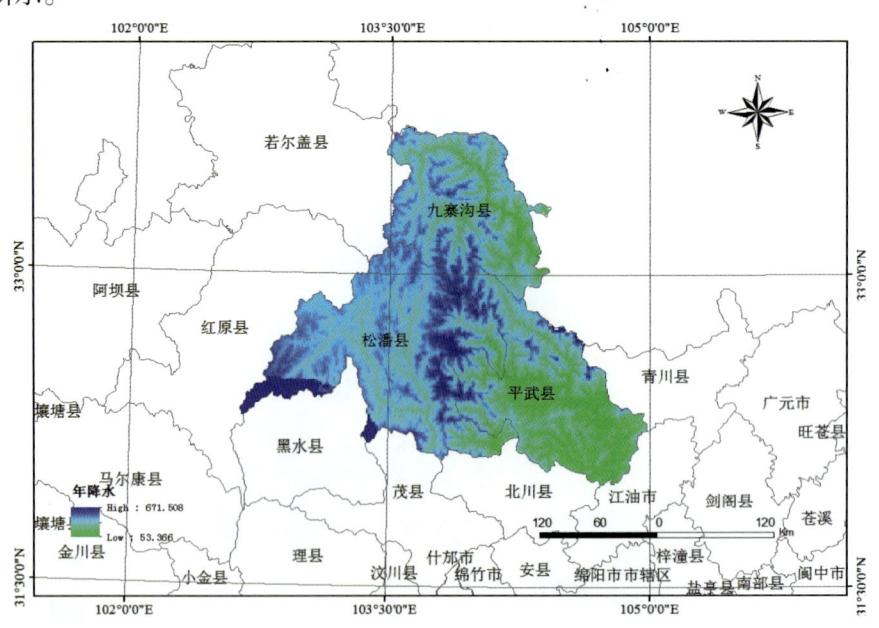

图3-18 素花党参适宜区年降水量

(四）叠加分析

叠加分析以上因素，得到素花党参生长适宜区如图3-19、图3-20所示，最适宜区如图3-21、

图 3-22 所示。

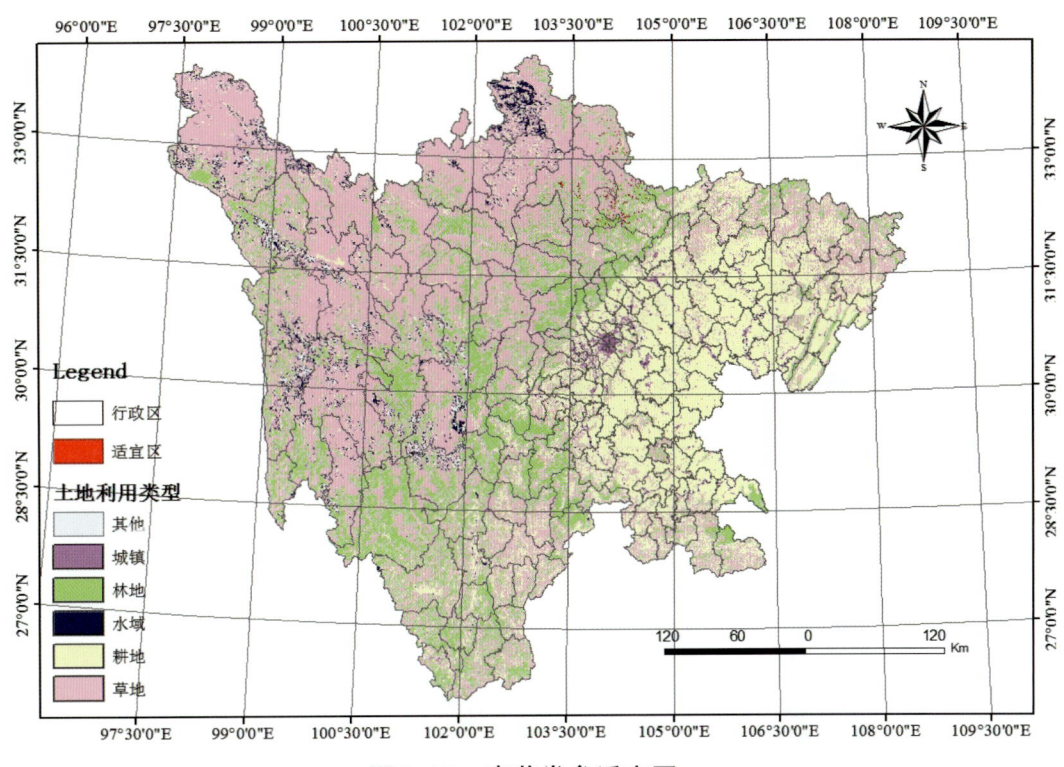

图3-19 素花党参适宜区

素花党参适宜区在川西高山峡谷区北段的九寨沟、松潘、平武等地，如图 3-19 所示。

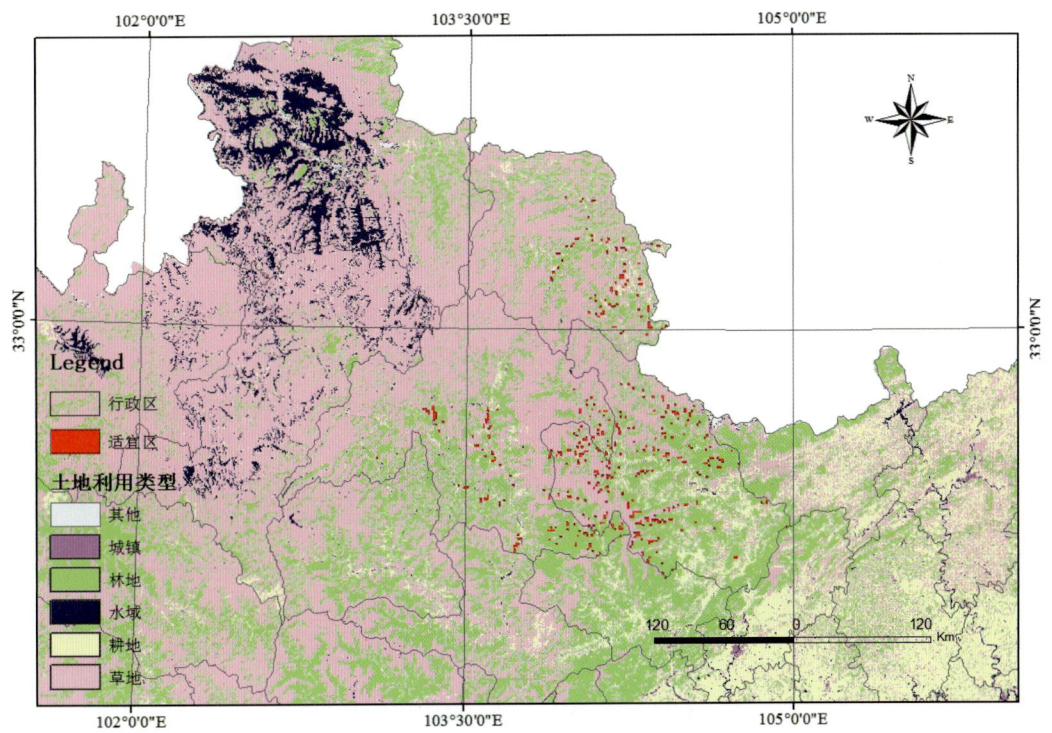

图3-20 素花党参适宜区（放大图）

素花党参最适宜区为九寨沟刀口坝地区，如图 3-21 所示。

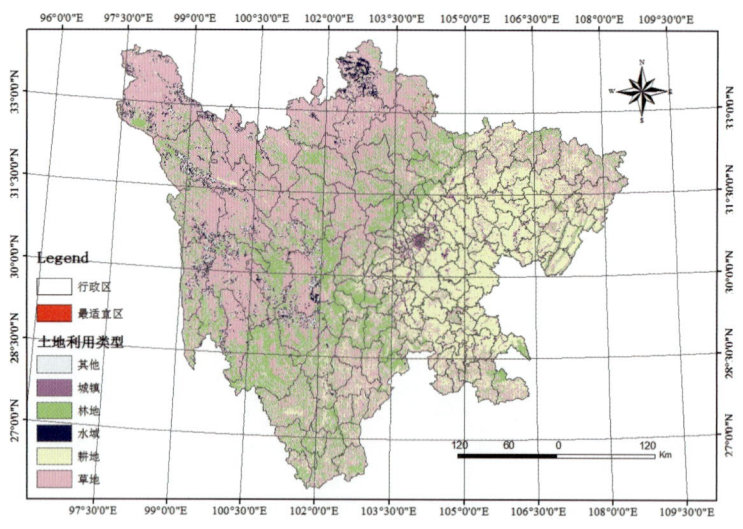

图3-21 素花党参最适宜区

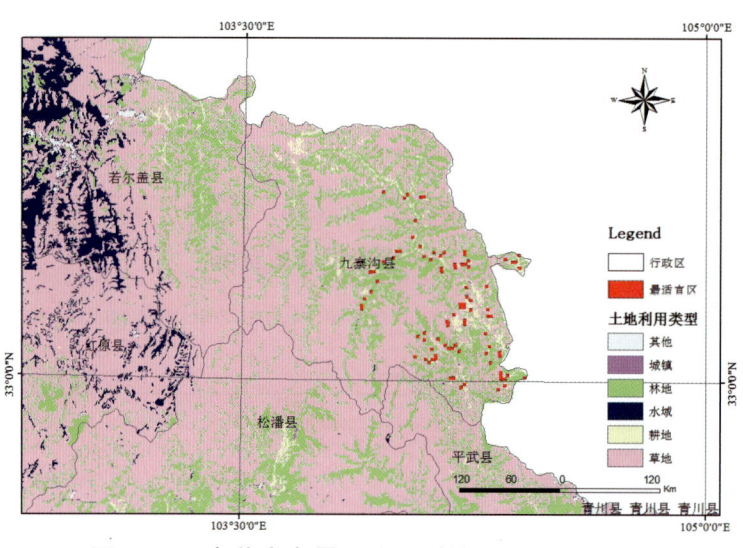

图3-22 素花党参最适宜区放大图（放大图）

（五）适宜区面积测算

通过ArcGIS软件中的ArcToolbox工具对已经生成的适宜区进行面积测算，得到素花党参适宜区面积，如表3-4、表3-5所示。

表3-4 党参适宜区面积（km²）

区 县	面 积
九寨沟县	85.723
松潘县	132.849
平武县	245.912

表3-5 党参最适宜区面积（km²）

区 县	面 积
九寨沟县	89.746

参考文献

[1] 陈士林. 中国药材产地生态适宜性区划 [M]. 北京：科学出版社，2017.

[2] 蒋舜媛，孙辉，周毅，等. 宽叶羌活适生地分析及数值区划研究 [J]. 中草药，2009，40（4）：638.

[3] 李静，余意，郭兰萍，等. 枸杞子品质区划研究 [J]. 中国中药杂志，2019，44（6）：1156.

[4] 肖小河，陈士林，陈善埔. 川产道地药材生产布局研究 [J]. 中国中药杂志，1992，17（2）：70.

【第四章】 川产道地药材生产区划

第一节 盆地中央药材生产区

一、川芎生产区划

【来源】为伞形科植物川芎 Ligusticum chuanxiong Hort. 的干燥根茎。

【道地沿革】始载于《神农本草经》，列为上品。《图经本草》载："今关陕、蜀川、江东山中多有之，而以蜀川者为胜。其苗四、五月间生，叶似芹、胡荽、蛇床辈，作丛而茎细……。"并附有永康军芎䕬图，系伞形科植物。永康军在今四川省都江堰市境内。自宋代起芎䕬药材质量均以蜀川为胜，其历史道地产区应是现在四川都江堰市（灌县）金马河上游以西地区。南宋范成大在《关船录》中就记载灌县（今都江堰市）栽培川芎的历史："癸酉（1153）西登山五里，至上清宫……上六十里，有坦夷白芙蓉坪，道人于此种川芎。"民国《灌县志·食货书》有"河西商务以川芎为巨。集中于石羊场一带，发约 400~500 万斤，并有水陆传输，远达境外"的记载。说明当时灌县川芎产销两旺。另据《彭州志》记载："早在明代彭州就家种川芎。"由上述可知，都江堰为川芎的道地产区，而邻近的县历史上也有栽种。

川芎主产于四川，道地产区分布较集中，主产于四川都江堰市（原灌县）石羊场、太平场、中兴场、河坝场，崇州市元通镇，彭州市敖平，新都区，但以都江堰市产量大，又以石羊场产品质最优。

以个大、饱满、质坚实、断面黄白色、油性大、香气浓者为佳。

【性味归经】辛，温。归肝、胆、心包经。

【功能主治】活血行气，祛风止痛。用于胸痹心痛，胸胁刺痛，跌扑肿痛，月经不调，经闭痛经，癥瘕腹痛，头痛，风湿痹痛。

【药理作用】

1. 对心血管系统的作用

（1）抗心肌缺血。给麻醉犬静脉滴注川芎嗪每分钟 1 mg/kg、2 mg/kg、4 mg/kg，连续 10 min，犬出现心率加快，心肌收缩力增强。川芎 200 mg/kg 给大鼠腹腔注射，可增强冠脉结扎建立心肌缺血模型 HSP25 蛋白表达，降低 p38MAPK 的活性，抑制炎症反应，从而发挥心肌保护作用。50 mg/kg 川芎嗪尾静脉注射，能使大鼠心肌缺血再灌注损伤所致的心律失常发生率明显降低，心肌细胞肿胀明显减轻，血中 SOD、NO、NOS 含量增加，MDA、CK 的生成减少。10 mg/kg、20 mg/ml 川芎嗪能增加家兔离体心脏冠脉流量，改善心脏血液供应。100 μmol/L 川芎能明显提高缺氧复氧大鼠心肌细胞搏动频率、细胞存活率，减少 LDH 的漏出。水溶性和脂溶性川芎Ⅱ号碱 15 mg/kg、30 mg/kg 腹腔给药后不同时间，即 10 min、15 min、30 min 能使小鼠心肌对 Rb 的摄取率增加，从而增加冠脉血流量，改善心肌代谢，缓解心肌缺血的情况。

（2）扩血管。川芎水提物腹腔注射 50 mg/kg 能解除去甲肾上腺素引起的金黄地鼠颊囊微动、

静脉及毛细血管的痉挛，使减慢的血流速度加快，减少的血流量增多。川芎挥发油静脉注射 50 mg/kg，能改善 10% 高分子右旋糖酐所致家兔球结膜微血管痉挛，从而改善微循环障碍。当犬静注川芎总生物碱达 50 mg/kg 时，可使冠状动脉血流量增加 90%，血管阻力降低 68%。川芎生物碱每日 15~30 mg/kg 静滴能显著增加大鼠冠脉血流量。每日静滴川芎嗪 2~4 mg/kg 时，能使犬的冠脉流量明显增加。川芎 40 mg/kg 灌胃大鼠，能抑制动脉损伤模型动脉去内皮后的内膜增生，预防动脉再狭窄。川芎嗪 40 mg/ml 对离体去除内皮血管，具有增强血管舒张反应性，且不受酚妥拉明和哌唑嗪、普萘洛尔、阿托品、吲哚美辛的影响，但可被氢化亚氯合酶制剂 – 硝基精氨酸抑制，该抑制作用又可为氧化亚氮供体 L- 精氨酸逆转。

（3）抗血栓。川芎提取液 100 mg（生药）/kg 灌胃大鼠，对肾上腺素（Adr）模拟气滞形成的大鼠急性血瘀模型具有降低其血黏度，抑制红细胞（RBC）聚集，改善红细胞变形的作用。川芎挥发油每日 20 mg/kg、40 mg/kg、80 mg/kg 灌胃大鼠对动 – 静脉旁路血栓形成法所建立的大鼠血栓形成模型具有明显缩短血栓湿重的作用。川芎嗪 40 mg/kg 灌胃对胶原蛋白 – 肾上腺素诱导的血栓模型，能明显提高红细胞和血小板表面电荷，改变血液流变，降低全血黏度，起到抗血栓的作用。川芎苯酞 25 mg/kg、50 mg/kg 灌胃大鼠，对肾上腺素诱导的在体动脉血栓、静脉血栓模型具有抑制大鼠体内血栓形成的作用，同时对 ADP 诱导的大鼠血小板聚集具有明显抑制作用，并且能够改善大鼠血液流变性。川芎微乳 0.5 mg/kg、1 mg/kg、2 mg/kg 灌胃大鼠，对冠脉结扎加饥饿、疲劳的方法建立的大鼠气虚血瘀模型有降低全血黏度、全血还原黏度、红细胞流变性，改善血液流变性的作用。川芎哚 10 μg 对 ADP 所诱导的体外血栓形成具有抑制血小板聚集、减轻血栓重量的作用。

2. 对呼吸系统的作用

（1）抗肺纤维化。大鼠腹腔注射川芎嗪 50 mg/kg，对用气管内注入博来霉素 BLM 方法建立大鼠肺间质纤维化的模型具有减轻其肺泡炎症反应和纤维病变，减少炎性细胞，增加肺间质细胞的作用。

（2）抗哮喘。大鼠腹腔注射川芎嗪 80 mg/kg，对卵白蛋白致敏大鼠哮喘模型可抑制哮喘大鼠 IL-4 和 IL-5 的合成，其机制可能与其降低 GATA-3 在肺组织的表达，从而继发抑制 Th2 型免疫反应有关。大鼠灌胃川芎嗪 150 mg/kg，对卵白蛋白致敏大鼠哮喘模型能抑制 P 选择素的过度表达，减少哮喘肺组织 c-fos 的表达，从而在哮喘中发挥其抗炎和抗气道重塑的作用，阻止哮喘的进一步发展。

3. 镇痛

川芎挥发油按 45 μl/kg、90 μl/kg、135 μl/kg 单次灌胃，能显著提高小鼠对热刺激的痛阈值，减少醋酸致小鼠扭体的次数；上述各剂量均能明显提高热辐射致痛家兔的痛值，提高硝酸甘油致头痛模型大鼠血中 ET 含量；90 μl/kg、135 μl/kg 能降低该模型动物脑干和大脑 c-fos 基因表达阳性细胞数和血中 CGRP 含量，而 135 μl/kg 时还能增高血中 5-HT 含量，提示川芎挥发油对物理或化学因素导致的动物实验性头痛有治疗作用，其机制至少与其中枢性镇痛和调节疼痛相关生化物质有关。川芎挥发油很可能是川芎治疗头痛的主要药效成分。

【品质研究】现代学者对川芎的道地性进行了较广泛的研究。王岚等利用 ISSR 分子标记技术，对来自国内 17 个居群的 285 个川芎个体进行道地性分析。结果得出 16 个川芎居群遗传距离的非加权算术平均（UPG.MA）数。采自四川省内的 10 个川芎居群表现出更近的亲缘关系，各个川芎居群间具有高度遗传多样性。四川省外的6个居群，显示出和四川省内的10个居群遗传距离远，遗传背景差异较大，说明川芎在DNA分子水平上有道地性存在，从分子生物学角度证明了四川省内10个川芎居群的道地性。陈林等首次对川芎道地药材的形成模式、商品规格进行了梳理和考证。厘定川芎道地药材的形成模式为道地产区独特的生态环境与独有的栽培种植技术相结合的双因素关联决定型；川芎药材种植区正在发生迁移，传统最核心的主产地都江堰川芎种植面积逐年减少，其主产区的位置已为彭州取代。近年眉山市彭山县大量种植川芎，已形成一定的规模。王瑀等通过自主研发《中药材产地适宜性分析地理信息系统》（TCMGIS-I），并以四川都江堰为道地基点县，分析了川芎的全国适宜产地。结果表明按川芎药材生长所需要的生态土壤条件分析，除川芎的四川传统产区外，四川东部地区、湖北、贵州、陕西的部分地区也是川芎的适宜产地。但川芎苓种繁育要求与药材栽培地不同的气候土壤条件，由此决定了川芎的栽培道地产区集中在四川都江堰（原灌县）、彭州、郫都等地区。结果对于认识川芎的道地产区形成、适宜区的划分及引种栽培具有重要参考价值。

银铃等采用HPLC法测定并比较了不同产地川芎中洋川芎内酯A、阿魏酸松柏酯、藁本内酯3种主要内酯成分。结果25批川芎药材中差异最大为阿魏酸松柏酯，其次为洋川芎内酯A、藁本内酯。25批药材的阿魏酸松柏酯含量在 2.467 2~9.549 7 mg/g。洋川芎内酯A含量在 4.625 4~11.081 2 mg·g^{-1} 之间。藁苯内酯含量在 41.171 5~73.686 4 mg/g。聚类分析表明：传统与非传统产地之间的内酯成分含量无显著差异，当作为两类划分时，新都、都江堰部分样品及彭山为一类，其余为一类；可见非传统产地的彭山与新都的药材在内酯成分含量上相近，而传统产地都江堰的6批药材差异较大，被分作两类。

【原植物】多年生草本，高40~70 cm。根茎发达，呈不规则的结节状拳形团块，具浓烈香气，深棕色，有多个节状瘤夹。茎直立，具纵条纹，上部多分枝，下部茎节膨大呈盘状（苓子）。茎下部叶具柄，基部扩大成鞘状抱茎；老茎紫红色，节盘常有多数须状气生根，节盘触地易生根。叶片3~4回三出式羽状全裂，羽片3~5对，卵状披针形，长6~7 cm，宽5~6 cm，末回裂片线状披针形至长卵形，具小尖头；茎上部叶渐尖化。复伞形花序顶生；总苞片3~6，线形，长0.5~2.5 cm；伞辐7~24，不等长，长2~4 cm，内侧粗糙；小总苞片4~8，线形，长3~5 mm，粗糙；花瓣5，白色，萼齿不显著，长1.5~2 mm，先端具内折小尖头；花柱2，长2~3 mm，向下反曲。双悬果两侧扁压，5棱，有窄翅，长2~3 mm，宽约1 mm；背棱槽内油管1~5，侧棱槽内油管2~3，合生面油管6~8。花期7~8月，果期8~9月。见图4-1。

图4-1 川芎原植物（舒光明摄）

【生物学特性】苓种多分布于海拔900~1 500 m气候较寒冷的山区，山区培育苓子多选择油砂土、夹砂泥土、大土泥、黄泥土等土壤栽培，以排水良好、疏松、肥沃为宜。

【栽培技术】用膨大的茎节（苓子或川芎苓子）无性繁殖。12月下旬至次年2月上旬，从坝区挖出部分川芎的根茎运至山区培育苓子。7月中下旬，当茎上节盘膨大，略带紫褐色，茎秆呈花红色时，择阴天或晴天早上采收。挖取全株，剔除病株和腐烂的茎秆，去掉叶子，割下根茎。将所收茎秆，捆成小捆，置阴凉小洞或室内贮藏。立秋后陆续取出，按节切成3~4 cm、有突出节盘的短节，供大田作繁殖材料用。山地运回的苓种，放于阴凉干燥处，剔除有虫孔、节盘中空和节上无芽者。8月上、中旬的立秋至处暑为栽种时间，最迟不能超过8月下旬。择晴天开浅沟种植。

栽后半月幼苗出齐后及时揭去盖草，4~5 d后，进行第一次中耕除草。以后每隔20 d左右中耕除草一次。只浅松表土，勿伤根。栽后两个月内应集中追肥3次，每隔20天1次。栽插完后，及时用筛细的堆肥或土粪掩盖苓种，必须把节盘盖住，注意浅盖，并在行内覆盖一层稻草保温保湿。"冬至"前要随时打净老黄叶，减少养分消耗和病虫危害。春分前后间一次苗，每窝摘3~4苗即可。

【采收加工】 小满至小满后10 d采挖。选择晴天，挖出川芎，除去须根，就地晾晒3~4 h后，用竹撞篼抖去川芎根茎表面泥土，平铺在炕床上，热风烘干，注意时常翻动，使受热均匀。炕8~10 h后取出，堆积发汗，再放入炕床，改用小火炕5~6 h，炕干（用刀砍开中心部不软），放冷后撞去表面残留须根和泥土，装袋贮藏。烘炕过程严格控制炕床上的温度，火力不宜过大，药材处温度不得超过70℃。见图4-2。

图4-2 川芎药材（舒光明摄）

【适宜区与最适宜区】

1. 生态环境

川芎药材多栽培于海拔500~800 m的平坝或丘陵。宜选择土层深厚、疏松肥沃、排水良好、有机质含量丰富、中性或微酸性的砂质壤土，过砂过黏的黄泥、白鳝泥、下湿田等通透性差，排水不良，都不宜栽培。

川芎繁殖材料（川芎苓子）多在海拔900~1 500 m的山区培育，自然植被为常绿阔叶林和竹林。

2. 生态因子

其生长区域气候条件为：平坝地区海拔600~800 m，年平均气温为15.2℃左右，极端最高气温为34℃，极端最低气温为-5℃。栽种时期为8月上旬，平均气温25.0℃，收获时期为5月下旬，平均气温20.9℃。全年日平均气温大于5℃的日数为310 d，降雪5.5 d降霜26 d霜期96.6 d年平均降水量为1 243.7 mm，年均相对湿度81%。

3. 适宜区

川芎药材的种植适宜区为四川的都江堰、彭州、什邡、眉山、新都、邛崃、崇州、新津的坝区。川芎苓子的种植适宜区为都江堰、汶川、什邡、崇州的山区。见图4-3。

第四章 川产道地药材生产区划

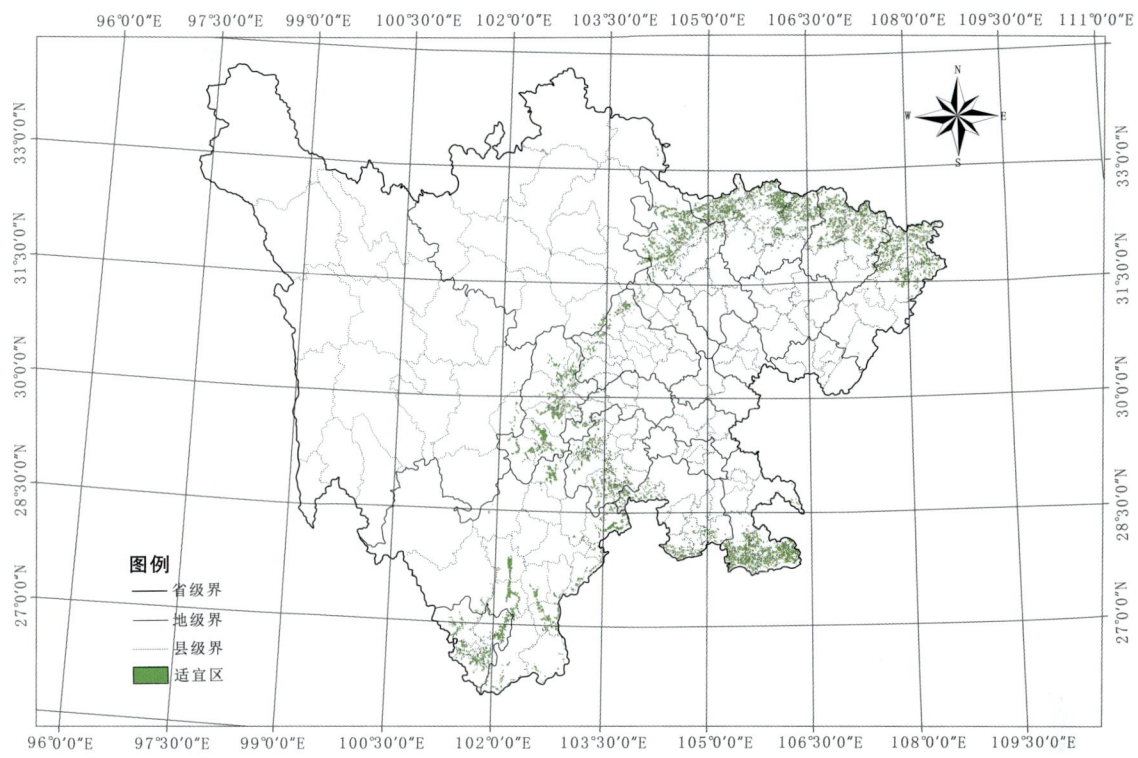

图4-3 川芎苓种适宜区示意图

表4-1 川芎苓种适宜区面积（km²）

区 县	面 积	区 县	面 积
安 县	25	茂 县	43
巴州区	40	美姑县	14
宝兴县	65	米易县	208
北川县	346	绵竹市	24
布拖县	21	冕宁县	6
苍溪县	51	名山区	4
朝天区	367	沐川县	63
崇州市	31	南江县	471
达川区	2	宁南县	172
大邑县	40	彭州市	57
大竹县	12	平昌县	17
丹棱县	9	平武县	506
德昌县	168	屏山县	150
东 区	17	蒲江县	1
都江堰市	39	普格县	55
峨边县	136	前锋区	7
峨眉山市	106	青川县	520
恩阳区	3	邛崃市	34
甘洛县	133	渠 县	3
高 县	6	仁和区	195
珙 县	71	沙湾区	22

- 67 -

续表

区 县	面 积	区 县	面 积
古蔺县	798	什邡市	20
汉源县	237	石棉县	103
合江县	24	松潘县	6
洪雅县	66	天全县	90
会东县	74	通川区	3
会理县	87	通江县	537
夹江县	11	万源市	668
犍为县	1	旺苍县	483
剑阁县	24	汶川县	47
江油市	91	西昌市	107
金口河区	24	西 区	20
金堂县	3	兴文县	86
金阳县	64	叙永县	558
九寨沟县	12	宣汉县	406
筠连县	130	盐边县	181
开江县	2	盐源县	71
康定市	3	叙州区	24
雷波县	240	荥经县	184
利州区	183	雨城区	81
邻水县	9	越西县	5
芦山县	102	昭化区	73
泸定县	25	昭觉县	4
马边县	271	中江县	5

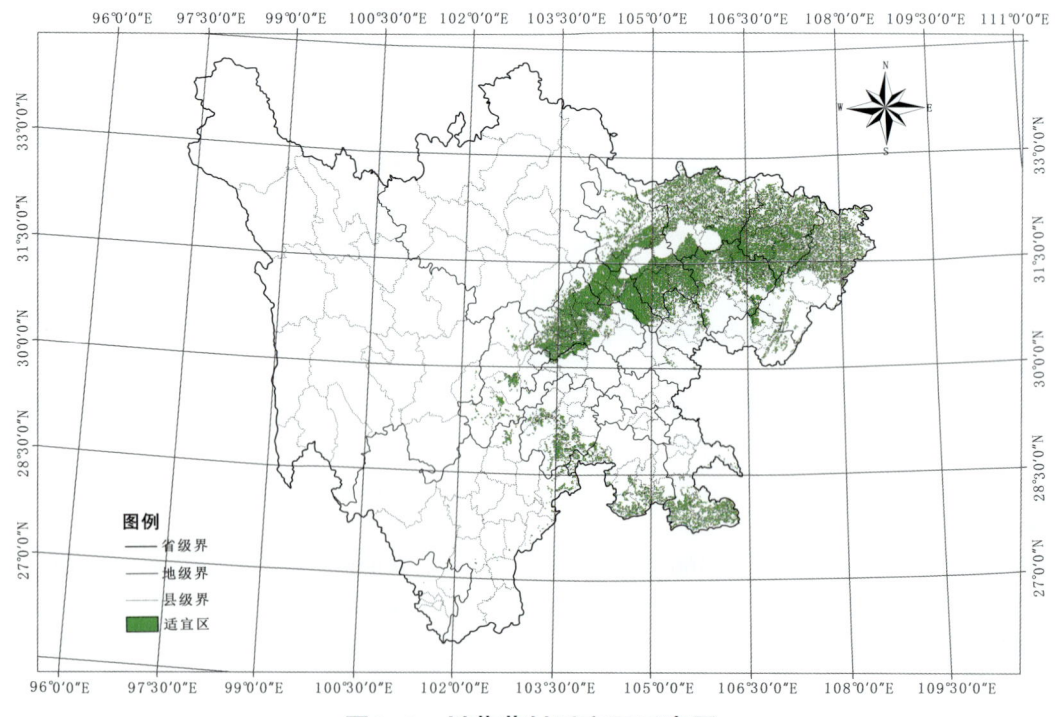

图4-4 川芎药材适宜区示意图

表4-2 川芎药材适宜区面积（km²）

区县	面积	区县	面积
高坪区	1	邻水县	189
会东县	1	峨边县	192
米易县	1	温江区	195
普格县	1	新津县	210
盐边县	1	雷波县	214
昭觉县	1	彭山区	227
美姑县	2	荥经县	227
宁南县	2	珙县	230
松潘县	2	兴文县	233
天全县	2	沐川县	254
武侯区	3	通川区	282
盐源县	3	筠连县	295
德昌县	4	屏山县	309
安居区	5	蓬安县	324
布拖县	5	西充县	333
锦江区	7	郫都区	337
犍为县	8	游仙区	338
长宁县	9	什邡市	357
洪雅县	11	新都区	358
华蓥市	13	北川县	395
雨城区	14	大邑县	396
船山区	17	蒲江县	410
金阳县	17	双流区	422
简阳市	18	都江堰市	428
泸定县	18	广汉市	445
茂县	18	平武县	453
青羊区	18	昭化区	465
顺庆区	20	射洪县	474
大英县	22	旌阳区	482
成华区	25	马边县	494
乐至县	27	崇州市	508
金牛区	28	利州区	524
汶川县	30	梓潼县	534
合江县	32	朝天区	560
金口河区	33	安县	563

续表

区 县	面 积	区 县	面 积
安岳县	43	绵竹市	563
高 县	44	营山县	600
前锋区	46	彭州市	639
岳池县	48	邛崃市	661
峨眉山市	57	叙永县	726
石棉县	59	恩阳区	771
宝兴县	61	旺苍县	810
名山区	61	青川县	837
沙湾区	63	巴州区	862
丹棱县	65	南部县	958
龙泉驿区	84	古蔺县	1 010
芦山县	86	苍溪县	1 014
开江县	94	南江县	1 038
涪城区	98	江油市	1 077
叙州区	103	仪陇县	1 092
甘洛县	106	盐亭县	1 106
嘉陵区	125	剑阁县	1 115
大竹县	128	阆中市	1 183
青白江区	137	万源市	1 219
东坡区	146	平昌县	1 227
汉源县	160	宣汉县	1 555
蓬溪县	163	通江县	1 572
渠 县	172	中江县	1 651
达川区	176	三台县	1 958
罗江县	182	金堂县	188
广安区	188		

4. 最适宜区

川芎苓子的种植最适宜区为都江堰市中兴镇两河村、汶川县水磨镇灯草坪村。见图4-5。川芎药材的种植最适宜区为都江堰、彭州的坝区。见图4-6。

表4-3 川芎苓种最适宜区面积（km²）

区 县	面 积
都江堰	10
彭 州	12
汶 川	19

表4-4 川芎药材最适宜区面积（km²）

区 县	面 积
都江堰	175
彭 州	457
郫 都	337

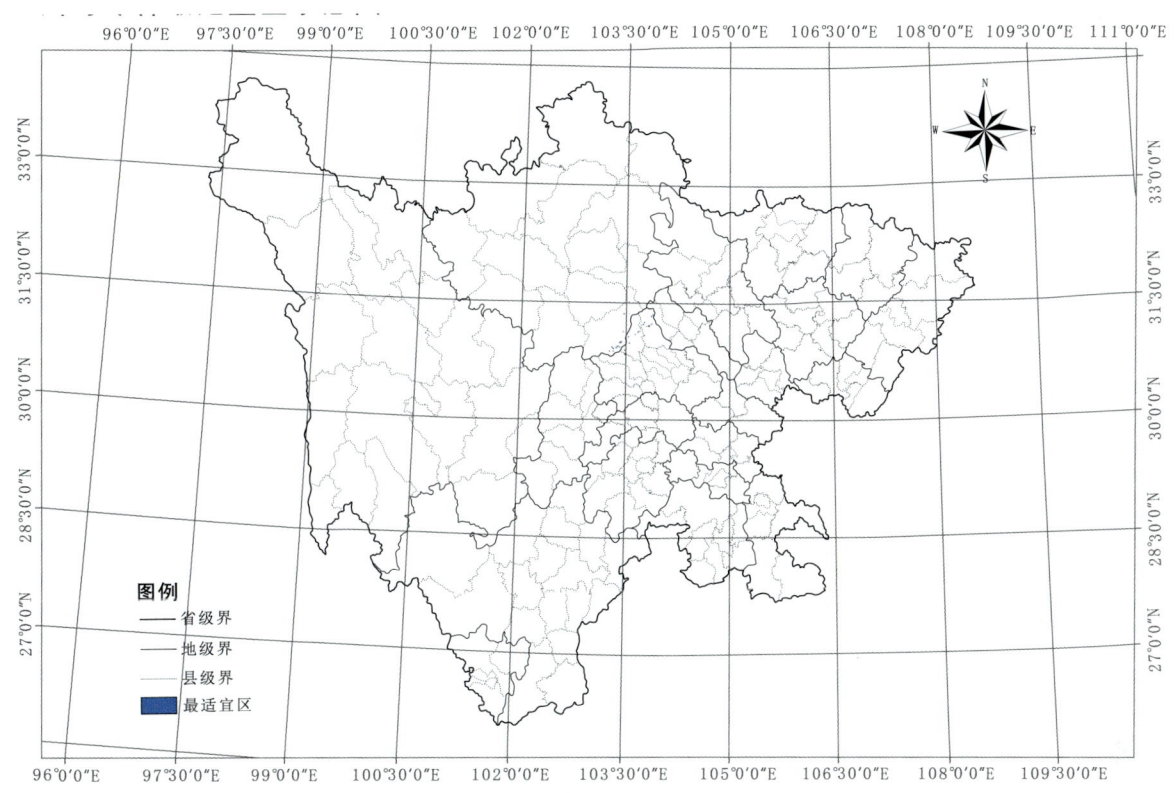

图4-5 川芎苓种最适宜区示意图

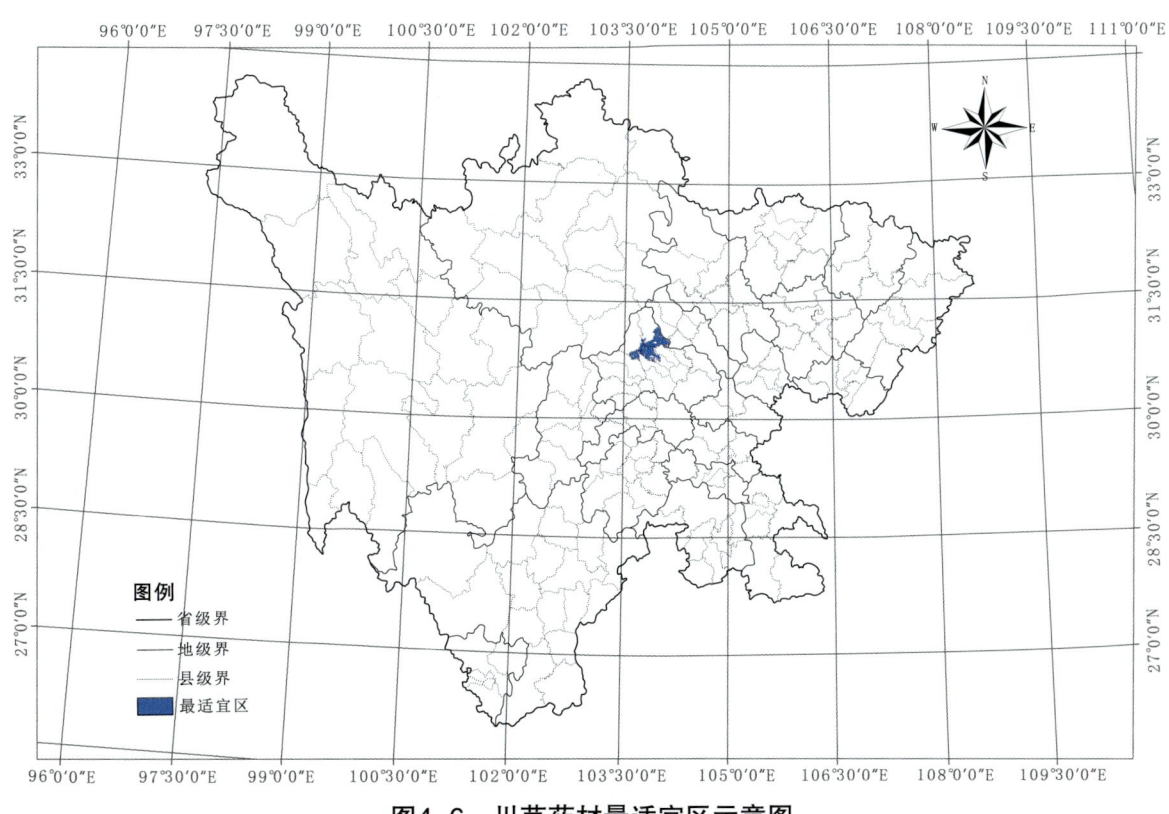

图4-6 川芎药材最适宜区示意图

【基地建设】 四川省彭州市、都江堰市建立了川芎规范化栽培基地。

二、丹参生产区划

【来源】为唇形科植物丹参 Salvia miltiorrhiza Bge. 的干燥根及根茎。

【道地沿革】始载于《神农本草经》，列为上品，"生川谷"。《蜀本草》中首次提到四川产丹参。清代《药物出产辨》（1930年）："丹参产四川龙安府为佳（今四川青川、平武一带），名川丹参，又产安徽、江苏，质味不佳。"据《中江县志》记载："据《康熙志》（成书于公元1715年）记载，中江丹参的药材生产在当时已初具规模。丹参一物，用途甚隘，而吾邑种之已数十年，尤莫盛于民国之初，殆岁及三四十万斤，销路专恃重庆番舶，运出海外。民国初年，产干质丹参100余吨。"《中国道地药材》将川丹参列为川产道地药材。《500味常用中药材的经验鉴别》指出："丹参属于用量较大的常用药材。丹参商品野生、家种均有（50年代以前野生为药用主要来源，仅有四川一地有家种产品，60年代后全国各地均有引种）……当中，以四川中江等地栽培品为最佳。"《中国药用植物栽培学》《中药商品鉴定学》《中药资源学》以及《四川中药材栽培技术》等教科书和专著都对川产中江丹参给予很高评价，认为中江是丹参的主产区或道地产区。《中药辞海》载："药材产于四川、安徽、山西、河北、江苏，销全国各地。四川栽培的丹参，认为质量最好。"《中药材手册》称：（丹参）主产于四川、山西、河北、江苏、安徽。其中四川栽培的丹参被认为质量最好。

以条粗壮、色紫红、质坚实、无芦头、无须根、无断碎条者为佳。

【性味归经】苦，微寒。归心、肝经。

【功能主治】活血祛瘀，通经止痛，清心除烦，凉血消痈。用于胸痹心痛，脘腹胁痛，癥瘕积聚，热痹疼痛，心烦不眠，月经不调，痛经经闭，疮疡肿痛。

【药理作用】

1. 对心脏的作用

（1）抗心肌损伤。丹参给异丙肾上腺素所致心肌损伤豚鼠采取灌流法 0.04 mg/ml 加药，15 min 进行指标测定，表明丹参可改善异丙肾上腺素所引起的心肌细胞复极化过程的变化，而显示心肌保护作用。丹参注射液给阿霉素心肌病家兔肌注 2.0 ml/kg，连续 8 周，延长了家兔生存时间，减轻了乳头肌、肉柱、心内外膜下心肌损伤。丹参注射液给 Langendorff 离体心脏灌流模型，恒流灌流浓度为 24 g/L 的丹参灌流液，流量为 10 ml/（min·300 g），结果显示丹参注射液能明显减轻低氧期间心肌高能磷酸化合物含量的下降，而对心肌低氧复氧损伤进行保护。

丹参素给异丙肾上腺素致急性心肌缺血模型大鼠分别于预防 24 h，造模 2 h、4 h、8 h 后，腹腔注射 12 mg/kg，结果显示造模后 2 h、4 h 给药组血清中 CPK 和 LDH 的活性明显降低，而预给药 24 h 及造模后 8h 给药组未见明显变化，由此可见丹参素对缺血心肌的保护作用与用药时间有关，预防性用药对缺血心肌无保护作用。丹参酮 ⅡA 静脉注射乳剂给异丙肾上腺素致急性心肌缺血模型大鼠尾静脉注射，每日 5.6 mg/kg、2.8 mg/kg、1.4 mg/kg，连续 3 d，结果显示 3 个剂量均能明显抑制心肌缺血大鼠 ST 段的偏移，显著降低心肌缺血大鼠血清中 CK 和 LDH 的释放，降低心肌匀浆中 MDA 的水平，保护心肌 SOD 和 GSH-Px 活性。

风湿性二尖瓣膜置换术患者缺血再灌注损伤心肌，于手术开始前、升主动脉开放后静注丹参注射液 0.2 ml/kg，结果显示患者磷酸肌酸激酶、磷酸肌酸激酶同工酶、乳酸脱氢酶、肌钙蛋白、丙二醛水平心脏复灌后明显降低，超氧化物歧化酶水平升高，心律失常发生率、除颤次数明显降低。

（2）抗心肌肥厚。丹参素给左甲状腺素致心肌肥厚模型大鼠灌胃，每日 10 mg/kg，连续 1 周，能有效干预甲亢对血管平滑肌的影响，恢复血管正常收缩舒张状态。丹参酮 II A 磺酸钠（STS）对血管紧张素 II（Ang II）诱导的心肌肥大有抑制作用，在浓度为 2 μmol/L、10 μmol/L、50 μmol/L 时，可抑制 Ang II 诱导的心肌肥厚。丹参酮给高盐饮食大鼠腹腔注射，每日 15 mg/kg，连续 8 周，可抑制心脏局部的醛固酮合成和 AT1R 表达，达到抗高盐所致心肌肥厚的效果。丹参酮 II A 给超负荷左室心肌肥厚模型大鼠腹腔注射，每日 20 mg/kg，连续 8 周，结果丹参酮 II A 对心肌肥厚的抑制作用是非血压依从性的。丹参酮 II A 给自发性高血压左室肥厚（LVH）模型大鼠腹腔注射，每日 1 g/kg，连续 10 周，可抑制实验大鼠 LVH 的发展和心肌组织 PKC 的表达，但对收缩压无明显改变，还可上调心肌细胞凋亡蛋白 Bcl-2，下调 Bax 蛋白及抑制 P53 蛋白的表达。

（3）抗心力衰竭。丹参注射液给老年心力衰竭患者静脉点滴，每日 16 g（250 ml），连续 2 周，结果 SOD、GSH-Px 和 CAT 活性明显增高，且 LPO 和 MDA 浓度明显降低，而起到纠正心力衰竭的作用。

（4）抗心室纤颤。丹参水提物给异丙肾上腺素致心室纤颤模型大鼠腹腔注射，预防 30 min 给药 5 g/kg，能够防止或减少心室纤颤的发生，显著地提高大鼠的存活率。

2. 对血管细胞的作用

4 mg/ml、8 mg/ml、12 mg/ml 的丹参注射液对槟榔碱诱导的血管内皮细胞凋亡有保护作用。在丹参浓度低于 10mg/ml 时，具有显著促进离体人脐静脉内皮细胞活力的作用；当丹参浓度超过 10 mg/ml 后，导致细胞活力的显著降低。这种细胞活力的升高主要体现为细胞增殖上调，而细胞活力的下降主要反映为凋亡增加，而丹参对于血管内皮细胞的活力表现为双向调节作用。丹参多酚酸盐（0.25 g/L、0.5 g/L、1.0 g/L、2.0 g/L、4.0 g/L）对电离辐射后人脐静脉内皮细胞（HUVEC）系 ECV-304 的增殖有抑制作用，随着干预浓度的逐渐升高，而对电离辐射损伤血管内皮细胞具有明显的保护作用。丹参酮 II A 在浓度 15 μg/L、30 μg/L、60 μg/L 时，可剂量依赖性地抑制 H_2O_2 所致的人脐静脉内皮细胞活力降低。1.0 mg/L、2.0 mg/L、5.0 mg/L、10.0 mg/L 丹参酮 II A 可明显降低血管平滑肌细胞线粒体脱氢酶活性和血管平滑肌细胞内丝裂原活化蛋白激酶的活性，随着丹参酮 II A 作用浓度的增加，细胞内 BrdU 掺入 DNA 的量逐渐下降，从而抑制血管平滑肌细胞的增殖。

3. 抗血栓、抗凝血

将 50 mg/kg、100 mg/kg 丹参水提液给采用结扎下腔静脉形成的静脉血栓模型大鼠静脉注射，结果表明丹参具有抑制静脉血栓，阻抑胶原诱导的血小板凝集，促进纤维蛋白溶解活性的作用。丹参注射液（150%）给兔每日耳缘静脉慢速注射 2 ml/kg，连续 3 d，对低切变率状态下的全血黏度、体外血栓湿重和干重、血浆 TXB_2 和 ET 有显著降低作用，可显著地延长 KPTT，抑制血小板聚集。丹参注射液在浓度为 40 mg/L、80 mg/L、160 mg/L、320 mg/L 时，取 10 μl 作用于体外培养的血小板，可保护血小板 FIB-R 和 $CD_{62}P$ 被活化，同时部分抑制 ADP 活化血小板。丹参酮 II A 磺酸钠 12.5~8 g/kg 静脉注射大鼠，60 min 后，实验大鼠体外血栓形成时间延长，血栓长度缩短，血栓干重和湿重减轻，血小板黏附及聚集功能降低，复钙时间、凝血酶原时间和白陶土部分凝血活酶时间均呈现明显抑制。张某等人在使用不同产地丹参所组成的复方丹参影响大鼠血液流变及血栓形成的比较研究中发现，含四川丹参的复方丹参表现出明显的药效，可以显著抑制鹿角菜胶致小鼠鼠尾血栓、大鼠动-静脉体外血栓的形成，同时改善血液流变性。而含河南、陕西、山东丹参的样品则仅显示可抑制小鼠鼠尾血栓形成，而对急性血瘀大鼠动-静脉血栓及血液流变性无明显影响。

4. 抗休克

丹参注射液给感染性休克模型家兔造模后 8~10 h 静脉滴注 5 mg/kg（加入 5% 葡萄糖盐水），可明显降低休克模型的血乳酸盐及 MDA 水平，增强耐受缺氧的能力，降低肺水含量，减轻肺瘀血，由此改善休克状态，保护肺脏功能。大肠杆菌感染性休克模型犬造模后，立即静滴丹参注射液 7 g/kg，结果显示丹参能减少实验犬内毒素，清除氧自由基，抗 DIC，纠正休克时血液流变学异常，改善微循环，稳定细胞膜、亚细胞膜，保护内脏功能，休克犬 24 h 成活率显著提高，并具有稳定血压、减慢心率、增加尿量的作用。

【品质研究】郭兰萍等研究认为，丹参化学成分在地理空间上没有一定的规律可循，遗传背景及小尺度上的生态因子等对丹参中化学成分的积累有重要影响。这些研究说明，丹参有效成分的积累与生态因子之间的关系存在基因型差异。徐红等通过对不同产地丹参的遗传背景与遗传关系进行分析发现，不同产地间的丹参存在丰富的遗传多样性，丹参种质在遗传背景上较为复杂，不同产地的丹参已出现明显的遗传分化，但是与地理分布没有相关性。张兴国等按品种资源的生态适应性将四川中江丹参分为大叶型、野生型和小叶型 3 个品种类型，三者在植株特征、生产力及品质特性方面均存在显著差别。李先恩等研究发现，丹参水溶性成分丹酚酸 B 的含量受基因型、环境及基因型与环境互作三者的影响，但基因型效应（f 值）要远远大于环境及基因型与环境互作的效应，说明丹参水溶性成分含量主要受遗传的影响。丹参脂溶性成分丹参酮 I、丹参酮 IIA 环境效应（f 值）要远远大于基因型及基因型与环境互作效应，说明脂溶性成分丹参酮 I、丹参酮 IIA 含量主要受环境的影响。

陈彻等采用高效液相色谱法测定了不同大规模栽培产地丹参药材中丹参酮 IIA 和丹酚酸 B 含量。结果：丹参酮 IIA 和丹酚酸 B 含量均较高的是四川中江栽培品，山西芮城栽培品丹参酮 IIA 含量尽管最低，但丹酚酸 B 含量却最高。结论：丹参中丹参酮 IIA 和丹酚酸 B 的含量与产地关系较大。

【原植物】多年生草本，高 30~80 cm，茎方形，多分枝，全株密被长柔毛。根红色，圆柱形有分枝，外皮土红色。叶对生，奇数羽状复叶。小叶 3~7，顶端小叶较大。小叶卵形或椭圆状卵形。长 1.5~8 cm，宽 0.8~5 cm，先端钝，边缘具圆锯齿，两面被柔毛，下面较密。花序顶生或腋生，轮伞花序多聚集成总状花序，密被腺毛及长柔毛；小苞片披针形；花萼钟状，长 1~1.3 cm，先端二唇形，萼筒喉部密被白色柔毛；花冠二唇形，蓝紫色，长 2~2.7 cm，上唇直立，较长，略呈镰刀状，先端三裂，中央裂片较两侧裂片长且大；发育雄蕊 2 个，伸出花冠

图 4-7 丹参原植物（方清茂摄）

管外面盖于上唇之下，药隔长，花丝比药隔短，上臂药室发育，顶端联合；退化雄蕊2个。子房上位，4深裂，花柱较雄蕊长，柱头2裂，小坚果长椭圆形，黑色，包于宿萼中。花期5~8月，果期8~9月。见图4-7。

【生物学特性】喜温和、光照充足、湿润的环境。

【栽培技术】

1. 选地

以地势向阳、土层深厚、排水良好的大土泥为好，过沙或过黏的土壤不宜种植，以紫色土壤，耕作层厚度＞50 cm为佳，忌连作地块。

2. 繁殖方式

无性繁殖。备种：选根条直、色泽红、粗细均匀、无畸形、无破裂、健康无病虫害、直径1 cm左右的健壮根条。

3. 种植方法

地膜覆盖＋小厢垄作；1~3月均可栽种；合理密植：每亩种植5 500~6 000窝；作垄覆膜打孔：垄面宽50 cm或80 cm，垄高30 cm，覆膜要做到"严、实、平"，每垄双行或三行错窝打孔。种根切成2.5 cm长的根段，按上下端顺向插入窝内（切忌倒插），盖2~3 cm厚的细土；施足底肥，适量追提苗肥和壮根肥1~2次，亩施有机肥1 000~1 500 kg，纯N 2.8 kg、P_2O_5 14 kg、K_2O 12.5 kg；抗旱排涝：生长前期遇干旱，及时抗旱保苗，雨季注意排水防涝，避免造成渍水烂根死苗，过于干旱或过涝均会影响植株发育，尤其忌水涝。

【采收加工】栽种当年12月地上部枯萎或翌年春萌发前采挖。选晴天，土壤半干燥时采挖，先割去丹参地上茎叶，挖出丹参全根，减少断根，挖起后，去泥运回，忌用水洗；将根条晾或晒到五、六成干变软时，去芦头、尾根、须根和泥土，用手捏顺成束，堆放2~3 d，再摊开晾晒至全干，除净细根、须根及附着的泥土后，整齐地放入包装箱内，即成商品丹参。见图4-8。

图4-8 丹参药材（周先建摄）

【适宜区与最适宜区】

1. 生态环境

生于四川盆地中央丘陵的低山丘陵地带。

2. 生态因子

中江地处四川盆地中央丘陵西部低山丘陵地带，属中亚热带湿润季风气候区，全年气候温和，四季分明，年平均气温16.7℃，1月平均气温5.3℃，7月平均气温26.4℃，年降雨量880 mm，多年平均日照1 310 h，水质、大气、土壤，均在无"三废"污染的生态区域。

3. 适宜区

丹参的适宜区为中江、金堂、平昌、巴中、乐至、阆中、安岳、仪陇、岳池、平武、宣汉，以及四川盆地北部深丘亚区的苍溪、剑阁、梓潼等县。见图4-9。

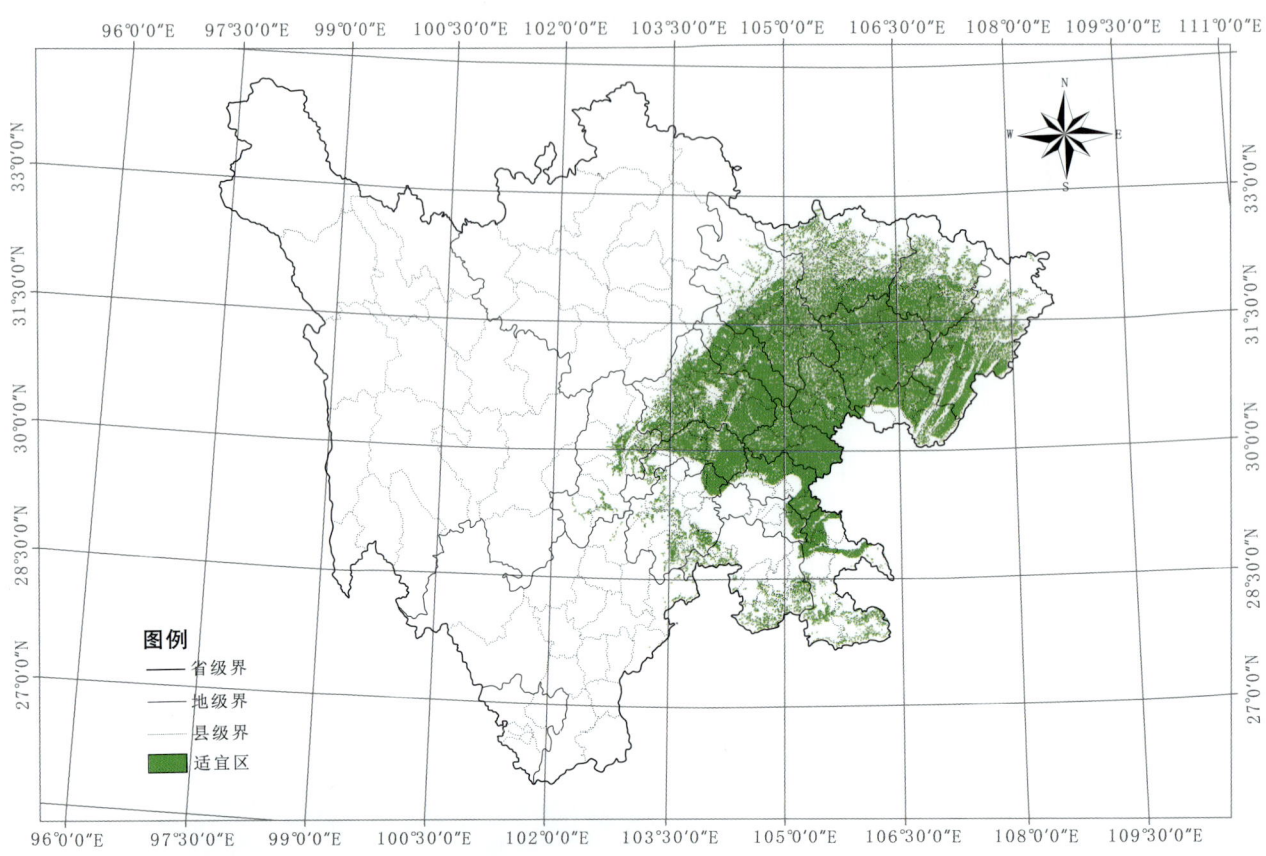

图4-9 丹参适宜区示意图

表4-5 丹参适宜区面积（km²）

区县	面积	区县	面积
美姑县	1	涪城区	420
普格县	1	罗江县	422
昭觉县	1	江阳区	429
宁南县	2	利州区	434
金阳县	3	广汉市	445
内江市市中区	5	顺庆区	457
茂　县	8	叙永县	464
长宁县	10	沐川县	471
汶川县	12	船山区	472
武侯区	15	旌阳区	482
沿滩区	16	兴文县	484

续表

区　县	面　积	区　县	面　积
金口河区	18	崇州市	493
青羊区	20	昭化区	532
甘洛县	21	通川区	548
锦江区	23	绵竹市	551
宝兴县	26	富顺县	557
犍为县	29	青川县	558
金牛区	29	开江县	590
成华区	33	安　县	599
石棉县	50	大英县	610
夹江县	55	彭州市	616
高　县	59	古蔺县	676
纳溪区	70	高坪区	677
青神县	76	邛崃市	678
沙湾区	85	井研县	702
大安区	88	隆昌市	702
雷波县	95	东兴区	746
荣　县	95	泸　县	788
武胜县	99	双流区	800
朝天区	108	游仙区	801
峨边县	113	南江县	881
乐山市市中区	113	广安区	884
叙州区	121	岳池县	931
汉源县	128	西充县	960
峨眉山市	135	恩阳区	963
荥经县	141	金堂县	982
江安县	150	通江县	986
芦山县	156	巴州区	996
威远县	190	嘉陵区	996
温江区	195	梓潼县	1 011
洪雅县	199	蓬溪县	1 035

续表

区县	面积	区县	面积
华蓥市	201	邻水县	1 050
丹棱县	204	东坡区	1 068
平武县	209	射洪县	1 068
新津县	210	安居区	1 168
天全县	227	蓬安县	1 184
万源市	227	江油市	1 203
北川县	232	乐至县	1 245
名山区	248	宣汉县	1 250
珙县	262	盐亭县	1 303
龙马潭区	263	渠县	1 365
青白江区	275	大竹县	1 427
雨城区	281	雁江区	1 432
筠连县	284	营山县	1 461
屏山县	297	平昌县	1 513
郫都区	337	仪陇县	1 525
彭山区	347	资中县	1 531
前锋区	352	达川区	1 556
龙泉驿区	355	阆中市	1 567
什邡市	355	苍溪县	1 655
新都区	360	南部县	1 842
大邑县	380	剑阁县	1 856
旺苍县	382	简阳市	1 980
马边县	388	中江县	1 990
合江县	409	三台县	2 164
都江堰市	410	仁寿县	2 200
蒲江县	410	安岳县	2 562

4. 最适宜区

　　四川省中江县为丹参的最适宜区。中江县石泉乡，海拔 600~900 m，年均温 14.8~16.8℃，年降水 882.5~1 181.8 mm，相对湿度 77%~81%，年总日照 1 317.1 h。土壤为山地紫色壤土。见图 4-10。

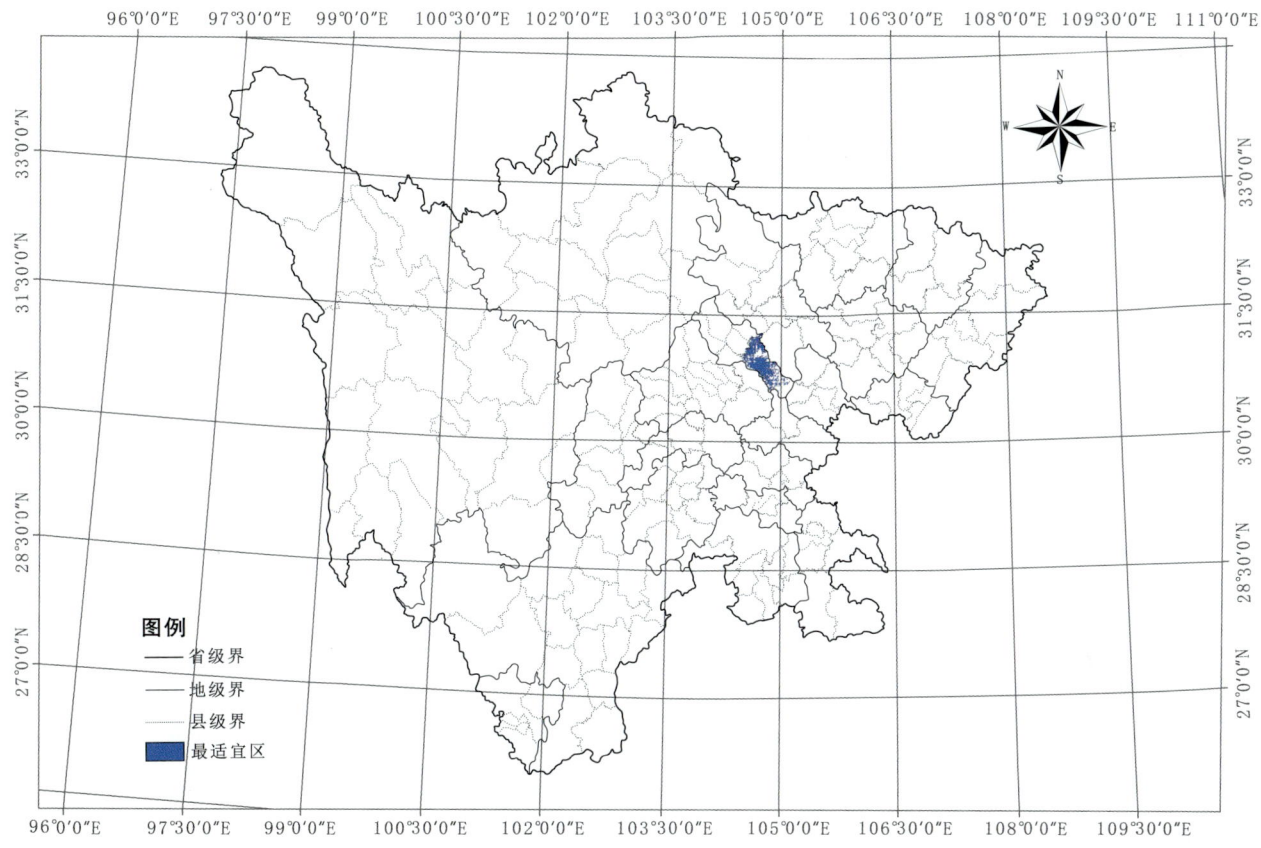

图4-10 丹参最适宜区示意图

表4-6 丹参最适宜区面积（km²）

区 县	面 积
中江县	1 184

【基地建设】 2008年中江丹参地理标志产品保护顺利通过国家审查。中江丹参地理标志产品保护范围以四川省中江人民政府《关于"中江丹参"地理标志产品保护地域范围划定的建议》（江府函〔2007〕60号）提出的范围为准，为四川省中江县石泉乡、集凤镇、古店乡、辑庆镇、兴隆镇、富兴镇、合兴乡、南华镇、南山镇、清河乡、玉兴镇、永安镇、悦来镇、回龙镇、瓦店乡、冯店镇、广福镇、万福镇等18个乡镇所辖行政区域。四川逢春制药有限公司2007年开始在川丹参道地产区四川中江建立了丹参GAP生产基地，面积3 200亩，于2011年通过国家食品药品监督管理局组织的GAP认证；四川省中医药科学院承担了"国家基本药物所需重要中药材种子种苗繁育（四川广安）基地"建设，与国药广安医药有限公司联合在四川岳池建立了200亩丹参种子种苗繁育基地。

三、白芷生产区划

【来源】 为伞形科植物杭白芷 Angelica dahurica（Fisch.ex Hoffm.） Benth.et Hook.f. var. *formosana*（Boiss.）Shan et Yuan 的干燥根。

【道地沿革】 始载于《神农本草经》，列为中品。《本草经集注》："叶亦可作浴汤，道家以此香浴，去尸虫，又用合香也。"川白芷一名，出自《济生方》，产崇州者，称老川白芷，产遂宁者，称川白芷。《遂宁白芷志》记载，川白芷约在600前（南宋）时期由杭州引种而来。明清《营山县志》记载药材有白芷。《药物出产辨》："白芷产四川为正，味馨香。如无川芷，则用会芷（河南），亦可。"

以独枝、条粗壮、质硬、体重、粉性足、香气浓者为佳。

【性味归经】 辛，温。归胃、大肠、肺经。

【功能主治】 散风除湿，通窍止痛，消肿排脓。用于感冒头痛，眉棱骨痛，鼻塞，鼻渊，牙痛，白带，疮疡肿痛。

【药理作用】

1. 解热

给酵母致热法建立大鼠发热模型灌胃 100 mg/kg、200 mg/kg（5 mg/ml）白芷香豆素，观察酵母制热法建立大鼠发热模型，结果白芷香豆素能有效降低发热大鼠的体温，并恢复到正常体温。

2. 抗炎

给小鼠灌胃 100 mg/kg、200 mg/kg 白芷香豆素，能有效抑制二甲苯所致小鼠耳廓肿胀和蛋清致大鼠足跖肿胀。灌胃白芷香豆素 60 mg/kg、120 mg/kg 能显著抑制巴豆油所致的小鼠耳廓肿胀、冰醋酸引起的小鼠腹腔毛细血管通透性增强和角叉菜胶所致的小鼠足跖肿胀。

3. 镇痛

白芷水煎剂和冻干粉 0.1 g/ml、0.4 g/ml、1 g/ml（10 ml/kg）给蜜蜂毒和甲醛造成持续疼痛模型小鼠灌胃能有效抑制蜜蜂毒诱致的自发缩足反射次数，0.4 g/ml 的白芷水煎液和冻干粉对甲醛诱致的双相性自发缩足反射也有显著的抑制作用，后两个剂量可有效抑制蜜蜂毒诱致的原发性热痛敏，而原发性机械痛敏只有在 2.0g/ml 剂量时才有效，且不被纳洛酮拮抗。

杭白芷总挥发油 38.5 g、77 g（生药）/kg 连续 4 d 灌胃，对甲醛所致伤害性大鼠疼痛模型，在外周能显著降低血中单胺类神经递质的含量，在中枢能显著升高多巴胺、5-羟色胺含量。大鼠灌胃白芷挥发油 77 g/kg 后 2 h，大鼠脑干、下丘脑 c-fos 表达无明显影响，但可促进 β-内啡肽的前体物质 POMC mRNA 的表达而发挥镇痛作用。0.1 mg/kg、0.2 mg/kg 白芷挥发油灌胃能明显升高甲醛所致伤害性疼痛模型大鼠的血糖，有降低甲醛所致伤害性疼痛模型大鼠后足跖特异性炎症组织中 PGE_2 含量的趋势。

小鼠灌胃 30 mg/kg、60 mg/kg、120 mg/kg 白芷香豆素，采用冰醋酸所致小鼠疼痛模型以及热板法研究其镇痛作用，结果显示白芷香豆素能明显减少冰醋酸所致的小鼠扭体次数，提高热板法小鼠的痛阈值。30 mg/kg、60 mg/kg、120 mg/kg 白芷香豆素腹腔注射能不同程度地抑制小鼠甲醛溶液实验第一和第二时相反应，侧脑室注射 6 mg/kg 白芷香豆素能明显延长小鼠热板痛反应潜伏期，

120 mg/kg 白芷香豆素腹腔注射，能使甲醛所致伤害性疼痛模型小鼠血清 NO 含量和脑中 β-EP 含量明显下降。

4. 抗病原微生物

白芷提取液为 0.5 g/ml，采用体外试管法最低抑菌浓度（MIC）试验观察白芷的抗菌作用，研究显示 0.5 g/ml 白芷 0.5%NaOH 提取物对大肠杆菌的抑制作用最为明显，其 MIC 为 6.25 g/L，对沙门菌、无乳链球菌、金黄色葡萄球菌的 MIC 分别为 12.50 g/L、25.00 g/L、25.00 g/L。

5. 调节平滑肌

白芷水煎剂 0.1~1.0 g/ml 以浓度依赖的方式收缩大鼠离体肺动脉环，但去除肺动脉环的内皮，白芷水煎剂收缩大鼠离体肺动脉环曲线明显右移，其机制与血管内皮、K^+ 通道、细胞外液钙离子和 L-型钙离子通道有关。白芷醚溶性成分和水溶性成分能抑制家兔离体小肠自发活动，醚溶性成分尚能对抗毒扁豆碱、甲基新斯的明和氯化钡所致家兔离体小肠肌强直性收缩，水溶性成分也能对抗氯化钡所致强直性收缩。

【品质研究】 彭晓霞比较了不同产地白芷的性状、显微特征、薄层特征、理化特征、乙醇浸出物、总灰分含量、水分含量以及欧前胡素和异欧前胡素的含量。还用聚类分析方法比较不同产地白芷微量元素含量的差异。

不同产地的白芷粉末特征存在差异，薄层实验结果中 9 个不同产地白芷供试品的色谱中与对照品色谱相应的位置上均显示相同色的荧光。2010 版药典规定白芷的浸出物用稀乙醇作溶剂，不得少于 15%，测定结果表明各产地白芷浸出物含量均达标，其中四川遂宁、安徽阜阳、浙江杭州产白芷的浸出物含量均高于 21%，河南禹州产白芷浸出物含量最低为 15.6%。各产地白芷中欧前胡素与异欧前胡素含量测定结果表明不同产地白芷中欧前胡素的含量在 0.13%~0.21%，其中安徽亳州、甘肃临洮产白芷含量最低为 0.13%，浙江杭州产白芷含量最高为 0.21%；异欧前胡素含量在 0.04%~0.07%，其中安徽亳州产白芷含量最低为 0.04%，四川遂宁、浙江杭州、河南禹州产白芷含量最高为 0.07%。对 9 个不同产地、不同采收时间的 27 份白芷试样进行微量元素含量测定，采用系统聚类法进行分析，结果表明所有的白芷除四川遂宁产白芷以外其余产地白芷都很接近，其中在微量元素含量上安徽亳州产白芷和安徽亳州产杭白芷较接近，浙江杭州产杭白芷和安徽阜阳产白芷较接近，河北安国产白芷和甘肃临洮产白芷较为接近。

郭丁丁、马逾英等收集 7 省市 15 个不同产地白芷主产区对口药材及种子，并将种子种植在四川遂宁白芷种质资源圃中，于次年正常采收期采挖、干燥，对其及与之相对应的白芷对口药材进行欧前胡素含量测定及 HPLC 指纹图谱对比研究。结果表明不同产地白芷中欧前胡素含量存在差异，四川遂宁与安岳产白芷的欧前胡素含量较高；不同产地样品栽种于遂宁同一环境后，欧前胡素含量整体有明显提高；化学表达也随产地及栽培方法的一致而趋同。白芷中香豆素类成分与产地环境密切相关，产地生境及栽培技术可能是决定其质量的关键因素。

【原植物】 白芷：多年生高大草本，高 1~2.5 m。根粗大、圆柱形，有分枝，径 3~5 cm，外表皮黄褐色，气味浓烈。茎粗大、中空，基部径 2~5 cm，有时可达 7~8 cm，通常带紫色，有纵长沟纹。基生叶大，有长柄，基部扩大呈鞘状，抱茎；茎上部叶二至三回羽状分裂，叶片轮廓为卵形至三角形，长 15~30 cm，宽 10~25 cm，下部为囊状膨大的膜质叶鞘，常带紫色；末回裂片长圆形，卵形或线状披针形，无柄，长 2.5~7 cm，宽 1~2.5 cm，急尖，边缘有不规则的白色软骨质粗锯齿，具短尖头，基部两侧常不等大，沿叶轴下延成翅状；花序下方的叶简化成囊状叶鞘。复伞形花序顶生或侧生，直径 10~30 cm，花序梗长 5~20 cm，花序梗、伞辐和花柄均有短糙毛；伞辐 18~40（70）；总苞片通常缺或有 1~2，成长卵形膨大的鞘；小总苞片 5~10，线状披针形，膜质。花小，白色，无萼齿；花瓣倒卵形，顶端内曲成凹头状；子房无毛或有短毛；花柱比短圆锥状的花柱基长 2 倍。双悬果长圆形至卵圆形，黄棕色，有时带紫色，长 4~7 mm，宽 4~6 mm，无毛，背棱扁，厚而钝圆，近海绵质，远较棱槽为宽，侧棱翅状，较果体狭；棱槽中有油管 1，合生面油管 2。花期 6~7 月，果期 7~9 月。见图 4-11。

杭白芷： 与白芷的植物形态基本一致，植株高 1~1.5 m。茎及叶鞘多为黄绿色。根长圆锥形，上部近方形，表面灰棕色，有多数较大的皮孔样横向突起，略排列成数纵行，质硬较重，断面白色，粉性大。双悬果扁平、椭圆形或圆形，有疏毛。

图4-11 白芷原植物（舒光明摄）

【生物学特性】 喜温暖湿润气候，耐寒。宜在阳光充足，土层深厚，疏松肥沃，排水良好的砂质壤土栽培。种子在恒温下发芽率低，在变温下发芽较好，以 10~30℃变温为佳。

【栽培技术】

1. 繁殖方法

用种子繁殖，一般采用直播，不宜移栽。6 月果实外皮呈绿色时，选侧枝上结的果实，分批采收，挂通风处干燥。通常采用秋播，适宜播种期因地而异，多在8月下旬至9月初，穴播，按行株距35 cm×（15~20）cm开穴，深5~10 cm，每亩用种量约0.75 kg。条播按行距35 cm开浅沟，将种子均匀撒入沟内，盖薄层细土，压实，浇水，每亩用种子1.5 kg。播后15~20 d出苗。

2. 田间管理

苗高5 cm左右开始间苗，结合中耕除草，苗高15 cm左右定苗，条播每隔15~16 cm留苗1株；穴播，每穴留苗1~3株。一般在间苗、定苗后和封垄前各追肥1次，用人粪尿、腐熟饼肥或尿素等，也可结合浇水。

3. 病虫害防治

病害有斑枯病，主要危害叶部，用1∶1∶100倍的波尔多液或多抗霉素100~200 U喷雾。还有紫纹羽病，根结线虫病危害。虫害有黄凤蝶，幼虫危害叶片，幼龄期或用青虫菌（每1 g菌粉含孢子100亿）500倍液或Bt乳剂200~300倍液喷雾。还有胡萝卜微管蚜、黄翅茴香螟、红蜘蛛危害。

【采收加工】夏、秋间叶黄时采挖，除去须根及泥沙，晒干或低温干燥。见图4-12。

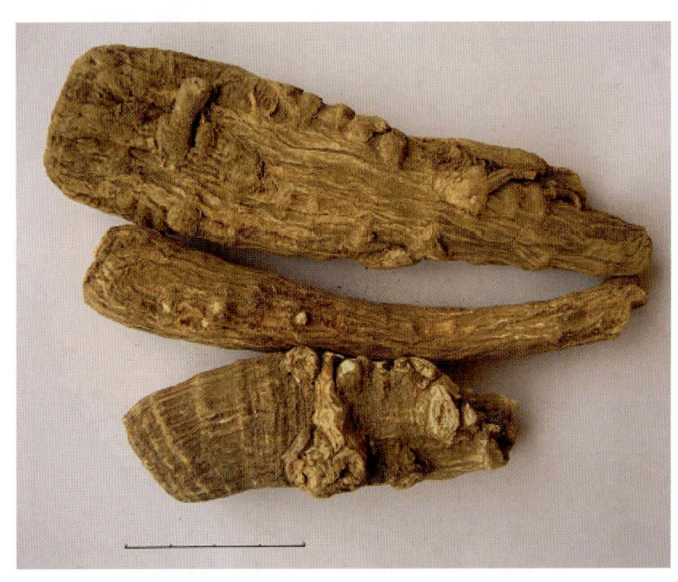

图4-12　白芷药材（周先建摄）

【适宜区与最适宜区】

1. 生态环境

生于海拔1 600 m以下的向阳山坡、草地。

2. 生态因子

温暖、湿润、阳光充足的土壤。年均气温16~19 ℃，年降水量1 000~1 200 mm，年均日照1 400 h，相对湿度81%，土层深厚、疏松、肥沃、砂质壤土。

3. 适宜区

白芷的适宜区为四川省盆地中央丘陵区，遂宁、内江、达州、射洪、中江、岳池、仪陇、阆中、盐亭、南充、宣汉、崇州。见图4-13。

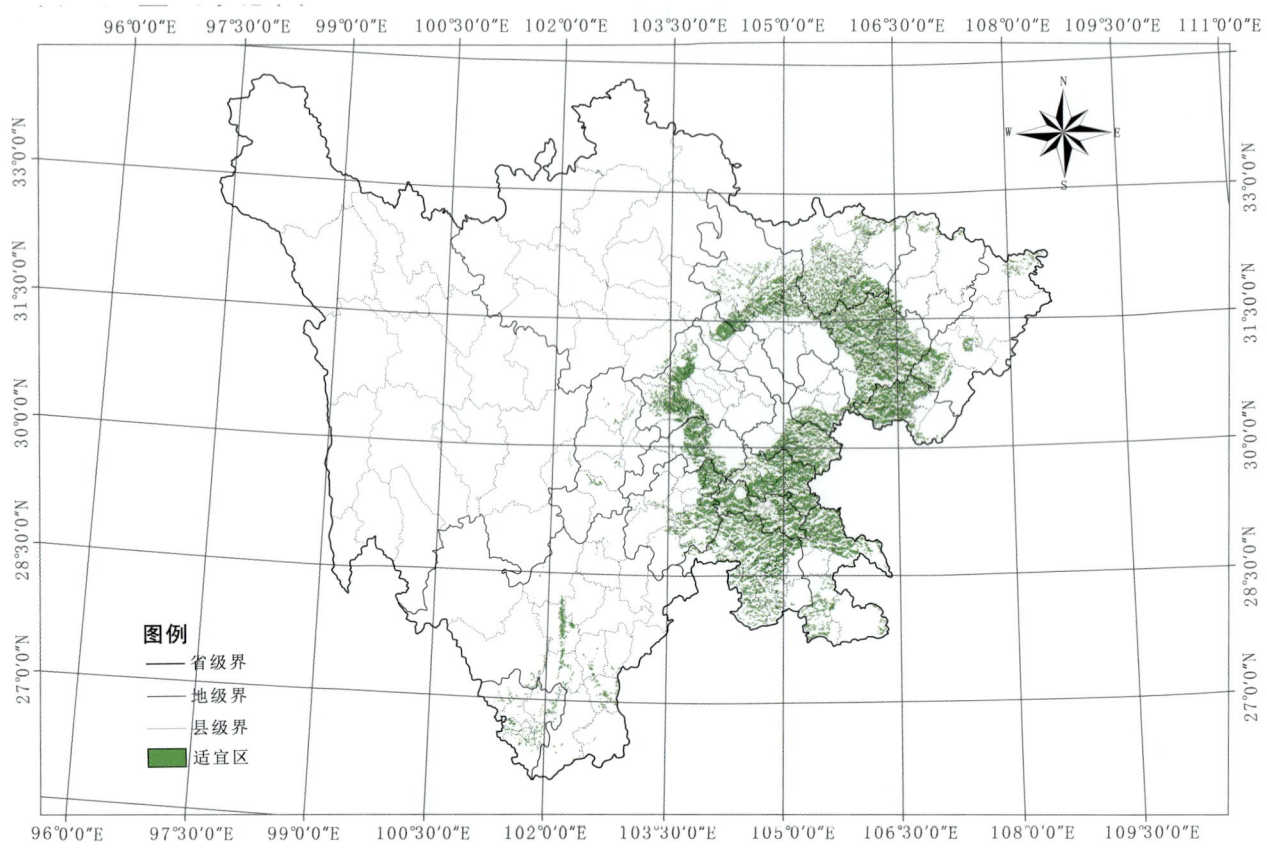

图4-13 白芷适宜区示意图

表4-7 白芷适宜区面积（km²）

区 县	面 积	区 县	面 积
九龙县	1	乐山市市中区	129
康定市	1	新津县	152
理 县	1	恩阳区	158
松潘县	1	贡井区	161
什邡市	5	万源市	162
越西县	5	朝天区	169
会东县	6	江阳区	185
大英县	8	龙马潭区	186
甘洛县	8	屏山县	198
泸定县	8	珙 县	200
东 区	9	筠连县	214
金口河区	9	北川县	215
罗江县	10	内江市市中区	220
冕宁县	12	游仙区	227
自流井区	13	彭山区	242

续表

区 县	面 积	区 县	面 积
布拖县	14	沐川县	243
西 区	14	西充县	248
温江区	17	乐至县	257
荥经县	17	昭化区	262
船山区	18	嘉陵区	265
蒲江县	18	西昌市	270
涪城区	19	雁江区	270
峨边县	20	顺庆区	272
沙湾区	20	长宁县	273
会理县	21	邛崃市	282
峨眉山市	22	崇州市	299
纳溪区	22	高坪区	300
宝兴县	25	大邑县	326
通江县	28	都江堰市	335
五通桥区	28	仁寿县	335
盐亭县	29	南溪区	362
芦山县	30	绵竹市	382
茂 县	31	高 县	400
前锋区	32	安 县	403
青川县	32	叙永县	413
汶川县	32	翠屏区	417
普格县	38	隆昌市	419
华蓥市	41	井研县	436
汉源县	50	梓潼县	439
双流区	51	东坡区	464
青神县	55	安居区	480
郫都区	60	武胜县	486
兴文县	61	犍为县	511
达川区	62	广安区	531
邻水县	63	威远县	548
盐源县	65	合江县	552
通川区	69	蓬安县	580
大竹县	74	渠 县	593
平武县	79	仪陇县	636
南江县	86	富顺县	637
仁和区	91	营山县	645
利州区	93	东兴区	649

续表

区县	面积	区县	面积
旺苍县	102	资中县	675
马边县	103	荣县	677
蓬溪县	103	苍溪县	761
德昌县	108	江油市	763
盐边县	108	泸县	770
古蔺县	109	岳池县	806
米易县	109	阆中市	842
彭州市	111	叙州县	959
沿滩区	117	剑阁县	962
宁南县	118	南部县	966
大安区	120	安岳县	1 149
江安县	124		

4. 最适宜区

白芷的最适宜区为四川省海拔 300~700 m 的丘陵、山区，土壤为黄壤土，包括遂宁船山区、达州、南充、岳池、安岳等地。见图4-14。

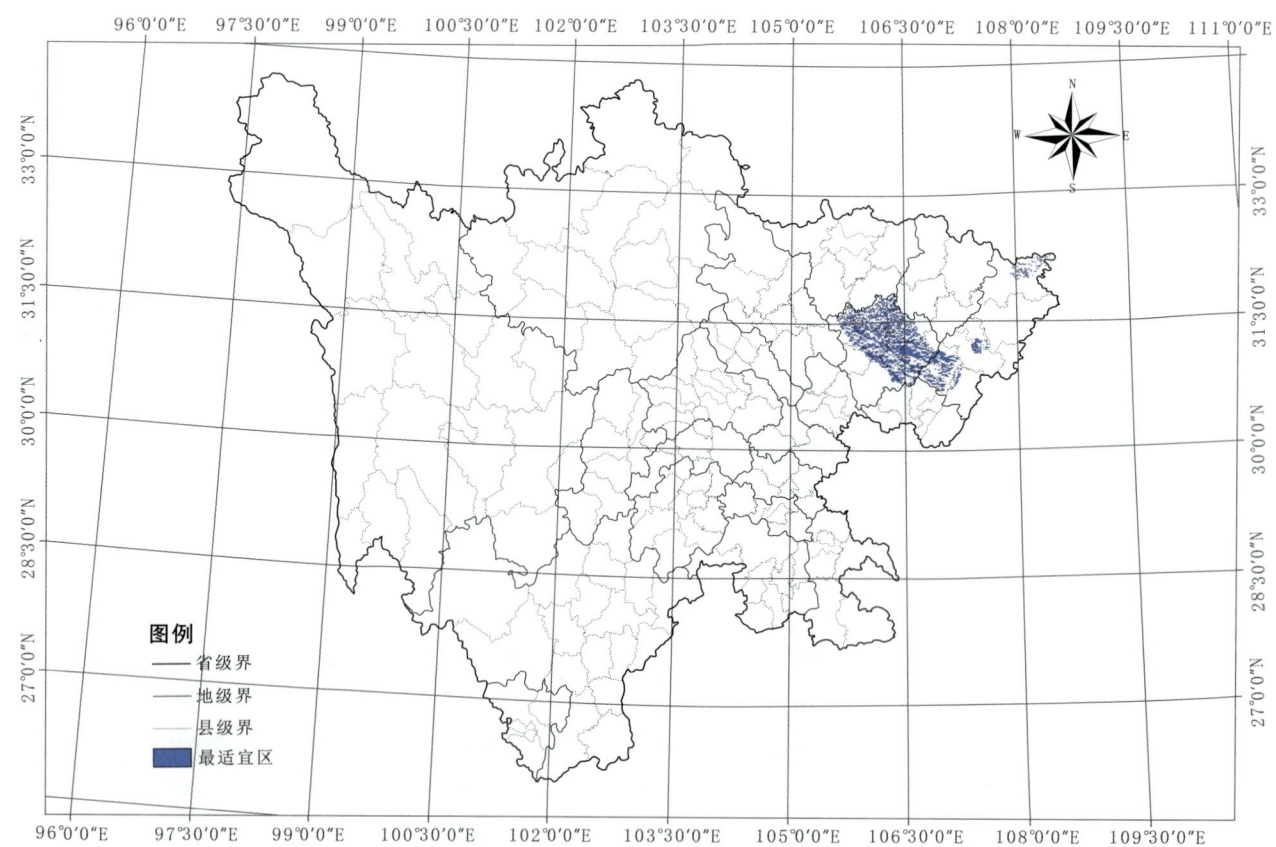

图4-14 白芷最适宜区示意图

表4-8 白芷最适宜区面积（km²）

区 县	面 积	区 县	面 积
达川区	61	顺庆区	85
大竹县	74	通川区	68
高坪区	106	万源市	160
阆中市	842	西充县	70
南部县	798	仪陇县	636
蓬安县	580	营山县	644
渠县	588		

【基地建设】 2006年起，四川省在遂宁市船山区永兴镇、新桥镇，射洪县柳树镇，蓬溪县红江镇建立了白芷GAP基地。

四、白芍生产区划

【来源】 为毛茛科植物芍药 Paeonia lactiflora Pall. 的干燥根。

【道地沿革】 芍药始载于《神农本草经》，列为中品。马王堆帛书《五十二病方》便以芍药入药。《药物出产辨》（1931年）中载："白芍产四川中江、渠县为川芍。产安徽亳州为亳芍，产浙江杭州为杭芍。亳芍、杭芍色肉气味均同川芍，色略黄，质略结，味略苦。"白芍以四川中江、安徽亳州、浙江杭州为道地。四川白芍栽培始于清代。光绪初年（1875年），在中江、渠县就开始种植，以后在中江、渠县、广安、达州、金堂、铜梁、剑阁等地大量栽培，其中以中江所产白芍质量最好。

【性味归经】 苦、酸，微寒。归肝、脾经。

【功能主治】 平肝止痛，养血调经，敛阴止汗。用于头痛眩晕，胁痛，腹痛，四肢挛痛，血虚萎黄，月经不调，自汗，盗汗。

【药理作用】

1. 抗炎、镇痛

白芍醇提液分别按高（4.0 g/kg）、中（2.0 g/kg）、低（1.0 g/kg）剂量灌胃给予二甲苯致耳廓肿胀模型小鼠，醋酸致腹腔毛细血管通透性增加模型小鼠，每日1次，连续3d，结果显示白芍醇提液高、中剂量组使二甲苯所致小鼠耳廓肿胀略有减轻；对醋酸致小鼠腹腔毛细血管通透性增加有一定抑制作用；并能显著降低光热法致痛小鼠的痛阈值，延长醋酸致小鼠扭体反应潜伏期及扭体次数。

白芍总苷分别按高（200 mg/kg）、中（100 mg/kg）、低（50 mg/kg）剂量灌胃给予醋酸腹膜炎小鼠，每日1次，连续6d；苯酚胶浆致盆腔炎大鼠，每日1次，连续20d。结果显示，白芍总苷在200 mg/kg时具有较好的镇痛作用，并对小鼠腹腔炎的白细胞渗出有一定的抑制作用，对慢性盆腔炎大鼠的子宫粘连与扩张有较好的治疗作用。

白芍总苷分别按不同浓度（10μg/ml、30μg/ml、100μg/ml、300μg/ml）加入含大鼠腹腔巨噬细胞培养基中预处理细胞2h，然后加入10μg/ml LPS与细胞共同孵育。结果显示，白芍总苷显著抑制了LPS诱导的大鼠腹腔巨噬细胞产生NO、表达i-NOS，同时也显著增加了细胞内IκBα蛋白的含量和抑制了NF-κB与DNA的结合活性。

2. 对血液的作用

白芍水煎液分别按高（4 g/ml）、中（2 g/ml）、低（1 g/ml）剂量灌胃给予腹腔注射环磷酰胺所致血虚模型小鼠，每日1次，连续15d，结果显示不同剂量组小鼠白细胞、红细胞、血红蛋白含量及骨髓有核细胞数及免疫器官脾脏、胸腺重量均有不同程度升高，中剂量效果最为明显。

白芍5.0 g/kg灌胃给予皮下注射盐酸肾上腺素及冰水浴复制血瘀证大鼠，每日1次，连续10 d，结果显示，白芍能明显降低全血黏度、还原血黏度和血浆黏度，使血浆中NO增加，ET降低。

白芍〔15 g（生药）/kg〕灌胃给予大鼠，每日1次，连续6 d，能显著降低大鼠血小板最大凝集率水平，且通过超高效液相色谱–电喷雾质谱发现α-酮戊二酸、苹果酸、白细胞三烯A4、前列腺素E2、前列腺素F2α等内源性生物标识物对于表征白芍的抗血小板凝聚作用具有重要的作用。

3. 对心脏的作用

白芍总苷分别按高（300 mg/kg）、低（150 mg/kg）剂量灌胃给予异丙肾上腺素诱导所致心肌重构模型小鼠，每日1次，连续7 d，高剂量组可明显降低全心指数及左心室指数，血浆中环磷酸腺苷水平有降低趋势；白芍总苷分别按高（200 mg/kg）、低（100 mg/kg）剂量灌胃给予左甲状腺素诱导所致心肌重构模型小鼠，每日1次，连续9 d，高剂量组可降低左心室指数、全心指数，减慢心率，而低剂量组仅有作用趋势。

白芍总苷分别按高（8 mg/kg）、中（4 mg/kg）、低（2 mg/kg）剂量股静脉注射给予急性心肌缺血犬，结果显示，白芍总苷各剂量组均能减轻心肌缺血程度，缩小心肌缺血范围，降低血清中磷酸肌酸激酶和乳酸脱氢酶的活性，降低游离脂肪酸和过氧化脂质含量，提高超氧化物歧化酶和谷胱甘肽过氧化物酶活性，提示白芍总苷对实验性心肌缺血具有保护作用。

4. 保肝

白芍总苷分别按高（160 mg/kg）、中（80 mg/kg）、低（40 mg/kg）剂量灌胃给予四氯化碳致肝纤维化模型大鼠，每日1次，连续8周，各给药组均能明显降低血清ALT、AST、ALP、HA和PCⅢ水平，升高白蛋白水平及白蛋白、球蛋白比值；同时随机从体内实验中的正常组和模型组取SD大鼠，采用肝脏原位胶原酶灌注法分离肝星状细胞，白芍总苷分别按高（240 mg/L）、中（120 mg/L）、低（60 mg/L）浓度给药，结果显示各组均能明显降低肝星状细胞体外分泌的HA和PCⅢ水平，促进肝星状细胞凋亡，肝脏病理组织状况明显改善。

白芍总苷分别按高（240 mg/kg）、低（120 mg/kg）剂量灌胃给予猪血清诱导肝纤维化模型大鼠，每日1次，连续10周，与模型组比较，白芍总苷治疗组肝组织破坏减轻，纤维化程度也明显改善，胶原面积、NF-κB p65和TGF-β1表达均明显减少。说明白芍总苷抑制纤维化大鼠肝组织NF-κB和TGF-β1的表达可能是白芍总苷的抗肝纤维化主要作用机制之一。

【品质研究】刘瑾等采用TLC法比较斑点差别，用HPLC法测定芍药苷含量。结果：不同产地的白芍在TLC色谱中无明显差异，HPLC法显示浙江产白芍中芍药苷含量明显低于其他产地。中江所产川白芍的芍药苷含量较高。

胡建焜等采用HPLC法测定了安徽亳州、四川中江、山东曹县、浙江临安4个不同产地白芍中芍药苷的含量。结果各产地白芍中芍药苷含量不尽相同,四川中江含量最高,而安徽、浙江的白芍中芍药苷含量较低。白芍质量与生长年限、炮制等多方面有关。

图4-15　白芍原植物（方清茂摄）

【原植物】多年生草本。茎直立,高40~70 cm,无毛。根粗壮,通常圆柱形,分枝黑褐色。下部茎生叶为二回三出复叶,上部茎生叶为三出复叶;小叶狭卵形、椭圆形或披针形,顶端渐尖,基部楔形或偏斜,边缘具白色骨质细齿,两面无毛,背面沿叶脉疏生短柔毛。花数朵,顶生和腋生,有时仅顶端一朵开放,而近顶端叶腋处有发育不好的花芽,直径8~11.5 cm;苞片4~5,披针形,大小不等;萼片4,宽卵形或近圆形,长1~1.5 cm,宽1~1.7 cm;花瓣9~13,倒卵形,长3.5~6 cm,宽1.5~4.5 cm,白色或粉红色,有时基部具深紫色斑块;花丝长0.7~1.2 cm,黄色;花盘浅杯状,包裹心皮基部,顶端裂片钝圆;心皮4~5（2）,无毛。蓇葖果3~5枚,长2.5~3 cm,直径1.2~1.5 cm,顶端具喙。花期5~6月,果期8月。见图4-15。

【生物学特性】喜温暖湿润、阳光充足的环境,既能耐寒,又能耐热,耐干旱,怕潮湿。

【栽培技术】

1. 选地

应选用地势高、干燥、排水良好、土层深厚、疏松肥沃的沙质土壤。栽植前应施足底肥,以腐熟的饼肥（200 kg/亩）或粪干（1 500 kg/亩）为宜,深翻整平后方可。

2. 栽植季节

栽植的适宜时间一般为8月下旬（处暑）到9月下旬（秋分）,栽植的密度为60 cm×50 cm,每亩栽2 200株左右。栽植时,穴深35 cm左右,穴口径20 cm左右,苗的深度以芽低于地平面3 cm为宜,最后将穴填满土、捣实并堆土10 cm,以防寒保墒并起标志作用。栽植后视土壤情况,可适当浇水越冬。

3. 田间管理

（1）中耕除草。翌年春季，芍药发芽前，将上年秋季的土堆松平；生长期要保持土壤疏松、无杂草，做到雨后即锄，久旱即锄。

（2）摘侧蕾。芍药除茎顶生出蕾外，茎上部叶腋部还生有3~6个侧蕾。及早摘去侧蕾可集中养分，使主蕾花大丰满；如留着侧蕾，则花开丰富，观赏期长。可根据需要，自主掌握。

（3）浇水追肥。芍药系肉质根，根系发达，抗旱能力强，一般不用浇水，如春旱或伏旱时间较长，可浇水一到两次，冬季视土壤干湿情况，也可浇一次越冬水。芍药生长旺盛，需肥量大，一年可施两次，入冬前，可施一些长效肥，如腐熟的饼肥（150 kg/亩）或大粪干（1 500 kg/亩），花开前或花后可施一些速效肥，如复合肥、二铵（10~15 kg/亩），也可结合进行叶面追肥，如磷酸二氢钾或微肥，15~20 d喷一次。

4. 病虫害防治

（1）病害。主要是叶斑病，包括红斑病和褐斑病，一般发病高峰期在气温高、湿度大的夏秋季节，发病初期可用40%多菌灵800倍液喷施叶面防治，严重时用40%多菌灵500倍液每15 d喷一次，2~3次即可防治。

（2）虫害。主要是蛴螬和线虫。蛴螬在7~8月份盛发期可用30%的呋喃丹（5 kg/亩）或50%辛硫磷颗粒剂（3 kg/亩）或甲基异柳磷水剂，与有机肥或沙土混合成毒饵，均匀撒施，然后深锄即可。线虫为根结线虫，传播性强，对芍药危害比较严重，症状表现为须根出现大小不同的瘤状物，植株生长衰弱、叶缘变黄、枯焦、早落，严重时植株变矮直至死亡。防治可用30%的呋喃丹颗粒剂25 g/m^2，于夏季多雨期均匀施于发生地块，后深锄5~10 cm。因根结线虫系好气性低等动物，主要生活在5~20 cm以内的土层内，施药时，千万不可过深。

【采收加工】夏、秋二季采挖，洗净，除去头尾及细根，置沸水中煮后除去外皮或去皮后再煮，晒干。见图4-16。

图4-16 白芍药材（舒光明摄）

第四章 川产道地药材生产区划

【适宜区与最适宜区】

1. 生态环境
生于海拔 2 300 m 以下的山坡、谷地、草地、林下、灌丛。

2. 生态因子
气候温和、雨量适中、阳光充足的环境。深厚、肥沃、疏松的砂质壤土、冲积土、夹砂黄泥土。

3. 适宜区
白芍的适宜区为海拔 400~2 000 m 的丘陵与山区，包括中江、苍溪、渠县、仪陇、广安、达州、金堂、剑阁等地。见图 4-17。

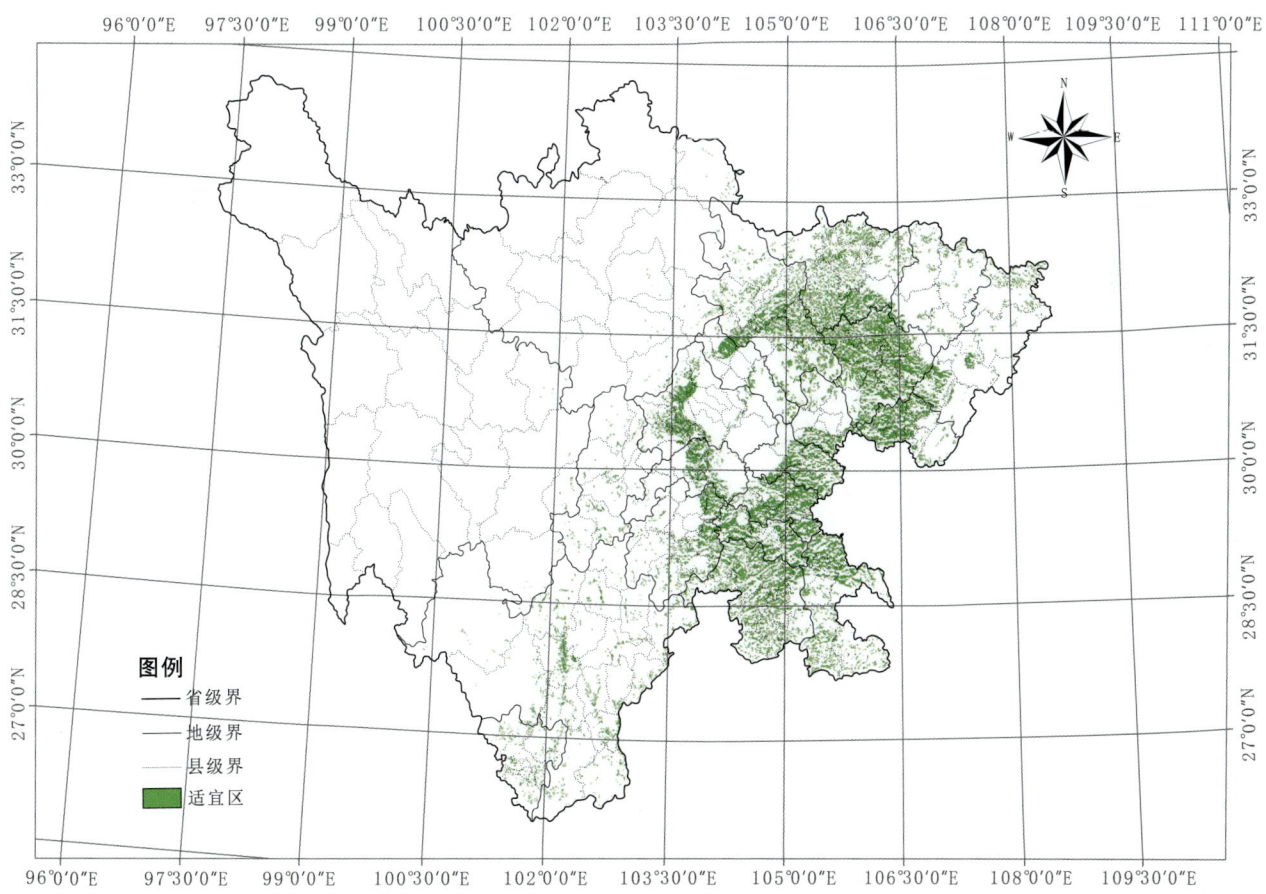

图 4-17 白芍适宜区示意图

表 4-9 白芍适宜区面积（km²）

区　县	面　积	区　县	面　积
汉源县	1	古蔺县	131
锦江区	1	叙永县	131
米易县	1	洪雅县	136
盐源县	1	昭化区	140
内江市市中区	1	蓬溪县	143

续表

区县	面积	区县	面积
贡井区	2	乐山市市中区	144
沿滩区	2	广安区	148
华蓥市	3	旌阳区	151
雷波县	5	邻水县	151
峨边县	6	嘉陵区	163
会东县	6	筠连县	166
西区	6	双流区	166
马边县	7	涪城区	170
前锋区	7	犍为县	202
会理县	8	纳溪区	207
自流井区	8	罗江县	235
仁和区	10	屏山县	242
安居区	11	荣县	246
宁南县	11	南江县	258
泸县	13	资中县	263
江阳区	15	沐川县	274
船山区	16	蓬安县	285
威远县	16	井研县	291
隆昌市	17	通川区	292
五通桥区	19	合江县	307
沙湾区	23	西充县	307
青神县	25	大竹县	312
新津县	27	岳池县	331
邛崃市	28	开江县	355
安县	30	高县	373
大英县	30	叙州区	390
广汉市	31	射洪县	393
蒲江县	34	游仙区	419
顺庆区	35	通江县	499
富顺县	37	营山县	516
江油市	37	恩阳区	578
万源市	46	巴州区	588
青白江区	48	达川区	615
夹江县	51	宣汉县	622
东兴区	57	金堂县	659
峨眉山市	57	梓潼县	735
南溪区	65	雁江区	738

续表

区 县	面 积	区 县	面 积
兴文县	71	安岳县	766
江安县	82	乐至县	794
利州区	84	南部县	824
丹棱县	86	仪陇县	857
高坪区	87	盐亭县	933
旺苍县	90	平昌县	935
东坡区	98	阆中市	975
珙 县	98	仁寿县	1 021
翠屏区	99	苍溪县	1 044
龙泉驿区	99	剑阁县	1 217
长宁县	100	中江县	1 259
彭山区	122	简阳市	1 374
渠 县	128	三台县	1 481

4. 最适宜区

白芍的最适宜区为中江集凤镇、渠县塔宝乡，海拔 400~1 200 m，年均气温 16.7℃，土壤为紫色土。见 4-18。

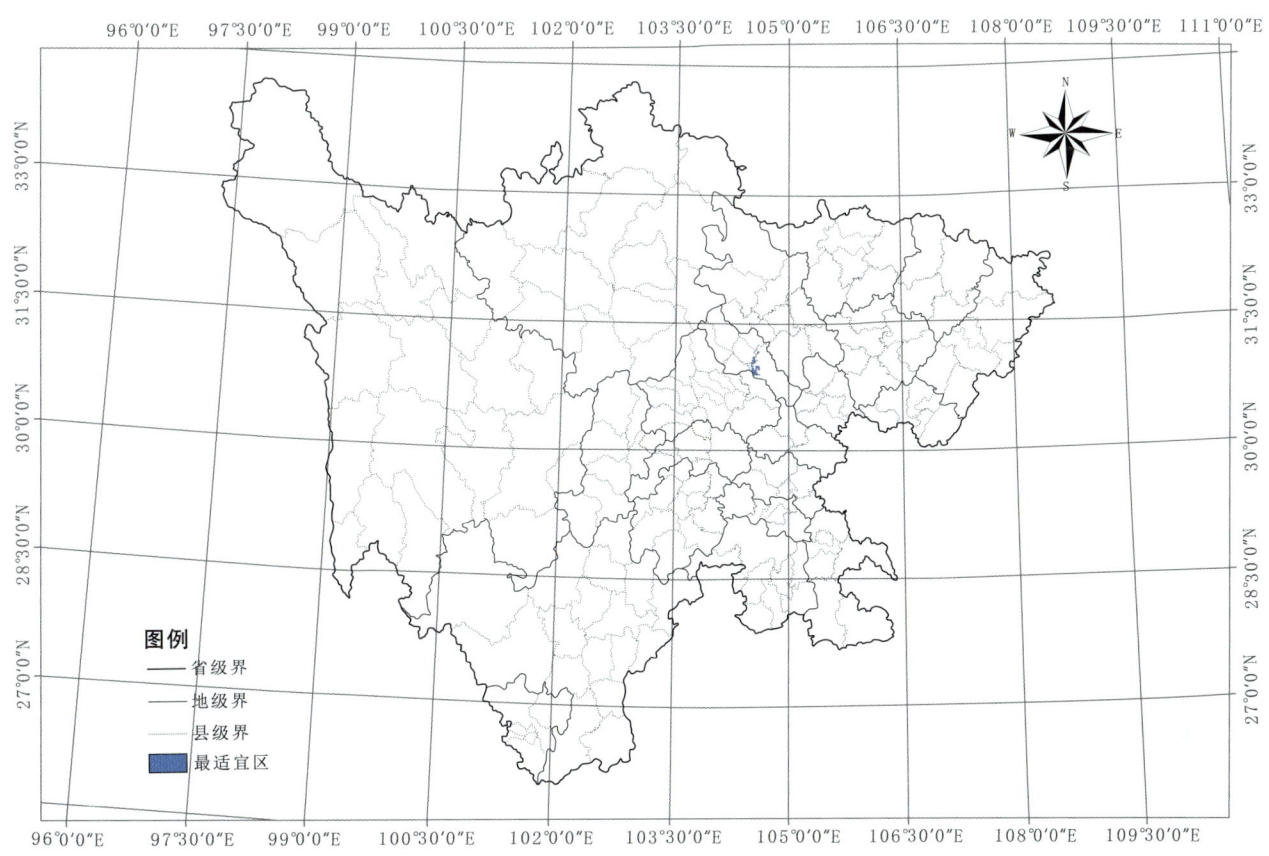

图4-18 白芍最适宜区示意图

表4-10 白芍最适宜区面积（km²）

区　县	面　积
渠　县	10
中　江	68

【基地建设】2015年12月31日，国家食品药品监督管理总局以2015年290号文公告了四川逢春制药有限公司建设的中江白芍GAP基地，四川省中医药科学院为技术支撑单位。

五、麦冬生产区划

【来源】为百合科植物麦冬 *Ophiopogon japonicus*（Thunb.）Ker-Gawl. 的干燥块根。

【道地沿革】始载于《神农本草经》，列为上品。《图经本草》曰："生幽谷川谷及堤坂肥土久废处，今所在有二叶青似莎草长及尺余，四季不凋，根黄白色，有须根作连球形似旷麦颗，故名麦门冬，四月开淡红花如红蓼，实碧而圆如球，江南出叶大者如鹿葱，小者如韭，大小有三四种，功用相似，或云吴地尤胜，二月八月十月阴干。"从有关麦冬植物形态、花期及生态环境的描述，与当今药用百合科沿阶草属植物麦冬相同。到明代，麦冬不单有野生品，而且主要使用家种品。《本草纲目》云："古人惟用野生者，后世所用多是蒔而成……。"《本草拾遗》云："大小有三四种，今所用大小两种，其余似麦冬者尚有数种。"以上看出我国药用麦冬的主要原植物为麦冬，同时有数种不同的植物来源。

四川绵阳市、三台县出产的麦冬称为川麦冬或绵麦冬。据清同治十一年（1873年）《绵州志》记载："麦冬，绵州城外皆产，大者长寸许为拣冬，中色白力较薄，小者为米冬，长三四分，中有油润，功效最大。"《三台县志》记载："清嘉庆十九年（1814年），已在园河（今花园乡）白衣淹（今光明乡）广为种植。"此种麦冬至今仍为著名的川产道地药材之一。四川为我国最大的麦冬产地，川麦冬栽培期仅一年，具有生长期短、产量高的特点。川麦冬是川产道地药材之一，已有500多年栽培历史，是国内外麦冬市场主流商品，具有品质优、生产周期短、产量高等优点。其道地产区绵阳、三台等县市是全国乃至东南亚最大的麦冬生产基地和麦冬市场交易中心，拥有一个国家级名牌产品"涪城麦冬"，年产麦冬近万吨，出口量占全国麦冬出口总量的80%左右。

以颗粒大、饱满、皮细、糖性足、木心细、内外淡黄白色、不泛油者为佳。

【性味归经】甘、微苦，微寒。归心、肺、胃经。

【功能主治】养阴生津，润肺清心。用于肺燥干咳，阴虚痨咳，喉痹咽痛，津伤口渴，内热消渴，心烦失眠，肠燥便秘。

【药理作用】

1. 镇静、抗惊厥

麦冬水煎液20 g/kg连续灌胃5 d，能使自主活动记录法中小鼠走动格数和抬举次数均明显减少，能明显延长小鼠戊巴比妥钠协同剂量的睡眠时间；腹腔注射麦冬煎剂、麦冬正丁醇粗提物、麦冬乙酸乙酯相提物各 0.1 ml/10 g，肌注麦冬煎剂 0.1 ml/10 g，灌胃麦冬煎剂 0.1 m/10 g，均能减少小鼠活动数，说明其有镇静作用；腹腔注射麦冬煎剂 0.1 ml/10 g 能协同增强戊巴比妥钠的催眠作用，延长睡眠时间；协同增强氯丙嗪的镇静作用，增加伏卧动物数；拮抗咖啡因的兴奋作用，减少动物活动数。腹腔注射麦冬煎剂 0.4 m/10 g 能推迟由二甲弗林引起的小鼠抽搐、强直性惊厥及死亡发生的时间。

2. 增强免疫

麦冬常规煎剂（1 g/ml）连续灌胃 10 d，每日 2 次，均能升高环磷酰胺所致免疫抑制小鼠血清溶血素含量和 WBC 数目，提高小鼠腹腔巨噬细胞吞噬功能。浓度为 0.5 g（生药）/ml 的麦冬提取液灌胃，0.2 ml/只，每日 2 次，连续 4 周，能够升高巨噬细胞吞噬指数，提高花环抑制率。腹腔注射麦冬多糖 10 mg/kg 能增加小鼠脾脏重量，增强碳粒廓清作用，刺激小鼠血清中溶血素的产生，对抗由环磷酰胺和钴照射引起的小鼠白细胞数下降。

3. 平喘、抗过敏

麦冬多糖 200 mg/kg 灌胃能显著延长乙酰胆碱和组胺所致哮喘模型豚鼠的哮喘潜伏期，可显著延长卵白蛋白过敏性哮喘模型豚鼠呼吸困难、抽搐和跌倒的潜伏期，抑制小鼠耳异种被动皮肤过敏反应（PCA）和小鼠耳廓伊文思蓝的渗出，这说明麦冬多糖可减轻变态反应时的血管通透性增加。

4. 对心血管系统的作用

给大鼠灌胃 25 mg/kg、50 mg/kg、100 mg/kg 麦冬总皂苷，每日 1 次，连续给药 3 d，对异丙肾上腺素所造成的大鼠急性心肌缺血模型的作用表明：麦冬总皂苷 3 个剂量组 S-T 段改变的绝对值与阴性对照组比较均有显著差异，可抑制梗死心肌血清中 CPK、LDH 的水平。麦冬总皂苷 10 μg/L、40 μg/L 能提高体外受损大鼠心肌细胞的活力和搏动频率，降低心肌细胞培养上清中 LDH 的含量，对缺血缺氧的心肌细胞有保护作用。此外，麦冬总多糖、总皂苷 15 g/kg 连续灌胃 5 d，均能在一定程度上增加小鼠心肌营养血流量；麦冬总皂苷 15 g/kg 腹腔注射给药也可增加小鼠心肌营养血流量。

【品质研究】 现代学者对麦冬的道地性进行了较广泛的研究。江洪波等采用 ^{1}H-NMR 建立绵阳产道地麦冬甲醇提取物的指纹图谱，能较为全面反应其所含有的主要化学成分，反应绵阳产麦冬的内在品质质量而区别于其他产地麦冬。麦冬的 ^{1}H-NMR 指纹图谱可作为检验道地绵阳产麦冬的标准。王玉霞等调查了川麦冬的产地栽培加工方式，对其产地土壤理化性质进行分析，并利用 SSR 分子标记技术研究了川麦冬的遗传特性。利用 HPLC 分析技术和基于 UPLC/Q—TOF—MS 代谢组学技术构建了川麦冬化学多成分评价体系，运用 RNA-seq 技术对健康大鼠的药理活性进行了研究。通过对川麦冬的生长环境、栽培方式、遗传基础、有效成分和药理活性的比较研究，为川麦冬道地性阐明提供了理论依据。

【原植物】 多年生常绿草本，丛生，高 15~40 cm。须根多，常膨大成纺锤状白色肉质小块根。叶基生成丛，窄长线形，基部有多数纤维状的老叶残基；叶长 10~50 cm，宽 1.5~3.5 mm，先端急尖或渐尖，基部边缘具膜质透明的叶鞘，具 3~7 条脉。花葶从叶丛中抽出，长 6~15 cm，通常比叶短；总状花序穗状，顶生，长 3~8 cm，具花几朵至十几朵，小苞片披针形，膜质，每苞片腋生 1~3 朵花；花梗长 3~4 mm，关节位于中部以上或近中部；花常稍下垂，花被片 6，稍下垂而不展开，披针形，长 3~6 mm，淡紫色，偶为白色；雄蕊 6 枚，着生在花被片的基部，花丝很短，花药三角状披针形，长 2.5~3 mm；子房半下位，3 室，花柱长 2.5~5 mm，宽约 1 mm，基部宽阔而略呈圆锥形。浆果球形，直径 5~7 mm，成熟后暗蓝色，种子 1 枚，球形。花期 6~7 月，果期 7~11 月。见图 4-19。

图4-19　麦冬原植物（方清茂摄）

【生物学特性】　喜气候温暖、雨量充沛、隐蔽度大的生态条件，能耐寒。

【栽培技术】　选择地势平坦、排灌方便的地块，以土层深厚、疏松肥沃、富含腐殖质的中性或微碱性沙壤土为宜。前作收获后，经三犁三耙，犁地深度 25~30 cm。第一次犁地后清除地块中的石块、杂草等，然后施入基肥，旋耕一次，再将耕作面耙平，使基肥与耕作层土壤混合均匀。耙地时从地势高的地方向低的地方耙，使土壤疏松、细碎、平整。犁地后施入基肥，根据土壤肥力情况，撒施腐熟农家肥（堆肥）2 000~2 500 kg/亩；均匀撒施过磷酸钙 20 kg/亩，硫酸钾 9 kg/亩。旋耕一次，使基肥与土壤耕作层混合均匀；再将耕作层整平耙细，即可栽种麦冬。禁止使用未经腐熟的农家肥、城市生活垃圾、工业垃圾、医院垃圾及粪便。

种苗选苗高 15 cm 以上、叶色深绿较一致、健壮、无病虫害、叶紧凑、分蘖数为 5~8 的麦冬植株。剪去细根及茎节，只留下 1~1.5 cm 的茎基，以茎基部断面出现白色发射状菊花心，叶片不散开为度。剪去种苗叶尖，使得株高为 8~10 cm。

清明节前后栽种为佳，每窝栽一株种苗，播种密度为 10 cm × 8 cm。用钉耙按行距 10 cm、沟深 5~6 cm 开出小沟，8 cm 的窝距进行栽种，栽种深度 2~3 cm。栽好种苗后，用手或铁耙覆土，再用铁制宽扁锄进行推压一次，使土壤和种苗根部紧密结合。栽完一个地块之后灌水定根，淹水 2~4 cm，使土壤充分湿润。一周后，观察种苗有无倒伏或死苗现象，如有应即时补苗。

麦冬栽种后，间作玉米，满足麦冬生长前期需遮荫、生长后期需较强光照的特性。每月除草1~2次。冬季杂草少，可根据实际情况减少除草次数。

6月中旬，麦冬处于根系发生与生长、叶片发生时期，进行第一次追肥，通过施肥促进麦冬根、叶的生长，撒施尿素4.2 kg/亩，过磷酸钙6.3 kg/亩，硫酸钾3 kg/亩，油枯150~200 kg/亩；7月下旬至8月上旬，麦冬营养根已生长到一定程度，地上部分开始大量分蘖，进行第二次追肥，通过施肥促进营养根生长、块根的形成与分蘖的发生与生长。撒施尿素19.5 kg/亩，过磷酸钙14 kg/亩，硫酸钾8 kg/亩；10月中下旬，营养根、分蘖及叶片生长进入生长高峰期，块根开始积累干物质，光合产物开始向块根运输，进行第三次追肥，施肥以满足麦冬光合作用需要，促进干物质向块根运输。撒施尿素11.3 kg/亩，过磷酸钙24.7 kg/亩，硫酸钾5 kg/亩。翌年的2月中下旬，进行第四次追肥，麦冬进入块根干物质积累快速期，根据麦冬长势，可采取根外追肥促进块根干物质积累，喷施磷酸二氢钾溶液（稀释500~800倍液）100~150 g/亩。

适时灌溉和排水，保持土壤良好的通气条件。发现病株，连同地下茎和土及时移除，装入塑料袋密封，带出田间集中烧毁或深埋。

【采收加工】清明节前后采挖，洗净，反复暴晒、堆置至七八成干，除去须根，干燥。见图4-20。

图4-20 麦冬药材（周先建摄）

【适宜区与最适宜区】

1. 生态环境

生于海拔4 000 m以下的湿润肥沃的山坡、林下、地边。

2. 生态因子

大田栽培适宜海拔为460 m左右，年均温度16.4~16.8℃，1月平均气温5.2~5.7℃，7月平均气温26.2~26.8℃，≥10℃活动积温5 212.7~5 813.4℃，年降雨量889~1 004.4 mm；相对湿度78%；无霜期275~290 d。土壤pH值7~8.4，弱碱性，以肥沃、疏松、排水良好，土层深厚的沙质壤土为好。

3. 适宜区

四川省各县均有麦冬分布，以四川盆地中央丘陵平原区的山丘陵区及盆地北部深丘亚区，如绵阳、三台、江油、南部、射洪、遂宁、乐山、南充、剑阁为适宜区。见图4-21。

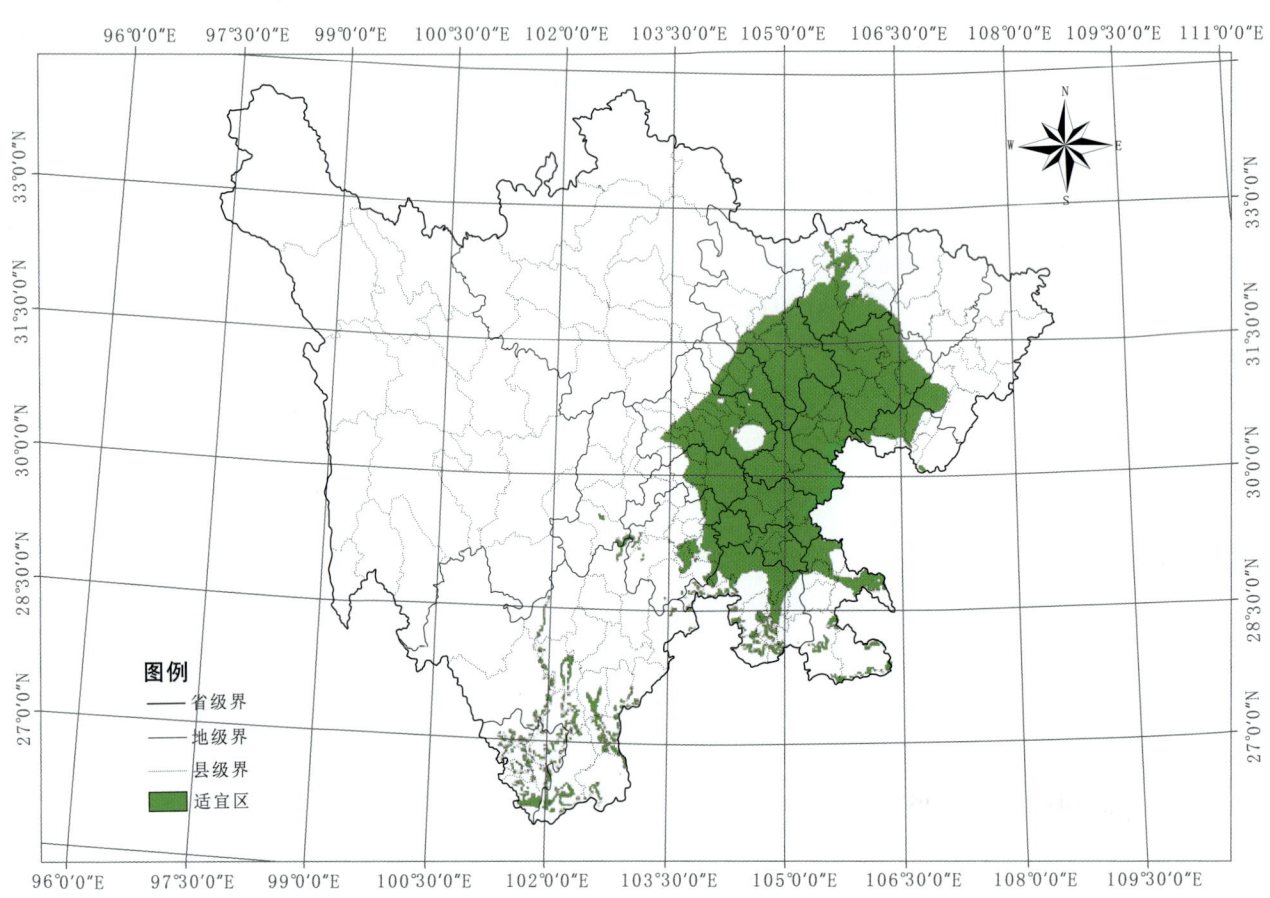

图4-21 麦冬适宜区示意图

表4-11 麦冬适宜区面积（km²）

区 县	面 积	区 县	面 积
宝兴县	1	平武县	172
康定市	1	荣县	173
冕宁县	1	温江区	176
威远县	1	会东县	179
盐边县	2	雷波县	208
新津县	3	安居区	248
九龙县	4	汉源县	251
峨眉山市	5	梓潼县	257
都江堰市	7	郫都区	261

续表

区 县	面 积	区 县	面 积
顺庆区	8	青白江区	275
昭觉县	11	利州区	312
武侯区	15	马边县	327
昭化区	15	什邡市	348
剑阁县	16	龙泉驿区	355
青羊区	20	新都区	360
金口河区	21	涪城区	386
布拖县	22	罗江县	405
美姑县	22	游仙区	412
安县	23	船山区	429
锦江区	23	广汉市	445
南部县	24	旌阳区	480
金牛区	29	彭州市	492
西昌市	31	西充县	514
成华区	33	嘉陵区	542
江油市	37	大英县	593
仁和区	62	青川县	650
叙永县	62	双流区	688
金阳县	93	乐至县	765
木里县	106	古蔺县	852
朝天区	108	蓬溪县	856
峨边县	111	金堂县	982
会理县	111	射洪县	1 068
石棉县	120	雁江区	1 085
盐源县	124	盐亭县	1 263
绵竹市	125	仁寿县	1 378
崇州市	147	简阳市	1 980
屏山县	151	中江县	1 990
资中县	154	三台县	2 164
甘洛县	155		

4. 最适宜区

绵阳市与三台县为麦冬道地产区。其核心产区为三台县涪江沿岸的花园、老马、永明、里程、刘营、新德等九个乡镇。见图 4-22。

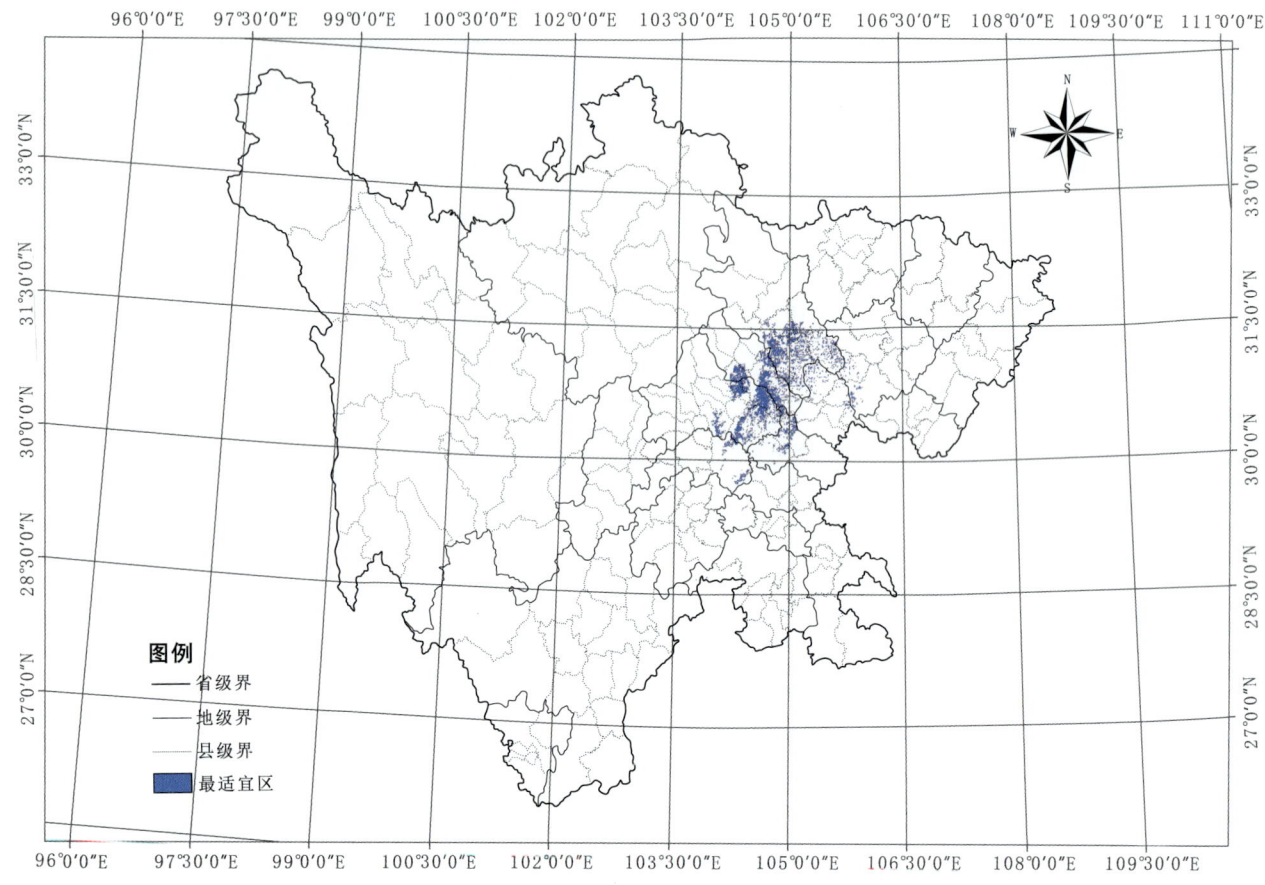

图4-22 麦冬最适宜区示意图

表4-12 麦冬最适宜区面积（km²）

区 县	面 积	区 县	面 积
涪城区	118	三台县	848
广汉市	205	射洪县	136
嘉陵区	69	双流区	157
简阳市	618	西充县	49
金堂县	566	新都区	28
乐至县	288	盐亭县	290
利州区	8	雁江区	81
蓬溪县	47	游仙区	179
屏山县	3	昭化区	4
青白江区	175	中江县	691
仁寿县	156	梓潼县	58
荣 县	13		

【基地建设】四川省在三台县花园、老马、永明、里程、刘营、新德等九个乡镇建立了麦冬规范化种植示范基地 66.7 hm²，良种繁育基地 13.3 hm²，示范辐射面积 267 hm²，带动七个乡镇 400 hm²。

六、川楝子生产区划

【来源】为楝科植物川楝 *Melia toosendan* Sieb. et Zucc. 的干燥成熟果实与树皮。

【道地沿革】始载于《神农本草经》，列为下品。《本草图经》首次称楝实为金铃子，也是关于川楝子的形态记载最早的本草文献，在其木部下品卷第十二中记载道："楝实，即金铃子也……生荆山山谷，今处处有之，以蜀川者为佳。"宋代《证类本草》记载："川楝子生荆山山谷……今处处有之，以蜀川者为佳，木高丈余，叶密如槐而长；三、四月开花，红紫色，芬香满庭间；实如弹丸，生青熟黄，十二月采实其根采无时。"《证类本草》所附梓州（今四川三台县）楝花、楝实图及简州（今四川简阳）楝子图，前者叶具缺刻，后者叶全缘，分别为楝树和川楝。说明四川为道地。

明清以后川楝子的道地产区均为四川。元代·王好古的《汤液本草》中，引自其师洁古老人的著作《珍珠囊》，首次将金铃子解释为川楝子："《珍》云：心暴痛非此不能除，即川楝子也。"李时珍在《本草纲目》中详细介绍了金铃子的来历，苦楝《图经》实名金铃子，时珍曰，按罗愿《尔雅·翼》云：楝叶可以练物，故谓之楝。其子如小铃，熟则黄色，名金铃，象形也。随后又解释道："（楝）其子正如圆枣，以川中者良。"清·黄宫绣在《本草求真》中写道："川楝因出于川，故以川名。"解释了川楝子的来历，也证明了四川为川楝子道地产区。

以个大、饱满、外皮金黄色、果肉黄白色、干燥、无霉变、无杂质者为佳。

【性味归经】苦，寒，有小毒。归肝、小肠、膀胱经。

【功能主治】疏肝泻热，行气止痛，杀虫。用于肝郁化火，胸胁、脘腹胀痛，疝气疼痛，虫积腹痛。

【药理作用】

1. 抗炎、镇痛

生川楝子、焦川楝子、盐川楝子水煎液给小鼠灌胃 20 g/kg，对扭体法、热板法小鼠均有显著镇痛作用，对由巴豆油所致的耳廓肿胀具有抗炎作用。川楝子乙酸乙酯提取物 40 g/kg 剂量灌胃能显著抑制冰醋酸所致小鼠扭体反应和甲醛所致鼠足疼痛反应，降低二甲苯诱导的小鼠耳廓肿胀度；川楝子 80% 乙醇提取物 20 g/kg 剂量能显著降低角叉菜胶所致小鼠足跖肿胀度及二甲苯诱导的耳廓肿胀度；川楝子石油醚提取物对甲醛所致的疼痛反应有明显的抑制作用；川楝子水提物无明显镇痛和抗炎作用。

2. 抑菌

川楝子水提物对 90 株前列腺主要致病菌有一定的抑菌作用，大肠埃希菌（20/21）、金黄色葡萄球菌（24/27）的 MIC ≤ 3.13 mg/ml，淋病奈瑟菌（2/2）的 MIC ≤ 0.39 mg/ml。川楝子的水提取物体外对堇色毛癣菌、同心性毛癣菌、许兰氏黄癣菌、奥杜盎氏小芽孢癣菌、铁锈色小芽孢癣菌、羊毛状小芽孢癣菌、红色表皮癣菌、星形表皮癣、星形如卡氏菌等皮肤真菌以及金黄色葡萄球菌均有不同程度的抑制作用。

3. 杀虫

川楝子制剂（25 g 川楝子加水 3.5 L 大火煮涨后小火煨 20 min，定容 3 L），按 20 ml/只、30 ml/只、40 ml/只拌入鸡的饲料中饲喂，自由采食，于投喂药物后第 3 d、6 d、9 d、12 d、15 d 分别进行粪便随机抽样检测，结果显示投喂量为 30 ml/只、40 ml/只时，第 12 日粪便中球虫卵消失，投喂量为 20 ml/只，治疗效果不明显。川楝子用 Na_2CO_3、氯仿，加酸提取得到生物碱 A、非生物碱 B 部分，然后 B 部分石油醚 – 乙酸乙酯 – 无水甲醇硅胶柱层析洗脱得到 C 部分，测得氯仿提取物 B 部分杀蚜虫活性可达 95.12%，C 部分杀蚜虫活性高达 100%，对第 4 代有抗性的小菜蛾显示一定活性。

4. 抑制呼吸中枢

川楝素肌肉注射大鼠 1 h 后或静脉注射 10 min 后，大鼠呼吸变慢，此后呼吸中枢发出的节律性发电与其同步的肌电活动一起逐渐消失；肌肉注射 2 h 后或静脉注射 30 min 后，呼吸停止，此时刺激膈神经，膈肌尚能活动，说明神经肌肉接头仍然能传递；将肌肉注射量的 1/20 或 1/15 的川楝素直接注入第四脑室，也出现上述反应，而呼吸中枢兴奋剂尼可刹米能延长动物存活时间，说明川楝素引起呼吸抑制作用主要在呼吸中枢；此外，大剂量川楝素（2 mg/只）静脉或肌肉注射可引起大鼠呼吸衰竭。

【品质研究】孟杰等采用 HPLC-MS 法测定了 12 批川楝子样品中川楝素的含量作为指标，进行了道地性分析，准确率为 99.43%。说明川楝子道地药材与非道地药材是可以用药用成分含量来区别开。夏海涛等利用 13 个种源川楝进行 ISSR 分析，13 个种源川楝可分为 4 类：第Ⅰ类为云南保山；第Ⅱ类为四川绵阳、广西南宁、海南昌江、福建永泰、湖南浏阳、广西龙泉、福州仓山；第Ⅲ类为福建明溪；第Ⅳ类为浙江金华、福建延平、福建建瓯、福建尤溪。从总体上来看，13 个川楝种源可以分为两大类，即四川绵阳为代表的一大类，云南保山为一大类。说明川楝大部分品种其 DNA 与四川绵阳基本一致。采用 ISSR 等分子标记技术，能较好地区分川楝不同来源品种。

【原植物】乔木，高达 10 m；树皮灰褐色，具皮孔，幼枝密被褐色星状鳞片，暗红色，叶痕明显。2 回羽状复叶长，每 1 羽片有小叶 4~5 对；具长柄；小叶对生，具短柄或近无，膜质，椭圆状披针形，长 4~10 cm，宽 2~4.5 cm，先端渐尖，基部楔形或近圆形，两面无毛，全缘或有不明显钝齿，侧脉 12~14 对。圆锥花序生于小枝顶部之叶腋内，长约为叶的 1/2，密被灰褐色星状鳞片；花密集，具梗；萼片长椭圆形至披针形，长约 3 mm，两面被柔毛，外面较密；花瓣淡紫色，匙形，长 9~13 mm，外面疏被柔毛；雄蕊管圆柱

图4-23 川楝原植物（舒光明摄）

状，紫色，无毛而有细脉，顶端有3裂的齿10枚，花药长椭圆形，无毛，长约1.5 mm，略突出于管外；花盘近杯状；子房近球形，无毛，6~8室，花柱近圆柱状，无毛，柱头不明显的6齿裂，包藏于雄蕊管内。核果椭圆状球形，长约3 cm，宽约2.5 cm，熟后淡黄色；核稍坚硬，6~8室。种子扁平、长圆形。花期3~4月，果期9~11月。见图4-23。

【生物学特性】川楝子为阳性树种，不耐荫蔽。喜阳光充足、土层深厚、疏松肥沃的砂质壤土。

【栽培技术】

1. 种子繁殖，育苗移栽

11~12月采摘浅黄色成熟果实作种，用清水浸泡2~3 d，去果肉，取出果核，晾干，用湿沙贮藏催芽。翌年2月下旬至3月下旬播种。条播，按行距30 cm开横沟，深约6 cm，株距12 cm。每穴放果核1枚，随即施入稀粪水，覆土8~10 cm。播后1个月左右出苗，每枚果核可出苗3~5株。苗高10~15 cm时中耕除草1次，施人粪尿；苗高18~20 cm时，进行第2次中耕除草。培育1年，于冬季或第2年春季发芽前移栽。按行株距（2.5~3.5）m×（2.5~3.5）m开穴，每穴栽苗1株，填土压实，浇足水。

2. 苗木移栽法

10~11月选择20年以上的老树，进行采种。春季4月播种，前用温水浸种4~5 d按行距30~45cm开条沟，沟深6cm，播种，覆土压实。培育1年，翌年春季移栽。按行株距5m×5m开穴，穴径1.2m，深80cm，底层施厩肥，上覆细土10cm，每穴栽种1株，栽种时要使根部舒展，土壤与根部密接，覆土压实，浇水。

3. 病虫防治

病害有溃疡病、褐斑病、丛枝病、花叶病、叶斑病；虫害有黄刺蛾、扁刺蛾、斑衣蜡蝉、星天牛等。

4. 田间管理

幼树要加强管理，以利成活。成年树每年春、秋季中耕除草，结合追肥；冬季进行修枝。遇旱及时灌水。幼树栽种后，每年要松土除草、施肥2~3次，冬季进行培土，遇雨季要及时开沟排除积水。

【采收加工】川楝子：冬季果实成熟呈黄色时采收，晒干。见图4-24。川楝皮：树皮、根皮全年可采，去粗皮，取二层皮晒干备用。

【适宜区与最适宜区】

1. 生态环境

生于海拔300~500 m的盆地与丘陵地区。

2. 生态因子

土壤以紫色夹沙泥土为最适宜。

图4-24 川楝子药材（舒光明摄）

3. 适宜区

川楝子主要集中分布在盆地中央丘陵平原区，其次分布在盆地边缘山区及川西南山地河谷，为广布种。以宜宾、达州、泸州、乐山等地较为适宜。见图4-25。

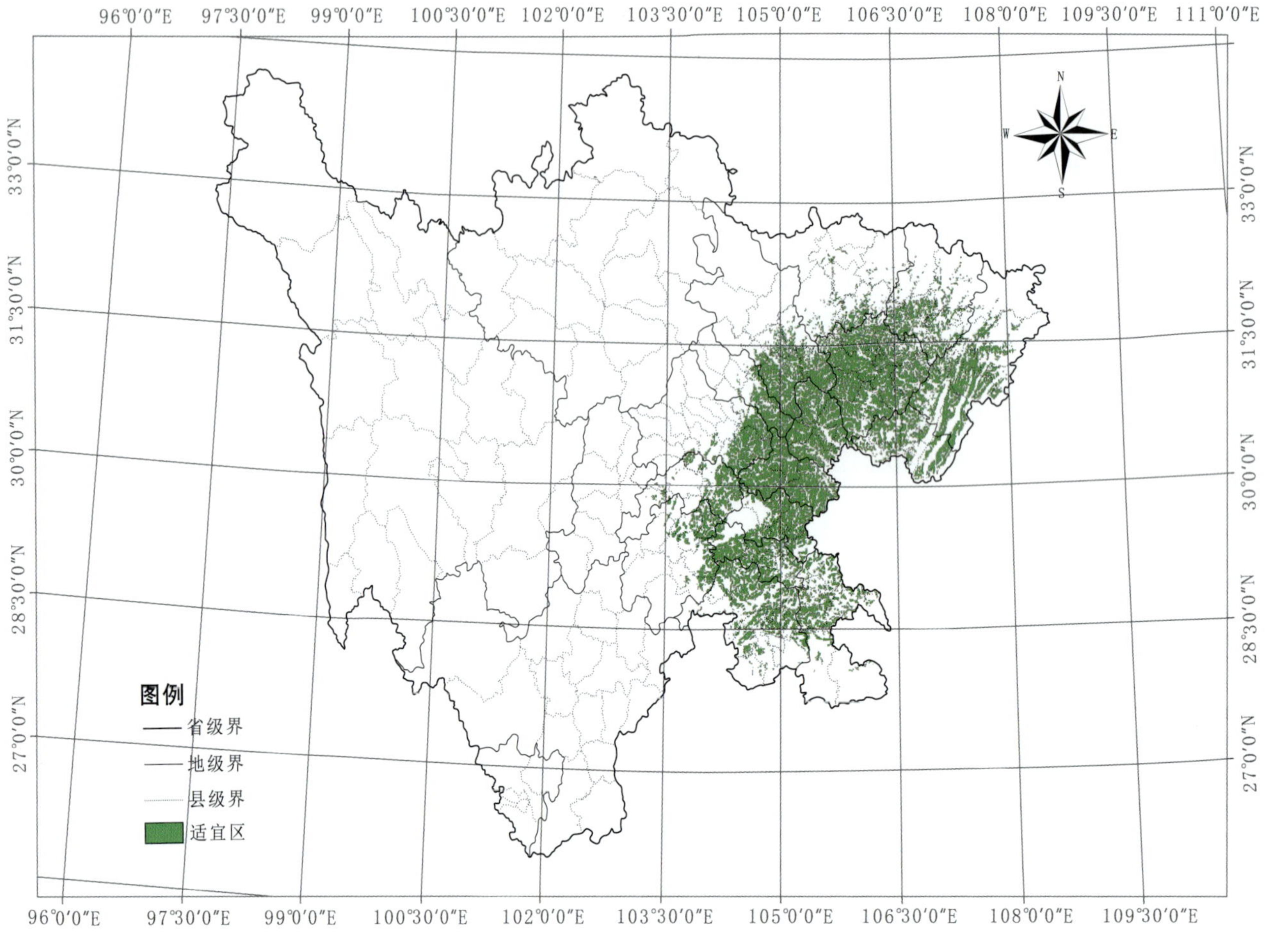

图4-25 川楝子适宜区示意图

表4-13 川楝子适宜区面积（km²）

区县	面积	区县	面积
广汉市	1	前锋区	685
汉源县	1	青白江区	688
合江县	2	青川县	703
黑水县	3	青神县	711
红原县	4	青羊区	719
洪雅县	5	邛崃市	762
华蓥市	8	渠县	773
会东县	26	壤塘县	784
会理县	27	仁和区	820
嘉陵区	40	仁寿县	831
夹江县	43	荣县	834
犍为县	53	若尔盖县	845
简阳市	60	三台县	859
剑阁县	63	色达县	859

续表

区　县	面　积	区　县	面　积
江安县	66	沙湾区	863
江阳区	70	射洪县	902
江油市	92	什邡市	908
金川县	98	石棉县	917
金口河区	105	石渠县	973
金牛区	109	双流区	1 000
金堂县	113	顺庆区	1 002
金阳县	124	松潘县	1 015
锦江区	148	天全县	1 049
旌阳区	149	通川区	1 061
井研县	206	通江县	1 064
九龙县	233	万源市	1 090
九寨沟县	245	旺苍县	1 103
筠连县	253	威远县	1 104
开江县	275	温江区	1 126
康定市	277	汶川县	1 141
阆中市	311	五通桥区	1 158
乐至县	328	武侯区	1 165
雷波县	341	武胜县	1 181
理塘县	361	西昌市	1 243
理　县	365	西充县	1 248
利州区	373	西　区	1 264
邻水县	383	喜德县	1 271
龙马潭区	390	乡城县	1 286
龙泉驿区	392	小金县	1 295
隆昌市	402	新都区	1 297
芦山县	404	新津县	1 333
炉霍县	408	新龙县	1 335
泸定县	423	兴文县	1 360
泸　县	432	叙永县	1 416
罗江县	437	宣汉县	1 428
马边县	441	雅江县	1 498
马尔康市	449	沿滩区	1 580
茂　县	450	盐边县	1 596
美姑县	453	盐亭县	1 606
米易县	461	盐源县	1 638
绵竹市	468	雁江区	1 652
冕宁县	471	仪陇县	1 682
名山区	502	叙州区	1 738
木里县	515	荥经县	1 791
沐川县	538	营山县	1 826
纳溪区	539	游仙区	1 864

续表

区 县	面 积	区 县	面 积
南部县	540	雨城区	1 865
南江县	548	岳池县	1 948
南溪区	551	越西县	2 031
宁南县	555	长宁县	2 064
彭山区	555	昭化区	2 172
彭州市	588	昭觉县	2 203
蓬安县	597	中江县	2 211
蓬溪县	622	资中县	2 259
郫都区	626	梓潼县	2 512
平昌县	643	自流井区	2 603
平武县	650	内江市市中区	2 654
屏山县	660	乐山市市中区	2 667
蒲江县	666	大安区	2 694
普格县	682		

4. 最适宜区

川楝子的最适宜区为宜宾和达州。这些区域地理环境条件优越，气候温暖，雨量充足，土壤肥沃，非常适宜于川楝子生长。见图4-26。

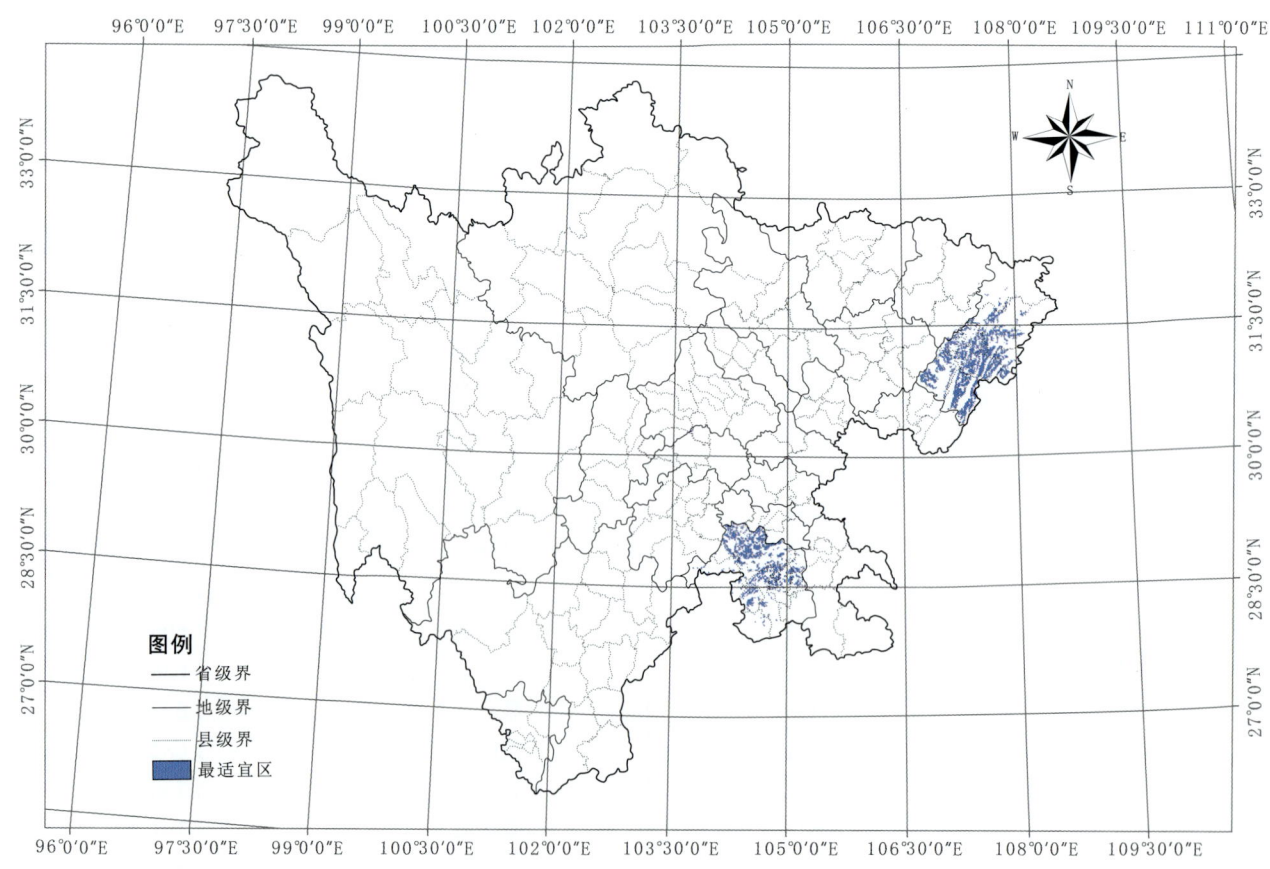

图4-26 川楝子最适宜区示意图

表4-14 川楝子最适宜区面积（km²）

区 县	面 积	区 县	面 积
翠屏区	365	屏山县	90
达川区	949	邛崃市	11
大竹县	797	渠 县	521
高 县	346	通川区	263
珙 县	47	万源市	24
江安县	157	宣汉县	604
筠连县	22	叙州区	840
开江县	215	长宁县	216
南溪区	161		

【基地建设】川楝子药材为野生，四川省无规范化栽培基地。

七、红花生产区划

【来源】为菊科植物红花 *Carthamus tinctorius* L. 的干燥花。

【道地沿革】红花是"红蓝花"的简称。始载于《开宝本草》，又名红兰花。《药物出产辨》："以四川、河南、安徽为最。"相当于现在的川、怀、杜红花，以红艳者质量最佳。四川始种于西汉，即公元122年，张骞第二次出使西域，由西南进发，带红花种子入川，种于简阳等地。《新唐书·地理志》记载"土贡红蓝的州郡有……蜀州唐安郡（今四川崇州）、汉州德阳郡（今四川德阳）等"。清·乾隆《简阳州县》记载："简州四野开花，……州花染彩"，说明简阳为红花的道地产区。民国廿三年（1934年），《四川特产志》收载了峨眉山中药材有红花。

以干燥、色红黄鲜艳、质柔软者为佳。

【性味归经】辛，温。归心、肝经。

【功能主治】活血通经，散瘀止痛。用于经闭，痛经，恶露不行，癥瘕痞块，胸痹心痛，瘀滞腹痛，胸胁刺痛，跌扑损伤，疮疡肿痛。

【药理作用】

1. 对心血管系统的作用

（1）保护心肌。红花各种提取物和红花制剂均能增加冠脉流量，改善血流动力学指标，对缺血缺氧心肌有保护作用。10%红花水提物 0.01 g/kg 股静脉注射，能明显增加麻醉犬的冠脉流量，稍增加心肌耗氧量，而红花乙醇提取物无明显作用。红花水提物 10 mg/kg、20 mg/kg、40 mg/kg 皮下注射能明显降低异丙肾上腺素致心肌缺血大鼠血清 CK、LDH 水平，其保护心肌作用与改善血流变有关。红花醇提物 0.18 g/kg、0.36 g/kg、0.72 g/kg 静脉注射可增加冠脉结扎致心肌缺血犬的冠脉流量，使左心室舒张期末压（LVEDP）降低，左心室内压变化速率（dp/dtmax）、左心室做功指数（LVWI）、冠状循环流量（CF）升高，降低总外周阻力（TPR），改善 ECG 中 S-T 段变化。红花提取物 1.0 g、2.0 g 干粉/kg 灌胃可对抗冠脉结扎所致大鼠心肌损伤，减少心肌梗死面积，并使 ECG 的 J 点降低。

（2）降血压、扩血管。红花各种提取物有降血压和扩血管作用，其作用机制可能与钙离子内流和NO等有关。10%红花水提物0.1 ml/kg及50%红花乙醇提取液股静脉注射均能降低麻醉犬血压，但者后作用更明显。红花提取物0.02 g/ml对去甲肾上腺素或异丙肾上腺素所致家兔高血压有降压作用。红花提取物0.5 g/kg、1.0 g/kg灌胃，对自发性高血压大鼠有降血压作用，呈剂量依赖性，但对心率无明显影响。

红花黄色素是其降血压、扩血管的主要药效成分。红花黄色素1 g/kg、2 g/kg灌胃对自发性高血压大鼠有明显的降压作用，并能减慢心率，降低血浆肾素活性和血管紧张素Ⅱ水平。红花黄色素59 mg/kg、118 mg/kg静注可明显降低麻醉犬和兔血压，且无快速耐受性，0.25 mg/ml、0.5 mg/ml、1.0 mg/ml对体外培养大鼠血管平滑肌细胞增殖有抑制作用，使细胞多停留在G_0/G_1期，其降压作用与扩张周围血管与冠脉血管及抑制中枢加压反射和影响H1受体有关，而与迷走神经、Ach受体及β受体无关。2%红花黄色素Ⅲ能对抗TXA_2引起的离体家兔主动脉条收缩。

2. 对血液系统的作用

（1）改善血液流变学。红花水提液10 mg/kg、20 mg/kg、40 mg/kg灌胃，可降低异丙肾上腺素所致心肌缺血大鼠血液高、低切变率及血浆黏度和红细胞聚集指数，醇提物4.05/kg及水提物0.81 g/kg均能降低高脂血症大鼠血浆黏度。红花醇提液3 g/kg灌胃对天花粉诱导哮喘豚鼠的血流变有改善作用，可降低升高的全血黏度。红花注射液1 mg/kg、3 mg/kg、6 mg/kg注射可明显降低家兔全血黏度。红花黄色素200 mg/kg静注，对皮下注射肾上腺素合冰水刺激制作的大鼠急性血瘀模型的高血黏度有改善作用，能明显降低全血黏度、血浆黏度及血浆纤维蛋白原比黏度。但有报道100%红花注射液0.2 ml可使体外家兔血黏度升高，当药物中加入一定量吐温后较之前稍有降低。

（2）抗凝血、抗血小板聚集、促纤溶。红花、红花总黄酮和红花黄色素具有抗凝血、抗血小板聚集、促纤溶作用。红花水煎剂0.7 g/kg灌胃，每日2次，可明显抑制ADP诱导的小鼠血小板聚集和大鼠动-静脉旁路血栓的湿重，缩短小鼠出血时间，且与氯吡格雷有协同作用。红花煎剂1 g（生药）ml 0.01 ml可抑制体外ADP诱导的人体外血小板聚集，以先加红花液后加ADP抑制作用最强。20%红花水提液具有体外抗凝血作用和轻度的促溶作用。红花具有纤溶活性，能够完全抑制PA激活纤溶，溶解纤维蛋白最小量为75 mg/ml。红花水提液10 mg/kg、20 mg/kg、40 mg/kg灌胃对异丙肾上腺素致心肌缺血大鼠升高的血小板聚集能力有抑制作用。红花黄色素10 g/L、15 g/L、22 g/L能够对抗ADP诱导的家兔体外血小板聚集，呈剂量依赖性延长血浆PT、RT。

3. 镇痛、镇静

红花黄色素具有明显的镇痛作用，0.55 mg/kg、1.10 mg/kg单次腹腔注射可减少醋酸腹腔注射致扭体次数，高剂量还能提高热刺激痛阈值。红花黄色素0.55 g/kg、1.1 g/kg单次腹腔注射，能协同巴比妥钠和水合氯醛促进小鼠睡眠，且与剂量呈正相关；1.1 g/kg能明显减少尼可刹米引起的小鼠惊厥反应和死亡率，对戊四氮、咖啡因和硝酸—叶萩碱引起的惊厥和死亡无明显影响。

4. 脑缺血缺氧保护作用

红花免煎颗粒可减轻胶原酶合肝素混合物脑内注射引起的脑出血大鼠脑组织水肿程度，降低脑组织含水量及MDA、NO、活性氧含量，升高CAT含量和SOD活性，并减轻脑组织病理变化。红花提取物1.7~6.7 g/kg预防性腹腔注射，可拮抗蒙古沙土鼠脑缺血诱导的$Ca^{2+}/CaM-PKⅡ$活性抑制，且呈量效关系，但造模后给药无明显拮抗作用。红花乙醇提取物0.5 g（生药）/kg预防性灌胃大鼠5 d，可保护右侧CAA结扎所致脑缺血，使术后动物提早苏醒、进食，偏瘫侧感觉及运动功能有所恢复，改善脑电波和脑组织病变，使脑组织内三磷酸腺苷酶和琥珀酸脱氢酶活性提高，增加核糖核酸含量。

【品质研究】 郭美丽等采用完全随机试验设计方法,分析了云南、四川、新疆、河南4个不同产地红花的活血化瘀药理作用。结果表明:不同产地红花均有抑制血小板聚集,显著延长外源与内源性凝血系统的作用,而且随着剂量的增加,药理作用随之增强。但不同产地红花药理作用的大小存在差异。从抑制血小板聚集的作用看,次序分别为:新疆＞四川＞云南＞河南,从对外源与内源性凝血系统的作用看,次序分别为云南＞四川＞新疆。不同产地红花在药理作用方面的差异,为产地筛选红花优良品种进行栽培及临床用药提供了依据。

宋玉龙等运用多指标、多成分定量方法,对不同产地的红花进行了质量分析。23批不同产地红花的水分含量为5.6%~8.68%,总灰分含量为4.69%~22.21%,酸不溶性灰分含量为1.08%~14.56%,红色素吸光度2.090~0.529 4,浸出物含量为35.50%~43.10%,羟基红花黄色素A的含量1.08%~2.32%。对红花样品进行聚类分析,结果表明当样本层次聚类分析聚成2类时:新疆和田红花为一类,为不合格药材;其余产地的红花为一类,均为合格药材,其中合格药材中新疆的昌吉、伊犁、塔城地区的样品聚为一类,四川和云南地区的样品聚为一类,说明产地对红花质量的综合评价具有一定的影响。

【原植物】 一年生草本。高30~80 cm。茎直立,上部分枝,基部木质化,枝白色或淡白色,无毛。中下部茎叶披针形、披状披针形或长椭圆形,长7~15 cm,宽2.5~6 cm,边缘具不规则锯齿,偶为全缘,极少有羽状深裂,齿顶有针刺,针刺长1~1.5 mm,向上的叶渐小,披针形,边缘有锯齿,齿顶针刺较长,长达3 mm。叶坚硬革质,两面无毛无腺点,有光泽,基部无柄,半抱茎。头状花序在茎枝顶端排成伞房花序,为苞叶所围绕,苞片椭圆形或卵状披针形,包括顶端针刺长2.5~3 cm,边缘有针刺,针刺长1~3 mm,偶无刺,顶端渐长,有篦齿状针刺,针刺长2 mm。总苞片4层,外层竖琴状,中部或下部有收溢,收溢以上叶质,绿色,边缘无针刺或有篦齿状针刺,针

图4-27 红花原植物(舒光明摄)

刺长达 3 mm，顶端渐尖，有长 1~2 mm，收溢以下黄白色；中内层硬膜质，倒披针状椭圆形至长倒披针形，长达 2.2 cm，顶端渐尖。全部苞片无毛无腺点。花两性，初开时黄色，渐变为红色、橘红色，花冠长 2.8 cm，细管部长 2 cm，花冠裂片几达檐部基部。瘦果倒卵形，乳白色，具 4 棱，棱在果顶伸出，侧生着生面，无冠毛。花果期 5~8 月。见图 4-27。

【生物学特性】 红花属于温带作物，喜温暖而干燥的气候，耐寒、耐旱，适应性强，怕高温，怕涝。

【栽培技术】

1. 选地播种

（1）选地。选择土层深厚，土壤肥力均匀，排水良好的中、上等土壤。地势平坦，排、灌条件良好。前茬以大豆、玉米为好。

（2）种子准备。选择适合本地栽培的红花品种。

（3）施肥。前茬作物收获后应立即进行耕翻、施肥、灌溉。亩施 1~1.5 t 农家肥，8~10 kg 尿素，8~10 kg 磷肥，1 kg 锌肥，速效钾低于 350 mg/kg 以下的地块亩施 3~5 kg 钾肥。在翻地前全部做基肥均匀撒施地面，然后深翻入土，耕地质量应不重不漏，深浅一致，翻扣严密，无犁沟犁梁，可采用秋灌、冬翻、春耙的整地方式。整地质量应达到"齐、平、松、碎、净、墒"六字标准。

（4）播种。播种期的确定：在 5 cm 地温稳定超过 5 ℃ 以上时即可播种，适时早播可以提高产量。本地区红花的适宜播种期一般在 10 月下旬~11 月上旬初。

播种方法和播种量：播种方法采用谷物播种机条播，45 cm 等行距播种，播深 4~5 cm，每米落种 50 粒，落种均匀。播行端直，播深一致。不重播、漏播，覆土严密，镇压踏实，每亩播量 2~2.5 kg。

2. 田间管理

（1）苗期田间管理。间苗：红花出齐苗后就可以开始间苗，将苗间开苗距 1~2 cm，这样有利于促进幼苗生长均匀一致。

定苗：当幼苗长出 5~6 片真叶时开始定苗，株距 5~7 cm，去小留大，去弱留强。

亩留苗密度：高肥力土壤红花分枝能力强，亩留苗密度较稀，平均株距 7 cm，亩留苗密度 2.1 万株。中肥力土壤平均株距 6 cm。亩留苗密度 2.4 万株。低肥力土壤红花分枝能力弱，亩留苗密度较密，平均株距 5 cm。亩留苗密度 2.9 万株。

及时中耕、除草：播后遇雨及时破除板结，拔出幼苗旁边杂草。第一次中耕要浅，深度 3~4 cm，以后中耕逐渐加深到 10 cm，中耕时防止压苗、伤苗。灌头水前中耕、锄草 2~3 次。

（2）分枝期至开花期田间管理。施肥：红花是耐瘠薄作物，但要获得高产除了播期施用基肥以外，还要在分枝初期追施一次尿素，增加植株花球数和种子千粒重。结合最后一次中耕开沟追肥，沟深 15 cm 左右，每亩追施尿素 8~10 kg，追后立即培土。

灌水：第一次灌水应适当晚灌，在红花分枝后中午植株出现暂时性萎蔫时灌水。灌水方法采用小水慢灌，灌水要均匀。灌水后田内无积水。一般情况下在红花出苗后 60 d 左右第一次灌水，亩灌量 60~70 t。从分枝期开始灌水，开花期和盛花期各灌一次水。以后根据土壤墒情控制灌水，不干不灌。特别是肥力高的下潮地控制灌水是防止分枝过多、田间郁蔽及预防后期发病的关键措施。红花全生育期一般需灌水 3~4 次，灌水质量应达到不淹、不旱。灌水方法可采取小畦慢灌，严禁大水漫灌。

【采收加工】

1. 收花

以花冠裂片开放、雄蕊开始枯黄、花色鲜红、油润时开始收获，最好是每天清晨采摘，此时花冠不易破裂，苞片不刺手。特别要注意的是，红花收花不能过早或过晚。若采收过早，花朵尚未授粉，颜色发黄；采收过晚，花变为紫黑色。所以过早或过晚收花，均影响花的质量，花不宜药用。见图4-28。

2. 收籽

当红花植株变黄，花球上只有少量绿苞叶，花球失水，种子变硬，并呈现品种固有色泽时，即可收获。一般采用普通谷物联合收割机收获。

图4-28　红花药材（兰志琼摄）

【适宜区与最适宜区】

1. 生态环境

生于海拔3 500 m以下的向阳丘陵、平坝，包括四川盆地中央丘陵区及低山丘陵地带，高原地区向阳处也有栽培。

2. 生态因子

年均气温15.8~17.4 ℃，1月平均气温5~6.9 ℃，7月平均气温26.1~27.9 ℃；无霜期300 d左右，年降水量975.9 mm左右。土壤要求排水良好、中等肥沃的沙壤土。重黏土及低洼积水地不宜栽培。忌连作。

3. 适宜区

川红花主要集中分布于四川简阳市，其次资阳、遂宁、金堂、南充、都江堰、安岳、仪陇、平昌、达州等地亦产。此外四川西北部阿坝州、甘孜州等高原地区县亦有零星种植。见图4-29。

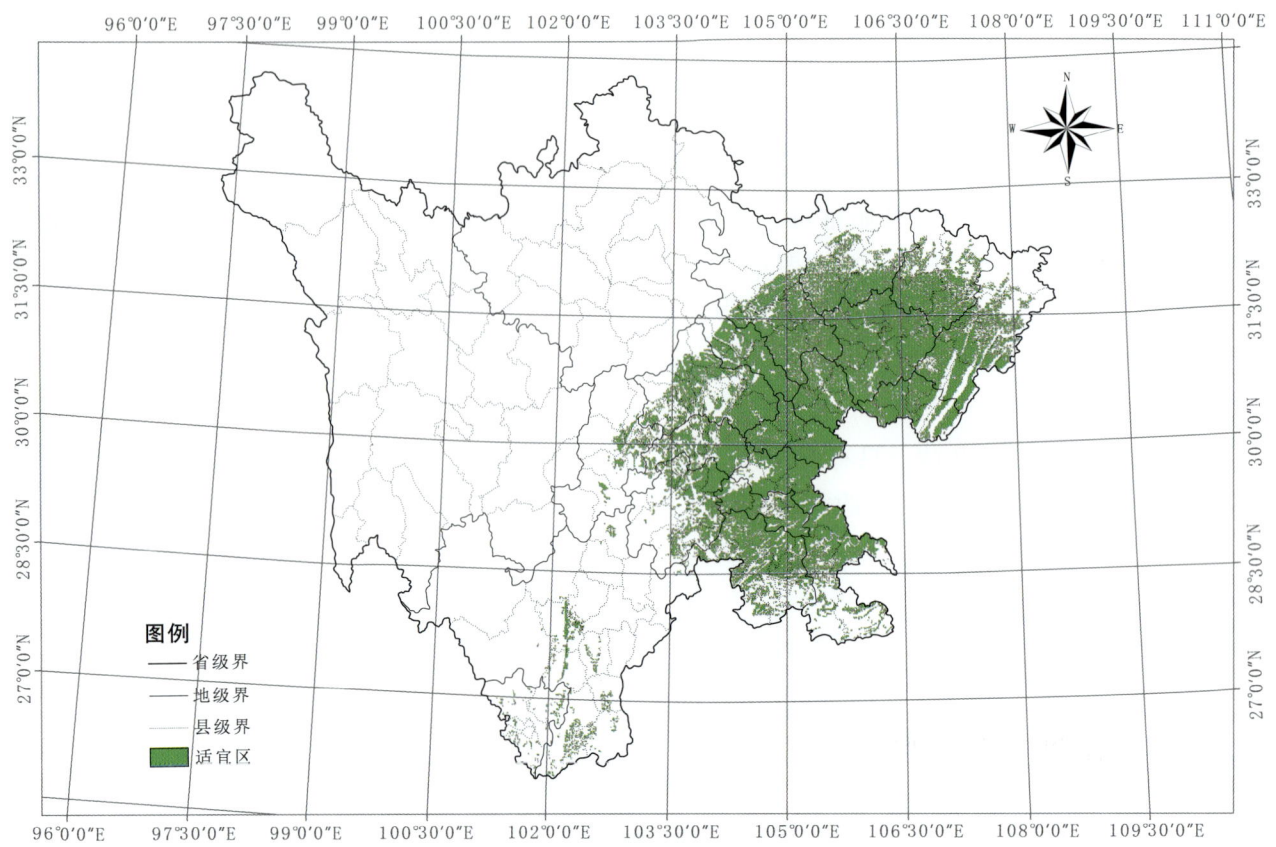

图4-29 红花适宜区示意图

表4-15 红花适宜区面积（km²）

区 县	面 积	区 县	面 积
美姑县	2	邛崃市	370
朝天区	3	罗江县	399
越西县	3	叙永县	403
宝兴县	6	崇州市	415
西 区	6	安 县	416
昭觉县	6	船山区	423
成华区	7	绵竹市	424
锦江区	7	顺庆区	431
冕宁县	9	古蔺县	437
武侯区	11	开江县	451
盐源县	14	沐川县	461
金牛区	19	江阳区	470
青羊区	19	屏山县	490
雷波县	22	南江县	513
自流井区	31	乐山市市中区	517
峨边县	32	南溪区	518
喜德县	33	通川区	544

续表

区 县	面 积	区 县	面 积
北川县	48	江安县	556
盐边县	63	高 县	571
甘洛县	71	长宁县	574
汉源县	81	威远县	599
宁南县	90	大英县	602
沙湾区	91	隆昌市	639
普格县	96	纳溪区	660
仁和区	98	游仙区	660
米易县	105	东坡区	661
荥经县	106	高坪区	671
芦山县	108	犍为县	678
德昌县	125	井研县	694
会东县	140	翠屏区	763
新津县	149	邻水县	797
青白江区	154	武胜县	814
万源市	157	金堂县	875
青神县	162	广安区	883
名山区	170	通江县	909
丹棱县	178	嘉陵区	925
珙 县	185	江油市	945
天全县	186	西充县	950
温江区	186	恩阳区	963
沿滩区	191	梓潼县	964
大安区	199	巴州区	995
利州区	207	蓬溪县	1 003
华蓥市	209	射洪县	1 011
龙泉驿区	214	富顺县	1 040
夹江县	220	东兴区	1 101
筠连县	220	荣 县	1 117
蒲江县	220	安居区	1 142
彭山区	225	蓬安县	1 157
五通桥区	226	大竹县	1 169
兴文县	235	宣汉县	1 189
旺苍县	241	乐至县	1 245
大邑县	249	泸 县	1 265
峨眉山市	253	盐亭县	1 289
什邡市	262	岳池县	1 297
洪雅县	270	渠 县	1 327
雨城区	273	资中县	1 377
龙马潭区	289	雁江区	1 403

续表

区县	面积	区县	面积
新都区	290	合江县	1 427
会理县	298	营山县	1 450
都江堰市	305	平昌县	1 513
郫都区	306	仪陇县	1 519
前锋区	314	达川区	1 522
涪城区	317	阆中市	1 551
旌阳区	319	苍溪县	1 615
马边县	325	南部县	1 756
贡井区	334	剑阁县	1 766
内江市市中区	334	中江县	1 901
广汉市	352	仁寿县	1 929
彭州市	357	简阳市	1 936
西昌市	357	叙州区	1 942
双流区	361	三台县	2 118
昭化区	369	安岳县	2 410

4. 最适宜区

四川省简阳市为红花的最适宜区。见图4-30。

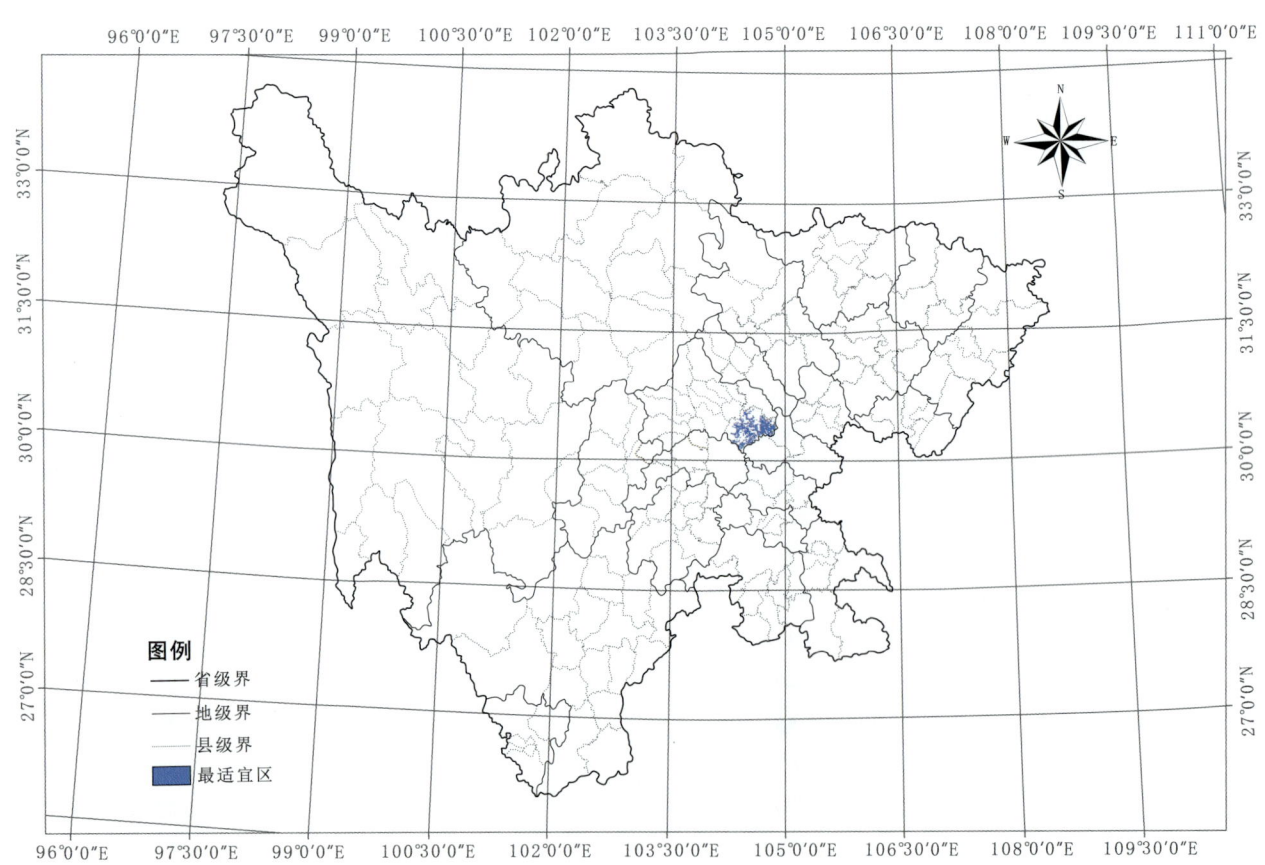

图4-30 红花最适宜区示意图

表4-16 红花最适宜区面积（km²）

区 县	面 积
简 阳	807

【基地建设】 川红花基地位于四川省简阳市云龙镇，始建于2000年，种植面积113.3 hm²。四川省中医药科学院承担了"国家基本药物所需重要中药材种子种苗繁育（四川）基地"建设，与四川辅正药业有限公司联合在简阳市董家埂乡建立了200亩红花种子种苗繁育基地。

八、附子生产区划

【来源】 为毛茛科植物乌头 *Aconitum carmichaeli* Debx. 子根的加工品。

【道地沿革】 附子始载于《神农本草经》，列为下品。《神农本草经·卷三·下经·附子》引《范子计然》云："附子，出蜀武都中。"为最早提出附子产地的记载。魏·李当之云："附子苦，有毒，大温，或生广汉（即今绵阳）。"《名医别录》谓："附子生犍为山谷及广汉。"唐《新修本草》云："天雄、附子、乌头并以蜀道绵州、龙州者佳，……江南来者全不堪用。"苏颂《本草图经》云："五者并出蜀土，都是一种所产，其种出于龙州（今平武一带）……绵州彰明县种之，惟赤水一乡（今江油河西一带）者最佳。"明·刘文泰《本草品汇精要》谓："乌头，道地梓州蜀中。"李时珍云："出彰明者即附子之母，今人谓之川乌头也……。"时珍曰："宋人杨天惠《附子记》甚悉，今撮其要，读之可不辨而明矣。其说云：绵州乃故广汉地，领县八，惟彰明出附子。彰明领乡十二，惟赤水、廉水、昌明、会昌四乡产附子，而赤水为多。每岁以上田熟耕作垄。取种于龙安、龙州、齐归、木门、青堆、小坪诸处。"从而总结了附子的种子（种根）来源龙安、龙州、齐归、木门、青堆、小坪，附子道地产地——彰明县赤水、廉水、昌明、会昌（今四川省江油市的河西乡、让水乡、彰明镇、德胜乡）。《药物出产辨》谓："附子和川乌头产四川龙安府江油县。"由此可见，附子主产于我国南方，尤以四川江油所产最佳，附子自古以来道地产区为现今的四川省绵阳江油市。

【性味归经】 辛、甘，大热，有毒。归心、肾、脾经。

【功能主治】 回阳救逆，补火助阳，逐风寒湿邪。用于亡阳虚脱，肢冷脉微，阳痿宫冷，心腹冷痛，虚寒吐泻，阴寒水肿，阳虚外感，寒湿痹痛。

【药理作用】

1. 对心脏系统的作用

（1）强心。白附片、生附片及黑附片水煎剂3.0 mg/只、5.0 mg/只对离体蛙心具有强心作用，能显著提高其振幅。熟附片煎剂在6.7~66.7 mg/ml的浓度范围内，能逐渐增加豚鼠离体心肌的收缩力和心肌收缩速度。附子煎剂按15 g（生药）/kg体重的剂量给豚鼠灌胃，制备给药后60 min、90 min、120 min、180 min的含药血清，当血清浓度为2/15（血清与Tyrode液之比）时，给药后60~120 min所得含药血清均有增加豚鼠离体心肌收缩力和收缩速度的作用，给药后120 min的血清作用最为明显。以戊巴比妥钠造成大鼠急性心衰模型，用生附子、炮附子分别按2 g/kg、1 g/kg、0.5 g/kg的剂量进行十二指肠给药，均能明显升高心衰大鼠左心室收缩压，生附子前15 min作用显

著,炮附子 15 min、20 min 时作用显著;均能增加左心室内压最大上升速率,生附子作用 10 min 时作用最强,而炮附子作用 10 min 时作用显著,并维持至 20 min;均能不同程度升高左心室内压最大下降速率,生附子高剂量作用 10 min 时效果显著,而炮附子作用 15 min 效果显著。此外,生附子高、中剂量及炮附子高剂量能显著降低左心室舒张末期压,各组均能使心率显著上升,其中生附子较炮附子作用显著。

传统研究认为,附子强心作用的主要成分为消旋去甲乌药碱、氯化甲基多巴胺、去甲猪毛菜碱等。消旋去甲乌药碱在附子中含量甚少,但活性很强,将其稀释至 10^{-9} g/ml 仍可使蟾蜍心脏收缩增强,1×10^{-9}~1×10^{-8} g/ml 则可使其收缩幅度增加 22%~98%,心输出量增加 15%~80%。麻醉犬和豚鼠静脉滴注消旋去甲乌药碱每分钟 2 μg/kg,可使收缩期左心室内压力分别上升 12% 和 58%,左心室内压力上升的最大速率分别增加 73% 和 26%。从四川江油附子水溶液中提取的天然尿嘧啶浓度在 5 μmol/ml 时,对蟾蜍离体心脏有明显的加强心肌收缩作用,但对心率无明显影响。尿嘧啶在用药后 1~2 min 开始使心肌收缩,3 min 后作用明显且持续时间较长。尿嘧啶可能是附子中一种新型的强心成分。

不同产地附子均能升高急性心衰大鼠左室内压,提高左心室 +dp/dtmax 和 -dp/dtmin;并能降低心衰大鼠血浆中 AVP 水平含量,抑制心室肌内 BNP 基因的合成和表达,与抑制缩血管因子 ET-1、AⅡ水平及 ANP 基因表达无关。说明不同产地附子炮制品均能改善大鼠心功能指标,其作用机制与左室功能抑制、心室肌收缩有关;对血管收缩导致的心脏后负荷增加有抑制作用,对前负荷增加无影响。并以道地产区江油附子作用最为明显。

(2)对心肌损伤的保护作用。黑顺片水煎液按 10 g/kg、20 g/kg(生药量)的剂量给药,连续 5 d,实验第 6 日,于给药后 1 h 进行 Haft 应激试验,结果显示其对大鼠在冰水应激状态下内源性儿茶酚胺分泌增加所致血小板聚集造成的心肌损伤有一定的保护作用,显著降低血清 MAO 含量以及血清和肝脏中的甘油三酯含量。2.7 g/ml 的附子水煎液按 1 ml/100 g 的剂量给 L- 甲状腺素诱发的心肌肥厚模型大鼠灌胃,能显著降低模型大鼠心肌和主动脉胶原含量,略微升高主动脉细胞 MMP_2 活性,从而防治心血管肥厚。

附子总生物碱按 2.5 mg/kg 的剂量给小鼠灌胃,连续 5 d,再以垂体后叶素制备心肌缺血模型,附子总生物碱可调节缺血心肌的能量代谢、信号传导、机能、细胞修复和抗氧自由基损伤等多组相关蛋白的表达,从而对缺血心肌产生保护作用。

2. 对免疫功能的影响

1 g/ml 的附子水提液给小鼠灌胃,每次 0.6 min,每日 2 次,连续 7 d,能显著促进小鼠脾淋巴细胞和混合脾淋巴细胞产生 IL-2,具有调节机体免疫功能的作用,可能与其促进细胞代谢功能的药理特性有关。黑顺片、白附片水煎液按 15 g/kg、30 g/kg 的剂量腹腔注射 3 d,其中白附片 30 g/kg、黑顺片 15 g/kg 能显著提高小鼠腹腔巨噬细胞的吞噬指数,明显提高其吞噬功能。

附子多糖按每日 50 mg/kg、100 mg/kg、200 mg/kg 的剂量给用 SRBC 和卵白蛋白激活免疫系统的小鼠灌胃,连续 7 d,结果中剂量的附子多糖能明显增高 SRBC 抗体效价和卵白蛋白抗体效价,说明附子多糖可以提高应激态小鼠的体液免疫。附子酸性多糖(10 mg/ml、20 mg/ml)按每日 0.4 ml/ 只的剂量给环磷酰胺所致免疫低下小鼠灌胃和腹腔注射,均能提高免疫低下小鼠的胸腺和脾脏指数、巨噬细胞吞噬指数和吞噬活性、抗体生成能力和白细胞数量,并促进免疫低下小鼠的淋巴细胞增殖,增强 NK 细胞活性。说明附子酸性多糖可以提高环磷酰胺所致免疫低下小鼠的体液免疫和细胞免疫各项指标,腹腔注射给药效果优于灌胃给药。

3. 抗应激

黑顺片水煎液按 10 g/kg、20 g/kg 的剂量灌胃，能延长断头小鼠张口动作持续时间和 KCN 中毒小鼠的存活时间。给小鼠腹腔注射 1.5 g（生药）/ml 的黑顺片水煎醇沉液 0.5 ml/ 只，能显著延长小鼠在减压缺氧环境下的存活时间，显著降低其在常压密闭环境下 5 min 的耗氧量；按 2 ml/kg 给家兔腹腔注射，可显著延长家兔在常压缺氧环境下的存活时间，降低耗氧速率。后有人研究发现，附子中的毒性生物碱应该是常压耐缺氧的有效成分之一。

白附片、黑顺片的水煎剂和乙酸乙酯提取部位均按 15 g/kg、30 g/kg 的剂量给小鼠连续灌胃 3 d，其中白附片 15 g/kg、黑顺片 30 g/kg 水煎剂及黑顺片乙酸乙酯提取物 15 g/kg 能显著减少小鼠在寒冷环境中的死亡数，明显提高小鼠耐寒冷能力和机体抗应激能力。

4. 对阳虚模型动物的影响

采用均匀设计，附子煎煮 0.25 h、0.5 h、1 h、2 h、3 h、4 h、6 h 的水煎液依次以临床剂量每日 15 g/60g 的 24 倍、2 倍、48 倍、12 倍、1 倍、36 倍和 6 倍给肾阳虚模型大鼠和阳虚便秘模型小鼠灌胃，能明显改善肾阳虚动物的一般状态，升高体温，恢复体温昼夜节律性，显著延长肾阳虚动物低温游泳力竭时间；显著缩短阳虚便秘小鼠排便潜伏期，增加排便颗粒数，能明显促进胃肠蠕动，提高胃肠推进率。附子具有显著的温阳作用，煎煮时间和给药剂量与其药效具有一定的相关性。结合均匀设计和回归分析方法发现，附子水煎液发挥温肾阳作用和温阳通便作用的最佳煎煮时间为 6 h，最佳给药剂量为临床剂量的 48 倍（12 g/kg）。

白附片醇提液按 0.32 g/kg、0.64 g/kg、1.28 g/kg、2.56 g/kg 的剂量给正常大鼠和氢化可的松琥珀酸钠所致肾阳虚模型大鼠灌胃，连续 14 d，对于肾阳虚大鼠，白附片具有升高 cAMP/cGMP、ACTH、Glu 的趋势；对正常大鼠，白附片具有降低 Glu 的趋势；1.28 g/kg 给药时，模型大鼠 CHO 显著高于正常大鼠；白附片对正常大鼠和模型大鼠具有升高 ALT 的趋势，对正常大鼠的升高幅度较大；给药前模型大鼠 BUN 高于正常大鼠，0.32 g/kg、0.64 g/kg 给药后具有降低模型大鼠 BUN 的趋势。白附片对正常大鼠和肾阳虚模型大鼠血液生化指标的影响不同，白附片可能对模型大鼠发挥了治疗效应，但对正常大鼠可能存在的毒性效应更明显。

5. 抗肿瘤

给小鼠灌胃附子粗多糖 0.6 g/kg 和附子酸性多糖 0.4 g/kg 或腹腔注射附子粗多糖 0.3 g/kg 和附子酸性多糖 0.2 g/kg 均对 S_{180} 和 H_{22} 有较好的抑瘤作用，均可显著增加小鼠的脾脏指数，提高荷瘤小鼠的淋巴转化能力和 NK 细胞活性，提高抑癌基因 p53 和 Fas 的表达，并且提高了肿瘤细胞的凋亡率。其中附子粗多糖灌胃对 S_{180} 荷瘤小鼠的抑瘤作用最好，而附子酸性多糖腹腔注射对 H_{22} 荷瘤小鼠肿瘤的疗效最好。附子多糖（10 mg/L 或 100 mg/L）作用后的 HL-60 细胞分叶核与杆状核细胞及晚幼粒细胞增多，提示附子多糖可诱导 HL-60 细胞向粒细胞方向分化，其作用弱于 AT-RA；但附子多糖尚能通过其他途径如增强宿主免疫功能、改善机体一般状况等发挥其抗肿瘤作用。

【品质研究】苏敬《新修本草》曰："天雄、附子、乌头，并以蜀道绵州、龙州者佳，俱以八月采造。余处虽有造得者，力弱，都不相似。江南来者，全不堪用。"明《本经崇原·卷下·本经下品·附子》："今陕西亦莳植附子，谓之西附，性辛温，而力稍薄，不如生于川中者，土厚而力雄也。又，今药肆中零卖制熟附子，皆西附之类。盖川附价高，市利者皆整卖，不切片卖，用者须知之。"《本草逢原·卷二·毒草部·附子》中提及陕西所产附子与四川附子的比较："近时乌附多产陕西，其质粗，其皮厚，其色白，其肉松，其味易行易过，非若川附之色黑、皮薄、肉里紧细，性味之辛而不烈，久而愈辣，峻补命门真火也。"

从古代本草文献记载中不难看出,附子主产于我国南方的四川、陕西等地。尤以四川的江油所产附子最佳,具有个大、色黑、皮薄、肉紧、味辛辣的特点。现代研究表明,江油附子含有独特的江油乌头碱、新江油乌头碱等成分。

邓朝晖等研究了附子(川乌)产量、主成分含量与降雨、光照、土壤等生态因素的关系,探讨附子道地性形成机制。采用江油、成都、雅安三点试验测定比较不同产地附子的株高、产量等农艺性状;利用HPLC测定不同产地生附子中次乌头碱含量,分析气候、土壤等因素与附子道地性之间的关系。结果江油、成都、雅安附子块根次乌头碱含量分别为1.099 mg/g,1.087 mg/g,0.755 mg/g;产量分别为65.288 kg/hm^2,59.028 kg/hm^2,48.190 kg/hm^2。生态因子对附子的生物产量及有效成分次乌头碱含量均有影响,其中日照时数、降雨量及土壤pH值等因素显著影响附子的道地性。

【原植物】 多年生草本,植株高60~120 cm。主根发达,块根肉质膨大,呈纺锤状,倒圆锥形或倒卵形,长2~4 cm,通常2至多数连生,外皮茶褐色,周围有瘤状突起。栽培品的侧根(子根)通常肥大,倒卵圆形至倒卵形,直径可达5 cm以上。茎直立,圆柱形,上部散生极少数帖服柔毛或短茸毛,下部多带紫色光滑无毛。叶互生,有柄;坚纸质或略革质;叶片卵圆状五角形,长6~11 cm,宽9~15 cm,基部浅心形三裂达或近基部,中央全裂片宽菱形和菱形,急尖,有时短渐尖近羽状分裂,二回裂片约2对,斜三角形,生1~3枚叶齿,间或全缘,侧叶片不等二深裂,各裂片再分裂,小裂片三角形;表面暗绿色疏被短柔毛,背面灰绿色通常只沿脉疏被短柔毛;叶柄长1~2.5 cm,疏被短柔毛。总状花序顶生或腋生,花序轴及花梗多密被反曲而紧贴的白色短柔毛,长6~25 cm;下部苞片3裂,其他的狭卵形至披针形;花梗长1.5~5.5 cm;小苞片生花梗中部或下部,窄条形,长3~10 mm,宽0.5~2 mm;萼片5枚,呈花瓣状;花蓝紫色,外被短柔毛,上萼片高盔状,长20~26 mm,自基部至喙长17~22 mm,下缘稍凹,喙不明显,侧萼片近圆形,长15~20 mm,蜜腺一对紧贴于上萼片下面,上半部较短,下半部较长而呈片状;花瓣2,瓣片长约1.1 cm,唇长约6 mm,微凹,距拳卷长1~2.5 mm;雄蕊多数,无毛或被短柔毛,花丝有2小齿或全缘;心皮3~5枚,离生,子房疏或密被灰黄色的短柔毛,稀无毛。蓇葖果长圆形,长2 cm,具横脉;花柱宿存生于果实先端的外侧,呈芒尖状,果实成熟后向内开裂。种子黄棕色,长约3 mm,三棱形,在二面密生横膜翅,种皮如海绵状。花期9~10月,果期10~11月。见图4-31。

【生物学特性】 附子在12月上、中旬冬至前栽种者先生根后出苗,产量高品质好。12月下旬冬至后栽种者则先出苗后生根,产量低品质差。2月出苗,3月上旬抽茎,3月中旬开始长出侧生块根(附子)。6月下旬气温由30℃上升至35℃左右时是附子膨大增长时期,江油附子夏至后采收。

【栽培技术】

1. 附子种根(乌药)培育

(1)整地。种根栽种前作深翻土地,翻地深度25~30 cm。整碎土块,整平地面,使土壤疏松、细碎、平整,同时清除大石块、杂草,等待施入基肥。开厢(有坡度时应垂直于坡面开厢)厢宽200 cm,沟深20 cm,沟宽30 cm。

(2)施基肥。基肥制作每亩用草木灰800 kg、草皮土800 kg、人畜粪水1 000 kg或用草皮土1 600 kg,牲畜圈粪1 000 kg等拌匀成堆,发酵腐熟后待用。

基肥施用根据土壤肥力情况,每亩用基肥1 600~2 600 kg,均匀撒入整细的厢面,再用锄头翻整混入土内。

图4-31　附子原植物（方清茂摄）

（3）栽种。①用乌头块根进行无性繁殖。②最佳栽种期为11月中旬至12月中旬。③一般密度为行距（8~10）cm×（8~10）cm，每亩用种量5万~6万个。④种根的准备：作繁育用的种根是选用栽培附子的种根后留下的较小的二级种根，通常应选用5~10 g/个、色泽新鲜、无损伤的块根作为种根繁育的繁殖材料，霉烂、缺芽、无底根以及有伤痕的种根不能作为繁殖材料。⑤种根贮藏：种根贮藏时间一般不超过10 d，贮藏期间应堆放在阴凉、干燥、通风处。用药剂处理过的种根原则上应当天栽完。⑥栽种：用窄叶锄等工具沿厢面方向，按株行距各10 cm×15 cm开穴，穴深7~8 cm，每穴栽种1个。栽种时应将种根垂直插入窝中，芽头向上。栽种的深度以块根脱落痕与穴面齐平为宜。每隔7~10窝，还应在穴外多栽1~2个块根，供补苗用。栽好种根后，用铁耙将厢沟中的泥土钩出覆盖于厢面，厚度约为5 cm。

（4）田间管理。①清沟补苗：种根栽种后，在幼苗出土前，将厢上的大土块钩入沟内，整细后再培于厢面，并将沟底铲平。在3月上、中旬幼苗全部出土后及时补苗，拔除病株并烧毁，用备用苗补齐缺株。②除草：4~6月气温回升后，种根繁育田块容易生长杂草，应及时除草，以免影响植株的生长发育，每月至少需除草1次。禁止使用除草剂。③施肥：追肥时间第一次在3月中、下旬，第二次在立夏前后。每亩施清粪水 2 000 kg。④去杂：在乌头旺盛生长期和开花期间，进行去杂、去劣、去病，选优留种，以防止品种混杂退化。⑤田间检查：种根采挖前，对混杂情况、种性退化情况和病虫害发生情况进行检查，检查不合格的块根，不得采挖用作种根。⑥病虫害防治：由于附子种源基地位于海拔较高的地区，一般无病虫害发生。如果有病害发生时，应使用农药进行防治。

（5）种根采收。①种根采收：在栽种后次年 10 月下旬至 11 月下旬采收，在采挖前除去病株和田间杂草。采挖时注意不得伤到块根，保证块根全数挖出，个体完好无缺。采挖取下子块根去掉多余须根，留好底根。②种根挑选分级：对采挖的种根按照标准进行挑选，选择新鲜且无损伤、焦疤、水旋、霉烂、缺芽的块根做种根，无底根的不能做种，按照大小将其分为二级。一级：10~20 g/个的子块根；二级：5~10 g/个的子块根。其中二级块根作为种苗圃的繁殖材料繁殖种根，一级块根作为附子药材。

2. 附子栽培技术

（1）选地整地。①选地：选择土层深厚、疏松、肥沃、排水良好、富含腐殖质的中性微酸性、微碱性壤土，水稻田至少前 1 年内没种过附子、旱地前 3 年内没种过附子的地块，前作不是白绢病的寄主植物（如花生、芝麻、洋姜、白术、马铃薯、红薯等）为宜，前作以水稻最好，其次是玉米。选好地后及时除去田间杂草和异物。②整地：附子栽种地前作收获后，应耕地一次，耕地深度 25~30 cm。如前茬作物是水稻，应放干水田，于 9 月下旬耕田，使土壤充分炕干、腐熟，以增加肥力，减少病虫害。耕后清除地块中的石块、杂草等，然后施入基肥（农家肥），耙地一次。再从第一次耕地垂直的方向再耕地一次，整碎土块，整平地面，使土壤疏松、细碎、平整。③踩厢（亦称"踩畦"）：按厢宽 90 cm 的标准做两个标尺杆，并将绳索系在标尺杆上。两端各站一人拉直绳索，按照标准将标尺杆插在田埂边，两人相对沿着绳子两侧直线踩至中心，踩后便形成一条宽约 20 cm 的厢沟。踩完一厢后就移动绳索踩第二厢，直至踩完全田为止。踩厢是使厢边土壤紧实，以免清理厢沟后及生长期塌厢便于后期附子修根操作。作厢沟有利于附子栽培地干旱时灌溉及雨季内涝时排水。

（2）施基肥。附子栽培基肥使用农家肥中的堆肥为主。①农家肥无害化处理：将农作生产中的大量生物物质、动植物残体、排泄物、生物废料等切碎或捣碎拌加一定量的生石灰及敌百虫进行覆盖堆积 20~30 d 充分腐熟，杀灭寄生虫卵、大肠杆菌及其他病源、虫源；对环境卫生无害，即不滋生和引集蚊、蝇和杂草种子等有害生物。②基肥施用方法及数量：农家肥最适宜做基肥，在翻地前均匀撒施于地表，通过翻地使肥料融入土壤中，农家肥可改良土壤耕层结构和供肥能力，一般用量为 2 000~3 000 kg/ 亩。

（3）种根选择及处理。①选择种根：附子种根（产地习称"乌药"）精选色泽新鲜且无缺芽、焦疤、水旋、霉烂，须根齐全的种根。按照大小将其分为二级。一级：50~100 个 /kg；二级：101~200 个 /kg。其中二级块根作为种苗圃的繁殖材料繁殖种根，一级种根作为附子种根。②种根处理：选择好种根后，用乙磷铝 200 倍液或 50% 的多菌灵可湿性粉剂 800 倍液浸泡 30 min，或用 40% 的福美双 500 倍液加尿素 0.5 kg 浸泡 3 h 消毒，浸泡时液面略超过种根 1 cm 左右。取出滴干水分，及时栽种。

（4）栽种。①栽种时间：附子栽培时间各主产区差异不大，大多都在每年 11 月到 12 月间，高山产区在当地冻土前进行栽培。低山及平坝产区栽种期为 11 月中旬至 12 月中旬。栽种时间不能过早或过迟，过早气温高当年容易发芽出幼苗，幼苗难以抵御后期的低温造成幼苗冻死，且种根储存营养在越冬前被大量消耗，影响后期生长；过晚附子栽培后地下温度过低须根无法在当年扎土生根，不利于来年开春后根部迅速吸收养分供植株快速生长。四川江油附子的最佳栽培时间在每年12月上半个月。一般选晴天或阴天，雨天不宜栽种。

②栽种方法：a.打窝。在做好的厢面上用木制印耙子打窝，深7~8 cm，开成两错行，行距与株距为（17~20）cm×（15~18）cm。b.栽种。打窝后，将处理好的种根垂直插入窝中，每窝栽1个，将芽头向上，不能倒置，以免影响出苗。栽种的深度以种根脱落痕与穴面齐平为宜。栽种时种根脱落痕一侧朝向厢中心，这样便于以后修根，因为脱落痕一侧一般不会形成新的子根。每隔7~10株，还应在穴外多栽2个种根，供补苗用。每亩栽种10 000~13 000株。c.覆土。附子栽好后用锄头将沟里的泥土提到厢面覆盖于厢面附子种根上，厚约5 cm，做成高厢。将厢面做成龟背形以防止厢面积水，并将沟边的土壤夯实，力求平整、通畅，防止沟内积水并避免以后雨水冲刷引起垮厢。附子栽培完工后平坝地区易产生内涝的地块应在田埂边缘开缺口，保证排灌通道畅通。栽种后覆土必须将种根悉数覆严，避免附子芽头受冻坏死。

（5）中耕除草。①除草时间及方法：出苗前，根据实际情况半个月或一个月左右除草一次。出苗后到采收时（3月中旬~7月上旬），温度高，湿度大，杂草最容易滋生，每月需除草1~3次。除草时一般用锄头，也可直接用手拔除杂草。除草时需把杂草根茎一齐除掉，最后将清除的杂草拣出田外，集中销毁。不得使用任何类型的除草剂除草。②中耕方法：中耕与除草同时进行，即除草时在附子株行间松土，松土深度为3~5 cm，不宜过深，以免伤及附子子根。附子中耕除草应选择晴天或阴天进行，应除去地中的杂草及附子病株、弱株，带出田间的病株要集中销毁或深埋，不得随处堆放，不能伤及附子的地上部分与地下部分。

（6）施追肥。①追肥施用前的准备：在每次追肥前配备好肥料，选择晴天或阴天进行施肥，施肥之前进行中耕除草，除去田间杂草。②追肥时间、肥料种类、用量及施肥方法：附子生产实行施足农家基肥为主、化学肥料追肥为辅的原则。追肥主要分为三个时期：

第一次追肥：称为提苗肥，附子栽后3个月左右出苗、补苗后10 d左右（2月下旬至3月上旬），母根两侧已旁生子根，能迅速地从土壤中吸收养分，此期为第一次施肥时间，即提苗肥。施用方法为：每亩施尿素7.5kg，将尿素溶于1 500~2 000 kg清水或清粪水中后均匀施入每厢两行植株之间的中心位置，施后进行覆土。

第二次追肥：第一次修根后7 d左右（4月上旬~4月中旬），子根已生长到一定程度，进行第一次修根后实施一次根外追肥，促进子根快速生长。其施用方法为：在厢面每隔2株刨穴1个，在穴内放入适量复合肥（用含氮、磷、钾一定比例化学肥料配制的附子专用肥）后覆土盖好即可。每亩施用复合肥约25 kg。

第三次追肥：壮根肥，第一次修根后一个月左右要进行第二次修根。立夏前后，正值块根增重最迅速的时期，直接影响附子的产量和质量，此时应及时追肥一次，时间在第二次修根后7 d左右，施肥方法与第二次相同，但刨穴要错开位置。每亩施用复合肥约25 kg。

每次施肥后都要覆土盖穴，并将沟内的土提到厢面，使之成龟背形以防厢面积水。

附子第一和二次追肥氮素肥料不宜使用过多，以免植株地上部分徒长消耗大量营养，影响子根生长。第三次追肥时间要恰当（距附子采收期至少40 d以上），不能过迟，否则会影响附子的产量和质量。

（7）排灌。①灌溉：附子喜欢湿润的环境，怕干旱，整个生长期要保持土壤湿润。幼苗出土后，土壤干燥应及时灌水，以防春旱，一般半月灌溉一次。以后气温增高，土壤易干燥，如土面发白应及时适量灌水，要做到勤灌浅灌。进入雨季应停止灌溉，大雨后要及时排出田间积水，以免造成附子在高温多湿的环境下发生子根腐烂。灌溉时应选择上午太阳未升起和下午太阳下山后气温较低时段进行。附子灌溉一般采用沟灌的方式，其具体方法为：平坝作厢的附子地整理好田块的水沟，让水源与附子田埂的灌溉通道的相通，然后让水缓缓流入田里，以灌半沟水为宜。附子栽培地属坡地或山地的可进行喷灌或实施窝灌。②排水：每次追肥后要及时清沟，雨季来临前要注意理沟，以保持排水畅通。每次灌溉后要检查田间是否积水，多雨季节要随时注意排水，切忌厢面积水。

（8）修根。通过两次修根去掉弱小子根，保留健壮子根，促使植株营养集中供给健壮子根生长，提高附子品质与产量，使附子个头大、品质优。

①修根前的准备：根据附子田间植株生长状况，确定合适的修根时间，选择晴天或阴天进行修根。

②修根：修根时间。第一次修根在3月下旬至4月上旬，苗高30 cm左右时进行，此时母根已侧生小附子2~5个，茎干基部也萌生有小附子1~5个，直径0.5~1.5 cm不等。第二次修根在第一次修根后一个月左右，约在4月下旬至5月上旬进行。这时第一次修根保留下来的子根直径已达1.5~2.0 cm，但是茎基及母块根上仍然会萌生新的小附子。

修根方法。把植株附近的泥土扒开，露出子根，用手指将茎基上的小附子全部刮去，母根上的小附子只保留健壮的1~2个，附子栽培当地将保留健壮的小附子叫"留绊"。留一个的叫"秤砣绊"，留两个的叫"扁担绊"，留三个的叫"丁字绊"或"鼎锅绊"。留小附子（留绊）的位置应在植株两侧，不能留在靠厢中心的一侧，丁字绊应留两侧和靠厢沟的一侧，这样才便于第二次修根。修根要把瘦小附子去净，保留健壮大附子，并尽可能的选留粗大的圆锥状附子。同时去掉脚叶，只留植株地上部叶片。去脚叶要横摘，不要顺茎秆向下扯，顺秆扯伤口大，易损伤植株。

③修根覆土：修完第一株接着修第二株，第二株扒出的泥土就覆盖第一株，如此循环下去。附子修根刨土时切忌刨得过深伤及植株根部造成倒伏，影响植株发育，甚至引起死亡。每次修根后，厢面仍然要保持弓背形，以利于排水。如果扒开泥土发现植株还未萌生小附子，应立即将土覆盖还原，以后再修根。

（9）摘尖掰腋芽。附子在生长中后期进行摘尖（又叫打尖、短尖）。其作用是抑制植株长得过高消耗营养，促使养分能集中于根部，利于子根发育。摘尖后植株叶腋间最易生出腋芽，应及早掰去，以免徒长消耗养分。

①摘尖：摘尖时间。在第一次修根后约10 d左右，一般要进行3~5次才能将顶芽摘去，每隔10~15 d一次。摘尖方法：用铁签或竹签将茎的顶端挑去，摘尖时植株一般保留叶片9~10片。整块地植株要作到高矮基本一致。

②掰腋芽：掰腋芽时间。摘尖后植株叶腋间最易发生腋芽，应及早掰去，以免腋芽徒长耗养分。掰腋芽一般在摘尖后7 d左右开始，要掰早，掰小，随时发现随时掰，每周一般掰腋芽1~2次，以掰尽为止。掰腋芽方法：用手将新发出的腋芽齐腋芽基部掰掉。附子摘尖、掰腋芽要注意保护植株避免损伤茎叶。

【采收加工】附子第一年的大雪节前后栽种，第二年夏至后采收，以小暑至大暑间采收为佳。挖出后，将附子与母根分开，抖净泥土，去净须根，清洗至无泥沙。按大小分级。特级12个/kg、一级16个/kg、二级24个/kg、三级40个/kg，其余的为等外级。将分好等级的附子分别装入竹篓内，并在包装上贴等级标签。及时放入胆巴水溶液中浸泡保鲜，备供加工不同的附子产品所用。见

图 4-32。

盐附子：选择个大、均匀的泥附子，洗净，浸入食用胆巴的水溶液中过夜，再加食盐，继续浸泡，每日取出晒晾，并逐渐延长晒晾时间，直至附子表面出现大量结晶盐粒（盐霜）、体质变硬为止。

黑顺片：取泥附子，按大小分别洗净，浸入食用胆巴的水溶液中数日，连同浸液煮至透心，捞出，水漂，纵切成厚约 0.5 cm 的片，再用水浸漂，用调色液使附片染成浓茶色，取出，蒸至出现油面光泽后，烘至半干，再晒干或继续烘干。

白附片：选择大小均匀的泥附子，洗净，浸入食用胆巴的水溶液中数日，连同浸液煮至透心，捞出，剥去外皮，纵切成厚约 0.3 cm 的片，用水浸漂，取出，蒸透，晒干。

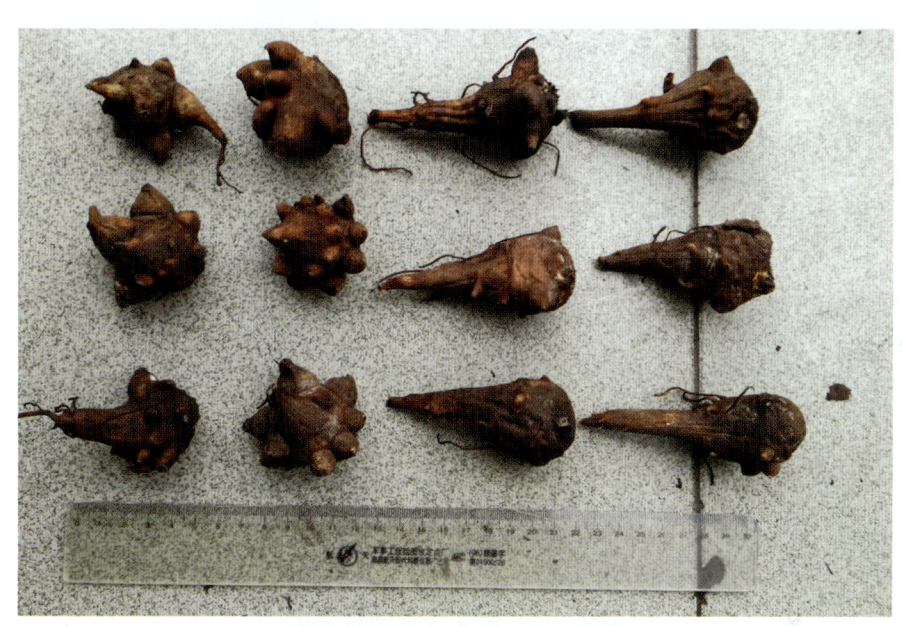

图4-32　附子药材（方清茂摄）

【适宜区与最适宜区】

1. 生态环境

附子主要为人工栽培，产于四川江油涪江沿岸海拔 480~600 m 的平坝、台地，土壤几乎均为灰棕冲积土，质地多为轻壤和中壤土，呈微偏碱性。土质深厚肥沃。

2. 生态因子

附子在气候温和、湿润的四川江油坝区生长较好，其多年平均气温 16℃，夏季气温不过高，冬季气温不过低，无霜期长，热源充足，年平均最高气温为 16.4℃，最低年均温为 15.2℃。一年中最高气温为 7 月，平均为 25.7℃，最低为 1 月，平均为 4.2℃。历年平均霜期为 94 d，无霜期为 271 d。温度高于 5℃ 的天数平均为 320 d。空气相对湿度年平均为 81%，年内月际变化幅度小，2~6 月空气相对湿度均低于 80%，为 76%~79%，7 月至次年 1 月，空气相对湿度为 82%~85%。土壤湿润度多年平均为 2.0，但在一年中，土壤湿润度变化幅度较大，12 月至次年 3 月，土壤湿润度 0.3~0.6，属于极度干燥，7~10 月土壤湿润度为 2.9~4.0，属于高度湿润，4~6 月和 11 月土壤湿润度 1.0~1.7，属于干湿适度的范围。多年平均日照时数为 1 355.6 h，日照率为 30%，一年中以夏季（6~8 月）晴天最多，平均日照率为 36%，冬季（1~2 月）晴天最少，平均日照率为 18%。

3. 适宜区

附子的适宜区为四川省江油市、安州区（安县）等地。见图4-33。

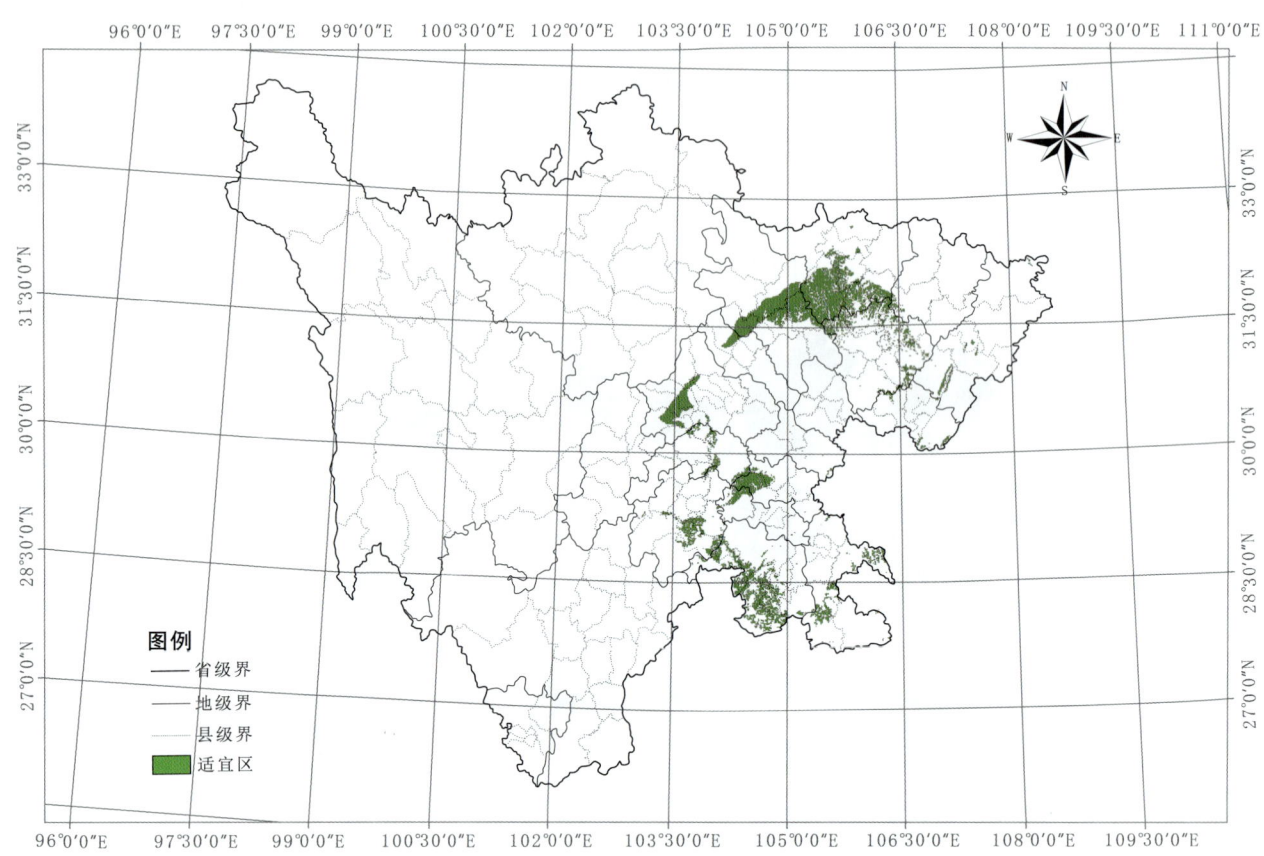

图4-33 附子适宜区示意图

表4-17 附子适宜区面积（km²）

区县	面积	区县	面积
嘉陵区	1	大竹县	61
五通桥区	1	井研县	62
江安县	2	彭山区	65
旌阳区	2	郫都区	65
西充县	2	岳池县	82
江阳区	3	利州区	88
隆昌市	3	邻水县	88
华蓥市	4	长宁县	96
乐至县	4	渠县	107
富顺县	5	蓬安县	116
南溪区	6	恩阳区	141

续表

区　县	面　积	区　县	面　积
前锋区	9	资中县	163
朝天区	10	营山县	179
金口河区	11	犍为县	184
乐山市市中区	12	绵竹市	198
蒲江县	15	合江县	255
青神县	16	屏山县	268
峨眉山市	17	大邑县	280
万源市	18	仪陇县	282
新津县	18	仁寿县	283
安岳县	19	崇州市	306
罗江县	19	荣　县	308
温江区	19	南部县	333
沙湾区	20	筠连县	349
达川区	22	邛崃市	352
广安区	22	游仙区	384
泸　县	24	昭化区	434
盐亭县	25	叙永县	446
东坡区	28	沐川县	499
高坪区	29	珙　县	506
双流区	30	叙州区	534
古蔺县	33	高　县	540
峨边县	36	阆中市	546
涪城区	36	安　县	557
马边县	39	威远县	636
北川县	41	梓潼县	945
通川区	42	苍溪县	952
翠屏区	43	江油市	1 004
都江堰市	54	剑阁县	2 278
兴文县	54		

4. 最适宜区

附子最适宜区为江油市涪江沿岸地区。见图 4-34。

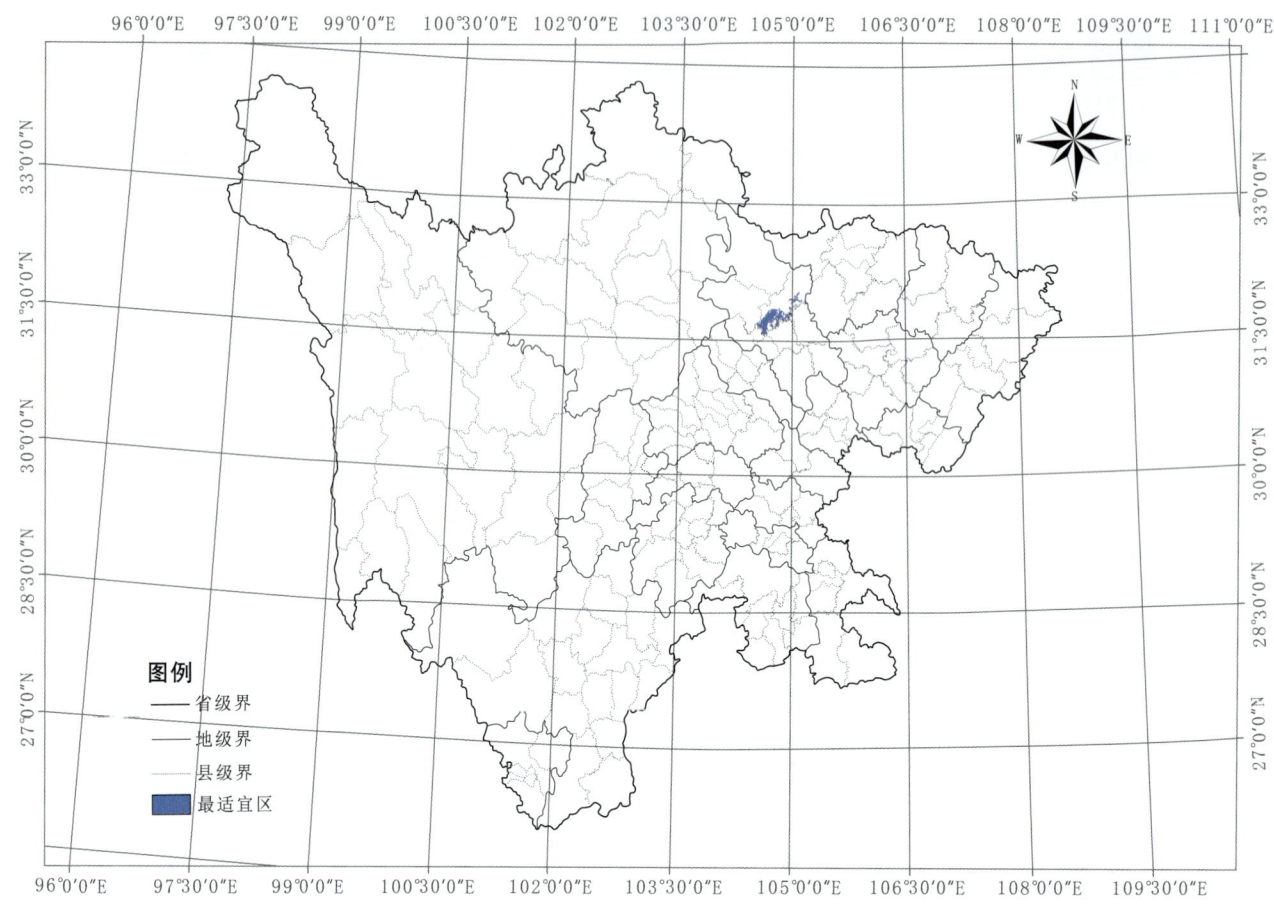

图4-34 附子最适宜区示意图

表4-18 附子最适宜区面积（km²）

区 县	面 积
江 油	525

【基地建设】雅安三九中药材科技产业化有限公司在四川省江油市太平镇普照村、合江村建立了附子规范化栽培基地，面积6.6 hm²，示范推广400 hm²。在青川建有种源基地3 hm²，全部实行规范化管理。

九、干姜生产区划

【来源】为姜科植物姜 Zingiber officinale Rosc. 的干燥根茎。

【道地沿革】始载于《神农本草经》，列为中品。《名医别录》始将干姜和生姜分别入药，并谓："生姜、干姜生犍为川谷及荆州、扬州。九月采之。"《本草经集注》载："干姜今惟出临海、章安，数村解作之。蜀汉姜旧美，荆州有好姜而并不能作干者，凡作干姜法：水淹三日去皮置流水中六日，更刮去皮，然后晒干，置瓷缸中酿三日，乃成。"《唐本草》载："干姜，……生犍为川谷……九月采。"《图经本草》载："生姜，生犍为（今四川犍为）山谷及荆州、扬州，今处处有之，以汉、温、池州（汉州今四川成都，温州今浙江温州，池州今安徽贵池）者良。苗高二三尺。叶似箭竹叶而长，两两相对。苗青根黄。无花实。秋时采根。"《证类本草》收载干姜和生姜，并附有干姜药材图和涪州生姜原植物图、温州生姜原植物图。《本草纲目拾遗》注意到不同产地干姜质量的差异，将四川产干姜命名为"川姜"，并指出："出川中，屈曲如枯枝，味最辛辣，绝不类姜形，亦可入食料。"清·嘉庆十九年《犍为县志》亦有姜的记载。

由以上历代本草文献记载的姜的形态特征和所附原植物图、药材图以及加工方法可知，历代本草记载的干姜与现代使用的干姜来源一致，均为姜科植物姜的干燥根茎。历代本草记载干姜道地产地均为四川犍为，且以"川姜"质量为优。

以个大饱满、淀粉足、纤维少、辣味浓为佳。

【性味归经】 干姜辛，热。归脾、胃、肾、心、肺经。生姜辛，微温。归肺、脾、胃经。

【功能主治】 干姜温中散寒，回阳通脉，温肺化饮。用于脘腹冷痛，呕吐泄泻，肢冷脉微，寒饮喘咳。生姜解表散寒，温中止呕，化痰止咳，解鱼蟹毒。用于风寒感冒，胃寒呕吐，寒痰咳嗽，鱼蟹中毒。

【药理作用】

1. 对消化系统的作用

（1）利胆。干姜醇提物（9 g/kg、18 g/kg）给大鼠灌胃及十二指肠给药均能明显增加胆汁分泌量，维持时间长达 3~4 h，灌胃作用更强。干姜石油醚提取物〔30 g（生药）/ml〕给大鼠经十二指肠给药 0.75 ml/kg、1.5 ml/kg，有促进大鼠胆汁分泌作用，且呈剂量依赖性。

（2）抗溃疡。干姜石油醚提取物给小鼠灌胃 45 g/kg、90 g/kg，对吲哚美辛加乙醇引起的小鼠溃疡有抑制作用；干姜石油醚提取物给小鼠灌胃 22.5 g/kg、45 g/kg，对盐酸性溃疡的形成呈剂量依赖性的抑制作用；干姜石油醚根提取物给小鼠灌胃 45 g/kg，对幽门结扎性溃疡形成有明显抑制作用。干姜、炮姜水煎液 4.5 g/kg 给大鼠灌胃，干姜水煎液对大鼠实验性胃溃疡无明显影响，而同剂量的炮姜水煎液对大鼠应激性胃溃疡模型、酸诱发胃溃疡模型及幽门结扎性胃溃疡病模型均具有不同程度的抑制作用。

2. 对心血管系统的作用

（1）对心率、血压的影响。正常麻醉家兔经口插管入胃，灌胃 2%（v/v）干姜 CO_2 超临界提取物 2.8 ml/kg，结果使正常麻醉家兔 HR、SAP 和 DAP 分别在药后 5 min、10 min 和 150 min 与药前值比较有显著性或极显著性差异，其中 HR 在 5~150 min 全过程呈逐渐下降趋势，SAP 从药后 15~60 min 持续下降，至 90 min 开始回升到药前水平，DAP 在药后 5~150 min 各时点均呈下降趋势，并于 45 min 下降到最低值后维持至 150 min。

（2）抗心衰。干姜 CO_2 超临界提取物（姜辣素含量 12%）在心衰模型家兔造模前灌胃给药 0.56 ml/kg，第 4 d 造模后继续给药，可使造模所需时间明显延长和所需造模药戊巴比妥钠用量增加，使心衰模型家兔血流动力学指标 $lv+dp/dt_{max}$、$lv-dp/dt_{max}$ 明显改善，提示干姜提取物对家兔急性心力衰竭模型形成具有拮抗作用；能通过改善心室舒缩功能，降低外周阻力，改善心衰程度，对急性心力衰竭具有实验性治疗作用。1%、2%、4%（v/v）干姜 CO_2 超临界提取物（姜辣素含量12%）在心衰模型家兔造模后10 min灌胃给药2.8 ml/kg，各给药组LVSP、lv+dp/dt_{max}、lv-dp/dt_{max}呈逐渐上升趋势，提示干姜提取物能改善心衰家兔的心肌舒缩功能，减轻心衰症状。

（3）心肌保护。干姜粉液给大鼠灌胃0.8 g/kg，连续3 d，取其血清，1%、2%、4%大鼠血清使乳鼠心肌细胞缺氧缺糖性损伤模型中LDH的释放量明显减少，细胞损伤有所减轻，表明干姜确有保护心肌细胞的功效。

2. 抗炎

干姜醇提物给小鼠灌胃每日13.5 g/kg、27 g/kg，连续7 d，对二甲苯致小鼠耳廓肿胀具有明显的抑制作用。干姜石油醚提取物每日45 g/kg、水提物每日5 g/kg、10 g/kg给大鼠灌胃，连续3 d，对角叉菜胶引起大鼠足趾肿胀有显著抑制作用。干姜石油醚提取物每日90 g/kg、水提物每日10 g/kg、20 g/kg给小鼠灌胃，连续3 d，能显著抑制二甲苯引起的小鼠耳廓肿胀。

3. 解热、镇痛

干姜水煎液给酵母致热大鼠灌胃20 g/kg、40 g/kg、80 g/kg，结果显示干姜水煎剂在20 mg/kg、40 mg/kg时，在大鼠给药后2 h起表现出一定的退热作用趋势，80 mg/kg在给药后4 h表现出显著的退热作用。干姜醇提物给家兔灌胃10 g/kg，给药后2 h、3 h、4 h、6 h对伤寒、副伤寒甲乙三联菌苗所致家兔发热具有明显的抑制作用。干姜石油醚提取物45 g/kg、90 g/kg和水提物20 g/kg给小鼠灌胃，对醋酸引起的小鼠扭体次数有显著减少作用，给药90 min、120 min后对小鼠热刺激反应有明显抑制作用。

4. 镇静

干姜水煎液给小鼠灌胃，剂量为0.3 g/10g时，其对小鼠的走动时间及举前肢数在一定时间（给药后2.5 h）内都有非常明显的抑制作用；剂量为0.6 g/10g时，干姜对小鼠的走动时间及举前肢数也有较为显著的影响，但抑制时间较0.3 g/10g时缩短；剂量为0.9 g/10g时，干姜对小鼠的抑制作用不明显。

【品质研究】 姜的主要化学成分为挥发油、酚类衍生物和二苯基庚烷三大类成分。通过对全国不同产地干姜挥发油进行含量测定，结果表明，不同产地干姜中挥发油含量差异较大，以四川犍为产干姜挥发油含量最高，可达2.46%。干姜中的姜辣素成分（酚类衍生物）不仅是干姜的主要活性物质，也是干姜特征性辛辣风味的主要呈味物质。通过对全国不同产地干姜中姜酚和姜烯酚进行定量分析，结果显示，四川犍为产干姜总辛辣成分均远高于其他产区干姜。由挥发油和辛辣成分的含量研究结果，印证了犍为是古今干姜道地产区，所产药材质量最佳。

【原植物】 株高0.4~1 m；根茎肉质肥厚，多分枝，有芳香及辛辣味。叶2列生，叶片条状披针形，长15~30 cm，宽2~2.5 cm，无毛，无柄；叶舌膜质，长2~4 mm。总花梗长达25 cm；穗状花序球果状，长4~5 cm；苞片卵形，长约2.5 cm，淡绿色或边缘淡黄色，顶端有小尖头；花萼管长约1 cm；花冠黄绿色，管长2~2.5 cm，裂片披针形，长不及2 cm；唇瓣中央裂片长圆状倒卵形，短于花冠裂片，有紫色条纹及淡黄色斑点，侧裂片卵形，长约6 mm；雄蕊暗紫色，花药长约9 mm；药隔附属体钻状，长约7 mm。花期夏末秋初。见图4-35。

【生物学特性】喜温暖、湿润、稍荫蔽的气候环境。姜害怕烈日照射，但散射光对生长又有好处。姜不宜连作，应与水稻、玉米、十字花科、豆科作物等进行1~2年的轮作。

图4-35　干姜原植物（方清茂摄）

【栽培技术】

1. 选地整地

干姜适宜栽于地势略带倾斜，阳光充足，排水良好的沙质壤土，尤其是荒地栽培最好。河流或山溪冲积地带的粗沙地、低洼地、重黏土均不适宜栽种。干姜不宜连作，一般隔年栽培1次。土地应精耕细作，深翻40 cm，犁耙整平。

2. 选种催芽

干姜分为黄口姜、白口姜两种。黄口姜外皮白中带黄，个头比较瘦小，含的水分较少，内部肉质较黄，干后个头小，肉质粗老，品质较次。白口姜外皮较白，个头肥大，内部肉质白而细嫩，干后个头大，品质良好。一般药农选白口姜作种。立冬前后，在晴天先收获种姜，选择苗种健壮、无病虫害及根茎肥大的作种。将姜种挖取后，去掉茎叶（注意不要扯破根茎的皮，以免腐烂），100 kg姜种约带泥沙30 kg，即放入窖内储藏。由于白姜生长期较长，需要较高的气温，因此必须提早下种，并进行催芽，使其出苗快，不会缺窝。在惊蛰前后（3月上旬）把窖藏的姜种取出，放在阳光下晒1~2 d，晒干水气，抖去泥土，然后用一竹笆铺上稻草，将种姜堆在稻草上，竹笆架在灶门前，高200 cm，利用炊烟的温度，促使种姜发芽。清明前后，种姜开始萌芽，芽长3~5 cm，取出栽种。未萌芽的种姜，必须用腐熟的堆肥晒成半干（其中绝大部分是牛粪）弄成细粉，混合一些泥沙和草木灰，在室内分层堆积，一层种姜一层堆肥，重叠堆积起来继续催芽。半个月后检查1次，以后每3~5 d翻看1次，已萌芽的种姜即可取出栽种。

3. 栽姜

一般在清明前后栽姜。栽姜时，将已萌芽的种姜切成小块，每小块必须保留1个芽（如有2个芽可去掉1个较弱的芽）。用锄头挖窝，窝深10~15 cm，口大3~4 cm，窝底要平，过浅土壤易干燥，姜生长不好；过深幼苗不易出土，且根多不成块状，成为竹根姜，不能供药用。行株距均为47~50 cm。每窝先放姜种1小块，芽子向上，每亩地用腐熟的堆肥（牛粪、草木灰）1 500 kg，粪水

1 500 kg，少量的油饼，混合作底肥施入窝中，然后盖泥土。切好的种姜，必须当天栽完。

4. 田间管理

（1）追肥。第1次追肥在芒种后夏至前，苗高26~33 cm，有3~4片叶子时，施入畜粪 750~1 000 kg/亩。第2次在大暑前后，施入畜粪 1 500~2 000 kg/亩，拌以发酵的油饼 25~50 kg，在每窝侧挖穴施下。此时姜生长盛期，气温高，日光猛烈，应结合表土浅耕，减低地面水分蒸发，保持土壤中一定的水分。第3次追肥在处暑前后，施牲畜粪 1 500~2 500 kg/亩。施肥的时候，100 kg粪兑水 50~100 kg，先淡后浓，选择阴天施下。施肥后，在植株周围培土 3~6 cm，以免姜根露出地面。

（2）中耕。在每次施肥前，宜除草1次。如果姜栽在荒地里，雨水又充沛，杂草更容易生长，必须勤除。姜苗齐时，即开始第1次中耕，先将杂草连根拔除，再浅锄松表土约3 cm深，不宜太深，以免锄伤种姜及新生的幼芽。过 20~30 d，已有3~4个新芽出土，即进行第2次中耕。再过 20~30 d 进行第3次中耕。

（3）排涝防旱。在植株行间及姜田周围开排水沟，深24 cm，宽17 cm，以使雨水过多时，由沟中排出。天旱时土壤干燥，应在傍晚气温降低时，施一些清粪水，使土壤湿润。

（4）病虫害防治。在姜幼苗期间有土蚕与土狗子（蝼蛄）为害。咬食姜芽，致不能出苗，或咬断幼苗，造成缺窝。防治方法：一般多在早晨到田间捕杀。

【采收加工】秋冬季茎叶枯黄，根茎已充分长成，组织充实，香气和辣味浓重时采挖，去掉茎叶、须根及泥沙，取鲜姜洗净后晒干；或鲜姜洗净后低温（一般以55℃为宜）烘干或炕干；也有将鲜姜洗净后趁鲜纵切或斜切成厚片，晒干或低温干燥。见图4-36、图4-37。

图4-36 生姜药材（周先建摄）

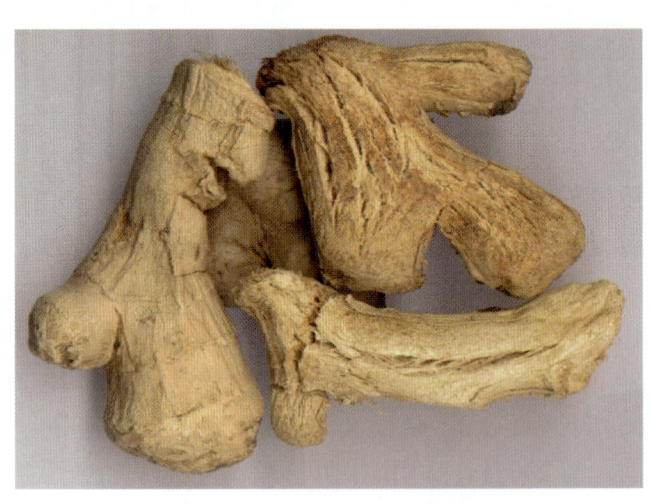

图4-37 干姜药材（周先建摄）

【适宜区与最适宜区】

1. 生态环境

生于海拔 1 600 m 以下的丘陵、平坝。

2. 生态因子

干姜在中等肥力沙壤土、轻壤土、中壤土或重壤土上，都能正常生长。在中性或微酸性土壤生长良好，以 pH 值 5~7 为宜。在 16~18℃以上才能发芽，在 20~27℃时姜块发育迅速，月均温为 24~29℃最适宜根茎分生，在 15℃以下停止生长，达 40℃时发芽仍无妨碍。但低于 10℃以下，姜块容易腐烂。一般在每年清明前后（3月下旬至4月上旬）进行栽植。

3. 适宜区

干姜的适宜区为海拔 300~1 600 m 的盆地丘陵地区。见图 4-38。

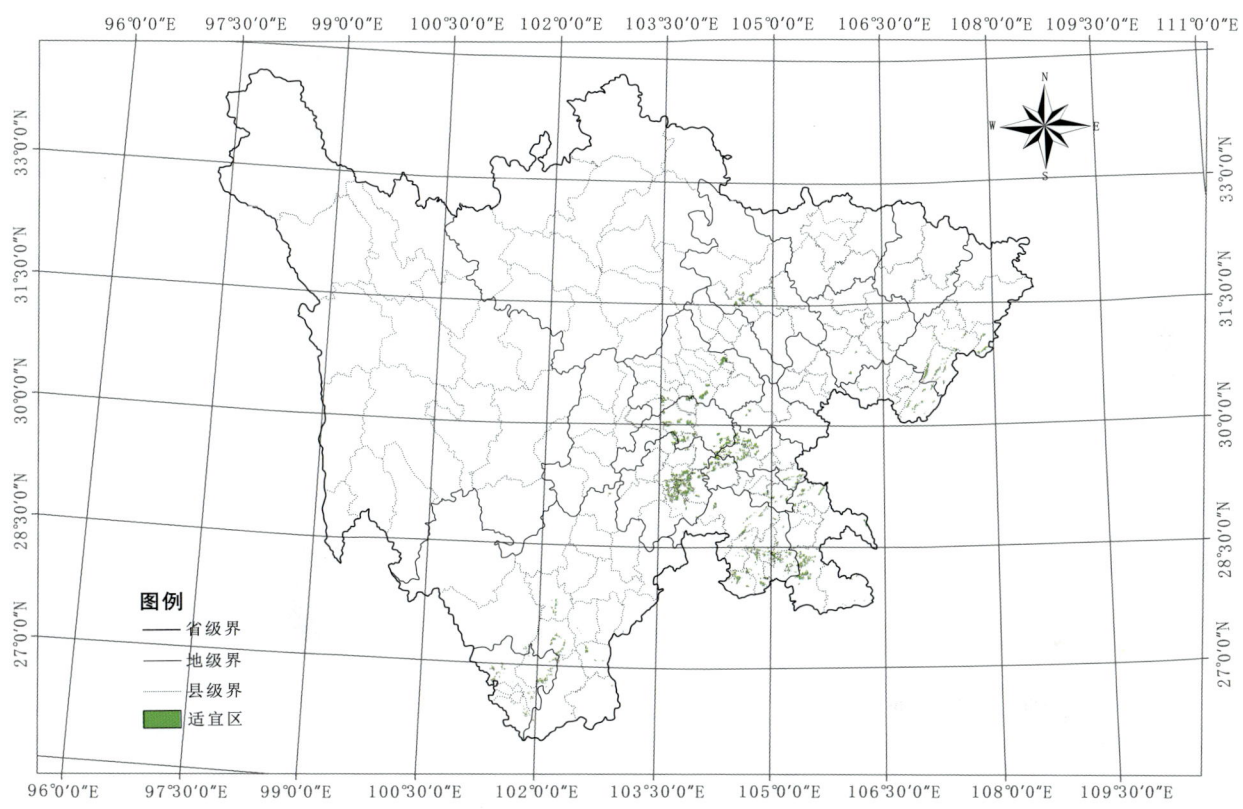

图4-38　干姜适宜区示意图

表4-19　干姜适宜区面积（km²）

区县	面积	区县	面积
朝天区	1	内江市市中区	125
成华区	1	珙县	130
金阳县	1	五通桥区	135
马边县	1	屏山县	140
彭州市	1	青神县	141
甘洛县	2	通川区	144
大邑县	3	筠连县	147
雷波县	3	涪城区	164
营山县	3	顺庆区	168

续表

区县	面积	区县	面积
金牛区	4	兴文县	171
西　区	4	前锋区	180
新津县	4	贡井区	181
峨边县	6	蓬安县	209
东　区	9	阆中市	225
锦江区	9	开江县	228
新都区	12	南溪区	233
安　县	13	简阳市	263
盐源县	16	叙永县	263
三台县	20	金堂县	266
会东县	21	游仙区	275
南部县	21	沐川县	282
夹江县	23	隆昌市	298
恩阳区	27	江阳区	306
旺苍县	27	中江县	308
自流井区	27	江安县	321
古蔺县	36	武胜县	330
宁南县	37	梓潼县	334
普格县	41	双流区	337
利州区	46	井研县	346
沙湾区	49	广安区	348
会理县	51	嘉陵区	348
邛崃市	52	东坡区	349
蓬溪县	54	长宁县	355
广汉市	56	威远县	360
蒲江县	56	高坪区	362
江油市	65	邻水县	374
旌阳区	71	纳溪区	401
宣汉县	75	高　县	406
西昌市	77	东兴区	445
大安区	78	翠屏区	471
彭山区	79	岳池县	492
乐山市市中区	81	荣　县	509
西充县	85	犍为县	511
龙泉驿区	88	苍溪县	521
大英县	90	富顺县	533
昭化区	90	渠　县	559
盐边县	91	泸　县	577
青白江区	96	雁江区	594

续表

区县	面积	区县	面积
沿滩区	97	乐至县	645
德昌县	107	大竹县	661
安居区	116	达川区	688
华蓥市	117	剑阁县	696
龙马潭区	119	合江县	748
罗江县	119	资中县	823
仁和区	120	叙州区	1 025
米易县	124	仁寿县	1 094
南江县	124	安岳县	1 399

4. 最适宜区

干姜主产区在盆地边缘山区南缘亚区岷江流域的乐山市，年均气温17.6 ℃，年降水量1 103.6 mm，无霜期336 d；海拔600 m以下的丘陵地区；土壤为黄土、红土。种植产区在犍为和沐川县，该地区产的姜以形美质优，块茎肥大，白皮粉口，茎细芳香，气味浓郁著名，销全国并出口。犍为产量占全省50%左右，以新民、榨鼓、九井、铁炉、芭沟、孝姑、龙孔、马庙等乡产量大、质量好；沐川县产量占全省40%左右，以炭固、大楠、箭板、新凡等乡产量大。见图4-39。

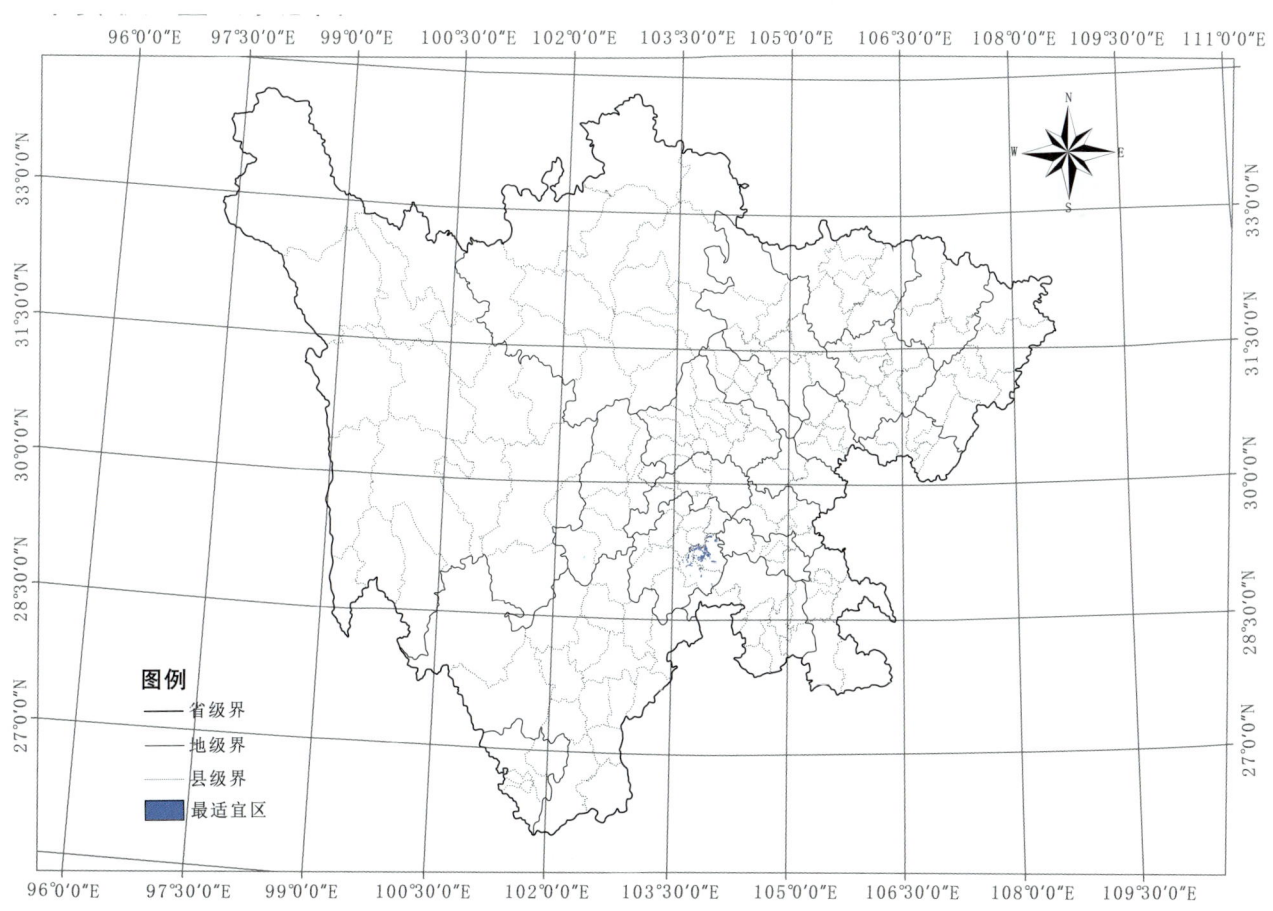

图4-39 干姜最适宜区示意图

表4-20 干姜最适宜区面积（km²）

区县	面积
犍为	198
沐川	40

【基地建设】 四川省在犍为县、沐川县建立了大面积的干姜规范化栽培基地。

十、姜黄生产区划

【来源】 为姜科植物姜黄 Curcuma longa L. 的干燥根茎。

【道地沿革】 姜黄在我国有一千多年的应用历史，始载于《唐本草》。宋代苏颂《本草图经》描述为："姜黄，旧不载所出州郡，今江、广、蜀川多有之。"清代汪昂1694《本草备要》记录为："出川广。"清代吴仪洛《本草从新》记录为："出川广。"。清代黄宫绣《本草求真》记录为："蜀川产者色黄质嫩。有须。折之中空有眼。切之分为两片者为片子姜黄。广生者质粗形扁如干姜。仅可染色。"表明姜黄作为药用以四川产者质量较好。清·同治《仁寿县志》与清·光绪《盐源县志》记载产姜黄。1963版《中国药典》一部收载姜黄主产于四川、福建等地。《中药材传统经验鉴别》收载姜黄主产于四川犍为、沐川、秀山、双流、新津、崇庆，其他如广东、广西、福建、贵州、云南均有产，以四川产品为优，行销全国并出口。《四川道地中药材志》记载姜黄为川产道地药材，主产于四川犍为、沐川、崇州及双流等地。

以色深黄、干燥、无杂质者为佳。

【性味归经】 辛、苦，温。归脾、肝经。

【功能主治】 破血行气，通经止痛。用于胸胁刺痛，胸痹心痛，痛经经闭，癥瘕，风湿肩臂疼痛，跌扑肿痛。

【药理作用】

1. 对心血管系统的作用

（1）对血压的影响。给犬静脉注射7.5 mg/kg的姜黄素可见明显而短暂的降压作用，阿托品、肾上腺素受体阻断药、抗组胺药物均不能阻断上述降压作用。

（2）改善血流动力学。200 mg/kg、100 mg/kg、50 mg/kg姜黄素灌胃，每日给药1次，连续12周或20周，能增强慢性心力衰竭大鼠左心室收缩压（LVSP），降低左心室舒张压（LVEDP）、左心室重量指数（LWM），减少胶原含小血管的容积百分比（CVF-V）和不含小血管的容积百分比（CVF-NV）并降低肿瘤坏死因子α（TNF-α）的表达，具有抑制胶原网络重构的作用，可在一定程度改善心功能，延缓心力衰竭（CHF）的进程。每日100 mg/kg姜黄素给兔灌胃11周，能显著抑制压力超负荷兔心肌MMP-2和MMP-9的表达，并降低CVF。

（3）抗心肌缺血。100 g/kg、200 g/kg姜黄水煎液灌胃，提前30 min给药，能降低日本大耳白兔心肌缺血再灌注损伤模型血清肌酸激酶（CPK）活性、心肌组织MDA含量，缩小心肌缺血面积，减少S-T段异常提高的导联数（NST）及S-T段抬高（≥2 mV）的总和数（ΣST）和Q波出现的导联数（NQ）。400 mg/kg姜黄提取物每日1次，灌胃5 d，能升高大鼠急性心肌缺血模型动物的血清和心肌组织 SOD 的含量。20 mg/kg、80 mg/kg 姜黄素十二指肠给药，能降低急性心肌梗死犬冠脉阻力，增加冠脉流量，减少心肌耗氧量，减轻心肌缺血程度和缺血范围，缩小心肌梗死面积，降低血清肌酸磷酸激酶（CK）、乳酸脱氢酶（LDH）活性及游离脂肪酸含量。20 mg/kg、40 mg/kg 姜黄素灌胃能减少大鼠心肌缺血再灌注损伤心肌梗死面积，降低血清 CK、LDH 活性，提高心肌超氧化物歧化酶（SOD）、谷胱甘肽过氧化物酶（GSH-Px）活性，减少心肌丙二醛（MDA）、游离脂肪酸（FFA）含量。

2. 对呼吸系统的作用

（1）抗肺纤维化。姜黄素具有抗肺纤维化作用，其机制与抗氧化、抑制胶原生成、下调细胞因子、抑制肺成纤维细胞增殖等有关。50 mg/kg、100 mg/kg、200 mg/kg 姜黄素灌胃，每日 2 次，连续给药 2 周即可减小 SiO_2 致矽肺模型小鼠矽结节大小及数量；连续 6 周，病理检查模型组肺组织以成纤维细胞为主，杂有少量胶原纤维，而给药组仍以巨噬细胞和淋巴细胞形成的细胞性矽肺结节为主。每日 200 mg/kg、100 mg/kg、50 mg/kg 姜黄素灌胃 6 d、13 d、27 d，可缓解博来霉素诱导的肺纤维化大鼠的肺功能改变，并减少肺组织的胶原沉积。50 mg/kg、100 mg/kg、200 mg/kg 姜黄素灌胃每日 2 次，连续 2 周，能降低 SiO_2 致小鼠矽肺模型肺组织和血清中 TNF-α、TGF-β1 水平，其可能通过下调上述细胞因子水平而发挥抗肺纤维化作用。姜黄素 200 mg/kg 每日腹腔注射连续 7 d、14 d、21 d，可抑制高氧致新生大鼠的肺纤维化，使其胶原沉积不明显，其作用机制可能是通过抑制 TGF-β1 的表达来实现。每日 50 mg/kg 姜黄素腹腔注射 7 d、14 d、28 d，能明显降低博来霉素所致肺纤维化模型大鼠肺组织中羟脯氨酸（Hyp）及血清中透明质酸（HA）和前胶原Ⅲ（PCⅢ）的浓度，从而改善实验大鼠肺泡炎和肺纤维化程度。

（2）抗肺缺血。200 mg/kg 姜黄素腹腔注射，能使大鼠肺缺血再灌注损伤 2 h 和（或）24 h 左肺静脉（LPV）血氧合指数（PO_2/FiO_2）增高，病理评分和总分降低，肺湿重与干重比（W/D）降低；肺组织中髓过氧化物酶（MPO）活性降低；血和肺组织中 MDA 含量降低，肺组织和血清中总抗氧化能力（TAOC）表达增强，肺组织中 TNF-α 和白细胞介素 6（IL-6）含量降低。姜黄素 40 mg/kg 静脉注射预防给药可对内毒素诱导急性肺损伤大鼠肺产生一定的保护作用，与下调肺组织中性粒细胞趋化因子 1（CINC-1）的表达进而抑制中性粒细胞（PMN）在肺组织的聚集、激活有关。

（3）抑制慢性低 O_2 高 CO_2 性肺动脉高压。腹腔注射 50 mg/kg 姜黄素，连续 4 周，能降低平均肺动脉压（mPAP），减小肺细小动脉管壁面积/管总面积比值（WA/TA）、肺细小动脉中膜平滑肌细胞核密度（SMC）和肺细小动脉中膜厚度（PAMT），降低肺细小动脉中Ⅰ型胶原的含量，下调 c-fos、c-jun 及其基因的表达，抑制血管平滑肌细胞的增殖，从而抑制大鼠慢性低 O_2 高 CO_2 性肺动脉高压和改善肺血管结构重建。

（4）平喘。每次激发前 20 min 灌胃姜黄素 200 mg/kg，连续 24 d，可抑制哮喘大鼠的气道胶原沉积，而在延缓气道重建中起主要作用，其作用可能是通过抑制 TGF-β1 的表达来实现。0.2 mg/g 姜黄素于每次哮喘激发前灌胃给药，每日 1 次，连续 15 d，可抑制哮喘大鼠的慢性气道炎症，其机制可能与姜黄素抑制哮喘大鼠核因子-κB（NF-κB）的活性有关。

3. 抗炎和免疫调节

每日 50 mg/kg 姜黄素腹腔注射，对佐剂性关节炎大鼠能抑制其血清和关节腔 TNF-α、IL-1β 异常分泌。每日 50 mg/kg 姜黄素灌胃 2 周，可以减轻佐剂关节炎大鼠炎症反应，消除肿胀；减少滑膜组织炎性细胞浸润。1 mg/kg 姜黄素腹腔注射，能降低大鼠腹膜纤维化厚度，其机制可能是通过上调 BMP-7 的表达，拮抗 TGF-β1 的作用。3.2 g/L 姜黄素溶液灌胃可以抑制小鼠 air-pouch 动物模型界膜组织中 TNF-α、IL-13、EMMPRIN、MMP-9 的表达，可能是通过下调囊壁组织中核蛋白 NF-κB 完成的。0.02 mmol/L、0.05 mmol/L 的姜黄素溶液能极显著增加小鼠巨噬细胞 LDL 受体的表达。10 mg/kg、50 mg/kg、100 mg/kg 姜黄素灌胃可抑制大鼠肥大细胞脱颗粒，在体外 10~50 μmol/L 能抑制大鼠肥大细胞分泌组胺、TNF-α、IL-6 以及 NF-κB、P65 等炎性因子。12.5~100 mg/L 姜黄素对 TNF-α 所致的 BMEC 损伤具有保护作用，该作用机制可能是下调 ICAM-1 表达，抑制 BMEC 与白细胞的黏附，从而保护内皮细胞免受损伤。

4. 镇痛作用

姜黄提取物对化学物质（冰乙酸）及热刺激引起的疼痛均有拮抗作用，持续时间长达 8 h。

【品质研究】 田密等运用 ISSR-PCR 标记技术，首次采用聚丙烯胺凝胶电泳技术进行分子生物学研究，分析姜黄种质亲缘关系和遗传多样性。结果表明，不同姜黄种质的遗传距离在 0.000~0.915 5 之间，说明各种质间遗传变异较大，聚类结果将姜黄种质分为两个大类，双流、崇州、新津地区为一类，乐山地区为一类。表明各种质的亲缘关系与它们的地理位置远近有一定相关性，姜黄道地药材与非道地药材间可以区分。唐宜轩等在研究不同产地姜黄中挥发油及姜黄色素的含量时，发现不同产地姜黄有效成分含量差异明显，姜黄色素质量分数最大值约 4.9%，最小值仅约 0.2%，相差约 24.5 倍；姜黄挥发油最大值与最小值之间差距达 4.2 倍，在四川及陕西采集到的绝大部分姜黄样品中姜黄色素的含量显著高于云南地区的样品，姜黄的传统道地产区含量优势明显。

【原植物】 多年生宿根草本。根粗壮，末端膨大成长卵形或纺锤状块根，灰褐色。根茎卵形，内面黄色，侧根茎圆柱状，红黄色。叶根生，2 列；叶片椭圆形或较狭，长 20~45 cm，宽 6~15 cm，先端渐尖，基部渐狭；叶柄长约为叶片之半，有时几与叶片等长；叶鞘宽，约与叶柄

图 4-40　姜黄原植物（舒光明摄）

等长。穗状花序自叶鞘抽出,稠密,长 13~19 cm;总花梗长 20~30 cm;苞片阔卵圆形,边缘具淡红晕。每苞片内含小花数朵,顶端苞片卵形或狭卵形,腋内无花;萼 3 钝齿;花冠管上部漏斗状,3 裂;雄蕊药隔矩形,花丝扁阔,侧生退化雄蕊长卵圆形;雌蕊 1,子房下位,花柱丝状,基部具 2 棒状体,柱头 2 唇状。蒴果膜质,球形,3 瓣裂。种子卵状长圆形,具假种皮。花期 9~10 月。见图 4-40。

【生物学特性】 喜温暖、阳光充足、雨量充沛的环境。对土壤要求不严,但以排水良好、肥沃、湿润、深厚的夹沙土为宜。

【栽培技术】 清明节前后播种。每窝播种姜 1 块,播种后第 2 d 浇水,以保证出苗均匀;采用穴栽,穴深 6~7 cm,口大而底平,行距 40 cm,穴距 40 cm,行与行间栽穴交错排列,每穴栽根茎 1 块,放匀。栽种密度:4 200 窝/亩。幼苗出土后,不定期进行人工拔除杂草;播种时每亩施磷肥 80~100 kg 作为底肥,播种后每亩施农家粪水 2 000~3 000 kg。追肥一般 1 次施农家粪水 1 000~1 500 kg,配合尿素 10~15 kg。8 月中下旬重施氮、磷肥,10 月中旬前重施钾肥。雨季注意排水。

【采收加工】 冬季地上部叶片枯萎时采挖,洗净,煮或蒸至透心,晒干,除去须根。或者洗净后直接烘干,烘干后再进行撞皮上色。见图 4-41。

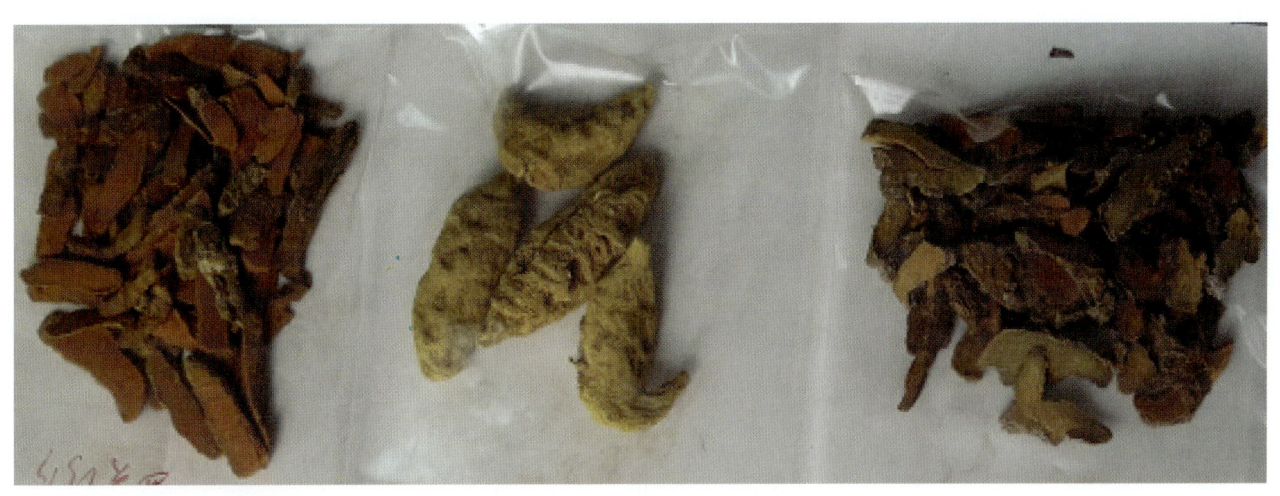

图 4-41 姜黄药材(方清茂摄)

【适宜区与最适宜区】

1. 生态环境

生于海拔 800 m 以下的低山、丘陵、平坝。

2. 生态因子

一般年降雨量均在 1 000 mm 以上,年均气温 17.9℃,全年无霜期在 300 d 左右。

3. 适宜区

姜黄适于岷江流域区域,包括乐山、犍为、沐川、宜宾、井研、双流、崇州、新津等地。这些区域气候、气温、降雨量及光照等生态环境适宜于姜黄生长。见图 4-42。

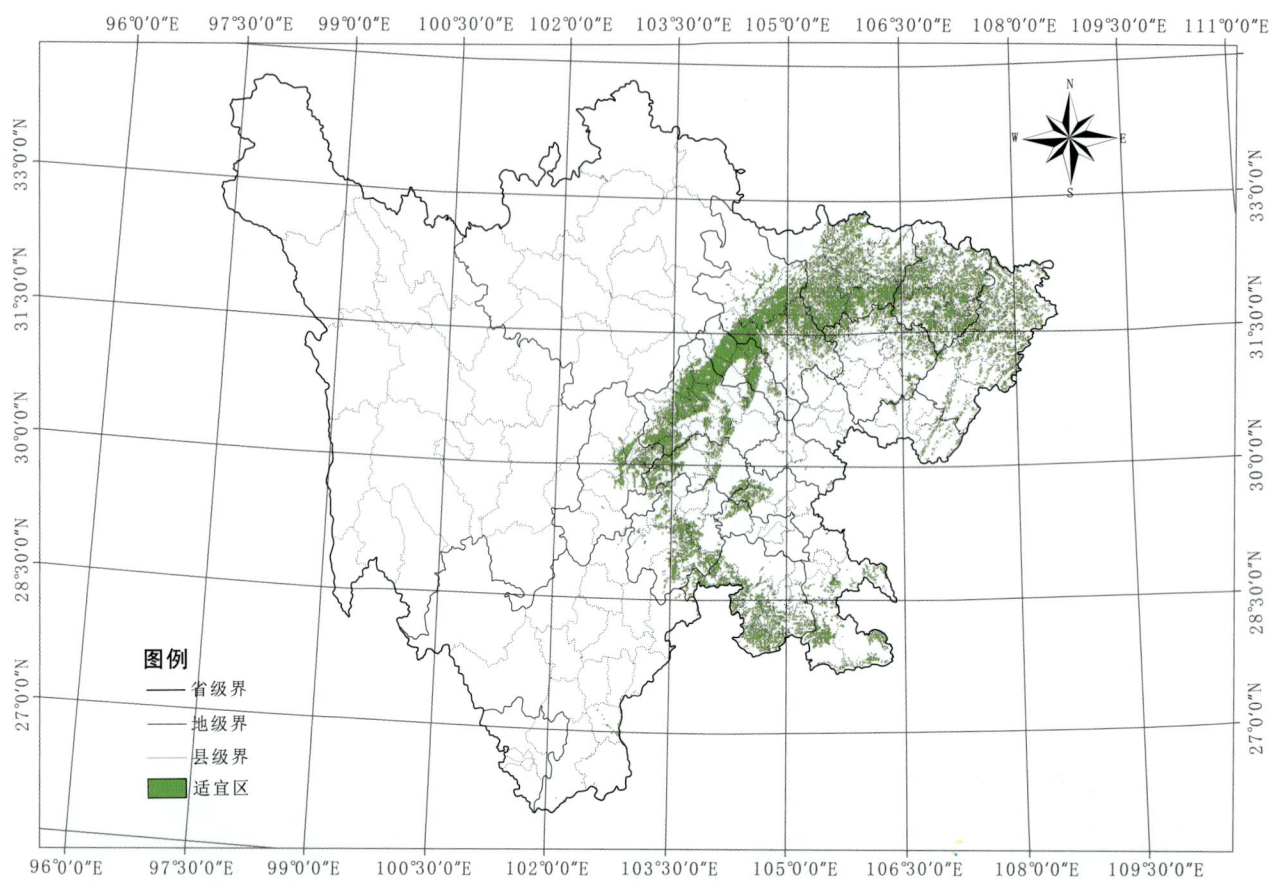

图4-42 姜黄适宜区示意图

表4-21 姜黄适宜区面积（km²）

区县	面积	区县	面积
金口河区	4	夹江县	394
冕宁县	5	顺庆区	402
马边县	11	兴文县	410
金牛区	13	罗江县	412
金阳县	15	江油市	413
武侯区	15	涪城区	420
甘洛县	18	南江县	423
东 区	20	屏山县	426
峨边县	20	南溪区	480
青羊区	20	通川区	535
西 区	20	开江县	541
锦江区	23	江安县	546
布拖县	25	高坪区	550
绵竹市	25	叙永县	568
雷波县	30	大英县	597
成华区	32	沐川县	607

续表

区县	面积	区县	面积
自流井区	36	乐山市市中区	613
汉源县	38	长宁县	619
朝天区	52	纳溪区	629
会东县	70	广安区	668
郫都区	72	简阳市	693
普格县	77	隆昌市	707
会理县	79	通江县	724
温江区	79	金堂县	765
彭州市	98	嘉陵区	777
盐源县	99	井研县	786
万源市	103	双流区	800
新都区	108	游仙区	801
华蓥市	118	富顺县	802
什邡市	127	翠屏区	820
龙泉驿区	138	高县	828
古蔺县	141	渠县	906
沿滩区	148	威远县	931
大安区	158	巴州区	947
旺苍县	172	恩阳区	959
大邑县	190	西充县	960
利州区	197	蓬溪县	964
蒲江县	200	安居区	966
龙马潭区	201	邻水县	1 003
青白江区	202	梓潼县	1 007
崇州市	209	合江县	1 012
西昌市	209	宣汉县	1 028
新津县	210	射洪县	1 068
德昌县	212	犍为县	1 079
前锋区	216	东兴区	1 100
盐边县	222	东坡区	1 118
仁和区	226	泸县	1 119
昭化区	237	岳池县	1 156
宁南县	238	蓬安县	1 169
米易县	240	乐至县	1 245
丹棱县	262	盐亭县	1 303
青神县	275	荣县	1 330
沙湾区	291	大竹县	1 380
邛崃市	299	营山县	1 428
安县	317	雁江区	1 430

续表

区县	面积	区县	面积
内江市市中区	327	达川区	1 464
贡井区	333	平昌县	1 466
峨眉山市	342	苍溪县	1 519
彭山区	347	仪陇县	1 525
珙县	355	阆中市	1 567
江阳区	368	资中县	1 567
洪雅县	369	剑阁县	1 636
筠连县	369	南部县	1 842
旌阳区	375	中江县	1 959
广汉市	378	叙州区	1 973
五通桥区	380	安岳县	2 162
船山区	382	三台县	2 164
武胜县	384	仁寿县	2 200

4. 最适宜区

犍为、沐川、宜宾等地的生态环境因子最适宜于姜黄生长，故为姜黄的最适宜区。见图 4-43。

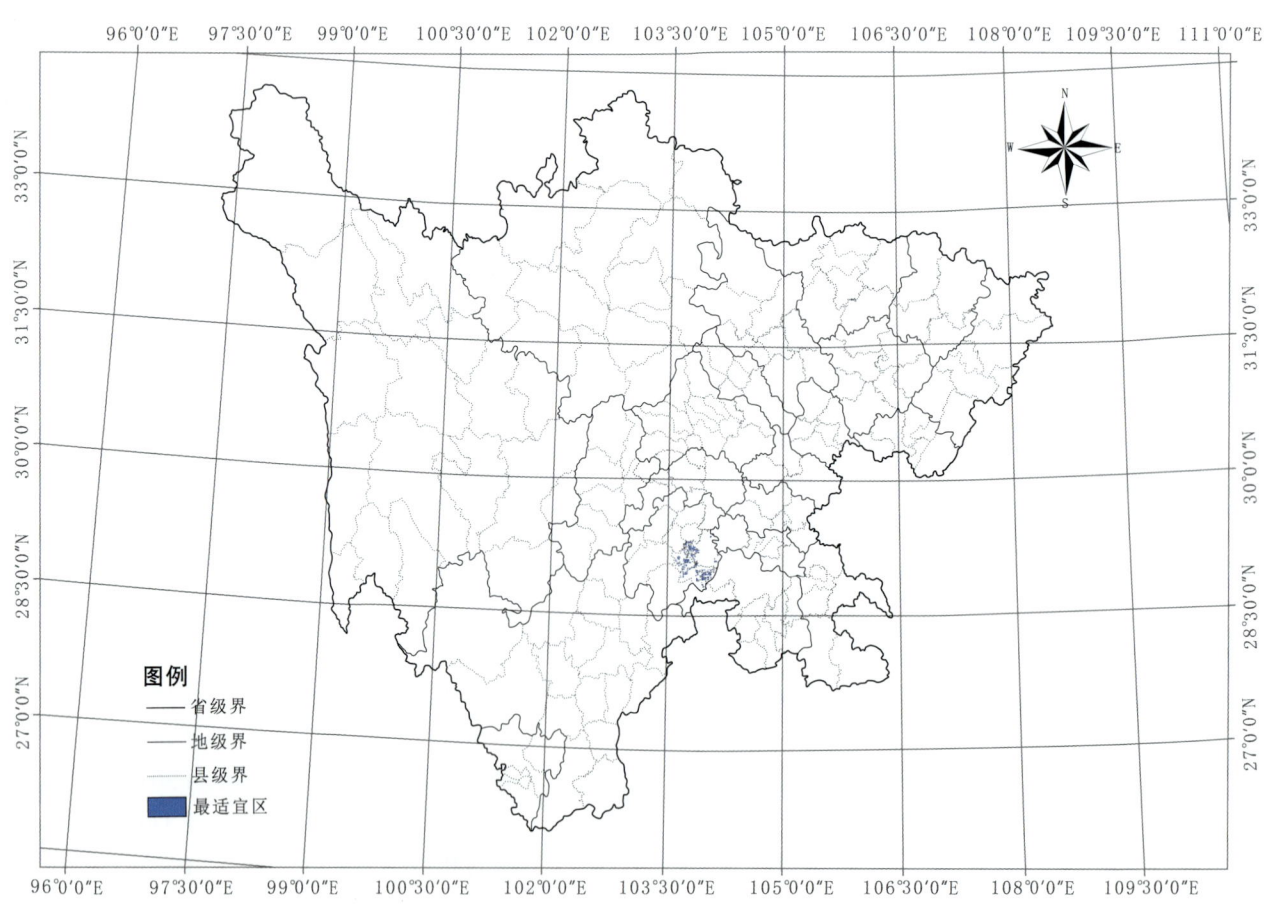

图 4-43 姜黄最适宜区示意图

表4-22 姜黄最适宜区面积（km²）

区县	面积
犍为	111
沐川	219

【基地建设】四川省在犍为县、沐川县建立了姜黄规范化栽培基地，面积约370 hm²。

十一、郁金生产区划

【来源】为姜科植物蓬莪术 Curcuma phaeocaulis Val. 或姜黄 Curcuma longa L. 的干燥块根。

【道地沿革】郁金始载于《药性论》，又名"黄流"，在四川有一千多年的栽培历史。《唐本草》："生蜀地即西戎，苗似姜黄，花白质红。"《本草纲目》："震亨曰：郁金无香而性轻扬，能致达酒气于高远。古人用治郁遏不能升者，恐命名因此也。"《本草逢原》："郁金蜀产者，体圆尾锐。"《本草图经》："今广南、江西州郡亦有之，然不及蜀中者佳。"清代《植物名实图考》云："郁金，生蜀地者为川郁金，以根如螳螂肚者为真。"《药物出产辨》："产四川为正道地。"

《四川道地中药材志》记载郁金为川产道地药材，主产于四川双流、崇州等地。川郁金的内皮层显著，称为内胆，是川产郁金最为显著的鉴别特征之一。

以个大、质坚实、外皮皱纹细、断面黄色、有内胆者佳。

【性味归经】辛、苦，寒。归肝、心、肺经。

【功能主治】活血止痛，行气解郁，清心凉血，利胆退黄。用于胸胁刺痛，胸痹心痛，经闭痛经，乳房胀痛，热病神昏，癫痫发狂，血热吐衄，黄疸尿赤。

【药理作用】

1. 对血脂及动脉粥样硬化的影响

郁金粉按134 mg/kg给予实验性动脉粥样硬化的大鼠，血清胆固醇及C/P值均轻度上升，但能减轻家兔或大鼠主动脉及冠脉内膜斑块的形成及脂质沉积。患有高胆固醇血症的家兔，灌胃其乙醚提取物后，3周内就可使血胆固醇由6.9 mmol/L下降至0.94 mmol/L，C/P比值也相应下降，主动脉重量亦明显减轻，动物体重增加。郁金粉42 g/（kg·d）灌胃，能明显降低实验性高脂血症鹌鹑的血清TC、TG和LDL，同时有升高HDL的趋势。但另据报道每日灌喂郁金水煎剂10 g左右，对胆固醇引起的动脉粥样硬化的家兔无降血脂作用。郁金给高脂食饵法复制的高脂血症鹌鹑，每日喂食42 g/kg，连续7周，可使模型鹌鹑血清总胆固醇（TC）、甘油三酯（TG）、低密度脂蛋白（LDL）含量均显著降低，高密度脂蛋白有升高趋势，从而显示血脂调节作用。

2. 对血流变和血凝的影响

郁金水煎剂灌胃给药能明显改善家兔血液流变性，降低全血黏度，抑制血小板聚集，其机制与降低红细胞聚集指数及红细胞压积有关。郁金乙醚提取物和水煎液能明显缩短小鼠凝血时间，具有止血作用。

3. 镇痛

生温郁金和醋炙温郁金水提物给小鼠灌胃 20 g/kg，均能明显降低醋酸引起的小鼠扭体反应次数，明显提高小鼠热传导引起的疼痛的痛阈值，而显示明显的镇痛作用，其中以醋制后作用较强。温郁金挥发油注射液〔2.5 g（生药）/ml〕给小鼠腹腔注射 0.2 ml/kg，能明显降低醋酸引起的小鼠扭体反应次数。

4. 对免疫系统的影响

从郁金的热水提取物中提得的三种多糖 UKomanA、B、C，分别给小鼠腹腔注射，通过炭粒廓清法测其吞噬指数，发现低剂量时它们均显示极强的网状内皮系统激活活性。而从郁金中得到的新多糖 UKomanD 同样也得到了以上的结果。用郁金挥发油制成的郁金 I 号注射液对正常小鼠免疫功能研究发现，其对非特异性免疫影响不大（表现在对炭粒廓清无明显影响，而且脾本身重量改变也不大），而对特异性免疫却有明显的抑制作用（体液免疫：PFC 和溶血素明显下降；细胞免疫：淋巴细胞增殖被抑制）。郁金挥发油对四氯化碳所致的中毒性肝炎小鼠免疫功能具有明显的抑制作用，能降低溶血素含量和脾细胞 PCF。证明郁金具有抑制抗体生成细胞和抑制特异性抗体产生的作用。此外，本品提取物还能抑制混合淋巴细胞反应和自然杀伤细胞的活性。

5. 对中枢神经系统的影响

以 1∶1 郁金二酮（curdioge）注射剂（每 1 ml 相当于原生药 1 g），1 ml/kg，ip，能明显延长家猫的各期睡眠，对慢波睡眠 II 期（SWS II）和快动睡眠期（REM）的延长作用明显优于朱砂安神丸（$P < 0.05$），提示其具有明显的中枢神经抑制作用。另有实验研究表明，郁金二酮能对离体海马脑片 CA1 区锥体细胞群诱发电位产生明显的抑制效应。

6. 抗抑郁

郁金煎剂 6.0 g/kg、3.0 g/kg、1.5 g/kg 给小鼠灌胃，每日 2 次，连续 21 d，结果郁金 3 个剂量均可缩短小鼠强迫游泳、悬尾不动时间和拮抗利舍平所致小鼠体温下降，郁金高、中剂量组可拮抗利舍平所致小鼠运动不能，郁金高、中剂量组可拮抗利舍平所致小鼠眼睑下垂，且该作用与药物的剂量密切相关。

【品质研究】 翁金月等采用 HPLC 法测定不同产地郁金炮制品及其茎叶、生品中的姜黄素含量。结果：茎叶样品中四川产黄丝郁金的姜黄素含量最高，温郁金中含有的姜黄素量比黄丝郁金少得多；从部位来看，茎叶的姜黄素含量比块根要略高，而生品要比炮制品略高。不同品种、产地及加工方法的郁金炮制品、生品及其茎叶中姜黄素含量存在较大的差异。

张碧忠等采用 HP-MS 法比较分析了桂郁金、川郁金、温郁金中的挥发油含量及有效成分吉马酮含量。四川崇州的郁金提油率最高，广西玉林最低。郁金中的吉马酮以浙江瑞安的郁金含量最高，四川崇州次之，广西玉林最少。

【原植物】 **蓬莪术**：株高 1~1.5 m；根茎圆柱形，肉质，具特殊气味，淡黄色或白色；根细长，末端常膨大成块根。叶，椭圆状长圆形至长圆状披针形，长 25~35（60）cm，宽 10~15 cm，中部常有紫斑，无毛；叶柄较叶片为长。花葶由根茎单独发出，常先叶而生，长 10~20 cm，被疏松、细长的鳞片状鞘数枚；穗状花序阔椭圆形，长 10~18 cm，宽 5~8 cm；苞片卵形至倒卵形，稍开展，顶端钝，下部的绿色，顶端红色，上部的较长而紫色；花萼长 1~1.2 cm，白色，顶端 3 裂；花冠管长 2~2.5 cm，裂片长圆形，黄色，不相等，后方的 1 片较大，长 1.5~2 cm，顶端具小尖头；侧生退化雄蕊比唇瓣小；唇瓣黄色，近倒卵形，顶端微缺；花药长约 4 mm，药隔基部具叉开的距；子房无毛。花期 4~6 月。见图 4-44。

姜黄： 见姜黄药材。

图 4-44　蓬莪术原植物（方清茂摄）

【**生物学特性**】　蓬莪术与姜黄均喜温暖、阳光充足、雨量充沛的气候。蓬莪术生长期 230~270 d，5 月中、下旬出苗，12 月中下旬枯苗。姜黄生长期 200~240 d，6 月下旬出苗，11 月下旬至 12 月中下旬枯苗。

【**栽培技术**】　蓬莪术春季 3 月播种，姜黄夏至后播种。每窝播种姜 1 块，播种后第二天浇水，以保证出苗均匀；采用穴栽，穴深 6~7 cm，口大而底平，行距 40 cm，穴距 40 cm，行与行间栽穴交错排列，每穴栽根茎 1 块，放匀。栽种密度：4 200 窝 / 亩。幼苗出土后，不定期进行人工拔除杂草；播种时每亩施磷肥 80~100 kg 作为底肥，播种后每亩施农家粪水 2 000~3 000 kg。追肥一般 1 次农家施粪水 1 000~1 500 kg，配合尿素 10~15 kg。8 月中下旬重施氮、磷肥，10 月中旬前重施钾肥。雨季注意排水。

【**采收加工**】冬季地上部叶片枯萎时采挖，洗净，煮或蒸至透心，晒干。见图 4-45、图 4-46。

图 4-45　郁金药材（左蓬莪术块根，右姜黄块根）（方清茂摄）

【适宜区与最适宜区】

1. 生态环境

生于海拔800 m以下的低山、丘陵、平坝。

2. 生态因子

一般年降雨量在1 000 mm以上,年均气温17.9℃,全年无霜期在300 d左右。对土壤要求不严,但以排水良好、肥沃、湿润、深厚的夹沙土为宜。

3. 适宜区

适于金马河流域与养马河流域,包括双流、崇州、温江等地。这些区域气候、气温、降雨量及光照等生态环境适宜于蓬莪术与姜黄块根的生长与膨大。见图4-47。

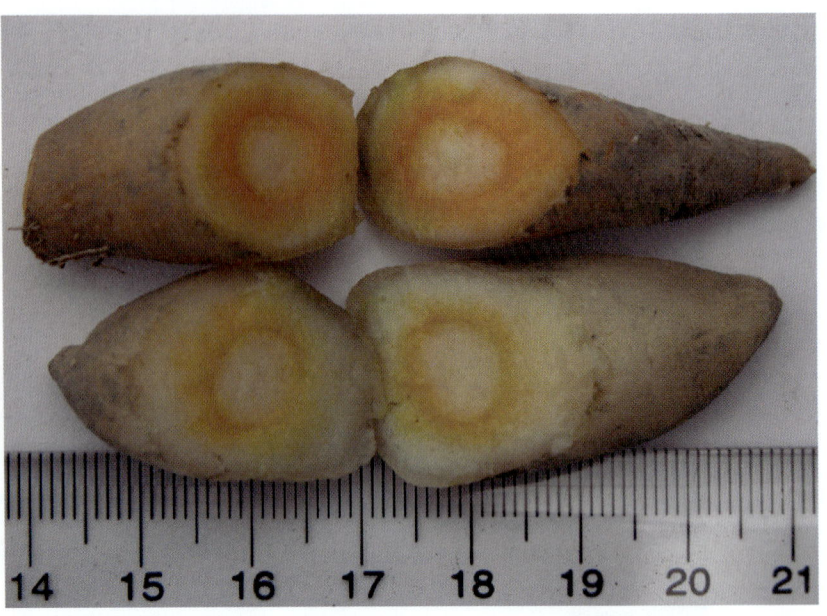

图4-46　郁金药材(姜黄块根)(李青苗摄)

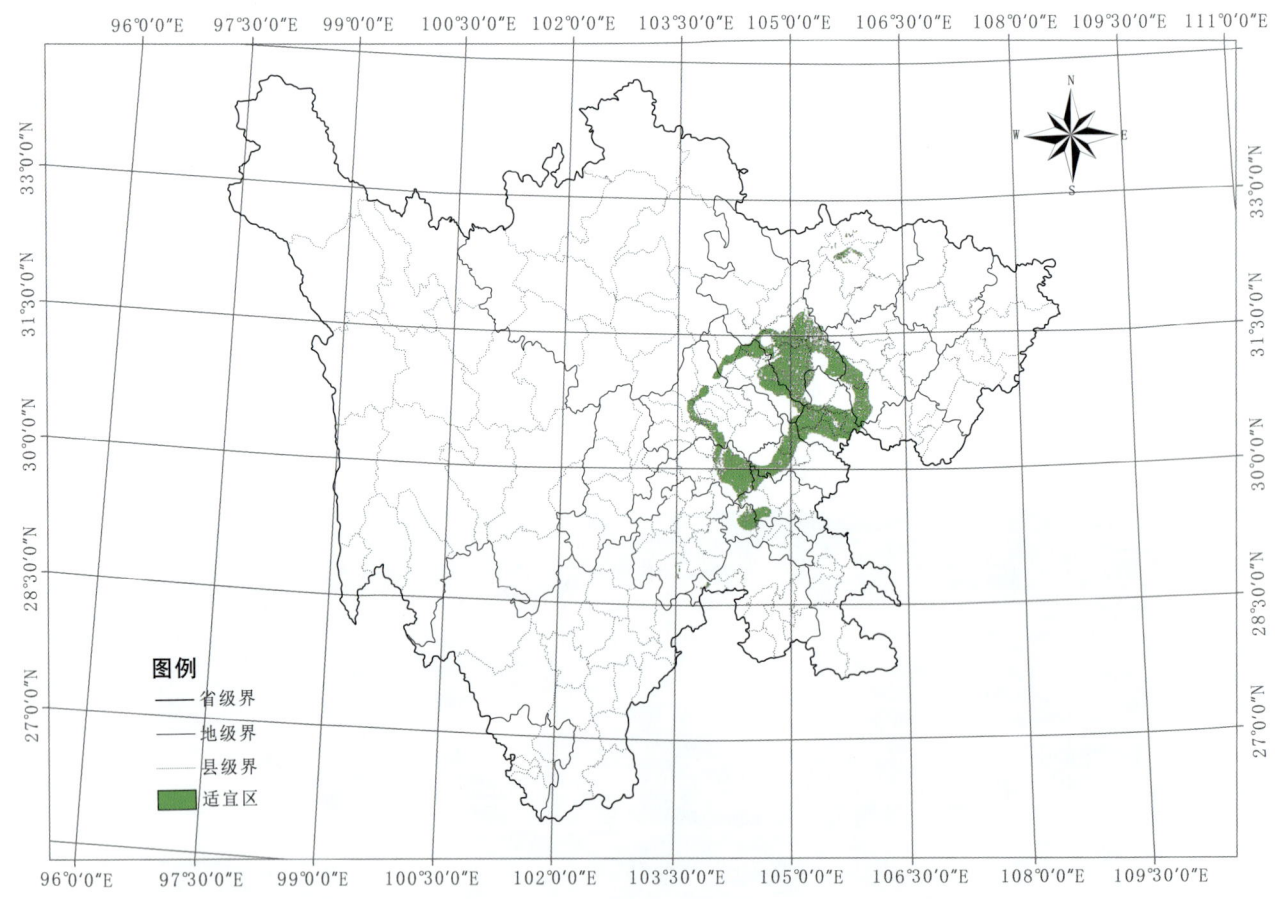

图4-47　郁金适宜区示意图

表4-23 郁金适宜区面积（km²）

区 县	面 积	区 县	面 积
峨边县	1	郫都区	131
峨眉山市	1	绵竹市	169
简阳市	2	崇州市	184
新都区	2	射洪县	232
大邑县	3	涪城区	238
高坪区	4	资中县	279
新津县	5	威远县	310
江油市	8	罗江县	324
都江堰市	13	双流区	360
贡井区	15	荣 县	417
马边县	16	船山区	471
古蔺县	20	游仙区	477
朝天区	21	蓬溪县	490
剑阁县	22	乐至县	559
昭化区	23	西充县	561
温江区	27	安居区	587
屏山县	45	大英县	610
顺庆区	49	梓潼县	638
南部县	57	雁江区	676
彭州市	57	嘉陵区	677
安 县	64	盐亭县	861
旌阳区	88	中江县	867
什邡市	102	仁寿县	1 565
利州区	121	三台县	1 993

4. 最适宜区

双流、崇州、温江等地最适宜郁金的生长，郁金的最适宜区的生态因子为年平均气温15.9℃，年平均日照时数为1 161.5 h，年平均降雨量1 012.4 mm，无霜期为285 d。犍为、沐川、宜宾等地的生态环境因子最适宜于姜黄生长，故为郁金种源姜黄的最适宜区。见图4-48。

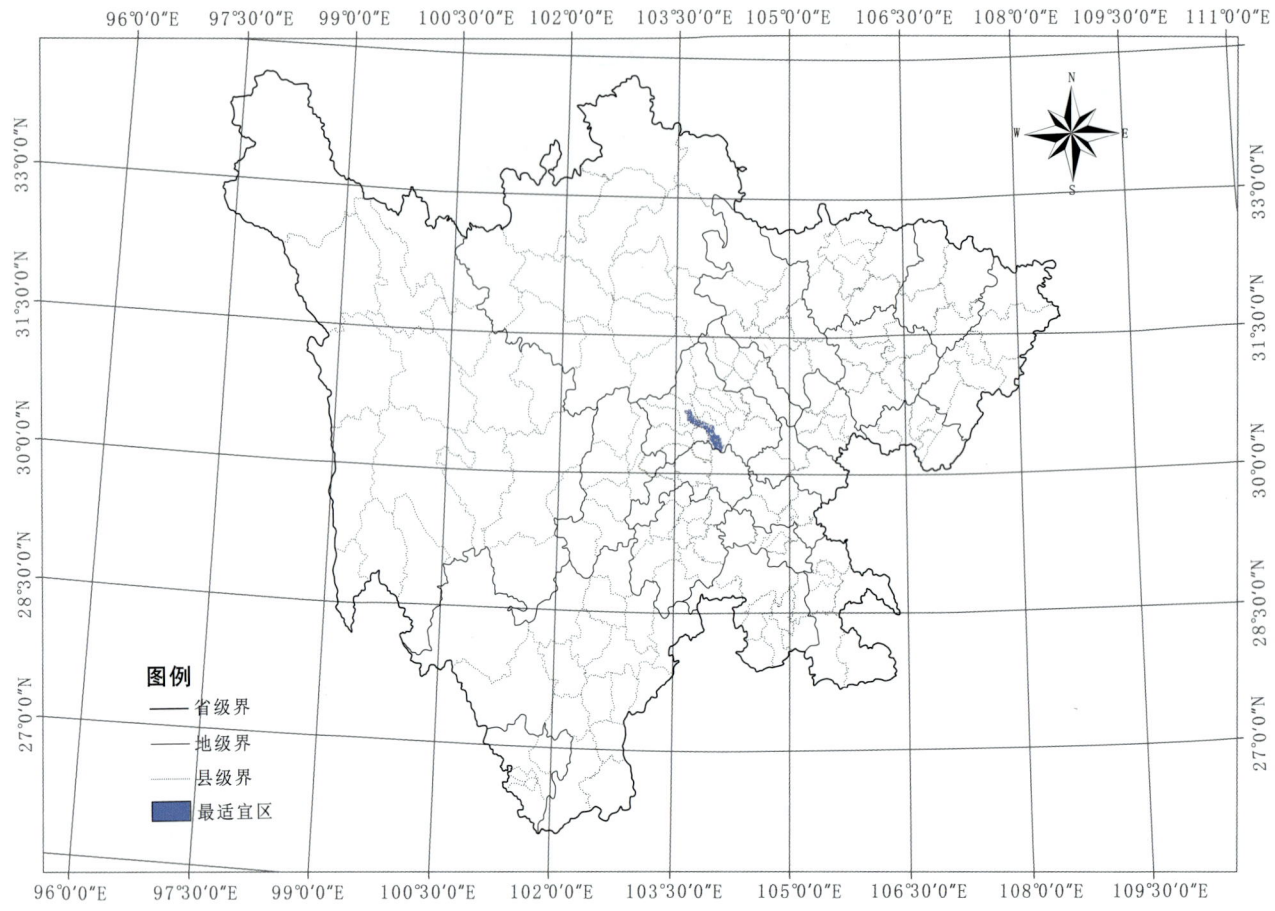

图4-48 郁金最适宜区示意图

表4-24 郁金最适宜区面积（km²）

区 县	面 积
崇 州	131
温 江	355
双 流	670

【基地建设】 四川省双流舟渡村、崇州听江镇建立了郁金规范化栽培基地，基地面积约300 hm²。

十二、川明参生产区划

【来源】 为伞形科植物川明参 *Chuanminshen violaceum* Sheh et Shan 的干燥根茎。

【道地沿革】 始载于《饮片从新》明党参项下。家种川明参始于金堂云华寺（云顶山）和巴中县三河场，分别有500年和300年历史。《中国土产综览》："川明参产量，1947年300吨，1949年100吨。"《巴中县志》记载："本地称为明参或明沙参，山中除有野生外，一般多为栽培繁殖。"

以条粗、质坚实、外皮黄白色、细致光滑、有光泽、断面半透明者为佳。

【性味归经】 甘、平，微温。归脾、肺、胃经。

【功能主治】 清热润肺，止咳，健脾。用于肺热咳嗽，热病伤阴。

【药理作用】

1. 化痰、镇咳

川明参95%乙醇提取物2.56 g（生药）/ml、川明参水提取物2.56 g（生药）/ml、川明参正丁醇提取物2.56 g（生药）/ml，灌胃给药，每天2次，连续3 d，川明参95%乙醇提取物、水提取物和正丁醇提取物均可明显缩短氨水诱发小鼠咳嗽的潜伏期并减少咳嗽次数。川明参水提物可明显增加小鼠气管酚红排泌量（$P < 0.01$），而95%乙醇提取物和正丁醇提取物与空白组相比较没有明显差异。采用大鼠毛细玻管法和豚鼠枸橼酸引咳法来验证川明参水煎液化痰、镇咳的药理作用，结果表明，川明参水煎液中剂量（0.250 g/ml）能明显增加大鼠痰液分泌量，中、低剂量（0.250 g/ml）能显著减少枸橼酸引咳豚鼠的咳嗽次数。

2. 增强免疫

通过碳粒廓清实验和小鼠血清溶血素实验证明，川明参水煎煮液、95%乙醇提取物、醇提残渣水煎煮物、石油醚提取物以及川明参多糖具有显著的提高正常小鼠廓清能力，显著提高免疫低下小鼠血清溶血素（OD）值。说明川明参提取物能增强小鼠特异性及非特异性体液免疫的作用。采用大鼠毛细玻管法和豚鼠枸橼酸引咳法来观察川明参对CTX（环磷酰胺）致免疫抑制动物模型的影响。结果表明川明参水煎液中剂量（0.250 g/ml）对CTX致免疫抑制小鼠的白细胞数（WBC）显著上升，高剂量（0.500 g/ml）和中剂量（0.250 g/ml）有提高红细胞数（RBC）的趋势。说明川明参水煎液对CTX致免疫抑制小鼠血液学有较好的改善作用，能增强小鼠非特异性免疫。

采用MTT法检测不同浓度的川明参多糖（CVP）及硫酸化川明参多糖（SCVP）对静息期淋巴细胞、伴刀豆球蛋白A（ConA）处理淋巴细胞、脂多糖（LPS）处理淋巴细胞的增殖率。与对照组相比较，CVP各浓度对静息期细胞和LPS处理细胞的增殖均无显著影响，但与ConA具有协同增殖作用；SCVP能活化淋巴细胞，促进其显著增殖，与ConA和LPS具有协同增殖作用，并有一定的量效关系。说明CVP及SCVP能促进小鼠脾淋巴细胞增殖，且SCVP对小鼠脾淋巴细胞具有丝分裂原性。提示CVP和SCVP能促进细胞免疫，从而提高机体免疫反应。

3. 抗氧化

采取小鼠负重游泳试验，观察川明参对小鼠血清乳酸脱氢酶（LDH）活性、游泳致疲劳小鼠血清尿素含量、小鼠肝糖原含量的影响以及对D-半乳糖致衰老小鼠血清和肝脏组织超氧化物歧化酶（SOD）活性和丙二醛（MDA）含量的影响。结果显示川明参能显著延长负重游泳小鼠的游泳时间，增加血清LDH活性，降低游泳致疲劳小鼠血清中尿素含量，增加肝糖原的储备，增强衰老小鼠肝脏的SOD活性。说明川明参具有一定的抗疲劳和抗氧化作用。川明参香豆素具有较强清除·OH的能力，并且随着川明参香豆素浓度的增加，其清除能力逐渐增强。当川明参香豆素浓度大于0.9 mg/ml时，其对·OH的清除率大于柠檬酸和VC。说明川明参香豆素有较好的抗氧化活性。

4. 调节内分泌激素水平

SD大鼠连续4周灌胃给予5.5 g/kg、11 g/kg、22 g/kg的川明参水煎液，采用酶联免疫法测定其血清醛固酮、胰岛素、血清游离三碘甲状腺原氨酸（FT3）、游离甲状腺素（FT4）、睾酮（T）和雌激素（E2）的水平。结果显示川明参 11 g/kg、22 g/kg 剂量能显著降低大鼠游离甲状腺素（FT4）水平和雌性大鼠的血清睾酮水平。说明长期食用药食同源补益药川明参，可能会影响体内与能量代谢及生殖功能调控相关的部分内分泌激素水平。

4. 抑菌作用

川明参皂苷具有较强的抑菌活性。对沙门氏菌、金黄色葡萄球菌和大肠杆菌的 MIC 为 6.25%，对根霉和酿酒酵母的 MIC 为 12.5%，对枯草芽孢杆菌和黑曲霉的 MIC 为 25%。

【品质研究】 曹柳等采用 HPLC 法测定四川省不同产地川明参 Chuanminshen violaceum Sheh et shan 中多糖和欧前胡素的含量。不同产地川明参中多糖的含量 3.10%~26.97%，依次为青白江＞金堂＞巴中＞阆中＞苍溪；欧前胡素的含量 0.09~0.49 mg/g，依次为青白江＞苍溪＞巴中＞金堂＞阆中。不同产地川明参中多糖和欧前胡素存在一定的差异。

【原植物】 多年生草本，高 30~150 cm。根茎细长；根圆柱形，长 7~30 cm，径 0.6~1.5 cm，通常不分枝，顶部稍细，有横向环纹突起，稍粗糙，黄白色，断面白色，富淀粉质，味甜。茎直立，单一或数茎，圆柱形，径 2.5~5 mm，多分枝，有纵长细条纹轻微突起，上部粉绿色，基部带紫红色。基生叶多数，呈莲座状，具长柄，柄长 6~18 cm，基部有宽阔叶鞘抱茎，叶鞘带紫色，边缘膜质；叶片轮廓阔三角状卵形，长 6~20 cm，宽 4~14 cm，三出式二至三回羽状分裂，一回羽片 3~4 对，下部羽片具长柄，向上柄渐短至无柄，长卵形，二回羽片 1~2 对，羽片短柄或无柄，

图 4-49　川明参原植物（方清茂摄）

卵形，末回裂片卵形或长卵形，先端渐尖，基部楔形或圆形，不规则的 2~3 裂或呈锯齿状分裂，长 2~3 cm，宽 0.6~2 cm，下表面粉绿色；茎上部叶少，具长柄，二回羽状分裂，叶片小；至顶端叶更小，无柄，叶片 3 裂，裂片线形，细小。复伞形花序多分枝，花序梗粗壮，伞形花序直径 3~10 cm，无总苞片或仅有 1~2 片，线形，薄膜质，伞辐 4~8，不等长，长 0.5~8 cm；小总苞片无或有 1~3 片，线形，长约 4 mm，宽约 0.3 mm，膜质；花瓣长椭圆形，小舌片细长内曲，暗紫红色、浅紫色或白色，中脉显著；萼齿显著，狭长三角形或线形，花柱长，为花柱基的 2~2.5 倍，向下弯曲。分生果卵形或长卵形，长 5~7 mm，宽 2~4 mm，暗褐色，背腹扁压，背棱和中棱线形突起，侧棱稍宽并增厚；棱槽内有油管 2~3，合生面油管 4~6；胚乳腹面平直。花期 4~5 月，果期 5~6 月。见图 4-49。

【生物学特性】喜温暖湿润气候，宜阳光充足、通透性良好、肥沃的沙壤土、腐殖土栽培。粘性土、硬性土影响产量。忌连作。

【栽培技术】

1. 栽培模式

（1）净作。要求间隔种植川明参两年以上地块。

（2）分带轮作。采取川明参→小麦→玉米模式种植，具体做法是：利用双六尺或双五尺预留地，分别于上年 7 月下旬至 8 月中旬移栽川明参和 10 月下旬至 11 月上旬种植小麦于预留带内，翌年 3 月下旬至 4 月上旬川明参收挖后及时移栽玉米，玉米收获后在 10 月下旬至 11 月上旬种植小麦；上年在另一带种植的小麦于翌年 5 月中旬左右收获后，可种短季节蔬菜或其他短季作物或将麦秆覆盖于厢面上，待 7 月下旬至 8 月上中旬移栽川明参，如此轮作。

2. 选地整地

（1）选择土壤。选择背风向阳，土层深厚，排水良好，两年未种过川明参、豆科作物的沙壤土。

（2）整地作厢。每亩施腐熟农家肥 1 500~2 000 kg、硫酸钾型的川明参专用肥 50 kg 作基肥，深翻土壤。净作地按 130~140 cm 作厢，套作按预留宽度做厢。要求厢沟深 30~40 cm，厢面垒成瓦背形。每间隔两个行带开深沟，主沟深 50~60 cm，同时做到三沟配套。

3. 壮苗移栽

立秋前后一个月移栽。壮苗的直径 0.3~0.5 cm，芽苞新鲜、无黑头。用 70% 托布津 800~1 000 倍浸种根。行距 25~30 cm，株距 5~7 cm，每亩保证净作密度 3 万株，套作密度 1.5 万株以上。方法：一是开沟深度与种根长度相适应，芽头向上，使根系舒展伸直；二是将开第二排种沟的土盖在第一排的种根芽头上，覆细土 3~4 cm。覆盖：栽种后，立即用前茬收获的玉米秸秆覆盖厢面，以盖严土壤为度。

4. 田间管理

（1）除草。出苗后若有杂草应及时人工除草。化学除草：在川明参长出两片真叶时，每亩用精喹禾灵一袋 20 ml 兑水 15 kg 喷雾。

（2）追肥。第一次在苗高 7~10 cm 时，每亩用清淡粪水 40~50 担加尿素 2.5~4.5 kg 追施；第二次追肥在次年立春前后，每亩用硫酸钾型复合肥 15~25 kg 视苗情追灌。

（3）割薹。除留种田外，当花薹刚抽出时，及时将花薹割去。

5. 病虫防治

苗期主要虫害有蚂蚁、蚜虫和蟋蟀，每亩用2.5%敌杀死5 ml加70%托布津50 g兑水喷雾，兼防根腐病等。在11月至次年元月用美邦治萎25 g或瓜克灵20 g兑水15 kg进行叶面喷雾防治根腐病。在次年2~3月用70%托布津800倍防治菌核病。

根腐病，晚春多雨及气温较高时发生，病穴用石灰粉消毒。发病初期，可用50%托布津800~1 000倍液浇注。菌核病，发病初期可撒1：2混合的草木灰、熟石灰，或用50%多菌灵500~1 000倍液浇灌。黄凤蝶，幼虫咬食叶片，幼龄期喷敌百虫800倍液或Bt300倍液毒杀，或人工捕杀。

【采收加工】川明参移栽后的第二年清明节前后采挖，除去泥沙与须根，洗净，将根部表皮刮去，也可用粗糠壳搓至色白，洗净，煮1.5 min至无白心后捞出浸漂，晒干。见图4-50。

图4-50 川明参药材（周毅摄）

【适宜区与最适宜区】

1. 生态环境

生于海拔400~900 m的低山、丘陵山地。

2. 生态因子

喜凉爽、湿润的气候，年均气温17.2 ℃，年日照时数1 157.4 h，年降水量1 229.9 mm，无霜期288 d。

3. 适宜区

川明参的适宜区为四川盆地中央丘陵平原区，包括金堂、青白江、巴中、苍溪、简阳、资阳、江油、内江、仁寿、仪陇、阆中、广元、达州、绵阳等地。这些区域气候、气温、降雨量及光照等生态环境适宜于川明参的生长。见图4-51。

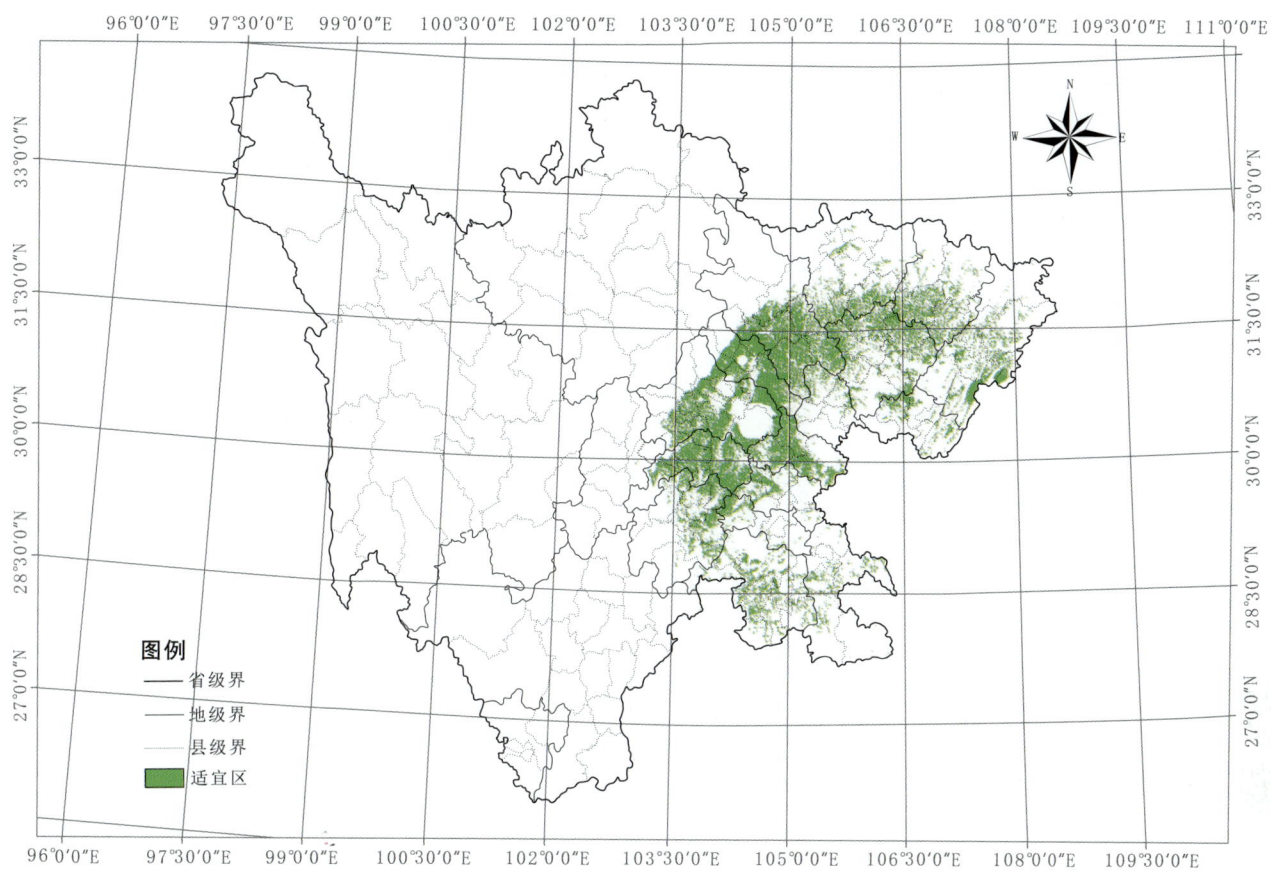

图4-51 川明参适宜区示意图

表4-25 川明参适宜区面积（km²）

区 县	面 积	区 县	面 积
金阳县	1	彭州市	237
雷波县	1	纳溪区	241
内江市市中区	1	通川区	246
大安区	1	什邡市	255
贡井区	2	大邑县	258
沿滩区	5	合江县	258
峨边县	6	邻水县	259
雨城区	6	绵竹市	259
自流井区	8	郫都区	269
古蔺县	13	威远县	285
金牛区	13	乐山市市中区	294
安居区	14	夹江县	308
武侯区	15	蓬安县	312
船山区	17	通江县	314

续表

区县	面积	区县	面积
都江堰市	18	西充县	338
华蓥市	18	彭山区	347
青羊区	20	邛崃市	365
朝天区	21	崇州市	367
马边县	21	洪雅县	370
江阳区	22	旌阳区	373
锦江区	23	广汉市	377
前锋区	24	沐川县	381
北川县	26	安县	410
成华区	32	罗江县	412
万源市	32	涪城区	415
大英县	34	岳池县	441
泸县	34	江油市	447
顺庆区	42	开江县	469
峨眉山市	43	高县	472
隆昌市	46	射洪县	474
富顺县	48	大竹县	479
东兴区	66	叙州区	480
高坪区	95	井研县	482
昭化区	104	营山县	516
旺苍县	110	荣县	535
江安县	113	巴州区	579
五通桥区	119	犍为县	585
沙湾区	122	资中县	594
南溪区	126	简阳市	596
龙泉驿区	129	宣汉县	607
渠县	130	达川区	624
筠连县	132	恩阳区	641
利州区	137	金堂县	677
南江县	138	平昌县	726
屏山县	144	剑阁县	738
新都区	156	游仙区	769
蓬溪县	163	双流区	777
青白江区	173	苍溪县	780
温江区	175	梓潼县	834

续表

区　县	面　积	区　县	面　积
丹棱县	126	彭山区	242
东坡区	705	屏山县	135
高　县	340	仁寿县	1 042
珙　县	99	荣　县	757
洪雅县	188	兴文县	142
江安县	302	叙州区	896
井研县	446	长宁县	309
筠连县	69		

【基地建设】四川使君子药材为农户房前屋后种植，没有大面积栽培基地。

十四、天冬生产区划

【来源】　为百合科植物天冬 Asparagus cochinchinensis (Lour.) Merr. 的干燥块根。

【道地沿革】　始载于《神农本草经》。《新唐书》记载"普州（安岳）进贡的天门冬煎"。《药物出产辨》"以四川为上"。清·蒋超《峨眉山志》记载峨眉山产天门冬。清·乾隆《直隶达州志》、民国《四川通志》、清·光绪《越西县志》等均记载产天冬（天门冬）。《中华道地药材》："现代一般根据本种的分布和栽培历史，将贵州、四川确定为道地产区"，"四川内江、泸州等为天冬最适宜区"。

以条粗壮饱满、色黄白有光泽、半透明者为佳。

【性味归经】　甘、苦，寒。归肺、肾经。

【功能主治】　养阴润燥，清肺生津。用于肺燥干咳，顿咳痰黏，腰膝酸痛，骨蒸潮热，内热消渴，热病津伤，咽干口渴，肠燥便秘。

【药理作用】

1. 镇咳、祛痰、平喘

给小鼠灌胃天冬水煎剂 5 g（生药）/kg 能显著减少二氧化硫所致的咳嗽次数，但是延长引咳潜伏期不明显。给小鼠灌胃天冬水剂 20 g（生药）/kg 能显著减少浓氨物所致的咳嗽次数。给豚鼠灌胃天冬水煎剂 16 g 生药 /kg 也显著减少组胺所致的咳嗽次数，但延长引咳潜伏期都不明显，该剂量的天冬水煎剂抑制组胺致豚鼠哮喘发作强度与氨茶碱 0.7 g/kg 时的作用相当，但是平喘持续时间没有氨茶碱长。给小鼠灌胃天冬水煎剂 10 g（生药）/kg、20 g（生药）/kg 能明显增加呼吸道中酚红排泌量，分别增加了 0.76 倍、1.22 倍。天冬总皂苷可以抑制哮喘模型小鼠的气道炎性因子，显著降低白细胞介素（interleukin，IL）4、IL-13 和 COX-2 的水平，抑制诱导型一氧化氮合酶的表达，还可增加巨噬细胞数量，减小支气管周围血管增生及胶原蛋白层厚度，抑制血管内皮生长因子表达。

2. 抗炎

给小鼠灌胃天冬水提液 0.8 g（生药）/kg、2.5 g（生药）/kg、5.0 g（生药）/kg，均能明显抑制蛋清所致的大鼠足跖肿胀厚度，抑制作用持续在 6 h 以上，还能明显抑制棉球所致的大鼠肉芽肿，但是其抗急、慢性炎症缺乏量效关系。给小鼠灌胃天冬 75% 醇提物 5 g（生药）/kg、15 g（生药）/kg，均能明显抑制二甲苯所致的小鼠耳廓肿胀厚度，抑制作用持续 4 h 以上，但对角叉菜胶所致的小鼠足跖肿胀厚度抑制作用持续时间仅为 2 h，而对醋酸提高小鼠腹腔毛细血管通透性的抑制作用不明显。

3. 增强免疫

连续给幼小鼠灌胃天冬总多糖 2 g（生药）/kg、4 g（生药）/kg，可以明显增加小鼠胸腺和脾脏重量指数，说明天冬有增强非特异性免疫功能的作用。

4. 对消化系统的作用

（1）抗胃溃疡。天冬 75% 醇提物具有很强的抑制胃溃疡形成的作用，在灌胃 5 g（生药）/kg、15 g（生药）/kg 时对小鼠水浸应激性溃疡形成的抑制率分别为 63.2%、78.1%，对小鼠盐酸性溃疡形成的抑制率分别为 24.6%、64.2%，对吲哚美辛-乙醇性溃疡形成的抑制率分别为 20.5%、65.3%，天冬酰胺可能是天冬抗溃疡的活性成分。

（2）止泻。给小鼠灌胃天冬 75% 醇提物 5 g（生药）/kg、15 g（生药）/kg，可以显著减少蓖麻油所致的小肠性腹泻，也可显著减少番泻叶所致的大肠性腹泻。但是天冬不影响小鼠墨汁胃肠推进运动。

5. 抗肿瘤

给荷瘤小鼠灌胃天冬水煎剂 5 g（生药）/kg、15 g（生药）/kg，可明显抑制接种的 S180 肉瘤和 H22 肝癌瘤重增大，但是不明显抑制艾氏腹水瘤在小鼠体内生长。有研究者从天冬中分离得到菝葜皂苷元 3-O-[α-L 鼠李吡喃糖基（1,4）]-β-D-葡萄吡喃糖苷，发现其也有抗肿瘤活性。在浓度为 10^{-6} mol/L、10^{-5} mol/L 时对人白血病细胞 HL-60 的生长有抑制作用。浓度为 10^{-5} mol/L、10^{-4} mol/L 时对人乳腺癌细胞 MDA-MB-468 有较好的抑制作用。薯蓣皂苷元也是抗肿瘤的活性成分，能抑制乳腺癌细胞的生存和增殖。分子量为 5 000~400 000 的天冬多糖对人肝癌 SMMC-7721 细胞生长具有显著的双向调节作用，浓度 ≤ 800 mg/L 时具有一定的促生长作用，浓度 ≥ 900 mg/L 时则表现出一定的抑制作用；随着作用时间的延长和浓度增加，其抑制作用显著增加，存在明显的量效、时效关系，具有显著的抗肿瘤作用。

【品质研究】李敏等将内江天冬与其余四个产地的天冬进行了性状鉴别、显微鉴别及理化显色反应。结果贵州习水和云南产天冬与四川内江产天冬在形态上有较大的差异，石细胞的有无、形状及分布情况、草酸钙针晶束的有无可作为不同产地天冬的显微鉴别特征区别。从显微特征来看，云南大理宾川、贵州习水与四川内江产天冬有较大的区别，而广西玉林产天冬与四川内江产天冬几乎无区别。结论：同一品种药材，在不同产地因其生长环境不同而使其组织构造有所区别。

吴灵静等采用紫外分光光度法测定了不同产地天冬中的多糖含量。结果：四川内江产天冬的多糖含量最高，为 14.84%，广西玉林产天冬的多糖含量最低，为 9.52%。不同产地的天冬药材中多糖的含量有明显的差别。

【原植物】攀援草本，全株无毛。块根肉质、簇生，在中部或近末端成纺锤状膨大，膨大部分长 3~5 cm，粗 1~2 cm。茎常弯曲或扭曲，长可达 1~2 m，分枝具棱或狭翅。叶成鳞片状，常 3 枚成簇，扁平或由于中脉龙骨状而略呈锐三棱形，稍镰刀状，长 0.5~8 cm，宽 1~2 mm；茎上的鳞片状叶基部延伸为长 2.5~3.5 mm 的硬刺。花常 2 朵腋生，淡绿色，单性，雌雄异株；花梗长 2~6 mm，关节一般位于中部，有时位置有变化；雄花花被长 2.5~3 mm；花丝不贴生于花被片上；雌花大小和雄花相似。浆果球形，直径 6~7 mm，熟时红色，种子 1 粒。花期 5~6 月，果期 8~10 月。见图 4-57。

图4-57　天冬原植物（方清茂摄）

【生物学特性】　柔弱藤本，根系发达。喜温暖，不耐严寒，忌高温。喜阴，幼苗怕强光。宜土层深厚、疏松肥沃、排水良好的沙壤土或腐殖土。

【栽培技术】

1. 选地整地

育苗地选择有荫蔽、日照较少的地段，经深翻、耙细、整平后起成 1.3 m 宽的高畦。移栽地宜选择土层深厚、疏松肥沃、富含腐殖质、排水良好的壤土或沙壤土。在前作物收获后进行深翻，并开好四周排水沟，栽种时再耙细整平，按行距 50 cm、株距 30 cm 开穴，穴深、宽各约 20 cm，每穴放入土杂肥 1 kg，待栽种。

2. 种植方法

有种子繁殖和分根繁殖，但多采用分根繁殖。于 3 月上旬至 4 月上旬，植株未萌芽前，将根挖出，分成 3~4 小簇，每簇有芽 2~3 个，种植于预挖的穴中，每穴 1 株。亦可于 10~12 月采收天冬时，将径粗 1.3 cm 以上的大块根摘下加工成商品，将带有许多幼芽和小块根的根头部，分割成 2~5 小簇，每簇有芽头 2~3 个用作繁殖，每穴栽 1 簇，栽后覆土压实，再盖 2~3 cm 的细土。

3. 栽培管理

（1）中耕与施肥。中耕除草每年进行 2~3 次。第 1 次在 3~4 月，第 2 次在 6~7 月，第 3 次在

9~10月。中耕锄草松土时宜浅不宜深，一般入土5~7 cm即可，切勿损伤块根。每次中耕除草时结合进行施肥。第1次、第2次宜施用人畜粪水1 200~1 500 kg。亦可适当施硫酸铵或尿素，用量3~5 kg。第3次中耕除草后宜施土杂肥2 000 kg，过磷酸钾40~50 kg，以作冬肥，促使翌年植株生长健壮。

（2）搭立支架。栽种第2年后茎生长至50 cm时，用竹竿或树枝设立支柱或搭成支架，使蔓茎缠绕，以利生长发育。

（3）灌溉与排水：种植地不能积水，雨季注意排水防涝。天气过旱，适当浇水。栽种后半个月内，注意抗旱保苗。

【采收加工】 家种的一般在栽后3~4年采收。若采挖过早块根少而不健壮，产量不高。采收时间自9月至翌年3月均可，以冬季采收质量最好。采收时将蔓茎割去，挖取全株，去掉泥土，将块根粗1.3 cm以上的剪下，根头及附留的小块根可适当分割，用作繁殖留种。将挖回的天冬洗去泥土，分成大、中、小3级，分别置甑内蒸或沸水中煮至外皮能剥离为止，随即放入清水，趁热撕下外皮，晒干或烘干即成。但烘时火不宜过大，以免鼓泡或烧糊，因而影响质量。见图4-58。

图4-58 天冬药材（方清茂摄）

【适宜区与最适宜区】

1. 生态环境

生于海拔1 800 m以下的地区，山野、田间、山坡、草丛或丘陵地带的灌木丛中。

2. 生态因子

海拔1 000 m以下的丘陵地区，年均气温18~20℃，土层深厚，疏松肥沃。

3. 适宜区

天冬的适宜区为海拔300~900 m的丘陵地区，包括纳溪、古蔺、合江、叙永、资中、屏山等地。见图4-59。

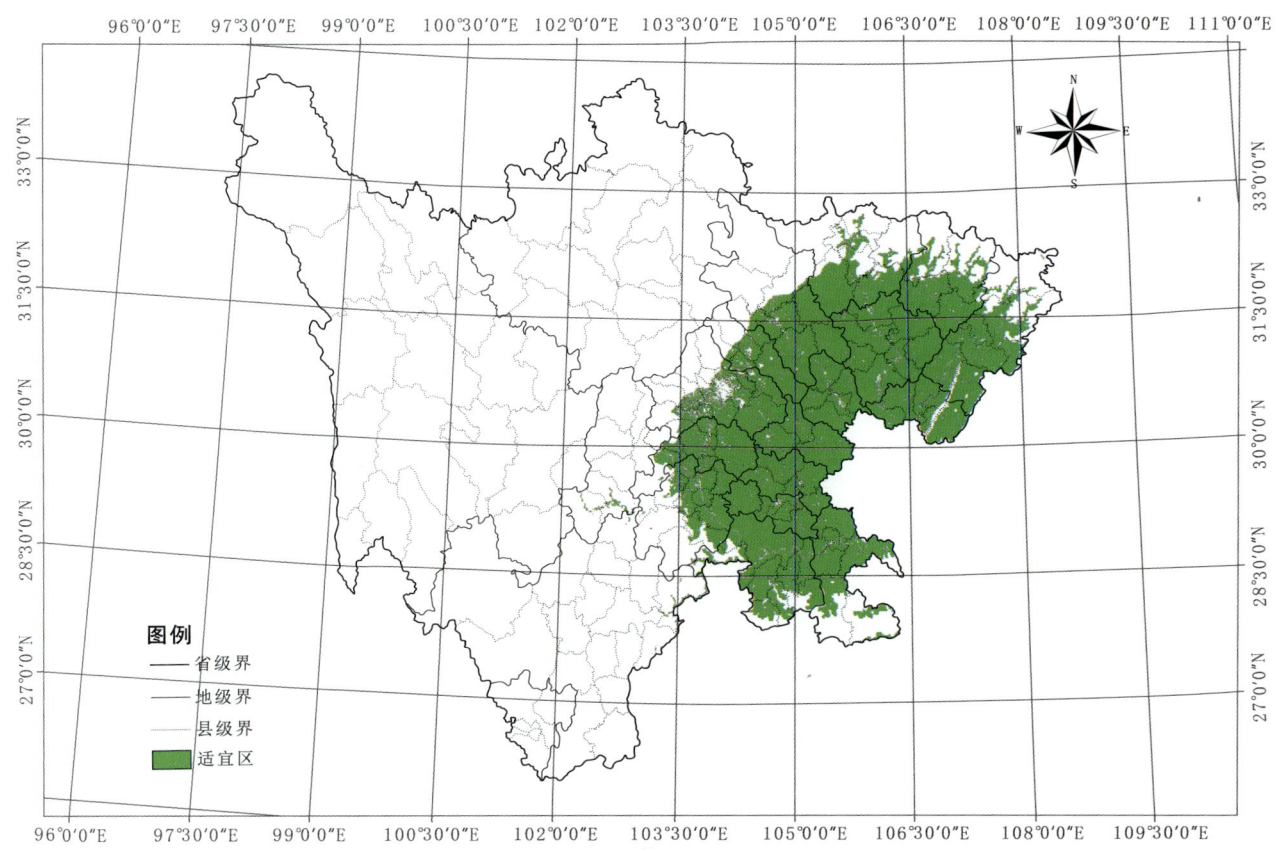

图4-59 天冬适宜区示意图

表4-29 天冬适宜区面积（km²）

区 县	面 积	区 县	面 积
会东县	1	筠连县	591
会理县	1	屏山县	630
盐边县	1	南溪区	674
布拖县	2	大英县	677
东 区	3	珙 县	691
宁南县	3	乐山市市中区	753
美姑县	5	高坪区	756
仁和区	5	隆昌市	764
昭觉县	5	兴文县	765
金口河区	8	南江县	798
甘洛县	17	开江县	815
青羊区	22	井研县	833
武侯区	22	通川区	855
金阳县	23	江安县	880
锦江区	25	双流区	881
绵竹市	25	武胜县	887

续表

区县	面积	区县	面积
峨边县	30	沐川县	888
马边县	30	长宁县	914
金牛区	32	游仙区	971
成华区	34	广安区	983
石棉县	51	翠屏区	1 054
郫都区	72	金堂县	1 061
温江区	79	西充县	1 086
朝天区	97	叙永县	1 133
彭州市	106	嘉陵区	1 134
汉源县	118	恩阳区	1 138
什邡市	127	东兴区	1 141
自流井区	139	纳溪区	1 141
雷波县	170	巴州区	1 186
大邑县	191	蓬溪县	1 211
崇州市	210	东坡区	1 234
新津县	238	安居区	1 242
蒲江县	258	威远县	1 262
万源市	274	高 县	1 266
龙马潭区	310	蓬安县	1 281
丹棱县	322	通江县	1 284
青白江区	325	富顺县	1 287
华蓥市	339	犍为县	1 318
安 县	340	乐至县	1 380
新都区	345	梓潼县	1 413
邛崃市	350	岳池县	1 425
青神县	356	射洪县	1 436
内江市市中区	359	泸 县	1 489
大安区	365	雁江区	1 567
利州区	367	荣 县	1 578
旺苍县	385	邻水县	1 627
贡井区	388	营山县	1 627
前锋区	404	盐亭县	1 638
彭山区	416	资中县	1 688
罗江县	425	仪陇县	1 761
沙湾区	431	大竹县	1 772
五通桥区	435	阆中市	1 810
龙泉驿区	443	合江县	1 825
涪城区	454	苍溪县	1 867

续表

区 县	面 积	区 县	面 积
广汉市	456	渠 县	1 870
江油市	458	宣汉县	1 919
沿滩区	461	平昌县	2 059
峨眉山市	471	简阳市	2 121
昭化区	507	中江县	2 122
洪雅县	508	南部县	2 123
顺庆区	508	达川区	2 168
船山区	522	剑阁县	2 529
旌阳区	550	仁寿县	2 548
古蔺县	553	三台县	2 562
夹江县	583	安岳县	2 623
江阳区	587	叙州区	2 666

4. 最适宜区

天冬的最适宜区为海拔 300~600 m 的丘陵地区，包括纳溪、泸县、内江、资中、古蔺，年均气温 17.5℃，年降水量 1 300 mm 以上，无霜期 300 d 以上，年均日照 1 220 h。见图 4-60。

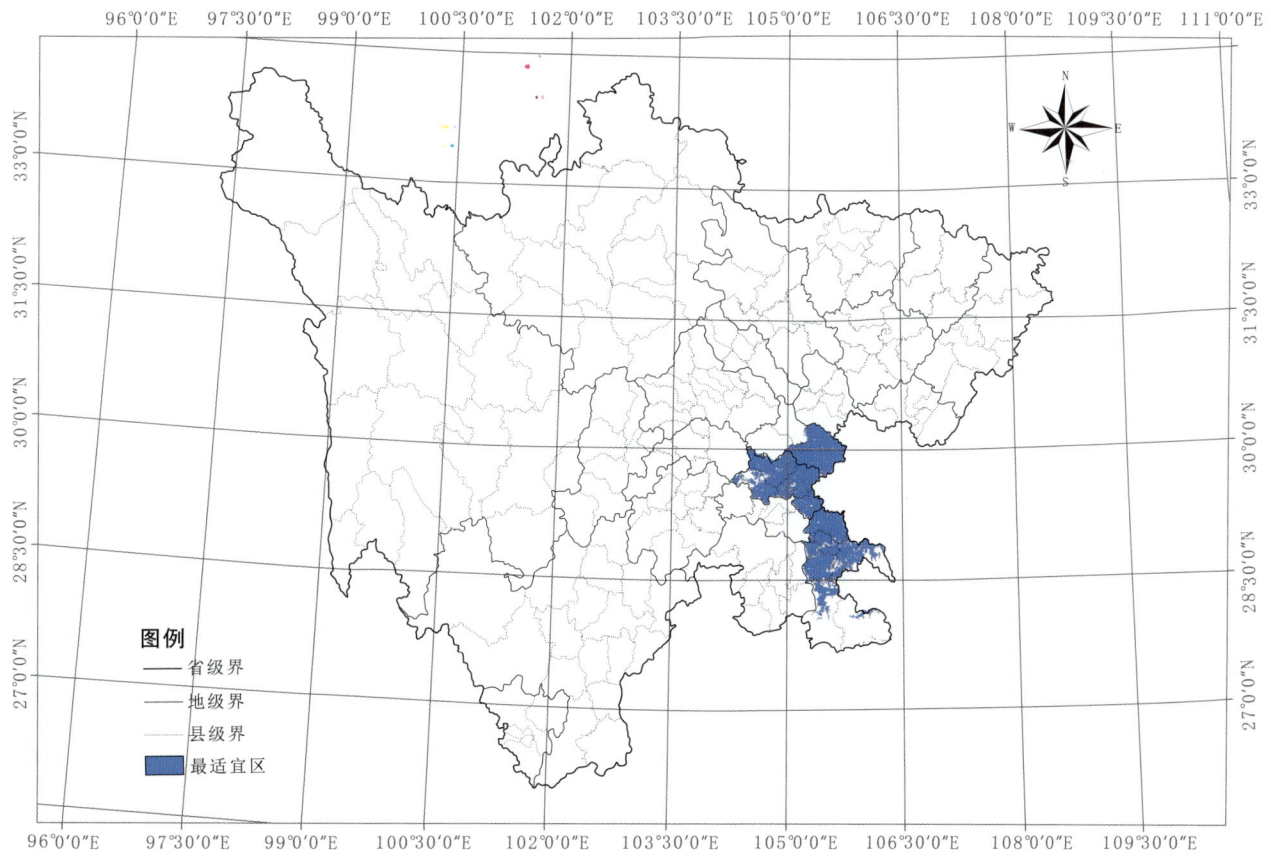

图 4-60　天冬最适宜区示意图

表4-30 天冬最适宜区面积（km²）

区 县	面 积	区 县	面 积
安岳县	2 623	泸县	1 482
东兴区	1 141	纳溪区	1 044
古蔺县	161	威远县	928
合江县	1 467	叙永县	738
江阳区	586	资中县	1 660
龙马潭区	310	内江市市中区	359
隆昌市	764		

【基地建设】四川省在内江市东兴区建设了天冬GAP栽培基地。

十五、栀子生产区划

【来源】为茜草科植物栀子 Gardenia jasminoides Ellis 的干燥成熟果实。

【道地沿革】栀子原名"卮"，始载于《神农本草经》，列为中品。《史记》云："巴蜀亦沃野，地饶卮、姜。"《本草图经》："栀子，今南方及西蜀诸郡皆有之。"《本草经疏》："栀子感天之清气，得地之苦味，故其性无毒。气薄而味厚，气浮而味沉，阳中阴也"。时珍曰："卮，酒器也。栀子象之，故名。俗作栀。叶如兔耳，浓而深绿，春荣秋瘁。入夏开花，大如酒杯，白瓣黄实，薄皮细子有须，霜后收之。蜀中有红栀子，花烂红色，其实染物则赭红色。"《纳溪县志》记载："明清时期，纳溪境内，每到四五月栀子花香飘十里。年末，农民就上山采摘黄栀子。民国初期，开始种植。民国十年（1921年），栽培面积达4 700公顷。"

以皮薄、饱满、色红者为佳。

【性味归经】苦，寒。归心、肺、三焦经。

【功能主治】泻火除烦，清热利尿，凉血解毒。用于热病心烦，湿热黄疸，淋证涩痛，血热吐衄，目赤肿痛，火毒疮疡。外用消肿止痛。外治扭挫伤痛。

【药理作用】

1. 解热

生栀子、炒栀子、焦栀子、栀子炭和姜栀子醇提物给酵母发热大鼠于造模后4 h灌胃10 g/kg，测定给药后1 h、2 h、3 h及5 h的肛温变化，结果栀子生品解热作用最强，炒黄、炒焦品仍有明显的解热作用，但较生品作用明显降低，炒炭、姜炙品解热作用较差。

2. 抗炎

生栀子、炒栀子、焦栀子、栀子炭、姜栀子和烘（125℃ 30 min、150℃ 30 min、175℃ 30 min、200℃ 20 min）栀子水煎剂给小鼠灌胃，每日1 g/kg，连续3 d，结果栀子生品水煎液对巴豆油所致小鼠耳廓炎症和对醋酸所致小鼠腹腔毛细血管通透性增高有明显抑制作用；炒品、姜炙品、烘品125℃也有较好的抑制作用，与生品比较，作用明显降低，其余各组无明显抑制作用；烘品150℃

水煎液对巴豆油所致小鼠耳廓炎症有明显抑制作用。生栀子、焦栀子50%乙醇洗脱部位和95%乙醇洗脱部位给小鼠灌胃40 g/kg，连续5 d，对二甲苯所致小鼠耳廓肿胀反应和醋酸所致小鼠腹腔毛细血管通透性增高有明显的抑制作用。

栀子苷给小鼠皮下注射给药，连续4 d，12.5 mg/kg剂量组和25 mg/kg剂量组对二甲苯致小鼠耳廓肿胀有明显的抑制作用，大剂量（50 mg/kg）能导致腹腔毛细血管渗透液的吸光值显著降低，即对急性炎症渗出有较明显的抑制作用；栀子苷（12.5 mg/kg、25 mg/kg、50 mg/kg）对角叉菜胶致小鼠足跖肿胀没有明显抗炎作用，炎症渗出液中PGE2的含量与对照组比较无明显差异。栀子苷灌胃0.08 g/kg、0.16 g/kg，连续5 d，对二甲苯所致小鼠耳廓肿胀和角叉菜胶致大鼠足跖肿胀都有明显抑制作用。栀子总苷灌胃每日80 mg/kg、40 mg/kg，连续3 d，对角叉菜胶致大鼠足跖肿胀和醋酸致小鼠腹腔毛细血管通透性增加均有抑制作用；连续给药7 d，对大鼠棉球致肉芽组织增生有明显抑制作用。

3. 镇痛

栀子总苷给小鼠灌胃160 mg/kg、80 mg/kg、40 mg/kg，可以明显升高小鼠的痛阈值；连续给药3 d，对醋酸诱发的小鼠扭体反应有一定抑制作用。栀子苷小鼠皮下注射给药，连续3 d，25 mg/kg剂量能延长热刺激所致小鼠痛觉反应时间，50 mg/kg剂量组和12.5 mg/kg剂量组对醋酸诱发小鼠扭体反应有明显的抑制作用，显示栀子苷有一定的镇痛作用。

4. 镇静

栀子醇渗漉浓缩液给小鼠腹腔注射5.69 g/kg、灌胃36 g/kg，可明显减少小鼠自发活动数；腹腔注射可明显协同环己烯巴比妥钠（灌胃0.5 h后给药）睡眠作用，灌胃可协同环己烯巴比妥钠（灌胃2 h后给药）作用。

5. 止血

栀子炭水煎液，栀子炭混煎液（95%、70%、50%乙醇1 h提取加1 h水煎液合并），栀子炭的乙酸乙酯部位、正丁醇部位、水部位，给小鼠灌胃每日3 g/kg，连续7 d，均可明显缩短小鼠凝血时间。栀子、焦栀子50%乙醇洗脱部位和95%乙醇洗脱部位给大鼠灌胃30 g/kg，连续5 d，结果焦栀子95%乙醇洗脱部位有较好的促进血液凝固作用，能明显缩短正常大鼠凝血酶原时间，其他各组作用不明显。

6. 抗肿瘤

栀子油给S180荷瘤小鼠灌胃每日0.5 ml/kg、1.2 ml/kg、3 ml/kg，连续14 d，可明显升高荷瘤小鼠脾指数，有一定抑瘤作用。栀子多糖对人红白血病细胞K562的无毒剂量约为0.4 μg/ml，低毒剂量约为14.3 μg/ml，半致死剂量约为62.61 μg/ml，100 μg/ml对人红白血病K562细胞的抑制率为63.2%；栀子多糖给腹水肝癌Hca-t实体瘤小鼠灌胃（每日250 mg/kg、500 mg/kg）药效优于同等剂量注射给药的效果，连续10 d，500 mg/kg的栀子多糖灌胃对小鼠肝癌实体瘤的抑制率达49%。栀子苷在浓度10~80 μg/ml，对体外培养的B16恶性黑素瘤细胞增殖的抑制率呈量效关系，最大抑制率为62.9%。

【品质研究】 栀子具有利胆退黄之功效。巴中、江西、江津和湖北产栀子无论是水溶性有效部位，还是70%醇溶性有效部位均具有显著降低正常家兔胆汁中TBIL和CHOL含量的作用。栀子70%醇溶性有效部位比水溶性有效部位降低TBIL和CHOL的效果更好，但无显著性差异（$P > 0.05$）。巴中产栀子两种提取物降低TBIL、CHOL效果比江西、江津、湖北产栀子的更好（尤其

70%醇溶性有效部位）。根据栀子对正常家兔胆汁中TBIL、CHOL的降低效应证明巴中产栀子品质更优，治疗黄疸的效果更佳。

【原植物】 灌木，高约1 m；嫩枝常被短毛，灰色。叶对生，革质，或为3枚轮生，叶形多样，通常为长圆状披针形或椭圆形，长3~25 cm，宽1.5~8 cm，顶端渐尖、骤然长渐尖或短尖而钝，基部楔形或短尖，上面亮绿，下面色较暗；侧脉8~15对，在下面凸起；叶柄长0.2~1 cm；托叶膜质。花大，白色，芳香，通常单生枝顶，花梗长3~5 mm；萼管倒圆锥形或卵形，长8~25 mm，有纵棱，萼檐管形，膨大，顶部5~8裂，通常6裂，裂片披针形或线状披针形，长10~30 mm，宽1~4 mm，果时增长，宿存；花冠高脚碟状，喉部有疏柔毛，冠管狭圆筒形，长3~5 cm，宽4~6 mm，顶部5~8裂，通常6裂，裂片广展，倒卵形或倒卵状长圆形，长1.5~4 cm，宽0.6~2.8 cm；花丝极短，花药线形，长1.5~2.2 cm，伸出；花柱粗厚，长约4.5 cm，柱头纺锤形，伸出，长1~1.5 cm，宽3~7 mm，子房直径约3 mm，黄色，平滑。蒴果卵形，熟后黄色或橙红色，长1.5~7 cm，直径1.2~2 cm，有翅状纵棱5~9条，顶部的宿存萼片长达4 cm，宽达6 mm；种子多数，扁圆形而稍有棱角，长约3.5 mm，宽约3 mm。花期5~6月，果期5月至翌年2月。见图4-61。

图4-61 栀子原植物（方清茂摄）

【生物学特性】 典型的酸性土植物。性喜温暖湿润气候，好阳光但又不能经受强烈阳光照射，适宜生长在疏松、肥沃、排水良好、轻黏性酸性土壤中，抗有害气体能力强，萌芽力强，耐修剪。

【栽培技术】

1. 繁殖方法

（1）种子繁殖。播种期分春播和秋播，以春播为好。立春至雨水期间，选取饱满、色深红的果实，挖出种子，于水中搓散，捞取下沉的种子，晾干；随即与细土或草木灰拌匀，条播于畦沟内，盖以细土，再覆盖稻草；发芽后除去稻草，经常除草，如苗过密，应陆续匀苗，株距10~13 cm。幼苗培育 1~2 年，高 30 余 cm，即可定植。

（2）扦插繁殖。扦插期秋季 9 月下旬至 10 月下旬，春季 2 月中下旬。剪取生长 2~3 年的枝条，留节剪成长 17~20 cm 的插穗。插时稍微倾斜，上端留一节露出地面。约一年后即可移植。

（3）水插法。首先找泡沫板一块，并往上打孔，将栀子当年半熟枝剪下，插入泡沫板的孔中，然后将泡沫板放入装满水的桶中，将桶放在既能让漂板穗条遮阴，又能让阳光照射水桶的环境，将水温控制在 18~25 ℃，栀子一周即能长出 3 cm 以上的根。成活率为 100%。

（4）压条。可在 4 月清明前后或梅雨季节进行。选三年生母株上一年生健壮枝条，将其拉到地面，刻伤枝条上的入土部位，如能在刻伤部位蘸上 200 ppm 粉剂氨乙酸，再盖上土压实，则更容易生根。一般一个月生根后即可与母株分离，到第二年春再带土移栽。

（5）定植。2~3 月间定植，按株距 1.2~2 m，挖直径 50 cm、深 30 cm 的穴，并用堆肥 10 kg 与细土拌匀作基肥。每穴栽苗 1 株。

2. 整地

育苗地，先深耕 33 cm 左右，除去石砾及草根，再行造畦，畦高 17 cm，宽 1.3 m。打碎土块，耙平，每亩施基肥 2 000 kg。然后按行距 27 cm，挖宽 7 cm、深 3 cm 的横沟，以待播种。

3. 田间管理

幼苗期须经常除草、浇水，保持苗床湿润，施肥以淡人粪尿为佳。定植后，在初春与夏季各除草、松土、施肥 1 次，并适当壅土。

（1）土壤。微酸性土壤。培养土应用微酸的沙壤红土 7 成、腐殖质 3 成混合而成。将土壤 pH 值控制在 4.0~6.5 为宜。

（2）温度。栀子的最佳生长温度为 16~18 ℃。温度过低和太阳直射都对其生长极为不利，故夏季宜将栀子放在通风良好、空气湿度大又透光的疏林或荫棚下养护。冬季放在见阳光、温度又不低于 0 ℃ 的环境，让其休眠，温度过高会影响来年开花。

（3）水分。栀子喜空气湿润，生长期要适量增加浇水。通常盆土发白即可浇水，一次浇透。夏季燥热，每天须向叶面喷雾 2~3 次，以增加空气湿度，帮助植株降温。但花现蕾后，浇水不宜过多，以免造成落蕾。冬季浇水以偏干为好，防止水大烂根。

（4）肥料。栀子是喜肥的植物，为了满足其生长期对肥的需求，又能保持土壤的微酸性环境，可事先将硫酸亚铁拌入肥液中发酵。进入生长旺季 4 月后，可每半月追肥一次（施肥时应多兑些水，以防烧花）。这样既能满足栀子对肥料的需求，又能保持土壤环境处于相对平衡的微酸环境，防止黄化病的发生，同时又避免了突击补硫酸亚铁，局部过酸对栀子的伤害。

【采收加工】9~11 月果实成熟呈红黄色时采收，除去果梗和杂质，蒸至上气或置沸水中略烫，取出，干燥。见图 4-62。

图 4-62　栀子药材（方清茂摄）

【适宜区与最适宜区】

1. 生态环境

生于海拔 1 800 m 以下的丘陵地区。

2. 生态因子

年均气温 16~18℃，年降水量 1 200~1 700 m，年日照数 1 600~1 900 h，相对湿度 78%~83%。

3. 适宜区

栀子的适宜区为海拔 900 m 以下的四川省南部丘陵地区，包括纳溪、古蔺、合江、叙永、资中、屏山等地。见图 4-63。

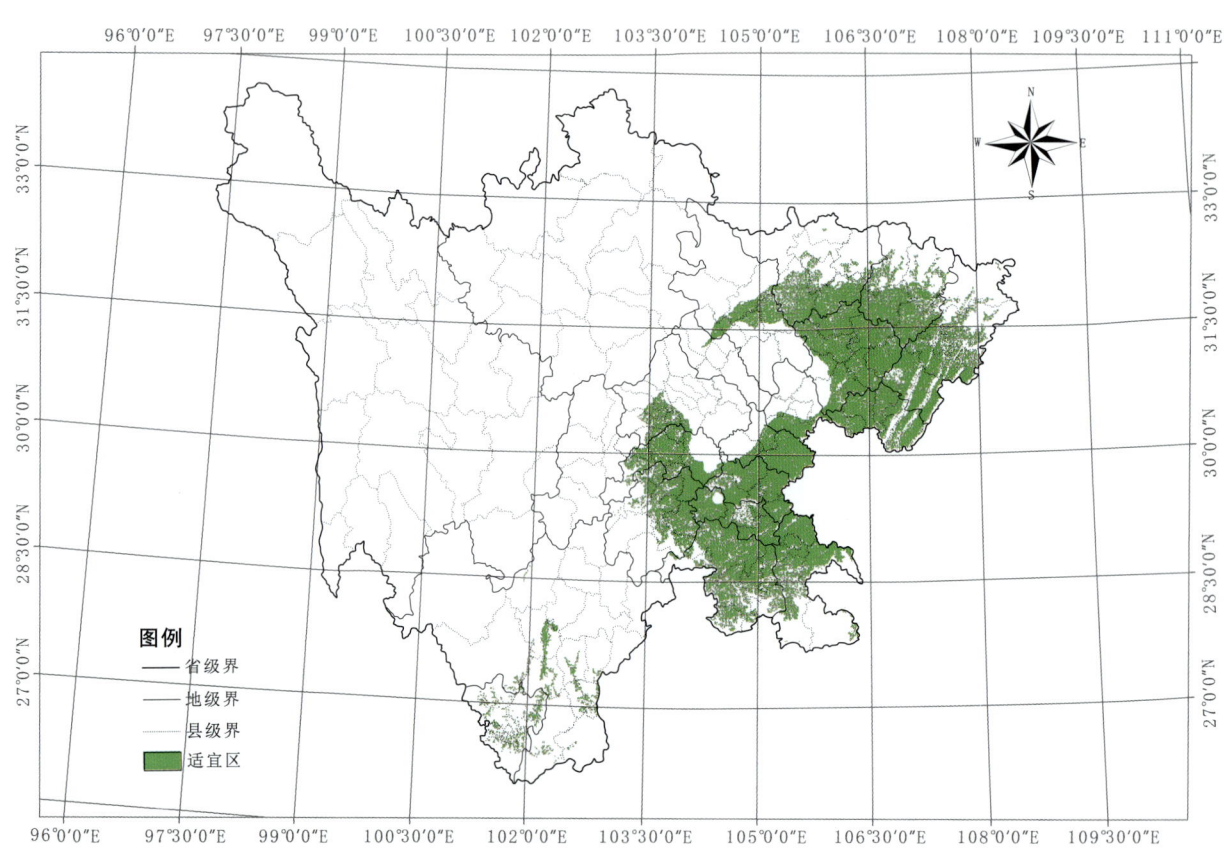

图 4-63 栀子适宜区示意图

表 4-31 栀子适宜区面积（km²）

区 县	面 积	区 县	面 积
美姑县	1	顺庆区	402
昭觉县	1	涪城区	420
布拖县	3	广汉市	444
绵竹市	3	南溪区	480
甘洛县	6	叙永县	519
马边县	9	开江县	527
石棉县	9	通川区	532

续表

区县	面积	区县	面积
峨边县	13	江安县	546
武侯区	15	高坪区	550
金阳县	17	沐川县	567
温江区	17	大英县	597
青羊区	19	乐山市市中区	613
锦江区	23	长宁县	618
郫都区	23	纳溪区	629
金牛区	29	通江县	639
成华区	33	广安区	668
宁南县	33	隆昌市	708
会东县	35	嘉陵区	777
自流井区	36	井研县	786
朝天区	42	双流区	799
汉源县	52	游仙区	801
什邡市	54	富顺县	802
彭州市	56	翠屏区	820
万源市	61	高县	820
雷波县	64	渠县	905
华蓥市	117	巴州区	931
崇州市	125	威远县	931
旺苍县	148	梓潼县	941
沿滩区	148	宣汉县	951
利州区	153	恩阳区	959
大邑县	156	西充县	960
大安区	158	安居区	967
蒲江县	163	金堂县	969
安县	178	蓬溪县	971
昭化区	196	邻水县	994
龙马潭区	201	合江县	1 004
前锋区	208	射洪县	1 068
古蔺县	209	犍为县	1 075
新津县	210	东兴区	1 100
新都区	236	东坡区	1 117
丹棱县	240	泸县	1 120
邛崃市	267	岳池县	1 158
青白江区	275	蓬安县	1 169
青神县	275	乐至县	1 245
沙湾区	276	盐亭县	1 303
江油市	281	荣县	1 330
峨眉山市	293	大竹县	1 363
珙县	319	营山县	1 428

续表

区 县	面 积	区 县	面 积
内江市市中区	327	雁江区	1 432
贡井区	333	平昌县	1 449
筠连县	334	达川区	1 464
龙泉驿区	339	苍溪县	1 480
彭山区	347	仪陇县	1 525
洪雅县	351	剑阁县	1 554
南江县	351	阆中市	1 567
旌阳区	360	资中县	1 567
江阳区	368	南部县	1 842
屏山县	379	中江县	1 946
五通桥区	380	叙州区	1 960
船山区	382	简阳市	1 970
罗江县	384	三台县	2 164
夹江县	389	安岳县	2 166
武胜县	389	仁寿县	2 200
兴文县	389		

4. 最适宜区

栀子的最适宜区为海拔 600 m 以下的四川省南部丘陵地区，包括纳溪、泸县、资中、荣县等地。年均气温 17.5 ℃，年降水量 1 300 mm 以上，无霜期 300 d 以上，年均日照 1 220 h，土壤为山地红壤与黄壤土。见图 4-64。

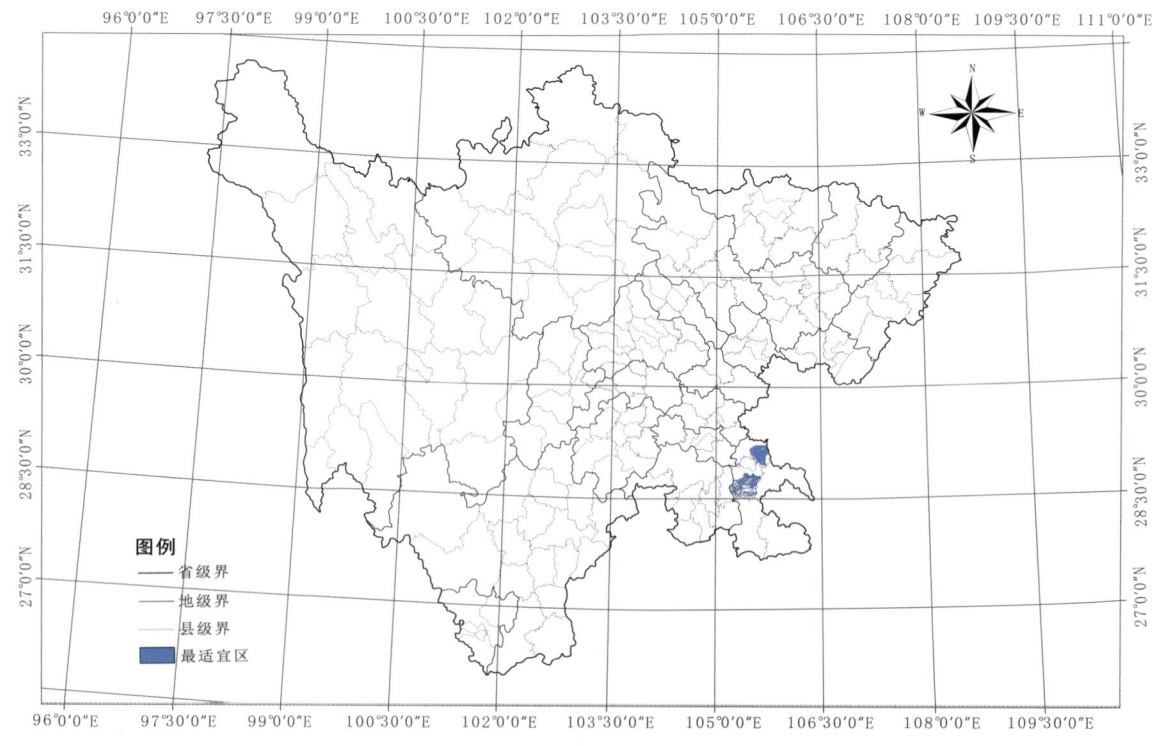

图 4-64　栀子最适宜区示意图

表4-32 栀子最适宜区面积（km²）

区 县	面 积
泸县	567
纳溪	737

【基地建设】四川省在纳溪、宜宾、资中等地建立了大面积的栀子栽培基地。

十六、半夏生产区划

【来源】为天南星科植物半夏 Pinellia ternata（Thunb.）Breit. 的干燥块茎。

【道地沿革】始载于《礼记·月令》，"五月半夏生。盖当夏之半也，故名。"颂曰："二月生苗一茎，茎端三叶，浅绿色，颇似竹叶，而生江南者似芍药叶。根下相重，上大下小，皮黄肉白。五月、八月采根，以灰裹二日，汤洗曝干。"《蜀图经》云："五月采则虚小，八月采乃实大。"民国29年（1940年）陕西西京市（今西安市）国药商业同业公会《药材行规》半夏条记载产地说"四川、江南、北方各省"。另有"半夏曲"，记载产地："四川保宁（阆中）最佳。"《南充县志》："清代嘉庆二十五年（1820年）前，南充盛产的63种药材中，以半夏、僵蚕等有名气。"清·蒋超《峨眉山志》记载峨眉山产半夏。

以个大、粒圆、皮净、色白、质坚实、粉性足、无花、无麻、无油子者为佳。

【性味归经】辛、温，有毒。归脾、胃、肺经。

【功能主治】燥湿化痰，降逆止呕，消痞散结。用于湿痰寒痰，咳喘痰多，痰饮眩悸，风痰眩晕，痰厥头痛，呕吐反胃，胸脘痞闷，梅核气。外治痈肿痰核。

【药理作用】

1. 对呼吸系统的作用

（1）镇咳。半夏生品以及药典法、酸法、碱法炮制品粉末混悬液灌胃 6 g/kg、10 g/kg，对氨水引咳小鼠均有不同程度的止咳作用，半夏碱法与半夏药典法减咳率相近，半夏酸法效果较差。半夏水提物 1.5 g/kg、3 g/kg 灌胃给予氨水致咳模型小鼠，每日1次，连续5 d。结果显示半夏提取液能明显延长咳嗽的潜伏期，并减少咳嗽次数，表明半夏具有显著的镇咳作用。

（2）祛痰。半夏水提物 1.5 g/kg、3 g/kg 灌胃小鼠，每日1次，连续7 d，于末次给药 30 min 后，给小鼠腹腔注射 0.3% 酚红溶液 0.5 ml/只，能增加小鼠气管酚红排泌量，具有祛痰作用。半夏提取物（EP）60 g/kg、30 g/kg、10 g/kg 剂量灌胃给予经气道注入脂多糖致气道黏液高分泌模型大鼠，每日1次，连续4 d，高剂量的 EP 能明显抑制大鼠气道上黏液高分泌状态，其机制可能是高剂量能明显降低大鼠气道上皮 MUC5AC 蛋白和肺组织蛋白 MUC5ACmRNA 的表达，提高大鼠 AQP-5 mRNA 表达，BALF 中 TNF-α 浓度与肺组织 MUC5ACmRNA 的表达呈正相关，肺组织 AQP-5 mRNA 与 MUC5ACmRNA 及 TNF-α 的表达呈负相关。

2. 对消化系统的作用

（1）镇吐。半夏生品以及药典法、酸法、碱法炮制品粉末混悬液灌胃 100 g/kg，均能减少 $CuSO_4$ 致呕吐家鸽呕吐次数，半夏生品减吐率高于半夏药典法制品，半夏碱法制品优于半夏酸法制品。姜半夏醇提物10 g/kg、水提物5 g/kg、水煎剂15 g/kg灌胃水貂,结果姜半夏醇提物预处理可减少顺铂致呕吐水貂干呕和呕吐次数,延长潜伏期;水煎剂预处理干呕和呕吐次数减少,潜伏期无改变;水提物预处理仅可使其呕吐次数减少;醇提物对阿扑吗啡所致呕吐有抑制作用;姜半夏水煎剂预处理水貂干呕次数减少;但潜伏期和呕吐次数无改变;姜半夏水提物无明显抑制呕吐作用。

（2）对胃肠道的作用。200%的半夏水煎醇沉液（2.5 mg/ml、5 mg/ml、10 mg/ml）肌肉注射给予正常大鼠和灌胃阿司匹林致胃黏膜急性损伤大鼠,具有抗大鼠幽门结扎型溃疡、吲哚美辛型溃疡及应激型溃疡的作用,其抗溃疡作用的药理基础可能是减少胃液分泌,降低胃液游离酸度和总酸度,抑制胃蛋白酶活性,保护胃黏膜,促进胃黏膜的修复等。还有研究表明,姜矾半夏和姜煮半夏给大鼠灌胃0.5 g/kg,小鼠灌胃2 g/kg,结果对大鼠胃液中PGE2的含量和胃蛋白酶活性无明显影响,能显著抑制小鼠胃肠运动;生半夏可显著促进小鼠胃肠运动,而对大鼠胃液中PGF2的分泌,胃酸、胃蛋白的活性呈显著抑制,对胃黏膜损伤较大。

（3）对肝胆的作用。半夏能作用于小鼠肾上腺,使血中皮质酮上升,增强皮质酮对肝脏内酪氨酸转氨酶的诱导作用,从而升高肝脏内酪氨酸转氨酶的活性。另外,半夏对家兔有促进胆汁分泌作用,能显著增强其在胃肠道中的输送能力。

3. 抗肿瘤

半夏多糖60 mg/kg、300 mg/kg、600 mg/kg分别灌胃给予S180荷瘤小鼠、H22肝癌小鼠、EAC艾氏腹水瘤小鼠,每日1次,连续10 d,3个剂量组对三种肿瘤均有不同程度抑制作用;取鼠肾上腺嗜铬细胞（PC12）培养12 h后,加入浓度为15 mg/L、60 mg/L、120 mg/L半夏多糖分别培养24 h、48 h、72 h、96 h,结果显示,半夏多糖对PC12有抑制作用,且与剂量成正相关关系;浓度为60 mg/ml的半夏多糖加入人神经母瘤细胞（SH-SY5Y）,培养箱培养80 h后,细胞核出现典型的凋亡形态学改变。

此外,掌叶半夏对CaSki和HeLa细胞的增殖有抑制作用。取对数生长期HepG2细胞,加入浓度为0.004 mg/ml、0.02 mg/ml、0.1 mg/ml及0.5 mg/ml掌叶半夏蛋白,0.004 mg/ml、0.02 mg/ml对肿瘤细胞生长无明显抑制作用,0.1 mg/ml对肿瘤细胞的生长表现出明显的抑制作用,当半夏蛋白浓度达到0.5 mg/ml时,细胞的生长完全受抑制;0.2 mg/ml的半夏蛋白作用于细胞1 d后,细胞胞质减少,形态轮廓不清晰,随着作用时间延长,2~3 d后细胞逐渐皱缩,直至脱离培养板底部呈现悬浮状态,细胞死亡。取S180细胞培养2~3 h,加入不同浓度掌叶半夏凝集素提取物（0.143 g/L、0.573 g/L、0.717 g/L、0.860 g/L）,在0.143~0.717 g/L浓度范围内对S180细胞增殖抑制作用弱,随着浓度提高,其浓度为0.860 g/L时对S180细胞有明显抑制作用;其对S180细胞周期（G_2/M期）和凋亡率作用不明显;半夏凝集素提取物8.60 mg/kg、2.15 mg/kg、0.72 mg/kg注射给予S180荷瘤小鼠,每日1次,连续10 d,有促进荷瘤小鼠脾、淋巴细胞增殖作用,对实体瘤生长有一定抑制作用,但平均抑瘤率偏低,仅为11.55%。

4. 抗炎

半夏总生物碱0.03 g/kg、0.02 g/kg、0.01 g/kg灌胃给予二甲苯致耳廓肿胀模型小鼠、醋酸致腹腔毛细血管通透性增高模型小鼠,每日2次,连续3 d;棉球肉芽肿模型大鼠,每日1次,连续7 d;皮下注射鸡蛋清致气囊滑膜炎模型小鼠,每日1次,连续7 d。结果显示,半夏生物碱对二甲苯致小鼠耳廓肿胀、醋酸致小鼠毛细血管通透性增加以及大鼠棉球肉芽肿的形成均有明显的抑制作用,生物碱组渗出液中前列腺素E_2含量明显减少。

【品质研究】甫志锦等采用电位滴定法、紫外分光光度法、硫酸-蒽酮法和酸性染料比色法对不同产地半夏药材中的总有机酸、氨基酸、多糖和生物碱含量进行测定，并采用聚类分析法对测定结果进行综合评价。结果：不同产地的半夏药材中总有机酸、氨基酸、多糖和生物碱的含量差异较大。结论：半夏药材的质量受产地影响较大，经聚类分析可将 39 份来源不同的半夏药材分为Ⅲ类，第Ⅰ类产地主要为云南、贵州地区，这类药材中总有机酸、氨基酸、多糖和生物碱的含量普遍偏低，综合质量较差；第Ⅱ类产地为甘肃，质量居中；第Ⅲ类产地为四川，这类药材中各主要成分的含量较高，综合质量较好。

李敏等以半夏总生物碱成分为检测指标，采用紫外分光光度法对川产半夏与其他产区的野生和栽培半夏进行含量测定。结果：不同产地半夏种茎总生物碱含量差异较大，并且川产半夏的总生物碱含量普遍较省外半夏高。结论：急需建立半夏的种子种苗质量标准，提供半夏高产优质种子，从源头上控制半夏的质量。

【原植物】 多年生草本，高 15~30 cm。块茎圆球形，黄白色，使舌头发麻，直径 1~2 cm。叶基生，第一年为单叶，第二年为 3 出复叶。叶柄长 15~20 cm，基部具鞘，叶片基部（叶柄顶头）内侧有直径 3~5 mm 的白色珠芽，珠芽在母株上萌发或落地后萌发；幼苗叶片卵状心形至戟形，为全缘单叶，长 2~3 cm，宽 2~2.5 cm；老株叶片 3 全裂，裂片绿色，背淡，长圆状椭圆形或披针形，两头锐尖，中裂片长 3~10 cm，宽 1~3 cm；侧裂片稍短；全缘或具不明显的浅波状圆齿，侧脉 8~10 对，细弱，细脉网状，密集，集合脉 2 圈。花葶长约 30 cm，长于叶柄。佛焰苞绿色，管部狭圆柱形，长 1.5~2 cm；檐部长圆形，有时边缘青紫色，长 4~5 cm，宽 1.5 cm，钝或锐尖。肉穗花序：雌花序长 2 cm，雄花序长 5~7 mm，其中间隔 3 mm；附属器绿色变青紫色，长 6~10 cm，直立，有时"S"形弯曲。浆果卵圆形，黄绿色，先端渐狭为明显的花柱，熟时红色。花期 5~7 月，果 8~9 月成熟。见图 4-65。

图4-65 半夏原植物（舒光明摄）

【生物学特性】 喜温暖湿润气候，怕干旱，忌高温。对光照敏感，光线过强或者过度荫蔽都不利于半夏生长。土壤要求透气性良好。

【栽培技术】

1. 选地整地

宜选湿润肥沃、保水保肥力较强、质地疏松、排灌良好、呈中性反应的砂质壤土或壤地种植，也可选择半阴半阳的缓坡山地。在平原地区种植半夏，需选择能浇能排、地势较高的地块，种植前一定要挖好排水沟。选地后，于10~11月，深翻土地20 cm左右，除去石砾及杂草，使其风化熟化。

2. 繁殖方法

（1）块茎繁殖。半夏栽培2~3年，可于6月、8月、10月倒苗后挖取地下块茎。选直径0.5~1 cm、生长健壮、无病虫害的中、小块茎作种，小种茎作种优于大种茎。将其拌以干湿适中的细砂土，贮藏于通风阴凉处，于当年冬季或翌年春季取出栽种。以春栽为好，秋冬栽种产量低。

（2）珠芽繁殖。夏秋间利用叶柄下成熟的珠芽进行条栽，行距10~16 cm，株距6~10 cm，开穴，每穴放珠芽3~5个，覆土厚1.6 cm。同时，施入适量的混合肥，既可促进珠芽萌发生长，又能为母块茎增施肥料。

（3）种子繁殖。二年生以上的半夏，从初夏至秋冬，能陆续开花结果，此法在种苗不足或育种时采用。从秋季开花后约10 d佛焰苞枯萎采收成熟的种子，放在湿沙中贮存。

3. 田间管理

出苗达50%左右时，应揭去地膜，以防膜内温度过高烧苗。去膜前，中午从厢两头揭开通风散热，傍晚封上，连续几天以炼苗，之后即全部揭去。出苗后结合松土，随时除掉田间杂草。去膜后，地面应及时浇水松土保墒。珠芽膨大期需水较多，应保持土壤湿润疏松。雨季应排除积水。珠芽生长需要培土，在6~8月，成熟的珠芽和种子陆续落于地上，此时要进行培土，追肥2次。生长期长出的花蕾全部摘掉，促使块茎生长肥大，以提高产量。11月半夏枯萎后，将地上部茎叶和掉落的珠芽收集。

【采收加工】 夏、秋二季采挖，洗净，除去外皮和须根，晒干。见图4-66。

图4-66 半夏药材（税丕先摄）

【适宜区与最适宜区】

1. 生态环境
生于海拔 3 500 m 以下的向阳土地,为农田杂草之一。

2. 生态因子
透气性良好的油沙土、潮河土、夹沙土;年平均气温 12.0~14.0 ℃;年降水量 600~800 mm,相对湿度 60%~75%,旺盛生长期降水量 > 300 mm 生长良好;年平均日照时数 > 1 200 h,日照时数 > 3~6 h/d 即可。平均气温达 15~27 ℃时,半夏生长最茂盛。最高温度超过 35 ℃,半夏生长受到严重影响。

3. 适宜区
半夏的适宜区为四川省海拔 400~1 600 m 的地区,包括南充、武胜、阆中、岳池、巴中、渠县、仁寿、达州、南江、苍溪、布拖、昭觉等地。见图 4-67。

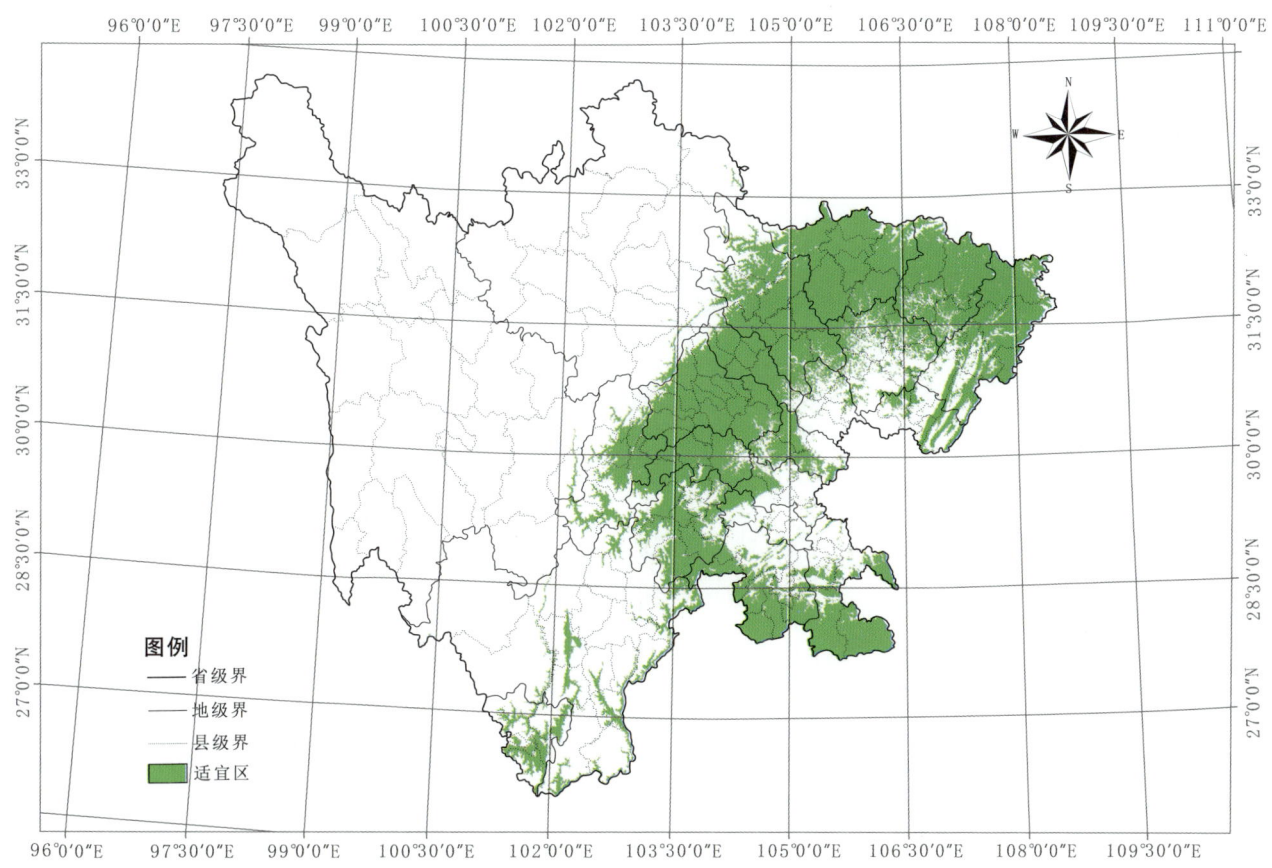

图 4-67 半夏适宜区示意图

表 4-33 半夏适宜区面积(km^2)

区 县	面 积	区 县	面 积
内江市市中区	1	什邡市	579
喜德县	2	芦山县	618
大安区	4	名山区	623

续表

区县	面积	区县	面积
贡井区	5	通川区	629
九龙县	6	西昌市	629
木里县	7	汉源县	630
理县	9	旌阳区	650
安居区	19	夹江县	682
船山区	23	资中县	701
康定市	24	射洪县	706
沿滩区	25	米易县	721
越西县	25	营山县	736
江阳区	27	荥经县	760
自流井区	28	威远县	762
昭觉县	34	犍为县	786
大英县	46	荣县	812
顺庆区	46	天全县	829
松潘县	55	仁和区	837
冕宁县	57	崇州市	854
锦江区	60	峨边县	857
九寨沟县	62	绵竹市	861
青羊区	66	盐边县	872
东兴区	68	都江堰市	890
隆昌市	69	大邑县	931
美姑县	74	恩阳区	938
富顺县	81	峨眉山市	954
泸县	89	安岳县	974
西区	91	邻水县	985
金牛区	105	开江县	1 008
成华区	109	安县	1 015
高坪区	122	游仙区	1 015
武侯区	124	雨城区	1 022
东区	140	高县	1 024
布拖县	143	双流区	1 064
普格县	145	雁江区	1 073
茂县	151	彭州市	1 085
泸定县	158	珙县	1 106
前锋区	158	合江县	1 118

续表

区县	面积	区县	面积
五通桥区	163	叙州区	1 142
南溪区	168	大竹县	1 150
华蓥市	196	金堂县	1 150
金口河区	206	兴文县	1 156
嘉陵区	216	乐至县	1 160
蓬溪县	218	巴州区	1 172
翠屏区	246	雷波县	1 172
广安区	255	南部县	1 172
盐源县	268	筠连县	1 227
温江区	277	达川区	1 240
青神县	287	洪雅县	1 287
江安县	296	仪陇县	1 296
宝兴县	316	东坡区	1 321
新津县	328	屏山县	1 338
青白江区	376	沐川县	1 345
汶川县	378	邛崃市	1 347
金阳县	383	盐亭县	1 426
蓬安县	388	阆中市	1 432
甘洛县	391	昭化区	1 436
西充县	401	梓潼县	1 441
德昌县	411	朝天区	1 526
长宁县	412	利州区	1 534
乐山市市中区	422	马边县	1 567
渠县	423	北川县	1 675
郫都区	437	平昌县	1 845
丹棱县	447	中江县	1 855
罗江县	450	平武县	2 011
石棉县	453	简阳市	2 047
会东县	454	仁寿县	2 163
彭山区	468	苍溪县	2 242
新都区	502	三台县	2 375
井研县	537	江油市	2 560
岳池县	539	叙永县	2 581
纳溪区	543	青川县	2 614
广汉市	548	旺苍县	2 713

续表

区 县	面 积	区 县	面 积
涪城区	551	南江县	2 957
龙泉驿区	555	古蔺县	3 099
宁南县	558	剑阁县	3 202
会理县	563	宣汉县	3 816
沙湾区	573	万源市	3 817
蒲江县	576	通江县	3 981

4. 最适宜区

半夏的最适宜区为阆中、武胜、岳池等地；海拔400~800 m，年均气温17.5 ℃，无霜期286~330 d，年降水量956.5~1 110.3 mm，年日照1 191~1 566 h，相对湿度75%~83%，土壤为黄壤土。见图4-68。

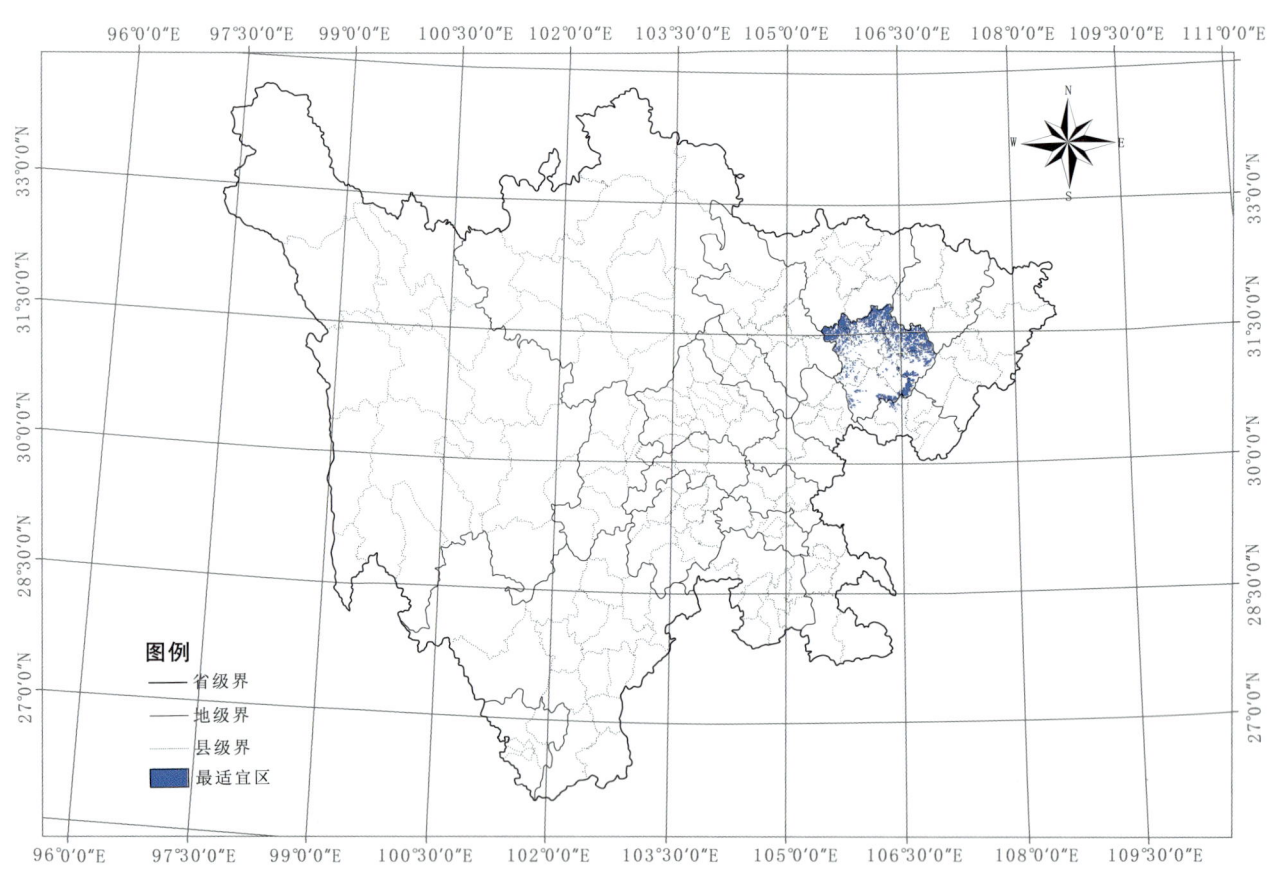

图4-68 半夏最适宜区示意图

表4-34 半夏最适宜区面积（km²）

区 县	面 积	区 县	面 积
高坪区	71	顺庆区	10
嘉陵区	74	西充县	98

续表

区 县	面 积	区 县	面 积
阆中市	937	仪陇县	799
南部县	601	营山县	483
蓬安县	241	岳池县	190

【基地建设】 四川省在南充市、武胜县、阆中市建立了半夏 GAP 基地。

十七、黄精生产区划

【来源】 为百合科植物多花黄精 Polygonatum cyrtonema Hua、滇黄精 Polygonatum kingianum Coll. et Hemsl. 或黄精 Polygonatum sibiricum Red. 的干燥根茎。按形状不同，习称"姜形黄精""大黄精""鸡头黄精"。

【道地沿革】 始载于《名医别录》，陶弘景曰："今处处有之。二月始生，一枝多叶，叶状似竹而短。根似葳蕤。"《唐本草》恭曰："黄精，肥地生者，即大如拳；薄地生者，犹如拇指。"《本草图经》颂曰："黄精南北皆有，……三月生苗，高一、二尺以来。叶如竹叶而短，两两相对。茎梗柔脆，颇似桃枝，本黄末赤。四月开细青白花，状如小豆花。结子白如黍粒，亦有无子者。根如嫩生姜而黄色，二月采根，蒸过曝干用。今八月采，山中人九蒸九曝作果卖，黄黑色而甚甘美。其苗初生时，人多采为菜茹，谓之笔菜，味极美。"《博物志》云："昔黄帝问天老曰：天地所生，有食之令人不死者乎？天老曰：太阳之草名黄精，食之可以长生。"《证类本草》附载了永康军黄精图，永康军即现在的都江堰市。多花黄精，又称为"姜形黄精"，主产于内江、遂宁。清·蒋超《峨眉山志》："峨山产者甚佳。"韦应物诗"灵物出西川，服食采其根；九蒸换凡骨，经着上世言。"又韦应物《宿进游峨》诗"寂寥山寺停舆处，豁落风花到手时；乱石窟中翻素雪，碧云堆里卧青猊。岩龛鸟拜珠璎佛，碑阁苔乱冰柱诗。拾得黄精须烂煮，饭依明日上峨眉。"清·乾隆《直隶达州志》、民国《四川通志》、民国《犍为县志》、清·同治《仁寿县志》、明清《营山县志》、清·光绪《雷波县志》、清·光绪《盐源县志》、清·光绪《越西县志》等均记载产黄精。《中华道地药材》记载其适宜区为四川盆地的丘陵地区。

以块肥大、味甜、黏稠者为佳。

【性味归经】 甘，平。归脾、肺、肾经。

【功能主治】 补气养阴，健脾，润肺，益肾。用于脾胃气虚，体倦乏力，胃阴不足，口干食少，肺虚燥咳，劳嗽咳血，精血不足，腰膝酸软，须发早白，内热消渴。

【药理作用】

1. 促进胃肠运动

10%的黄精水煎剂可直接影响大鼠离体胃平滑肌条活动，主要表现为增加胃底纵、环行肌条的张力，对各个部位的肌条均有兴奋效应，这表明黄精水煎剂对胃区的作用呈兴奋效应，具有促进胃动力的作用。

2. 对心血管系统的作用

黄精醇提物 1.27 g（生药）/kg、2.54 g（生药）/kg、5.08 g（生药）/kg 连续灌胃大鼠 6 d，能明

显降低 ISO 致心肌缺血大鼠心脏组织中 AST、CK、LDH 的活性；连续灌胃 7 d，能对抗结扎 LAD 致大鼠心脏组织中 SOD 活性的下降以及 MDA 心肌总钙含量的增高，以大剂量组作用最为显著。0.15% 黄精醇制剂可使离体蟾蜍心脏收缩力增强，对心率无明显影响，而 0.4% 黄精液或水液则使离体兔心心率加快。

3. 对代谢的作用

（1）降血脂。黄精煎液（含生药 9 g/10 ml 的试药）以 2.0 g/kg、3.0 g/kg、4.0 g/kg 剂量给小鼠灌胃，每日 1 次，连续 30 d。结果显示各剂量均能显著降低高血糖小鼠模型的血糖和高血脂小鼠模型的 TC、TG 含量。黄精水煎剂和乙醇提取物拌和饲料饲喂高脂血症大鼠，能显著降低其血清总胆固醇（TC）及甘油三酯（TG）含量。黄精多糖（PSP）低剂量 125 mg/kg 连续灌胃小鼠 7 d，可预防和治疗小鼠高脂血症，降低小鼠血中的胆固醇以及甘油三酯含量。黄精多糖以 16 g（生药）/kg 给家兔灌胃，每日 2 次，连续 1 月，能显著降低高脂血症实验动物的血清 TC、LDL-C 和 Lp（a）浓度并减少主动脉内膜泡沫细胞的形成。10 g（生药）/ml 的黄精多糖 1.6 ml/kg，每日分 2 次灌胃家兔，连续 4 周，能降低家兔主动脉血管细胞黏附分子（VCAM-1）的高表达，并降低血脂。

（2）降血糖。四氧嘧啶腹腔注射法建立糖尿病小鼠模型，以黄精多糖（含量≥60%）0.5 g/kg、1 g/kg 给糖尿病小鼠灌胃，能明显降低小鼠血糖，改善小鼠的糖尿病症状并可提高糖尿病小鼠的胸腺、脾脏和肝脏指数。这提示黄精多糖可能对糖尿病小鼠胸腺、脾脏、肝脏具有一定的保护作用。预防性灌胃给予小鼠黄精多糖 330 mg/kg、600 mg/kg、1 320 mg/kg，连续 7 d，结果显示黄精多糖对正常小鼠的血糖没有明显影响，但可防治由四氧嘧啶引起的小鼠血糖升高。对四氧嘧啶诱导的糖尿病小鼠具有一定的保护作用，其机制可能与其保护胰岛，促进胰岛素分泌，降低 NO 和 NOS 水平有关。黄精多糖以 40 g（生药）/kg，每日分 2 次给小鼠灌胃，连续 8 周，可降低实验性糖尿病小鼠血糖和血清糖化血红蛋白浓度，并升高实验动物血浆胰岛素及 C 肽水平，表明黄精多糖具有调节糖代谢和治疗实验性糖尿病的作用。

4. 调节免疫

取龄期相同及生长整齐的三眠蚕分为黄精多糖（PSP）2%、1%、0.5% 浓度剂量组，将 PSP 药液按 20 ml 喷 100 g 桑叶的比例喷洒于新鲜桑叶上喂食，4 龄期内喂药 3 次，5 龄期内喂药 6 次，黄精粗多糖可不同程度地延长家蚕幼虫期。雌蛹期、雌蛾期和全生存期的时间，同时有减轻幼虫体质量、延长耐饥饿时间的作用，并呈量效相关。黄精粗多糖 200 mg/kg 给小鼠灌胃，连续 30 d，能提高阴虚模型小鼠的体重增长率及痛阈，并能升高其血浆中 SOD 活力、肝匀浆中 GSH-Px 活力，降低其肝匀浆中 MDA 含量。黄精粗多糖 400 mg/kg 灌胃碳粒廓清法和四氯化碳（CCL_4）肝损伤模型小鼠，连续给药 7 d，结果显示能明显促进正常小鼠胸腺和脾脏重量的增加，明显增强小鼠静脉注射胶体碳粒的廓清速率，对小鼠网状内皮系统吞噬功能有明显的激活和增强作用。黄精粗多糖按 100 mg/kg、200 mg/kg、300 mg/kg 给予小鼠每日灌胃 1 次，连续 4 d，可对抗环磷酰胺所致小鼠外周血白细胞减少，也能增加小鼠的脾脏重量，提示黄精多糖的升白细胞作用可能是通过促进脾脏间质细胞的增生，以发挥代偿性髓外造血功能所致。小鼠腹腔注射 5% 黄精多糖 0.2 ml/只，连续 10 d 可明显对抗 $^{60}Co\gamma$ 射线所致的血细胞数减少，白细胞及血小板总数升高达正常的 86% 和 89%，并能使照射小鼠外周红细胞 C_{3b} 受体花环率及免疫复合物花环率升高。黄精多糖（PSP）每日 250 mg/kg 灌胃小鼠，连续 5 周，可提高 7 月龄小鼠全血中 SOD 以及 GSH-Px 的活性，降低小鼠心、肝、脑组织中 LF 和 MDA 含量；黄精多糖（PSP）125 mg/kg 每日给小鼠灌胃 1 次，连续 7 d，可提高小鼠腹腔巨噬细胞吞噬百分率和吞噬指数，增加小鼠溶血素的生成；黄精多糖（PSP）每日 250 mg/kg 给小鼠灌胃，能增强正常小鼠DTH反应以及恢复Cy导致的免疫功能低下小鼠的DTH反应。分别用黄精小分子糖水溶液0.9 g/kg、0.6 g/kg、0.3 g/kg给小鼠灌胃，每日1次，连续给药15 d，能显著提高正常腹腔巨噬细胞对鸡红细胞的吞噬百分率及腹腔巨噬细胞的吞噬指数，促进小鼠溶血素和溶血空斑形成，其中以0.9 g/kg黄精小分子糖组作用最优。

5. 抗氧化

建立大强度耐力训练大鼠模型，每日2 ml黄精提取物水溶液4.2 g/kg灌胃，训练持续6周，每周6 d，可明显提高大鼠心肌线粒体在大强度耐力运动过程中的能量供给和抗氧化能力，并可防止心肌线粒体的氧化损伤，保证了运动过程中心脏的正常生理功能。黄精多糖100~500 μg/ml能抑制大鼠肝均浆自发和诱导的脂质过氧化产物的生成，对化学体系产生的羟自由基和超氧阴离子有清除作用，且呈量效相关。

【品质研究】 左应梅等为了解不同种源滇黄精（*Polygonatum kingianum*）光合生理特性与环境因子的关系，采用LI-6400XT光合作用测定系统，在自然环境条件下测定3个不同地理种源滇黄精植株的光合日变化，为良种选育以及科学栽培提供理论依据。结果表明：3个种源滇黄精的净光合速率（Pn）日变化存在明显差异，其中云南永德种源滇黄精Pn日变化呈单峰曲线，四川会理、云南金平种源滇黄精Pn日变化均呈双峰曲线，金平种源具有典型的"午休"现象。3个种源滇黄精的气孔导度（Gs）和蒸腾速率（Tr）日变化均呈双峰曲线；胞间CO_2浓度（Ci）和水分利用率（WUE）日变化均不规则。3个种源之间光合特性存在差异，Pn日均值依次为：云南永德种源＞四川会理种源＞云南金平种源；除云南永德种源的Tr未出现下降外，其余各光合参数在午后均有较大幅度下降。相关分析表明，云南永德种源的Pn与Gs呈显著正相关；云南金平种源的Pn与Gs、Tr均呈显著正相关；四川会理种源的Pn与Gs、Tr和空气相对湿度（RH）均呈显著正相关，与大气温度（Ta）呈显著负相关。此外，3个种源滇黄精的Gs与RH均呈显著正相关，且各种源的Pn与Gs均呈显著正相关。因此，RH对3个种源滇黄精的Pn影响也较大。3个种源滇黄精的光合日进程存在明显差异，说明不同种源对同一环境的适应能力存在较大差别，这种差别在引种栽培时应加以考虑。

【原植物】 **多花黄精**：根状茎横生肥大肉质，通常连珠状或结节成块，直径1~2 cm。茎高50~100 cm，通常叶具10~15。叶互生，无柄，椭圆形、卵状披针形至矩圆状披针形，少有稍作镰状弯曲，长10~18 cm，宽2~7 cm，具3~5条隆起的平行脉。花序具3~7花，伞形，总花梗下垂，长1~4（6）cm，花梗长0.5~1.5（3）cm；苞片微小，位于花梗中部以下；花被黄绿色，全长18~25 mm，顶端具6裂片，裂片长约3 mm；花丝长3~4 mm，两侧扁或稍扁，具乳头状突起至具短绵毛，顶端稍膨大乃至具囊状突起，花药长3.5~4 mm；子房长3~6 mm，花柱长12~15 mm。浆果黑色，直径约1 cm，具3~9粒种子。花期4~6月，果期7~9月。见图4-69。

滇黄精：植株通常高1 m以上。根状茎肥大，近圆柱形或近连珠状，结节有时作不规则菱状，直径1~3 cm。叶极大部分为轮生，每轮3~10枚，条形、条状披针形或披针形，长6~20（25）cm，宽3~30 mm，先端拳卷。短聚伞花序具2~4（6）花，总花梗下垂。花被粉红色，至少2/3部合生。浆果红色，直径1~1.5 cm，具7~12粒种子。花期3~5月，果期9~10月。

黄精：茎高50~90 cm，有时呈攀援状。根状茎圆柱状，由于结节膨大，因此"节间"一头粗、一头细，在粗的一头有短分枝（鸡头黄精），直径1~2 cm。叶轮生，每轮4~6枚，条状披针形，长8~15 cm，宽（4）6~16 mm，先端拳卷或弯曲成钩。腋生聚伞花序通常具2~4朵花，似呈伞形状，总花梗长1~2 cm，花梗长（2.5）4~10 mm，俯垂；苞片位于花梗基部，膜质，钻形或条状披针形，

图4-69 多花黄精原植物（方清茂摄）

长3~5 mm，具1脉；花被乳白色至淡黄色，全长9~12 mm，花被筒中部稍缢缩，裂片长约4 mm；花柱长5~7 mm。浆果直径7~10 mm，黑色，具4~7粒种子。花期5~6月，果期8~9月。

【生物学特性】喜温暖气候、阴湿环境。种子寿命为2年，发芽时间长达1年。

【栽培技术】

1. 繁殖方式

（1）根状茎繁殖。于10月底或清明节前选1~2年生健壮、无病虫害的植株根茎，选取先端幼嫩部分，截成数段，每段有3~4节，伤口稍加晾干，按行距22~24 cm、株距10~16 cm、深5 cm栽种，覆土后稍加镇压并浇水，以后每隔3~5 d浇水1次，使土壤保持湿润。于秋末种植时，应在墒上盖一些圈肥和草以保暖。

（2）种子繁殖。8月种子成熟后选取成熟饱满的种子立即进行沙藏处理：种子1份、砂土3份混合均匀，存于背阴处30 cm深的坑内，保持湿润。待第二年3月下旬筛出种子，按行距12~15 cm均匀撒播到畦面的浅沟内，盖土约1.5 cm，稍压后浇水，并盖一层草保湿。出苗前去掉盖草，苗高6~9 cm时，过密处可适当间苗，1年后移栽。为满足黄精生长所需的荫蔽条件，可在畦埂上种植玉米。

2. 选地整地

选择湿润和有充分荫蔽的地块，土壤以质地疏松、保水力好的壤土或沙壤土为宜。播种前先深翻1遍，结合整地每亩施农家肥2 000 kg，翻入土中作基肥，然后耙细整平，作畦，畦宽1.2 m。

3. 田间管理

生长前期要经常中耕除草，于4月、6月、9月、11月各除草1次，宜浅锄并适当培土；后期拔草即可。若遇干旱或种在较向阳、干旱地方的需要及时浇水。每年结合中耕除草进行追肥，前3次中耕后每亩施用土杂肥1 500 kg，与过磷酸钙50 kg，饼肥50 kg，混合拌匀后于行间开沟施入，施后覆土盖肥。黄精忌水和喜荫蔽，应注意排水和间作玉米。

【采收加工】 春、秋二季采挖，除去须根，洗净，置沸水中略烫或蒸至透心，干燥。见图4-70。

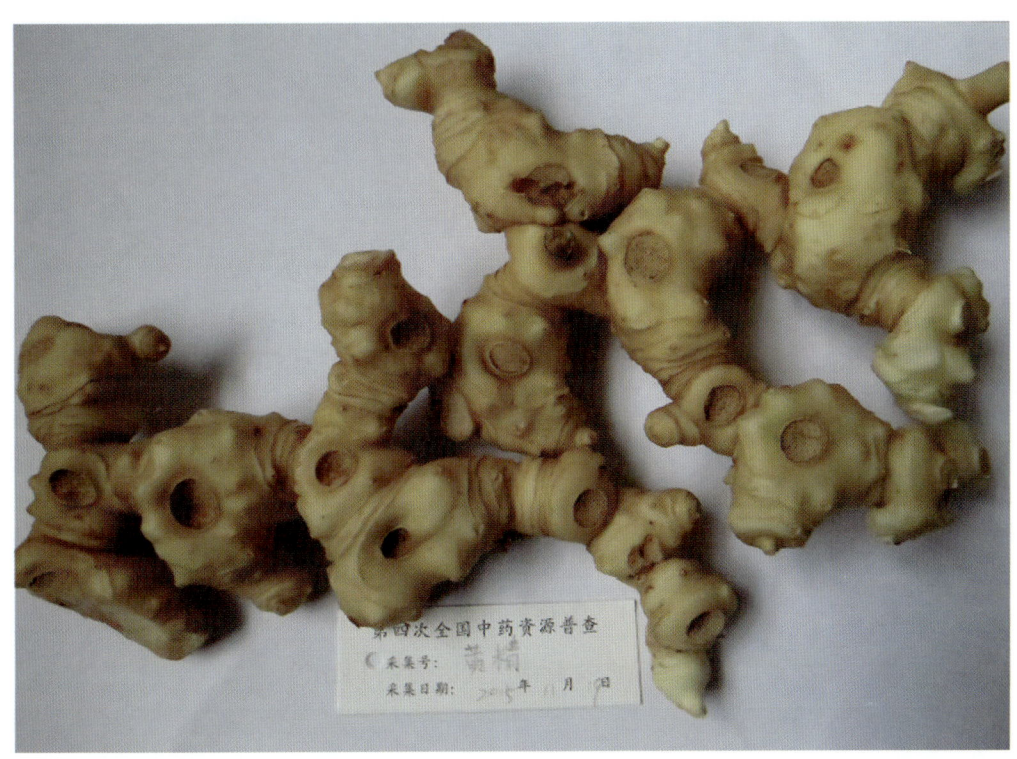

图4-70　多花黄精药材（肖特摄）

【适宜区与最适宜区】

1. 生态环境

多花黄精生于海拔300~2 100 m的林下、灌丛、阴湿草坡；滇黄精生于海拔700~3 600 m的林下、灌丛或山坡阴处；黄精生于海拔800~2 800 m的林下、灌丛或山坡阴处。

2. 生态因子

黄精最适生长温度为17~20 ℃，超过27 ℃生长受到抑制，气温超过32 ℃地上部分易枯死，根茎失水皱缩干硬。透光率在65%~70%为宜。

3. 适宜区

多花黄精的适宜区为海拔300~900 m的山区阴湿处，包括叙永、遂宁、蓬溪、仪陇、营山、巴中、武胜、岳池、资中等地。见图4-71。

滇黄精适宜区为海拔700~2 500 m的灌丛、林缘、草地，包括攀枝花、凉山州。见图4-72。

黄精的适宜区为海拔800~2 800 m的山区阴湿处，包括四川盆地周围山区、甘孜州、阿坝州、巴中、广元市等地。

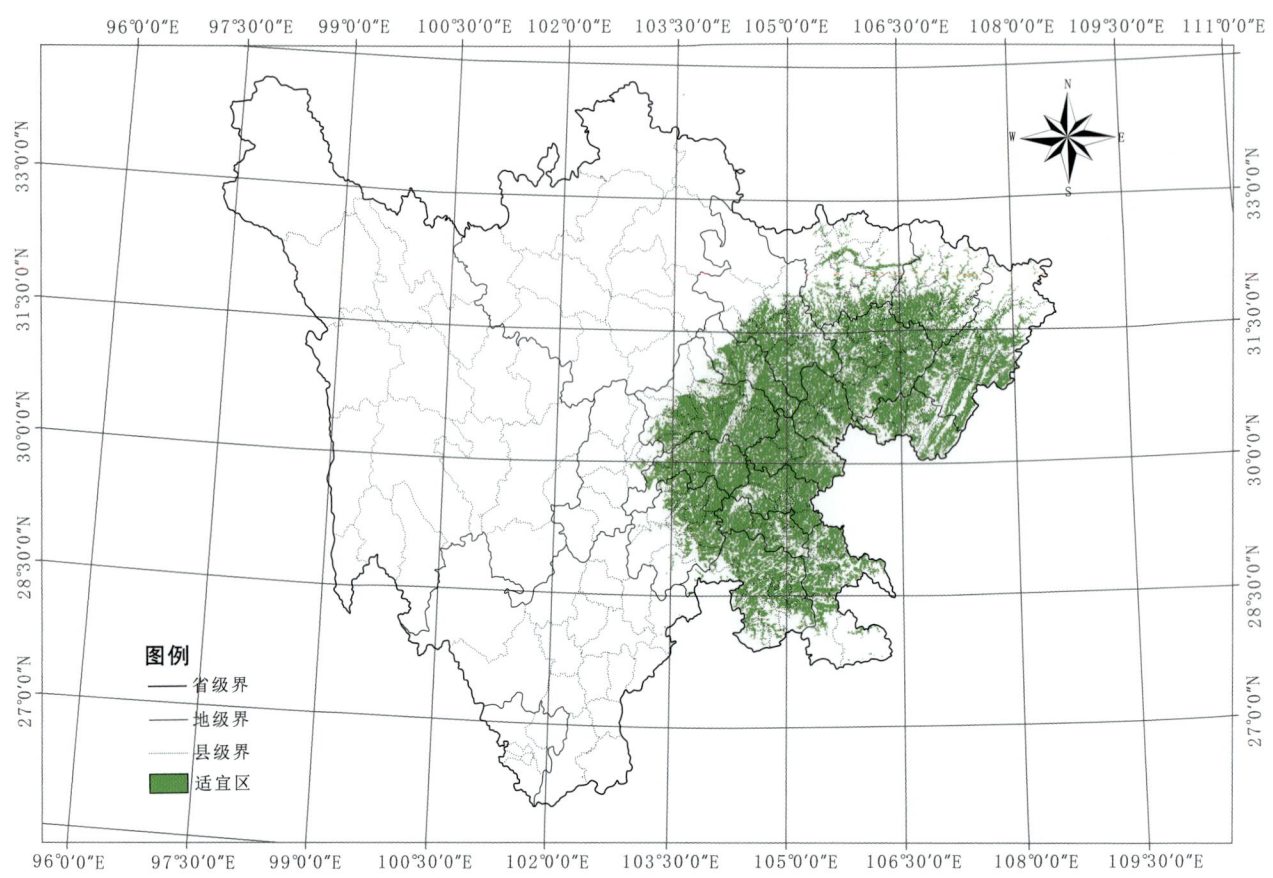

图4-71 多花黄精适宜区示意图

表4-35 多花黄精适宜区面积（km²）

区 县	面 积	区 县	面 积
金阳县	1	兴文县	497
金口河区	4	沐川县	506
雷波县	15	江油市	519
都江堰市	24	旌阳区	527
峨边县	26	开江县	563
马边县	32	邛崃市	563
名山区	32	大英县	564
北川县	40	江安县	565
青川县	44	高坪区	590
朝天区	46	叙永县	591
青羊区	47	广安区	618
锦江区	58	长宁县	629
金牛区	61	通江县	631
雨城区	68	乐山市市中区	638
彭州市	83	西充县	697

续表

区县	面积	区县	面积
郫都区	84	隆昌市	708
武侯区	93	梓潼县	721
成华区	98	井研县	724
自流井区	124	高县	730
古蔺县	135	游仙区	732
什邡市	144	嘉陵区	737
华蓥市	154	翠屏区	752
万源市	162	富顺县	783
新都区	197	威远县	786
龙马潭区	198	纳溪区	791
沙湾区	204	巴州区	803
绵竹市	208	金堂县	811
温江区	210	剑阁县	824
屏山县	213	苍溪县	850
前锋区	218	恩阳区	860
丹棱县	224	合江县	874
利州区	227	安居区	877
筠连县	232	双流区	887
昭化区	237	邻水县	912
峨眉山市	251	盐亭县	974
青白江区	254	泸县	989
内江市市中区	266	东坡区	1 004
珙县	269	东兴区	1 006
南江县	276	蓬溪县	1 011
新津县	281	犍为县	1 048
沿滩区	289	渠县	1 052
大邑县	292	蓬安县	1 068
旺苍县	304	岳池县	1 111
大安区	310	平昌县	1 117
青神县	311	大竹县	1 150
江阳区	314	乐至县	1 210
贡井区	327	荣县	1 215
蒲江县	327	营山县	1 228
安县	339	宣汉县	1 248
彭山区	340	射洪县	1 308

续表

区 县	面 积	区 县	面 积
罗江县	343	南部县	1 333
广汉市	347	雁江区	1 382
武胜县	359	阆中市	1 387
龙泉驿区	369	仪陇县	1 402
船山区	385	达川区	1 451
顺庆区	386	资中县	1 471
五通桥区	395	中江县	1 596
洪雅县	418	简阳市	1 704
南溪区	444	叙州区	1 873
夹江县	446	安岳县	1 954
涪城区	459	三台县	2 025
崇州市	464	仁寿县	2 055
通川区	466		

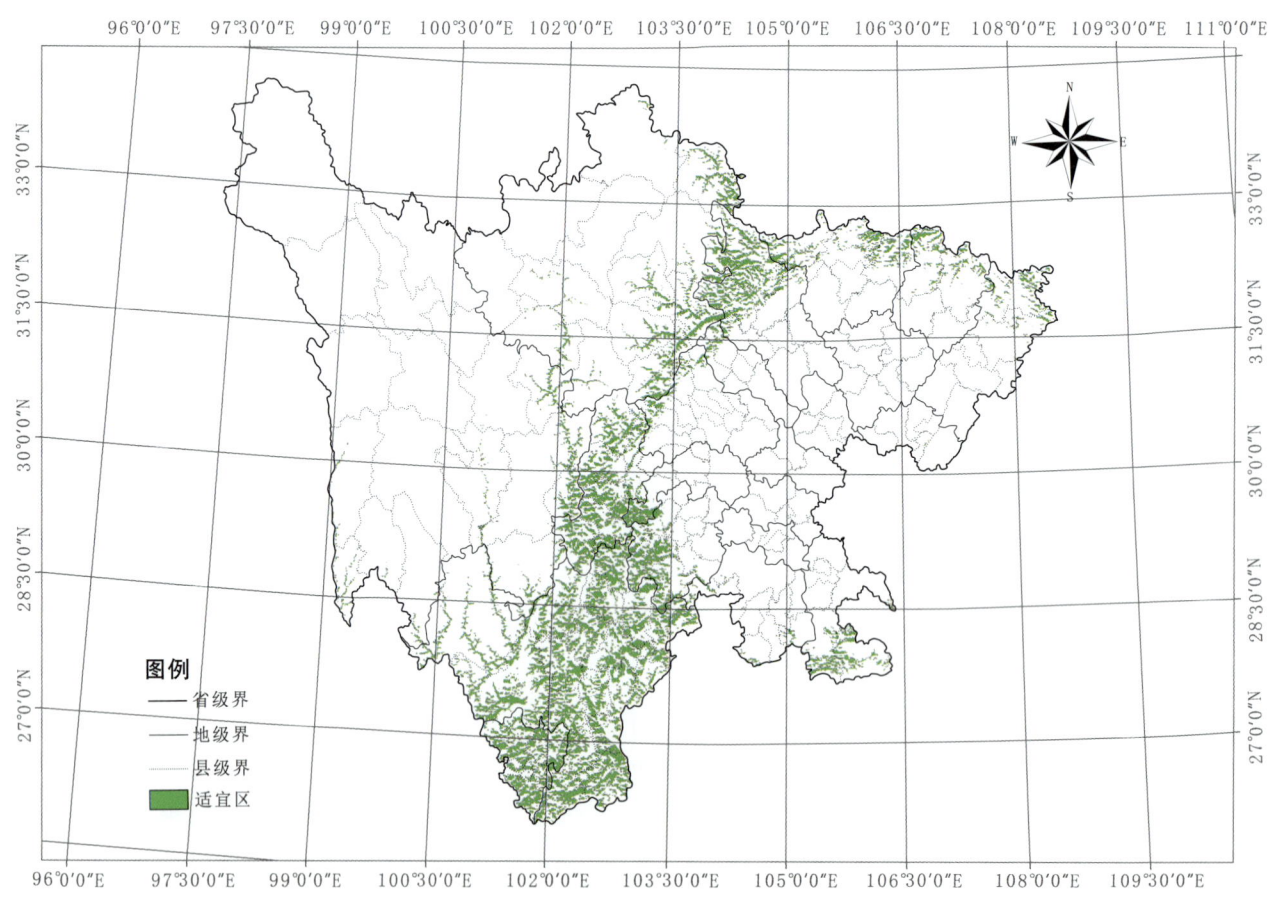

图4-72 滇黄精适宜区示意图

表4-36 滇黄精适宜区面积（km²）

区 县	面 积	区 县	面 积
巴州区	1	芦山县	299
夹江县	1	理 县	312
开江县	1	松潘县	317
壤塘县	1	通江县	319
苍溪县	2	九龙县	326
理塘县	2	康定市	334
邻水县	2	金阳县	381
西 区	2	叙永县	450
新龙县	2	泸定县	453
道孚县	5	万源市	454
长宁县	9	布拖县	458
白玉县	10	旺苍县	473
叙州区	10	南江县	475
华蓥市	11	古蔺县	489
沙湾区	11	普格县	559
珙 县	14	青川县	567
乡城县	16	马边县	586
东 区	33	洪雅县	612
若尔盖县	38	宁南县	626
合江县	41	宝兴县	649
邛崃市	56	天全县	703
兴文县	74	喜德县	741
什邡市	76	九寨沟县	756
筠连县	80	茂 县	757
巴塘县	90	荥经县	780
屏山县	91	越西县	783
雅江县	91	美姑县	803
利州区	94	汉源县	805
沐川县	98	汶川县	856
小金县	102	仁和区	868
大邑县	113	石棉县	877
都江堰市	113	甘洛县	914
安 县	120	北川县	922
崇州市	120	德昌县	938
马尔康市	122	米易县	944

续表

区县	面积	区县	面积
绵竹市	132	昭觉县	951
得荣县	146	雷波县	986
江油市	150	西昌市	988
宣汉县	157	峨边县	1 033
雨城区	157	木里县	1 035
金口河区	182	冕宁县	1 246
峨眉山市	189	会东县	1 338
金川县	213	盐边县	1 358
黑水县	223	平武县	1 739
朝天区	277	会理县	1 797
丹巴县	277	盐源县	2 118

4. 最适宜区

多花黄精的最适宜区为海拔 300~600 m 的山区、丘陵阴湿处，包括蓬溪、营山、武胜、岳池等地。见图 4-73。滇黄精最适宜区为四川省海拔 1 200~2 800 m 的山区阴湿处，包括凉山州、攀枝花市。见图 4-74。

黄精的最适宜区为海拔 1 000~2 500 m 的山区阴湿处，包括甘孜州、阿坝州、广元、巴中等地。

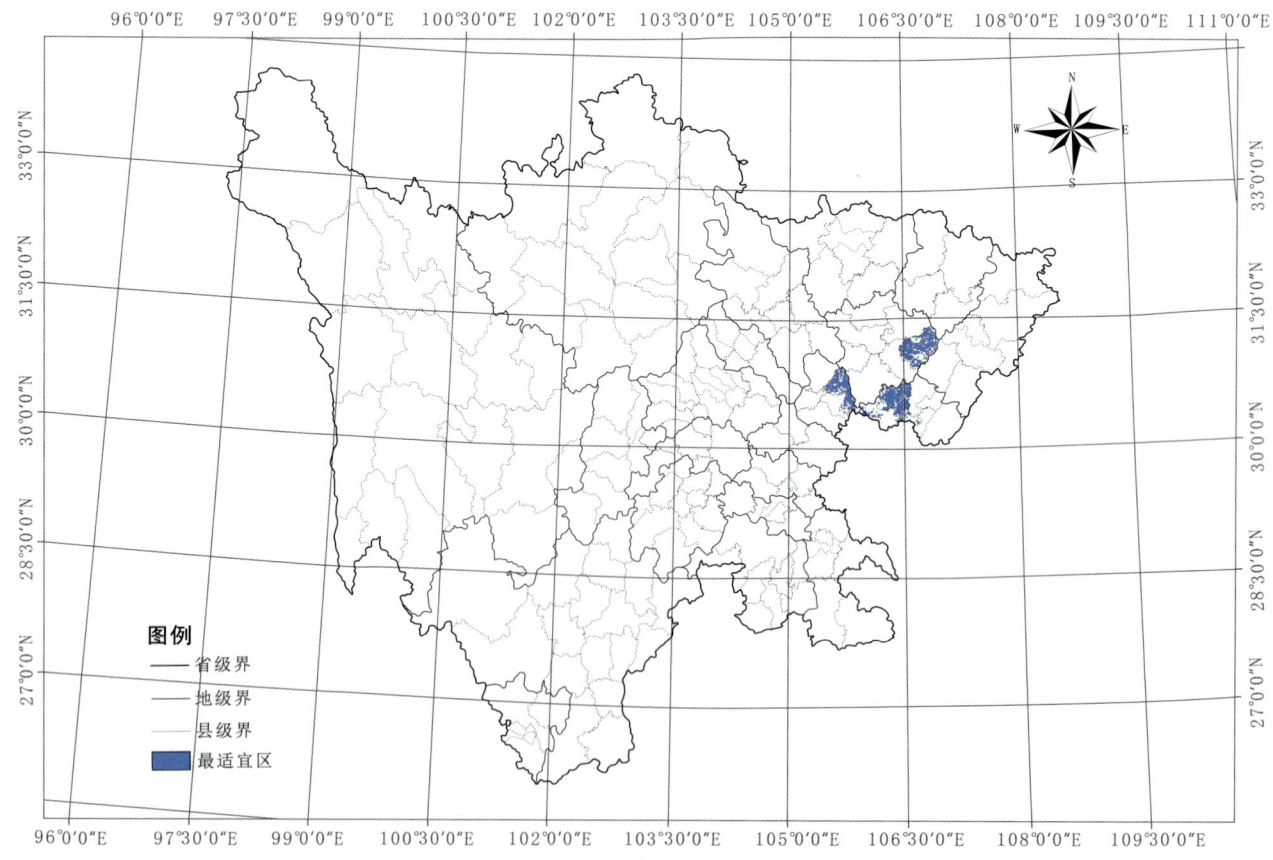

图4-73　多花黄精最适宜区示意图

表4-37 多花黄精最适宜区面积（km²）

区 县	面 积	区 县	面 积
蓬溪县	841	营山县	1 085
武胜县	165	岳池县	961

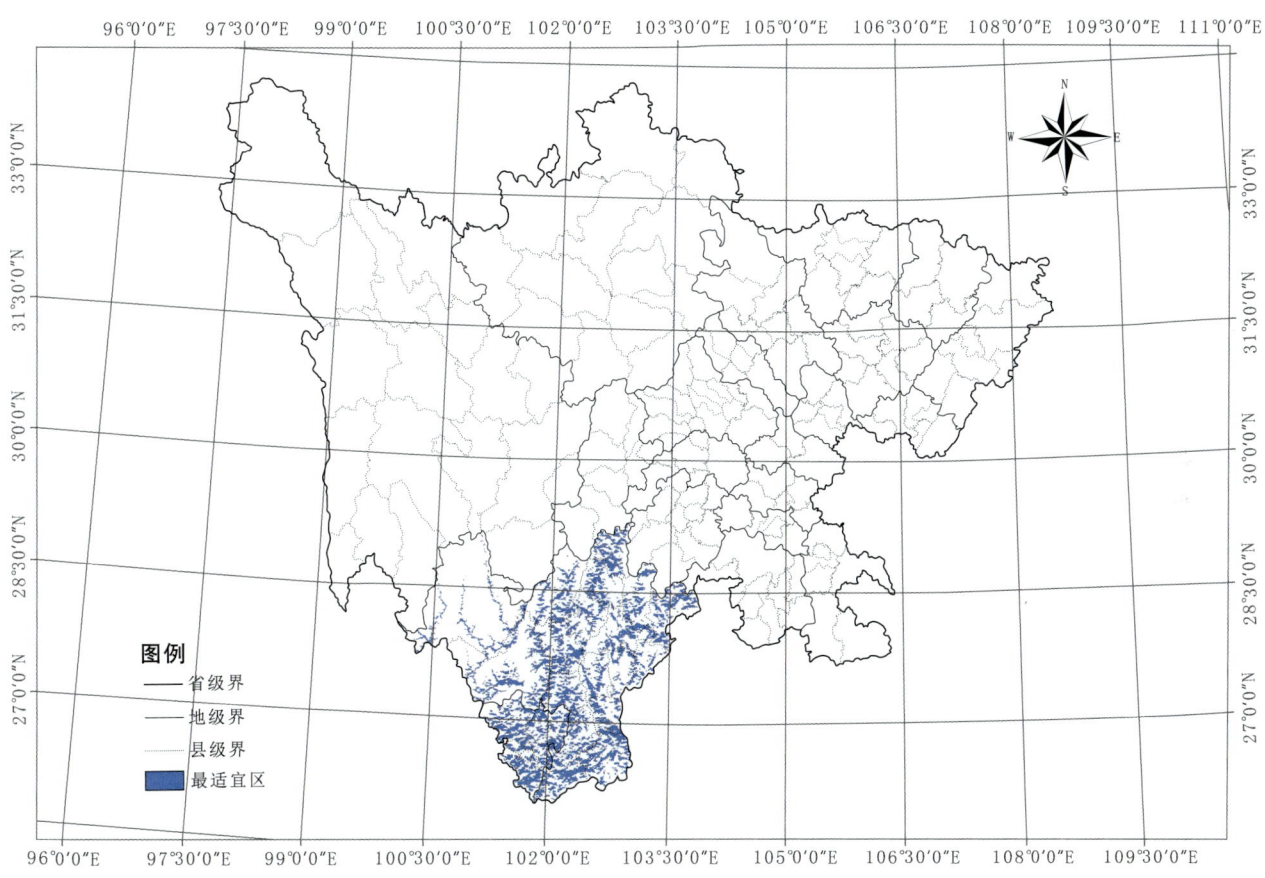

图4-74 滇黄精最适宜区示意图

表4-38 滇黄精最适宜区面积（km²）

区 县	面 积	区 县	面 积
布拖县	326	木里县	688
德昌县	839	宁南县	567
东 区	33	普格县	457
甘洛县	827	仁和区	858
会东县	1 185	西昌市	885
会理县	1 699	西 区	3
金阳县	316	喜德县	518
雷波县	944	盐边县	1 254
美姑县	646	盐源县	1 475

续表

区 县	面 积	区 县	面 积
米易县	902	越西县	629
冕宁县	1 031	昭觉县	690

【基地建设】 四川省在遂宁市、广安市、南充市、内江市、资中市等地栽培了大面积的多花黄精，面积超过万亩。在岳池县建立多花黄精种苗繁育基地 100 亩。滇黄精在四川为野生药材，主要分布于攀枝花市、凉山州等地。

十八、白及生产区划

【来源】 为兰科植物白及 *Bletilla striata* (Thunb.) Reichb.f. 的干燥块茎。

【道地沿革】 始载于《神农本草经》，别名甘根、连及草。《四川通志》记载眉州（今四川眉山）出白及。《植物名实图考长编》引《陇蜀余闻》："武连梓潼间山谷多有之。"武连为今剑阁县武连乡。清·雍正《叙州府志》、民国《犍为县志》、清·光绪《雷波县志》、清·光绪《盐源县志》等均记载产白及。说明四川自古就是白及的道地产区。

以个大、饱满、坚实、色白、半透明者为佳。

【性味归经】 苦、甘、涩，微寒。归肺、肝、胃经。

【功能主治】 收敛止血，消肿生肌。用于咯血，吐血，外伤出血，疮疡肿毒，皮肤皲裂。

【药理作用】

1. 对血液和血管的作用

（1）止血。白及具有止血作用，与其能促进血小板聚集、抑制血管生成有关。白及水溶性部位、正丁醇部位对 ADP 诱导的兔血体外血小板聚集有促进作用，而乙酸乙酯部位表现为抑制作用，石油醚部位无明显作用，而当白及水溶性部位、正丁醇部位和乙酸乙酯部位以 7.5 g/kg、15 g/kg 灌胃家兔时，对 ADP 诱导的家兔体内血小板聚集的影响与体外试验一致。对实验性肝损伤犬采用白及甘露聚糖加纱布压迫法止血，结果较采用吸收性明胶海绵加压法虽总失血量无明显差别，但止血时间明显缩短，术后 7~45 d 观察见创面愈合良好，纱布易于剥离，创面仅有轻度炎性细胞浸润和纤维组织修复，而吸收性明胶海绵止血处创面与周围组织广泛粘连，周围有急性炎症反应。对 Walker-256 移植性肝癌大鼠经动脉化疗栓塞治疗，灌注直径 50~200 μm 的 5-FU 白及微球 10 mg/kg，栓塞治疗后血管计数减少，肿瘤细胞因子Ⅷ明显下降。

（2）抑制血管生成。含白及萜类化合物的粗提物可显著抑制鸡胚绒毛尿囊膜血管生成，白及萜类化合物 100 mg/L、50 mg/L 对血管内皮生长因子和碱性成纤维细胞生长因子刺激的 HUVECs 增殖有抑制作用，100 mg/L 可升高细胞中 Caspase-8 活性，使细胞中微管和微丝发生改变甚至破坏，诱导细胞凋亡。白及胶处理后的 HepG2 细胞上清液可明显抑制体外培养人脐静脉内皮细胞系 ECV304 的增殖，当浓度为 0.5 μg/ml、1.0 μg/ml、2.0 μg/ml、4.0 μg/ml、8.0 μg/ml 时的抑制率分别为 57.6%、66.7%、86.4%、87.5% 和 94.8%，呈剂量依赖性。白及多糖在 60~120 μg/ml 浓度时可促进人静脉内皮细胞黏附贴壁生长，以 80 μg/ml 作用最明显。

（3）血管栓塞剂。利用白及止血这一药理活性及其黏质的物理特性，目前正尝试将其作为血管栓塞剂使用，用于模型制作、肿瘤治疗等，效果较好。白及微球（直径 300~450 μm）作为栓塞剂对新西兰兔门静脉不同分支行栓塞治疗，栓塞后连续观察 28 d，结果与无水乙醇组比较，采用白及微球作为栓塞剂肝实质呈大片状气化坏死，未见栓塞区门静脉再通，其术后再通率与不全坏死率均明显低于无水乙醇，是一种可行的末梢性门静脉栓塞剂。10 mg 左右白及微球（300~450 μm）作为栓塞剂行门静脉栓塞并联合肝动脉栓塞术，对移植性肝癌伴门静脉癌栓家兔肿瘤生长抑制率为 81.8%，肝内转移率为 0，门静脉主干癌栓发生率为 10%，明显优于单纯用肝动脉栓塞术的治疗效果。对 AC 大鼠肝包膜下植入 MorrisHepatom3924A 肝癌瘤块（2 mm³）的实验性肝细胞癌模型，经肝动脉注入 0.1 mg 丝裂霉素 +0.1 ml 碘酒 +1.0 mg 白及（白及微粒 45 μm）联合治疗，13 d 后进行 MRI 检查，结果能明显抑制肝肿瘤生长，且未引起肿瘤转移。从白及中提取白及多糖制得液态栓塞剂，对 19 只兔颈总动脉瘤模型以 0.2 ml/min 的速度注射液体栓塞剂，0.1~0.15 ml，DSA 示模型动脉瘤栓塞中未发生栓塞剂外溢及黏管现象，栓塞后 3 周，病理显示瘤颈口出现内皮细胞生长。

2. 预防腹腔术后粘连

用白及复合物对家兔盲肠部分切除术后实验动物模型的创面进行活体喷涂，对预防腹腔术后粘连效果良好，总有效率 82.2%；体外培养日本大耳白兔胆管成纤维细胞中加入 0.1 mg/ml、1.0 mg/ml、10.0 mg/ml 白及胶 72 h 后可抑制成纤维细胞生长，成纤维细胞较对照组胞体较小，胞突少，多呈圆形，胞核较小。

3. 促进创面愈合

白及可促进实验性外伤大鼠创面愈合，与不同处理组比较，白及（100 g 白及经水提醇沉制得白及干粉 0.1 g）埋入创口可加快伤后 3~21 d 创面残留面积百分率减少，创面平均愈合时间提前 2.5 d，创面组织蛋白含量和羟脯氨酸含量显著升高，伤后 3 d、5 d、7 d 伤口巨噬细胞数量也显著提高。含白及 2×10^{-2} mg/ml 及 2×10^{-3} mg/ml 培养基对浮游法培养的小鼠皮片中角质细胞游走显著比对照组快，能较对照组早 4 h 显示游走迹象，且培养时间与游走长度皆呈直线正相关。白及胶 0.1 mg/ml、0.5 mg/ml、1.0 mg/ml、10 mg/ml 作用 3 d 对体外培养大鼠皮肤成纤维细胞 VEGFmRNA 表达有促进作用，其中以 0.5 mg/ml 表达最强，且白及胶可作为重组人表皮生长因子载体促进家兔创面表皮细胞 DNA 的合成。白及促进角质细胞游走应是其促进创面愈合的机制之一。

4. 抗溃疡

白及水煎液以 4 g/kg 灌胃三硝基苯磺酸合乙醇注射诱导的溃疡性结肠炎大鼠连续 10 d，可有效改善模型大鼠食量下降、稀便、毛发无光泽、精神萎靡等全身状态，降低肠组织中 NF-κB p65 水平，对肠组织中 IL-18、IL-10 水平无明显影响。白及水煎液 20 g/kg 灌胃无水乙醇致胃黏膜损伤大鼠、幽门结扎诱发胃溃疡大鼠和醋酸诱发慢性胃溃疡大鼠，结果能有效降低三种胃溃疡模型的溃疡指数，明显增加幽门结扎大鼠胃壁结合黏液量和胃黏膜血流量，但对大鼠胃液酸度、胃酸分泌量及周蛋白酶活力无明显影响。白及正丁醇部位、乙酸乙酯部位、石油醚部位均以 0.15 g/kg、0.30 g/kg 灌胃多种胃溃疡大鼠模型，结果显示正丁醇部位是其活性部位，对大鼠醋酸性胃溃疡、酒精性胃溃疡和吲哚美辛性胃溃疡有明显对抗作用，对应激性和利舍平性胃溃疡无明显作用。

白及甘露聚糖以每日 12 mg/只、6 mg/只、3 mg/只预防性灌胃给药连续 15 d，对幽门结扎致胃溃疡大鼠和应激性溃疡大鼠的溃疡发生有对抗作用，可明显降低溃疡指数。白及多糖灌胃连续 10 d，其中 6 mg/只、3 mg/只、1 mg/只均可明显降低幽门结扎致胃溃疡大鼠的溃疡指数，6 mg/只、3 mg/只可降低乙醇诱导的小鼠胃溃疡黏膜损伤，6 mg/只对应激性胃溃疡小鼠的溃疡指数有降低作用。50 mg/kg、100 mg/kg 灌胃 5 d 可使醋酸所致胃溃疡大鼠中血清 MDA 含量降低，SOD 活性增强。

【品质研究】 黄良永等采用 HPLC 法测定不同产地白及中 1, 4- 二 [4-（葡萄糖氧）苄基]-2- 异丁基苹果酸酯的含量；对产地和 1, 4- 二 [4-（葡萄糖氧）苄基]-2- 异丁基苹果酸酯含量之间的关系用系统聚类分析法分析。结果：17 批不同产地的白及药材，1, 4- 二 [4-（葡萄糖氧）苄基]-2- 异丁基苹果酸酯的含量差别明显；系统组内平均联接聚类分析结果显示，含量高低有明显的地域性。

【原植物】 多年生草本，高 18~70 cm。假鳞茎扁球形，肉质肥厚，上面具荸荠似的环带，富黏性，常数个相连。茎直立。叶 3~6 枚，狭长圆形或披针形，长 8~29 cm，宽 1.5~4 cm，先端渐尖，基部收狭成鞘并抱茎。总状花序顶生，具 3~10 朵花，不分枝；花序轴或多或少呈"之"字状曲折；花苞片长圆状披针形，长 2~2.5 cm，开花时常凋落；花大，紫红色或粉红色；萼片和花瓣近等长，狭长圆形，长 25~30 mm，宽 6~8 mm，先端急尖；花瓣较萼片稍宽；唇瓣较萼片和花瓣稍短，倒卵状椭圆形，长 23~28 mm，白色带紫红色，具紫色脉；唇盘上面具 5 条纵褶片，从基部伸至中裂片近顶部，仅在中裂片上面为波状；蕊柱长 18~20 mm，柱状，具狭翅，稍弓曲。花期 4~5 月，果期 7~9 月，种子微小。见图 4-75。

图4-75 白及原植物（方清茂摄）

【生物学特性】 喜温暖湿润气候，不耐寒。

【栽培技术】

1. 块茎繁殖

选种与种栽贮藏：在 9~10 月收获时，选当年生具有老秆和嫩芽的块茎作种栽。盆地宜随挖随栽；盆周山区，将种栽贮藏至翌春栽种。贮藏方法：白及块茎挖回后置通风干燥处晾数日。然后，将 1 份种茎与 2~3 倍的清洁稍干的细河砂混合贮藏于通风、阴凉、干燥的屋内一角。少数种茎可与细砂混合后装入木箱内贮藏。箱顶不要加盖，并注意经常检查，发现霉变及时处理。

2. 选地整地

选择土层深厚、肥沃疏松、排水良好、富含腐殖质的砂质壤土以及阴湿的地块种植。前作收获后，翻耕土壤 20 cm 以上，每亩施入腐熟厩肥或堆肥 1 500~2 000 kg，翻入土中作基肥。于栽种前，再浅耕 1 次，然后整细耙平，作 1.3 m 宽的高畦栽种。

3. 栽种

多于 9~10 月栽种。选当年生，具嫩芽的块茎分切成小块，每块需有芽 1~2 个。按行距 33 cm，株距 23~25 cm，穴深 10~13 cm，搂平穴底，每穴栽入种茎 3 块。栽时，将芽向上，呈三角形错开，平摆于穴底。栽后，覆细肥土或火土灰，浇 1 次稀薄人畜粪水，盖土与畦面平齐。

4. 田间管理

（1）中耕除草。一般每年除草 4 次。第 1 次于 4 月齐苗后；第 2 次在 6 月旺盛生长时，因此时杂草滋长快，白及幼苗又矮小，要及时除尽杂草；第 3 次于 8~9 月；第 4 次结合收获间作物松土，铲除杂草。每次中耕宜浅，避免伤根。

（2）追肥。白及喜肥，生育期间，每半个月追施 1 次稀薄的人畜粪水，每亩 1 500~2 000 kg。8~9 月追施稍浓的液肥，亦可用过磷酸钙与堆肥混合沤制后，撒施于畦面，结合第 3 次中耕除草，盖土压入畦内。

（3）排灌水。白及喜阴湿，栽培地要经常保持湿润，遇天旱及时浇水。7~9 月早晚各浇 1 次水。白及怕涝，雨季或每次大雨后要及时疏沟排除多余的积水，避免腐根。

（4）间作。白及生长慢，栽培年限较长，可于头两年在行间间种青菜、萝卜等短期作物，以充分利用土地，增加收益。

【采收加工】夏、秋二季采挖，除去须根，洗净，置沸水中煮或蒸至无白心，晒至半干，除去外皮，晒干。见图 4-76。

图4-76 白及药材（黎跃成摄）

【适宜区与最适宜区】

1. 生态环境

生于海拔 3 200 m 以下的山坡草丛、山野川谷、沟边、疏林下较潮湿处。

2. 生态因子

年均气温 18~20 ℃，最低平均气温 8~10 ℃，年降雨量 1 100 mm 以上，空气湿度为 75%~80%。土壤为肥沃、疏松而排水良好的砂质壤土或腐殖质壤土。不宜在排水不良、黏性重的土壤栽种。

3. 适宜区

白及的适宜区为海拔 300~1 500 m 的丘陵与山区，包括内江、成都、德阳、绵阳、广元等地。见图 4-77。

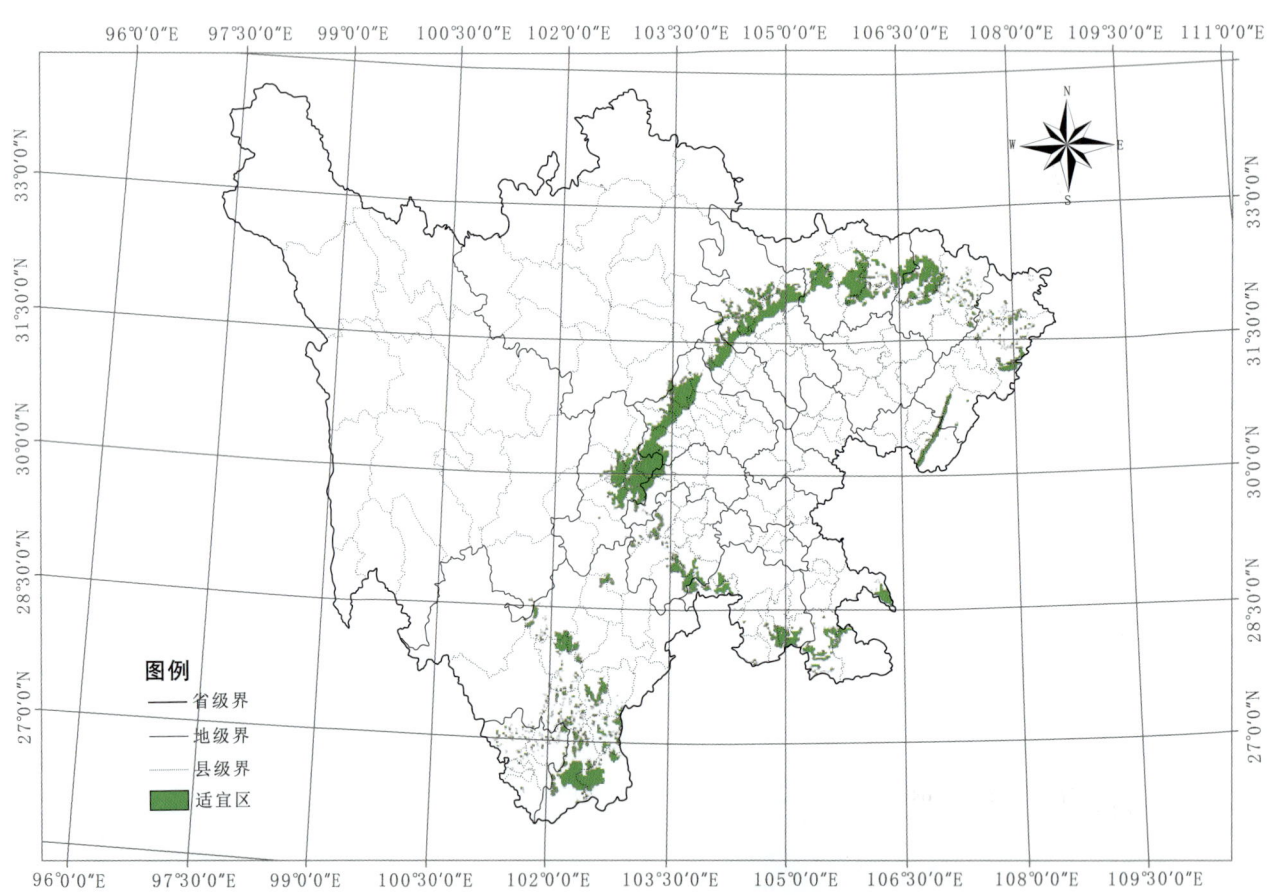

图4-77　白及适宜区示意图

表4-39　白及适宜区面积（km²）

区　县	面　积	区　县	面　积
康定市	3	彭州市	329
会东县	4	南溪区	336
旌阳区	5	江安县	351
松潘县	6	天全县	353

续表

区　县	面　积	区　县	面　积
越西县	9	盐边县	362
大英县	10	长宁县	372
冕宁县	11	仁寿县	390
甘洛县	14	安居区	399
船山区	16	峨眉山市	414
罗江县	21	纳溪区	420
涪城区	24	夹江县	442
泸定县	24	屏山县	450
温江区	26	隆昌市	455
盐亭县	29	广安区	458
布拖县	41	翠屏区	467
自流井区	41	筠连县	467
汉源县	46	通川区	481
茂　县	47	雨城区	484
普格县	49	珙　县	486
金口河区	50	井研县	487
西　区	62	富顺县	491
会理县	64	洪雅县	519
青川县	69	乐山市市中区	525
华蓥市	72	崇州市	529
东　区	74	沐川县	555
什邡市	77	开江县	564
蓬溪县	79	绵竹市	564
盐源县	80	兴文县	606
郫都区	86	恩阳区	612
西昌市	87	蓬安县	622
峨边县	94	高　县	626
双流区	96	安　县	638
宝兴县	99	梓潼县	653
前锋区	101	渠　县	674
龙马潭区	133	犍为县	675
德昌县	135	大邑县	676
汶川县	153	威远县	684

续表

区 县	面 积	区 县	面 积
江阳区	159	都江堰市	689
嘉陵区	162	东兴区	709
沿滩区	167	泸 县	726
青神县	170	资中县	744
贡井区	186	合江县	755
大安区	191	昭化区	773
五通桥区	206	北川县	788
蒲江县	220	邛崃市	797
仁和区	236	荣 县	823
内江市市中区	239	岳池县	827
新津县	241	巴州区	841
马边县	244	东坡区	860
武胜县	244	营山县	879
西充县	245	仪陇县	960
高坪区	248	邻水县	1 000
雁江区	250	阆中市	1 007
宁南县	252	大竹县	1 019
利州区	253	达川区	1 021
平武县	264	安岳县	1 036
沙湾区	268	叙永县	1 110
顺庆区	269	南部县	1 123
丹棱县	270	平昌县	1 172
乐至县	271	叙州区	1 287
芦山县	278	苍溪县	1 345
名山区	292	江油市	1 427
朝天区	293	旺苍县	1 461
米易县	293	南江县	1 543
古蔺县	303	剑阁县	1 662
游仙区	303	万源市	1 955
荥经县	305	宣汉县	2 164
彭山区	316	通江县	2 189

4. 最适宜区

白及的最适宜区为海拔 300~1 100 m 的盆地丘陵地区，包括乐山、内江、剑阁等地。见图 4-78。

【生物学特性】喜生长于温暖湿润、雨量充沛、阳光充足的地区，耐荫性强。

【栽培技术】

1. 繁殖方法

用种子、嫁接繁殖。

（1）种子繁殖。11月果实充分成熟时采摘，堆放，取出种子洗净后冬播；或用湿河沙混合贮藏，以待春播。条播育苗，按行距30 cm开沟，株距3~6 cm，盖肥土，再覆草。出苗前要保持床上湿润，出苗后及时揭去盖草。苗高10 cm进行间苗、补苗、松土除草、追施人粪尿或尿素等，夏秋季再追肥1次，冬季需防霜盖草。遇旱及时浇水，保持苗床湿润，苗高1 m即可移栽。

（2）嫁接繁殖。用种子繁殖的幼苗作砧木，接穗选自优良母树的内膛春梢，于清晨或傍晚随采随用。一般可在3~4月、10~11月进行嫁接。可用单芽切接法或丁字形芽接法。成活后在早春萌芽前于芽的上方10~15 cm处剪断，移栽。3月下旬按行株距5 m×5 m开穴，穴径70 cm，深50 cm，开穴呈三角形排列，每穴栽1株，使根部舒展，填土压实，浇透水。

2. 田间管理

幼树栽种后要勤除草松土，结合施肥，以氮肥为主。结果树每年施肥3~4次，可于3月上旬、5~6月、7月下旬至8月上旬和11月各施肥1次。挂果后可施0.5%尿素、1%过磷酸钙浸出液、3%草木灰浸出液、敌百虫1 000倍液等混合液进行叶面喷射。幼果期施过磷酸钙进行根外追肥。4~6月多雨季节要注意排水，7~9月干旱季节要浇水。

3. 整形修剪

幼树整形，主要培养骨干架，形成高产稳产树型。定植后1~2年冬季，将1 m高以上的部分剪去，留3~4个分枝作骨干枝，逐年培养分枝与侧枝，使树冠生长旺盛，骨干枝可选夏梢或秋梢，长约30~35 cm，过长要摘心或短截，保留8~10片叶，在1~2年内可定型。3年以下的幼树开花时要摘除全部花蕾，以后可适当疏去树冠中、上部枝条上的花蕾，使在下部着生适量的果实。修剪宜轻，主要剪去密生枝、荫蔽的细弱枝，适当短截长枝。结果树修剪，主要删密留疏，除去弱枝、病虫枝、枯枝、丛生枝、下垂枝、徒长枝、衰老枝等。大年结果树修剪宜重，以疏删修剪为主，短截为辅。小年树修剪以轻剪为主，尽量保留强壮枝，结果母枝不宜修剪。衰老树更新，3~5月换砧更新或修剪主枝更新。

4. 病虫害防治

病害有溃疡病，危害叶及果实，可在芽萌动时喷1∶1∶200的波尔多液1~2次。疮痂病，危害叶、枝梢及果实，可在落花时喷1∶1∶200的波尔多液或50%退菌特可湿性粉剂500倍液。

立枯病，危害幼苗，用70%敌克松300倍液灌根。还有煤烟病，危害叶、枝及果实。虫害有星天牛、锈壁虱、介壳虫、桔细潜蛾等。

【采收加工】6~7月于大暑前采摘未成熟或近成熟、果皮尚绿的果实，除去杂质，

图4-80 枳壳药材（舒光明摄）

自中部横切为两半,晒干或低温干燥,较小者直接晒干或低温干燥。见图 4-80。

【适宜区与最适宜区】

1. 生态环境

生于海拔 1 800 m 以下的温暖湿润的地区。

2. 生态因子

海拔 1 800 m 以下。年均气温 15 ℃ 以上,最低气温 -5 ℃ 以上,相对湿度 75% 左右。发芽有效温度为 10 ℃ 以上,生长适宜温度为 20~25 ℃,在 -5 ℃ 以上能安全生长,最低温度为 -9 ℃,最高温度 40 ℃。年降雨量 1 000~2 000 mm。以选阳光充足、土层深厚、疏松肥沃、富含腐殖质、排水良好的微酸性冲积土或酸性黄壤、红壤栽培为宜。

3. 适宜区

四川枳壳的适宜区为海拔 1 800 m 以下的温暖湿润的丘陵地区,包括遂宁、苍溪、安岳、西充、仪陇、通江、广安、三台、资阳、高县、营山、珙县、万源。见图 4-81。

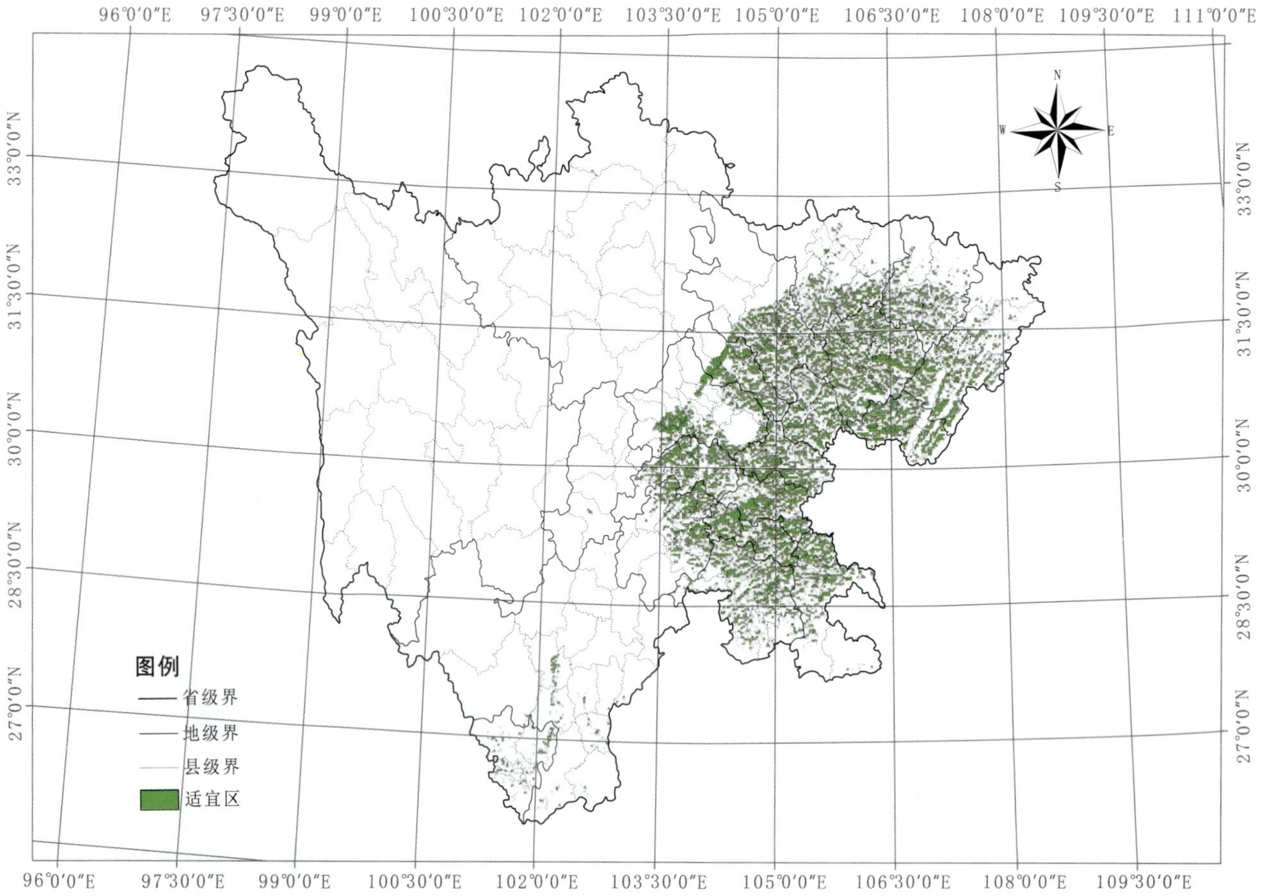

图 4-81 枳壳适宜区示意图

表 4-41 枳壳适宜区面积(km²)

区 县	面 积	区 县	面 积
峨边县	2	南江县	243

续表

区　县	面　积	区　县	面　积
金口河区	3	叙永县	246
雷波县	3	夹江县	249
武侯区	3	通川区	249
甘洛县	5	罗江县	252
金牛区	5	顺庆区	256
马边县	5	旌阳区	274
布拖县	7	高坪区	283
锦江区	7	沐川县	285
东　区	10	大英县	286
金阳县	10	开江县	297
青羊区	12	广汉市	300
成华区	13	纳溪区	313
汉源县	16	江安县	316
绵竹市	17	南溪区	346
西　区	17	长宁县	347
会东县	21	简阳市	376
自流井区	25	双流区	377
普格县	29	通江县	382
龙泉驿区	32	乐山市市中区	393
朝天区	33	翠屏区	409
郫都区	39	隆昌市	409
温江区	47	高　县	425
盐源县	48	金堂县	440
古蔺县	52	武胜县	460
万源市	61	游仙区	460
青白江区	66	井研县	465
会理县	70	巴州区	483
新都区	72	恩阳区	488
利州区	78	西充县	515
蒲江县	84	嘉陵区	516
旺苍县	89	广安区	519
彭州市	91	威远县	536
什邡市	99	犍为县	549
沙湾区	101	宣汉县	555
华蓥市	103	蓬安县	561

续表

区县	面积	区县	面积
宁南县	103	射洪县	566
仁和区	108	梓潼县	581
德昌县	113	蓬溪县	596
盐边县	116	安居区	616
前锋区	123	乐至县	620
昭化区	126	邻水县	625
峨眉山市	127	东兴区	654
西昌市	132	合江县	663
青神县	137	富顺县	668
筠连县	138	盐亭县	690
丹棱县	141	东坡区	699
五通桥区	151	平昌县	703
大邑县	159	营山县	736
米易县	161	大竹县	743
珙县	165	资中县	761
新津县	166	泸县	785
龙马潭区	167	岳池县	811
贡井区	169	雁江区	817
安县	174	达川区	823
崇州市	180	荣县	824
屏山县	183	渠县	825
洪雅县	186	阆中市	831
兴文县	189	仪陇县	836
船山区	198	剑阁县	850
邛崃市	199	苍溪县	871
涪城区	200	叙州区	932
沿滩区	203	南部县	979
内江市市中区	215	中江县	1 004
大安区	215	仁寿县	1 042
江阳区	222	安岳县	1 156
江油市	227	三台县	1 161
彭山区	228		

4. 最适宜区

四川枳壳的最适宜区为海拔 500 m 以下的温暖湿润、雨量充足的丘陵地区，包括达州、巴中、苍溪、安岳、泸县、蓬溪。见图 4-82。

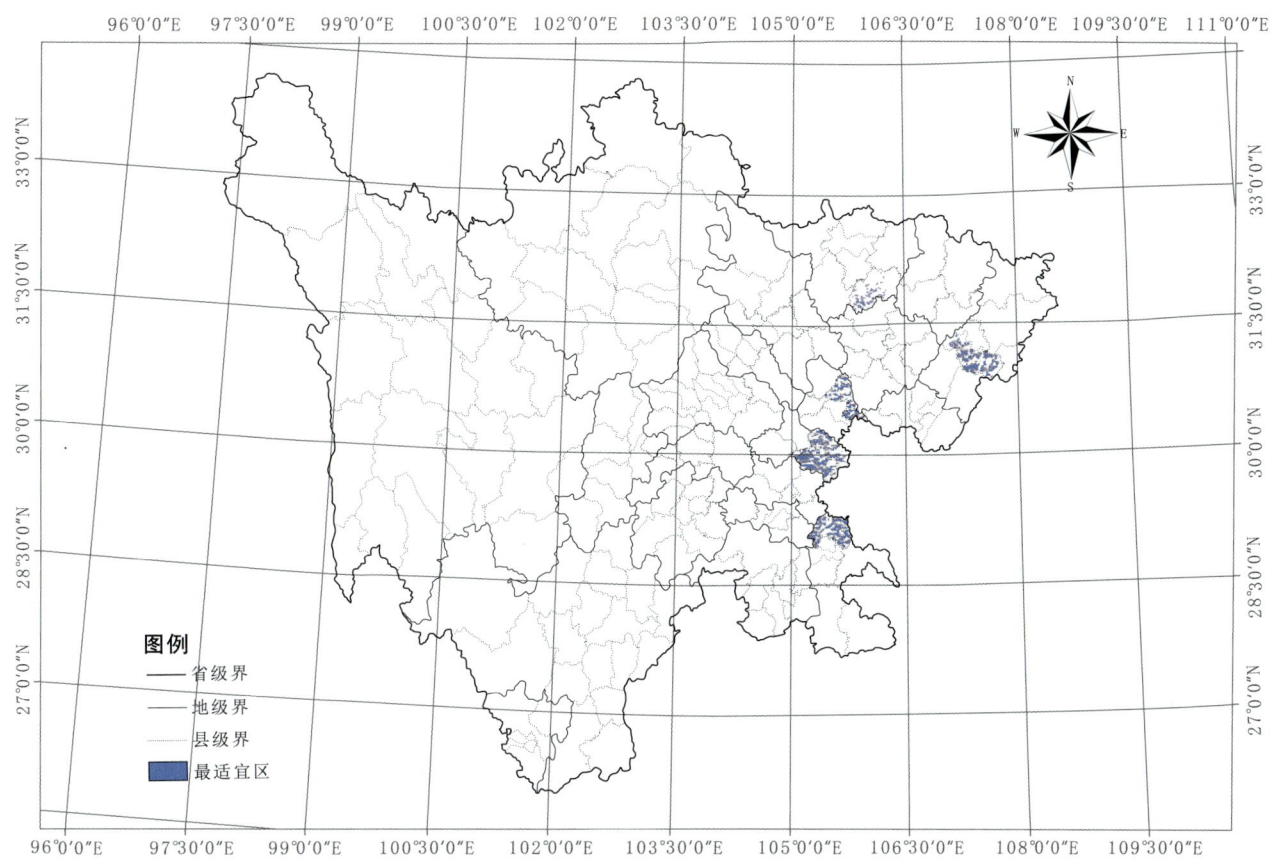

图4-82 枳壳最适宜区示意图

表4-42 枳壳最适宜区面积（km²）

区 县	面 积	区 县	面 积
安岳县	1 148	泸县	781
苍溪县	208	蓬溪县	591
达川区	670		

【基地建设】 四川省达州、巴中、苍溪、安岳、泸县等地均有大规模人工栽培。

二十、石斛生产区划

【来源】 为兰科植物金钗石斛 Dendrobium nobile Lindl、叠鞘石斛 Dendrobium denneanum Kerr. 或铁皮石斛 Dendrobium officinale Kimura et Migo. 的栽培品及其同属植物近似种的新鲜或干燥茎。

【道地沿革】 始载于《神农本草经》，列为上品。《本草图经》："今荆、湖、川、广州郡及温、台州皆有之。"李时珍谓："石斛名义未详。今蜀人栽之，呼为金钗花。"又谓"处处有之，以蜀中者为胜。"1936年，仅峨眉县即产鲜石斛40 000 kg。民国《四川通志》、民国《北川县志》、清·光绪《雷波县志》、清·光绪《盐源县志》等均记载产石斛。

以色金黄、有光泽、质柔韧、无泡杆、无枯朽糊黑、无膜皮与根兜者为佳。

【性味归经】 甘，微寒。归胃、肾经。

【功能主治】 益胃生津，滋阴清热。用于热病津伤，口干烦渴，胃阴不足，食少干呕，病后虚热不退，阴虚火旺，骨蒸劳热，目暗不明，筋骨痿软。

【药理作用】

1. 抗肿瘤

铁皮石斛原球茎多糖DCPP1 a-1的3个剂量组50 mg/kg、150 mg/kg、250 mg/kg灌胃对H22肝癌小鼠有不同程度的抑瘤作用，抑瘤率分别为28.6%、19.3%和15.7%。其中以低剂量组的抑瘤效果最好，并显著提高了胸腺和脾指数。鼓槌石斛的乙醇提取物及从中分得的3个单体毛兰素、毛兰菲、鼓槌菲，均有不同程度抗肿瘤活性。对小鼠肝癌以毛兰素作用最强，其抑瘤率为50.82%；对艾氏腹水癌以鼓槌菲作用最强，其抑瘤率为62.25%。鼓槌石斛中联苯类化合物毛兰素、鼓槌石斛素、鼓槌菲及菲类化合物毛兰菲对体外培养肿瘤细胞株K562的生长具有不同的抑制作用，其细胞增殖抑制率50%的药物浓度（IC_{50}）分别为0.004 5 μg/ml、5.34 μg/ml、0.32 μg/ml、46.15 μg/ml。金钗石斛中提取的3种单体化合物玫瑰石斛素、鼓槌联苯、4, 4二羟基-3, 3', 5-三甲氧基二苄对人肝癌细胞株FHCC-98显示不同的增殖抑制作用。IC_{50}分别为（74.30±0.98）μmol/L、（56.60±0.92）μmol/L、（8.68±0.95）μmol/L，其中化合物4, 4'-二羟基-3, 3', 5-三甲氧基二苄的作用尤为明显，而3种化合物对正常细胞QSG7701基本没有毒性（IC_{50}值＞100 μmo/L）。利用铁皮石斛甲醇提取物（DCME）进行体内、体外抗癌活性实验，结果表明DCME抑制结肠癌HCT-116细胞的生长，引起细胞凋亡；通过上调Bax、caspase-9、caspase-3和下调Bcl-2、iNOS、NF-κB及环氧合酶-2（COX-2）表达，从而发挥促凋亡、抗炎的作用；在小鼠结肠26-M3.1细胞中通过抑制MMP基因表达和促进TIMPs基因表达，发挥抑制肿瘤转移的作用。

2. 抗衰老

石斛每日0.5 g（生药）/ml，1 ml/kg，连续灌胃一个月，能显著提高衰老模型家兔超氧化物歧化酶水平，从而起到降低过氧化脂质的作用；从脑单胺类神经介质水平的调节角度，作为类似单胺氧化酶的抑制剂而起到抗衰老作用。梁颖敏研究发现，铁皮石斛具有体内抗衰老的作用，其作用机理为一方面通过增强血液中的抗氧化酶活性、促进脾淋巴细胞增殖，另一方面则抑制促炎症因子的释放、抑制NF-κB通路，从而发挥抗氧化、抑制炎症、促进免疫作用来达到抗衰老的目的。

3. 增强免疫

金钗石斛水煎剂0.5 g（生药）/d，连续灌胃6 d，对孤儿病毒（ECHO11）所致的细胞病变有延缓作用，对小鼠腹腔巨噬细胞的吞噬功能有明显的促进作用，但不能改善激素所造成的巨噬细胞功能低下。第1 d给小鼠腹腔注射环磷酰胺1.5 mg，第2 d直至第10 d每只小鼠灌胃铁皮石斛多糖0.5 mg/d，结果显示铁皮石斛多糖能够强有力地抵消免疫抑制剂环磷酰胺的加入所引起的小鼠外周白细胞数的剧烈下降。谢唐贵等通过观察铁皮石斛提取物对小鼠巨噬细胞炭末廓清、溶血素抗体生成的影响，发现铁皮石斛水提取物显著提高炭末廓清指数及溶血素抗体含量。余琪等通过比较铁皮石斛、金钗石斛、鼓槌石斛和流苏石斛4种药用石斛对增强小鼠免疫功能的效果，发现4种石斛均能增强小鼠免疫功能，但铁皮石斛在增强巨噬细胞吞噬能力及提高免疫抑制小鼠血液中的中性粒细胞数方面效果优于另外3种石斛。陈星星等通过小鼠实验证实，在体外培养条件下，铁皮石斛协同LPS、ConA促进脾脏淋巴细胞增殖，加强机体的免疫功能。宋美芳等通过实验证明两种石斛多糖均能明显刺激脾淋巴细胞增殖，促进脾淋巴细胞中的白细胞介素-2及干扰素-γ的活性。

4. 降血糖

金钗石斛多糖（100 mg/kg、300 mg/kg）和生物碱（80 mg/kg、160 mg/kg）对肾上腺素引起的高血糖小鼠有明显的降血糖作用，但对正常小鼠血糖无明显影响。汤志远等的研究表明，铁皮石斛分离多糖能够显著降低四氧嘧啶诱发的糖尿病模型小鼠空腹血糖和糖化血红蛋白含量，提高血清胰岛素水平。宓文佳等的研究发现，铁皮石斛根提取物对 2 型糖尿病小鼠的降糖作用显著而且平稳，其降糖机制可能与提高受体对胰岛素的敏感性、改善胰岛素抵抗有关。具体机制是通过抑制大鼠胰岛素应激活化蛋白激酶（JNKThr183/Tyr185）信号通路，增加磷酸化蛋白激酶 B（AKTser473）活化水平，促进葡萄糖转运与糖原合成，提高胰岛素的敏感性，进而发挥降糖作用。

5. 对消化系统的作用

用铁皮石斛浸膏 0.125 g（生药）/kg 灌胃，能对抗阿托品对家兔唾液分泌的抑制作用，与西洋参有协同作用，合用后还能促进正常家兔的唾液分泌。用石斛水煎剂（石斛 300 g 加水 2 000 ml 于陶瓷皿慢火煎 60 min，过滤备用）每只每天 5 ml 灌胃慢性萎缩性胃炎（CAG）模型大鼠，连续 5 周，结果显示石斛有明显的升高血胃泌素（GAS）、胃黏膜前列腺素 E2（PGE2）作用。

【品质研究】 李华云等采用气相色谱法，对四川泸州市合江县和贵州赤水市两地 77 份不同生长年限（2~5 年生）、不同栽种环境（贴树生和贴石生）金钗石斛的石斛碱含量进行了测定。结果：泸、赤两地同一生长年限（即 2 年生、3 年生、4 年生、5 年生）样本中石斛碱含量的比较均无显著差异（$P > 0.05$）；泸、赤两地样本中石斛碱的含量随着生长年限（2~5 或 4 年）的增加而升高，差异极显著（$P < 0.01$），但石斛碱的含量增长速度变慢，至 5 年生时与 4 年生的比较无显著差异（$P > 0.05$）。

颜寿等对不同采收年限与采收月份时合江金钗石斛的品质指标进行测定。采收一年生、二年生和三年生金钗石斛茎，测定其折干率和多糖（比色法）、石斛碱（气相色谱法）、总生物碱（比色法）含量以及有效成分总量率（石斛碱含量 × 折干率）等指标；采收二年生秋冬季（第 2 年 10 月至第 3 年 3 月，每月 15 日采收）金钗石斛茎，测定其折干率和多糖、石斛碱含量。结果：二年生金钗石斛茎的折干率、多糖含量与有效成分总量率较一年生与三年生高，总生物碱、石斛碱含量为一年生（0.52%、0.48%）＞二年生（0.48%、0.44%）＞三年生（0.32%、0.22%）。从第 2 年 10 月至第 3 年 3 月，二年生金钗石斛茎的折干率逐月上升，多糖、石斛碱含量均呈现先上升后下降的趋势，其中多糖含量在 2 月最高（17.32%），石斛碱含量在 12 月最高（0.51%）。结论：合江金钗石斛最适采收期为二年生的 12 月和 1 月（第三年开花前）。

【原植物】 石斛（金钗石斛）：多年生附生草本，茎丛生，肉质状肥厚，稍扁的圆柱形，长 10~60 cm，粗达 1.3 cm，上部多回折状弯曲，上粗下细，多节；节间多呈倒圆锥形，长 2~4 cm，干后金黄色。叶革质，长圆形，长 6~11 cm，宽 1~3 cm，先端钝并且不等侧 2 裂，基部具抱茎的鞘。总状花序从老茎中部以上部分发出，长 2~4 cm，具 1~4 朵花；花序柄长 5~15 mm，基部被数枚筒状鞘；花苞片膜质，卵状披针形，长 6~13 mm，先端渐尖；花梗和子房淡紫色，长 3~6 mm；花大，白色带淡紫色先端，有时全体淡紫红色或除唇盘上具 1 个紫红色斑块外，其余均为白色；中萼片长圆形，长 2.5~3.5 cm，宽 1~1.4 cm，先端钝，具 5 条脉；侧萼片相似于中萼片，先端锐尖，基部歪斜，具 5 条脉；萼囊圆锥形，长 6 mm；花瓣多少斜宽卵形，长 2.5~3.5 cm，宽 1.8~2.5 cm，先端钝，基部具短爪，全缘，具 3 条主脉和许多支脉；唇瓣宽卵形，长 2.5~3.5 cm，宽 2.2~3.2 cm，先端钝，基部两侧具紫红色条纹并且收狭为短爪，中部以下两侧围抱蕊柱，边缘具短的睫毛，两面密布短绒毛，唇盘中央具 1 个紫红色大斑块；蕊柱绿色，长 5 mm，基部稍扩大，具绿色的蕊柱足；药帽紫红色，圆锥形，密布细乳突，前端边缘具不整齐的尖齿。花期 5~6 月。见图 4-83。

图4-83　石斛原植物（方清茂摄）

叠鞘石斛：茎纤细，茎粗4 mm以上，圆柱形，不分枝，具多数节。总状花序侧生于落叶的老茎上端，长约1 cm。花萼及花瓣金黄色。见图4-84。

图4-84　叠鞘石斛原植物（方清茂摄）

铁皮石斛：与石斛的区别为：茎丛生，栽培者无苦味，圆柱形；花淡黄绿色或白色。

【生物学特性】喜温暖湿润而较阴凉的环境，附生于石壁上或树干上。

【栽培技术】

1. 选地整地

根据其生长习性，石斛栽培地宜选半阴半阳的环境，空气湿度在80%以上，冬季气温在0 ℃

以上地区。树种应以黄桷树、梨树、樟树等且应为树皮厚有纵沟、含水多、枝叶茂、树干粗大的活树。石块地也应在阴凉、湿润地区，石块上应有苔藓生长及表面有少量腐殖质。

2. 繁殖方法

主要采用分株繁殖法。石斛种植一般在春季进行，因春季湿度大，降雨量渐大，种植易成活。选择健壮、无病虫害的石斛，二年生新茎作繁殖用。繁殖时剪去过长老根，留 2~3 cm，将种蔸分开，每株含 2~3 个茎，然后栽植，可采取贴石栽植和贴树栽植法。

3. 栽培方法

（1）贴石栽植。在选好的石块上，按 30 cm 的株距凿出凹穴，用牛粪拌稀泥涂一薄层于种蔸处塞入石穴或石槽，力求稳固不使脱落即可。可塞小石块固定。

（2）贴树栽植。在选好的树上，按 30~40 cm 在树上砍去一部分树皮将种蔸涂一薄层牛粪与泥浆混合物，然后塞入破皮处或树纵裂沟处贴紧树皮，再覆一层稻草，用竹篾捆好。

4. 田间管理

（1）浇水。石斛栽植后期空气湿度过小要经常浇水保湿，可用喷雾器以喷雾的形式浇水。

（2）追肥。石斛生长地贫瘠应注意追肥。第一次在清明前后，以氮肥混合猪牛粪及河泥为主。第二次在立冬前后，用菜籽饼、过磷酸钙等加入河泥调匀糊在根部。此外尚可根外追肥。

（3）调整郁闭度。石斛生长地的荫闭度在 60% 左右，因此要经常对附生树进行整枝修剪，以免过于荫蔽或郁闭度不够。

（4）整枝。每年春天前发新时，结合采收老茎将蔸内的枯茎剪除，并除去病茎、弱茎以及病根，栽种 6~8 年后视丛蔸生长情况翻蔸重新分枝繁殖。

5. 病虫害防治

（1）黑斑病。危害叶片使叶片枯萎，3~5 月发生。防治方法：可用 50% 的多菌灵 1 000 倍液喷雾 1~2 次。

（2）炭疽病。危害叶片及茎枝，受害叶片出现褐色或黑色病斑，1~5 月均有发生。防治方法：用 50% 多菌灵 1 000 倍液或 50% 甲基托布津 1 000 倍液喷雾 2~3 次。

（3）菲盾蚧。寄生于植株叶片边缘或背面，吸食汁液，5 月下旬为孵化盛期。防治方法：可用 40% 乐果乳剂 1 000 倍液喷雾杀灭或集中有盾壳老枝烧毁。

【采收加工】

1. 采收

每年春末萌芽前采收，采收时剪下三年生以上的茎枝，留下嫩茎让其继续生长。

2. 加工

因品种和商品药材不同，有不同加工方法，主要的两种方法如下：

（1）将采回的茎洗尽泥沙，去掉叶片及须根，分出单茎

图4-85　金钗石斛药材（郭俊霞摄）

株，放入85℃热水烫1~2 min，捞起，摊在竹席或水泥场上暴晒，晒至5成干时，用手搓去鞘膜质，再摊晒，并注意常翻动，至足干即可。见图4-85。

（2）也可将洗尽的石斛放入沸水中浸烫5 min，捞出晾干，置竹席上暴晒，每天翻动2~3次，晒至身软时，边晒边搓，反复多次至去净残存叶鞘，然后晒干。

【适宜区与最适宜区】

1. 生态环境

生于海拔1 500 m以下的树干、树枝、石缝、石壁上。

2. 生态因子

海拔1 500 m以下，年均气温16~21℃，年降水量1 000 mm以上，相对湿度80%以上，无霜期250~300 d。

3. 适宜区

四川省石斛的适宜区为海拔1 500 m以下的盆地丘陵地区与盆地周围山区，包括合江、夹江、峨眉、邛崃、蒲江、崇州、彭州、峨边、眉山、洪雅、雅安、叙永、泸县、石棉、泸定。见图4-86。

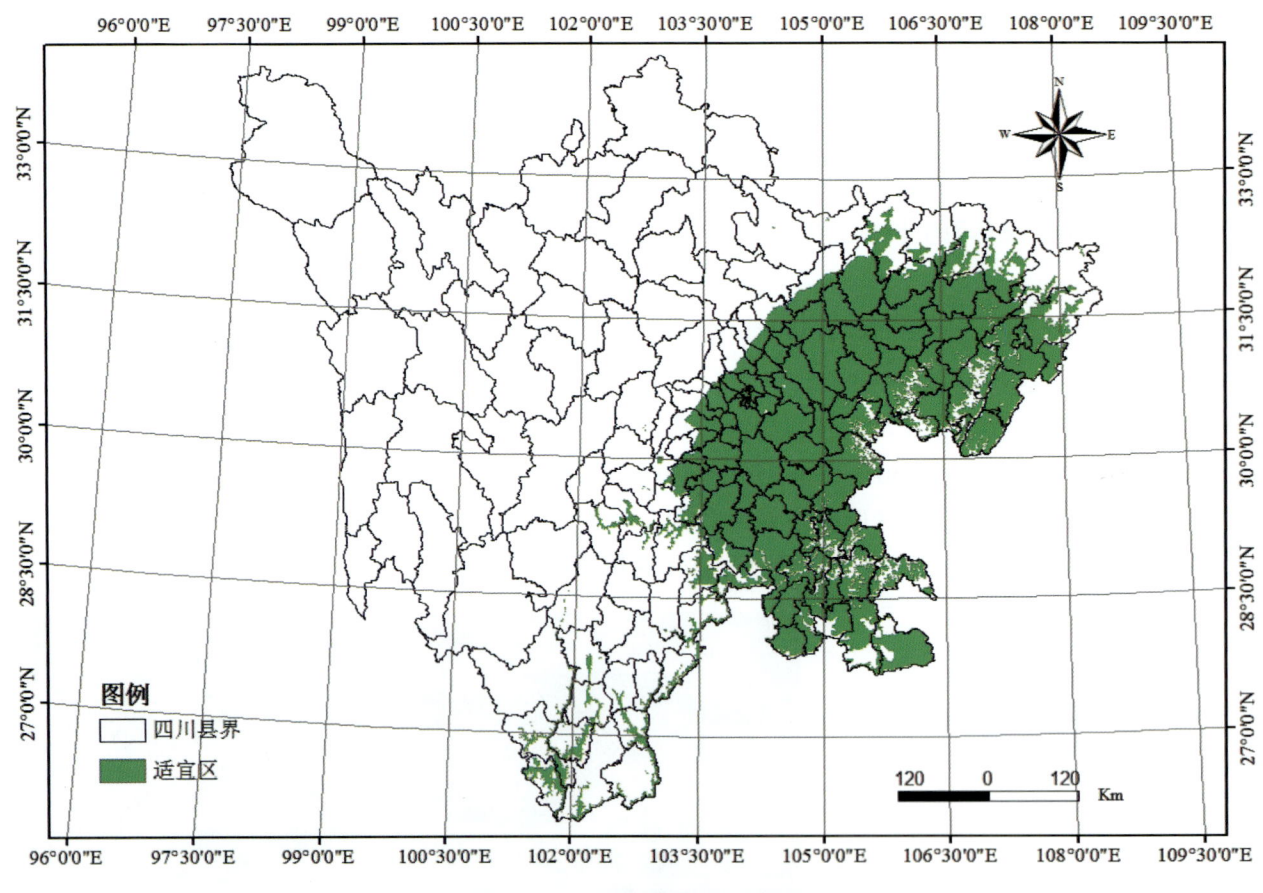

图4-86 石斛适宜区示意图

表4-43 石斛适宜区面积（km²）

区县	面积	区县	面积
泸定县	3	旌阳区	649

续表

区 县	面 积	区 县	面 积
平武县	4	仁和区	663
荥经县	7	盐边县	668
宝兴县	8	大英县	678
青川县	14	昭化区	718
昭觉县	24	夹江县	739
冕宁县	26	广安区	772
美姑县	41	江安县	775
锦江区	56	隆昌市	784
都江堰市	63	马边县	798
青羊区	63	峨眉山市	822
北川县	78	乐山市市中区	840
西 区	83	井研县	845
甘洛县	88	长宁县	847
金口河区	90	通川区	860
普格县	92	兴文县	881
金牛区	107	开江县	894
成华区	109	嘉陵区	907
布拖县	121	富顺县	913
东 区	124	洪雅县	919
武侯区	125	屏山县	984
朝天区	136	珙 县	996
雨城区	137	纳溪区	1 002
自流井区	151	翠屏区	1 003
西昌市	175	游仙区	1 018
盐源县	193	沐川县	1 042
龙马潭区	209	南江县	1 042
石棉县	220	安居区	1 049
华蓥市	237	江油市	1 052
温江区	274	双流区	1 067
德昌县	288	西充县	1 096
什邡市	296	恩阳区	1 154
绵竹市	317	东兴区	1 155
前锋区	324	金堂县	1 159
彭州市	326	蓬溪县	1 161
金阳县	328	筠连县	1 167

续表

区县	面积	区县	面积
新津县	329	泸县	1 252
大安区	339	巴州区	1 269
汉源县	343	威远县	1 275
沿滩区	364	蓬安县	1 293
内江市市中区	368	岳池县	1 294
会东县	374	高县	1 298
青白江区	377	东坡区	1 332
江阳区	387	渠县	1 361
青神县	389	犍为县	1 368
峨边县	399	乐至县	1 419
贡井区	400	梓潼县	1 440
丹棱县	405	射洪县	1 496
蒲江县	406	合江县	1 510
大邑县	414	通江县	1 579
郫都区	416	营山县	1 602
万源市	421	荣县	1 604
会理县	424	邻水县	1 626
武胜县	424	雁江区	1 636
船山区	435	盐亭县	1 658
罗江县	451	资中县	1 733
顺庆区	457	仪陇县	1 788
彭山区	467	阆中市	1 873
五通桥区	470	大竹县	1 905
宁南县	478	叙永县	1 911
新都区	502	苍溪县	2 035
崇州市	524	平昌县	2 105
旺苍县	532	达川区	2 109
雷波县	542	中江县	2 187
龙泉驿区	542	简阳市	2 207
涪城区	550	南部县	2 214
广汉市	550	宣汉县	2 251
南溪区	557	安岳县	2 258
沙湾区	559	古蔺县	2 544
米易县	577	仁寿县	2 610
安县	585	三台县	2 651

县、自贡、犍为、泸州、峨眉、沐川、遂宁、三台、射洪、盐亭、金堂、叙永、古蔺、高县等地。见图4-90。

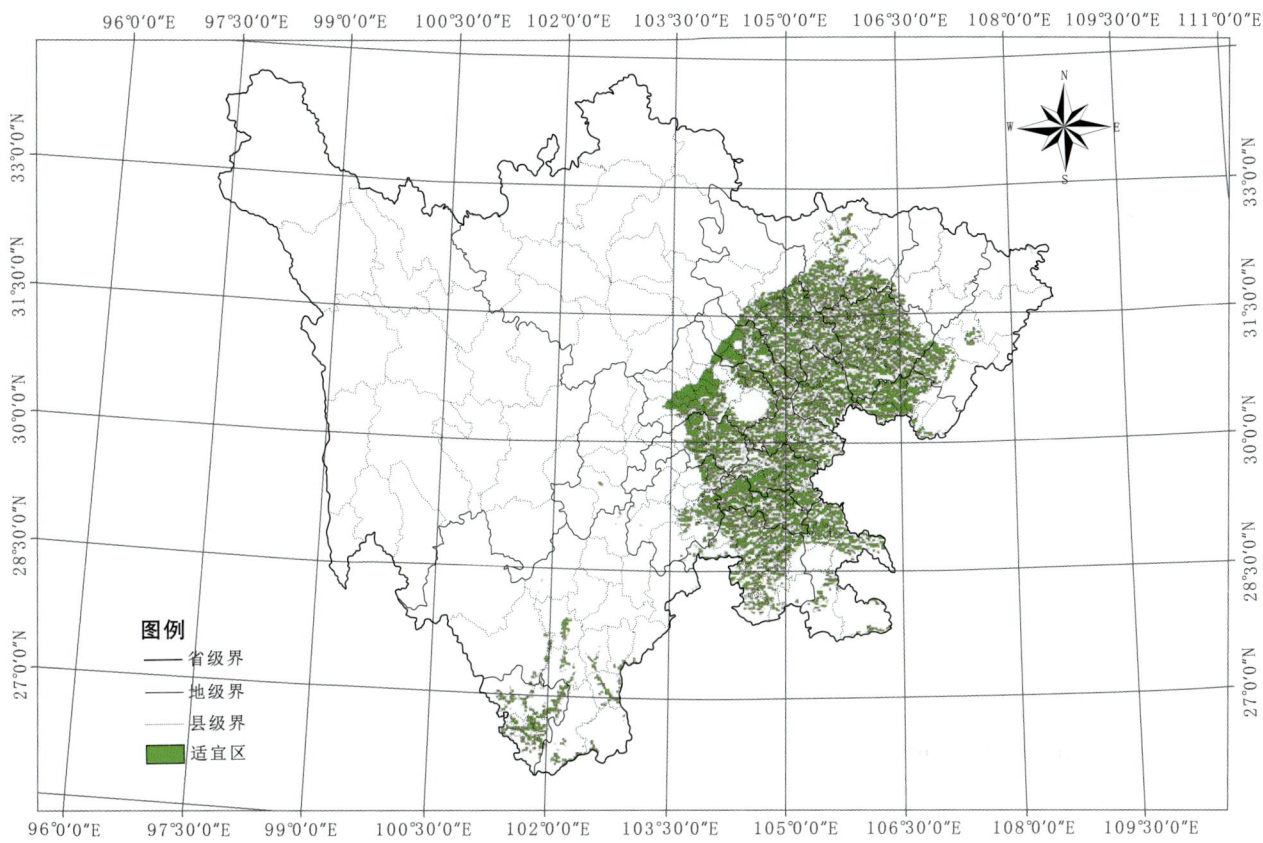

图4-90 仙茅适宜区示意图

表4-45 仙茅适宜区面积（km²）

区 县	面 积	区 县	面 积
冕宁县	5	崇州市	268
雷波县	8	涪城区	272
兴文县	8	昭化区	272
峨边县	9	罗江县	281
金口河区	9	珙县	282
马边县	11	邛崃市	292
万源市	11	叙永县	294
蒲江县	19	屏山县	295
五通桥区	19	仁和区	312
绵竹市	22	彭山区	316
甘洛县	24	沐川县	322
纳溪区	25	顺庆区	326
沙湾区	25	旌阳区	338
汉源县	27	高坪区	346

续表

区县	面积	区县	面积
金阳县	36	米易县	351
锦江区	41	大英县	353
华蓥市	45	长宁县	358
自流井区	47	广汉市	389
朝天区	52	南溪区	413
前锋区	52	盐边县	433
青羊区	54	简阳市	440
布拖县	55	隆昌市	455
会东县	65	井研县	465
普格县	66	东坡区	506
西区	67	翠屏区	527
龙泉驿区	69	武胜县	532
金牛区	70	金堂县	541
成华区	77	西充县	586
青神县	77	广安区	602
达川区	82	嘉陵区	607
东区	82	游仙区	608
青白江区	95	高县	611
大竹县	99	双流区	613
温江区	102	犍为县	624
新都区	103	蓬安县	647
彭州市	107	合江县	663
通川区	109	安居区	677
邻水县	114	乐至县	688
郫都区	116	威远县	688
武侯区	116	营山县	703
乐山市市中区	124	东兴区	710
什邡市	129	蓬溪县	710
盐源县	130	富顺县	726
古蔺县	133	仪陇县	738
江安县	156	射洪县	761
德昌县	183	梓潼县	819
贡井区	187	苍溪县	843
安县	198	渠县	847
西昌市	199	资中县	854
恩阳区	201	泸县	857
龙马潭区	206	盐亭县	872

续表

区县	面积	区县	面积
会理县	215	岳池县	919
江阳区	217	雁江区	940
利州区	220	荣县	965
筠连县	225	阆中市	1 007
大安区	225	中江县	1 123
沿滩区	228	南部县	1 136
新津县	241	安岳县	1 201
大邑县	242	叙州区	1 237
内江市市中区	252	仁寿县	1 266
船山区	261	剑阁县	1 327
江油市	261	三台县	1 420
宁南县	261		

4. 最适宜区

四川省仙茅的最适宜区为海拔 600 m 以下的盆地中央丘陵平原区与盆地南部丘陵区，包括宜宾、三台、遂宁等地。见图 4-91。

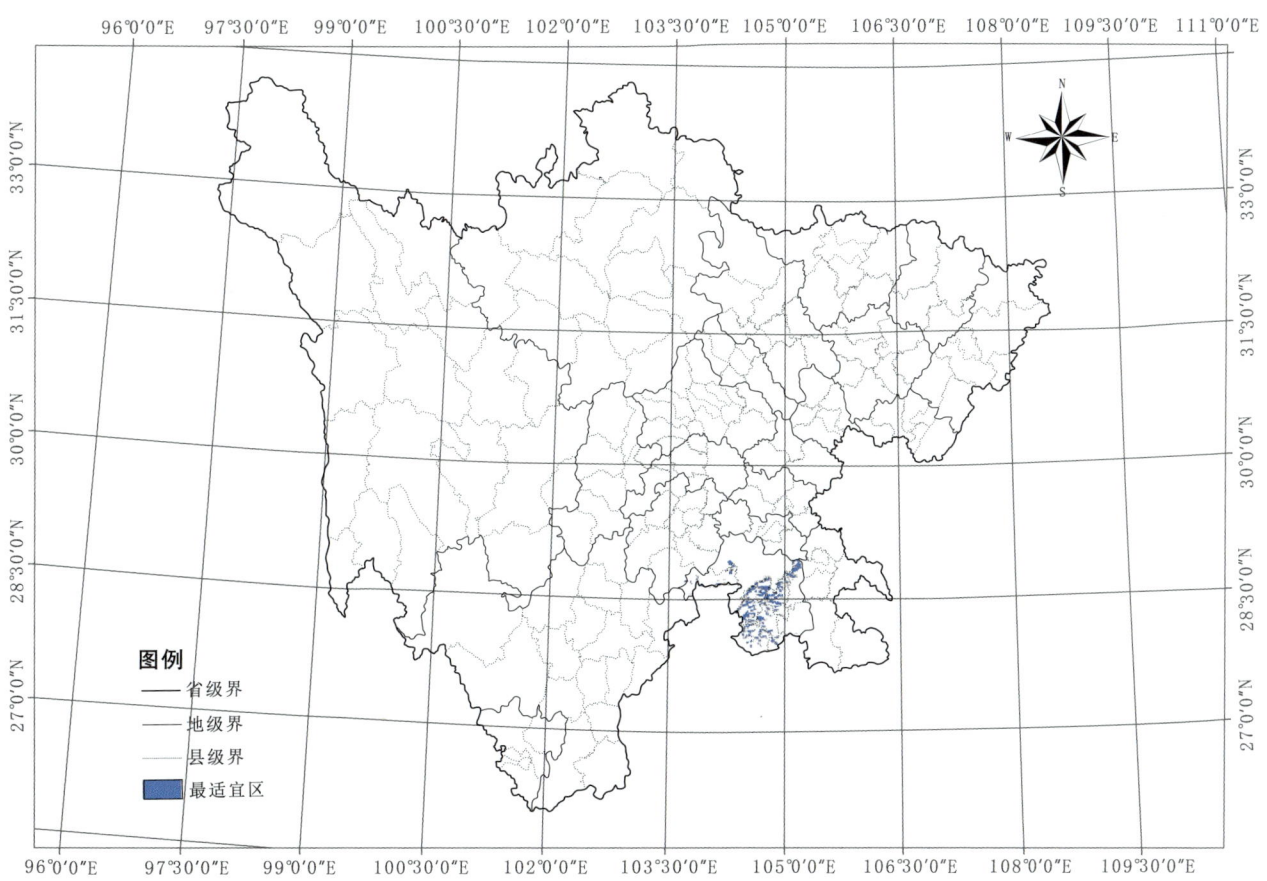

图 4-91 仙茅最适宜区示意图

表4-46 仙茅最适宜区面积（km²）

区县	面积	区县	面积
高县	484	屏山县	154
珙县	170	兴文县	4
江安县	156	长宁县	346
筠连县	105		

【基地建设】四川省仙茅药材为野生，在遂宁、蓬溪等地有部分农户种植，无大面积栽培基地。

二十二、陈皮生产区划

【来源】为芸香科植物橘 Citrus reticulata Blanco 及其栽培变种的干燥成熟果皮。

【道地沿革】《神农本草经》橘柚一名橘皮，其后讲究以经年陈久者入药。《本草经集注》："凡狼毒、橘皮、枳实、半夏、麻黄、吴茱萸皆陈久者良，其余须新者也。"陈皮之名，始见于《食疗本草》。《本草汇言》："味辛善散，故能开气；味苦开泄，故能行痰；其气温平，善于通达，故能止呕、止咳，健脾和胃者也。东垣曰：夫人以脾胃为主，而治病以调气为先，如欲调气健脾者，橘皮之功居其首焉。"杜甫流寓梓州时诗作《甘园》："春日清江岸，千甘二顷园。青云羞叶密，白雪避花繁。结子随边使，开筒近至尊。后于桃李熟，终得献金门。"梓州，今三台县。清·乾隆《直隶达州志》、民国《犍为县志》、明清《营山县志》、清·光绪《盐源县志》等均记载产陈皮，有的县还记载了青皮。《药物出产辨》："川陈皮产量大，质量亦佳。"《中华道地药材》记载，四川盆地丘陵为陈皮的道地产区。

【性味归经】苦、辛，温。归肺、脾经。

【功能主治】理气健脾，燥湿化痰。用于胸脘胀满，食少吐泻，咳嗽痰多。

【药理作用】

1. 对消化系统的作用

（1）对胃肠道的作用。40 g/kg 陈皮水煎液灌胃能促进小鼠胃排空，对甲氧氯普安所致的胃排空无明显作用，对阿托品所致胃排空抑制作用也无明显影响；30 g/kg、40 g/kg 陈皮水煎液灌胃能促进小鼠小肠推进作用，对阿托品所致的肠推进抑制有拮抗作用，但对去甲肾上腺素和异丙肾上腺素所致的肠推进抑制无明显作用。1.67 g/kg、3.33 g/kg、8.35 g/kg 陈皮水煎液灌胃，对正常小鼠胃排空和小肠推进无影响，但 1.67 g/kg 灌胃能拮抗新斯的明引起的小鼠胃排空、小肠推进亢进，可加强阿托品、肾上腺素对小鼠胃排空抑制作用，但对其造成的小鼠小肠推进抑制没有影响。陈皮 25 g 煎液灌胃能使绵羊空肠回肠移动性运动复合波（MMC）周期缩短，并同时使 MMC Ⅱ 相的慢波负载峰电的百分率显著增强，使 MMC 由 Ⅱ 相很快进入 Ⅲ 相，使 Ⅲ 相发生率提高，诱发小肠的位相性收缩，有效改善和提高小肠的消化功能。1%、10%、100% 陈皮水煎液能降低大鼠胃底纵行肌张力，减小胃体、胃窦环形肌收缩波平均振幅及幽门环形肌运动指数，有量效关系，可被酚妥拉明和吲哚美辛部分拮抗。6.25%、12.5%、25%、50%、75%、100% 陈皮水煎剂均能显著抑制家兔离体十二指肠的自发活动，使收缩力降低，紧张性下降，且呈量效反应关系，对乙酰胆碱、$BaCl_2$、5-HT 引起的回肠收缩加强均有拮抗作用，使先用阿托品、肾上腺素、多巴胺而紧张性降低的离体肠肌进一步松弛。1 mg/ml 陈皮原液能减少大鼠离体十二指肠、头端空肠、末端空肠、回肠纵行肌条的收缩波平均振幅，而陈皮只减小十二指肠纵行肌条的收缩波平均振幅，不影响其他肌条的收缩活动。陈皮水煎液可减慢大鼠结肠头端纵行肌条、尾端纵行肌和环行肌条的收缩频率，但对张力无影响。1.67×10 g/L 陈皮水提物和 167 mg/L 挥发油能明显抑制家兔离体回肠肌的自发性活动，肠肌处于松弛状态，且不被磷酸组胺或氯乙酰胆碱拮抗，但能抑制解除氯乙酰胆碱或磷酸组胺所致的肠管平滑肌的收缩痉挛。

（2）对消化腺的影响。将陈皮水煎剂 0.1 ml 与正常人唾液的生理盐水稀释液等量混合，采用比色法测定唾液淀粉酶的活性，结果表明，陈皮水煎剂对离体唾液淀粉酶活性有明显促进作用。

（3）利胆。皮下注射甲基橙皮苷，可使麻醉大鼠胆汁及胆汁内固体物排出量增加。

（4）抗溃疡性结肠炎。2.283 mg/kg、1.142 mg/kg、0.571 mg/kg 陈皮挥发油剂量组分别按剂量腹腔注射，连续注射 7 d，能使溃疡性结肠炎大鼠 TNF-α 计数水平下降，CD_4^+ 和 CD_8^+ 细胞减少。

2. 对呼吸系统的作用

1.67×10 g/L 陈皮水提物对豚鼠离体气管平滑肌无明显影响；0.1 g/kg 挥发油灌胃能延长哮喘豚鼠惊厥潜伏期；167 mg/L 挥发油能松弛豚鼠气管平滑肌，水提物或挥发油均能阻断或解除氯乙酰胆碱或磷酸组胺所致的气管平滑肌的收缩痉挛；83 g/ml 水提物和 0.83 ml/L 挥发油能抑制致敏家兔肺组织释放过敏性慢反应物质。

陈皮挥发油（相当生药 20 g/ml）灌胃给药，用药量分别相当于临床成人用量的 40 倍、20 倍、10 倍，对二硝基氟苯（DNFP）诱导的小鼠耳廓肿胀具有较强的抑制作用，能减少致敏豚鼠支气管肺泡灌洗液中嗜酸性粒细胞数，并能明显延长氨水刺激致小鼠咳嗽潜伏期和减少咳嗽次数。

3. 对心血管系统的作用

1 mg/kg 陈皮注射剂（含生药 1 g/ml）给麻醉猫股静脉注射后，可使血压迅速上升，且脉压增加，心输出量增加，左室内压及最大上升速率均明显上升，而左室舒张末期压则有明显下降，心脏指数、心搏指数、每搏心输出量、左室做功指数均明显上升；而血管总外周阻力在给药后 1~2 min 内上升，5 min 后则有明显下降，反映心肌氧耗指标的 TTI 值在给药后 3 min 内也明显增加。陈皮 100% 水煎液，累计终浓度为 1%、3%、10%、30%、100%、200% 可使家兔主动脉平滑肌收缩，此作用可能与激活平滑肌细胞膜上的肾上腺素能 α 受体、胆碱能 M 受体及维拉帕米敏感 Ca^{2+} 通道有关，并对胞外 Ca^{2+} 有一定的依赖性，与平滑肌细胞膜上的 H1 受体无关。浓度为 1.5 g（生药）/ml 的陈皮水煎液能抑制肾上腺素诱导的人血小板聚集，效果与阿司匹林相当。

以陈皮中的微量元素 $Se 9.5 \times 1.0^{-6}$ mol/L 给豚鼠心室灌流，可使心肌动作电位幅度明显延长，还可拮抗 F- 灌流引起的心肌细胞膜电位降低、兴奋性降低、复极时间缩短等生理异常现象。

4. 抗肿瘤

2.5 mg/kg、5.0 mg/kg、1.0 mg/kg 陈皮提取物灌胃，连续 8 d，对小鼠移植性肿瘤 S180、肝癌（Heps）具有明显的抑制作用，对荷瘤小鼠的免疫器官指数和血液系统无影响，对艾氏腹水瘤（EAC）无延长生命作用，对小鼠 S180 癌细胞增殖周期 S 期细胞作用不大，但能使 G_2/M 期细胞减少，使 $G0/G_1$ 期细胞增多，同时具有促使癌细胞凋亡的作用。1.0~20.0 μg/ml 陈皮提取物可抑制人肺癌细胞、人直肠癌细胞和肾癌细胞生长，而对卵巢癌细胞的生长影响不大。

20 mg/L、40 mg/L 陈皮多甲氧基黄酮类成分可抑制人肝癌细胞株 SMMC-7721、HepG2 的生长。8~32 mg/kg 川陈皮素灌胃给药，连续 7 d 或 10 d，能抑制小鼠 Lewis 肺癌腋皮下接种肺转移和小鼠 Colon26 结肠癌腹腔接种腹膜转移；4 mg/kg 川陈皮素灌胃给药，连续 7 d，与小剂量的紫杉醇、丝裂霉素（MMC）、5-氟尿嘧啶（5-FU）、顺铂（DDP）和阿霉素（ADR）联合用药，对抑制小鼠S180肉瘤生长表现出明显的协同效应。10μg/ml川陈皮素能抑制人肾癌、直肠癌和肺癌细胞生长；5 mg/kg、10 mg/kg、20 mg/kg灌胃，连续8 d，能抑制小鼠移植性肿瘤S180、Heps生长。

【品质研究】 陈彤等采用GC-MS建立8个不同产地22种陈皮挥发油的指纹图谱，选取了其中的7个色谱峰作为共有模式图的特征峰（左旋-alpha-蒎烯、β-蒎烯、β-月桂烯、邻异丙基甲苯，D-柠檬烯、萜品烯和异松油烯），并将指纹图谱的共有特征峰和一些微量成分作为主成分分析法（PCA）的分析数据源，应用相似度分析法和PCA统计分析法找出22种陈皮挥发油之间的相似性及差异性。结果表明，22种陈皮挥发油的相似度0.886~1，来自广东四会、四川、江西南丰、广东新会和广西桂林的样品获得了良好的区分，而来自广东云浮、广西梧州和广东清远这3个产地的样品聚成了一类，最终确定共有峰中左旋-α-蒎烯、α-法尼烯、β-蒎烯和微量组分中的大根香叶烯为显著贡献的主成分组分。根据主成分组分的含量变化能显著区分陈皮挥发油的不同产地。

赵祎姗等采用HPLC法同时测定不同产地陈皮中芸香柚皮苷、柚皮苷、橙皮苷、新橙皮苷的含量；采用紫外分光光度法测定陈皮总黄酮的含量。结果：四川、重庆、湖北及广东产陈皮中芸香柚皮苷的平均含量分别为0.24%、0.19%、1.02%、0.14%；橙皮苷平均含量分别为6.81%、4.86%、5.56%、3.71%；总黄酮平均含量分别为11.26%、9.32%、10.07%、6.39%；各产地药材中均不含新橙皮苷；川产陈皮中一批药材含柚皮苷，含量为0.08%。结论：不同产地陈皮中黄酮类成分的含量差异明显。黄酮类成分是陈皮有效成分之一，广东新会产陈皮作为道地药材，其黄酮类成分的含量并未优于其他产地。

【原植物】 小乔木。多分枝，枝扩展或下垂，有刺较少。单身复叶互生，翼叶通常狭窄，或仅有痕迹，叶片披针形、椭圆形或阔卵形，大小变异较大，顶端常有凹口，中脉由基部至凹口附近成叉状分枝，叶缘至少上半段通常有钝或圆裂齿，很少全缘。花单生或2~3朵簇生；花萼不规则5~3浅裂；花瓣通常长1.5 cm以内；雄蕊20~25枚，花柱细长，柱头头状。果形通常扁圆形至近圆球形，

图4-92 橘原植物（方清茂摄）

果皮甚薄而光滑，或厚而粗糙，淡黄色、朱红色或深红色，甚易或稍易剥离，有网状橘络，易分离，中心柱大而常空，瓤囊 7~14 瓣，稀较多，囊壁薄或略厚，柔嫩或颇韧，汁胞通常纺锤形，短而膨大，稀细长，果肉酸或甜，或有苦味，或另有特异气味；种子卵圆形，顶部狭尖，基部浑圆，子叶深绿、淡绿或间有近于乳白色，合点紫色，多胚，少有单胚。花期 4~5 月，果期 9~12 月。见图 4-92。

【生物学特性】 喜高温多湿的亚热带气候，不耐寒，稍能耐荫，萌芽有效温度 12.5 ℃，生长适宜温度 23~27 ℃，以选阳光充足、地势高燥、土层深厚、通气性能良好的砂质壤土或壤土栽培为宜。

【栽培技术】

1. 繁殖方法

以嫁接繁殖为主。嫁接砧木可选生长快、根系发达、抗逆性强、与接穗亲和力强、抗寒的品种，有枳橙、枸头橙、红柠檬、酸橘、椪柑、香橙、酸柚、宜昌橙等。用种子培育实生苗：采摘充分成熟果实，剖开，洗净种子，用湿沙贮藏分层堆积，于 12 月至翌年 1~3 月，播种前用 35~40 ℃ 温水浸种 1 h，再用 1% 硫酸铜溶液或 300 倍甲醛溶液或 0.1% 高锰酸钾浸泡 10 min，用冷水洗净，晾干后播种；亦可用 55~56 ℃ 温水消毒 50 min 后再播种。经过催芽的种子 7 d 左右出苗，不催芽的种子则需要经 1 个月左右出苗。催芽方法：种子用 35~40 ℃ 水浸种 1 d，再用冷水浸半天，放于垫有草的芦席上，再覆盖稻草，每日用 35~40 ℃ 温水淋 3~4 次，翻动 1~2 d，经 5~9 d 后播种。苗床按宽窄条播种，窄行 17~20 cm，宽行 50~60 cm 开沟，在沟内先施 1 层腐熟人粪尿，将种子均匀播入，用肥泥盖种，厚 1.5~2 cm，盖草，冬季需加薄膜覆盖。待出苗后，具 2~3 片真叶时，5 月或 9~10 月选壮苗移栽，作两年出圃砧木，余下可作三年出圃砧木，分级栽种，窄行 15~20 cm，宽行 60~70 cm，株距 10~15 cm 栽种，便于嫁接后管理。移栽砧木时要注意使根部舒展，与土壤密接，覆土至根茎处。栽种后要经常松土除草，抹去基部的芽，待梢生长后要摘心。接穗：选稳产高产、树势健壮、无病虫害的优良品种的成年果树，剪取树冠外围中、上部芽眼饱满的枝梢。春接的接穗可在萌芽前将穗沙藏备用，夏接穗可随采随接。嫁接前用 1×10^3~1.5×10^3 盐酸四环素液浸泡 2 h，用水冲洗干净，可防治病害。嫁接方法：在嫁接前 1 个月，将砧木 15 cm 以下的萌芽除去，并进行摘心。春季嫁接用切接法，一般 2 月下旬至 4 月中旬进行。夏季 8~9 月用芽接法：嫁接苗在嫁接后 15~20 d 进行检查，如果芽苞新鲜，接口愈合，叶柄易脱落，即是成活，否则要及时补接。嫁接成活后除去扎缚物，除去砧木上的萌蘖，剪砧应在芽接上方 0.5 cm 处剪除，芽眼一面稍高，背面稍低，待主枝新梢抽发后要设立支柱，以防苗木弯曲，同时要摘心，抹芽，整形，结合施肥，喷农药防病虫危害。从砧木至嫁接苗出圃需 3 年时间。定植在春季 2 月中旬至 3 月中旬或秋季 10~11 月，嫁接苗挖掘时应带有土团，将主根及大侧根创伤面修光，剪除弱枝、病虫枝，蘸泥浆，按行株距（4 m×5 m）~（3 m×5 m）开穴，栽种。

2. 田间管理

栽种后幼树期可在行间间作豆类或蔬菜作物。冬季培上保暖防寒，雨季覆盖可防土壤冲刷。幼树施肥，1~3 年内勤施薄肥，3~7 月施速效肥，促春梢生长，11 月施堆肥。成年期施肥，2 月下旬至 3 月上旬施发芽肥，以氮肥为主；5 月下旬至 6 日下旬施稳果肥；7~9 月施壮果肥，又可促使秋梢抽生。还需多次进行根外追肥，可于 7~9 月喷 0.3%~0.4% 的尿素或 1% 过磷酸钙溶液，春季多雨要注意灌溉排水。

整形修剪：幼年树整形，以矮干自然圆头形或自然开心圆头形，选留骨干枝，使主枝和副主枝、侧枝合理配置，形成健壮的骨架，成年树修剪宜轻，疏剪与短截，通过抹芽和放梢等，调整营养生长与结果关系，主要修剪枯枝、病虫枝、荫蔽枝、密生枝、徒长枝、交叉枝、衰弱枝、空膛露脚枝、下垂枝、结果枝、结果母枝；大年树修剪宜稍重，以疏删修剪为主，短截修剪为辅；小年树修剪，以剪细弱荫蔽枝、密生枝、无叶枝等为主；衰老树修剪主要是更新修剪，冬季修剪可重剪；夏秋季修剪以疏剪和短截回缩修剪为主。

保花结果措施：可喷（8×10^6）~（10×10^6）2，4-D、0.5%尿素、1%过磷酸钙浸出液、3%草木灰浸出液、敌百虫800倍液等混合药剂1~2次，在花谢后喷射可得到明显的效果。冬季在冻前灌水、培土增温、枝干涂白、包扎、覆盖、熏烟、喷抑蒸保温剂、摇落树干积雪等。

3. 病虫害防治

病害有溃疡病，早春喷波尔多液；流胶病，3~4月发病，可选抗病砧木，同时防治吉丁虫及天牛，消灭传染源，早春发现病斑，可行刮治，采用2，4-D升汞桐油合剂（升汞 0.1 g，桐油 100 g，加入2，4-D中）或用1∶10高锰酸钾桐油合剂，涂抹伤口，亦可用50%托布津100倍液或50%多菌灵100~200倍液喷射。疮痂病，多生于叶背面，使叶扭曲变形，50%托布津800~1 000倍液在萌芽后和花谢后喷射。脚腐病，危害根茎部，涂1∶1∶10波尔多液。黄龙病，病毒引起传染，要防治蚜虫传播，发现病株立即拔除。虫害有柑橘木虱，在嫩梢抽发期喷易卫杀、敌敌畏等，根部用呋喃丹防治，有利于保护天敌幼虫。柑橘潜叶蛾，在新梢萌发不超3 mm或新叶受害率达50%左右时，用溴氰菊酯、杀灭菊酯、易卫杀、巴丹、杀虫双和亚胺硫磷等。还有柑橘实蝇、柑橘天牛等危害。

【采收加工】冬季11~12月采摘成熟果实，剥取果皮，晒干或低温干燥。采收时要用果实采摘工具（果剪），不能用棍子打或用手摘而使果蒂留在枝上，这样会影响来年产量。见图4-9。

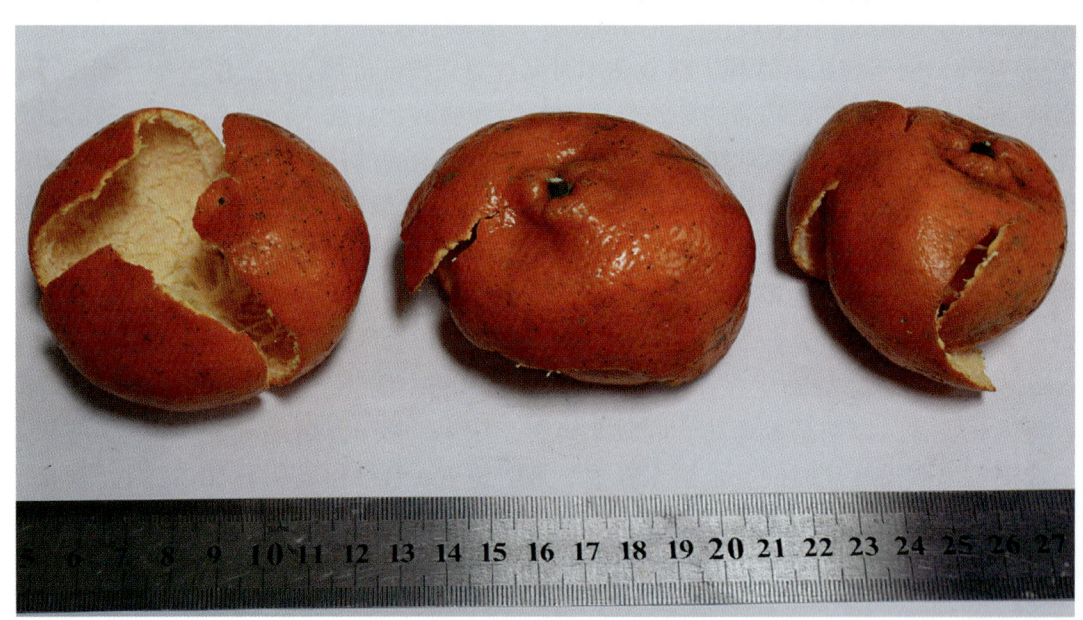

图4-93　陈皮药材（方清茂摄）

【适宜区与最适宜区】

1. 生态环境

生于海拔900 m以下的丘陵地区，此外大渡河干热河谷的泸定、石棉、汉源等海拔1 500m以下的地区也有分布。

2. 生态因子

气温23~27 ℃，年均气温15 ℃为宜。年降雨量1 000~2 000 mm，空气湿度75%以上。

3. 适宜区

陈皮的适宜区为海拔 900 m 以下的双流、眉山、广安、渠县、简阳、资阳、新津、蒲江、合江等地盆地丘陵地区。见图 4-94。

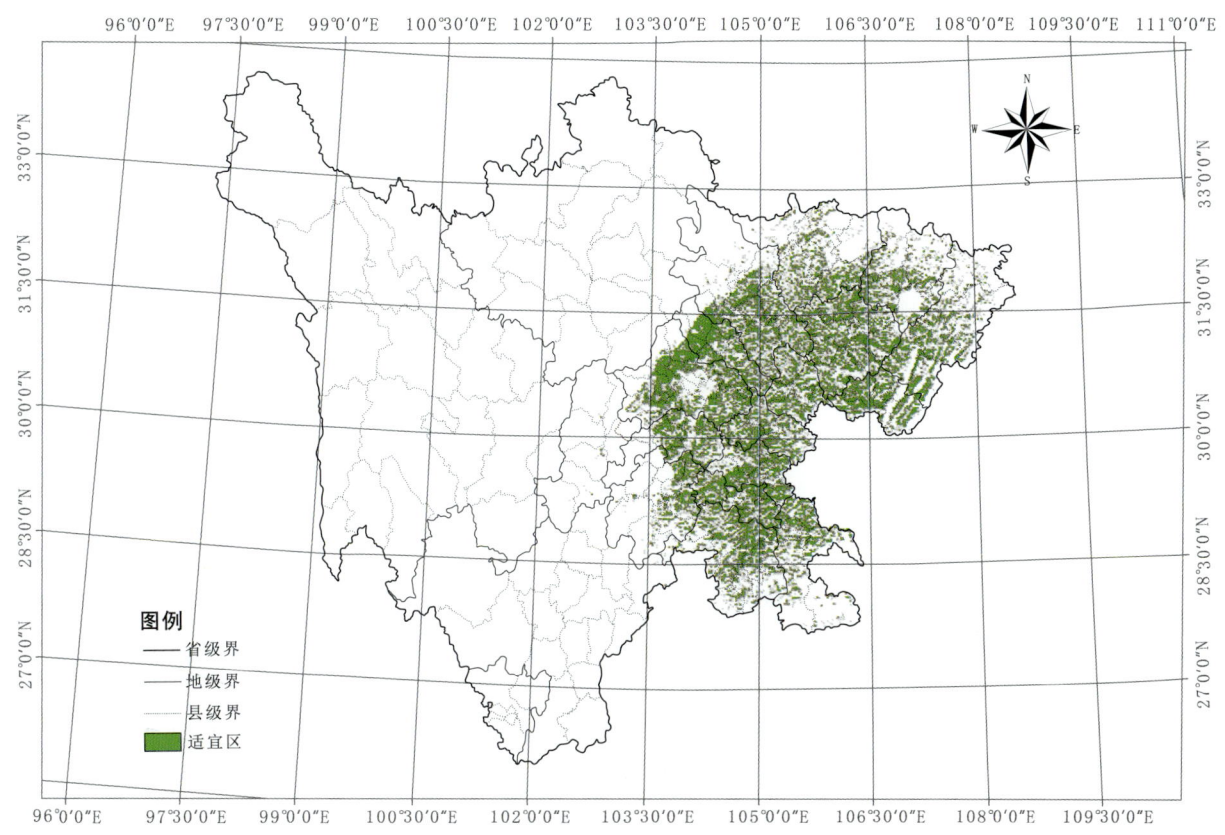

图4-94 陈皮适宜区示意图

表4-47 陈皮适宜区面积（km²）

区 县	面 积	区 县	面 积
丹棱县	1	沐川县	318
甘洛县	1	广汉市	333
武侯区	3	都江堰市	336
会东县	4	邛崃市	340
石棉县	4	开江县	345
金阳县	5	南溪区	346
宝兴县	6	万源市	347
锦江区	7	长宁县	349
汉源县	10	平昌县	367
金口河区	10	旌阳区	372
宁南县	12	双流区	377
青羊区	12	南江县	405
金牛区	13	隆昌市	408

续表

区县	面积	区县	面积
成华区	14	翠屏区	409
峨眉山市	14	崇州市	422
荥经县	17	高县	429
自流井区	25	安县	440
雷波县	27	绵竹市	458
峨边县	33	游仙区	460
平武县	46	井研县	465
夹江县	51	武胜县	466
沙湾区	56	彭州市	484
青白江区	97	恩阳区	487
龙泉驿区	100	西充县	515
北川县	102	嘉陵区	516
华蓥市	105	广安区	519
马边县	106	巴州区	522
五通桥区	108	威远县	536
前锋区	123	犍为县	549
蒲江县	126	蓬安县	561
青神县	133	射洪县	566
古蔺县	145	金堂县	575
旺苍县	166	梓潼县	591
新津县	166	蓬溪县	594
龙马潭区	167	通江县	596
朝天区	169	安居区	612
贡井区	169	乐至县	620
温江区	170	东兴区	648
青川县	172	邻水县	659
筠连县	183	合江县	662
船山区	197	东坡区	665
利州区	198	富顺县	668
涪城区	200	盐亭县	690
沿滩区	203	营山县	736
珙县	212	资中县	761
内江市市中区	215	大竹县	775
大安区	215	泸县	785
江阳区	222	江油市	795
彭山区	228	宣汉县	808
乐山市市中区	229	岳池县	809
兴文县	231	雁江区	817

续表

区 县	面 积	区 县	面 积
屏山县	233	达川区	819
新都区	234	荣 县	824
通川区	255	渠 县	825
顺庆区	256	阆中市	831
昭化区	259	仪陇县	836
罗江县	268	叙州区	951
郫都区	277	苍溪县	960
高坪区	283	南部县	979
大英县	286	剑阁县	1 006
大邑县	293	中江县	1 018
什邡市	298	仁寿县	1 042
叙永县	303	简阳市	1 088
纳溪区	313	安岳县	1 148
江安县	315	三台县	1 161

4. 最适宜区

陈皮的最适宜区为海拔 600 m 以下的丘陵地区，包括简阳、资阳、三台、合江等地。见图 4-95。

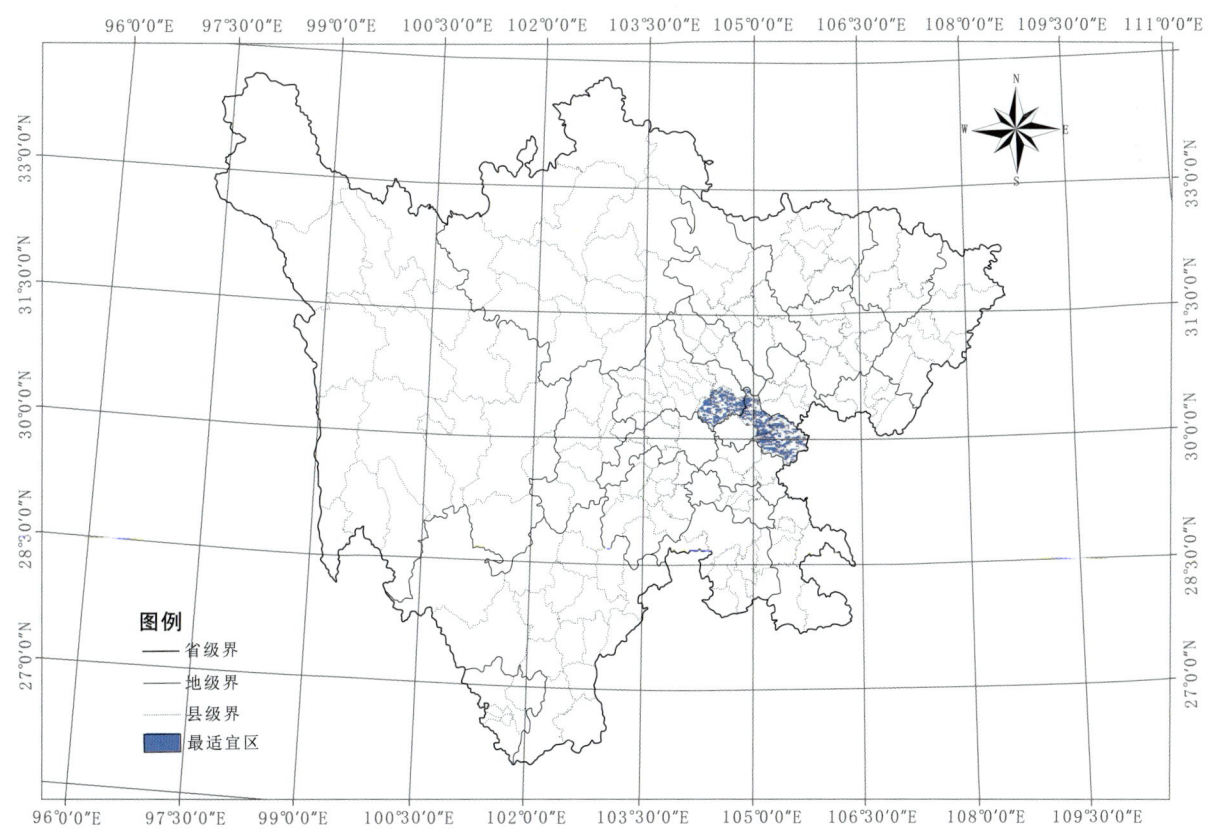

图 4-95　陈皮最适宜区示意图

表4-48 陈皮最适宜区面积（km²）

区 县	面 积	区 县	面 积
安岳县	1 148	乐至县	620
简阳市	1 045		

【基地建设】 四川省陈皮的栽培面积很大，主要产区为简阳、蒲江、乐至、泸州市、自贡市、宜宾市等地。

二十三、泽泻生产区划

【来源】 为泽泻科植物泽泻 Alisma orientalis（Sam.）Juzep. 的干燥块茎。

【道地沿革】 始载于《神农本草经》，列为上品。《别录》曰："泽泻生汝南池泽。五月采叶，八月采根，九月采实，阴干。"陶弘景曰："曰汝南郡属豫州。今近道亦有，不堪用。惟用汉中、南郑、青州、代州者。形大而长，尾间 必有两歧为好。此物易朽蠹，常须密藏之。丛生浅水中，叶狭而长。"苏恭曰："今汝南不复采，惟以泾州、华州者为善。"苏颂曰："今山东、河、陕、江、淮亦有之，汉中者为佳。春生苗，多在浅水中。叶似牛舌，独茎而长。秋时开白花，作丛似谷精草。秋末采根曝干。"《中国道地药材原色图说》："泽泻主要在福建、四川、江西栽培。商品分为建泽泻和川泽泻（四川产）。"1951年《中国土产综览》记载："抗日战争以前，川泽泻外销旺盛时，最高产量600吨。"可见四川是泽泻的主产区之一。

以块大、黄白色、光滑、质充实、粉性足者为佳。

【性味归经】 甘、淡，寒。归肾、膀胱经。

【功能主治】 利水渗湿，泄热，化浊降脂。用于小便不利，水肿胀满，泄泻尿少，痰饮眩晕，热淋涩痛，高脂血症。

【药理作用】

1. 对泌尿系统的作用

（1）利尿。泽泻煎剂静脉注射0.25 g（生药）/kg，可使犬尿量增加，但给犬灌胃泽泻煎剂1.25 g（生药）/kg，未见利尿效应；冬泽泻、春泽泻灌胃大鼠均能增加尿量，以冬泽泻利尿作用较好。静脉注射泽泻乙醇提取物5~75 mg/kg，能增加大鼠尿量和钠排出量，减少钾排出量。泽泻醇提物、水提物和24-乙酰泽泻醇A给大鼠20 mg/kg一次性灌胃，均显著增加药后2 h内平均排尿量，其中24-乙酰泽泻醇A为泽泻利尿的主要活性成分之一；泽泻水提物的利尿作用可能与其所含的钾离子相关。

此外，泽泻汤（泽泻：白术 = 3：1/2：1）水煎液20 ml/kg（分别为8.55 g/kg、6.45 g/kg）灌胃水负荷大鼠，每日1次，连续10 d，可显著缩短大鼠排尿潜伏期，增加5 h总尿量，显著降低尿液中水通道蛋白2（AQP2）含量，其利尿强度接近于双氢克尿噻；而当泽泻、白术配伍比例反转即1：3/1：2，该方利尿效应及对尿液AOP2含量的调节逐渐减弱，提示泽泻汤的利尿作用以泽泻为主。

（2）抑制尿路结石的形成。0.25 ml浓度为0.45 g/L的泽泻水提液体外对草酸钙晶体的形成具有抑制作用。泽泻水提取液每日2.0 ml/只（含泽泻水提取液冻干物12 mg）灌胃乙二醇与活性维生素

D_3 诱导的肾结石大鼠，连续 4 周，可明显降低实验大鼠肾钙含量和抑制实验性肾结石形成。泽泻水煎液每日 500 mg/ 人内服可增强人尿液对结晶生长的抑制作用，使结晶直径有缩小的趋势，增加给药剂量无缩小趋势。

泽泻提取物 5 g/kg 灌胃肾草酸钙结石大鼠，连续 4 周，能下调 bikunin 基因在肾组织的表达，减少肾组织草酸钙晶体的形成。泽泻水溶性提取物以及 50%、100% 甲醇提取物每日 0.5 g/ 只、1 g/ 只灌胃实验性草酸钙结石雄性大鼠，连续 4 周，结果泽泻 50% 甲醇溶液提取物可显著降低实验性草酸钙结石大鼠肾组织 Ca^{2+} 的含量，明显减少肾小管中草酸钙结晶的形成，减轻肾小管的扩张程度；泽泻水溶性提取物高剂量组可明显降低肾组织 Ca^{2+} 的含量，对 24 h 尿 Ca^{2+} 也有减少的趋势，也可减轻肾小管扩张程度和草酸钙结石形成；而泽泻 100% 甲醇提取物组似乎没有任何相似作用，表明泽泻 50% 甲醇提取物是泽泻防止尿草酸钙结石形成的最有效提取物。

（3）抗肾炎。泽泻甲醇热提取物灌胃 50 mg/kg、200 mg/kg，能降低免疫复合物肾炎大鼠尿蛋白的含量，抑制肾小球细胞浸润、肾小管变性及再生，抑制并发症的发生。泽泻三萜类化合物 alisolA 和 B 体外能抑制肾炎大鼠肾小球细胞内皮素 1 的生成，alisolB 30 mg/kg 可降低肾炎大鼠肾小球细胞内皮素 1 的表达，并纠正其病理改变。

（4）抑制膀胱平滑肌收缩。泽泻水溶部分倍半萜类化合物 alisma、alismoxide 和 orientalolsA、B、C 以及 Sulfoorientalols a、b、c、d（结构上带磺酸基）对卡巴胆碱引起的豚鼠离体膀胱平滑肌收缩有抑制作用。

2. 降血糖、降血脂

泽泻水提物 10 g/kg、20 g/kg 灌胃 2 d，可明显降低正常小鼠血糖；而 20 g/kg 治疗 7 d 或预防给药 3 d 均可使四氧嘧啶小鼠血糖明显降低。泽泻水提取物 20 ml/kg 灌胃氢化可的松琥珀酸钠胰岛素抵抗小鼠 10 d 及链佐星糖尿病小鼠 15 d，均具有明显的降血糖作用。泽泻醇提取物 20 g/kg 灌胃可使正常小鼠血糖明显降低；泽泻醇提取物（10 g/kg、20 g/kg）灌胃，连续 7 d，可使四氧嘧啶小鼠血糖降低，抑制四氧嘧啶小鼠胰岛数量减少和形态缩小。泽泻水提醇沉物（1.5 g/kg、3 g/kg）连续灌胃 15 d，治疗给药可明显降低链脲佐菌素糖尿病小鼠的血糖和甘油三酯，预防给药可明显对抗链脲佐菌素诱发的血糖升高及胰岛组织学改变，并能升高血清胰岛素水平。泽泻水溶性提取物及醇溶性提取物 0.5 g/kg 分别灌胃四氧嘧啶糖尿病小鼠，治疗 10 d，水溶性提取物可降低血糖，醇溶性提取物不但能降低血糖，还能明显对抗糖尿病小鼠总胆固醇、甘油三酯、肌酐、尿素氮和谷丙转氨酶升高。

泽泻水提物 30 g/kg、泽泻醇提物 30 g/kg、泽泻多糖 375 mg/kg 每日灌胃，连续 21 d，均能显著降低高脂血症模型小鼠血清中总胆固醇（TC）、甘油三酯（TG），升高高密度脂蛋白胆固醇（HDL-C），改善小鼠的动脉硬化指数值（AI）。泽泻水提物、醇提物（2 g/ml 生药溶液）灌胃高脂饲料肥胖小鼠 10 d，0.3 ml/ 只，均能明显降低实验小鼠血清中 TC、TG 的浓度，升高 HDL-C 的浓度。泽泻乙醇提取物 500 mg/kg 灌胃高脂血症大鼠，每日 1 次，连续 9 d，在早期有一定的对抗脂肪乳灌胃引起的大鼠血清总胆固醇升高的作用；同等剂量灌胃 15 d，能对抗高脂饲料喂养引起的甘油三酯升高。泽泻的三萜类成分 AlisolMonoacetate A 和 B 对人类肝癌细胞株（HepG2）具有增强细胞的线粒体代谢活性而促进细胞内合成胆固醇的作用，其抑制胆固醇向外分泌可能是降低血清胆固醇的作用机制。

3. 对心血管系统的作用

（1）对心脏的作用。泽泻醇提取物能显著增加离体家兔心脏的冠脉流量，对心率无明显影响；轻度抑制心肌收缩力。泽泻 alismol 能增加冠状动脉血流量，降低心输出量、心率和左心室负荷。

（2）对血管的作用。泽泻alismol可抑制高血钾引起的血管收缩，明显抑制$^{45}Ca^{2+}$的摄取；泽泻alismol对电刺激引起的血管收缩具有明显抑制作用，对去甲肾上腺素引起的血管收缩有轻微的抑制作用。泽泻醇提取物对离体家兔主动脉条有松弛作用。

（3）对血压的作用。泽泻醇提取物静脉注射0.5 g/kg，可使麻醉家兔血压下降40.1%，5~10 min后血压逐渐回升，至30 min血压稳定。泽泻alismol 100~300 mg/kg给DOCA型高血压和原发性高血压大鼠灌胃或腹腔注射给药，具有持久降压作用。

（4）抗动脉粥样硬化。泽泻乙醇提取物5 g/kg灌胃8周，能使高同型半胱氨酸（HHcy）血症新西兰大耳白兔血谷胱甘肽水平升高，主动脉病变减轻。泽泻萜类化合物按正常人每千克体重的10倍量灌胃，每日1次，连续90 d，能降低C57/BL-ApoE基因敲除合并高脂饲料致动脉粥样硬化小鼠血清总胆固醇（TC）、低密度脂蛋白（LDL），并上调肝脏基底膜HSPG表达。

4. 对消化系统的作用

生泽泻、盐泽泻及麸泽泻水提取物20 g/kg预防给药灌胃5 d，均可使小鼠D-氨基半乳糖急性肝损伤模型及四氯化碳急性肝损伤模型小鼠的血清ALT明显降低，其中盐泽泻水提取物还能降低血清AST活性。

泽泻提取物腹腔注射200 mg/kg，具有对抗四氯化碳致大鼠肝损伤作用，BSP试验保护率为59.8%。泽泻水煎液灌胃5 g/kg，连续1个月，可显著降低肝硬化门脉高压大鼠门静脉压力。浓度为25 g/L的泽泻水煎液对正常及40% CCl_4和10%乙醇复合诱导肝硬化门脉高压大鼠的离体血管均有扩张作用，对肝硬化门脉高压大鼠的主动脉、肠系膜上动脉、肾动脉和门静脉均有扩张作用，并呈浓度依赖性，起扩血管作用可能是通过增加血管内皮细胞前列环素（PGl_2）和NO的释放而发挥作用的。

5. 抗氧化

泽泻水提醇沉提取物体外具有较高的自由基清除能力，采用有机溶剂萃取法和大孔树脂洗脱法将泽泻水提醇沉提取物分为石油醚部分、乙酸乙酯部分、正丁醇部分、乙醇部分、乙醇洗脱部分和水提部分，抗氧化实验发现，其中泽泻正丁醇部分（4 mg/ml）清除$O_2^-\cdot$能力强，乙酸乙酯部分（1~10 mg/ml）清除DPPH·能力强，水提部分（10 mg/ml）清除·OH能力强。

【品质研究】张树平等比较了不同产区川泽泻中6种人体必需微量元素的含量差异。方法：采用浓硝酸—高氯酸溶解消化方法进行样品处理，用原子吸收分光光谱法测定锌、铁、锰、铜、镍、铬的含量，使用DPS6.5软件对川泽泻中微量元素之间的相关性进行分析。结果：川泽泻中含有较高的锰、铜、锌、铁和较少的镍和铬；含量的高低顺序为锰＞铁＞锌＞铜＞镍＞铬；各产区泽泻中所含不同微量元素的高低顺序不同，差异也较大；除五通桥区的泽泻样品外，锌、铜、镍和铬的含量为老产区高于新基地，铁和锰含量为新基地高于老产区。微量元素含量间具有显著的相关性，锌与铜，铜与镍，铁与锰呈极显著的正相关，铁与铬呈显著正相关，而锌与铁、锰，铜与锰，铁与镍，锰与镍呈负相关。结论：6种微量元素与泽泻的药效具有直接或者辅助的关系，且不同产区间含量差异较大。

高喜凤测定了四川彭山、四川都江堰、江西广昌及福建龙海4个不同产地泽泻中氨基酸的种类和含量。结果：四川都江堰所产泽泻氨基酸的总含量明显高于其他三个产地；四川都江堰所产泽泻中谷氨酸的含量最高；四川彭山所产泽泻中游离氨基酸的总含量明显高于其他三个产地；四川彭山所产泽泻中游离精氨酸的含量最高。结论：不同产地泽泻中氨基酸及游离氨基酸的含量均不相同。

【原植物】多年生沼生草本，高50~100 cm。地下块茎直径1~3.5 cm，或更大。叶通常多数，沉水叶条形或披针形，挺水叶宽披针形、椭圆形至卵形，长 2~11 cm，宽 1.3~7 cm，先端渐尖，稀急尖，基部宽楔形、浅心形，叶脉通常 5 条，叶柄长 1.5~30 cm，基部渐宽，边缘膜质。花葶直立，高 78~100 cm，或更高；花序长 15~50 cm，或更长，具 3~8 轮分枝，每轮分枝 3~9 枚。花两性，花梗长 1~3.5 cm；外轮花被片广卵形，长 2.5~3.5 mm，宽 2~3 mm，通常具 7 脉，边缘膜质，内轮花被片近圆形，远大于外轮，边缘具不规则粗齿，白色，粉红色或浅紫色；心皮 17~23 枚，排列整齐，花柱直立，长 7~15 mm，长于心皮，柱头短，约为花柱的 1/9~1/5；花丝长 1.5~1.7 mm，基部宽约 0.5 mm，花药长约 1 mm，椭圆形，黄色，或淡绿色；花托平凸，高约 0.3 mm，近圆形。花柱宿存。瘦果多数，椭圆形，长约 2.5 mm，宽约 1.5 mm，背部具 1~2 条不明显浅沟，下部平，果喙自腹侧伸出，喙基部凸起，膜质。种子紫褐色，具凸起。花果期 6~9 月。见图 4-96。

图4-96 泽泻原植物（舒光明摄）

【生物学特性】喜光、喜湿、喜肥，对秋霜反应敏感。土壤为肥沃而带黏性的水稻土。

【栽培技术】

1. 繁殖方法

泽泻可以种子繁殖、分芽繁殖或块茎繁殖。一般应先培育种子，再育苗移栽。种子培育是将经过选择的种株挖出，用分芽繁殖或块茎繁殖另行栽培，收得成熟种子。生长期约 180 d，其中苗期约 30 d，成株期约 150 d。种子成熟度不一，出苗有先后。

种子经浸种后播，在气温 30℃时，经一昼夜即可发芽；气温在 28 ℃以上时，种子发芽至第一片真叶长出只需 5~7 d。秋季地上植株和地下块茎生长迅速，冬季生长极为缓慢。

2. 选地整地

育苗地宜选阳光充足、土层深厚、肥沃略带黏性、排灌方便的田块，育苗田播种前几天放干水。耕翻后，每亩施入腐熟堆肥 3 000 kg，然后耙匀，作宽 1~1.2 m 的畦。

3. 播种育苗

播种前将种子用清水浸泡 24~48 h，晾干水气，与草木灰拌和。播种期，四川在 6 月中旬~7 月上旬，撒播，5 d 左右，大部分萌芽。一般育苗 1 亩，可栽种 25 亩左右。

移栽期一般在 8 月，选 17~20 cm 的秋苗，按行株距（30~33）cm×（24~27）cm，每穴栽苗一株，苗入泥中 3~4 cm。

冬种泽泻宜在 10 月中旬~11 月上旬移栽。当苗高 15 cm 以上，具有 6~8 片真叶即可移栽。每亩栽苗 10 000~11 000 株。移栽时应该选择阴天或晴天下午 3 点以后进行。选择高约 15 cm 的粗壮苗，随起随栽，株行距 25~30 cm，每 1/15 hm² 栽苗 7 000~9 000 株。苗要栽正、栽稳、浅栽，一般以根部栽入泥土中即可。定植后田间保持浅水勤灌。

4. 田间管理

扶苗补苗：定植后，于次日检查，发现倒伏的幼苗，应扶正；缺苗应补齐，确保全苗。

除草追肥：泽泻在生长期间一般要耘田、除草、追肥 3~4 次。三者在同一时间内连续进行。

灌溉排水：在生育期中宜浅水灌溉。移栽后保持水深 2~3 cm，第二次耘田除草后经常保持水深 3~7 cm，11 月中旬以后，逐渐排干田水，进行烤田，以利采收。

摘花葶、抹侧芽：9 月下旬，在第二次耘田除草后，泽泻陆续抽花茎和萌发侧芽，消耗养分，影响产量和质量，除留种者外，应及时摘除花茎和抹去侧芽。

【采收加工】冬季茎叶枯萎后采挖，洗净，干燥，干燥后趁热撞去须根和粗皮。见图 4-97。

图4-97　泽泻药材（方清茂摄）

【适宜区与最适宜区】

1. 生态环境

生于海拔 1 400 m 以下的水田、池塘、湿地。

2. 生态因子

气候温和，光照充足。年均气温 14~23 ℃，1 月气温 -2~15 ℃，7 月气温 27.5~30 ℃；年降水量 800~1 600 mm，无霜期 267~279 d。

3. 适宜区

生于海拔 800 m 以下的水田，包括彭山、夹江、乐山市五通桥区、眉山市东坡区。见图 4-98。

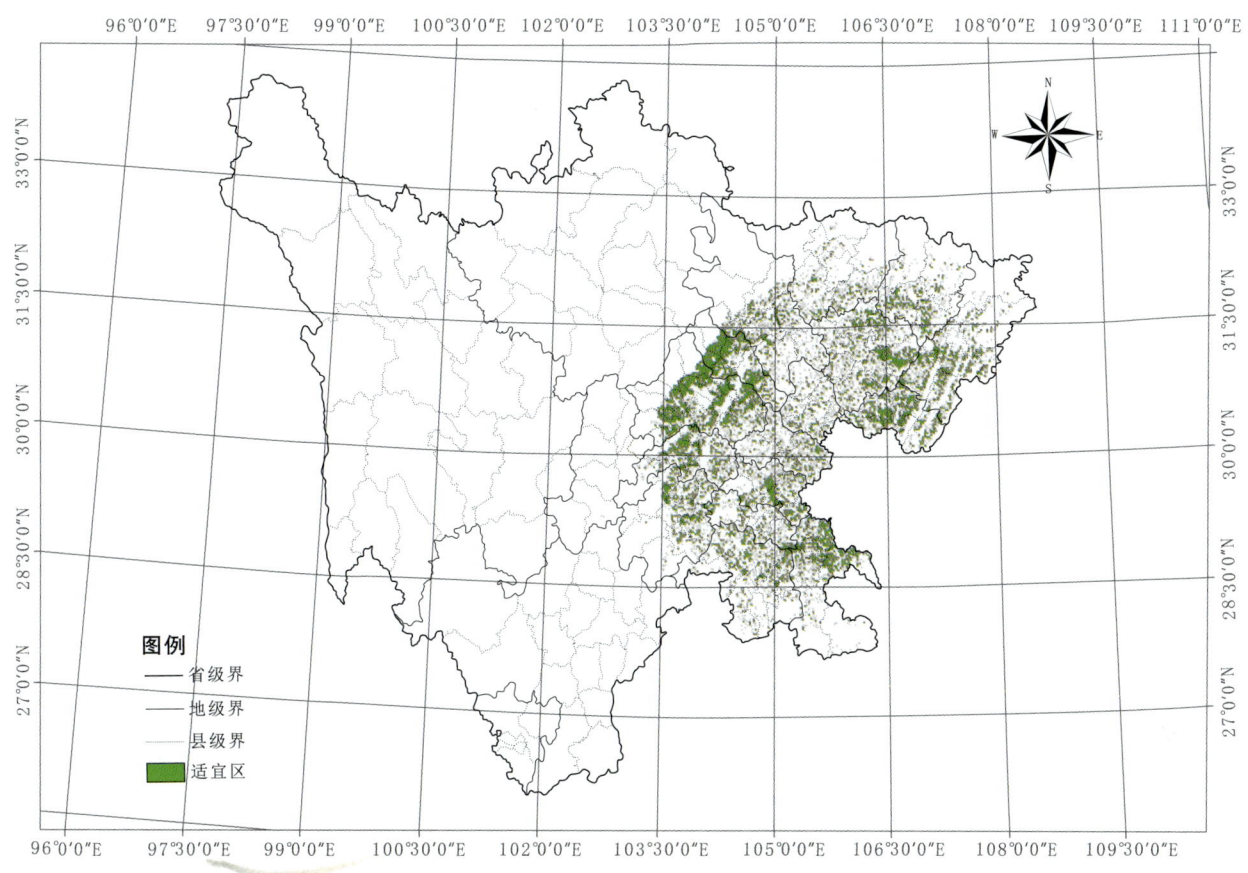

图4-98 泽泻适宜区示意图

表4-49 泽泻适宜区面积（km²）

区县	面积	区县	面积
武侯区	1	邛崃市	221
汉源县	2	盐亭县	222
宁南县	3	通江县	226
会东县	6	彭州市	227
青羊区	7	沐川县	228
雷波县	8	高坪区	231
北川县	9	威远县	231
峨边县	9	内江市区	235
锦江区	10	荣县	236
朝天区	11	绵竹市	238
成华区	11	郫都区	239
金牛区	11	纳溪区	240
自流井区	15	新都区	248
马边县	29	江安县	249
古蔺县	38	蓬溪县	250

续表

区 县	面 积	区 县	面 积
万源市	43	西充县	250
都江堰市	44	嘉陵区	252
丹棱县	60	游仙区	254
旺苍县	63	江阳区	256
珙县	66	崇州市	266
兴文县	74	江油市	268
沙湾区	78	旌阳区	272
昭化区	79	东兴区	280
筠连县	81	乐至县	289
利州区	81	隆昌市	294
屏山县	81	广汉市	303
洪雅县	83	巴州区	306
华蓥市	90	梓潼县	306
青神县	96	武胜县	310
顺庆区	100	富顺县	312
大安区	104	安居区	317
沿滩区	105	翠屏区	318
南江县	108	恩阳区	321
贡井区	110	邻水县	367
龙马潭区	112	双流区	367
船山区	114	犍为县	377
大英县	115	蓬安县	388
通川区	116	广安区	389
新津县	116	阆中市	401
蒲江县	125	苍溪县	403
五通桥区	128	三台县	409
峨眉山市	130	宣汉县	412
温江区	131	南部县	436
涪城区	136	仪陇县	441
夹江县	144	资中县	453
叙永县	146	金堂县	470
彭山区	152	大竹县	472
前锋区	164	剑阁县	478
青白江区	171	平昌县	479
射洪县	171	岳池县	512

续表

区县	面积	区县	面积
大邑县	173	东坡区	566
高县	177	泸县	571
开江县	181	营山县	605
龙泉驿区	182	达川区	607
罗江县	182	仁寿县	615
长宁县	185	叙州区	615
南溪区	188	中江县	627
安县	208	渠县	631
井研县	208	简阳市	677
雁江区	216	合江县	723
乐山市市中区	217	安岳县	791
什邡市	219		

4. 最适宜区

彭山县海拔 300~450 m 的水田，年均气温 18 ℃，无霜期 150 d 以上。年降水量 983 mm，相对湿度 81%，为泽泻的最适宜区。见图 4-99。

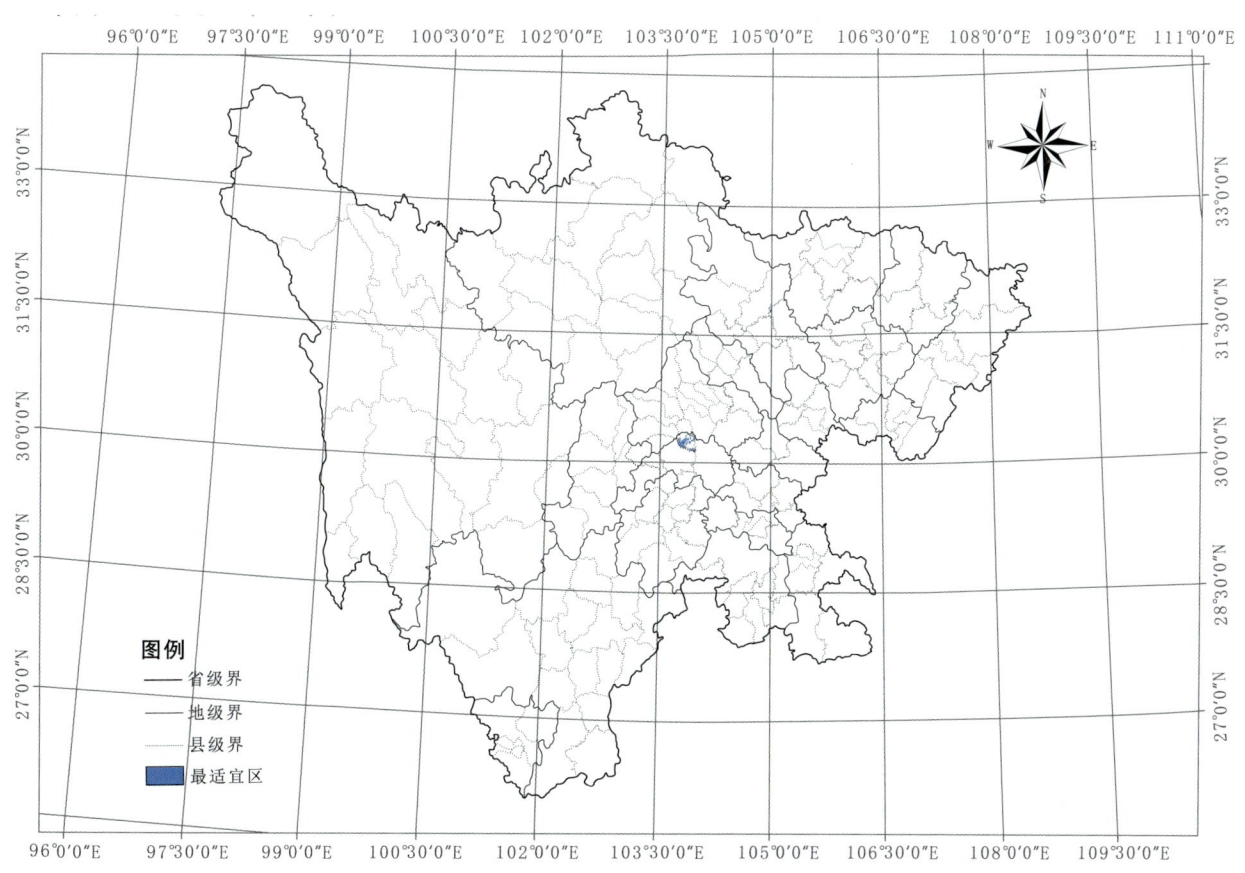

图 4-99 泽泻最适宜区示意图

表4-50 泽泻最适宜区面积（km²）

区 县	面 积
彭山县	151

【基地建设】 1999年，四川省彭山县建设了泽泻规范化栽培示范基地，核心区33 hm²，示范推广200 hm²，辐射带动面积667 hm²。

二十四、吴茱萸生产区划

【来源】 为芸香科植物吴茱萸 Euodia rutaecarpa（Juss.）Benth.、石虎 Euodia rutaecarpa（Juss.）Benth.var.*officinalis*（Dode）Huang 的干燥近成熟果实。

【道地沿革】 吴茱萸，又名食茱萸，始载于《神农本草经》，列为中品。《本草图经》："食茱萸，蜀人呼其为艾子"，"今处处有之，江、浙、蜀汉尤多"，并附有蜀州食茱萸插图。清·蒋超《峨眉山志》记载峨眉山产吴茱萸。清·雍正《叙州府志》、清·乾隆《直隶达州志》、民国《犍为县志》、清·同治《仁寿县志》、明清《营山县志》、清·光绪《雷波县志》、清·光绪《越西县志》等均记载产吴茱萸。说明四川自古是吴茱萸的道地产区。

以身干、粒小饱满、无梗、香气浓郁、无杂质者为佳。

【性味归经】 辛、苦，热，有小毒。归肝、脾、胃、肾经。

【功能主治】 散寒止痛，降逆止呕，助阳止泻。用于厥阴头痛，寒疝腹痛，寒湿脚气，经行腹痛，脘腹胀痛，呕吐吞酸，五更泄泻。外治口疮、高血压。

【药理作用】

1. 抗炎、镇痛

吴茱萸煎剂20 g/kg给予小鼠灌胃，能显著提高采用热板法所致小鼠的痛阈值，减少酒石酸锑钾扭体法致小鼠的扭体次数，表明吴茱萸具有显著的镇痛作用。吴茱萸、甘草制吴茱萸、酒制吴茱萸、醋制吴茱萸的水煎剂，按20 g/kg的剂量给小鼠灌胃，可明显减少醋酸所致小鼠的扭体反应次数，减轻巴豆油所致小鼠耳面的炎症，其中甘草制吴茱萸作用最强。

2. 对胃肠运动的作用

给小鼠连续灌胃7 d吴茱萸水煎液0.2 g/kg，对环磷酰胺诱导的肠黏膜相关淋巴组织损伤的小鼠模型，可对抗肠道黏膜相关淋巴组织中的Payer's结数目、计分值及小肠液中S-lgA的减少，表明吴茱萸可对抗环酰胺诱导的小鼠肠黏膜相关淋巴组织损伤，对肠道黏膜免疫具有改善作用，使肠道局部细胞免疫活性增强。吴茱萸氯仿提取物100 mg/kg、200 mg/kg给予小鼠灌胃，可显著拮抗利舍平诱导的小鼠胃排空，对抗新斯的明、甲氧氯普胺所致的胃排空亢进；吴茱萸氯仿提取物1×10^{-6} g/ml、1×10^{-5} g/ml、5×10^{-5} g/ml、1×10^{-4} g/ml加入大鼠离体肠管中，可有效抑制乙酰胆碱及氯化钡所致肠平滑收缩运动。吴茱萸次碱（10 mg/kg、30 mg/kg、100 mg/kg）给小鼠灌胃，能抑制正常小鼠小肠推进和新斯的明所致的小肠运动亢进，但对抗新斯的明的作用更为明显；对甲氧氯普胺和利舍平所致的胃排空亢进表现出显著的抑制作用。

3. 对心血管系统的作用

（1）降血压。大鼠尾静脉注射 2 g/kg 吴茱萸提取液，对采用皮下注射丙酸睾酮制造高血压模型大鼠具有降压作用，且降压效果好。大鼠降压和舒血管实验表明，吴茱萸次碱（30 g/kg、100 g/kg、300 g/kg）分别给予大鼠静脉注射，在产生剂量依赖性降压效应的同时，也可剂量依赖性升高血浆 CGRP 浓度，其作用可被辣椒素完全抑制。吴茱萸次碱（$10^{-7} \sim 10^{-5}$ mol/L）对采用肾上腺素引起离体大鼠胸主动脉环和肠系膜上动脉环收缩可产生剂量依赖性舒血管效应。预先应用高浓度（10^{-5} mol/L）的吴茱萸次碱 20 min 后，肾上腺素的收缩血管反应显著减弱。

（2）心肌保护作用。在体大鼠心脏实验表明，预先静脉给予大鼠吴茱萸次碱（100 μg/kg、300 μg/kg）可显著缩小冠脉结扎引起心肌梗死面积，减少心肌 CK 的释放，升高血浆 CGRP 浓度；低浓度吴茱萸次碱（0.3 μmol/L）对离体豚鼠心脏低温停搏 4 h 后再灌注所致心功能受损和 CK 释放无明显影响；中浓度吴茱萸次碱（1.0 μmol/L）可明显促进心功能的恢复，减少 CK 的释放，高浓度吴茱萸次碱（3.0 pmol/L）可明显减少 CK 释放，增加冠脉流量，仅轻度促进左室压 +dp/dtmax 和心率的恢复。股静脉注射吴茱萸次碱（300 μg/kg），对异丙肾上腺素致心肌缺血损伤大鼠模型也有明显的改善作用。

4. 调节免疫

当吴茱萸碱浓度 ≥ 0.5 μmol/L 时，在 24 h、48 h、72 h，ConA 诱导的 BALB/C、C57BL/6 及 F1 代杂交小鼠胸腺细胞、脾细胞的增殖均被抑制，细胞 Bcl-2 和 Cdk2 的 mRNA 水平降低；吴茱萸碱 0.75 μmol/L 处理后 6 h、12 h、24 h 均可使胸腺细胞、脾细胞明显凋亡；吴茱萸碱处理后细胞 Bcl-2、Cdk2 蛋白表达也明显降低，但 Bax 蛋白表达上调。研究表明：吴茱萸碱可通过下调 Bc-2、Cdk2 抑制体外培养的脾细胞和胸腺细胞增殖并诱导其凋亡，同时细胞分泌 IL-2 的活性亦明显下降。

5. 抗肿瘤

12.5 mg/kg、25 mg/kg、50 mg/kg 吴茱萸碱给 H22 荷瘤小鼠灌胃，对瘤体生长有一定的抑制作用。不同剂量的吴茱萸碱（Evo）对 SPC-A1、NCI-H446、MCF-7、HeLa、A375-S2、SMMC-7721、K562、HL-60、SW-111C、U251 人肿瘤细胞的 IC_{50} 值分别为（5.06 ± 0.01）μg/ml、（5.33 ± 0.16）μg/ml、（5.45 ± 0.94）μg/ml、（7.19 ± 0.51）μg/ml、（7.54 ± 0.37）μg/ml、（7.87 ± 0.48）μg/ml、（8.15 ± 0.47）μg/ml、（15.86 ± 0.07）μg/ml、（23.19 ± 0.02）μg/ml、（36.01 ± 0.42）μg/ml。将 15 μmol/L 的吴茱萸碱加入体外培养的人宫颈癌 HeLa 细胞中，结果显示吴茱萸碱对 Hela 细胞杀伤作用介于化疗药物放线菌素 D（actinomycineD）、顺铂（cisplatin）和 5- 氟尿嘧啶（5-FU）之间，但对细胞撤除药物后的继续增殖能力的影响相似。吴茱萸碱可将 HeLa 细胞周期阻滞在 G_2/M 期，使其发生大量凋亡。吴茱萸碱（≥ 1 μmol/L）可明显抑制 PC-3 细胞生长，使 Caspase-3 和 Caspase-9 的表达增加。采用吴茱萸碱 3 μmol/L 对黑色素瘤 A375-S2 细胞的生长抑制作用的研究发现：吴茱萸碱诱导 A375-S2 死亡时早期启动了 Caspase 依赖性的非经典凋亡途径，后期则启动了坏死途径；10 μmol/L 的吴茱萸碱还可通过减少 ERK 及磷酸化 ERK 的蛋白表达而阻断 ERK 激酶对细胞的保护作用，从而抑制该细胞生长。

【品质研究】 滕杰等采用水蒸气蒸馏法提取吴茱萸挥发油，用 GC 毛细管柱进行分离，归一化法测定其相对含量，并用 GC-MS 法鉴定化学成分。结果：8 个不同产地吴茱萸挥发油中共有成分有罗勒烯、3, 7- 二甲基 -1, 6 辛二烯 -3- 醇、[1S-（1α, 2β, 4β）]-1- 乙烯基 -1- 甲基 -2, 4- 二（1- 甲基乙烯基）- 环己烷、1α, 4aα, 8aα-1, 2, 3, 4, 4a, 5, 6, 8a- 八氢 -7- 甲基 -4- 亚甲基 -1-（1- 甲基乙基）- 萘、2- 亚甲基 -6, 8, 8- 三甲基 - 三环 [5.2.2.0（1, 6）] 十一烷-3-醇、γ-muurolol、α-杜松烯醇和2-十五烷酮。结论：不同产地吴茱萸挥发油化合物组成有一定差异。

任雪松等采用高效液相色谱法同时测定川渝两地吴茱萸中吴茱萸碱、吴茱萸次碱和柠檬苦素含量。结果表明，吴茱萸碱、吴茱萸次碱和柠檬苦素分别在0.051~0.518 μg（r=0.999 7）、0.021~0.212 μg（r=0.999 5）、0.085~0.427 μg（r=0.999 8）范围内呈良好的线形关系。川渝两地吴茱萸总碱含量的平均值为1.340%，柠檬苦素含量的平均值为0.413 8%。四川产吴茱萸的总碱含量较高，而重庆产吴茱萸的柠檬苦素含量较高。

图4-100　吴茱萸原植物（方清茂摄）

【原植物】吴茱萸：小乔木或灌木，高3~5 m，嫩枝暗紫红色，与嫩芽同被灰黄或红锈色绒毛，或疏短毛。叶有特殊香气，小叶5~11片，小叶薄至厚纸质，卵形、椭圆形或披针形，长6~18 cm，宽3~7 cm，叶轴下部的较小，两侧对称或一侧的基部稍偏斜，边全缘或浅波浪状，小叶两面及叶轴被长柔毛，毛密如毡状，或仅中脉两侧被短毛，油点大且多。聚伞花序顶生；雄花序的花彼此疏离，雌花序的花密集或疏离；萼片及花瓣均5片，偶有4片，镊合排列；雄花花瓣长3~4 mm，腹面被疏长毛，退化雌蕊4~5深裂，下部及花丝均被白色长柔毛，雄蕊伸出花瓣之上；雌花花瓣长4~5 mm，腹面被毛，退化雄蕊鳞片状或短线状或兼有细小的不育花药，子房及花柱下部被疏长毛。果序宽（3~）12 cm，果密集或疏离，暗紫红色，有大油点，每分果瓣有1种子；种子近圆球形，一端钝尖，腹面略平坦，长4~5 mm，褐黑色，有光泽。花期6~8月，果期9~10月。见图4-100。

石虎：小叶纸质，宽稀超过5 cm，叶背密被长毛，油点大；果序上的果较少，彼此密集或较疏松。

【生物学特性】喜温暖湿润气候，土壤以油沙土、夹沙泥等比较肥沃疏松的为好。

【栽培技术】

1. 选地整地

每亩施农家肥2 000~3 000 kg作基肥，深翻暴晒几日，碎土耙平，作1~1.3 m宽的高畦。移栽后要加强管理，干旱时及时浇水，并注意松土、除草。每年于封冻前在株旁开沟追施农家肥。当株高 1~1.5 m 时，于秋末剪去主干顶部，促使多分枝。开花结果树应注意开春前多施磷、钾肥。老树应适当剪去过密枝，或砍去枯死枝或虫蛀空树干，以利更新。

2. 整枝修剪

幼树株高 80~100 cm 剪去主干顶梢，促其发芽；在向四面生长的侧枝中，选留 3~4 个健壮的枝条，培育成为主枝；第 2 年夏季，在主枝叶腋间选留 3~4 个生长发育充实的分枝，培育成为副主枝，以后再在主枝上放出侧枝。经过几年的整形修剪，使其成为外圆内空，树冠开阔，通风透光，杆矮冠低的自然开心形的丰产树型，3~4 年之后便可进入盛果期。每年冬季还要适当地剪除过密枝、重叠枝、徒长枝和病虫枝。果梢粗壮、芽饱满的枝条应予保留，均能形成结果枝。每次修剪之后，都要追施 1 次肥料，以恢复树势。

植株进入衰退期后，长势逐年减弱，花芽减少，产量下降，此时可将老树砍伐，抚育根际萌蘖的幼苗，进行更新复壮。

【采收加工】 8~11 月，果实由绿转为油菜花色时为最佳采收期。采收过早则质嫩，过迟则果实开裂，都影响质量。采收时间宜选择晴天，趁早上有露水时采摘，可以减少果实跌落。操作时将果穗成串剪下（不能把果枝剪下，以免影响第二年开花结果）。果穗采回以后，摊开晒干或晾干（宜勤翻动，使之干燥均匀）。干燥后去净枝梗，去净杂质，贮于干燥通风处，或及时出售。见图 4-101。

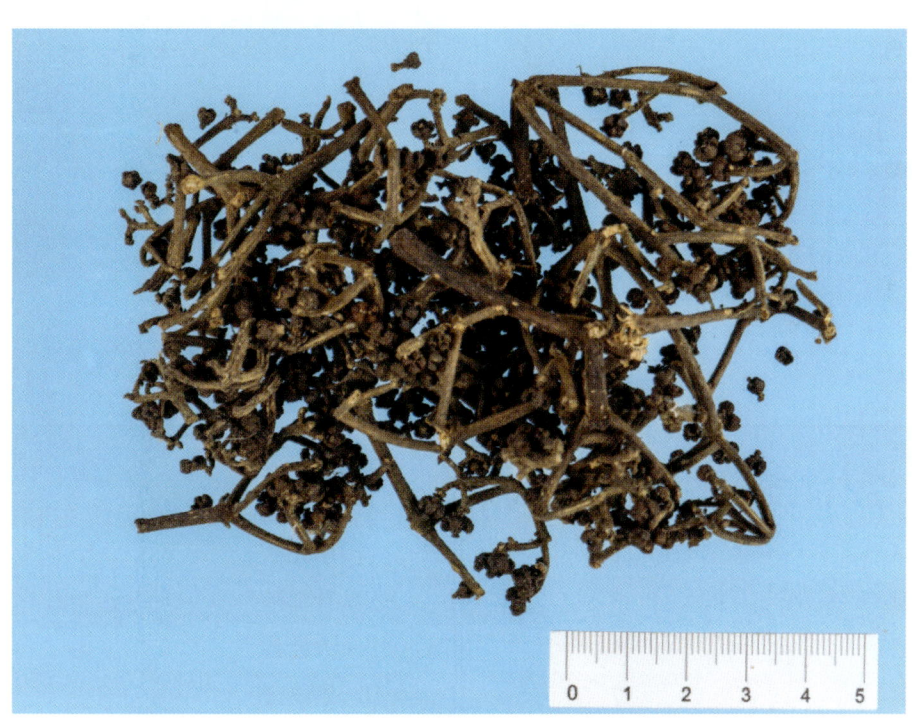

图 4-101　吴茱萸药材（周先建摄）

【适宜区与最适宜区】

1. 生态环境

生于海拔 2 000 m 以下的向阳处的低山、丘陵、平坝。低洼积水地不宜种植。

2. 生态因子

年均气温 17 ℃，1 月平均气温 7 ℃，7 月平均气温 27 ℃，年降水量低于 759 mm。

3. 适宜区

四川省吴茱萸的适宜区为盆地周围边缘山区，包括古蔺、叙永、珙县、筠连、泸州、宜宾、巴中、达州、万源、苍溪、北川、平武、宝兴、汉源、峨眉、马边、安县。见图4-102。

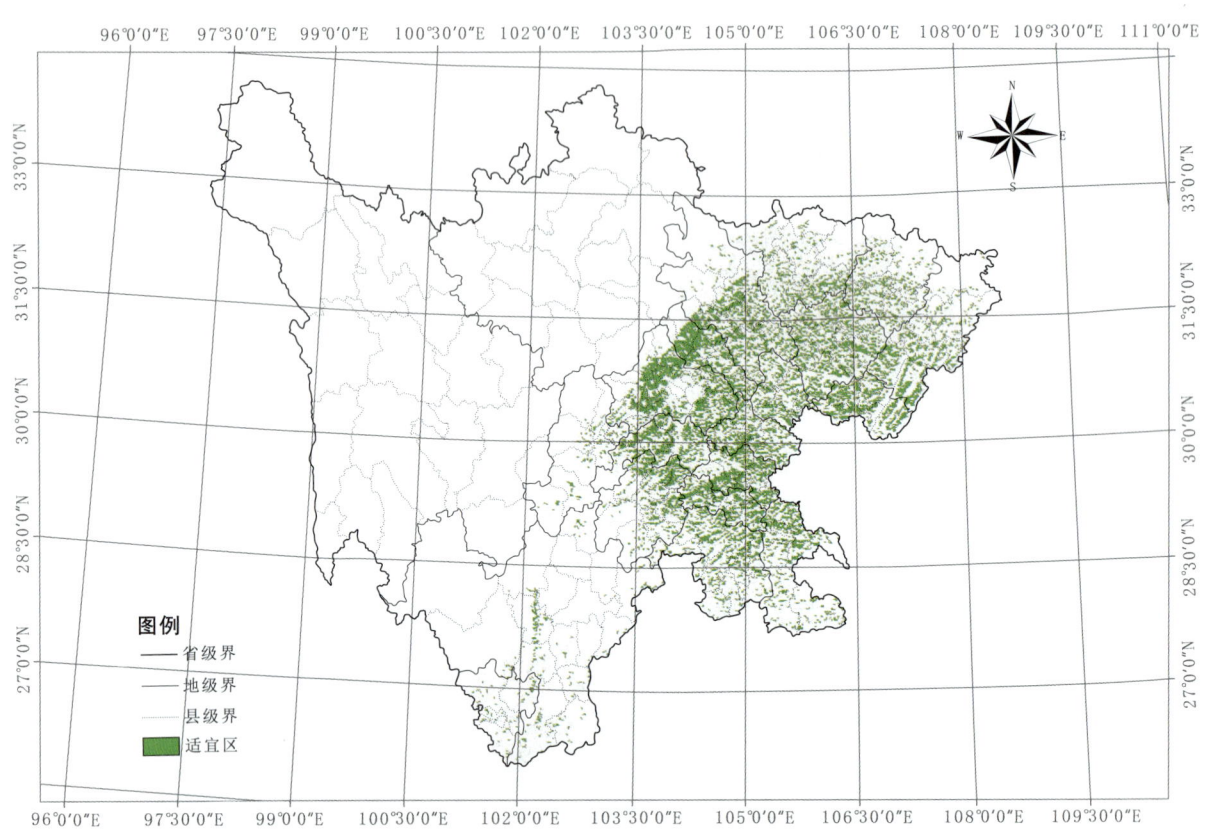

图4-102 吴茱萸适宜区示意图

表4-51 吴茱萸适宜区面积（km²）

区县	面积	区县	面积
康定市	2	兴文县	286
武侯区	3	昭化区	299
越西县	3	什邡市	307
昭觉县	3	大邑县	310
锦江区	7	纳溪区	313
茂　县	7	江安县	316
汶川县	11	广汉市	333
东　区	12	会理县	337
青羊区	12	沐川县	346
金牛区	13	南溪区	346
成华区	14	长宁县	349
木里县	16	屏山县	357

续表

区县	面积	区县	面积
西区	19	开江县	359
宝兴县	20	青川县	361
美姑县	22	都江堰市	364
喜德县	25	西昌市	366
自流井区	25	旌阳区	372
金口河区	32	双流区	377
布拖县	33	乐山市区	393
冕宁县	53	翠屏区	409
金阳县	75	隆昌市	409
普格县	77	崇州市	429
石棉县	77	高县	432
荥经县	82	邛崃市	438
朝天区	83	安县	455
甘洛县	87	游仙区	460
芦山县	90	井研县	465
峨边县	94	绵竹市	471
青白江区	97	武胜县	471
龙泉驿区	100	叙永县	486
华蓥市	107	恩阳区	489
盐源县	119	彭州市	503
宁南县	120	西充县	515
前锋区	123	嘉陵区	516
天全县	126	广安区	519
汉源县	127	巴州区	536
沙湾区	127	威远县	536
万源市	129	南江县	539
名山区	132	犍为县	550
青神县	137	通江县	560
蒲江县	140	蓬安县	561
会东县	145	古蔺县	565
五通桥区	151	射洪县	566
仁和区	153	金堂县	576
雷波县	162	梓潼县	591
新津县	166	蓬溪县	598
龙马潭区	167	安居区	615

续表

区 县	面 积	区 县	面 积
贡井区	169	乐至县	620
温江区	170	东兴区	652
雨城区	171	合江县	665
德昌县	181	富顺县	668
平武县	181	邻水县	673
北川县	183	盐亭县	690
米易县	194	东坡区	699
船山区	198	平昌县	717
涪城区	200	营山县	736
盐边县	202	宣汉县	739
丹棱县	203	资中县	761
沿滩区	203	泸县	785
峨眉山市	212	大竹县	787
内江市市中区	215	岳池县	812
大安区	215	雁江区	817
江阳区	222	达川区	823
彭山区	228	荣县	824
新都区	234	渠县	825
洪雅县	239	阆中市	831
筠连县	239	仪陇县	836
珙县	254	江油市	858
马边县	256	叙州区	958
顺庆区	256	南部县	979
通川区	257	苍溪县	989
利州区	266	中江县	1 020
罗江县	268	剑阁县	1 025
郫都区	277	仁寿县	1 042
夹江县	278	简阳市	1 088
高坪区	283	安岳县	1 152
旺苍县	285	三台县	1 161
大英县	286		

4. 最适宜区

四川省吴茱萸的最适宜区为海拔 600 m 以下的盆地南部边缘山区，包括古蔺、叙永等地。见图 4-13。

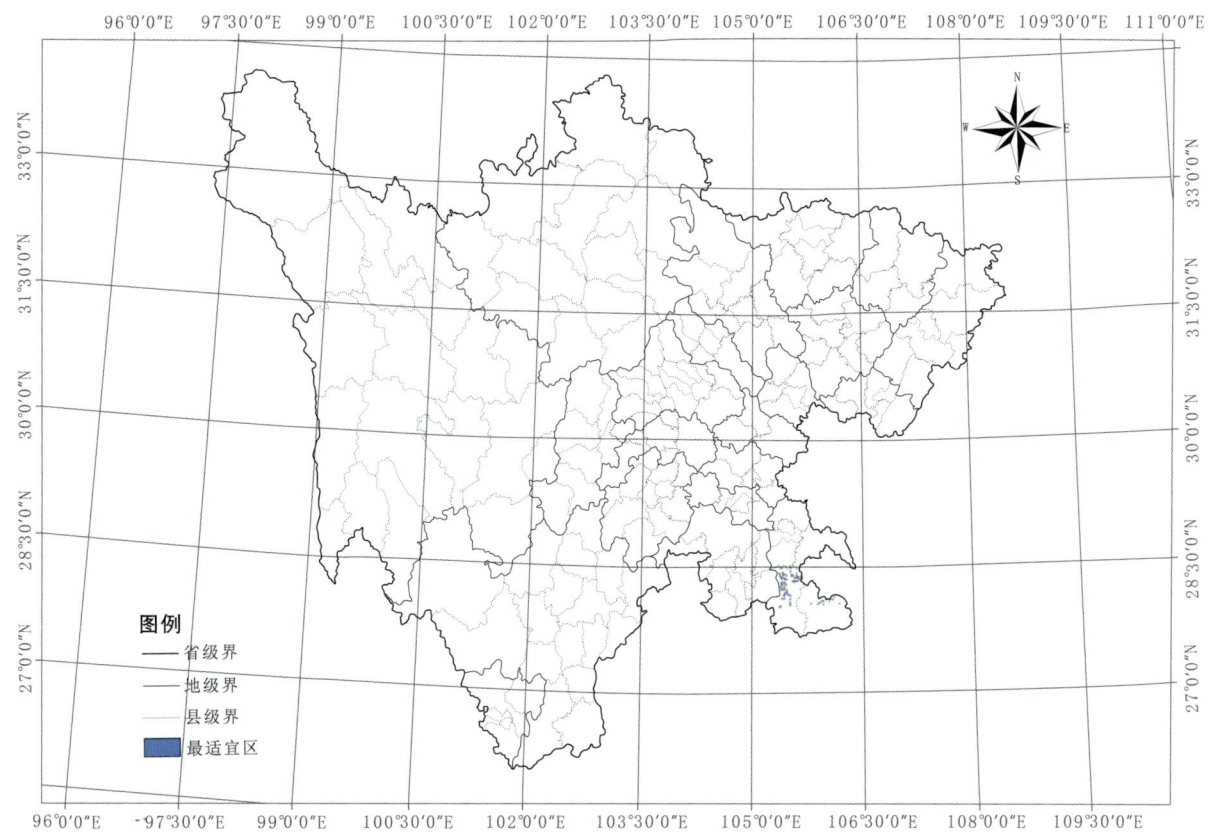

图4-103 吴茱萸最适宜区示意图

表4-52 吴茱萸最适宜区面积（km²）

区 县	面 积	区 县	面 积
古蔺县	35	叙永县	175

【基地建设】四川省吴茱萸主产于古蔺、叙永，建有生产试验基地。其他如屏山、珙县、高县、筠连、巴中、达州、绵阳、乐山以及凉山州金阳、雷波等地也有一定的栽培面积。

二十五、佛手生产区划

【来源】为芸香科植物佛手 Citrus medica L.var.sarcodactylis Swingle 的干燥果实。

【道地沿革】始载于《神农本草经》，列为中品。李时珍谓："四川、湖广、滇南、闽岭、吴越东南皆有之，以川、滇、衡、永产者为胜。"彭成《中华道地药材》记载：产于四川江津、合川、泸县，云南新平、易门、峨山等地的药材称为"川佛手"，在四川有几百年的栽培历史。《雅州府志》（1739年）卷之五·物产篇记载："雅安县和芦山县产佛手、香橼、柑子。"民国廿三年（1934年）《四川特产志》收载了峨眉山产中药材佛手。

以身干、绿边白瓤、质坚、香气浓者为佳。

【性味归经】 辛、苦、酸,温。归肝、脾、胃、肺经。

【功能主治】 疏肝理气,和胃止痛,燥湿化痰。用于肝胃气滞,胸胁胀痛,胃脘痞满,食少呕吐,咳嗽痰多。

【药理作用】

1. 对胃肠平滑肌的作用

佛手醇提液(2 g/ml)能明显提高家兔离体回肠的收缩力,加快收缩频率,其收缩力与浓度成正比,当其终浓度为 2×10^{-2} g/ml 时,离体回肠的收缩力显著增加;对乙酰胆碱引起的家兔离体十二指肠痉挛有显著的解痉挛作用;佛手醇提液 15 g/kg、30 g/kg 给小鼠灌胃,能明显促进小鼠小肠推进功能。

2. 平喘、镇咳、祛痰

佛手醇提液给小鼠灌胃每日 30 g/kg、15 g/kg,连续 5 d,均能显著增加小鼠酚红排泌量;连续 6 d,可显著延长氨水引豚鼠哮喘潜伏期。佛手乙酸乙酯提取液给氨水引咳模型小鼠 10 g/kg、20 g/kg 灌胃给药 7 d,显著延长小鼠的咳嗽潜伏期,减少咳嗽次数;给气道酚红排泄法模型小鼠灌胃 10 g/kg、20 g/kg,可增加小鼠呼吸道酚红排泌量。施长春等采用水蒸气蒸馏法提取佛手挥发油,对实验组豚鼠和小鼠预先以高、中、低剂量的佛手挥发油灌胃,模型对照组动物则以 9 g/L 盐水灌胃,另外采用急支糖浆、氨茶碱、鲜竹沥为止咳、平喘、祛痰的阳性药物对照组。用药后观察各组在密闭玻璃实验测试箱内喷雾枸橼酸所致豚鼠引咳潜伏期、组胺喷雾致喘的潜伏期和腹腔注射苯酚溶液后小鼠气管酚红排泌量。结果挥发油高、中、低剂量组和急支糖浆组引咳潜伏期均较模型组长($P < 0.05$)。挥发油高、中、低剂量组豚鼠在以组胺喷入致喘的潜伏期均较模型组长($P < 0.05$)。挥发油高、中、低剂量组气管酚红排泌量均显著大于模型组($P < 0.05$)。佛手挥发油对支气管哮喘动物具有止咳、平喘、祛痰等治疗作用。尹洪萍等采用卵白蛋白(OVA)腹腔注射致敏和雾化激发的方法建立小鼠哮喘模型,用佛手乙酸乙酯提取液(10 g/kg)对哮喘小鼠进行干预,并以地塞米松作为阳性对照,佛手乙酸乙酯提取液组和地塞米松组的外周血白细胞总数、嗜酸性粒细胞、淋巴细胞均显著低于哮喘模型组($P < 0.05$ 或 $P < 0.01$),所以佛手乙酸乙酯提取液能抑制哮喘模型小鼠嗜酸性粒细胞性炎症反应。

3. 抗炎

佛手乙酸乙酯提取液给采用 OVA 腹腔注射致敏和雾化激发的方法建立的哮喘模型小鼠灌胃 10 g/kg,结果显示其能抑制哮喘模型小鼠嗜酸性粒细胞性炎症反应。金华佛手挥发油给小鼠灌胃每日 0.773 ml/kg、0.309 ml/kg、0.154 ml/kg,连续 3 d,结果其能明显减轻小鼠耳二甲苯炎症反应;给大鼠灌胃 0.773 ml/kg、0.309 ml/kg、0.154 ml/kg,第 1 日上、下午,次日上午 3 次给药,对大鼠角叉菜胶致炎足跖肿胀有一定的抑制作用。

4. 抗氧化、抗衰老

给背部脱毛、暴露约 2 cm^2 皮肤的 ICR 小鼠的皮肤涂抹佛手提取液,能极显著增加小鼠皮肤中胶原蛋白的含量。从佛手中分离的多糖 BP1(呋喃糖)和 BP2(α-吡喃糖苷键)对 O_2- 产生 50% 清除效应所需要的量分别为 0.41 mg/ml、1.6 mg/ml,对 ·HO 产生 50% 清除效应所需要的量分别为 8.5 mg/ml 和 12.9 mg/ml。

5. 对记忆力的影响

佛手醇提液以每 100 g 体重 2.0 ml(生药量为 9.716 g/ml)灌胃,连续 15 d,可显著降低小鼠在 Y- 迷宫训练中达到学会标准所需的训练次数,对记忆保持力的影响不大;可明显增加免疫器官(脾脏、胸腺)重量。

6. 抑制肿瘤

佛手多糖（1.6 g/kg、0.8 g/kg）给小鼠连续灌胃给药 10 d，结果高剂量对小鼠移植性肝肿瘤 HAC22 有较好的抑制作用，低剂量也有一定的抑制作用，且给药后体重明显增加。

小鼠单核巨噬细胞白血病细胞 RAW264.7 癌细胞经 0.625 mg/ml、1.250 mg/ml、2.500 mg/ml 佛手水煎剂处理后 RAM264.7 癌细胞固缩，细胞核染色质凝聚、片断化，有凋亡小体出现，表现出典型的细胞凋亡特征，经 5 mg/ml 佛手水煎剂处理后，RAW264.7 癌细胞肿胀，细胞膜破裂，呈现坏死症状，增殖受到明显抑制，半数抑制浓度（IC_{50}）为 2.073 mg/ml，表明佛手水煎剂能诱导肿瘤细胞凋亡，抑制肿瘤细胞增殖。

【品质研究】 钟艳梅等采用超高效液相色谱仪联用四级杆飞行时间质谱仪（UPLC/Q-TOF-MS）分析鉴定 10 个不同产地的佛手药材，并采用主成分分析统计处理试验数据，区分不同产地佛手药材的特征性成分。结果表明 10 个不同产地的佛手药材中，福建、安徽、江苏等产地的佛手药材化学成分近似，而四川、云南、广西等产地的佛手药材具有相似性，产地广东梅州、广东潮州、广东肇庆的佛手药材相似，浙江的佛手药材化学成分与其他产地差异较大。发现了区分 10 种不同产地佛手药材贡献值较大的 9 种化学成分并进行了初步鉴定。10 个不同产地的佛手药材化学成分存在差异，可能与药材的产地不同密切相关。

金晓玲等采用有机溶剂提取法得到佛手挥发油，运用色谱-质谱技术，结合计算机检索对其化学成分进行分离和鉴定，用色谱峰面积归一化法计算各组分的相对含量。结果：从福建、广州、四川、金华佛手的挥发油中分别鉴定了 40，28，26 和 36 个化合物。结论：各种佛手挥发油的主要组分为枸橼烯、γ-异松油烯和 5，7-二甲氧基香豆素，但其所含的主要成分的比例完全不同，而且各种佛手挥发油含有其特异的组分。

图 4-104　佛手原植物（黎跃成摄）

【原植物】 常绿灌木或小乔木，高 3~4 m。茎枝多具短而硬的刺，长达 4 cm。新生嫩枝、芽及花蕾均为暗紫红色。单叶，稀兼有单身复叶；叶柄短，无翼，叶片椭圆形或卵状椭圆形，长

6~12 cm，宽 3~6 cm，或有更大，顶部圆或钝，叶缘有浅钝裂齿。花单生、簇生或为总状花序，多达 12 朵，有时兼有腋生单花；花两性，有单性花趋向，雄花较多，雌蕊退化；花瓣 5 片，长 1.5~2 cm；雄蕊 30~50 枚；子房在花柱脱落后即行分裂，在果的发育过程中分裂为手指状肉条，果皮甚厚，通常无种子。果皮淡黄色，粗糙，甚厚或薄，难剥离，内皮白色或略淡黄色，棉质，松软，瓤囊 10~15 瓣，果肉无色，近于透明或淡乳黄色，爽脆，味酸或略甜，有香气；种子小，平滑，子叶乳白色，多或单胚。花期 4~5 月，果期 10~12 月。见图 4-104。

【生物学特性】 佛手抽生枝梢的能力很强，生长期可以抽梢 3~4 次。一年中多次开花。喜温暖、怕严寒。栽培于土壤水分充足、疏松肥沃的沙壤土、油砂土、壤土。

【栽培技术】

1. 种植

佛手不耐寒，较耐阴，过强光照会造成日灼或伤害浅根群。其生长适温为 10~31 ℃，0 ℃以下需移入大棚越冬，43 ℃下仍能正常生长。亩栽 110 株左右。佛手对土质要求不严，以疏松、肥沃、透气、渗水性能良好的沙质壤土为佳，黄红沙土次之。苗木新梢转绿后四季均可种植，最佳种植期为 1~5 月和 8~9 月。

2. 施肥

佛手施肥应根据树龄大小、生长好差而定。一般头 3 年在 3~8 月每月宜施一次速效有机肥；进入盛果期后一年可追肥 3 次，分别在花前、幼果期和采果后及时施入饼肥、堆肥、人畜粪尿并加入磷钾肥或复合肥，尤其要注意施好冬肥。

佛手在未进入结果期应施好攻梢肥：即在发春梢、夏梢、秋梢前 10 d 施一次速效化肥及农家肥，一般每株用尿素约 30 g、磷肥 100 g 与 5 kg 鸡牛粪拌匀后，结合中耕除草，开挖宽 30 cm、深 25 cm 的环状沟施下，覆土盖严。9 月份后不能施肥，防止晚秋梢徒长。

佛手种后第二年就可进入结果期，可连续收果 30 年左右。每年应施肥四次：第一次花前肥，宜在 3 月中旬施下，每株施腐熟人粪尿 5 kg；第二次在开花盛期，需肥量较大，每株施腐熟鸡牛粪 5 kg、尿素 150 g；第三次在"小暑"前后施壮果肥，重施磷钾肥，以促进果实的膨大，提高产量，每株用复合肥 1 kg 与腐熟鸡牛粪 5 kg 混合施下，同时用 100 g 磷酸二氢钾兑水 50 kg 喷施一次叶面肥，对促进树势旺盛及果实膨大十分有利；第四次施采果肥，9~10 月份采果后，在植株的两边沿树冠外侧开挖宽 40 cm、深 40 cm 的对称沟，每株用腐熟鸡牛粪 10 g、复合肥 1 kg 混合后回坑。

3. 定植

扦插苗或嫁接苗培育一年后，幼苗高达 50 cm 时，春秋两季都可定植，以 2 月份气温开始转暖，新芽即将萌发时较好。一般熟地，先理好四周排水沟，按株行距各约 3 m 挖窝，若利用田边地角栽种可稍密，窝径 50 cm 左右，深 30 cm，窝内泥土要细，最好用三角形排列。每窝栽苗一株，必须栽正，须根向四面伸展，用细土壅根，向上轻提数次，使根与土壤紧接，再覆盖细土踩实，最后覆土稍高于地面。

4. 管理

佛手开花期，可将多余花和雄花打下去，每一短枝只留 1~2 朵。或待结出幼果时，再摘去更为保险。冬季清除落叶、残枝。生长期随时摘除严重的病叶，集中深埋或烧毁，以免病菌的再次感染。佛手园四周开深沟，降低地下水位，保持适宜的土壤湿度，增强土壤的通透性。叶面喷氮、磷、钾肥及微肥和绿芬威，始花期和盛花期喷施硼砂，提高叶片的寿命和光合能力，促进枝条成熟和养分积累，增强植株抗性，增加产量。

5. 修剪

将主干剪留 15 cm，下面留 3~5 个腋芽，促其萌发壮枝，扩大树冠。当新梢长至 5~8 cm 时摘心，去顶芽和侧芽，以育成一定的树形，并促进其提前进入结果期。

为保证佛手高产和稳定，必须做好树形树势的调整及花、果枝条的合理修剪。当年栽当年开花结果的不宜让其开花，要及早摘去花芽，以促使树形的生长和扩冠生长。进入花果盛期的树体一般在 3 月萌芽和秋冬果实采收后进行修剪。调控花果时应注意摘除早花（即春末初夏开的花，因此时开的花多数为雄花不能结果），对雌花枝条上萌生的多余腋芽也须抹摘以减少养分消耗，改善生长条件，达到减少落花、多结果的高产目的。佛手粗生快长分枝多，必须每年进行合理修剪整形，使树势旺盛，促进结果枝分布均匀。在采果后及 3 月萌芽前进行修剪整形，剪去交叉枝、衰弱枝、病虫枝和枯枝、徒长枝。佛手的短枝大多为结果母枝，应尽量保留，凡夏季生长的夏梢除个别为扩大树冠需要外，应全部剪去。

6. 除草

惊蛰前后开始开花，一序花选留 2~3 朵健壮的雌花，其余摘掉。在保果技术上，一般要求一枝留 1~2 个果为佳，多了要摘除。进入结果期用手拔除植株周围的杂草，不要用锄头锄，以免伤根。佛手种后 5 年每年要培土 1 次，在剪枝清园后进行，培土后盖一层薄草于树盘。

【采收加工】 佛手果实成熟期不一致。果实从 8 月起陆续成熟，当果皮由绿开始变浅黄绿色并有特殊香气时，选晴天采收，到冬季采完为止。果实用刀顺切成 4~7 mm 的薄片，及时晒干或烘干即成。成年壮树，管理良好者，每株年产鲜果 20~25 kg。见图 4-105。

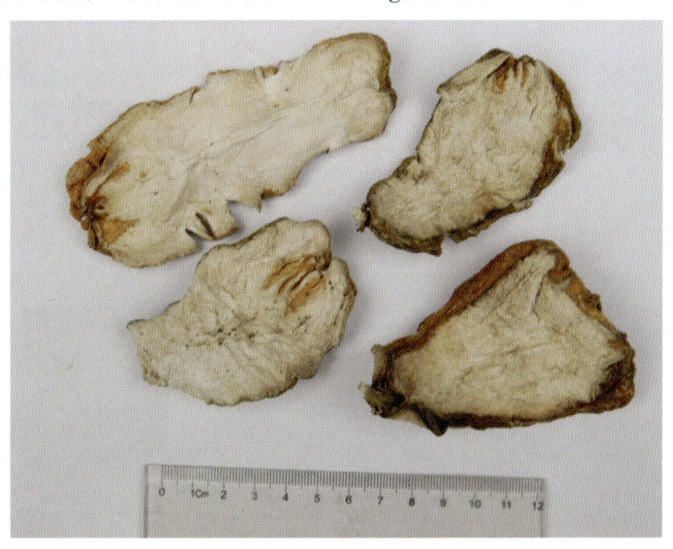

图4-105　佛手药材（周先建摄）

【适宜区与最适宜区】

1. 生态环境

生于海拔 900 m 以下的向阳丘陵、平坝。

2. 生态因子

喜阳光充足、气候温暖、土壤肥沃的土地。年均气温大于 15 ℃，无霜期 356 d 以上，年降雨量 1 000~1 200 mm，湿度大于 80%。

3. 适宜区

佛手的适宜区为海拔 700 m 以下的长江沿岸、岷江流域的丘陵地区以及大渡河的干热河谷地区，包括泸县、合江、宜宾、沐川、犍为、芦山、雅安、荥经、洪雅、峨眉、夹江、石棉。见图4-106。

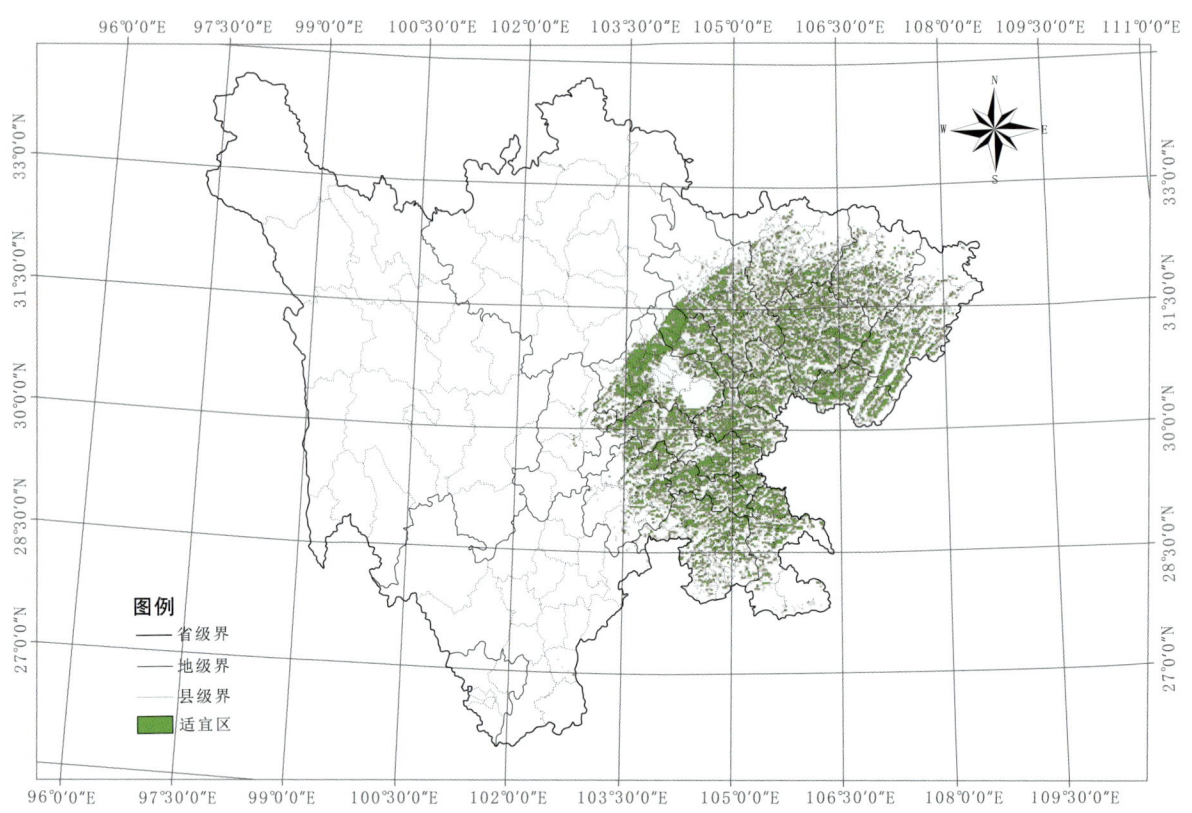

图4-106 佛手适宜区示意图

表4-53 佛手适宜区面积（km²）

区县	面积	区县	面积
甘洛县	1	旌阳区	305
会东县	1	纳溪区	313
武侯区	3	江安县	315
雨城区	4	沐川县	318
金牛区	5	都江堰市	336
宝兴县	6	南溪区	346
锦江区	7	长宁县	349
天全县	7	开江县	351
金口河区	8	双流区	377
宁南县	12	南江县	393
青羊区	12	乐山市区	393
成华区	13	邛崃市	403
雷波县	14	简阳市	406
荥经县	22	翠屏区	409
峨边县	24	隆昌市	411

续表

区县	面积	区县	面积
自流井区	25	崇州市	422
龙泉驿区	31	高县	430
平武县	37	安县	440
芦山县	38	金堂县	442
峨眉山市	62	绵竹市	456
洪雅县	64	游仙区	460
朝天区	69	井研县	465
青川县	72	武胜县	465
青白江区	74	彭州市	475
北川县	97	恩阳区	487
古蔺县	101	通江县	514
华蓥市	106	西充县	515
马边县	106	巴州区	516
沙湾区	114	嘉陵区	516
万源市	118	广安区	519
名山区	121	威远县	536
新都区	121	犍为县	549
前锋区	123	蓬安县	561
青神县	137	射洪县	566
蒲江县	140	梓潼县	591
五通桥区	151	蓬溪县	592
新津县	166	安居区	612
龙马潭区	167	乐至县	620
温江区	167	东兴区	648
贡井区	169	邻水县	659
筠连县	184	富顺县	668
丹棱县	191	合江县	674
利州区	194	盐亭县	690
旺苍县	196	东坡区	699
船山区	197	宣汉县	712
涪城区	200	平昌县	713
沿滩区	203	营山县	736
珙县	212	资中县	761
内江市市中区	215	大竹县	775
大安区	215	江油市	792
江阳区	222	泸县	799
夹江县	227	岳池县	809
彭山区	228	雁江区	817

续表

区 县	面 积	区 县	面 积
屏山县	233	达川区	819
兴文县	240	荣 县	824
通川区	255	渠 县	825
顺庆区	256	阆中市	831
昭化区	259	仪陇县	836
罗江县	268	叙州区	953
郫都区	277	苍溪县	960
高坪区	283	南部县	979
大英县	286	剑阁县	1 006
大邑县	293	中江县	1 018
广汉市	298	仁寿县	1 042
什邡市	298	安岳县	1 149
叙永县	303	三台县	1 161

4. 最适宜区

佛手的最适宜区为海拔 400~700 m 的长江沿岸及岷江流域的丘陵地区，包括合江、宜宾、犍为等地的丘陵地区。见图 4-107。

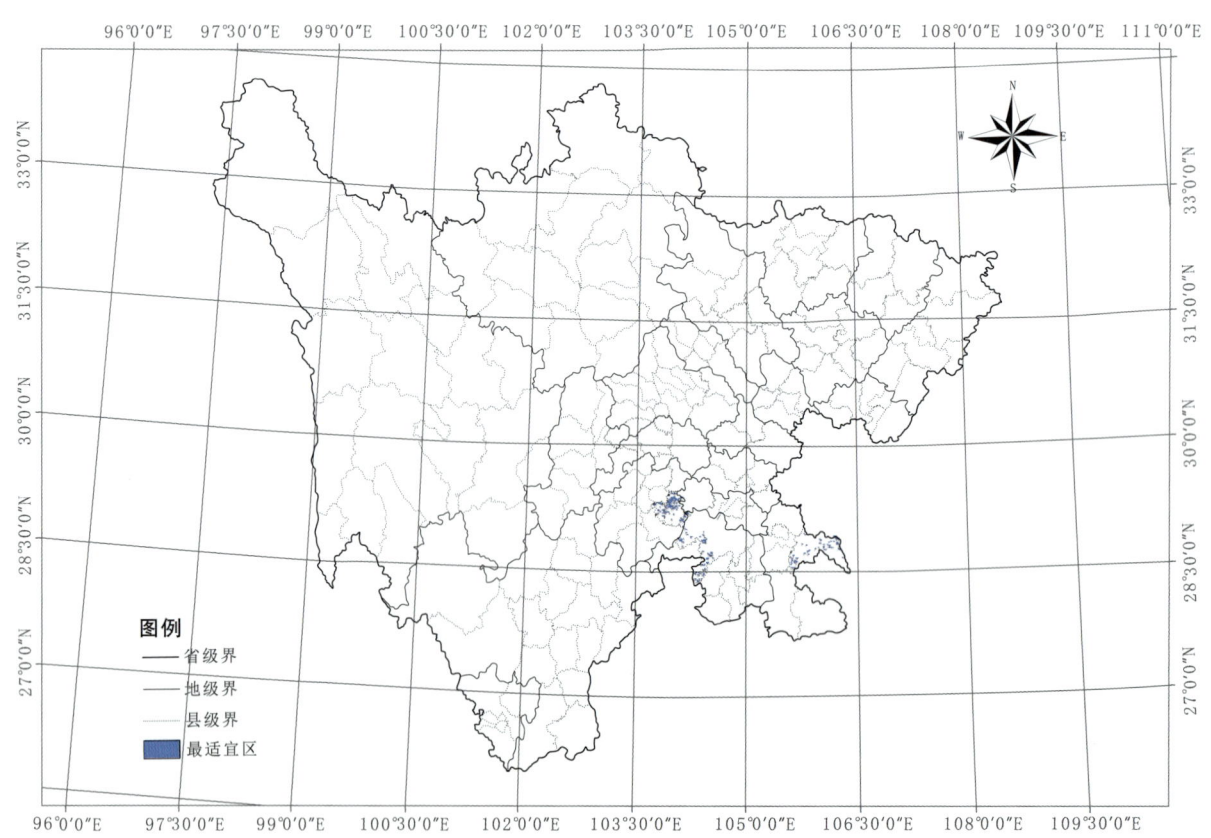

图 4-107 佛手最适宜区示意图

表4-54 佛手最适宜区面积（km²）

区县	面积	区县	面积
合江县	168	叙州区	238
犍为县	321		

【基地建设】 四川省在合江、泸县、石棉均有大量的人工栽培基地。

二十六、秦皮生产区划

【来源】 为木犀科植物白蜡树 Fraxinus chinensis Roxb.、尖叶白蜡树 Fraxinus szaboana Lingelsh. 或宿柱白蜡树 Fraxinus stylosa Lingelsh. 的干燥枝皮或干皮。

【道地沿革】 植物名梣，始载于《神农本草经》，列为中品。李时珍谓："四川、湖广、滇南、闽岭、吴越东南皆有之，以川、滇、衡、永产者为胜"。

【性味归经】 苦、涩，寒。归肝、胆、大肠经。

【功能主治】 清热燥湿，收涩止痢，止带，明目。用于湿热泻痢，赤白带下，目赤肿痛，目生翳膜。

【药理作用】

1. 抗病原微生物

腹腔注射秦皮水煎液 0.7 g/kg、1.4 g/kg 对伤寒杆菌感染所致小鼠死亡有明显保护效果。体外实验表明：秦皮对多种病原微生物有不同程度的抑制作用。秦皮甲素 1∶100~1∶500 对金黄色葡萄球菌、卡他球菌、链球菌、奈瑟双球菌有抑制作用；秦皮乙素为秦皮抗菌主要有效成分，曾报告其 MIC 对金黄色葡萄球菌为 1∶2 000，对卡他球菌为 1∶2 500，对大肠杆菌为 1∶1 000，对福氏杆菌为 1∶2 000。近有研究也表明秦皮甲、乙素对肠道中的 O_{157} 大肠杆菌有显著抑制效果；另有研究报道秦皮对 308 株临床菌株的影响，发现秦皮对金葡菌与表皮葡萄球菌作用较强，对金葡菌、表皮葡萄球菌和肠球菌的 MIC_{50} 分别为 3 mg/ml、3 mg/ml、12 mg/ml，MIC_{90} 分别 > 12 mg/ml、6 mg/ml、12 mg/ml。

秦皮还有一定抗病毒作用，如抗流感病毒、疱疹病毒等；对于家兔实验性单纯疱疹性角膜炎有明显防治作用。

2. 抗炎

秦皮煎剂 200 mg/kg 灌胃，可对抗骨关节炎模型兔蛋白多糖降低，抑制氧化亚氮和前列腺素 E_2 的生成，减轻滑膜炎扩大和软骨面破坏程度。秦皮甲素 10 mg/kg 腹腔注射，能显著抑制大鼠角叉菜胶、右旋糖酐、5-HT 及组胺所致足跖肿胀，并能明显抑制棉球所致大鼠肉芽组织增生。秦皮乙素 100 mg/kg 或 200 mg/kg 腹腔注射，对蛋清及右旋糖酐所致大鼠足跖肿胀有显著抑制效果。秦皮苷 10 mg/kg 腹腔注射也可显著抑制角叉菜胶、右旋糖酐、组胺、甲醛等所致大鼠足跖肿胀，其作用强于秦皮甲素，但对 5-HT 及缓激肽性足跖肿胀的抑制强度则弱于秦皮甲素。秦皮甲素及秦皮苷能显著抑制组织胺引起的毛细血管通透性增加。实验发现，由于秦皮乙素腹腔注射可使大鼠肾上腺中维生素 C 的含量显著下降，表明秦皮抗炎作用的原理可能与其能兴奋肾上腺皮质功能有关。秦皮总香豆素 20 mg/kg、40 mg/kg、80 mg/kg、160 mg/kg 可显著抑制微晶型尿酸钠（MSU）局部注射致大鼠足跖肿胀和减少关节腔积液量，减轻关节囊组织病理学改变，且对家兔痛风性关节炎有对抗作用。杨庆等通过实验观察了 4 种基原秦皮提取物对脂多糖（LPS）刺激小鼠单核 - 巨噬细胞株 RAW264.7 后细胞分泌炎症因子的影响，结果表明它们均具有显著的抗炎作用，4 种基原秦皮提取物以尖叶白蜡树活性最强。曹世霞等研究表明秦皮总香豆素对大鼠急性痛风性关节炎具有良好的治疗作用，其作用机制与抑制大鼠血清白细胞介素 –1 β（IL-1β）、肿瘤坏死因子 α（TNF-α）的产生有关。

3. 镇咳、平喘

秦皮甲素水溶液、秦皮乙素悬浊液 320 mg/kg 腹腔注射，对氨水喷雾致咳小鼠具有显著镇咳作用，可减少一定时间内小鼠咳嗽次数，延长小鼠咳嗽潜伏期。0.25% 秦皮乙素对豚鼠离体气管有松弛气管平滑肌及对抗组胺致喘作用。

4. 镇静、抗惊厥、镇痛

秦皮甲素、秦皮乙素 100 mg/kg 灌胃和腹腔注射均能明显延长环己巴比妥对小鼠的睡眠时间。秦皮乙素腹腔注射对电休克、士的宁、戊四氮致小鼠惊厥有对抗作用。秦皮乙素具有较强的镇痛效力。按照 100 mg/kg 给小鼠腹腔注射秦皮乙素，其镇痛作用与 500 mg/kg 阿司匹林相似。

5. 抗痛风

近年发现秦皮对痛风有确定疗效，其有效成分为总香豆素。据报道，秦皮总香豆素 20 mg/kg、40 mg/kg、80 mg/kg、160 mg/kg 剂量给家兔灌胃可以显著抑制微晶型尿酸钠（MSU）混悬液局部注射诱发急性关节肿胀和减少关节腔积液量。关节囊组织病理学观察可见，模型组滑膜组织表层可见明显充血水肿，滑膜细胞可见变性甚至坏死，伴有淋巴细胞、中性白细胞浸润。

【品质研究】李晓尧等建立了同时测定秦皮中秦皮甲素、秦皮乙素、秦皮素、秦皮苷的 HPLC 法。方法：色谱柱：Betasil-C18（250 mm × 4.6 mm，5 μm，LOT：13 697），流动相：乙腈 -0.1% 磷酸水溶液（13：87），检测波长：334 nm，柱温：30 ℃，流速：1 ml/min。结果：秦皮甲素、秦皮乙素、秦皮素、秦皮苷分别在 0.309 0~3.090 0 μg、0.127 5~1.275 0 μg、0.027 6~0.276 0 μg、0.054 0~0.540 0 μg（r = 0.999）呈线性关系。结论：本法简单、快速，重现性好，准确度高，色谱峰分离度好。

【原植物】 **白蜡树**：落叶乔木，高 10~12 m；树皮灰褐色，纵裂。芽阔卵形或圆锥形，被棕色柔毛或腺毛。小枝黄褐色，粗糙，无毛或疏被长柔毛，旋即秃净，皮孔小，不明显。羽状复叶长 15~25 cm；叶柄长 4~6 cm，基部不增厚；叶轴挺直，上面具浅沟，初时疏被柔毛，旋即秃净；小叶 5~7 枚，硬纸质，卵形、倒卵状长圆形至披针形，长 3~10 cm，宽 2~4 cm，顶生小叶与侧生小叶近等大或稍大，先端锐尖至渐尖，基部钝圆或楔形，叶缘具整齐锯齿，上面无毛，下面无毛或有时沿中脉两侧被白色长柔毛，中脉在上面平坦，侧脉 8~10 对，下面凸起，细脉在两面凸起，明显网结；小叶柄长 3~5 mm。圆锥花序顶生或腋生枝梢，长 8~10 cm；花序梗长 2~4 cm，无毛或被细柔毛，光滑，无皮孔；花雌雄异株；雄花密集，花萼小，钟状，长约 1 mm，无花冠，花药与花丝近等长；雌花疏离，花萼大，桶状，长 2~3 mm，4 浅裂，花柱细长，柱头 2 裂。翅果匙形，长 3~4 cm，宽 4~6 mm，上中部最宽，先端锐尖，常呈犁头状，基部渐狭，翅平展，下延至坚果中部，坚果圆柱形，长约 1.5 cm；萼宿存，紧贴于坚果基部，常在一侧开口深裂。花期 5~6 月，果期 8~9 月。见图 4-108。

尖叶白蜡树（尖叶梣）：落叶小乔木，高 3~8 m；树皮灰色。冬芽大，尖圆锥形，外侧密被黄褐色茸毛和白色腺毛，内侧密被棕色曲柔毛。小枝黄色，无毛或被细柔毛，旋秃净，皮孔小而凸

图4-108 白蜡树原植物（方清茂摄）

起，棕色，椭圆形，散生。羽状复叶长12~20 cm；叶柄长3~5 cm，基部稍膨大，嫩时有成簇棕色曲柔毛，旋即脱落；叶轴较细，略弯曲，上面具窄沟，沟棱深，小叶着生处具关节，被细柔毛；小叶3~5（7）枚，硬纸质，卵状披针形，稀倒卵状披针形，长4.5~9 cm，宽2~4 cm，顶生小叶通常较大，先端长渐尖至尾尖，基部楔形至钝圆，叶缘具锐锯齿，上面无毛，下面在中脉两侧和基部有时被淡黄色或白色柔毛，中脉在上面凹入，侧脉6~8对，上面平坦，下面凸起，细脉凸起并网结；小叶柄长2~3 mm或近无柄。圆锥花序顶生或腋生枝梢，长5~8 cm；花序梗长1.5~2 cm，有时分枝基部具叶状苞片，被疏散长柔毛或糠秕状毛，皮孔散生，不明显；雄花和两性花异株；花萼杯状，长约1.5 mm，萼齿三角形尖头；无花冠；花柱较短，柱头2叉裂。翅果匙形，长3~3.5 cm，宽约5 mm，中上部最宽，先端钝，基部渐狭，翅下延至坚果中部，坚果长约1.2 cm，隆起，脉棱细直；萼宿存，萼齿整齐，与坚果基部疏离。花期4~5月，果期7~9月。

宿柱白蜡树（宿柱梣）：落叶小乔木，高约8 m，枝稀疏；树皮灰褐色，纵裂。芽卵形，深褐色，干后光亮，有时呈油漆状光泽。小枝淡黄色，挺直而平滑，节膨大，无毛，皮孔疏生而凸起。羽状复叶长6~15 cm；叶柄细，长2~5 cm；叶轴细而直，上面具窄沟，小叶着生处具关节，基部增厚，无毛；小叶3~5枚，硬纸质，卵状披针形至阔披针形，长3.5~8 cm，宽0.8~2 cm，先端长渐尖，基部阔楔形，下延至短柄，有时钝圆，叶缘具细锯齿，两面无毛或有时在下面脉上被白色细柔毛，中脉在上面凹入，下面凸起，侧脉8~10对，细脉甚微细不明显；小叶柄长2~3 mm，无毛。圆锥花序顶生或腋生当年生枝梢，长8~10（14）cm，分枝纤细，疏松；花序梗扁平，无毛，皮孔较多，果期尤明显；花梗细，长约3 mm；花萼杯状，长约1 mm，萼齿4，狭三角形，急尖头，与萼管等长；花冠淡黄色，裂片线状披针形，长约2 mm，宽约1 mm，先端钝圆；雄花具雄蕊2枚，稍长于花冠裂片，花药长圆形，花丝细长；雌花未见。翅果倒披针状，长1.5~2（3.5）cm，宽2.5~3（5）mm，上中部最宽，先端急尖、钝圆或微凹，花柱宿存，翅下延至坚果中部以上，坚果隆起。花期5月，果期9月。

【生物学特性】喜温暖湿润的气候，喜光。喜肥沃的沙壤土、腐殖土。

【栽培技术】

1. 繁殖方法

用种子及扦插繁殖。

（1）种子繁殖。3月份播种前将种子用温水浸泡24 h，或混拌湿沙在室内催芽，待种子萌动后，可条播于苗床内，每亩需种子3 kg。苗床管理注意适量浇水、中耕、除草、施肥。一般每亩产苗2万~3万株，当年高可达30~40 cm。

（2）扦插繁殖。在春季萌芽前选择健壮无病虫害的枝条，截成16~20 cm小段，在苗床上按行距30 cm开沟，深12~15 cm，每隔6~10 cm扦插1根，插条的顶芽露出床面，压实土壤。插后经常淋水，保持土壤湿润，并及时抹去下部的幼芽，保证顶芽正常生长，一年生苗高可达40~50 cm。苗高80~100 cm，即可移栽造林。

2. 管理养护

可以用"大水、大肥、大太阳"来概括。大水：即须有充足的水分，偏湿比干好；大肥：生长季节薄肥勤施，为便于树体吸收，避免肥液浪费，宜5~7 d施一次。施肥时间一般于晴天下午盆土偏干时进行，施后浇水冲叶。阴雨天盆土湿时树根呼吸不畅，施肥后树根不易吸收；大太阳：即便是三伏酷热天，只要水分跟上，38~40 ℃的高温强阳光，亦见其抽芽生长，可见其适应性特别强。判断它是否缺水、肥和阳光，最简单的办法是观察其新梢发芽情况：肥、水和阳光充足时，树梢发出的枝粗壮，嫩枝、叶呈紫红色，渐转绿色；不足时，发出的枝细弱，嫩叶淡绿色。

3. 病虫害防治

病害有煤烟病，防治需注意通风、透光。虫害有蚜虫、介壳虫等，可用石硫合剂喷杀；糖槭介，6~7月发病，用50%杀螟松稀释1 000倍喷洒；天牛，可用棉花球蘸80%敌敌畏乳剂或40%乐果乳剂15~20倍液塞入虫孔毒杀。

【采收加工】栽后5~8年，树干直径达15 cm以上时，于春秋两季剥取树皮，切成30~60 cm长的短节，除去杂质，洗净，润透，切丝，晒干。见图4-109。

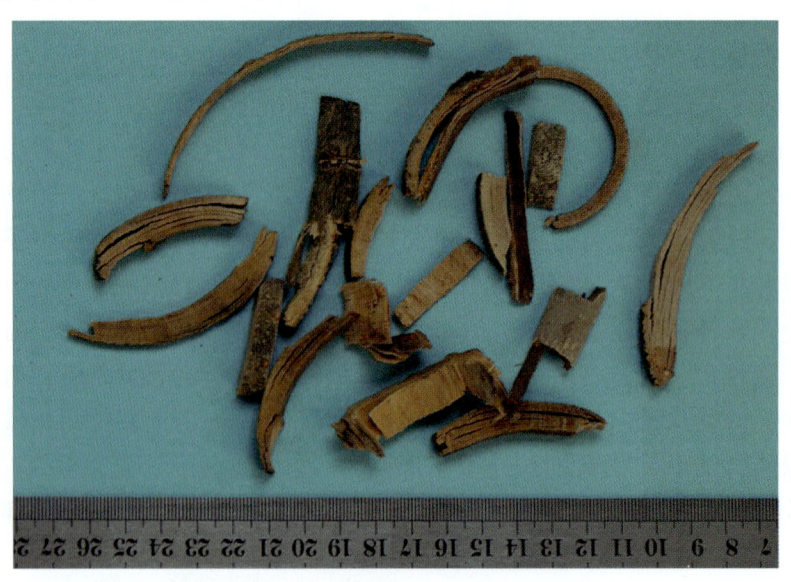

图4-109　秦皮药材（税丕先摄）

【适宜区与最适宜区】

1. 生态环境

生于海拔 400~2 900 m 的丘陵、山区林中或山坡。

2. 生态因子

海拔 400~800 m，年均气温 16~17.2 ℃，年降水量 1 600~1 800 mm，相对湿度 80% 以上。无霜期 320~330 d。

3. 适宜区

四川省秦皮的适宜区为海拔 400~800 m 的山区与丘陵地区，包括峨眉、洪雅、乐山、夹江、犍为、巴中、通江、平昌、喜德、西昌、德昌等地。见图 4-100。

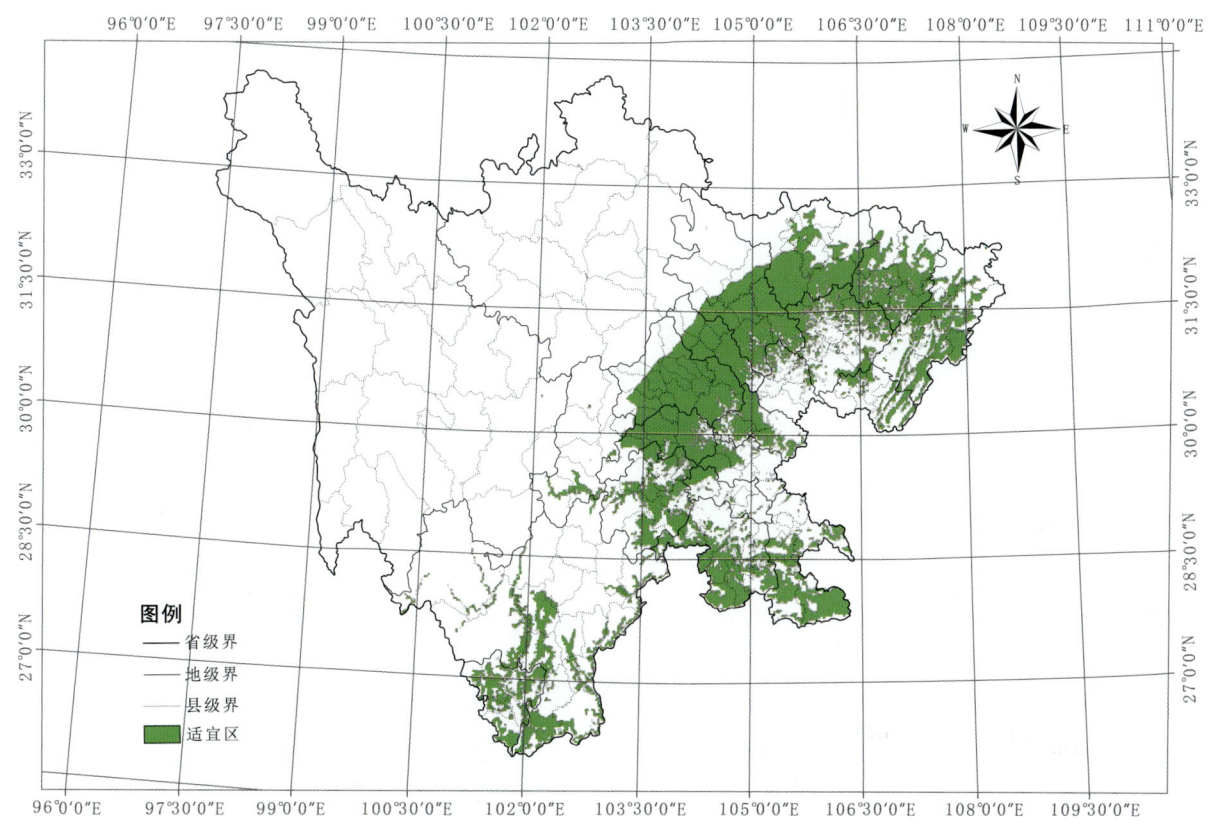

图4-110 秦皮适宜区示意图

表4-55 秦皮适宜区面积（km²）

区　县	面　积	区　县	面　积
内江市市中区	1	夹江县	463
康定市	4	彭山区	468
泸定县	4	沙湾区	474
大安区	4	雷波县	478
平武县	5	新都区	492

续表

区县	面积	区县	面积
贡井区	6	宁南县	518
九龙县	8	崇州市	527
荥经县	8	岳池县	535
宝兴县	10	井研县	539
安居区	20	龙泉驿区	540
船山区	22	纳溪区	542
沿滩区	24	广汉市	547
江阳区	27	旺苍县	548
自流井区	29	涪城区	552
东区	41	安县	590
西区	41	利州区	604
顺庆区	45	通川区	626
大英县	46	邛崃市	634
昭觉县	53	旌阳区	651
雨城区	58	兴文县	665
青羊区	63	会东县	668
东兴区	66	资中县	698
锦江区	66	射洪县	700
隆昌市	70	营山县	732
都江堰市	72	昭化区	734
泸县	74	威远县	761
美姑县	82	犍为县	780
富顺县	84	仁和区	780
北川县	85	荣县	805
甘洛县	95	马边县	811
华蓥市	99	合江县	828
金牛区	107	邻水县	832
金口河区	111	屏山县	887
成华区	112	开江县	888
前锋区	112	德昌县	915
喜德县	112	盐源县	925
武侯区	122	恩阳区	931
高坪区	128	珙县	960
冕宁县	140	安岳县	963
朝天区	143	沐川县	971
南溪区	166	叙州区	973

续表

区　县	面　积	区　县	面　积
五通桥区	171	筠连县	987
布拖县	172	大竹县	993
嘉陵区	212	米易县	998
蓬溪县	222	高　县	1 004
峨眉山市	230	游仙区	1 016
石棉县	230	南江县	1 042
翠屏区	248	巴州区	1 057
广安区	251	雁江区	1 058
普格县	253	双流区	1 073
温江区	273	江油市	1 098
青神县	288	西昌市	1 132
江安县	299	金堂县	1 143
什邡市	307	乐至县	1 160
金阳县	326	南部县	1 165
绵竹市	326	达川区	1 220
新津县	330	仪陇县	1 294
彭州市	342	东坡区	1 315
峨边县	351	盐边县	1 414
木里县	375	盐亭县	1 420
长宁县	376	阆中市	1 429
汉源县	377	梓潼县	1 451
青白江区	379	叙永县	1 537
渠　县	381	通江县	1 550
蓬安县	390	会理县	1 761
西充县	396	平昌县	1 771
蒲江县	404	中江县	1 840
丹棱县	406	宣汉县	1 911
乐山市市中区	406	苍溪县	1 969
万源市	420	简阳市	2 034
大邑县	422	仁寿县	2 163
郫都区	422	古蔺县	2 352
洪雅县	449	三台县	2 377
罗江县	459	剑阁县	2 834

4. 最适宜区

四川省秦皮的最适宜区为海拔 400~800 m 的山区与丘陵地区，包括峨眉、洪雅、乐山、夹江等地。见图 4-111。

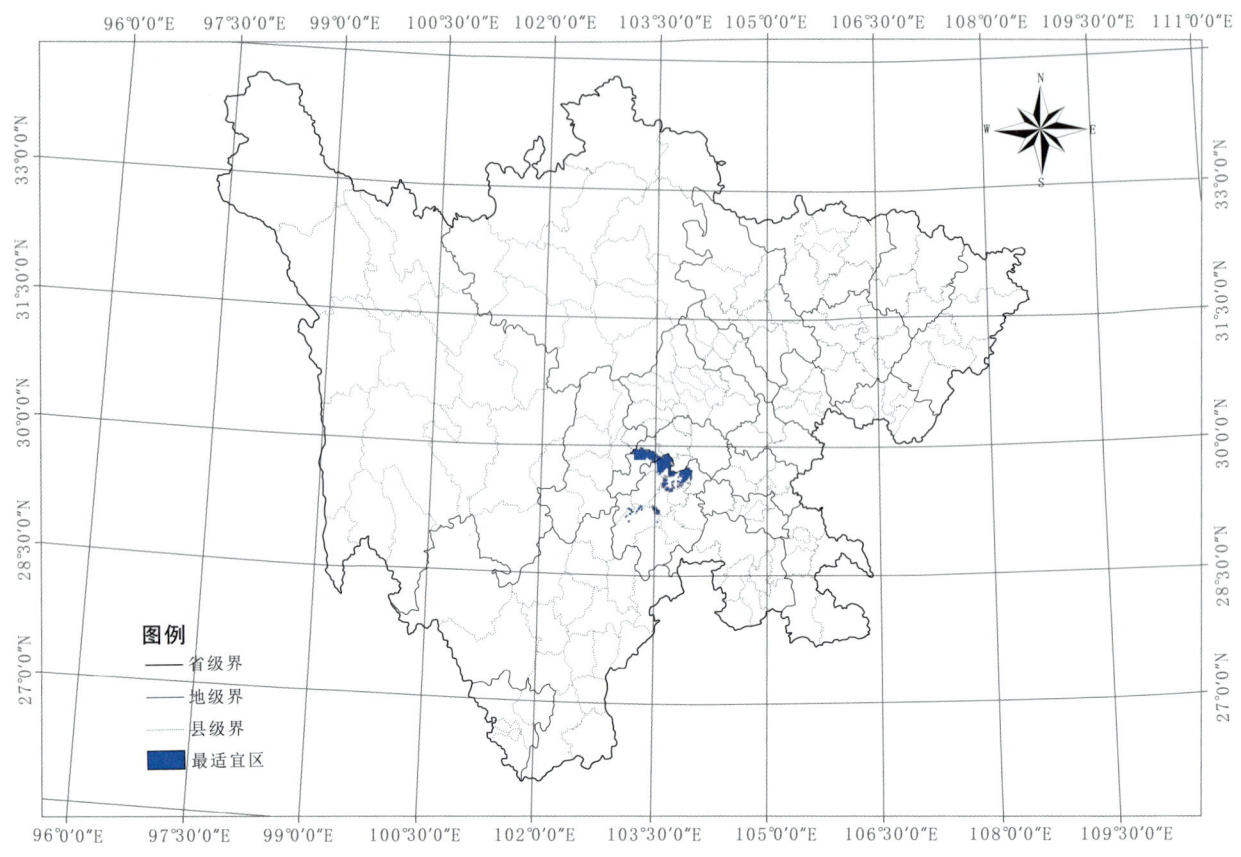

图4-111 秦皮最适宜区示意图

表4-56 秦皮最适宜区面积（km²）

区 县	面 积	区 县	面 积
峨边县	112	夹江县	463
洪雅县	422	乐山市区	406

【基地建设】四川省秦皮为农户种植，无规模化栽培基地。

二十七、天花粉生产区划

【来源】为葫芦科植物栝楼 *Trichosanthes kirilowii* Maxim. 或双边栝楼 *Trichosanthes rosthornii* Harms 的干燥根，其干燥成熟果实为栝楼。

【道地沿革】天花粉出自《雷公炮炙论》。《唐本草》："今用栝楼根作粉，如作葛粉法，洁白美好。"《本草正义》："药肆之所谓天花粉者，即以蒌根切片用之，有粉之名，无粉之实。其捣细澄粉之法，《千金方》已言之。今吾嘉人颇喜制之，载入邑乘，视为土产之一。法于冬月掘取蒌根，洗尽其外褐色之皮，带水磨细，去滓澄清，换水数次，然后曝干，晶莹洁白，绝无纤尘，沸汤沦服，虽稠滑如糊而毫不粘滞，秀色鲜明，清澈如玉，与其他市品。"清·乾隆《直隶达州志》、乾隆《新繁县志》、民国《犍为县志》、明清《营山县志》、民国《北川县志》、清·光绪《雷波县志》、清·光绪《盐源县志》、清·光绪《越西县志》等均记载产天花粉。《中华道地药材》记载"双边栝楼，四川德阳、简阳、绵阳、乐山、雅安，贵州毕节，云南昭通等地均适宜其生长，尤以四川德阳、简阳、绵阳、乐山、雅安最为适宜。"

天花粉以条均匀、肥壮、色白、质坚实、粉性足者为佳。栝楼以个大完整、皮厚柔韧皱缩、橙黄或红黄色、糖性足、不破皮者为佳。

【性味归经】 甘、微苦，微寒。归肺、胃经。
【功能主治】 清热泻火，生津止渴，消肿排脓。用于热病烦渴，肺热燥咳，内热消渴，疮疡肿毒。
【药理作用】

1. 致流产、抗早孕

给孕期 10~12 d 小鼠皮下注射天花粉蛋白粗制剂 0.2 mg/只，5 d 后止孕率在 75% 以上；给孕期 30 d 以上的犬肌注 0.5 mg/kg，可使胎犬死亡并娩出；给孕期 14 d 左右的家兔肌肉注射 4 mg/只或阴道给药 32 mg/只，也有致流产作用。

2. 抗肿瘤

天花粉煎剂（4 g/kg）、天花粉多糖（200 mg/kg）、天花粉蛋白（TCS）注射液（6 mg/kg）能明显提高小鼠 NK 细胞的杀伤活性，且具有剂量差异性，提示天花粉及其组分具有体内抗肿瘤活性，其机制与促进小鼠 NK 细胞杀伤活性有关。抗人肺腺癌单抗 CMU15A 与 TCS 的结合物即免疫毒素 CMU15A-TCS 对荷瘤人肺癌裸鼠进行导向治疗，结果表明，此免疫毒素具有明显的靶向抑癌效果，腹腔用药和肿瘤内用药的抑瘤率分别为 76% 和 99.4%，且可明显延长荷瘤裸鼠的生存时间。以人结肠癌 SWM-1116 细胞体外培养后移植于 Swiss-DF 品系 8 周裸鼠双侧肾包膜下，次日以不同剂量 TCS 注射入裸鼠腹腔内，每日 1 次，连续 5 d，第 8 日解割裸鼠，结果 TCS 剂量为 0.75 mg/kg 时抑瘤率为 41.2%，剂量为 0.5 mg/kg 时抑瘤率为 27.5%。TCS 能够明显抑制胃癌细胞 MKN-45 的生长和集落形成，0.1 μg/ml TCS 作用 MKN-45 后，细胞集落形成率分别为（6.61±1.31）%、（14.68±1.27）%，明显低于对照组的（23.67±2.76）%。20 mg/L 的 TCS 加入细胞按 2×10^8/L 的密度植于 24 孔板内，在 37 ℃ 培养一定时间后，离心（2 000 r/min，5 min）收集细胞，采用流式细胞术分析表明 TCS 能够诱导白血病细胞株 HL-60 细胞发生明显的凋亡现象。

3. 调节免疫

连续 2 d 给小鼠腹腔注射 TCS 后，取脾脏淋巴细胞培养，发现其对 ConA 及脂多糖所诱导的淋巴细胞转换率有不同程度的抑制，且对前者的抑制作用更明显；用小鼠脾脏、淋巴结和胸腺淋巴细胞作离体培养，TCS100 μg/ml 对刀豆蛋白 A 诱发的淋巴细胞转换率抑制率达 90%；50% TCS 对植物血凝素诱发的淋巴细胞转换率抑制率达 90% 以上，且抑制强度均与剂量直接相关。

4. 抗病毒

应用酶联免疫吸附试验的方法，对天花粉的水提取物进行抑制乙型肝炎病毒表面抗原的实验研究，综合药效指数评价药效，天花粉的 P/N 值 1.63，具体高效抗 HBsAg 作用。1:128~1:2 048 稀释度的天花粉热提取物均显示出不同程度的对 HeLa 感染细胞的保护作用，尤以 1:512 稀释度的抗病毒作用最好。小鼠腹腔注射 5×10^{-5} 滴度的 CVB30.1 m 造成病毒性心肌炎小鼠模型，腹腔注射 0.1 ml 天花粉热提取物（原液），每日 2 次，连续给药 10 d，能使模型小鼠开始死亡时间和死亡高峰时间较对照组显著延迟，即天花粉热提取物能明显延长种毒小鼠的存活时间；连续给药 3 d 还能明显降低小鼠血清中的病毒滴度。TCS高度纯化的制成品有很强的抗HIV作用，不仅对急性感染期淋巴细胞中HIV的复制有抑制作用，同时对慢性感染期单核巨噬细胞中HIV的复制和合胞体的形成有抑制作用。抗HIV的作用曾被认为是通过灭活核糖体活性而降低受感染细胞中病毒蛋白和核酸的合成，同时又不影响未受感染细胞的蛋白质与核酸的合成从而达到选择性抗HIV的效果。但是近期报道，抑制复制的机制与其核糖体灭活作用机制不同。

【品质研究】郝变等利用苯酚-硫酸分光光度法测定山东、河北、安徽、四川等10批不同产地瓜蒌皮多糖的含量。结果：瓜蒌皮精制多糖基本不含其他杂质，多糖精制前后单糖组成无明显变化，均由甘露糖、鼠李糖、半乳糖醛酸等7种单糖组成。结果表明四川瓜蒌皮多糖含量较高，其他产地瓜蒌皮多糖含量差异不大。

沈俊剑等采用气相色谱法测定了5个不同产地瓜蒌（*Trichosanthes kirilozoii* Maxim）种子中脂肪酸的组成及含量。结果表明，瓜蒌子中油脂含量均超过37.5%，其中以陕西富平瓜蒌子中含油量最高，达到41.6%，其次为四川回春堂药业基地所产瓜蒌子；5个产地瓜蒌子脂肪酸中不饱和脂肪酸含量都在87%以上，其中四川阆中瓜蒌子含量最高（89.62%）；必需脂肪酸中的亚油酸含量普遍较高，其中以四川遂宁的亚油酸含量最高（48.08%）。瓜蒌子中油脂含量丰富，尤其是不饱和脂肪酸和必需脂肪酸含量高，因此瓜蒌子具有较大的开发前景。

【原植物】栝楼：草质攀援藤本，长达6 m；块根圆柱状，肥厚，淡黄褐色；断面肉质白色。茎较粗，多分枝，具纵棱及槽，被白色伸展柔毛，卷须2~3枝，被柔毛。叶互生，叶片纸质，轮廓近圆形，长宽均约5~20 cm，常3~5（7）浅裂至中裂，裂片菱状倒卵形、长圆形，先端钝，急尖，边缘常再浅裂，叶基心形，弯缺深2~4 cm，上表面深绿色，粗糙，背面淡绿色，两面沿脉被长柔毛状硬毛，基出掌状脉5条，细脉网状；叶柄长3~10 cm，具纵条纹，被长柔毛。花雌雄异株。雄花3~8朵，生于上端1/3处，组成总状花序，长10~20 cm，粗壮，具纵棱与槽，被微柔毛，花梗长约3 mm，小苞片倒卵形或阔卵形，长1.5~2.5（3）cm，宽1~2 cm，中上部具粗齿，基部具柄，被短

图4-112 栝楼原植物（方清茂摄）

柔毛；花萼筒筒状，长 2~4 cm，顶端扩大，径约 10 mm，中、下部径约 5 mm，被短柔毛，裂片披针形，长 10~15 mm，宽 3~5 mm，全缘；花冠白色，裂片倒卵形，长 20 mm，宽 18 mm，顶端中央具 1 绿色尖头，两侧具丝状流苏，被柔毛；花药靠合，长约 6 mm，径约 4 mm，花丝分离，粗壮，被长柔毛。雌花单生，花梗长 6~7.5 cm，被短柔毛；花萼筒圆筒形，长 2.5 cm，径 1.2 cm；子房椭圆形，绿色，长 2 cm，径 1 cm，花柱长 2 cm，柱头 3。果梗粗壮，长 4~11 cm；果实椭圆形，长 7~10.5 cm，成熟时黄褐色或橙黄色；种子卵状椭圆形，扁平，长 11~16 mm，宽 7~12 mm，淡黄褐色，近边缘处具棱线。花期 5~8 月，果期 8~10 月。见图 4-112。

双边栝楼：攀援藤本；块根肥厚，淡灰黄色，具横瘤状突起。茎具纵棱及槽，疏被短柔毛，有时具鳞片状白色斑点。叶片纸质，轮廓阔卵形至近圆形，通常 5 深裂，几达基部，裂片线状披针形、披针形至倒披针形，先端渐尖，边缘具短尖头状细齿，或偶尔具 1~2 粗齿，叶基心形，弯缺深 1~2 cm，上表面深绿色，疏被短硬毛，背面淡绿色，无毛，密具颗粒状突起，掌状脉 5~7 条，上面凹陷，被短柔毛，背面突起，侧脉弧曲，网结，细脉网状；叶柄长 2.5~4 cm，具纵条纹，疏被微柔毛。茎卷须 2~3 分歧。花雌雄异株。雄花或单生，或为总状花序，或两者并生；单花花梗长可达 7 cm，总花梗长 8~10 cm，顶端具 5~10 花；小苞片菱状倒卵形，长 6~14 mm，宽 5~11 mm，先端渐尖，中部以上具不规则的钝齿，基部渐狭，被微柔毛；小花梗长 5~8 mm；花萼筒狭喇叭形，长 2.5~3（3.5）cm，顶端径约 7 mm，中下部径约 3 mm，被短柔毛，裂片线形，长约 10 mm，基部宽 1.5~2 mm，先端尾状渐尖，全缘，被短柔毛；花冠白色，裂片倒卵形，长约 15 mm，宽约 10 mm，被短柔毛，顶端具丝状长流苏；花药柱长圆形，长 5 mm，径 3 mm，花丝长 2 mm，被柔毛。雌花单生，花梗长 5~8 cm，被微柔毛；花萼筒圆筒形，长 2~2.5 cm，径 5~8 mm，被微柔毛，裂片和花冠同雄花；子房椭圆形，长 1~2 cm，径 5~10 mm，被微柔毛。果实球形或椭圆形，长 8~11 cm，径 7~10 cm，无毛，成熟时橙黄色；果梗长 4.5~8 cm。种子卵状椭圆形，扁平，长 15~18 mm，宽 8~9 mm，厚 2~3 mm，褐色，距边缘稍远处具一圈明显的棱线。花期 6~8 月，果期 8~10 月。

【生物学特性】藤本植物，喜阳光，喜温暖湿润环境。当年栽培不能开花结果。花期光照低于 2 h，挂果较少。6 h 光照植株生长良好。

【栽培技术】

1. 选地整地

天花粉适宜在沙壤土种植。在这种土壤种植，根粗短，表皮细腻，易采挖，省工省力。一般入土深度 50 cm。栝楼喜温暖潮湿的环境，较耐寒，不耐干旱，故宜选择雨量较多、灌溉方便的地方栽培。栝楼是深根植物，选择土层深厚肥沃，土质疏松透气，排、灌水良好的砂质壤土为好。土壤 pH 值 6.2~7.5，盐碱地不宜种植。

于头年封冻前深翻土地，挖深 50~80 cm，翻出的土要晒干透彻，使土壤充分风化熟透。翌年春季整平，耙细，做畦。结合晒土填土，每亩施腐熟优质厩肥 2 500~3 000 kg、过磷酸钙或钙镁磷肥 30~50 kg、钾肥 2 kg 或草木灰 1 000 kg。

2. 种子繁殖

种子播前处理：种子以采用中型种子为好。将种子用 40 ℃ 的温水浸泡 24 h 后，捞在盆内再用湿布盖上，待种仁完全涨起并出现白芽尖时即可播种，播种前用新高脂膜喷施种子表面。

清明至谷雨间播种，按行距 21 cm 开浅沟，6~8 cm 放 1 枚种子覆土后浇水。出苗前经常保持地面湿润，喷施新高脂膜保温保墒，防止土壤板结，提高种子出苗率，约 20 d 出苗。翌春移栽，株行距 120 cm × 150 cm。

3. 田间管理

栽种后需及时浇水，保持地面湿润。苗出齐后，应及时中耕除草、浇水。在麦田间作的可在收割小麦时留高 20~30 cm 的麦茬，以利茎蔓攀援，通风透光。在苗高 0.5 m 前、后，追肥 2 次。每亩每次用尿素 10 kg（碳铵 20 kg）左右，施在距秧苗 20 cm 远的地方，同时浇水。

4. 病虫害防治

（1）根腐病。由镰刀菌引起的根部腐烂。5 月初发生，雨季严重。防治方法：发现病株及时除去并用石灰消毒病穴；选无病株留种；收获后清园，将病、残株烧掉。

（2）斑枯病。由尾孢属真菌通过分生孢子传播造成多次再侵染引起的整个叶片枯死，6 月开始发生，7~9 月为发病盛期。防治方法：秋季进入越冬休眠至春季发芽前，集中烧掉残株落叶，早春及早翻耕，将病残体埋入土下，减少初侵染源。选无病植株留种，远离上年发病地块种植；合理密植；加强田间管理，增强植株抗病能力。发病初期摘除病叶，6 月上旬喷 1 次 1∶1∶200 波尔多液，1 个月后选晴天喷 58% 甲霜灵锰锌 500 倍液、50% 代森锰锌 600 倍液等药剂 2~3 次，10 d 喷一次。

（3）结线虫病。危害根部，引起根部腐烂，严重时植株死亡。防治方法：深翻土，收获后翻晒几次，以杀死害虫；土壤处理，结合晒土每亩用 5% 克线磷颗粒剂 10 kg，或 10% 益收宝 5 kg，或 4% 甲基异柳磷乳油 1 kg 施入；处理种根，用 25% 克线磷乳油 500 倍液或 4% 甲基异柳磷乳油 800 倍液浸根 15 min，晾干后下种；加强田间管理，生长期注意除草，施用基肥要充分腐熟。

（4）蛴螬。蛴螬是金龟子的幼虫，主要活动在土壤内，危害栝楼的根。夏季多雨、土壤湿度大、厩肥施用较多的土中发生严重。防治方法：施用腐熟有机肥，以防止招引成虫来产卵；人工捕杀；田间出现蛴螬危害时，可挖出被害植株根际附近的幼虫；用 1 500 倍辛硫磷溶液浇植株根部。

【采收加工】天花粉于栽后 2 年，即可采挖，但以生长 4~5 年者为好。如果生长年限过长，则粉质减少，质量变差。采挖雄株块根，以霜降前后为佳。而采挖雌株块根，则以在栝楼果实成熟采收后为宜。应选晴天和土壤水分适宜时进行，须深挖细挖，尽量避免伤断。将采挖的块根去净泥土及芦头，然后刮去粗皮，视块根长短，截成长 10~15 cm 的根段，并视块根粗细，切成 2~4 瓣，随后晒干或烘干，即成天花粉。瓜蒌果实 10 月前后成熟后采收，晒干。见图 4-113。

图 4-113 天花粉药材（方清茂摄）

【适宜区与最适宜区】

1. 生态环境

生于海拔 500~1 500 m 的丘陵地区。

2. 生态因子

年均气温 12~14 ℃，年降水量 434~1 083 mm。阳光充足、土层深厚、排水良好的沙壤土。

3. 适宜区

四川省天花粉的适宜区为海拔 500~1 500 m 的盆地及盆地周围山区。见图 4-114。

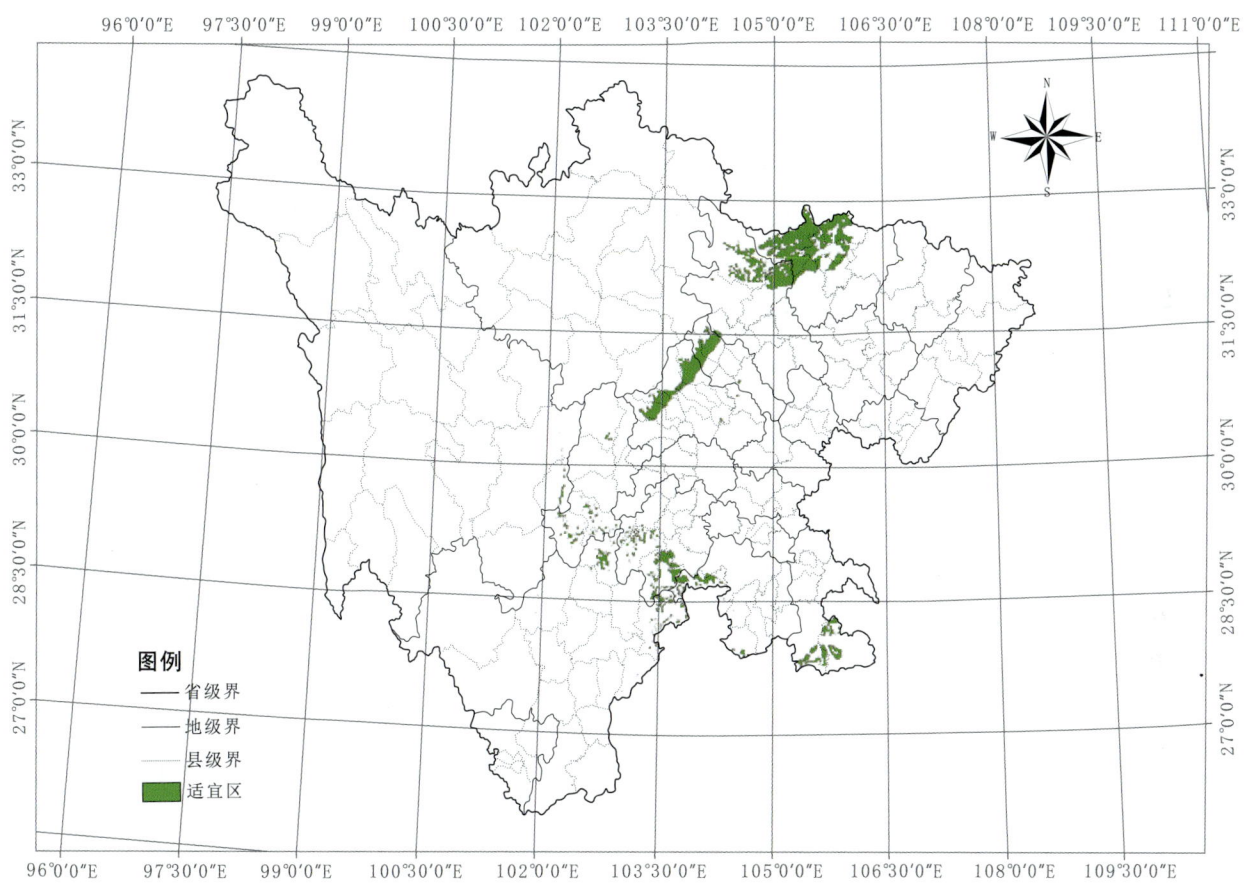

图4-114 天花粉适宜区示意图

表4-57 天花粉适宜区面积（km²）

区 县	面 积	区 县	面 积
江安县	1	犍为县	178
纳溪区	1	盐源县	179
五通桥区	1	金堂县	225
理 县	2	涪城区	248
富顺县	3	温江区	276

续表

区县	面积	区县	面积
江阳区	3	新都区	280
雁江区	4	仪陇县	280
嘉陵区	5	三台县	289
隆昌市	5	德昌县	300
南溪区	8	金阳县	304
蓬溪县	10	甘洛县	309
前锋区	11	汶川县	312
乐山市市中区	12	南部县	329
康定市	13	会东县	354
蒲江县	15	兴文县	354
西充县	16	荣县	372
广安区	18	石棉县	374
青神县	19	双流区	394
越西县	19	会理县	397
乐至县	21	龙泉驿区	413
安岳县	22	南江县	429
华蓥市	22	罗江县	435
锦江区	22	郫都区	436
高坪区	23	旺苍县	452
武侯区	25	盐亭县	465
泸县	27	宁南县	468
冕宁县	27	中江县	489
新津县	27	汉源县	508
翠屏区	31	旌阳区	522
达川区	32	仁寿县	556
东坡区	32	什邡市	561
松潘县	36	阆中市	573
通川区	37	米易县	575
九寨沟县	38	游仙区	576
美姑县	38	邛崃市	594
昭觉县	39	高县	598
沙湾区	41	威远县	638
青羊区	59	仁和区	674

续表

区县	面积	区县	面积
井研县	61	盐边县	677
广汉市	65	叙州区	721
彭山区	68	都江堰市	740
成华区	71	峨边县	756
西区	73	大邑县	760
荥经县	73	合江县	762
射洪县	85	崇州市	784
茂县	90	绵竹市	811
峨眉山市	91	万源市	851
普格县	91	沐川县	929
金牛区	93	安县	930
青白江区	93	珙县	946
通江县	96	雷波县	974
岳池县	96	彭州市	1 044
长宁县	98	筠连县	1 136
布拖县	109	苍溪县	1 142
泸定县	110	梓潼县	1 226
东区	118	屏山县	1 241
恩阳区	125	北川县	1 243
蓬安县	129	昭化区	1 293
资中县	129	朝天区	1 420
邻水县	133	利州区	1 422
大竹县	145	马边县	1 430
芦山县	153	平武县	1 696
金口河区	156	叙永县	2 133
西昌市	161	江油市	2 448
宝兴县	164	青川县	2 471
营山县	170	剑阁县	2 949
渠县	175	古蔺县	2 972
简阳市	177		

4. 最适宜区

四川省天花粉的最适宜区为海拔 700 m 以下的盆地及盆地周围山区，包括德阳、简阳、绵阳、乐山、雅安、广元。见图 4-115。

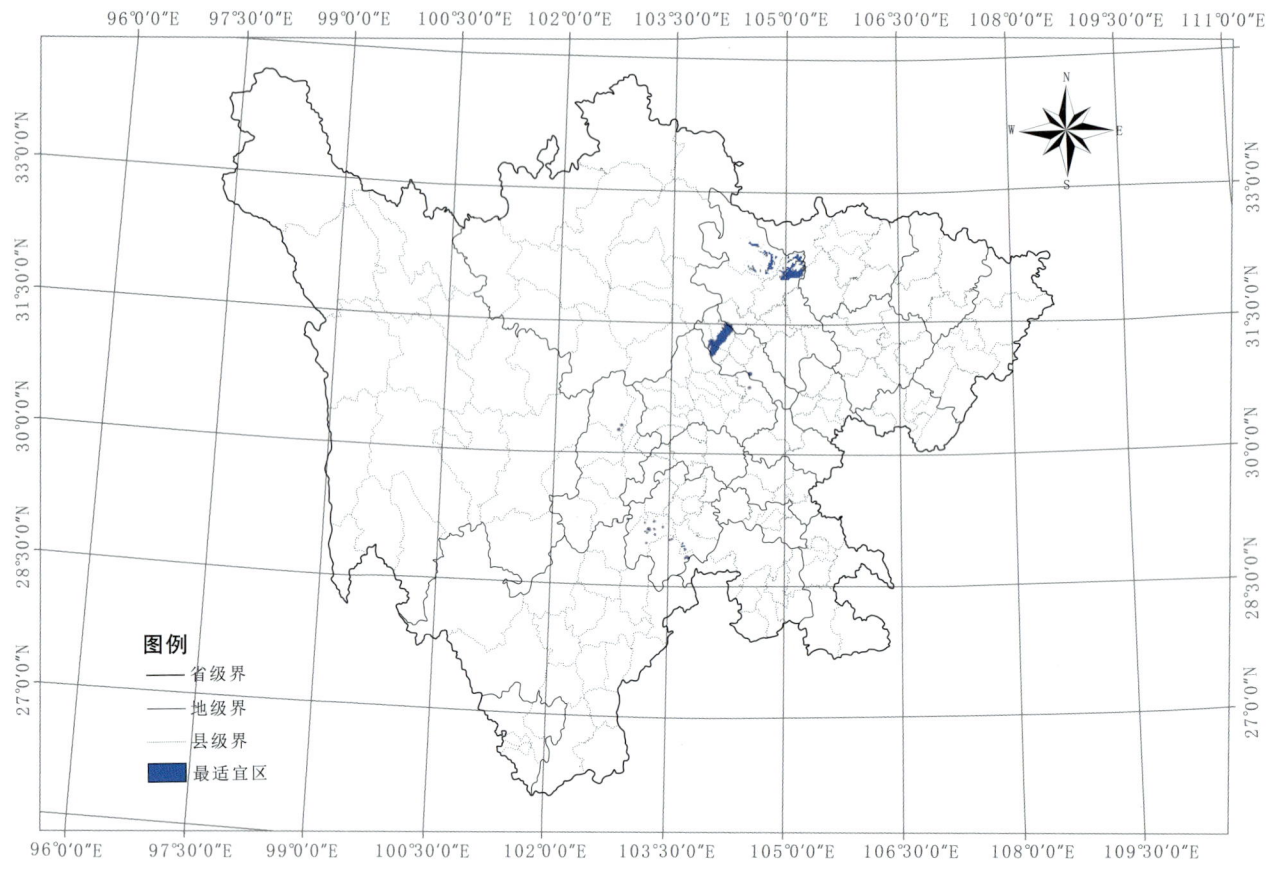

图4-115 天花粉最适宜区示意图

表4-58 天花粉最适宜区面积（km²）

区 县	面 积	区 县	面 积
宝兴县	3	峨边县	35
金堂县	5	沐川县	42
石棉县	5	安　县	46
汉源县	8	什邡市	147
温江区	9	平武县	254
简阳市	10	绵竹市	344
中江县	12	江油市	451

【基地建设】 四川省栽培的品种主要是中华栝楼，在中江县建有面积1 000亩的栝楼种植基地，其他地区也有较大面积的栽培。

二十八、密蒙花生产区划

【来源】 为马钱科植物密蒙花 Buddieja officinalis Maxim. 的干燥花蕾和花序。

【道地沿革】 始载于《雷公炮炙论》。《开宝本草》："生益州川谷，树高丈余。"《大观本草》所附"简州密蒙花"与今马钱科植物密蒙花 Buddieja officinalis Maxim. 一致。简州为今四川简阳市。《本草图经》："蜀中州郡皆有之。"清·嘉庆《金堂县志》、清·光绪《越西县志》等均记载产药材密蒙花。密蒙花正品产四川、湖北、陕西、云南等地。

以花蕾排列紧密、色灰褐、有细毛茸、质柔软者佳。

【性味归经】 甘，微寒。归肝经。

【功能主治】 清热泻火，养肝明目，退翳。用于目赤肿痛，多泪羞明，目生翳膜，肝虚目暗，视物昏花。

【药理作用】

1. 抗血管内皮细胞增生

用不同浓度（人临床日用药物量的5倍、10倍、20倍）密蒙花煎剂给大鼠灌胃给药，每日1次，连续50 d，于末次灌胃0.5~2 h后取血制备含药血清，并用含药血清作用人脐静脉内皮细胞（HUVEC）。结果表明，含密蒙花的大鼠血清对HUVEC细胞周期有明显影响，可使经生长因子刺激的HUVEC细胞周期中G_2-M期细胞比例减少，S期细胞比例相对增加，说明密蒙花可阻滞由VEGF诱导的HUVEC细胞由S期进入G_2-M期，从而降低其有丝分裂能力，以诱导HUVEC凋亡。

2. 拟雄激素样作用

用密蒙花乙醇提取物分别按每日50 mg/kg、100 mg/kg分组对去势干眼症模型日本大耳雄兔灌胃给药4周，基础泪液测量值显示，密蒙花给药组基础泪液分泌量明显高于模型组；从泪腺局部炎症反应来看，密蒙花给药组泪腺组织镜下观较模型组好转，细胞变性数量减少，局部炎性细胞浸润不同程度减轻，IL-1β和TNF-α表达较模型组减弱，而TGF-β1表达较模型组增强，表明密蒙花可显著降低眼部的局部炎症。密蒙花提取物中主要成分为黄酮类物质，可显著抑制因雄激素水平降低所致干眼症的发生，其作用机制推测为黄酮类物质化学结构与雄激素类似，可起到拟雄激素样作用，从而降低泪腺局部炎症的发生。用密蒙花提取物滴眼剂对去势雄鼠模型滴眼给药，每次1滴，双眼，每日3次，给药1月，能够较好地维持泪液基础分泌量和泪膜的稳定性，并能显著改善泪腺组织超微结构，明显抑制泪腺细胞凋亡。以1%密蒙花提取物（提取成品中蒙花苷含量约17%，蒙花苷中总黄酮含量＞80%）生理盐水混悬液5 ml/kg灌胃，每日1次，给药5月，分别于给药1月、3月、5月观察，能够较好地维持去势雄鼠泪液基础分泌量和泪膜的稳定性，明显下调TNF-α和IL-1β在去势雄鼠泪腺和角膜局部的表达。

3. 对抗部分眼部疾患

密蒙花富含黄酮类化合物，其与内源性雄激素结构相似，均为杂环多酚类化合物，发挥拟雄激素样作用。因此，吴权龙等将密蒙花提取物（主要含黄酮类）滴眼剂给予去势雄性大鼠（雄激素下降导致的干眼症模型），结果显示该滴眼剂能够改善泪腺组织超微结构，维持泪腺基础分泌量和泪膜的稳定性。同时，富含黄酮类物质的密蒙花提取物能够增加去势导致的家兔干眼症基础泪液分泌量及泪膜稳定性，且可以通过下调 Fas、FasL 蛋白抑制泪腺细胞的凋亡。李海中等采用双侧睾丸及附睾切除法建立雄激素水平下降所致大鼠干眼病动物模型观察密蒙花总黄酮对抗干眼症的作用，结果表明密蒙花总黄酮虽不能直接提高大鼠体内的睾酮水平，但可以通过使雄激素受体阳性表达，产生拟雄激素效应，从而保护角膜和泪腺组织的形态学结构，提高泪液基础分泌量，保持泪膜稳定性，改善干眼病症状。其机制可分为两个方面：对角膜、泪腺局部炎症反应和对细胞凋亡的影响。

4. 降血糖

用不同剂量（200 mg/kg、400 mg/kg、800 mg/kg）密蒙花正丁醇提取物对静脉注射链脲佐菌素（STZ）60 mg/kg 致糖尿病大鼠模型灌胃给药，各组均可明显降低糖尿病大鼠的血糖水平，高剂量组血糖下降率为 24.1%，各组给药第 1 个月的醛糖还原酶活性明显低于模型组。表明密蒙花正丁醇提取物可降低糖尿病大鼠血糖水平，且短期内具有醛糖还原酶活性抑制作用。

5. 调节免疫

用密蒙花水煎剂 10 g/kg 对正常及环磷酰胺小鼠灌胃给药，对正常小鼠和模型小鼠酸性 $-\alpha$ 醋酸奈酶阳性率均有所提高；对环磷酰胺造成的小鼠免疫功能受损有一定的拮抗作用，能提高小鼠 T 淋巴细胞活性。

【品质研究】 许龙等采用 HPLC 法测定密蒙花中蒙花苷、木犀草素、芹菜素的含量。结果蒙花苷、木犀草素、芹菜素分别在 0.098~1.23 μg（$r=0.9998$），0.0148~0.185 μg（$r=0.9997$）和 0.0126~0.158 μg（$r=0.9998$）范围内呈良好的线性关系。8 个不同产地密蒙花药材中，蒙花苷、木犀草素和芹菜素的含量范围分别为 0.68%~1.41%，0.018%~0.078% 和 0.049%~0.107%。结果表明 8 个产地密蒙花中以四川简阳的药材总黄酮含量最高。

【原植物】 灌木，高 1~4 m。小枝略呈四棱形，灰褐色；全株密被灰白色星状短绒毛。叶对生，叶片纸质，狭椭圆形、长卵形、卵状披针形或长圆状披针形，长 4~19 cm，宽 2~8 cm，顶端渐尖、急尖或钝，基部楔形或宽楔形，有时下延至叶柄基部，通常全缘，稀有疏锯齿，叶上面深绿色，被星状毛，下面浅绿色；侧脉每边 8~14 条，上面扁平，干后凹陷，下面凸起，网脉明显；叶柄长 2~20 mm；托叶在两叶柄基部之间缢缩成一横线。顶生聚伞圆锥花序，花序长 5~15（30）cm，宽 2~10 cm；花梗极短；小苞片披针形，被短绒毛；花萼钟状，长 2.5~4.5 mm，外面与花冠外面均密被星状短绒毛和一些腺毛，花萼裂片三角形或宽三角形，长和宽 0.6~1.2 mm，顶端急尖或钝；花冠紫色，后变白色或淡黄白色，喉部橘黄色，长 1~1.3 cm，张开直径 2~3 mm，花冠管圆筒形，长 8~11 mm，直径 1.5~2.2 mm，内面黄色，被疏柔

图 4-116 密蒙花原植物（方清茂摄）

毛，花冠裂片卵形，长1.5~3 mm，宽1.5~2.8 mm，内面无毛；雄蕊着生于花冠管内壁中部，花丝极短，花药长圆形，黄色，基部耳状，内向，2室；雌蕊长3.5~5 mm，子房卵珠状，长1.5~2.2 mm，宽1.2~1.8 mm，中部以上至花柱基部被星状短绒毛，花柱长1~1.5 mm，柱头棍棒状，长1~1.5 mm。蒴果椭圆状，长4~8 mm，宽2~3 mm，2瓣裂，外果皮被星状毛，基部有宿存花被；种子多颗，狭椭圆形，长1~1.2 mm，宽0.3~0.5 mm，两端具翅。花期3~4月，果期5~8月。见图4-116。

【生物学特性】喜温暖湿润、阳光充足的环境，耐寒。

【栽培技术】

1. 选地整地

选择土层深厚、土壤肥沃的山坡地或河边平地栽植。选好地后，进行深翻，深30~40 cm，耙细整平，除去杂草，做宽120~130 cm的苗床，大田施足基肥，每亩1 500~2 000 kg。

2. 田间管理

密蒙花在幼苗期应及时松土除草，保持土壤湿润，也可施入一定的氮肥或人畜粪水，促进苗木生长。在大田，封林前每年要松土、追肥2~3次。封林后每年在11月份左右松土、追肥1次。肥料宜施腐熟人粪尿或每亩可施厩肥1 500~2 000 kg，以促进多花多蕾。若遇干旱及时浇水。

【采收加工】密蒙花在移栽2~3年后可开花。一般在春季未开放时，采摘簇生的花蕾，除去杂质，晒干即可。见图4-117。

图4-117　密蒙花药材（方清茂摄）

【适宜区与最适宜区】

1. 生态环境

生于海拔2 800 m以下的山坡、丘陵、河边、灌丛。

2. 生态因子

年平均气温16.1 ℃，7月份平均气温25.8 ℃，1月份平均气温5.2 ℃。年平均降雨950 mm左右，年日照1 400 h。

3. 适宜区

密蒙花在四川省的适宜区为盆地周围山区与盆地丘陵地区，海拔300~2 500 m的向阳地区。见

图 4-118。

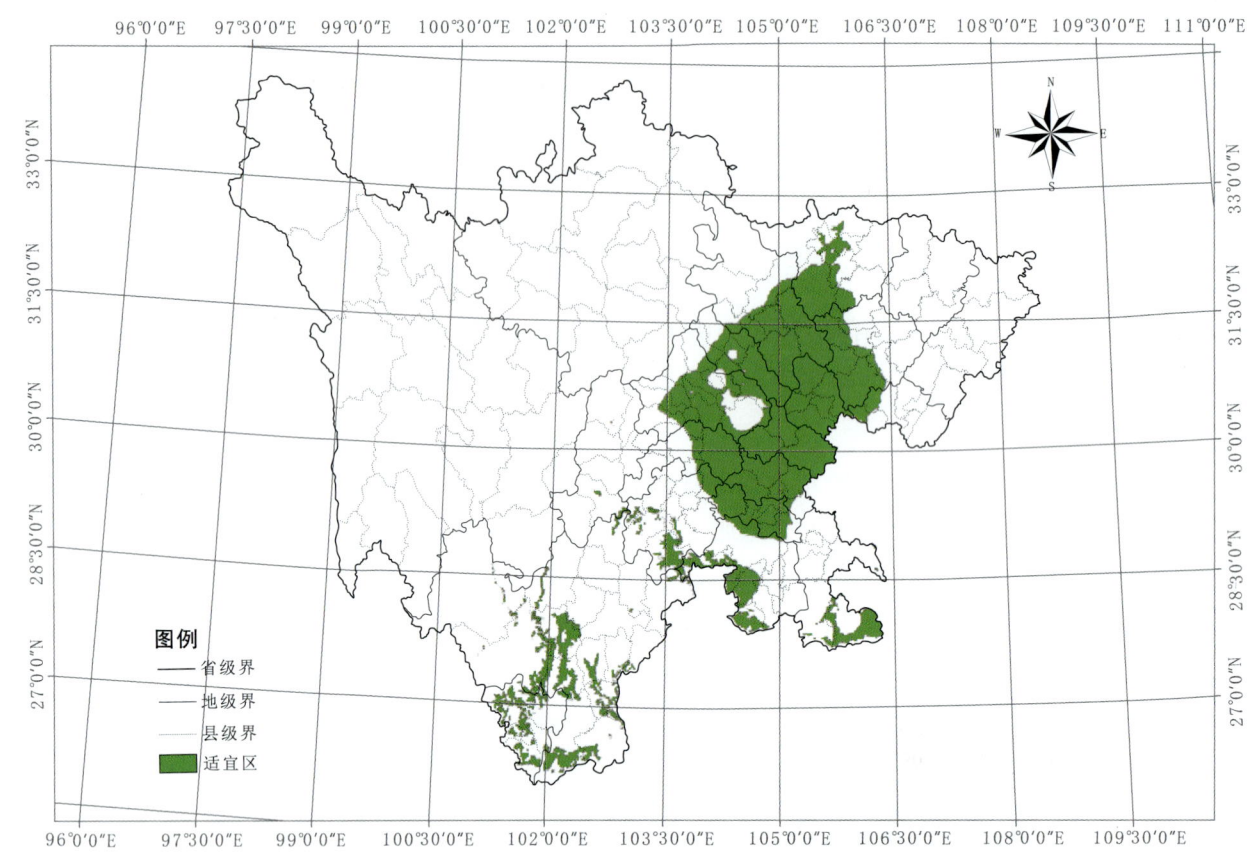

图4-118 密蒙花适宜区示意图

表4-59 密蒙花适宜区面积（km²）

区 县	面 积	区 县	面 积
丹棱县	4	珙　县	485
越西县	6	井研县	487
泸定县	11	富顺县	491
茂　县	14	旺苍县	491
九龙县	21	旌阳区	499
昭觉县	23	宁南县	510
康定市	31	沐川县	537
宝兴县	37	开江县	552
汶川县	38	安居区	557
锦江区	41	兴文县	563
芦山县	41	马边县	567
自流井区	41	安　县	578
青羊区	54	大邑县	585

续表

区 县	面 积	区 县	面 积
美姑县	64	西充县	586
华蓥市	73	德昌县	592
峨眉山市	75	都江堰市	598
夹江县	77	绵竹市	607
成华区	78	游仙区	608
金口河区	84	恩阳区	612
金牛区	86	双流区	613
前锋区	100	高 县	622
西 区	105	蓬安县	622
东 区	110	平昌县	645
武侯区	116	邛崃市	651
荥经县	117	崇州市	660
喜德县	123	屏山县	662
龙马潭区	133	蓬溪县	663
沙湾区	142	渠 县	674
朝天区	151	犍为县	675
五通桥区	151	金堂县	682
江阳区	159	青川县	684
青白江区	160	威远县	684
青神县	167	乐至县	688
沿滩区	167	盐源县	695
船山区	176	仁和区	699
龙泉驿区	182	东兴区	702
贡井区	186	利州区	716
大安区	191	泸 县	729
蒲江县	197	合江县	739
冕宁县	198	彭州市	744
布拖县	200	射洪县	761
峨边县	218	巴州区	787
甘洛县	224	昭化区	795
内江市市中区	239	东坡区	815
新津县	241	岳池县	826
武胜县	245	梓潼县	834
高坪区	248	资中县	853

续表

区　县	面　积	区　县	面　积
石棉县	261	米易县	859
木里县	262	盐亭县	872
涪城区	272	营山县	879
顺庆区	272	会东县	928
温江区	276	西昌市	930
乐山市市中区	282	雁江区	941
普格县	287	仪陇县	960
汉源县	292	邻水县	963
罗江县	294	荣　县	965
彭山区	316	叙永县	982
金阳县	321	阆中市	1 007
万源市	333	大竹县	1 009
南溪区	336	达川区	1 016
平武县	338	安岳县	1 024
大英县	343	通江县	1 092
江安县	351	南江县	1 127
新都区	354	南部县	1 136
雷波县	364	中江县	1 141
长宁县	372	盐边县	1 149
什邡市	410	古蔺县	1 254
纳溪区	420	仁寿县	1 266
郫都区	428	简阳市	1 277
广汉市	438	苍溪县	1 293
北川县	444	叙州区	1 295
隆昌市	453	宣汉县	1 365
广安区	458	江油市	1 390
筠连县	466	三台县	1 420
翠屏区	467	会理县	1 657
嘉陵区	472	剑阁县	1 709
通川区	481		

4. 最适宜区

密蒙花在四川省的最适宜区为海拔800 m以下的丘陵地区，包括金堂、广元、广汉、江油、简阳等地。见图4-119。

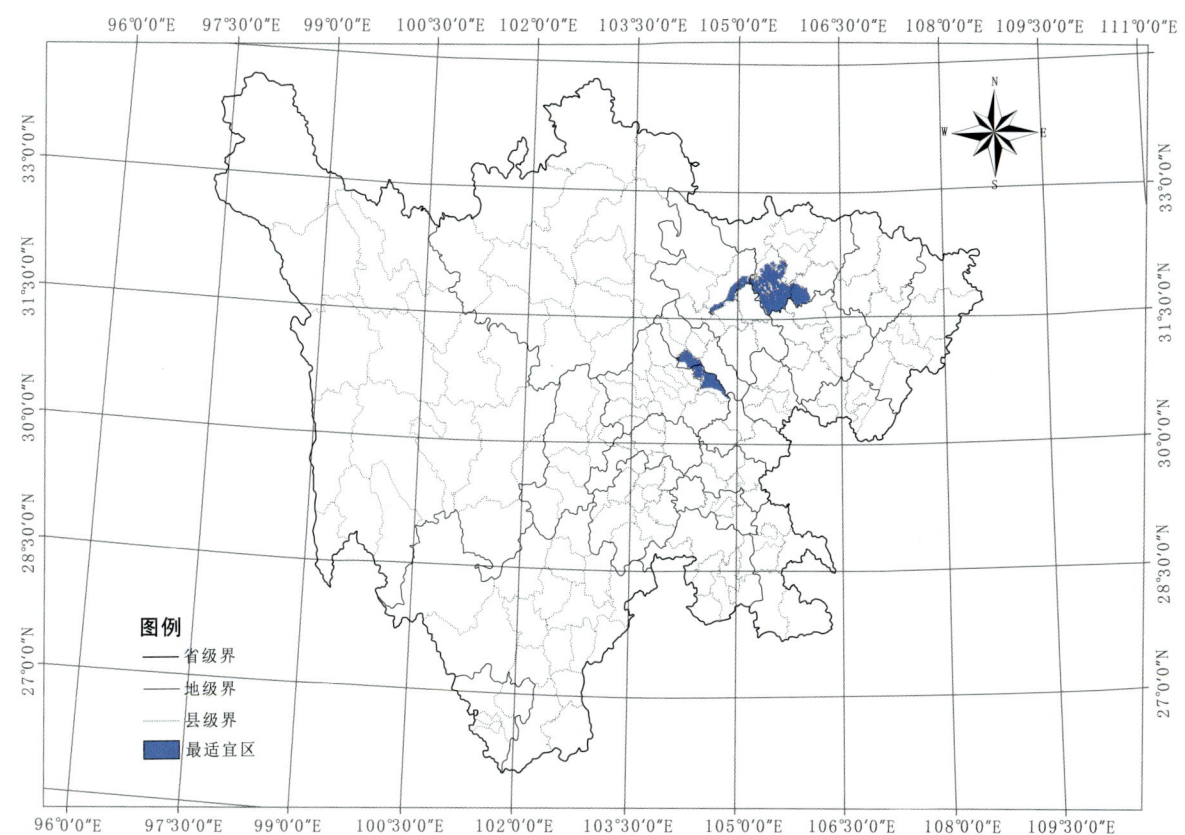

图4-119 密蒙花最适宜区示意图

表4-60 密蒙花最适宜区面积（km²）

区 县	面 积	区 县	面 积
广汉市	458	金堂县	899
苍溪县	618	剑阁县	2 498
江油市	649		

【基地建设】四川省密蒙花药材为野生，无人工栽培基地。

二十九、通草生产区划

【来源】为五加科植物通脱木 Tetrapanax papyrifer（Hook.）K. Koch 的干燥茎髓。

【道地沿革】始载于《神农本草经》，列为中品。以通脱木为通草始见于《本草拾遗》。历史上分为台湾、四川两大类产品，规格有32方通、28方通、丝通等。产于四川者，称为"川通草"。清·雍正《叙州府志》、清·乾隆《直隶达州志》、民国《四川通志》、民国《犍为县志》、清·同治《仁寿县志》、明清《营山县志》、民国《北川县志》、清·光绪《雷波县志》、清·光绪《盐源县志》、清·光绪《越西县志》等均记载产通草（木通）。王强《道地药材图典》："主产于贵州铜仁，四川兴文、达县、阿坝州。"

以条粗、色洁白、空心有隔膜、有弹性者为佳。

【性味归经】甘、淡，微寒。归肺、胃经。

【功能主治】清热利尿，通气下乳。用于湿热淋证，水肿尿少，乳汁不下。

【药理作用】

1. 解热、抗炎、利尿

通草水煎剂 4 g/kg、8 g/kg 灌胃两次，对啤酒酵母混悬液所致的大鼠发热有良好的解热作用，并呈现出量效关系；对角叉菜胶所致大鼠足跖肿胀的急性炎症模型，表现出抑制效应，显示出良好的抗炎作用，并呈量效关系。通草 4 g（生药）/kg 灌胃大鼠，表现出明显的利尿作用。

2. 增强免疫

通草总多糖提取物 80 mg/kg 腹腔注射小鼠 6 d，每日 1 次，能明显提高小鼠血清溶菌酶活力；以通草多糖提取物 40 mg/kg 每日灌胃给药 1 次，连续 7 d，或 40 mg/kg、80 mg/kg 腹腔注射给药，连续 7 d，能明显提高实验前于腹腔注射无菌 5% 鸡红细胞悬液进行免疫的小鼠血清溶血素抗体水平。

3. 抗氧化

通草总多糖提取物以 80 mg/kg、160 mg/kg 的剂量隔日腹腔注射 1 次给予 9 月龄小鼠，给药 45 d，可降低小鼠血清和肝脏中过氧化脂含量，降低小鼠脑组织和心肌中脂褐素（LF）含量，提高小鼠全血超氧化物歧化酶活力。

【品质研究】郭建喜等比较了园林与药用植物通脱木的引种表现、生物学特性、繁殖方法等试验。结果表明将通脱木从原产地的北亚热带引种到暖温带是成功的。

【原植物】常绿灌木或小乔木，高 1~3.5 m，基部直径 6~9 cm；树皮深棕色，略有皱裂；新枝淡棕色或淡黄棕色，有明显的叶痕和大型皮孔，幼时密生黄色星状厚绒毛，后毛渐脱落。叶大，集生茎顶；叶片纸质或薄革质，长 50~75 cm，宽 50~70 cm，掌状 5~11 裂，裂片通常为叶片全长的 1/3 或 1/2，稀至 2/3，倒卵状长圆形或卵状长圆形，通常再分裂为 2~3 小裂片，先端渐尖，下面密生白色厚绒毛，边缘全缘或疏生粗齿，侧脉和网脉不明显；叶柄粗壮，长 30~50 cm，无毛；托叶和叶柄基部合生，锥形，长 7.5 cm，密生淡棕色或白色厚绒毛。圆锥花序长 50 cm 或更长；分枝多，长 15~25 cm；苞片披针形，长 1~3.5 cm，密生白色或淡棕色星状绒毛；伞形花序直径 1~1.5 cm，有花多数；总花梗长 1~1.5 cm，花梗长 3~5 mm，均密

图4-120 通脱木原植物（舒光明摄）

生白色星状绒毛；小苞片线形，长 2~6 mm；花淡黄白色；萼长 1 mm，边缘全缘或近全缘，密生白色星状绒毛；花瓣 4，稀 5，三角状卵形，长 2 mm，外面密生星状厚绒毛；雄蕊和花瓣同数，花丝长约 3 mm；子房 2 室；花柱 2，离生，先端反曲。果实直径约 4 mm，球形，紫黑色。花期 10~12 月，果期次年 1~2 月。见图 4-120。

【生物学特性】种子具有深休眠特性，需要后熟然后才能发芽。喜温暖阴湿，怕涝，耐干旱，不甚耐寒。以向阳、排水良好、湿润肥沃的沙壤土和腐殖土为好。

【栽培技术】

1. 选地整地

通草栽培地应选择灌溉方便、排水良好的杂木林、次生林山区沟谷地、缓坡地带，坡度不超过 10~15°，肥沃的棕色森林土、沙质土，耕种前进行整地。

2. 繁殖方法

通草用种子繁殖，栽培期为 4~10 月，选阴雨天或晴天下午太阳偏斜时按行距 20~25 cm 开沟条播，株距可依土质肥瘠、排灌难易而定，种子播入沟内后覆土 2~3 cm 打压即可。

3. 田间管理

通草耕种后保持土壤湿润，幼苗生长期应留意排水。苗高 30 cm 以上应搭架扶蔓，采取人工搭架时可将各种树枝搭成篱笆支架，可利用小乔木或灌木，如蔓荆子、山毛豆等。生长期每年施农家肥 2~3 次。

4. 病虫害防治

通草在生长期间病害较少，主要是虫灾。木通凤蝶幼虫在 7~9 月咬食叶片和茎，发生期用 90% 的敌百虫 500~800 倍液喷洒。蚜虫危害叶片，用 40% 乐果乳剂 2 000 倍液喷洒。

5. 留种

选粒大、丰满、无病虫灾的种子。

【采收加工】10~11 月，通草茎髓容易通脱。此时砍 3 年生的通草枯株地上茎，用利刀削去上部嫩茎和叶片，将茎截成约 70 cm 长的一段，平放固定好。随即用一条 80 cm 长、直径与通草髓部相同的光滑木棒，一头对准髓部，用铁（木）锤轻轻敲打另一头，即可将通草茎段内的髓部通出。将通出的髓部稍加理直后摊放在干净的竹席上暴晒，至轻折即断时为足干，即成通草条。暴晒通草时，要特别注意不能沾露水和水滴，否则会使通草条发生霉变，出现黄斑、黑点，降低成品质量。晒干的通草条，扎成

图 4-121 通草药材（周先建摄）

捆后堆放在干燥的高处，不能受潮。见图 4-121。

【适宜区与最适宜区】

1. 生态环境

生于海拔 2 400 m 以下的潮湿、肥沃的山坡、灌丛。

2. 生态因子

年均温 17.5 ℃，无霜期 333 d，年降水量 1 141.3 mm，年日照 957.9 h。见图 4-122。

3. 适宜区

四川省通草的适宜区为海拔 1 500 m 以下的向阳、潮湿、肥沃的山坡、灌丛。

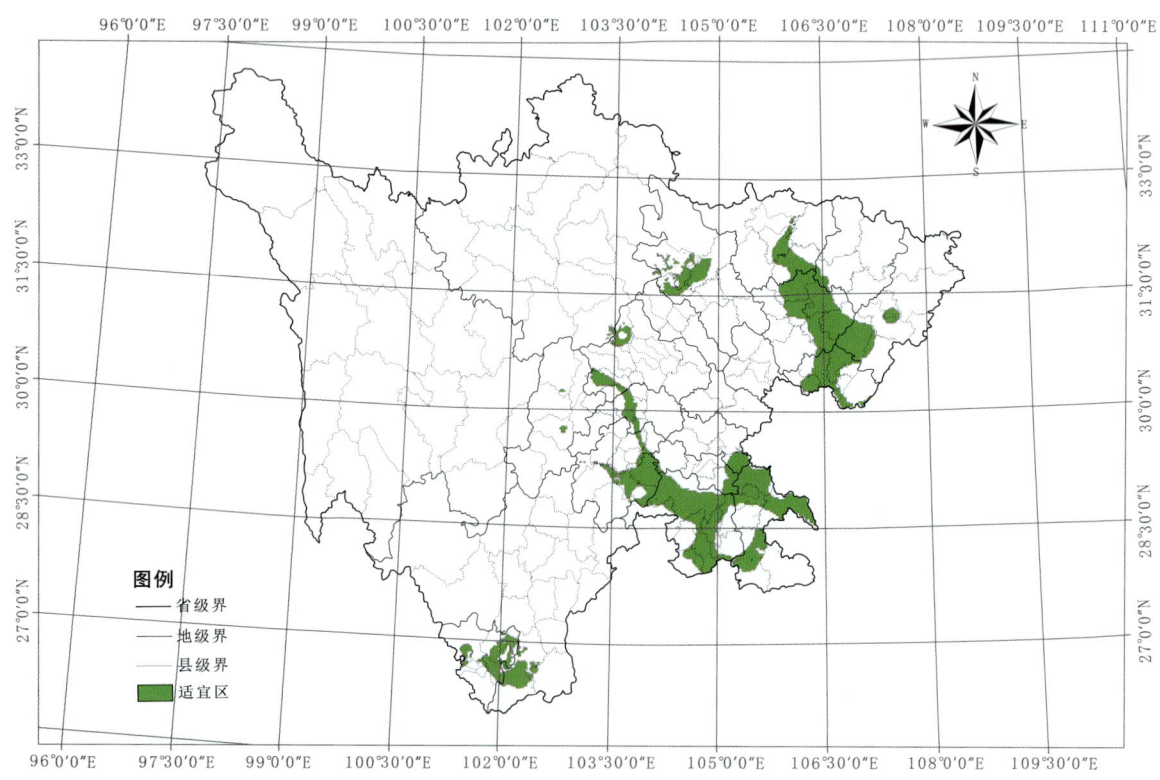

图 4-122　通草适宜区示意图

表 4-61　通草适宜区面积（km²）

区　县	面　积	区　县	面　积
金口河区	2	游仙区	279
旌阳区	2	乐至县	280
朝天区	4	崇州市	305
郫都区	4	彭山区	315
马边县	7	叙永县	320
峨边县	10	江安县	335
古蔺县	10	南溪区	336
大英县	11	通川区	343

续表

区 县	面 积	区 县	面 积
罗江县	13	长宁县	345
都江堰市	14	开江县	366
船山区	16	仁寿县	369
涪城区	21	大邑县	370
名山区	22	夹江县	381
盐亭县	30	纳溪区	382
利州区	32	江油市	395
北川县	33	安居区	399
雨城区	41	通江县	424
自流井区	41	邛崃市	441
华蓥市	62	合江县	453
双流区	76	隆昌市	454
蓬溪县	87	广安区	458
前锋区	95	梓潼县	462
屏山县	102	翠屏区	463
沙湾区	108	高 县	481
筠连县	115	井研县	484
万源市	115	富顺县	491
昭化区	129	恩阳区	512
龙马潭区	133	巴州区	517
峨眉山市	139	乐山市市中区	524
丹棱县	146	剑阁县	550
江阳区	158	威远县	553
沿滩区	167	苍溪县	563
青神县	169	蓬安县	603
南江县	170	渠 县	619
蒲江县	177	犍为县	642
嘉陵区	182	平昌县	681
珙 县	184	邻水县	704
贡井区	186	荣 县	707
绵竹市	189	东兴区	708
大安区	191	泸 县	726
旺苍县	201	资中县	735
五通桥区	202	大竹县	767
新津县	236	宣汉县	785

续表

区 县	面 积	区 县	面 积
内江市市中区	239	岳池县	808
高坪区	248	东坡区	817
武胜县	250	营山县	822
沐川县	252	达川区	878
兴文县	252	阆中市	893
洪雅县	262	仪陇县	899
西充县	265	安岳县	1 028
顺庆区	271	南部县	1 090
雁江区	276	叙州区	1 157
安　县	279		

4. 最适宜区

四川省通草的最适宜区为海拔800 m以下的向阳、潮湿、肥沃的山坡、灌丛，包括峨眉、犍为、沐川、兴文等地。见图4-123。

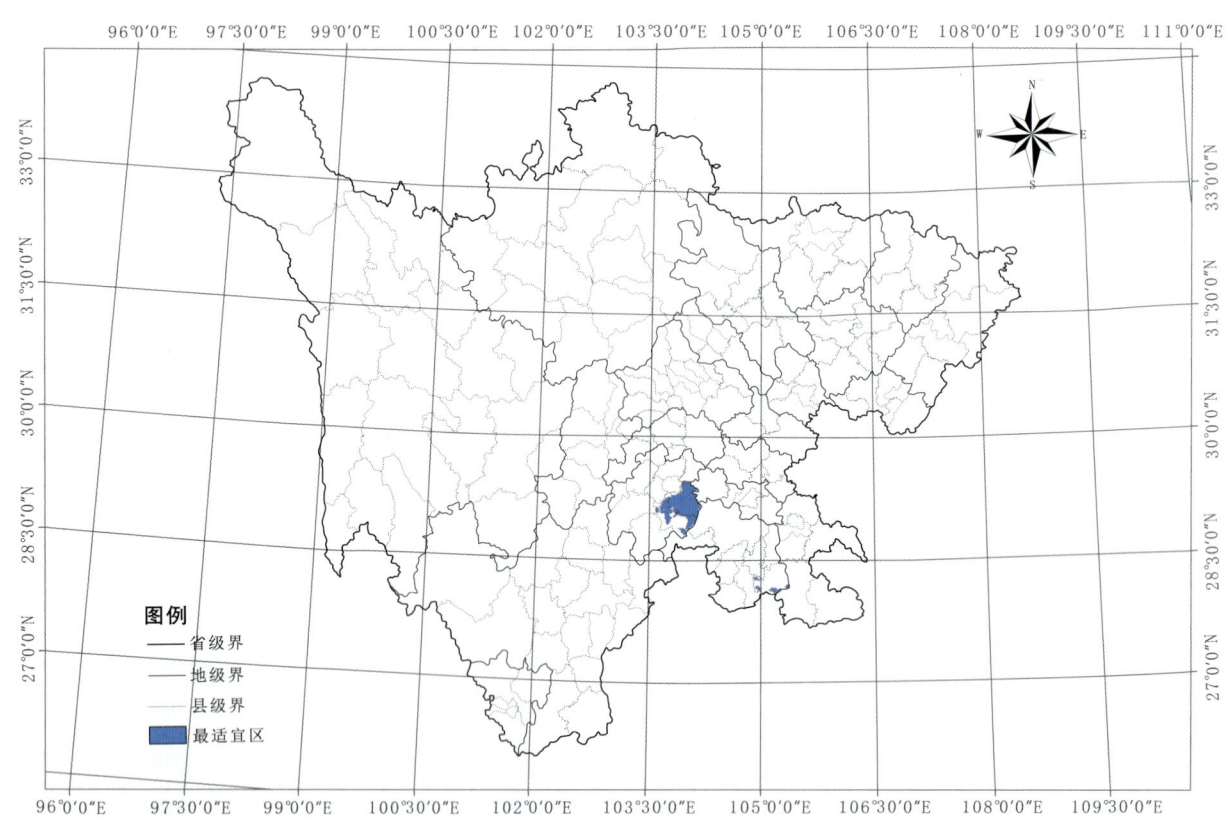

图4-123　通草最适宜区示意图

表4-62 通草最适宜区面积（km²）

区 县	面 积	区 县	面 积
峨眉山市	5	沐川县	644
兴文县	135	犍为县	1 266

【基地建设】 四川省通草为野生，目前未见人工栽培。

三十、海金沙生产区划

【来源】 为海金沙科植物海金沙 Lygodium japonicum (Thunb.) Sw. 的干燥成熟孢子。

【道地沿革】 始载于《嘉祐本草》。刘禹锡曰："出黔中郡，湖南亦有。生作小株，高一、二尺。七月收采，于日中暴之，小干，以纸衬承，以杖击之，有细沙落纸上，且暴且击，以尽为度。"《本草纲目》："其色黄如细沙也，谓之海者，所以异之也"，"江、浙、湖、湘、川、陕皆有之。"《药物出产辨》："海金沙以湖南、四川等地所产为上，乃升金砂所结之粉，体轻色红棕为好。"明清《营山县志》记载药材有海金沙。彭成《中华道地药材》记载："海金沙古以湖南、贵州、四川产者为佳，现主产于四川、广东。"

以质轻、色棕黄、手捻光滑、无杂质者佳。

【性味归经】 甘、咸，寒。归膀胱、小肠经。

【功能主治】 清利湿热，通淋止痛。用于热淋，石淋，血淋，膏淋，尿道涩痛。

【药理作用】

1. 抑菌

海金沙水提物 0.5 g/ml 和醇提物 0.5 g/ml 对藤黄球菌、乙型溶血性链球菌、枯草芽孢杆菌、金黄色葡萄球菌的最低抑菌浓度分别为 25%、12.5%、12.5%、25% 和 3.129%、1.56%、6.25%、3.12%；海金沙醇提物 0.5 g/ml 在 37 ℃时对乙型溶血性链球菌的最大抑菌圈直径为 8.5 mm；在 42 ℃时对藤黄球菌、金黄色葡萄球菌和枯草杆菌的最大抑菌圈直径分别为 21 mm、13.2 mm 和 6.5 mm；pH 值为 7.6 时，海金沙醇提物 0.59/m 对喜藤黄球菌、金黄色葡萄球菌、枯草杆菌和乙型溶血性链球菌的最大抑菌直径分别为 9.1 mm、8.2 mm、9 mm、113 mm。海金沙的乙酸乙酯提取物 1 mg/ml 体外对金黄色葡萄球菌、铜绿假单胞菌、福氏痢疾杆菌、伤寒杆菌等均有抑制作用。海金沙总黄酮含量 1 mg/ml 对金黄色葡萄球菌、大肠杆菌有明显的抑菌作用，但对黑曲霉、黄曲霉等霉菌无抑菌作用。质量浓度为 10 mg/ml 的海金沙多糖对枯草芽孢杆菌、甘薯薯瘟病原菌、普通变形杆菌、大肠杆菌 4 种细菌有不同程度的抑制作用，对变形杆菌抑制作用最大，抑菌圈宽度达 9 mm，且对革兰阳性菌抑制作用强于革兰阴性菌。

2. 利胆

海金沙中有效成分反式对香豆酸注入十二指肠 50 mg/kg，对大鼠具有利胆作用，可持续 4~5 h，给药后 2 h 达到最大效应，胆汁平均增加 20%，其作用机制是增加胆汁中水分的分泌，但并不增加胆汁中胆固醇和胆红素的分泌；海金沙中的咖啡酸也有利胆保肝作用。

3. 排石

给犬静脉注射海金沙水提醇沉注射液 1 g/kg，能够明显增加水负荷犬的尿量，明显提高输尿管结石蠕动频率及输尿管上段腔内压力。

4. 抗雄激素

海金沙孢子50%乙醇提取物在体外具有抑制睾酮 5α-还原酶的活性，其有效成分是油酸、亚油酸、棕榈酸，经气相色谱分析比例为53.0%、29.6%、11.8%；50%乙醇提取物1.0 mg/ml 对睾酮 5α-还原酶的抑制率为40.6%，2.0 mg/ml 对睾酮 5α-还原酶的抑制率为66.7%；活性成分油酸、亚油酸、棕榈酸的 IC_{50} 分别为 0.44 mmol/L、0.37 mmol/L、1.35 mmol/L，硬脂酸无此活性。体内试验显示，海金沙孢子50%乙醇提取物对睾酮处理过的仓鼠胁腹器官的增长具明显抑制作用，并可促进睾酮处理过的小鼠的毛发再生长，而对 5α-二氢睾酮处理过的仓鼠胁腹器官增长无抑制作用，表明具有显著的抗雄激素作用。

5. 抗氧化

海金沙总黄酮具有抗氧化性，对自由基有较好的清除效果，不同溶剂所得提取物对自由基的清除能力有差异。海金沙黄酮具有明显的体外抗氧化活性，在一定的剂量范围内与其抗氧化活性呈正相关；对羟基自由基、超氧阴离子自由基、烷基自由基均有一定的清除作用，但清除能力弱于Vc、芦丁和槲皮素，以及抑制油脂过氧化能力强于BHT和Vc，浓度为1.04 mg/ml 的海金沙黄酮对烷基自由基的清除能力与Vc相当。海金沙黄酮对二苯代苦味酰自由基（DPPH·）、羟自由基（OH·）和超氧阴离子自由基均有一定程度的清除作用；对OH·清除能力强弱顺序为：95%乙醇提取物＞丙酮提取物＞乙酸乙酯提取物＞氯仿提取物＞甲醇提取物＞醋酸提取物，其中，0.02 mg/ml 的95%乙醇提取物的清除率达44.8%；对DPPH·清除能力强弱顺序为：95%乙醇提取物＞甲醇提取物＞丙酮提取物＞醋酸提取物＞乙酸乙酯提取物＞氯仿提取物，其中，0.02 mg/ml 的95%乙醇提取物的清除率达53.3%；对超氧阴离子自由基清除能力强弱顺序为：95%乙醇提取物＞乙酸乙酯提取物＞氯仿提取物＞丙酮提取物＞醋酸提取物＞甲醇提取物，其中，0.02 mg/ml 的95%乙醇提取物的清除率达98.5%。

【品质研究】徐海星等建立了一种新的中药材海金沙分析鉴定的方法。以甲醇、氯仿、石油醚为提取溶剂，得到海金沙不同溶剂提取物，采用红外光谱（FT-IR）图谱鉴别法对提取物进行鉴别、分析、比较，获得了不同溶剂海金沙提取物的红外光谱相关峰，峰位独特而稳定，样品与标本的相似性好，可以用于海金沙的鉴别。

【原植物】多年生攀援草本，高1~4 m。叶轴上面有两条狭边，羽片多数，相距9~11 cm，对生于叶轴上的短距两侧，平展。距长达3 mm。顶端有一丛黄色柔毛覆盖腋芽。不育羽片尖三角形，长宽几相等，10~12 cm 或较狭，柄长1.5~1.8 cm，同羽轴一样多被短灰毛，两侧并有狭边，二回羽状；一回羽片2~4对，互生，柄长4~8 mm，和小羽轴都有狭翅及短毛，基部一对卵圆形，长4~8 cm，宽3~6 cm，一回羽状；二回小羽片2~3对，卵状三角形，具短柄或无柄，互生，掌状三裂；末回裂片短阔，中央一条长2~3 cm，宽6~8 mm，基部楔形或心脏形，先端钝，顶端的二回羽片长2.5~3.5 cm，宽8~10 mm，波状浅裂；向上的一回小羽片近掌状分裂或不分裂，较短，叶缘有不规则的浅圆锯齿。主脉明显，侧脉纤细，从主脉斜上，1~2回二叉分歧，直达锯齿。叶纸质，干后绿褐色。两面沿中肋及脉上略有短毛。能育羽片卵状三角形，长宽几相等，12~20 cm，或长稍过于宽，二回羽状；一回小羽片4~5对，互生，相距2~3 cm，长圆披针形，长5~10 cm，基部宽4~6 cm，一回羽状，二回小羽片3~4对。卵状三角形，羽状深裂。孢子囊穗长2~4 mm，往往长远超过小羽片的中央不育部分，排列稀疏，暗褐色，无毛。见图4-124。

图4-124 海金沙原植物（方清茂摄）

【生物学特性】 缠绕藤本，喜温暖湿润和荫蔽的低海拔地区，在冷凉的高海拔地区孢子常常不能成熟。适宜肥沃、疏松、略含石灰质的沙壤土。

【栽培技术】 以分株繁殖为主，宜于春季尚未发芽时进行，切割其根状茎分栽即可。生长期间保持土壤湿润和较高的空气湿度，置半阴处养护，夏季更应该遮阳，苗期可追施1~2次稀薄氮肥，注意不能沾污叶片，平均温度宜维持在白天18~22 ℃，夜间10~15 ℃，冬季室温应在12 ℃以上，以保持叶片呈鲜绿色，若低于5 ℃则叶片受冻。

【采收加工】 立秋前后孢子未脱落时采割藤带有孢子的叶，放于衬有布的筐内晒干，搓揉或打下孢子，再用细筛除去茎叶即可。见图4-125。

图4-125 海金沙药材（周先建摄）

【适宜区与最适宜区】

1. 生态环境

生于海拔 1 800 m 以下的山坡、灌丛、林缘，常缠绕生长于其他大型植物上。

2. 生态因子

生长温度为 14~22 ℃，越冬不低于 12 ℃。夜间 10~15 ℃，白天 21~26 ℃。相对湿度 60% 以上。土壤为砂质酸性土，排水良好，喜散射光，忌阳光直射。

3. 适宜区

海金沙的适宜区为四川省海拔 1 200 m 以下的灌丛、林缘。见图 4-126。

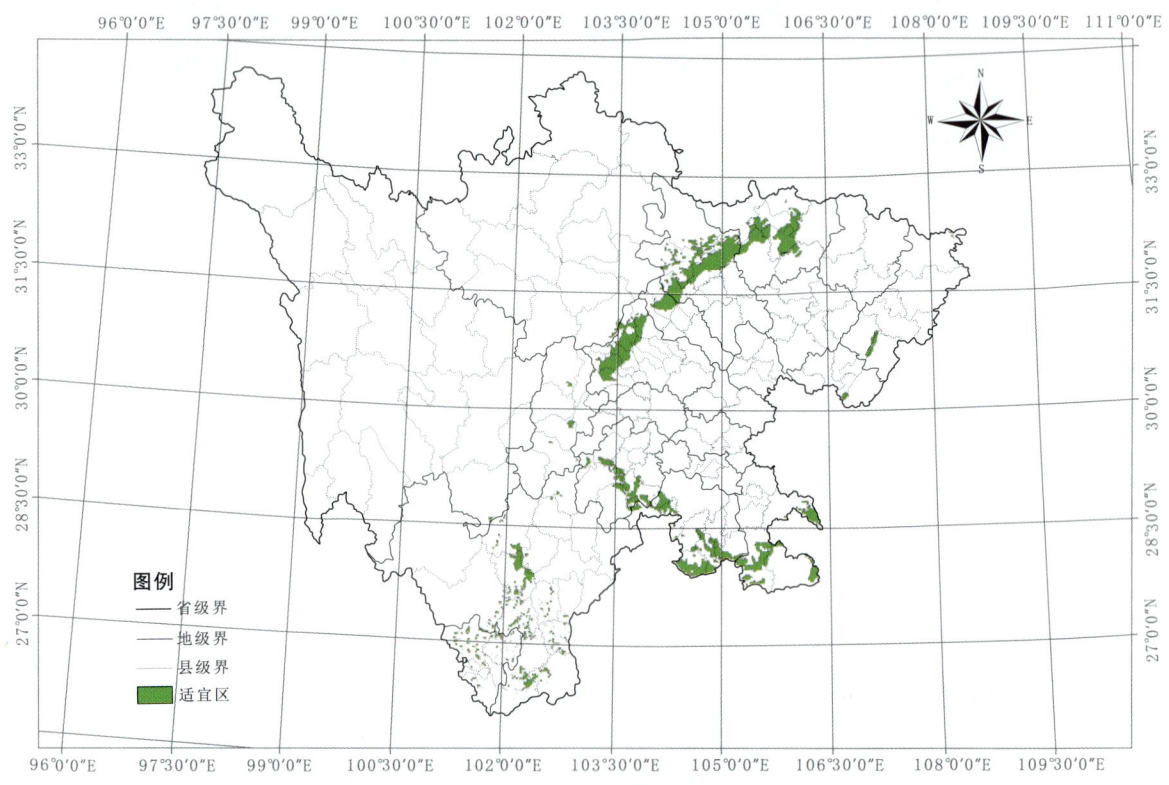

图 4-126 海金沙适宜区示意图

表 4-63 海金沙适宜区面积（km²）

区　县	面　积	区　县	面　积
前锋区	1	郫都区	75
昭觉县	1	青川县	87
旌阳区	2	大竹县	94
木里县	2	宁南县	107
通川区	4	冕宁县	116
达川区	7	会东县	119
犍为县	8	米易县	125

续表

区县	面积	区县	面积
九龙县	8	苍溪县	139
罗江县	10	德昌县	141
沙湾区	11	峨边县	166
布拖县	12	盐边县	210
汉源县	12	叙州区	210
芦山县	12	会理县	262
越西县	12	彭州市	272
茂县	18	马边县	280
长宁县	18	平武县	287
梓潼县	18	兴文县	320
华蓥市	21	沐川县	362
温江区	22	邛崃市	371
宝兴县	31	崇州市	384
甘洛县	33	合江县	388
万源市	34	利州区	388
喜德县	36	屏山县	398
邻水县	37	珙县	440
什邡市	38	西昌市	462
高县	39	古蔺县	477
朝天区	49	安县	495
金口河区	51	大邑县	503
仁和区	55	绵竹市	542
旺苍县	59	都江堰市	576
汶川县	62	北川县	592
盐源县	64	剑阁县	592
荥经县	67	筠连县	615
渠县	70	昭化区	869
峨眉山市	71	叙永县	893
普格县	74	江油市	1 579

4. 最适宜区

海金沙的最适宜区为四川省海拔 800 m 以下的丘陵及周围山区的灌丛、林缘。见图 4-127。

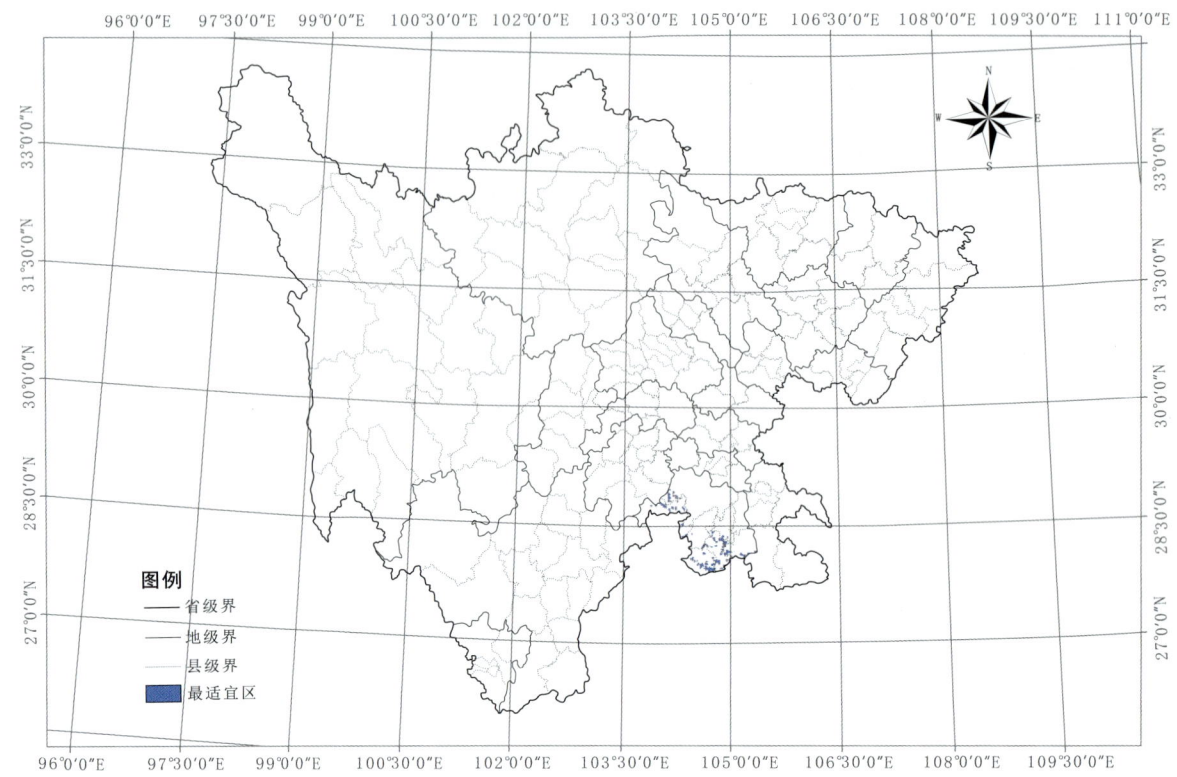

图4-127 海金沙最适宜区示意图

表4-64 海金沙最适宜区面积（km²）

区 县	面 积	区 县	面 积
长宁县	11	兴文县	97
高 县	17	珙 县	119
叙州区	64	筠连县	139
屏山县	70		

【基地建设】 四川省海金沙为野生，未见人工栽培。

三十一、菊花生产区划

【来源】 为菊科植物菊 Chrysanthemum morifolium Ramat. 的干燥头状花序。

【道地沿革】 我国栽培菊花历史已有3 000多年。最早的记载见于《周官》《埤雅》。《礼记·月令篇》："季秋之月，鞠有黄华"，说明菊花是秋月开花。《神农本草经》列为上品："菊花久服能轻身延年。"《西京杂记》："菊花舒时，并采茎叶，杂黍米酿之，至来年九月九日始熟，就饮焉，故谓之菊花酒。"当时帝宫后妃皆称之为"长寿酒"，把它当作滋补药品，相互馈赠。这种习俗一直流行到三国时代。"蜀人多种菊，以苗可入菜，花可入药，园圃悉植之，郊野火采野菊供药肆。"民国《四川通志》、清·同治《仁寿县志》等均记载产菊花。《中国道地药材》："近代因加工方法不同而有亳菊、祁菊、怀菊、川菊、滁菊、贡菊。"菊花为四川省栽培药材，产四川者称"川菊花"。

以花朵完整、色白（黄）新鲜、香气浓郁、无杂质者为佳。

【性味归经】甘、苦，微寒。归肺、肝经。

【功能主治】散风清热，平肝明目，清热解毒。用于风热感冒，头痛眩晕，目赤肿痛，眼目昏花，疮痈肿毒。

【药理作用】

1. 抗病原微生物

菊花水浸剂或煎剂在体外对金黄色葡萄球菌、乙型溶血性链球菌、大肠杆菌、宋内痢疾杆菌、变形杆菌、伤寒杆菌、副伤寒杆菌、绿脓杆菌、人型结核杆菌、霍乱弧菌以及多种皮肤真菌有抑制作用；高浓度表现有体内抗病毒（pRg）及抗钩端螺旋体的作用。菊花中的金合欢素-7-O-β-D吡喃半乳糖苷可抑制HIV。不同产地菊花（杭菊、滁菊、怀菊、济菊）的挥发油对金葡菌、白葡菌、肺炎双球菌及乙型链球菌的抑菌作用强度不一致，其中以济菊（鲜花）对金葡菌和乙型链球菌作用最强。

菊花具有抗疟作用。菊花乙醇提取物0.3 g/kg、0.7 g/kg和菊花氯仿提取物0.7 g/kg腹腔注射小鼠，均可抑制小鼠血液中疟原虫的增殖和红细胞内期约氏疟原虫感染率；1.4 g/kg腹腔注射约氏鼠疟原虫配子体感染的小鼠，可抑制配子体在按蚊体内发育为卵囊和感染性子孢子；乙酸乙酯提取物在培养基中浓度达到100 μg/ml时能抑制人工培养恶性疟原虫的生长；乙醇提取物1.4 g/kg、2.8 g/kg腹腔注射小鼠疟原虫感染模型均有抗疟原虫效应。

2. 抗炎

怀菊花具有显著的抗炎作用，其乙醇提取物2 g/kg灌胃，对二甲苯致小鼠耳廓肿胀及蛋清致大鼠足跖肿胀有明显的抑制作用，其抗炎作用与微量元素如铜、钴的含量有关。

3. 对心血管系统的影响

（1）保护心肌。杭菊乙酸乙酯提取物1 mg/kg、4 mg/kg、8 mg/kg静脉注射，可明显降低乌头碱诱导的心律失常大鼠室性心动过速发生次数，缩短其持续时间，延迟室性期前收缩、室性心动过速出现时间，心律失常评分显著降低，对缺血再灌注所致大鼠心肌的ERP缩短和VFT降低有明显的减弱作用；10 mg/L、50 mg/L、100 mg/L明显改善离体大鼠心脏的动作电位，延长ERP。菊花总黄酮提取物6 g/kg灌胃，对肾上腺素所致大鼠缺血心肌具有保护作用，可对抗ECG中T波抬高及S-T段异常偏移，使血清LDH降低，增加心肌组织SOD活性及降低其MDA含量。

（2）降压。怀菊花浸膏33.0 g/kg灌胃，可以降低自发性高血压大鼠（SHR）的血压，显著升高心、脑、肾组织的SOD水平，降低MDA含量，说明其机制与抑制靶器官心、脑、肾等组织的脂质过氧化有关。菊花总黄酮0.001~0.3 g/L对内皮完整、去内皮的正常大鼠胸主动脉血管环收缩无明显作用，对肾上腺素引起的内皮完整、去内皮的血管环收缩及无钙环境下或无钙环境下逐渐加钙环境下肾上腺素引起的血管环收缩均有抑制作用，对KCl所致血管环收缩仅对有内皮的血管环有显著抑制作用，对无内皮者无作用，此药理作用可被左旋硝基精氨酸甲酯（L-NAME）、亚甲基和吲哚美辛对抗，提示杭白菊总黄酮舒血管作用有内皮依赖性，与电压依赖性钙通道、受体操纵性钙通道及细胞内钙释放有关。

（3）保护血管。离体试验发现，杭白菊提取液100~400 μg/ml对体外培养小牛血管平滑肌有保护作用，可使其培养上清液中SOD活性增加而MDA含量减少，同时对细胞凋亡有抑制作用，呈浓度相关性，提示菊花对血管具有保护作用。

4. 降血脂

菊花水煎液 2 g/kg 灌胃大鼠能增加大鼠肝脏对胆固醇的摄取能力，或 4 mg/kg 作用于离体肝细胞，可激活肝微粒体胆固醇 7α-羟化酶活性，抑制肝微粒体羟甲基戊二酰辅酶 A 还原酶（HMGR）活力，从而影响胆固醇代谢。

5. 抗氧化、抗衰老

0.5 g/ml 菊花提取物 0.4 ml/g、1.2 ml/g 能够延长果蝇寿命，使平均寿命和最高寿命增加，减少脂褐素含量。但有报道 20% 菊花水煎液未显示出延长家蚕寿命和降低小鼠 MAO 活性的作用。杭白菊乙醇提取物对体外 DPPH 自由基的清除率可达 90% 以上，10 ml/L 浓度即可达到 60% 抑制率，浓度仅为特丁基对苯二酚的 1/10。菊花提取物 2 g/kg 灌胃 D-半乳糖诱导的衰老小鼠，可使血清 SOD、$GSH-P_X$ 活力显著提高，MAO 活力及 MDA 含量均显著降低，其 41.07 g（生药）/kg 的黄酮提取物 20 ml/kg 灌胃，对大鼠血清及脑组织 SOD、MDA 有相类似作用。菊花提取物对超氧阴离子自由基损伤的人红细胞膜的流动性有保护作用。

【品质研究】 罗进等采用 HPLC 法测定了川野菊、川金菊、杭白菊、黄贡菊、君白菊五种菊花中绿原酸的含量。五种菊花中以黄贡菊中绿原酸的含量最高（10.6 mg/g）。不同品种菊花绿原酸含量可为选择原料药菊花提供可靠的依据。

【原植物】 多年生草本，高 60~150 cm。茎直立，分枝或不分枝，被柔毛。叶卵形至披针形，长 5~15 cm，羽状浅裂或半裂，有短柄，叶下面被白色短柔毛。头状花序直径 2.5~20 cm，大小不一。总苞片多层，外层外面被柔毛。舌状花颜色多，管状花黄色。花期 9~11 月。见图 4-128。

【生物学特性】 喜温暖、日照充足、湿润气候；冬季地上部分枯萎，以宿根越冬。在霜降前后开花，一般能够存活 3~4 年。

【栽培技术】

1. 土壤

宜选用肥沃的砂质土壤，先小盆后大盆，经 2~3 次换盆，7 月可定盆；定盆可选用 6 份腐叶土、3 份砂土和 1 份饼肥渣配制成混合土壤。浇透水后放阴凉处，待植株生长正常后移至向阳处。

图 4-128 菊花原植物（方清茂摄）

2. 浇水

春季菊苗幼小，浇水宜少；夏季菊苗长大，天气炎热，蒸发量大，浇水要充足，可在清晨浇一次，傍晚再补浇一次，并要用喷水壶向菊花枝叶及周围地面喷水，以增加环境湿度；立秋前要适当控水、控肥，以防止植株窜高疯长。立秋后开花前，要加大浇水量并开始施肥，肥水逐渐加浓；冬季花枝基本停止生长，植株水分消耗量明显减少，蒸发量也小，须严格控制浇水。浇水最好用喷水壶缓缓喷洒，不可用猛水冲浇。浇水除要根据季节决定量和次数外，还要根据天气变化而变化。阴雨天要少浇或不浇；气温高蒸发量大时要多浇，反之则要少浇。一般在给花浇水时，要见盆土变干时再浇，不干不浇，浇则浇透。但不要使花盆汪水，否则会造成烂根、叶枯黄，引起植株死亡。

3. 施肥

在菊花植株定植时，盆中要施足底肥。以后可隔10 d施一次氮肥。立秋后自菊花孕蕾到现蕾时，可每周施一次稍浓一些的肥水；含苞待放时，再施一次浓肥水后，即暂停施肥。如果此时能给菊花施一次过磷酸钙或0.1%磷酸二氢钾溶液，则花可开得更鲜艳一些。

4. 摘心与疏蕾

当菊花植株10 cm高时，即开始摘心。摘心时只留植株基部4~5片叶，上部叶片全部摘除。待长出5~6片新叶时，再将心摘去，使植株保留4~7个主枝，以后长出的枝、芽要及时摘除。摘心能使植株发生分枝，有效控制植株高度和株型。最后一次摘心时，要对菊花植株进行定型修剪，去掉过多枝、过旺及过弱枝，保留3~5个枝即可。9月现蕾时，要摘去植株下端的花蕾，每个分枝上只留顶端一个花蕾。

【采收加工】①采收。菊花开花期不一致，要分批采收。霜降到立冬为采收适宜期。一般多在花盛开时，花瓣平直，有80%花心散开，花色洁白时，采收为宜。采菊花宜在晴天露水干后采收，不采露水花，否则容易腐烂、变质，加工后色逊，质量差。②加工。先将菊花薄摊于竹席上，置烘房内用无烟煤或木炭作燃料烘焙干燥。初烘时温度控制在40~50 ℃。烘至九成干时，再将温度降至30~40 ℃，当花色烘至象牙白时，即可从烘房内取出，置通风干燥处晾至全干即成商品。见图4-129。

图4-129 菊花药材（方清茂摄）

【适宜区与最适宜区】

1. 生态环境

生于海拔2 800 m以下的地区，一般为栽培。

2. 生态因子

年均温14.8~16.8 ℃，年降水量882.5~1 181.8 mm，相对湿度77%~81%，年总日照1 317.1 h。

3. 适宜区

菊花在四川省的适宜区为海拔300~2 600 m的地区。见图4-130。

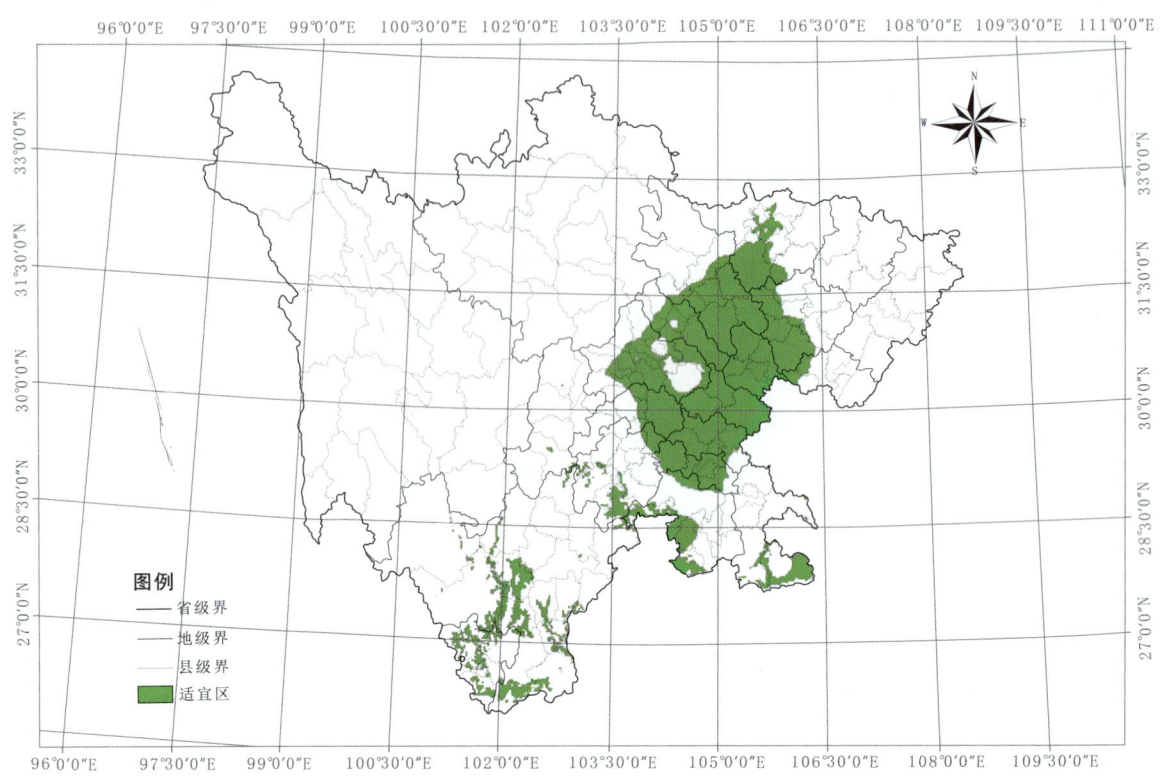

图4-130 菊花适宜区示意图

表4-65 菊花适宜区面积（km²）

区 县	面 积	区 县	面 积
前锋区	2	宁南县	407
武侯区	3	罗江县	410
雅江县	3	越西县	413
沙湾区	4	涪城区	417
大竹县	5	长宁县	425
若尔盖县	5	汉源县	430
稻城县	6	德昌县	450
华蓥市	6	邛崃市	450
巴塘县	7	盐边县	457
马尔康市	7	雷波县	471
得荣县	9	崇州市	480
锦江区	10	旌阳区	481
青羊区	12	南溪区	481
金牛区	17	沐川县	482
松潘县	18	米易县	489

续表

区县	面积	区县	面积
荥经县	18	高坪区	509
成华区	19	利州区	516
东　区	21	昭化区	523
小金县	22	珙　县	526
黑水县	23	马边县	531
金川县	23	绵竹市	531
蒲江县	23	渠　县	539
邻水县	24	大英县	582
西　区	24	筠连县	589
万源市	26	安　县	592
康定市	27	彭州市	612
峨眉山市	35	会东县	623
通江县	39	东坡区	635
理　县	42	广安区	641
兴文县	47	冕宁县	651
芦山县	51	屏山县	652
丹巴县	55	隆昌市	674
金口河区	62	双流区	691
九龙县	86	合江县	710
自流井区	95	西昌市	717
江阳区	99	朝天区	739
南江县	102	平武县	744
汶川县	107	井研县	745
九寨沟县	115	游仙区	777
泸定县	120	犍为县	791
江安县	121	嘉陵区	805
青神县	121	翠屏区	807
旺苍县	131	富顺县	829
茂　县	137	高　县	831
宝兴县	140	叙永县	853
乐山市市中区	144	盐源县	870
恩阳区	159	会理县	878
温江区	170	威远县	936

续表

区 县	面 积	区 县	面 积
石棉县	183	营山县	936
龙马潭区	196	金堂县	959
新津县	213	青川县	962
青白江区	242	西充县	964
木里县	245	安居区	972
布拖县	254	蓬溪县	991
金阳县	266	仪陇县	1 014
郫都区	280	梓潼县	1 027
峨边县	289	东兴区	1 081
龙泉驿区	297	泸县	1 096
大安区	306	射洪县	1 124
新都区	307	蓬安县	1 127
甘洛县	312	岳池县	1 132
都江堰市	315	苍溪县	1 157
内江市市中区	326	古蔺县	1 218
沿滩区	327	乐至县	1 263
彭山区	330	盐亭县	1 306
什邡市	335	荣县	1 337
普格县	338	江油市	1 368
美姑县	350	雁江区	1 406
贡井区	359	阆中市	1 566
船山区	363	资中县	1 571
喜德县	367	南部县	1 879
仁和区	368	剑阁县	1 885
昭觉县	381	简阳市	1 893
北川县	391	中江县	1 981
武胜县	395	叙州区	2 001
顺庆区	398	仁寿县	2 150
大邑县	402	三台县	2 161
广汉市	404	安岳县	2 162

4. 最适宜区

菊花在四川省的最适宜区为海拔 600 m 以下的盆地丘陵地区，包括中江、苍溪、仪陇。见图 4-131。

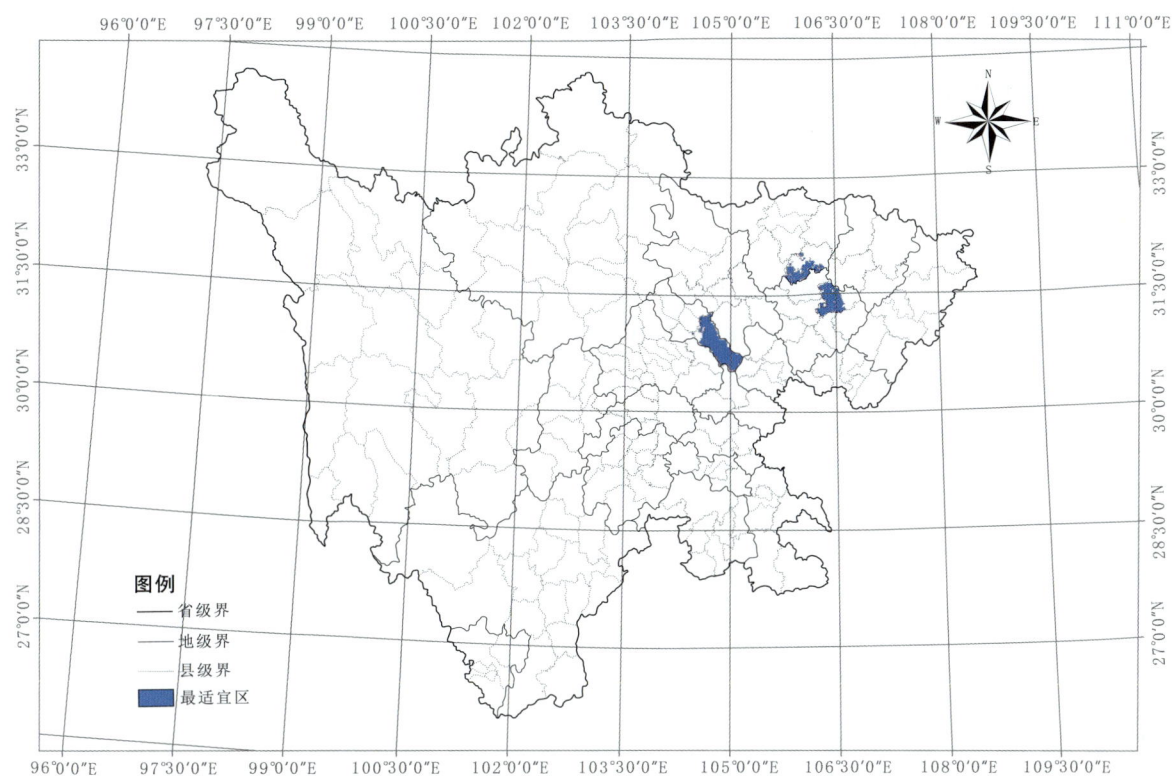

图4-131 菊花最适宜区示意图

表4-66 菊花最适宜区面积（km²）

区 县	面 积	区 县	面 积
苍溪县	821	中江县	1 990
仪陇县	1 100		

【基地建设】 四川省菊花多为农户种植，无规模化栽培基地。

三十二、巴豆生产区划

【来源】 为大戟科植物巴豆 *Croton tiglium* L. 的干燥成熟果实。

【道地沿革】 巴豆因产巴蜀而得名，别名"巴菽"。《范子计然》云："巴菽出巴郡。"左思《蜀都赋》提到蜀中方物时说"其中则有巴菽、巴戟"。《华阳国志》卷3："江阳郡（今四川泸州）物产有荔枝、巴菽。"《新修本草》记载巴豆产地云："出眉州、嘉州者良"。可见四川眉山、乐山在唐代应该是巴豆的主产区。宋代则在眉州、嘉州外增加了戎州（今四川宜宾）。《本草图经》云："今嘉、眉、戎州皆有之。"又云"戎州出者，壳上有纵文，隐起如线，一道至两、三道，彼土人呼为金线巴豆，最为上等……。"清·康熙《四川通志》记载嘉定州、眉州，以及泸州合江县皆出巴豆。清·嘉庆《四川通志》记载叙州府（今四川宜宾）、嘉定府（今四川乐山）、眉州、泸州合江县等地出产巴豆。说明巴豆是四川的道地药材。

以粒大、饱满、种仁黄白色者为佳。

【性味归经】辛，热，有大毒。归胃、大肠经。

【功能主治】外用蚀疮。用于恶疮疥癣，疣痣。巴豆霜为巴豆的制剂，具有峻下积滞、逐水消肿、豁痰利咽之功效，用于寒积便秘，乳食停滞，下腹水肿，二便不通，喉风，喉痹。

【药理作用】

1. 对胃肠运动的作用

炮制、剂量和机体状态均可影响巴豆对胃肠运动的作用，或兴奋或抑制。研究发现，对于正常小鼠巴豆霜 41 mg/kg、13.7 mg/kg，巴豆炭 410 mg/kg、137 mg/kg 灌胃均能促进其炭末推进速度，41 mg/kg 巴豆霜对新斯的明致小鼠肠推进加快呈拮抗作用，410 mg/kg 巴豆炭呈协同作用，后者对阿托品致胃肠运动抑制小鼠的胃肠运动无明显作用。

给小鼠灌胃 1.4 g/kg、2.8 g/kg 巴豆油与氢氧化钠作用后制得的巴豆油水解液、60 g/kg 巴豆霜或 60 g/kg 巴豆油均对小鼠肠推进运动有促进作用，在一定浓度范围内呈剂量依赖性兴奋。豚鼠离体回肠的端动，雾化吸入或巴豆油栓剂直肠给药则无效，作用不被阿托品和氯苯那敏对抗。30 mg/kg 的巴豆油对豚鼠离体回肠的收缩促进作用强于巴豆霜。巴豆油给小鼠灌胃，从每日 0.25 mg 开始，逐渐加量至每日 2 mg，可诱导小鼠小肠组织中蛋白质差异表达，从而使小鼠胃肠运动增强。巴豆油提取物 80 mg/L 可致体外培养的人肠上皮细胞全部死亡，20~40 mg/L 能明显抑制细胞增殖，其 IC_{50} 为 52 mg/L，4~40 mg/L 持续作用细胞 6 周，可呈剂量依赖性诱导细胞增殖加快，异倍体 DNA 含量增加，促使细胞发生恶化。

2. 抗肿瘤

巴豆水提液 4 mg/ml 对体外培养的白血病 HL-60 细胞可抑制其生长，升高 NBT 还原能力，提高其吞噬乳胶颗粒的能力。

巴豆总生物碱灌胃每日 0.4 ml，连续 5 d，对小鼠腹水型肝癌细胞有抑制作用，导致细胞膜流动性和胞浆基质结构发生不同程度的异常。巴豆生物碱针剂能使红细胞膜和牛血清蛋白 α 螺旋量增加，使红细胞膜流动性减小，并且还能改变膜蛋白的二级结构，这可能是其抗肿瘤作用的机理之一。巴豆生物碱能有效逆转人胃癌细胞 SGC-7901 中胃蛋白酶原活性，降低胃癌细胞分化标志酶碱性磷酸酶和乳酸脱氢酶的活性，且能部分抑制肿瘤标志酶 β-葡萄糖醛酸的表达，并能明显提高人胃癌 SGC-7901 细胞 Fas 蛋白的表达，说明巴豆生物碱具有促使胃癌细胞向正常方向逆转的作用。

3. 抗炎、抑制免疫

巴豆具有明显的抗炎和抑制免疫作用。巴豆霜 1.5 g/kg 灌胃，连续 2 d，可明显抑制正常小鼠腹腔血管通透性和巴豆油诱发的小鼠耳廓肿胀；巴豆霜 1.5 g/kg 灌胃幼年小鼠，隔日 1 次，连续 7 d，能明显降低小鼠胸腺和脾脏重量指数；灌胃成年小鼠连续 5 d，可使腹腔巨噬细胞的吞噬功能受抑制，碳廓清指数 K 值和校正廓清指数均降低，亦使小鼠腹腔巨噬细胞吞噬鸡红细胞的吞噬百分比和吞噬指数降低。

4. 抗菌

选用 20 种临床常见病原菌和条件致病菌，采用挖沟法与琼脂绝对浓度法体外抗菌试验发现，琼脂绝对浓度法试验显示巴豆油 1∶40 浓度对金黄色葡萄球菌有抗菌活性，对其他菌种无抑菌作用，采用挖沟法巴豆油 1∶10~1∶40 均未显示抗菌活性。用分离培养的耐利福平、异烟肼二重耐药菌株，分别接种于含有不同浓度巴豆油以及含利福平、异烟肼的豆浸液结核分枝杆菌对照培养基，在含利福平、异烟肼的对照组培养基上，菌落生长正常，高浓度巴豆油组（1∶10~1∶160）对结核菌生长有抑制作用，到培养终止期（第40日）仍无细菌生长，在一定浓度内对其有不可恢复的杀灭作用，1∶160组抗菌效果与含链霉素（100μg/ml）培养基组基本相似。

5. 利胆

家兔空腹灌胃10%巴豆水煎液3 ml/kg可增加奥狄括约肌正常电活动的频率，降低正常电位的电压及改变高峰电的节律，该作用可被阿托品拮抗，当剂量加大到中毒剂量10 ml/kg时胃肠明显充血，肠蠕动明显减弱，几乎监测不到奥狄括约肌峰电活动。巴豆水煎剂可呈剂量依赖性增加离体豚鼠胆囊肌条张力，加快收缩频率，减小收缩波平均振幅，苯海拉明、六烃季铵、吲哚美辛、酚妥拉明可阻断巴豆油增高胆囊肌条张力的作用，六烃季铵、吲哚美辛、酚妥拉明可阻断其对胆囊肌条收缩波平均振幅的作用，吲哚美辛可阻断其加快胆囊肌条收缩频率的作用，而阿托品、盐酸维拉帕米对巴豆油的作用没有影响。

【品质研究】 曾宝等建立了巴豆中总生物碱含量的测定方法，以木兰花碱作为对照品，采用酸性染料比色法测定不同产地巴豆中总生物碱含量。结果不同产地巴豆中的总生物碱含量差异较大，以四川宜宾所产巴豆的总生物碱含量最高。

【原植物】 灌木或小乔木，高3~6 m；嫩枝被稀疏星状柔毛，枝条无毛。叶纸质，卵形，稀椭圆形，长7~12 cm，宽3~7 cm，顶端短尖，稀渐尖，有时长渐尖，基部阔楔形至近圆形，稀微心形，边缘有细锯齿，有时近全缘，成长叶无毛或近无毛，干后淡黄色至淡褐色；基出脉3（~5）条，侧脉3~4对；基部两侧叶缘上各有1枚盘状腺体；叶柄长2.5~5 cm，近无毛；托叶线形，长2~4 mm，早落。总状花序顶生，长8~20 cm，苞片钻状，长约2 mm；雄花花蕾近球形，疏生星状毛或几无毛；雌花萼片长圆状披针形，长约2.5 mm，几无毛；子房密被星状柔毛，花柱2深裂。蒴果椭圆状，长约2 cm，直径1.4~2 cm，被疏生短星状毛或近无毛；种子椭圆状，长约1 cm，直径6~7 mm。花期4~6月。见图4-132。

图4-132 巴豆原植物（舒光明摄）

【生物学特性】 喜温暖光照,不耐寒,怕霜冻。在冬季气温有较长时间低于3 ℃时,叶片会枯萎,嫩芽亦被冻伤。风吹花易落,背风处结果较多。

【栽培技术】

1. 繁殖方法

用种子繁殖,直播或育苗移栽。

(1)直播。一般8~9月采收伏子留种。高湿地区随采随播,低温地区在翌年2月播种。播前剥去果壳,按行株距3 m×3 m开穴,穴深3 cm,每穴播4~5粒,覆土3~4 cm。

(2)育苗移栽法。按行距25 cm开沟,沟深3 cm,播种后覆土,浇水。1亩用种量12~15 kg。苗期需松土除草2~3次,遇旱浇水,苗高15~20 cm时施稀人畜粪水。霜降前包草防冻,苗高60~100 cm,3~4月移栽,按行珠距3 m×3 m开穴,穴径30 cm,深30 cm,每穴栽种1株,覆土压实,浇水。

2. 田间管理

植株在封行前可与小麦、甘薯、蔬菜间作,封行后可在行间栽种阴性植物。生长期要经常浇水,保持土壤湿润,并注意除草,春、夏季各追肥1次。

3. 病虫害防治

尺蠖可用90%晶体敌百虫800倍液喷杀。

【采收加工】 种植5~6年后即可结果。于8~11月,分批采收,摊放2~3 d,使种子后熟,然后晒干或烤干,打破果壳,簸净果壳及杂物即得巴豆。脱粒时要防止人畜中毒。见图4-133。

图4-133 巴豆药材(舒光明摄)

【适宜区与最适宜区】

1. 生态环境

生于海拔600 m以下的向阳背风的沟谷、旷野、山谷。

2. 生态因子

气温17~19 ℃、年降雨量1 000 mm、年日照1 000 h、无霜期300 d以上的地区适宜栽培,当温度低于3℃时幼苗叶全部枯死。以阳光充足、土层深厚、疏松肥沃、排水良好的砂质壤上栽培为宜。

3. 适宜区

巴豆的适宜区为气候温暖的岷江与长江沿岸地区，如宜宾、江安、长宁、兴文、合江、叙永、眉山、峨眉山等地。见图4-134。

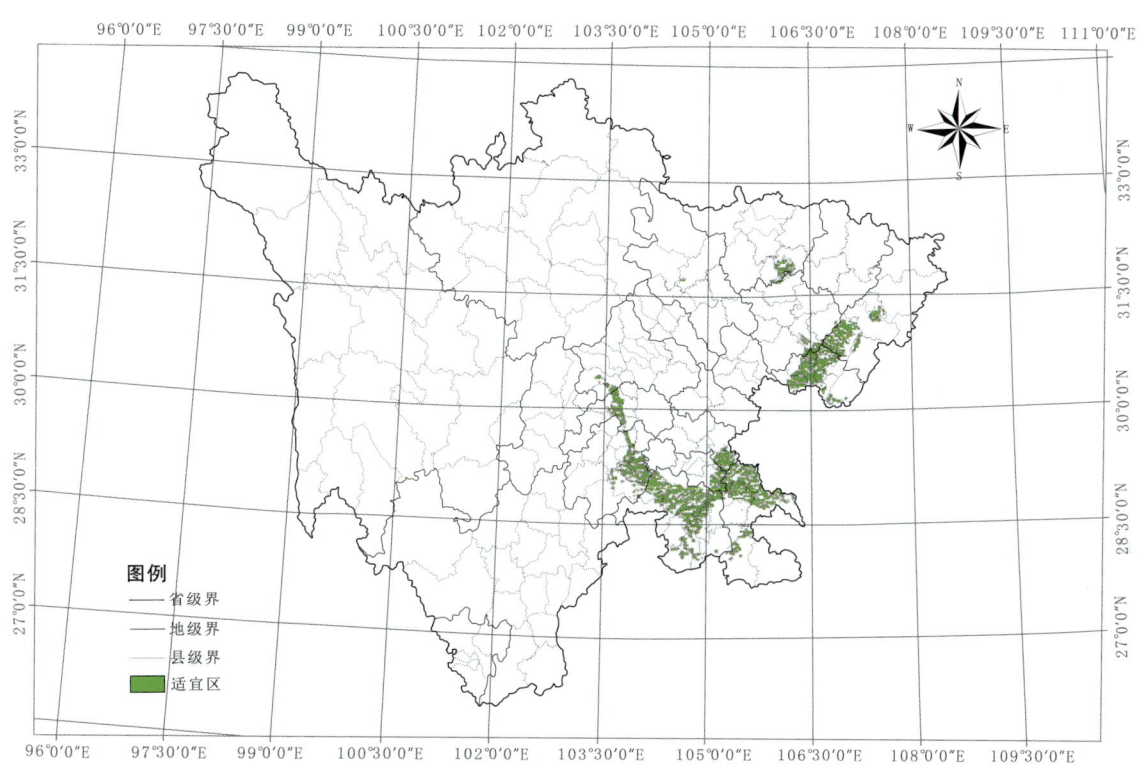

图4-134 巴豆适宜区示意图

表4-67 巴豆适宜区面积（km²）

区 县	面 积	区 县	面 积
金口河区	3	大英县	338
布拖县	4	长宁县	343
峨边县	15	新都区	352
金阳县	16	郫都区	358
马边县	19	开江县	376
名山区	22	大邑县	377
都江堰市	29	夹江县	379
青川县	35	纳溪区	382
北川县	36	江油市	409
朝天区	39	通江县	422
锦江区	40	邛崃市	437
雨城区	41	广汉市	438
自流井区	45	隆昌市	455

续表

区县	面积	区县	面积
雷波县	51	广安区	458
青羊区	53	合江县	458
华蓥市	58	翠屏区	464
成华区	78	旌阳区	473
古蔺县	79	嘉陵区	474
金牛区	88	高　县	476
前锋区	99	井研县	480
沙湾区	109	富顺县	489
筠连县	114	恩阳区	508
万源市	115	崇州市	514
武侯区	118	巴州区	523
龙马潭区	129	乐山市市区	528
龙泉驿区	129	威远县	553
青白江区	138	剑阁县	555
峨眉山市	140	安居区	557
昭化区	144	苍溪县	571
丹棱县	156	游仙区	585
江阳区	160	西充县	586
青神县	165	双流区	594
蒲江县	169	蓬安县	601
南江县	170	金堂县	602
沿滩区	174	渠　县	614
利州区	181	梓潼县	620
屏山县	184	犍为县	648
珙　县	185	蓬溪县	657
船山区	188	平昌县	693
贡井区	189	乐至县	695
大安区	195	邻水县	701
五通桥区	200	东兴区	703
旺苍县	204	泸　县	730
内江市市中区	236	射洪县	756
新津县	240	大竹县	774
沐川县	241	宣汉县	788
武胜县	249	岳池县	805
兴文县	250	盐亭县	810

续表

区县	面积	区县	面积
高坪区	252	营山县	817
温江区	255	东坡区	819
洪雅县	260	资中县	832
涪城区	266	荣县	849
顺庆区	269	达川区	880
罗江县	283	仪陇县	894
什邡市	291	阆中市	900
彭州市	302	雁江区	950
安县	307	安岳县	1 039
绵竹市	307	中江县	1 042
彭山区	313	南部县	1 108
叙永县	318	叙州区	1 147
江安县	334	仁寿县	1 197
南溪区	334	简阳市	1 213
通川区	336	三台县	1 423

4. 最适宜区

巴豆的最适宜区为四川长江沿岸的宜宾、江安、长宁等地，海拔 600 m 以下的向阳背风丘陵山坡。见图 4-135。

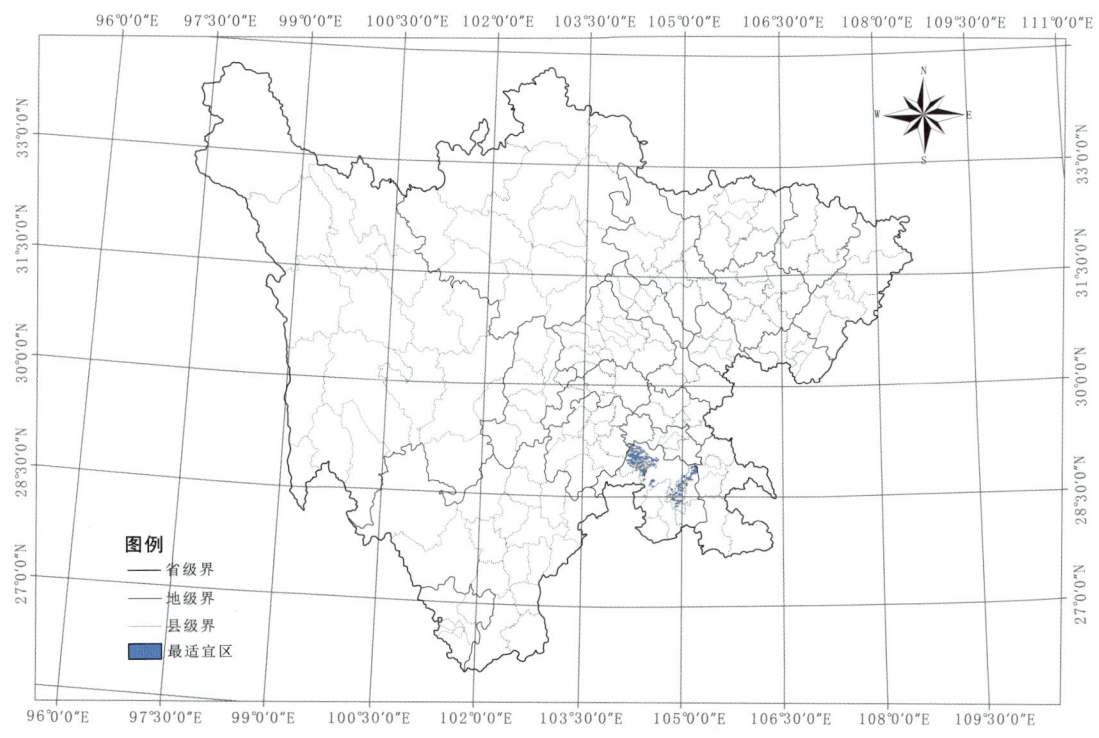

图 4-135 巴豆最适宜区示意图

表4-68 巴豆最适宜区面积（km²）

区县	面积	区县	面积
江安县	135	叙州区	673
长宁县	311		

【基地建设】巴豆多为农户自种，无规模化栽培基地。

三十三、蟾蜍生产区划

【来源】为蟾蜍科动物中华大蟾蜍 *Bufo bufo gargarizans* Cantor 或黑眶蟾蜍 *Bufo melanostictus* Schneider 的干燥分泌物（蟾酥）以及蟾衣。

【道地沿革】始载于《神农本草经》。《药性论》记载"端午日取眉脂，以朱砂、麝香为丸"。所谓"眉脂"即是蟾酥。民国29年（1940年）陕西西京市（今西安市）国药商业同业公会《药材行规》蟾蜍条记载产地说"河南、山东、江苏、四川"。民国《犍为志》记载"虫类有蟾蜍"。彭成《中华道地药材》记载中华大蟾蜍的适宜区为四川南充，黑框蟾蜍的适宜区为四川会理、攀枝花、屏山。

【性味归经】辛，温，有毒。归心经。

【功能主治】解毒，止痛，开窍醒神。用于痈疽疔疮，咽喉肿痛，中暑神昏，痧胀腹痛吐泻。

【药理作用】

1. 镇痛

在蟾毒（蟾蜍耳后腺分泌物冻干粉）与蟾酥不同提取物的牙髓镇痛效果比较研究中，采用以猫开口反射为疼痛指标的牙髓电刺激模型。结果显示，牙髓封药30 min蟾毒糊剂（甘油、95％乙醇按1：1混匀后调制而成）对牙痛阈值的增长率明显高于蟾酥乙醇提取物和氯仿提取物糊剂；封药1 h，蟾毒糊剂对牙痛阈值的增长率与蟾酥乙醇提取物糊剂无明显差别，但明显高于蟾酥氯仿提取物糊剂；封药2 h，对牙痛阈值的增长率，蟾毒糊剂与蟾酥乙醇提取物和氯仿提取物糊剂之间均无明显差异。蟾酥氯仿提取物对牙髓镇痛作用起效较慢，麻醉效力波动较大，而蟾毒作用较快，麻醉效力恒定，由此分析蟾酥快速无痛切髓的作用机理可能不是位于氯仿提取物内的蟾毒配基类物质的局麻作用。蟾毒制剂（蟾毒与可卡因按2：1混合调制而成）封以5号球钻大小的药物于穿髓处，1 h后即可造成牙髓神经超微结构的改变，由此推测蟾酥快速无痛切髓的作用机理可能为一种神经毒性作用，牙髓神经快速麻痹可能是这种神经毒性作用的早期表现。

2. 影响心脏功能

（1）强心。蟾蜍各种成分的水溶性和脂溶性组分均可以抑制 Na^+-K^+-ATP 酶、Ca^{2+}-ATP 酶和 $Ca^{2+}-Mg^{2+}$-ATP 酶的活性，脂溶性成分对 Na^++K^+-ATP 抑制作用略强于水溶性成分；对 Ca^{2+}-ATP 酶和 $Ca^{2+}-Mg^{2+}$-ATP 酶的抑制能力，又以水溶性成分作用略强。目前认为蟾酥具有强心作用的主要机理与强心苷相似，即抑制心肌细胞膜上的 Na^+-K^+-ATP 酯所致。

华蟾毒精剂量为4 mg/kg时，不影响开胸豚鼠的心率，而使心肌收缩力增加。家兔在体心脏的单相动作电位稳定后，由耳缘静脉注射脂蟾毒配基（RBG）0.3 mg/kg，给药后15 min内，RBG对兔的心肌收缩力（Fc）具有明显的增强作用。

（2）抗心肌缺血。蟾酥可使纤维蛋白原液的凝固时间延长，抗凝血作用与尿激酶相似，可使纤维蛋白溶解后溶酶活化而增加冠状动脉灌流量。蟾酥对因血栓形成导致的冠状血管狭窄而引起的心肌梗死等缺血性心脏障碍，能增加心肌营养性血流量，改善微循环，增加心肌供氧，对急性心肌缺血有一定的保护作用。

（3）升血压。蟾酥 0.4 mg/kg 经麻醉家兔耳缘静脉给药，具有明显的升高动脉压作用，但不持久，一次注射仅可维持数分钟，若用滴注，可在给药期间显示持续升压作用。

（4）对心肌电生理的作用。浦氏纤维电生理学作用表明，脂蟾毒苷元能逐渐降低动作电位幅值（APA）和静息电位（RP），减慢 Vmax 缩短动作电位时程（APD）和有效不应期（ERP）；增加舒张期去极化斜率，提高自律性，可诱发自发节律，最低有效浓度为 0.6 μmol/L，且作用具有剂量依赖性。

脂蟾毒配基对犬和豚鼠 VF 的作用结果表明，脂蟾毒配基对同一动物心脏的不同组织和不同动物同样心肌纤维有基本相同的作用。脂蟾毒配基可使犬浦肯野纤维（PF）的膜反应曲线稳定地向右、下偏移，提示脂蟾毒配基可降低膜反应性，减慢兴奋传导，具有抗心律失常的某些电生理学特征；脂蟾毒配基可诱发犬 PF 和人心房肌纤维的后电位，包括延迟后去极化和振荡电位，提示在一定条件下，脂蟾毒配基可能引起某些心律失常。

3. 抗肿瘤

蟾酥提取物、蟾毒灵在体外及体内能抑制多种肿瘤细胞生长，特别是白血病细胞。其抗肿瘤作用的主要机制可能为升高细胞内钙浓度，引起胞内钙超载而诱发细胞凋亡。

（1）抗白血病。蟾蜍毒素粗提物作用于卵巢癌 OVCAR 细胞 24 h、48 h、72 h，半数抑制浓度分别为 0.62 pμg/ml、0.24 pμg/ml、0.09 pμg/ml，经蟾蜍毒素粗提物作用后，细胞阻滞于 M 期。国外实验研究表明，脂溶性蟾毒配基的成分之一蟾毒灵能使白血病 U937 细胞周期阻滞于 G_2 期和 S 期。蟾毒乙醇浸液、蟾毒 DMSO 浸液、蟾毒 PBS 浸液 3 种蟾毒浸液均能抑制白血病 K562 细胞生长，抑制细胞增殖 50% 的药物浓度（IC_{50}）分别为 2.9 μg/ml、16 μg/ml、80 μg/ml，抑制 K562 细胞增殖的强度依次为乙醇浸液＞DMSO 浸液＞PBS 浸液，50 ng/ml 的蟾毒 DMSO 浸液和 5 ng/ml、50 ng/ml 蟾毒乙醇浸液能够引起 K562 细胞发生 G_2/M 期阻滞。

（2）抗肉瘤。乙醇溶解蟾蜍分泌物原浆，采用减压蒸馏等法进一步部分分离纯化，获得醇溶性蟾蜍毒素混合物（ethanol extract of toadvenom，EET），将其作用于 S180 荷瘤小鼠模型，5 mg/kg 和 0.5 mg/kg 的 EET 对 S180 荷瘤小鼠实体瘤组织的抑瘤率分别是 47.0% 和 34.1%，对腹水瘤小鼠的生命延长率分别是 46.2% 和 36.5%，同时，0.5 mg/kg 的 EET 可明显升高白细胞的数量，可达 $(11\pm4)\times10^9$/L。但 EET 在 5 mg/kg 时可引起总胆红素升高达（30 μmol/L $\pm$ 5 μmol/L），显示出肝损伤作用。

（3）抗胰腺癌。蟾毒灵体外能明显抑制人胰腺癌 BxPC-3 细胞的生长，其抑制作用与药物浓度及作用时间成正相关；可阻滞 BxPC-3 细胞于 G_2/M 期，最高生长抑制率达 62.59%，72 h 的 IC_{50} 为 0.37 μg/ml。蟾毒灵诱导细胞凋亡的机制与下调 Bc-2 基因的表达有关。

4. 抗病原微生物

1 mg/ml、2 mg/ml、4 mg/ml、6 mg/ml、8 mg/ml、10 mg/ml、12 mg/ml 蟾酥药液对伤寒杆菌都有抑制作用，且抑菌作用呈剂量依赖性。蟾酥醇溶性成分对大肠埃希菌有很好的杀菌作用，最小杀菌浓度可以达到 2.5 g/ml 或 1.25 g/ml，水提成分没有醇提成分效果明显。同时，采用 RT-PCR 检测阳性耐药基因 mRNA 的表达，结果提示蟾酥具有逆转耐药大肠埃希菌的耐药性，其逆转机理可能与其抑制耐药基因表达有关。

采用鸭乙型肝炎动物模型研究华蟾素抗鸭乙型肝炎病毒（DHBV）作用，并观察其毒性作用。结果显示华蟾素注射液 1 ml/kg 组 10 只麻鸭在用药后第 12 周时有 9 只鸭 HBV 脱氧核糖核酸（DHBVDNA）阴转；3 ml/kg 组 10 只中 7 只阴转。而对照组 9 只中仅一只阴转。光镜观察华蟾素组鸭肝病理变化有明显改善。电镜观察两组肝细胞亚微结构改善均不明显。结果表明华蟾素对 DHBV 有明显抑制作用且能改善鸭肝病理变化。

5. 抗休克

RBG 对失血性休克大鼠有明显升压作用，在给药后 1~3 min 升压作用最大，20 min 时基本恢复原水平，其作用强度随剂量加大而增强；RBG 还能明显升高麻醉开胸及失血性休克家兔的平均动脉压（MAP），1 min 即达到峰值，3 min 内维持稳定，5 min 时升高仍然显著，RBG 对失血性休克兔的升压作用明显强于正常麻醉兔。

【品质研究】 缪珠雷等采用 HPLC 法测定了江苏、安徽、河南、内蒙古、吉林的中华大蟾蜍，产自黑龙江、吉林的花背蟾蜍，产自四川的华西蟾蜍的蟾酥华蟾酥毒基和脂蟾毒配基含量。结果：从蟾酥毒基和脂蟾毒配基总量来看，来自于中华大蟾蜍（7%~12%）和花背蟾蜍（7%~8%）样本两种成分总含量绝大多数都达到《中华人民共和国药典》标准（6%），华西蟾蜍含量较低（2%~4%）；总含量以江苏最高（11%~12%），其他地区次之（7%~9%）；此外花背蟾蜍脂蟾毒配基与华蟾酥毒基比例明显高于中华大蟾蜍，而华西蟾蜍则相反。在蟾酥采集中需考虑华蟾酥毒基和脂蟾毒配基含量的差别，以保证药物的质量和临床疗效。

【原动物】 **中华大蟾蜍**：形如蛙，体粗壮，体长 10 cm 以上，雄性较小，皮肤粗糙，全身布满不规则圆形瘰疣。头宽大，口阔，吻端圆，吻棱显著。舌分叉，可随时翻出嘴外，自如地把食物卷入口中。舌面含有大量黏液。近吻端有小形鼻孔 1 对。眼大而突出，对活动着的物体较敏感，对静止的物体迟钝。眼后方有圆形鼓膜，头顶部两侧有大而长的耳后腺 1 个。躯体粗而宽。在繁殖季节，雄蟾蜍背面多为黑绿色，体侧有浅色斑纹；雌蟾背面斑纹较浅，瘰疣乳黄色，有棕

图4-136 中华大蟾蜍原动物（方清茂摄）

色或黑色的细花斑。四肢粗壮，前肢短、后肢长，趾端无蹼，步行缓慢。雄蟾前肢内侧 3 指（趾）有黑色婚垫，无声囊。口内无锄骨齿，上下颌亦无齿。前肢长而粗壮，指趾略扁，指侧微有缘膜而无蹼；指长顺序为 3、1、4、2；指关节下瘤多成对，掌突 2，外侧者大。后肢粗壮而短，胫跗关节前达肩部，趾侧有缘膜，蹼尚发达，内跖突形长而大，外跖突小而圆。体长 79~120 mm。见图 4-136。

黑眶蟾蜍：个体较大，雄蟾体长平均 63 mm，雌蟾为 96 mm。头部吻至上眼睑内缘有黑色骨质脊棱。皮肤粗糙，除头顶部无疣，其他部位满布大小不等的疣粒。耳后腺较大，长椭圆形。腹面密

布小疣柱。所有疣上有黑棕色角刺。体色一般为黄棕色，有不规则的棕红色花斑。腹面胸腹部的乳黄色上有深灰色花斑。见图4-137。

【生物学特性】生活于水边与湿地，喜暖怕冻，喜湿怕燥，喜暗惧光，喜静怕惊。气温低于10℃以下就冬眠。

【养殖技术】

1. 繁殖方法

蟾蜍种源可从野外捕获，也可以捞取卵块或蝌蚪进行饲养。每年春末夏初，5~8月为蟾蜍的产卵季节。在气温升至6~8℃时，蟾蜍即开始雌雄抱对，

图4-137　黑眶蟾蜍原动物（方清茂摄）

人工养殖时雌雄比例以3:1为宜，受精率可达90%以上。温度在16℃时便可产卵。每次产卵量在5 000枚左右。一般呈双行排列在管状胶质带内，卵带可长达几米，缠绕在水生植物上。人工孵化时水温应控制在10~30℃之间，以25℃为宜。并随时注意调节水温。若遇寒流或暴雨天气，可用塑料薄膜覆盖。经过3~4 d即可孵化出小蝌蚪。小蝌蚪生活在水中常成群向一个方向游动。

2. 管理技巧

建立蟾蜍饲养场要靠近水源，四周有草，可利用池塘、水沟或田埂作为饲养池。场地四周应筑围墙，墙内留有草坪、菜地，以供蟾蜍栖息及活动。池中有水草生长，稀密适宜。另外，在棉田和稻田中也可以散养。蟾蜍的蝌蚪在孵出后2~3 d内开始吃食，先以卵膜为食，以后吃一些植物碎屑、水中的微生物和浮游生物。蝌蚪的食物有腐殖质、猪牛粪、糠麸、蔬菜、嫩草、鱼类及畜禽类、生熟废弃物等。蝌蚪变成幼蛙后，即以活饵为食。可以培养蚯蚓、蝇蛆等各种昆虫，也可以用诱虫灯诱引各种昆虫，供蟾蜍食用。

蝌蚪池水深要保持在0.2~0.4 m深，注意及时排水，水温在16~28℃时为生长发育最适温度，随着蝌蚪的生长变大，要注意及时分池，一般经过2个月后开始变成幼蛙。幼蛙饲养要注意密度不宜过大，每1 m²放养30~50只为宜。要防止逃失和天敌侵害。在阳光强烈时，可以喷洒水以防皮肤干燥。在秋末即要为蟾蜍准备好越冬场所，可以在饲养池的角落处堆放干草使其越冬。

3. 病害的防治

（1）切断传播途径，保持环境的清洁卫生，加强蛙类的饲养管理，是病害防治的重要原则。

（2）定期对栖息环境消毒，禁止使用有污染的水源及饲料。

（3）在引进种蛙前，要调查种源场是否有病情，绝不在有疫情时引种蛙。在蛙的购入、捕捞放养、转池时，对使用的器具、放养的环境及要放养的蛙体均要进行消毒。

（4）对进入场内的物资、车辆、用具等，要严格消毒，以免带进病原引发疾病。保证提供营养全面、充足的饲料，不饲喂霉败变质饲料，提供适宜的生存环境如水温、水质等条件，提高蛙体自身抵抗疾病的能力，防止疾病的发生。

（5）发生疫情时，要迅速更换池水，对栖息环境封锁消毒，切断传播途径，防止疾病扩大蔓延。在治疗上，要收集各方面有价值的材料，正确诊断，对症下药。

【采收加工】夏秋两季，每2周可采一次，6~7月是刮浆高峰期。首先准备好铜制或铝制的夹

钳、竹片、大口瓶或小瓷盆、竹篓等工具。刮浆前先将蟾蜍在清水中洗去污渍，用小杆轻敲头部或用少量辛辣的物品如大蒜、辣椒等刺激，增加蟾蜍分泌量。

刮浆部位是紧靠头部两侧耳根的大疣粒耳后腺的背上的大小疣粒。刮浆时，左手握住蟾的后腹部，使耳后腺充满浆液，然后用夹钳用力夹裂耳后腺，流出白浆。刮浆时忌用铁器接触，否则浆液变黑。刮过浆的蟾蜍不要放在水中，要放在旱地，防止感染发炎，引起死亡。采浆时注意不溅到眼里，一旦误入眼中，可用紫草煎水洗净消肿。

图4-138 蟾酥药材（黎跃成摄）

刮出的浆液尽量在12 h内用60~80目尼龙筛或铜筛过滤除杂，然后放在通风处阴干或晒至七成干，再放在铜或瓷盆中晒干制成团酥，也可放在60 ℃恒温箱中烘干，密封保存或出售。见图4-138。

【适宜区与最适宜区】

1. 生态环境

生于海拔1 800 m以下的水田、水沟、湿地、溪边、池塘。

2. 生态因子

年均气温15~25 ℃，水源丰富。

3. 适宜区

蟾蜍的适宜区为四川省盆地与丘陵地区的水田、水沟、湿地、池塘。见图4-139。

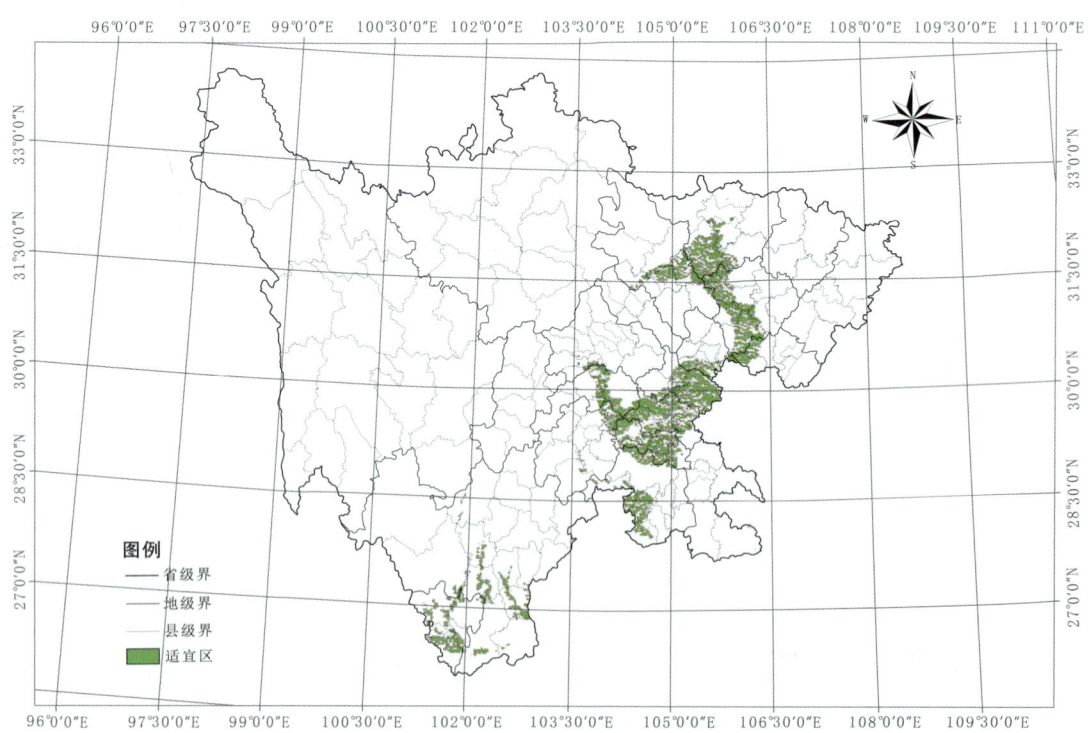

图4-139 蟾蜍适宜区示意图

表4-69 蟾蜍适宜区面积（km²）

区县	面积	区县	面积
宝兴县	1	沙湾区	312
甘洛县	2	昭化区	321
罗江县	3	乐山市区	321
朝天区	5	高坪区	323
荥经县	6	隆昌市	324
大英县	9	安居区	329
绵竹市	11	富顺县	366
喜德县	11	西昌市	366
崇州市	12	会理县	369
船山区	13	江安县	372
汉源县	13	井研县	375
涪城区	20	通川区	387
盐亭县	20	德昌县	391
布拖县	24	开江县	401
金口河区	25	宁南县	408
西 区	27	江油市	410
北川县	32	岳池县	460
大邑县	55	峨眉山市	463
利州区	57	长宁县	464
东 区	58	东兴区	472
双流区	60	梓潼县	476
冕宁县	61	东坡区	481
马边县	62	南江县	486
蓬溪县	64	泸 县	487
雨城区	76	翠屏区	496
会东县	78	兴文县	523
龙马潭区	79	巴州区	529
雁江区	93	洪雅县	535
新津县	95	纳溪区	539
自流井区	101	恩阳区	545
嘉陵区	117	仁寿县	545
大安区	118	仁和区	566
峨边县	119	珙 县	584
武胜县	124	渠 县	589
普格县	126	沐川县	590
内江市市中区	127	荣 县	594
华蓥市	143	米易县	595
盐源县	143	威远县	603
丹棱县	145	蓬安县	655
彭山区	152	高 县	670
江阳区	157	犍为县	687

续表

区县	面积	区县	面积
沿滩区	166	筠连县	704
顺庆区	169	邻水县	723
南溪区	181	营山县	730
安　县	189	合江县	735
前锋区	191	通江县	740
万源市	200	盐边县	746
游仙区	200	资中县	800
贡井区	219	仪陇县	845
蒲江县	224	苍溪县	852
青神县	227	阆中市	877
西充县	233	大竹县	961
旺苍县	244	平昌县	979
邛崃市	256	叙永县	998
古蔺县	261	达川区	1 055
乐至县	265	南部县	1 058
五通桥区	272	宣汉县	1 080
广安区	303	安岳县	1 145
夹江县	308	剑阁县	1 311
屏山县	310	叙州区	1 452

4. 最适宜区

黑眶蟾蜍的最适宜区为四川省会理、攀枝花、屏山等地的水田、水沟、湿地、池塘。见图4-140。

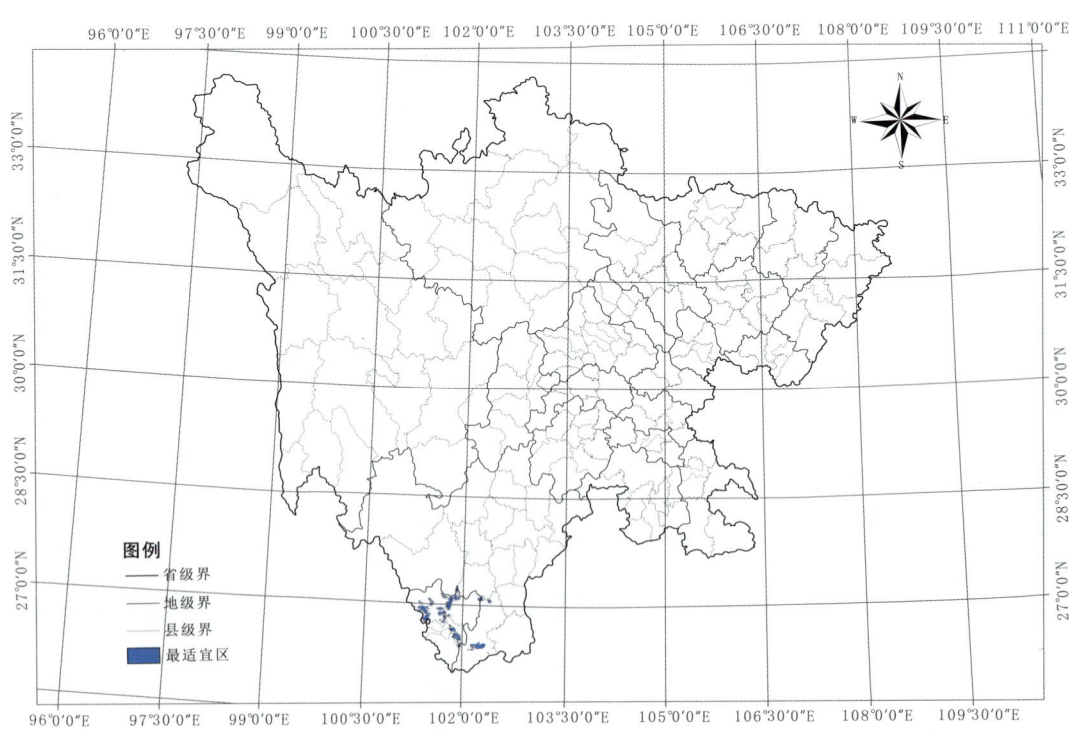

图4-140　黑眶蟾蜍最适宜区示意图

表4-70 黑眶蟾蜍最适宜区面积（km²）

区县	面积	区县	面积
屏山县	44	会理县	172
米易县	115	盐边县	323

中华大蟾蜍最适宜区为四川省盆地与丘陵地区如南充市、遂宁市等地的水田、水沟、湿地、池塘。见图4-141。

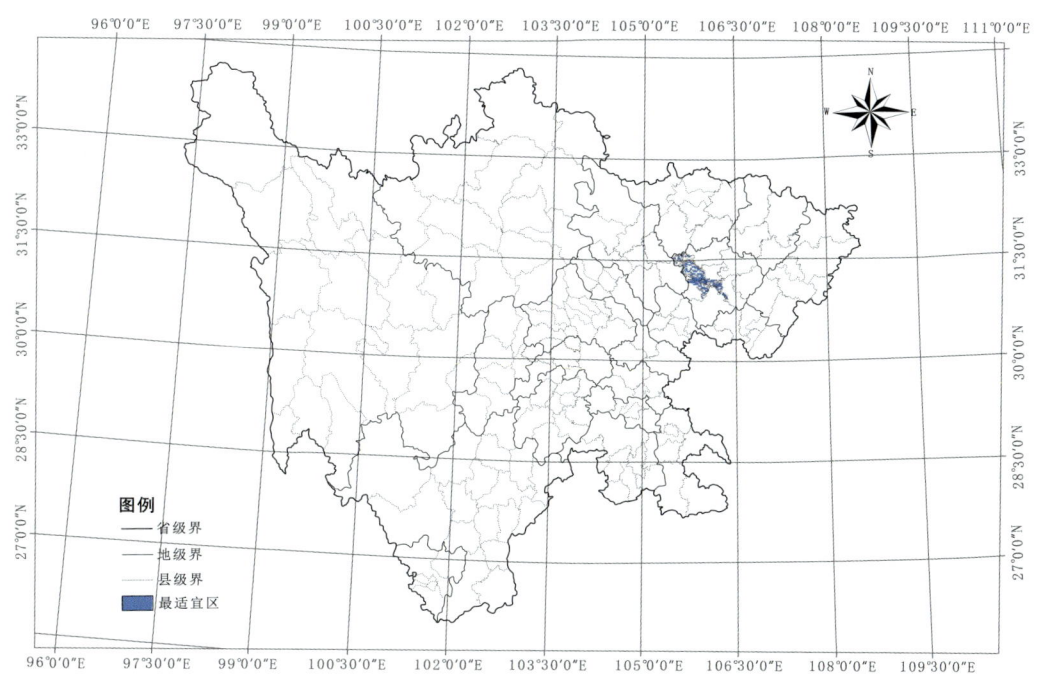

图4-141 中华大蟾蜍最适宜区示意图

表4-71 中华大蟾蜍最适宜区面积（km²）

区县	面积	区县	面积
蓬安县	143	南部县	608
西充县	246		

【基地建设】 四川省的蟾蜍为野生，无大规模人工养殖基地。

第二节 盆地边缘山地药材生产区

三十四、厚朴生产区划

【来源】 为木兰科植物厚朴 Magnolia officinalis Rehd.et Wils 或凹叶厚朴 Magnolia officinalis Rehd.et Wils. var. biloba Rehd. et Wils. 的干燥树皮与花蕾。

【道地沿革】 始载于《神农本草经》，列为中品："主中风伤寒，头痛，寒热，惊悸，气血痹，死肌，去三虫。"其后历代本草均有记载。如《名医别录》："主温中，益气，消痰下气，治霍乱及腹痛，胀满，胃中冷逆，胸中呕逆不止，泄痢，淋露，除惊，去留热，止烦满，厚肠胃。"《图经本草》记载："梓州（四川三台）、龙州（四川江油）厚朴为上，木高三四丈，径一二尺，春生叶如槲叶，红花而青实，皮极鳞皱而厚。"这些特征与武当玉兰 Magnolia sprengeri Pamp 相似。《本草经集注》："厚朴出建平、宜都（四川东部、湖北西部），极厚，肉紫色为好，壳薄而白者不佳。"这与现今四川、湖北的厚朴一致，应当为正品厚朴。《证类本草》绘有商州厚朴（四川宜宾）和归州厚朴（湖北西部）。商州厚朴皮孔大而明显，叶大，成假轮生集于枝顶，花大而单生幼枝顶端，花被、心皮离生，可以确定为正品厚朴。而归州厚朴，其叶形、叶序和茎的分叉方式，似为木莲属（Manglietia）植物。《本草品汇精要》称"（厚朴）道地蜀川、商州……为佳。"综上所述，古今厚朴正品产自四川、湖北。

以肉厚、色紫而油润、香气和味道浓烈者为佳。

【性味归经】厚朴（树皮）苦、辛，温，归脾、胃、肺、大肠经。厚朴花苦，微温，归脾、胃经。

【功能主治】厚朴（树皮）燥湿消痰，下气除满。用于湿滞伤中，脘痞吐泻，食积气滞，腹胀便秘，痰饮喘咳。厚朴花芳香化湿，理气宽中。用于脾胃湿阻气滞，胸脘痞闷胀满，纳谷不香。

【药理作用】

1. 调节胃肠运动

厚朴生品与姜炙品水煎液给小鼠灌胃 2 g/kg、8 g/kg，通过检测小鼠胃内容物中甲基橙光密度得到厚朴生品与姜炙品水煎液均可促进小鼠胃排空机能，姜炙品水煎液对小鼠胃排空机能的促进作用强于生品水煎液。厚朴水煎液在浓度为 1.12 mg/ml 时可使家兔离体十二指肠平滑肌收缩幅度、频率和张力明显降低，对十二指肠平滑肌具有松弛作用；可使胃底平滑肌的张力明显升高，对胃底平滑肌的运动具有增强作用，促进胃动力，有利胃排空。厚朴水煎液给氧化亚氨前体盐酸左旋精氨酸（L-Arg）致胃肠动力异常模型大鼠灌胃，每日 10 g/kg，连续 6 d，结果显示厚朴能有效抑制 L-Arg 引起的大鼠胃动力和胃动素的下降。

厚朴酚 50 mg/kg 给小鼠灌胃，能明显降低大黄致肠功能亢进小鼠小肠炭末推进率，对阿托品致肠功能低下小鼠可明显提高小肠炭末推进率，对正常小鼠小肠炭末推进率无明显影响，从而显示厚朴酚对小鼠小肠平滑肌有双向调节作用。厚朴酚给小鼠灌胃 20 mg/kg、40 mg/kg 能明显抑制生大黄导致的小鼠小肠炭末推进增快，能明显减少番泻叶与蓖麻油引起的小肠腹泻的排泄湿粪次数。

2. 镇痛、抗炎

（1）镇痛。厚朴干皮未发汗品与发汗品水煎液给小鼠灌胃 1 g/kg，30~150 min 内均能延长小鼠热板刺激的反应时间，提高痛阈，且前者作用强于后者。厚朴醇提物给小鼠灌胃 5 g/kg、15 g/kg 能明显延长热痛刺激小鼠甩尾反应的潜伏期，能明显减少冰醋酸引起的小鼠扭体反应次数。

（2）抗炎。厚朴醇提物给小鼠每日灌胃 5 g/kg、15 g/kg，连续 3 d，能明显减少冰醋酸提高腹腔毛细血管通透性的小鼠腹腔渗出 Evans 蓝含量，明显减少二甲苯引起的小鼠耳廓肿胀。

厚朴酚在 5.5~13.5 μmol/L 的浓度范围内可剂量依赖性地抑制大鼠完整中性白细胞中 LTB 的生物合成，在 10~20 μmol/L 的浓度下可以抑制破碎细胞中 5-脂氧合酶（5-LO）活性；浓度低于 10 μmol/L 时对破碎细胞中白三烯 A4 水解酶（LTA4-H）活性没有明显的影响，但增加其浓度，则可以明显地抑制 LTA4-H 活性；在 100 μmol/L 浓度下可以明显抑制破碎细胞中环氧化酶的活性。厚朴酚 1~100 μmol/L 可以使大鼠中性粒细胞的超氧阴离子的产生增加，在大于 10 μmol/L 时可以明显地抑制激活的中性粒细胞 β-葡糖苷酸酶和溶菌酶的释放。

3. 抗氧化、抗衰老

（1）抗氧化。厚朴乙醇三氯甲烷提取物与油的质量比为0.04%时，以烘箱法（针对花生油氧化）和OSI法（分别针对花生油和猪油的氧化）测得抗氧化保护系数（Pf）分别为1.5、1.18、3.07。厚朴石油醚、氯仿、乙酸乙酯和乙醇提取物加入猪油中，使最终质量浓度为0.02%，测得除乙醇提取物外，石油醚、氯仿、乙酸乙酯及超临界CO_2萃取物的Pf值都达到2以上，说明都具有较强的抗氧化活性，且乙酸乙酯提取物＞氯仿提取物＞超临界CO_2萃取物（加入10%乙醇）＞石油醚提取物＞超临界CO_2萃取物（未加夹带剂）＞乙醇提取物。厚朴95%乙醇、60%乙醇、乙酸乙酯、正己烷提取物加入芝麻油中，使最终质量浓度为0.02%，测得提取物抗氧化活性乙酸乙酯＞60%乙醇＞95%乙醇＞正己烷，且其抗氧化作用随提取物的用量增加而增强，柠檬酸、酒石酸、Vc对厚朴提取物抗氧化活性均有一定的协同增效作用。

在5 g油脂样品中加入0.005 g厚朴酚，于空气中自氧化，在170 h之内表现出较强的抑制作用，当超过170 h后，厚朴酚自身也被氧化，抗氧化作用消失；0.002 g厚朴酚加入2 g油脂中，在强氧化温度下，对油脂过氧化也有抑制作用。厚朴酚与和厚朴酚对羟自由基的半数清除率浓度分别为0.081 mg/L、0.091 mg/L，对过氧化氢的半数清除率浓度分别为2.357 mg/L、2.772 mg/L。

（2）抗衰老。和厚朴酚给小鼠灌胃每日2 mg/kg、10 mg/kg，连续15 d，均能提高小鼠的耐缺氧能力，延长小鼠游泳时间；1.12×10^{-3} mol/L的和厚朴酚能够明显抑制小鼠心、脑、肝匀浆的体外过氧化脂质氧化产物的生成。

4. 对血管的作用

（1）扩血管。厚朴酚（10~300 μmol/L）预孵育5 min，能剂量依赖性地抑制高钾及去氧肾上腺素（PHE）引起的大鼠血管环收缩反应。

（2）抑制血管生成。和厚朴酚对氧诱导建立的视网膜新生血管（NV）模型幼鼠腹腔注射50 mg/kg、100 mg/kg，每日2次，连续5 d，结果显示视网膜血管密度降低，新生血管数减少；突破内界膜胞核数较对照组明显减少，大剂量组减少更显著；视网膜血管内皮生长因子（VEGF）和基质金属蛋白酶（MMP-2）表达较对照组明显减少，而有效抑制视网膜新生血管形成。和厚朴酚对人脐静脉内皮细胞（HUVEC）的半数抑制浓度IC_{50}为14.5 μmol/L；和厚朴酚在0.1 μg/只和0.2 μg/只剂量时可显著抑制鸡胚尿囊膜（CAM）新生血管形成，抑制率分别为58%和86%；和厚朴酚在10 μmol/L、20 μmol/L剂量时可显著抑制人结肠癌RKO细胞的血管内皮生长因子A（VEGF-A）mRNA表达及细胞培养上清液中VEGF蛋白的分泌。

5. 对中枢神经系统的作用

分别给小鼠腹腔注射厚朴酚每日25 mg/kg、50 mg/kg、100 mg/kg，连续3 d，能明显延长急性不完全脑缺血模型小鼠存活时间，改善局灶性脑缺血模型大鼠行为缺陷，提高脑组织中SOD和LDH活性，减少MDA含量，缩小梗死范围，降低脑含水量，对缺血脑组织起保护作用。对大脑中动脉闭塞模型大鼠腹腔注射厚朴酚每日25 mg/kg、50 mg/kg、100 mg/kg，连续3 d，可使大鼠脑组织中SOD活性明显升高，MPO、NOS活性降低，MDA、NO含量明显减少，降低脑组织TNF-α、IL-1β的含量，可剂量依赖性地改善大脑神经细胞的胞体肿胀及核固缩、核溶解程度，减少软化灶形成及中性粒细胞浸润。对局灶性脑缺血再灌注神经元死亡模型大鼠腹腔注射厚朴酚25 mg/kg、75 mg/kg，连续3 d，可明显改善大鼠神经功能的受损程度，并减少TUNEL染色阳性细胞数，明显增加Bcl-2蛋白表达，减少Bax蛋白表达，明显降低组织谷氨酸（Glu）含量，增加γ氨基丁酸（γ-GABA）的含量，而显示抗神经细胞凋亡的作用。

【品质研究】郭宝林等利用RAPD技术对厚朴主要分布区的11个产地33个个体进行厚朴道地性的遗传学研究，结果发现"川朴"及"温朴"有明显的遗传分化，且与有效成分相关，故而认为其道地性主要由遗传因素决定。

闫婕等对采集到的全国厚朴主产区6省17个市县23个厚朴与凹叶厚朴的药材进行质量评价，采用HPLC法对厚朴酚、和厚朴酚进行含量测定，结果显示厚朴药材的整体质量优于凹叶厚朴，四川、湖北、安徽为较优质的产区。

【原植物】落叶乔木，高达20 m；树皮厚，褐色；小枝粗壮，淡黄色或灰黄色，幼时有绢毛；顶芽大，狭卵状圆锥形，无毛。叶大，近革质，7~9片聚生于枝端，长圆状倒卵形，长22~45 cm，宽10~24 cm，先端具短急尖或圆钝，基部楔形，全缘而微波状，上面绿色，无毛，下面灰绿色，被灰色柔毛，有白粉；叶柄粗壮，长2.5~4 cm，托叶痕长为叶柄的2/3。花白色，径10~15 cm，芳香；花梗粗短，被长柔毛，离花被片下1 cm处具苞片脱落痕，花被片9~12（17），厚肉质，外轮3片淡绿色，长圆状倒卵形，长8~10 cm，宽4~5 cm，盛开时常向外反卷，内两轮白色，倒卵状匙形，长8~8.5 cm，宽3~4.5 cm，基部具爪，最内轮7~8.5 cm，花盛开时中内轮直立；雄蕊约72枚，长2~3 cm，花药长1.2~1.5 cm，内向开裂，花丝长4~12 mm，红色；雌蕊群椭圆状卵圆形，长2.5~3 cm。聚合果长圆状卵圆形，长9~15 cm；蓇葖果具长3~4 mm的喙；种子三角状倒卵形，长约1 cm。花期5~6月，果期8~10月。见图4-142、图4-143。

图4-142　厚朴原植物（舒光明摄）

图4-143　凹叶厚朴原植物（舒光明摄）

【生物学特性】厚朴为喜光的中生性树种，生于亚热带气候的凉爽湿润、光照充足的山地林间，常混生于落叶阔叶林内，或生于常绿阔叶林缘。

凹叶厚朴为阳性树种，生于海拔800~1 800 m，幼苗期喜欢半阴、半阳，成苗期喜欢光照充足。土壤中性，微酸性沙壤上。忌黏重土壤。生长较快，5年以上就能进入生育期。种子干燥后会显著降低发芽能力。低温层积5 d左右能有效地解除种子的休眠。发芽适温为20~25 ℃。

【栽培技术】

1. 选地、整地

以疏松、富含腐殖质、呈中性或微酸性的沙壤土和壤土为好，山地黄壤、红黄壤也可种植，黏重、排水不良的土壤不宜种植。深翻、整平，按株行距 3 m×4 m 或 3 m×3 m 开穴，穴深 40 cm，50 cm 见方，备栽。育苗地应选向阳、高燥、微酸性而肥沃的沙壤土，其次为黄壤土和轻黏土。施足基肥，翻耕耙细，整平，做成 1.2~1.5 m 宽的畦。

2. 繁殖方法

主要以种子繁殖，也可用压条和扦插繁殖。

（1）种子繁殖。9~11 月果实成熟时，采收种子，趁鲜播种，或用湿沙子贮放至翌年春季播种。

播前进行种子处理：①浸种 48 h 后，用沙搓去种子表面的蜡质层；②浸种 24~48 h，盛竹箩内在水中用脚踩去蜡质层；③浓茶水浸种 24~48 h，搓去蜡质层。条播为主，行距为 25~30 cm，粒距 5~7 cm，播后覆土、盖草。也可采用撒播。每亩用种 15~20 kg。一般 3~4 月出苗，1~2 年后当苗高 30~50 cm 时即可移栽，时间在 10~11 月落叶后或 2~3 月萌芽前，每穴栽苗 1 株，浇水。

（2）压条繁殖。11 月上旬或 2 月选择生长 10 年以上成年树的萌蘖，横割断蘖茎一半，向切口相反方向弯曲，使茎纵裂，在裂缝中央夹一小石块，培土覆盖。翌年生多数根后割下定植。

（3）扦插繁殖。2 月选径粗 1 cm 左右的 1~2 年生枝条，剪成长约 20 cm 的插条，插于苗床中，苗期管理同种子繁殖，翌年移栽。

（4）苗期管理。种子繁殖者出苗后，要经常拔除杂草，并搭棚遮荫。每年追肥 1~2 次。多雨季节要防积水，以防烂根。定植后，每年中耕除草 2 次，林地都荫蔽后一般仅冬季中耕除草，培土 5 次。结合中耕除草进行追肥，肥源以农家肥为主。幼树期除需压条繁殖外，应剪除萌蘖，以保证主干挺直、快长。

3. 病虫害防治

（1）叶枯病。危害叶片。防治方法：清除病叶，发病初期用 1∶1∶100 波尔多液喷雾。

（2）根腐病。苗期易发，危害根部。防治方法参见杜仲。

（3）立枯病。苗期多发。防治方法参见杜仲。

（4）褐天牛。幼虫蛀食枝干。防治方法：捕杀成虫，树干刷涂白剂防止成虫产卵，用 80% 敌敌畏乳油浸棉球塞入蛀孔毒杀。

（5）褐边刺蛾和褐刺蛾。幼虫咬食叶片，可喷 90% 敌百虫 800 倍液或 Bt 乳剂 300 倍液毒杀。

（6）白蚁。危害根部。可用灭蚁灵粉毒杀或挖巢灭蚁。

【采收加工】树皮 5~6 月剥取，根皮和枝皮直接阴干；干皮置沸水中微煮后，堆置阴湿处，"发汗"至内表面变紫褐色或棕褐色时，蒸软，取出，卷成筒状，干燥。花春季未开时采摘，稍蒸后，晒干或低温干燥。见图 4-144。

图 4-144 厚朴药材（周先建摄）

【适宜区与最适宜区】

1. 生态环境

厚朴生于海拔 600~2 200 m 的山坡、林中。凹叶厚朴生于四季分明、雨量多的山坡、林中。土壤以酸性的森林红壤土和黄壤土为主，宜生长在阳光足、土层厚的山坡地。在群落中居乔木层，主要伴生植物有栲树、钩栗、乌相栲等。

2. 生态因子

气候条件为年均气温为 15~18 ℃，最低气温 -8 ℃以上，气温在 15 ℃以上的持续期为 160~220 d，年降水量为 800~2 000 mm，平均湿度 70%~80%。土壤以疏松、肥沃、排水良好、含腐殖质较多的微酸性至中性的黄壤土、红壤土以及山地夹泥沙、细泥沙和石灰岩形成的土层深厚的冲积土较好。

3. 适宜区

厚朴的适宜区较广，包括都江堰、彭州、平武、宣汉、广元、青川、旺苍、北川、安县、绵阳、梓潼、盐亭、茂县、汶川、通江、南江、万源、纳溪、达州、大邑、什邡、绵竹、崇州、邛崃、蒲江、芦山、宝兴、天全、荥经、洪雅、峨眉山、峨边、马边、沐川、雷波、美姑、宜宾、高县、古蔺、屏山、松潘、石棉、汉源、泸定、松潘、九寨沟。见图4-145。

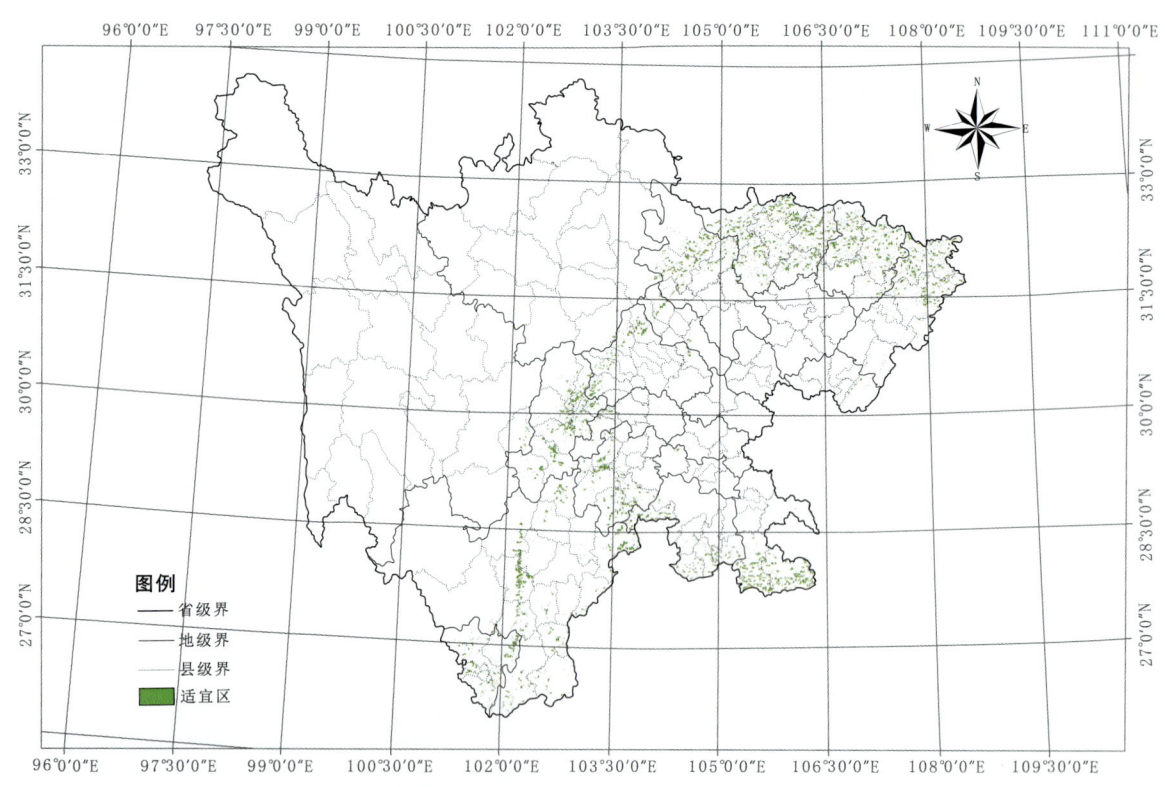

图4-145 厚朴适宜区示意图

表4-72 厚朴适宜区面积（km²）

区 县	面 积	区 县	面 积
东 区	1	洪雅县	161
木里县	1	大竹县	165
犍为县	2	米易县	168
达川区	3	万源市	184
西 区	4	盐边县	190

续表

区县	面积	区县	面积
恩阳区	7	蒲江县	204
通川区	7	崇州市	220
汉源县	9	宁南县	242
高县	10	沐川县	247
昭觉县	10	芦山县	254
渠县	13	马边县	255
温江区	15	普格县	255
茂县	17	彭州市	256
长宁县	18	苍溪县	257
金口河区	19	安县	268
越西县	24	德昌县	270
前锋区	26	荥经县	290
沙湾区	26	冕宁县	300
华蓥市	27	平武县	301
仁和区	28	西昌市	303
九龙县	30	合江县	313
什邡市	33	利州区	325
甘洛县	36	屏山县	325
朝天区	40	大邑县	350
平昌县	40	宣汉县	355
筠连县	46	剑阁县	378
郫都区	48	通江县	381
布拖县	53	绵竹市	390
盐源县	53	天全县	434
峨边县	59	兴文县	435
峨眉山市	59	叙永县	531
巴州区	60	旺苍县	582
汶川县	63	邛崃市	615
宝兴县	67	名山区	621
青川县	80	都江堰市	634
丹棱县	81	北川县	654
古蔺县	114	会东县	678
开江县	120	昭化区	705
喜德县	120	雨城区	713
叙州区	122	会理县	1 026

续表

区　县	面　积	区　县	面　积
邻水县	142	江油市	1 029
珙　县	150	南江县	1 056

4. 最适宜区

最适宜区为海拔 800~1 500 m 的山区，包括都江堰、彭州。见图 4-146。

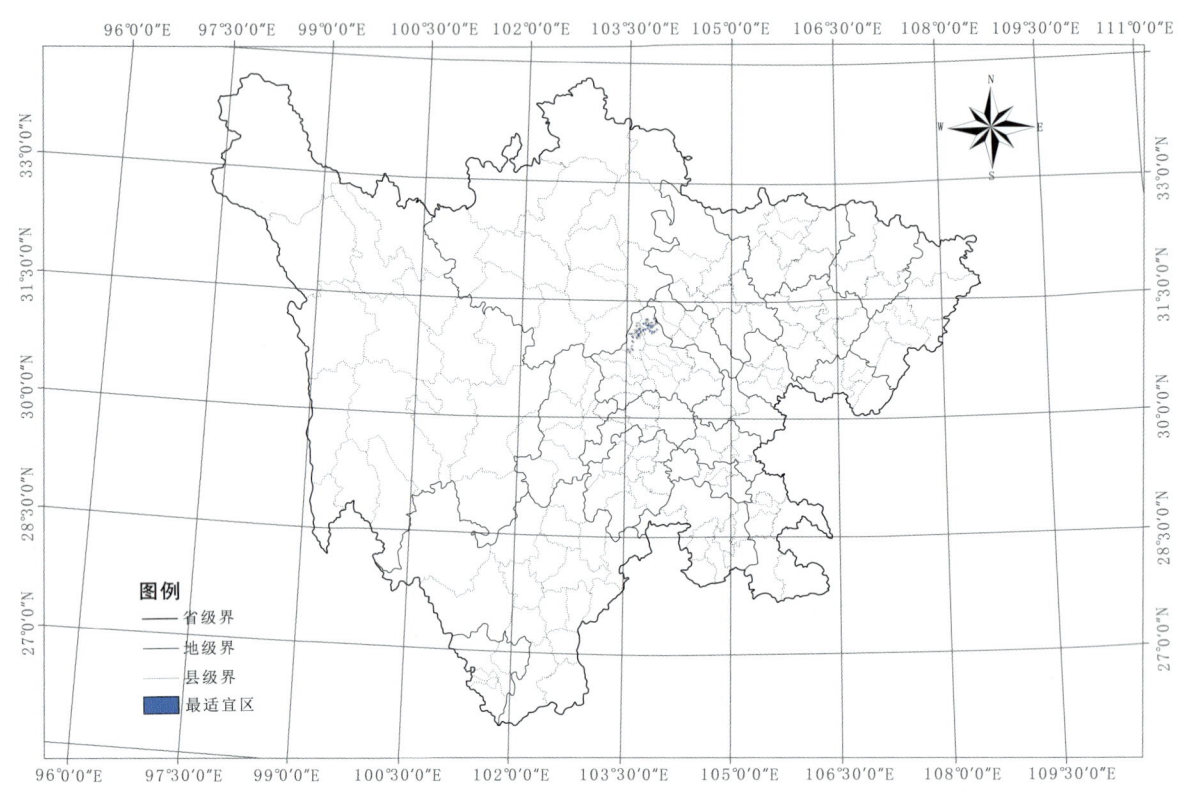

图 4-146　厚朴最适宜区示意图

表 4-73　厚朴最适宜区面积（km²）

区　县	面　积	区　县	面　积
都江堰市	53	彭州市	64

【基地建设】四川省在都江堰、平武建立了厚朴的规范化栽培基地。凹叶厚朴主要产地为都江堰、绵阳、攀枝花等地。

三十五、石菖蒲生产区划

【来源】为天南星科植物石菖蒲 *Acorus tatarinowii* Schott 的干燥根茎。

【道地沿革】石菖蒲的记载，最早以"昌本"之名出现于《周礼·仪礼》，又名"昌羊""茚""昌蒲""昌阳""尧韭""卯""木蜡""水剑草""韭菜菖蒲""香草""九节菖蒲"等。《易经》记载菖蒲出商州，商州为陕西省商洛市辖区的建制。后有人引注《神仙传》云："汉武帝上嵩山，忽见仙人长二丈，耳出头下垂肩。帝礼而问之。仙人曰：'吾九疑人也。闻嵩岳有石上菖蒲，一寸九节，可以长生，故来采之。忽然不见……'"，嵩山位于河南省，后人据此记载称此峰为"遇圣峰"。南北朝时期的本草著作载："昌蒲，上洛郡属梁州，严道县在蜀郡。今乃处处有……"。梁州于三国时始设，经两晋、南北朝后其辖境逐渐缩小，辖境相当于现在的陕西秦岭一带；而上洛郡位于现陕西省商洛市商州区；蜀郡于秦国始设，以成都一带为中心，所辖范围随时间而有不同，而严道是现在的荥经县，故可知在陕西、成都一带有产石菖蒲。而该著作的编撰者陶弘景在辞官后四处游历，故"今乃处处有"无从考证其具体产地，但可看出石菖蒲分布范围很广。唐代苏敬等撰写的《新修本草》亦记载"上洛"及"蜀郡严道"产石菖蒲。宋代的《本草图经》载："菖蒲，生上洛池泽及蜀郡严道，今处处有之，而池州、戎州者佳。"戎州位于今四川宜宾市，可以看出古人开始以产地来甄选石菖蒲的优劣。书中还附有戎州的菖蒲图。而后许多本草著作多引用石菖蒲的产地为"上洛"及"蜀郡严道"，可认为古代以陕西和四川作为石菖蒲的主产区。近代药物学家陈仁山1930年在《药物出产辨》记："菖蒲，以产四川者为最，节密、身结而清香。又广东产者，清远、三坑、石潭等处多出。"

以身干、条长、坚实、无须根、味芳香者为佳。

【**性味归经**】 辛、苦，温。归心、胃经。

【**功能主治**】 化湿开胃，开窍豁痰，醒神益智。用于脘痞不饥，噤口下痢，神昏癫痫，健忘耳聋。

【**药理作用**】

1. 对中枢神经系统的作用

（1）镇静。石菖蒲水煎剂12.426 g/kg、6.213 g/kg腹腔注射小鼠，其自主活动次数显著减少，显著抑制苯丙胺致小鼠运动性兴奋；延长硫喷妥钠小鼠睡眠时间。1.87%石菖蒲挥发油以等毒性剂量0.23 ml/kg灌胃小鼠，协同阈下剂量的戊巴比妥钠发挥催眠作用。石菖蒲挥发油中α-细辛醚在高浓度（9~24 mg/kg）处理小鼠后，对小鼠旷场行为的探索性、兴奋性、运动性有抑制作用。

（2）抗惊厥。石菖蒲乙醇提取物6 g/kg、3 g/kg、1.5 g/kg灌胃，能明显对抗大鼠、小鼠的最大电休克发作和小鼠的戊四氮最小阈发作及小鼠士的宁惊厥反应。石菖蒲多糖（4 g/kg、8 g/kg）灌胃戊四氮小鼠惊厥模型7 d，每日3次，均显著推迟惊厥小鼠的死亡时间，并降低小鼠的死亡率，且具有明显量效关系。石菖蒲多糖8 g/kg腹腔注射戊四氮小鼠惊厥模型，对小鼠死亡率有轻微的抑制作用，但无明显量效关系。

（3）抗癫痫。石菖蒲粉剂2 350 mg/kg、α-细辛醚29 mg/kg灌胃戊四氮幼鼠癫痫模型，每日2次，共7 d，能明显逆转其行为运动能力和空间学习记忆能力的损害。同等剂量的石菖蒲粉剂与α-细辛醚灌胃相同时间，可通过抑制海马区神经元谷氨酸NMDAR1表达而抑制幼鼠癫痫发作。石菖蒲挥发油4 g/kg、6 g/kg灌胃贝美格大鼠癫痫模型连续7 d，可显著推迟首次抽搐发作的时间和第一次达到V级发作的时间，明显缓解贝美格致癫痫大鼠的癫痫发作，其作用机制可能与降低大鼠脑内c-fos基因表达水平有关。

（4）抗抑郁。石菖蒲浓缩水煎剂0.5 g/ml 20 mg灌胃小鼠悬尾行为绝望模型，连续8 d，可显著缩短5 min内小鼠的不动时间，表明石菖蒲具有一定的抗抑郁作用。石菖蒲醇提物400 mg/kg灌胃悬尾小鼠与游泳绝望抑郁小鼠，每日1次，连续7 d，能显著缩短小鼠悬尾与游泳的不动时间，其抗抑郁的机制与升高抑郁大鼠血浆、结肠、垂体的血管活性肠肽（VIP）和 P 物质（SP）含量相关。

（5）改善记忆力。石菖蒲水提醇沉液 10 g/kg、20 g/kg 灌胃小鼠，能明显改善东莨菪碱、亚硝酸钠所致的记忆获得和巩固的障碍，也能明显改善亚硝酸钠和结扎两侧颈总动脉所致小鼠的缺氧状态。石菖蒲水提取物与挥发油各以 3 g/kg、12 g/kg 灌胃给药，每日 1 次，连续 14 d，对东莨菪碱、亚硝酸钠、乙醇致学习记忆障碍小鼠模型，挥发油和水提取物都具有改善模型小鼠学习记忆功能的作用，且二者作用强度无显著差别。

石菖蒲挥发油、β-细辛醚 10.75 ml/kg 灌胃老年小鼠、老年大鼠及青年小鼠，每日 2 次，共 10 d，对老年小鼠学习记忆功能与东莨菪碱、亚硝酸钠、乙醇致学习记忆障碍模型均有显著改善作用，其改善学习记忆障碍的机理可能与降低乙酰胆碱酯酶活力与增强 c-jun 基因表达相关。挥发油、β-细辛醚是石菖蒲最主要的有效部位；挥发油中顺式甲基异丁香酚、榄香素、β-细辛醚、α-细辛醚 4 个成分可能是石菖蒲醒脑开窍和改善学习记忆作用的物质基础。体外实验证实，石菖蒲挥发油具有较强的抑制乙酰胆碱酯酶活性的作用，其中 α-细辛醚为强抑酶活性成分。

2. 对呼吸系统的作用

石菖蒲具有止咳、祛痰、平喘作用。100% 石菖蒲水煎剂 20 ml/kg 灌胃小鼠，有一定的祛痰作用，但其祛痰强度明显低于氯化铵 1 g/kg 组。石菖蒲挥发油中 β-细辛醚 16 mg/kg 喷雾小鼠、豚鼠预防给药 7 d，每日 2 次，能增加小鼠酚红排出量，延长二氧化硫致咳小鼠咳嗽发作潜伏期和发作次数；显著延长豚鼠组胺和乙酰胆碱致喘的模型豚鼠的发作潜伏期和跌倒潜伏期，抑制豚鼠气管、支气管和肺组织的肥大细胞脱颗粒。体外能对抗组胺或乙酰胆碱所致的离体豚鼠支气管平滑肌痉挛。石菖蒲挥发油 39.5 mg/kg、α-细辛醚 16 mg/kg、β-细辛醚 16 mg/kg 喷雾给药 7 d，每日 2 次，均能延长豚鼠卵白蛋白致喘发作潜伏期和跌倒潜伏期。α-细辛醚 10 μl/ml 可对抗组胺、5-羟色胺致豚鼠离体气管痉挛作用，其作用效果与氨茶碱相似。

3. 对心血管系统的作用

不同浓度的石菖蒲挥发油能降低正常心肌细胞的搏动频率，终浓度为 100~160 mg/L 的石菖蒲挥发油能提高心肌细胞活力。5% 石菖蒲挥发油 3 ml/kg 对乌头碱、肾上腺素及氯化钡诱发的心律失常有对抗作用，能使正常大鼠心率明显减慢（17.4%）、P-R 间期延长。石菖蒲挥发油 70.6 mg/kg、β-细辛醚 42.4 mg/kg 灌胃高脂血症大鼠，每日 1 次，共 7 d，结果石菖蒲挥发油能降低脑内皮素的含量，升高脑降钙素基因相关肽的浓度；β-细辛醚能降低血 CD62P 表达率、降低脑内皮素和神经肽的含量。

石菖蒲挥发油中二聚细辛醚对小鼠以蛋黄快速造型法形成的高脂血症有显著的降脂作用。α-细辛醚 2 ml/L、4 ml/L、6 ml/L 及 β-细辛醚 2 ml/L、4 ml/L 具有明显增加豚鼠冠脉流量的作用。

4. 调节胃肠平滑肌

100% 石菖蒲水煎剂 20 ml/kg 灌胃，对小鼠茜红素肠推进率有增加作用；对乙酰胆碱溶液致家兔离体肠肌痉挛有显著预防和缓解作用。2 g/ml 石菖蒲水提醇沉液以 4 g/kg 腹腔注射大鼠，可通过阻断胆碱能 M 受体及迷走神经非胆碱能受体对胃肠肌电活动呈现抑制作用。α-细辛醚 4 μl/ml 浓度可对抗氯化钡致肠管兴奋。α-细辛醚 10 μl/ml 可对抗组胺、5-羟色胺致离体豚鼠肠管痉挛作用。

5. 抗疲劳

石菖蒲混合提取物 1.2 g/kg 灌胃游泳训练小鼠，每日 1 次，共 28 d，能明显改善递增大负荷运动小鼠运动性疲劳相关的症状与体征，表明石菖蒲具有明显的抗运动性疲劳和提高小鼠运动能力作用。石菖蒲混合提取物（挥发油、醇提物及水提物）10 g（生药）/kg 灌胃小鼠，每日 1 次，共 4

周，能显著提高大强度训练小鼠的运动能力，显著增加大强度耐力训练小鼠体内糖贮备，并改善运动引起的小鼠血液 RBC、Hb、HCT 和 MCV 等的改变。石菖蒲挥发油中 β-细辛醚 16 mg/kg 喷雾预防给药小鼠 7 d，每日 2 次，能增加小鼠免疫器官（胸腺、脾脏）指数。

【品质研究】曾志等采用气相色谱-质谱联用技术（GC-MS）对不同产地石菖蒲的挥发性成分进行了分析，研究结果表明，不同产地石菖蒲药材存在一定差异，通过对石菖蒲的总离子流色谱图进行分区比较，可以快速、有效地鉴别不同产地的石菖蒲药材。章晓娟等以正十一烷为内标，结合质谱和保留指数定性，建立了四川产石菖蒲挥发性成分的 GC-MS 指纹图谱，有望成为石菖蒲药材挥发性成分质量控制的有效手段。张晖等对来自浙江、江苏、福建、湖南、四川、广东、广西等省石菖蒲挥发油含量和成分做了比较，发现不同产地有效成分含量差异很大。

【原植物】多年生草本。根茎横卧，芳香，粗 5~8 mm，外皮黄褐色，节间长 3~5 mm，根茎肉质，具多数须根，根茎上部分枝甚密，因而植株成丛生状，分枝常被纤维状宿存叶基。叶无柄，叶薄，基部两侧膜质叶鞘宽可达 5 mm，上延几达叶片中部，渐狭，脱落；叶片暗绿色，线形，长 20~30（50）cm，基部对折，中部以上平展，宽 7~13 mm，先端渐狭，无中肋，平行脉多数，稍隆起。花序柄腋生，长 4~15 cm，三棱形。叶状佛焰苞长 13~25 cm，为肉穗花序长的 2~5 倍或更长，稀近等长；肉穗花序圆柱状，长（2.5）4~6.5（8.5）cm，粗 4~7 mm，上部渐尖，直立或稍弯。花白色。成熟果序长 7~8 cm，粗可达 1 cm。幼果绿色，成熟时黄绿色或黄白色。花期 2~4 月，果期 6~8 月。见图 4-147。

图 4-147　石菖蒲原植物（方清茂摄）

【生物学特性】生于水边石上，喜冷凉湿润气候，阴湿环境，耐寒，忌干旱。

【栽培技术】

1. 选地

以沼泽湿地或灌水方便的砂质壤土、富含腐殖质壤土栽培为宜。

2. 繁殖方法

用根茎繁殖：春季挖出根茎，选带有须根和叶片的小根茎作种，按行株距 30 cm×15 cm 穴栽，每穴栽 2~3 株，栽后盖土压紧。栽后生长期注意拔除根部杂草、松土和浇水，切忌干旱。并追施人粪尿2次。以氮肥为主，适当增加磷钾肥。每次收获后，保留一部分植株，加强管理，2~3年后又可收获。

3. 病虫害防治

虫害有稻蝗，危害叶片，可用90%晶体敌百虫1 000倍液防治。

【采收加工】栽培后3~4年收获。早春或冬末挖取根茎，剪去叶片和须根，洗净晒干，撞击去毛须即成。见图4-148。

【适宜区与最适宜区】

1. 生态环境

生于海拔500~1 800 m的山区阴凉流水边之石上。

图4-148 石菖蒲药材（税丕先摄）

2. 生态因子

年均温度12~17℃，最低温度0℃以上，最高温度30℃；无霜期300~350 d；年均降水量1 600~2 000 mm，年均日照时数1 000 h，年均湿度85%；海拔500~1 000 m。生长于河流阶地、溪流谷地、溪涧旁石上或常绿阔叶林密林下湿地，所在地表季节性积水，土壤为泥炭沼泽土。

3. 适宜区

主要产于盆地边缘山区及盆地中央丘陵平原区的成都平原地区、长江河谷西段和盆地北部深丘地区，主要包括雅安、荥经、洪雅、峨眉、夹江、邛崃、宜宾、筠连、珙县、叙永、古蔺、沐川、北川、江油、都江堰、宝兴、天全、大邑、彭县、马边、宣汉、峨边、万源、石棉、绵竹、雷波、屏山、什邡等地。见图4-149。

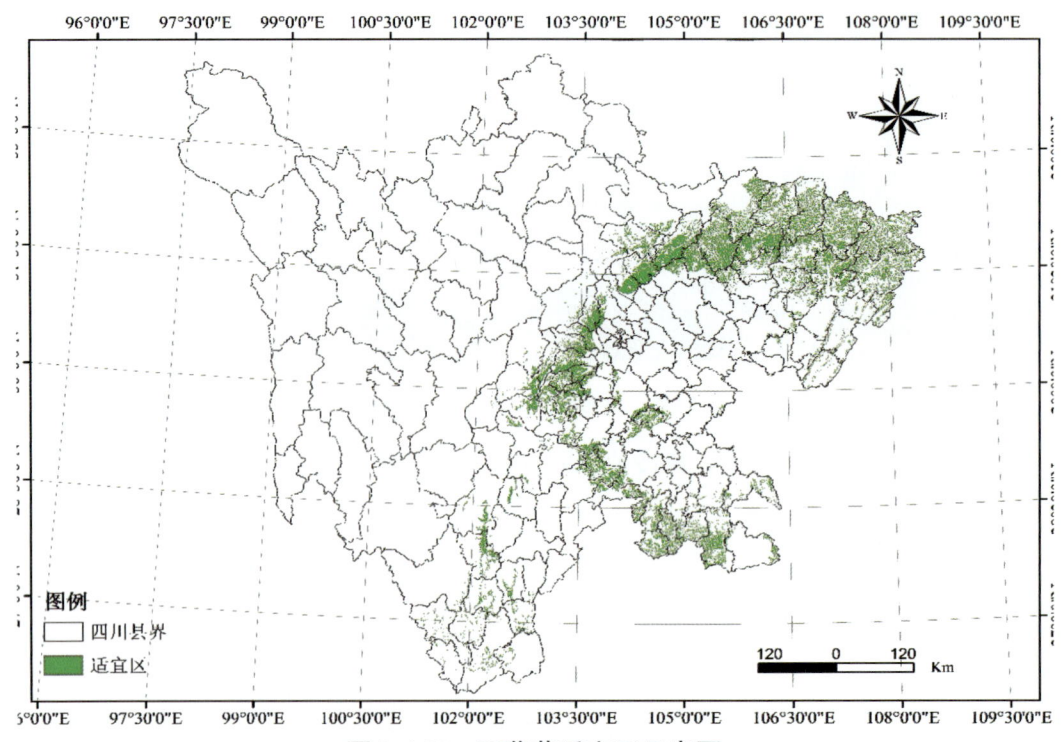

图4-149 石菖蒲适宜区示意图

表4-74 石菖蒲适宜区面积（km²）

区县	面积	区县	面积
康定市	1	彭州市	166
西充县	1	犍为县	168
富顺县	1	利州区	174
江阳区	1	平武县	175
东区	2	邻水县	176
松潘县	2	德昌县	178
旌阳区	2	峨眉山市	189
南溪区	2	荣县	190
乐至县	2	东坡区	197
泸县	4	冕宁县	198
理县	5	古蔺县	203
青神县	6	仁寿县	223
华蓥市	6	芦山县	228
九龙县	8	通川区	230
广安区	10	营山县	244
泸定县	11	荥经县	249
新津县	13	名山区	249
盐亭县	14	合江县	250
双流区	14	丹棱县	251
布拖县	17	开江县	259
罗江县	17	南部县	264
金口河区	17	达川区	268
什邡市	18	天全县	272
温江区	19	游仙区	285
安岳县	21	高县	306
翠屏区	22	雨城区	306
涪城区	26	大邑县	312
五通桥区	28	屏山县	316
喜德县	29	兴文县	320
高坪区	29	威远县	322
仁和区	34	朝天区	341
前锋区	35	恩阳区	341
会理县	166	青川县	37

续表

区县	面积	区县	面积
彭山区	38	蒲江县	346
甘洛县	40	崇州市	353
井研县	44	洪雅县	361
江安县	45	西昌市	369
盐源县	56	叙州区	381
岳池县	56	珙县	396
峨边县	63	筠连县	408
汶川县	65	都江堰市	430
夹江县	65	绵竹市	447
长宁县	72	阆中市	474
渠县	74	昭化区	475
会东县	76	邛崃市	516
郫都区	76	巴州区	539
蓬安县	77	沐川县	570
茂县	78	北川县	580
宝兴县	78	安州区	598
纳溪区	81	梓潼县	644
米易县	85	平昌县	858
汉源县	90	叙永县	872
资中县	92	旺苍县	933
越西县	102	南江县	1 149
盐边县	114	江油市	1 186
马边县	127	苍溪县	1 264
普格县	131	宣汉县	1 281
大竹县	148	万源市	1 357
宁南县	152	通江县	1 521
沙湾区	162	剑阁县	1 660
仪陇县	345		

4. 最适宜区

石菖蒲的最适宜区为雅安、荥经、宜宾、洪雅、峨眉。见图4-150。

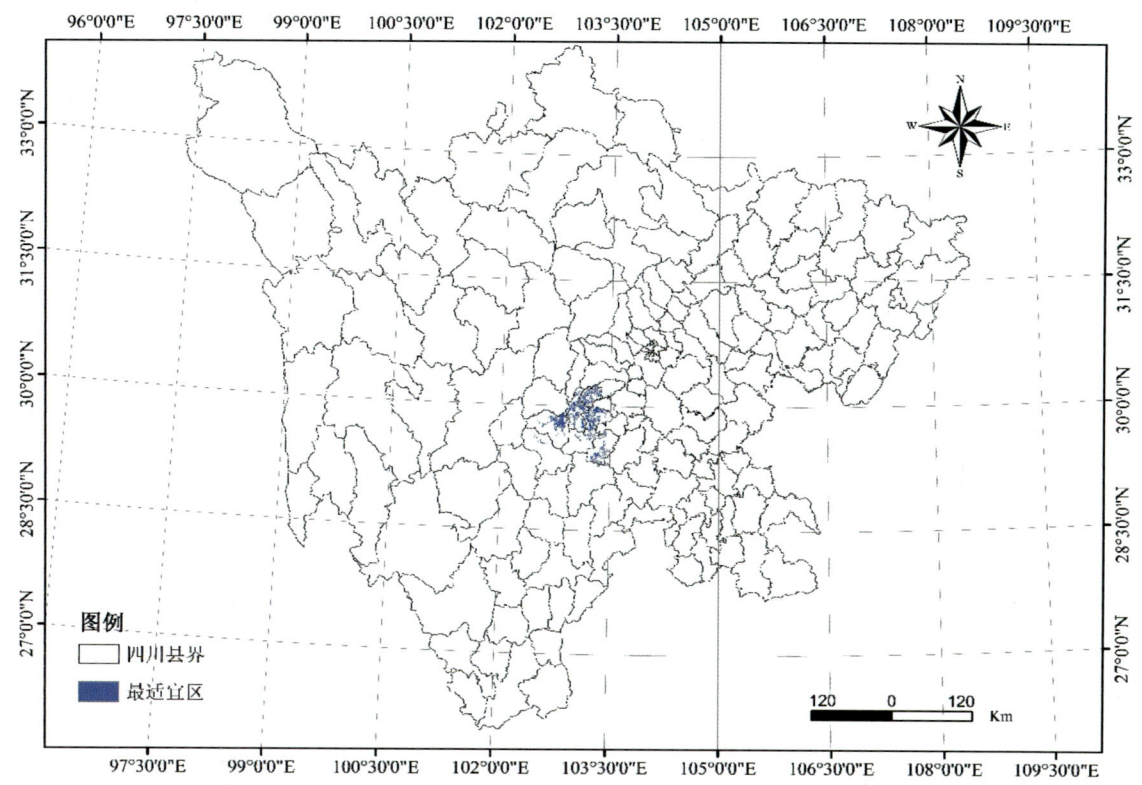

图4-150 石菖蒲最适宜区示意图

表4-75 石菖蒲最适宜区面积（km²）

区 县	面 积	区 县	面 积
荥经县	240	汉源县	23
峨眉山市	177	洪雅县	360
雨城区	301	名山区	251

【基地建设】目前石菖蒲药材主要为野生资源，农户有一些零星栽培，无集约化栽培基地，为防治水土流失、保护环境及资源的持续利用，建议建立规范化种植基地。

三十六、川乌生产区划

【来源】为毛茛科植物乌头 Aconitum carmichaelii Debx. 的母根。

【道地沿革】川乌始载于《神农本草经》，四川历来是川乌的道地产区，但唐代以前文献对乌头类的药物如附子、乌头、天雄等的关系认识不清，各家说法互相矛盾。《范子计然》云："或生广汉。"齐梁时因南北暌隔，交通不便，陶弘景有感叹说"假令荆益不通，则全用历阳当归，钱塘三建，岂得相似。"故在《本草经集注》中陶赞叹宜都佷山（今湖北长阳县）所出为最好。

唐代国家统一，四川又重新恢复附子的道地优势。《新修本草》云："天雄、附子、乌头等，并以蜀道锦州、龙州者最佳，余处纵有造得者，力弱，都不相似。江南来者，全不堪用。"宋代正式将四川平武、江油一带家种的 Aconitum carmichaeli 称为"川乌头"，其子根经特殊工艺处理后作为附子药材的唯一正品来源。《本草图经》云："锦州彰明县（四川江油）多种之，惟赤水一乡者最佳。"赤水在今江油河西一带。《蜀本草》载："似乌乌头为乌头，两歧者为乌喙……今以龙州、绵州者为佳。"明朝《本草品汇精要》谓：乌头"道地梓州蜀中。"李时珍云："出彰明者即附子之母，今人谓之川乌头也。"《药物出产辨》谓："附子和川乌头产四川龙安府江油县。"

由此可见，附子和川乌在全国各地有产出，而川乌作为附子之母根，以四川江油为道地产区。

以身干、饱满、质坚实、断面色白有粉性者为佳。

【**性味归经**】 辛、苦，热，有大毒。归心、肝、肾、脾经。

【**功能主治**】 祛风除湿，温经止痛。用于风寒湿痹，关节疼痛，心腹冷痛，寒疝作痛及麻醉止痛。一般炮制后内服。生川乌酊外用能刺激皮肤，继而产生麻木感，故外用作某些神经痛及风湿的镇痛剂。

【**药理作用**】

1. 抗炎

将川乌分别煎煮 15 min、30 min、1 h、2 h、3 h、4 h、6 h，生药含量依次为临床用量的 6 倍、12 倍、24 倍、48 倍、72 倍、96 倍、120 倍给痹证动物模型灌胃 30 d，能抑制佐剂性关节炎大鼠的足跖肿胀，药效最好的煎煮时间和给药剂量是 30 min，120 倍。生川乌水煎液能明显抑制二甲苯所致小鼠耳廓肿胀，能抑制巴豆油所致大鼠炎性肉芽肿增生，减少炎性渗出，能显著对抗蛋清所致大鼠足跖肿胀，其最佳煎煮时间和灌胃给药剂量为 6 h，2.4 g/kg。制川乌水煎液能明显抑制二甲苯所致小鼠耳廓肿胀，制川乌发挥抗炎功效的最佳煎煮时间为 6 h，最佳给药剂量为 2.4 g/kg。灌胃川乌水提取物 20 g/kg，对角叉菜胶和甲醛性大鼠足跖肿胀、棉球肉芽增生、二甲苯致小鼠耳廓肿胀及腹腔毛细血管通透性增加均有不同程度的抑制作用，并使大鼠炎性组织释放 PGE2 明显减少。大鼠灌胃川乌总碱 0.22 g/kg、0.44 g/kg 能显著抑制角叉菜胶、蛋清、组胺和 5-HT 所致大鼠足跖肿胀，0.11 g/kg 即可抑制二甲苯所致小鼠耳廓肿胀，0.4 g/kg 能明显抑制组胺、5-HT 所致大鼠皮肤毛细血管通透性亢进，抑制巴豆油所致肉芽囊的渗出和增生，还能显著抑制角叉菜胶所致大鼠胸腔渗液及白细胞向炎症灶内的聚集，明显减少渗出液中的白细胞总数。对于免疫性炎症，0.44 g/kg 可显著抑制大鼠可逆性被动 Arthus 反应及结核菌素所致大鼠皮肤迟发型超敏反应，对于大鼠佐剂性关节炎 0.22 g/kg 也有一定抑制作用。川乌总碱能显著减少角叉菜胶性渗出物中前列腺素 E（PGE）的含量，表明抑制 PGE 可能是其抗炎机制之一。

2. 镇痛

灌胃川乌水提取物 20 g/kg 对小鼠热板疼痛和家兔 K^+ 皮下致痛、齿髓致痛 3 种疼痛实验模型均有显著的镇痛作用。生川乌和制川乌水煎液能显著减少醋酸所致小鼠扭体次数，延长小鼠扭体潜伏期，明显提高小鼠热板痛阈值，其最佳煎煮时间和灌胃给药剂量为 6 h，2.4 g/kg。川乌总碱 0.22 g/kg、0.44 g/kg 灌胃，在小鼠热板法、醋酸扭体法试验中均有明显的镇痛作用。

3. 降血糖

腹腔注射乌头多糖 A 100 mg/kg 可显著降低正常小鼠血糖，30 mg/kg 即能降低葡萄糖负荷小鼠的血糖水平，但乌头多糖 A 对正常小鼠、葡萄糖负荷小鼠或尿嘌呤所致高血糖小鼠血浆胰岛素水平无明显影响，也不影响胰岛素与游离脂肪细胞的结合，但能显著增强磷酸果糖激酶活性，且对糖原合成酶活性有增强趋势，表明乌头多糖 A 的降糖机制不是影响胰岛素水平，而在于增强机体对葡萄糖的利用。

4. 对心血管系统的作用

川乌头生品及炮制品水煎剂对离体蛙心有强心作用，但剂量加大则引起心律失常，终致心脏抑制；煎剂可引起麻醉犬血压呈迅速而短暂下降，此时心脏无明显变化，降压作用可被阿托品或苯海拉明所拮抗。家兔静注小量乌头碱可增强肾上腺素产生异位心律的作用；对抗氯化钙引起的T波倒置，对抗神经垂体制剂引起的初期S-T段上升和继之发生的S-T段下降。川乌制剂和乌头碱具有舒张血管的作用，高浓度乌头碱可使血管收缩，大鼠静脉注射乌头碱、中乌头碱和次乌头碱可引起暂时性血压下降，这种作用不受普萘洛尔影响，但可被阿托品部分阻断，也不改变肾上腺素的升压作用。

5. 抗肿瘤

15 g/kg、30 g/kg、60 g/kg 生川乌水煎液灌胃 10 d 可显著抑制小鼠 S180 实体瘤的生长，对肿瘤细胞 LoVo、MGC-803 的生长有明显的抑制作用，IC_{50} 分别为 50×10^{-3} g/ml、150×10^{-3} g/ml。中剂量蜜煮川乌能促进 H22 荷瘤小鼠 T 细胞增殖，抑制 B 细胞增殖，增强腹腔巨噬细胞的吞噬活性。

【品质研究】侯大斌等通过对 265 个川乌遗传分化类型进行研究，四川群体的遗传分化指数最低，陕西群体的遗传分化指数也不高，重庆群体中以野生群体占多数，遗传分化指数最高。由此推断四川所产川乌的人为干预度最强，比其他地区川乌的栽培历史长，栽培规模大。

张津梅等采用高效液相色谱法对四川江油、河北、陕西汉中及城固等地 6 批次生川乌的三种双酯型生物碱进行含量检测，对四川江油、四川绵阳、陕西汉中、河北等地 17 批次制川乌的单酯型生物碱进行含量测定，结果不同产地、不同采收期药材中双酯型生物碱含量差异较大，大致分为新乌头碱含量较高和次乌头碱含量较高两类。不同批次制川乌中生物碱含量也存在差异。

区炳雄等采用紫外分光光度法检测了四川、河南、贵州、云南、江西、陕西等地 10 批次川乌总生物碱含量，结果不同产地川乌的总生物碱含量差异较大，总生物碱含量范围在 6.433 1~9.501 3 mg/g。其含量大小具有一定地域性，造成了市场上川乌质量的参差不齐，影响疗效。

林华等建立四川安县、四川平武、云南曲靖、贵州、四川江油、河南、四川西昌、四川永丰、陕西城固、江西 10 产地川乌的 HPLC 指纹图谱，除四川安县外，其余各产地川乌相似度较高，表明各产地川乌质量稳定；但不同产地川乌成分的含量仍存在较大差异。

黄志芳等建立了 16 批制川乌的 HPLC 特征图谱，并检测了 6 种酯型生物碱的含量，饮片来源于成都荷花池药材市场、四川新荷花中药饮片公司、北京同仁堂及四川省中西医结合医院，结果各批次制川乌相似度在 0.85 以上，表明各批次制川乌饮片质量基本一致，但含量检测结果各批次制川乌双酯型生物碱总量相差较大，差为 3~15 倍，单酯型生物碱总量相差相对较小，为 1~2 倍。

秦语欣报道，江油生川乌的 3 种双酯型生物碱总量为 0.134 9%~0.160 3%，汉中川乌仅为 0.066 7%~0.105 1%；江油生川乌的 3 种单酯型生物碱总量为 0.052 7%~0.061 0%，而汉中川乌仅为 0.024 7%~0.034 0%。江油川乌双酯型、单酯型生物碱含量分别较汉中川乌高 0.5~1 倍和 0.8~1.1 倍。江油川乌制品和汉中川乌制品的双酯型生物碱含量无显著性差异，但单酯型生物碱含量有显著性差异，江油制川乌单酯型生物碱在 0.152 8%~0.172 9%，汉中制川乌单酯型生物碱含量在 0.115 4%~0.1498%，江油制川乌的单酯型生物碱含量较汉中制川乌高 15%~32%。

【原植物】多年生草本，植株高 60~120 cm。主根发达，块根肉质膨大，呈纺锤状，倒圆锥形或倒卵形，长 2~4 cm，通常 2 至多数连结生在一起，外皮茶褐色，周围有瘤状突起。栽培品的侧根（子根）通常肥大，倒卵圆形至倒卵形，直径可达 5 cm 以上。茎直立，圆柱形，上部散生极少数帖服柔毛或短茸毛，下部多带紫色光滑无毛。叶互生，有柄；坚纸质或略革质；叶片卵圆状五角形，长 6~11 cm，宽 9~15 cm，基部浅心形三裂达或近基部，中央全裂片宽菱形和菱形，急尖，有时短渐尖近羽状分裂，二回裂片约 2 对，斜三角形，生 1~3 枚叶齿，间或全缘，侧叶片不等二深裂，各裂片再分裂，小裂片三角形；表面暗绿色疏被短柔毛，背面灰绿色通常只沿脉疏被短柔毛；叶柄长 1~2.5 cm，疏被短柔毛。总状花序顶生或腋生，长 6~25 cm，花序轴及花梗多密被反曲而紧贴的白色短柔毛；下部苞片 3 裂，其他的狭卵形至披针形；花梗长 1.5~5.5 cm；小苞片生花梗中部或下部，窄条形，长 3~10 mm，宽 0.5~2 mm；萼片 5 枚，呈花瓣状；花蓝紫色，外被短柔毛，上萼片高盔状，长 20~26 mm，自基部至喙长 17~22 mm，下缘稍凹，喙不明显，侧萼片近圆形，长 15~20 mm，蜜腺一对紧贴于上萼片下面，上半部较短，下半部较长而呈片状；花瓣 2，瓣片长约 1.1 cm，唇长约 6 mm，微凹，距拳卷长 1~2.5 mm；雄蕊多数，无毛或

图4-151　乌头原植物（方清茂摄）

被短柔毛，花丝有 2 小齿或全缘；心皮 3~5 枚，离生，子房疏或密被灰黄色的短柔毛，稀无毛。蓇葖果长圆形，长 1.5~1.8 cm，具横脉；花柱宿存生于果实先端的外侧，呈芒尖状，果实成熟后向内开裂。种子黄棕色，长约 3~3.2 mm，三棱形，在二面密生横膜翅，种皮如海绵状。花期 9~10 月，果期 10~11 月。见图 4-151。

【生物学特性】　川乌为块根植物，对土壤选择较为严格，应选择阳坡地段地势较高、阳光充足、土层深厚、土质疏松肥沃、水源方便、能排能灌、在海拔 500~2 600 m 地区、中性反应的沙壤土或紫色土栽培最为适宜。

川乌切忌连作，前作最好是水稻地块为宜。要合理轮作，否则易产生病害，严重影响产量。

【栽培技术】

1. 繁殖方法

川乌通常采用块根繁殖。选择无病菌、无焦疤、无水旋、无霉烂和无缺芽的优质块根。川乌适宜栽培于深厚、肥沃、疏松、排水良好的沙壤土或紫色土。

2. 整地

川乌前作以水稻最好。水稻收获后，放干田水，8月下旬耕地 1 次，耕后炕土。从大雪开始，再犁耙多次，深度以 20~25 cm 为宜。每次犁后都要耙，做到土壤匀细疏松，田面平整，按厢面 66 cm 开厢，厢沟宽 30 cm，厢沟深 25 cm。每亩施入干粪（猪、牛圈肥）4 000 kg、油饼 50~100 kg，三肥混合搅拌均匀并堆沤 7 d 左右后，撒施厢面，用锄翻入土中，与土壤充分混匀，然后将厢面造成龟背形，地四周开好排水沟。

在栽种前用 50% 退菌特 0.5 kg、尿素 0.5 kg 兑水 250 kg 浸块根 3 h，取出晾干，待种。

3. 栽培

用木制印耙子开穴，开成两行错穴，株行距各约 17 cm，穴深 12~15 cm。然后将乌药按大（直径 2 cm 以上）、中（直径 2 cm 左右）、小（直径 2 cm 以下）分别栽种。每穴栽大、中乌药各 1 个，小乌药 2 个，并使绊（即附子从母株上摘下的痕迹）都向厢心，芽口向上稍仰，并稍露出厢面，每隔 10 穴在穴外多栽 1~2 个，以备补苗用。播后覆土厚约 7 cm。

4. 田间管理

幼苗出土前，应将厢面上大土块抓入沟内，用锄头打碎，然后把沟内的泥土完全提到厢面上。"雨水"节前后，幼苗全部出土，如发现病株，应拔出烧毁，利用预备苗带土移栽，时间宜早不宜迟。修根是栽培川乌的特殊管理措施，是提高产量、质量，促进块根肥大的根本措施。一般应修根两次：第一次是"春分"节后，株高 50 cm 左右进行。这时植株茎秆基部已生育小块根，用心脏形铁铲，把植株附近的泥土刨开，露出茎基和母根，每株只留母根两边较大的块根（江油平坝地区 2~3 个，其他地区 8~10 个），把侧生在茎基和母根上较小及多余的削掉，然后将刨出下一株的泥土覆盖在上一株的穴内，再修下一株。第二次修根在"芒种"节进行，但泥土不能刨得过深，必须削去基部上新生的小块根。每次修根应注意不损伤叶片和茎秆，不割断须根，否则影响块根生长膨大。雨水落地以后，杂草易于生长，应及时中耕除草，保持地无杂草，沟无积水。开花前中耕一次，使块根迅速生长。封顶打杈是为了抑制川乌地上部分徒长，让养分集中于地下块根。其具体方法是：一般在植株现花蕾时开始打尖，最迟在开花时必须打尖，每株留叶 20~25 个。经过打尖后的植株，又会长出腋芽消耗养分，应随时摘除，但摘芽时不要伤害老叶，以免影响光合作用。总之应做到地无乌花，株无腋芽。

5. 病虫害防治

川乌的病害多，虫害少。发现的病害有根腐病、霜霉病、菌核病、白粉病等。如遇病虫害，可按以下方法处理：

（1）根腐病。根茎相邻处的表皮初为水浸状斑，逐渐扩大，渐渐腐烂变褐色，皮层渐坏腐，严重时表现为湿腐，略有臭味。上部植株萎蔫，叶片下垂，像开水烫过似的。防治方法：用 50% 退菌特 1 000 倍液浸种 3~5 min，晾干后下种，修根时注意勿伤根茎，施碱性肥料不宜过多。可用 50% 退菌特可湿性粉剂 500 g 兑水 300 kg，加石灰 15 kg、尿素 125 g，在第二次修根后立即淋灌一次，也可按比例兑在粪水里施用。与禾本科植物轮作。

（2）霜霉病。苗期较为普遍。植株发病时，以叶片背面有一层霜霉层为主要特征。霉层初为白色，后变为灰黑色，致使叶片枯黄而死。一般常见于晚秋低温多雨、多湿时，发病迅速而严重，造成植株死亡。防治方法：苗期拔出病株烧毁，病窝用石灰消毒后补苗；可用 1∶1∶200 倍的波尔多液喷施预防，发病时可用 25% 的多菌灵 500~800 倍液，实行叶面喷施防治。

（3）菌核病。它是川乌生长后期最严重的病害，在 6~7 月高温高湿的气候条件下发病。植株受害后，茎基先呈褐色，很快长出白色丝状菌，当环境适宜时，病菌很快扩大，并逐渐形成菌核，菌核为白色小粒，在病症表现的同时，植株开始凋萎，病部软腐，最后全株死亡。防治方法：与霜霉病相同，拔除病株，采用波尔多液、多菌灵喷施。

（4）白粉病。植株叶片受害时，初期出现圆形白色状霉斑，后扩连片，使叶片布满一层白面状的霉层。此霉层为病原菌的菌丝或分生孢子，霉层中的小黑点为病菌的子囊壳，破裂后散出子囊孢子危害植株。此病常在高温干燥或施氮肥过量、植株过密、通风透光不良的环境发生。防治方法：发病前，用波尔多液进行预防；发病时，用 25% 粉锈宁或 50% 的甲基托布津，1∶(500~800) 倍液喷施防治。

【采收加工】低海拔地区于栽种后次年夏至节后6月底至7月初为最佳采收期，高海拔地区于栽种后次年11月下旬小雪节为最佳收获期。采挖后除去地上茎叶，除去泥沙，将母根与子根分开，除去须根，将母根晒干后即为川乌药材。见图4-152。

【适宜区与最适宜区】

1. 生态环境

生于海拔850~2 150 m的山坡草丛中。

图4-152 川乌药材（周先建摄）

2. 生态因子

年降水量860~1 410 mm，年均气温13.7~16.3 ℃。年日照903~1 400 h。

3. 适宜区

川乌的适宜区为四川省盆地周围山区及凉山州。见图4-153。

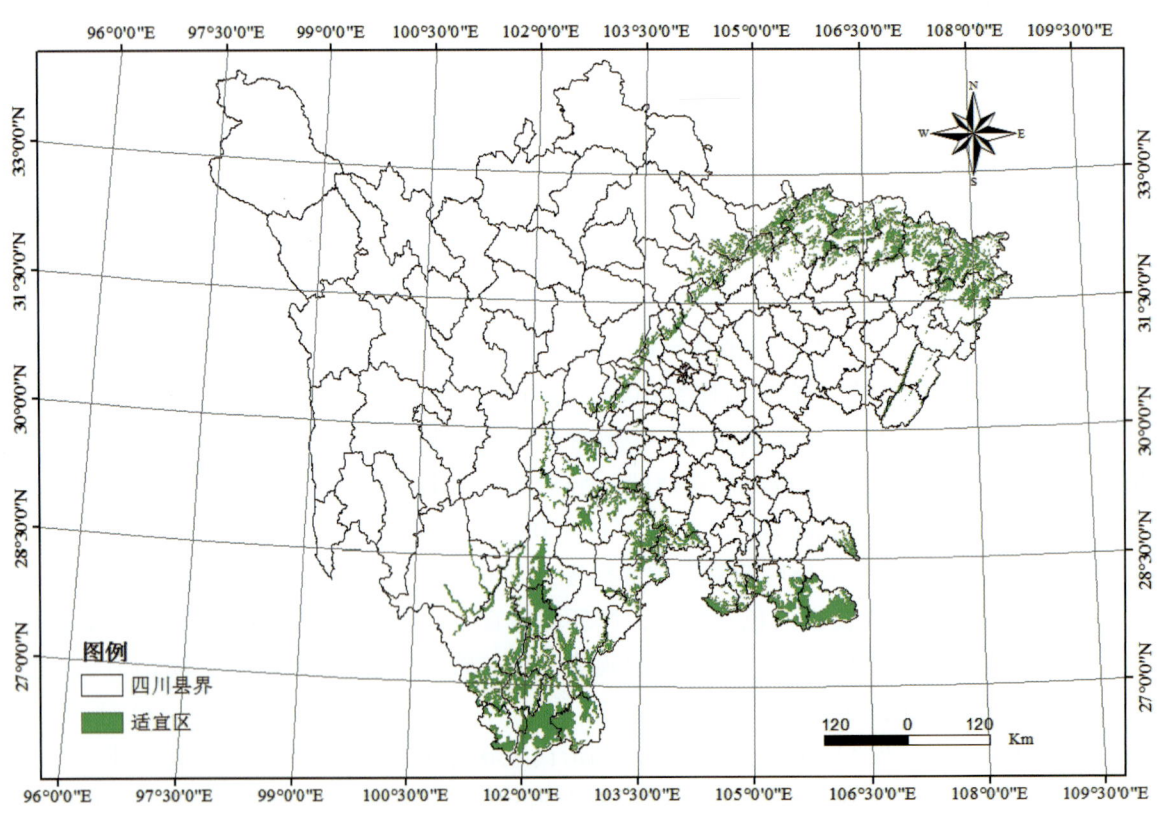

图4-153 川乌适宜区示意图

表4-76 川乌适宜区面积（km²）

区 县	面 积	区 县	面 积
仁寿县	2	都江堰市	187
双流区	2	彭州市	187
梓潼县	3	大邑县	188
天全县	4	邛崃市	189
龙泉驿区	4	布拖县	247
犍为县	6	剑阁县	277
蒲江县	8	石棉县	277
简阳市	10	沐川县	280
中江县	11	苍溪县	300
通川区	12	汉源县	304
恩阳区	12	珙 县	309
金堂县	13	荥经县	319
丹棱县	14	喜德县	346
长宁县	19	合江县	348
达川区	22	兴文县	390
茂 县	25	昭化区	405
越西县	25	木里县	455
高 县	27	峨边县	478
东 区	28	筠连县	491
雨城区	30	平武县	511
西 区	33	甘洛县	514
渠 县	34	江油市	543
前锋区	37	朝天区	570
洪雅县	38	屏山县	588
华蓥市	51	普格县	599
康定市	73	北川县	616
开江县	75	利州区	626
崇州市	82	青川县	627
宝兴县	89	仁和区	654
汶川县	90	雷波县	656
美姑县	93	宁南县	662
平昌县	93	马边县	930
沙湾区	98	德昌县	931
昭觉县	103	旺苍县	968
什邡市	104	米易县	993

续表

区县	面积	区县	面积
九龙县	116	冕宁县	1 061
绵竹市	129	盐源县	1 096
叙州区	139	南江县	1 100
巴州区	141	叙永县	1 248
峨眉山市	141	宣汉县	1 289
芦山县	146	通江县	1 322
安州区	153	西昌市	1 368
大竹县	154	会东县	1 387
邻水县	156	盐边县	1 416
金口河区	160	万源市	1 779
泸定县	172	古蔺县	1 944
金阳县	187	会理县	2 314

4. 最适宜区

川乌的最适宜区为海拔 900~2 600 m 的山区，包括江油、安县、青川、平武、北川、布拖、美姑等地。见图 4-154

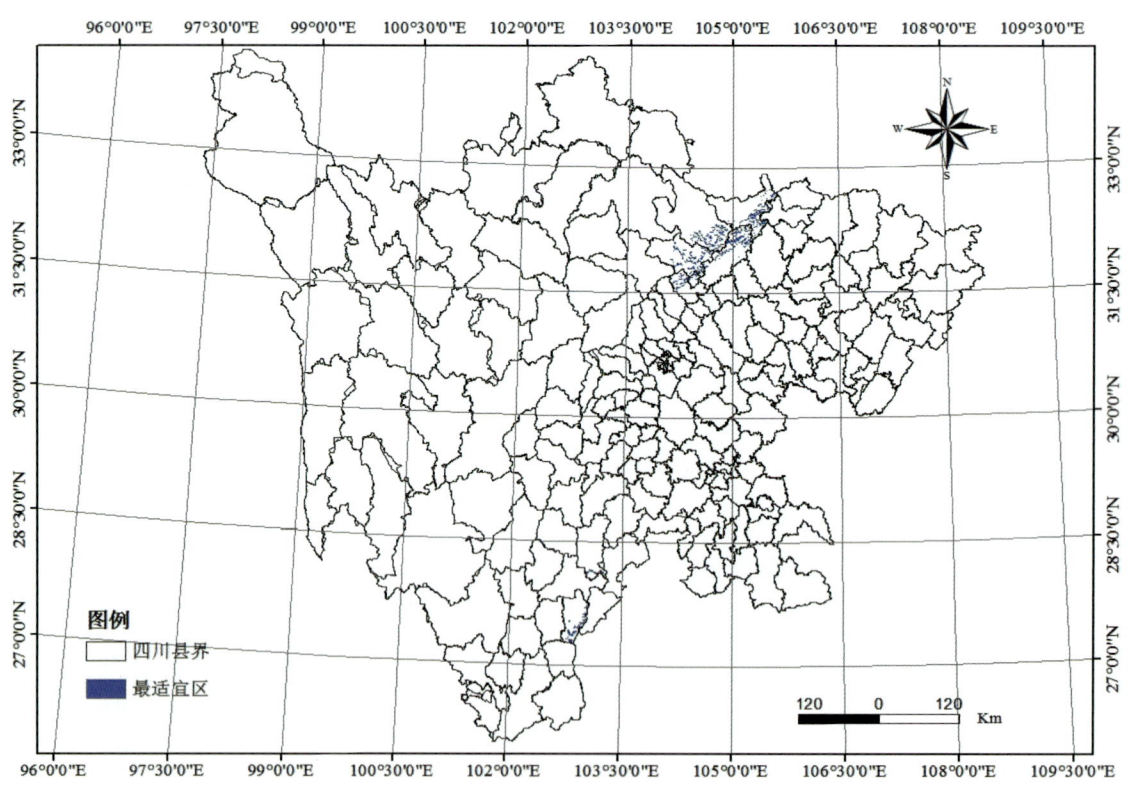

图 4-154 川乌最适宜区示意图

表4-77　川乌最适宜区面积（km^2）

区　县	面　积	区　县	面　积
美姑县	60	青川县	334
安州区	103	江油市	359
布拖县	176	北川县	368
平武县	300		

【基地建设】雅安三九中药材科技产业化有限公司在青川县毛坝乡建立了 10 hm^2 的川乌种植生产基地，在江油市河西镇建立了面积 400 hm^2 的川乌生产基地。

三十七、桔梗生产区划

【来源】为桔梗科植物桔梗 *Platycodon grandiflorum*（Jacq.）A.DC. 的干燥根。

【道地沿革】始载于《神农本草经》，列为下品。《巴中县志》："巴中县三河场1924年开始种植桔梗，至今已有200年的历史。"万源市皮窝乡的桔梗家种于明清，距今已有350余年。梓潼桔梗在川桔梗中品质最优，种植历史已有300余年，药材业把产自梓潼的桔梗称为"梓桔"，将梓潼誉为"桔梗之乡"。清·蒋超《峨眉山志》、清·光绪《雷波县志》、清·光绪《越西县志》记载产桔梗。

以条肥大、色白、体坚质实、具菊花纹、味苦者为佳。

【性味归经】苦、辛，平。归肺经。

【功能主治】宣肺，利咽，祛痰，排脓。用于咳嗽痰多，胸闷不畅，咽痛，音哑，肺痈吐脓，疮疡脓成不溃。

【药理作用】

1. 祛痰、镇咳

桔梗煎剂 1 g/kg 灌胃麻醉犬、猫，能使其呼吸道黏液分泌量增加，具有明显的祛痰作用。3% 桔梗煎剂 0.1 ml/10 g 灌胃小鼠，能使小鼠气道黏液分泌显著增加。桔梗水浸液灌胃家鸽、小鼠、大鼠，可使家鸽呼吸道内膜黏液分泌增加，小鼠气管酚红排泌量增加，大鼠毛细玻管法排痰量增加。水-醇法提取桔梗，将 200 mg/ml 桔梗提取物与气道黏液上皮细胞体外共同孵育，结果发现桔梗提取物可促进气道黏液上皮细胞 MUC5AC 的分泌但对其无刺激生成的作用，较长时间的使用可使痰液减少。200% 桔梗煎剂对浓氨水喷雾法所致小鼠咳嗽的 ED_{50} 为 28.8 mg/kg。桔梗水提物 750 mg/kg 腹腔注射，对机械性刺激豚鼠气管黏膜法的镇咳效果达 60%；粗制桔梗皂苷腹腔注射对同法刺激豚鼠的镇咳效果 ED_{50} 为 6.4 mg/kg。桔梗粗皂苷 80 mg/kg 灌胃豚鼠，能使气管内的分泌物渗出量显著增加。目前，对桔梗祛痰作用机理普遍认为与桔梗皂苷有关，桔梗皂苷对口腔、咽喉、胃黏膜的刺激引起轻度恶心，反射性地增加支气管分泌，使滞留于气管、支气管内的痰液稀释易于排出。

2. 镇静、解热、镇痛

桔梗粗皂苷 50 mg/kg、100 mg/kg、200 mg/kg 灌胃小鼠，使小鼠自发性活动次数减少，可显著延长戊巴比妥钠致小鼠睡眠时间；桔梗粗皂苷 100 mg/kg 灌胃小鼠，其爬梯、钻孔、转棒和斜面运动

均减弱，表明桔梗皂苷具有镇静作用。桔梗粗皂苷 50~100 mg/kg 灌胃，对伤寒菌苗致热小鼠有明显的解热作用，其效用可维持 3~4 h。桔梗粗皂苷对压尾法、醋酸扭体法致痛小鼠均有抑制作用，能明显提高小鼠的痛阈值。

3. 抗炎、增强免疫

川桔梗皂苷 100 mg/kg、200 mg/kg、50 mg/kg 灌胃，分别对大鼠角叉菜胶性足跖肿胀、醋酸性肿胀、棉球肉芽肿及佐剂性关节炎均有抑制作用，其抗炎效果较强。桔梗粗皂苷灌胃对小鼠毛细血管通透性、醋酸致小鼠扭体和腹染料渗出均有抑制作用。桔梗总皂苷腹腔注射大鼠，可使血浆皮质酮和 ACTH 含量明显增加，提示其抗炎作用可能与肾上腺皮质激素参与有关。

4. 抗溃疡

50% 甲醇冷浸桔梗提取物 2 g/kg 灌胃大鼠，对其应激性溃疡的预防率达 90% 以上。桔梗粗皂苷小于 1/5 LD_{50} 的剂量有抑制大鼠胃液分泌和抗消化性溃疡作用；当剂量为 100 mg/kg 时几乎能完全抑制大鼠门结扎所致胃液分泌。桔梗粗皂苷 25 mg/kg 十二指肠给药，大鼠胃液分泌减少，胃蛋白酶活性降低，其药效作用强度与阿托品 100 mg/kg 皮下注射相似；但当剂量为 100 mg/kg 灌胃应激性溃疡大鼠时，其预防作用效果比阿托品 10 mg/kg 皮下注射弱 2 倍；桔梗粗皂苷 100 mg/kg 灌胃，对大鼠醋酸性溃疡有显著抑制作用。

4. 降血脂、降血糖

桔梗水或醇提取物 200 mg/kg 灌胃正常家兔，引起家兔血糖下降；桔梗水或醇提取物 500 mg/kg 连续灌胃 4 d，对实验性四氧嘧啶糖尿病家兔有降糖作用；对家兔食物性血糖升高有抑制作用。桔梗水提物的降糖曲线与口服甲苯磺丁脲 25~50 mg/kg 相似，桔梗醇提物降糖效果较水提物强。桔梗醇提物（PGE）以生药量 8 g/kg、4 g/kg 对采用 STZ 尾静脉注射得到的糖尿病模型小鼠灌胃 28 d，结果发现长期服用 PGE 能缓解糖尿病 ICR 小鼠体重下降和多饮多食症状，高、低剂量 PGE 组血糖水平分别升高 11.42%、6.86%，与模型对照组比较明显抑制了血糖的急剧升高；高、低剂量 PGE 均能显著地降低糖尿病小鼠血清 TG、TC、LDL-C 含量并提高 HDL-C 含量，同时对胰岛素的分泌也有一定的改善作用。将 3 mg/ml、5 mg/ml、10 mg/ml 的桔梗皂苷溶液分别给高血脂大鼠灌胃 2 ml，结果显示 3 个剂量组均能降低血清 TG、TC、LDL-C 水平，能升高大鼠 ApoB 水平，且高、中剂量的作用较低剂量显著。

【品质研究】曾静凯等对国家资源普查收集的产自 10 个省市的 58 批桔梗样品进行性状鉴别，测定其浸出物、桔梗皂苷 D 的含量，建立 HPLC 指纹图谱并对其进行比较。方法：按照 2015 年版《中国药典》方法测定浸出物及桔梗皂苷 D 含量；采用高效液相－蒸发光散射检测法（HPLC-ELSD），梯度洗脱，建立不同产地桔梗样品 HPLC 指纹图谱。结果：建立了 58 批桔梗样品的特征指纹图谱，共找到 17 个共有峰；四川省桔梗样品浸出物、桔梗皂苷 D 含量及 HPLC 指纹图谱相似度 3 个方面均较高，重庆市、湖南省桔梗样品 3 个方面均较低；对 58 批不同产地桔梗进行了聚类分析及性状、浸出物、桔梗皂苷 D 含量和 HPLC 指纹图谱的比较研究，浸出物、桔梗皂苷 D 含量及 HPLC 指纹图谱相似度不成正向相关，但样品中浸出物含量以及各成分含量的差异与样品性状特征（皮部）具相关性。

【原植物】茎高 20~120 cm，通常无毛，偶密被短毛，不分枝，极少上部分枝。叶全部轮生、部分轮生至全部互生，无柄或有极短的柄，叶片卵形、卵状椭圆形至披针形，长 2~7 cm，宽 0.5~3.5 cm，基部宽楔形至圆钝，顶端急尖，上面无毛而绿色，下面常有白粉而无毛，有时脉上有短毛或瘤突状毛，边缘具细锯齿。花单朵顶生，或数朵集成假总状花序，或有花序分枝而集成圆锥花序；花萼筒部半圆球状或圆球状倒圆锥形，被白粉，裂片三角形，或狭三角形，有时齿状；花冠大，长 1.5~4.0 cm，蓝色或紫色。蒴果球状，或球状倒圆锥形，或倒卵状，长 1~2.5 cm，直径约 1 cm。花期 7~9 月。见图 4-155。

图4-155　桔梗原植物（舒光明摄）

【**生物学特性**】　桔梗喜阳光充足、凉爽湿润环境。耐寒，忌积水，怕风害，疏松肥沃的夹沙土、腐殖质泥沙土生长良好。黄土地、粗沙地、粗性黑土不宜种植。

【**栽培技术**】

1. 选地整地

选向阳、土层深厚的坡地或排水良好的平地，深耕 30~40 cm，每亩施用农家粪 3 500 kg，复混肥 50 kg，细碎土块，整平，做宽 2 m，高 20 cm 的厢，四周开好排水沟。

2. 繁殖方法

（1）良种繁育。桔梗果实自上而下成熟，6月上旬将留种植株剪去小侧枝顶端部分，以集中养分促使中上部果实充分发育成熟，果实呈黄绿色种子变黑时及时采收，防止蒴果裂开种子散落，采收后晒干脱粒，筛去杂质，置阴凉干燥处保存。

（2）繁殖方法。主要用种子繁殖，分直播和育苗移栽两种。播种季节分秋播、春播，以10月下旬至11月上旬秋播好，播后当年出苗，生长期长，结果率与根粗明显高于春播。一般用直播，直播产量高，而且根质量好。

直播：直播主要采用条播，播种前用 50 ℃ 温水浸种 24 h，或用 0.3% 的高锰酸钾浸种 12 h，然后将浸好的种子掺 10 倍的火灰拌匀后播种。在开好的厢面上，按行距 17~20 cm 开沟，沟深 2~3 cm，将种子均匀撒于沟内，盖土 1~2 cm，土盖厚了则影响种子发芽，每亩用种 0.5~0.75 kg。待苗高 7 cm 左右时，按 10 cm 株距定苗。

育苗移栽：在开好的厢上条播，行距 7~8 cm 盖土 1~2 cm，每亩用种 0.25 kg，种后如干旱，应浇水，保持土壤湿润，约 15 d 出苗，苗齐后，拔除过密的幼苗，并松土除草。冬季封冻前和春季解冻后均可移栽，但以冬季移栽为好。移栽方法：在选好的厢面上，开 20~13 cm 深的沟，将桔梗苗平放于沟中（即平栽），然后盖土。平栽生长发育快，叉根分枝少；直栽产量低，叉根分枝多。但移栽的桔梗通常是头大身细，支根多，不如直播的好。

3. 田间管理

（1）中耕除草。桔梗每年除草 4 次，第 1 次在幼苗期间，由于根浅芽嫩，除草时只能用手拔草；第 2 次在立夏节后，苗有 2~4 片叶子时进行；第 3 次在夏至节苗生长 4~6 片叶子时，可在行距间锄草，株距间只能用手拔草；第 4 次在 7 月下旬，苗有 8~10 片叶子时进行，以后每年除草 2~3 次。

（2）间苗补苗：苗高 2 cm 时适当疏苗，苗高 3~4 cm 时定苗，以苗距 8~10 cm 留壮苗 1 株，补苗与间苗同时进行。

（3）追肥：每年 2 次。幼苗期第 1 次追肥，苗高 3~5 cm 时结合中耕除草进行，每亩施清淡水粪 1 000 kg，在苗行中施入。第 2 次追肥在 10 月中旬进行，先割去梗苗，留下 4 cm 左右的桩子，每亩施农家粪 50~60 担或饼肥 150 kg，促枝根茎生长，以后每年春、冬各施肥 1 次。

（4）打芽：为了促使桔梗主根生长，必须进行打芽，每株只留主芽 1~2 个，其余枝芽在每年春季全部摘除，否则叉根多，质量差，产量低。

4. 病虫害防治

（1）炭疽病：7~8 月高温时发生，蔓延迅速，植株成片倒伏死亡。防治方法：幼苗出土前用 70% 的退菌特可湿性粉剂 500 倍液预防，发病初期喷 1∶1∶100 波尔多液，亩用 65% 代森锌 500 倍液喷雾。

（2）轮纹病及斑枯病：危害叶片。发病初期喷 1∶1∶100 波尔多液或 50% 的退菌特 1 000 倍液。

（3）蚜虫：一般在干旱天气易发生。用 40% 的乐果 1 000 倍液喷施。

【采收加工】春、秋二季采挖，洗净，除去须根，趁鲜剥去外皮或不去外皮，干燥。见图 4-156。

图 4-156 桔梗药材（舒光明摄）

【适宜区与最适宜区】

1. 生态环境

生于海拔 2 200 m 以下的向阳山区、丘陵。

2. 生态因子

年均气温 14~19 ℃，年降水量 800~1 200 mm，相对湿度 80% 以上，年日照 1 400~1 500 h。

3. 适宜区

四川省桔梗的适宜区为海拔 400~1 200 m 的向阳山区、丘陵，包括梓潼、万源、金堂、中江、仪陇、南部、阆中、射洪、乐山、苍溪、剑阁、旺苍、广元、通江。见图 4-157。

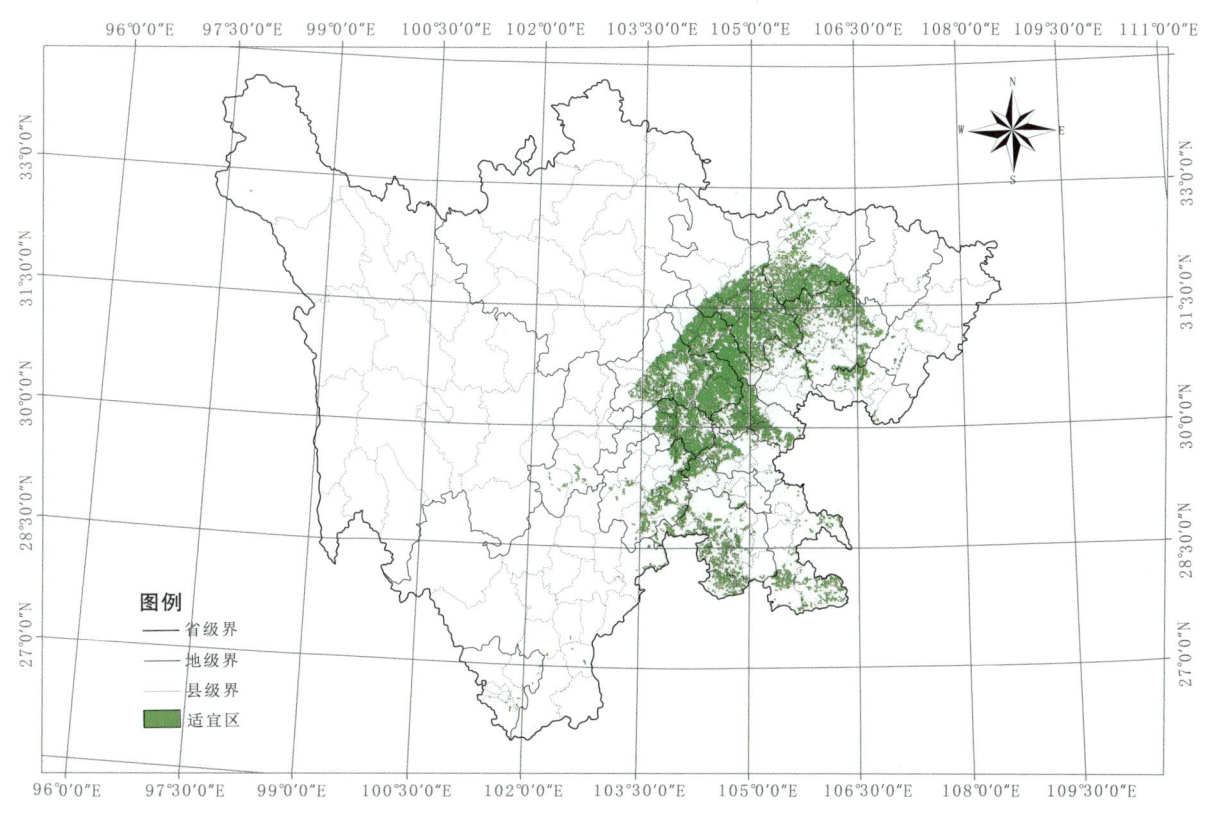

图4-157 桔梗适宜区示意图

表4-78 桔梗适宜区面积（km²）

区 县	面 积	区 县	面 积	区 县	面 积	区 县	面 积
安居区	14	广汉市	433	绵竹市	275	温江区	186
安 县	505	汉源县	120	沐川县	481	五通桥区	26
安岳县	910	合江县	296	纳溪区	2	武侯区	10
宝兴县	2	华蓥市	8	南部县	977	武胜县	2
北川县	27	会东县	7	南溪区	130	西充县	340
布拖县	3	会理县	11	宁南县	46	西 区	7

续表

区县	面积	区县	面积	区县	面积	区县	面积
苍溪县	1 206	米易县	29	美姑县	3	通川区	47
朝天区	74	嘉陵区	190	威远县	447	万源市	11
成华区	35	犍为县	574	彭山区	334	大安区	1
崇州市	374	简阳市	1 841	彭州市	274	新都区	353
船山区	20	剑阁县	1 729	蓬安县	320	新津县	200
翠屏区	185	江安县	3	蓬溪县	182	兴文县	47
达川区	30	江阳区	19	郫都区	310	叙永县	607
大邑县	271	江油市	755	屏山县	475	沿滩区	6
大英县	40	金口河区	21	蒲江县	33	盐边县	24
大竹县	51	金牛区	29	普格县	9	盐亭县	1 112
德昌县	7	金堂县	944	前锋区	3	盐源县	9
东坡区	653	金阳县	17	青白江区	264	雁江区	956
东 区	5	锦江区	26	青神县	95	仪陇县	829
东兴区	81	旌阳区	479	青羊区	18	叙州区	651
都江堰市	48	井研县	486	邛崃市	356	营山县	420
峨边县	127	筠连县	590	渠 县	101	游仙区	789
峨眉山市	22	阆中市	1 213	仁和区	41	岳池县	486
恩阳区	281	乐至县	989	仁寿县	1 745	长宁县	182
涪城区	416	雷波县	146	荣 县	635	昭化区	312
富顺县	39	利州区	238	三台县	1 987	昭觉县	5
甘洛县	17	邻水县	56	沙湾区	19	中江县	1 650
高坪区	87	龙泉驿区	336	射洪县	478	资中县	599
高 县	593	隆昌市	47	什邡市	264	梓潼县	1 009
珙县	457	泸 县	52	石棉县	56	自流井区	10
古蔺县	919	罗江县	421	双流区	740		
广安区	212	马边县	346	顺庆区	39		

4. 最适宜区

四川省桔梗的最适宜区为海拔400~700 m的向阳山区、丘陵，包括梓潼的大兴、青龙，万源皮窝乡。土壤为紫色土，年均气温16.5 ℃，1月平均气温5.4 ℃，7月平均气温26.6 ℃，年降水量991.9 mm。见图4-158。

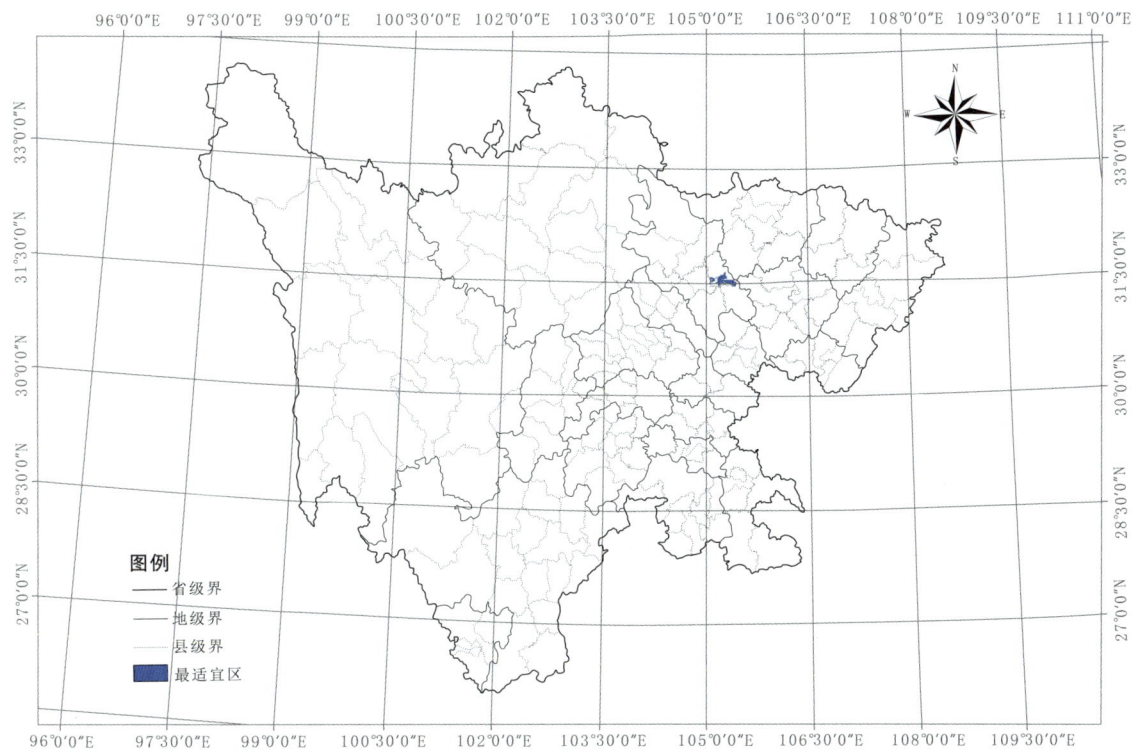

图4-158 桔梗最适宜区示意图

表4-79 桔梗最适宜区面积（km²）

区　县	面　　积
梓潼	220

【基地建设】 四川省桔梗主产于万源、梓潼等地，建有规模化生产基地。其他如汶川、金川、岳池等地也有一定的栽培面积。

三十八、土茯苓生产区划

【来源】 为百合科植物光叶菝葜（土茯苓）*Smilax glabra* Roxb. 的干燥根茎。

【道地沿革】 土茯苓又名禹余粮，始载于《本草经集注》。陶弘景注石部禹余粮云："南中平泽有一种藤，叶如菝，根作块有节，似菝而色赤，味如薯蓣，亦名禹余粮。言昔禹行山乏食，采此充粮而弃其余，故有此名。观陶氏此说，即今土茯苓也。故今尚有仙遗粮、冷饭团之名，亦其遗意。"李时珍："楚、蜀山箐中甚多。蔓生如莼，茎有细点。其叶不对，状颇类大竹叶而质浓滑，如瑞香叶而长五、六寸。其根状如菝葜而圆，其大若鸡鸭子，连缀而生，远者离尺许，近或数寸，其肉软可生啖。有赤、白二种，入药用白者良。"明清《营山县志》、民国《北川县志》、清·光绪《雷波县志》、清·光绪《盐源县志》、清·光绪《越西县志》等均记载有产，说明四川自古以来就是土茯苓的道地产区。

以淡棕色、粉性足、纤维少者为佳。

【性味归经】甘、淡，平。归肝、胃经。

【功能主治】除湿，解毒，利关节。用于梅毒及汞中毒所致的肢体拘挛，筋骨疼痛，湿热淋浊，带下，痈肿，疥癣。

【药理作用】

1. 对消化系统的作用

（1）抗胃溃疡。赤土茯苓苷 300 mg/kg、200 mg/kg、100 mg/kg 灌胃 4 d，对利舍平型、应激型及大鼠幽门结扎型模型小鼠胃溃疡均有保护作用，溃疡指数、出血点数均明显减少，可提高应激型小鼠胃黏膜硒谷胱甘肽酶的活力，降低丙二醛含量，提高幽门结扎型大鼠胃液量、胃液 pH，对胃蛋白酶无显著影响，对小鼠胃肠推进蠕动无影响，表明赤土茯苓苷有防治胃溃疡的作用，这可能与其增加胃黏膜硒谷胱甘肽酶的活力，降低丙二醛含量，减轻自由基对胃黏膜的损害有关。

（2）对肝损伤的保护作用。土茯苓水煎剂以 50 g/kg 灌胃 7 d 能明显降低硫代乙酰胺（TAA）中毒大鼠血清 5 种肝酶谱的活性和肝匀浆中 ALT 和 AST 的活性，且使 ALP 和 GGT 的活性不降低，表明土茯苓等水煎剂对大鼠的实验性肝损伤具保护作用；但是其醇提取物部分对大鼠的实验性肝损伤均无明显作用，提示土茯苓保肝作用的活性成分具有一定的亲水性。

2. 对免疫系统的作用

赤土茯苓苷 30 mg/kg、60 mg/kg 给正常小鼠灌胃 15 d，使小鼠的胸腺、脾脏指数增加，使小鼠血清溶血素和溶血空斑形成细胞数明显增加，还能增加小鼠腹腔吞噬细胞吞噬中性红细胞的能力。赤土茯苓苷对由二硝基氯苯诱发的迟发型超敏反应有明显的抑制作用，说明赤土茯苓苷能增加小鼠非特异性免疫和体液免疫功能，可抑制小鼠的细胞免疫功能。落新妇苷（25 pg/mg、50 pg/mg、100 pg/mg）处理体外条件培养得到的小鼠骨来源未成熟树突状细胞，可使细胞表面主要组织相容性抗原复合物分子 iva 和共刺激分子表达明显降低，抗原吞噬能力明显升高，分泌 IL-12 和 P40 明显减少，刺激同种反应性 T 细胞增殖的能力显著下降，体外混合淋巴细胞反应上清液中 IL-2 和 γ 干扰素水平明显降低。

3. 利尿

尾静脉注射 0.5~2 mg/kg 落新妇苷 5 h 后大鼠总排尿量明显增加，且呈剂量反应关系；注射 2 mg/kg，排尿量升高作用可维持 3 h。给药后 1 h 能增加尿 Na^+ 排出量，但对尿 K^+ 排出没有明显改变，给药后 2~5 h 对尿 Na^+ 作用影响不明显。

4. 抗炎、镇痛

土茯苓等水煎醇沉物 10 g/kg、15 g/kg 灌胃 4 d，对二甲苯所致小鼠耳廓肿胀、蛋清及角叉菜胶所致小鼠足跖肿胀均有明显抑制作用。土茯苓水提取物 100 mg/kg、200 mg/kg 给 2，4，6-三硝基氯苯所致接触性皮炎和绵羊红细胞所致的足跖炎症模型小鼠灌胃，能明显抑制炎症反应。给模型小鼠尾静脉注射土茯苓注射液 1.8 ml/kg、3.6 ml/kg，能明显抑制皮下注射右旋糖酐致大鼠足跖肿胀模型足跖肿胀作用，减少腹腔注射冰醋酸所致小鼠扭体反应次数。尾静脉注射落新妇苷 1.5 mg/kg、3.0 mg/kg 能明显对抗尿酸钠所致大鼠痛风性关节炎。尾静脉注射 1 mg/kg、2 mg/kg、4 mg/kg 落新妇苷能明显抑制小鼠冰醋酸扭体反应次数，4 mg/kg 落新妇苷的镇痛率为 72.29%，较 17.8 mg/kg 氨基比林的镇痛率高；给小鼠尾静脉注射 2.5 mg/kg、5 mg/kg、10 mg/kg 落新妇苷均能延长热板引起的疼痛反应潜伏期，其中 10 mg/kg 落新妇苷用药后 10 min 表现镇痛作用，30 min 达到高峰，提高小鼠痛阈 63%，镇痛作用持续 60 min。

【品质研究】杜洪志等分析测定了 26 个不同采集地土茯苓中（切面红色、白色）总多糖及多糖的含量并探讨其体外抗氧化活性。方法：采用蒽酮-硫酸比色法，比较分析不同产地及不同切面颜色土茯苓中总糖及多糖含量；同时，以抗坏血酸为阳性对照，通过 DPPH 自由基（1，1-二苯基-2-苦肼基自由基）清除法来评价该药材中总糖与多糖的抗氧化能力。结果：切面红色土茯苓中总糖的质量分数为 1.897 3%～11.680 9%，多糖为 0.048 0%～1.863 4%；切面白色土茯苓中总糖的质量分数为 7.957 5%～81.681 0%，多糖为 0.413 2%～7.963 9%，两者含量差异较大；抗氧化结果表明，总糖及多糖均有清除自由基活性，其 IC_{50} 依次为抗坏血酸（0.033 4 g/L）＜切面红色多糖（0.176 7 g/L）＜切面白色多糖（0.294 9 g/L）＜切面红色总糖（0.354 8 g/L）＜切面白色总糖（0.769 5 g/L）。结论：不同切面颜色及不同产地土茯苓药材中总糖及多糖的含量存在显著性差异，其多糖的含量高低与抗氧化作用的强弱不呈正相关。

【原植物】攀援灌木；根状茎粗壮，块状，常匍匐连接，粗 2~5 cm。茎长 1~4 m，枝条光滑，无刺。叶薄革质，狭椭圆状披针形至狭卵状披针形，长 6~12（15）cm，宽 1~4（6）cm，先端渐尖，下面通常绿色，有时带苍白色；叶柄长 5~15（20）mm，约占全长的 3/5~1/4，具狭鞘，有卷须，脱落点位于近顶端。伞形花序通常具 10 余朵花；总花梗长 1~5（8）mm，通常明显短于叶柄，极少与叶柄近等长；在总花梗与叶柄之间有一芽；花序托膨大，连同多数宿存的小苞片多呈莲座状，宽 2~5 mm；花绿白色，六棱状球形，直径约 3 mm；雄花外花被片近扁圆形，宽约 2 mm，兜状，背面中央具纵槽；内花被片近圆形，宽约 1 mm，边缘有不规则的齿；雄蕊靠合，与内花被片近等长，花丝极短；雌花外形与雄花相似，但内花被片边缘无齿，具 3 枚退化雄蕊。浆果直径

图4-159　土茯苓原植物（舒光明摄）

7~10 mm，熟时紫黑色，具粉霜。花期 7~11 月，果期 11 月至次年 4 月。见图 4-159。

【生物学特性】缠绕藤本，喜温暖湿润气候，耐干旱和荫蔽。

【栽培技术】

1. 选地整地

土茯苓比较粗生，适应性强，山地平地均可种植。应选土质疏松、肥沃、排水良好的土地种植。

2. 繁殖方法

用种子繁殖，播种期春季 3 月下旬至 4 月上旬。条播法，按行距 20 cm 开条沟，将种子均匀播

下，覆土厚1 cm左右，保持土壤湿润，待苗高10 cm左右移栽。

3. 种植

按行株距各25 cm开穴，每穴栽1株，待苗高30 cm左右，应搭架，将藤引上架，以利生长，注意松土除草，施追肥1~2次。

【采收加工】夏、秋二季采挖，除去须根，洗净，干燥；或趁鲜切成薄片，干燥。见图4-160。

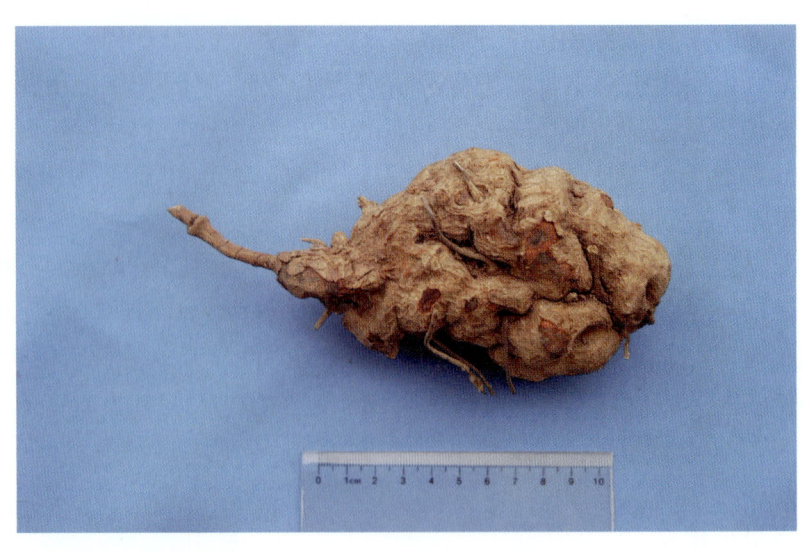

图4-160 土茯苓药材（黎跃成摄）

【适宜区与最适宜区】

1. 生态环境

生于海拔1 800 m以下的山地林中、灌丛。

2. 生态因子

年平均气温16 ℃，年降雨量1 000 mm，年日照时间1 500 h，无霜期270 d。

3. 适宜区

土茯苓的适宜区为海拔1 800 m以下的盆地周围山区林中、灌丛。见图4-161。

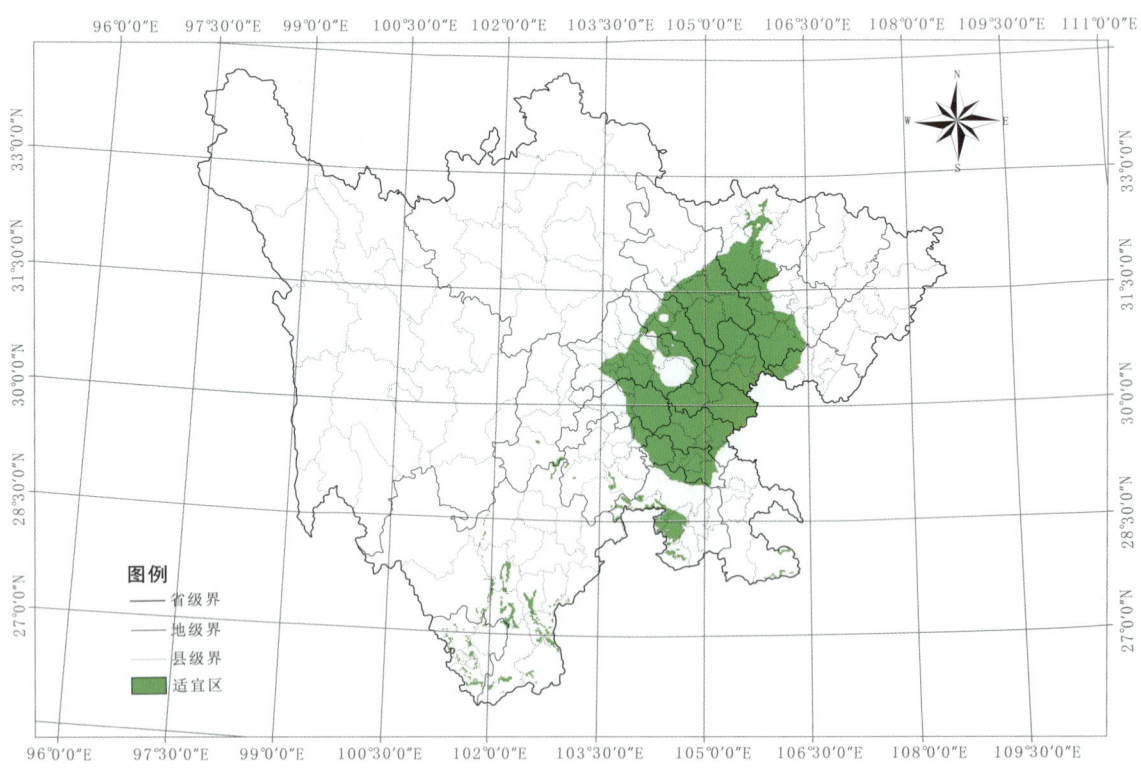

图4-161 土茯苓适宜区示意图

表4-80 土茯苓适宜区面积（km²）

区县	面积	区县	面积	区县	面积	区县	面积
盐边县	1 281	九龙县	29	旌阳区	648	双流区	1 070
会东县	742	冕宁县	360	中江县	2 196	蓬溪县	1 173
米易县	1 022	石棉县	632	广汉市	552	南溪区	557
会理县	1 271	开江县	1 012	什邡市	600	沿滩区	361
宁南县	756	宣汉县	4 216	绵竹市	912	邛崃市	1 369
德昌县	647	蒲江县	581	三台县	2 660	乐至县	1 425
盐源县	457	罗江县	452	盐亭县	1 649	大安区	336
普格县	249	安州区	1 072	船山区	434	贡井区	408
布拖县	200	平武县	2 583	射洪县	1 495	金堂县	1 158
金阳县	491	江油市	2 629	大英县	682	美姑县	163
喜德县	49	隆昌市	783	东兴区	1 164	富顺县	915
西昌市	927	金口河区	262	沙湾区	603	游仙区	1 022
昭觉县	80	井研县	841	五通桥区	468	洪雅县	1 416
雷波县	1 512	丹棱县	445	犍为县	1 369	威远县	1 282
筠连县	1 246	荥经县	997	夹江县	745	龙马潭区	216
珙县	1 142	天全县	997	沐川县	1 407	资中县	1 726
叙永县	2 960	宝兴县	449	马边县	1 746	泸县	1 262
古蔺县	3 164	成华区	109	峨眉山市	1 025	峨边县	1 095
仁和区	1 187	崇州市	897	顺庆区	458	安居区	1 053
东区	151	涪城区	549	高坪区	627	安岳县	2 261
西区	92	梓潼县	1 445	嘉陵区	907	江阳区	375
木里县	57	翠屏区	1 007	南部县	2 221	彭山区	467
万源市	3 935	长宁县	880	西充县	1 102	通川区	855
北川县	2 027	汶川县	560	东坡区	1 326	名山区	621
剑阁县	3 204	理县	29	仁寿县	2 603	岳池县	1 307
苍溪县	2 340	锦江区	61	青神县	387	营山县	1 605
巴州区	1 404	青羊区	62	叙州区	2 849	蓬安县	1 278
昭化区	1 434	金牛区	110	江安县	766	仪陇县	1 787
朝天区	1 578	武侯区	124	高县	1 313	阆中市	1 885
青川县	2 787	青白江区	380	兴文县	1 373	广安区	783
通江县	4 085	新都区	490	屏山县	1 485	华蓥市	321
黑水县	2	温江区	280	武胜县	428	达川区	2 127
九寨沟县	138	郫都区	437	雨城区	1 050	大竹县	2 049
茂县	274	大邑县	975	甘洛县	586	松潘县	97
利州区	1 534	新津县	330	龙泉驿区	556	旺苍县	2 882

续表

区县	面积	区县	面积	区县	面积	区县	面积
南江县	3 184	自流井区	149	雁江区	1 637	邻水县	1 793
丹巴县	1	荣县	1 602	简阳市	2 214	恩阳区	1 150
康定市	63	纳溪区	998	小金县	2	前锋区	358
泸定县	261	合江县	1 799	越西县	156		
都江堰	938	汉源县	876	平昌县	2 190		
彭州市	1 110	芦山县	720	渠县	1 395		

4. 最适宜区

土茯苓的最适宜区为海拔300~700 m的山区、丘陵，包括剑阁等地。见图4-162。

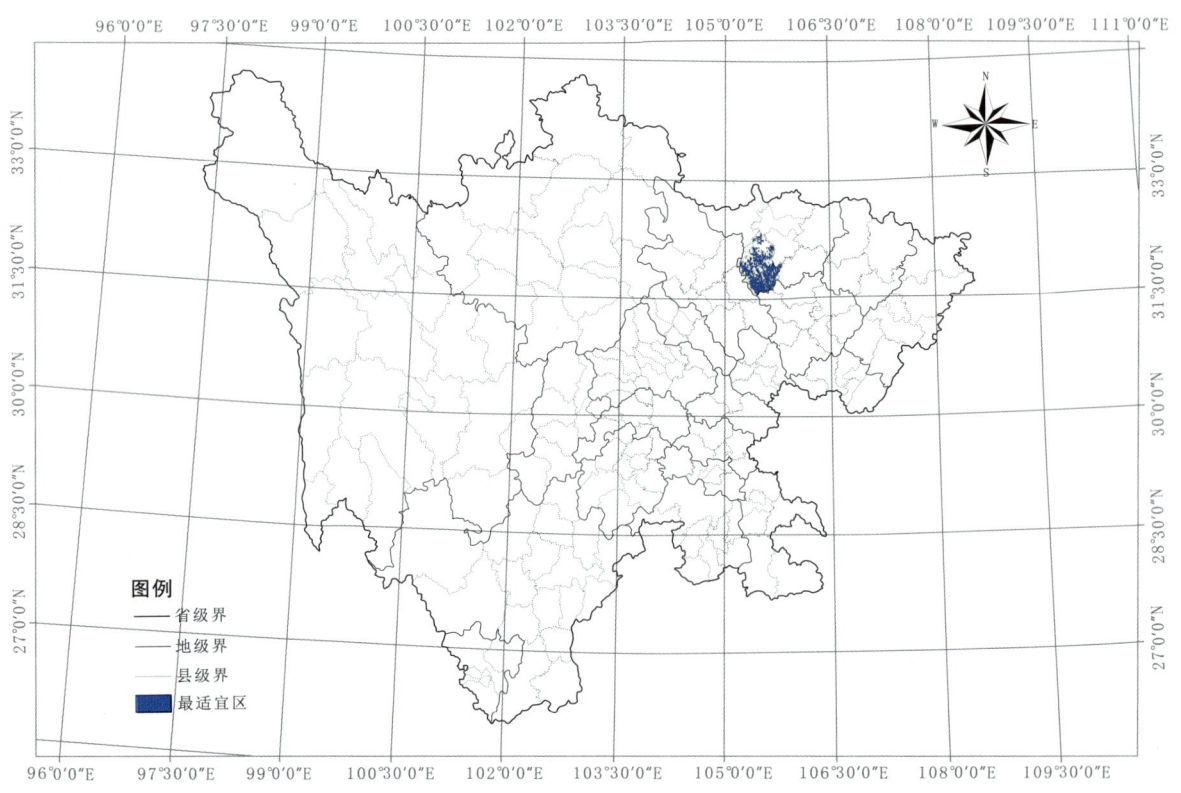

图4-162　土茯苓最适宜区示意图

表4-81　土茯苓最适宜区面积（km²）

区县	面积
剑阁县	1 907

【基地建设】四川省土茯苓药材为野生，无人工栽培基地。

三十九、川木通生产区划

【来源】 为毛茛科植物小木通 Clematis armandii Franch. 或绣球藤 Clematis montana Buch.-Ham. 的干燥藤茎。

【道地沿革】 川木通为木通类药材之一。木通类药材最早见于宋代《证类本草》通草项下所绘的"解州通草",从图例来看,可以认为是今毛茛科植物。至《本草纲目》首次将通草和通脱木分两项列出,通草实指木通:"今之木通,有紫白二色,紫者皮厚味辛,白者皮薄味淡。本经言味辛,别录言味甘,是二者皆能通利也。"从描述看,白色的类似今天的川木通。而长期以来,主流文献记载的木通,还是木通科的木通、三叶木通、白木通等植物。此外又有关木通,来源于马兜铃科植物东北马兜铃的藤茎,1950年商品调查,是当时国内木通的主流品种,并收载于《中国药典》1963版,后来因所含马兜铃酸毒性问题,又从木通药材中淘汰出来。

《植物名实图考》记载了5种木通:山木通、小木通、大木通、滇淮木通和一种绣球藤,除滇淮木通外,皆为毛茛科木通(包括今天的川木通),但没有记载木通科的木通。该书卷23蔓草类载:"绣球藤生云南。巨蔓逾丈,一枝三叶。叶似榆而深齿。叶际抽亭,开花如丝,长寸许,纠结成毯色黄绿。"按其文字对照附图,与现今毛茛科植物绣球藤吻合。又该书卷19蔓草类载有小木通,谓:"小木通产湖口县山中。茎叶深绿,长蔓袅娜。每只三叶,叶似马兜铃而细。"

清代四川地方本草《天宝本草》记载有"四朵梅":"四朵梅来即木通,四朵花心方为贵。不拘温热气血病,能利小便功百倍……"说明当时四川地区已有使用川木通的历史,且较普遍。谢宗万等《天宝本草》基原考证订"四朵梅"为"毛茛科小木通 Clematis armandii Franch. 或绣球藤 Clematis montana Buch.-Ham. 的干燥藤茎。"

明代方书已有川木通之名,方以智《物理小识》说:"川木通色白,止通小便,伪者葡萄藤也。"近代《中国药物标本图影》《四川中药志》1960年版第1册"木通"别名项下称"川木通"。《中国药典》(一部)自1963年收录川木通,沿用此名至2015年版。这说明川木通的名称属近代命名。

《药物出产辨》记载:"以江西、湖北产者为最;四川巴东、陕西汉中、河南、山东亦佳;湖南、广西、广东连州等亦次之。"

综上所述,川木通药用历史可以追溯到宋代,明代开始独立使用本品,主要是野生品种,基原植物主要分布在西南地区,四川地区为最多。四川历来有使用川木通的习惯,质量好,商品药材流通全国并少量出口。

以干燥、条粗、均匀、内外黄白色、无黑心者为佳。

【性味归经】 淡、苦,寒。归心、肺、小肠、膀胱经。

【功能主治】 清热利尿,通经下乳。用于水肿,淋病,小便不通,关节痹痛,经闭乳少。

【药理作用】

1. 抗炎

小木通水提物以15 g/kg体重,绣球藤水提物以7.5 g/kg、15 g/kg体重分别灌胃小鼠,每日1次,连续4 d,对蛋清所致的小鼠足跖肿胀均有明显抑制作用;小木通水提物以7.5 g/kg、15 g/kg体重,绣球藤水提物以7.5 g/kg体重分别灌胃小鼠,对角叉菜胶所致的小鼠足跖肿胀有抑制作用,但不明显，而绣球藤水提物以 15 g/kg 体重灌胃小鼠，1 次 /d，连续 4 d，对角叉菜胶所致的小鼠足跖肿胀均有明显抑制作用。小木通及绣球藤水提物具有相似的抗炎作用，其中绣球藤水提物作用稍优于小木通。

2. 利尿

川木通水煎液以 20 g/kg 灌胃饥饿大鼠，24 h 的排尿量显著增加；川木通水提醇沉剂以 1 g/kg 给家兔耳缘静脉注射，给药后 1 h 的排尿量显著增加，同时尿中的钾、钠、氯离子排出显著增加。小木通水提物分别以 15 g/kg、30 g/kg 灌胃小鼠 1 次，对腹腔注射 0.4 ml/10 g 生理盐水的水负荷小鼠给药后 4 h 尿量有增加趋势，均能使尿中 K^+ 排出量明显增加，Na^+ 排出量有增加趋势；绣球藤水提物的这两个剂量都能明显增加小鼠尿量，尿中 K^+、Na^+ 排出量均明显增加。小木通及绣球藤水提物具有相似的利尿作用，其中绣球藤水提物作用稍优于小木通。

3. 抗菌

小木通具有一定的杀菌能力，对金黄色葡萄球菌、大肠杆菌、绿脓假单胞菌、变形杆菌的最小杀菌生药浓度分别为 576 mg/ml、2 304 mg/ml、576 mg/ml、1 152 mg/ml。

【品质研究】万德光、国锦林等通过对川木通的本草考证及道地性考证研究表明：川木通的名称经过演化后，近代才形成。其基源植物从清代开始主要就是毛茛科植物，与今天的川木通一致。四川地区就是川木通的道地产区。历代本草记载疗效与现今应用基本一致。

关木通由于肾毒性而被禁用后，川木通的需求量日益增大，而《药典》收载的绣球藤生长的海拔较高；另外，其对生长环境有一定的要求，生长周期长，且产量不高。因此，市场上流通的川木通实际上常混有木通或铁线莲属的多种植物的藤茎。近些年，一些学者对其进行 DNA 提取，采用 ITS2 条形码序列对中药川木通及其混淆品和近缘种进行区分。

通过遥感与 GIS 空间分析、空间数据建库等技术，提取土地利用信息，结合川木通生长的环境指标进行量化和综合分析，其适宜的海拔控制在 600~1 600 m 范围内；生长在稀疏灌木林和林缘半阴处，喜温暖、湿润的中低山地，年降水量为 1 000~1 400 mm。最后获得其适宜的生长环境主要为四川盆地亚热带湿润气候区。

【原植物】**小木通**：多年生木质藤本，长达 6 m。茎圆柱形，中间有可以通气的小孔，黄褐色，有纵棱；枝被短柔毛或无毛，老枝节上有明显对生的苞片。叶对生，三出复叶；小叶片革质，卵状披针形、长椭圆状卵形至卵形，长 4~16 cm，宽 2~8 cm，顶端渐尖，基部圆形、心形或宽楔形，全缘，两面无毛，主脉三出，基出脉背面有隆起；叶柄长 3.0~7.5 cm。聚伞花序或圆锥状聚伞花序，自老枝腋芽生出，通常比叶长或近等长；通常具多数花，呈圆锥形，腋生花序基部有多数宿存芽鳞，为三角状卵形、卵形至长圆形，长 0.8~4.0 cm；花序下部苞片近长圆形，常 3 浅裂，上部苞片渐小，披针形至钻形；萼片 4~5 枚，开展，白色，偶带淡红色，长圆形或长椭圆形，大小变异极大，长 0.9~4.0 cm，宽 3.0~5.0 mm，外面边缘密生短绒毛至稀疏；雄蕊多数，无毛，花药狭长圆形或线形，长 2.0~4.0 mm，顶端有短尖头；心皮多数。瘦果扁，卵形至椭圆形，长 4~7 mm，疏生柔毛；宿存花柱羽毛状，长达 5 cm。花期 3~5 月，果期 5~7 月。见图 4-163。

绣球藤：多年生木质藤本，长达 6 m。茎圆柱形，中间有可以通气的小孔，黄褐色，有纵棱；枝被短柔毛或无毛，老枝节上有明显对生的苞片。叶为三出复叶，数叶与花同自老枝的腋芽生出，或在当年生枝上对生；小叶片草质或薄革质，卵形或椭圆形，边缘有粗锯齿，长 4~16 cm，宽 2~8 cm，顶端三裂或不明显，基部圆形、心形或宽楔形，边缘全缘，两面均生短柔毛，主脉三出，基出脉背面有隆起；叶柄长 3.0~7.5 cm。聚伞花序或圆锥状聚伞花序，花通常 2~4 朵与数叶同自一老

图4-163 小木通原植物（舒光明摄）

枝叶腋中生出，通常比叶长或近等长；通常具多数花，呈圆锥形，腋生花序基部有多数宿存芽鳞，为三角状卵形、卵形至长圆形，长0.8~4.0 cm；花序下部苞片近长圆形，常3浅裂，上部苞片渐小，披针形至钻形；萼片4枚，开展，白色或略呈淡红色，长圆形或长椭圆形，大小变异极大，长0.9~4.0 cm，宽3.0~5.0 mm，外面边缘密生短绒毛至稀疏；雄蕊多数，无毛，花药长圆形或狭长圆形，长2.0~4.0 mm，顶端钝；心皮多数。瘦果扁，卵形，长4~5 mm，无毛；羽毛状宿存花柱长达2.5 cm。花期6~7月，果期7~9月。见图4-164。

图4-164 绣球藤原植物（方清茂摄）

【生物学特性】 川木通喜温暖湿润、凉爽环境，需荫蔽，怕强光和酷热。小木通适宜栽种土壤以山地棕色森林土为主，其次为黄壤和山地褐色土。小木通种子不耐储藏，隔年后发芽率显著降低。其种子发芽需要变温，适宜发芽温度为15~30 ℃，15 ℃条件下16 h，30 ℃条件下8 h，15 d则开始发芽。

绣球藤主要生于山地棕色森林土中，其次为黄壤土。

【栽培技术】春分至清明播种，藤茎长50 cm以上时移栽定植。割取木通2~3年生藤茎，切成长30 cm左右的小段，每段均需有芽苞进行扦插繁育，秋末冬初或翌年春季则可移栽定植。栽种地一般选择土层深厚、肥沃疏松、排水良好、半阴半阳的山地，按行株距1.0~1.2 m挖穴，做到穴大低平，穴底土壤与底肥混匀待种。秋末冬初或雨水前后，均可移栽定植。每年在移栽后及封行前进行2次中耕除草。每年追肥两次，第一次于春季进行，施足人畜粪尿等农家肥；第二次于秋末冬初进行，施腐熟堆肥或厩肥并培土越冬。川木通病虫害较少，主要为蚜虫，多在春季发生。防治方法：冬季清园，将枯枝落叶深埋或烧毁，减少越冬虫源；发病时喷施50%的螟松。

【采收加工】春、秋二季采收，除去粗皮，晒干，或趁鲜切薄片，晒干。见图4-165、图4-166。

图4-165　小木通药材（周先建摄）

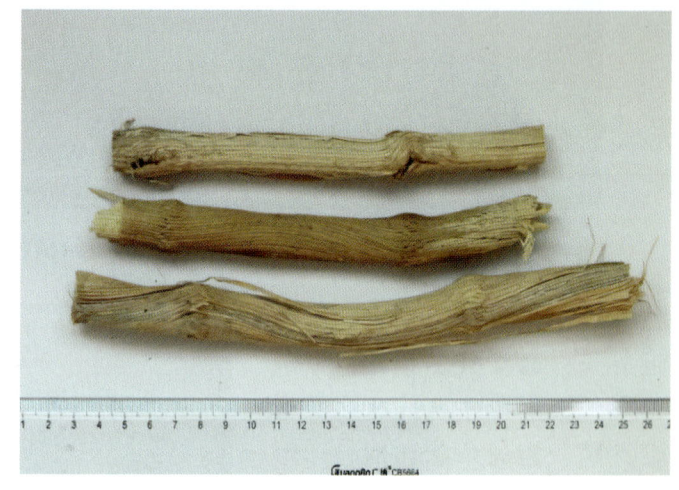

图4-166　绣球藤药材（周先建摄）

【适宜区与最适宜区】

1. 生态环境

小木通生于海拔600~1 600 m的山区；绣球藤生于海拔1 200~3 900 m的山区。

2. 生态因子

小木通的海拔为600~1 600 m的稀疏灌木林和林缘半阴处，温暖、湿润的中低山地，年降水量为1 000~1 400 mm，年均气温12~16 ℃，1月平均气温为4 ℃，7月平均气温为25 ℃。绣球藤的年均气温为11~15 ℃。

3. 适宜区

小木通的适宜区为海拔600~1 600 m的山区，包括龙门山区、屏山、古蔺、筠连、叙永、峨眉山、雅安、达州、邻水、西昌、雷波、美姑。见图4-167。

绣球藤的适宜区为海拔1 800~3 300 m的山区，包括九寨沟、松潘、康定、理县、小金、九龙、天全、雷波、泸定、峨眉山等地。见图4-168。

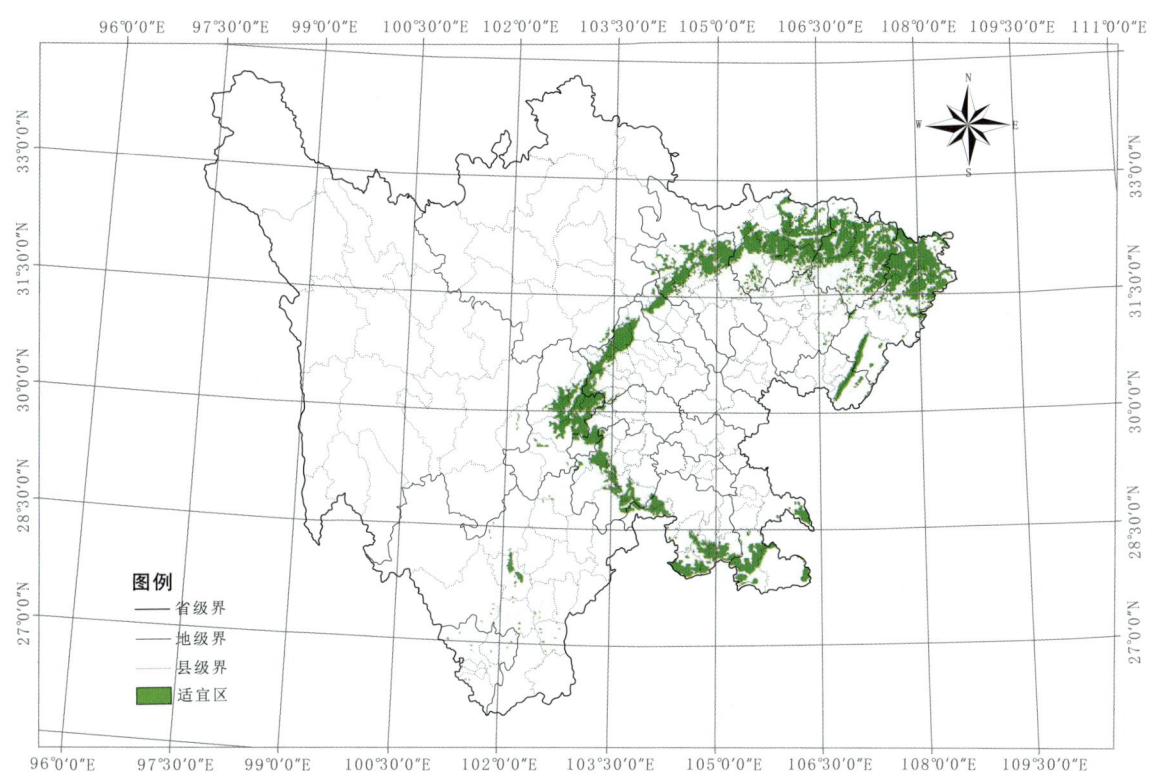

图4-167 小木通适宜区示意图

表4-82 小木通适宜区面积（km²）

区县	面积	区县	面积	区县	面积	区县	面积
盐边县	878	松潘县	55	彭州市	768	越西县	30
会东县	465	旺苍县	2 332	荣 县	177	甘洛县	393
米易县	713	南江县	2 651	纳溪区	92	龙泉驿区	140
会理县	565	康定市	23	合江县	791	双流区	53
宁南县	563	泸定县	155	旌阳区	52	邛崃市	603
德昌县	416	九龙县	6	中江县	206	金堂县	149
盐源县	269	冕宁县	58	广汉市	3	美姑县	64
普格县	143	石棉县	455	什邡市	262	游仙区	53
布拖县	136	开江县	320	绵竹市	529	洪雅县	785
金阳县	363	宣汉县	2 652	三台县	1	威远县	334
西昌市	617	蒲江县	181	盐亭县	105	资中县	28
昭觉县	42	罗江县	13	射洪县	1	泸 县	9
雷波县	1 137	安州区	565	沙湾区	324	峨边县	845
筠连县	974	平武县	2 012	五通桥区	8	江阳区	1
珙 县	758	江油市	1 880	犍为县	81	彭山区	1
叙永县	2 206	金口河区	195	夹江县	179	通川区	247
古蔺县	2 947	井研县	5	简阳市	99	仁和区	856

续表

区县	面积	区县	面积	区县	面积	区县	面积
东 区	137	荥经县	772	马边县	1 525	岳池县	31
西 区	81	天全县	829	峨眉山市	638	营山县	110
木里县	6	宝兴县	315	高坪区	3	蓬安县	39
万源市	3 595	崇州市	323	南部县	68	仪陇县	107
北川县	1 616	涪城区	4	东坡区	59	阆中市	210
剑阁县	2 136	梓潼县	373	仁寿县	122	华蓥市	122
苍溪县	1 312	翠屏区	9	青神县	5	达川区	339
巴州区	460	长宁县	109	叙州区	450	大竹县	502
昭化区	1 146	汶川县	378	江安县	51	平昌县	872
朝天区	1 442	理 县	10	高 县	291	渠 县	184
青川县	2 527	青白江区	47	兴文县	782	邻水县	482
通江县	3 264	温江区	25	屏山县	1 150	恩阳区	174
九寨沟县	62	郫都区	81	雨城区	932	前锋区	91
茂 县	153	大邑县	490	汉源县	626		
利州区	1 224	都江堰市	857	芦山县	610		
丹棱县	171	沐川县	828	名山区	580		

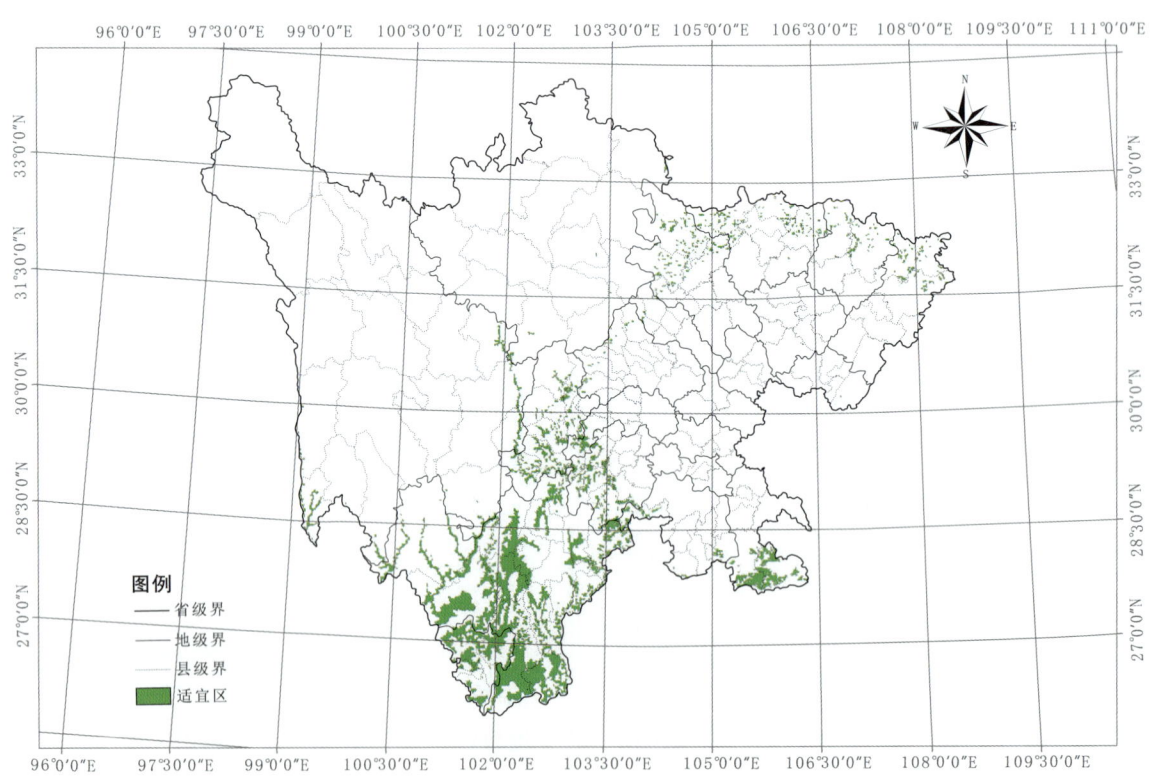

图4-168 绣球藤适宜区示意图

表4-83 绣球藤适宜区面积（km²）

区 县	面 积	区 县	面 积	区 县	面 积
盐边县	961	阿坝县	121	平武县	1 625
会东县	1 253	若尔盖县	566	江油市	3
米易县	430	松潘县	1 226	金口河区	191
会理县	1 290	旺苍县	1	荥经县	367
宁南县	510	南江县	6	天全县	695
德昌县	883	德格县	52	宝兴县	1 135
盐源县	5 035	壤塘县	82	崇州市	106
普格县	1 006	色达县	6	汶川县	1 331
布拖县	1 096	白玉县	179	理 县	897
金阳县	664	炉霍县	42	大邑县	135
喜德县	1 524	新龙县	138	都江堰市	124
西昌市	918	金川县	866	彭州市	134
昭觉县	1 989	丹巴县	838	什邡市	53
雷波县	590	道孚县	262	绵竹市	141
仁和区	109	康定市	1 064	马边县	266
东 区	6	雅江县	710	峨眉山市	60
西 区	7	理塘县	102	雨城区	3
稻城县	384	巴塘县	497	汉源县	722
木里县	3 469	泸定县	697	芦山县	218
万源市	4	九龙县	1 061	小金县	608
北川县	487	冕宁县	1 859	越西县	1 241
马尔康市	840	乡城县	285	甘洛县	890
青川县	198	得荣县	676	美姑县	1 458
黑水县	975	石棉县	1 000	洪雅县	222
九寨沟县	1 904	宣汉县	3	峨边县	657
茂 县	1 518	安州区	47		

4. 最适宜区

小木通的最适宜区为海拔800~1 500 m的山区，包括都江堰、彭州、雷波、天全、金阳、喜德、越西等地。见图4-169。

绣球藤的最适宜区为海拔2 200~3 200 m的山区，包括理县、康定、泸定、冕宁等地。见图4-170。

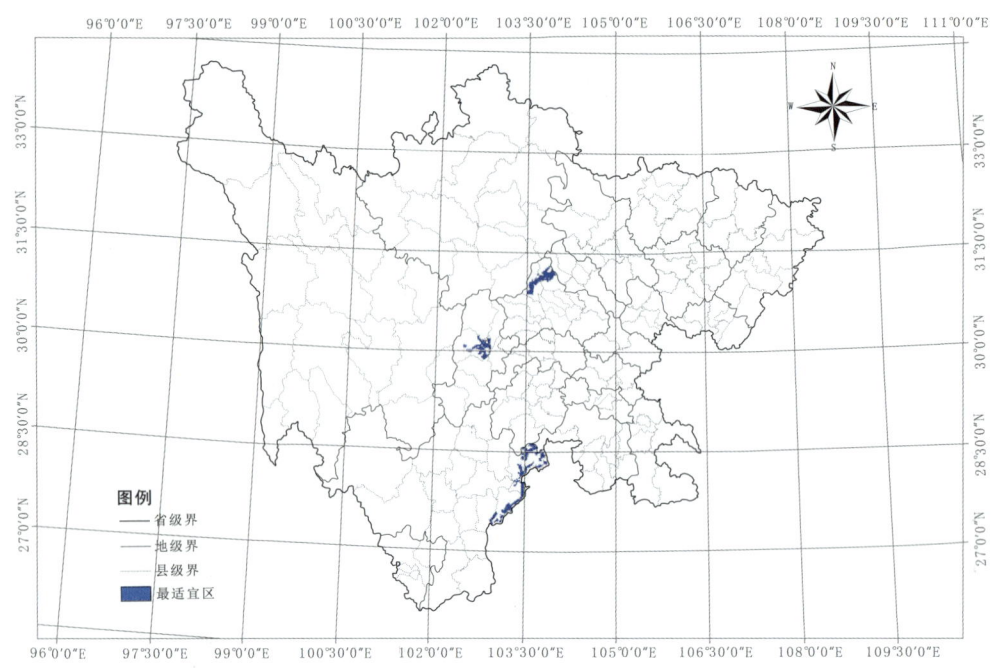

图4-169 小木通最适宜区示意图

表4-84 小木通最适宜区面积（km²）

区 县	面 积	区 县	面 积
都江堰市	349	彭州市	367
金阳县	277	天全县	617
雷波县	876	越西县	18

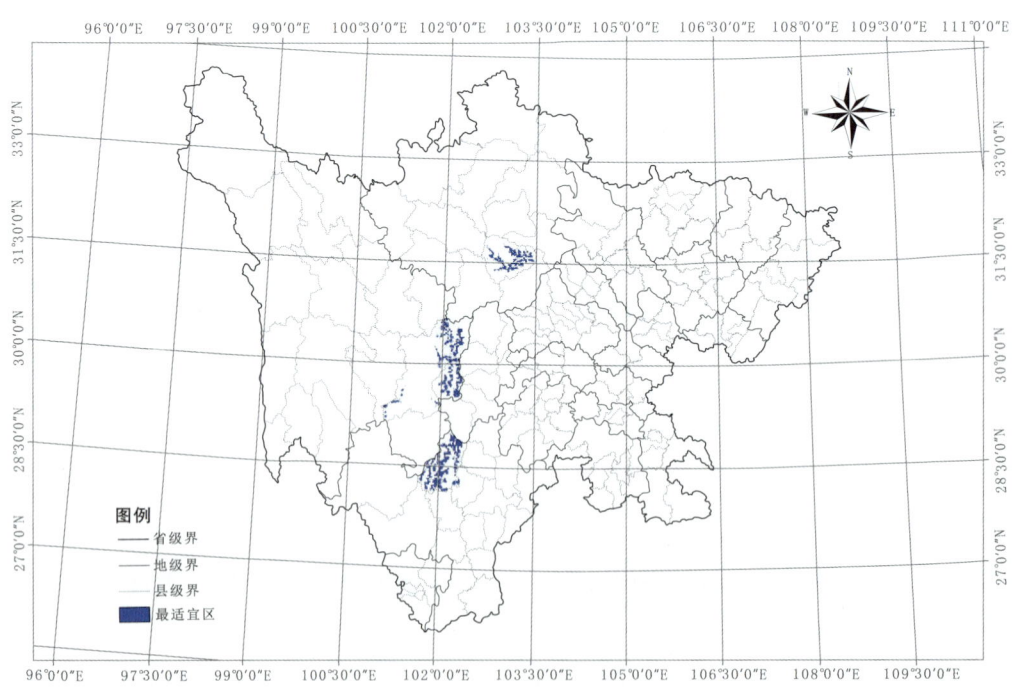

图4-170 绣球藤最适宜区示意图

表4-85 绣球藤最适宜区面积（km²）

区 县	面 积	区 县	面 积
理 县	897	泸定县	697
康定市	1 064	冕宁县	1 859

【基地建设】 四川省川木通药材主要为野生资源，农户有一些零星栽培，没有集约化种植基地。为保护环境及资源的可持续利用，建议建设规范化人工种植与野生抚育基地。

四十、花椒生产区划

【来源】 为芸香科植物花椒 Zanthoxylum bungeanum Maxim. 的干燥果皮。同属植物青花椒 Zanthoxylum schinifolium Sieb. etZucc. 的干燥果皮也作药用。

【道地沿革】 始载于《诗经·国风·唐风》："椒聊之实，蕃衍盈升。"《神农本草经》："蜀椒，味辛温。"《本草经集注》："蜀椒出蜀郡北部，人家种之，皮肉厚，腹里白，气味浓。"《本草纲目》："蜀椒肉厚皮皱，其子光黑，如人之瞳仁，故谓之椒目。"可见花椒自古就是四川的道地药材。

以身干个大、色红、香气浓烈、麻辣味重而持久、无果梗和椒目者为佳。

【性味归经】 辛，温。归脾、肺、肾经。

【功能主治】 温中止痛，杀虫止痒。用于脘腹冷痛，呕吐泄泻，虫积腹痛，蛔虫症。外治湿疹、瘙痒。

【药理作用】

1. 镇痛、抗炎

花椒水提取物 5 g/kg、10 g/kg 和醚提取物 3 ml/kg、6 ml/kg 灌胃，均能显著抑制小鼠二甲苯耳廓肿胀和冰醋酸致小鼠腹腔毛细血管通透性增高。花椒水提取物 2.5 g/kg、5 g/kg 和醚提取物 3.0 ml/kg 灌胃，对角叉菜胶致大鼠足跖肿胀有抑制作用。刺壳花椒提取物高、中、低 3 个剂量组（384 g/kg、192 g/kg、96 g/kg）对巴豆油所致小鼠耳廓腺肿胀有明显的抑制作用，能显著降低醋酸致痛小鼠扭体的次数；384 g/kg、192 g/kg 剂量组能明显抑制角叉菜胶引起的大鼠足跖致炎后的 2 h、3 h、4 h、5 h、6 h 肿胀，低剂量组（96 g/kg）能明显抑制角叉菜胶引起的大鼠足跖致炎后的 3 h、4 h、5 h、6 h 肿胀。刺壳花椒提取物 384 g/kg、192 g/kg 组能明显提高热刺激小鼠给药后 30 min、60 min、90 min 痛阈值，96 g/kg 组能明显提高热刺激小鼠给药后 60 min、90 min 的痛阈值。

2. 抗病原微生物

（1）抗真菌。采用培养基药物浓度稀释法对花椒挥发油进行体外抗真菌实验，结果发现花椒挥发油对上海红色毛菌株、石膏样毛菌株及武汉猴毛癣菌株三种菌株 MIC 为 1.56 μl/ml。

（2）杀虫。3.13% 花椒煎剂有明显的杀虫效果，作用于阴道滴虫 64 h，其杀虫率可达 85%；煎剂浓度为 25% 时，4 h 杀虫率达到 80.5%，8 h 达到 100%。将花椒挥发油（由花椒粉 50 g 经挥发油提取装置提取）按 1:2、1:4、1:8、1:16、1:32 倍比稀释，结果发现不同浓度的花椒挥发油对毛囊形螨抑杀时间为（12.98±0.58）min，对皮质形螨的抑杀时间为（6.89±0.56）min，花椒挥发油对两种蠕形螨均有明显的抑杀作用，且对皮质形螨的抑杀效果优于毛囊蠕形螨，但随稀释倍数的增加抑杀效果明显降低。因此花椒挥发油在一定浓度具有良好的体外抑杀蠕形螨的作用。

3. 平喘

12.5 g（生药）/L 的花椒萃取物（HJ）用蒸馏水稀释成 6.25×10^{-3} g/L、1.25×10^{-2} g/L、3.13×10^{-2} g/L 对正常气管、乙酰胆碱和磷酸组胺所致气管痉挛及磷酸组胺致气管平滑肌收缩有明显的抑制作用，并呈剂量依赖性。用 12.5 g（药材）/g（油）花椒萃取物（HJ）以 2 mg/kg、4 mg/kg、8 mg/kg 剂量给哮喘豚鼠灌胃，4 mg/kg、8 mg/kg 剂量组的 NO 和 ET 含量明显下降，说明 HJ 的 4 mg/kg、8 mg/kg 剂量有使升高的 NO 和 ET 降低的作用，这说明 HJ 平喘作用机理可能就是通过降低升高的 NO 和 ET 含量而减轻哮喘的发作和改善肺部炎症而实现的。花椒挥发油作用于豚鼠离体气管平滑肌，在体外浓度为 0.08~0.48 g/L 时均能有效地抑制组胺、乙酰胆碱诱发的支气管收缩，对组胺诱导的豚鼠气管平滑肌收缩的抑制作用强于乙酰胆碱。

4. 对消化系统的作用

（1）抗胃溃疡。花椒水提物 5 g/kg、10 g/kg 灌胃，对小鼠水浸应激性胃溃疡、吲哚美辛加乙醇致小鼠胃溃疡均具有显著抑制作用。花椒水提物 5 g/kg 灌胃，能明显抑制幽门结扎性大鼠胃溃疡形成。花椒醚提取物 3 ml/kg 灌胃，能抑制盐酸性大鼠溃疡病形成。

（2）调节肠道运动。花椒水煎液对离体兔空肠活动具双向调节作用，低浓度时呈兴奋作用，家兔空肠收缩活动显著增强；在高浓度时呈抑制作用，家兔空肠收缩活动明显减慢。花椒煎剂在浓度为 4×10^{-3} g/ml 或 1.2×10^{-2} g/ml 时，对烟碱、毒扁豆碱、乙酰胆碱、酚妥拉明、氯化钡、组胺、阿托品致离体小肠运动均有对抗作用；浓度为 1.2×10^{-3} g/ml 时，利舍平化离体小肠收缩增强。将 0.1~0.8 mg/ml 的花椒挥发油分别作用于家兔离体十二指肠平滑肌，可抑制家兔十二指肠自律性收缩以及 Ach 和 $CaCl_2$ 引起的十二指肠收缩。

（3）止泻。花椒水提物按 5 g/kg、10 g/kg 灌胃，具有抑制小鼠番泻叶致泻作用，作用时间 8 h 以上，其抗蓖麻油致腹泻作用弱而短暂。花椒醚提取物 3 ml/kg、6 ml/kg 灌胃，对麻油致小鼠腹泻具抑制作用，作用强且持久，但对番泻叶致小鼠腹泻无效。

【品质研究】四川汉源花椒，以皮厚肉丰、色艳味浓而闻名全国。蒲凤琳等研究表明，其挥发油含量较高，比其他花椒（如四川成都花椒、新疆花椒）的挥发油含量高出近一倍，其风味物质的主要成分也与其他产地的花椒不同。

蒲凤琳通过不同产区花椒风味分析及其特征香气指纹图谱的构建研究，结果表明：华北华东地区的红花椒麻度比西北和西南地区的红花椒麻度要低一些，其中山西芮城的红花椒为最低；西南地区的红花椒主要来自四川地区，其中麻度最高的是汉源红花椒；四川盐源、茂汶和西北地区的甘肃武都、陕西韩城的红花椒麻度相差不大。

房信胜等采用水蒸气蒸馏法 GC-MS 联用分析比较了川椒与山东莱芜花椒的挥发油化学成分，从川椒挥发油中鉴定了 52 种化合物，相对含量占其挥发油总成分的 89%，从莱芜花椒挥发油中鉴定了 56 种化合物，相对含量占其挥发油总成分的 87.7%。两种挥发油共有的主要成分为桧萜、β-月桂烯、枞萜、α-蒎烯、4-萜品醇、α-水芹烯、（+）-4-蒈烯、桉树脑、顺式-β-罗勒烯、松油烯、β-芳樟醇、松油醇、薄荷酮、α-松油醇酯、右旋大根香叶烯。两种来源花椒挥发油的理化性质和化学成分的种类相似，但成分的相对含量存在较大差异。

梁辉等比较了不同产地花椒的挥发油中化学成分，结果表明，四川汉源花椒中的芳樟醇（53.34%）、枞油烯（12%）、柠檬烯（11.89%）等含量较高；四川金阳花椒中，柠檬烯（39.48%）、崁烯（26.25%）、芳樟醇（14.58%）含量较高；而陕西韩城花椒中则是柠檬烯（25.58%）、β-月桂烯（6.92%）的含量比较高；山东产花椒中的萜烯（54.63%）、萜醇（20.83%）、萜酮（16.87%）的含量较高；河南产花椒中的β-水芹烯（12.97%）、柠檬烯（11.77%）、β-月桂烯（11.57%）含量较高。说明不同产地花椒均含有大量的挥发油，挥发油的成分存在较大的差异。

【原植物】**花椒**：落叶小乔木，高3~7m；茎干上的刺常早落，枝有短刺，小枝上的刺呈基部宽而扁且劲直的长三角形，当年生枝被短柔毛。叶有小叶5~13片，叶轴常有甚狭窄的叶翼；小叶对生，无柄，卵形、椭圆形，稀披针形，位于叶轴顶部的较大，近基部的有时圆形，长2~7cm，宽1~3.5cm，叶缘有细裂齿，齿缝有油点。其余无或散生肉眼可见的油点，叶背基部中脉两侧有丛毛或小叶两面均被柔毛，中脉在叶面微凹陷，叶背干后常有红褐色斑纹。花序顶生或生于侧枝之顶，花序轴及花梗密被短柔毛或无毛；花被片6~8片，黄绿色，形状及大小大致相同；雄花的雄蕊5枚或多至8枚；退化雌蕊顶端叉状浅裂；雌花很少有发育雄蕊，有心皮3或2个，间有4个，花柱斜向背弯。果紫红色，单个分果瓣径4~5mm，散生微凸起的油点，顶端有甚短的芒尖或无；种子长3.5~4.5mm。花期4~5月，果期8~9月。见图4-171。

图4-171 花椒原植物（周先建摄）

青花椒：灌木，高1~2m；茎枝有短刺，刺基部两侧压扁状，嫩枝暗紫红色。叶有小叶7~19片；小叶纸质，对生，几无柄，位于叶轴基部的常互生，其小叶柄长1~3mm，宽卵形至披针形，或阔卵状菱形，长5~10mm，宽4~6mm，稀长达70mm，宽25mm，顶部短至渐尖，基部圆或宽楔形，两侧对称，有时一侧偏斜，油点多或不明显，叶面有在放大镜下可见的细短毛或毛状凸体，叶缘有细裂齿或近于全缘，中脉至少中段以下凹陷。花序顶生，花或多或少；萼片及花瓣均5片；花瓣淡黄白色，长约2mm；雄花的退化雌蕊甚短。2~3浅裂；雌花有心皮3个，很少4或5个。分果瓣红褐色，干后变暗苍绿或褐黑色，径4~5mm，顶端几无芒尖，油点小；种子径3~4mm。花期7~9月，果期9~12月。

【生物学特性】耐旱，耐阴，不耐水湿，浅根性植物，适应性强。在石灰岩发育的碱性土壤中生长最良好。

【栽培技术】

1. 整地

（1）园地选择。花椒植株较小，根系分布浅，适应性强，可充分利用荒山、荒地、路旁、地边、房前屋后等空闲土地栽植花椒。山顶、地势低洼、风口、土层薄、岩石裸露处或重黏土上不宜栽植。

（2）花椒园（林带）整地。在平地建立丰产园地，可采取全园整地，深翻 30~50 cm，翻前施足基肥，每亩施 4~5 t，耙平耙细，栽植点挖成 1 m 见方的大坑；在平缓的山坡上建立丰产园时，可按等高线修成水平梯田或反坡梯田；在地埂、地边等处栽椒时，可挖成直径 60 cm 或 80 cm 的大坑，带状栽植无论哪种栽植坑，在回填时，还应混入 20~25 kg 左右的有机肥。在丘陵山地整地，必须坚持做好水土保持工作。

（3）栽植形式

地埂栽植：充分利用山区、丘陵的坡台田和梯田地埂栽植花椒，株距 3 m 左右。

纯花椒园：营造纯花椒园，如在平川地栽植，行距 3 m，株距 2 m；在山地栽植，按照梯田的宽窄确定株行距；复杂的山地，可围山转着栽。

椒林混交：花椒可以和其他生长缓慢的树木混合栽植，如栽核桃、板栗，可在株间夹栽一二株花椒，也可隔行混栽。

营生篱：用花椒营造生篱，栽植的密度要比其他形式的密度大，行距 30~40 cm，株距 20 cm，可三角形配置，栽成 2 行或 3 行。

（4）栽植密度。花椒宜稀不宜密，在干旱、半干旱地区，花椒成龄后的密度应在每亩 100~120 株的范围内。在土层深厚、土质好、雨量适中的地区，成龄密度为每亩 60 株左右。初建椒园时，一般行距 2 m，株距 1.5 m，条件好的地方保持行距 4 m，株距 1.5 m。

（5）管理养护

①苗期管理。定植是关键，以芽刚开始萌动时栽植成活率最高，栽后应浇透水，生长季节追肥 2~3 次，干旱时并结合浇水。

②越冬管理。秋季的水肥管理，花椒 7 月份后应停止追施氮肥，以防后季疯长。同时基肥应早于 9~10 月份施入，有利于提高树体的营养水平。

以修剪控制树体旺长，9~10 月份对直立旺枝采取拉、别和摘心等措施来削弱旺枝的长势，控制旺树效果明显，并适时喷施护树将军保温防冻，阻碍病菌着落于树体繁衍，同时可提高树体的抗寒能力。

增强树体的营养水平，在 7~8 月份可施硫酸钾等速效钾肥；叶面喷施光合微肥、氨基酸螯合肥等高效微肥加新高脂膜 800 倍液，以提高树体的光合能力。在 9~10 月份叶面喷施 0.5% 的磷酸二氢钾 +0.5%~1% 的尿素混合肥液加新高脂膜 800 倍液喷施，每隔 7~10 d 连喷 2~3 次，可有效地提高树体营养储备和抗寒能力。

加强越冬保护管理，采用主干培土和幼苗整株培土的防护措施，加强对树体保护；进行树干涂白保护，用生石灰 5 份 + 硫磺 0.5 份 + 食盐 2 份 + 植物油 0.1 份 + 水 20 份配制成保护剂进行树体涂干。

③施肥管理。扩穴施肥：初春土壤解冻后，将花椒树根系周围的土壤深刨 30~50 cm，每株施有机肥 30 kg 左右；4 月中旬萌芽期、7 月下旬采果后，每株各施标准化肥 0.4 kg。施肥后及时浇一遍透水；叶面喷肥：用 3% 的磷酸二氢钾和 0.5% 的尿素混合溶液，每年叶面喷肥 6 次，开花期喷第一次，花后 10 d 喷第二次，间隔 10 d 再喷第三次，7 月上、中旬和果实采收后各喷一次。

④修剪复壮。夏季结合采收花椒，及时进行修剪。对衰弱树剪除部分大枝及病虫枝，秋季再抽去多余的大枝，最后每株保留 5~7 个主枝，同时适当疏除冠内密集枝，疏枝量一般不超过 25%，并缩剪部分弱枝到壮芽处；中庸树的中短枝一般不短截，以疏为主，并注意保护顶芽，对长果枝适当短截，保留大芽。

【采收加工】立秋至处暑前后果实成熟、果皮呈紫红色或淡红色时采摘,晒干,除去种子(椒目)及枝叶即可。见图4-172。

【适宜区与最适宜区】

1. 生态环境

生于海拔1 800 m以下向阳、温暖、肥沃处。

2. 生态因子

年均气温高于18 ℃,无霜期300 d,年降水量低于750 mm,年日照1 450 h。

3. 适宜区

花椒的适宜区为海拔800~1 800 m的山区向阳山坡,包括汉源、雅安、冕宁、泸定、越西、甘洛、西昌、喜德、汶川、茂县、金川、平武、北川、青川。见图4-173。

图4-172 花椒药材(方清茂摄)

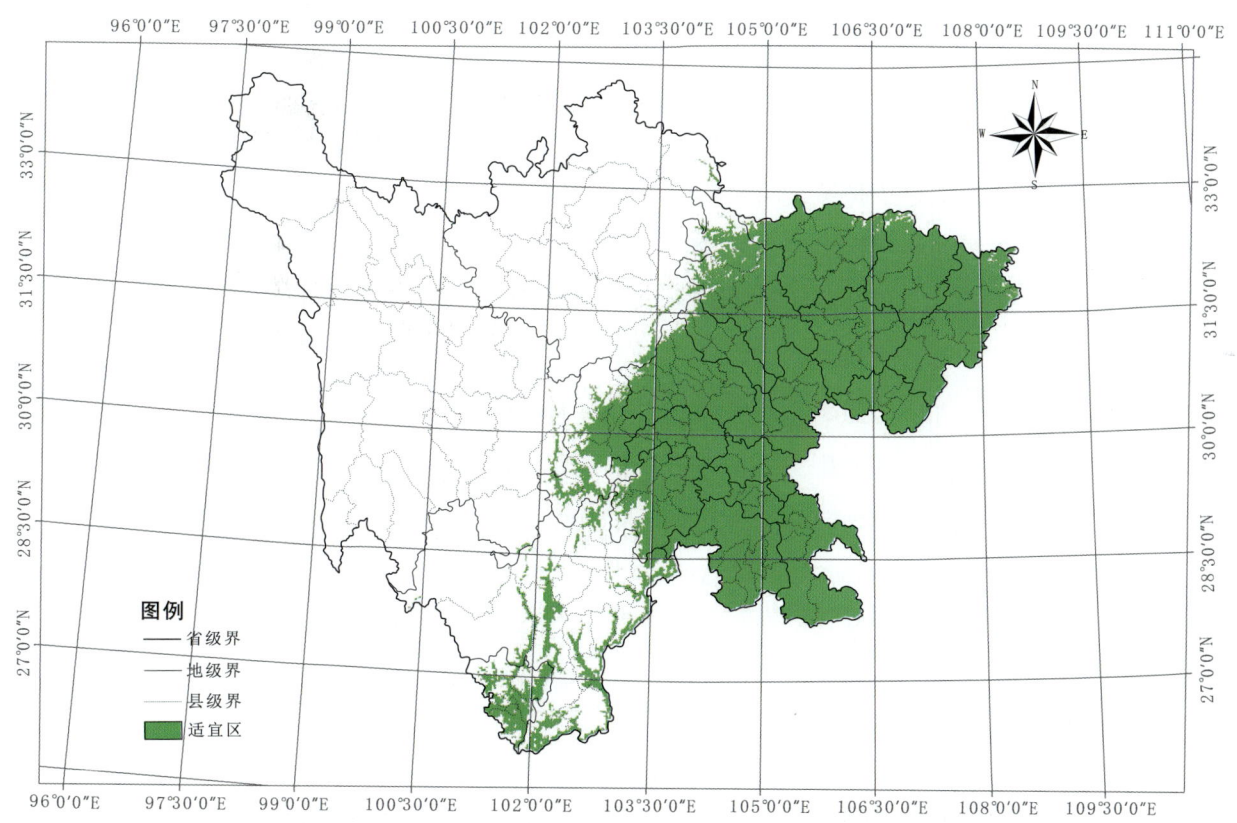

图4-173 花椒适宜区示意图

表4-86 花椒适宜区面积（km²）

区县	面积	区县	面积	区县	面积	区县	面积
盐边县	287	苍溪县	170	荥经县	218	叙州区	43
会东县	185	巴州区	73	天全县	189	高县	27
米易县	295	昭化区	191	宝兴县	93	兴文县	137
会理县	323	朝天区	503	崇州市	40	屏山县	225
宁南县	271	青川县	691	梓潼县	2	雨城区	139
德昌县	272	通江县	750	长宁县	1	汉源县	363
盐源县	143	九寨沟县	30	汶川县	60	芦山县	155
普格县	123	茂县	74	理县	9	简阳市	5
布拖县	48	利州区	239	青白江区	2	越西县	104
金阳县	109	松潘县	9	大邑县	65	甘洛县	217
喜德县	26	旺苍县	642	都江堰市	59	龙泉驿区	2
西昌市	486	南江县	660	彭州市	95	双流区	1
昭觉县	19	康定市	4	荣县	4	邛崃市	57
雷波县	348	泸定县	49	合江县	39	金堂县	22
筠连县	214	九龙县	8	中江县	25	美姑县	53
珙县	143	冕宁县	194	什邡市	28	洪雅县	93
叙永县	662	石棉县	143	绵竹市	40	峨边县	166
古蔺县	942	开江县	28	沙湾区	50	通川区	13
仁和区	259	宣汉县	596	犍为县	5	名山区	16
东区	15	蒲江县	8	夹江县	25	阆中市	7
西区	19	安州区	28	沐川县	104	华蓥市	1
木里县	10	平武县	660	马边县	386	达川区	10
万源市	909	江油市	173	峨眉山市	143	大竹县	33
北川县	429	金口河区	33	东坡区	2	平昌县	72
剑阁县	204	丹棱县	21	仁寿县	1	渠县	9
邻水县	33	恩阳区	14	前锋区	15		

4. 最适宜区

花椒的最适宜区为海拔900~1700 m的山区向阳山坡，包括汉源清溪镇、汶川、茂县、理县、九龙县。见图4-174。

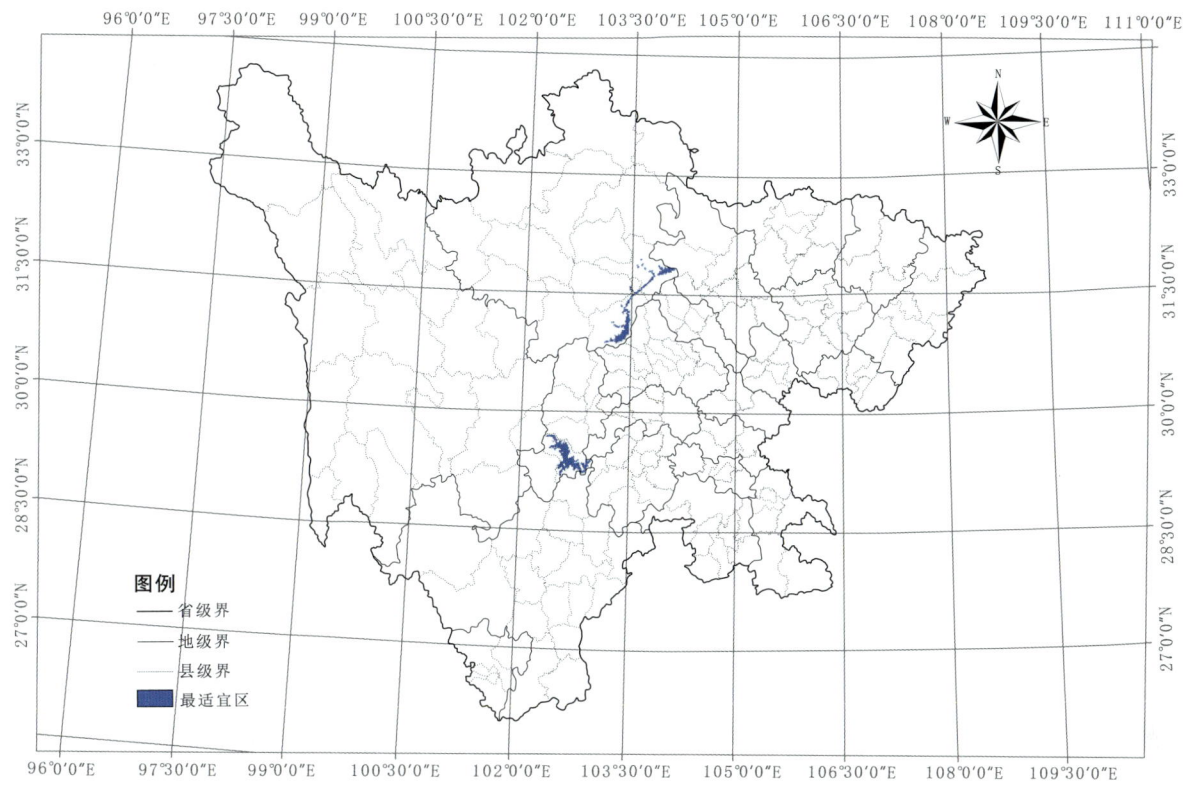

图4-174 花椒最适宜区示意图

表4-87 花椒最适宜区面积（km²）

区 县	面 积	区 县	面 积
汉源县	876	汶川县	560
茂 县	274		

【基地建设】 四川省在汉源、九龙、茂县、理县建立了花椒的规范化栽培基地。青花椒在四川省岳池、雷波等地的栽培面积也较大。

四十一、杜仲生产区划

【来源】 为杜仲科植物杜仲 Eucommia ulmoides Oliv. 的干燥树皮与叶。

【道地沿革】 始载于《神农本草经》，列为上品。《名医别录》云："杜仲生上虞山谷及上党、汉中。二月、五月采皮。"陶弘景曰："今用出建平、宜都者。状如浓朴，折之多白丝者为佳。"李时珍曰："昔有杜仲服此得道，因以名之。"清代郑肖岩谓"四川绥宁者最佳，巴河产者亦佳。"《通考》谓"杜仲青川者佳。"民国《北川县志》、清·光绪《雷波县志》、清·光绪《盐源县志》记载产药材杜仲。《药物出产辨》："杜仲产四川、贵州为最，其次湖北宜昌府各属。"《本草药品实地之观察》："药市中以四川产者为上品，称川杜仲而出售之。"

以皮厚、完整、去净粗皮、内表面暗紫色、断面丝多者为佳。

【性味归经】 甘，温。归肝、肾经。杜仲叶微辛，温。归肝、肾经。

【功能主治】 补肝肾，强筋骨，安胎。用于肝肾不足，腰膝酸痛，筋骨无力，头晕目眩，妊娠漏血，胎动不安。杜仲叶补肝肾，强筋骨。用于肝肾不足，腰膝酸痛，筋骨无力，头晕目眩。

【药理作用】

1. 补肾阳

0.7 g/kg 杜仲提取物灌胃 12 d，对腹腔注射苯甲酸雌二醇所致雄性大鼠肾阳虚模型、腹腔注射丙酸睾酮所致雌性大鼠肾阳虚模型具有显著降低血清 UR、Cr、ALT 水平，增加肾阳虚大鼠肾指数的作用。杜仲水提取物、正丁醇提取物、乙酸乙酯提取物分别按 1.25 g（生药）/kg 灌胃小鼠 15 d，杜仲水提取物能提高肾阳虚小鼠肛温、游泳时间、自主活动、睾丸和精囊腺指数、Hb、WBC、LY、MO、PLT，降低 UR；正丁醇提取物能提高小鼠抓力、游泳时间、自主活动次数、睾丸和精囊腺指数、RBC、Hb、WBC、LY、MO、PLT，降低 UR；乙酸乙酯提取物能提高小鼠肛温、抓力、精囊腺指数、Hb、PLT，降低 Cr、UR。

2. 调节免疫

0.4 g/ml 杜仲水煎液按 0.4 g/kg 灌胃 6 d，每日 1 次，能使猕猴淋巴细胞与绵羊红细胞的结合增加，红细胞渗透脆性降低。7.5 g/kg 盐杜仲水煎液，2.5 g/kg、7.5 g/kg 盐杜仲醇煎液，7.5 g/kg 生杜仲水煎液，2.5 g/kg、7.5 g/kg 生杜仲醇煎液，分别灌胃小鼠 7 d，可显著增加小鼠单核巨噬细胞的碳粒廓清指数及吞噬指数，以盐杜仲醇煎液、生杜仲醇煎液为佳。制备杜仲及其提取物（7.3 mg/ml）BBS 饱和溶液，稀释成不同实验倍数，当杜仲及其提取物浓度为 1 mg/ml 时，有效抑制补体溶血作用很强，主要作用于补体 C_3、C_4 单体。杜仲乙酸乙酯部位（Ⅰ）、水饱和正丁醇部位（Ⅱ）和水层溶出部位（Ⅲ）12 g（生药）/kg 灌胃小鼠 18 d，具有降低脾脏指数作用。

杜仲总多糖 200 mg/kg、100 mg/kg、50 mg/kg 灌胃小鼠 11 d，对环磷酰胺所致免疫低下小鼠模型，能减轻模型小鼠体重的下降，升高免疫低下小鼠胸腺指数，明显增加小鼠腹腔巨噬细胞吞噬率、吞噬指数。杜仲总多糖 50 mg/kg、100 mg/kg、200 mg/kg 灌胃 10 d，拮抗环磷酰胺所引起的外周血白细胞的降低，增加小鼠的骨有核细胞数，拮抗环磷酰胺作用。杜仲多糖（EOP）50 mg/kg、100 mg/kg、200 mg/kg 灌胃 5 d，能有效地拮抗环磷酰胺所引起的小鼠毒性作用，使体重下降减少，胸腺指数、脾脏指数、肝脏指数都有所升高；使 MDA 降低，SOD、GSH、GPT 升高；白细胞、红细胞、血小板均有所升高；骨髓 DNA 含量升高；其中高剂量组作用最明显。

3. 对肝、肾的保护作用

杜仲水提液 163.80 g（生药）/kg、81.90 g（生药）/kg、40.95 g（生药）/kg 灌胃 10 d，能明显抑制 CCl_4 所致急性肝损伤模型小鼠肝脾指数的升高和血清中 ALT、AST 活性的升高；亦能降低肝组织中 MDA 的水平，提高肝组织中 SOD 的活性和 GSH-Px 水平。杜仲总多糖 200 mg/kg、100 mg/kg、50 mg/kg 灌胃小鼠 7 d，能显著降低环磷酰胺所致肝损伤小鼠血清 ALT、AST 值、肝组织的丙二醛值，同时升高肝组织 SOD 活性。

杜仲 6 g/kg 灌胃 2 周，通过下调 TGF-β1、Smad2 的表达及增加 Smad7 的表达而抑制单侧输尿管梗阻（UUO）大鼠肾间质纤维化，机制与杜仲可以部分调节 TGF-β1/Smads 信号转导通路有关。

4. 抗氧化、延缓衰老

10 g/kg 杜仲水煎剂灌胃 30 d，能使正常小鼠肝、肾组织中过氧化脂质（LPO）明显降低，超氧化物歧化酶（SOD）活性明显增高。杜仲乙醇提取物 50 μg/ml 和 100 μg/ml，能使 UVB 照射 HaCaT 细胞所致光老化模型细胞形态改善，显著提高细胞活性。杜仲具有抗皮肤衰老的潜力，作用机制可能与其能够清除氧自由基、提高细胞活性、保护细胞膜免受损伤而降低 LDH 的泄漏有关。

杜仲水煎液 0.1 g/kg 灌胃，能够促进 D-半乳糖致衰老小鼠生精过程，使生精细胞增多，并增加睾丸重量，增粗生精小管，明显提高精子密度及活动率；增加血清睾酮含量提高 CAT、NOS、GSH-Px、SOD 活性，增加 NO 含量，降低 MDA 含量。给小鼠自由饮食质量分数为 19% 的盐杜仲水剂 120 d 后，能显著升高雌、雄动物血红蛋白、肾脏组织蛋白、心脏蛋白、雌性动物脑组织蛋白含量，显著降低雄性动物奥古蛋白含量。说明杜仲对多数器官具有促进蛋白合成、阻滞衰老进程的作用。

5. 抗应激

盐杜仲水煎液、盐杜仲醇煎液、生杜仲水煎液、生杜仲醇煎液按 2.5 g/kg、7.5 g/kg 灌胃小鼠 7 d，可显著延长小鼠在疲劳仪上的跌落时间，能提高小鼠的抗疲劳能力，但作用以盐杜仲醇煎液、生杜仲醇煎液更显著。杜仲多糖 100 mg/kg、50 mg/kg、25 mg/kg 灌胃小鼠 7 d，100 mg/kg 明显延长断头小鼠张口呼吸的时间和增加次数，各剂量组小鼠断头后心脏搏动时间明显延长，且随着浓度的增高，保护作用显著增强，各剂量组小鼠存活时间明显延长，对小鼠常压耐低氧有明显的保护作用。

【品质研究】贾智若等选取河南、四川、贵州 3 个产地的杜仲皮和叶样品进行提取，采用反相高效液相色谱法测定儿茶素的含量。结果 3 个产地的同株杜仲的皮和叶中儿茶素的含量不同，其中河南信阳、四川绵阳和贵州遵义产的杜仲皮中儿茶素的含量分别为 1.919 mg/g、1.279 mg/g 和 1.167 mg/g，杜仲叶中儿茶素的含量分别为 49.34 mg/g、35.75 mg/g 和 33.72 mg/g；同株杜仲叶中儿茶素含量明显高于杜仲皮。杜仲叶资源值得开发利用。

贾智若等采用超临界 CO_2 流体萃取法提取杜仲叶的挥发油，运用气相色谱-质谱联用技术（GC-MS）对其化学成分进行定性、定量分析，比较了贵州遵义、四川绵阳、河南信阳 3 个产地杜仲叶挥发油的化学成分。贵州遵义产杜仲叶挥发油共鉴定出 38 种成分，占挥发油总量的 80.62%；四川绵阳产杜仲叶挥发油共鉴定出 59 种成分，占挥发油总量的 83.77%；河南信阳产杜仲叶挥发油共鉴定出 30 种成分，占挥发油总量的 72.76%。不同产地杜仲叶挥发油在组成和含量上存在一定的差异。

【原植物】落叶乔木，高达 20 m，胸径约 50 cm；树皮灰褐色，粗糙，内含胶质，折断拉开有多数细丝。嫩枝有黄褐色毛，不久变秃净，老枝有明显的皮孔。芽体卵圆形，外面发亮，红褐色，有鳞片 6~8 片，边缘有微毛。叶椭圆形、卵形或矩圆形，薄革质，长 6~15 cm，宽 3.5~6.5 cm；基部圆形或阔楔形，先端渐尖；上面暗绿色，初时有褐色柔毛，不久变秃净，老叶略有皱纹，下面淡绿，初时有褐毛，以后仅在脉上有毛；侧脉 6~9 对，与网脉在上面下陷，在下面稍突起；边缘有锯齿；叶柄长 1~2 cm，上面有槽，被散生长毛。花生于当年枝基部，雄花无花被；花梗长约 3 mm，无毛；苞片倒卵状匙形，长 6~8 mm，顶端圆形，边缘有睫毛，早落；雄蕊长约 1 cm，无毛，花丝长约 1 mm，药隔突出，花粉囊细长，无退化雌蕊。雌花单生，苞片倒卵形，花梗长 8 mm，子房无毛，1 室，扁而长，先端 2 裂，子房柄极短。翅果扁平，长椭圆形，先端下凹，长 3~3.5 cm，宽 1~1.3 cm，先端 2 裂，基部楔形，周围具薄翅；坚果位于中央，稍突起，子房柄长 2~3 mm，与果梗相接处有关节。种子扁平，线形，长 1.4~1.5 cm，宽 3 mm，两端圆形。花期 4~5 月，果期 9 月。见图 4-175。

图4-175 杜仲原植物（舒光明摄）

【生物学特性】喜温暖湿润、阳光充足的地区，耐阴性差，对光照要求较高。宜选土层深厚、疏松肥沃、排水良好的沙质壤土。

【栽培技术】

1. 选地整地

宜选土层深厚、疏松肥沃、排水良好的沙质壤土定植。接行株距 3 m × 2 m 挖穴，穴深和穴径均为 50~70 cm，每穴施有机肥 20 kg、过磷酸钙和饼肥各 1 kg，与底土拌匀。

2. 育苗

播种前浇透水，待水渗下后，将处理好的种子撒下。种子相距约 3 cm，覆细土 0.7~1 cm，播后畦面盖草。播种量 52.5~90 kg/hm^2。

3. 定植

在秋、冬季落叶后或春季发芽前，苗高 60 cm 时，即可起苗移栽。要边起苗边移栽，每穴栽苗 1 株，栽后浇好定根水。

4. 田间管理

（1）中耕除草。定植后，中耕宜浅不宜深，草要除净，如与农作物间作，可与农作物同时进行中耕除草。停止间作后，每年夏季中耕 1 次。入冬前，在幼树根际培土防寒。

（2）追肥。定植后，结合中耕除草进行追肥，每年春季每亩施有机肥 1 500 kg、饼肥 50 kg。

（3）灌排水。定植后，应经常灌水，保持穴内土壤湿润，以利成活。干旱应及时浇水，雨季应及时排除积水。

（4）整枝修剪。每年冬季适当剪除树冠下部侧枝，促进主干生长，增加干皮产量。剪除下垂枝、病虫枝及枯枝，使树冠通风透光。

【采收加工】4~6月剥取，刮去粗皮，堆置"发汗"至内皮呈紫褐色，晒干。杜仲叶秋末采收，洗净、晒干。见图4-176。

图4-176 杜仲药材（周先建摄）

【适宜区与最适宜区】

1. 生态环境

生于海拔2 000 m以下的地区。

2. 生态因子

年均气温9~20 ℃；最适宜生长条件为年平均气温15.6 ℃，无霜期256 d，年降水量570 mm。

3. 适宜区

杜仲的适宜区为海拔800~2 000 m的山区，包括广元、青川、北川、旺苍、通江、古蔺、高县、荥经、峨边、都江堰、彭州、峨眉、洪雅、大邑、什邡、江油等地。见图4-177。

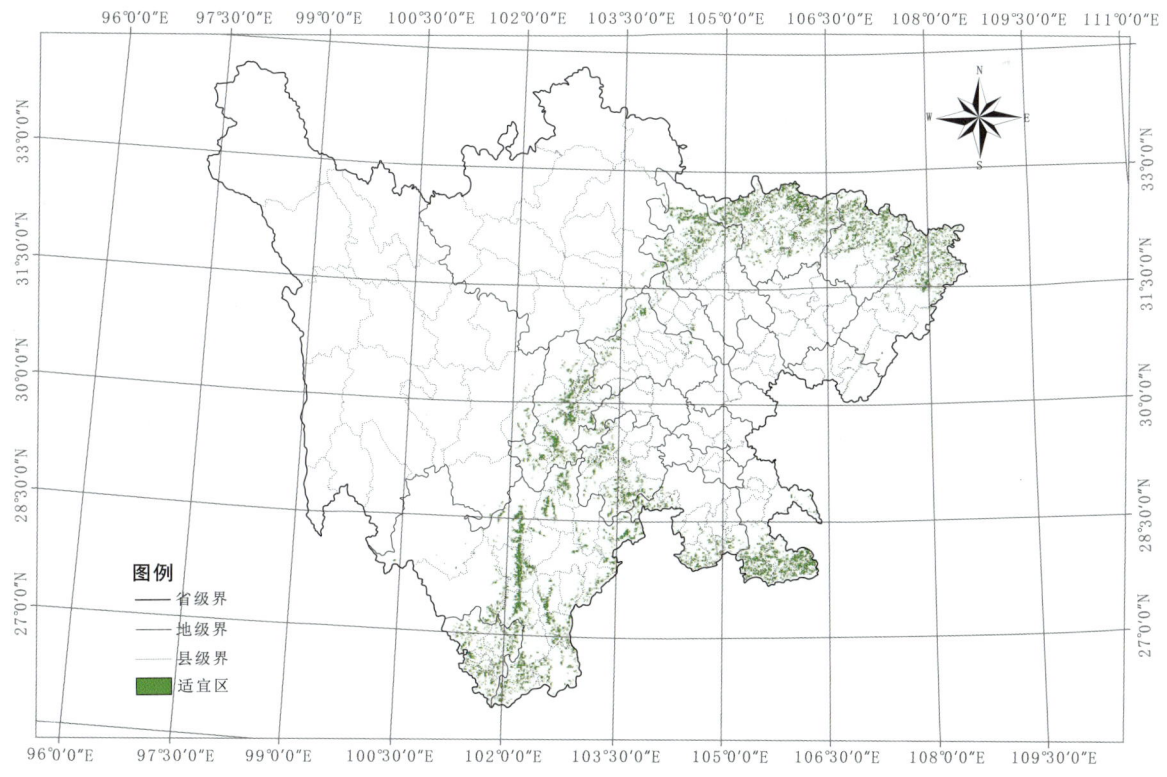

图4-177 杜仲适宜区示意图

表4-88 杜仲适宜区面积（km²）

区县	面积	区县	面积	区县	面积	区县	面积
盐边县	360	昭化区	191	宝兴县	108	雨城区	139
会东县	344	朝天区	504	崇州市	41	汉源县	420
米易县	348	青川县	695	梓潼县	2	芦山县	158
会理县	584	通江县	750	长宁县	1	简阳市	5
宁南县	324	黑水县	1	汶川县	64	小金县	1
德昌县	330	九寨沟县	46	理县	25	越西县	218
盐源县	224	茂县	98	青白江区	2	甘洛县	255
普格县	169	利州区	239	大邑县	67	龙泉驿区	2
布拖县	71	松潘县	15	都江堰市	59	双流区	1
金阳县	149	旺苍县	642	彭州市	101	邛崃市	57
喜德县	79	南江县	663	荣县	4	金堂县	22
西昌市	559	丹巴县	3	合江县	39	美姑县	101
昭觉县	44	康定市	7	中江县	25	洪雅县	93
雷波县	382	泸定县	69	什邡市	28	峨边县	178
筠连县	214	九龙县	22	绵竹市	42	通川区	13
珙县	143	冕宁县	369	沙湾区	50	名山区	16
叙永县	662	石棉县	168	犍为县	5	阆中市	7
古蔺县	942	开江县	28	夹江县	25	华蓥市	1
仁和区	295	宣汉县	602	沐川县	104	达川区	10
东区	16	蒲江县	8	马边县	387	大竹县	33
西区	19	安州区	29	峨眉山市	143	平昌县	72
木里县	36	平武县	692	东坡区	2	渠县	9
万源市	921	江油市	173	仁寿县	1	邻水县	33
北川县	439	金口河区	33	叙州区	43	恩阳区	14
剑阁县	204	丹棱县	21	高县	27	前锋区	15
苍溪县	170	荥经县	218	兴文县	137		
巴州区	73	天全县	197	屏山县	225		

4. 最适宜区

杜仲的最适宜区为海拔800~1 200 m的山区，包括青川、都江堰、彭州、旺苍。年均气温13~17 ℃，年降水量500~1 500 mm，土壤pH值5.0~7.5。见图4-178。

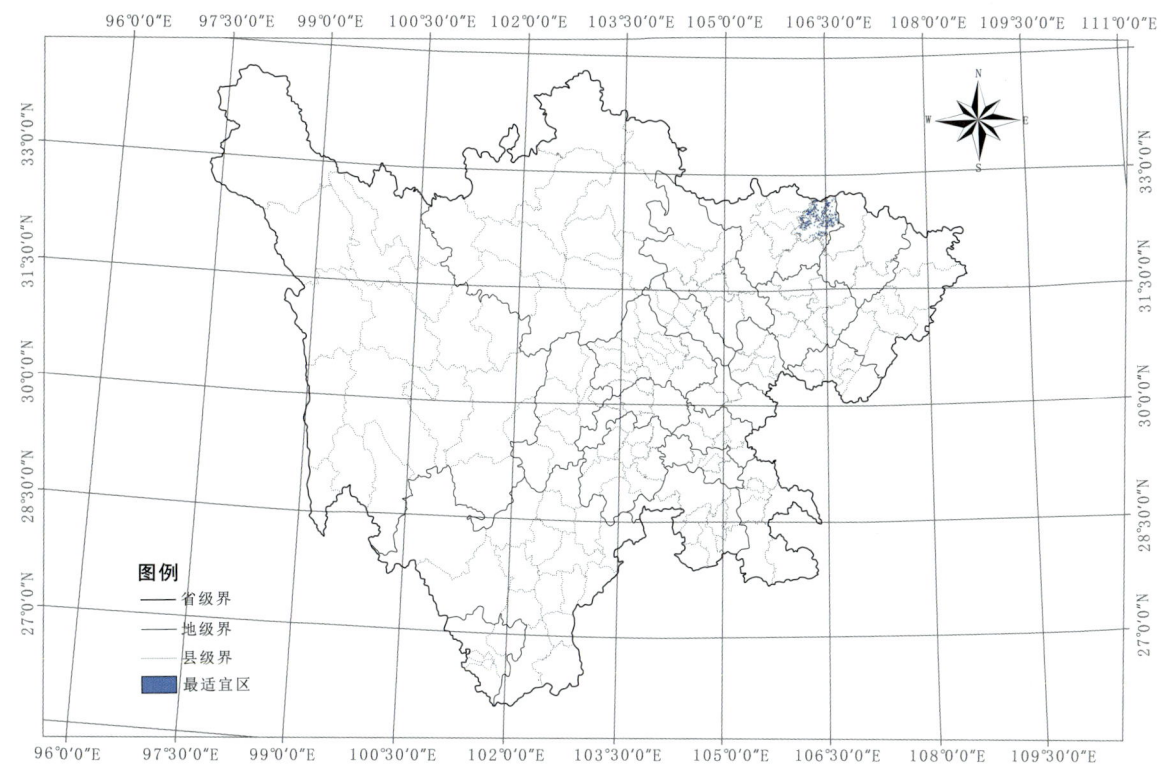

图4-178　杜仲最适宜区示意图

表4-89　杜仲最适宜区面积（km²）

区　县	面　积	区　县	面　积
都江堰市	56	青川县	675
彭州市	89	旺苍县	614

【基地建设】四川省在青川、旺苍、都江堰、彭州等地建立了杜仲的规范化栽培基地。

四十二、黄柏生产区划

【来源】为芸香科植物川黄柏 *Phellodendron chinense* Schneid 的干燥树皮。

【道地沿革】川黄柏在我国已有2 200多年的药用历史，始载于《神农本草经》，原名"檗木"，列为上品。此后，历代本草多有记载。宋《图经本草》载："檗木，黄檗也，今处处有之，以蜀中出者肉厚色深味佳。"《蜀本草》载："黄柏树高数丈，叶似吴茱萸，亦如紫椿，经冬不凋。皮外黑，里深黄色。……出房、商、合等州山谷中，以蜀中者为佳。"可见，四川、重庆自古为黄柏的道地产区，主产于汉中（今陕西汉中、南郑、成固一带）、永昌（今云南西部地区）、房州（相当于今四川的武胜，重庆的合川、铜梁、大足等县）、商州今陕西秦岭以南、洵河以东和湖北郧西县一带）。川黄柏清代及民国时期祁州药市的川帮以道地药材输入祁州，再行销全国，故有川黄柏之称。

以身干、鲜黄色、粗皮去净、皮厚者为佳。

【性味归经】寒，苦。归肝、脾、肾、膀胱经。

【功能主治】清热燥湿，泻火除蒸，解毒疗疮。用于湿热泻痢，黄疸，带下，热淋，脚气，骨蒸劳热，盗汗，遗精，疮疡肿毒，湿热瘙痒。

【药理作用】

1. 解热、抗炎

黄柏不同炮制品水煎液以每日 20 g/kg 给予小鼠灌胃，采用巴豆油引起小鼠耳廓肿胀试验和干酵母引起发热模型。结果显示：在急性抗炎实验中，生品对巴豆油所致小鼠耳廓肿胀的抑制率明显高于空白组，炮制品与空白组比较无显著性差异。对干酵母所致大鼠体温升高的作用可看出单味黄柏及其炮制品的清热作用较弱且缓慢。0.5 g/ml 黄柏水提液以 0.2 ml/10 g 给小鼠灌胃，采用 2，4-二硝基氟苯（DNFB）诱发变应性接触性皮炎（ACD）为迟发型超敏反应（DHR）的实验模型。结果显示：黄柏能减轻小鼠耳廓肿胀以及耳部组织块重量，对小鼠 DNFB 诱发的 ACD 具有显著抑制作用"。黄柏水提物 4 g（生药）/kg 给大鼠灌胃，采用以三硝基苯磺酸（TNBS）/乙醇灌肠制作大鼠结肠炎模型，结果显示：黄柏对主要致炎因子和抑炎因子、NF-κB、D65 活性有一定的调节作用，能降低肠组织 NF-κB、D65 蛋白表达，降低 IL-10 的含量，对溃疡性结肠炎治疗可起辅助抗炎作用。

2. 调节免疫

黄柏水提液 20 g（生药）/kg 给二硝基氟苯（DNFD）小鼠灌胃，结果发现黄柏可抑制 DNFD 诱导的小鼠血清 TNF-α 分泌水平，抑制其腹腔中产生的 IL-3，抑制其脾细胞产生 IL-4，表明黄柏可抑制小鼠免疫反应，减轻炎症损伤。100％和 20％的黄柏水提液分别给采用绵羊红细胞所致的迟发型超敏反应模型大鼠灌胃 0.5 ml，结果显示：黄柏具有抑制腹腔中性吞噬粒的能力，可使血清溶菌酶含量减少，抑制 IgM 抗体的产生，表明黄柏具有免疫抑制作用。将 0.76％黄柏碱提、13.6％黄柏醇提、4.68％黄柏酸醇提、0.3％黄柏酸提生物碱稀释成 5 种浓度（100 μg/ml、10 μg/ml、1 μg/ml、0.1 μg/ml、0.01 μg/ml），采用 MTT 法测定 4 种生物碱对高温下小鼠脾脏淋巴细胞增殖的影响，结果显示：处于高温状态的小鼠脾脏淋巴细胞按 100 μg/ml 的浓度给予黄柏生物碱后，其淋巴细胞增殖能力明显增强，这表明黄柏生物碱达到一定浓度时，具有显著促进淋巴细胞增殖的作用。采用 MTT 法测定了 3 g/L 的黄柏生物碱对热应激后小鼠脾淋巴细胞增殖的影响，结果显示：黄柏生物碱对淋巴细胞增殖能力的促进作用最强；热应激使 IFN-γ 的分泌水平上升、IL-4 的分泌水平下降，黄柏生物碱则下调 IFN-γ 的分泌量、上调 IL-4 的分泌量，使二者的含量均恢复到正常水平。黄柏碱 10 mg/kg、20 mg/kg 给予大鼠灌胃，采用小鼠足踝注射脾细胞悬液建立小鼠迟发型过敏反应模型，结果显示黄柏碱可显著抑制细胞免疫应答诱导期，提示黄柏碱可能是一种强效的免疫抑制剂。

3. 对消化系统的作用

（1）抗溃疡。采用乙醇致小鼠溃疡模型，以灌胃方式给小鼠黄柏提取液 100 mg/kg，能明显抑制溃疡；抑制率为 33.1％。将黄柏提取液以 20 mg/kg 的剂量给小鼠经皮下给药，对溃疡形成有抑制倾向，抑制率为 21.9％，当剂量为 100 mg/kg 时抑制作用更为明显，抑制率为 63.3％。采用幽门结扎溃疡模型，经皮下给予小鼠黄柏提取液 20 mg/kg，结果显示其对溃疡形成有明显抑制作用，抑制率 56.3％。经十二指肠内给药 100 mg/kg，黄柏对溃疡有明显抑制效果；以 1 000 mg/kg 十二指肠内给药，具有明显抑制效果，抑制率为 47.5％。采用阿司匹林所致溃疡模型，皮下给予 100 mg/kg 及灌胃给予 1 000 mg/kg 都能明显地抑制溃疡形成，抑制率分别为 42.8％和 38.0％。对小鼠水浸应激溃疡模型，黄柏提取物皮下给药 100 mg/kg 与灌胃 1 000 mg/kg 均有明显的抑制作用，抑制率分别为

24.0%和28.2%，表明黄柏具有抗溃疡作用，且呈剂量依赖性关系。

（2）对胃肠功能的影响。浓度为1 g（生药）/ml的黄柏不同炮制品（生黄柏、酒黄柏、盐黄柏、蜜黄柏）水提液给大鼠灌胃每日20 ml/kg，结果显示：各给药组用药后小鼠胃排空能力下降；与生品组相比，其他各给药组的胃留率皆有所下降，有显著差异；但酒炙组和蜜炙组的胃肠推进率与空白组相比则没有显著差异。与空白组比较，各给药组均能抑制大鼠胃液分泌，增加胃液的pH值，降低总酸度及总酸排出量，胃蛋白酶活性下降，差异显著；但酒炙组和蜜炙组对胃液量分泌的变化影响不显著。这说明在对动物胃肠运动和功能方面，黄柏及其不同炮制品并未明显地体现"酒炙治上，蜜炙治中，盐炙治下"的理论。

4. 降血尿酸

采用氧嗪酸钾盐诱发小鼠痛风模型，黄柏生品及盐制品250 mg/kg、50 mg/kg给予小鼠灌胃，研究显示：黄柏生品和盐制品低剂量和高剂量均可降低高尿酸血症小鼠血清尿酸水平，抑制小鼠肝脏黄嘌呤氧化酶活性，具有抗痛风作用。将黄柏提取液每日以18.75 g（生药）/kg的剂量给高尿酸血症小鼠灌胃，连续1周，结果显示黄柏提取液对正常小鼠血清尿酸水平没有产生显著的影响，却能显著地降低高尿酸血症动物血清尿酸水平。

5. 抗氧化

采用体外氧自由基生成系统和羟自由基诱导的小鼠肝匀浆脂质过氧化反应方法，评价黄柏及不同炮制品（生黄柏、酒黄柏、清炒黄柏、炭黄柏）的水提物和醇提物（浓度依次为0.064 μg/ml、0.106 μg/ml、0.177 μg/ml、0.296 μg/ml 和 0.166 μg/ml、0.194 μg/ml、0.324 μg/ml、0.540 μg/ml）对黄柏抗氧化作用的影响，结果显示：黄柏生品、清炒品、盐炙品和酒炙品水提取物和醇提取物可清除次黄嘌呤2-黄嘌呤氧化酶系统产生的超氧阴离子和Fenton反应生成的羟自由基，并能抑制羟自由基诱导的小鼠肝匀浆上清液脂质过氧化作用，它们之间抗氧化作用存在一定的差异性，但炒炭品则无抗氧化作用。表明黄柏及不同炮制品有不同程度的抗氧化作用。

【品质研究】可维等采用HPLC法测定了17个不同产地川黄柏药材的小檗碱的含量。结果表明：四川北川、广西桂林、广西田林、甘肃省陇南市康县的小檗碱含量较高。杜雪采用硅胶柱色谱对13批四川、云南的川黄柏HPLC指纹图谱进行质量标准研究，从黄皮树树皮95%乙醇提取物的乙酸乙酯萃取部分分离纯化得到两个化合物，鉴定为铁屎米酮-6（Canthin-6-one）和黄柏酮（Obacunone）；铁屎米酮-6为首次从该植物树皮中分离得到。谭荣等在文献分析基础上，对川渝地区野生黄柏的资源现状进行调查，并结合显微和色谱分析技术，比较分析了黄柏两种基源品种黄皮树与秃叶黄皮树的生长环境、分布、鉴别和有效成分含量方面的特征。认为川渝地区野生黄柏资源现已濒临灭绝，黄皮树和秃叶黄皮树的显微和有效成分含量差异不大。

方清茂等采用HPLC法测定了川产黄柏中盐酸小檗碱的含量。结果川黄柏中盐酸小檗碱的含量远远高于其在关黄柏中的含量，建议药典将二者作为两个种分别收载。秃叶黄皮树的盐酸小檗碱含量与黄皮树无显著的差异，且已成为川黄柏的主流商品，建议将秃叶黄皮树与黄皮树一起作为川黄柏收入药典。荥经产川黄柏具有独特的道地性。

【原植物】乔木，树高达15 m。成年树有厚、纵裂的木栓层，内皮黄色，小枝粗壮，暗紫红色，无毛。叶轴及叶柄粗壮，通常密被褐锈色或棕色柔毛，有小叶7~15片，小叶纸质，长圆状披针形或卵状椭圆形，长8~15 cm，宽3.5~6 cm，顶部短尖至渐尖，基部阔楔形至圆形。两侧通常略不对称，边全缘或浅波浪状，叶背密被长柔毛或至少在叶脉上被毛，叶面中脉有短毛或嫩叶被疏短毛；小叶柄长1~3 mm，被毛。花序顶生，花通常密集，花序轴粗壮，密被短柔毛。果多数密集成团，果的顶部略狭窄的椭圆形或近圆球形，径约 1 cm 或大的达 1.5 cm，蓝黑色，有分核 5~8（10）个；种子 5~8，很少 10 粒，长 6~7 mm，厚 5~4 mm，一端微尖，有细网纹。花期 5~6 月，果期 9~10 月。见图 4-179。

图4-179　黄柏原植物（方清茂摄）

【生物学特性】喜温暖湿润的气候，较为耐寒。宜阳光充足、土层深厚肥沃的土壤栽培为好。在腐殖质含量多的土壤生长迅速；黏性重和瘠薄的土壤生长缓慢。黄柏种子具休眠特性，低温层积 2~3 个月能打破其休眠。

【栽培技术】川黄柏适应性很强，故可利用山坡、宅旁、路边或田边种植。喜凉爽气候，抗风力强，怕干旱，怕涝。苗期稍耐阴，成年树喜阳光，耐严寒。对土壤水分、养分要求较高。适宜生长在富含腐殖质的湿润地带。沼泽地、黏重土均不宜栽种。

1. 育苗

（1）分根繁殖。在休眠期间，选择直径 1 cm 左右嫩根，窖藏至翌年春解冻后取出，截成 15~20 cm 长的小段，斜插于土中，上端不能露出地面，插后浇水。也可随刨随插。1 年后即可成苗移栽。

（2）种子繁殖。播种以春播为宜，待种子裂口后，按行距 30 cm 开沟条播。播后覆土，刨平稍加镇压，浇水。秋播在 11~12 月进行，播后 20 d 湿润种子至种皮变软后播种。每亩用种 2~3 kg。一般 4~5 月出苗，培育 1~2 年后，当苗高 40~70 cm 时，即可移栽。时间在冬季落叶后至翌年新芽萌动前，将幼苗带土挖出，剪去根部下端过长部分，每窝栽 1 株，填土一半时，将树苗轻轻往上提，使根部舒展后再填土至平，踏实，浇水。

2. 栽培

川黄柏为阳性树种，山区、平原均可种植，但以土层深厚、便于排灌、腐殖质含量高地块为佳，零星种植可在沟边路旁、房前屋后的土壤比较肥沃、潮湿的地方种植。在选好的地上，按窝距 3~4 m 开窝，窝深 30~60 cm，行距 80 cm，每窝用农家肥 5~10 kg 作底肥。

3. 田间管理

（1）间苗、定苗。苗齐后应拔除弱苗和过密苗。一般在苗高 7~10 cm 时，按株距 3~4 cm 间苗，苗高 17~20 cm 时，按株距 7~10 cm 定苗。

（2）中耕除草。一般在播种后至出苗前，除草 1 次，出苗后至封行前，中耕除草 2 次。定植当年和其后 2 年内，每年夏秋两季，应中耕除草 2~3 次，3~4 年后，树已长大，只需每隔 2~3 年，在夏季中耕除草 1 次，疏松土层，并将杂草翻入土内。

（3）追肥。育苗期，结合间苗中耕除草应追肥 2~3 次，每次每亩施人畜粪水 2 000~3 000 kg，夏季在封行前也可追施一次。定植后，于每年入冬前施 1 次农家肥，每株施 10~15 kg。

（4）排灌水。播种后出苗期间及定植半月以内，应经常保持土壤湿润，夏季高温也应及时浇水降温，以利幼苗生长。封行后，可适当少浇或不浇。多雨积水时应及时排除，以防烂根。

4. 病虫害防治

锈病 5~6 月发生，危害叶片。防治方法：发病初期用敌锈钠 400 倍液或 25% 粉锈宁 700 倍液喷雾。花椒凤蝶幼虫 5~8 月发生，危害幼苗叶片。防治方法：利用天敌，如寄生蜂抑制凤蝶发生；在幼龄期，用 90% 敌百虫 800 倍液或 Bt 乳剂 300 倍液喷施。

【采收加工】4~5 月间采收，选 10 年以上的树，剥取树皮，晒至半干，压平，刮净粗皮至黄色，不可伤内皮，刷净晒干，置干燥通风处，防霉和变色。见图 4-180。

图4-180 黄柏药材（舒光明摄）

【适宜区与最适宜区】

1. 生态环境

生于海拔 2 200 m 以下的地区，包括四川盆地、丘陵与盆地周围山区。

2. 生态因子

年均气温 15~18 ℃，年降水量 1 200~1 500 mm，相对湿度 81%。

3. 适宜区

黄柏的适宜区为海拔 500~1 500 m 的盆地边缘山区，包括都江堰、叙永、古蔺、彭州、大邑等地。见图 4-181。

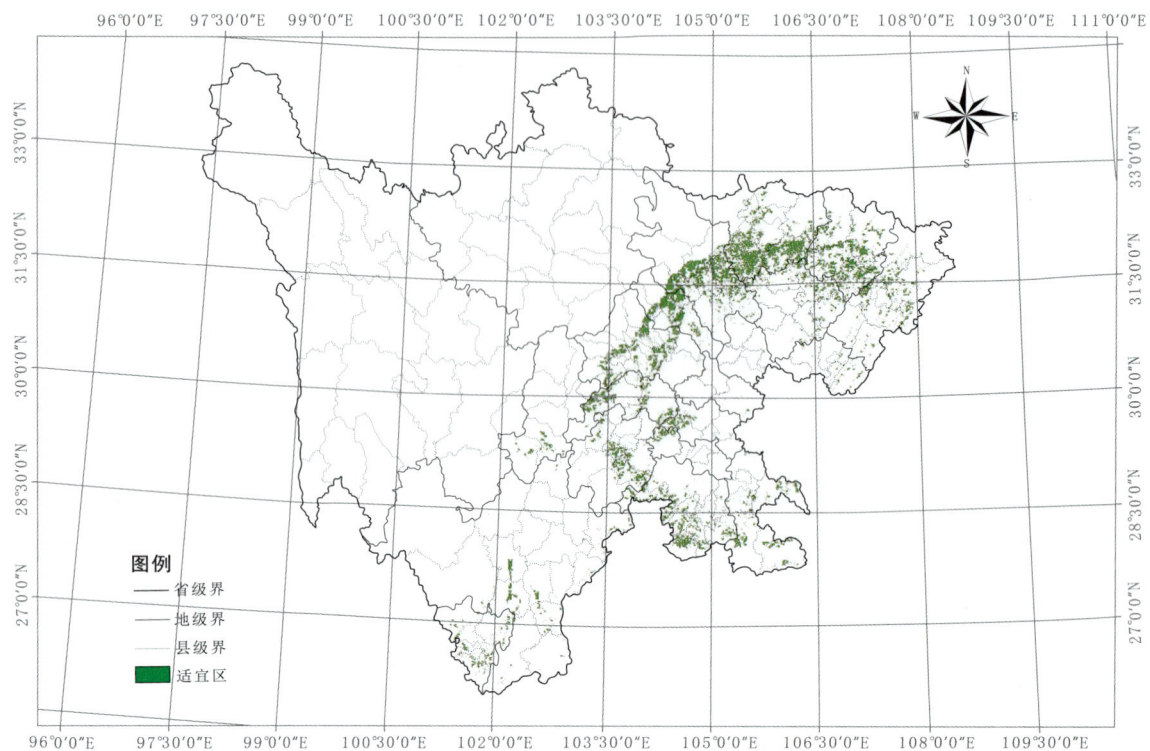

图4-181 黄柏适宜区示意图

表4-90 黄柏适宜区面积（km²）

区县	面积	区县	面积	区县	面积	区县	面积
盐边县	169	泸定县	23	荣县	222	甘洛县	130
会东县	98	冕宁县	4	纳溪区	83	龙泉驿区	232
米易县	210	石棉县	115	合江县	253	双流区	268
会理县	86	开江县	278	旌阳区	396	蓬溪县	9
宁南县	202	宣汉县	1 283	中江县	431	南溪区	3
德昌县	158	蒲江县	343	广汉市	64	邛崃市	511
盐源县	53	罗江县	390	什邡市	365	乐至县	16
普格县	55	安州区	604	绵竹市	554	金堂县	164
布拖县	24	平武县	572	三台县	234	美姑县	10
金阳县	77	江油市	1 247	盐亭县	332	富顺县	1
西昌市	105	隆昌市	1	射洪县	39	游仙区	428
昭觉县	7	金口河区	33	沙湾区	200	洪雅县	372
雷波县	302	井研县	46	五通桥区	26	威远县	320
筠连县	534	丹棱县	246	犍为县	158	资中县	84
珙县	412	荥经县	234	夹江县	95	泸县	8
叙永县	981	天全县	255	沐川县	564	峨边县	196
古蔺县	1 170	宝兴县	70	马边县	514	安岳县	20
仁和区	167	成华区	22	峨眉山市	211	江阳区	1
东区	12	崇州市	480	越西县	6	西区	17

续表

区 县	面 积	区 县	面 积	区 县	面 积	区 县	面 积
万源市	1 295	梓潼县	808	嘉陵区	4	通川区	226
北川县	474	翠屏区	21	南部县	260	名山区	247
剑阁县	1 670	长宁县	64	西充县	13	岳池县	61
苍溪县	1 273	汶川县	47	东坡区	202	营山县	257
巴州区	530	锦江区	7	仁寿县	338	蓬安县	79
昭化区	485	青羊区	19	青神县	6	仪陇县	350
朝天区	677	金牛区	24	叙州区	377	阆中市	491
青川县	883	武侯区	6	江安县	55	广安区	11
通江县	1 487	青白江区	52	高县	320	华蓥市	7
九寨沟县	12	新都区	219	兴文县	339	达川区	273
茂县	38	温江区	191	屏山县	513	大竹县	150
利州区	478	郫都区	326	雨城区	288	平昌县	862
松潘县	5	大邑县	312	汉源县	249	渠县	73
旺苍县	906	新津县	13	芦山县	215	邻水县	187
南江县	1 130	都江堰市	420	雁江区	3	恩阳区	342
康定市	3	彭州市	635	简阳市	109	前锋区	38
涪城区	212	高坪区	22	彭山区	38		

4. 最适宜区

黄柏的最适宜区为海拔 500~900 m 的盆地边缘山区，包括荥经、洪雅等地。年均气温 15.3 ℃，无霜期 293 d，年降水量 1 200 mm，年日照 948.8 h。见图 4-182。

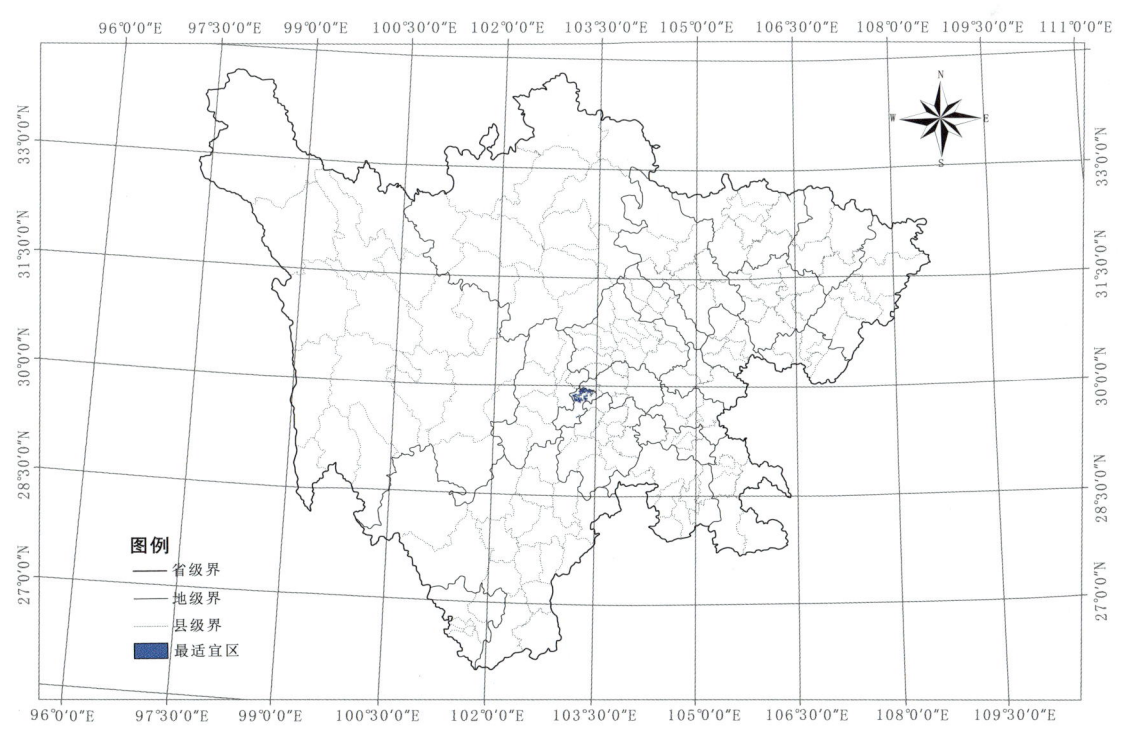

图 4-182　黄柏最适宜区示意图

表4-91 黄柏最适宜区面积（km²）

区县	面积
洪雅县	200

【基地建设】2002年，四川省在荥经县建立了黄柏规范化种植示范基地、种苗基地及科技示范园。

四十三、五倍子生产区划

【来源】为漆树科植物盐肤木 Rhus chinensis Mill.、青麸杨 Rhus potaninii Maxim. 或红麸杨 Rhus punjabensis Stew.var.sinica（Diels）Rehd. et Wils. 叶上的虫瘿，主要由五倍子蚜 Melaphis chinensis（Bell）Baker 寄生而形成。

【道地沿革】五倍子始见于《本草拾遗》。苏颂曰："以蜀中者为胜。生于肤木叶上，七月结实，无花。其木青黄色。其实青，至熟而黄。九月采子，曝干，染家用之。"李时珍曰："五倍子，宋《开宝本草》收入草部，《嘉佑本草》移入木部。虽知生于肤木之上，而不知其乃虫所造也。肤木，即盐肤子木也（详见果部盐麸子下）。此木生丛林处者，五、六月有小虫如蚁，食其汁，老则遗种，结小球于叶间，正如初起甚小，渐渐长坚，其大如拳。或小如菱，形状圆长不等。初时青绿，久则细黄，缀于枝叶，宛若结成。其壳坚脆，其中空虚，有细虫如蠛蠓。山人霜降前采取，蒸杀货之。否则虫必穿坏，而壳薄且腐矣。"《本经逢原》："产川蜀，如菱角者佳。"《本草述钩元》："各处有此种，以蜀产结于盐肤木上者乃良。"清·乾隆《直隶达州志》、民国《犍为县志》、清·同治《仁寿县志》、明清《营山县志》、清·光绪《盐源县志》、清·光绪《越西县志》等均记载产五倍子，五倍子在四川省凉山州又名文蛤。可见历代本草皆以四川作为五倍子的道地产区。

以个大、完整、灰褐色、壁厚者为佳。

【性味归经】酸、涩，寒。归肺、大肠、肾经。

【功能主治】敛肺降火，涩肠止泻，敛汗止血，收湿敛疮。用于肺虚久咳，肺热痰嗽，久泻久痢，盗汗，消渴，便血痔血，外伤出血，痈肿疮毒，皮肤湿烂。

【药理作用】

1. 止泻

五倍子水提物 6 g/kg、9 g/kg、12 g/kg 灌胃，对番泻叶 4 g/kg 致泻小鼠有止泻作用，且呈剂量依赖性，9 g/kg 灌胃止泻作用与蒙脱石粉剂的作用相似。

2. 抑菌

五倍子水煎液对粪肠球菌的 MIC 范围是 < 0.088~0.175 mg/ml，五倍子水煎液对屎肠球菌的 MIC 范围是 < 0.088~0.175 mg/ml。五倍子水煎液对耐万古霉素肠球菌的 MIC_{90} 和 MIC_{50} 均为 0.105 mg/ml。50% 五倍子煎液对表皮葡萄球菌的 MIC 为 0.203 mg/ml。五倍子水煎液对 112 株实验用金黄色葡萄球菌 MIC_{90} 为 0.102 mg/ml。五倍子水煎剂对产 ESBLs 大肠埃希菌的 MIC 为（17.38 ± 1.51）mg/ml。五倍子煎煮液对温和气单胞菌、爱德华菌、柱状屈挠杆菌的 MIC 分别为 6.250 mg/ml、3.125 mg/ml、0.781 mg/ml；MBC 分别为 12.500 mg/ml、12~500 mg/ml、3.125 mg/ml。不同浓度的五倍子水提

取物对黏性放线菌、变形链球菌、口腔链球菌、血链球菌的生长均有抑制作用，其中变形链球菌、黏性放线菌和血链球菌的 MIC 为 64 mg/ml，口腔链球菌为 8 mg/ml，且呈量效关系。五倍子水提取物对厌氧消化链球菌的 MIC 为 1.56 mg/ml，对中间普雷沃菌的 MIC 为 3.13 mg/ml。

五倍子醇提液对假单胞铜绿杆菌的 MIC 为 31.25 mg/ml，1.5 倍的 MIC（46.8 mg/ml）能使生物膜活菌数显著减少，但不能完全清除细菌，2 倍的 MIC（62.5 mg/ml）对细菌生物膜有完全清除作用。五倍子醇提取物对变形链球菌 Ingbritt 株、茸毛链球菌 6 715 株、黏性放线菌 ATCC19246 株的抑菌圈分别为 20.71 mm、14.87 mm、6.57 mm；对变形链球菌 Ingbritt 株、茸毛链球菌 6 715 株最小抑菌浓度为 1.95 g/L、3.9 g/L，最小杀菌浓度为 3.9 g/L、3.9 g/L。五倍子乙醇提取物对粪肠球菌的 MIC 范围是 < 0.158~0.315 mg/ml，五倍子乙醇提取物对屎肠球菌的 MIC 范围是 < 0.158~0.630 mg/ml。五倍子提取物对实验用 57 株耐甲氧西林的凝固酶阴性葡萄球菌和 43 株甲氧西林敏感的凝固酶阴性葡萄球菌的 MIC_{50} 和 MIC_{90} 分别为 0.072 mg/ml、0.072 mg/ml 和 0.288 mg/ml、0.144 mg/ml。

3. 对口腔的作用

（1）对牙周组织的作用。五倍子提取物在质量浓度为 6.25 μg/ml 时，可抑制牙龈卟啉菌内毒素体外介导的人血单核细胞分泌 IL-1β 的活性，抑制率为 40.8%，其作用呈浓度依赖性，从而发挥抗炎的作用。五倍子水提取物可显著抑制内毒素诱导人牙龈成纤维细胞分泌 IL-6 水平，其作用在一定范围内呈浓度依赖性，同时当其浓度 > 50 g/ml 时，可抑制人牙成纤维细胞增殖，提示一定浓度（< 50 g/ml）的五倍子水提取物具有抗炎作用。五倍子水提物在浓度为 6.25 μg/ml 时，对牙周炎组织中胶原酶的抑制作用为 25.35%；随着浓度的增加，对胶原酶的抑制作用随之增强，并呈量效关系；但浓度在 100 μg/ml 以内时，其抑制效果比 5 μg/ml 的多西环素低。

（2）对牙体的作用。五倍子水提取物浓度在 1.25 μg/ml 时，可明显抑制 LPS 体外诱导人牙髓细胞分泌 IL-6，抑制率为 60.51%，这种抑制作用在 1.25~20 μg/ml 范围内呈浓度依赖性，提示五倍子水提物可在 LPS 致牙髓炎发展过程中抑制人牙髓细胞分泌炎症因子而发挥抗炎作用，间接保护牙髓组织。采用组织块法体外培养人牙髓细胞，低浓度（1.25×10^3 μg/L、2.5×10^3 μg/L、5×10^3 μg/L）五倍子水提取物能明显拮抗 100 μg/ml 内毒素对细胞活性的抑制作用，2.5×10^3 μg/L 五倍子水提取物能拮抗 1×10^5 μg/L 内毒素对细胞活性的抑制作用，第 3 d 开始作用明显增强，并呈时间依赖性。

4. 抗衰老

五倍子水煎液 5 g/kg 给老龄小鼠灌胃，连续 4 周，能增强老龄小鼠红细胞超氧化物歧化酶（SOD）活性和全血谷胱甘肽过氧化物酶（GSH-Px）的活性，可降低红细胞和血浆中丙二醛（MDA）含量，有延缓衰老的作用。

5. 抗纤维化

五倍子提取物能抑制瘢痕成纤维细胞的增殖及胶原蛋白的合成，其抑制作用与剂量和时间有关，最佳浓度为 10 g/ml，五倍子在作用后 72 h，抑制作用最强，抑制率为 89%，且能明显影响成纤维细胞形态和超微结构。终浓度为 75~600 μg/ml 的五倍子提取液对体外培养的 3~5 代新西兰白兔眼结膜成纤维细胞的抑制率为 36.48%~97.89%，抑制率与浓度成正相关。五倍子生药醇提物浓度在 0~400 μg/ml 时，对肥厚性瘢痕成纤维细胞 Fb 增殖率的抑制作用与药物剂量呈明显的正相关，其对肥厚性瘢痕 Fb 的半数抑制浓度为 100 μg/ml，50 μg/ml 的五倍子可延迟并缩短正常皮肤 Fb 和肥厚性瘢痕 Fb 的对数生长期，延长 Fb 倍增时间。

【品质研究】宋巧等测定了湖北、陕西、重庆、四川、山西等不同产地五倍子有效成分鞣质和没食子酸的含量，五个产地的五倍子鞣质含量为：山西＞重庆＞陕西＞四川＞湖北，山西产鞣质含量最高，为79.91%。HPLC法测定五倍子中没食子酸的含量，没食子酸含量为：山西＞重庆＞湖北＞陕西＞四川；山西产没食子酸含量最高，为5.38%。牛津杯法测定重庆产五倍子不同浓度的抑菌作用，五倍子具有较强的抑菌作用。

【原植物】盐肤木：落叶小乔木或灌木，高2~10 m；小枝棕褐色，被锈色柔毛，具圆形小皮孔。奇数羽状复叶有小叶（2~）3~6对，叶轴具宽的叶状翅，小叶自下而上逐渐增大，叶轴和叶柄密被锈色柔毛；小叶多形，卵形或椭圆状卵形或长圆形，长6~12 cm，宽3~7 cm，先端急尖，基部圆形，顶生小叶基部楔形，边缘具粗锯齿或圆齿，叶面暗绿色，叶背粉绿色，被白粉，叶面沿中脉疏被柔毛或近无毛，叶背被锈色柔毛，脉上较密，侧脉和细脉在叶面凹陷，在叶背突起；小叶无柄。圆锥花序宽大，多分枝，雄花序长30~40 cm，雌花序较短，密被锈色柔毛；苞片披针形，长约1 mm，被微柔毛，小苞片极小，花白色，花梗长约1 mm，被微柔毛；雄花：花萼外面被微柔毛，裂片长卵形，长约1 mm，边缘具细睫毛；花瓣倒卵状长圆形，长约2 mm，开花时外卷；雄蕊伸出，花丝线形，长约2 mm，无毛，花药卵形，长约0.7 mm；子房不育；雌花：花萼裂片较短，长约0.6 mm，外面被微柔毛，边缘具细睫毛；花瓣椭圆状卵形，长约1.6 mm，边缘具细睫毛，里面下部被柔毛；雄蕊极短；花盘无毛；子房卵形，长约1 mm，密被白色微柔毛，花柱3，柱头头状。核果球形，略压扁，径4~5 mm，被具节柔毛和腺毛，成熟时红色，果核径3~4 mm。花期6~9月，果期9~10月。见图4-183。

图4-183 盐肤木原植物（方清茂摄）

青麸杨：落叶乔木，高5~8 m；树皮灰褐色，小枝无毛。奇数羽状复叶有小叶3~5对，叶轴无翅，被微柔毛；小叶卵状长圆形或长圆状披针形，长5~10 cm，宽2~4 cm，先端渐尖，基部多偏斜，近回形，全缘，两面沿中脉被微柔毛或近无毛，小叶具短柄。圆锥花序长10~20 cm，被微柔毛；苞片钻形，长约 1 mm，被微柔毛；花白色，径 2.5~3 mm；花梗长约 1 mm，被微柔毛；花萼外面被微柔毛，裂片卵形，长约 1 mm，边缘具细睫毛；花瓣卵形或卵状长圆形，长 1.5~2 mm，宽约 1 mm，两面被微柔毛，边缘具细睫毛，开花时先端外卷；花丝线形，长约 2 mm，在雌花中较短，花药卵形；花盘厚，无毛；子房球形，径约 0.7 mm，密被白色绒毛。核果近球形，略压扁，径 3~4 mm，密被具节柔毛和腺毛，成熟时红色。

红麸杨： 落叶乔木或小乔木，高 4~15 m，树皮灰褐色，小枝被微柔毛。奇数羽状复叶有小叶 3~6 对，叶轴上部具狭翅，极稀不明显；叶卵状长圆形或长圆形，长 5~12 cm，宽 2~4.5 cm，先端渐尖或长渐尖，基部圆形或近心形，全缘，叶背疏被微柔毛或仅脉上被毛，侧脉较密，约 20 对，不达边缘，在叶背明显突起；叶无柄或近无柄。圆锥花序长 15~20 cm，密被微绒毛；苞片钻形，长 1~2 cm，被微绒毛；花小，径约 3 mm，白色；花梗短，长约 1 mm；花萼外面疏被微柔毛，裂片狭三角形，长约 1 mm，宽约 0.5 mm，边缘具细睫毛，花瓣长圆形，长约 2 mm，宽约 1 mm，两面被微柔毛，边缘具细睫毛，开花时先端外卷；花丝线形，长约 2 mm，中下部被微柔毛，在雌花中较短，长约 1 mm，花药卵形；花盘厚，紫红色，无毛；子房球形，密被白色柔毛，径约 1 mm，雄花中有不育子房。核果近球形，略压扁，径约 4 mm，成熟时暗紫红色，被具节柔毛和腺毛；种子小。

【**生物学特性**】 盐肤木、青麸杨与红麸杨均为乔木，生长迅速，耐虫率高。喜温暖气候，不耐严寒。

【**栽培技术**】

1. 倍林的培育

两种方法，可用人工造林和在原有倍林中补植倍树。盐肤木、青麸杨和红麸杨都可用种子繁殖或根蘖繁殖。人工造林需树苗量大，宜用种子育苗，补植树苗可用根蘖苗。

（1）种子育苗

①种子处理。将盐肤木、青麸杨、红麸杨的种子分别装袋并放在流动水中浸泡 6~7 d，取出用手揉去残存果肉和蜡层，再置 50 ℃左右温水中浸种 24 h，晾干待播。或用机械打去果肉和蜡层后用草木灰水、碱水或肥皂水洗净，再用 60~70 ℃的热水浸种晾干待播。

②播种：于 3~4 月将苗圃的土耙平整细，按行距 30~40 cm 开浅平沟条播，把种子均匀地撒在沟内，覆土，以盖过种子为度，并盖草保湿。苗出齐后，适当间苗。当年冬季或第 2 年春季即可移植。

（2）营造倍林。林地应选避风、湿度较大的阴山、半阴山中、下部、山腹低地，或田边、地角、溪边沟旁、房前屋后。于冬、春季阴雨天按株、行距 1.5 m × 1.5 m 开穴种植，以每亩 200~220 株为宜。

（3）补植。倍树在倍林中林木稀疏处，按每亩 200~220 株均匀分布为原则，补植倍树，可育苗补植，也可在倍林中挖取从老倍树根部长出的新树苗新植。在补植时还可砍去不结倍子的老树，以新苗取代，以提高结倍林木数量。

2. 倍树管理

（1）打顶修枝。摘掉幼树顶芽，砍去成年树顶部枝条，树高控制在 2 m 左右为宜。每年 1~2 月对倍树的枯枝、病虫枝、过密枝及徒长枝进行修剪，适当控制树冠。

（2）保护植被。为防破坏冬寄主的生长条件，不进行中耕、除草，仅适当砍割长得过高的灌木和高草。

（3）防夏落叶。除摘顶修枝外，还可在结倍子的叶以下枝条上进行环割，控制营养下运，防止落叶。

（4）适宜树龄。重点抚育4~10年龄的倍树，以增加结倍数量。

3. 病虫害防治

主要虫害有：褐凹翅莹叶甲、宽肩象、束枝隆蜡、云斑天牛、象甲虫、沫蝉等。防治方法主要以捕杀为主。

【养殖技术】

1. 繁殖冬寄主

（1）选择藓种。五倍子蚜对冬寄主有选择性，应确定本地区蚜虫的冬寄主是何种苔藓后才能采藓进行繁殖。

（2）繁殖方法。每年4~5月选湿润、背阴有树木遮荫处，除去杂草，挖净树根，整平做成低床，床面盖5~10 cm腐殖质土。在倍林中采集苔藓，切成0.8 cm粗的碎块，按采集面积的8倍撒于藓床表面，稍压紧，盖薄草保湿。3个月后即可长满撒播面积。

（3）移植。在倍林中阴湿处铲出50 cm×50 cm的方块，从藓床上取出相应大小的条块，植于方块上压实即可。一般每亩植藓30块左右。均布林中。

2. 放养秋季迁移蚜

（1）挂倍放蚜。采成熟尚未爆裂的倍子，挂于倍树枝上或放于林下苔藓上，让其自然爆裂放蚜，一般保证每株倍树有4~5个倍子。

（2）收虫放蚜。采成熟尚未爆裂的倍子，置木箱或瓦罐内，一层松针或稻草，一层倍子，重叠放置，用尼龙薄膜盖严。每天早晨将爆裂的倍子放入收虫箱内，使蚜虫集于其内，再将虫装入纸袋，置阴暗处1~2 d，蚜虫活动能力减弱，倒在玻璃板上，用柔软羽毛轻轻扫到倍林下苔藓上。

（3）人工养虫。建立养虫室，让秋季迁移蚜在室内培植的苔藓上产越冬幼蚜。室内由人工控制温度、湿度及光照，使越冬幼蚜在最佳条件下生长、发育、羽化。次年春季，由人工收集春季迁移蚜放到倍树上，或让其从养虫室自然飞迁到倍林中。

【采收加工】夏末秋初以五倍子已长成而里面的蚜虫尚未穿过瘿壁时采摘，置沸水中略煮或蒸至表面呈灰色，杀死蚜虫，取出，干燥。按外形不同，分为"肚倍"和"角倍"。见图4-184。

图4-184　五倍子药材（黎跃成摄）

【适宜区与最适宜区】

1. 生态环境

盐肤木生于海拔 350~2 300 m 的石灰山灌丛、疏林中。

青麸杨生于海拔 900~2 500 m 的山坡疏林或灌丛中。

红麸杨生于海拔 460~3 000 m 的石灰山灌丛或密林中。

2. 生态因子

生于海拔 1 900 m 以下的山区、丘陵，喜温暖湿润的气候。

3. 适宜区

五倍子的适宜区为海拔 1 500 m 以下的盆地周围山区。见图 4-185。

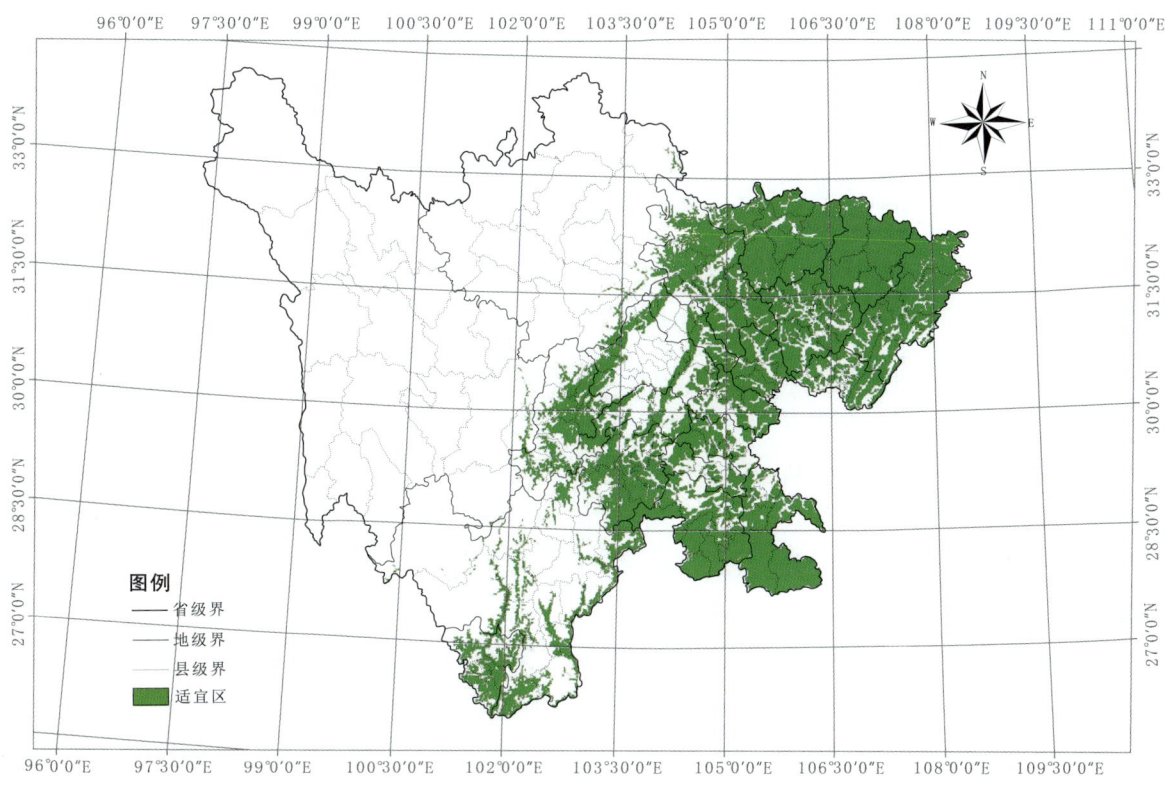

图4-185　五倍子适宜区示意图

表4-92　五倍子适宜区面积（km²）

区县	面积	区县	面积	区县	面积	区县	面积
安居区	1 127	洪雅县	1 162	冕宁县	338	武胜县	523
安县	626	华蓥市	345	名山区	252	西昌市	589
安岳县	2 016	会东县	918	木里县	116	西充县	895
巴州区	1 338	会理县	1 754	沐川县	1 319	西区	72
宝兴县	518	嘉陵区	1 013	纳溪区	1 045	喜德县	67
北川县	2 085	夹江县	345	南部县	1 722	小金县	4
布拖县	232	犍为县	1 101	南江县	3 286	新都区	9

续表

区县	面积	区县	面积	区县	面积	区县	面积
苍溪县	2 297	简阳市	1 033	南溪区	399	新津县	20
朝天区	1 482	剑阁县	3 076	宁南县	820	兴文县	1 355
成华区	1	江安县	693	彭山区	150	叙永县	2 974
崇州市	329	江阳区	499	彭州市	464	宣汉县	3 905
船山区	436	江油市	1 743	蓬安县	1 064	沿滩区	238
翠屏区	629	金口河区	288	蓬溪县	1 063	盐边县	1 485
达川区	1 797	金牛区	4	平昌县	2 135	盐亭县	1 442
大邑县	591	金堂县	524	平武县	2 673	盐源县	587
大英县	564	金阳县	543	屏山县	1 432	雁江区	669
大竹县	1 571	旌阳区	219	蒲江县	114	仪陇县	1 524
丹巴县	12	井研县	483	普格县	317	叙州区	1 808
丹棱县	276	九龙县	50	前锋区	317	荥经县	1 076
德昌县	596	九寨沟县	138	青白江区	99	营山县	1 303
东坡区	391	筠连县	1 231	青川县	2 548	游仙区	811
东区	118	开江县	720	青神县	156	雨城区	889
东兴区	628	康定市	70	邛崃市	671	岳池县	956
都江堰市	490	阆中市	1 685	渠县	1 527	越西县	177
峨边县	1 177	乐至县	1 179	仁和区	1 272	长宁县	719
峨眉山市	839	雷波县	1 639	仁寿县	1 251	昭化区	1 354
恩阳区	1 150	理县	64	荣县	962	昭觉县	94
涪城区	322	利州区	1 315	三台县	2 237	中江县	1 731
富顺县	788	邻水县	1 470	沙湾区	486	资中县	1 043
甘洛县	710	龙马潭区	116	射洪县	1 220	梓潼县	1 188
高坪区	579	龙泉驿区	222	什邡市	255	自流井区	91
高县	1 299	隆昌市	205	石棉县	684	大安区	103
珙县	1 142	芦山县	707	双流区	137	绵竹市	362
贡井区	34	泸定县	272	顺庆区	353	威远县	1 000
古蔺县	3 164	泸县	764	松潘县	102	汶川县	650
广安区	639	罗江县	180	天全县	1 057	五通桥区	279
广汉市	28	马边县	1 805	通川区	829		
汉源县	902	茂县	342	通江县	4 093		
合江县	2 039	美姑县	195	万源市	3 891		
黑水县	8	米易县	1 048	旺苍县	2 866		

4. 最适宜区

五倍子的最适宜区为海拔 500~1 500 m 的盆地周围的丘陵、山区，包括达州、巴中、广元、绵阳、成都、雅安、乐山、宜宾、泸州、凉山州等地。见图4-186。

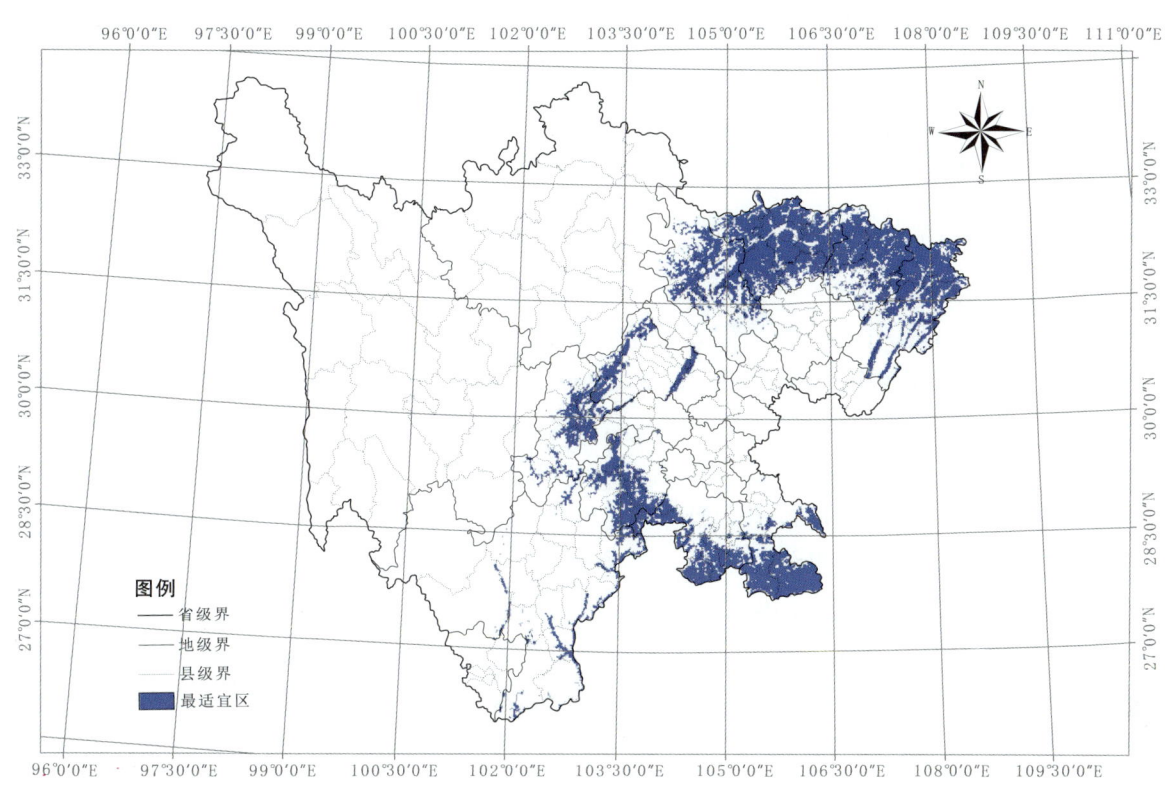

图4-186　五倍子最适宜区示意图

表4-93　五倍子最适宜区面积（km²）

区　县	面　积	区　县	面　积
宜宾市	5 903	乐山市	4 969
雅安市	3 847	广元市	1 3143
绵阳市	7 448	达州市	9 159
泸州市	6 514	成都市	3 048
凉山州	3 455	巴中市	8 788

【基地建设】　五倍子在四川省为野生药材，无人工养殖基地。

四十四、淫羊藿生产区划

【来源】　为小檗科植物三枝九叶草 *Epimedium sagittatum*（Sieb.et Zucc.）Maxim.、柔毛淫羊藿 *Epimedium pubescens* Maxim. 的干燥地上部分。同属植物巫山淫羊藿 *Epimedium wushanense* T.S.Ying 在四川北部的旺苍等地也有分布。

【道地沿革】　淫羊藿又名仙灵脾。陶弘景云："服此使人好为阴阳。西川北部有淫羊，一日百遍合，盖食藿所致，故名淫羊藿。"《蜀本草》言"生处不闻水声者，良。"李时珍曰："豆叶曰藿，此叶似之，故亦名藿。仙灵脾、千两金、放杖、刚前，皆言其功力也。鸡筋、黄连祖，皆因其根形也。""生大山中。一根数茎，茎粗如线，高一、二尺。一茎三桠，一桠三叶。叶长二、三寸，如杏叶及豆藿，面光背淡，甚薄而细齿，有微刺。"清·乾隆《直隶达州志》、清·光绪《雷波县志》、清·光绪《盐源县志》、清·光绪《越西县志》等均记载产淫羊藿。

【性味归经】辛、甘，温。归肝、肾经。

【功能主治】补肾阳，强筋骨，祛风湿。用于阳痿遗精，筋骨痿软，风湿痹痛，麻木拘挛，更年期高血压。

【药理作用】

1. 对生殖系统的作用

淫羊藿具有性激素样作用，能增强动物的性机能。淫羊藿流浸膏10 g/kg、20 g/kg灌胃给药，能明显改善皮下注射氢化可的松所致阳虚证大鼠的一般状态，使前列腺-贮精囊、肛提肌-海绵球肌、子宫、肾上腺及胸腺重量明显增加，并能提高血清睾酮、雌二醇的水平。淫羊藿煎剂每日3 g/kg、淫羊藿苷每日3.5 mg/kg给雌性小鼠灌胃，早、晚各1次，共给药4 d，均能增加子宫重量；其含药血清对体外雄激素受体（ER）阳性细胞MCF-7细胞有促进增殖作用，当加入雌激素拮抗剂C后该增殖作用明显受到抑制，提示淫羊藿及淫羊藿苷具有雄激素样作用，可能是通过ER介导而产生。淫羊藿苷灌胃给药每日200 mg/kg，连续7 d，对腹腔注射环磷酰胺造成的生殖系统受损、雄激素部分缺乏大鼠模型有升高血清睾酮（T）和血清骨钙素（BGP）、降低血清抗酒石酸酸性磷酸酶（StrACP）活力水平和降低阴茎海绵体平滑肌细胞凋亡率的作用，具有抗雄激素部分缺乏的作用。淫羊藿苷每日按0.45 mg/只灌胃给药6 d，能明显促进幼年小鼠附睾及精囊腺的发育，体外试验（36 μg）对离体培养的大鼠睾丸间质细胞能明显促进睾酮的基础分泌和cAMP的生成。淫羊藿苷按5 mg/kg、10 mg/kg灌胃给药，共28 d，对动脉性勃起功能障碍模型（A-ED）大鼠有改善勃起功能作用，且与eNOS的表达增加有相同趋势，提示淫羊藿苷可能通过恢复eNOS的表达来改善A-ED模型的勃起功能。

2. 抗骨质疏松

淫羊藿水煎液每日灌胃1.0 g/kg、5.0 g/kg、10.0 g/kg，连续12周，对去势雄性大鼠有减少骨量丢失并提高骨结构性能的作用。箭叶淫羊藿提取物0.5 g/kg、1.0 g/kg灌胃给药，每日1次，持续11周，能显著提高去卵巢大鼠血清ACP活性而增加血清钙和雌二醇的浓度，抑制去卵巢引起的子宫萎缩和骨密度的减少，组织形态学显示可减少去卵巢大鼠的骨小梁分离度，提高骨形成率，对骨小梁厚度和骨小梁数目无明显影响，以上结果表明箭叶淫羊藿水提物对去卵巢大鼠骨质疏松症具有防治作用。0.2 mg/L、2 mg/L、20 mg/L、200 mg/L淫羊藿总黄酮（TFE）及含淫羊藿总黄酮大鼠血清（SRAT）以2%、4%、8%、16%四种体积浓度分别加入新生大鼠颅骨成骨细胞（ROB细胞）培养液中，结果TFE药液本身对ROB细胞增殖分化无明显作用，2%、4%的TFE大鼠含药血清却表现出强烈的刺激细胞增殖和提高碱性磷酸酶活性、骨钙素分泌量、矿化结节数和钙盐沉积量的作用。

3. 对造血系统的作用

淫羊藿多糖10 μg、25 μg、50 μg、100 μg加入羟基脲所致"阳虚"动物体外培养骨髓细胞，有提高细胞增殖率和DNA合成率的作用；每日静注小鼠淫羊藿多糖10 mg/kg、20 mg/kg连续3 d，能使齐多夫定所致造血系统副作用全部或部分消失。淫羊藿苷1 mg/ml灌胃给药，对受^{60}Co照射小鼠有促进外周血白细胞恢复，促进骨CFU-GM集落形成，提高小鼠腹腔巨噬细胞吞噬百分率和吞噬指数作用。淫羊藿苷体外（终浓度10 μg/ml）对脐血单核细胞来源树突状细胞（DCs）有刺激其分化和成熟的作用，可增强DCs的免疫学活性。

4. 对心血管系统的作用

淫羊藿提取物经麻醉犬股静脉滴注 4 mg/kg、8 mg/kg、16 mg/kg，三个剂量均能明显降低动物左室舒张末期压，高、中剂量能增加冠状动脉血流量、心输出量、每搏输出量、心肌收缩参数、心肌舒张参数、心指数、心搏指数，高剂量还能降低麻醉犬总外周血管阻力。箭叶淫羊藿水提醇沉提取物 1 g/ml 腹腔注射 5.0 ml/kg，对氯仿诱发的小鼠室颤有明显的预防作用；尾静脉注射 1.5 ml/kg，对氯化钙诱发的大鼠室颤有明显的预防作用；尾静脉注射 0.75 ml/kg，对乌头碱诱发的大鼠心律失常有明显的治疗效果。水提淫羊藿总黄酮侧脑室注射 130 μg/只，对正常大鼠和应激性高血压大鼠平均动脉血压均有降低作用，其降压机制可能和 GABA 受体有关。淫羊藿总黄酮 20 mg/kg、40 mg/kg、60 mg/kg 灌胃给药，每日 1 次，连续 1 周，对异丙肾上腺素诱发的大鼠心肌缺血具有保护作用。

5. 改善学习记忆能力

APP（淀粉样肽前体蛋白）转基因小鼠自 4 月龄开始每日灌胃淫羊藿黄酮 0.03 g/kg、0.1 g/kg，连续 6 个月，其中高剂量组能明显改善 10 月龄 APP 转基因小鼠 Morris 水迷宫作业成绩，提高模型小鼠物体识别能力，明显减少其海马和皮层 APP 及 BACE 的表达，降低海马 Aβ1-42 含量。淫羊藿苷灌胃给药每日 30 mg/kg、60 mg/kg、120 mg/kg，连续 3 个月，能降低 AlCl3 诱导的痴呆模型大鼠海马内乙酰胆碱酯酶（AchE）表达，降低 AchE 活性，抑制胆碱乙酰转移酶（ChAT）表达，促进大鼠脑内胆碱能神经功能恢复。

【品质研究】麻浩等采用苯酚-硫酸法测定糖含量，间羟联苯法测定糖醛酸含量，凝胶渗透色谱法测定多糖相对分子质量分布，糖醇乙酸酯衍生-气相色谱法测定单糖组成。结果不同产地的淫羊藿总多糖理化性质存在明显差异，其中陕西、湖南和吉林淫羊藿总多糖的得率较高，四川、湖南和吉林淫羊藿总多糖的糖含量较高，湖南、吉林和河南淫羊藿总多糖的糖醛酸含量较高，总多糖的相对分子质量分布相近，单糖组成差异较大，特别是半乳糖、甘露糖和阿拉伯糖的含量差异较大。结论：不同产地的淫羊藿药材的总多糖成分存在较大差异，可能与种属基因不同、生长环境不同有关。

吴文辉等采用高效液相色谱法（HPLC）比较了 14 个产地淫羊藿中淫羊藿苷的含量。结果：14 个产地淫羊藿中淫羊藿苷含量范围为 1.8 716~11.4 222 mg/g。结论：14 个产地中仅有 6 个产地淫羊藿中淫羊藿苷含量符合《中国药典》标准，合格率为 42.9%。四川眉山、广元、阿坝州、绵阳 4 个产地的淫羊藿均符合药典的规定，四川绵阳产淫羊藿的淫羊藿苷含量最高，为 11.422 2 mg/g。

【原植物】三枝九叶草：多年生草本，植株高 30~40 cm。根状茎粗短，节结状，质硬，多须根。二回三出复叶基生和茎生，小叶 3 枚；小叶革质，卵形至卵状披针形，长 5~19 cm，宽 3~8 cm，但叶片大小变化大，先端急尖或渐尖，基部深心形，顶生小叶基部两侧裂片近相等，圆形，侧生小叶基部高度偏斜，外裂片远较内裂片大，三角形，急尖，内裂片圆形，上面无毛，背面疏被粗短伏毛或无毛，叶缘具刺齿；花茎具 2 枚对生叶。圆锥花序长 10~20（30）cm，宽 2~4 cm，具 200 朵花，通常无毛，偶被少数腺毛；花梗长约 1 cm，无毛；花白色，较小，直径约 8 mm；萼片 2 轮，外萼片 4 枚，先端钝圆，具紫色斑点，其中 1 对狭卵形，长约 3.5 mm，宽 1.5 mm，另 1 对长圆状卵形，长约 4.5 mm，宽约 2 mm，内萼片卵状三角形，先端急尖，长约 4 mm，宽约 2 mm，白色；花瓣囊状，淡棕黄色，先端钝圆，长 1.5~2 mm；雄蕊长 3~5 mm，花药长 2~3 mm；雌蕊长约 3 mm，花柱长于子房。蒴果长约 1 cm，宿存花柱长约 6 mm。花期 4~5 月，果期 5~7 月。见图 4-187。

图4-187 三枝九叶草原植物（方清茂摄）

柔毛淫羊藿：多年生草木，高 20~70 cm。根状茎粗短，有时伸长，被褐色鳞片。一回三出复叶基生或茎生；茎生叶 2 枚对生，小叶 3 枚；小叶叶柄长约 2 cm，疏被柔毛；小叶片革质，卵形、狭卵形或披针形，长 3~15 cm，宽 2~8 cm，先端渐尖或短渐尖，基部深心形，有时浅心形，顶生小叶基部裂片圆形，几等大；侧生小叶基部裂片极不等大，急尖或圆形，上面深绿色，有光泽，背面密被绒毛、短柔毛和灰色柔毛，边缘具细密刺齿；花茎具 2 枚对生叶。圆锥花序具 30~100 余朵花，长 10~20 cm，通常序轴及花梗被腺毛，有时无总梗；花梗长 1~2 cm；花直径约 1 cm；萼片 2 轮，外萼片阔卵形，长 2~3 mm，带紫色，内萼片披针形或狭披针形，急尖或渐尖，白色，长 5~7 mm，宽 1.5~3.5 mm；花瓣淡黄色，远较内萼片短，长约 2 mm，囊状；雄蕊长约 4 mm，外露，花药长约 2 mm；雌蕊长约 4 mm，花柱长约 2 mm。蒴果长圆形，宿存花柱长喙状。花期 4~5 月，果期 5~7 月。

巫山淫羊藿：多年生常绿草本，植株高 50~80 cm。根状茎结节状，粗短，质地坚硬，表面被褐色鳞片，多须根。一回三出复叶基生和茎生，具长柄，小叶 3 枚；小叶具柄，叶片革质，披针形至狭披针形，长 9~23 cm，宽 1.8~4.5 cm，先端渐尖或长渐尖，边缘具刺齿，基部心形，顶生小叶基部具均等的圆形裂片，侧生小叶基部的裂片偏斜，内边裂片小，圆形，外边裂片大，三角形，渐尖，上面无毛，背面被绵毛或秃净，叶缘具刺锯齿；花茎具 2 枚对生叶。圆锥花序顶生，长 15~30 cm，偶达 50 cm，具多数花朵，序轴无毛；花梗长 1~2 cm，疏被腺毛或无毛；花淡黄色，直径达 3.5 cm；萼片 2 轮，外萼片近圆形，长 2~5 mm，宽 1.5~3 mm，内萼片阔椭圆形，长 3~15 mm，宽 1.5~8 mm，先端钝；花瓣淡黄色，呈角状距，向内弯曲，基部浅杯状，有时基部带紫色，长 0.6~2 cm；雄蕊长约 5 mm，花丝长约 1 mm，花药长约 4 mm，瓣裂，裂片外卷；雌蕊长约 5 mm，子房斜圆柱状，有长花柱，含胚珠 10~12 枚。蒴果长约 1.5 cm，宿存花柱喙状。花期 4~5 月，果期 5~6 月。

【生物学特性】 喜温暖湿润气候，阴湿环境；土壤以油沙土、夹沙泥等比较肥沃疏松的为好。

【栽培技术】

1. 选地

选择阴坡或半阴半阳坡，土壤以微酸性的树叶腐殖土、黑壤土、黑沙壤土为宜，利用阔叶林或针、阔混交林及果树经济林下栽培为好。林下要清除灌木丛和杂草，以利通风、透光和管理。整地做床：将林下地面草皮起走，顺坡打成宽 120~140 cm、高 12~15 cm 的条床，横条沟栽苗，开沟深度 6~10 cm。

2. 挖茎移栽

（1）休眠期移栽。春季 4~5 月萌芽前，挖取地下根茎，取芽茎段，切成 8~10 cm 小段，每段保留 1~2 个芽苞，用赤霉素和生根粉药剂处理后，栽于条床内。株行距为 15 cm×20 cm，覆细土 5 cm，踩实后，再用湿树叶覆盖 3~5 cm。

（2）生长期移栽。夏季 6~8 月高温多雨时，林下栽培方法是将野生生长旺盛的植株整株带土移栽，随挖随栽，最好选择阴天或下雨前后，既省浇水，又易成活。株行距为 20 cm×25 cm，覆土 3~5 cm，踩实后，覆盖树叶 3~5 cm。这种栽培方法不缓苗，成活率高达 85% 以上，且根茎分蘖芽生长快，第二年春分枝多，产量高。

3. 田间管理

（1）补苗。翌春 2~3 月出苗后，若发现死苗、弱苗、病苗应及时拔除，选阴天补苗种植，以保证基本苗数。

（2）中耕除草。淫羊藿生长的旺季，也是杂草生长的旺季，在 4~8 月份，一般地块（指裸地）可 10 d 除草 1 次；而秋冬季杂草生长较缓慢，可 30 d 左右除草 1 次。除草时结合中耕，以畦面少有杂草为宜。

（3）灌溉与保墒。淫羊藿喜湿润土壤环境，若干旱则会造成其生长停滞或死苗。在夏季一般连续晴 5~6 d，就必须早晚进行人工浇水。

4. 施肥

（1）施肥种类。农家肥、厩肥、有机复合肥、无机复合肥，其他如腐殖酸类肥料、菜籽饼、沼气发酵肥、叶面肥及各种符合 GAP 要求的绿色生态肥料等。

（2）施肥时间。底肥于头年的 10~11 月结合整地开畦时施入；追肥于翌年 3~6 月追施一次或两次；促芽肥于翌年 10~11 月施一次。另外，在每次采收后，及时补充肥料。

（3）施肥方法。底肥主要采用"面施"法，即于开畦后定植前，将肥料均匀撒于畦面，然后翻入土中。也可进行"穴施"或"条施"，即在开畦后定植前，挖定植"穴"或"条"时，将肥料均匀放入"穴"或"条"内，并将肥料与周围土壤混匀。由于淫羊藿的种植密度相对较密，追肥主要采用"穴"施，追肥时切勿将肥施到新出土的枝叶上，应靠近株丛的基部施入，并根据肥料种类覆土。

（4）施肥量。底肥：农家肥依据原土壤肥力情况而定。一般施 1 000~3 000 kg/亩。追肥：一般情况下无机氮肥施入量不超过 5 kg/亩，有机复合肥 10~30 kg/亩。促芽肥：一般可施农家肥 1 000 kg/亩，或有机复合肥 10~20 kg/亩。采收后施肥：一般可施农家肥 1 000~2 000 kg/亩，或有机复合肥 20~30 kg/亩。

5. 病虫害防治

淫羊藿病虫害的发生较少。仅有小甲虫咬食叶片，或有蛾类幼虫咬食幼苗茎秆或叶片，可采取农业综合防治措施，减少病虫害的发生。

【采收加工】夏、秋季茎叶茂盛时采割，除去粗梗及杂质，晒干或阴干。见图 4-188。

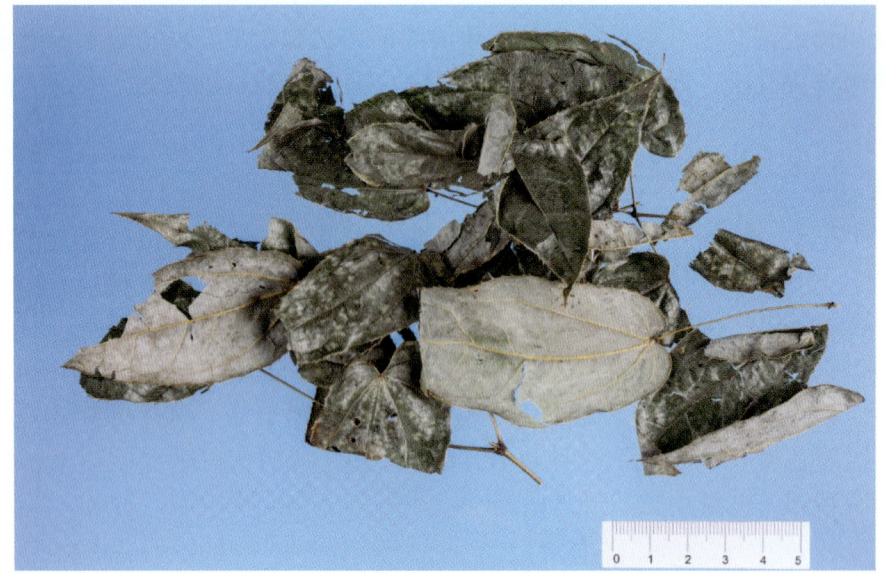

图4-188 淫羊藿药材（周先建摄）

【适宜区与最适宜区】

1. 生态环境

生于海拔 2 300 m 以下的山坡、灌丛、林缘等阴湿处。

2. 生态因子

年均气温 14~21 ℃，年降水量 800~1 200 mm，无霜期 250~350 d，相对湿度 70%~80%。

3. 适宜区

四川省淫羊藿的适宜区为海拔 400~1 300 m 的盆地周围山区阴湿山坡、灌丛、崖壁。见图 4-189。

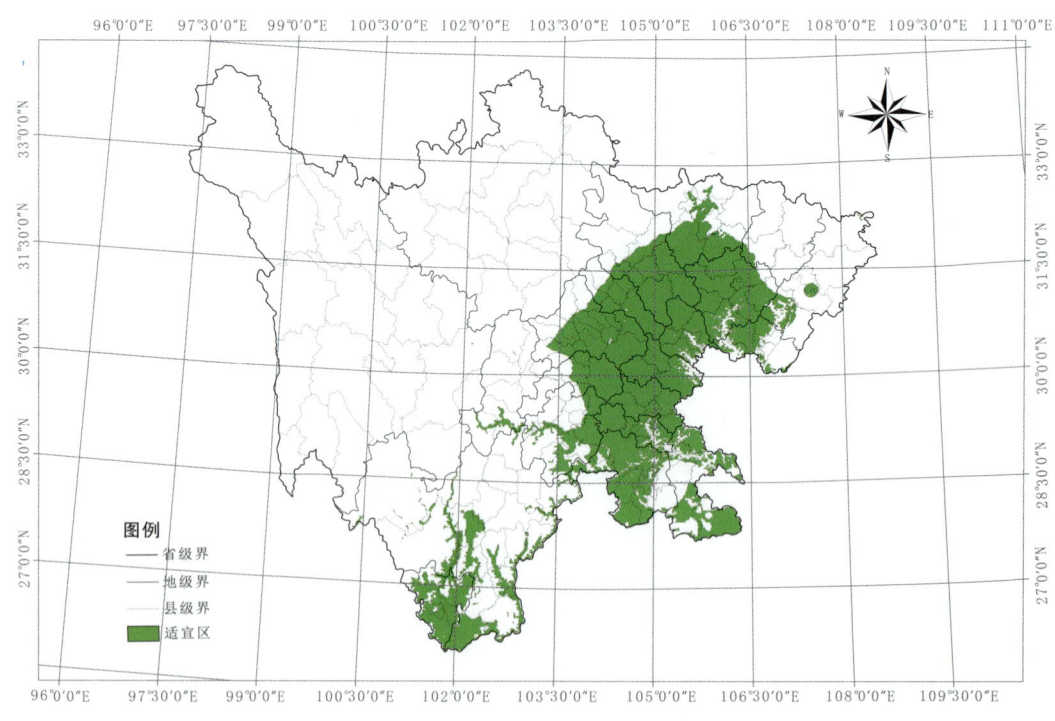

图4-189 淫羊藿适宜区示意图

表4-94 淫羊藿适宜区面积（km²）

区县	面积	区县	面积	区县	面积	区县	面积
盐边县	313	宣汉县	4 024	广汉市	552	双流区	1 070
会东县	261	蒲江县	581	什邡市	513	蓬溪县	1 173
米易县	307	罗江县	452	绵竹市	748	南溪区	557
会理县	214	安州区	899	三台县	2 660	沿滩区	361
宁南县	324	平武县	1 058	盐亭县	1 649	邛崃市	1 282
德昌县	47	江油市	2 323	船山区	434	乐至县	1 425
盐源县	70	隆昌市	783	射洪县	1 495	大安区	336
普格县	27	金口河区	117	大英县	682	贡井区	408
布拖县	69	井研县	841	东兴区	1 164	金堂县	1 158
金阳县	228	丹棱县	445	沙湾区	577	美姑县	20
西昌市	12	荥经县	432	五通桥区	468	富顺县	915
昭觉县	21	天全县	547	犍为县	1 369	游仙区	1 022
雷波县	690	宝兴县	144	夹江县	745	洪雅县	1 127
筠连县	1 208	成华区	109	沐川县	1 327	威远县	1 282
珙县	1 134	崇州市	786	马边县	1 150	龙马潭区	216
叙永县	2 409	涪城区	549	峨眉山市	860	资中县	1 726
古蔺县	2 645	梓潼县	1 445	顺庆区	458	泸县	1 262
仁和区	326	翠屏区	1 007	高坪区	627	峨边县	564
东区	79	长宁县	878	嘉陵区	907	安居区	1 053
西区	52	汶川县	175	南部县	2 221	安岳县	2 261
万源市	3 340	锦江区	61	西充县	1 102	江阳区	375
北川县	1 042	青羊区	62	东坡区	1 326	彭山区	467
剑阁县	3 204	金牛区	110	仁寿县	2 603	通川区	855
苍溪县	2 340	武侯区	124	青神县	387	名山区	621
巴州区	1 403	青白江区	380	叙州区	2 849	岳池县	1 307
昭化区	1 434	新都区	490	江安县	766	营山县	1 605
朝天区	1 146	温江区	280	高县	1 313	蓬安县	1 278
青川县	2 098	郫都区	437	兴文县	1 301	仪陇县	1 787
通江县	3 597	大邑县	835	屏山县	1 346	阆中市	1 885
九寨沟县	6	新津县	330	武胜县	428	广安区	783
茂县	28	都江堰市	774	雨城区	848	华蓥市	313
利州区	1 424	彭州市	978	汉源县	350	达川区	2 127
松潘县	8	自流井区	149	芦山县	351	大竹县	2 049
旺苍县	2 113	荣县	1 602	雁江区	1 637	平昌县	2 190
南江县	2 532	纳溪区	998	简阳市	2 214	渠县	1 395
泸定县	56	合江县	1 771	越西县	1	邻水县	1 787
石棉县	217	旌阳区	648	甘洛县	160	恩阳区	1 150
开江县	1 012	中江县	2 196	龙泉驿区	556	前锋区	358

4. 最适宜区

四川省淫羊藿的最适宜区为海拔400~900 m的山区、丘陵。三枝九叶草的最适宜区为四川都江堰、彭州；柔毛淫羊藿的最适宜区为四川都江堰、广元、巴中。见图4-190。

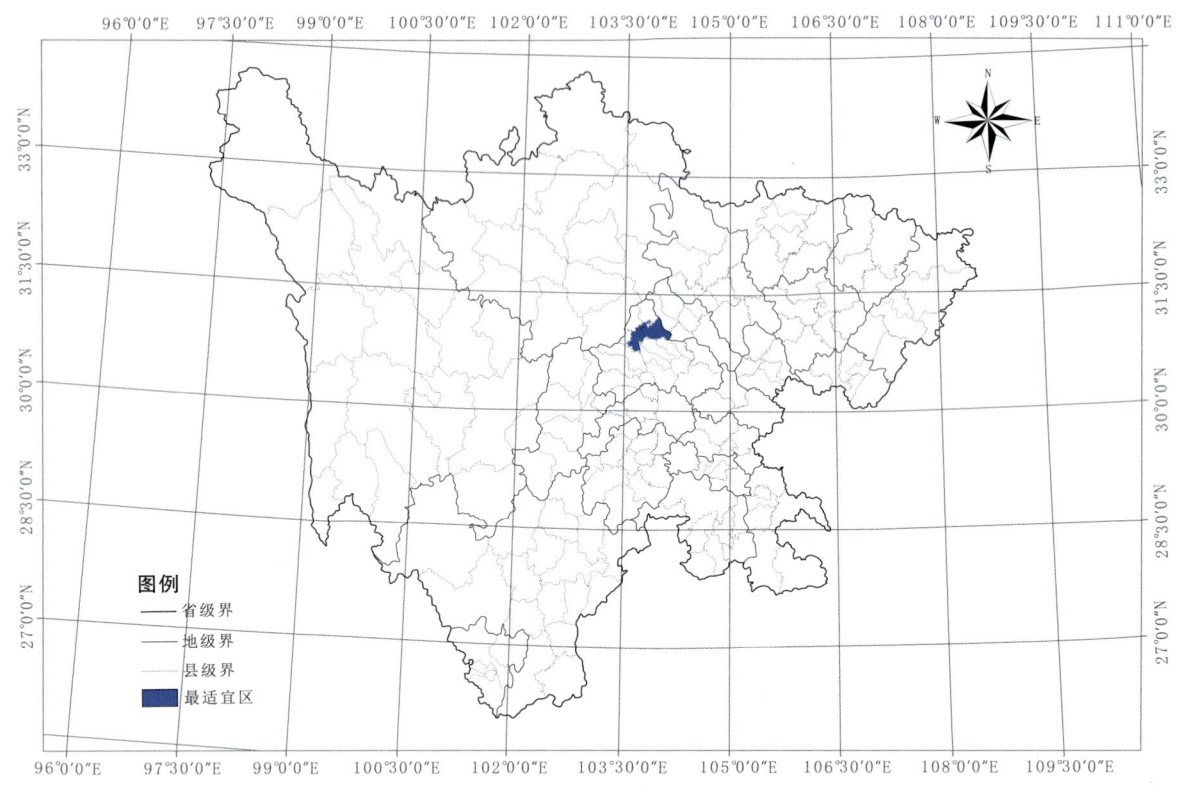

图4-190 淫羊藿最适宜区示意图

表4-95 淫羊藿最适宜区面积（km²）

区 县	面 积	区 县	面 积
都江堰市	579	彭州市	766

【基地建设】 四川省淫羊藿药材主要为野生，无规模化人工栽培基地。巴中、广元、都江堰、峨眉山等地野生资源较为丰富。

四十五、鱼腥草生产区划

【来源】 为三白草科植物蕺菜 Houttuynia cordata Thunb. 的干燥地上部分。

【道地沿革】 鱼腥草别名"蕺菜"，又名猪鼻孔，始载于《名医别录》，列为下品。《蜀本草》："茎叶俱紫，赤。"苏恭曰："蕺菜生湿地山谷阴处，亦能蔓生。叶似荞麦而肥，茎紫赤色。山南、江左人好生食之。关中谓之菹菜。"《本草纲目》载："其叶腥气，故俗称鱼腥草。"
以茎叶完整、无杂质、有花穗、鱼腥气浓者为佳。

【性味归经】 辛，微寒。归肺经。

【功能主治】清热解毒，消痈排脓，利尿通淋。用于肺痈吐脓，痰热喘咳，热痢，热淋，痈肿疮毒。

【药理作用】

1. 抗菌

鱼腥草鲜汁对10种常见细菌均呈现体外抑菌效果，MIC分别为：金黄色葡萄球菌（1∶640）、白色葡萄球菌（1∶320）、大肠杆菌（1∶80）、痢疾杆菌（1∶160）、伤寒杆菌（1∶160）、枯草杆菌（1∶20）、甲副伤寒菌（1∶80）、肺炎球菌（1∶40）、铜绿假单胞菌（1∶80）、变形杆菌（1∶40）。鲜鱼腥草提取物体外有抗金黄色葡萄球菌作用，MIC为1.2 mg/ml，MBC为5.0 mg/ml；鲜鱼腥草提取物给接种细菌小鼠灌胃600 mg/kg、400 mg/kg、200 mg/kg，于接种细菌前48 h、24 h、接种细菌后即刻及6 h各灌胃给药1次，结果600 mg/kg、400 mg/kg剂量组能使金黄色葡萄球菌引起的小鼠死亡率降低，分别降低了38.9%和24.8%。鱼腥草总提取物（挥发油和水提物混合）对金黄色萄葡球菌、大肠杆菌及肺炎链球菌的MIC分别为1/16、1/8、1/16，而鱼腥草挥发油饱和水溶液对3种微生物的MIC分别为1/2、1/2、1/4，表明鱼腥草总提取物在抑制多种微生物的繁殖生长方面优于鱼腥草挥发油饱和溶液。鱼腥草乙醚提取物对红色毛癣菌和絮状表皮癣菌的MIC为10 mg/ml，对石膏样毛癣菌和石膏样小孢子菌的MIC为5 mg/ml。鱼腥草乙醚提取物对串珠镰孢菌、茄病镰孢菌和黄曲霉菌3种角膜真菌具有不同程度的抗菌作用，其中对茄病镰孢菌的抗菌效果最好，对串珠镰孢菌的抗菌效果次之，对黄曲霉菌效果最差。新鲜野生紫色茎鱼腥草挥发油对乙型溶血性链球菌、金黄色葡萄球菌、绿脓假单胞菌、大肠埃希菌均有一定的抑制作用，其中对金黄色葡萄球菌抑制作用最强，抑菌环直径达17.31 mm。0.25 g/ml的鱼腥草多糖提取物（从鱼腥草干粉中提取，多糖含量为9.8%）对金黄色葡萄球菌和大肠杆菌的抑菌圈宽度分别为14 mm、15.6 mm，对金黄色葡萄球菌MIC为5 mg/ml。

2. 抗病毒

鱼腥草煎剂在体外对京科68-1株病毒有抑制作用，并能对抗孤儿病毒11株（ECHO11）的致细胞病变毒性。鱼腥草流浸膏在3×10^{-3} g/ml、3×10^{-4} g/ml浓度时，可抑制50%以上的豚鼠巨细胞病毒致豚鼠胚肺细胞株GPEL细胞的病变，对豚鼠巨细胞病毒最小有效浓度为300 pμg/ml。鱼腥草挥发油对流感病毒有抑制作用，药物质量浓度在31.25 mg/ml时即能抑制病毒的增殖，250 mg/ml时对鸡胚内流感病毒有4倍的抑制作用；鱼腥草挥发油对甲、乙型流感病毒和腮腺炎病毒有一定的抑制效果，MIC（相当于含生药）分别为4 mg/ml、2.25 mg/ml、4 mg/ml。

3. 抗过敏

鱼腥草挥发油20 μg/ml、30 μg/ml、40 μg/ml能显著拮抗SRS-A所致豚鼠离体回肠收缩，40 μg/ml、80 μg/ml、120 μg/ml能显著拮抗SRS-A所致豚鼠离体肺条收缩。此外，鱼腥草油对组胺、乙酰胆碱致豚鼠离体回肠收缩也有对抗作用。体内实验显示，鱼腥草油静脉注射100 mg/kg有拮抗SRS-A所致豚鼠肺溢流的作用；皮下注射200 mg/kg可明显降低豚鼠致敏性哮喘的发生率。

4. 调节免疫

鱼腥草提取液雾化吸入4 ml/kg，每日1次，吸至第10 d，可使大鼠肺泡巨噬细胞吞噬率、肺泡冲洗液中ANAE阳性细胞的比例和外周血ANAE阳性细胞的比例显著提高，而对外周血白细胞移行指数具有明显降低作用。鱼腥草总黄酮提取液对透明质酸酶有较强的抑制作用，灌胃300 mg/kg能非常显著地抑制组胺诱导的小鼠毛细血管通透性增高。

5. 抗肿瘤

鱼腥草黄酮提取物在体外有抑制人白血病细胞 HL60 和小鼠黑色素瘤细胞株 B16BL6 细胞生长的作用，50%增殖抑制浓度值分别为 0.410 g/L、0.122 g/L；且能诱导 HL60 和 B16BL6 细胞的凋亡。

【品质研究】印小红等采用高效液相色谱法测定了鱼腥草中槲皮苷含量。结果槲皮苷在 0.064 56~3.228 μg 范围内呈良好的线性关系，平均回收率为 97.68%，RSD = 1.3%（n = 6）；所测定的不同产地样品中，四川产鱼腥草的槲皮苷含量最高。不同产地鱼腥草中槲皮苷含量差异较大。

刘蕾等采用 GC-MS 法与 RP-HPLC 法分别对峨眉山不同山峪和海拔高度的 17 个鱼腥草居群地上部分挥发油成分和槲皮素含量进行了分析，比较了这些居群移栽至同等立地条件下栽培一年后（简称栽培类群）其各自的挥发油成分与原产地相应居群挥发油成分间的差异，探讨了各野生居群挥发油组成成分以及槲皮素含量与海拔高度、生长地土壤养分间的关系。从 17 个野生居群地上部分挥发油中共鉴定出 35 种化合物，平均相对百分含量最大的 3 种成分依次为：月桂烯、trans-β-罗勒烯、甲基正壬酮，各居群挥发油成分组成及含量存在较大差异。将 17 个野生居群移至同等立地条件下栽培一年后，从其地上部分挥发油中共鉴定出 31 种化合物，平均相对百分含量最大的 3 种成分依次为：月桂烯、甲基正壬酮、β-水芹烯，各居群挥发油成分组成及含量也存在差异。比较野生居群及其移栽后相应居群的挥发油成分可以看出，两种生长条件下共鉴定出 41 种挥发油成分，其中，25 种成分在两种生长条件下均能检测到，分别占野生居群和栽培类居群总挥发油含量的 91.03% 和 91.81%，10 种成分仅在野生条件下检测到，6 种成分仅在栽培条件下检测到。移栽至同等立地条件后，鱼腥草居群挥发油成分多态性明显降低。峨眉山鱼腥草生长地土壤肥力水平较高，对鱼腥草生长极为有利。不同山峪以及海拔高度对各野生居群挥发油成分和含量有显著影响。野生居群中乙酸龙脑酯和 trans-β-罗勒烯的含量与海拔高度间分别存在显著和极显著正相关。基于所有挥发油成分的聚类结果表明，以遗传距离 6.50 为标准，可将所有鱼腥草居群划分为 7 类，多数海拔 1 000 m 以上的居群可聚为一大类。RP-HPLC 的测定结果表明，不同海拔高度的 9 个鱼腥草居群槲皮素含量存在显著差异，其变幅为 0.24~3.26 mg/g，平均含量 1.17 mg/g，各居群槲皮素含量与海拔高度及土壤养分含量间相关性均不显著。

【原植物】多年生草本，具特殊的鱼腥味，高 30~60 cm；根茎多节，下部伏地，节上轮生小根，上部直立，无毛或节上被毛，有时带紫红色。叶薄纸质，有腺点，背面尤甚，卵形或阔卵形，长 4~10 cm，宽 2.5~6 cm，顶端短渐尖，基部心形，两面有时除叶脉被毛外余均无毛，背面常呈紫红色；叶脉 5~7 条，全部基出或最内 1 对离基约 5 mm 从中脉发出，如为 7 脉时，则最外 1 对很纤细或不明显；叶柄长 1~3.5 cm，无毛；托叶

图4-191 鱼腥草原植物（舒光明摄）

膜质，长 1~2.5 cm，顶端钝，下部与叶柄合生而成长 8~20 mm 的鞘，且常有缘毛，基部扩大，略抱茎。花序长约 2 cm，宽 5~6 mm；总花梗长 1.5~3 cm，无毛；总苞片白色，长圆形或倒卵形，长 10~15 mm，宽 5~7 mm，顶端钝圆；雄蕊长于子房，花丝长为花药的 3 倍。蒴果长 2~3 mm，顶端有宿存的花柱。花期 4~6 月，果期 10~11 月。见图 4-192。

【生物学特性】喜温暖湿润气候，土壤以深厚、疏松肥沃、排水良好的酸性或微酸性土壤为好。

【栽培技术】

1. 选地

选择土壤肥沃、排灌方便的壤土或沙壤土，实行轮作，避免重茬。

2. 播种时期

以春季种植为主，也可夏秋两季种植。中低海拔地区早春种植，夏季便可采挖，采挖后再种植一季，实现一年双季种植。

3. 整地施底肥

深耕整地，亩施 2 500 kg 农家肥和 40 kg 氮磷钾三元复合肥作基肥，耙细后作畦，畦宽 1.5 m，长可随地而定。

4. 种苗准备

春季种植一般用地下茎，净根茎挖出，剪扯成 10 cm 长，每段需有 3~4 节，并留须根和防止种苗脱水。夏秋两季种植也可用地上茎，收挖时地下茎作商品出售，拔取地上茎作种苗，拔取时可带少量基茎须根，去除茎基部多数叶片和嫩尖。每亩用种地下茎 150 kg，地上茎 200 kg。

5. 种植方法

采用开沟条播方式，按播幅 30 cm 开沟，沟宽 15 cm，沟深 10 cm，5~8 cm 顺沟两侧交错摆放两行种茎（也可按此密度均匀撒播），覆土 5~8 cm。用地上茎作种苗时，20 cm 开沟，5 cm 摆放一种茎，茎尖朝上，覆土盖严茎基 2~3 节，外露 1~2 节。种植时应防止土壤和气候干燥而使种苗脱水干枯，种植后要及时浇灌。有长期保持的地方可覆盖一层作物秸秆或落叶，有利于保水、疏松土壤和减少杂草。

6. 田间管理

（1）水分管理。栽种后，须经常浇灌，整个生长期间保持土壤湿润十分重要。

（2）追肥。出苗后开始追肥，追肥以薄肥勤施为原则，前期以氮肥为主，可浇施清粪水或追施尿素 2~3 次，以促进幼苗生长；中期地下茎开始大量生长，在保证追施氮肥的基础上，应配合追施磷钾肥，钾肥能有效促进地下茎生长。

7. 病虫草害防治

鱼腥草常发生的病害主要是茎腐病、叶斑病等，施用大量未腐熟的农家肥或长期连作是导致病害发生的主要原因，可用 25% 叶枯宁可湿性粉剂 180 g/亩（或农用链霉素 180PPm）+50% 异菌脲即扑海因 180 g/亩（或 64 杀矾可湿性粉剂 350 g）+ 水 120 kg/亩喷雾防治。每种农药一年用药不得超过 3 次，最后一次用药距采挖期 20 d 以上。鱼腥草常发生的虫害主要是蛴螬、地老虎、金龟甲、金针虫、红蜘蛛等；蛴螬、地老虎较多的田块，每亩可用 90% 晶体敌百虫 60 g 拌 20 kg 的潮土撒施；地上害虫可用 50% 辛硫磷乳油 1 000 倍液或敌敌畏、乐果乳油喷雾防治；红蜘蛛可用 73% 克螨持乳油 3 000 倍液喷雾防治。农药交替使用，每种农药使用一年不得超过 1 次，最后一次使用距采挖

30 d 以上。草害是鱼腥草人工栽培的一大障碍，可对鱼腥草生长造成巨大危害，人工薅除费工费时，应采取化学防治和人工薅除相结合的综合防治措施。化学防除可在播后芽前杂草 2~3 叶期，每亩使用 50% 敌草隆 100 g+5% 精喹禾灵 60 g 或 50% 敌草隆 100 g 进行防除。

【采收加工】夏季茎叶茂盛花穗多时采割，除去杂质，晒干。见图 4-192。

【适宜区与最适宜区】

1. 生态环境

生于海拔 2 600 m 以下的阴湿的水边低地或水沟、田边。

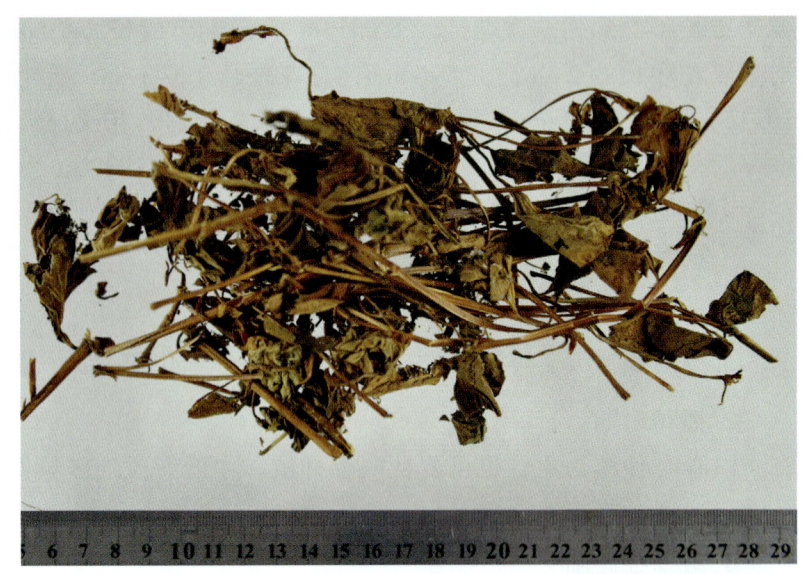

图4-192　鱼腥草药材（周先建摄）

2. 生态因子

年均气温 12~20 ℃，最低气温 -15 ℃ 以上，年降水量 1 200 mm，年日照 1 000~1 600 h。

3. 适宜区

四川省鱼腥草的适宜区为海拔 1 800 m 以下的温暖湿润地区，包括四川盆地、盆地周围山区与丘陵地区。见图 4-193。

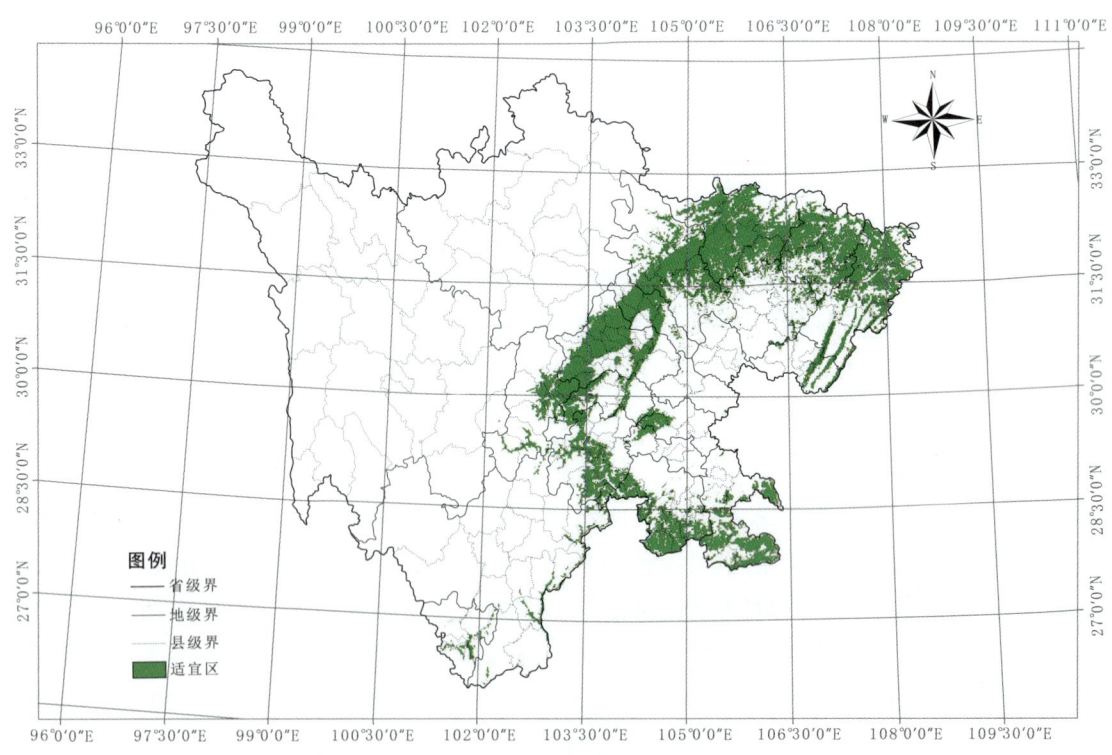

图4-193　鱼腥草适宜区示意图

表4-96 鱼腥草适宜区面积（km²）

区县	面积	区县	面积	区县	面积	区县	面积
盐边县	1 281	泸定县	261	纳溪区	998	越西县	156
会东县	742	九龙县	29	合江县	1 799	甘洛县	586
米易县	1 022	冕宁县	360	旌阳区	648	龙泉驿区	556
会理县	1 271	石棉县	632	中江县	2 196	双流区	1 070
宁南县	756	开江县	1 012	广汉市	552	蓬溪县	1 173
德昌县	647	宣汉县	4 216	什邡市	600	南溪区	557
盐源县	457	蒲江县	581	绵竹市	912	沿滩区	361
普格县	249	罗江县	452	三台县	2 660	邛崃市	1 369
布拖县	200	安州区	1 072	盐亭县	1 649	乐至县	1 425
金阳县	491	平武县	2 583	船山区	434	大安区	336
喜德县	49	江油市	2 629	射洪县	1 495	贡井区	408
西昌市	927	隆昌市	783	大英县	682	金堂县	1 158
昭觉县	80	金口河	262	东兴区	1 164	美姑县	163
雷波县	1 512	井研县	841	沙湾区	603	富顺县	915
筠连县	1 246	丹棱县	445	五通桥区	468	游仙区	1 022
珙县	1 142	荥经县	997	犍为县	1 369	洪雅县	1 416
叙永县	2 960	天全县	997	夹江县	745	威远县	1 282
古蔺县	3 164	宝兴县	449	沐川县	1 407	龙马潭区	216
仁和区	1 187	成华区	109	马边县	1 746	资中县	1 726
东区	151	崇州市	897	峨眉山市	1 025	泸县	1 262
西区	92	涪城区	549	顺庆区	458	峨边县	1 095
木里县	57	梓潼县	1 445	高坪区	627	安居区	1 053
万源市	3 935	翠屏区	1 007	嘉陵区	907	安岳县	2 261
北川县	2 027	长宁县	880	南部县	2 221	江阳区	375
剑阁县	3 204	汶川县	560	西充县	1 102	彭山区	467
苍溪县	2 340	理县	29	东坡区	1 326	通川区	855
巴州区	1 404	锦江区	61	仁寿县	2 603	名山区	621
昭化区	1 434	青羊区	62	青神县	387	岳池县	1 307
朝天区	1 578	金牛区	110	叙州区	2 849	营山县	1 605
青川县	2 787	武侯区	124	江安县	766	蓬安县	1 278
通江县	4 085	青白江区	380	高县	1 313	仪陇县	1 787
黑水县	2	新都区	490	兴文县	1 373	阆中市	1 885
九寨沟县	138	温江区	280	屏山县	1 485	广安区	783
茂县	274	郫都区	437	武胜县	428	华蓥市	321
利州区	1 534	大邑县	975	雨城区	1 050	达川区	2 127
松潘县	97	新津县	330	汉源县	876	大竹县	2 049
旺苍县	2 882	都江堰市	938	芦山县	720	平昌县	2 190
南江县	3 184	彭州市	1 110	雁江区	1 637	渠县	1 395
丹巴县	1	自流井区	149	邻水县	1 793		
康定市	63	荣县	1 602	简阳市	2 214		
前锋区	358	恩阳区	1 150	小金县	2		

4. 最适宜区

四川省鱼腥草的最适宜区为海拔 400~700 m 的盆地西部边缘山区，包括雅安严桥镇等地。年均气温 14.1~17.1 ℃，1 月平均气温 3.3~8.3 ℃，7 月平均气温 22.7~25.9 ℃。年降水量 741.8~1 774.3 mm。见图 4-194。

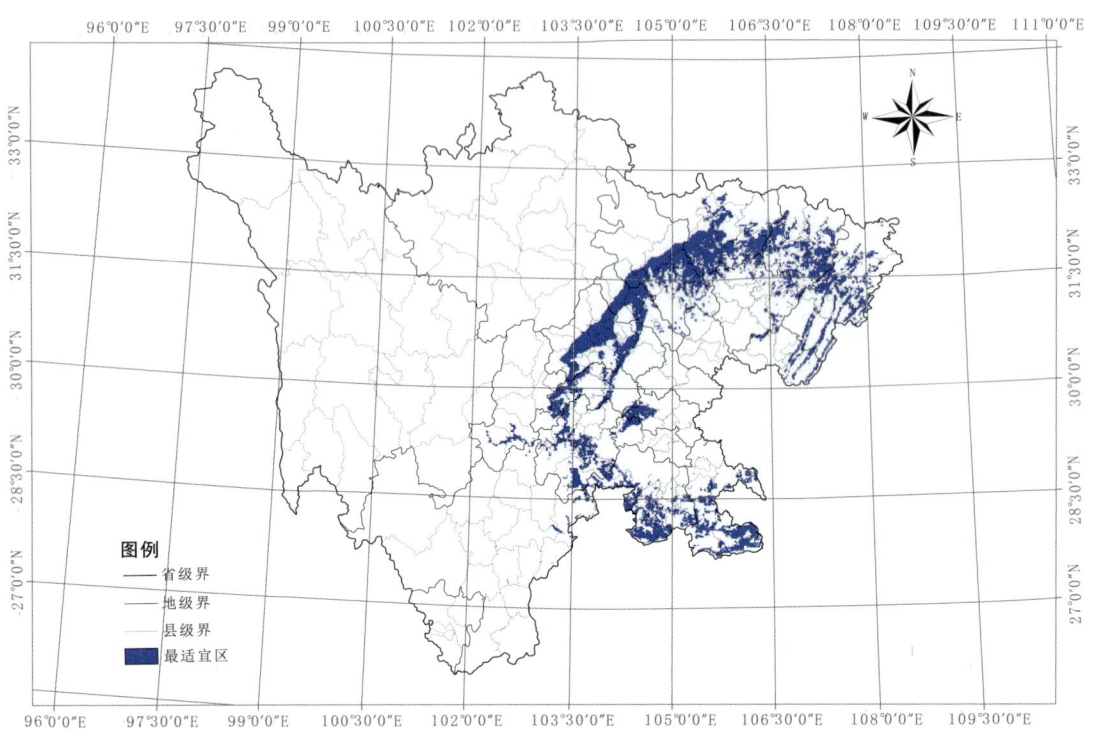

图 4-194　鱼腥草最适宜区示意图

表 4-97　鱼腥草最适宜区面积（km²）

区　县	面　积
雅安	6 323

【基地建设】　四川省鱼腥草主产于雅安市，在雅安市严桥镇建有规范化 GAP 生产基地。

四十六、金钱草生产区划

【来源】　为报春花科植物过路黄 Lysimachia christinae Hance 的干燥全草。

【道地沿革】　《本草纲目拾遗》记载了金钱草之名，但是此金钱草实际上为《本草纲目》之积雪草，即唇形科植物活血丹 Glechoma longituba（Nakai）Kupr。金钱草为《植物名实图考》中记载的植物"过路黄"："过路黄，江西坡塘多有之。铺地拖蔓，叶如豆叶，对生附茎。叶间春开五尖瓣黄花，绿跗尖长，与叶并出。""过路黄"即报春花科植物 Lysimachia christinae Hance。古代没有金钱草之名。清代乾隆年间（1736—1795）《四川百草堂验方》记载："黄疸走疸周身黄，金钱草是救命王，炕干为末冲甜酒，草药更比官药强。"晚近根据四川民间草医以当地土名"金钱草"的利胆、利尿功效，用之有效，追寻原植物为 Lysimachia christinae Hance。可见四川为金钱草的道地产区。王强《道地药材图典》："金钱草主产四川省，乐山、宜宾、温江、西昌等地区。"《中华道地药材》记载金钱草的主产区为四川省的乐山、青神等地。

以色绿、叶大完整、须根少、气清香者为佳。

【性味归经】甘、微苦，凉。归肝、胆、肾、膀胱经。

【功能主治】利湿退黄，利尿通淋，解毒消肿。用于湿热黄疸，胆胀胁痛，石淋，热淋，小便涩痛，痈肿疔疮，蛇虫咬伤。

【药理作用】

1. 排石

（1）利胆、排石。大鼠十二指肠分别给予金钱草渗漉提取物高、低剂量 3.33 g/kg、0.83 g/kg 和金钱草超临界 CO_2 萃取物高、低剂量 3.33 g/kg、0.83 g/kg，其中渗漉提取物高剂量和超临界 CO_2 萃取物高、低剂量均能显著促进胆汁的分泌，且超临界 CO_2 萃取物起效更快，作用时间更久。采用对正常大鼠胆汁分泌的影响研究金钱草乙酸乙酯提取物（EA）的利胆作用，采用致石饲料喂养豚鼠制备胆色素结石模型研究 EA 对胆色素结石的防治作用，结果在致石饲料中按 200 mg/kg 剂量拌入，连续 70 d，能显著促进大鼠胆汁分泌，减少豚鼠胆色素结石的成石率，且能调整和维持胆汁成分比例及动物体内代谢的正常化。

（2）对泌尿系统结石的作用。以草酸钙肾结石大鼠为模型，给模型大鼠灌胃金钱草注射液每日 1.25 ml（含生药 0.625 g）和提取液 4 ml/d（含生药 4 g），结果显示注射液组和提取液组均可明显降低肾组织中草酸钙含量，同时可明显减轻草酸钙晶体的形成程度。给予浓度为 0.5 g/ml、1.0 g/ml 的金钱草提取液后，能使正常人尿液中生成的一水合草酸钙晶体（COM）完全消失，二水合草酸钙晶体（COD）的尺寸也随着金钱草提取液的生药浓度增大而减小，说明金钱草对尿结石的形成有很好的抑制作用。采用 1.25% 乙二醇和 1% 氯化铵制备大鼠肾结石模型，给模型大鼠灌胃金钱草免煎剂每日 0.6 g，能够明显减轻肾充血和肾炎细胞的浸润和肾小管的扩张情况，还可增加大鼠尿中草酸钙结晶的排泄。给麻醉犬静脉注射 0.5 g（生药）/kg 的金钱草水煎醇沉液能增加尿量，使输尿管蠕动频率增加，表明金钱草可治疗输尿管结石。给麻醉犬经十二指肠注入金钱草剂 120 g/只，能增强输尿管的蠕动，增加尿量，其作用与双氢克尿噻作用相似。以上表明：金钱草在体内能保护组织细胞，对草酸钙晶体形成有明显抑制作用。

2. 抗氧化

金钱草乙醇提取物对 Fenton 反应产生的 ·OH 有清除作用，IC_{50} 为 0.12 mg/ml，当提取物质量浓度 ≥ 0.3 mg/ml 时清除率最大达 88.1%；对光照核黄素产生的 O_2^-· 也有清除作用，IC_{50} 为 0.072 mg/ml，当质量浓度 ≥ 0.2 mg/ml 时清除率最大达 71.9%。金钱草提取物对 ·OH 引发的 DNA 损伤有抑制作用，当浓度为 0.6 mg/ml 时，抑制率达 67.8%，且其抑制率随浓度增加而增加。采用黄嘌呤 – 黄嘌呤氧化酶系统、H_2O_2 及 UV 照射 3 种方法制备细胞膜脂质过氧化模型，结果显示金钱草提取物对黄嘌呤 – 黄嘌呤氧化酶系统诱导细胞膜脂质过氧化生成的 IC_{50} 为 83.11 μg/ml；对 H_2O_2 诱导的细胞膜脂质过氧化生成的 IC_{50} 为 67.51 μg/ml；对 UV 诱导的细胞膜脂质过氧化生成的 IC_{50} 为 56.50 μg/ml，且其作用呈剂量依赖性关系。表明金钱草提取物对自由基引起的细胞膜脂质过氧化损伤有保护作用。

添加一定量金钱草不同提取物配成抗氧化剂浓度为 0.02% 的被测样品，测定不同提取物的抗氧化活性，结果显示抗氧化活性大小顺序为：乙酸乙酯萃取部分＞合成抗氧化剂 BHT＞粗提物＞石油醚萃取部分＞正丁醇萃取部分。进一步分离金钱草中极性部分得到槲皮素、槲皮素 –3–O– 葡萄糖苷和山奈酚 –3–O– 葡萄糖苷，显示以上物质对食用油脂具有很强的抗氧化作用，它们不仅可以减缓油脂氧化变质，提高油脂营养价值，而且能使食用油脂具有保健功能。

3. 对免疫功能的影响

金钱草对细胞免疫有抑制作用。玫瑰花试验：金钱草能明显降低小鼠脾细胞与绵羊红细胞形成玫瑰花环的百分率,即便在停药后 10 d 仍受抑制,其程度与环磷酰胺相似,与环磷酰胺合用抑制更明显。金钱草组能延迟小鼠皮肤移植排斥反应的出现时间,与环磷酰胺合用作用更明显。

金钱草对体液免疫亦有抑制作用。给免疫小鼠灌胃金钱草水煎液,能抑制溶血素的生成,抑制小鼠生成钩端螺旋体凝溶抗体,与环磷酰胺合用作用更显著。采用家兔甲状腺全切造成甲低模型,进行甲状腺颈前肌内移植,给模型动物灌胃金钱草煎剂 10 g/kg,用药 28 d,能够对抗家兔甲状腺移植的排斥反应,其作用机理可能是金钱草抑制 T 细胞的发育,从而降低了受体的免疫排斥能力。

4. 抗血栓

金钱草对 ADP 及 AA 诱导的人血小板聚集有一定的抑制作用。制备大鼠体内静脉血栓模型,每日给模型大鼠静脉注射金钱草总黄酮提取物高、中、低剂量 30 mg/kg、20 mg/kg、10 mg/kg,结果高、中剂量组均能够抑制大鼠体内静脉血栓的形成,减轻血栓湿重和干重。另外,体外给予浓度为 4 mg/ml、2 mg/ml 的金钱草总黄酮对 ADP 所致的大鼠血小板聚集有一定的抑制作用。

5. 抗炎、镇痛

给小鼠分别灌胃金钱草水提物、醇提物 500 mg/kg、200 mg/kg;石油醚提取物、乙酸乙酯提取物、正丁醇提取物 200 mg/kg,结果剂量为 500 mg/kg 的醇提物和 200 mg/kg 的乙酸乙酯提取物能显著抑制二甲苯所致的小鼠耳廓肿胀,抑制醋酸所致小鼠腹腔毛细血管通透性的增高,说明金钱草具有抗炎的作用。给小鼠腹腔注射金钱草 50 g/kg、金钱草总黄酮和酚酸 3.75 g/kg,对组胺引起的大鼠足跖肿胀和大鼠血管通透性增加、巴豆油所致的小鼠耳部炎症均有显著的抑制作用,对注射蛋清引起的大鼠足跖肿胀和大鼠棉球肉芽肿也有显著的抑制作用。

【品质研究】杨一令等用薄层色谱法对三种过路黄作定性鉴别,用紫外分光光度法对三种过路黄作总黄酮的含量测定。结果浙江产过路黄与四川产过路黄在组分与总黄酮含量上并无明显差别,点腺过路黄与过路黄的组分有差别,且总黄酮的含量低于过路黄。结论:浙江产过路黄与四川产过路黄的质量无差异,点腺过路黄作为金钱草入药是不妥当的。

李可等对四川省内 28 份金钱草种质资源进行了形态学、RAPD 分子标记和代谢产物三方面的分析。结果表明:不同来源地金钱草种质资源间的变异大于同一来源地金钱草种质个体间的变异。通过主成分分析,种质性状变异的主要来源是叶片重、叶面积、全株鲜重和全株干重。运用 RAPD 分子标记技术对金钱草 28 份种质从分子水平上进行遗传多样性研究。在分子水平上,28 份供试材料共扩增出 107 条带纹,其中多态性带 88 条,占总数的 82.24%,每个引物可扩增出 7~15 条带,平均扩增出 9.2 条带。根据遗传距离做出聚类图结果可知,金钱草种质材料有明显的按地理分布聚类的趋势。28 个金钱草种质资源中,槲皮素含量最高的是南充市市区的金钱草,槲皮素含量最低的是宜宾市南溪县的金钱草。金钱草叶中槲皮素含量明显高于茎中。

【原植物】茎柔弱,平卧延伸,长 20~60 cm,无毛、被疏毛以无密被铁锈色多细胞柔

图 4-195　金钱草原植物(方清茂摄)

毛，幼嫩部分密被褐色无柄腺体，下部节间较短，常发出不定根，中部节间长1.5~5（10）cm。叶对生，卵圆形、近圆形以至肾圆形，长2~6（8）cm，宽1~4（6）cm，先端锐尖或圆钝以至圆形，基部截形至浅心形，鲜时稍厚，透光可见密布的透明腺条，干时腺条变黑色，两面无毛或密被糙伏毛；叶柄比叶片短或与之近等长，无毛以至密被毛。花单生叶腋；花梗长1~5 cm，通常不超过叶长，毛被如茎，多少具褐色无柄腺体；花萼长（4）5~7（10）mm，分裂近达基部，裂片披针形、椭圆状披针形以至线形或上部稍扩大而近匙形，先端锐尖或稍钝，无毛、被柔毛或仅边缘具缘毛；花冠黄色，长7~15 mm，基部合生部分长2~4 mm，裂片狭卵形以至近披针形，先端锐尖或钝，质地稍厚，具黑色长腺条；花丝长6~8 mm，下半部合生成筒；花药卵圆形，长1~1.5 mm；花粉粒具3孔沟，近球形，表面具网状纹饰；子房卵珠形，花柱长6~8 mm。蒴果球形，直径4~5 mm，无毛，有稀疏黑色腺条。花期5~7月，果期7~10月。见图4-195。

【生物学特性】多年生小草本，匍匐生长。喜温暖阴湿环境，耐寒，忌干旱，忌高温。

【栽培技术】

1. 种植

选肥沃的砂质壤土和阴凉湿润地块种植，也可利用宅旁地角、塘坝沟边等闲余荫湿地零星栽培。整地前施足基肥，每亩施腐熟有机肥2 500~3 000 kg，翻犁后把土壤耙细，按1.2 m开厢作畦，厢面宽90 cm，沟宽30 cm，沟深20 cm。

2. 扦插繁殖

每年3~4月，将匍匐茎剪下，每3~4节剪成一段作插条。在整好的畦面上，在畦面两边40 cm处各开1条浅沟进行条栽，沟深6~8 cm，每畦种2行。在开好的浅沟内，按株距10 cm扦插，入土2~3节，栽后盖上一层薄土轻轻压实，浇定根水。

3. 田间管理

扦插后若遇天旱，要经常淋水保苗，每天淋水一次，促使生根成活。在插条发出新叶时，要浇清淡腐熟人畜粪水，每亩施30~40担。在茎蔓长到12~15 cm时，再行追肥1次，每亩施腐熟人畜粪尿50担。如栽穴有缺苗，要剪取较长插条补苗。夏秋季每收获1次后，均要进行一次追肥，以充分满足植株生长所需营养，确保高产、稳产。同时，于头年追第2次肥前，要结合中耕除草1次。若再长杂草，人工拔除即可。第2年开春后在金钱草萌发前，也要进行中耕松土除草，以后每年都要中耕松土除草1次。中耕除草后要及时追肥，每亩施腐熟有机肥2 500~3 000 kg，肥料撒于畦面后，浇水1次，也可每亩施腐熟人畜粪水50担。每采收1次后均要进行1次追肥。

4. 病虫害防治

主要虫害有蛞蝓及蜗牛咬食茎叶。可选用90%晶体敌百虫1 000倍液浇灌；或用8%灭蜗灵颗粒剂或10%多聚乙醛颗粒剂撒施，每平方米1.5 g，或每亩1.5 kg，在晴天傍晚撒施，可杀成虫或幼螺。

【采收加工】夏、秋二季采收，除去杂质，

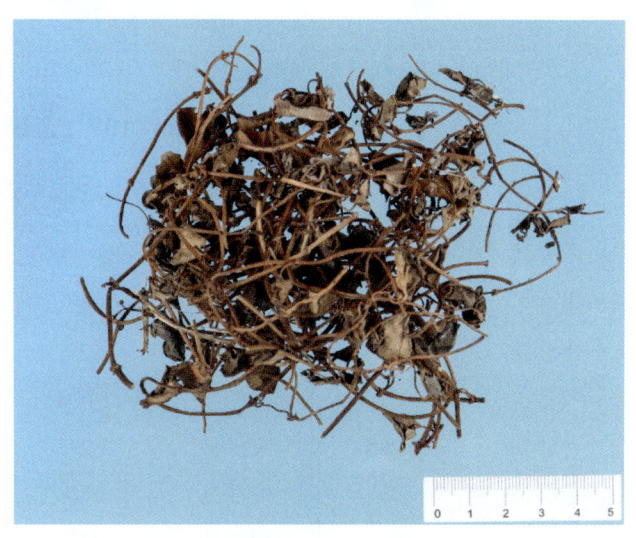

图4-196　金钱草药材（周先建摄）

晒干。见图 4-196。

【适宜区与最适宜区】

1. 生态环境

生于海拔 2 200 m 以下的溪边、林下、山谷阴湿处。

2. 生态因子

年均气温 12~17℃，最低气温 0℃以上，最高气温 30℃，无霜期 300~350 d，年降水量 1 600~2 000 mm，年日照 1 000 h，相对湿度 85%。

3. 适宜区

金钱草的适宜区为海拔 1000m 以下的地区，包括井研、荣县、乐山、仁寿、青神、荥经、洪雅、峨眉、夹江、雅安、彭州、大邑、邛崃、宜宾、筠连、珙县、叙永、古蔺、金口河、峨边、马边等地。见图 4-197。

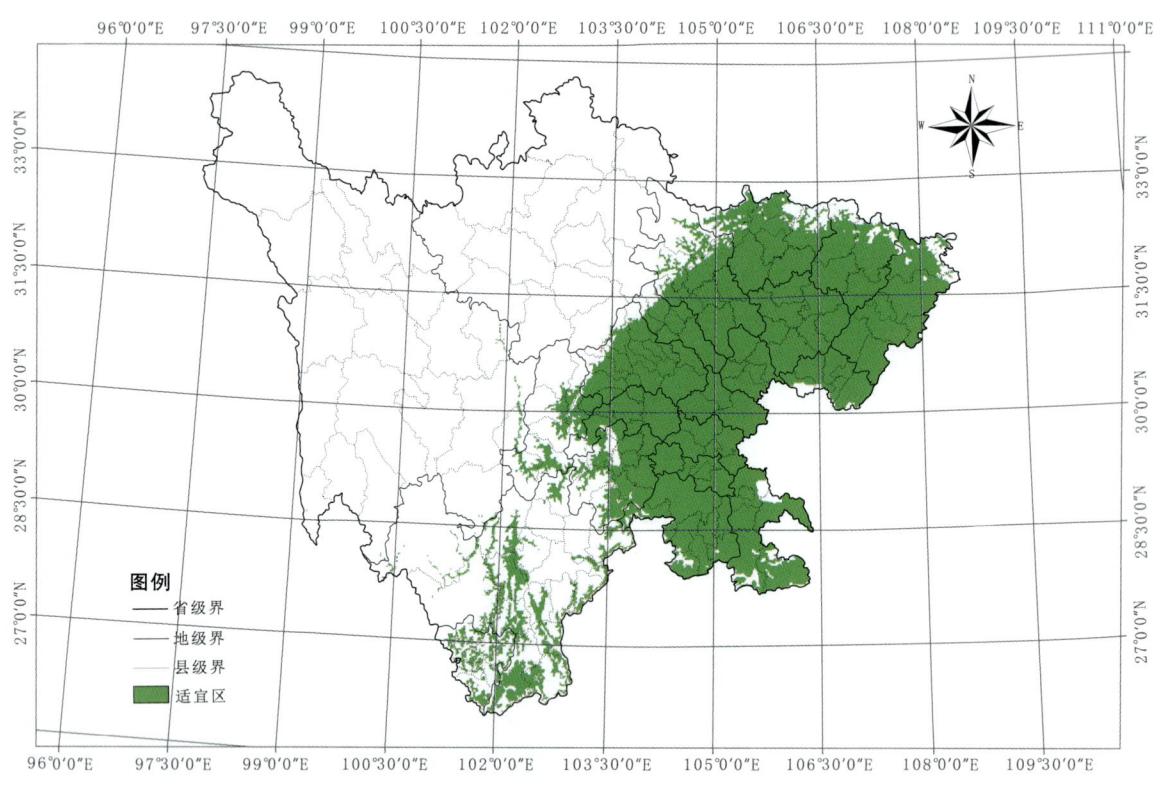

图4-197 金钱草适宜区示意图

表4-98 金钱草适宜区面积（km²）

区县	面积	区县	面积	区县	面积	区县	面积
盐边县	1 285	得荣县	35	什邡市	487	沿滩区	472
会东县	1 389	石棉县	529	绵竹市	726	邛崃市	1 279
米易县	954	开江县	1 004	三台县	2 651	乐至县	1 419
会理县	2 268	宣汉县	3 993	盐亭县	1 658	大安区	401
宁南县	712	蒲江县	580	船山区	604	贡井区	401
德昌县	960	罗江县	451	射洪县	1 497	金堂县	1 164

续表

区县	面积	区县	面积	区县	面积	区县	面积
盐源县	859	冕宁县	944	旌阳区	649	双流区	1 067
普格县	573	安州区	875	中江县	2 197	美姑县	108
布拖县	231	平武县	907	大英县	695	富顺县	1 343
金阳县	480	江油市	2 292	东兴区	1 162	游仙区	1 018
喜德县	288	隆昌市	789	沙湾区	387	洪雅县	1 100
西昌市	1 267	金口河区	178	五通桥区	470	威远县	1 288
昭觉县	103	井研县	845	犍为县	1 370	龙马潭区	331
雷波县	883	丹棱县	453	夹江县	598	资中县	1 734
筠连县	994	荥经县	374	沐川县	1 329	泸 县	1 200
珙 县	1 117	天全县	501	马边县	1 228	峨边县	659
叙永县	2 533	宝兴县	118	峨眉山市	631	安居区	1 260
古蔺县	2 712	成华区	109	顺庆区	550	安岳县	2 669
仁和区	725	崇州市	759	高坪区	804	江阳区	636
东 区	35	涪城区	550	嘉陵区	1 177	彭山区	467
西 区	31	梓潼县	1 440	南部县	2 214	通川区	890
稻城县	15	翠屏区	1 128	西充县	1 096	名山区	620
木里县	432	长宁县	976	东坡区	1 332	岳池县	1 394
万源市	3 131	汶川县	95	仁寿县	2 610	营山县	1 637
北川县	905	锦江区	56	青神县	389	蓬安县	1 341
剑阁县	3 201	青羊区	63	叙州区	2 897	仪陇县	1 788
苍溪县	2 341	金牛区	107	江安县	914	阆中市	1 873
巴州区	1 407	武侯区	125	高 县	1 285	广安区	1 029
昭化区	1 429	青白江区	377	兴文县	1 340	华蓥市	450
朝天区	1 085	新都区	502	屏山县	1 208	达川区	2 239
青川县	1 987	温江区	279	武胜县	524	大竹县	2 057
通江县	3 349	郫都区	436	雨城区	846	平昌县	2 217
茂 县	28	大邑县	781	汉源县	724	渠 县	2 015
利州区	1 416	新津县	329	芦山县	313	邻水县	1 817
旺苍县	1 939	都江堰市	742	雁江区	1 636	恩阳区	1 159
南江县	2 379	彭州市	915	简阳市	2 217	前锋区	507
丹巴县	90	自流井区	157	小金县	6	广汉市	550
康定市	84	荣 县	1 604	越西县	25	蓬溪县	1 237
泸定县	173	纳溪区	1 149	甘洛县	516	南溪区	708
九龙县	91	合江县	2 031	龙泉驿区	552		

4.最适宜区

金钱草的最适宜区为海拔400~700 m的温暖湿润地区,包括井研、乐山、青神、洪雅。见图4-198。

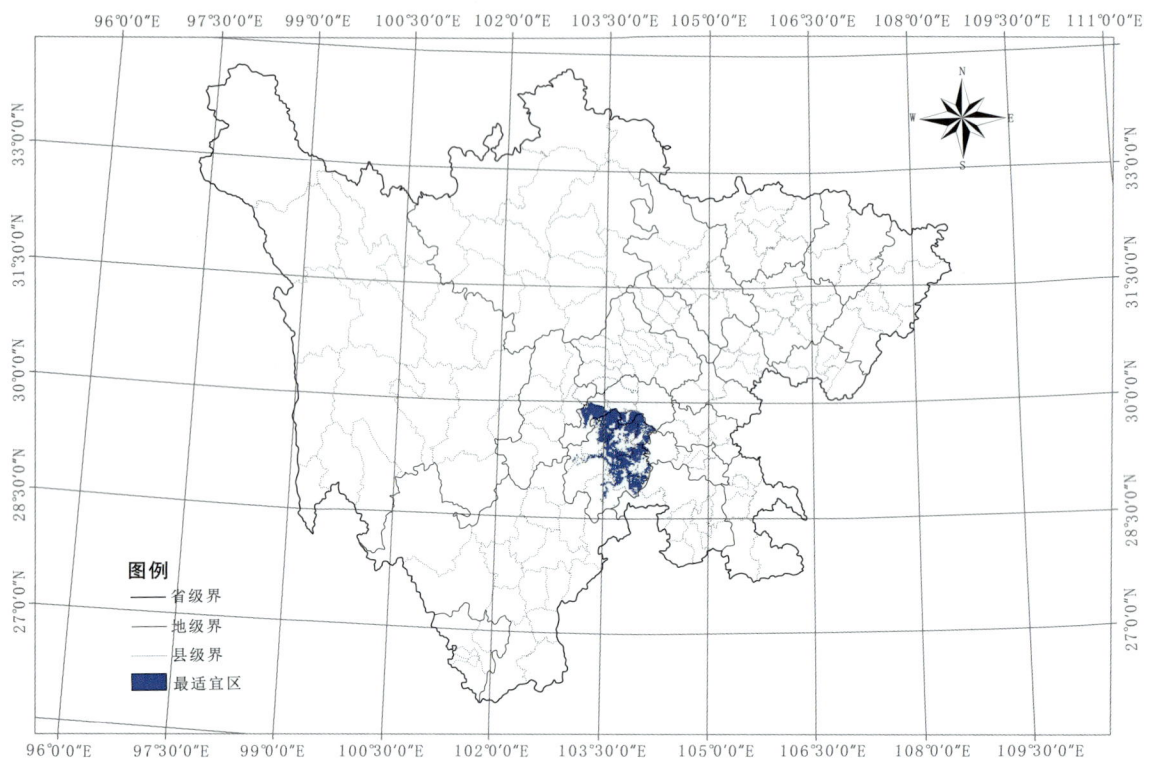

图4-198 金钱草最适宜区示意图

表4-99 金钱草最适宜区面积（km^2）

区县	面积	区县	面积	区县	面积	区县	面积
金口河	15	五通桥区	160	马边县	107	峨边县	75
井研县	538	犍为县	759	峨眉山市	369		
乐山市市中区	433	夹江县	565	青神县	286		
沙湾区	336	沐川县	760	洪雅县	622		

【基地建设】金钱草在四川省主要为野生药材,无人工规范化栽培基地。

四十七、金银花生产区划

【来源】为忍冬科植物忍冬 *Lonicera japonica* Thunb.、灰毡毛忍冬 *Lonicera macranthoides* Hand.-Mazz.、细毡毛忍冬 *Lonicera similis* Hemsl、淡红忍冬 *Lonicera acuminata* Wall. 的干燥花蕾或带初开的花。

【道地沿革】金银花原名"忍冬",始载于《肘后备急方》,忍冬花即为"金银花",《名医别录》将其列为上品。《滇南本草》记载:"味苦,性寒。清热,解诸疮、痈疽发背、无名肿毒、丹瘤、瘰疬。"《本草纲目》李时珍曰:"忍冬在处有之。附树延蔓,茎微紫色,对节生叶。叶似薜荔而青，有涩毛。三、四月开花……花初开者，蕊瓣俱色白；经二、三日，则色变黄。新旧相参，黄白相映，故呼金银花，气甚芬芳。四月采花，阴干，藤叶不拘时采，阴干。"金银花在四川的种植与药用历史悠久。北宋成都锦院和梓州官营绫绮工场出产的蜀锦上绣有忍冬花（金银花）。《叙州区志》载："蕨溪镇于清朝嘉庆年间开始种植金银花。"清·雍正《叙州府志》、清·乾隆《直隶达州志》、民国《四川通志》、民国《犍为县志》、清·同治《仁寿县志》、清·光绪《雷波县志》等均记载产金银花（忍冬藤）。《四川省中药材标准》（1987版）收载了3种忍冬，并称为"川银花"。

以肥大、色青白、握之干净者为佳。

【性味归经】甘，寒。归肺、心、胃经。

【功能主治】清热解毒，疏散风热。用于痈肿疔疮，喉痹，丹毒，热毒血痢，风热感冒，温病发热。

【药理作用】

1. 解热

金银花具有显著的解热作用。金银花水煎液4 g/kg灌胃枯草浸液所致发热家兔，可快速降低家兔体温，给药后1 h体温降至正常，在给药后4 h内呈轻度继续下降。金银花煎液20 g/kg灌胃可明显降低酵母致热大鼠的体温，作用可持续至药后2 h，10 g/kg灌胃可使该模型大鼠血清NO、IL-6水平降低，与连翘配伍解热作用加强。浓度为50%的不同产地金银花药液灌胃大鼠2 ml/100 g，均对啤酒酵母液致热大鼠有解热作用，其中以济银花和山银花在致热后6 h、8 h作用最佳。金银花注射液1 ml/只预防性静脉注射，可降低IL-1β诱导的家兔结肠温度升高，增加IL-1β作用下POAH区热敏神经元的放电频率，而减少冷敏神经元的放电频率，抑制视前区-下丘脑前部前列腺素受体EP3（POAHEP3）表达，这可能是金银花起解热作用的机制之一。

2. 抗炎

50%金银花生品、炭品水煎液均以20 mg/kg灌胃，对二甲苯所致小鼠耳廓肿胀和蛋清所致大鼠足跖肿胀均有明显的抑制作用，生品作用强于炭品。金银花水煎液2.5 g/kg、10 g/kg灌胃，有抑制二甲苯致小鼠耳廓肿胀作用，强度与剂量呈正相关；金银花水煎液5~20 g/kg灌胃小鼠7 d，对巴豆油致炎的小鼠耳廓肿胀无明显抑制作用，与连翘1:1配伍后合煎液20 g/kg灌胃显示出抗炎效果。金银花提取物对金黄色葡萄球菌所致体外培养小鼠成纤维上皮细胞炎症模型具有保护细胞形态、减轻细胞损伤的作用，与模型组比较，细胞生长较好，形态无变化，亦无脱壁现象。1 g/ml金银花提取液100 mg/kg腹腔注射或50 μl外涂于患处，均可抑制蛋清所致大鼠足跖肿胀，腹腔注射起效较外用快且强。不同产地金银花药液50%灌胃小鼠0.3 ml/10 g，能明显抑制巴豆油混合致炎剂导致的小鼠耳廓肿胀，作用强度存在一定差异，密银花、原阳二花和山东济银花三品中以密银花效果最佳。金银花水煎液以相当于人等效剂量灌胃实验性腹主动脉瘤大鼠，可明显降低其血清TNF-α含量，且能减轻病变动脉壁的炎性细胞浸润，与当归配伍抗炎作用增强。

3. 保肝利胆

金银花中的三萜皂苷对CCl_4引起的小鼠肝损伤有明显的保护作用，明显减轻肝脏病理损伤程度，金银花总皂苷每日6.795~27.18 g/kg灌胃可降低模型小鼠血清MDA、AST含量，升高SOD活力，表现出明显的保肝作用，其含绿原酸也对该种肝损伤有保护作用。金银花总黄酮100 mg/kg、200 mg/kg、400 mg/kg灌胃卡介苗（BCG）联合脂多糖（LPS）所致免疫性肝损伤小鼠，能明显升高肝、脾脏器指数，改善肝脏组织学改变，降低血清ALT、AST水平，这与其能降低肝组织MDA、NO、NOS水平，升高肝组织中SOD活性，以及抑制肝组织TNF-α、NF-κBp65的过度表达有关。

灌胃大剂量绿原酸能增加胃肠动力，促进胃液及胆汁分泌。金银花总黄酮提取物以相当于人用量30倍的剂量灌胃乙醇所致化学性肝损伤小鼠，有肝功能保护作用，可升高血清及肝组织中降低的GSH、TC、TG含量，同时降低血清MDA含量。

4. 免疫调节

金银花对机体免疫功能有双向调节作用，既能增强免疫又能降低免疫能力。金银花水提物25 g/kg灌胃小鼠，可明显提高小鼠腹腔巨噬细胞的吞噬百分率和吞噬指数；每日1 ml腹腔注射，可使烧伤小鼠受损的淋巴细胞母细胞化反应恢复到正常，促进IL-2和抗体分泌。金银花及纳米金银花水煎液1.8 g/kg灌胃，均能纠正大鼠口腔黏膜抗原乳化液注射方法致复发性口疮大鼠外周血中降低的$CD4^+T$细胞数和$CD4^+T/CD8^+T$比值，纳米金银花比传统金银花水煎液作用强。金银花又具有免疫抑制作用，50%、25%的金银花药液1.0 ml/只腹腔注射，能使烫伤小鼠中性粒细胞释放溶酶体酶的能力降低，50 mg/ml金银花水煎液能降低豚鼠T细胞α-醋酸萘酯酶百分率。金银花提取物25 g/L、100 g/L、200 g/L对ConA诱导的小鼠T淋巴细胞CD_{69}、CD_{25}和CD_{71}表达有明显的抑制作用，呈明显的量效关系。

5. 抗过敏

50%、100%金银花水提物灌胃30 ml/kg，可抑制卵清蛋白（OVA）介导的小鼠同种热不稳定性被动皮肤过敏反应（PCA）和小鼠足垫迟发型超敏反应（DTH），缓解OVA致敏小鼠肠道症状，减轻小肠炎症及肥大细胞聚集和脱颗粒现象，增加肠道双歧杆菌、乳酸杆菌数量，提高小肠固有层完整肥大细胞的百分率，减少组胺释放，降低IL-4、OVA-slgE水平及IL-4/IFN-γ比值，抑制外周淋巴组织单个核细胞（PLNMC）中IL-12 p40 mRNA表达，小鼠肠道黏液中总IgA、OVA特异性IgA含量（OVA-lgA）分泌，使肠道固有层（LP）中IgA^+浆细胞数、集合淋巴小结（PP）中$smiga^+$淋巴细胞数、小肠LP及PP中IL-4 mRNA表达均降低，而肠黏膜TGF-β mRNA升高，高剂量还能降低致敏小鼠血清IgE而升高lgG2 a8-10。

【品质研究】罗明华等采用高效液相色谱法比较了不同品种金银花的绿原酸含量。结果表明，从山东省引进的九丰一号、大毛花和从河南省引进的豫封一号的绿原酸含量分别为3.72%、3.15%、3.27%，从重庆市引种至四川省江油市、南江县的渝蕾一号的绿原酸含量分别为7.12%、6.94%，与原产地没有明显的差异。四川省本地的细毡毛忍冬中的绿原酸含量高达6.83%。九丰一号、大毛花、豫封一号、渝蕾一号为优良的金银花品种，适合引至四川省栽培；作为乡土品种，细毡毛忍冬有很好的培育价值。

李江等开展了川产金银花主流品种细毡毛忍冬与药典收载金银花、山银花对比研究。三者外观形态上的主要鉴别特征包括腺毛、非腺毛的多少，气孔的大小、密度，花粉粒的显微特征和叶片的扫描电镜特征等。川产细毡毛忍冬中的绿原酸远远高于金银花和山银花中绿原酸的含量。

【原植物】忍冬：多年生缠绕常绿藤本；幼枝红褐色，密被黄褐色、开展的硬直糙毛、腺毛和短柔毛，下部常无毛。叶纸质，卵形至矩圆状卵形，有时卵状披针形，极少有1至数个钝缺刻，长3~5（9.5）cm，顶端尖或渐尖，少有钝、圆或微凹缺，基部圆或近心形，有糙缘毛，上面深绿色，下面淡绿色，小枝上部叶通常两面均密被短糙毛，下部叶常平滑无毛而下面多少带青灰色；叶柄长4~8 mm，密被短柔毛。总花梗通常单生于小枝上部叶腋，与叶柄等长或稍较短，下方者则长达2~4 cm，密被短柔毛，并夹杂腺毛；苞片大，叶状，卵形至椭圆形，长达2~3 cm，两面均有短柔毛或有时近无毛；小苞片顶端圆形或截形，长约1 mm，为萼筒的1/2~4/5，有短糙毛和腺毛；萼筒长约2 mm，无毛，萼齿卵状三角形或长三角形，顶端尖而有长毛，外面和边缘都有密毛；花冠初开时白色，有时基部向阳面呈微红，后变为黄色，长（2）3~4.5（6）cm，唇形，筒稍长于唇瓣，很少近

图4-199　金银花原植物（舒光明摄）

等长，外被多少倒生的开展或半开展糙毛和长腺毛，上唇裂片顶端钝形，下唇带状而反曲；雄蕊和花柱均高出花冠。果实圆形，直径6~7 mm，熟时蓝黑色，有光泽；种子卵圆形或椭圆形，褐色，长约3 mm，中部有1凸起的脊，两侧有浅的横沟纹。花期4~6月，果熟期7~11月。见图4-199。

灰毡毛忍冬： 缠绕常绿藤本；幼枝或其顶梢及总花梗有薄绒状短糙伏毛，有时兼具微腺毛，后变栗褐色有光泽而近无毛，很少在幼枝下部有开展长刚毛。叶革质，卵形、卵状披针形、矩圆形至宽披针形，长6~14 cm，顶端尖或渐尖，基部圆形、微心形或渐狭，上面无毛，下面被由短糙毛组成的灰白色或有时带灰黄色毡毛，并散生暗桔黄色微腺毛，网脉凸起而呈明显蜂窝状；叶柄长6~10 mm，有薄绒状短糙毛，有时具展开长糙毛。花有香味，双花常密集于小枝梢成圆锥状花序；总花梗长0.5~3 mm；苞片披针形或条状披针形，长2~4 mm，连同萼齿外面均有细毡毛和短缘毛；小苞片圆卵形或倒卵形，长约为萼筒之半，有短糙缘毛；萼筒常有蓝白色粉，无毛或有时上半部或全部有毛，长近2 mm，萼齿三角形，长1 mm，比萼筒稍短；花冠白色，后变黄色，长3.5~4.5（6）cm，外被倒短糙伏毛及橘黄色腺毛，唇形，筒纤细，内面密生短柔毛，与唇瓣等长或略较长，上唇裂片卵形，基部具耳，两侧裂片裂隙深达1/2，中裂片长为侧裂片之半，下唇条状倒披针形，反卷；雄蕊生于花冠筒顶端，连同花柱均伸出而无毛。果实黑色，常有蓝白色粉，圆形，直径6~10 mm。花期6月中旬至7月上旬，果熟期10~11月。

细毡毛忍冬： 落叶藤本；幼枝、叶柄和总花梗均被淡黄褐色、开展的长糙毛和短柔毛，并疏生腺毛，或全然无毛；老枝棕色。叶纸质，卵形、卵状矩圆形至卵状披针形或披针形，长3~10（13.5）cm，顶端急尖至渐尖，基部圆或截形至微心形，两侧稍不等，有或无糙缘毛，上面初时中脉有糙伏毛，后变无毛，侧脉和小脉下陷，下面被由细短柔毛组成的灰白色或灰黄色细毡毛，脉上有长糙毛或无毛，老叶毛变稀而网脉明显凸起；叶柄长3~8（12）mm。双花单生于叶腋或少数集生枝端成总状花序；总花梗下方者长可达4 cm，向上则渐变短；苞片、小苞片和萼齿均有疏糙毛及缘毛或无毛；苞片三角状披针形至条状披针形，长约2（4.5）mm；小苞片极小，卵形至圆形，长约

为萼筒的1/3；萼筒椭圆形至长圆形，长2（3）mm，无毛，萼齿近三角形，长约达1 mm，宽近相等；花冠先白色后变淡黄色，长4~6 cm，外被开展的长、短糙毛和腺毛或全然无毛，唇形，筒细，长3~3.6 cm，超过唇瓣，内有柔毛，上唇长1.4~2.2 cm，裂片矩圆形或卵状矩圆形，长2~5.5 mm，下唇条形，长约2 cm，内面有柔毛；雄蕊与花冠几等高，花丝长约2 cm，无毛；花柱稍超出花冠，无毛。果实蓝黑色，卵圆形，长7~9 mm；种子褐色，稍扁，卵圆形或矩圆形，长约5 mm，有浅的横沟纹，两面中部各有1棱。花期5~6（7）月，果熟期9~10月。

淡红忍冬： 落叶或半常绿藤本，幼枝、叶柄和总花梗均被疏或密、通常卷曲的棕黄色糙毛或糙伏毛，有时夹杂开展的糙毛和微腺毛，或仅着花小枝顶端有毛，更或全然无毛。叶薄革质至革质，卵状矩圆形、矩圆状披针形至条状披针形，长4~8.5（14）cm，顶端长渐尖至短尖，基部圆至近心形，有时宽楔形或截形，两面被疏或密的糙毛或至少上面中脉有棕黄色短糙伏毛，有缘毛；叶柄长3~5 mm。双花在小枝顶集合成近伞房状花序或单生于小枝上部叶腋，总花梗长4~18（23）mm；苞片钻形，比萼筒短或略较长，有少数短糙毛或无毛；小苞片宽卵形或倒卵形，为萼筒的2/5~1/3，顶端钝或圆，有时微凹，有缘毛；萼筒椭圆形或倒壶形，长2.5~3 mm，无毛或有短糙毛，萼齿卵形、卵状披针形至狭披针形或有时狭三角形，长为萼筒的2/5~1/4，边缘无毛或有疏或密的缘毛；花冠黄白色而有红晕，漏斗状，长1.5~2.4 cm，外面无毛或有开展或半开展的短糙毛，有时还有腺毛，唇形，筒长9~12 mm，与唇瓣等长或略较长，内有短糙毛，基部有囊，上唇直立，裂片圆卵形，下唇反曲；雄蕊略高出花冠，花药长4~5 mm，约为花丝的1/2，花丝基部有短糙毛；花柱除顶端外均有糙毛。果实蓝黑色，卵圆形，直径6~7 mm；种子椭圆形至矩圆形，稍扁，长4~4.5 mm，有细凹点，两面中部各有1凸起的脊。花期6月，果熟期10~11月。

【生物学特性】 喜温耐寒，喜光，喜湿润，耐旱，耐涝。以土层较厚的沙质壤土为最佳。

【栽培技术】 金银花的适应性很强，对土壤和气候的选择并不严格，山坡、梯田、地堰、堤坝、瘠薄的丘陵都可栽培。繁殖可用播种、插条和分根等方法。在当年生新枝上孕蕾开花。对土壤要求不严，酸性、盐碱地均能生长。根系发达，生根力强，是一种很好的固土保水植物，山坡、河堤等处都可种植，故农谚讲："涝死庄稼旱死草，冻死石榴晒伤瓜，不会影响金银花"。

1. 繁殖方法

（1）种子繁殖。4月播种，将种子在35~40 ℃温水中浸泡24 h，取出放2~3倍湿沙催芽，等裂口达30%左右时播种。在畦上按行距21~22 cm开沟播种，覆土1 cm，每2 d喷水1次，10余日即可出苗，秋后或第2年春季移栽，每亩用种子1 kg左右。

（2）扦插繁殖。一般在雨季进行。在夏秋阴雨天气，选健壮无病虫害的1~2年生枝条截成30~35 cm，摘去下部叶子作插条，随剪随用。在选好的土地上，按行距1.6 m、株距1.5 m挖穴，穴深16~18 cm，每穴5~6根插条，分散形斜立着埋土内，地上露出7~10 cm，填土压实（透气透水性好的沙质土为佳）。

扦插的枝条栽培之前应注意遮阴，避免阳光直晒造成枝条干枯。也可采用扦插育苗：在7~8月间，按行距23~26 cm，开沟，深16 cm左右，株距2 cm，把插条斜立着放到沟里，填土压实，以透气透水性好的沙质土为育苗土，生根最快，并且不易被病菌侵害而造成枝条腐烂。栽后喷一次水，以后干旱时，每隔2 d要浇水1次，半月左右即能生根，第2年春季或秋季移栽。

2. 田间管理

（1）整形修剪。剪枝是在秋季落叶后到春季发芽前进行，一般是旺枝轻剪，弱枝强剪，枝枝都剪，剪枝时要注意新枝长出后要有利通风透光。对细弱枝、枯老枝、基生枝等全部剪掉，对肥水条件差的地块剪枝要重些,株龄老化的剪去老枝,促发新枝。幼龄植株以培养株型为主,要轻剪,山岭地块栽植的一般留 4~5 个主干枝,平原地块要留 1~2 个主干枝,主干要剪去顶梢,使其增粗直立。

整形是结合剪枝进行的,原则上是以肥水管理为基础,整体促进,充分利用空间,增加枝叶量,使株型更加合理,并且能明显地增花高产。剪枝后的开花时间相对集中,便于采收加工,一般剪后能使枝条直立,去掉细弱枝与基生枝,有利于新花的形成。摘花后再剪,剪后追施一次速效氮肥,浇一次水,促使下茬花早发,这样一年可收 4 次花,平均每 667 m^3 可产干花 150~200 kg。

(2)追肥。栽植后的 1~2 年内,是金银花植株发育定型期,多施一些人畜粪、草木灰、尿素、硫酸钾等肥料。栽植 2~3 年后,每年春初,应多施畜杂肥、厩肥、饼肥、过磷酸钙等肥料。第一茬花采收后即应追适量氮、磷、钾复合肥料,为下茬花提供充足的养分。每年早春萌芽后和第一批花收完时,开环沟浇施人粪尿、化肥等。每种肥料施用 250 g。施肥处理对金银花营养生长的促进作用大小顺序为:尿素 + 磷酸二氢铵,硫酸钾复合肥,尿素,碳酸氢铵,其中尿素 + 磷酸二氢铵、硫酸钾复合肥、尿素能够显著提高金银花产量,结合营养生长和生殖生长状况以及施肥成本,追肥以追施尿素 + 磷酸二氢铵(150 g+100 g)或 250 g 硫酸钾复合肥为好。

【采收加工】金银花于夏初花开放前采收,干燥。采收最佳时间是清晨和上午,此时采收花蕾不易开放,养分足,气味浓,颜色好。下午采收应在太阳落山以前结束,因为金银花的开放受光照制约,太阳落后成熟花蕾就要开放,影响质量。不带幼蕾,不带叶子,采后放入条编或竹编的篮子内,集中的时候不可堆成大堆,应摊开放置,放置时间最长不要超过 4 h。

5、6 月间采收,择晴天早晨露水刚干时摘取花蕾,置于芦席、石棚或场上晾晒或通风阴干,以 1~2 d 内晒干为好。晒花时切勿翻动,否则花色变黑而降低质量。至九成干,拣去枝叶杂质即可。忌在烈日下曝晒。阴天可微火烘干,但花色较暗,不如晒干或阴干为佳。见图 4-200。

图4-200 金银花药材(税丕先摄)

【适宜区与最适宜区】

1. 生态环境

生于海拔 1 800 m 以下的向阳山坡、灌丛、沟边或疏林中。

2. 生态因子

年均气温 11~14℃,最低气温 0℃以上,年积温 4 300℃,无霜期 185 d,年降水量 750~ 800 mm,年日照 1 800~1 900 h,每天日照时间为 7~8 h,相对湿度 60~75%。

3. 适宜区

金银花的适宜区为四川省盆地及盆地周围边缘山区,包括乐山、宜宾、泸州、南充、巴中、广元、绵阳、雅安等地。见图 4-201。

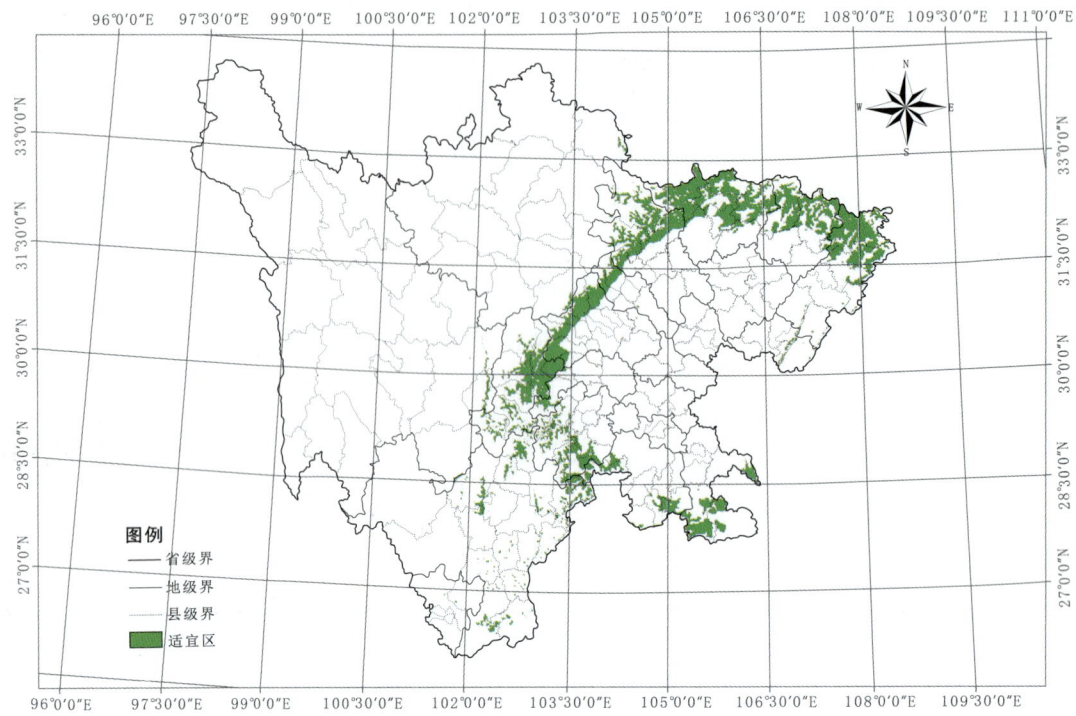

图4-201　金银花适宜区示意图

表4-100　金银花适宜区面积（km²）

区县	面积	区县	面积	区县	面积	区县	面积
盐边县	29	冕宁县	12	旌阳区	151	龙泉驿区	13
会东县	16	石棉县	15	中江县	210	双流区	122
米易县	22	开江县	86	广汉市	48	蓬溪县	30
会理县	34	宣汉县	187	什邡市	45	南溪区	10
宁南县	23	蒲江县	37	绵竹市	108	邛崃市	64
德昌县	11	罗江县	54	三台县	279	乐至县	118
盐源县	19	安州区	99	盐亭县	153	金堂县	114
普格县	3	平武县	110	船山区	2	美姑县	10
布拖县	3	江油市	217	射洪县	61	富顺县	5
金阳县	16	隆昌市	8	大英县	2	游仙区	94
喜德县	4	金口河区	6	东兴区	9	洪雅县	47
西昌市	61	井研县	76	沙湾区	22	威远县	48
昭觉县	1	丹棱县	59	五通桥区	16	资中县	59
雷波县	47	荥经县	28	犍为县	58	泸县	7
筠连县	43	天全县	24	夹江县	43	峨边县	19
珙县	68	宝兴县	15	沐川县	63	安居区	3
叙永县	136	成华区	3	马边县	57	安岳县	102
古蔺县	156	崇州市	216	峨眉山市	31	江阳区	1
仁和区	24	涪城区	48	顺庆区	6	彭山区	39
东区	2	梓潼县	119	甘洛县	20	西区	10

- 402 -

续表

区县	面积	区县	面积	区县	面积	区县	面积
万源市	137	长宁县	26	嘉陵区	22	名山区	22
北川县	76	汶川县	10	南部县	122	岳池县	79
剑阁县	189	理县	1	西充县	42	营山县	92
苍溪县	199	锦江区	5	东坡区	139	蓬安县	40
巴州区	112	青羊区	4	仁寿县	165	仪陇县	131
昭化区	65	武侯区	9	青神县	18	阆中市	136
朝天区	107	青白江区	7	叙州区	50	广安区	30
青川县	140	新都区	6	江安县	16	华蓥市	2
通江县	214	温江区	75	高县	68	达川区	60
九寨沟县	1	郫都区	1	兴文县	53	大竹县	23
茂县	11	大邑县	99	屏山县	82	平昌县	165
利州区	88	新津县	39	雨城区	29	渠县	20
松潘县	1	都江堰市	115	汉源县	43	邻水县	37
旺苍县	179	彭州市	99	芦山县	21	恩阳区	124
南江县	154	荣县	112	雁江区	137	前锋区	2
泸定县	2	纳溪区	29	简阳市	255		
九龙县	1	合江县	33	越西县	4		
翠屏区	23	高坪区	4	通川区	42		

4. 最适宜区

金银花的适宜区为四川省海拔 300~700 m 的山区、丘陵，包括叙州区、南江县。见图 4-202。

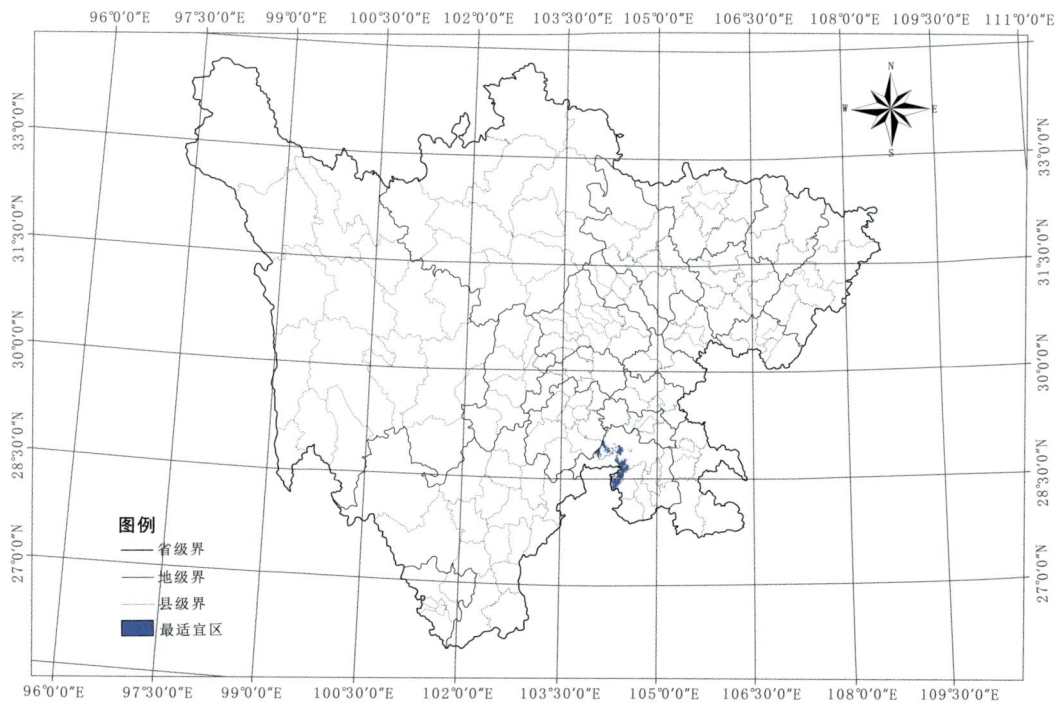

图4-202 金银花最适宜区示意图

表4-101　金银花最适宜区面积（km²）

区　县	面　积	区　县	面　积
叙州区	50	南江县	154

【基地建设】　四川省南江县建立了大面积的金银花栽培示范基地，年产量约100万kg。宜宾蕨溪镇也建成了川南地区面积最大的金银花栽培基地。沐川县栽培面积约1 667 hm²。

四十八、山茱萸生产区划

【来源】　为山茱萸科植物山茱萸 Cornus officinalis Sieb. et Zucc. 的干燥成熟果肉。

【道地沿革】　始载于《神农本草经》，列为上品。李时珍曰："《本经》一名蜀酸枣，今人呼为肉枣，皆象形也。"清代《安县志》记载，安县种植山茱萸已经有233年的历史。安县种植山茱萸是由清朝乾隆年间大学士李调元从江浙带回的200株山茱萸栽培于安县晓坝罐子山。现保存有百年枣树（山茱萸）200余株。民国《北川县志》记载产山茱萸。

【性味归经】　酸、涩，微温。归肝、肾经。

【功能主治】　补益肝肾，涩精固脱。用于眩晕耳鸣，腰膝酸痛，阳痿遗精，遗尿尿频，崩漏带下，大汗虚脱，内热消渴。

【药理作用】

1. 抗炎

山茱萸水煎液按5 g/kg、10 g/kg灌胃能抑制SRBC所致小鼠迟发型足跖肿胀；10 g/kg、20 g/kg于抗原攻击前给药明显减轻DNCB所致小鼠接触性皮炎；而20 g/kg于抗原攻击后3~15 h给药亦对接触性皮炎有明显的抑制作用。4 g/kg、2 g/kg、1 g/kg、0.5 g/kg、0.25 g/kg各个剂量的山茱萸总苷对角叉菜胶所致的大、小鼠足跖肿胀表现出了显著的抑制作用，且作用持久（停药3 d后仍有持续作用），存在着一定量效关系；且在0.6 g/kg、0.3 g/kg剂量时，能明显抑制由弗氏完全佐剂诱导的关节炎所引起的注射局部的早期炎症反应和12 d后的再度肿胀。山茱萸水煎剂5 g/kg、10 g/kg能抑制醋酸引起的小鼠腹腔毛细血管通透性的增高和大鼠棉球肉芽组织的增生，并能降低大鼠肾上腺内抗坏血酸含量，10 g/kg、20 g/kg能加制二甲苯所致的小鼠耳廓肿胀，5 g/kg能抑制蛋清引起的大鼠足跖肿胀。

2. 调节免疫

山茱萸水煎剂10 g/kg、20 g/kg灌胃，可使小鼠胸腺明显萎缩，减慢网状内皮系统对碳粒的廓清速率；10 g/kg升高小鼠血清溶血素抗体的含量，而5 g/kg作用不显著；山茱萸5 g/kg、10 g/kg均能使血清抗体IgG含量明显升高。200 mg/kg、400 mg/kg山茱萸多糖可明显提高小鼠腹腔巨噬细胞吞噬百分率和吞噬指数，可显著促进小鼠溶血素的形成和淋巴细胞的转化。

3. 降血糖

山茱萸乙醇提取液1 ml/kg连续灌胃1个月能显著降低NIDDM大鼠进食量及饮水量，明显降低其进食后血糖水平，升高进食后血浆胰岛素水平，对2型糖尿病大鼠有治疗作用。山茱萸醇提物5 g/kg、7.5 g/kg、15 g/kg对正常大鼠的血糖无明显影响，而7 g/kg对由肾上腺素或四氧嘧啶诱发的糖尿病模型动物有明显的降血糖作用。山茱萸环烯醚萜总苷 0.5 g/kg、1.0 g/kg 能降低 STZ 所致的糖尿病血管并发症大鼠血清中过高的 ICAM-1、TNF-α 水平。

4. 抗休克

静脉注射山茱萸注射液（1 g/ml）能升高休克动物的颈动脉血压。山茱萸具有抗动物失血性休克的作用，在补液充足的情况下，能显著延缓失血造成的血压下降，延长存活时间。山茱萸能抑制二磷酸腺苷、胶原、花生四烯酸诱导的兔血小板聚集及抗血栓形成，作用具有剂量依赖性，提示山茱萸可缓解弥漫性血管内凝血（DIC），这可能是山茱萸抗休克作用的机制之一。山茱萸中环烯醚萜苷类物质中具有抗家兔失血性休克和心源性休克作用的成分，如马钱素等。静脉注射马钱素 1.0 mg/kg 及辛弗林 0.6 mg/kg 对家兔重症失血性休克模型显示较好的升压作用，两药合用表现为升压作用相加。

5. 抗骨质疏松

山茱萸水提液（1 g/kg、2 g/kg、5 g/kg）灌胃 2 周，可使骨质疏松模型动物（SAM-P/6）小鼠在骨皮质厚度、骨细胞数目、骨小梁面积等方面提高。予以大鼠每日灌胃山茱萸总苷 3.56 g/kg、2.16 g/kg、1.08 g/kg 60 d 后，山茱萸总苷各剂量组血中碱性磷酸酶（ALP）、骨钙素（BGP）均明显提高，同时山茱萸总苷各剂量组尿中脱氧嘧啶啉（Dpd）明显低于模型组。

【品质研究】闫润红等采用反相高效液相色谱法（RP-HPLC 法）测定了不同产地山茱萸中莫诺苷、马钱素的含量。结果：各样品中马钱素含量为 6.40~11.45 mg/g，莫诺苷的含量为 14.70~32.30 mg/g。山茱萸中马钱素含量居于前 3 位的产地依次为山西省阳城县莽河镇岬水村、河南省西峡县太平村、四川省安县晓坝镇，莫诺苷含量居于前 3 位的产地依次为浙江省淳安县、山西省阳城县次营镇南次营村、四川省安县晓坝镇。产地对于山茱萸的质量有较大影响，应注重道地山茱萸的种植和开发利用。

【原植物】落叶乔木或灌木，高 4~10 m；树皮灰褐色，薄片状剥裂；小枝细圆柱形，无毛或稀被贴生短柔毛。冬芽顶生及腋生，卵形至披针形，被黄褐色短柔毛。叶对生，纸质，卵状披针形或卵状椭圆形，长 5.5~10 cm，宽 2.5~4.5 cm，先端渐尖，基部宽楔形或近于圆形，全缘，上面绿色，无毛，下面浅绿色，稀被白色贴生短柔毛，脉腋密生淡褐色丛毛，中脉在上面明显，下面凸起，近于无毛，侧脉 6~7 对，弓形内弯；叶柄细圆柱形，长 0.6~1.2 cm，上面有浅沟，下面圆形，稍被贴生疏柔毛。伞形花序生于枝侧，有总苞片 4，卵形，厚纸质至革质，长约 8 mm，带紫色，两侧略被短柔毛，开花后脱落；总花梗粗壮，长约 2 mm，微被灰色短柔毛；花小，两性，先叶开放；花萼裂片 4，阔三角形，与花盘等长或稍长，长约 0.6 mm，无毛；花瓣 4，舌状披针形，长 3.3 mm，黄色，向外

图4-203 山茱萸原植物（方清茂摄）

反卷；雄蕊4，与花瓣互生，长1.8 mm，花丝钻形，花药椭圆形，2室；花盘垫状，无毛；子房下位，花托倒卵形，长约1 mm，密被贴生疏柔毛，花柱圆柱形，长1.5 mm，柱头截形；花梗纤细，长0.5~1 cm，密被疏柔毛。核果长椭圆形，长1.2~1.7 cm，直径5~7 mm，红色至紫红色；核骨质，狭椭圆形，长约12 mm，有几条不整齐的肋纹。花期3~4月，果期9~10月。见图4-203。

【生物学特性】较耐阴但又喜充足的光照，耐寒。通常在山坡中下部地段，阴坡、阳坡、谷地以及河两岸等地均生长良好。土壤为肥沃疏松的砂质壤土。

【栽培技术】

1. 选地整地

育苗地选好后，于秋冬季每亩施厩肥3 500~4 000 kg、过磷酸钙50 kg，施后深翻30 cm，耙细整平。播前再浅耕一次，耙细整平，做宽1.2 m的高畦，畦沟宽40~45 cm。定植地宜选背风向阳坡地、河边地等，山地种植最好开垦成梯田，以防止水土流失。

2. 繁殖方法

以种子繁殖为主，亦可采用扦插、压条、嫁接等繁殖方法。种子繁殖于9月下旬至10月上旬进行，在处于盛果期的健壮丰产母株上，选色红、个大、肉厚的果实，剥去果肉，洗净种子，漂洗杂质瘪粒，捞出种子，立即播种（经日晒干燥的种子不易发芽）。也可于翌年早春播种，早春播种要进行湿沙层积处理。在苗床上按行距20~25 cm开深3~5 cm的沟，按株距10 cm播种，播后覆土稍加镇压，然后盖草、浇水，保持畦面湿润。每亩用种量6~10 kg。培育2~3年，当苗高60~80 cm便可定植。嫁接繁殖于7~8月进行，采用丁字形芽接法，嫁接用的砧木选山茱萸优良品种的2年生实生苗，接穗选处于盛果期的健壮丰产母株上的枝条。

3. 定植

宜在秋季落叶后或春季发芽前进行。在定植地上按株行距2.5 m×2 m挖穴，穴深和直径各50 cm，每穴施厩肥15 kg、过磷酸钙50 g，每穴栽苗一株，栽后覆土封穴，在植株根际周围筑一环形土埂。

4. 田间管理

（1）中耕除草。定植成活后，每年中耕除草4~5次，春季除草要勤，松土要浅，以免伤根；夏、秋两季除草次数要少，松土要深；初冬中耕除草，要结合培土，以保证安全越冬。

（2）追肥。结合中耕除草，每年追肥3~4次，春、秋两季重施，主要以有机肥为主。盛花及坐果期喷施0.1%的硼酸溶液与0.5%的磷酸二氢钾溶液，以利开花结果。

（3）灌排水。定植后应经常浇水，保持穴土湿润。成株期浇3次水，第一次在春季开花前，第二次在夏季果实灌浆期，第三次于冬季封冻前。雨季田间有积水时应及时排除。

（4）整形修剪。幼树的整形修剪，首先要培育粗壮的主干，决定修剪的树型。一般幼树高70 cm左右定干，树体最终高度控制在3 m左右。第一年选留分布均匀并向不同方向生长的健壮侧枝3~4条，培养为第一层主枝，其余的枝条一律从基部剪除；第二年秋季，在离第一层主枝50~80 cm处选留分布均匀的壮枝3~4条，培养成第二层主枝；第三年在离第二层主枝50 cm处，选留壮枝3~4条，培养成第三层主枝。幼树的修剪要掌握多疏剪、少短剪的原则，使树尽快成型。生长势较差的幼树，则应掌握多留枝、少疏剪的原则。成年树的修剪，应以保持强健的树势，培养更多的结果短枝为主，要掌握以短剪为主、疏剪为辅的原则。

【采收加工】秋末冬初果皮变红时采收果实，用文火烘或置沸水中略烫后，及时除去果核，干燥。见图4-204。

酒山萸：将拣净去核的山萸肉，用黄酒拌匀，放罐内或其他容器内，封严，放在加水的锅中，蒸至酒被吸尽，取出晾干（每50 kg用黄酒10 kg）。

蒸山萸：将拣净去核的山萸肉，放罐内或笼屉等容器内封严，放在加水的锅中，蒸至外面呈黑色时，取出晾干。

【适宜区与最适宜区】

1. 生态环境

生于海拔400~1 800 m的山区林缘或林中。

图4-204　山茱萸药材（舒光明摄）

2. 生态因子

生长气温为20~30 ℃，超过35 ℃则生长不良。可耐短暂的-18 ℃低温。见图4-205。

3. 适宜区

山茱萸的适宜区为绵阳市、广元、巴中、达州等地的山区向阳山坡。

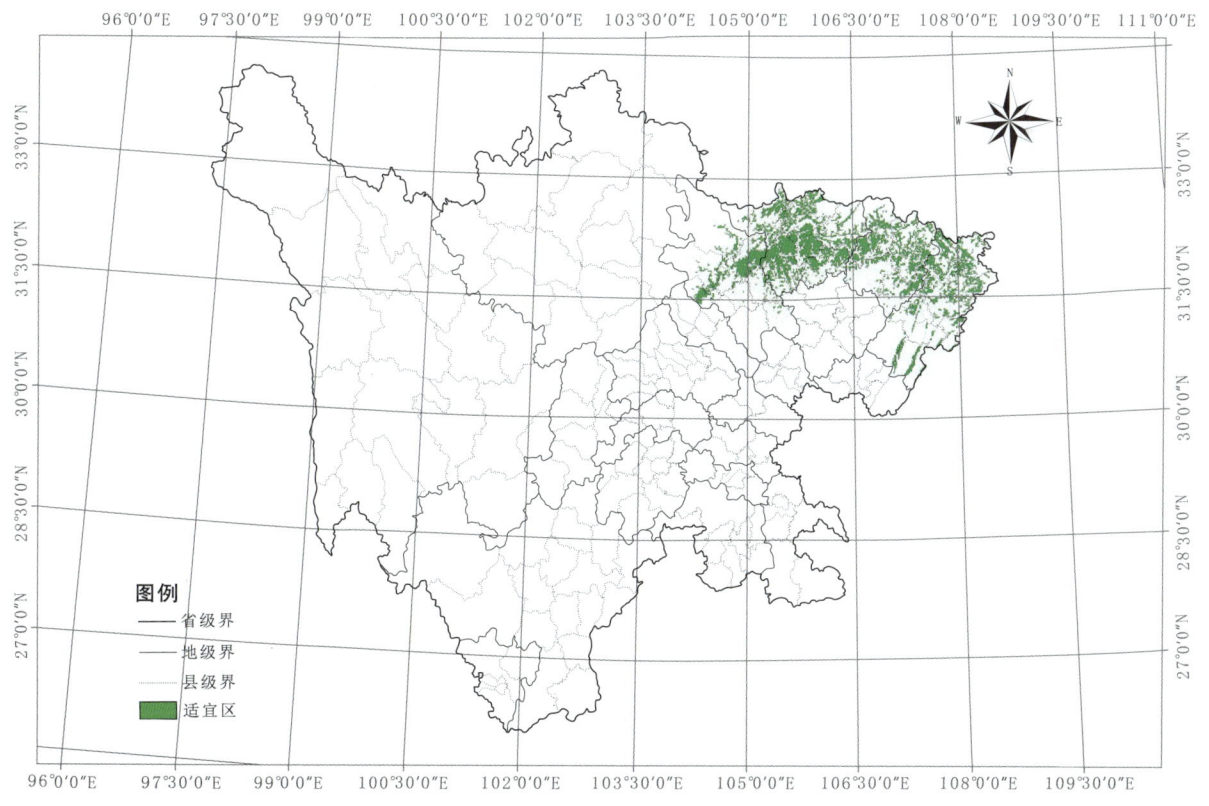

图4-205　山茱萸适宜区示意图

表4-102 山茱萸适宜区面积（km²）

区 县	面 积	区 县	面 积
绵阳市	2 948	达州市	5 317
广元市	7 895	巴中市	4 827

4. 最适宜区

山茱萸的最适宜区为海拔600~1 000 m的山区向阳山坡，主要在安州区晓坝镇。见图4-206。

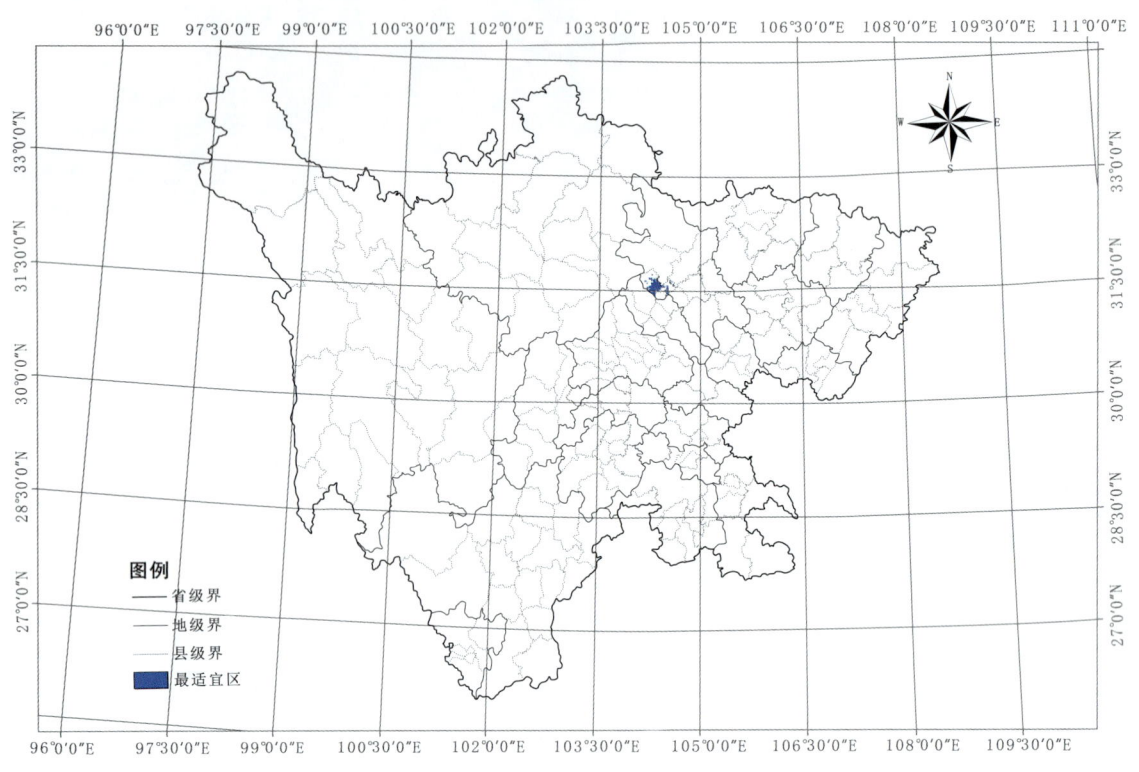

图4-206 山茱萸最适宜区示意图

表4-103 山茱萸最适宜区面积（km²）

区 县	面 积
安州区	334

【基地建设】四川省安州区晓坝镇建立了规范化的山茱萸栽培基地，面积6 510亩。

四十九、赶黄草生产区划

【来源】为虎耳草科植物扯根菜 Penthorum chinense Pursh 的干燥全草与花。

【道地沿革】赶黄草，别名水杨柳、水泽兰，始载于明代《救荒本草》，古蔺称为"神仙草"，是苗族治疗肝炎的灵药。《天宝本草》《中药大辞典》《四川中药志》中均有记载。赶黄草为古蔺县道地药材，分布于海拔1 000 m左右的乌蒙山麓原始森林。

【性味归经】甘，温。归肝、肾经。

【功能主治】清热解毒，退黄化湿，活血散瘀，利水消肿之功效。用于黄疸，水肿，跌打损伤，肿痛。

【药理作用】

1. 保肝

（1）对酒精性脂肪肝的保护作用。赶黄草提取物高、低剂量（4 000 mg/kg、2 000 mg/kg）对乙醇法复制酒精性脂肪肝的模型大鼠灌胃给药，每日1次，连续6周。赶黄草提取物高、低剂量组对大鼠肝脏脂肪病理性改变有明显改善作用，大鼠血清中丙氨酸氨基转移酶（ALT）、天冬氨酸氨基转移酶（AST）、总胆固醇（TC）、甘油三酯（TG）的含量均显著降低，并减轻酒精所致大鼠肝细胞脂肪变性和坏死，说明赶黄草提取物对大鼠酒精性脂肪肝具有保护作用。

（2）抗肝纤维化作用。贺劲松等研究肝苏颗粒的保肝作用，160名慢性乙型肝炎患者，78例常规保肝治疗作为对照，另外82例在常规治疗基础上加用肝苏颗粒。结果显示，两组均能明显改善患者临床症状，加用肝苏颗粒患者的ALT、AST、γ-谷氨酰转移酶（γ-GT）、肝纤3项及PGA指数（凝血酶原时间、谷氨酰转肽酶和载脂蛋白A1组成）均明显降低，提示肝苏颗粒能较好地改善慢性乙型肝炎肝纤维化患者临床症状，对阻断及逆转肝纤维化进程有一定疗效。采用HSC-T6细胞常规培养检测赶黄草浸膏对细胞I型胶原、α-肌动蛋白、ERK（细胞外信号调节蛋白激酶）蛋白表达及磷酸化水平的影响，结果显示，赶黄草浸膏能明显抑制肝星状细胞分泌I型胶原及α-肌动蛋白的表达，减少细胞外基质沉积，进而可起到治疗肝纤维化作用。提示赶黄草浸膏影响TGF-β1刺激HSC-T6细胞活化与抗肝纤维化的可能机制之一在于下调HSC-T6细胞内TGF-β1信号传导通路，即抑制TβR-iv蛋白表达与ERK1/2的磷酸化。病理产物研究证明，赶黄草可明显抑制HSC-T6-I型胶原及α-SMA的蛋白表达，显著减少细胞外基质的合成和沉淀，通过对蛋白表达通路探究可知TGF-β激发HSC-T6细胞活化与抗肝纤维化的机理之一在于降低HSC-T6细胞内TGF-β细胞信号传导通路，即抑制TβR-1蛋白表达与ERK1/2和Smad2的磷酸化水平，进而抑制HSC的激活和持久活化；减轻胶原在肝脏组织中的沉积，保护肝细胞，恢复肝正常功能。

（3）治疗乙型肝炎。乙肝清是治疗乙型肝炎的常用药物。王兴等以在水合条件下形成的黏度较高的凝胶网络结构HPMC（羟甲基纤维素）为骨架材料将赶黄草和贯叶连翘提取物制成乙肝清缓释片，通过均一性实验和体外释药行为进行体外评价。结果显示，此缓释剂有良好的重现性与稳定性，药物释放符合一级释放模型。

2. 抗氧化

贺晓华等采用不同溶剂、不同提取方法制得赶黄草提取物，以抗坏血酸为对照，研究其对二苯代苦味酰基自由基（DPPH）的清除作用。实验证明，不同溶剂提取物均有清除DPPH的作用，强度由强到弱依次为95%乙醇、水、丙酮。在一定浓度范围内，赶黄草提取物浓度越大，其清除自由基能力越强。在石油醚、醋酸乙酯、正丁醇和水4个不同极性部分中，醋酸乙酯提取部分清除DPPH自由基能力最强。王小淞等也通过HPLC-DPPH在线筛选法研究了赶黄草及其根、茎、叶的抗氧化活性成分，赶黄草中的槲皮素、没食子酸及全草均具有抗氧化活性。

3. 抑菌

舒刚等通过微量肉汤稀释法分别测定赶黄草的水煎液和碱提液与四环素、阿米卡星、环丙沙星、阿莫西林联合用药对金黄色葡萄球菌的分级抑菌浓度指数。结果表明，赶黄草水煎液对金黄色葡萄球菌有一定的抑制作用，碱提液较水煎液效果好。

4. 抗突变

赶黄草的总皂苷具有极好的抗肝炎功能，同时具有抗突变的作用，在临床上可预防细胞中DNA的突变，防止癌变的发生。丁庆将赶黄草中的总皂苷提取分离后，进行抗突变动物实验，结果表明高低剂量总皂苷对环磷酰胺引起的小鼠微核率均有明显对抗作用。

【品质研究】王小松采用高效液相色谱法测定了不同产地赶黄草中槲皮苷、槲皮素、乔松素葡萄糖苷含量。运用HPLC-DPPH在线筛选抗氧化剂系统筛选赶黄草提取物中的抗氧化活性成分。结果赶黄草不同部位提取物及道地药材四川古蔺赶黄草与湖南浏阳引种栽培赶黄草的成分存在明显差异。

覃俊媛等比较了2个产地赶黄草对四氯化碳致大鼠急性肝损伤的保护作用。与模型对照组比较，联苯双酯组、古蔺赶黄草各剂量组均可明显降低血清AST、ALT、TBIL水平和肝组织MDA含有量，并升高肝组织SOD、GSH活性（$P<0.05$，$P<0.01$），但巴中赶黄草各剂量组对肝功能指标均无显著影响（$P>0.05$）。古蔺赶黄草对四氯化碳致大鼠急性肝损伤的保护作用优于巴中赶黄草。

【原植物】多年生水生草本，高40~65（90）cm。根状茎分枝；茎不分枝，稀基部分枝，具多数叶，中下部无毛，上部疏生黑褐色腺毛。叶互生，无柄或近无柄，披针形至狭披针形，长4~10 cm，宽0.4~1.2 cm，先端渐尖，边缘具细重锯齿，无毛。聚伞花序具多花，长1.5~4 cm；花序分枝与花梗均被褐色腺毛；苞片小，卵形至狭卵形；花梗长1~2.2 mm；花小型，黄白色；萼片5，革质，三角形，长约1.5 mm，宽约1.1 mm，无毛，单脉；无花瓣；雄蕊10，长约2.5 mm；雌蕊长约3.1 mm，心皮5（6），下部合生；子房5（6）室，胚珠多数，花柱5（6），较粗。蒴果红紫色，直径4~5 mm；种子多数，微细，卵状长圆形，表面具小丘状突起。见图4-207。

图4-207　扯根菜原植物（方清茂摄）

【生物学特性】水生植物，喜温暖湿润气候，生于水田、溪边、湿地。

【栽培技术】

1. 培育壮苗

（1）晒种、浸种。由于赶黄草种子较小，发苗生长较慢。为了保证按时移栽和收获，应提前育苗，一般育苗时间应在2月下旬为宜。每亩约需种子50 g，育苗前先将种子放在太阳光下晒1~2 d，用清水泡种6~8 h，再用适乐时浸泡6~8 h，晾干后与10倍量细砂反复多次拌匀方可播种。

（2）苗床。按种植每亩赶黄草需10 m²育苗备地。选择背风向阳、地势平坦、肥沃、排水方便的冬水田作育苗地，将冬水田犁、耙、整平。按1.8 m开厢，做成净厢面1.4 m、沟宽40 cm、沟深20 cm的地上式苗床。厢沟相通。厢面上无积水，厢面整平。10 m²苗床用50 kg猪粪、5 kg磷肥兑匀施在厢面，晾3~5 d即可播种。

（3）播种与苗床管理。将拌匀的种子均匀地播在厢面上，然后用竹块起拱盖膜，播后至出苗10 d加盖地膜保温，温度控制在15 ℃以内，一般长到2叶时要特别注意，温度过高要敞膜降温，4叶左右通风炼苗，膜内温度控制在20 ℃以内。播种至出苗，一般不浇水，但保持沟内有水，水不上厢，勤检查，当发现秧苗卷叶时，将厢沟水深灌。让水在厢面上跑一次。但厢面上不能长期积水。

2. 适时早栽，规范管理

（1）移栽。适时栽播和栽足基本苗是保证赶黄草高产的关键。赶黄草最佳移栽期在4月中旬。这个时期的平均气温为15~18 ℃，月日照100~150 h，有利于赶黄草的生长成活。移栽过早，气温不足将延长移栽到变青的时间，且遇低温容易冻死秧苗；移栽过晚，影响种苗的正常生长。每亩基本苗应该保持4万株左右，过多过少都将影响产量。

田整好，施足底肥，每亩施农家肥250 kg、不含氯的复合肥50 kg。然后按1.6 m左右开厢，15 cm×20 cm的规格移栽，每窝栽2~3株。赶黄草移栽到成活需7~10 d，成活后随着气温的回升，赶黄草新根生长比较旺盛，对温度要求逐步增高。成活后应保持田块浅水，水源条件好的地区可只留厢沟的水，增加地温促进苗的生长。

（2）病虫害防治。赶黄草的生长旺盛期，也是易感病期。赶黄草的主要病害有白粉病、尖叶枯，虫害主要有螨虫、蚜虫等。发生病虫害的时间集中在6~7月，在这个时期应勤检查，发现病虫害及时治疗。白粉病用世高1 000~1 500倍药液防治，尖叶枯用爱苗或好力克1 000~1 500倍药液防治，蚜虫用艾美乐1 000~1 500倍药液防治，螨虫用螨危1 000倍药液防治。

【采收加工】赶黄草的最佳收割时期是盛花期至初果期，一般在9月下旬至10月中、上旬。赶黄草收割一定要避开低温秋绵雨天气，选择晴天。收获时离地3~5 cm收割，放在田边晒2~3 d，背回家晒干或烘干即可。收获后要随时注意天气变化，一旦被雨淋湿，赶黄草的颜色和内在质量都将发生较大的变化，影响药材质量和收入。见图4-208、图4-209。

图4-208　赶黄草药材（税丕先摄）

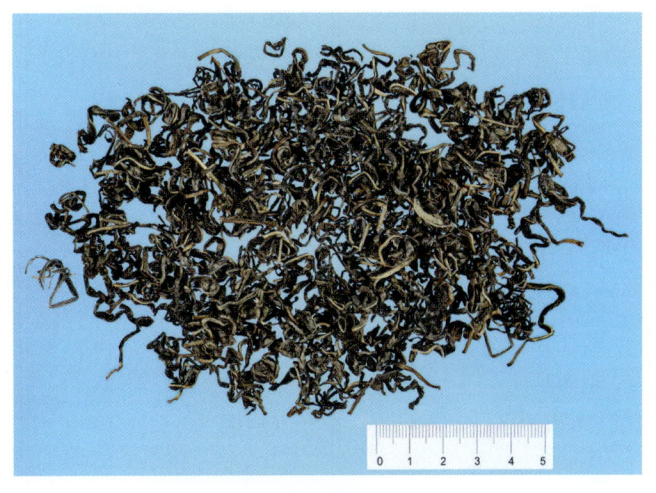

图4-209　赶黄草叶茶（舒光明摄）

【适宜区与最适宜区】

1. 生态环境

生于海拔2 200 m以下的沟边潮湿处、湿地、水田。

2. 生态因子

年均气温17.6 ℃，年降水量700~800 mm，无霜期300 d以上。

3. 适宜区

赶黄草的适宜区为海拔500~1 800 m的山区，包括乌蒙山区的古蔺、泸县、雷波、叙永等地。见图4-210。

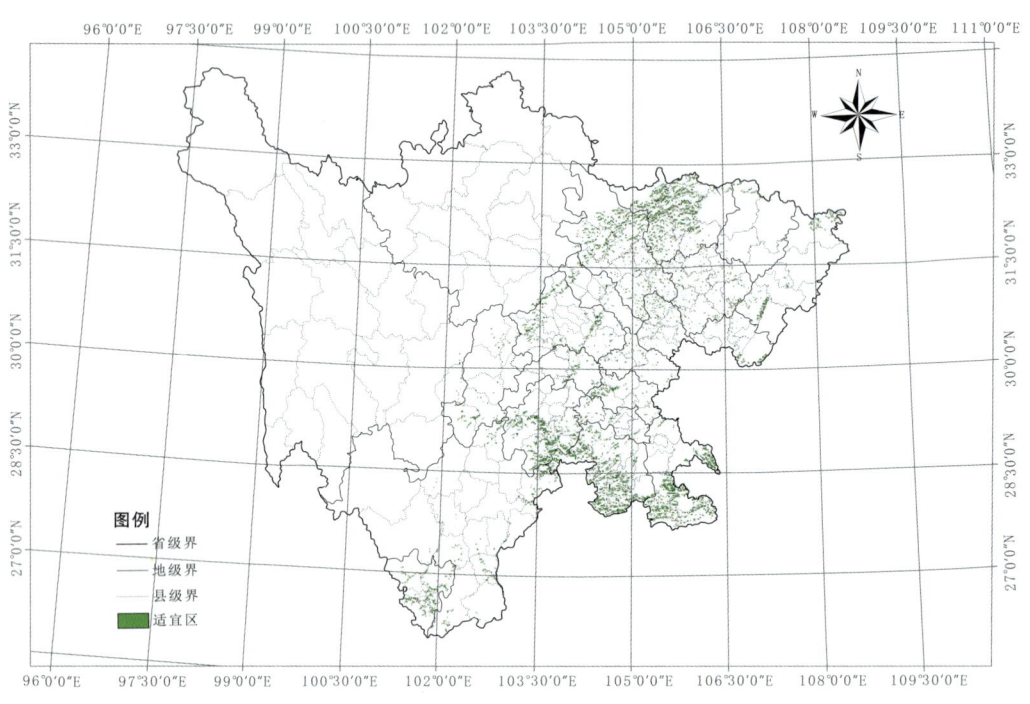

图4-210 赶黄草适宜区示意图

表4-104 赶黄草适宜区面积（km²）

区县	面积	区县	面积	区县	面积	区县	面积
金牛区	1	恩阳区	15	富顺县	42	宁南县	93
锦江区	1	茂县	15	嘉陵区	43	荣县	97
理县	1	华蓥市	17	泸县	43	梓潼县	99
五通桥区	1	泸定县	17	游仙区	43	盐亭县	106
广汉市	2	昭觉县	17	蓬溪县	44	射洪县	110
沙湾区	2	船山区	18	什邡市	46	米易县	111
江阳区	3	旌阳区	18	简阳市	48	兴文县	111
康定市	4	芦山县	18	会东县	51	渠县	127
罗江县	4	彭山区	18	蓬安县	51	仁寿县	128
蒲江县	4	通江县	18	资中县	51	威远县	146
越西县	4	盐源县	18	德昌县	52	三台县	154
内江市市中区	4	安居区	19	彭州市	53	盐边县	155
美姑县	5	西昌市	19	汶川县	53	万源市	158
前锋区	5	自流井区	19	雁江区	53	仁和区	165

续表

区县	面积	区县	面积	区县	面积	区县	面积
西　区	5	东　区	20	仪陇县	58	高　县	228
松潘县	6	井研县	21	南江县	59	朝天区	237
武胜县	6	南溪区	24	中江县	59	雷波县	246
乐山市市中区	6	大英县	26	龙泉驿区	61	峨边县	248
东坡区	7	金阳县	27	乐至县	63	平武县	259
峨眉山市	7	广安区	28	营山县	63	沐川县	262
顺庆区	7	青神县	28	邻水县	66	屏山县	265
荥经县	7	宝兴县	30	都江堰市	67	昭化区	265
沿滩区	8	隆昌市	30	翠屏区	70	北川县	270
大安区	8	青白江区	31	南部县	74	合江县	274
布拖县	9	双流区	31	安　县	75	珙　县	283
贡井区	9	岳池县	31	阆中市	75	江油市	308
涪城区	10	金堂县	32	会理县	77	筠连县	309
冕宁县	10	金口河区	34	犍为县	79	利州区	331
江安县	11	安岳县	35	旺苍县	80	青川县	343
普格县	11	崇州市	35	苍溪县	81	马边县	350
达川区	12	汉源县	35	邛崃市	82	叙州区	358
东兴区	12	大竹县	36	甘洛县	84	剑阁县	416
通川区	12	西充县	39	大邑县	86	古蔺县	575
新都区	14	高坪区	41	长宁县	86	叙永县	609
新津县	14	绵竹市	41	石棉县	87		

4. 最适宜区

赶黄草的最适宜区为海拔 500~1 400 m 的丘陵山区，包括古蔺等地。见图 4-211。

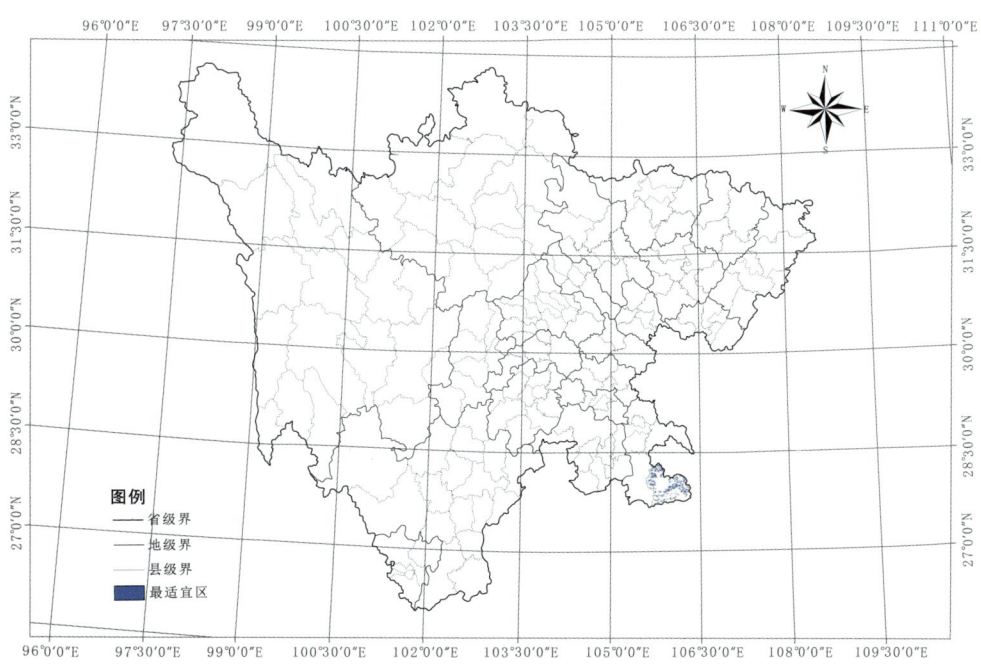

图 4-211　赶黄草最适宜区示意图

表4-105 赶黄草最适宜区面积（km²）

区县	面积
古蔺县	515

【基地建设】 四川省古蔺县山大沟深，坡谷纵横，海拔300~1 843 m，立体气温明显，平均气温17.6 ℃，年降水量700~800 mm，无霜期300 d以上，是赶黄草生长的最佳环境，所产赶黄草品质优良。古蔺县建立了面积1 000亩以上的赶黄草人工栽培基地。

五十、魔芋生产区划

【来源】 为天南星科植物魔芋 Amorphophallus rivieri Durien 的干燥块茎。四川又名花杆莲、磨芋、灰菜。

【道地沿革】 魔芋，又名"蒟蒻"，始载于《开宝本草》："生蜀、吴，叶似由跋、半夏，根大如碗，生阴地。"《本草纲目》："蒟蒻，出蜀中，施州亦有之，呼为鬼头，闽中人亦种之。宜树阴下掘坑积粪，春时生苗，至五月移之。长一二尺，与南星苗相似，但多斑点，宿根亦自生苗。其滴露之说，盖不然。经二年者，根大如碗及芋魁，其外理白，味亦麻人。秋后采根。"可见魔芋为川产道地药材。

【性味归经】 辛，凉，有毒。归肝、脾、心经。

【功能主治】 化痰，散结，行瘀，解毒消肿，消痈，化积止咳，止带。用于痰咳，颈淋巴结核，疮痈肿毒，积滞，疟疾（间日疟），脑瘤，血管系统肿瘤，手脚抽搐，经闭，跌闪挫伤，痈肿，疔疮，丹毒，毒蛇咬伤，腹中痞块，瘰疬，烫火伤。又具有降血脂，降血压，减肥，美容，排毒等功效。

【药理作用】

1. 抗炎

大白鼠足跖浮肿试验表明，魔芋水制剂15.0 g/kg每日灌胃1次可明显抑制炎性水肿的形成。用毛细血管放大装置测定，肿胀高峰期（注射蛋清1h后）与对照组比较，肿胀减少0.317 ± 0.063 ml（$P < 0.001$）。且在注射蛋清后6h，本品可使炎性水肿明显消退（$P > 0.05$），而对照组仍然肿胀明显（$P < 0.01$）。

2. 降血压

在家兔急性降压实验中，发现魔芋制剂15.0 g/kg灌胃和10 g/kg腹腔注射均可使血压下降。服药后40 min左右，血压开始下降，达高峰时平均降低2.68 ± 0.53 kPa，幅度为22.8%（$P < 0.001$），持续2.94 ± 0.070 h；腹腔注射后约20 min，血压出现下降，达高峰时平均降低2.52 ± 0.13 kPa，幅度为13.8%（$P < 0.001$），持续2.87 ± 0.080 h。两种给药途径降压强度无明显差异（$P > 0.05$）。

3. 抗肿瘤

20世纪70年代文献报道魔芋甘露聚糖对细胞的代谢有干扰作用，药敏实验对贲门癌、结肠癌细胞敏感；后国外学者也有报道魔芋块茎提取的有效成分葡甘露聚糖有抑制小鼠自发性肝肿瘤和大鼠二甲肼诱发结肠癌的作用；近年华西医科大学肿瘤研究所罗德元等用魔芋精粉（含葡甘露聚糖84.8%，葡萄糖:甘露糖1:1.69）长期喂饲小鼠，观察其对甲基硝基亚硝基胍（MNNG）诱发肺癌的预防与抑制作用。结果表明魔芋精粉对 MNNG 诱发肺癌可产生不同程度的抑制和预防作用，不仅使诱发的癌及癌前病变的数目、动物只数和平均每例癌及癌前病变数目都有大量减少，如发癌率从 70.80% 下降到 19.38%，同时在肿瘤类型构成比上，恶性（腺癌恶变）减少，无腺癌发生，良性腺瘤相对增加，并发现魔芋无不良作用。

4. 对脂质代谢的作用

以魔芋水制剂给大鼠灌胃 1 次 /d，连续 2~3 周，可使正常大鼠及人工高血脂大鼠的血清胆固醇、甘油三脂下降，其降脂作用与安妥明相似；以添加魔芋精粉的饲料喂饲人工高胆固醇血症大鼠，结果表明其有明显的降胆固醇作用；用魔芋加工成的食品，对 110 名高血脂者进行研究，实验表明有显著差异，对血脂危险界值者，基本维持原有水平。

Chen L. 等对魔芋低聚糖的降血脂作用进行了研究。高脂组小鼠每天喂高脂溶液，低聚糖组在高脂溶液中加入质量分数 30% 魔芋低聚糖。结果低聚糖组小鼠血清中 TG 较高脂组降低 29%，TC 降低 32%，HDL-C 升高 35%，与高脂组比较 $P < 0.01$，提示魔芋低聚糖有降脂和降尿素氮作用。有研究观察到大鼠饲料含质量分数 5% 和 10% 魔芋有明显降低血清胆固醇、LDL-C 和 VLDL-C 的作用，同时 LDL-C 与 TC 的比值及与 HDL-C 比值明显下降，HDL-C 与 TC 比值上升，说明魔芋对高血脂症有重要的防治意义。邓存良等探讨了葡甘露聚糖（KGM）对脂肪肝大鼠高脂血症的影响，给予 KGM 的预防组和治疗组，大鼠血清 TG 和 TC 水平、肝细胞脂肪变性程度和范围明显低于模型组，也使 ALT 水平明显降低，说明 KGM 对实验性脂肪肝有预防和治疗作用。

5. 抗衰老

研究表明，魔芋的块茎中含葡甘露聚糖（Konjae Glucomannan，KGM）有良好的抗衰老作用，其给药剂量仅为绞股蓝总苷（GY）的 1/4，却能达到与 GY 相当的效果。KGM 对老化相关指标的影响表现在对 GSH-PX、CAT、SOD 及 LPO 的影响尤为突出，而以上指标均与体内自由基有关，这提示 KGM 抗衰老作用与清除体内自由基有关。有报道长期大量食用 KGM 可延缓脑神经胶质细胞、心肌细胞和大中动脉内膜皮细胞的老化进程，预防动脉粥样硬化，改善心、脑和血管的功能。分析其机理可能为：KGM 可减少胆酸的肠肝循环，降低胆固醇浓度，防止高血脂症对内皮细胞的损伤，构成脂褐素的主要成分减少，起到了延缓衰老的作用。

【品质研究】张展等采用重量法、分光光度法、薄层色谱法、旋转黏度法等方法测定了不同产地的 15 种魔芋精粉样品的葡甘露聚糖含量。结果表明，分光光度法和薄层色谱法所测数据较为接近，重量法所测数据偏低，常用的黏度分析与实际含量有较大的差异。扫描电镜（SEM）分析结果显示高含量的魔芋精粉样品形貌与一般样品的形貌有很大的不同。四川产魔芋与湖北产魔芋的葡甘露聚糖含量没有显著的差异。

【原植物】块茎大，扁球形，直径 7.5~25 cm，顶部中央多少下凹，暗红褐色；颈部周围生多数肉质根及纤维状须根。叶柄长 45~150 cm，基部粗 3~5 cm，黄绿色，光滑，有绿褐色或白色斑块；基部膜质鳞叶 2~3，披针形，内面的渐长大，长 7.5~20 cm。叶片绿色，3 裂，I 次裂片具长 50 cm 的柄，二歧分裂，II 次裂片二回羽状分裂或二回二歧分裂，小裂片互生，大小不等，基部的较小，向上渐大，长 2~8 cm，长圆状椭圆形，骤狭渐尖，基部宽楔形，外侧下延成翅状；侧脉多数，纤细，平行，近边缘联结为集合脉。花序柄长 50~70 cm，粗 1.5~2 cm，色泽同叶柄。佛焰苞漏斗形，长 20~30 cm，基部席卷，管部长 6~8 cm，宽 3~4 cm，苍绿色，杂以暗绿色斑块，边缘紫红色；檐部长 15~20 cm，宽约 15 cm，心状圆形，锐尖，边缘折波状，外面变绿色，内面深紫色。肉穗花序比佛焰苞长 1 倍，雌花序圆柱形，长约 6 cm，粗 3 cm，紫色；雄花序紧接（有时杂以少数两性花），长 8 cm，粗 2~2.3 cm；附

图4-212　魔芋原植物（方清茂摄）

图4-213　魔芋原植物（花）（方清茂摄）

属器伸长的圆锥形，长20~25 cm，中空，明显具小薄片或具棱状长圆形的不育花遗垫，深紫色。花丝长1 mm，宽2 mm，花药长2 mm。子房长约2 mm，苍绿色或紫红色，2室，胚珠极短，无柄，花柱与子房近等长，柱头边缘3裂。浆果球形或扁球形，成熟时黄绿色。花期4~6月，果期8~9月。见图4-212、图4-213。

【生物学特性】　喜温暖湿润、半荫蔽的环境，以土质疏松、排水良好、土层深厚、肥力较高、通气性好的土地为好。

【栽培技术】

1. 育苗

魔芋的繁殖方法很多，一般采用无性繁殖法。将较大的球茎切成块（直切或斜切），每块带1~2个芽眼；或将地下茎段切成小段育苗，每段3~4节，带活芽2~3个。用草木灰蘸裹切口，晒1~2 d。于春季按株行距30 cm×40 cm栽种于苗床，当年秋季可形成小球茎，用于下年定植大田。

2. 选地整地

选择土层深厚、质地疏松、排水良好、富含有机质的微酸性沙壤土，于冬季深翻，开春后每亩施腐熟猪牛粪2 000~3 000 kg，将肥料翻耕入泥内，耙碎整平后，开好播种沟。

3. 定植

春季平均温度达13 ℃时可播种，按株行距15 cm×40 cm定植，芽向上。

4. 田间管理

（1）追肥。苗高20 cm时追施尿素15~20 kg/亩。新球茎膨大初期，施复合肥15~20 kg/亩。

（2）中耕除草。魔芋生长前期可中耕除草，后期不宜深耕，以免伤及球茎，可结合人工拔草培土。

（3）排水防涝。魔芋怕旱忌涝，干旱时应浇水，保持土壤湿润。雨季排水防涝。

5. 病虫害防治

软腐病可用40%多菌灵500倍液泡种芋10 min，晾干后播种；发病初期可用浓度$200×10^{-6}$的农用链霉素液喷雾。白绢病可用1 000倍代森铵液或40%多菌灵500倍液喷雾。虫害主要有甘薯天蛾、斜纹夜蛾和地老虎等，可人工捕杀或用乐果等农药防治。

【采收加工】　立冬前后，植株枯萎后15~30 d为适宜采收期。采收时顺叶柄下挖，一次挖净，防止损伤块茎。收后适当风晾,待皮层无水时,贮于室内,保持室温 7~15 ℃。见图 7-214。

将鲜魔芋球茎洗、刮去皮后,切成 4 cm×4 cm×2 cm 大小一致的块片。为防止淀粉氧化变黑,可用 1% 石灰水或盐水浸泡 1~2 h 后,摊在席上晒干。如遇阴雨天气,可烘干。开始用大火并燃烧少量的硫磺熏芋片,可起到漂白作用。当芋片表面快干时,及时翻转烘烤。至 5~6 成干时,改用文火直至烤干。干品规格为 2 cm×2 cm×1 cm,质坚,色白,大小均匀。将干品魔芋片用粉碎机粉碎即成普粉。普粉再经过粉碎、过筛、去杂质,即成魔芋精粉。

图 4-214　魔芋药材(方清茂摄)

【适宜区与最适宜区】

1. 生态环境

生于海拔 2 700 m 以下的土壤肥厚的山林、阴湿处。

2. 生态因子

年均温度 17.5~22 ℃,5~10 月平均气温不低于 14 ℃,7~8 月平均最高气温不高于 31 ℃,无霜期 260 d 以上。空气湿度 80%~85%,年降雨量 1 600~1 800 mm。

3. 适宜区

魔芋的适宜区为海拔 500~2 500 m 的盆地周围山区。见图 4-215。

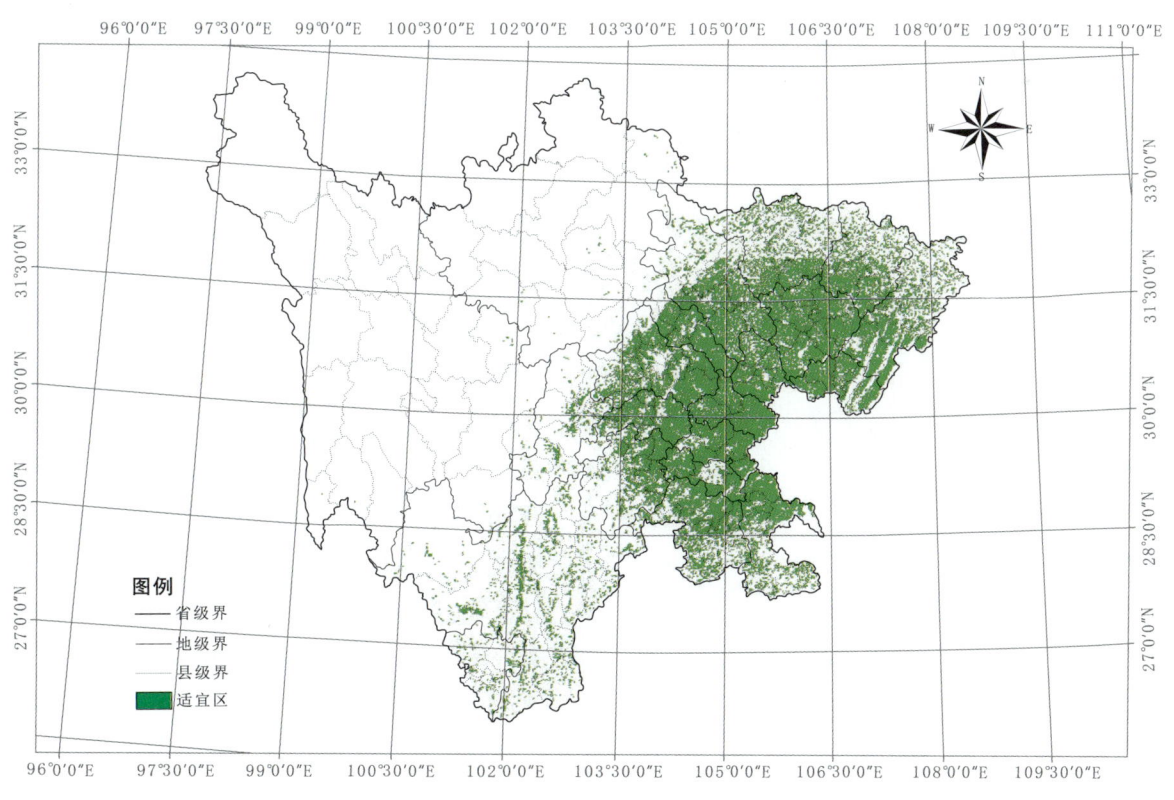

图 4-215　魔芋适宜区示意图

表4-106 魔芋适宜区面积（km²）

区县	面积	区县	面积	区县	面积	区县	面积
盐边县	491	康定市	21	荣县	1 313	双流区	735
会东县	669	雅江县	9	纳溪区	744	蓬溪县	1 039
米易县	424	巴塘县	10	合江县	1 519	南溪区	598
会理县	867	泸定县	108	旌阳区	471	沿滩区	213
宁南县	426	九龙县	117	中江县	1 967	邛崃市	685
德昌县	443	冕宁县	678	广汉市	435	乐至县	1 244
盐源县	993	乡城县	3	什邡市	366	大安区	212
普格县	373	得荣县	15	绵竹市	562	贡井区	336
布拖县	276	石棉县	191	三台县	2 165	金堂县	959
金阳县	323	开江县	595	盐亭县	1 300	美姑县	349
喜德县	420	宣汉县	1 842	船山区	439	富顺县	1 150
西昌市	742	蒲江县	407	射洪县	1 062	游仙区	791
昭觉县	472	罗江县	415	大英县	609	洪雅县	528
雷波县	461	安州区	615	东兴区	1 100	威远县	939
筠连县	604	平武县	766	沙湾区	312	龙马潭区	310
珙县	521	江油市	1 270	五通桥区	377	资中县	1 564
叙永县	1 281	隆昌市	707	犍为县	1 063	泸县	1 375
古蔺县	1 213	金口河区	41	夹江县	422	峨边县	245
仁和区	315	井研县	779	沐川县	775	安居区	1 160
东区	16	丹棱县	323	马边县	526	安岳县	2 550
西区	22	荥经县	242	峨眉山市	449	江阳区	545
稻城县	10	天全县	278	顺庆区	452	彭山区	332
木里县	334	宝兴县	156	高坪区	655	通川区	537
万源市	1 374	成华区	33	嘉陵区	989	名山区	247
北川县	572	崇州市	517	南部县	1 841	岳池县	1 324
剑阁县	1 842	涪城区	418	西充县	955	营山县	1 465
苍溪县	1 669	梓潼县	1 007	东坡区	1 088	蓬安县	1 164
巴州区	1 008	翠屏区	888	仁寿县	2 166	仪陇县	1 525
马尔康市	15	长宁县	694	青神县	269	阆中市	1 573
昭化区	528	汶川县	83	叙州区	2 071	广安区	868
朝天区	721	理县	59	江安县	653	华蓥市	241
青川县	901	锦江区	23	高县	842	达川区	1 562
通江县	1 702	青羊区	19	兴文县	594	大竹县	1 412
黑水县	77	金牛区	29	甘洛县	318	茂县	141
九寨沟县	124	武侯区	13	龙泉驿区	339	若尔盖县	8

续表

区县	面积	区县	面积	区县	面积	区县	面积
利州区	511	温江区	191	雨城区	289	邻水县	1 136
松潘县	27	郫都区	326	汉源县	465	恩阳区	960
旺苍县	982	大邑县	413	芦山县	233	前锋区	345
南江县	1 210	新津县	204	雁江区	1 438	自流井区	38
金川县	26	都江堰市	426	简阳市	1 972	越西县	452
丹巴县	59	彭州市	661	小金县	29		
青白江区	265	屏山县	654	平昌县	1 517		
新都区	349	武胜县	821	渠县	1 357		

4. 最适宜区

魔芋的最适宜区为海拔 800~1 500 m 的盆地周围山区，包括安县、雷波、芦山等地。见图 4-216。

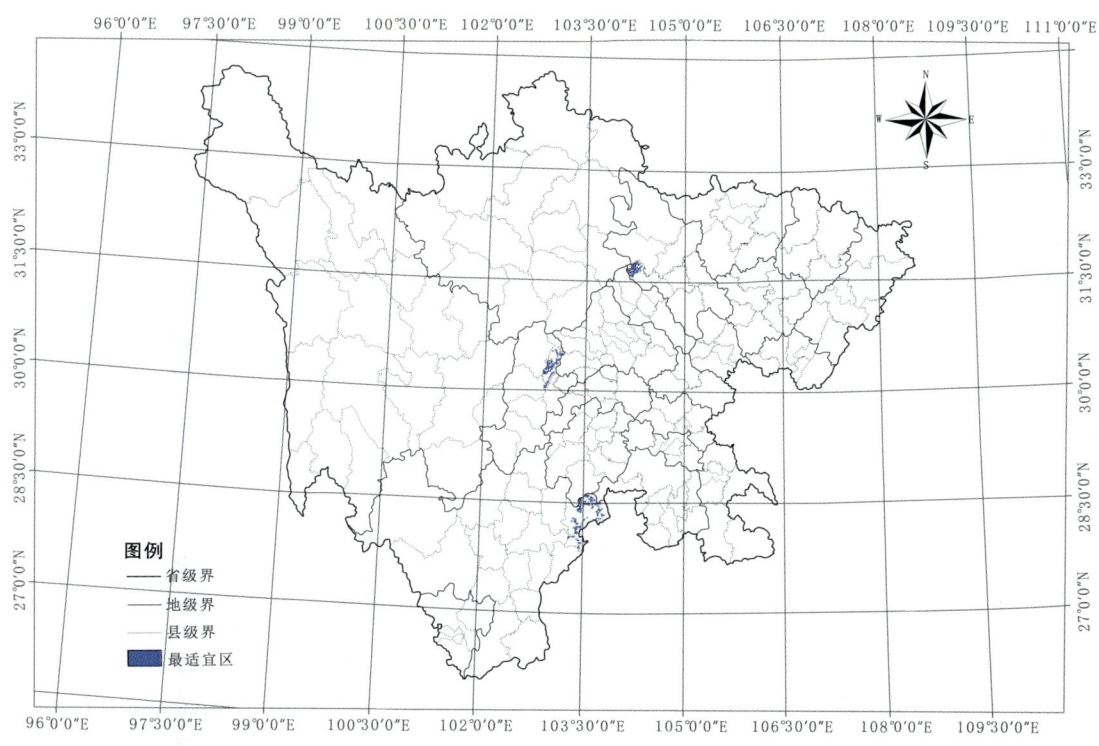

图4-216　魔芋最适宜区示意图

表4-107　魔芋最适宜区面积（km²）

区县	面积	区县	面积
雷波县	609	芦山县	309
安州区	239		

【基地建设】 四川省在安州区、芦山县、雷波县等地建立了大面积的魔芋人工种植基地，主要栽培模式为魔芋玉米套种。

五十一、灵芝生产区划

【来源】 为多孔菌科真菌赤芝 Ganoderma lucidum（Leyss.ex Fr.）Karst. 或紫芝 Ganoderma sinense Zhao, Xu et Zhang 的干燥子实体。

【道地沿革】 灵芝始载于《神农本草经》，根据芝的颜色不同，将"芝"分成赤芝、黑芝、青芝、白芝、黄芝、紫芝六种："赤芝，味苦平。主胸中结，益心气，补中，增智慧，不忘。久食，轻身不老，延年神仙。一名丹芝"。"紫芝，味甘温。主耳聋，利关节，保神，益精气，坚筋骨，好颜色。久服，轻身不老延年。一名木芝。生山谷（旧作六种，今并）。"《本草纲目》："灵芝，无毒，主治胸中结，益心气，补中，增智慧，不忘，久食轻身不老，延年神仙。"清·蒋超《峨眉山志》记载"峨眉山产菌蕈。"清·光绪《资州直隶州志》："卉之属，明正德间井研县产灵芝。"《中华道地药材》记载主产于西南、华东、河北、山西、江西、广西、广东。可见灵芝是四川的道地药材，主产于峨眉山、九寨沟、米易等地。

以身干、菌盖肥厚、菌柄粗壮、质坚硬、色红褐、具漆样光泽者为佳。

【性味归经】 甘，平。归心、肺、肝、肾经。

【功能主治】 补气安神，止咳平喘。用于眩晕不眠，心悸气短，虚劳咳喘。

【药理作用】

1. 对中枢神经系统的作用

灵芝颗粒剂 22.5 g/kg、45 g/kg 对小鼠灌胃给药，能非常显著延长腹腔注射士的宁致小鼠惊厥出现时间，45 g/kg 组能非常显著延长士的宁致小鼠死亡出现时间，22.5 g/kg 组能显著延长士的宁致小鼠死亡出现时间。灵芝热水浸出物 6 g/kg、4.2 g/kg、2.94 g/kg、2.06 g/kg 对小鼠灌胃给药能明显减少小鼠的自发活动次数，ED_{50} 为 2.65 g/kg；4.2 g/kg 对小鼠灌胃给药可显著增强戊巴比妥钠的镇静作用，使小鼠进入睡眠状态；10 g/kg、7 g/kg、4.9 g/kg、3.4 g/kg 对雄性小鼠灌胃给药能明显地抑制小鼠的醋酸扭体反应，10 g/kg 组的镇痛效应与氨基比林 0.3 g/kg 效果相近；7.5 g/kg、5.0 g/kg 对雌性小鼠灌胃给药可明显提高小鼠对热板法的痛阈值。灵芝三萜类化合物 ganoderic acids A、B、G、H 按剂量 3~5 mg/kg 给药可产生较好的镇痛效果，扭体反应抑制率在 30%~60%，其中 ganoderic acids H 效果最好。

2. 对心血管系统的影响

灵芝注射液 5 g/kg、10 g/kg 经腹腔注射每日 1 次，连用 10 d，可通过下调 Fas、FasL 蛋白表达，抑制小鼠病毒性心肌炎细胞凋亡而保护心肌。灵芝煎液 20 g/kg、60 g/kg 灌胃给药 5 d，明显提高鹅膏毒菌中毒兔的存活率，减轻心肌损伤是其解毒机制之一。赤芝恒温渗滤滤液及乙醇提取液静脉注射使家兔心电图 R-R 缩短，腹腔注射赤芝冷醇提取液 26.4 g/kg 仅使麻醉猫心电图 P-P 间期延长，而腹腔注射 35.2 g/kg 或静脉注射 8.8 g/kg 时除出现心率减慢外，还可使 P-P 间期延长，T 波倒置或双相，S-T 段压低。赤芝液预先静注 3 g/kg 对正常清醒家兔静脉注射垂体后叶素引起的急性心肌缺血有一定的保护作用，能使心电图（VS 导）高耸的 T 波显著降低。灵芝浸出液 0.3 mg/ml 能显著减少离体大鼠工作心脏全心停灌再灌注产生的室性期前收缩（PVC），3 mg/ml 非常显著地推迟再灌注 PVC 发生的时间以及显著降低全心停灌前的心率。质量分数 1% 的灵芝多糖再灌注可通过抑制失血性休克再灌注模型家兔 NOS 活性、降低 NO 浓度，对失血性休克再灌注心肌损耗起保护作用。ganoderic acid F 对血管紧张素转化酶有抑制作用，其 IC_{50} 为 47×10^{-6} mol/L。

3. 改善血液流变学

灵芝多糖 200 mg/kg、100 mg/kg 及 50 mg/kg 对小鼠灌胃给药 7 d，可显著延长小鼠凝血时间，降低高脂血症小鼠血清中甘油三酯含量；140 mg/kg、70 mg/kg 及 35 mg/kg 对大鼠灌胃给药 7 d，能明显延长大鼠体内血栓形成的时间，抑制血瘀大鼠体外血栓的形成并降低血瘀大鼠的血浆比黏度。ganoderic acid S（GAS）对 TXA2 拟似物 U46619 所诱导的人源硅胶过滤处理的血小板聚集有明显抑制作用，2 μmol/L GAS 抑制率即可达到 50%，当浓度增加至 7.5 μmol/L、10 μmol/L 时，可完全抑制血小板聚集，但不能对抗 TXA2 所致血小板形态改变。

4. 抗氧化、抗衰老

4% 灵芝含氮多糖溶液每日 0.5 ml/只，连续灌胃 10 d，对小鼠红细胞内 SOD 的活性有明显的增强作用。灵芝多糖 25 mg/kg、50 mg/kg 腹腔注射给药，共 4 d，可明显增强老年小鼠脾细胞内 DNA 多聚酶 α 的活性，分别增加 44.0% 和 58.4%。灵芝多糖（12.5 mg/L、25 mg/L、50 mg/L、100 mg/L）可减少叔丁基氢过氧化物对 ECV304 细胞的氧化损伤。灵芝多糖 200 μg/ml 体外处理可明显抑制 DOCA 高血压大鼠主动脉内皮细胞 NADPH 氧化酶的活性。

5. 降血糖、降血脂

灵芝多糖 100 mg/kg、200 mg/kg、400 mg/kg 对大鼠灌胃给药，使糖尿病大鼠血糖水平显著下降，血清胰岛素水平显著升高，血清 TC 和 TG 水平都显著降低。灵芝多糖 400 mg/kg 对小鼠灌胃给药，能明显降低四氧嘧啶致糖尿病小鼠及去甲肾上腺素所致高血糖小鼠的血糖水平，而对正常小鼠血糖水平影响很小。灵芝多糖 500 mg/kg 灌胃给药，能有效预防大鼠动脉粥样硬化形成，同时能明显降低血清 TC、TG、LDL 及 Lp（a）水平。

【品质研究】陈勇以从四川地区采集到的 15 株野生灵芝菌株为研究材料，利用 ISSR 分子标记和 ITS 序列分析对这些菌株进行遗传多样性分析和系统发育研究，在此基础上，对 15 株野生灵芝进行了栽培试验，对栽培过程中菌株的农艺性状进行测定，包括了菌丝生长速度、子实体性状和孢子产量以及多糖和三萜化合物含量，初步确定了下一步进行杂交育种的亲本菌株。实验结果如下：

（1）根据 ITS-PCR 结果将供试菌株在 0.52 的相似度时聚为一类；在 0.58 的相似系数水平上，聚为 3 大类群，其中菌株 G、X1 和 X2 聚为一类，G7、H2、H1、E3、P 五个菌株聚为一类，其余菌株聚为一类。系统发育结果显示：供试菌株分别属于普通灵芝（Ganoderma Lingzhi）、赤芝（Ganoderma Lucidum）、紫芝（Ganoderma Sinense）。其中，供试菌株 E3，G，P，L3，P1，P2，D，L1 属于赤芝；菌株 X1，G7，H1，E2，E1，H2 属于紫芝；菌株 X2 属于普通灵芝。

（2）农艺性状测定结果表明，就菌丝生长速度而言，X1、X2 两个菌株表现较差，未长满母种试管；在栽培阶段 G 菌株菌丝在接种第 26 d 长满袋子，D 菌株最后满袋，需要 40 d。其余菌株介于两者之间。在后熟培养阶段，G 菌株出现原基时间最早，为接种后第 32 d，E2、E3 最晚，为 44 d，其余介于两者之间。对子实体重量和孢子产量进行统计分析，结果表明菌株 G 的产量最高，平均 22.1 g；产量最小的出自 H1 菌株，为平均 8.9 g。头潮生物转化率也是 G 菌株最高，为平均 5.12%，最低为 H1，为平均 3.09%。子实体产物测定结果表明：菌株 P2 的灵芝多糖含量最高，为 1.61%，含量最低的为 E1，为 0.76%。同时 G 菌株的灵芝三萜含量最高，L1 最低，为 2.85%。G、G7、P2 和 X1 四个品种的灵芝三萜含量较高。综合遗传距离和农艺性状互补的原则初步筛选出 P2、P、G7 和 E3 四个野生菌株作为下一步遗传育种的亲本材料。

郑林用等比较不同灵芝菌株间及同一菌株子实体与菌丝体间多糖、三萜化合物含量差异。不同菌株间多糖、三萜含量的差异较大，黄金芝子实体多糖含量最高达到5.625%；京大灵芝三萜含量最高，为5.788%；黄金芝、京大灵芝的多糖和三萜总含量最高，分别为7.044%，6.667%。灵芝子实体三萜含量低于菌丝体，而菌丝体与子实体间多糖含量的高低因菌株而异。

【原植物】赤芝：担子果一年生，有柄，栓质。菌盖半圆形或肾形，盖表褐黄色或红褐色，盖边渐趋淡黄，有同心环纹，微皱或平滑，有亮漆状光泽，边缘微钝。菌肉乳白色，近管处淡褐色。菌管管口近圆形，初白色，后呈淡黄色或黄褐色；菌柄圆柱形，侧生或偏生，与菌盖色泽相似。皮壳部菌丝呈棒状，顶端膨大。菌丝系统三体型，生殖菌丝透明，薄壁；骨架菌丝黄褐色，厚壁，近乎实心；缠绕菌丝无色，厚壁弯曲，均分枝。孢子卵形，双层壁，顶端平截，外壁透明，内壁淡褐色，有小刺，担子果多在秋冬季成熟。见图4-217。

图4-217　灵芝原植物（方清茂摄）

紫芝：一年生真菌，木质，表面紫黑色至近黑色，具漆样光泽。

【生物学特性】好气性腐生真菌，依靠吸收腐朽树木的养分而生长发育。喜阴湿环境，温度过高、光线太强均不利于灵芝的生长。

【栽培技术】

1. 选地

建棚地点选择。选择保温保湿、通风良好、光线适量、排水通畅、管理方便的灵芝大棚，棚内要求地面清洁，墙壁光洁，耐潮湿。灵芝棚的大小视培养料的多少而定，一般建在树林、房前屋后林阴处，靠近水源的位置最合适。培养料入棚前大棚要严格消毒，每立方米空间用甲醛5 ml和高锰酸钾10 g密封熏蒸24 h。春种以4~5月最佳，秋种以9~10月最好。

2. 栽培料的制作

栽培料可用棉籽壳77%，麸皮10%，玉米粉10%，糖、磷肥和石膏各1%；或木屑70%，麸皮25%，黄豆粉2%，磷肥1%，石膏1.5%和糖0.5%配制而成。配制时先将棉籽壳、木屑、麸皮、石膏粉等原料拌匀，含水量60%~65%，以用手抓紧时指缝有水溢出但不滴下为好。栽培料拌好后用装袋机装袋，塑料袋选用15 cm×35 cm或17 cm×33 cm的聚丙烯或聚乙烯筒装，每袋装干料400~450 g。聚乙烯袋采用常压灭菌10~12 h，聚丙烯塑料袋采用高压灭菌2 h，待料冷却到30 ℃以下时入无菌室内接种。1瓶麦粒原种可接种栽培料40~45袋，1瓶棉籽壳栽培种可接种栽培料25~35袋。将已接种的菌袋移入消毒好的培养室内，分层排放，每排放6~8层高，排架之间留有人行通道，每周上下翻动一次，确保菌袋温度均衡，增加袋内氧气，促进发菌，同时去除有绿霉杂菌感染的菌袋。

3. 发菌阶段的管理

灵芝是喜温型真菌，菌丝生长温度以 26~28 ℃为最佳，子实体在 24~28 ℃温度下长势最好，低于 18 ℃子实体不能正常发育。发菌期间，培养室内温度保持 22~30 ℃，空气相对湿度保持 50%~60%。每天通风半小时，每隔 5~7 d 菌袋上下翻动 1 次。当菌丝体发满料袋溶剂三分之二时，移入培养棚内，松开料袋口，用手轻轻一提，留一点缝隙。棚内以散射光为宜，避免强光直射。经 25~32 d，菌丝便可长满料袋。个别料袋菌丝发育不均匀，可挑出单放。

4. 出芝阶段的管理

当菌丝长满料袋后，用刀片把两端割成 5 角硬币大小的圆形口，以利出芝。出芝时棚温保持在 26~30 ℃，空气相对湿度提高到 90%~95%，并提供散射光和充足氧气，保持地面存有浅水层，每天上午 8 时前及下午 4 时后打开门及通风口换气，气温低时中午 12 时通风换气。原基膨大 3~5 d，逐渐形成菌盖时，增加喷水保湿，气温过高时喷水保湿。

通风不良易出现畸形灵芝，当出现畸芽时要及时割掉。菌盖逐渐由白色转浅黄色，由黄色转为红褐色，菌盖边缘白色基本消失，边缘变红，菌盖开始革质化，背面弹射出红褐色的雾状孢子时，表明灵芝子实体已成熟，应及时采收。从割口到采收需 40~45 d。

【采收加工】灵芝采收前 1 周停止喷水，关闭通风门口，通道地面铺上塑料薄膜，以便收集散发的孢子粉。孢子散发后，菌盖由软变硬，没有浅白色边缘，颜色由淡黄色转变为红褐色，不再生长增厚时，即可采收成熟的灵芝。采收灵芝时从柄基部用剪刀切除或用手轻摘，采收后及时阴干，有条件的烘干或晒干至含水量为 12%，即为灵芝成品，装袋，置于干燥的室内保存或出售。见图 4-218。

图4-218　灵芝药材（方清茂摄）

【适宜区与最适宜区】

1. 生态环境

生于海拔 3 500 m 以下的林下的壳斗科和松科松属植物腐烂的木材、树桩旁根际或枯树桩上，多见于腐朽的青杠树、杂木林下。

2. 生态因子

在 15~35 ℃之间均能生长，适温为 25~30 ℃。子实体在 10~32 ℃的范围内均能生长，但原基分化和子实体发育的最适温度为 25~28 ℃。低于 25 ℃，子实体生长缓慢，皮壳色泽也差；高于 35 ℃，子实体会死亡。灵芝生长需要较高的湿度。菌丝生长期，要求培养基含水量为 55%~60%，空气相对湿度为 70%~80%。子实体发育期，空气相对湿度要求在 90%~95%。如果低于 80%，子实体会生长质量不良，菌盖边缘的幼嫩生长点会变成暗灰色或暗褐色。灵芝是好气性真菌，它的整个生长发育过程都需要新鲜的空气。尤其是子实体生长发育阶段，对二氧化碳更为敏感。当空气中二氧化碳含量增至 0.1% 时，子实体就不能开伞，长成鹿角状分枝，含量达 1% 时，子实体发育极不正常，无任何组织分化，形成畸形。灵芝在生长发育过程中对光线非常敏感，光线对菌丝生长有明显的抑制作用，无光黑暗条件生长速度最快，当照度增加到 3 000 lx 时，生长速度只有全黑暗条件下的一半。子实体生长发育不可缺少光照，在 1 500~5 000 lx 时，菌柄、菌盖生长迅速、粗壮，盖厚。

3. 适宜区

灵芝的适宜区为海拔 2 000 m 以下的温暖潮湿地区，包括成都、绵阳、乐山、雅安、凉山州、宜宾、泸州、广元、巴中、达州等地。见图 4-219。

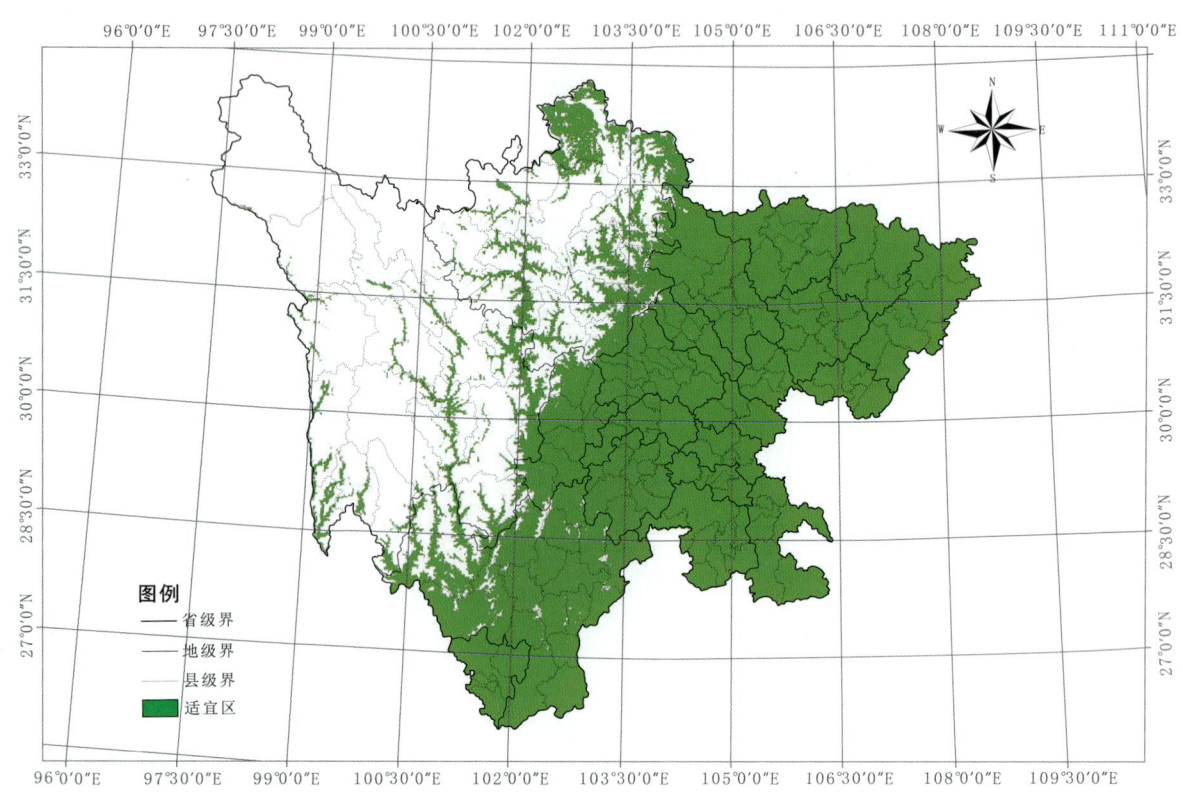

图 4-219 灵芝适宜区示意图

表 4-108 灵芝适宜区面积（km²）

区县	面积	区县	面积	区县	面积	区县	面积
盐边县	3 232	甘孜县	176	新都区	490	汉源县	2 215
会东县	3 220	色达县	59	温江区	280	芦山县	1 130
米易县	2 103	白玉县	600	郫都区	437	雁江区	1 637
会理县	4 516	炉霍县	394	大邑县	1 245	简阳市	2 214
宁南县	1 655	新龙县	505	新津县	330	小金县	1 291
德昌县	2 234	金川县	1 611	都江堰市	1 175	越西县	2 064
盐源县	7 634	丹巴县	1 487	彭州市	1 365	甘洛县	2 061
普格县	1 840	道孚县	740	自流井区	155	龙泉驿区	556
布拖县	1 638	康定市	2 116	荣县	1 602	双流区	1 070

续表

区县	面积	区县	面积	区县	面积	区县	面积
金阳县	1 543	雅江县	1 469	纳溪区	1 157	沿滩区	467
喜德县	2 182	理塘县	469	合江县	2 376	邛崃市	1 374
西昌市	2 610	巴塘县	975	旌阳区	648	乐至县	1 425
昭觉县	2 702	泸定县	1 432	中江县	2 196	大安区	396
雷波县	2 776	九龙县	2 019	广汉市	552	贡井区	412
筠连县	1 246	冕宁县	3 688	什邡市	765	金堂县	1 158
珙　县	1 142	乡城县	715	绵竹市	1 196	美姑县	2 409
叙永县	2 974	得荣县	1 171	三台县	2 660	富顺县	1 348
古蔺县	3 164	石棉县	2 333	盐亭县	1 649	游仙区	1 022
仁和区	1 716	开江县	1 012	船山区	605	洪雅县	1 902
东　区	167	宣汉县	4 264	射洪县	1 496	威远县	1 291
西　区	118	蒲江县	581	大英县	702	龙马潭区	334
稻城县	775	罗江县	452	东兴区	1 171	资中县	1 727
木里县	6 308	安州区	1 187	沙湾区	604	泸　县	1 526
万源市	4 033	平武县	5 493	五通桥区	468	峨边县	2 344
北川县	3 035	江油市	2 713	犍为县	1 369	安居区	1 264
剑阁县	3 204	隆昌市	788	夹江县	745	安岳县	2 678
苍溪县	2 340	金口河区	601	沐川县	1 407	江阳区	643
巴州区	1 404	井研县	841	马边县	2 278	彭山区	467
马尔康市	1 755	丹棱县	445	峨眉山市	1 178	通川区	881
昭化区	1 434	荥经县	1 775	顺庆区	540	名山区	621
朝天区	1 600	天全县	2 225	高坪区	815	岳池县	1 478
青川县	3 204	宝兴县	2 346	嘉陵区	1 172	营山县	1 640
通江县	4 098	红原县	1 020	南部县	2 221	蓬安县	1 325
黑水县	1 775	成华区	109	西充县	1 102	仪陇县	1 787
九寨沟县	3 406	崇州市	1 086	东坡区	1 326	阆中市	1 885
茂　县	2 736	涪城区	549	仁寿县	2 603	广安区	1 028
阿坝县	1 146	梓潼县	1 445	青神县	387	华蓥市	457
若尔盖县	6 299	翠屏区	1 130	叙州区	2 921	达川区	2 249
利州区	1 534	长宁县	978	江安县	909	大竹县	2 056
松潘县	3 026	汶川县	2 845	高　县	1 322	平昌县	2 222
旺苍县	2 970	理　县	1 662	兴文县	1 375	渠　县	2 016
南江县	3 391	锦江区	61	屏山县	1 499	邻水县	1 896
德格县	252	青羊区	62	武胜县	949	恩阳区	1 150
石渠县	89	金牛区	110	前锋区	506		
壤塘县	416	武侯区	124	蓬溪县	1 245		
青白江区	380	雨城区	1 065	南溪区	702		

4. 最适宜区

灵芝的最适宜区为海拔400~1 800 m的温暖潮湿地区,包括峨眉山、九寨沟等地。见图4-220。

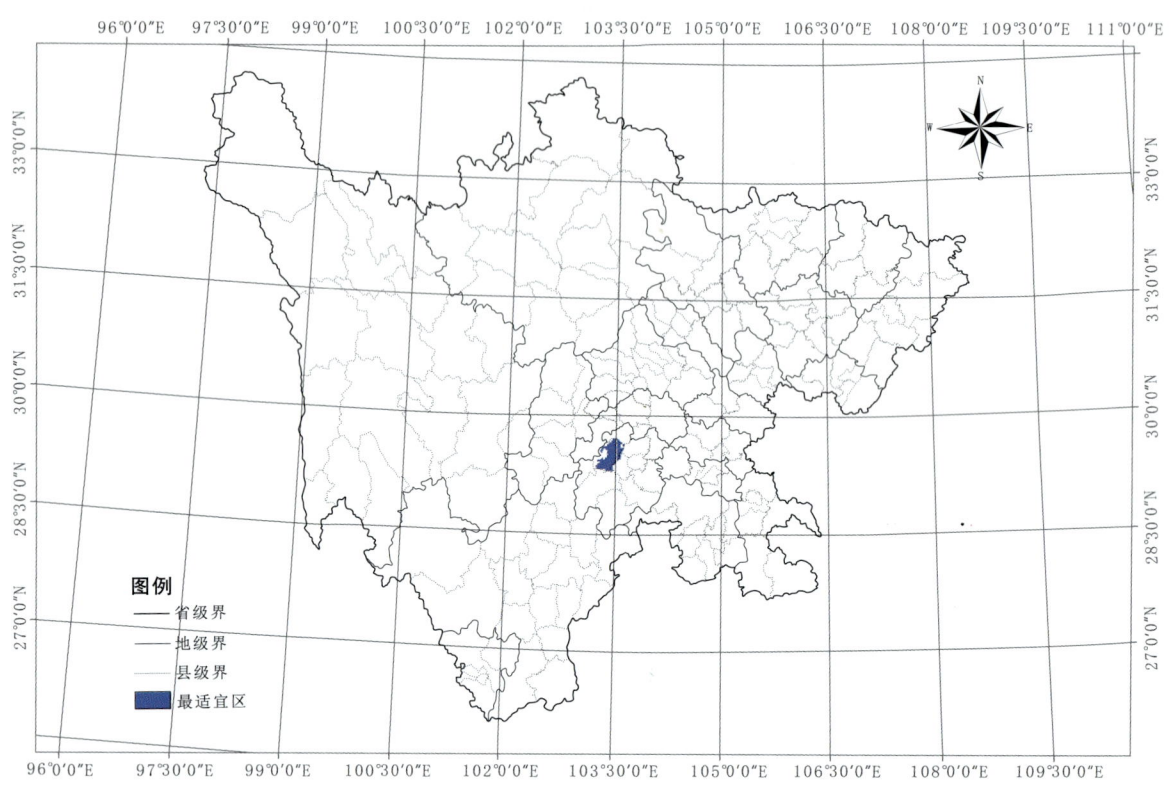

图4-220 灵芝最适宜区示意图

表4-109 灵芝最适宜区面积(km^2)

区 县	面 积	区 县	面 积
九寨沟县	138	峨眉山市	1 005

【基地建设】四川省在峨眉山等地建立了规范化的灵芝人工栽培基地。

五十二、银耳生产区划

【来源】为银耳科真菌银耳 *Tremella fuciformis* Berk. 的干燥子实体。

【道地沿革】《神农本草经》载有"五木耳"。《名医别录》:"五木耳生犍为山谷,六月多雨时采,即暴干。"白木耳始载于清·《本草再新》,即今之银耳,记载能"润肺滋阴"。《通江县志》记载,通江银耳人工培育成功是在清光绪六七年间(1880—1881),陈河乡雾露溪畔九湾十八包为其发祥地。至清·光绪二十四年(1898)年,通江陈河、涪阳一带已普遍种植。可见银耳是川产道地药材之一。

以色白、有光泽、肉肥厚、整朵圆形、耳花疏松、直径4 cm以上者为佳。

【性味归经】甘、淡、平。归肺经。

【功能主治】滋阴润肺，益气养胃，生津润燥。用于虚劳咳嗽，痰中带血，虚热口渴，病后体虚，大便秘结，高血压，血管硬化。

【药理作用】

1. 增强免疫

银耳多糖 100 mg/kg 皮下注射，可使正常小鼠、环磷酰胺致溶血素降低小鼠的溶血素分别增加 92.9% 和 12.9%，具有增强正常小鼠、改善免疫低下小鼠的体液免疫功能作用。银耳 6 g/kg、18 g/kg、54 g/kg 给药 30 d，BALB/C 小鼠腹腔巨噬细胞吞噬功能显著增强，脾淋巴细胞转化能力增强，NK 细胞活性升高。银耳多糖 50 μg/ml、100 μg/ml、150 μg/ml、200 μg/ml 体外可显著增强正常小鼠经 Con A 诱导的脾淋巴细胞增殖反应，银耳多糖 50 mg/kg 可对抗环磷酰胺、可的松、丝裂霉素 C、5-氟尿嘧啶致小鼠网状内皮系统吞噬功能、细胞免疫的抑制作用。银耳孢子多糖 25~200 μg/ml 可明显升高脾细胞内钙离子浓度，与 ConA 有协同作用。银耳多糖和香菇多糖的复合多糖 0.75 g/kg 灌胃荷瘤小鼠，可明显提高 T 淋巴细胞转化功能；1.5 g/kg、0.75 g/kg 剂量时可明显提高荷瘤小鼠的腹腔吞噬细胞功能。银耳多糖 1~50 μg/ml 体外能增强成年小鼠脾细胞生成 IL-2 的能力，对老龄小鼠脾细胞产生 IL-2 的能力具改善作用，使之恢复至 3 月龄小鼠水平。银耳子实体中分离出 3 种杂多糖 T1 a-T1 c 可显著激活人单核细胞，促进其产生大量 IL-1、IL-6 和 TNF。

2. 抗肿瘤

银耳多糖 100 mg/kg 腹腔注射，可明显抑制小鼠艾氏腹水癌的生长，抑制癌细胞 DNA 合成；通过提高机体免疫功能，增强网状内皮系统吞噬功能，促进 IFN、TNF 等的产生而发挥作用。银耳多糖对动物移植肿瘤有较好的抑制作用，能增强机体免疫能力，或使体细胞产生一种抑制癌细胞繁殖的干扰素。IL-2 与银耳多糖激活的小鼠脾细胞对体外培养的肿瘤细胞有明显的杀伤作用。移植肿瘤细胞前给小鼠腹腔注射银耳制剂，对荷腹水型或荷实体瘤小鼠肿瘤生长有明显抑制作用。银耳制剂对正常小鼠腹腔巨噬细胞（Mφ）数量、功能、形态有明显影响。

3. 抗衰老

银耳多糖能明显延长果蝇平均寿命，使其脂褐质含量降低 23.95%。银耳多糖可明显降低小鼠心肌组织脂褐质含量，增强小鼠脑和肝组织中超氧化物歧化酶（SOD）活性，抑制脑中 MAO-B 活性，延长小鼠在缺氧情况下的存活时间。其通过促进核酸及蛋白质的合成、增加肝微粒体细胞色素 P_{450} 含量、增强机体免疫功能而发挥抗衰老作用。

4. 促进蛋白质、核酸合成

银耳多糖 100 mg/kg 皮下注射小鼠可促进血清蛋白质的生物合成，增强机体抗病能力。银耳多糖可明显增强人淋巴细胞核糖核酸（RNA）生物合成，对人淋巴细胞脱氧核糖核酸（DNA）生物合成无效；银耳多糖可升高小鼠肝细胞中粗面内质网数目及促进糖原合成。银耳多糖可明显促进正常小鼠和部分肝切除小鼠的肝脏蛋白质及核酸合成，对小鼠肝损伤具有修复作用。

5. 降血糖、降血脂

银耳多糖 250 mg/kg、500 mg/kg、1 000 mg/kg 均能显著降低四氧嘧啶型糖尿病小鼠高血糖动物、正常动物血糖水平，升高血清胰岛素水平。于注射四氧嘧啶前 4 h 小鼠灌胃银耳多糖，血糖含量明显降低，葡萄糖耐量曲线恢复正常。银耳多糖 3 种多糖（Se1~Se3）具有拮抗肾上腺素致小鼠血糖升高，抑制肝糖原分解作用。银耳多糖可明显降低高脂血症大鼠血清游离胆固醇、胆固醇脂、甘油三酯、β-脂蛋白含量，降低高胆固醇血症小鼠总胆固醇含量，对小鼠高胆固醇血症的形成有预防作用。

【品质研究】陈肖珍等比较了不同产地银耳中多糖含量及其体外透皮吸收性能的差异。将不同产地银耳进行提取纯化制备多糖，同时以大鼠离体皮肤为微渗透屏障，采用Franz扩散池装置进行体外透皮实验，通过苯酚—硫酸法对多糖溶液进行反应后，利用紫外—可见分光光度计测定银耳中多糖质量分数及接收池中银耳多糖累积渗透量。福建古田、四川通江、湖北神农架林区所产银耳的多糖含量较高，银耳多糖的经皮渗透性能较好，且与其含量具有一定的相关性。

【原植物】银耳由10余片薄而多皱褶的扁平形瓣片组成。子实体纯白至乳白色，一般呈菊花状或鸡冠状，直径5~10 cm，柔软洁白，半透明，富有弹性，由数片组成，形似菊花形、牡丹形或绣球形，直径3~15 cm。干后收缩，角质，硬而脆，白色或米黄色。子实层生瓣片表面。担子近球形或近卵圆形，纵分隔，夏秋季生于阔叶树腐木上。见图4-221。

图4-221 银耳原植物（方清茂摄）

【生物学特性】好气性腐生真菌，依靠吸收腐朽树木的养分而生长发育。喜温暖湿润的环境，怕阳光直射，适宜在稀疏的林下生长。

【栽培技术】

1. 栽培环境

银耳主要采用段木栽培，也可利用木屑、甘蔗渣、棉籽壳等农副产品为主要原料，适当添加一些麦皮、米糠、石膏等为辅助原料，进行室内瓶栽和袋栽。这种室内袋料栽培，可以充分利用树枝、短木或边角木料经切碎磨粉后为原料，节省大量木材。甘蔗渣、棉籽壳等农副产品，原料来源充足，用来栽培银耳，既有利于农产品的综合利用，又有利于迅速扩大银耳栽培的范围，不受有无林区条件的限制。而且室内栽培，温、湿度等环境条件较易控制，银耳的生产周期短，病虫害少，产量高。因此室内袋料栽培是银耳生产上的一项重大革新，同时节约了大量木材，保护了生态环境。银耳的段木栽培，其方法和步骤与香菇有许多相同之处。

2. 繁殖方法

（1）孢子弹射分离。银耳种耳的要求应是出耳正常、朵大、朵形好、肉厚、片大、色白、开片正常、无杂菌、无病害、八成熟的子实体，选择备用。

取烧杯4只，以及不锈钢钩、接种针、剪刀、镊子、无菌水、无菌纱布、酒精灯、0.1%的升汞溶液，连同装有马铃薯菇琼脂培养基的三角瓶、种耳等放入接种箱，用福尔马林10 ml和高锰酸钾10 g混合熏蒸，消毒灭菌30 min。先将3只烧杯用酒精消毒后，各倒入无菌水若干，另一只烧杯倒入0.1%的升汞溶液。

用剪刀剪数片肉厚、片大的耳瓣，在升汞溶液中浸5~10 s，迅速依次放入3只无菌水烧杯中，各浸洗1 min，再用无菌纱布将水吸干，用钢钩迅速挂于三角瓶内，塞上棉塞。

为防杂菌感染，耳片距培养基约3 cm左右。置于恒温箱，温度保持在23~25 ℃，培养24 h，可在培养基表层看到雾状的孢子卵，这时可在接种箱内，取出钢钩及耳片，塞好棉塞，继续培养2~3 d后，培养基表面可看到白色糊状、边缘光滑、中间凸起的菌落，这就是银耳孢子。若无杂菌可采取划线法或稀释法，获得纯芽孢后再进行扩大。

（2）香灰菌丝分离。取子实体长得理想的耳木一段（段木栽培银耳的木段），去掉耳基及树皮，用75%的酒精表面擦洗，杀死附在耳木表面的杂菌，移入装有敌敌畏或乐果的容器中过夜，以便杀死或驱跑耳基周围的虫害和螨类等。

取烧杯4只，1只倒入0.1%的升汞溶液，3只倒入无菌水，连同酒精灯、无菌刀、接种针、无菌纱布、斜面试管和经过消毒的耳水，放入接种箱内，进行消毒灭菌。先将耳木浸入升汞药液内20 s左右，再移入3个无菌水的烧杯中顺序洗3遍，然后用无菌纱布吸干水分，用无菌刀去掉耳木表面老菌丝，将耳木中间有黑色花纹处搞碎，用接种针挑取麦粒大小一块，迅速移入斜面试管里，塞上棉塞，用此法接完所有试管，一次必须多接一些试管，以便筛选提纯。然后移入电热恒温箱中，温度保持在23~25 ℃，2~3 d后即可长出香灰菌丝。若发现有红、绿、黄等均为杂菌感染，应及时淘汰。纯香灰菌丝色白，粗短，爬壁力强。分离后要根据其爬壁力强的特点，及时转管高纯，便可得到理想的香灰菌丝。

（3）银耳菌丝与香灰菌混合。选由芽孢萌发的银耳菌丝扩接数支，当试管里米粒大的银耳菌丝长至黄豆大小时（2~24 ℃培养6~8 d），接入香灰菌丝。配接时，挑取香灰管的先驱菌丝，约米粒大，接于银耳菌落旁边约0.5 cm处。2 d后出现白色菌丝，7 d后出现浓白色的粗短菌丝团（白毛团），12~15 d左右，在白毛团上方出现红黄水珠。

（4）银耳原种交合。获得较纯的银耳芽孢和香灰菌丝后，要进行交合，然后才能用于母种及栽培种的生产。交会的方法是：先将银耳接种在试营的培养基上，在23~25 ℃的环境中培养5~7 d，待银耳菌丝长到黄豆大小时，再接入少许香灰菌丝，在同样温度下，培养7~10 d，待香灰菌丝蔓延全试管时即为原种。

（5）母种的培养。灭菌后放于干净通风处冷却。然后用无菌操作法，将试管原种接入母种培养基。接种工作完成后，应立即移入恒温室培养。

将接好菌放入恒温室的母种菌瓶，直立于架子上，温度保持在23~25 ℃，经3~4 d培养，菌丝就会前发。这时每天要观察一次，直至银耳菌丝覆盖培养基表面为止。观察中若发现长得极快的是毛霉、根霉、木霉菌感染，绿、黄、黑为青霉和各种曲霉，都应及时淘汰。在正常温度下，培养15 d左右，接种块出现浓白色的发育菌丝；20 d左右菌丝扭结，并有红黄色水珠出现；待出现子实体原基时，便可进行扩大生产。

3. 病虫害防治

在生产上常见的杂菌，感染段木的主要有棉腐菌、裂褶菌、云芝、木霉等；危害子实体的，主要有青霉、木霉、织壳霉（俗称白粉病）、红酵母等。其中以织壳霉最常见，危害最严重，发病的耳片形成一层粉状物，并使子实银耳体僵化。防治方法：抓好栽培场所的清洁卫生和通风换气为主，防止或减少病害发生。对发病严重的子实体应及时摘除，然后再喷石硫合剂进行控制。耳木被污染其他杂菌时应及时刮除刷洗，然后用石灰水消毒，置阳光下晒1~2 d再恢复管理。

常见的害虫有线虫、螨类、菌蝇、蛞蝓等，其中线虫是引起烂耳的银耳栽培主要虫害，侵害耳基使耳片得不到营养而腐烂。在预防上，用水要干净，防止水中带有线虫，段木勿沾泥土，防止线虫入侵。对已发生的烂耳，应及时刮除，并用清水刷洗，防止蔓延。药物防治可用1%醋酸或稀释4倍的醋，或0.1~0.2%敌百虫喷射耳木，可以抑制线虫的繁殖。螨类也是银耳的主要虫害，繁殖极快，常蛀食菌丝和耳根。发生后，应用0.5%的敌敌畏喷洒耳场并用1：800的20%可湿性杀螨砜浸湿耳木（浸后立即取出）或喷湿耳木进行防治，也可用800倍的乐果或敌百虫喷杀。

【采收加工】银耳在成熟后才能采收。耳片完全展开，呈现出色白、半透明、柔软而富有弹性时为适采期。此时不管朵子大小均要采摘。采收时间以上午为好，应从基部采收干净。采后及时摊于竹席等铺垫物上晾晒，一般5~7 d采收一次。采耳时从银耳基部整朵割下，留下耳基，使其再生。一个好耳基，可连续采收3~7次。见图4-222。

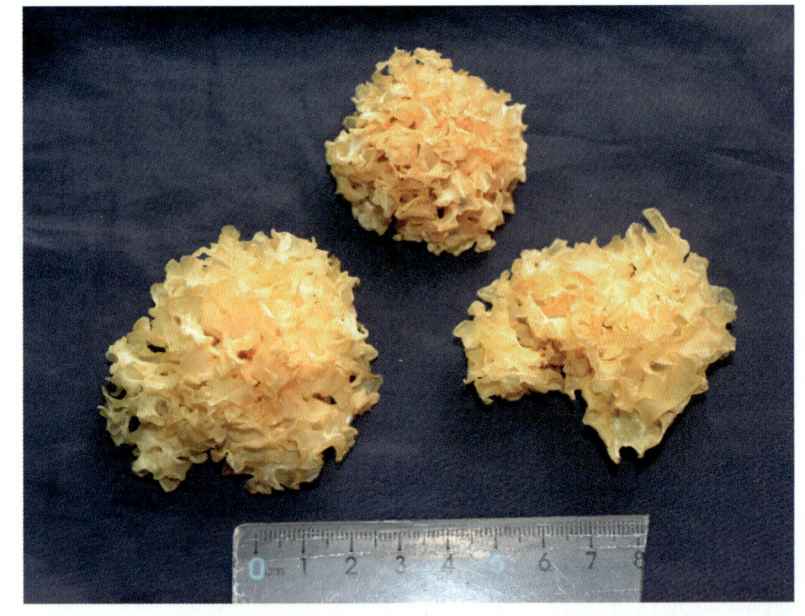

图4-222　银耳药材（方清茂摄）

【适宜区与最适宜区】

1. 生态环境

生于海拔2 000 m以下的山区青冈林中的阴湿山地或寄生于凋腐的树木上，主要寄生于壳斗科植物，现多为人工栽培。

2. 生态因子

年均气温16.3~16.7 ℃，无霜期254~280 d，年降水量1 107 mm，年日照1 400 h，最适宜生长温度为22~25 ℃。菌丝生长阶段，段木的含水量为35%~40%；出耳阶段，要求空气的湿度为80%~90%；子实体的分化到成熟阶段需要大量的氧气；银耳孢子萌发和菌丝生长的pH值为5.2~5.8。

3. 适宜区

银耳的适宜区为海拔400~2 000 m的山区杂木林，包括通江、万源、南江、巴中、平武、宣汉、青川等地。见图4-223。

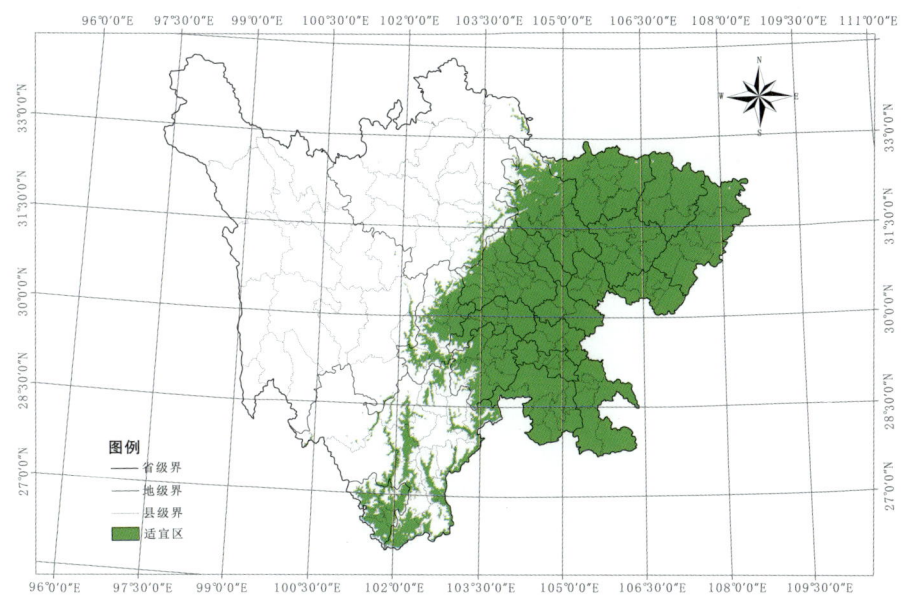

图4-223 银耳适宜区示意图

表4-110 银耳适宜区面积（km²）

区 县	面 积	区 县	面 积	区 县	面 积
万源市	1 370	通江县	1 665	平武县	733
巴州区	840	南江县	1 201	平昌县	1 230
青川县	900	宣汉县	1 651	恩阳区	775

4. 最适宜区

银耳的最适宜区为海拔500~1 500 m的山区，包括通江陈河、涪阳、新场等地。主要生态环境为青冈林等杂木林。见图4-224。

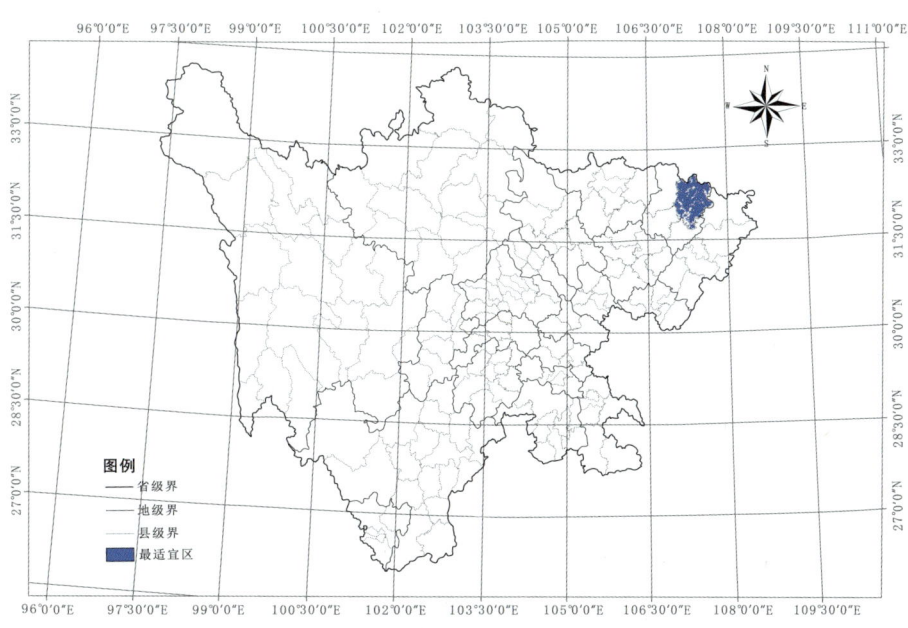

图4-224 银耳最适宜区示意图

表4-111 银耳最适宜区面积（km²）

区 县	面 积
通 江	3 594

【基地建设】四川省在通江县陈河、涪阳、新场等地建立了规范化的人工培育基地。核心区面积300亩，示范区1 000亩。种植银耳260万段，年产银耳210 000 kg。

五十三、钩藤生产区划

【来源】为茜草科植物钩藤 Uncaria rhynch0 phylla（Miq.）Jacks. 与华钩藤 Uncaria sinensis（Oliv.）Havil 的干燥带钩茎枝。毛钩藤 Uncaria hirsuta Havil. 与无柄果钩藤 Uncaria sessilifructus Roxb. 等在四川也有分布。

【道地沿革】钩藤始载于《名医别录》，原名钓藤。《唐本草》："钩藤，出梁州。叶细长，茎间有刺，形若钓钩者。"《本草图经》："钩藤，《神农本草经》不载所出州土。叶细茎长，节间有刺若钓钩。三月采。葛洪治小儿方多用之。"《本草纲目》："钩藤，状如葡萄藤而有钩，紫色。古方多用皮，后世多用钩，取其力锐尔。"民国《北川县志》、清·光绪《雷波县志》、清·光绪《盐源县志》等均记载产钩藤。《中华道地药材》记载四川屏山、昭化等地为我国钩藤的主产区。

【性味归经】甘，凉。归肝、心包经。

【功能主治】清热平肝，息风定惊。用于头痛眩晕，感冒夹惊，惊痫抽搐，妊娠子痫，高血压。

【药理作用】

1. 对中枢神经系统的作用

（1）镇静。给小鼠腹腔注射钩藤煎剂或醇提物0.1 g/kg能抑制小鼠自发活动，并能对抗咖啡因所致动物自发活动增强，但加大剂量无催眠作用，也不能加强戊巴比妥钠的催眠和麻醉作用。灌胃毛钩藤醇提物（12 g/kg）与毛钩藤叶醇提物低剂量（6 g/kg）、中剂量（9 g/kg）、高剂量（12 g/kg）均能使小鼠自发活动减少，使戊巴比妥钠阈下睡眠剂量致小鼠入睡的数量增多，并延长戊巴比妥钠剂量睡眠时间，且以毛钩藤叶高剂量组效果最为明显，表明毛钩藤及其叶均具有显著的中枢抑制作用。

大鼠股静脉注射钩藤碱5 g/kg、10 g/kg、15 g/kg能增高正常鼠脑纹状体及海马细胞外液中5-羟吲哚醋酸（5-HIAA）含量，降低海马和皮层中去甲肾上腺素（NE）含量。结果提示钩藤碱的镇静作用可能与其改变脑内单胺类递质及其代谢产物的含量有关。

（2）抗癫痫。钩藤煎剂1 g/kg腹腔注射可降低大鼠大脑皮层兴奋性，使部分大鼠阳性反射消失，反射时间延长，但对分化抑制和非条件反射却无明显影响。10%钩藤醇浸液每日0.5 ml/100 g或0.125 ml/100 g给豚鼠皮下注射，治疗第8 d能制止豚鼠的实验性癫痫反应发生，但易复发。腹腔注射钩藤注射液〔2 ml/只，1 g（生药）/ml提取液〕可减少毛果芸香碱致癫痫家兔癫痫发作次数及发作持续时间，显著延长发作间隔时间。大鼠脑片旁微量滴注钩藤提取液（醇浸方法提取并制成1 g/ml注射针剂，滴注量为20 μl，分4滴，每滴5 pμl），能使毛果芸香碱致癫痫大鼠海马脑片PS幅度平均降低27.64%，平均8.71 min后恢复，表明钩藤能降低致癫痫大鼠海马脑片CA1区顺向诱发PS幅度，提示钩藤对中枢神经系统的突触传递过程有明显的抑制效应，具有抗病作用。

（3）抗惊厥。给 SD 大鼠腹腔注射钩藤提取物 100 mg/kg、500 mg/kg 能降低红藻氨酸所诱发的癫痫发生率及大脑皮层中过氧化脂质的水平。

（4）保护脑。给老年性痴呆模型大鼠灌胃 5 g/kg、2.5 g/kg、1.25 g/kg 的高、中、低剂量钩藤浸膏，结果高、中剂量钩藤能提高脑指数，降低死亡率，保持体重处于正常状况，增强抗氧化能力，抑制脑组织 MAO-B 活性，加强清除脂质过氧化物及其代谢废物的作用，减少 LDH 的漏出，维持 NO 在正常水平，从而保护细胞，抵抗痴呆。建立大鼠局灶性脑缺血再灌注损伤模型，造模前灌胃钩藤总碱 20 mg/kg、40 mg/kg、60 mg/kg，结果钩藤高、中剂量组能降低大鼠脑缺血再灌注后神经行为学评分及梗死范围，降低脑组织 MDA、NOS 含量及升高 SOD 活性，还能减少神经细胞的凋亡。

2. 对心血管系统的作用

（1）降血压。采用结扎左肾动脉造成肾型高血压模型大鼠，灌胃浓度为 1 g/ml 的钩藤水提液 1 ml/ 只，有一定的降压作用，且与天麻合用降压效果更优，但停药后血压回升较快。将大鼠麻醉后经颈部动脉插管记录外周血压和经股静脉微量输注实验用药，结果表明钩藤中 4 种成分均有降压及负性心率作用，且降压强度为异钩藤碱（42.0%）＞钩藤碱（32.1%）＞钩藤总碱（21.3%）＞钩藤非生物碱（12.4%）。给大鼠侧脑室注射钩藤碱（Rhy）5 μmol/kg 可诱发脑干的延髓头端腹外侧核（RVL）、蓝斑核（LC）、旁巨细胞外侧核（iPGL）、下丘脑的室旁核（PVN）、视上核（SON）等多个部位的心血管中枢出现大量 fos 样免疫反应（FLI）神经元，而 L- 型钙通道开放剂 Bayk 8644 和蛋白酪氨酸磷酸酶抑制剂正矾酸钠均可减弱其效应。

（2）抗心律失常。给麻醉大鼠静脉注射钩藤总碱 10~15 mg/kg 可对抗乌头碱、氯化钡、氯化钙诱导的心律失常，除抑制异位起搏点外，对房室及室内传导、窦房结也有抑制作用。异钩藤碱在 30 μmol/L 时能明显抑制豚鼠心房肾上腺素诱发的异位节律，10 μmol/L 时可延长功能不应期。恒速静脉滴注 4~16 mg/kg 异钩藤碱可呈剂量依赖性减慢麻醉家兔心率，延长窦房结恢复时间、窦房传导时间、心房 – 希氏束间期、希氏束 – 心室间期及心电图的 P-R 间期，其对心脏传导功能的影响可部分被异丙肾上腺素拮抗。

（3）逆转左室肥厚。钩藤煎剂浓缩液每日 10 g/kg 连续灌胃 12 周能降低自发性高血压大鼠（SHR）收缩压（SBP）、左室重 / 体重比（LVW/BW）、单位面积内细胞数与相应分值乘积和与细胞总数比值，使其心肌超微结构基本恢复正常。给自发性高血压大鼠灌胃大叶钩藤总生物碱每日 45 mg/kg、30 mg/kg、15 mg/kg，连续 8 周，结果剂量为每日 45 mg/kg 时能降低 SHR 的 SBP 及 LVW/BW。以上表明钩藤有逆转 SHR 左室肥厚（LVH）的作用。

（4）对血管的作用。钩藤提取物混合水液每日 150 mg/kg、450 mg/kg 饲育自发性高血压大鼠（SHR）8 周，可以抑制血管内皮生成自由基，对 Ach 的内皮依赖性血管松弛作用有增强的趋势，表明钩藤对于 SHR 的早期高血压可能有血管保护作用。

3. 抗氧化

浓度为 50 g（生药）/L 的钩藤石油醚（PE）、氯仿（CE）、乙酸乙酯（AE）、乙醇提取物（EE）及总生物碱（Alk）能抑制 luminol-H2O2- 碳酸盐缓冲化学发光体系发光强度。当发光抑制率为 50 % 时，提取物 PE、CE、AE 和 EE 的 IC_{50} 分别为 20.432 g/L、1.547 g/L、0.028 3 g/L 和 0.003 26 g/L，表明随着提取溶剂极性的增大抑制活性增强。其抗氧化活性顺序为：EE ＞ AE ＞ CE ＞ Ak ＞ PE。

4. 逆转肿瘤细胞耐药性

异钩藤碱 3.0 μg/ml 能使人肺腺癌细胞 A549/DPP 对顺铂的 IC_{50} 由 16.81 mg/L 降至 3.36 mg/L，

此时无细胞毒作用；8.0 μg/ml 时，使 IC_{50} 降至 2.34 mg/L，此时有低细胞毒作用；且均明显提高顺铂在 A549/DPP 细胞内的浓度。

【品质研究】王盟采用 HPLC 法测定 8 个不同产地及不同采收期钩藤中异钩藤碱含量。不同产地及不同采收期的钩藤中异钩藤碱含量不同，其中含量最高的地区为宁明县；含量最高的采收时间为每年 9 月至次年 2 月。

【原植物】钩藤：藤本，嫩枝较纤细，方柱形或略有 4 棱角，无毛。常于叶腋处着生钩状的变态枝。叶纸质，椭圆形或椭圆状长圆形，长 5~12 cm，宽 3~7 cm，两面均无毛，干时褐色或红褐色，下面有时有白粉，顶端短尖或骤尖，基部楔形至截形，有时稍下延；侧脉 4~8 对，脉腋窝陷有黏液毛；叶柄长 5~15 mm，无毛；托叶狭三角形，深 2 裂达全长 2/3，外面无毛，里面无毛或基部具黏液毛，裂片线形至三角状披针形。头状花序不计花冠直径 5~8 mm，单生叶腋，总花梗具一节，苞片微小，或成单聚伞状排列，总花梗腋生，长 5 cm；小苞片线形或线状匙形；花近无梗；花萼管疏被毛，萼裂片近三角形，长 0.5 mm，疏被短柔毛，顶端锐尖；花冠管外面无毛，或具疏散的毛，花冠裂片卵圆形，外面无毛或略被粉状短柔毛，边缘有时有纤毛；花柱伸出冠喉外，柱头棒形。果序直径 10~12 mm；小蒴果长 5~6 mm，被短柔毛，宿存萼裂片近三角形，长 1 mm，星状辐射。花期 5~7 月，果期 10~11 月。见图 4-225。

图4-225　钩藤原植物（方清茂摄）

华钩藤：藤本，嫩枝较纤细，方柱形或有 4 棱角，无毛。常于叶腋处着生钩状的变态枝。叶薄纸质，椭圆形，长 9~14 cm，宽 5~8 cm，顶端渐尖，基部圆或钝，两面均无毛；侧脉 6~8 对，脉腋窝陷有黏液毛；叶柄长 6~10 mm，无毛；托叶阔三角形至半圆形，有时顶端微缺，外面无毛，内面基部有腺毛。头状花序单生叶腋，总花梗具一节，节上苞片微小，或成单聚伞状排列，总花梗腋生，长 3~6 cm；头状花序不计花冠直径 10~15 mm，花序轴有稠密短柔毛；小苞片线形或近匙形；花近无梗，花萼管长 2 mm，外面有苍白色毛，萼裂片线状长圆形，长约 1.5 mm，有短柔毛；花冠管长 7~8 mm，无毛或有稀少微柔毛，花冠裂片外面有短柔毛；花柱伸出冠喉外，柱头棒状。果序直径 20~30 mm；小蒴果长 8~10 mm，有短柔毛。花、果期 6~10 月。

【生物学特性】喜温暖的气候，不耐寒冷。适宜于疏松肥沃的砂质土壤或黏质壤土。

【栽培技术】

1. 选地整地

（1）选地。选择海拔 800 m 以下的荒山荒地或疏林地。根据钩藤的生长习性，宜选择在半阴半阳、土层深厚、肥沃、疏松、排水良好而无污染的微酸性砂质壤土阴坡地种植。也可与密度稀、树冠还不很大的中幼松杉或核桃等林木间套种植。

（2）整地。在种植前一个月先放火炼山，翻土 1 次，进行晒或冻，捡净杂物和细碎土块。按株行距 1.5 m×2 m 或 2 m×2 m 挖植苗穴，穴长、宽、深均为 30 cm。每亩 222 穴或约 167 穴，每穴施入土杂肥或腐熟农家肥 2 kg，三元复合肥 0.15 kg，并用表层土与肥料混合拌匀施入穴中，然后覆土稍高于原地面，整成龟背形。

（3）定植。幼苗高 50~100 cm 时即可定植，苗高 40 cm 处截干利于定植，保持苗芽。定植前适当控水，进行蹲苗。取苗时如遇苗床干燥，须先行浇水，使土壤湿润松软，便于起苗，带土移栽者，成活率更高。定植时先在原来的穴中间挖小穴，穴长、宽、深以苗根系能在穴中自然舒展为度，栽时每穴 1 株，扶正苗木，用熟土覆盖根系，当土填至穴深 1/2 时，将苗木轻轻往上提一下，以利根系舒展，再填土满穴，踏实土壤，浇定根水。

2. 田间管理

（1）补苗。移栽后及时检查，发现缺苗或死苗应及时补栽。

（2）追肥。定植返青后，每株施尿素 0.05 kg，以后每年春季再追施 1 次复合肥，每株 0.1 kg。冬季施腐熟的猪牛粪适量，施肥时先在植株根旁挖小穴，放入肥料后培土。

（3）除草。种植后 1~2 年内植株分枝少，株间易生杂草，土壤板结，每年在春秋各进行 1 次除草和松土，夏季用农达除草剂喷施。3 年后植株枝繁叶茂，每年除 2 次草：第 1 次在春季，进行除草中耕时，将植株四周的杂草用锄头除去后，抖尽泥土，覆盖于钩藤的根部，保持水分；第 2 次在夏季用农达除草剂喷施，喷头要带护罩，避免伤钩藤植株。

（4）修剪打顶。第一年钩藤长至 1.5 m 时，用镰刀及时打顶，使钩藤多分枝。3 年产钩后，每年在采收时，对茎蔓约留 60 cm 长短截，促使剪口萌发更多的健壮新梢，以提高产量。

【采收加工】栽培后 3~4 年，秋、冬二季采收，去叶，切段，晒干。见图 4-226。

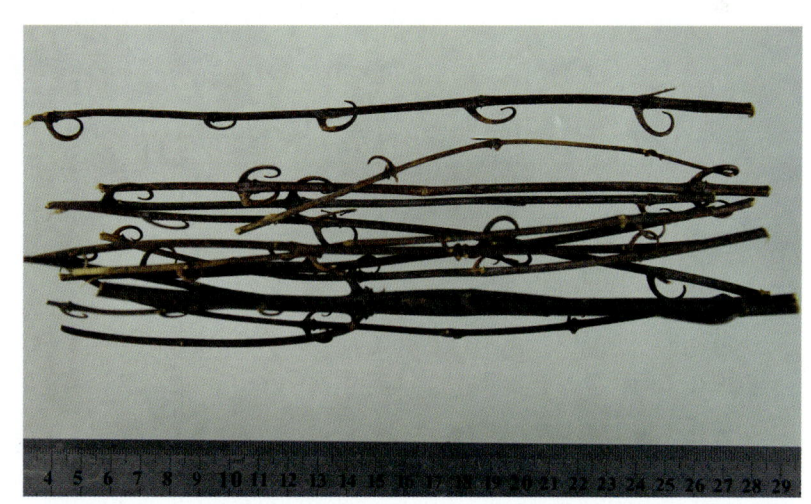

图 4-226　钩藤药材（周先建摄）

【适宜区与最适宜区】

1. 生态环境

生于海拔 2 900 m 以下的山谷、溪边的疏林下。

2. 生态因子

温暖、湿润、阳光充足，年平均气温为 16.1 ℃，1 月平均气温为 4.7 ℃，7 月平均气温为 26.7 ℃，无霜期 281 d。

3. 适宜区

钩藤的适宜区为海拔 800~2 000 m 的盆地周围山区。见图 4-227。

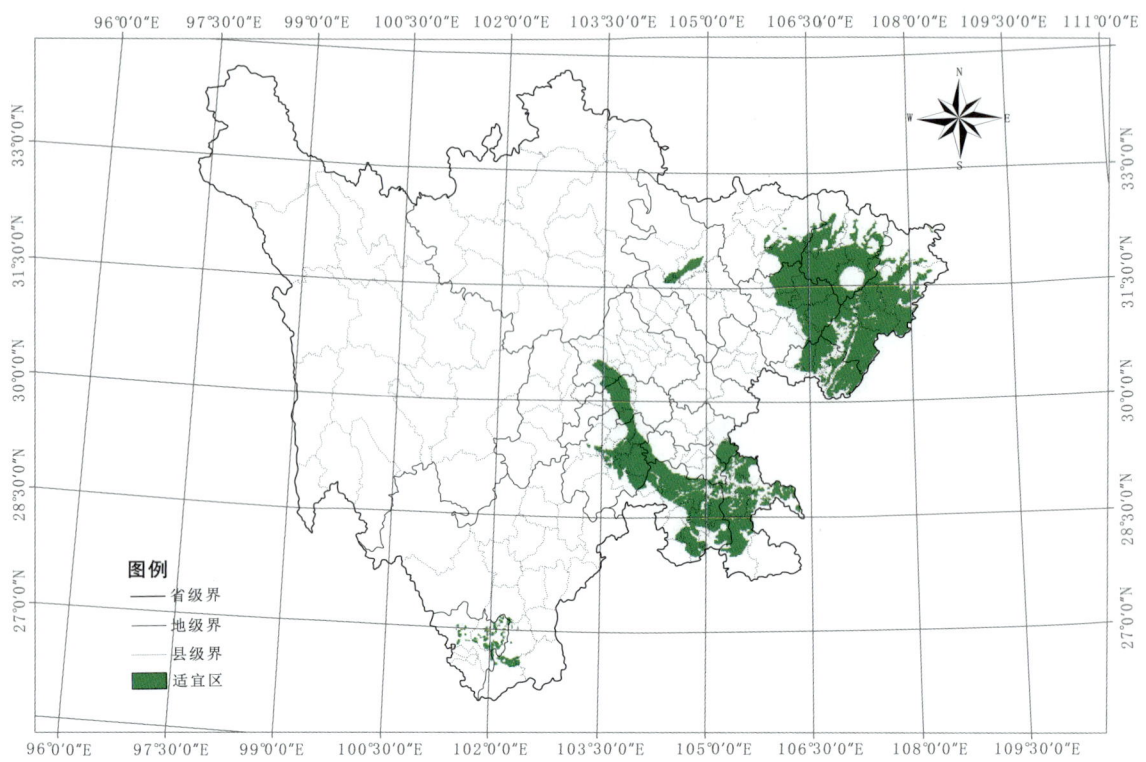

图4-227 钩藤适宜区示意图

表4-112 钩藤适宜区面积（km²）

区县	面积	区县	面积	区县	面积	区县	面积
盐边县	2 981	青川县	2 714	金口河区	573	屏山县	835
会东县	3 019	通江县	2 265	丹棱县	48	雨城区	787
米易县	2 073	黑水县	604	荥经县	1 693	汉源县	2 013
会理县	4 254	九寨沟县	1 664	天全县	1 865	芦山县	960
宁南县	1 455	茂 县	1 700	宝兴县	1 668	简阳市	16
德昌县	1 943	若尔盖县	146	崇州市	408	小金县	293
盐源县	5 119	利州区	862	梓潼县	17	越西县	1 611
普格县	1 361	松潘县	839	长宁县	42	甘洛县	1 810
布拖县	1 161	旺苍县	2 132	汶川县	2 010	龙泉驿区	15
金阳县	1 226	南江县	2 287	理 县	707	双流区	3
喜德县	1 743	壤塘县	11	青白江区	3	邛崃市	312
西昌市	2 329	白玉县	35	大邑县	564	金堂县	32
昭觉县	2 125	新龙县	9	都江堰市	605	美姑县	1 889
雷波县	2 440	金川县	539	彭州市	557	洪雅县	1 196
筠连县	610	丹巴县	653	荣 县	10	威远县	5
珙 县	416	道孚县	41	纳溪区	2	峨边县	2 004
叙永县	1 778	康定市	840	合江县	487	通川区	41

续表

区 县	面 积	区 县	面 积	区 县	面 积	区 县	面 积
古蔺县	2 620	雅江县	316	中江县	27	名山区	80
仁和区	1 716	理塘县	25	什邡市	297	阆中市	7
东 区	167	巴塘县	238	绵竹市	523	华蓥市	74
西 区	118	泸定县	1 053	沙湾区	170	达川区	51
稻城县	247	九龙县	853	犍为县	13	大竹县	230
木里县	2 588	冕宁县	2 725	夹江县	81	平昌县	161
万源市	2 951	乡城县	67	沐川县	422	渠 县	54
北川县	2 589	得荣县	437	马边县	1 991	邻水县	200
剑阁县	529	石棉县	1 939	峨眉山市	727	恩阳区	21
苍溪县	400	开江县	114	东坡区	2	前锋区	48
巴州区	148	宣汉县	1 749	仁寿县	4	江油市	1 070
马尔康市	338	蒲江县	22	叙州区	177	兴文县	507
昭化区	582	安州区	480	江安县	6		
朝天区	1 199	平武县	4 627	高 县	69		

4. 最适宜区

钩藤的最适宜区为海拔 800~1 600 m 的山区,包括昭化、屏山、筠连、旺苍等地。见图 4-228。

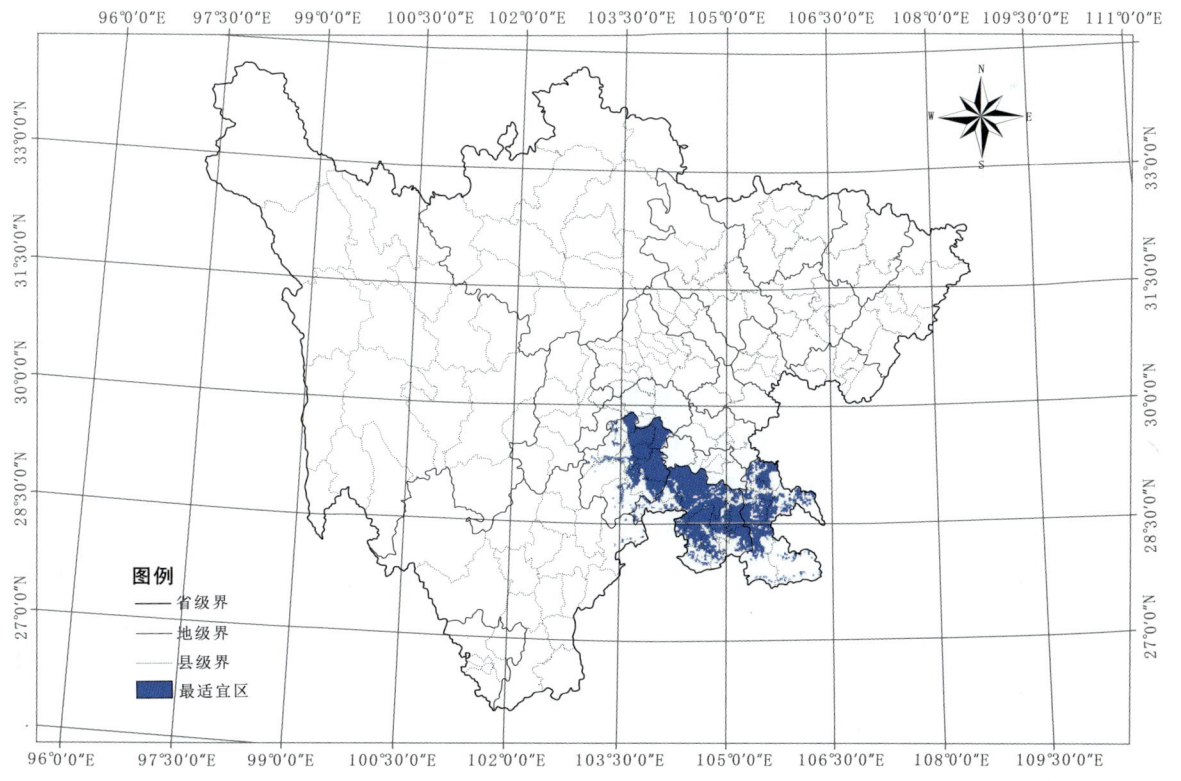

图4-228 钩藤最适宜区示意图

表4-113 钩藤最适宜区面积（km²）

区 县	面 积	区 县	面 积
筠连县	610	旺苍县	2 132
昭化区	582	屏山县	835

【基地建设】四川省钩藤药材主要为野生，雅安等地有引种栽培，无大面积的人工栽培基地。

五十四、狗脊生产区划

【来源】为蚌壳蕨科植物金毛狗脊 Cibotium barometz (L.) J.Sm. 的干燥根茎。

【道地沿革】始载于《神农本草经》。《证类本草》收载有眉州狗脊。《本草品汇精要》："道地产区为眉州。"《太平寰宇记》卷74："嘉州（今乐山）药物出产有金毛狗脊。"清代《四川通志》："嘉州下辖之夹江县出。"可见四川自古就是狗脊的道地产区。民国廿三年（1934年），《四川特产志》收载了峨眉山中药材有金毛狗脊。民国《四川通志》、清·同治《仁寿县志》记载药材有"狗脊"。

以肥大、质坚实无空心、外表少有金黄色茸毛者为佳。

【性味归经】苦、甘，温。归肝、肾经。

【功能主治】补肝肾，强腰脊，祛风湿。用于腰膝酸软，下肢无力，风湿痹痛。

【药理作用】

1. 抗炎

狗脊中水溶性酚酸类成分原儿茶酸和咖啡酸具有抗炎作用，给大鼠灌胃咖啡酸 30 mg/kg、10 mg/kg，能够选择性地抑制 5-脂氧化酶（5-LO）的生成，减少白三烯的生物合成。

2. 镇痛

给小鼠腹腔注射生狗脊醇提物 18 g/kg、砂烫狗脊醇提物 18 g/kg，给药后 30 min、60 min 均能够明显提高小鼠的热板法痛阈值；明显减少 15 min 内醋酸所致小鼠扭体次数。提示狗脊和砂烫狗脊具有显著的镇痛作用。

3. 抗病毒

狗脊水煎液（1 g/ml）稀释 640 倍对腺病毒 3 型（Ad3）和 HSV-1 有不同程度的抑制作用。狗脊水提物、甲醇提取物 0.2 mg/ml 对 HIV-1 蛋白酶有明显的抑制作用，其抑制率分别为 59.1%、91.9%。狗脊水煎液对流感病毒有灭活作用。

4. 抑菌

狗脊水煎液（1 g/ml）稀释 8 倍对金黄色葡萄球菌、肺炎双球菌有明显抑制作用。

5. 对血液系统的作用

（1）对血液流变学的作用。给大鼠灌胃狗脊水煎液 12 g/kg、砂烫狗脊水煎液 12 g/kg，每日1次，连续 19 d，均能够明显改善佐剂性关节炎大鼠及肾阳虚佐剂性关节炎大鼠的血液流变学指标，明显降低模型大鼠血液高切、中切、低切、血浆黏度、全血还原黏度、红细胞聚集指数、红细胞变形指数、血沉、血沉方程 K 值、红细胞刚性指数、红细胞电泳时间、卡松黏度、卡松屈服应力；砂烫狗脊的作用强于生狗脊。

（2）抗凝血。每日给小鼠灌胃砂烫狗脊水液20 g/kg，每日2次，连续3 d，第4 d给药1 h后毛细玻管法测定小鼠凝血时间，结果表明砂烫狗脊能够明显延长小鼠凝血时间。给小鼠灌胃生狗脊水液20 g/kg、砂烫狗脊水液20 g/kg，每日2次，连续3 d，第4 d给药后断尾法测定小鼠出血时间，均能够显著延长小鼠出血时间。提示狗脊、砂烫狗脊内服具有不同程度的活血作用，其中砂烫狗脊的活血作用更强。体外给予25 μl、50 μl狗脊的各种炮制品200%的乙醇提取物对家兔血小板聚集率具有明显降低作用，抗血小板聚集作用强度大小为：砂烫品＞盐制品＞酒蒸品＞单蒸品＞生品。

【品质研究】杨成梓等开展了狗脊的文献调查、实地调查、质量评价。结果表明中药狗脊均来自于野生资源，主要分布于福建、广西、贵州、云南、广东、湖南、江西、四川、重庆、浙江等地，总面积约7 000 hm^2，蕴藏量500万kg以上，年产狗脊85万kg以上。从各地调查取样及市场抽样的结果显示，所采集生品基本符合药典要求，但市场销售饮片的合格率仅为56.4%。目前狗脊的资源基本能满足用药需求，但野生资源受环境影响正逐年减少，加强保护势在必行。

【原植物】多年生蕨类，高达3 m。根状茎横卧，粗大，密被垫状的金黄色茸毛，顶端生出一丛大叶，柄长达120 cm，粗2~3 cm，棕褐色，长逾10 cm，有光泽，上部光滑；叶片大，长达180 cm，宽约相等，广卵状三角形，三回羽状分裂；下部羽片为长圆形，长达80 cm，宽20~30 cm，有柄（长3~4 cm），互生，远离；一回小羽片长约15 cm，宽2.5 cm，互生，开展，接近，有小柄（长2~3 mm），线状披针形，长渐尖，基部圆截形，羽状深裂几达小羽轴；末回裂片线形略呈镰刀形，长1~1.4 cm，宽3 mm，尖头，开展，上部的向上斜出，边缘有浅锯齿，向先端较尖，中脉两面凸出，侧脉两面隆起，斜出，单一，但在不育羽片上分为二叉。叶几为革质或厚纸质，干后上面褐色，有光泽，下面为灰白或灰蓝色，两面光滑，或小羽轴上下两面略有短褐毛疏生；孢子囊群在每一末回能育裂片1~5对，生于下部的小脉顶端，囊群盖坚硬，棕褐色，横长圆形，两瓣状，内瓣较外瓣小，成熟时张开如蚌壳，露出孢子囊群；孢子为三角状的四面形，透明。见图4-229。

图4-229 金毛狗脊原植物（方清茂摄）

【生物学特性】喜温暖、潮湿、荫蔽的环境。畏严寒。忌直射光照射。在肥沃、排水良好的酸性土壤中生长良好。

【栽培技术】

1. 繁殖方法

分株繁殖，宜早春进行。将根状茎横切成2~3段，每段均带有一定数量的不定根和叶片，切口处涂上草木灰，分别栽入经过灭菌的腐殖土中。注意遮荫、保温、增湿，10~20 d 就可出芽放叶。

2. 栽培管理

分株苗上盆栽植不宜过深，应使带毛的根状茎露出土表面。盆土以酸性红壤为佳，也可用腐叶土 2 份和粗砂 1 份混合配制。生长季节要掌握好适度的光照和水分，除早春和冬季外，其他时间均要避免烈日直射，以给予明亮散射光最为适宜。

炎热夏季要进行遮荫。水分供给以保持土壤湿润而又不积水为宜，高温干燥时，叶片易枯萎，可通过叶面喷水达到增湿降温，尤其在生长旺盛时期，需要每天淋水 1~2 次。每月施有机液肥 1~2 次。入冬后要减少浇水量，保持土壤湿润即可。晴天气候干燥时，中午还应向植株及周围喷水。如室温能保持在 10 ℃ 以上，即可安全越冬。

【采收加工】秋、冬二季采挖，除去泥沙，干燥；或去硬根、叶柄及金黄色绒毛，切厚片，干燥，为"生狗脊片"；蒸后，晒至六、七成干，切厚片，干燥，为"熟狗脊片"。见图 4-330。

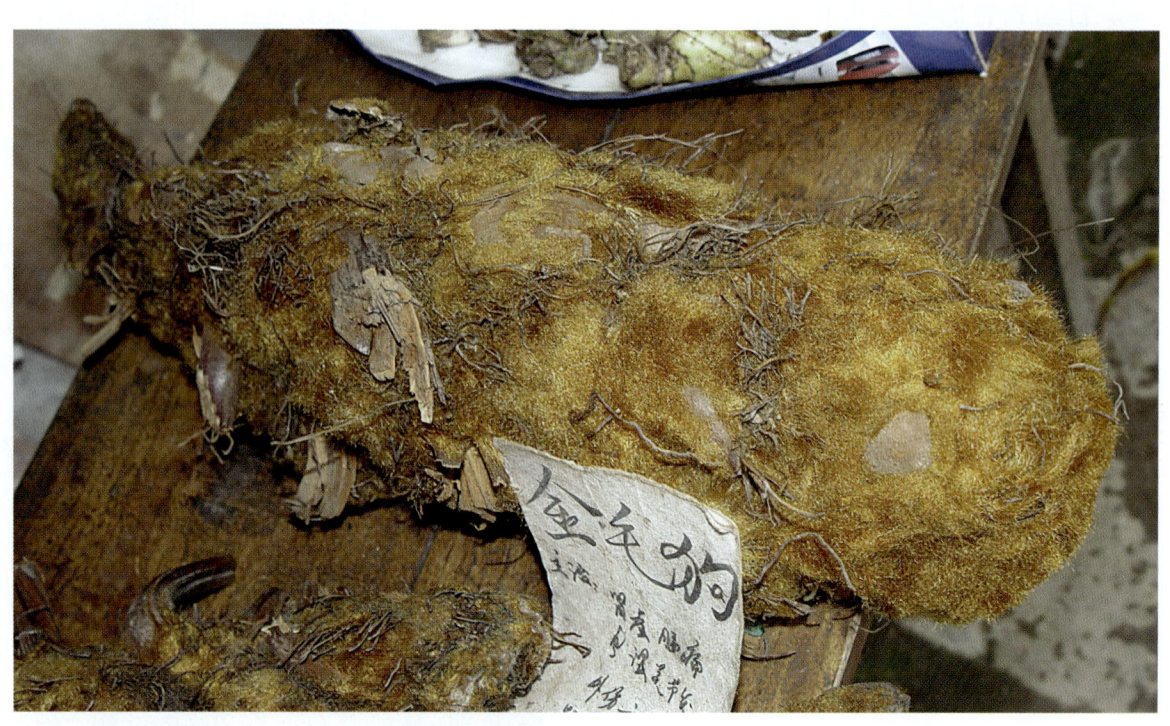

图 4-230 狗脊药材（方清茂摄）

【适宜区与最适宜区】

1. 生态环境

生于海拔 2 000 m 以下的山脚沟边，或林下阴处。

2. 生态因子

酸性土壤，空气湿度 70%~80%，生长适宜温度为 16~22℃，年平均气温 14~17℃，1 月平均气温 3~6℃，7 月平均气温 24~28℃，年降水量 1 100~1 300 mm。

3. 适宜区

狗脊的适宜区为海拔 300~1 500 m 的盆地周围山区林下阴湿处。见图 4-231。

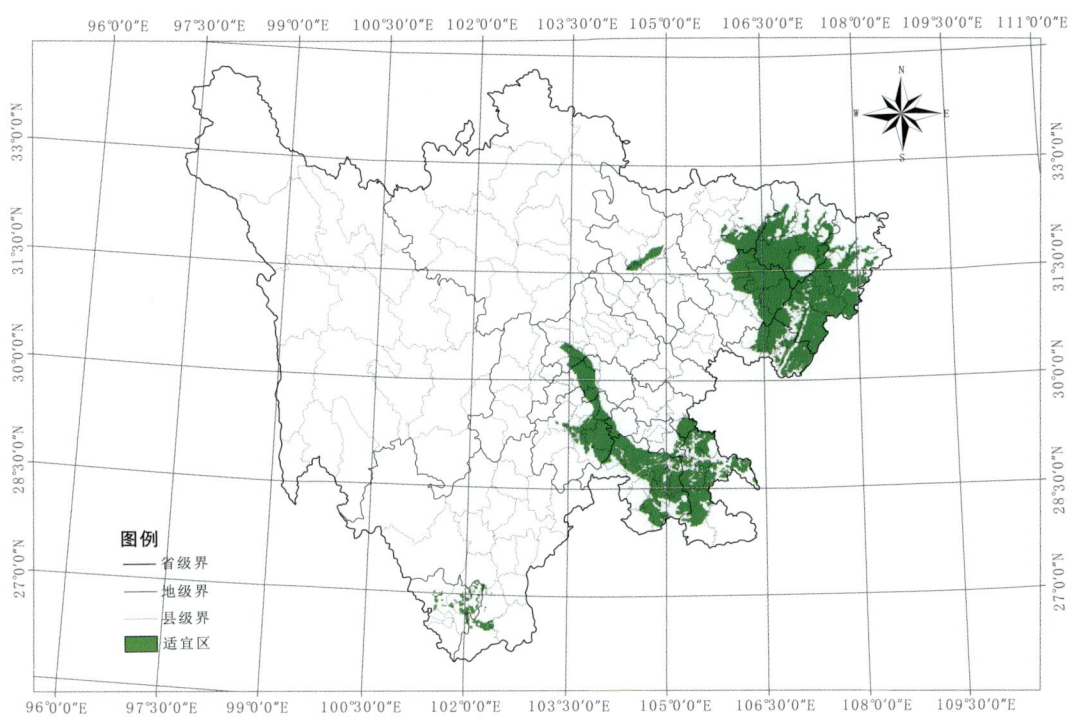

图4-231 狗脊适宜区示意图

表4-114 狗脊适宜区面积（km²）

区县	面积	区县	面积	区县	面积	区县	面积
盐边县	674	开江县	1 010	中江县	1 855	蓬溪县	228
会东县	384	宣汉县	3 819	广汉市	552	南溪区	171
米易县	574	蒲江县	581	什邡市	557	沿滩区	25
会理县	427	罗江县	452	绵竹市	817	邛崃市	1 326
宁南县	477	安州区	971	三台县	2 387	乐至县	1 152
德昌县	294	平武县	1 700	盐亭县	1 426	大安区	5
盐源县	185	江油市	2 483	船山区	25	贡井区	4
普格县	91	隆昌市	68	射洪县	714	金堂县	1 153
布拖县	120	金口河区	160	大英县	47	美姑县	42
金阳县	339	井研县	538	东兴区	76	富顺县	70
西昌市	170	丹棱县	445	沙湾区	557	游仙区	1 022
昭觉县	33	荥经县	661	五通桥区	160	洪雅县	1 266
雷波县	1 029	天全县	717	犍为县	782	威远县	773
筠连县	1 235	宝兴县	246	夹江县	686	资中县	690
珙县	1 117	成华区	109	沐川县	1 328	泸县	100
叙永县	2 563	崇州市	824	马边县	1 431	峨边县	754
古蔺县	3 059	涪城区	549	峨眉山市	923	安居区	18
仁和区	672	梓潼县	1 445	顺庆区	50	安岳县	975
东区	123	翠屏区	237	龙泉驿区	556	万源市	3 715
西区	75	长宁县	404	双流区	1 070	北川县	1 465

续表

区县	面积	区县	面积	区县	面积	区县	面积
剑阁县	3 203	锦江区	61	南部县	1 182	通川区	627
苍溪县	2 255	青羊区	62	西充县	401	名山区	621
巴州区	1 177	金牛区	110	东坡区	1 312	岳池县	553
昭化区	1 433	武侯区	124	仁寿县	2 154	营山县	734
朝天区	1 447	青白江区	380	青神县	286	蓬安县	387
青川县	2 494	新都区	490	叙州区	1 124	仪陇县	1 303
通江县	3 877	温江区	280	江安县	289	阆中市	1 449
九寨沟县	37	郫都区	437	高县	1 032	广安区	259
茂县	90	大邑县	894	兴文县	1 149	华蓥市	195
利州区	1 511	新津县	330	屏山县	1 329	达川区	1 256
松潘县	37	都江堰市	860	雨城区	974	大竹县	1 146
旺苍县	2 546	彭州市	1 056	汉源县	513	平昌县	1 854
南江县	2 839	自流井区	28	芦山县	540	渠县	427
康定市	13	荣县	830	雁江区	1 083	邻水县	997
泸定县	113	纳溪区	530	简阳市	2 047	恩阳区	929
冕宁县	27	合江县	1 126	越西县	18	前锋区	153
石棉县	372	泸阳区	648	甘洛县	304		
汶川县	313	高坪区	113	江阳区	25		
理县	2	嘉陵区	211	彭山区	467		

4. 最适宜区

狗脊的最适宜区为海拔 400~800 m 的盆地周围山区林下阴湿处，包括乐山、宜宾、泸州、凉山州等地。见图 4-232。

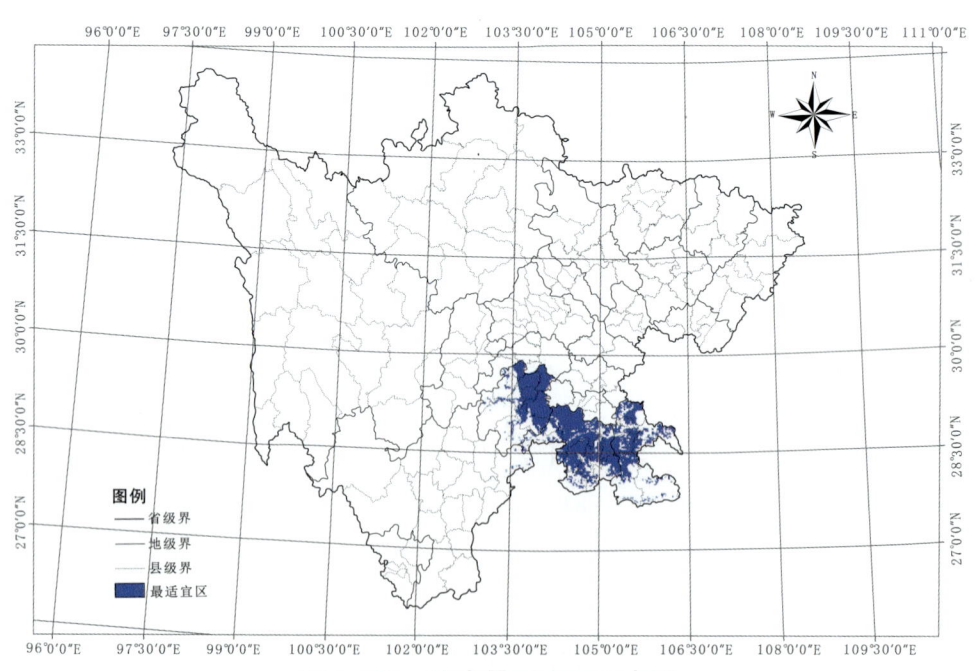

图 4-232 狗脊最适宜区示意图

表4-115 狗脊最适宜区面积（km²）

区　县	面　积	区　县	面　积
宜宾市	9 374	凉山州	64
泸州市	5 136	乐山市	5 622

【基地建设】 四川省狗脊药材为野生，在乐山市、宜宾市、眉山市分布比较广泛，无人工栽培基地。

五十五、独活生产区划

【来源】 为伞形科植物重齿毛当归 Angelica pubescens Maxim. f.biserrata Shan et Yuan 的干燥根。

【道地沿革】 《神农本草经》云："独活，一名羌活，一名羌青，一名护羌使者，列为上品。"《本草图经》："独活、羌活，出雍州川谷或陇西、南安，今蜀汉出者佳。"陶隐居云："独活生西川益州北部，色微白、形虚大，用与羌活相似。"《本草蒙筌》："多生川蜀，亦生陇西。"《本草乘雅半偈》："出蜀汉、西羌者良。"《本草品汇精要》："今出蜀汉者为佳。"清·蒋超《峨眉山志》、民国《四川通志》、民国《北川县志》、清·光绪《雷波县志》、清·光绪《盐源县志》、清·光绪《越西县志》等均记载产独活。

以根条粗、油润、香气浓者为佳。

【性味归经】 辛、苦，微温。归肾、膀胱经。

【功能主治】 祛风胜湿，通痹止痛。用于风寒湿痹，腰膝疼痛，少阴伏风头痛，头痛齿痛，风寒挟湿头痛。

【药理作用】

1. 抗炎、镇痛

独活（栽培品）1.5 g/kg 灌胃对小鼠急性腹膜炎及二甲苯所致小鼠耳廓肿胀有明显的抑制作用；对小鼠热板实验无明显的镇痛作用，但对小鼠醋酸扭体具有明显的镇痛作用。独活挥发油 0.15 g/kg、0.29 g/kg 按 1 ml/100 g 灌胃给药，可显著抑制蛋清所致大鼠足跖肿胀，0.29 g/kg 组可显著减少醋酸所致的小鼠扭体次数，对热板所致小鼠疼痛无明显抑制作用。

2. 镇静、催眠

给小鼠分组等容灌胃给药溶媒（5%吐温-80，20 ml/kg）及独活香豆素组分（50 mg/kg、100 mg/kg）1 h 后，腹腔注射戊巴比妥钠 40 mg/kg 或巴比妥钠 200 mg/kg，结果独活香豆素组分高、低剂量组能使戊巴比妥钠的催眠时间延长 171.1% 和 78.7%，对巴比妥钠的催眠无明显影响。独活香豆素可能对小鼠肝微粒体细胞色素 P450 具有一定的抑制作用。

3. 对心血管系统的作用

独活水提物静脉注射（相当于 2.6 g（生药）/kg）或灌胃（相当于 26 g（生药）/kg），可预防或治疗大鼠或小鼠的乌头碱性心律失常，延迟室速出现时间或缩短室速持续时间，提高窦复率或提高诱发心律失常所需乌头碱的阈剂量。静脉注射独活水提物能减低氯化钙诱发的小鼠室颤和心室停搏的死亡率，显著减少大鼠冠状动脉结扎后 30 min 内室性异位节律的次数，预防氯仿诱发的小鼠室颤的发生。独活醇提物（1 g 浸膏相当于 19.6 g 生药）对体外 ADP 诱导大鼠血小板聚集有抑制作用；0.4 g/kg 腹腔注射对大鼠颈动静脉旁路中血小板血栓的形成也有抑制作用；独活醇提物还可抑制 Chandler 体外血栓形成，并可延长小鼠尾出血时间。

4. 抗肿瘤

独活水提液 10 mg/ml、5 mg/ml、2.5 mg/ml、1.25 mg/ml、0.625 mg/ml、0.312 5 mg/ml 体外细胞增殖实验显示独活在体外对人肝癌细胞亚细胞毒浓度下可以有效抑制人微血管内皮细胞的增殖，低浓度即可抑制血管网形成。独活中所含的呋喃香豆素类成分如香柑内酯和花椒毒素具有抑制 ^{32}P 磷酸标记的人 HeLa 细胞的作用。花椒毒素、香柑内酯等对艾氏腹水瘤细胞有杀灭作用。

5. 抗衰老、益智

独活水煎剂和醇提物每日 12 ml/kg（相当于生药 18 g/kg）灌胃均能降低老年小鼠脑组织细胞凋亡率，具有明显的抗衰老作用，且醇提物优于水煎剂。独活 2.7 g/kg、8.1 g/kg 及其醇提物 24.3 g/kg，按每日 0.015 ml/g 灌胃给药连续 8 周，能减少 D- 半乳糖致脑老化模型小鼠水迷宫实验错误次数，增加 PC 含量，降低 SM 含量，降低 SM/PC 比值，增加 IL-2 含量，表明独活及其醇提物通过修复大脑皮层、海马、纹状体不同部位的膜磷脂结构，提高衰老模型小鼠的 IL-2 含量，抗自由基及炎症损伤，而起到提高衰老小鼠的学习记忆能力、延缓脑衰老的作用。

【品质研究】彭禄等开展了 17 个种共 26 个独活样本的 ITS 序列分析。结果 NJ 系统树和单倍型网状图显示，26 个样本聚集为 5 大类群，综合分析后将 17 种独活归为 4 大类；重齿毛当归 Angelica pubescens 的 ITS 序列具有特征碱基片段，可明显区别于其他样本；除牛尾独活类中 3 个样本不能通过 ITS 序列鉴定到种以外，其他样本均可以通过 ITS 序列鉴定到种。ITS 序列可为药用独活的鉴定和分类提供有力证据，四带芹类可以作为独活的首选替补品，牛尾独活类其次，九眼独活为最后之选。

【原植物】多年生高大草本。主根粗壮肉质，棕褐色，长至 15 cm，径 1~2.5 cm，有特殊香气。茎高 1~2 m，粗至 1.5 cm，中空，常带紫色，光滑或稍有浅纵沟纹，上部有短糙毛。叶二回三出式羽状全裂，宽卵形，长 20~30（40）cm，宽 15~25 cm；茎生叶叶柄长达 30~50 cm，基部膨大

图4-233　重齿毛当归原植物（方清茂摄）

成长 5~7 cm 的长管状、半抱茎的厚膜质叶鞘，开展，背面无毛或稍被短柔毛，末回裂片膜质，卵圆形至长椭圆形，长 5.5~18 cm，宽 3~6.5 cm，顶端渐尖，基部楔形，边缘有不整齐的尖锯齿，或重锯齿，齿端有内曲的短尖头，顶生的末回裂片多 3 深裂，基部常沿叶轴下延成翅状，侧生的具短柄或无柄，两面沿叶脉及边缘有短柔毛。序托叶简化成囊状膨大的叶鞘，无毛，偶被疏短毛。复伞形花序顶生和侧生，花序梗长 5~16（20）cm，密被短糙毛；总苞片 1，长钻形，有缘毛，早落；伞辐 10~25，长 1.5~5 cm，密被短糙毛；伞形花序有花 17~28（36）朵；小总苞片 5~10，阔披针形，比花柄短，顶端有长尖，背面及边缘被短毛。花白色，无萼齿，花瓣倒卵形，顶端内凹，花柱基扁圆盘状。果实椭圆形，长 6~8 mm，宽 3~5 mm，侧翅与果体等宽或略狭，背棱线形，隆起，棱槽间有油管（1）2~3，合生面有油管 2~4（6）。花期 8~9 月，果期 9~10 月。见图 4-233。

【生物学特性】 喜阴凉潮湿气候，耐寒，宜生长在海拔 1 200~2 600 m 的高寒山区。以土层深厚，富含腐殖质的黑色灰泡土、黄沙土栽培，不宜在土层浅、积水地和黏性土壤上种植。种子不耐贮藏。隔年种子不能用。种子发芽需变温，发芽率在 50% 左右，生产上采用春播，如温度适宜，30 d 左右可出苗。

【栽培技术】

1. 繁殖方式

用种子繁殖，育苗移栽或直播。10~11 月采收果实，晒干脱粒，贮藏备用。

2. 育苗移栽

撒播，开 1.3 m 宽的高畦，每 1 亩用种子 4~5 kg，与火灰、人畜粪水拌成种子灰撒播畦面，薄盖火灰或腐殖质土，后覆草，保持土壤湿润。待苗出齐后，揭去覆草，于冬季倒苗后或第 2 年 3~4 月解冻后进行移栽，按行穴距各 33 cm 挖穴，每穴栽 1~2 株，压紧泥土。冬季栽种，盖土宜厚，每 1 亩需种苗 600~1 500 株，直播，冬播在 10~11 月采收种子后立即进行，春播在 3 月，按穴距 33 cm 挖穴，每 1 亩用种子约 1 kg，与火灰、人畜粪水拌成种子灰，拌匀撒穴内，盖细土约 2 cm。亦可用根芽繁殖。

3. 田间管理

中耕除草：春季苗高 20~30 cm 时进行中耕除草，头年 5~8 月间每月 1 次，除草后结合施清水粪肥以提苗壮苗。

间苗定苗：苗高 20~30 cm 时及时间苗，通常每 30~50 cm 的距离内留 1~2 株大苗就地生长，余苗另行移栽。春栽 2~4 月，秋栽 9~10 月，以春栽为好。

施肥：一般结合中耕除草时施入。春夏季施入人畜粪水或尿素，冬季施入饼肥，每亩 40~50 kg，过磷酸钙 30~50 kg，堆肥 1 000~1 500 kg，在堆沤腐熟之后施入，施肥后培土，防止倒伏，并促进安全越冬。

摘花：由于生殖生长与营养生长之间存在着竞争关系，生殖生长旺时，营养生长就偏差，独活根部则营养少，根干瘪，使药材质量下降，甚至不能作为药用。

4. 病虫害防治

根腐病：高温多雨季节在低洼积水处易发生。防治方法：注意排水；选用无病种苗；用 1∶1∶150 的波尔多液浸种后，晾干再播种；发病初期，用 50% 多菌灵 1 000 倍液喷施；忌连作。

蚜虫和红蜘蛛：6~7 月蚜虫和红蜘蛛吸食茎叶汁液，造成危害。防治方法：清理病株；害虫发生期可喷 50% 杀螟松 1 000~2 000 倍液，或喷 1∶200 乐果乳剂，每 7 天 3 次，连续 3 次。

此外，尚有黄凤蝶、褐斑病及食心虫等，栽培时应根据病症辨别病因，以利防治。

【采收加工】育苗移栽当年的10~11月采挖。拣去杂质，分开大小个，洗净，润透后切片，干燥。见图4-234。《雷公炮炙论》：采得独活后细锉，拌淫羊藿二日后，曝干，去淫羊藿用，免烦人心。

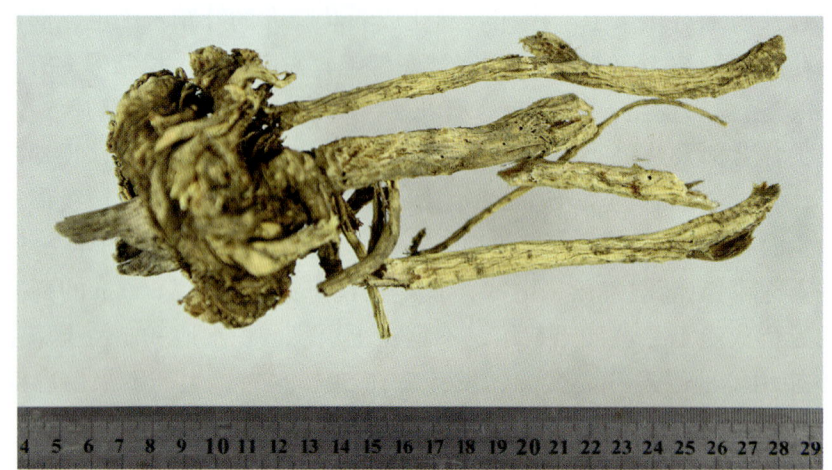

图4-234 独活药材（周先建摄）

【适宜区与最适宜区】

1. 生态环境

生于海拔1 400~4 000 m的高寒山区的山谷、山坡、草丛、灌丛等地。

2. 生态因子

高山地区，海拔1 400~2 600 m。

3. 适宜区

独活的适宜区为四川省海拔1 400~2 600 m的高山地区，包括都江堰市、阿坝州、凉山州、甘孜州等地。见图4-235。

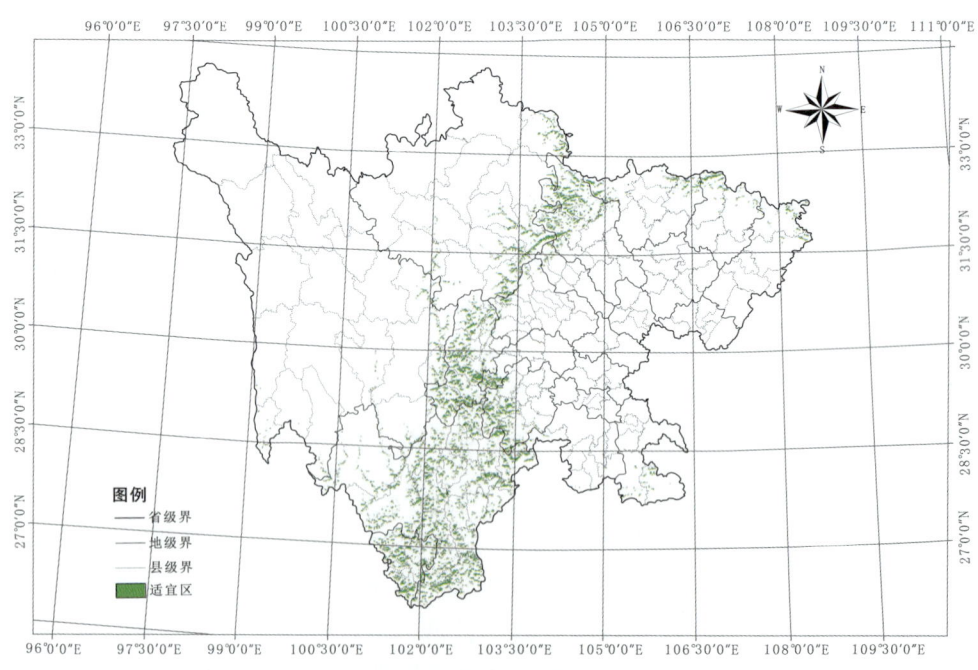

图4-235 独活适宜区示意图

表4-116 独活适宜区面积（km²）

区县	面积	区县	面积	区县	面积	区县	面积
西区	1	得荣县	38	金阳县	119	天全县	375
乡城县	1	大邑县	43	理县	131	米易县	376
珙县	2	叙永县	45	万源市	137	德昌县	407
邻水县	3	都江堰市	46	普格县	139	仁和区	412
东区	5	宣汉县	53	松潘县	148	茂县	419
若尔盖县	6	安县	58	康定市	155	汉源县	434
筠连县	7	雨城区	58	旺苍县	166	北川县	449
合江县	8	绵竹市	63	泸定县	181	甘洛县	449
沙湾区	8	黑水县	73	青川县	209	汶川县	452
巴塘县	9	通江县	77	南江县	226	石棉县	483
兴文县	14	朝天区	82	喜德县	229	荥经县	499
利州区	16	崇州市	82	宁南县	243	冕宁县	521
雅江县	20	峨眉山市	82	越西县	247	雷波县	526
马尔康市	22	金口河区	85	马边县	287	峨边县	535
彭州市	23	古蔺县	89	昭觉县	306	会东县	628
邛崃市	27	金川县	94	宝兴县	322	盐边县	662
沐川县	28	江油市	96	洪雅县	323	盐源县	739
稻城县	30	布拖县	109	九寨沟县	335	会理县	859
屏山县	31	芦山县	111	木里县	341	平武县	872
小金县	31	丹巴县	116	美姑县	358		
什邡市	33	九龙县	116	西昌市	373		

4. 最适宜区

独活的最适宜区为四川省海拔1 400~2 400 m的高山地区，包括都江堰等地。见图4-236。

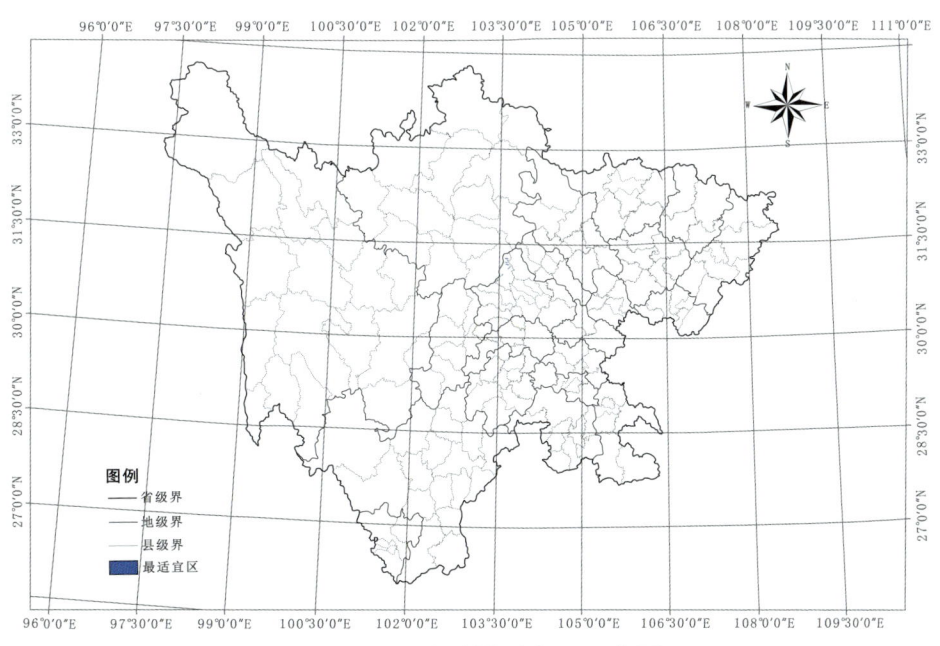

图4-236 独活最适宜区示意图

表4-117 独活最适宜区面积（km²）

区 县	面 积
都江堰	228

【基地建设】独活药材在四川省都江堰、金川等地有人工种植。

五十六、柴胡生产区划

【来源】为伞形科植物竹叶柴胡 *Bupleurum marginatum* Wall. ex DC. 的干燥根或全草。

【道地沿革】始载于《神农本草经》，列为上品。川北地区习称"小柴胡"。《雍正剑州志》卷十二土产篇36页有"药之属巴戟、桔梗、柴胡……"的记载。《剑阁县志》自然环境篇第118页明确记载"柴胡分布较广，资源丰富，有大柴胡、小柴胡之分。较著名的是小柴胡，特点是实心，药效优于外地柴胡，故称剑柴胡，历史上曾远销国外。"清·乾隆《直隶达州志》、清·同治《仁寿县志》、明清《营山县志》、民国《北川县志》、清·光绪《雷波县志》、清·光绪《盐源县志》、清·光绪《越西县志》等均记载产柴胡。

以主根粗长、分枝少、残留茎较少、质地较柔软者为佳。

【性味归经】辛、苦，微寒。归肝、胆、肺经。

【功能主治】疏散退热，疏肝解郁，升举阳气。用于感冒发热，寒热往来，胸胁胀痛，月经不调，子宫脱垂，脱肛。

【药理作用】

1. 解热、抗炎、镇痛

（1）解热。灌胃北柴胡煎剂〔0.5 g（生药）/ml〕2 ml/200 g 对 2, 4-二硝基苯酚致热大鼠退热作用明显。家兔静脉注射大肠杆菌引起发热后，皮下注射柴胡醇浸膏5%水溶液〔2.42 g（生药）/kg〕，出现明显的解热作用。20%的柴胡水煎剂 2 g/kg 灌胃对过期伤寒混合菌苗所致家兔发热也有明显的解热作用。静脉和肌肉注射柴胡乳剂 3.2 g/kg、1.6 g/kg、0.8 g/kg〔2 g（生药）/ml〕对 2, 4-二硝基苯酚致大鼠体温升高均有降温作用。

柴胡挥发油贴剂贴于家兔脱毛处（约 10 cm×10 cm）0.075 ml 挥发油/kg，肌肉注射柴胡注射液 2 ml/kg 均能对抗肺链球菌及酵母菌感染所致的家兔体温升高。柴胡皂苷 800 mg/kg 灌胃，不仅可使伤寒和副伤寒混合菌苗致热大鼠体温下降，而且也能使体温正常的大鼠出现明显的降温作用；北柴胡总皂苷溶液 50 ml/kg、5 ml/kg 灌胃 2 次，每次间隔 1.5 h，能降低内毒素引起的家兔发热。有研究表明：腹腔注射北柴胡挥发油、皂苷、皂苷元 300 mg/kg 对酵母致发热大鼠模型都有解热作用，挥发油的作用强度弱于皂苷及皂苷元。

（2）抗炎。北柴胡煎剂 10 g/kg，春柴胡煎剂 5 g/kg、10 g/kg 灌胃可对抗二甲苯所致小鼠耳廓肿胀，可减少醋酸致小鼠毛细血管通透性增加。灌胃北柴胡煎剂（2 ml/200 g、1 ml/200 g），连续 7 d，对棉球引起的小鼠肉芽肿形成有一定的抵抗作用。肌肉注射柴胡粗皂苷 50 mg/kg 能明显抑制由右旋糖酐引起的大鼠足浮肿，切除大鼠双侧肾上腺后，该作用消失。腹腔注射柴胡粗皂苷 100 mg/kg，能抑制由醋酸引起的小鼠腹液的渗出。

（3）镇痛。北柴胡煎剂 10 g/kg、南柴胡煎剂 10 g/kg 灌胃可减少醋酸致疼痛小鼠扭体次数，提高热刺激所致疼痛小鼠的痛阈值。腹腔注射柴胡100%醇提液0.1 ml/10 g可延长热致痛小鼠的痛阈时间，降低醋酸所致疼痛小鼠的扭体率。静脉注射柴胡乳剂〔2 g（生药）/ml〕4.0 g/kg、2.0 g/kg可使醋酸所致小鼠扭体次数减少，提高热板法小鼠的痛阈值。灌胃醋柴胡 16 g/kg、32 g/kg，连续4 d，能够减少冰醋酸致小鼠疼痛扭体的次数，且呈量效关系，镇痛作用增强，而生柴胡在此剂量下不显示出镇痛作用。

2. 保肝利胆

给小鼠灌胃醋柴胡煎剂与生柴胡煎剂〔均为16 g（生药）/kg〕，在给药后2 h均能显著促进胆汁排泌，且柴胡醋炙后利胆作用有增强趋势。柴胡煎液（200 g/L）2 ml灌胃，每日2次，连续7 d，能降低常温下肝门血流完全阻断60 min所制备的大鼠肝脏缺血性损伤动物模型的血清转氨酶，保护肝功能，抑制肝损害。2.5 g/kg、5.0 g/kg北柴胡水煎液灌胃能够抑制CCl_4所致小鼠丙氨酸转移酶（ALT）、天冬氨酸转移酶（AST）升高。北柴胡总提物（0.2 g/kg，连续8周）灌胃能明显提高白酒灌胃辅以高脂饲料的方法建立的酒精性肝损伤模型大鼠肝组织谷胱甘肽过氧化物酶（GSH-Px）活性，降低丙二醛（MDA）含量，降低血清ALT、AST活性和甘油三酯（TG），能明显改善肝组织脂肪样变和小叶片状坏死，提示柴胡总提物能抑制酒精诱导脂质过氧化反应对肝组织的损伤，对酒精性肝损伤有明显保护作用。柴胡注射液每次2 ml腹腔注射，连续8周，能使肝纤维化模型大鼠的血清透明质酸、Ⅳ型胶原含量减少；肝组织TIMP-1、TGF-β、PDGF的表达均减少，使大鼠肝星状细胞增殖抑制率升高。尾静脉注射柴胡乳剂，超临界流体萃取法（SFE）提取中药柴胡的有效部位5.6 g/kg、2.8 g/kg、1.4 g/kg，42 d预防给药可显著降低CCl_4诱发大鼠肝损伤，降低辅以高脂、低蛋白饲料和一定浓度乙醇饮料所复制肝纤维化模型大鼠的血清ALT、AST和肝组织MDA、羟脯氨酸（HyP），提高肝组织超氧化物歧化物（SOD）活性。病理组织学观察显示，柴胡可使肝组织变性、坏死程度减轻。尾静脉注射柴胡乳剂8 g/kg，连续7 d对部分肝切除小鼠的肝再生有显著促进作用，而尾静脉注射柴胡乳剂（8 g/kg、4 g/kg）连续7 d可显著增加小鼠胆汁分泌量，同时能明显降低CCl_4、对乙酰氨基酚所致急性肝损伤后小鼠血清ALT、AST含量；柴胡乳剂（5.6 g/kg、1.4 g/kg，连续7 d）能明显降低CCl_4所致急性肝损伤大鼠血清ALT、AST含量，增加血清白蛋白（Alb）含量，改善肝功能。

3. 保护肾脏

北柴胡皂苷d（纯度＞90%），按每日1.8 mg/kg灌胃，连续给药21 d，能够有效地防治大鼠肾小球硬化；采用一侧肾切除加单克隆抗体1-22-3注射造成进行性大鼠肾小球硬化动物模型，柴胡皂苷d治疗结果表明，柴胡皂苷d在减轻肾小球病理损害的同时，抑制了TGF-β在肾小球内的表达和α-SMA沿鲍曼氏囊的分布，$CD8^+$ T细胞和巨噬细胞在肾小球周围和肾小管间质的浸润也明显减轻。嘌呤霉素氨基核苷（PAN）肾病大鼠给予柴胡皂苷后，尿蛋白明显减少，血清总蛋白、白蛋白的下降都有明显改善，并且肾病大鼠尿蛋白排泄减少与给予柴胡皂苷的量成正比，大鼠肾小球上皮细胞足突排列及其底膜的不规则状态都得到明显改善。肾小球底膜（GBM）肾炎大鼠灌胃柴胡皂苷后，有减少尿蛋白，改善低蛋白血症和高脂血症的效果，并有抑制血小板凝集倾向，组织分析表明有抑制细胞增生、改善肾组织病理变化的作用。

4. 调节免疫

小鼠灌胃北柴胡煎剂2 ml/200 g、1 ml/200 g，连续7 d，免疫器官称重结果表明脾脏和肾上腺系数增加。柴胡多糖（BCPS）（浓度46.4 mg/ml）按100 mg/kg灌胃可显著增加脾系数、腹腔巨噬细胞吞噬百分数及吞噬指数和流感病毒血清中和抗体滴度，但不影响脾细胞分泌溶血素。BCPS对正常小鼠迟发超数反应（DTH）无作用，但可以完全或部分恢复环磷酰胺或流感病毒对小鼠 DTH 反应的抑制。BCPS 25 mg/ml、50 mg/ml、100 mg/ml 能明显提高 ConA 活化的脾淋巴细胞转化率及天然杀伤细胞的活性。柴胡皂苷 a（SSa）、d（SSd）、f（SSf）经研究表明也具有免疫调节作用，可以增加实验小鼠的胸腺和脾脏重量，提高 T 细胞和 B 细胞的活性以及 IL-2 的分泌水平，SSd 和 SSa 还可以使血浆中 IgA 和 IgG 的水平得到提高，这其中又以 SSd 的活性最强。

【品质研究】刘茹等分析了四川省青川县、安县、旺苍县产的 3 种柴胡（*Bupleurum* L.）川北柴 1 号、中柴 1 号及川红柴 1 号的总黄酮及微量元素含量。结果表明，青川产川北柴 1 号的总黄酮最高，川北柴 1 号的微量元素含量比中柴 1 号及川红柴 1 号的高，产地和品种对柴胡总黄酮和微量元素的含量有显著影响。

图 4-237　竹叶柴胡原植物（方清茂摄）

【原植物】多年生草本。根木质化，主根粗大，外皮深红棕色，纺锤形，有细纵皱纹及稀疏的小横突起，长 10~15 cm，直径 5~8 mm，根的顶端常有一段红棕色的地下茎，木质化，长 2~10 cm，有时扭曲缩短与根较难区分。茎高 50~120 cm，绿色，硬挺，基部常木质化，带紫棕色，茎上有淡绿色的粗条纹，实心。叶鲜绿色，背面绿白色，革质或近革质，叶缘软骨质，较宽，白色，下部叶与中部叶同形，长披针形或线形，长 10~16 cm，宽 6~14 mm，顶端急尖或渐尖，有硬尖头，长达 1 mm，基部微收缩抱茎，脉 9~13，向叶背显著突出，淡绿白色，茎上部叶同形，但逐渐缩小，7~15 脉。复伞形花序很多，顶生花序往往短于侧生花序；直径 1.5~4 cm；伞辐 3~4（7），不等长，长 1~3 cm；总苞片 2~5，很小，不等大，披针形或小如鳞片，长 1~4 mm，宽 0.2~1 mm，1~5 脉；小伞形花序直径 4~9 mm；小总苞片 5，披针形，短于花柄，长 1.5~2.5 mm，宽 0.5~1 mm，顶端渐尖，有小突尖头，基部不收缩，1~3 脉，有白色膜质边缘，小伞形花序有花（6）8~10（12），直径 1.2~1.6 mm；花瓣浅黄色，顶端反折处较平而不凸起，小舌片较大，方形；花柄长 2~4.5 mm，较粗，花柱基厚盘状，宽于子房。果长圆形，长 3.5~4.5 mm，宽 1.8~2.2 mm，棕褐色，棱狭翼状，每棱槽中油管 3，合生面 4。花期 6~9 月，果期 9~11 月。见图 4-237。

【生物学特性】喜温暖、湿润、阳光充足、营养丰富的环境。耐旱、耐寒、怕涝。种子寿命短，3个月内发芽率为85%，6个月内发芽率为50%。

【栽培技术】

1. 选地整地

柴胡耐寒、耐旱，但忌水浸。选地宜选土层深厚肥沃、土质疏松、排灌良好的砂质壤土地。在柴胡播种前，深翻土壤，整平耙细，结合整地，每亩施腐熟农家肥2 000~3 000 kg，二铵10~15 kg，或磷钾复合肥20~30 kg。

2. 栽培技术

柴胡主要是用种子繁殖，一般可在冬春季节播种，但以冬播为好，开春出苗早而齐。冬播宜在11月到12月初进行，每亩用种量为3~4 kg，播前要做好种子处理。柴胡种子细小，种子表面有一层角质，一般播后角质退化后才能出苗，往往容易影响正常按时出苗，使出苗不齐不全。故种子精选后可用温水浸泡，适量放入洗衣粉，轻轻擦洗后，将洗衣粉用清水冲净后晾干保管以备播种。播种时可用细黄土适量与草木灰将种子拌匀，再进行撒播。播种方法可用开沟条播或撒播两种方式。开沟播种可将肥料先放入沟内，在撒播种子时，盖土不要太厚，＜2 cm。撒播可在整好的平整地面上，用拌好的种子均匀地在田块表面撒播，播后可用人工浅盖，播后的田块有条件的地方可以用水灌溉、填实土壤，对田块进行适当镇压。春后即可出苗，春播方法同于冬播，但需盖草保湿。

3. 田间管理

在出苗齐全后，结合施肥，浅松土一次。苗长4~7 cm时，应结合除草进行间苗，拔除过密的小瘦弱苗，留苗按株距4~7 cm、行距15~20 cm定苗。在分蘖时可追施过磷酸钙20 kg、硫酸铵10~15 kg，在行间开沟追施，然后覆土盖严。在开花现蕾期，可喷施磷酸二氢钾4~5 kg，进行根外追肥，促使坐果结实。在阴雨过多时要及时疏沟排水排涝，以降低田间湿度，预防烂根。在整个生长期要注意病虫危害：一般虫害主要应防治地下害虫，可用杀虫丹、杀虫双粉剂，每亩可用100~200 g，兑土拌匀，在播种时撒播地内，以防地老虎、蛴螬、金针虫等地下害虫；在生长期发生的蚜虫、叶青虫等害虫可用90%的敌百虫或40%的氧化乐果乳剂200倍液及敌杀死、快杀灵等农药进行喷雾防治。

【采收加工】播种后的第二年寒露节即10月上旬采挖，除去茎叶及泥沙，切段，晒干。全草则在春末、夏初拔起全草晒干。见图4-28。

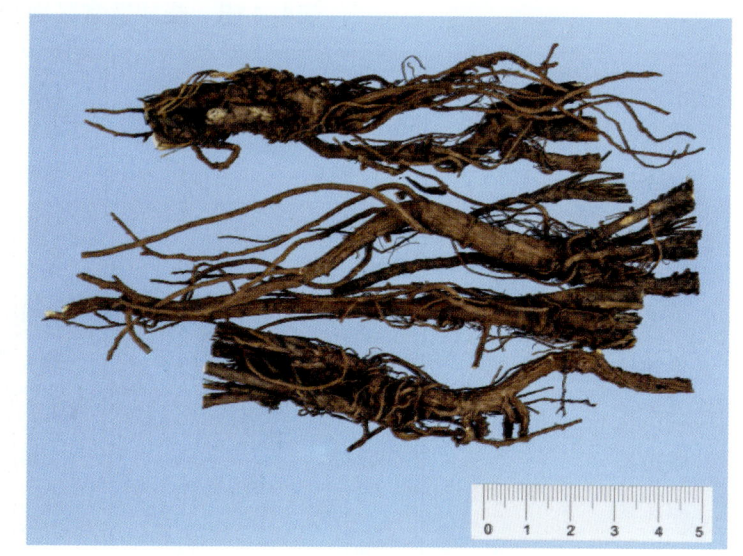

图4-238 柴胡药材（舒光明摄）

【适宜区与最适宜区】

1. 生态环境

生于海拔3 000 m以下的山坡、灌丛、草丛、林缘。

2. 生态因子

最高气温低于35 ℃，年平均气温15~27 ℃，1月平均气温 –6~2.3 ℃。

3. 适宜区

柴胡的适宜区为四川省海拔 1 500 m 以下的山区与丘陵，包括剑阁、青川、苍溪、荣县等地。见图 4-239。

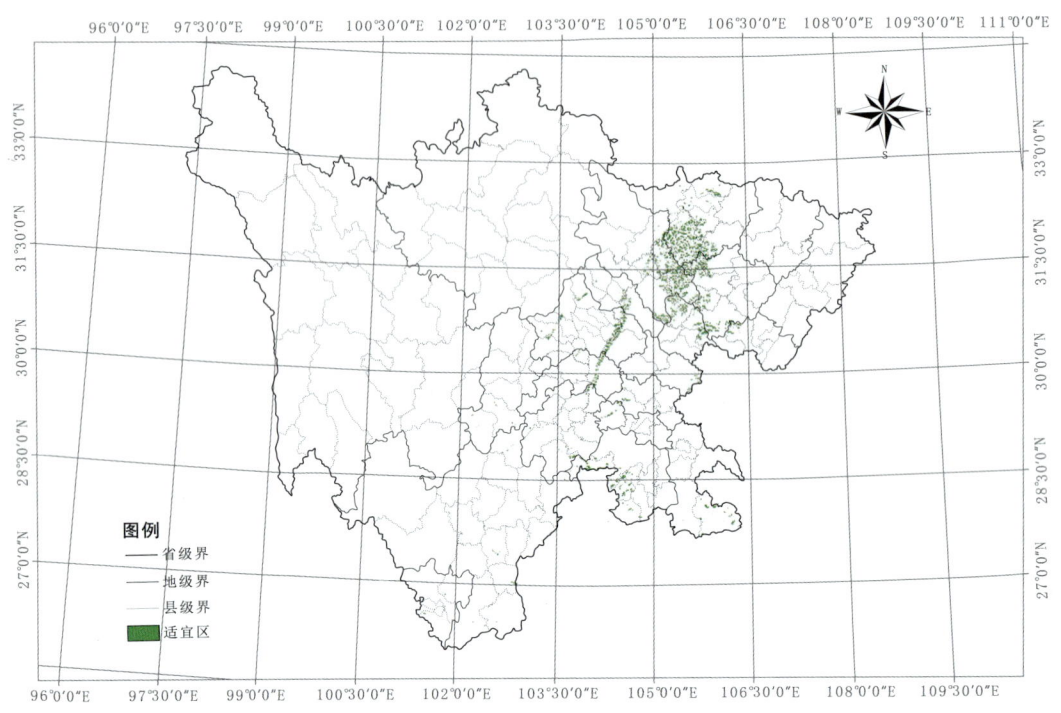

图4-239 柴胡适宜区示意图

表4-118 柴胡适宜区面积（km²）

区县	面积	区县	面积	区县	面积	区县	面积
广汉市	1	富顺县	10	洪雅县	30	古蔺县	104
九寨沟县	1	汉源县	11	彭州市	35	通川区	107
康定市	1	仁和区	11	马边县	36	蓬安县	113
罗江县	1	安 县	12	兴文县	37	蓬溪县	120
南溪区	1	青川县	12	都江堰市	43	仁寿县	120
青神县	1	布拖县	13	犍为县	43	高 县	129
新津县	1	船山区	13	安岳县	44	岳池县	130
峨边县	2	喜德县	13	邛崃市	45	屏山县	133
双流区	2	威远县	17	江安县	47	达川区	137
汶川县	2	北川县	18	大竹县	50	普格县	145
荥经县	2	合江县	18	荣 县	50	昭化区	165
大英县	3	会东县	18	天全县	51	开江县	180
雷波县	3	广安区	19	龙泉驿区	55	三台县	182
芦山县	3	泸 县	19	渠 县	68	射洪县	185
西 区	3	彭山区	19	沐川县	70	巴州区	201
名山区	4	长宁县	29	嘉陵区	100	越西县	4

续表

区县	面积	区县	面积	区县	面积	区县	面积
昭觉县	4	旌阳区	20	丹棱县	73	万源市	220
金口河区	5	崇州市	21	江油市	73	梓潼县	231
米易县	5	大邑县	21	邻水县	73	南部县	246
平武县	5	蒲江县	21	纳溪区	74	南江县	252
峨眉山市	6	高坪区	22	中江县	74	恩阳区	265
甘洛县	6	盐源县	23	朝天区	75	营山县	278
美姑县	6	宁南县	24	叙州区	75	宣汉县	333
沙湾区	6	夹江县	25	东坡区	76	盐亭县	346
石棉县	6	雨城区	25	游仙区	79	仪陇县	348
资中县	6	利州区	26	旺苍县	84	阆中市	441
绵竹市	7	金阳县	29	简阳市	91	通江县	472
冕宁县	7	井研县	29	珙县	98	苍溪县	513
盐边县	7	筠连县	29	西充县	98	平昌县	561
翠屏区	9	青白江区	29	叙永县	99	剑阁县	723
西昌市	19	金堂县	72	会理县	210		

4. 最适宜区

柴胡的最适宜区为四川省海拔1 500 m以下的山区与丘陵，包括剑阁、旺苍等地。海拔300~1 500 m的丘陵地区，年均气温15.4 ℃，年降水量1 039 mm，无霜期270 d，年平均日照时数＞1 328 h。见图4-240。

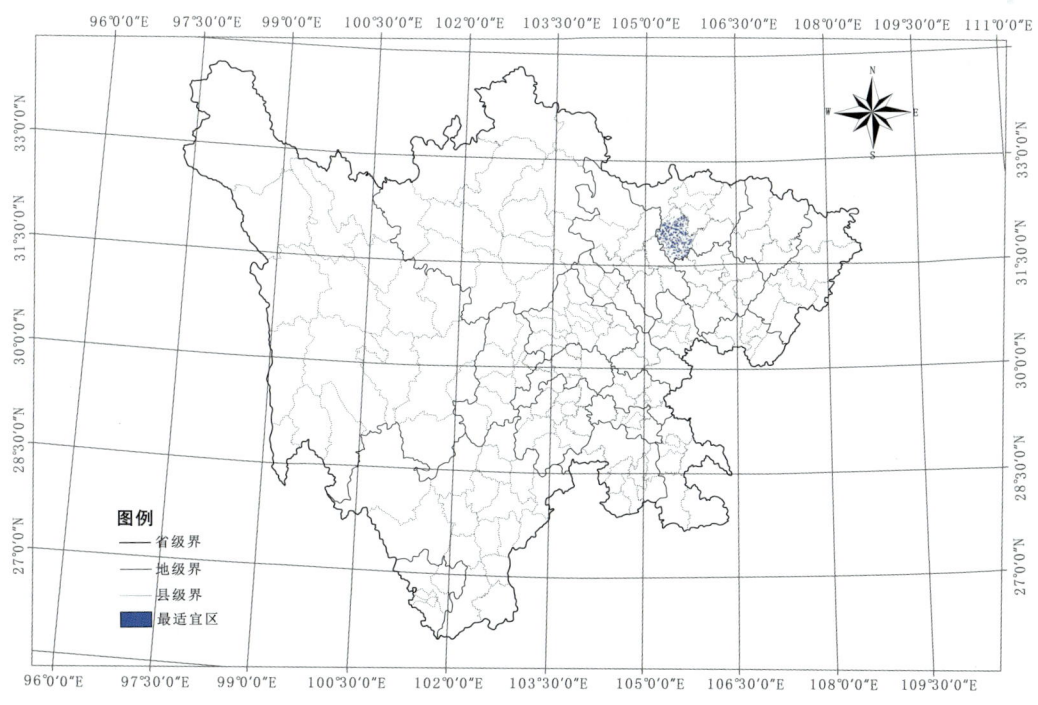

图4-240 柴胡最适宜区示意图

表4-119 柴胡最适宜区面积（km²）

区 县	面 积
剑阁县	710

【基地建设】 四川省在剑阁县、荣县、青川、旺苍等地建立了面积较大的柴胡人工栽培基地。

五十七、乌梅生产区划

【来源】 为蔷薇科植物梅 Armeniaca mume Sieb 的干燥果实。

【道地沿革】 乌梅始载于《神农本草经》，列为中品。《名医别录》："梅实生汉中川谷（今陕西南部、四川西部），五月采，火干。"《本草图经》："襄汉、川蜀、江湖、淮岭皆有之。"《本草经疏》："梅实，即今之乌梅也，最酸。"民国《北川县志》、清·光绪《盐源县志》等均记载产乌梅。

【性味归经】 酸、涩，平。归肝、脾、肺、大肠经。

【功能主治】 敛肺，涩肠，生津，安蛔。用于肺虚久咳，虚热烦渴，久疟，久泻，痢疾，便血，尿血，血崩，蛔厥腹痛，呕吐，钩虫病。

【药理作用】

1. 镇咳

净乌梅（10 g/kg、20 g/kg）、果肉（5 g/kg、10 g/kg）、核壳（4 g/kg、10 g/kg）、种仁（1 g/kg、10 g/kg）给小鼠灌胃 7 d，结果表明净乌梅、种仁、核壳的高剂量组均可使小鼠的咳嗽次数明显减少，有明显的镇咳作用，其中种仁、核壳镇咳作用更强。

2. 对胃肠运动的作用

净乌梅及其果肉、核壳、种仁 4 种水煎液按净乌梅（10 g/kg、20 g/kg）、果肉（5 g/kg、10 g/kg）、核壳（4 g/kg、10 g/kg）、种仁（1 g/kg、10 g/kg）的剂量给小鼠灌胃 7 d，均能明显对抗新斯的明所致小鼠小肠运动亢进，其中果肉的涩肠作用更强。净乌梅及其果肉、核壳、种仁 4 种水煎液（相当于生药浓度 0.4 g/ml），分别按净乌梅（10 g/kg、20 g/kg）、果肉（5 g/kg、10 g/kg）、核壳（4 g/kg、10 g/kg）、种仁（1 g/kg、10 g/kg）的剂量给番泻叶所致腹泻模型小鼠灌胃 4 d，对番泻叶所致小鼠腹泻均具有较强的止泻作用，且止泻作用强度依次为：核壳＞净乌梅＞果肉，所以止泻的有效入药部位为果肉和核壳。

3. 抗肿瘤

62.5~1 000 μg/ml 乌梅水提液、醇提液对 HIMeg 细胞和 HL-60 细胞均有一定的抑制生长效应，对这两种细胞的克隆形成都有不同程度的抑制作用，呈一定的量效关系。低浓度乌梅水提液和醇提液对小鼠免疫无明显反应，而高浓度（10 g/kg）乌梅水提液则能明显减轻小鼠胸腺、脾脏、肝脏的重量，但对体液免疫影响不明显。

4. 抗菌

乌梅煎液〔相当于 1 g（生药）/ml〕对产 AmpC β-内酰胺酶细菌有较强的抑菌作用，其最低抑菌浓度（MIC_{90}）为 31.25 mg/ml。50% 乌梅煎液对 112 株金黄色葡萄球菌、112 株表皮葡萄球菌和 28 株肠球菌的 MIC_{50} 分别为 0.72 mg/ml、1.44 mg/ml、0.72 mg/ml；其 MIC_{90} 分别为 1.44 mg/ml、1.44 mg/ml、0.72 mg/ml；对肺炎克雷伯菌和大肠杆菌的 MIC_{90} 分别为 2.88 mg/ml、1.4 mg/ml。

乌梅提取液〔1 g（生药）/ml〕对大肠杆菌、枯草芽孢杆菌有很强的抑制作用，其最低抑菌浓度均为 6.25 mg/ml，且对热稳定，经 121 ℃高温处理 15 min 也不会被破坏，与糖、盐有协同抑菌的作用。乌梅提取物对拟态弧菌、梅氏弧菌和霍利斯弧菌的 MIC 分别为 0.461 mg/ml、0.461 mg/ml、0.922 mg/ml。

5. 抗生育

将 1 g/ml 的乌梅水煎液分别给予早孕大鼠腹腔注射 0.1 ml、0.2 ml、0.4 ml、0.8 ml，可导致大鼠完全流产，且随着剂量的加大，子宫兴奋作用愈强。乌梅水煎液（1×10^{-4} kg/L、2×10^{-4} kg/L、3×10^{-4} kg/L、4×10^{-4} kg/L）能增强体外未孕大鼠子宫平滑肌收缩运动，使收缩波的频率加快，振幅增大，持续时间延长，其作用与前列腺素的合成与释放及 L 型钙通道有关，与 H 受体、α 受体无关。另外，乌梅有较强的杀精子作用，其主要有效成分为乌梅-枸橼酸，其杀精子机理为破坏精子的顶体、线粒体及膜结构，最低有效浓度为 0.09%。同时乌梅-枸橼酸具有良好的阻抑精子穿透宫颈黏液的作用，精子经不同浓度乌梅-枸橼酸作用后，运动能力明显减弱，精子穿透宫颈黏液管的距离与精子受乌梅-枸橼酸作用的浓度呈负相关。

【**品质研究**】史克莉等利用十二烷基硫酸钠-聚丙酰胺凝胶电泳（SDS-PAGE）技术对未经清洗的四川长兴乌梅、百顺乌梅标准炭、大邑净乌梅、大邑乌梅标准炭、净洗 2 次的大邑乌梅生品进行鉴别分析。结果：不同产地乌梅的电泳图谱存在差异，各品种图谱基本相似。结论：电泳鉴别可为中药不同产地药材蛋白质成分鉴别提供一项可靠的简便的检测方法。

任少红等分析了五种不同产地乌梅挥发油化学成分。用水蒸气蒸馏后用乙醚萃取浓缩，用 GC-MS 技术进行分析。结果五种乌梅挥发油中共分离鉴定出 70 多种不同化合物，每种乌梅挥发油中鉴定出的化合物占挥发油总量的 90% 左右。乌梅挥发油主要成分为十六碳酸、亚油酸、苯甲酸、糠醛、苯甲醛、苯甲醇等。

【**原植物**】小乔木，高 4~10 m；树皮浅灰色或带绿色，平滑；小枝绿色，光滑无毛。叶片卵形或椭圆形，长 4~8 cm，宽 2.5~5 cm，先端尾尖，基部宽楔形至圆形，叶边常具小锐锯齿，灰绿色，幼嫩时两面被短柔毛，成长时逐渐脱落，或仅下面脉腋间具短柔毛；叶柄长 1~2 cm，幼时具毛，老时脱落，常有腺体。花单生或有时 2 朵同生于 1 芽内，直径 2~2.5 cm，先于叶开放；花梗短，长 1~3 mm，常无毛；花萼通常红褐色，但有些品种的花萼为绿色或绿紫色；萼筒宽钟形，无毛或有时被短柔毛；萼片卵形或近圆形，先端圆钝；花瓣倒卵形，白色至粉红色；雄蕊短或稍长于花瓣；子房密被柔毛，花柱短或稍长于雄蕊。果实近球形，直径 2~3 cm，黄色或绿白色，被柔毛，味酸；果肉与核粘贴；核椭圆形，顶端圆形而有小突尖头，基部渐狭成楔形，两侧微扁，腹棱稍钝，腹面和背棱上均有明显纵沟，表面具蜂窝状孔穴。花期 2~3 月，果期 5~6 月。见图 4-241。

图4-241 梅原植物（舒光明摄）

【**生物学特性**】梅的适应性较强，耐寒。喜温暖湿润气候，需阳光充足，花期温度对产量影响极大,低于-5~6 ℃或高于20 ℃对坐果率有明显影响。年平均气温16~23 ℃、年平均降雨量在1 000 mm以上的地区最适宜栽培。对土壤要求不严,以疏松肥沃、土层深厚、排水良好的砂质壤土为好。怕涝,耐干旱,低畦多湿之地不宜栽植。

【栽培技术】种子、嫁接、压条等方法繁殖。

种子繁殖:于6月采果后取种子秋播。或将种子沙藏越冬,翌年2~3月春播。因种子繁殖不易保持原品种特性,所以只作砧木或育种选种用。一般以嫁接繁殖为主。

嫁接:采用枝接或芽接,砧木用杏、李、梅等实生苗。枝接宜于春季萌芽前进行,芽接应于8月下旬至9月上旬进行,选阴天为宜,切忌在雨天。嫁接成活后,翌年春季萌芽前出圃定植。

移栽:11月至12月或翌年2月完成栽植。

施肥:幼树每株每年施用有机肥5~10 kg。

花果管理:(1)授粉:配栽25%授粉品种。(2)疏果:在4月上旬人工疏果,保持叶果比不少于7:1。

【采收加工】夏季果实近成熟时采收,低温烘干后闷至色变黑。见图4-242。

【适宜区与最适宜区】

1. 生态环境

生于海拔3 500 m以下的山坡、林中。

2. 生态因子

年均气温16~23 ℃,年降水量1 000 mm以上,1~10月平均气温19~21 ℃。

图4-242 乌梅药材(周先建摄)

3. 适宜区

乌梅的适宜区为四川省海拔2 700 m以下的地区,包括达州、宜宾、大邑、金川、绵阳等地。见图4-243

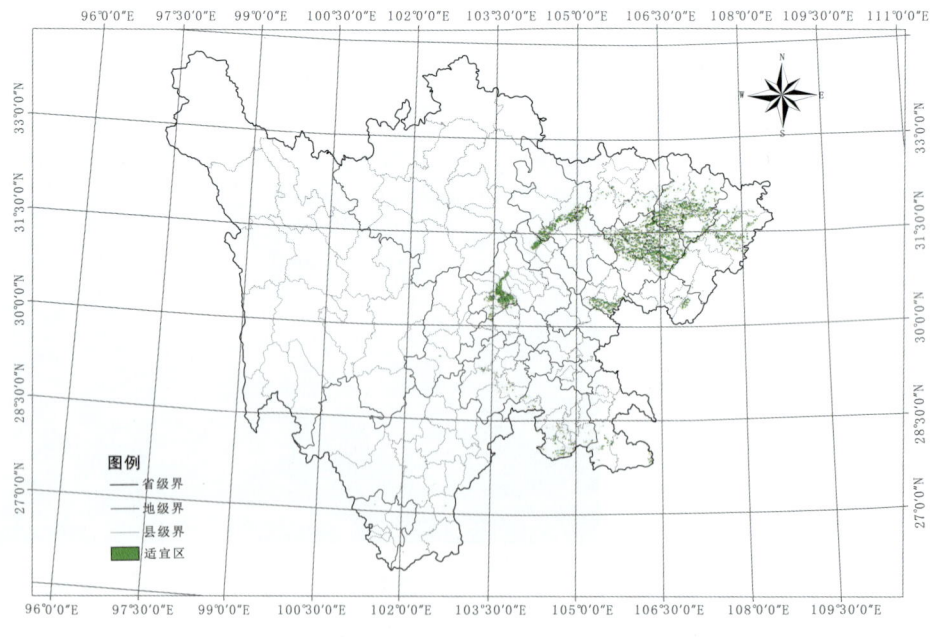

图4-243 乌梅适宜区示意图

表4-120 乌梅适宜区面积（km²）

区 县	面 积	区 县	面 积	区 县	面 积	区 县	面 积
德昌县	1	安岳县	8	蓬溪县	30	西充县	122
东坡区	1	北川县	8	昭化区	30	新津县	130
马边县	1	船山区	9	沐川县	31	邛崃市	138
米易县	1	彭山区	9	开江县	34	大邑县	144
宁南县	1	大竹县	10	剑阁县	35	崇州市	186
普格县	1	温江区	12	蒲江县	38	安　县	203
盐边县	1	高　县	13	万源市	46	平昌县	237
旌阳区	2	罗江县	14	渠　县	49	江油市	288
大英县	3	顺庆区	15	珙　县	54	蓬安县	295
汉源县	3	盐亭县	16	通川区	55	安居区	310
双流区	3	峨眉山市	17	古蔺县	56	通江县	313
丹棱县	4	兴文县	17	筠连县	57	巴州区	321
峨边县	4	叙州区	17	叙永县	57	阆中市	325
涪城区	4	旺苍县	18	苍溪县	73	恩阳区	334
合江县	4	都江堰市	19	梓潼县	79	宣汉县	377
华蓥市	4	屏山县	22	邻水县	86	仪陇县	412
沙湾区	4	郫都区	23	南江县	103	营山县	484
游仙区	7	达川区	29	绵竹市	115	南部县	512

4. 最适宜区

乌梅的最适宜区为四川省海拔1 500 m以下的多雨、气候湿润的山区与丘陵地区，包括达州、宜宾、大邑等地。见图4-244。

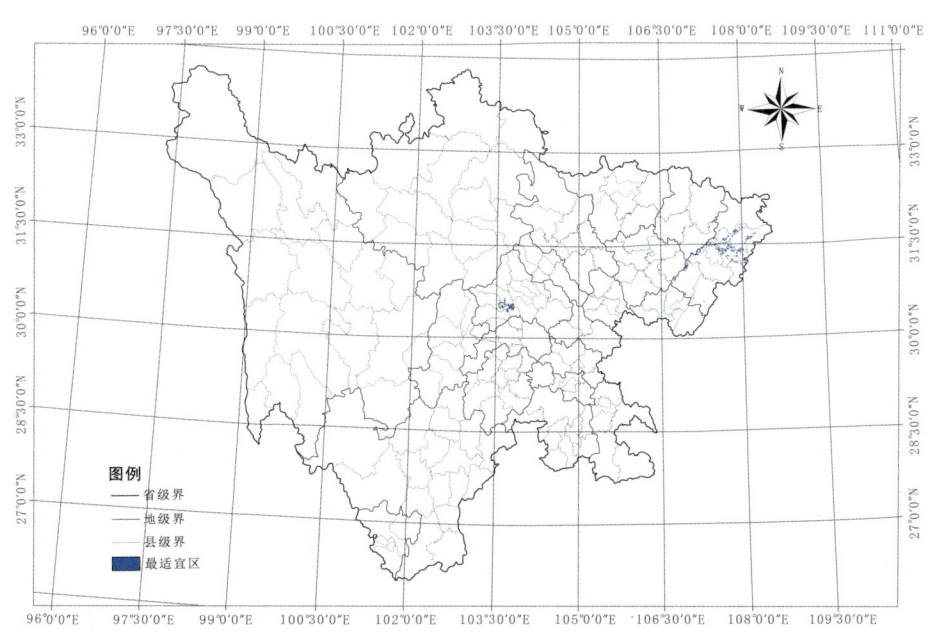

图4-244 乌梅最适宜区示意图

表4-121　乌梅最适宜区面积（km²）

区县	面积
大邑县	120

【基地建设】　四川省在大邑县与达县建立了乌梅的规范化栽培基地。达县是乌梅的原生资源地和主产区，分布在百节、景市、马家、平滩、渡市、碑庙、北山、金石、青宁等乡镇，种植面积达10 000亩，年产乌梅干果3 000 t。2010年12月31日，原国家质检总局批准对"达县乌梅"实施地理标志产品保护。

五十八、虎杖生产区划

【来源】　为蓼科植物虎杖 Polygonum cuspidatum Sieb. et Zucc. 的干燥根茎和根。

【道地沿革】　郭璞注云："（虎杖）似荭草而粗大，有细刺，可以染赤。"陶弘景曰："田野甚多，状如大马蓼，茎斑而叶圆。"韩保升曰："所在有之。生下湿地，作树高丈余，其茎赤根黄。二月、八月采根，日干。"苏颂曰："三月生苗，茎如竹笋状，上有赤斑点，初生便分枝丫。叶似小杏叶。七月开花，九月结实。南中出者，无花。根皮黑色，破开即黄，似柳根。亦有高丈余者。"曾权曰："暑月以根和甘草同煎为饮，色如琥珀可爱，甚甘美。瓶置井中，令冷澈如冰，时人呼为冷冻饮料子，啜之且尊于茗，极解暑毒。其汁染米作糜糕益美。"《蜀本草》《天宝本草》收录。《天宝本草》中记载虎杖又名"酸通、雄黄连"。《中华道地药材》记载四川甘洛、阿坝、宜宾、都江堰、马边、旺苍、巴中、宣汉、峨眉山、洪雅、大邑、广元、西昌等地区为我国虎杖的适宜区。四川省峨眉山、洪雅为虎杖的最适宜区。

以根条粗而扭曲、质坚实、断面色黄者为佳。

【性味归经】　微苦，微寒。归肝、胆、肺经。

【功能主治】　利湿退黄，清热解毒，散瘀定痛，止咳化痰。用于风湿痹痛，湿热黄疸，淋浊，带下，经闭，癥瘕，水火烫伤，跌扑损伤，痈肿疮毒，肺热咳嗽。

【药理作用】

1. 对心血管系统的作用

（1）强心、扩血管。0.05~0.45 mmol/L虎杖晶Ⅳ号能显著加快大鼠新生乳鼠心室肌培养细胞搏动率，此作用可被尼莫地平、普萘洛尔和酚妥拉明阻断。虎杖晶Ⅳ号1.71 mmol/L可非竞争性抑制去甲肾上腺素收缩家兔离体肺动脉的作用，使去甲肾上腺素量效曲线右移；其对肺动脉的舒张作用可被β受体阻断剂普萘洛尔减弱。虎杖的有效成分虎杖苷具有显著的扩张血管降压作用，对动物的冠脉、肺动脉和脑血管等都有扩张作用。虎杖苷（0.4 mmol/L，5 min）能使大鼠血管平滑肌细胞细胞膜去极化，其作用可能与钠、钾通道开放有关，此过程亦可能与肾上腺素能A及组胺受体调节有关。虎杖苷0.4 mmol/L既能促进VSMC外钙离子进入细胞内，又能诱导细胞内钙离子释放，虎杖苷可能通过提高VSMC的收缩性，增加正常血管的张力。

（2）改善微循环、抗休克。灌胃虎杖苷1 mg/kg能使重度失血性休克的大鼠存活时间显著延长，存活率提高，效果明显优于多巴胺及654-2。虎杖苷0.05~0.2 mmol/L能通过直接降低白细胞对血管内皮的黏附性而改善微循环。虎杖苷0.05~0.2 mmol/L有抑制脂质过氧化反应、稳定溶酶体膜和减少肿瘤坏死因子释放的作用，可减轻家兔肠缺血再灌注时肠道及肠外器官的损害和血液浓缩，进而防止血压降低，延长平均存活时间；对平滑肌细胞 PKC（PKC 可能介导缺血缺氧引起的损害效应）活性起双向调节作用；还可调节 LPS 性炎症反应条件下白细胞的趋化性，可能对防治炎症和感染性休克有重要作用。

2. 降血脂、降血糖

（1）降血脂。灌胃虎杖水提液每日 11 g/kg 连续 4 周，可以调节非酒精性脂肪肝病大鼠的肝脂代谢，降低脂肪组织的肿瘤坏死因子 α（TNF-α）mRNA 水平，改善肝细胞的脂类变性状况。以虎杖有效成分总蒽醌 0.9 g/kg、1.8 g/kg、3.6 g/kg 连续灌胃 20 d，可明显降低雄性大鼠血清 TG（甘油三酯）、TC（总胆固醇）、LDL-C 含量，提高 HDL-C/TC 和 HDL-C/LDL-C 比值。

（2）降血糖。虎杖总提取物及 30% 醇洗脱物能显著抑制 α-葡萄糖苷酶活性，30% 醇洗脱物的抑制为可逆小鼠血糖含量降低至 6.85 mmol/L，表明虎杖鞣质具有良好的降血糖活性。

3. 对消化系统的作用

（1）对胃肠道的作用。虎杖苷灌胃 180 mg/kg、90 mg/kg、45 mg/kg，对无水乙醇性、吲哚美辛性、大鼠束缚-冷冻应激性胃黏膜损伤模型实验动物的实验性急性胃黏膜损伤有保护作用，可使大鼠束缚-冷冻应激性胃黏膜损伤过程中血清中升高的 MDA 含量降低，使降低的 SOD 水平回升。虎杖苷 20 mg/kg、40 mg/kg、80 mg/kg 连续给药 5 d，能通过抑制胃缺血再灌注时氧自由基的产生而提高组织抗氧化能力，对大鼠胃缺血再灌注损伤具有保护作用。

（2）保肝、利胆。虎杖能明显增加肝胆汁分泌和松弛奥狄括约肌。虎杖煎剂 200 mg/次，每日 2 次，连续给药 7 d，具有改善肝门完全阻断大鼠肝组织微循环，抑制白细胞及血小板与肝脏内皮细胞的黏附，促进肝细胞再生及修复作用。虎杖煎剂 0.8 g/ml、0.4 g/ml、0.2 g/ml 灌胃，每日 1 次，连续 6 d，对 CCl_4 所致大鼠急性肝损伤具有明显的保护作用，且呈量效关系。

浓度为 1 mg/ml、3 mg/ml、10 mg/ml、20 mg/ml 的虎杖水煎剂可提高豚鼠离体胆囊肌条的张力，加快收缩频率及减少收缩波平均振幅，作用与肾上腺素能 A 受体和细胞膜上的 Ca^{2+} 通道有关。

4. 抑制血小板聚集、抗血栓

虎杖苷腹腔注射 5 mg/kg、10 mg/kg、20 mg/kg 对电刺激大鼠颈动脉及结扎大鼠下腔静脉引起的血栓形成具有明显的对抗作用；可明显抑制凝血酶引起的血小板与中性粒细胞间的黏附作用和肉豆蔻佛波醇激活的中性粒细胞液引起的血小板聚集作用，其半数抑制浓度分别为 51.9 μmol/L、307.6 μmol/L。虎杖苷 0.6~10.4 μg/ml 能明显抑制 ADP、AA 和 Ca^{2+} 诱导的家兔血小板聚集，抑制 TXB2 的产生，对凝血酶诱导的血小板聚集作用不明显，对可乐定诱导的血小板聚集有显著抑制作用，可能与阻断血小板 A2 受体有关。

5. 镇咳、平喘

用电刺激猫喉上神经法进行实验，结果表明大黄素、虎杖苷均有镇咳作用。用小鼠恒压氨雾法也显示虎杖有镇咳作用。虎杖对乙酰胆碱引起的气管收缩无对抗作用，7.5% 虎杖煎液能对抗组胺引起的豚鼠气管收缩，加药 5 min 后对抗强度为 75%，故有一定平喘作用，但其作用强度不如氨茶碱。

【品质研究】 万德光等根据影响虎杖品质和药效的环境因素的分析，建立了一个多元线性模型。通过 10 个产地的实测数据运用多元回归的方法对模型进行求解，从而可以根据该模型和产地的环境因素来预测该产地虎杖的品质和药效，为虎杖的优良种植基地的选择与建设奠定理论基础。

杨玉霞等对来源于不同产地的 19 份虎杖资源 10 个主要农艺性状及 2 个品质性状进行主成分分析，并进行综合评价及聚类分析。结果表明，虎杖的大黄素含量、虎杖苷含量和分枝数的变异系数较大，株高、主茎叶数及侧根数的变异系数相对较小。主成分分析表明，12 个主要性状可用 5 个主成分来表述，其累计贡献率达 88.724%，分别归纳为株型产量因子、根型因子、分枝因子、虎杖苷-茎粗因子和优质低产因子。材料 19 的综合得分最高，为高产优质型材料；材料 7 的综合得分最低，为矮秆低产型材料。聚类分析可将供试样品分为 3 类。应用主成分及聚类分析对虎杖进行综合评价可用于虎杖新品种选育。

【原植物】多年生草本。根状茎粗壮，木质，黄褐色，节明显，横走。主根粗壮，长可达 50 cm。茎直立，高 1~2 m，粗壮，空心，具明显的纵棱，具小突起，无毛，散生红色或紫红斑点。叶宽卵形或卵状椭圆形，长 5~12 cm，宽 4~9 cm，近革质，顶端渐尖，基部宽楔形、截形或近圆形，边缘全缘，疏生小突起，两面无毛，沿叶脉具小突起；叶柄长 1~2 cm，具小突起；托叶鞘膜质，偏斜，长 3~5 mm，褐色，具纵脉，无毛，顶端截形，无缘毛，常破裂，早落。花单性，雌雄异株，圆锥花序，长 3~8 cm，腋生；苞片漏斗状，长 1.5~2 mm，顶端渐尖，无缘毛，每苞内具 2~4 花；花梗长 2~4 mm，中下部具关节；花被 5 深裂，淡绿色，雄花花被片具绿色中脉，无翅，雄蕊 8，比花被长；雌花花被片外面 3 片背部具翅，果时增大，翅扩展下延，花柱 3，柱头流苏状。瘦果卵形，具 3 棱，长 4~5 mm，黑褐色，有光泽，包于宿存花被内。花期 6~9 月，果期 9~10 月。见图 4-245。

图 4-245　虎杖原植物（方清茂摄）

【生物学特性】喜温和湿润气候，耐寒，耐涝。对土壤要求不严，但以疏松肥沃的土壤生长较好。

【栽培技术】

1. 良种选择与种栽

选取根茎粗壮、生长健壮、产量高、无病虫害、白藜芦醇等有效成分含量高的植株作为繁殖材料。

繁殖方法：

（1）直接进行分根繁殖，于春季返青前进行分株繁育。在新芽萌发前挖起母株，将根茎剪成 10~15 cm 长、带有 2~3 个芽的小段作为分株繁殖材料。

（2）在 5~6 月份虎杖开花前，将母株提前 1 天浇足水，以保持植株体内水分充足。第二天，剪取地上部粗壮主枝，去除叶片、叶柄、侧枝及顶部细弱枝条，将枝条在分枝处剪开，保留 5~10 节。将枝条整齐横放，按行距 10 cm、株距 5 cm 排成行，覆盖河沙或河沙与土壤的混合土（1∶1~2）

5~8 cm 厚，再均匀覆盖较薄的稻草保水。注意保持土壤表层湿润，直至萌芽齐全，苗床厢面宽1.5 m。15~20 d 在节处生根，并膨大，1 个月后取苗移栽。

2. 选地

选肥沃、土层深厚、腐殖质含量丰富的砂质土壤作为虎杖种植的土壤，地形为背阳阴凉、稍带坡度者为佳，以利排水。

3. 移栽

栽前深翻土壤 50 cm 深，去除杂草根、树根等杂质，每亩施入土杂肥 2 000 kg，翻入土中，按行距 60 cm 开行，深 40~45 cm，底层施入腐熟有机肥 1 500 kg/亩或土杂肥 2 000 kg/亩，与细土拌匀，按株距 20~25 cm 栽植种苗或种栽，种栽芽稍朝上，栽植深度 10~15 cm，覆土，压实，耙平。注意将底层老土覆盖在表层，以减少杂草生长。浇少量定根水，遇久晴天或墒情不好，可以连续浇水 3~5 d，少量多次为好。

4. 田间管理

（1）幼苗期管理。以枝条扦插繁殖的，在苗期主要注意肥水管理和清除杂草。生根后，可以施入稀薄腐熟人粪尿 1 000 kg/亩或尿素 2~2.5 kg/亩（浓度为 0.1%~0.5%），莌施，结合抗旱少量多次浇水，注意多次少量，施肥浓度要低，既利于根系生长，又能促进芽的生长。苗床杂草要见草就除，无定时，以保证幼苗的肥水需求和生长空间。如遇长期日照强烈的天气，用 50% 遮阴率的黑色遮阴网，可以促进幼苗生长旺盛。

（2）中耕除草。苗期中耕次数宜勤，成株期中耕次数宜少。注意防止土壤板结，遇到气候干旱要及时浇水，条件好的地方可以滴灌或喷灌，选早晚凉爽的时候浇灌，以免烧苗，灌水后为避免土壤板结，地面稍干时中耕。苗期植株矮小，容易受到杂草危害，应及时除草，手工拔除为好，无定时，见草就拔，如果用锄头等农具锄草要浅，不能伤到虎杖的根。大田生长期间应及时中耕除草：移栽第一年因为植株矮小，生长不够健壮，要增加除草次数，第二年植株生长较旺盛，可以酌情减少除草次数，以保证地头无杂草生长为宜。除草时注意农具的选用，不能深锄，以免伤根。第二年除草 2~3 次，应保持土地表层湿润和田间无杂草。

（3）肥水管理。虎杖生长生物量较大，是喜肥植物，应多施土杂肥、家畜肥等有机肥。早春萌发前，在两行中间开浅沟埋施人畜粪 2 000 kg/亩，可以施腐熟饼肥，并可淋施少量尿素等氮肥，每亩施 5~10 kg，并注意施肥时，浓度要低，少量多次。至 6 月中、下旬每亩追施农家肥 1 000 kg，以腐熟家畜粪草或粪肥覆盖行间，既可以增肥，同时可以减少杂草的生长。如遇地上部徒长，可以叶面喷施磷酸二氢钾，浓度 0.1%~0.3%，每亩施入 1 kg，少量多次，隔 4~5 d 喷施一次，连续 3~4 次，以太阳落山后喷施为好，有促进根部膨大的作用，可增产 20% 以上。第二年根茎生长快，是产量提高的关键时期，为了增产，可以配合施肥，施入土杂肥或进行培土，能显著提高产量。施肥以有机肥为主，尽量不施化肥。

虎杖喜湿润，在干旱的情况下，其根茎较细且分枝较多，影响其产量和品质，应及时浇水，保证植株对水分的需求，浇水后应及时松土保墒。抗旱时间主要集中在 6~9 月份。碰到雨水较少的年份，特别要注意抗旱。

（4）病虫害防治。主要为蚜虫危害茎叶，可用乐果或氧化乐果 800~1 000 倍液或 70% 灭蚜松 600 倍液和 10% 杀虫菊 800 倍液喷杀，隔 3 d 一次，连续 2~3 次即可杀灭。病害主要为根腐病和叶斑病。叶斑病以 50% 多菌灵 600 倍液或 70% 甲基托布津可湿性粉剂 1 500 倍液喷施，连续喷 2~3 次，每隔 5~7 d 喷施一次；根腐病的防治按照以防为主、防治结合的策略，重在选地，选透气良好的沙质土壤，地势稍带斜坡，以便沥水，雨后要及时排水，经常松土，防止土壤板结。如遇病害，及时清除病株,并用生石灰遍撒病灶区域,可用70%甲基托布津可湿性粉剂1 500倍液或70%敌克松可湿性粉剂1 000倍液灌淋发病区域,2~3 d一次,连续2~3次。冬季清除枯株和落叶,深埋或烧毁。

【采收加工】根茎繁殖栽种的虎杖,一般2年以上可收获,但不超过5年,在2~5年内,随着生长年限的增加,产量增加;超过5年,根茎空心腐烂。秋冬季节地上部停止生长的时候挖取。采挖后除去芦头、须根、尾梢,洗净后切段或切片晒干,用麻袋或编织袋贮藏。注意防霉、防虫蛀。见图4-246。

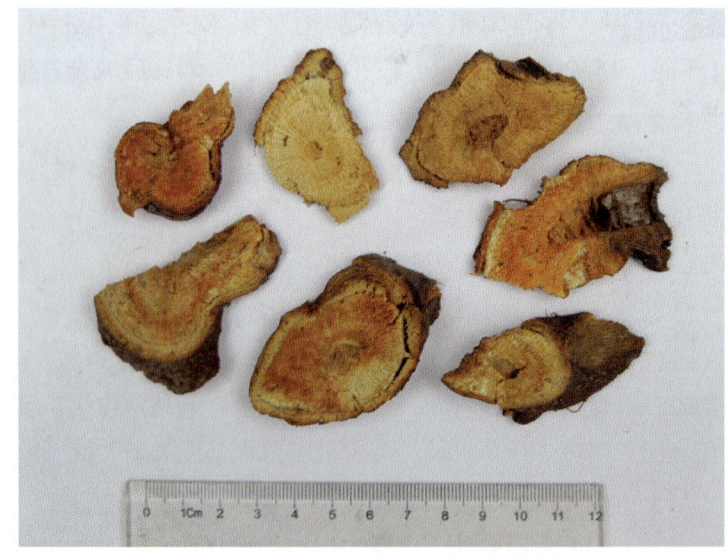

图4-246 虎杖药材(周先建摄)

【适宜区与最适宜区】

1. 生态环境

生于海拔2 800 m以下的山谷、溪边的阴湿处。

2. 生态因子

海拔500~700 m的温暖、湿润的溪边、山谷、岸边、林下阴湿处。

3. 适宜区

虎杖的适宜区为海拔2 800 m以下的地区,包括甘洛、雷波、宜宾、都江堰、马边、旺苍、巴中、宣汉、峨眉山、洪雅、大邑、广元、西昌等地。见图4-247。

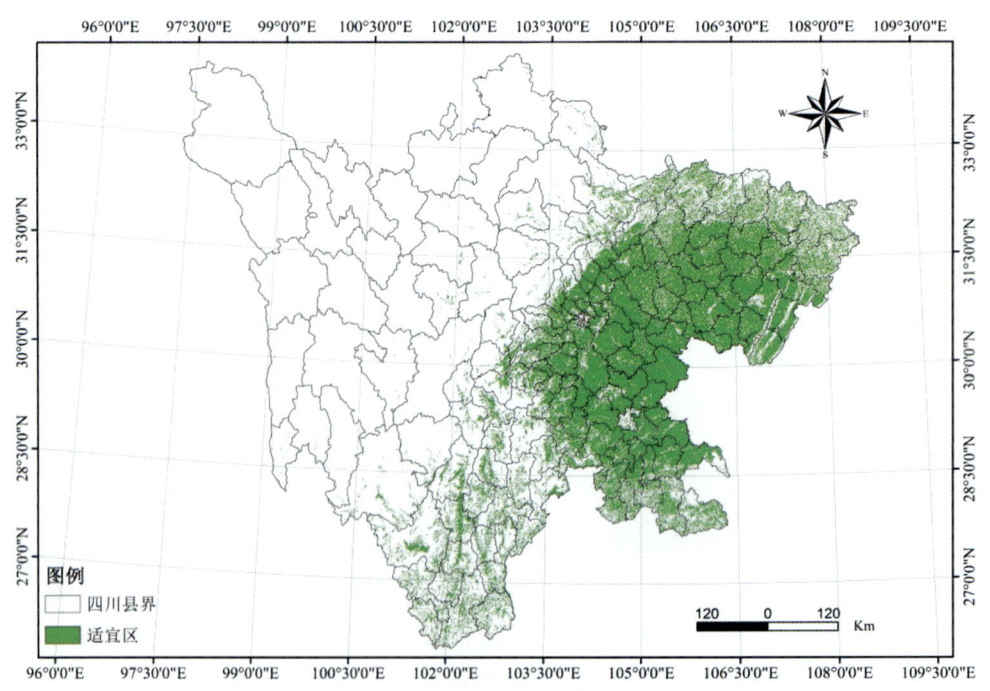

图4-247 虎杖适宜区示意图

表4-122 虎杖适宜区面积（km²）

区县	面积	区县	面积
高新区	1	筠连县	585
道孚县	2	兴文县	590
武侯区	7	南溪县	594
巴塘县	11	开江县	596
乡城县	11	屏山县	596
稻城县	15	大英县	622
若尔盖县	19	江安县	654
青羊区	20	彭州市	679
马尔康市	21	冕宁县	687
雅江县	21	会东县	694
康定市	28	长宁县	699
锦江区	28	邛崃市	704
金牛区	29	隆昌市	725
得荣县	30	安县	726
小金县	31	沐川县	756
成华区	32	平武县	757
松潘县	35	西昌市	774
金川县	35	井研县	788
理县	62	武胜县	803
丹巴县	74	双流区	815
汶川县	85	高县	856
黑水县	104	会理县	871
泸定县	114	叙州区	906
九龙县	138	青川县	929
九寨沟县	142	威远县	934
茂县	149	旺苍县	967
宝兴县	160	西充县	981
石棉县	187	金堂县	998
温江区	196	蓬溪县	1 016
新津县	210	梓潼县	1 018
达川市	216	射洪县	1 063
自贡市辖区	234	犍为县	1 087
芦山县	236	眉山市	1 090
华蓥市	237	盐源县	1 114
荥经县	249	邻水县	1 119

续表

区 县	面 积	区 县	面 积
名山县	251	蓬安县	1 180
青神县	273	古蔺县	1 186
青白江区	282	南江县	1 218
天全县	285	绵阳市辖区	1 222
布拖县	290	广安区	1 237
峨边县	300	乐至县	1 248
雅安市	304	叙永县	1 251
丹棱县	317	盐亭县	1 293
甘洛县	322	江油市	1 298
郫都区	332	岳池县	1 306
新都区	347	乐山市辖区	1 320
彭山县	348	泸 县	1 362
金阳县	350	富顺县	1 369
龙泉驿区	355	渠 县	1 374
什邡市	364	万源市	1 385
美姑县	373	大竹县	1 416
攀枝花市	373	内江市辖区	1 423
普格县	395	资阳市	1 427
蒲江县	415	仪陇县	1 447
罗江县	419	营山县	1 455
木里县	420	合江县	1 523
大邑县	421	平昌县	1 549
宁南县	430	阆中市	1 573
米易县	435	资中县	1 577
都江堰市	442	遂宁县	1 624
广汉市	442	纳溪区	1 628
夹江县	442	荣 县	1 657
德昌县	453	苍溪县	1 684
雷波县	455	通江县	1 725
峨眉山市	456	广元市	1 785
越西县	462	宣汉县	1 837
德阳市	481	剑阁县	1 859
汉源县	489	达 县	1 893
北川县	495	南部县	1 904
喜德县	498	中江县	1 975

续表

区县	面积	区县	面积
马边县	511	简阳市	1 980
盐边县	513	巴中市	2 009
珙县	521	南充市	2 142
崇州市	523	宜宾市	2 143
洪雅县	533	三台县	2 165
昭觉县	550	仁寿县	2 179
绵竹市	578	安岳县	2 553

4. 最适宜区

虎杖的最适宜区为海拔300~700 m的丘陵、山区湿润处，包括峨眉山、洪雅等地。见图4-248。

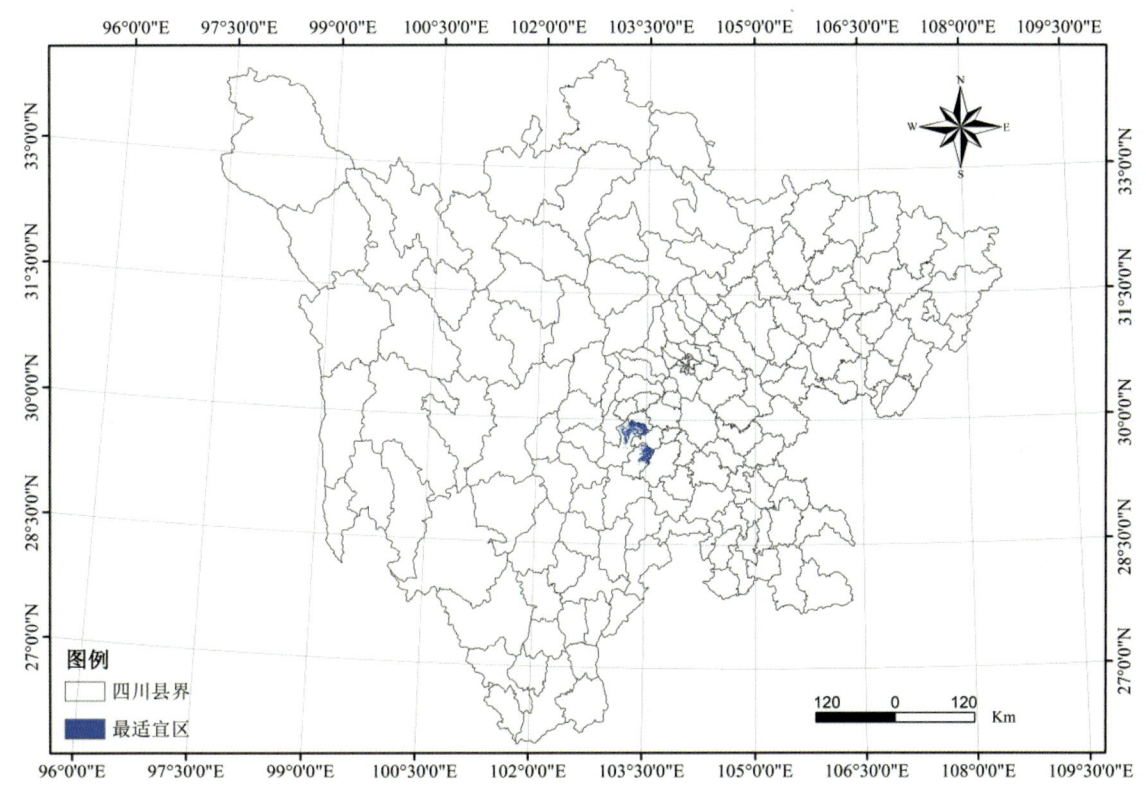

图4-248 虎杖最适宜区示意图

表4-123 虎杖最适宜区面积（km²）

区县	面积	区县	面积
洪雅县	419	峨眉山市	282

【基地建设】四川省虎杖药材主要为野生，巴州区、万源等地有大面积的人工栽培基地。

五十九、黄连生产区划

【来源】 为毛茛科植物三角叶黄连 Coptis deltoidea C.Y.Cheng et Hsiao 的干燥根茎，习称"雅连"。同属植物黄连 Coptis chinensis Franch. 习称"味连"，在四川也有栽培。

【道地沿革】 始载于《神农本草经》，列为上品。《名医别录》载："黄连生巫阳川谷及蜀郡（今四川）、太山。二月、八月采。"《唐本草》："蜀道者粗大节平，味极浓苦，疗渴为最。"《本草纲目》："今虽吴、蜀皆有，惟以雅州（雅安）、眉州者（洪雅、峨眉山）为良。"可见四川自古以来就是黄连的道地产区。《洪雅县志》记载："雅连于1740年即在峨眉山开始栽培，产于今峨眉山龙池、净水等乡镇和洪雅县之张村、高庙、炳灵等地。

以根茎单枝、粗大、味浓苦者为佳。

【性味归经】 苦，寒。归心、脾、胃、肝、胆、大肠经。

【功能主治】 清热燥湿，泻火解毒。用于湿热痞满，呕吐吞酸，泻痢，黄疸，高热神昏，心火亢盛，心烦不寐，血热吐衄，目赤，牙痛，消渴，痈肿疔疮。外治湿疹，湿疮，耳道流脓。酒黄连善清上焦火热，用于目赤，口疮。姜黄连清胃和胃止呕，用于寒热互结，湿热中阻，痞满呕吐。萸黄连舒肝和胃止呕，用于肝胃不和，呕吐吞酸。

【药理作用】

1. 对消化系统的作用

（1）对胃肠运动的作用。黄连水煎剂对家兔离体小肠的运动有双向调节作用，低浓度药液（0.05 g/ml、0.10 g/ml）对家兔离体十二指肠和空肠运动有增强作用，且随浓度的增大而减弱；高浓度（0.20 g/ml、0.40 g/ml、0.80 g/ml）则表现出抑制作用，并随浓度的逐渐增大其抑制作用由强变弱。低浓度小檗碱（0.2 μg/ml）和黄连总生物碱（0.2 μg/ml）均可增加豚鼠离体结肠的运动，而高浓度小檗碱（200 μg/ml）、巴马汀（200 μg/ml）以及黄连总生物碱（200 μg/ml）则可抑制其运动；浓度为 0.2~20 μg/ml 的小檗碱、巴马汀和黄连总生物碱可显著对抗乙酰胆碱，黄连总生物碱可显著减少大鼠离体胃平滑肌的收缩振幅，对抗 5-羟色胺引起的大鼠胃条收缩。

（2）保护胃肠黏膜。黄连总生物碱（50 mg/kg、100 mg/kg、200 mg/kg）灌胃可显著抑制幽门螺杆菌脂多糖诱导的胃黏膜上皮细胞凋亡，同时抑制 NOS-2 的表达，增强 cNOS 的表达，并抑制血清中 TNF-α 的含量，其机制可能通过影响 cNOS 和 NOS-2 的表达调节 NO 的生成，并抑制 TNF-α 生成，抑制胃炎时黏膜细胞的凋亡，减轻胃部炎症反应。黄连总生物碱 150 mg/kg 灌胃能显著对抗 DSS 诱发溃疡性结肠炎小鼠疾病活动指数（DAl）的增高，减轻结肠黏膜损伤；逆转结肠组织 MDA 含量、MPO 活性、ICAM-1、NF-KB 和 p65 表达的明显升高及 SOD 活性的下降，提示黄连总碱可能通过抗氧自由基作用，抑制炎性细胞活化、迁移及 NF-κB 激活，缓解小鼠结肠炎症。黄连总生物碱按 120 mg/kg、360 mg/kg 灌胃可呈剂量依赖性抑制无水乙醇所致大鼠胃黏膜损伤，其机制可能与抑制胃酸过度分泌，抑制胃黏膜 NO 含量下降，阻遏胃黏膜·OH、MDA 升高以及恢复 SOD 活力有关，而与胃黏液分泌无关。

（3）止泻。10 mg/kg 小檗碱灌胃，能降低霍乱毒素引起大鼠腹泻的发生率、严重程度及延长潜伏期，也能预防致死剂量的霍乱毒素引起的幼兔腹泻，且能延长其存活时间；0.06~20 mg/kg 小檗碱灌胃，能减少峻泻药盒果藤根引起犬腹泻的次数、严重程度和延长潜伏期。

2. 对神经系统的作用

（1）改善学习记忆能力。黄连总碱每日 110 mg/kg、55 mg/kg 和小檗碱每日 100 mg/kg 能明显改善铝过负荷大鼠的学习记忆能力障碍，明显减轻铝过负荷大鼠海马神经细胞的损伤，明显阻遏铝过负荷大鼠海马组织 MDA 含量的增加和 SOD 活性的降低，且黄连总碱的作用强于小檗碱，并呈显著剂量依赖性，保护铝过负荷致大鼠脑损伤引起的学习记忆功能障碍。

（2）脑缺血再灌注保护作用。黄连提取液 15 mg/kg 灌胃能使右侧大脑中动脉局灶性脑缺血再灌注大鼠（线栓法）IL-1β 和 CRP 含量显著降低，抑制炎症反应，减少脑缺血再灌注损伤，其机制可能与降低 IL-1β 含量有关。小檗碱 0.006 mmol/L、0.012 mmol/L、0.024 mmol/L 可以抑制体外缺氧臭氧损伤诱导的大鼠脑血管内皮细胞 ICAM-1 蛋白和 mRNA 高表达，并在基因水平存在着药物浓度越高抑制作用越强的趋势。

3. 对代谢的作用

（1）降血糖。黄连水煎液（1 g/kg、2.5 g/kg、5 g/kg、10 g/kg）灌胃，能降低正常小鼠的血糖，其作用强度与剂量相关。小檗碱 50 mg/kg 灌胃正常小鼠，一次给药，2~4 h 内，降血糖作用最强，6 h 时作用减弱；对葡萄糖和肾上腺素性血糖升高亦有降低作用；连续灌胃 15 d，对自发性糖尿病小鼠及四氧嘧啶糖尿病小鼠均有降血糖作用。酒蒸黄连 21 g/kg、42 g/kg、83 g/kg 均能明显降低血清 FBG、GHb、GSP 及血清 LD 的含量，在降低血糖的同时而不引起血乳酸的增加，改善糖耐量及胰岛素耐量的异常。

（2）降血脂。小檗碱每日 28 mg/kg、112 mg/kg 灌胃，能降低高脂血症兔血清中的 TC、TG 和 LDL-C 水平，减轻肝细胞脂肪变性和水样变性，上调 LDLR 和 SR-B1 基因 mRNA 的表达水平；实时荧光定量 PCR 检测结果显示，同剂量的小檗碱还可降低 PPARγ mRNA 表达，上调 INSIG-2 mRNA 表达，说明小檗碱具有明显的调血脂作用。小檗碱 1.5 ml/d（相当于 60 mg/ml）灌胃能使链脲佐菌素（STZ）加高脂饮食诱导 2 型糖尿病大鼠糖化血红蛋白（HbAlc）含量明显下降，TC、LDL-C 和 TG 含量明显降低。

4. 抗肿瘤

黄连水提物 10 mg/ml 能明显抑制 TNF-α、IL-1β 诱导肝癌细胞 McA-RH777 细胞系的 NO 生成，并降低细胞 iNOS 蛋白和 mRNA 的含量。浓度为 0.5 mol/L 的小檗碱对体外肝癌细胞有明显的抑制作用，并可使癌细胞发生凋亡；流式细胞仪的检测结果显示：浓度为 50 μmol/L 的小檗碱在 G1 峰前有明显的凋亡峰。小檗碱 ≥ 1 μmol/L 可抑制脱氧胆酸诱导的 HT-29 人结肠癌细胞增殖，抑制 COX-2 mRNA 和 COX-2 蛋白表达及 PGE_2 合成，下调脱氧胆酸诱导的 HT-29 细胞 AP-1 表达，随浓度增加其表达下降，以上作用均呈浓度 - 时间依赖性。

5. 抗炎

黄连水煎液 0.75 g/kg、1.5 g/kg、3.0 g/kg 连续灌胃 5 d，对二甲苯所致小鼠耳廓肿胀和醋酸致腹腔毛细血管通透性增加均有明显抑制作用。

【品质研究】曾洁萍等比较了不同基源黄连（雅连、味连）治疗急性感染性腹泻疗效差异。方法：急性感染性腹泻（胃肠湿热证）的患者，随机分为 2 组，雅连组口服雅连提取物 3 g，每日 3 次，味连组口服味连提取物 3 g，每日 3 次，疗程 3 d。结果：共有 130 例受试者入组，其中味连组 65 例、雅连组 65 例；治疗 3 d 后比较，两组疾病疗效差异无统计学意义（$P > 0.05$），雅连与味连相当；治疗 3 d 后比较，两组主证（大便次数）改善程度差异有统计学意义（$P < 0.05$），雅连优于味连；味连组和雅连组均无不良事件发生。雅连在改善大便次数方面优于味连；两种基源黄连

中，雅连可能更能代表黄连清热燥湿、泻火解毒之功。

【原植物】三角叶黄连：根状茎黄色，不分枝或偶分枝，节间明显，密生多数细根，具横走的匍匐茎。叶 3~11 枚，质地较硬，触之有刺手感；叶片轮廓卵形，稍带革质，长达 16 cm，宽达 15 cm，三全裂，裂片均具明显的柄；中央全裂片三角状卵形，长 3~12 cm，宽 3~10 cm，顶端急尖或渐尖，4~6 对羽状深裂，深裂片彼此多少邻接，边缘具极尖的锯齿；侧全裂片斜卵状三角形，长 3~8 cm，不等二裂，表面沿脉被短柔毛或近无毛，背面无毛，两面的叶脉均隆起；叶柄长 6~18 cm，无毛。花葶 1~2，比叶稍长；多歧聚伞花序，有花 4~8 朵；苞片线状披针形，三深裂或栉状羽状深裂；萼片黄绿色，狭卵形，长 8~12.5 mm，宽 2~2.5 mm，顶端渐尖；花瓣约 10 枚，近披针形，长 3~6 mm，宽 0.7~1 mm，顶端渐尖，中部微变宽，具蜜槽；雄蕊约 20，长仅为花瓣长的 1/2 左右；花药黄色，花丝狭线形；心皮 9~12，花柱微弯。蓇葖长圆状卵形，长 6~7 mm，心皮柄长 7~8 mm，被微柔毛。花期 3~4 月，果期 4~6 月。见图 4-249。

图4-249　三角叶黄连原植物（方清茂摄）

黄连：根状茎黄色，常分枝，密生多数须根。叶有长柄；叶片稍带革质，卵状三角形，宽达 10 cm，三全裂，中央全裂片卵状菱形，长 3~8 cm，宽 2~4 cm，顶端急尖，具长 0.8~1.8 cm 的细柄，3 或 5 对羽状深裂，在下面分裂最深，深裂片彼此相距 2~6 mm，边缘生具细刺尖的锐锯齿，侧全裂片具长 1.5~5 mm 的柄，斜卵形，比中央全裂片短，不等二深裂，两面的叶脉隆起，除表面沿脉被短柔毛外，其余无毛；叶柄长 5~12 cm，无毛。花葶 1~2 条，高 12~25 cm；二歧或多歧聚伞花序有 3~8 朵花；苞片披针形，三或五羽状深裂；萼片黄绿色，长椭圆状卵形，长 9~12.5 mm，宽 2~3 mm；花瓣线形或线状披针形，长 5~6.5 mm，顶端渐尖，中央有蜜槽；雄蕊约 20，花药长约 1 mm，花丝长 2~5 mm；心皮 8~12，花柱微外弯。蓇葖长 6~8 mm，柄约与之等长；种子 7~8 粒，长椭圆形，长约 2 mm，宽约 0.8 mm，褐色。花期 2~3 月，果期 4~6 月。

【生物学特性】喜凉爽、潮湿环境，忌高温和强光。苗期耐光能力特别弱，栽培需要搭棚荫蔽。随着生长年限的增加，其耐光能力逐渐增强。根浅，分布于 5~10 cm 的土层，适宜表土疏松肥沃、有丰富的腐殖质、土层深厚的微酸性土壤，pH 值 5.5~6.5。

【栽培技术】 黄连的种植有选种、育苗、移栽等过程。一般育苗 2 年后移栽，春、夏、秋季均可移栽，栽后前 3 年，应及时补苗、除草。移栽 3~4 年的黄连，每年除草 3 或 4 次。从第 2 年起，除留种植株外，均应及时摘除花苔。在种植栽培过程中，要根据种植年限和植物的生长要求，调整荫棚的郁蔽度。熟土栽连，最好与玉米、黄豆、马铃薯等作物轮作。

1. 选地

选择土壤深厚、疏松肥沃、富含腐殖质、排水力强、通透性能良好的油竹杂木林地，土壤以微酸性至中性、地势以早晚有斜光照射、不超过 30°的缓坡地为宜。忌连作。

2. 栽种时期

每年有 3 个时期可以栽种：第一时期在 2~3 月雪化后，黄连新叶未长出前，栽后成活率高，移栽后不久即发新叶，长新根，生长良好，入伏后，死苗少，是比较好的栽连时间，群众称为"栽老叶子"；第二个时期是在 5~6 月，此时新叶已经长成，秧苗较大，栽后成活率高，生长亦好，群众称为"栽登苗"。但不宜在 7~8 月栽培，因气温高，栽后死苗多，脱窝严重，生长亦差；第三个时期在 9~10 月，栽后不久即进入霜期，扎根未稳，就遇冬天冰冻，易受冰冻拔苗，成活率低，在低暖无冰冻地区，才在此时栽种。准备秧苗：栽前从苗床中拔取粗壮的秧苗。拔苗时用右手的食指和大拇指捏住苗子的小根茎拔起，抖去泥土，放入左手中，根茎放在拇指一面，秧头放整齐，须根理顺，不可弯曲，100 株捆成一把。拔苗时须根多已受损，失去生机，栽后须重生新根，故栽前在距头部 1 cm 处，剪去过长的须根。如果采用"通杆法"移栽，须根应留长一些，1.2~2 cm。剪须根后，用水把秧苗根上的泥土淘洗干净，栽时操作方便，根茎易与土壤接触诱发新根，同时秧苗吸收了水分，栽时秧苗新鲜，栽后容易成活。通常上午扯秧子，下午栽种，最好当天栽完；如未栽完，应摊放在阴湿处，第二天栽前仍须用水浸湿后再栽。用钼酸铵 1~2∶500 的水溶液浸根 2 h，能促进幼苗发根，加速长势；用高锰酸钾 0.5~1∶500 水溶液浸根 2 h，也有加速发根和生长的作用。

3. 栽种方法

秧苗须在阴天或晴天栽种，不可在雨天进行，因为雨天会踩紧畦面，使秧苗糊上泥浆，不易成活。栽种方法有 3 种：一是"栽背刀"，用具为专用木柄心形小铁铲。栽时右手握铲，并用拇、食、中指兼拿秧苗一把，左手从右手中取 1 株秧苗，用拇、食、中指拿住苗子的上部，随即将铁铲垂直插入土中，深 4~6 cm，并向胸前平拉 2~3 cm，使成一小穴，把秧苗端正地插入穴中，立刻取出小铲，推土向前掩好穴口，用铲背压紧秧苗。由上至下，边栽边退，并随之弄松畦土，弄平脚印。栽苗不宜过浅，一般适龄苗应使叶片以下完全入土，最深不超过 6 cm，方易成活，行株距通常为 10 cm，正方形栽植，每亩可栽 5.5 万 ~6 万株。二是"栽杀刀"，即用铁铲压住秧苗须根直插入土。这种栽法栽得快，但成活率不及"栽背刀"高，一般少采用。三是"栽通杆"，栽时一手拿秧苗，另一手食指压住根茎，插入土中，食指稍加旋转，抽出手指，随即推土掩盖指孔。此法栽苗较快，成活率也高。

4. 田间管理

应经常除草。除施足基肥外，每年应多次追肥培土，前期多施氮肥，后期以磷钾肥为主。生长期间，随着苗龄增长，逐年减少郁闭度，如林间栽连，自第三年起应注意疏枝，调节郁闭度为 50%；第四年 30% 左右，第五年 20% 左右。

5. 病虫害防治

病害：有白粉病，在发病初期喷射庆丰霉素 80 单位 2~3 次；炭疽病，用 1∶1∶100 的波尔多液喷雾防治；白绢病，常于6月初发病，用50%多菌灵粉剂800倍液淋喷。虫害应在4月初用40%乐果乳油1 500倍液喷杀红蜘蛛及叶蝉。

【采收加工】栽培黄连以生长5~6年采收为宜，季节以秋末冬初雪前挖取为佳。挖出根茎，除净泥土，剪去须根及茎叶，烘干，趁热装入"撞笼"内撞净须根及泥沙。见图4-250。

【适宜区与最适宜区】

1. 生态环境

生于海拔900~2 500 m的山区寒湿的林荫下、石壁上。

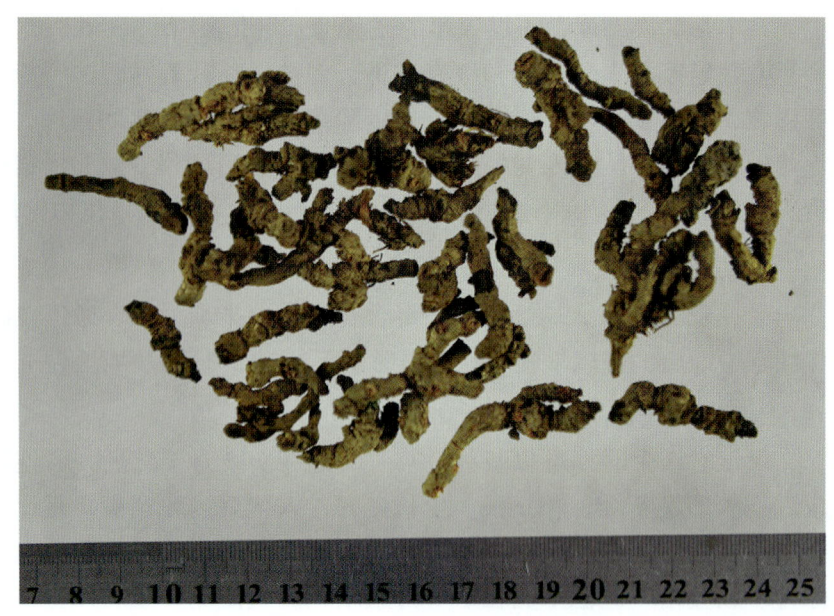

图4-250 黄连药材（舒光明摄）

2. 生态因子

年均气温13~17 ℃，1月平均气温5~10 ℃，7月平均气温20~26 ℃，年降水量1 000~1 500 mm。

3. 适宜区

黄连的适宜区为四川省海拔1 000~2 500 m的凉爽、湿润的山区，包括峨眉、洪雅、峨边、金口河、彭州、沙湾、雷波、雅安、芦山、马边等地。见图4-251。

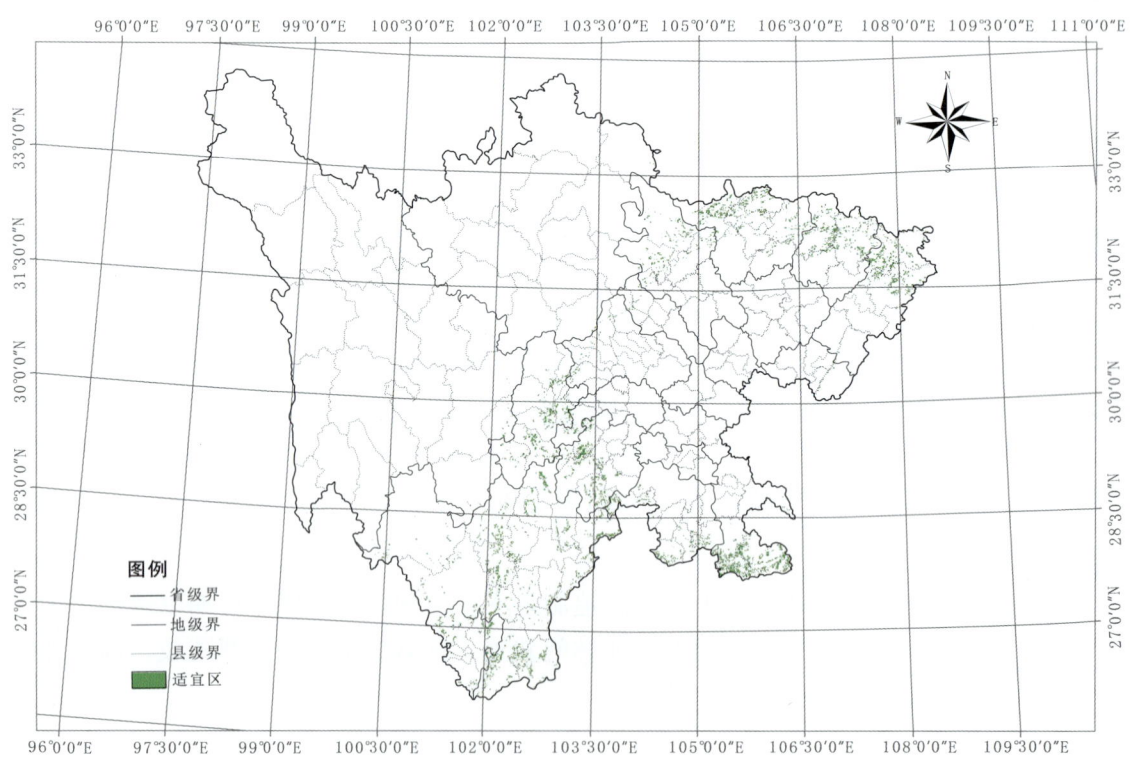

图4-251 黄连适宜区示意图

表4-124 黄连适宜区面积（km²）

区县	面积	区县	面积	区县	面积	区县	面积
丹巴县	1	平昌县	20	都江堰市	74	石棉县	230
中江县	1	布拖县	29	金阳县	75	宁南县	234
犍为县	2	邻水县	30	安县	84	汉源县	275
蒲江县	2	沙湾区	30	昭化区	90	米易县	306
通川区	2	松潘县	33	冕宁县	105	天全县	311
达川区	3	大竹县	35	盐源县	105	洪雅县	338
恩阳区	3	越西县	39	茂县	115	朝天区	361
金堂县	3	美姑县	42	珙县	116	会理县	366
龙泉驿区	3	华蓥市	43	宝兴县	120	荥经县	375
喜德县	5	东区	45	合江县	165	盐边县	414
名山区	6	剑阁县	45	兴文县	173	峨边县	430
西区	7	昭觉县	45	芦山县	175	宣汉县	443
丹棱县	8	普格县	49	德昌县	181	雷波县	455
九龙县	8	崇州市	50	西昌市	187	马边县	463
木里县	9	九寨沟县	52	峨眉山市	189	仁和区	493
渠县	9	泸定县	59	江油市	189	旺苍县	537
前锋区	11	什邡市	59	沐川县	195	通江县	573
康定市	12	邛崃市	62	屏山县	196	北川县	577
高县	13	彭州市	65	会东县	201	南江县	579
理县	13	苍溪县	68	汶川县	205	叙永县	656
开江县	16	金口河区	69	甘洛县	221	青川县	669
长宁县	19	叙州区	71	筠连县	221	万源市	801
巴州区	20	大邑县	73	利州区	224	平武县	882
夹江县	20	绵竹市	73	雨城区	224	古蔺县	918

4. 最适宜区

黄连的最适宜区为四川省海拔 1 200~1 800 m 的凉爽、湿润的山区，包括峨眉山区的龙池、洪雅黑山、黑林、高庙等地。见图 4-252。

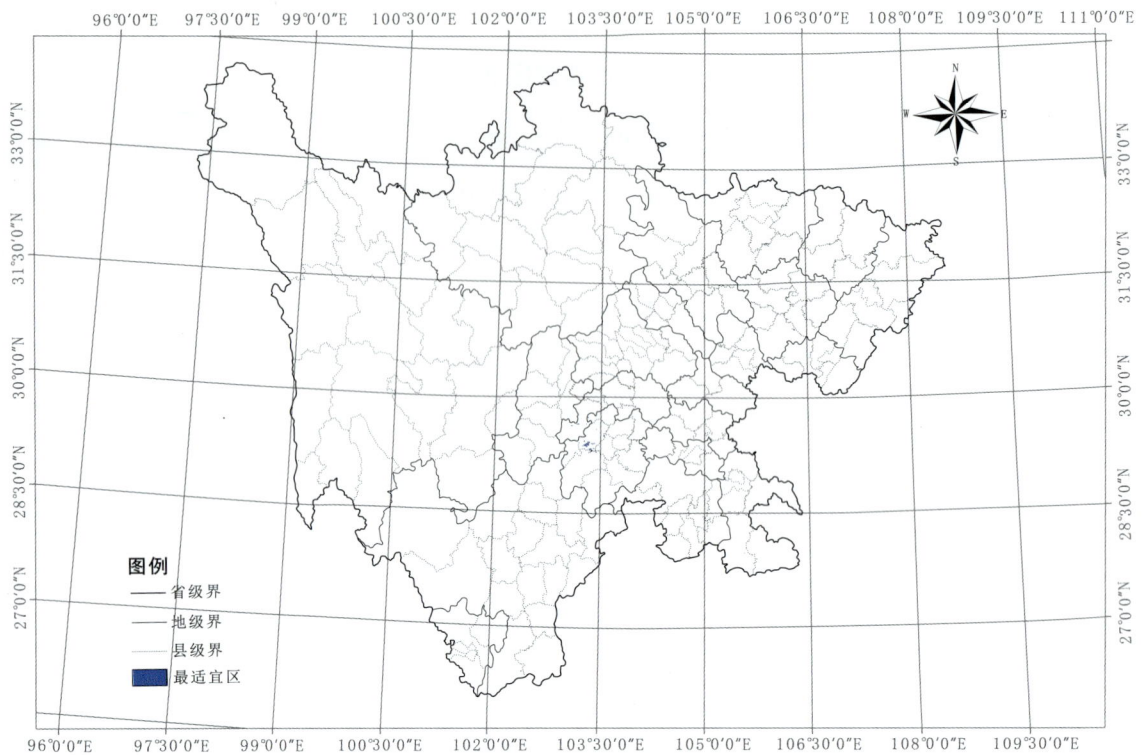

图4-252 黄连最适宜区示意图

表4-125 黄连最适宜区面积（km^2）

区 县	面 积	区 县	面 积
洪雅县	50	峨眉山市	100

【基地建设】 四川省在峨眉山龙池、洪雅县建立了黄连GAP规范化栽培基地。在洪雅县七里坪建立了雅连保存基地，面积40亩。

六十、川牛膝生产区划

【来源】 为苋科植物川牛膝 Cyathula officinalis Kuan 的根。

【道地沿革】 川牛膝之名始见于唐·蔺道人《仙授理伤续断秘方》，在本草学著作中始见于兰茂的《滇南本草》："川牛膝主产四川而得名，历来以四川天全县产者为最佳。"明清以来，川牛膝在方书中频频出现。如明·李时珍《本草纲目》云："牛膝处处有之，惟北土及川中人家栽莳者为良。"明·贾九如《药品化义》："取川产而肥润根长者佳，去芦根用。"清·汪昂《本草备要》："出西川及怀庆府，长大肥润者。"根据文献记载及实地调查，川牛膝以主产四川而得名，四川是川牛膝传统的道地产区，历来以天全县产者质量为佳。清·雍正《叙州府志》、清·乾隆《直隶达州志》、民国《四川通志》、清·同治《仁寿县志》、明清《营山县志》、民国《北川县志》、清·光绪《雷波县志》、清·光绪《盐源县志》、清·光绪《越西县志》等均记载产川牛膝（牛膝）。20世纪60年代，四川省资源普查，编写了《四川中药志》，记载天全牛膝原植物为苋

续表

区县	面积	区县	面积	区县	面积	区县	面积
康定市	10	米易县	87	朝天区	186	北川县	675
青川县	11	雨城区	98	喜德县	195		
仁和区	12	崇州市	105	江油市	206		
沙湾区	12	峨眉山市	109	普格县	219		

4. 最适宜区

川牛膝的最适宜区为海拔 1 300~1 800 m、年降水量 1 500 mm 以上的山区，包括天全、宝兴、金口河等地。见图4-256。

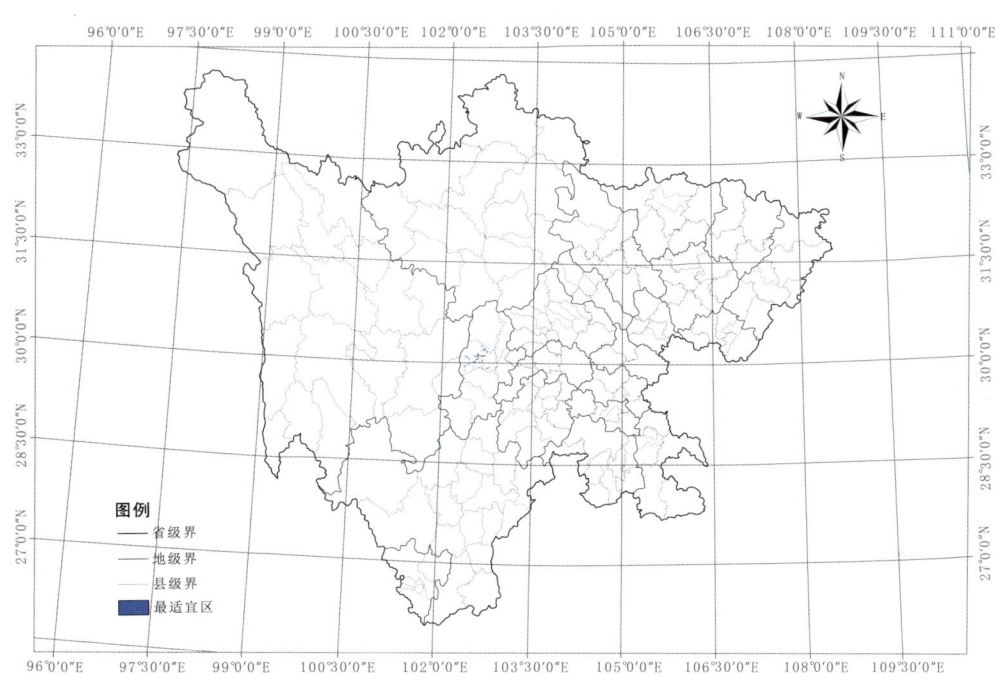

图4-256　川牛膝最适宜区示意图

表4-127　川牛膝最适宜区面积（km²）

区县	面积	区县	面积
宝兴县	241	天全县	404

【基地建设】四川省在宝兴、天全建立了规范化栽培实验区。乐山、金口河建立了川牛膝生产基地。

六十一、天麻生产区划

【来源】为兰科植物天麻 Gastrodia elata Bl. 的干燥块茎。

【道地沿革】原名赤箭，始载于《神农本草经》，列为上品。天麻之名，则见于《雷公炮炙论》。宋《开宝本草》记载："生郓州、利州（广元、旺苍）、太山、劳山诸处。"民国《北川县志》记载"药材有明天麻"。《药物出产辨》："四川、云南、陕西汉中所产者佳。"天麻的道地产区包括四川、陕西、贵州、山东、河南、湖南、辽宁等省，以四川分布最广，产量最大，其中，广元、宜宾、峨眉山以及凉山彝族州、甘孜州、阿坝州、雅安市为天麻的著名产区，宜宾产者佳，过去多为川帮所经营，故称为"川天麻"。

以质坚实沉重、有鹦哥嘴、断面明亮、无空心者质佳。

【性味归经】甘，平。归肝经。

【功能主治】息风止痉，平抑肝阳，祛风通络。用于小儿惊风，癫痫抽搐，破伤风，头痛眩晕，手足不遂，肢体麻木，风湿痹痛。

【药理作用】

1. 对神经系统的作用

（1）镇静、镇痛。采用小鼠热板法和扭体法，灌胃30%、45%天麻提取液0.1 ml/10 g，对热板法所致疼痛的镇痛作用有剂量依赖性。但镇痛疗效的维持时间均低于60 min，对醋酸所致扭体反应，其潜伏期随天麻提取液剂量的增加而延长，15 min扭体次数随天麻提取物剂量的增加而减少。天麻水浸剂1~10 g/kg，腹腔注射均能明显抑制小鼠自发活动，对抗咖啡因的兴奋作用，增加氯丙嗪的抑制作用，抑制苯丙胺的兴奋作用；天麻醇提物10 g/kg、20 g/kg灌胃小鼠，连续1周，能明显抑制正常小鼠的自发活动，提高角加速度旋转后小鼠自主活动度，改善旋转后小鼠厌食症状，提高旋转后小鼠在迷宫中的空间辨别能力。

（2）抗血管性痴呆。采用改良四血管闭塞法建立血管性痴呆大鼠模型，天麻素每日灌胃80 mg/kg、40 mg/kg，能提高血管性痴呆大鼠学习记忆能力，减少海马p53免疫阳性神经元，以高剂量天麻素组效果更显著。采用左侧大脑中动脉梗死方法制造大鼠血管性痴呆模型，天麻素30 mg/kg、15 mg/kg，静脉注射给药，连续3 d，以及采用过氧化氢（H_2O_2）制备PC12细胞氧化应激损伤模型，天麻素可显著提高血管性痴呆大鼠的学习记忆能力，并降低脑内乙酰胆碱酯酶AchE的活性，可提高脑内胆碱乙酰转移酶ChAT的活力，显著降低谷氨酸Glu含量；天麻素对PC12细胞H_2O_2损伤有显著的保护作用，提高细胞内SOD和总ATP酶活力，降低细胞内MDA和LD含量。天麻素能提高血管性痴呆大鼠的学习记忆能力，其作用机制可能与脑内胆碱能系统，改善细胞能量代谢，清除脑内自由基相关。

（3）抗阿尔茨海默病。以β-淀粉样肽25-35片段（Aβ25-35）20 mol/L诱导原代培养的大鼠大脑皮层、海马神经细胞建立阿尔茨海默病细胞模型，天麻素（25 μg/ml、50 μg/ml、100 μg/ml）对Aβ25-35诱导的培养神经元可改善细胞形态学变化，明显提高细胞活力，减少乳酸脱氢酶（LDH）释放，表明天麻素具有预防和治疗AD的潜在功效。

（4）抗帕金森病。给6-羟基多巴胺建立大鼠帕金森病模型每日腹腔注射天麻提取液0.8 g/kg、0.4 g/kg、0.2 g/kg，能降低阿扑吗啡引起的向损伤对侧旋转的数目，而且显著减少多巴胺的损耗，使其他含量恢复正常，并呈现一定的量效关系。每日腹腔注射天麻素0.8 g/kg、0.4 g/kg、0.2 g/kg，对脑室内注射6-羟基多巴胺建立大鼠帕金森模型可升高多巴胺/高香草酸（DA/HVA）比值。

（5）抗癫痫。对戊四氮腹腔注射建立的癫痫模型大鼠静脉注射天麻素30 mg/kg，可降低海马兴奋性氨基酸神经递质受体GIU和提高海马抑制性神经递质受体GABA的活性与表达，降低大脑皮质的兴奋性，从而抑制癫痫的形成及发展。天麻素灌胃200 mg/kg、100 mg/kg对戊四氮腹腔注射建立的癫痫模型大鼠可减轻戊四氮致病大鼠海马区神经元、星形胶质细胞和血管内皮细胞的损伤，升高CD34的蛋白表达。

（6）改善学习记忆能力。天麻醇提物 20 g（生药）/kg、30 g（生药）/kg 灌胃东莨菪碱、亚硝酸钠、乙醇所致的记忆损伤模型小鼠，能明显减少小鼠跳台错误次数，具有改善模型动物学习记忆能力的作用。天麻水煎液 4.8 g（生药）/kg 灌胃，对 D-半乳糖所致衰老模型小鼠能减少模型小鼠的跳台错误次数，改善模型小鼠学习记忆能力。天麻药液 2 g/kg、4 g/kg 灌胃老龄 Wistar 大鼠，连续 3 个月，亦能改善其学习记忆能力。

2. 对心脏的作用

乌天麻水煎剂 5 g/kg、2.5 g/kg 给大鼠灌胃，连续 14 d，采用 Langedorff 离体心脏灌流，乌天麻水煎剂能明显抑制 I/R 引起的 LVDP 和 CF 的下降，提高心肌 SOD 活力和降低 MDA 含量，明显减轻 I/R 引起的心肌超微结构的损伤性改变。给 BALB/C 小鼠灌胃天麻素注射液 0.2 ml/10 g，对接种柯萨奇 B3 病毒建立的病毒性心肌炎模型具有抑制病毒性心肌炎心肌细胞的凋亡、降低 Caspase-3 蛋白的表达的作用，通过 Caspase-3 通路的调节，对心肌细胞起到保护作用。

3. 保肝

对卡介苗加脂多糖（BCG+LPS）联合致免疫性肝损伤模型小鼠灌胃天麻多糖 50 mg/kg、100 mg/kg，能明显降低血清中的 AST 和 ALT，以及 TNF-α 和 IL-1 的含量，降低肝脏中 MDA 水平，提高过低的 SOD 以及 GSH-Px 活性，提高脾脏中 T、B 淋巴细胞的增殖能力。

天麻素（1 000 mg/kg、500 mg/kg、300 mg/kg）对灌胃四氯化碳致肝损伤模型小鼠，能显著降低小鼠血清 AST、ALT 的活性，降低小鼠肝组织中 MDA 含量，提高肝组织 NO 的含量和 SOD、iNOS 的活性。天麻素 25 mg/L 对乙醇诱导肝细胞株 L02 损伤模型具有减轻细胞损伤的作用，并可降低损伤的肝细胞内 ROS 的含量，增加细胞线粒体膜电位和 ATP 的水平。

4. 抗血栓

在体外实验中，天麻提取物 G2 能抑制由二磷酸腺苷（ADP）诱导的血小板聚集，并呈现浓度依赖性，其 IC50 为 1.217 mg/ml；天麻提取物 G2 在浓度 2.4 mg/ml、1.2 mg/ml 时，能明显抑制由血小板活化因子（PAF）诱导的血小板聚集。天麻乙酸乙酯提取物 8 mg/ml 对二磷酸腺苷（ADP）诱导的家兔体外血小板聚集具有明显的拮抗作用。天麻素在 0.034 mmol/L、0.34 mmol/L、3.4 mmol/L 能一定程度地抑制体外二磷酸腺苷（ADP）、花生四烯酸（AA）、血小板活化因子（PAF）3 种诱导剂诱导的离体家兔血小板聚集的聚集率。

5. 抗衰老

30% 天麻注射液 0.003 ml 给小鼠腹腔注射，连续 7 d，对氟哌啶醇建立的拟衰老痴呆动物模型能升高 SOD、GSH-Px 含量，具有一定的延缓衰老的作用。天麻多糖 100 mg/kg、200 mg/kg、300 mg/kg 灌胃自然衰老小鼠，连续 32 d，大剂量的天麻多糖可显著提高衰老小鼠血清、肝、脑、心组织中 SOD 和 CAT 活性，明显抑制衰老小鼠血清、肝、脑、心组织中 MDA 的形成，可显著提高衰老小鼠血清中 GSH-Px 的活性。

【品质研究】乔怀耀等采用 HPLC 法检测不同产地天麻中的天麻素含量。结果四川省金口河地区所产乌天麻中天麻素含量最高。结论金口河地区乌天麻是优良的天麻栽培品种资源，尽快建立符合国家 GAP 要求的天麻基地切实可行。

黄先敏等采用回流醇沉法提取 5 个天麻主产区天麻中的多糖，用蒽酮比色法测定其多糖的含量。结果云南昭通天麻的多糖含量最高，为 25.04%；其次是陕西略阳天麻，为 23.46%；四川汶川天麻为 23.41%；含量较低的是贵州青龙天麻（20.67%）和湖北神农架天麻（20.28%）。不同产地天麻多糖的含量存在显著差异。

图4-257 天麻原植物（方清茂摄）

【原植物】腐生草本，全株不含叶绿素。高30~100 cm，有时可达2 m；根状茎肥厚，块茎状，椭圆形，肉质，长8~12 cm，直径3~5（7）cm，具较密的环节，节上被许多三角状宽卵形的鞘。茎直立，橙黄色、黄色、灰棕色或蓝绿色，下部被数枚膜质鞘。总状花序长5~30（50）cm，通常具30~50朵花；花苞片长圆状披针形，长1~1.5 cm，膜质；花梗和子房长7~12 mm，略短于花苞片；花扭转，橙黄、淡黄、蓝绿或黄白色，近直立；萼片和花瓣合生成的花被筒长约1 cm，直径5~7 mm，近斜卵状圆筒形，顶端具5枚裂片，但前方亦即两枚侧萼片合生处的裂口深达5 mm，筒的基部向前方凸出；外轮裂片（萼片离生部分）卵状三角形，先端钝；内轮裂片（花瓣离生部分）近长圆形，较小；唇瓣长圆状卵圆形，长6~7 mm，宽3~4 mm，3裂，基部贴生于蕊柱足末端与花被筒内壁上并有一对肉质胼胝体，上部离生，上面具乳突，边缘有不规则短流苏；蕊柱长5~7 mm，有短的蕊柱足。蒴果长圆形至倒卵状椭圆形，长1.4~1.8 cm，宽8~9 mm。种子细小粉末状。花果期5~7月。见图4-257。

【生物学特性】天麻无根、无绿色叶片，不能进行光合作用制造营养，而是必须与白蘑科真菌蜜环菌〔*Armillariella mellea* (Vahk ex Fr.) Karst.〕和紫萁小菇（*Mycena osmundicola*）共生，才能使种子萌芽，形成圆球茎，并生长成为常见的天麻块茎。紫萁小菇为种子萌发提供营养，蜜环菌为原球茎长成天麻块茎提供营养。

喜凉爽、湿润环境，怕冻，怕旱，怕高温，怕涝。天麻在2年生活周期中，除有性期约70 d在地表外，常年以块茎潜居于土中。

【栽培技术】以无性繁殖和有性繁殖交替进行。

1. 菌材培育

（1）选用优质、健壮的蜜环菌，具有"三高三新"的特征。即：成活率高、发芽率高、产量高；新菌材、新麻种、新方法。

（2）段木选择与准备。以青杠、麻栎、栓皮栎、小板栗、锥栎等壳斗科树种为好，直径以6~15 cm为宜，直径大于10 cm的应劈开，同时用刀斧每13~17 cm砍一小口。

（3）培养方法。即采用堆培、坑培和半坑培等方法，接种量应适当多些，同时在培养期间，要经常检查、浇水和注意通气。培养温度保持在15 ℃左右，菌材含水量在80%左右，2~4个月便可成熟。

（4）菌材选择。优质菌材的特征是：①木质较硬，不易腐烂；②菌丝体生长旺盛，尖端有白色生长点，菌丝分布均匀；③菌材新鲜未腐烂。注意菌素变黑的菌材不能用于栽培。

2. 麻种与场地选择

用于栽培的麻种最好是白麻，个体要完整，没有损伤，单个以20~50 g为宜。麻米也可以作种，用种少，繁殖快，但收获较晚。用于作种的天麻应贮藏在地下室或凉爽的地方，地温不能高于15 ℃，否则会萌动。运输时既要防止撞伤，又要严防强光暴晒。

理想的场地要温暖湿润，不要阴冷干燥，一般是林间空隙荒地，沙质土缓坡地，并要有稀疏荫蔽。也可充分利用室内、地下室、窑洞、庭院、房前屋后、木本与藤本植物荫蔽下等空闲隙地栽培，每分地可挖6穴，每穴可种三层，可产干品17~20 kg。也可利用小穴、短棒、细材，人工创造可适应任何地区的气候、环境等新的种植方法。

3. 适时播种

一般民房、防空设施、大棚、空闲地面与厂房都能用于栽培，所需的沙子、树枝、木棒、树叶都是易得到的材料。栽培的方式更是多种多样，盆、箱、筐、床架、地面均可。无性栽培每年11月至次年5月，有性栽培每年4~6月，全国气候温差较大，但因地制宜均可栽培，男女老少均可上阵。

无性栽培1 m²天麻，需投树棒15 kg，沙子、锯末20 kg，蜜环菌2~3瓶，米麻0.3 kg，白麻0.75 kg，6个月后，每平方米产成品麻和小麻约15 kg，价值400元。有性栽培每平方米投蒴果10只，蜜环菌2~3瓶，萌发菌2瓶，树棒15 kg，沙子、锯末（或棉壳、玉米芯）20 kg。当年无性、有性繁殖的麻种与菌材可做第二年的栽培种，不再购麻种，仅此可减少80%开支。

天麻以冬播为主，也可春栽。冬播要在气温15 ℃时播种为佳，过早会影响当年产量，过晚（如10~11月）会影响下年产量。春栽一般在3~4月，气温在10 ℃左右时就要播种。此时种麻虽未萌动，然而蜜环菌已缓慢生长，随着气温的回升，天麻与蜜环菌则很快建立共生关系，进入生长旺季。从种到收150 d左右，播种期为9月至来年5月末之间。

4. 田间管理

天麻大面积以窖栽、沟栽较好，新区小面积则采取菌床栽培；山高、湿度大和土质黏的地方，宜采用高厢栽培，以提高地温，防止湿度过大；室内栽培则多用木箱播种。具体的栽培管理要做到：

（1）场地上保持土壤含水量在50%左右，天旱时要及时浇水，温度高于20 ℃时则应在夜间浇水，防止蒸坏天麻。

（2）控制湿度：连续阴雨要清沟排渍，扒除淤泥；湿度过大时，要耙松表层土，加大蒸发量；暴露出的菌材，要及时覆土。

（3）搭棚遮荫，避免高温烂麻。

（4）防治虫害、鼠害和杂菌：菌材感染少量杂菌时，可通过暴晒杀菌；受害严重的菌材可剔除。

（5）禁止在天麻场地上放牧，避免家畜、野兽践踏。

【采收加工】立冬后至次年清明前采挖，立即洗净，蒸透，敞开低温干燥。见图4-258。

【适宜区与最适宜区】

1. 生态环境

天麻生于海拔 800~2 200 m 山区，腐殖质较多而湿润的林下，向阳灌丛及草坡亦有。

2. 生态因子

宜选腐殖质丰富、疏松肥沃、土壤 pH 值 5.5~6.0、排水良好的砂质壤土栽培。最高气温低于 25℃，年降水量 1 500~1 600 mm，相对湿度 80%~90%，土壤湿度 50%~70%。

图4-258　天麻药材（方清茂摄）

3. 适宜区

天麻的适宜区为四川盆地周围山区，包括凉山州、青川、平武、峨眉、旺苍、广元、荥经、宝兴、达州、雷波、美姑、茂县、汶川、小金、丹巴、泸定、都江堰、古蔺等地。见图4-259。

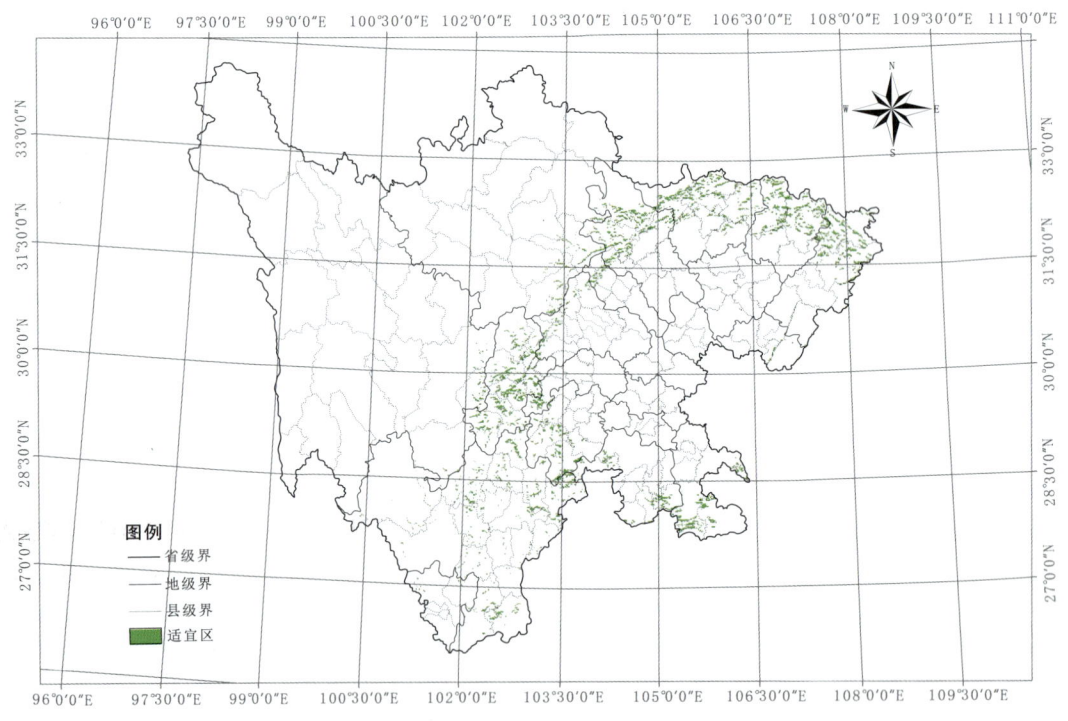

图4-259　天麻适宜区示意图

表4-128　天麻适宜区面积（km²）

区县	面积	区县	面积	区县	面积	区县	面积
犍为县	1	巴州区	31	西昌市	70	峨边县	184
渠县	2	喜德县	34	剑阁县	71	洪雅县	193
恩阳区	3	珙县	36	什邡市	71	汶川县	193

续表

区 县	面 积	区 县	面 积	区 县	面 积	区 县	面 积
名山区	3	彭州市	36	会理县	79	石棉县	203
平昌县	6	九龙县	37	安 县	85	汉源县	218
黑水县	7	德昌县	39	屏山县	87	旺苍县	225
前锋区	10	沐川县	39	合江县	95	马边县	241
宁南县	11	大竹县	40	越西县	96	朝天区	254
普格县	13	理 县	41	泸定县	106	天全县	297
布拖县	14	邻水县	46	芦山县	122	雷波县	304
开江县	18	峨眉山市	48	美姑县	128	荥经县	314
米易县	19	叙州区	50	甘洛县	139	北川县	333
长宁县	19	松潘县	51	会东县	143	叙永县	335
盐边县	21	都江堰市	54	茂 县	143	青川县	338
华蓥市	23	邛崃市	58	宝兴县	155	宣汉县	365
筠连县	23	大邑县	63	江油市	155	平武县	460
盐源县	24	木里县	63	雨城区	163	南江县	495
金口河区	25	绵竹市	64	利州区	165	万源市	558
金阳县	28	昭化区	65	古蔺县	166	通江县	561
康定市	28	昭觉县	65	冕宁县	171		
崇州市	29	苍溪县	69	兴文县	178		

4. 最适宜区

天麻最适宜区为海拔1 100~1 600 m的山区，包括平武豆蔻、老河沟、余家山、大桥乡，荥经县等地。见图4-260。

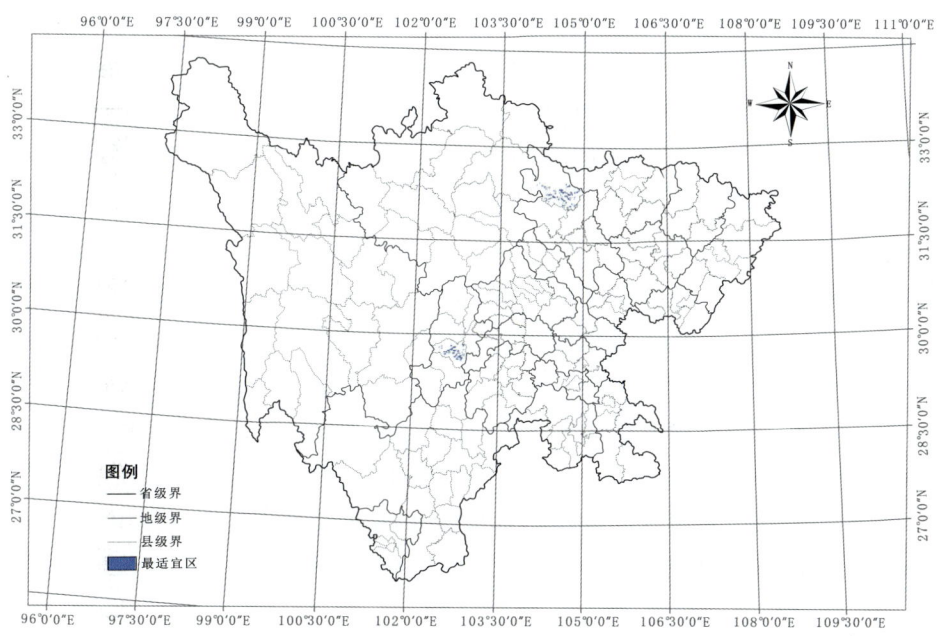

图4-260 天麻最适宜区示意图

表4-129　天麻最适宜区面积（km²）

区　县	面　积	区　县	面　积
荥经县	168	平武县	241

【基地建设】　四川省在平武县建立了天麻规范化种植示范基地，在豆蔻、老河沟、余家山、大桥乡等地的示范面积达0.48 hm²，示范推广22 hm²。荥经县、峨眉山市等地的天麻栽培发展也形成了一定的规模。

六十二、金果榄生产区划

【来源】　为防己科植物青牛胆 *Tinospora sagittata*（Oliv.）Gagnep. 或金果榄 *Tinospora capillipes* Gagnep. 的干燥块根。

【道地沿革】　青牛胆出自《本草纲目拾遗》："金果榄内肉白者良，但有二者，一种味甚苦，一种味酸苦，入药以味苦者良。"《四川中药志》中金果榄又名"地苦胆"。《现代中药材商品通鉴》记载"主产四川、湖南、广西等省"。《中华道地药材》记载金果榄在四川、贵州、湖南亦有分布。以表面棕黄色、皮细有皱纹、质坚实不裂者为佳。

【性味归经】　苦，寒。归肺、大肠经。

【功能主治】　清热解毒，利咽，消肿止痛。用于咽喉肿痛，痈疽疔毒，泄泻，痢疾，脘腹热痛。

【药理作用】

1. 抑菌

金果榄水煎液具有明显的抗菌作用，可抑制金黄色葡萄球菌、表皮葡萄球菌、八叠球菌、洛菲氏不动杆菌等增殖。不同产地（广西崇左、贵州松桃、湖北宜昌、湖北秭归、湖北来凤、湖南湘西）金果榄水煎液1 g/ml稀释至10%、5%、2.5%的浓度，比较对大肠杆菌B、金黄色葡萄球菌、八叠球菌、假单孢杆菌、短小芽孢杆菌的抑制作用，以贵州产抑菌效果较好。金果榄0.25%水煎剂对钩端螺旋体有抑制作用；对结核杆菌、抗酸性分枝杆菌、金黄色葡萄球菌有较强的抑制作用。金果榄中的化学成分古伦宾、异古伦宾、药根碱、金果榄苷、巴马汀，统一浓度2 mg/ml，对金黄色葡萄球菌、大肠杆菌、铜绿假单胞菌、白色念珠菌、枯草芽孢杆菌均有抑菌作用，其中巴马汀抑菌活性最强，药根碱次之，古伦宾、异古伦宾和金果榄苷最弱。

2. 消炎、镇痛

金果榄水煎液对急性炎症、免疫性炎症具有明显的抗炎作用，其强度弱于氢化可的松。给小鼠灌胃金果榄水煎液50 g（生药）/kg，能够明显抑制二甲苯所致小鼠耳廓肿胀，提高肿胀抑制率；明显抑制醋酸所致小鼠腹腔毛细血管通透性的增加。给大鼠灌胃金果榄水煎液50 g/kg，对新鲜鸡蛋清所致大鼠足跖肿胀、组胺所致大鼠皮肤毛细血管通透性增高及棉球肉芽组织增生亦具有明显的抑制作用。给小鼠灌胃金果榄水煎剂100 g（生药）/kg，对小鼠腹腔注射醋酸所致的毛细血管通透性增高具有显著的抑制作用，对巴豆油所致的小鼠耳廓肿胀亦具有明显的抑制作用。给小鼠灌胃金果榄乙醇提取物100 g（生药）/kg，能够减少冰醋酸所致的小鼠扭体反应次数，但镇痛作用不明显。

3. 抗应激

小鼠灌胃金果榄水提物4 g/kg后，进行光电管法和转棒法试验，结果表明对小鼠神经系统无损害作用,也无明显中枢抑制作用。大鼠灌胃金果榄水提物 4 g/kg,能够明显延长其游泳疲劳潜伏期,具有增强大鼠探索行为和情绪反应的作用,能够抑制束缚法所致大鼠肾上腺增生,对脾脏萎缩有保护作用,能够显著抑制大鼠应激性外周皮质酮的升高。说明金果榄可提高抗应激能力。

4. 抗肿瘤

给小鼠灌胃金果榄水煎剂 4 g/kg,对小鼠肉瘤 S180 有抑制作用,经三次重复试验,抑制率分别为 45.6%、25.19%、46.5%,但对肉瘤 S37 和艾氏腹水瘤无明显作用。加入金果榄水液(4 mg/ml)、醇提物混悬液(3.5 mg/ml)、醚提物混悬液(3.5 mg/ml)各 10~50 μl,能够杀伤 S180 腹水细胞,明显提高肿瘤细胞死亡率。同产地的金果榄不同提取物的杀伤作用程度亦不同,醇提物(175 μl/ml、70 μl/ml)作用较强,醚提物(80 μl/ml、200 μl/ml)次之,水提物(50 mg/ml、20 mg/ml)较差。不同产地金果榄对 S180 腹水瘤细胞杀伤作用程度不同,贵州产青牛胆作用较强,湖南产青牛胆作用较差;不同植物来源金果榄的杀伤作用程度也不同,云南青牛胆作用较强,峨眉青牛胆次之,青牛胆较差。

5. 抗溃疡

金果榄可促进溃疡愈合,其作用机制可能与促进 NO 合成,促进前列腺素 E_2 释放从而调节黏膜血流量有关,还可能与抗氧自由基损伤、提高胃黏膜内源性 PGE_2 的水平有关。灌胃金果榄水煎剂 10 g(生药)/kg、20 g(生药)/kg、30 g(生药)/kg,每日 1 次,连续 3 d,对水浸拘束法所致的应激性胃溃疡模型大鼠具有显著降低溃疡指数的作用,明显升高溃疡抑制率、血清前列腺素 E_2 和 NO 水平。灌胃给予金果榄水煎剂 20 g(生药)/kg,每日 1 次,连续 7 d,对醋酸烧灼法所致的胃溃疡模型大鼠具有提高胃黏膜组织及血清 SOD 的活力、降低 MDA 含量的作用,并提高胃黏膜 PGE_2 的水平,能显著升高血清 EGF 水平,促进胃溃疡周边组织 EGF 表达,降低溃疡指数。

【品质研究】李一圣等以古伦宾含量为指标,用 HPLC 法测定并比较不同产地金果榄药材的质量。结果各地所产金果榄药材中古伦宾含量均符合《中国药典》标准规定,其中重庆、广西崇左、陕西汉中和四川万源等地所产者含量相对较高。

【原植物】草质藤本,具连珠状块根,膨大部分常为不规则球形,黄色;枝纤细,有条纹,常被柔毛。叶纸质至薄革质,披针状箭形或有时披针状戟形,很少卵状或椭圆状箭形,长 7~15 cm,有时达 20 cm,宽 2.4~5 cm,先端渐尖,有时尾状,基部弯缺常很深,后裂片圆、钝或短尖,常向后伸,有时向内弯以至二裂片重叠,很少向外伸展,通常仅在脉上被短硬毛,有时上面或两面近无毛;

图4-261 青牛胆原植物(方清茂摄)

掌状脉 5 条，连同网脉均在下面凸起；叶柄长 2.5~5 cm 或稍长，有条纹，被柔毛或近无毛。花序腋生，常数个或多个簇生，聚伞花序或分枝成疏花的圆锥状花序，长 2~10 cm，有时可至 15 cm 或更长，总梗、分枝和花梗均丝状；小苞片 2，紧贴花萼；萼片 6，或有时较多，常大小不等，最外面的小，常卵形或披针形，长仅 1~2 mm，较内面的明显较大，阔卵形至倒卵形，或阔椭圆形至椭圆形，长达 3.5 mm；花瓣 6，肉质，常有爪，瓣片近圆形或阔倒卵形，很少近菱形，基部边缘常反折，长 1.4~2 mm；雄蕊 6，与花瓣近等长或稍长；雌花：萼片与雄花相似；花瓣楔形，长 0.4 mm 左右；退化雄蕊 6，常棒状或其中 3 个稍阔而扁，长约 0.4 mm；心皮 3，近无毛。核果红色，近球形；果核近半球形，宽约 6~8 mm。花期 4 月，果期秋季。见图 4-261。

【生物学特性】喜湿润、阴凉气候，喜多石的土壤。

【栽培技术】

一般采用分根、扦插两种方法。

分根：在春季 3~4 月采挖时将地下根茎切成 10~20 cm 小段，栽于土中，按行距 50 cm、株距 25 cm 穴播，注意浇水保湿，一月后就有新芽发出。

扦插：在 5 月时将地上部分剪成段，每段必须有 2~3 个节，将下 1~2 节插进土中，按上述株距行距扦插，插后注意遮阴保湿。苗高一尺的时候及时搭架、除草。6 月中旬可施肥，腐熟肥、复合肥混合。8~9 月底是根茎肥大期，可喷施叶面肥。

【采收加工】秋、冬二季采挖，除去须根，洗净，晒干。见图 4-262。

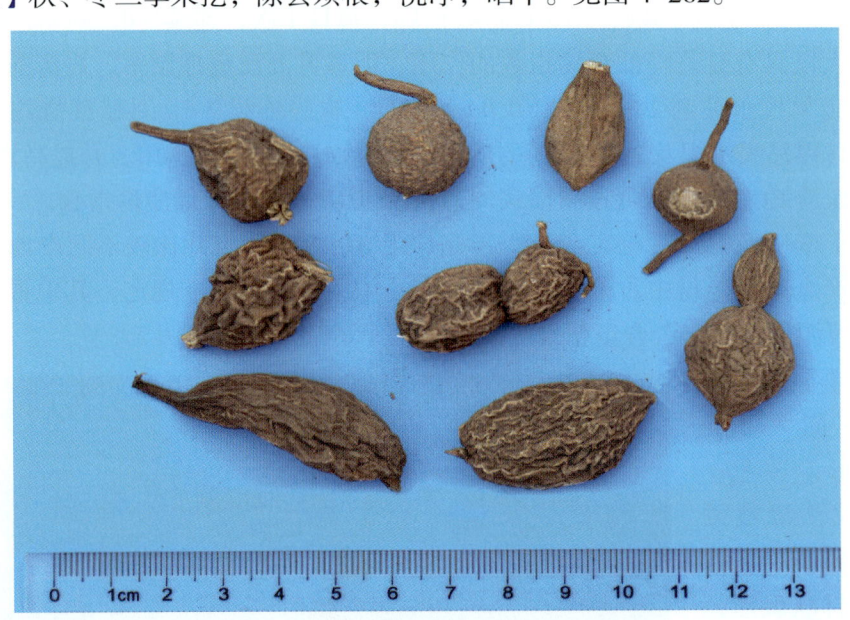

图4-262　金果榄药材（黎跃成摄）

【适宜区与最适宜区】

1. 生态环境

生于海拔 300~1 800 m 的林缘、灌丛、石缝。

2. 生态因子

阴湿灌丛、林下。

3. 适宜区

金果榄的适宜区为海拔 1 800 m 以下的盆地南部、西部的周围山区的阴湿林缘。见图 4-263。

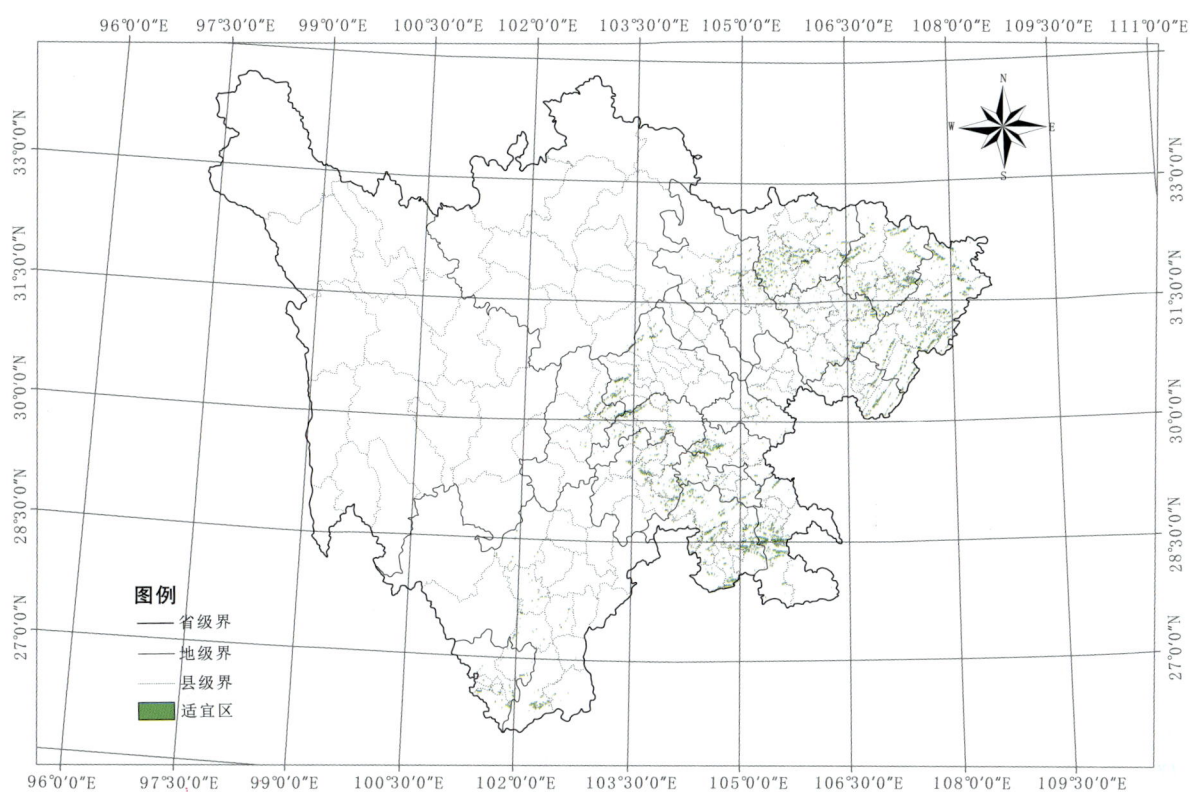

图4-263 金果榄适宜区示意图

表4-130 金果榄适宜区面积（km²）

区县	面积	区县	面积	区县	面积	区县	面积
汉源县	1	安居区	12	安岳县	30	恩阳区	71
金口河区	1	普格县	12	朝天区	30	阆中市	71
理县	1	安县	13	华蓥市	30	邛崃市	72
蓬溪县	1	嘉陵区	13	平武县	30	旺苍县	72
船山区	2	利州区	13	彭州市	31	江油市	76
绵竹市	2	西充县	14	前锋区	31	梓潼县	76
双流区	2	荥经县	14	德昌县	33	荣县	83
西区	2	屏山县	15	盐边县	33	仪陇县	83
大安区	2	自流井区	16	泸县	35	苍溪县	84
贡井区	3	峨眉山市	17	雨城区	36	开江县	90
江阳区	3	井研县	17	乐山市市中区	36	珙县	91
泸定县	3	北川县	19	米易县	38	营山县	99
马边县	3	乐至县	19	资中县	38	江安县	103
越西县	3	隆昌市	19	洪雅县	39	会理县	104
内江市市中区	3	南溪区	19	大邑县	40	渠县	107
峨边县	4	广安区	21	富顺县	40	邻水县	113

续表

区县	面积	区县	面积	区县	面积	区县	面积
宁南县	4	游仙区	22	高坪区	41	大竹县	117
青川县	4	合江县	23	翠屏区	43	高 县	131
雁江区	4	冕宁县	23	沙湾区	46	昭化区	139
古蔺县	5	天全县	23	沐川县	47	威远县	146
顺庆区	5	丹棱县	26	蓬安县	47	南江县	154
新津县	5	东坡区	26	筠连县	49	达川区	163
崇州市	6	芦山县	26	仁和区	51	纳溪区	165
东兴区	6	西昌市	26	仁寿县	52	叙州区	177
武胜县	6	都江堰市	27	名山区	55	叙永县	198
茂 县	7	青神县	27	南部县	57	平昌县	226
沿滩区	7	五通桥区	27	通川区	59	通江县	230
盐亭县	7	夹江县	28	长宁县	61	万源市	234
东 区	9	蒲江县	29	巴州区	66	宣汉县	264
会东县	9	汶川县	29	兴文县	69	剑阁县	312
彭山区	11	岳池县	29	犍为县	70		

4. 最适宜区

金果榄的最适宜区为海拔600~1 200 m的山区，包括乐山、雅安、宜宾、泸州、凉山州等地。见图4-264。

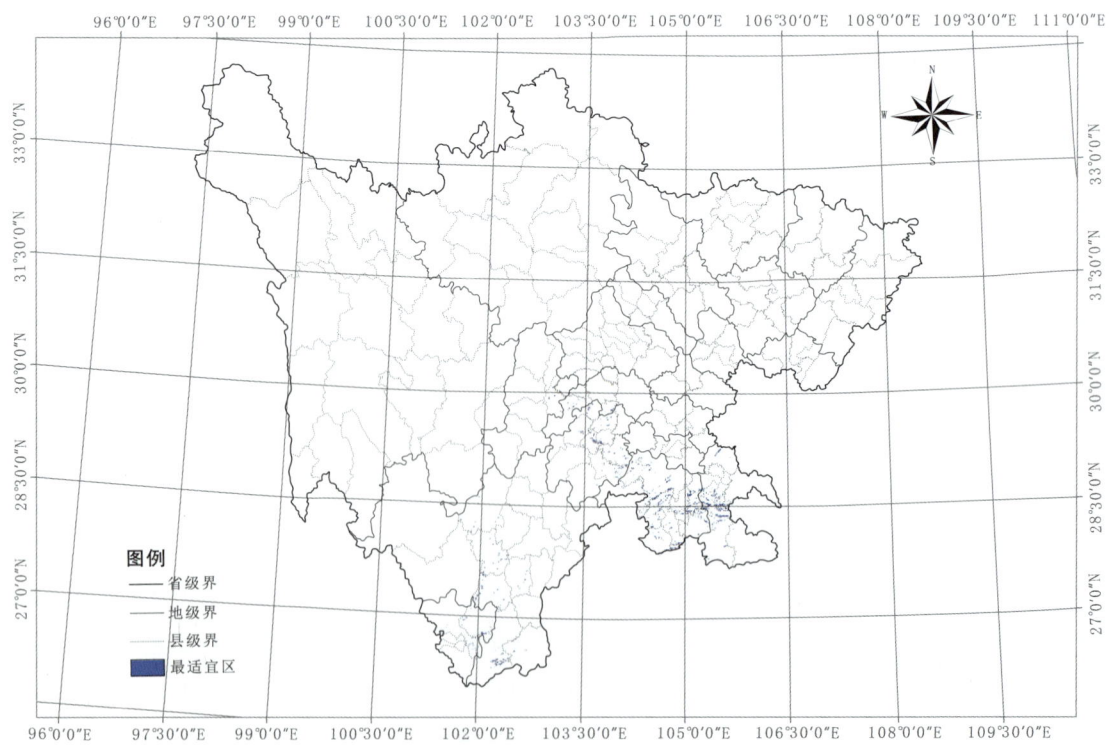

图4-264 金果榄最适宜区示意图

表4-131 金果榄最适宜区面积（km²）

区县	面积	区县	面积	区县	面积	区县	面积
马边县	3	夹江县	25	筠连县	49	纳溪区	160
峨边县	4	米易县	35	兴文县	68	叙州区	170
屏山县	15	洪雅县	38	犍为县	70	叙永县	191
峨眉山市	17	沐川县	47	江安县	100		

【基地建设】金果榄药材为野生，在雅安、内江等地有人工栽培，没有规模化的栽培基地。

六十三、骨碎补生产区划

【来源】为槲蕨科植物槲蕨 Drynaria roosii Nakaike 的干燥根茎。

【道地沿革】骨碎补本名猴姜。《本草拾遗》云："开元皇帝以其主伤折，补骨碎，故命此名。"苏颂曰："今淮、浙、陕西、夔路州郡皆有之。生木或石上。多在背阴处，引根成条，上有 黄赤毛及短叶附之。又抽大叶成枝。叶面青绿色，有青黄点；背青白色，有赤紫点。春生叶，至冬干黄。无花实。采根入药。"苏颂又曰："骨碎补，入妇人血气药。蜀人治闪折筋骨伤损，取根捣筛，煮黄米粥，和裹伤处有效。"《本草品汇精要》记载骨碎补的道地产区为海州、舒州、戎州（今四川宜宾）、秦州。说明四川宜宾自古以来就是骨碎补的道地产区。民国《犍为县志》、清·同治《仁寿县志》、清·光绪《盐源县志》记载产骨碎补。

以条粗长、肥壮、棕色、无枯黑者为佳。

【性味归经】苦，温。归肝、肾经。

【功能主治】补肾强骨，续伤止痛。用于肾虚腰痛，耳鸣耳聋，牙齿松动，跌扑闪挫，筋骨折伤。外治斑秃，白癜风。

【药理作用】

1. 强筋骨

（1）对骨损伤的作用。通过在大鼠胫骨打孔的方法建立单因素干扰模型，给模型大鼠灌胃骨碎补混悬液 0.56 g/只，每日 2 次，在调节 TGF-β1 mRNA、骨形态发生蛋白 BMP-2 mRNA 和 I 型前胶原 mRNA 的表达上与对照组相比有显著差异，对不同基因的作用不同，作用时间点不同，作用强度不同。表明骨碎补对 TGF-β1 mRNA 和 BMP-2 mRNA 基因表达具有有益的调节作用。灌胃给予骨碎补水煎液 20 g/kg，发现骨碎补能增加骨折大鼠骨痂厚度，提高骨折愈合质量。推测骨碎补促进骨折愈合的机制可能是提高血钙、磷的浓度沉积，促进钙、磷沉积，增强机体内成骨细胞增殖活动，提高血清碱性磷酸酶（ALP）的活性以及增加转化生长因子（TGF-β1）在骨痂组织中的表达，促进骨折愈合。

（2）对骨质生长的作用。给大鼠灌胃 2 ml/200 g 的骨碎补提取液，每日 2 次，连续 3 d，采血得含药血清，将含 20%、10% 中药骨碎补血清的培养液处理破骨细胞，结果 20% 中药骨碎补能显著减少骨磨片上形成的吸收陷窝数和面积，而 10% 低浓度骨碎补仅有减少趋势，与空白组比无显著性差异。给大鼠灌胃骨碎补提取液 2 ml/200 g，每日 2 次，连续 3 d，采血得血清，将含 10%、20% 骨碎补的药物血清加入到大鼠骨髓细胞中，结果 20% 骨碎补提取液能明显抑制抗酒石酸酸性磷酸酶（

TRACP）阳性破骨细胞生成数的形成。

（3）对关节炎的作用。通过给家兔关节腔内注入木瓜蛋白酶造成家兔膝骨关节炎模型，给模型家兔灌骨碎补总黄酮高、中、低剂量108 mg/kg、54 mg/kg、27 mg/kg均显著降低软骨病变积分，减轻软骨病变；给采用股静脉结扎法制备的骨关节炎模型大鼠灌胃骨碎补总黄酮高、中、低剂量216 mg/kg、108 mg/kg、54 mg/kg，其中高、中剂量能减轻软骨病变，显著降低软骨病变积分。采用关节制动法建立兔骨性关节炎模型，给模型新西兰大耳白兔灌胃35 mg/kg骨碎补总黄酮溶液能明显减轻滑膜及软骨组织形态学改变，减少滑膜、软骨组织中基质金属蛋白酶-3表达。

（4）对骨质疏松的作用。给双侧卵巢切除（OVX）所致的绝经后骨质疏松模型大鼠灌胃骨碎补提取液0.5 g/100 g（浓度0.5 g/ml），能增加骨小梁体积、骨小梁厚度、骨小梁密度，减少骨小梁间隙及骨小梁表面积和体积，还可减少类骨质表面、单标表面、双标表面、组织水平的骨形成速率，延长类骨质成熟时间。表明骨碎补有类似雌激素作用，可抑制绝经后高转换型骨质疏松，增加骨小梁骨量和连接性。给去睾丸骨质疏松症大鼠灌骨碎补0.5 ml/100 g，对大鼠骨密度、骨形态计量学参数的维持具有明显作用，而且在体外可明显地抑制大鼠骨基质细胞ODF的表达和促进OPG的表达。给维A酸所致的实验性骨质疏松症小鼠灌胃骨碎补醇提物500 mg/kg，能使血清羟脯胺酸/肌酐值显著下降，表明对维A酸所致小鼠骨质疏松症也有一定的防治作用。

2. 抗炎

灌胃给予骨碎补总黄酮高、中、低剂量324 mg/kg、162 mg/kg、81 mg/kg，结果3个剂量均对二甲苯所致小鼠耳廓肿胀有明显抑制作用，高、中剂量对蛋清所致的大鼠足跖肿胀及棉球肉芽肿有明显抑制作用，高剂量可显著抑制醋酸所致的小鼠腹腔毛细血管通透性增加，并使Evans蓝渗出减少。表明骨碎补总黄酮具有抗炎作用，并能抑制毛细血管渗透性的增高。

3. 保护肾脏

采用单克隆抗体OX7诱导系膜增殖性肾小球肾炎大鼠模型（anti-Thy1.1GN），给Thy1.1GN大鼠皮下注射骨碎补类黄酮提取物（FF）10 mg/kg，能降低尿蛋白量及三色染色面积，明显抑制肾小球PCNA、ED-1和α-SMA的表达，还可加快模型大鼠肾皮质SOD活性的恢复。表明FF抑制大鼠系膜增殖性肾小球肾炎系膜细胞的增殖及基质的增加是通过抗氧化活性实现的。

4. 调节免疫

给Ⅱ型胶原免疫所致关节炎小鼠腹腔注射骨碎补乙醇提取物2 g（生药）/kg能明显延迟关节炎的发病时间，降低IgG2 b含量，提高lgM型类风湿性因子滴度，显著降低关节炎小鼠淋巴结细胞分泌IFN-γ能力。表明骨碎补提取物在抑制小鼠对Ⅱ型胶原免疫反应的同时，还能调节动物对Ⅱ型胶原的免疫反应。按剂量1 800 mg/kg给新西兰大耳白兔灌胃骨碎补总黄酮，1 h后静脉采血得到含药血清，将2 ml、3 ml、5 ml含药血清加入有骨水泥微粒刺激的单核细胞培养液中，结果能明显抑制巨细胞分泌TNF-α、IL-6，即骨碎补总黄酮能抑制导致人工关节无菌性松动的溶骨性细胞因子的产生。

5. 对血液流变学的作用

给去甲肾上腺素所致的血瘀模型大鼠灌胃骨碎补总黄酮每日200 mg/kg，连续21 d，能有效降低血液流变学全血黏度，防止红细胞的聚集。

【品质研究】李铃等采用电感耦合等离子体原子发射光谱（ICP-AES）法对不同产地骨碎补的微量元素进行测定。结果不同产地骨碎补中均含有Al、B、Ba、Bi、Cd、Cr、Ni、P、Pb、Na、K、Ca、Cu、Zn、Fe、Mn、Mg等元素。不同产地骨碎补微量元素含量存在差异，宁夏产骨碎补中Na、

Ca、Zn、Fe 的含量高于其他产地。骨碎补中微量元素含量与产地及种植环境有关。

【原植物】通常附生岩石上，匍匐生长，或附生树干上，螺旋状攀援。根状茎直径 1~2 cm，密被鳞片；鳞片斜升，盾状着生，长 7~12 mm，宽 0.8~1.5 mm，边缘有齿。叶二型，基生不育叶圆形，长（2）5~9 cm，宽（2）3~7 cm，基部心形，浅裂至叶片宽度的 1/3，边缘全缘，黄绿色或枯棕色，厚干膜质，下面有疏短毛。正常能育叶叶柄长 4~7（13）cm，具明显的狭翅；叶片长 20~45 cm，宽 10~15（20）cm，深羽裂到距叶轴 2~5 mm 处，裂片 7~13 对，互生，稍斜向上，披针形，长 6~10 cm，宽（1.5）2~3 cm，边缘

图4-265　槲蕨原植物（舒光明摄）

有不明显的疏钝齿，顶端急尖或钝；叶脉两面均明显；叶干后纸质，仅上面中肋略有短毛。孢子囊群圆形，椭圆形、叶片下面全部分布，沿裂片中肋两侧各排列成 2~4 行，成熟时相邻 2 侧脉间有圆形孢子囊群 1 行，或幼时成 1 行长形的孢子囊群，混生有大量腺毛。见图 4-265。

【生物学特性】附生于阴湿的岩石上或者树上。喜雨量充沛、云雾多、阴凉湿润的环境。

【栽培技术】繁殖方法：以根茎繁殖为主。

1. 选地与整地

选林下含腐殖质多的砂砾土为好。全垦后除去杂草树根，碎土耙平，施农家肥作底肥。种植地宜按水平线开排水沟，以利水土保持。

2. 根茎繁殖

根状茎肉质粗壮，长而横走。应选健壮、芽饱满的根茎作种用。将根茎截成长 15 cm 左右，每段具 2~3 节，可直接种植于大田。按株行距各 40~45 cm 开穴，每穴种 1~2 段，宜浅种，不要过深。压紧，浇水。

【采收加工】全年均可采挖，除去泥沙，干燥后再燎去茸毛（鳞片）。见图 4-266。

图4-266　骨碎补药材（方清茂摄）

【适宜区与最适宜区】

1. 生态环境

生于海拔 1 800 m 以下的山地林中树干上或岩石上。

2. 生态因子

雨量充沛、云雾多、潮湿的山区。

3. 适宜区

骨碎补的适宜区为海拔 1 800 m 以下的泸州、宜宾、乐山等盆地周围山区。见图 4-267。

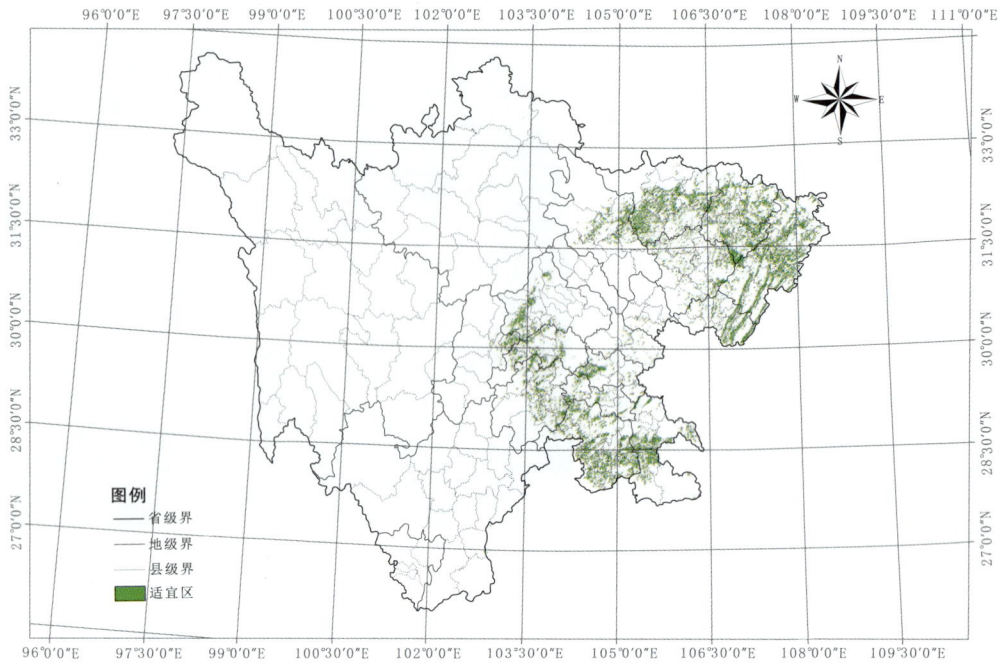

图4-267 骨碎补适宜区示意图

表4-132 骨碎补适宜区面积（km²）

区县	面积	区县	面积	区县	面积	区县	面积
涪城区	1	南溪区	71	汶川县	218	邛崃市	526
大英县	3	安岳县	73	仪陇县	228	苍溪县	557
龙马潭区	3	泸定县	73	长宁县	231	天全县	559
船山区	4	富顺县	74	绵竹市	232	宁南县	560
木里县	4	青川县	74	普格县	233	德昌县	572
郫都区	4	青神县	78	南部县	239	大竹县	585
松潘县	5	甘洛县	81	盐源县	240	沐川县	588
蓬溪县	6	广安区	84	阆中市	243	珙县	602
双流区	7	东区	87	彭州市	245	筠连县	640
昭觉县	8	茂县	90	荣县	246	达川区	642
江阳区	9	金口河区	91	沙湾区	258	雨城区	669
理县	10	喜德县	95	峨边县	276	荥经县	693
大安区	11	丹棱县	98	名山区	305	邻水县	709
康定市	16	游仙区	102	营山县	312	仁和区	720
盐亭县	17	资中县	102	安县	319	合江县	722
武胜县	20	泸县	105	威远县	319	兴文县	769
沿滩区	21	汉源县	110	梓潼县	319	平昌县	775
雁江区	25	蓬安县	111	利州区	320	洪雅县	784
嘉陵区	26	仁寿县	114	会东县	321	昭化区	811
布拖县	65	夹江县	217	峨眉山市	526	新津县	27

续表

区县	面积	区县	面积	区县	面积	区县	面积
贡井区	29	前锋区	116	渠县	360	米易县	927
自流井区	33	什邡市	119	通川区	373	会理县	1 012
九龙县	34	岳池县	121	冕宁县	375	北川县	1 088
安居区	36	越西县	133	纳溪区	375	剑阁县	1 229
顺庆区	41	翠屏区	137	开江县	385	盐边县	1 303
东兴区	43	朝天区	152	巴州区	398	旺苍县	1 418
乐至县	45	蒲江县	159	大邑县	399	叙永县	1 436
西充县	49	华蓥市	165	芦山县	414	南江县	1 529
井研县	50	宝兴县	174	平武县	414	通江县	2 158
高坪区	61	崇州市	197	古蔺县	421	宣汉县	2 197
隆昌市	61	犍为县	211	西昌市	453	万源市	2 227
西区	61	江安县	211	高县	462		
五通桥区	63	恩阳区	213	屏山县	496		
彭山区	64	马边县	329	叙州区	823		
东坡区	115	都江堰市	343	江油市	870		

4. 最适宜区

骨碎补的最适宜区为海拔 300~800 m 的山区、丘陵，包括宜宾、南溪、屏山、长宁、江安、珙县等地。见图 4-268。

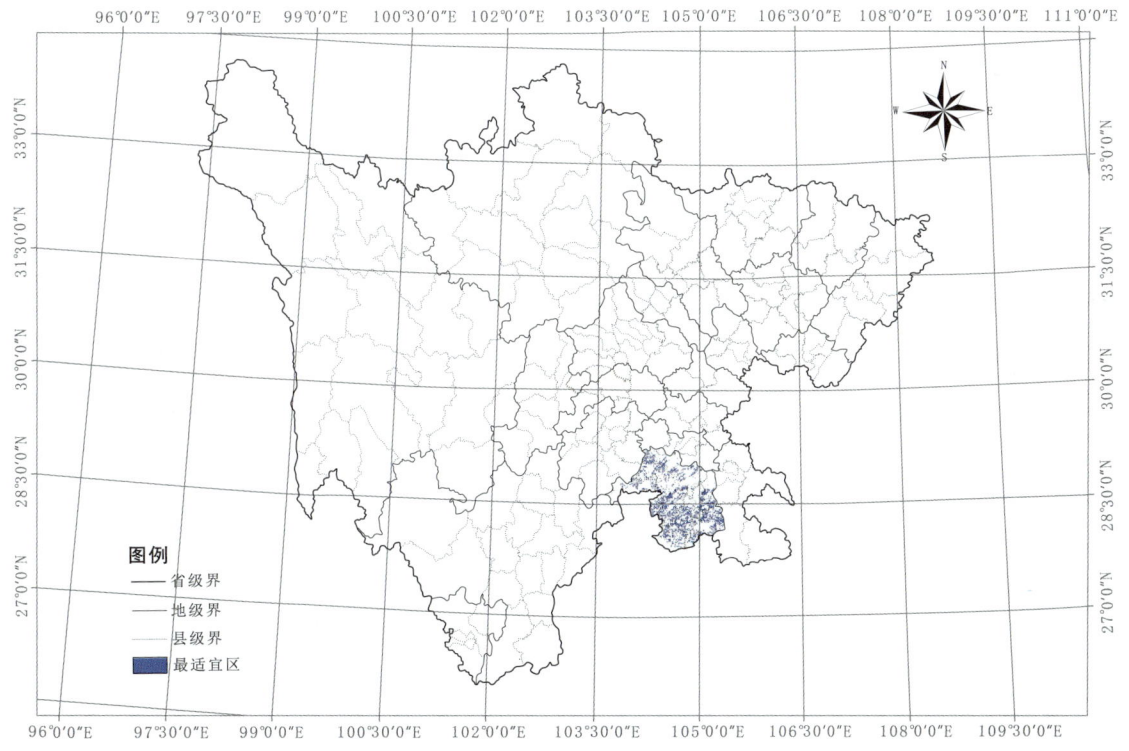

图 4-268 骨碎补最适宜区示意图

表4-133 骨碎补最适宜区面积（km²）

区县	面积	区县	面积	区县	面积	区县	面积
南溪区	70	长宁县	200	筠连县	240	兴文县	380
屏山县	130	江安县	180	珙县	340	宜宾市	620

【基地建设】 四川省骨碎补药材为野生，无人工栽培基地。

六十四、何首乌生产区划

【来源】 为蓼科植物何首乌 Fallopia multiflora（Thunb.）Harald. 的干燥根茎。

【道地沿革】 唐代李翱有《何首乌传》云："何首乌苗如木藁光泽，形如桃柳叶，其背偏，独单，皆生不相对。有雌雄者，雌者苗色黄白，雄者黄赤。其生相远，夜则苗蔓交或隐化不见。"《大明本草》（《日华子本草》，五代时期著作）记述：因何首乌见藤夜交，便即采食有功，因以采人名尔。《开宝本草》曰："本出顺州南河县，今岭外江南诸州皆有。蔓紫，花黄白，叶如薯蓣而不光。生必相对，根大如拳，有赤、白两种，赤者雄，白者雌。"清·雍正《叙州府志》、清·乾隆《直隶达州志》、清·蒋超《峨眉山志》、民国《四川通志》、民国《犍为县志》、清·同治《仁寿县志》、明清《营山县志》、清·光绪《雷波县志》、清·光绪《盐源县志》、清·光绪《越西县志》记载产何首乌。《道地药材图典》记载"何首乌主产四川万源"。

【性味归经】 苦、甘、涩，微温。归肝、心、肾经。

【功能主治】 补肝肾，益精血，乌须发，强筋骨，化浊降脂。用于血虚萎黄，眩晕耳鸣，须发早白，腰膝酸软，肢体麻木，崩漏带下，高脂血症。

【药理作用】

1. 补肾阳

何首乌石油醚、乙酸乙酯、正丁醇、水提取物给苯甲酸雌二醇致肾阳虚模型雄性小鼠每日灌胃 1.5 g/kg，连续 15 d，结果何首乌四种提取物均能改善小鼠体征、抓力、自主活动次数、RBC、Hb、PLT、WBC、LY、NE；何首乌水提取物能提高实验小鼠游泳时间、MO，降低 Cr 水平；乙酸乙酯提取物能提高游泳时间、睾丸指数 MCV，降低 Cr 水平；正丁醇提取物能提高 MCV、MO，降低 UR 水平；石油醚提取物能提高游泳时间、MCV，降低 UR 水平。

2. 抗氧化、抗衰老

（1）抗氧化。炙首乌水煎液清除超氧自由基的 IC_{50} 为 0.164 0 mg/ml，而显示较强清除活性。热处理对何首乌甲醇、乙醇、乙醚和正己烷 4 种溶剂提取物的抗氧化能力均有不同程度的影响，其中对乙醇提取物的总抗氧化能力和清除羟基超氧阴离子和 DPPH 自由基能力都有显著的增强效应，且抗氧化能力均高于传统煎制工艺的水提取物；热处理可导致各溶剂提取物中总酚含量降低，显著提高乙醇提取物总黄酮含量，且总酚含量与提取物的抗氧化活性具有较好的正向线性相关性。何首乌生品、清蒸品、黑豆制品和黑豆加酒制品的乙醇提取物，用化学发光法测其清除自由基的能力，结果 50% 样品的抑制化学发光的药物浓度分别为 0.39 mg/L、1.67 mg/L、1.37 mg/L、1.81 mg/L，得其抗氧化能力依次为生品、黑豆制品、清蒸品、黑豆加酒制品。

（2）抗衰老。何首乌粉以每日 0.5 g/kg 给 12 月龄大鼠喂至 24 月龄，何首乌喂药组与同月龄大鼠相比，神经降压肽神经元的细胞数减少程度、灰度值的升高及细胞面积的增加幅度均显著降低，而显示其有延缓衰老作用。何首乌水提液给老龄小鼠（24 月龄）和青年小鼠（1 月龄）灌胃，每日 2 g/kg、4 g/kg，连续 10 d，可增加实验小鼠脑和肝蛋白质含量，降低脑和肝 MDA 含量，增强脑和肝 SOD 活性，抑制脑和肝 MAO-B 活性，增加脑组织 5-HT、NE 和 DA 含量，且对老年小鼠上述指标影响较年青小鼠更为明显，而显示其有抗衰老作用。何首乌注射液给氟哌啶醇致痴呆模型大鼠，造模同时腹腔注射每日 3 g/kg，连续 7 d，结果何首乌注射液能显著提高模型大鼠血、肝、肾、海马、脑皮质 SOD、GSH-Px 的含量，而显示提高抗氧化酶的表达作用。

3. 调节免疫

给两次卵白蛋白抗原免疫小鼠灌胃何首乌水煎液，第 1 次抗原注射后的第 3 日开始每日灌胃 0.1 g/只，连续 7 d，可使实验小鼠体内的卵白蛋白抗体显著升高。何首乌水煎液给小鼠灌胃 6 g/kg，连续 14 d 可使老龄小鼠胸腺重量和体积明显增加，光镜下皮质显著增厚，皮髓质分界清楚，细胞密度明显增大；使环磷酰胺致胸腺退化小鼠胸腺细胞多呈圆形或椭圆形，核大胞质少，游离核糖体和线粒体清楚；上皮性网状细胞和巨细胞内粗面内质网多呈扁平囊状，线粒体清晰可见；交错突细胞内线粒体发育良好；上皮性网状细胞、巨噬细胞和交错突细胞各自与胸腺细胞形成玫瑰花结也较常见，而显示对环磷酰胺所致胸腺抑制性改变的拮抗作用。

4. 抗骨质疏松

何首乌水提液给环磷酰胺致骨质疏松小鼠预防给药每日灌胃 5 g/kg，连续 15 d，可使环磷酰胺小鼠的胸腺萎缩受到抑制，胸腺重量显著增加，骨钙总含量显著增加，骨羟脯氨酸总含量显著增加，显示其有防治环磷酰胺致小鼠骨质疏松作用。何首乌水提物给去卵巢骨质疏松模型大鼠于造模最后 30 d，开始每日 1.8 g/kg，连续 30 d，在两个阶段（15 d 一阶段）的治疗中，何首乌组与卵巢切除组比较，骨有机质和骨矿物质均有显著性升高；骨组织病理形态改善；TRAP 活性无明显改变，而 ALP 活性出现明显的变化，且骨组织 ALP 比血清 ALP 的统计学差异更大，且以上指标在第二阶段较第一阶段的统计学差异更为显著，从而抑制了去卵巢大鼠的骨质疏松。制何首乌水提物给切除卵巢诱发骨多孔症模型雄鼠每日灌胃 10 g/kg，连续 42 d，结果可使模型鼠骨密度及骨无机成分得到显著改善。

5. 抗炎、镇痛

（1）抗炎。生何首乌和黑豆汁制（0 h、2 h、4 h、6 h、8 h、10 h）何首乌给小鼠每日灌胃 10 g/kg，连续 3 d，能显著抑制二甲苯和巴豆油致小鼠耳廓肿胀，其中炮制 8 h 和 10 h 的炮制品抑制作用最为明显。何首乌乙醇提取物给小鼠每日灌胃 4.6 g/kg、9.2 g/kg，连续 3 d，可明显抑制二甲苯和角叉菜胶致小鼠耳廓肿胀程度，显著抑制醋酸所致小鼠腹腔毛细血管通透性的增高；给大鼠灌胃 6.4 g/kg，连续 3 d，对角叉菜胶和蛋清所致大鼠足跖肿胀有明显抑制作用。

（2）镇痛。何首乌乙醇提取物给小鼠每日灌胃 4.6 g/kg、9.2 g/kg，连续 3 d，能明显减少醋酸所致小鼠扭体反应的次数。

【品质研究】不同产地何首乌抗氧化活性存在差异。德庆、井冈山、济源、峨眉山市、田阳不同产地的几种何首乌水煎液给 D- 半乳糖复制的衰老模型小鼠于造模第 1 日开始每日灌胃 0.4 mg/kg，连续 40 d，结果均能提高衰老模型小鼠血与脑组织的 SOD 活性，降低其 MDA 含量，差异度从大到小依次为田阳、济源、峨眉山市产何首乌，井冈山产何首乌抗氧化作用相对于上述 3 种最接近德庆的抗氧化作用。

黄晓斌等采用高效液相色谱法（HPLC）测定何首乌中二苯乙烯苷和结合蒽醌含量，并比较不同产地何首乌药材中的含量。结果二苯乙烯苷、大黄素、大黄素甲醚的线性关系良好，平均加样回收率分别为99.17%，95.70%，103.79%。广东德庆、新兴产药材二苯乙烯苷及结合蒽醌类成分含量高于四川、贵州产药材。

朱晓莉运用UPLC法测定了18批不同产地的何首乌样品中4种有效成分二苯乙烯苷、大黄素苷、大黄素、大黄素甲醚的含量。18批不同产地的何首乌样品中4种有效成分的含量：二苯乙烯苷的含量：广东石鼓所采饮片中二苯乙烯苷的含量为0.902 8%，广东镇江饮片中二苯乙烯苷的含量为0.029 1%，低于药典标准，其余产地药材中的二苯乙烯苷含量均符合药典要求；大黄素苷的含量：含量最高的是贵州施秉昌昊公司为0.276 4%，含量最低的是广东镇江为0.012 0%；大黄素含量：四川米易的最高为0.258 1%，广东镇江未检出，含量最低的为广东阳春市为0.055 5%；大黄素甲醚的含量：最高的是贵州湄潭两年生为0.1088%，广东镇江的未检出，含量最低的为广东石鼓和广东阳春市，分别为0.018 7%和0.019 9%，其余批次的含量均在0.024 9%~0.072 9%之间。贵州和四川两个产地的何首乌药材质量较好，广东所产何首乌质量较差。

【原植物】多年生缠绕草本。根细长，块根肥厚，长椭圆形，红褐色。茎长2~4 m，多分枝，具纵棱，无毛，微粗糙，下部木质化。叶卵形或长卵形，长3~7 cm，宽2~5 cm，顶端渐尖，基部心形或近心形，两面粗糙，边缘全缘；叶柄长1.5~3 cm；托叶鞘膜质，偏斜，无毛，长3~5 mm。花序圆锥状，顶生或腋生，长10~20 cm，分枝开展，具细纵棱，沿棱密被小突起；苞片三角状卵形，具小突起，顶端尖，每苞内具2~4花；花梗细弱，长2~3 mm，下部具关节，果时延长；花被5深裂，白色或淡绿色，花被片椭圆形，大小不相等，外面3片较大背部具翅，果时增大，花被果时外形近圆形，直径6~7 mm；雄蕊8，花丝下部较宽；花柱3，极短，柱头头状。瘦果卵形，具3棱，长2.5~3 mm，黑褐色，光亮，全包于宿存花被中。花期8~9月，果期9~10月。

图4-269 何首乌原植物（方清茂摄）

【生物学特性】缠绕藤本，须搭架栽培。何首乌喜温好光，怕严寒。温度低于8 ℃时，块根上的潜伏芽处于休眠状态，温度高于8 ℃，休眠芽开始萌发，低于12.5 ℃时生长不良，气温在14.6 ℃以上，生长旺盛，块根膨大期间要求温度在25~30 ℃，低于10 ℃时，块根停止膨大。

【栽培技术】

1. 繁殖方法

（1）播种。以直播为主，也可育苗移栽。3月上旬至4月上旬播种，条播行距30~35 cm，施人畜粪水后将种子均匀播入沟中，覆土3 cm。苗高5 cm时间苗，株距30 cm左右。

（2）扦插。3月上旬至4月上旬选生长旺盛、健壮无病虫植株的茎藤，剪成长25 cm左右的插条，每根应具节3个左右。行距30~35 cm，株距30 cm左右，穴深20 cm左右，每穴放2~3条，切忌倒插。覆土压紧，施人畜粪肥。

（3）分株繁殖。于秋季刨收块根时或春季萌芽前刨出根际周围的萌蘖，选有芽眼的茎蔓和须根生长良好的植株，按行距30~35 cm、株距25~30 cm挖穴栽种。

2. 田间管理

（1）保持田间湿润。生长期应注意除草，5月追施人畜粪水1次。苗高30 cm左右，应插竹竿或树枝，供茎藤缠绕生长。12月倒苗时，结合清除枯藤，施腐熟堆肥或土杂肥1次，并在根际培土。

（2）间苗与定苗。种子繁殖幼苗高10 cm左右时，间除过密或弱苗。苗高15 cm时，按株距25~30 cm疏弱留强定苗。

（3）肥水管理。何首乌喜肥，除施足底肥外，幼苗期追施一次清淡人畜粪尿水，以利幼苗生长。翌年5月追施一次人粪尿，施后浇清水。9~10月份每公顷施杂肥或厩肥15 000~22 500 kg。

（4）搭架。苗高30 cm左右时，插设支架，使茎蔓缠绕向上生长，并及时疏叶整枝，促进植株旺盛生长。

3. 病虫害防治

何首乌的病害主要是叶斑病和根腐病。50%托布津可湿性粉剂800倍液、50%多菌灵可湿性粉剂800~1 000倍液或波尔多液（0.5∶0.5∶150）等均可用于防治叶斑病。70%托布津可湿性粉剂800~1 000倍或75%百菌清1 500倍液喷射茎基，对根腐病有一定防效。

【采收加工】栽培3~4年后采收。秋、冬二季叶枯萎时采挖，削去两端，洗净，个大的切成块，干燥。见图4-270。

何首乌的茎藤在栽后第二年秋季落叶时割下茎藤，除去细枝和残叶，切成长约70 cm的茎段，捆扎成把，晒干入药。于春季萌芽后，待植株20~30 cm高时，一次或分次采收嫩茎叶，杀青，加工为何首乌叶茶。

【适宜区与最适宜区】

1. 生态环境

生于海拔3 000 m以下的山谷灌丛、山

图4-270　何首乌药材（周先建摄）

坡林下、沟边石隙。

2. 生态因子

年平均降水量 1 200 mm 左右，相对湿度 75%~85%。

3. 适宜区

何首乌的适宜区为四川省海拔 1 800 m 以下的地区。见图 4-271。

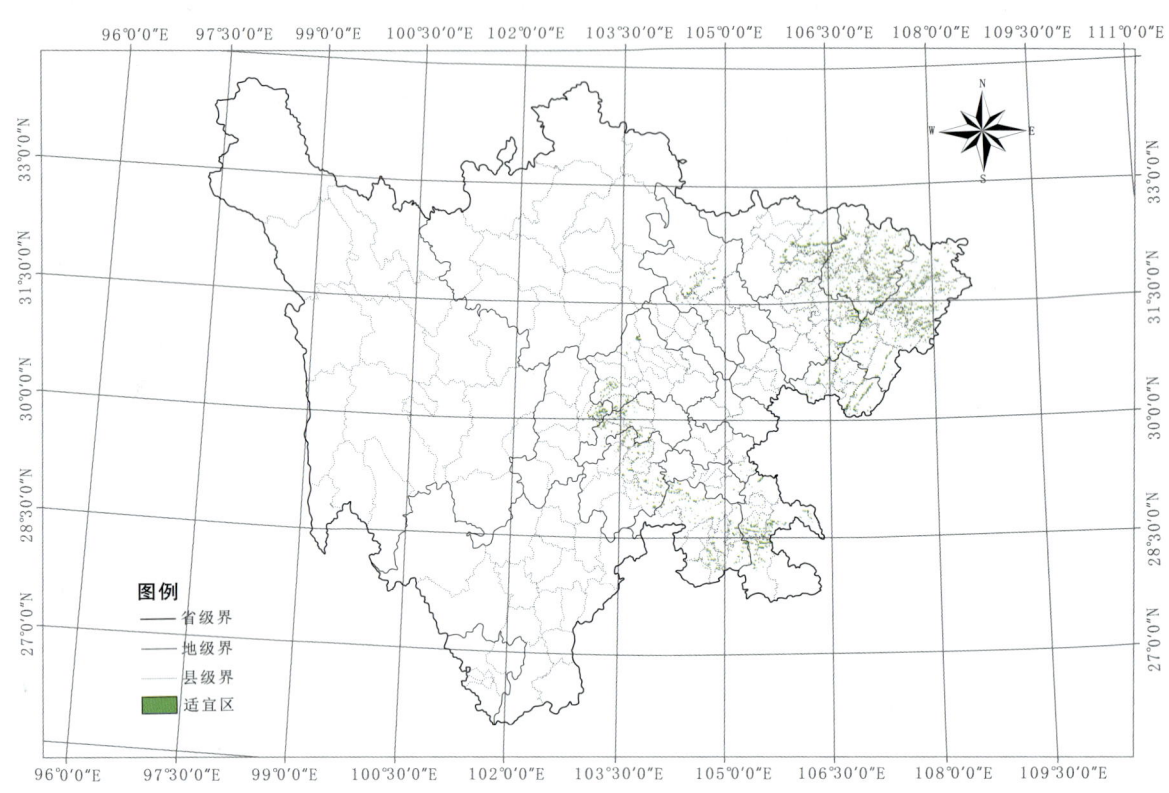

图4-271　何首乌适宜区示意图

表4-134　何首乌适宜区面积（km²）

区县	面积	区县	面积	区县	面积	区县	面积
高坪区	1	五通桥区	14	会东县	55	峨眉山市	152
古蔺县	1	隆昌市	15	犍为县	70	邛崃市	158
剑阁县	1	马边县	16	仪陇县	71	开江县	166
井研县	1	金口河区	17	芦山县	72	洪雅县	167
绵竹市	1	青神县	18	阆中市	78	珙县	170
德昌县	2	越西县	18	沙湾区	81	合江县	174
汉源县	2	屏山县	21	夹江县	85	巴州区	193
江阳区	2	利州区	22	荥经县	85	雨城区	193
龙马潭区	2	南部县	23	渠县	87	苍溪县	203
喜德县	2	汶川县	23	恩阳区	88	邻水县	207
朝天区	3	冕宁县	26	叙州区	147	彭山区	4

续表

区 县	面积	区 县	面积	区 县	面积	区 县	面积
前锋区	4	高 县	27	安 县	105	北川县	238
华蓥市	5	泸 县	33	江油市	105	米易县	255
平武县	5	蓬安县	34	沐川县	105	叙永县	285
荣 县	5	翠屏区	38	营山县	111	平昌县	300
富顺县	6	丹棱县	40	名山区	114	会理县	325
茂 县	6	广安区	41	大竹县	119	南江县	521
彭州市	6	长宁县	42	都江堰市	122	旺苍县	554
大邑县	10	筠连县	44	天全县	123	通江县	822
宝兴县	11	蒲江县	45	通川区	131	宣汉县	831
峨边县	11	东坡区	46	昭化区	133	万源市	841
南溪区	11	岳池县	47	盐边县	140		
武胜县	11	江安县	53	达川区	144		
仁和区	26	纳溪区	98	兴文县	236		

4. 最适宜区

何首乌的最适宜区为四川省海拔 1 000 m 以下的丘陵、山区，包括乐山、宜宾、万源、米易等地。见图 4-272。

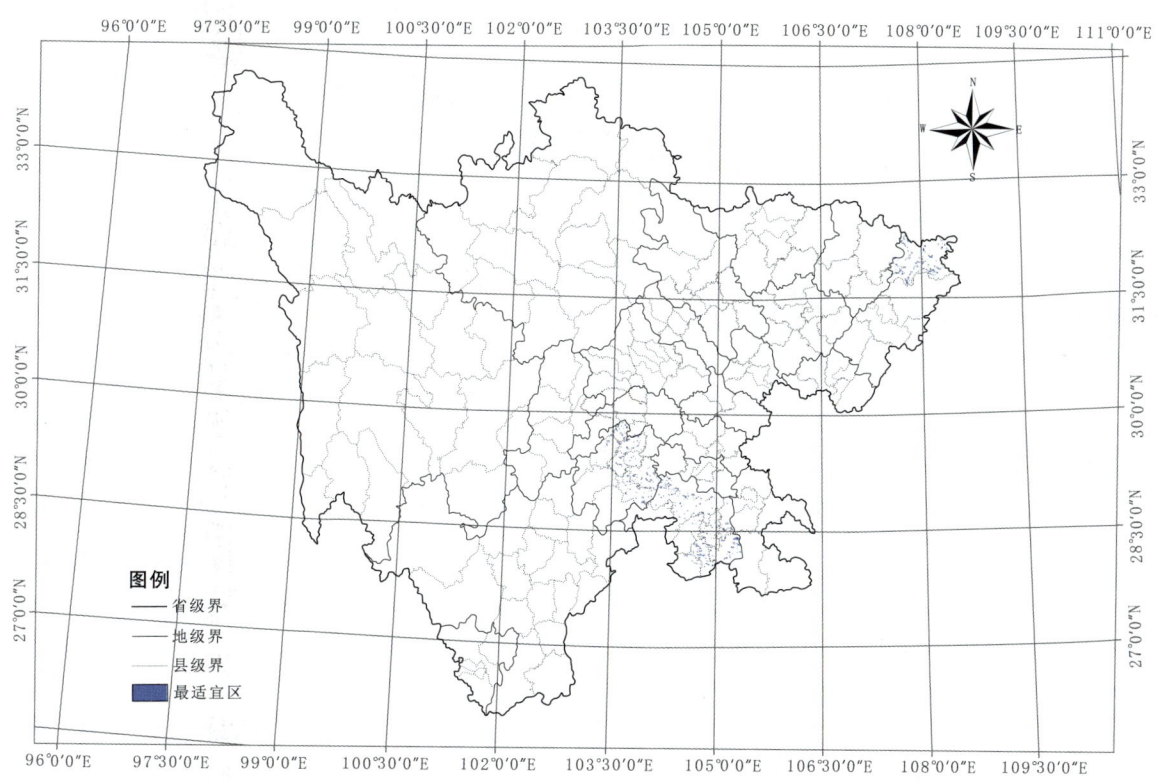

图 4-272 何首乌最适宜区示意图

表4-135 何首乌最适宜区面积（km²）

区县	面积	区县	面积	区县	面积	区县	面积
屏山县	8	长宁县	39	夹江县	65	兴文县	100
筠连县	26	乐山市市中区	60	沐川县	67	宜宾市	110
峨眉山市	25	犍为县	59	珙县	96	万源市	230

【基地建设】四川省在达州市、攀枝花建立了大面积的何首乌栽培基地。

六十五、天南星生产区划

【来源】为天南星科植物一把伞南星 *Arisaema erubescens* (Wall.) Schott.、天南星 *Arisaema heterophyllum* Blume. 的干燥块茎。

【道地沿革】天南星之名始见于《本草拾遗》，云："生安东（今辽宁丹东）山谷，叶如荷，独茎，用根最良。"《开宝本草》谓："生平泽，处处有之。叶似蒻叶，根如芋。二月、八月采之。"《本草图经》曰："二月生苗似荷梗，茎高一尺以来。叶如蒟蒻，两枝相抱。五月开花似蛇头，黄色。七月结子作穗似石榴子，红色。根似芋而圆。"上述本草所载形态特征及《本草图经》"滁州南星"图，与天南星科天南星属植物天南星 *Arisaema heterophyllum* Bl. 相符。《本草图经》云："古方多用虎掌，不言天南星。天南星近出唐世，中风痰毒方中多用之。"又云："（虎掌）今冀州人菜园中种之，亦呼为天南星。"由此可见，最初虎掌、南星为二种药物，因形态、功效相近，后人逐渐相混。至明代，《本草蒙筌》云："天南星，《神农本草经》载虎掌草即此，后人以天南星改称。"《本草纲目》更将虎掌、天南星并为一条，认为虎掌与天南星是一物，将其原植物混为一谈，以至虎掌之名渐渐湮没，虎掌仅作为天南星的品种之一在临床药用。清·蒋超《峨眉山志》："南星，山中岁饥，掘得，连蒸三昼宵，可以为粮。"《四川通志》卷38之6记载"成都府亦产天南星"。历代本草记载天南星出产于江苏、陕西、四川等地。清·蒋超《峨眉山志》记载峨眉山产南星。一般以产于四川、江苏、陕西、河南、河北者为佳。

以个大、均匀、体坚实、色白、粉性足者为佳。

【性味归经】苦、辛，温，有毒。归肺、肝、脾经。

【功能主治】燥湿化痰，祛风止痉，散结消肿。用于顽痰咳嗽，风痰眩晕，中风痰壅，口眼㖞斜，半身不遂，癫痫，惊风，破伤风。生用外治痈肿、蛇虫咬伤。

【药理作用】

1. 对中枢神经系统的作用

（1）镇静、镇痛。生南星60%乙醇提取物灌胃5.3 g/kg、10.5 g/kg 与戊巴比妥钠对于抑制小鼠自主活动有明显的协同作用，生南星醇提物10.5 g（生药）/kg 时能够明显地抑制小鼠自主活动。表明生南星具有明显镇静作用，能延长戊巴比妥钠对小鼠的催眠时间。灌胃20%混悬剂或60%乙醇提取天南星10.5 g（生药）/kg，能够明显地抑制小鼠自主活动。

（2）抗癫痫。200%胆南星煎剂15 g/kg 灌胃4周，对青霉素诱导的大鼠癫痫病模型具有较强的下调大鼠脑内GLU含量的作用，对ECOG振幅改善下调较强，实验结果表明胆南星煎剂具有抗癫痫作用。

2. 抗心律失常

天南星中的生物碱 L-缬氨酰-L-缬氨酸酐 0.1~10 μg 对离体犬的心房和乳头肌收缩力及窦房结频率均有抑制作用，其作用随剂量增加而加强，并能拮抗异丙肾上腺素对心脏的作用，其拮抗作用与普萘洛尔相似，但对冠脉血流量和冠脉阻力无明显作用。

3. 抗肿瘤

生南星醇提物 31.5 mg/kg、63 mg/kg、126 mg/kg 灌胃给药 10 d，对移植性肿瘤（肉瘤 S180 和肝癌 H22）具有显著的抑制作用，且对小鼠脾细胞的增殖具有促进作用，并有较好的剂量依赖关系，表明天南星有可能通过增强机体的免疫力来实现其抗肿瘤活性。

体外抑瘤实验表明，对生南星醇提物（RAE）敏感的最低药物浓度分别为 3.9 μg/ml、62.5 μg/ml、250 μg/ml，半数抑制率（IC_{50}）分别为 65.07 μg/ml、0.59 mg/ml、5.11 mg/ml；对水提物敏感的最低药物浓度分别为 15.6 μg/ml、62.5 μg/ml、250 μg/ml，IC_{50} 分别为 0.24 mg/ml、0.78 mg/ml、82.17 mg/ml。说明醇提物、水提物均有很强的抗肿瘤作用。生南星提取物 2 mg/ml、4 mg/ml、8 mg/ml 作用于培养的人肝癌 SMMC-7721 细胞有不同程度抑瘤作用，4 mg/ml、8 mg/ml 的浓度具有明显的诱导 SMMC-7721 细胞凋亡的作用。生南星提取物作用后，SMMC-7721 细胞内 Caspase-3 有不同程度的表达增高及 DNA 片断化现象；4 mg/ml、8 mg/ml 浓度下出现了典型的二倍体峰。表明天南星提取物有诱导 SMMC-7721 细胞程序性死亡的作用，其生化机制可能是通过激活特定的传导通路 Caspase 途径实现的。

4. 祛痰

家兔灌胃天南星水煎剂 1 g/kg，能显著增加呼吸道黏液分泌，认为是由于本品含有皂苷，对胃黏膜具有刺激性，因而在灌胃时能反射性地增加气管或支气管的分泌液。采用小鼠酚红排泄法进行实验，初步结果表明：天南星水煎剂（20 g/kg）灌胃有祛痰作用，给药组呼吸道排出酚红量分别为对照组的 150%。

【品质研究】杜树山等采用紫外分光光度法比较了不同采集时间、地点，不同品种及生品、炮制品天南星中总黄酮的含量。结果总黄酮含量为采集时间 7 月下旬 >7 月初 >8 月 >9 月；采集地点北京 > 陕西 > 四川 > 安徽；天南星 > 异叶南星 > 朝鲜南星 > 东北南星；生品 > 炮制品。结论：7 月下旬为最佳采集时间。

【原植物】一把伞南星：块茎扁球形，直径可达 6 cm，表皮黄色，有时淡红紫色。鳞叶绿白色、粉红色，有紫褐色斑纹。叶 1，极稀 2，叶柄长 40~80 cm，中部以下具鞘，鞘部粉绿色，上部绿色，有时具褐色斑块；叶片放射状分裂，裂片无定数；幼株少则 3~4 枚，多年生植株有多至 20 枚，常 1 枚上举，余放射状平展，披针形、长圆形至椭圆形，无柄，长（6）8~24 cm，宽 6~35 mm，长渐尖，具线形长尾（长可达 7 cm）或否。花序柄比叶柄短，直立，果时下弯或否。佛焰苞绿色，背面有清晰的白色条纹，或淡紫色至深紫色而无条纹，管部圆筒形，长 4~8 mm，粗 9~20 mm；喉部边缘截形或稍外卷；檐部通常颜色较深，三角状卵形至长圆状卵形，有时为倒卵形，长 4~7 cm，宽 2.2~6 cm，先端渐狭，略下弯，有长 5~15 cm 的线形尾尖或否。肉穗花序单性，雄花序长 2~2.5 cm，花密；雌花序长约 2 cm，粗 6~7 cm；各附属器棒状、圆柱形，中部稍膨大或否，直立，长 2~4.5 cm，中部粗 2.5~5 mm，先端钝，光滑，基部渐狭；雄花序的附属器下部光滑或有少数中性花；雌花序上的具多数中性花。雄花具短柄，淡绿色、紫色至暗褐色，雄蕊 2~4，药室近球形，顶孔开裂成圆形。雌花子房卵圆形，柱头无柄。果序柄下弯或直立，浆果红色，种子 1~2，球形，淡褐色。花期 5~7 月，果 9 月成熟。见图 4-273。

图4-273 一把伞南星原植物（方清茂摄）

天南星： 块茎扁球形，直径2~4 cm，顶部扁平，周围生根，常有若干侧生芽眼。鳞芽4~5，膜质。叶常单1，叶柄圆柱形，粉绿色，长30~50 cm，下部3/4鞘筒状，鞘端斜截形；叶片鸟足状分裂，裂片13~19，有时更少或更多，倒披针形、长圆形、线状长圆形，基部楔形，先端骤狭渐尖，全缘，暗绿色，背面淡绿色，中裂片无柄或具长15 cm的短柄，长3~15 cm，宽0.7~5.8 cm，比侧裂片几短1/2；侧裂片长7.7~24.2（31）cm，宽（0.7）2~6.5 cm，向外渐小，排列成蝎尾状，间距0.5~1.5 cm。花序柄长30~55 cm，从叶柄鞘筒内抽出。佛焰苞管部圆柱形，长3.2~8 cm，粗1~2.5 cm，粉绿色，内面绿白色，喉部截形，外缘稍外卷；檐部卵形或卵状披针形，宽2.5~8 cm，长4~9 cm，下弯几成盔状，背面深绿色、淡绿色至淡黄色，先端骤狭渐尖。肉穗花序两性和雄花序单性。两性花序：下部雌花序长1~2.2 cm，上部雄花序长1.5~3.2 cm，此中雄花疏，大部分不育，有的退化为钻形中性花，稀为仅有钻形中性花的雌花序。单性雄花序长3~5 cm，粗3~5 mm，各种花序附属器基部粗5~11 mm，苍白色，向上细狭，长10~20 cm，至佛焰苞喉部以外之字形上升（稀下弯）。雌花球形，花柱明显，柱头小，胚珠3~4，直立于基底胎座上。雄花具柄，花药2~4，白色，顶孔横裂。浆果黄红色、红色，圆柱形，长约5 mm，内有棒头状种子1枚，不育胚珠2~3枚，种子黄色，具红色斑点。花期4~5月，果期7~9月。

【**生物学特性**】天南星喜湿润、疏松、肥沃的土壤和环境。其块茎不耐冻，高原地区冬季寒冷不能越冬，但当年落地种子新生出来的幼苗比较耐寒，在地里覆盖厩肥即可越冬。种子萌发的当年实生苗，第1年幼苗只生1片小叶，第2、3年生小叶片数逐渐增多。人工栽培宜与高秆作物间作，或选择有荫蔽的林下、林缘、山谷较阴湿的环境；土壤以疏松肥沃、排水良好的砂土为好。凡低洼、排水不良的地块不宜种植。

【**栽培技术**】

1. 繁殖方法

（1）整地施肥。选择林下湿润、疏松、肥沃的砂土地，于秋季将土壤深翻20~25 cm，结合整地每亩施入腐熟堆肥3 000~5 000 kg或者复合肥75 kg，翻入土内作基肥。栽种前，再浅耕1遍。然后，整细耙平做成宽1.2 m的高畦或平畦，四周开好排水沟，畦面呈龟背形。

（2）块茎繁殖。9~10月收获天南星块茎后，选择生长健壮、完整无损、无病虫危害的小块茎，晾干后置地窖内贮藏作种栽。挖窖深2.5 m左右，大小视种栽多少而定，窖内温度保持在5~10 ℃左右为宜。低于5 ℃，易受冻害；高于10 ℃，则容易提早发芽。一般于翌年春季取出栽种。春栽，于3月下旬至4月上旬，在整好的畦面上，按行距20 cm、株距14~16 cm挖穴，穴深4~6 cm。然后将芽头向上，放入穴内，每穴1块。栽后覆盖土杂肥和细土，若天旱浇1次透水。约半个月左右即可出苗。大块茎作种栽，可以纵切两半或数块，只要每块有1个健壮的芽头，都能作种栽用。但切后要及时将伤口拌以草木灰，避免腐烂。小块茎及块茎切后种植的覆土要浅，大块茎宜深。每亩需大块茎100~150 kg，小块茎50~65 kg。

（3）种子繁殖。天南星种子于6月中下旬成熟，浆果采集后，搓掉果肉晒干进行秋播。在苗床上，按行距15~20 cm挖浅沟，将种子均匀地播入沟内，覆土与畦面齐平。播后浇1次透水，以后经常保持床土湿润，10 d左右即可出苗。霜降后用机械收获。

2. 田间管理

（1）松土除草、追肥。苗高6~9 cm，进行第1次松土除草，宜浅不宜深，只要把松表土层即可。锄后随即追施1次厩肥，每亩1 000~1 500 kg。第2次于6月中、下旬，松土可适当加深，并结合追肥1次，量同前次。第3次于7月下旬正值天南星生长最旺盛时期，结合除草松土，每亩追施堆肥1 500~2 000 kg，在行间开沟施入，施后覆土盖肥。第4次于8月下旬，结合松土除草，每亩追施尿素10~20 kg兑水施入；另增施饼肥50 kg和适量磷钾肥，以利增产。

（2）排灌水。天南星喜湿，栽后经常保持土壤湿润，要勤浇水；雨季要注意排水，防止田间积水。水分过多，易使苗叶发黄，影响生长。

（3）摘花薹。5~6月天南星肉穗状花序从鞘状苞片内抽出时，除留种地外，应及时剪除，以减少养分消耗，有利增产。

（4）间套作。天南星前两年生长较缓慢，在畦埂上按株距30 cm间作玉米或豆类等高秆作物，或其他药用植物。既可为天南星遮荫，又可增加经济效益。

3. 病虫害防治

（1）病毒病。为全株性病害。发病时，南星叶片上产生黄色不规则的斑驳，使叶片变为花叶症状，同时发生叶片变形、皱缩、卷曲，变成畸形症状，使植株生长不良，后期叶片枯死。防治方法：①选择抗病品种栽种，选择无病单株留种；②增施磷、钾肥，增强植株抗病力；③及时喷药杀灭传毒蚜虫；④发病初期喷洒5%菌毒清水剂300倍液。

（2）红天蛾。以幼虫危害叶片，咬成缺刻和空洞，7~8月发生，严重时把天南星叶子吃光。防治方法：①在幼虫低龄时，喷90%敌百虫800倍液或40%辛硫磷乳油1 000倍液杀灭；②忌连作，也忌与同科药用植物如半夏、魔芋等间作。

【采收加工】于9月下旬至10月上旬茎叶枯萎时收获。过迟，南星块茎难去表皮。采挖时，选晴天挖起块茎，去掉泥土、残茎及

图4-274　天南星药材（舒光明摄）

须根。然后装入筐内，置于流水中，用大竹扫帚反复刷洗去外皮，洗净杂质。未去净外皮的块茎，可用竹刀刮净外表皮，或者用机械进行去皮。然后用硫黄熏蒸，每100 kg鲜南星块茎需硫黄0.5 kg。以熏透心为度，再取出晒干，即成商品。经硫黄熏制后，块茎可保持色白，不易发霉和变质。见图4-274。

【适宜区与最适宜区】

1. 生态环境

生于海拔2 700 m以下的阴湿林下、灌丛。

2. 生态因子

阴凉、湿润的林下、溪边。

3. 适宜区

天南星的适宜区为海拔2 700 m以下的四川盆地周围山区。见图4-275。

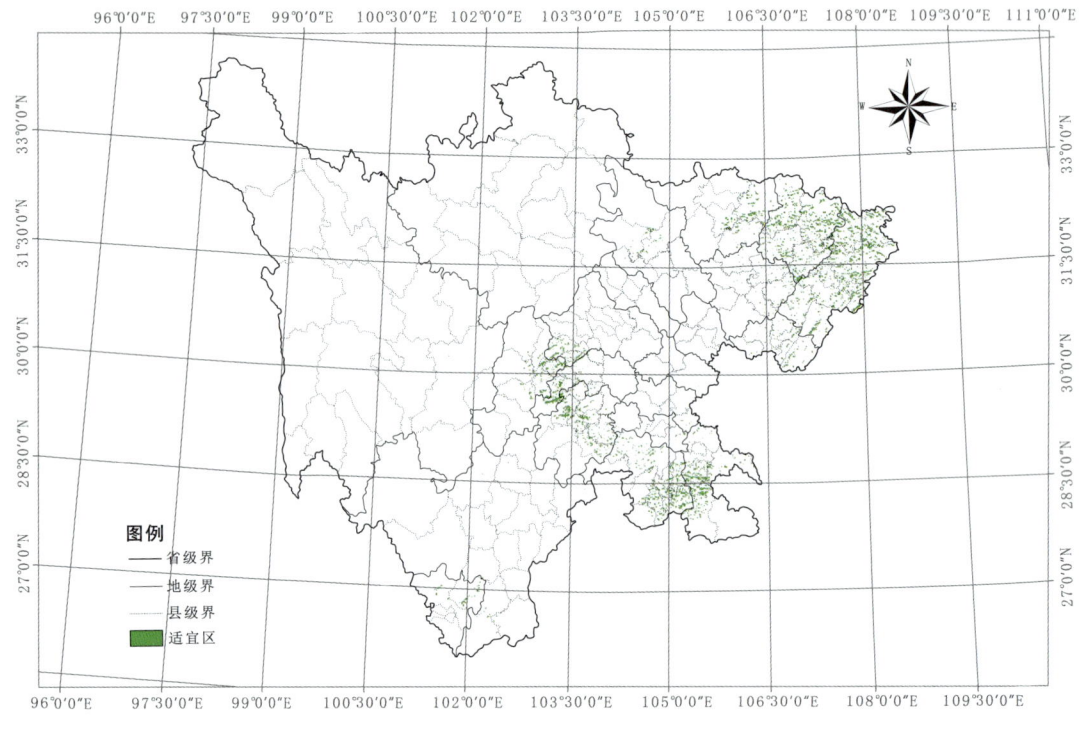

图4-275 天南星适宜区示意图

表4-136 天南星适宜区面积（km²）

区县	面积	区县	面积	区县	面积	区县	面积
彭州市	1	隆昌市	27	蒲江县	82	沐川县	239
剑阁县	2	广安区	28	犍为县	83	茂县	254
绵竹市	2	青神县	28	汶川县	83	雨城区	255
江阳区	3	五通桥区	29	昭化区	91	峨眉山市	256
武胜县	3	丹棱县	32	仪陇县	96	大竹县	258
高坪区	4	屏山县	33	华蓥市	98	珙县	258
彭山区	4	利州区	34	名山区	101	达川区	260

续表

区县	面积	区县	面积	区县	面积	区县	面积
喜德县	4	东坡区	39	沙湾区	106	邻水县	285
古蔺县	5	会东县	40	江安县	108	米易县	316
井研县	5	朝天区	41	巴州区	110	合江县	322
马边县	5	泸县	43	安县	111	兴文县	364
仁和区	5	蓬安县	49	冕宁县	119	会理县	379
平武县	8	阆中市	53	营山县	127	叙永县	524
康定市	9	高县	57	长宁县	143	天全县	558
南溪区	11	翠屏区	68	渠县	157	荥经县	607
泸定县	12	筠连县	68	开江县	160	洪雅县	610
汉源县	14	峨边县	70	越西县	161	北川县	631
德昌县	16	前锋区	70	苍溪县	166	旺苍县	685
富顺县	17	夹江县	71	邛崃市	174	南江县	701
荣县	17	宝兴县	75	纳溪区	182	通江县	835
南部县	19	江油市	78	芦山县	197	宣汉县	871
岳池县	19	都江堰市	81	叙州区	228	万源市	969
大邑县	20	恩阳区	82	盐边县	233		
金口河区	24	通川区	104	平昌县	276		

4. 最适宜区

天南星的最适宜区为海拔 1 800 m 以下的四川盆地周围山区、丘陵，包括宜宾、乐山、雅安、成都市等地。见图 4-276。

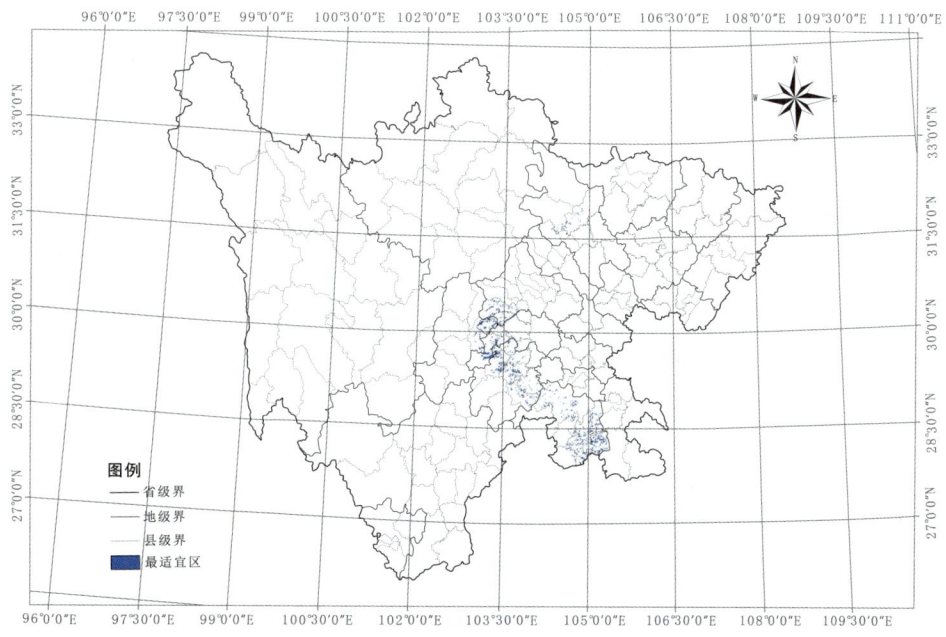

图4-276 天南星最适宜区示意图

表4-137 天南星最适宜区面积（km²）

区县	面积	区县	面积	区县	面积	区县	面积
江油市	30	犍为县	58	叙州区	89	峨眉山市	150
筠连县	50	江安县	80	沐川县	120	洪雅县	200
夹江县	50	邛崃市	85	珙县	140	兴文县	220

【基地建设】四川省天南星药材主要为野生，无大面积人工栽培基地。

第三节 川西高原高山峡谷药材生产区

六十六、麝香生产区划

【来源】为鹿科动物林麝 *Moschus berezovskii* Flerov、马麝 *Moschus sifanicus* Przewalski 的成熟雄体香囊中的分泌物。

【道地沿革】始载于《神农本草经》，列为上品。《名医别录》："麝生中台川谷及益州、雍州山中。春分去之，生者益良。"《本草经集注》："出益州（今成都）者形扁。若于诸羌夷（四川北部、青海、新疆南部）中得者多真好。"清·雍正《叙州府志》、清·乾隆《直隶达州志》、清·光绪《雷波县志》、清·光绪《盐源县志》等均记载产麝香。《药物出产辨》："产四川打箭炉，为正地道。"可见四川一直为麝香的道地产区之一。

以饱满、皮薄、捏之有弹性、香气浓者为佳。

【性味归经】辛，温。归心、脾经。

【功能主治】开窍醒神，活血通经，消肿止痛，催产。用于热病神昏，中风痰厥，气郁暴厥，中恶昏迷，经闭，癥瘕，难产死胎，胸痹心痛，心腹暴痛，跌扑伤痛，痹痛麻木，痈肿瘰疬，咽喉肿痛。

【药理作用】

1. 对中枢神经系统作用

（1）对睡眠的作用。麝香25~100 mg/kg或天然麝香酮0.02~0.50 mg/kg腹腔注射小鼠，可缩短巴比妥钠引起的睡眠时间；并且麝香混悬液200 mg/kg和麝香酮5 mg/kg灌胃，均能明显缩短戊巴比妥钠致大鼠睡眠时间。

（2）对脑电活动的作用。给清醒家兔静脉注射50 mg/kg、25 mg/kg、10 mg/kg或侧脑室注射2.5 mg/kg、0.25 mg/kg麝香水液和混悬剂，可使正常家兔皮层脑电活动改变，其改变持续时间与静注麝香的浓度有关；给戊巴比妥钠麻醉家兔静脉注射或侧脑室注射0.45 mg/kg麝香水液醚提物后，可使其皮层脑电图频率增加，最后出现以低幅快波为主的脑电波并伴动物苏醒。

（3）脑缺血保护作用。麝香注射液以每200 g大鼠系数0.018的剂量肌肉注射，可使大鼠可逆性大脑中动脉梗塞模型脑缺血神经元损伤有所改善，脑组织含水量减少，脑梗死体积减小。麝香注射液按人临床用量的 1 倍剂量、5 倍剂量、10 倍剂量灌胃，可使改良的线栓法制备大鼠大脑中动脉缺血后再灌注模型神经行为学评分改善，脑梗死体积减小，半暗区正常神经元存活的比例、Nestin 和 GFAP 阳性胶质样细胞数增多。麝香酮按 3.6 mg/kg、1.8 mg/kg、0.9 mg/kg 灌胃，对大鼠局灶性脑缺血再灌流损伤实验模型在动物神经行为学、脑体比值、脑组织含水量、组织病理学改变和血脑屏障通透性方面均有改善作用，具有脑保护作用，并且可明显增加完全性脑血大鼠脑组织 SOD 含量，降低 MDA 含量，减轻缺血、缺氧造成的 EAA 含量增加，抑制 EAA 所导致的兴奋性神经毒性，对四血管阻断（4VO）法所致大鼠完全性脑缺血模型具有明显的保护作用。

（4）对神经细胞的作用。0.03%、0.1%、0.3% 的麝香水溶性提取物可使大鼠神经干细胞的细胞团分散，神经突起增多、变长，贴壁细胞增加，细胞形态呈多样性，并使 pEGFP-C1 的电转染率明显提高。麝香提取物 18 mg/L、36 mg/L、72 mg/L、144 mg/L 对脂多糖（LPS）诱导大鼠大脑皮层神经细胞炎性损伤有显著保护作用，并且以 144 mg/L 浓度最佳，其可能通过减少星形胶质细胞分泌 IL-6 起作用。1.563 mg/L、0.781 mg/L、0.391 mg/L 麝香酮溶液对 SH-SY5Y 神经细胞缺氧/缺糖和再给氧损伤起保护作用，可提高细胞存活率，降低细胞死亡率、坏死率、凋亡率、LDH 漏出率。

（5）耐缺氧。麝香全药灌胃 66.6 mg/kg，能显著延长亚硝酸钠中毒小鼠的存活时间，显著减少给予异丙肾上腺素造模 5 min 时的小鼠耗氧量及死亡率。

2. 对心脏的作用

天然麝香 0.5~2 mg/ml 可以使离体蟾蜍心脏收缩振幅增加，收缩力增强，心排出量增加，具明显的强心作用。麝香 10 mg/ml 生理盐水混悬液，以 30 mg 剂量，亦使离体蛙心心肌收缩增强 1 倍，而对心率无影响；麝香 0.3~0.5 mg 可使离体家兔心脏心肌收缩振幅增加 50%。麝香的有效活性成分 Musclide-A1，具有比 Musclide 和麝香酮更强的强心作用。

3. 对免疫系统的作用

皮下注射麝香水提物 5 mg/kg、20 mg/kg、80 mg/kg，可显著抑制羧甲基纤维素诱导的大鼠腹腔中性白细胞趋化反应，抑制率分别为 58.6%、65.1% 和 73.0%；60 mg/kg、80 mg/kg 麝香水溶物能增强小鼠免疫溶血反应；麝香水溶性糖蛋白麝香 -1 在 1~100 μg/mg 可使中性白细胞超氧阴离子生成量增加 28.7%~202.1%，可使 β-葡萄糖苷酸酶释放量降低 3%~46%，使溶菌酶释放量降低 6%~32%，对白三烯、趋化三肽所致的葡萄糖苷酸酶和溶菌酶的释放量均有抑制作用。

4. 对生殖系统的作用

（1）抗早孕。麝香酮阴道给药后在子宫和卵巢中的分布量比静脉注射或口服有显著增加，并且孕鼠比未孕鼠更为明显，说明麝香酮对在位子宫与妊娠子宫具有一定的吸收专一性，阴道给药为抗早孕的适宜给药途径。

（2）雄激素样作用。麝香醚提物使去势的雄小鼠和雌小鼠的颌下腺蛋白酶活性降低，呈雄性高活性值；葡萄糖 -6- 磷酸脱氢酶活性由于麝香的雄激素样作用而降低，麝香醚提物有似睾酮样的激素效果。

5. 抗炎

麝香对炎症的早、中、晚三期均有明显效果，尤其是对早、中期的作用较强。麝香水提物对小鼠巴豆油耳部炎症（63~400 mg/kg，灌胃给药）、大鼠琼脂性关节肿（60 mg/kg，皮下注射给药）、酵母性关节肿（50 mg/kg，灌胃给药）、佐剂型关节炎（60~100 mg/kg，灌胃给药）均具有非常显著的抑制作用；麝香混悬液 200 mg/kg 皮下注射，对烫伤致大鼠血管渗透性增加、羧甲基纤维素致大鼠腹腔白细胞游走均具有非常显著的抑制作用。麝香醚溶性部位 65 mg/kg、130 mg/kg 和麝香混悬液腹腔注射,对巴豆油致小鼠耳廓肿胀具有明显抗炎效果。

【品质研究】 郭妍妍等基于对四川马尔康林麝繁育场圈养雄性林麝(Moschus berezovskii)麝香分泌的监测,分析圈养林麝泌香的分泌规律,确定个体年龄、圈群性比及圈舍结构对麝香产量的影响,为高生产力林麝驯养及麝香可持续供给提供参考。四川马尔康麝场圈养雄性林麝的泌香量区间为 0~19.60 g,均值为(9.24 ± 0.77)g;因圈舍改装及随后转圈的综合胁迫效应,泥地基底圈舍中的雄麝泌香量(8.52 ± 1.29)g 显著低于砖地基底的原装圈舍中的林麝(9.99 ± 0.84)g($P < 0.01$);马尔康林麝的泌香峰值年龄段为 4~7 岁,其泌香量均值为 9.63 g(± 0.82)。随年龄增长,雄麝泌香量有减少的趋势,但林麝年龄对其泌香量的效应不显著($P > 0.05$)。模型 $y=-0.371\ 1+2.440\ 1a+0.050\ 7a^2-0.028\ 4a^3$ 可近似拟合雄麝泌香量同年龄的关系;圈群的雌雄性比对雄麝泌香量的效应显著($P=0.05$),性比为 1 雌 4 雄圈群的雄麝泌香量(4.90 ± 2.23)g 显著低于性比为 1 雌 5 雄圈群(10.70 ± 1.21)g($P < 0.05$)和性比为 1 雌 6 雄的圈群雄麝的泌香量(9.85 ± 0.99)g($P < 0.05$),后两类雄麝的麝香分泌量无显著差异($P > 0.05$)。结论:砖地基底圈舍林麝的麝香产量显著高于泥地基底圈舍($P < 0.01$);虽圈养林麝年龄对泌香量的效应不显著($P > 0.05$),但随年龄递增,雄麝泌香量有减少的趋势;就麝香生产而言,马尔康麝场组建圈群的最适雌雄性比为 1 : 5~6($P < 0.05$)。

【原动物】 **林麝**:雌雄均无角;耳长直立,端部稍圆。雄麝上大齿发达,向后下方弯曲,伸出唇外;腹部生殖器前有麝香囊,尾粗短,尾脂腺发达。四肢细长,后肢长于前肢。体毛粗硬色深,呈橄榄褐色,并染以橘红色。耳内和眉毛白色;耳尖黑色,基部橙褐色;下颌、喉部、颈下以至前胸胁界限分明的白色或橘黄色区,下颌部具奶油色条纹;喉侧面的奶油色色斑连接在一起形成两条奶油色色带,由颈的前面向下到胸部,而在颈的中上部则是与之相对照的深褐色宽带。腿和腹部黄到橙褐色,臀部毛色近黑色。幼年个体具斑点。见图 4-277。

图4-277 林麝原动物(税丕先摄)

马麝：麝类中体形最大的一种，体重15 kg左右，体长80~90 cm。雌、雄均无角。后腿比前腿长约1/3，故臀高大于肩高。脚具4趾，侧趾很发达，在硬地上走时触地。头形狭长，吻尖，无眶下腺和附腺，耳狭长。雄体具发达的月牙状上犬齿，向下伸出唇外；腹部具特殊的麝香腺囊；尾短而粗，裸露，其上腺体发达，仅尖端有束毛。雌体腹部无麝香，有一对乳头；上犬齿小，未露出唇外；尾纤细；无腺体。马麝背部沙黄褐色或灰褐色，后部棕褐色较强。颜面灰棕色，鼻端无毛，黑色，耳尖稍暗，耳背及周缘黄棕色。颈被有较宽的暗褐色斑块，其上有4~6个排成两行的棕色斑。背毛粗而脆，呈波浪式弯曲，基部浅灰色，向上渐转淡褐，仅尖端外有橘黄色环，尖端褐色。腹、腋下毛细长而柔韧。

【生物学特性】 善于爬树，晨昏活动，独居、胆怯。林麝以松萝为主食，其他食物包括蛇与蜥蜴。雄麝有争偶现象。人工养殖寿命10~15年。马麝善于攀爬悬崖峭壁。

【养殖技术】 麝为季节性多次发情动物，发情交配期在10月至翌年2月份，公麝发情期较长，从9月份开始到翌年4月份，11~12月份为发情旺期。雌麝发情季节内有3~5个发情周期。妊娠期为178~189 d，产仔多在5~6月，每胎产1~3仔。麝一般1岁半左右性成熟，但在人工饲养条件下，公麝3岁半、母麝2岁半参加配种，一般多用单公群母配种法，即按1雄：4~6雌组群配种。雌麝产仔一般不需要人工助产，仔麝产下后，身上的黏液必须让母麝舔吃，以建立母子感情。

人工饲养应按公、母、年龄、健康状况、性情等方面的特点，分群、分圈饲养。相同的麝在不同的生理时期对饲料的要求也有所不同。一般青饲料主要为冬青枝叶、柏树叶、榆树叶和桑叶，精饲料为70%以上的玉米粉加30%的黄豆粉，多汁饲料为甘薯、胡萝卜、南瓜、蔬菜等。另外还必须加喂少量食盐、骨粉及生长素。圈养地应保持安静，防止惊扰。

【采收加工】 活麝取香：选3岁以上的壮年雄麝，缚在取麝台上，腹部向上。取香者以左手固定麝香囊（香腺囊），并分开囊口，右手持经过消毒的取香匙，徐徐插入，深度视麝香囊大小而定，防止损伤香囊。插入后，轻轻转动取香匙，并向外掏取麝香，用盘盛取。取香后，用消炎药涂搽囊口，然后将麝放回。一般每年冬、春取香1次，也有每年3~4月和7~8月取香2次。过去多猎麝取香，在冬、春季猎取雄麝，连腹皮割下麝香囊，阴干。将毛剪短，即为整麝香，又称毛香。挖取囊中的麝香颗粒，称为麝香仁，又称散香。见图4-278。

图4-278 麝香（毛壳）药材（税丕先摄）

【适宜区与最适宜区】

1. 生态环境

生于海拔800~4 200 m的山区、林中。

2. 生态因子

气候凉爽，植被丰富，最高气温不超过30 ℃。

3. 适宜区

林麝的适宜区为海拔800~3 200 m的山区森林、灌丛；马麝的适宜区为海拔800~4 000 m的高山草甸、岩石山地、草丛。见图4-279。

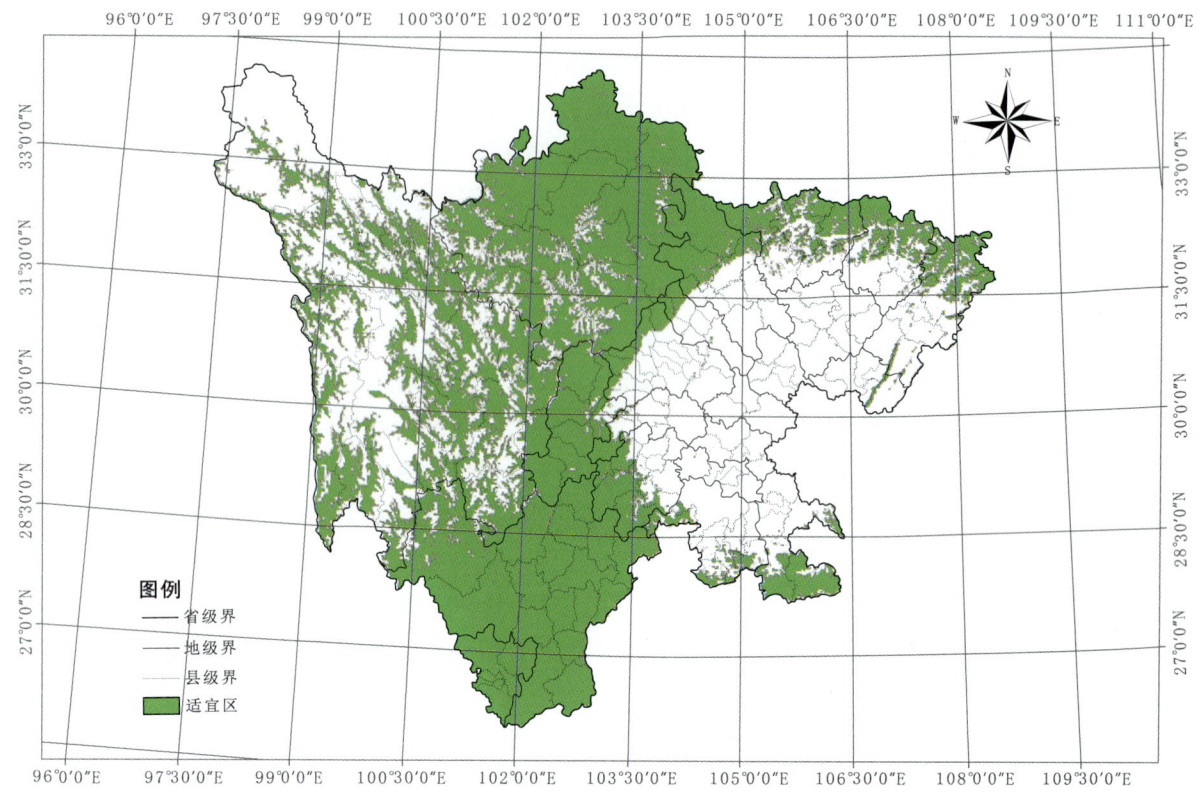

图4-279 麝香适宜区示意图

表4-138 麝香适宜区面积（km²）

区 县	面 积	区 县	面 积	区 县	面 积	区 县	面 积
若尔盖县	10 073	阆中市	6	邛崃市	313	木里县	11 451
石渠县	2 862	宣汉县	1 736	邻水县	223	泸州市	9
九寨沟县	5 145	安 县	569	雅江县	4 594	马边县	2 128
阿坝县	9 170	汶川县	3 560	华蓥市	29	冕宁县	4 291
红原县	7 929	小金县	3 554	天全县	2 200	合江县	491
松潘县	7 580	绵竹市	668	蒲江县	22	越西县	2 240
色达县	3 733	白玉县	3 785	仁寿县	4	屏山县	860
平武县	8 554	什邡市	468	眉山市	2	美姑县	2 570
青川县	2 773	道孚县	3 744	名山县	75	长宁县	31
甘孜县	2 593	新龙县	3 048	雅安市	777	高 县	64
广元市	2 609	彭州市	736	丹棱县	50	雷波县	2 535
南江县	2 276	达川市	10	泸定县	1 732	喜德县	2 217
德格县	4 148	丹巴县	2 983	洪雅县	1 251	叙永县	1 757
旺苍县	2 139	都江堰市	699	荥经县	1 756	珙 县	425
壤塘县	7 019	中江县	25	夹江县	80	兴文县	502
黑水县	3 476	渠 县	39	威远县	5	昭觉县	2 687

续表

区 县	面 积	区 县	面 积	区 县	面 积	区 县	面 积
通江县	2 267	开江县	126	乐山市	177	古蔺县	2 653
马尔康市	5 026	金堂县	34	汉源县	2 135	盐源县	8 335
剑阁县	537	宝兴县	2 947	峨眉山市	737	筠连县	612
万源市	2 965	龙泉驿区	16	稻城县	2 790	西昌市	2 677
江油市	1 094	崇州市	443	乡城县	2 824	金阳县	1 543
茂 县	3 641	广安区	73	荣 县	10	布拖县	1 687
苍溪县	403	大邑县	629	石棉县	2 583	普格县	1 882
巴中市	182	芦山县	1 140	犍为县	13	德昌县	2 275
金川县	3 586	康定市	6 706	九龙县	4 222	盐边县	3 283
理 县	7 651	理塘县	4 578	甘洛县	2 129	宁南县	1 629
梓潼县	15	双流区	3	宜宾市	182	米易县	2 135
平昌县	159	简阳市	18	沐川县	419	会东县	3 181
炉霍县	3 010	巴塘县	2 967	得荣县	2 217	攀枝花市	2 005

4. 最适宜区

林麝的最适宜区为海拔 2 000~3 200 m 的山区森林、灌丛；马麝的最适宜区为海拔 2 000~4 000 m 的高山草甸、岩石山地、草丛，包括马尔康、理县、红原、康定等地。见图 4-280。

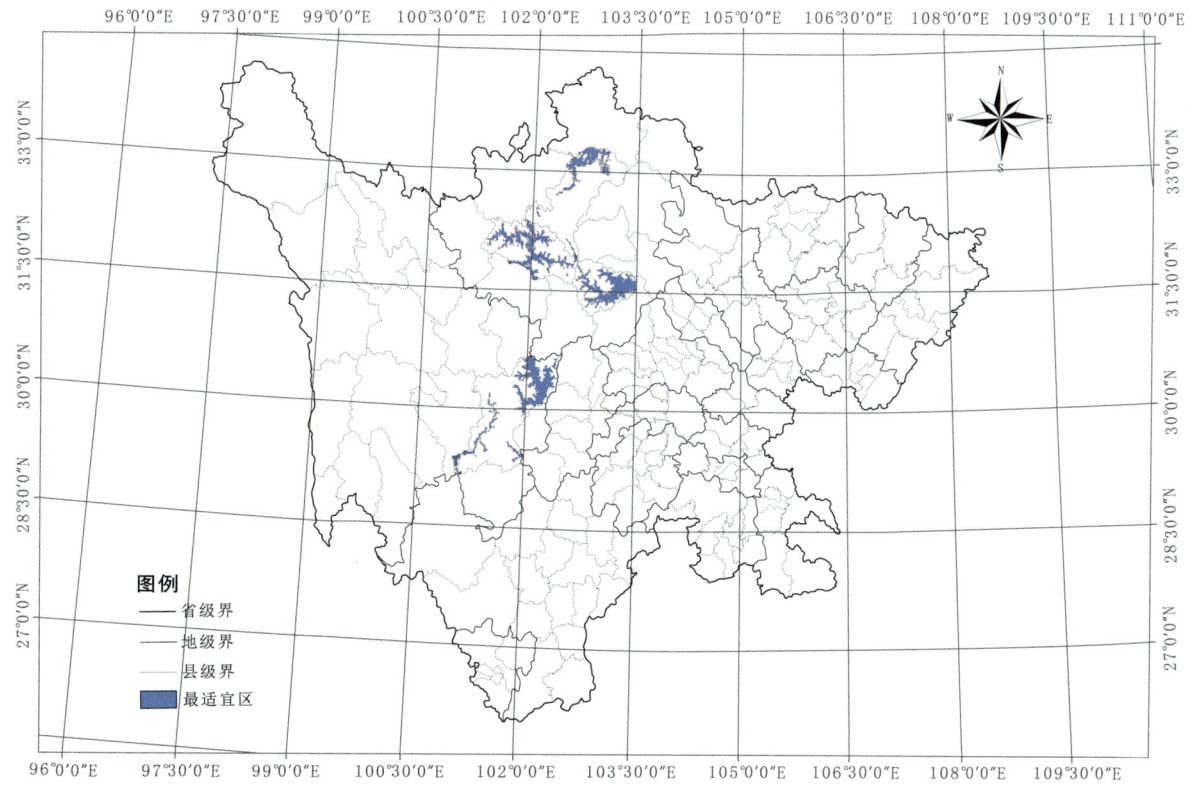

图 4-280 麝香最适宜区示意图

表4-139 麝香最适宜区面积（km²）

区县	面积	区县	面积
红原县	1 029	理县	1 656
马尔康市	1 758	康定市	2 109

【基地建设】四川省在阿坝州马尔康、理县、康定等地建立了规模较大的林麝养殖基地。

六十七、冬虫夏草生产区划

【来源】 为麦角菌科真菌冬虫夏草菌 Cordyceps sinensis（BerK.）Sacc. 寄生在蝙蝠蛾科昆虫幼虫上的子座及幼虫尸体的复合体。

【道地沿革】 始载于《本草从新》，云："冬在土中，身活如老蚕，有毛能动，至夏则出土，连身均化为草。"又云："冬虫夏草，四川嘉定府所产者最佳，云南、贵州所产者次之。"《本草纲目拾遗》："出四川江油化坪，夏为草，冬为虫。"《药物出产辨》："冬虫夏草以四川打箭炉、泸州、灌县等处产者为正产地道。云南有出，但质味不如。"清·蒋超《峨眉山志》记载峨眉山产"雪蛆"，"雪蛆"即冬虫夏草。清·光绪《盐源县志》记载产冬虫夏草。

以虫体色泽黄亮、丰满肥大、断面黄白色、子座深棕色者为佳。

【性味归经】 甘，平。归肺、肾经。

【功能主治】 补肺益肾，止血化痰。用于久咳虚喘，劳嗽咯血，阳痿遗精，腰膝酸痛。

【药理作用】

1. 增强免疫

0.5 g/ml 的虫草水煎液按每日 1 ml 给大鼠灌胃，连续 7 d，制备血清。含虫草血清能明显提高正常大鼠脾淋巴细胞转化水平，在体外不能诱导脾细胞产生 IL-2，但能促进大鼠脾细胞膜上 IL-2 受体的表达；体内试验表明，虫草能促进脾细胞产生 IL-2，也能促进大鼠脾细胞膜上 IL-2 受体的表达。冬虫夏草水煎剂按 200 mg/只的剂量肌肉注射可显著提高健康小鼠血清溶菌酶水平，但对小鼠脾细胞的淋转反应有显著的抑制作用。100%冬虫夏草醇提取液 1:5 稀释在体外对小鼠脾细胞 ConA 刺激的应答有抑制作用，若药物进一步稀释，其抑制作用消失。虫草水提液在体外可提高正常人及白血病患者 NK 细胞活性，在所使用的剂量范围内（1.56~25 mg/ml）呈剂量效应依赖性，同时发现 25 mg/ml 虫草水提液可促进淋巴细胞表面 CD_{16} 抗原的表达，提高 K562 细胞的结合率，而对白细胞无毒性作用。冬虫夏草水提物（QC）按 10 g/kg 给小鼠灌胃或以 5 g/kg 肌肉注射均对正常小鼠胸腺和脾细胞的 SPA 花环率无影响，但可使注射硫唑嘌呤后胸腺和脾、脾细胞 SPA 花环率降低的小鼠恢复至正常水平，说明冬虫夏草水提物有保护 T 细胞的作用。

2. 保护肾脏

冬虫夏草能对抗多种原因所导致的肾损伤，延缓糖尿病肾病的发展，拮抗肾功能衰竭，对肾脏有确切的保护作用。

（1）对庆大霉素所致肾损伤的保护作用。冬虫夏草可以减轻氨基糖苷类药物的肾毒性，但无论是大鼠肌注庆大霉素同时合并应用含冬虫夏草的血清，还是冬虫夏草溶液本身对庆大霉素杀灭大肠杆菌或绿脓杆菌的效力都没有明显影响。说明冬虫夏草在防治氨基糖苷类药物肾毒性损伤的同时不会影响药物本身的疗效。体内试验表明，虫草提取物按每日 1 g 灌胃，对庆大霉素所致急性肾损伤有一定的防治作用，可抑制肾损伤大鼠尿 NAG 酶和血肌酐含量的升高，减轻肾组织病理改变。在体外试验中，青海产冬虫夏草经水和醇反复交替抽提后的混合物（5~50 μg/ml）对大鼠肾小管细胞增殖有明显的浓度依赖性刺激作用，但继续加大剂量至 100 μg/ml 反而出现抑制作用。5 μg/ml 的虫草提取物加入后 0.5 h 能明显增强肾小管上皮细胞 c-myc 原癌基因 mRNA 的表达，加入 2 h 后能明显增强 TGF-β 基因的表达，持续时间较长。采用肾小管细胞培养技术制作体外庆大霉素损伤模型，5 μg/ml 的虫草提取物能减轻 200~400 mg/L 庆大霉素损伤后细胞 LDH 的释放，但庆大霉素浓度为 800~1 600 mg/L 时，虫草不再具有保护作用；庆大霉素浓度为 400~800 mg/L 时，虫草提取物能抑制细胞 NAG 酶的释放；虫草提取物还能减轻庆大霉素损伤后细胞 Na^+-K^+-ATP 酶活力的受抑程度。

（2）对肾切除所致肾损伤的保护作用。冬虫夏草水煎剂（0.5 g/ml）1.0 ml 每日灌胃 1 次，治疗 5/6 肾切除的大鼠，结果发现虫草能明显降低血清尿素氮及肌酐水平，阻抑肾小球的代偿性肥大，明显减轻肾脏的病理改变，尤其是对肾小管间质的病变有较明显的防治作用。冬虫夏草水提液按每日 2.5 g/kg 给 5/6 肾切除大鼠灌胃，能降低尿蛋白排泄、血胆固醇、低密度脂蛋白、TGF-β 及其 mRNA 的表达，从而延缓肾小球的硬化。

（3）延缓糖尿病肾病的发展。以链脲佐菌素建立糖尿病大鼠模型，冬虫夏草早期干预组于成模后每日灌胃给予冬虫夏草粉末混悬液 5.0 mg/kg，晚期干预组于成模后 4 周开始灌胃，结果发现模型大鼠一般状态有所好转，减轻肾脏病理改变，减少血肌酐和尿素氮，t-PA/PAl 紊乱得到部分纠正，说明冬虫夏草治疗糖尿病的机制之一为纠正纤溶酶原系统的紊乱，且早期干预较晚期干预效果好。

（4）抗肾功能衰竭。虫草菌丝粉剂〔水稀释至 0.8 g（生药）/ml〕，对卡那霉素诱发大鼠肾毒性 ARF 模型可以提高离体灌注肾耗氧量，具有促进肾小球滤过功能和肾小管重吸收功能尽快恢复的作用。灌胃虫草多糖（多糖含量 72.4%）160 mg/kg、80 mg/kg、40 mg/kg 均对大鼠腹腔注射顺铂诱发的急性肾衰模型具有肾保护作用，能明显降低急性肾衰大鼠的血清尿素氮、肌酐、肾指数及尿 NAG 酶，能明显增加急性肾衰大鼠的尿量、尿钠、尿钾、尿氯，并减轻肾脏病理改变；对肾脏冷冻诱发的慢性肾功能衰竭大鼠也有治疗作用，能明显降低血清尿素氮、肌酐、总蛋白、钠离子、磷含量以及血清 MDA 含量，明显增加血清白蛋白和 T-SOD 含量，并减轻肾脏病理损伤。

3. 对生殖系统的作用

冬虫夏草 1∶1 浸剂 0.2 ml 对豚鼠未孕离体子宫表现出抑制趋势，0.3 ml 时产生显著的抑制作用，0.5 ml 时则产生完全的抑制。

环磷酰胺致睾丸氧化损伤模型小鼠每日给予冬虫夏草混悬液 300 mg/kg 灌胃，连续处理 28 d，能显著升高精子密度、活力、活动率、睾丸组织 SOD 与 GSH-Px 含量，明显降低精子畸形率和 MDA 含量，从而使小鼠的生精功能得到恢复。

4. 祛痰、平喘

冬虫夏草水提液按 $1/7\ LD_{50}$ 腹腔注射，能明显增加小鼠气管分泌酚红量，有祛痰作用；剂量为 $1/10\ LD_{50}$ 时，能明显对抗乙酰胆碱所致豚鼠哮喘，具有平喘作用。冬虫夏草 1∶10 浸剂 0.5 ml 对原离体支气管具有显著的扩张作用，亦能加强肾上腺素的作用。

5. 抗炎

虫草水提液 10 g/kg 给小鼠灌胃或者大鼠皮下注射虫草 3.0 g/kg，可使大鼠肾上腺重量及肾上腺内胆固醇含量明显增加；使小鼠血浆皮质醇及醛固酮含量升高；使肾上腺体积增大，肾上腺皮质增厚，其中以束状带增厚较为明显。表明虫草能促进和增强肾上腺皮质激素的合成与分泌，可能与其产生抗炎作用有关。按 1.0 ml/100 g 体重分别给佐剂性关节炎大鼠灌胃大、小剂量（4 g/kg、2 g/kg）的四川、西藏、青海产虫草的甲醇提取物，结果各产地虫草在小剂量下均未发现明显的抗炎作用，而西藏和青海产虫草于大剂量下表现出明显的炎症抑制作用，青海虫草优于西藏虫草。

【品质研究】李岚等通过对不同产地、不同等级的冬虫夏草进行有效成分和有害金属含量比较，全面了解各地冬虫夏草的质量状况。采用微波消解，用电感耦合等离子体发射光谱仪测定其铅、砷、铜、汞、镉含量。采用 HPLC 方法测定冬虫夏草的腺苷和虫草素的含量及指纹图谱分析。结果：7 种冬虫夏草的腺苷含量均符合药典要求，以西藏加查草（特级）和青海木勒小草（等外）较高。7 种冬虫夏草的虫草素含量以西藏那曲草（一级）和川草（一级）较高。7 种冬虫夏草的铅、铜、镉均符合药用植物及制剂进出口绿色行业标准，西藏吉隆草、西藏加查草、青海木勒小草、西藏那曲草砷含量超出标准，川草和青海木勒小草的汞含量超出标准。结论：西藏那曲、西藏加查、青海木勒和四川等 7 种冬虫夏草，综合有效成分和有害金属含量，以川草（一级）和西藏那曲草（一级）为优。

【原植物】子座单生，从寄主头部生出，细长棍状，长 4~11 cm，基部直径 1.5~4 mm，向上渐狭细，头部膨大成近圆柱状，褐色，长 1~4.5 cm，直径 2.5~6 mm。子囊壳近表面生，基部稍陷于子座内，椭圆形至卵形。4~5 月子座出土，子囊 3~4 d 后发散孢子。虫体似蚕，深棕色，长 3~5 cm，直径 3~8 mm；头部红棕色，长有子座；胸腹部深黄色至黄棕色，胸节 3，胸足 3 对，腹节 10，腹足 5 对，中部 4 对明显；表面有环节 20~30 个；质脆，断面淡黄色。子座细长圆柱形，稍扭曲，长 3~7（11）cm，直径 1.5~4 mm，表面灰棕色至棕褐色，有细纵皱纹，头部稍膨大，有腥味。见图 4-281。

图 4-281　冬虫夏草原植物（方清茂摄）

【生物学特性】为虫草菌与蝙蝠蛾科昆虫幼虫上的子座及幼虫尸体的复合体。生于雪线附近的草坡，4~5 月冬雪开始融化时，虫草菌弹射孢子。

【栽培技术】冬虫夏草为野生，目前尚无成熟的人工栽培技术。

【采收加工】 夏初子座出土、孢子未发散时挖取,晒至六七成干,除去似纤维状的附着物及杂质,晒干或低温干燥。见图4-282。

【适宜区与最适宜区】

1. 生态环境

生于海拔3 500~5 000 m之间的高山灌丛和高山草甸的雪线处。

2. 生态因子

年均气温3.3~12.8 ℃,1月平均气温 -10.7~-1 ℃,7月平均气温10.5 ℃。

3. 适宜区

四川冬虫夏草的适宜区为海拔

图4-282 冬虫夏草药材(兰志琼摄)

3 500 m 以上的地区,包括四川省西北部,康定、九龙、白玉、理塘、稻城、石渠、色达、壤塘、阿坝、松潘、小金、木里、雅江、雷波、冕宁、喜德、越西、甘洛、汉源、石棉、泸定、马尔康、若尔盖、红原等地。见图4-283。

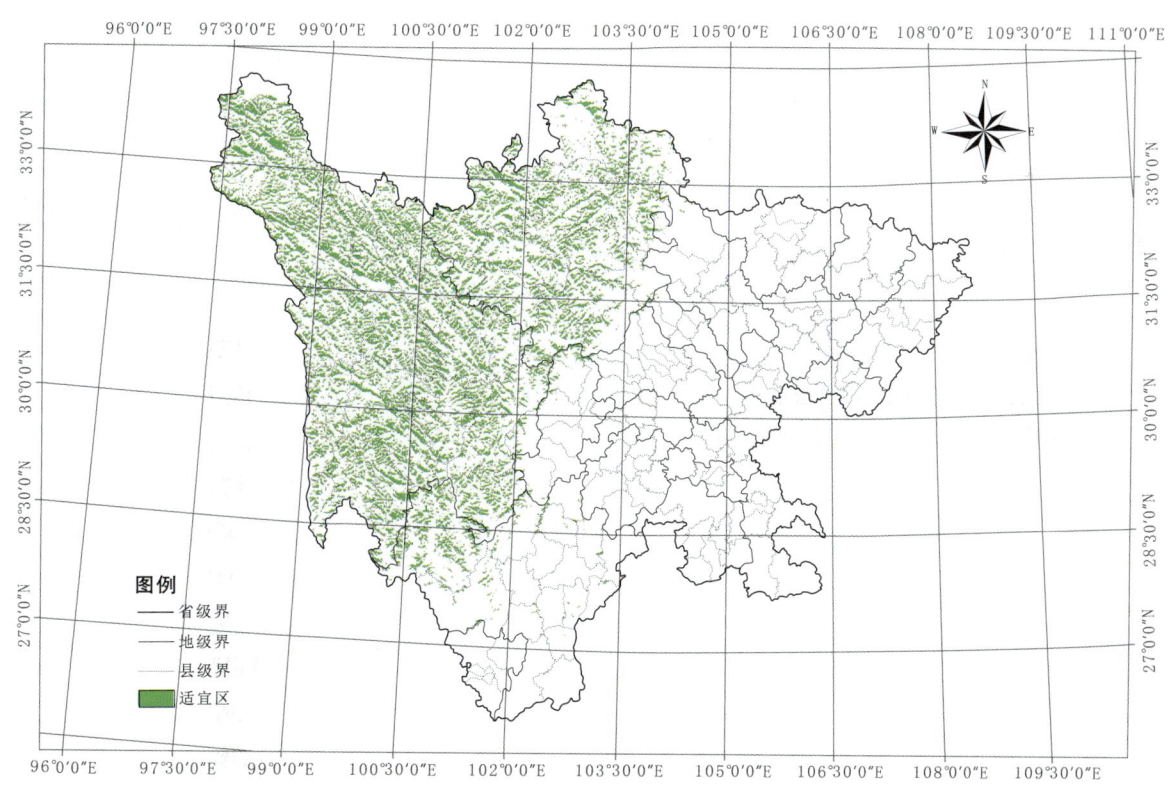

图4-283 冬虫夏草适宜区示意图

表4-140 冬虫夏草适宜区面积（km²）

区县	面积	区县	面积	区县	面积	区县	面积
汉源县	2	什邡市	28	汶川县	517	壤塘县	2 078
马边县	2	都江堰市	30	得荣县	571	甘孜县	2 088
昭觉县	3	彭州市	31	九寨沟县	664	道孚县	2 143
宁南县	5	美姑县	33	黑水县	856	雅江县	2 187
峨边县	6	雷波县	34	丹巴县	878	稻城县	2 228
会理县	9	盐边县	35	理 县	933	色达县	2 446
西昌市	11	芦山县	42	金川县	1 182	康定市	2 615
绵竹市	13	石棉县	74	炉霍县	1 263	木里县	2 727
普格县	13	越西县	89	乡城县	1 319	白玉县	2 845
金阳县	19	天全县	102	若尔盖县	1 362	新龙县	2 905
喜德县	19	平武县	177	马尔康市	1 535	阿坝县	2 972
北川县	21	泸定县	198	小金县	1 549	德格县	3 782
甘洛县	21	冕宁县	240	九龙县	1 604	理塘县	4 061
布拖县	22	盐源县	271	巴塘县	1 739	石渠县	6 590
大邑县	25	宝兴县	350	红原县	1 743		
德昌县	27	茂 县	408	松潘县	1 894		

4. 最适宜区

冬虫夏草的最适宜区为海拔4 300~4 800 m的地区，包括川西北高原的甘孜、理塘、小金、石渠、白玉、康定、德格等地。见图4-284。

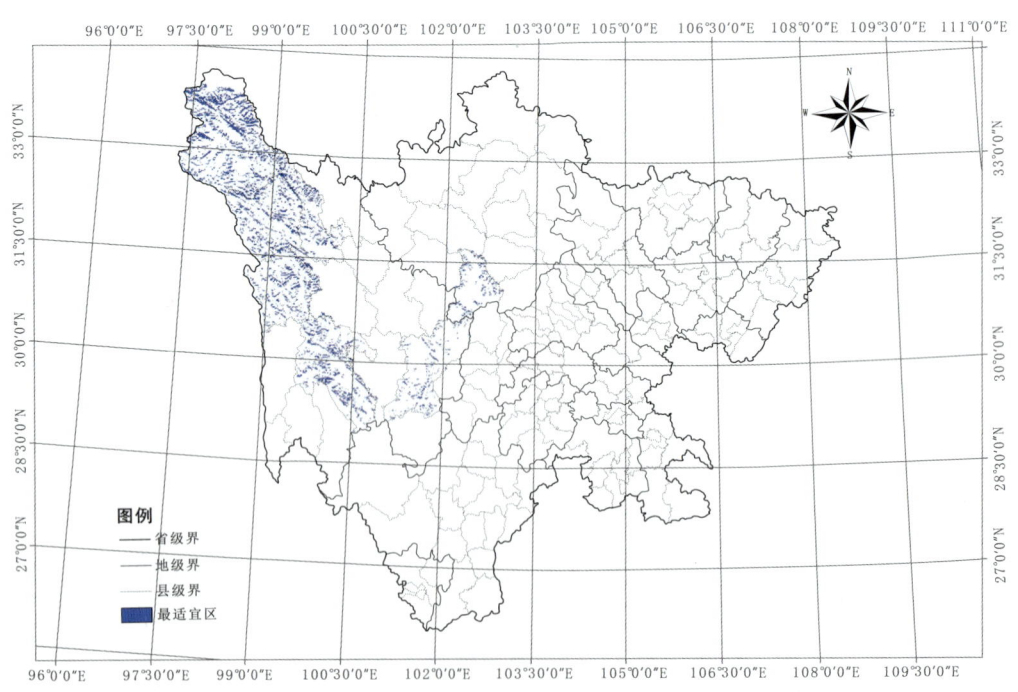

图4-284 冬虫夏草最适宜区示意图

表4-141 冬虫夏草最适宜区面积（km²）

区县	面积	区县	面积	区县	面积	区县	面积
炉霍县	579	康定市	757	德格县	1 612	石渠县	4 545
甘孜县	1 102	白玉县	1 493	理塘县	2 083		

【基地建设】四川省冬虫夏草药材为野生，主产于甘孜州康定、理塘、九龙、稻城、石渠、色达，阿坝州壤塘、阿坝、松潘等地。四川省在康定市雅加埂建立了人工栽培实验基地，无大面积人工栽培基地。

六十八、川贝母生产区划

【来源】为百合科植物川贝母 Fritillaria cirrhosa D.Don、暗紫贝母 Fritillaria unibracteata Hsiao et K.C.Hsia、甘肃贝母 Fritillaria przewalskii Maxim.、梭砂贝母 Fritillaria delavayi Franch. 的干燥鳞茎。同属植物太白贝母 Fritillaria taipaiensis P.Y.Li 或瓦布贝母 Fritillaria unibracteata Hsiao et K.C.Hsia var. wabuensis（S.Y.Tang et S.C. Yue）Z.D. Liu，S. Wang et S.C.chen 的干燥鳞茎也作为川贝母药材使用。

【道地沿革】贝母始载于《神农本草经》，列为中品。历代无种的分类和功能区分，至清代才明确有川贝之名，与其他贝母分开。《本草汇言》云："贝母，开郁、下气、化痰之药也。润肺消痰，止咳定喘，则虚劳火结之证，……必也川者为妙。若解痈毒，破郁结，消实痰，敷恶疮，又以土者为佳。然川者味淡性优，土者味苦性劣，二者以分别用。"浙江产贝母称"土者"，四川产的称"川者"。又如，吴仪洛《本草从新》载："川产开瓣，圆正底平者良；浙江产形大，亦能化痰，散结，解毒。"张璐《本经逢原》："贝母，川者味甘最佳，西者味薄次之，象山者微苦又次之。"此处"西者"据考证极有可能为新疆产贝母（伊贝母），象山贝母为浙江产之浙贝。赵学敏《本草纲目拾遗》引《百草镜》云："出川者曰川贝，象山者名象贝，绝大者名土贝。"《本草纲目拾遗》引《百草镜》云"忆庚子春有友自川中归，馈予贝母，大如钱，皮细白而带黄斑，味甘，云此种出龙安（今四川平武县），乃川贝中第一不可多得。"按其描述，当是炉贝中具虎皮斑纹之虎皮贝，其原植物主要是梭砂贝母 Fritillaria delavayi Franch。吴其浚《植物名实图考》载："今川中图者，一叶一茎，叶颇似荞麦叶。大理府点苍山生者，叶微似韭，而开蓝花，正类马兰花，其根则无甚差异，果同性耶。"由此可见，我国清代药用贝母主要有川贝（四川产）、西贝（新疆产）和浙贝（浙江产）等。《增订伪药条辨》："四川灌县产者……为最佳；平潘产者……亦佳。"《药物出产辨》："以打箭炉、松潘县等为正道地。"

综上，川贝母原名贝母，直至明末清初始见有"川贝"的论述。以康定、松潘为道地产区。

以类白色、起粉、质硬而脆、断面白色、富粉性、气微、味微甜而苦者为佳。

【性味归经】苦、甘，微寒。归肺、心经。

【功能主治】清热润肺，化痰止咳，散结消痈。用于肺热燥咳，干咳少痰，阴虚劳嗽，痰中带血，瘰疬，乳痈，肺痈。

【药理作用】

1. 对呼吸系统的作用

（1）镇咳。川贝母醇提物给猫腹腔注射 4 g/kg，采用电刺激猫喉上神经法，测得其有显著的镇咳作用。用氨水引咳法，川贝母粉（4 g/kg），暗紫贝母、甘肃贝母乙醇提取物（100 mg/20 g），暗紫贝母、甘肃贝母、梭砂贝母总生物碱部分（100 mg/20 g）给引咳小鼠灌胃，均有显著的镇咳作用；川贝母总皂苷按100 mg/20 g的剂量灌胃给药，无明显的镇咳作用。伊犁贝母和梭砂贝母的总生物碱以40.0 mg/kg、20.0 mg/kg剂量对SO_2引发咳嗽的小鼠一次性灌胃给药，梭砂贝母总生物碱能减少咳嗽次数，有延长潜伏期的趋势。

组织培养暗紫贝母和野生暗紫贝母的生药、总生物碱、总皂苷、水溶性成分、脂类成分均按3 g/kg剂量（生药量）给小鼠灌胃，氨水引咳法实验表明组织培养与野生暗紫贝母的生药、总皂苷部分、总生物碱部分均有明显的镇咳作用，但水溶性成分和脂类成分无镇咳作用。

（2）祛痰。川贝母醇提物15 g/kg对大鼠灌胃给药，用大鼠毛细管法，测得其有显著的祛痰作用。用小鼠酚红排泌法，暗紫贝母、甘肃贝母、梭砂贝母总皂苷按100 mg/20 g的剂量（生药量）灌胃小鼠，具有显著的祛痰作用。川贝母粉按4 g/kg给小鼠灌胃给药能增加呼吸道腺体的分泌；伊犁贝母和梭砂贝母的总生物碱以40.0 mg/kg、20.0 mg/kg一次性灌胃给药，均能明显增加小鼠对酚红的排出量。

组织培养暗紫贝母和野生暗紫贝母的生药、总生物碱、总皂苷、水溶性成分、脂类成分均按3 g/kg剂量给小鼠灌胃给药，小鼠酚红排泌法实验表明组织培养与野生暗紫贝母的生药、总生物碱部分及总皂苷部分均有明显的祛痰作用，水溶性成分和脂类成分无祛痰作用。

（3）平喘。采用喷雾致喘法，川贝母粉4 g/kg灌胃给药，可明显延长致喘豚鼠出现IV级反应潜伏期。川贝母中西贝素和西贝素苷（0.1 μmol/L、1 μmol/L、10 μmol/L）可使非选择性M受体激动剂卡巴胆碱引起的离体豚鼠气管螺旋条收缩的量效曲线右移，pA_2分别为7.18、7.03。

2. 抗炎

梭砂贝母的总生物碱以40.0 mg/kg、20.0 mg/kg一次性灌胃给药，能明显抑制小鼠二甲苯致耳廓肿胀。

3. 抑菌

梭砂贝母总生物碱对流感嗜血杆菌，肺炎球菌，金黄色葡萄球菌，甲、乙、丙型溶血性链球菌有不同程度的抑制作用。贝母碱、去氢贝母碱和鄂贝啶碱对革兰阳性的金黄色葡萄球菌和革兰阴性的卡他球菌具有抗菌活性，鄂贝啶碱对卡他球菌、金黄色葡萄球菌的活性高于贝母碱、去氢贝母碱。去氢贝母碱和鄂贝啶碱对革兰阴性的大肠杆菌和克雷伯肺炎杆菌无抗菌活性（MIC>2 mg/mL）。

4. 降血压

贝母素丙4.2 mg/kg静注，可导致猫的血压缓慢降低，并最终维持在较低水平。给猫静脉注射川贝碱4.2 mg/kg可产生持久性血压下降并伴以短暂的呼吸抑制。去氢贝母碱、贝母碱和贝母素在15~950 μmol/L浓度范围时对血管紧张素转换酶（ACE）活性的抑制呈剂量效应关系，IC_{50}分别为165.0 μmol/L、312.8 μmol/L和526.5 μmol/L，提示其降压作用部分是其抑制ACE活性而导致的。平贝母乙酸乙酯和丁醇提取物抑制ACE活性的IC_{50}分别为292 μg/ml、320 μg/ml，其己烷、丁醇和水提物能增加大鼠未受损血管组织中一氧化氮（NO）和环磷酸鸟苷（cGMP）的生成，提示平贝母提取物降压作用可能是通过抑制ACE和增加血管组织中NO和cGMP的释放而产生。贝母的水提取物能保证大鼠血管组织中NO的生成和血浆中NO代谢产物的浓度，不改变NOS蛋白的表达，而使由L-NAME引起的大鼠收缩期高血压恢复正常。同时，还能明显改善由L-NAME引起的大鼠肾功能参数，包括排尿量、排钠量、肌酐清除率的变化，提示其降压作用可能部分是由增加血管组织中NO

的生成和改善肾功能而产生的。

5. 其他

川贝碱给兔静脉注射 7.5 mg/kg，可使血糖升高且作用维持 2 h 以上。

【品质研究】 李玉峰等应用随机扩增多态性 DNA（RAPD）技术分析 8 种贝母的基因组 DNA 多态性并构建树状聚类图，结果表明相同产地的川贝母与康定贝母的亲缘关系最近，瓦布贝母、浓密贝母与川贝母也较近，但不同产地的浙贝母、平贝母、伊贝母与川贝母遗传距离较远。说明川贝母为特殊的复合群体，不同产地贝母类药材遗传关系相距较远。

马利琼等采用两相滴定法测定了《中国药典》收载的四个基源 17 个不同产地的川贝母生物碱的含量。川贝母的含量为 0.08%，暗紫贝母为 0.04%，梭砂贝母为 0.07%，甘肃贝母为 0.05%。17 个不同产地的川贝母中总生物碱的含量以川贝母较高，暗紫贝母为低。

【原植物】 川贝母：多年生草本。鳞茎卵圆形，由 2 枚鳞片组成，直径 1~1.5 cm。植株高 15~50 cm。茎生叶通常对生，有兼互生或 3~4 叶轮生的，长 3~12 cm，宽 2~6 mm，先端卷曲或不卷曲，上面比下面的长 1/2~2/3，先端卷曲或弯成钩状或微弯。花通常单朵，少 2~3 朵，紫色至黄绿色，通常有小方格，少数仅具斑点或条纹；每花有 3 枚叶状苞片，苞片狭长，宽 2~4 mm；花被片长 3~4 cm，外三片宽 1~1.4 cm，内三片宽可达 1.8 cm，蜜腺窝在背面明显凸出；雄蕊长约为花被片的 3/5，花药近基着生，花丝稍具或不具小乳突，柱头裂片长 3~5 mm。蒴果长宽各约 1.6 cm，具 6 棱，棱上具宽 1~1.5 mm 的狭翅。花期 5~7 月，果期 8~10 月。见图 4-285。

图 4-285　川贝母原植物（方清茂摄）

暗紫贝母：鳞茎球形或圆锥形，由 2 枚鳞片组成，直径 6~8 mm。植株高 10~30 cm。叶在下面的 1~2 对为对生，上面的 1~2 枚散生或对生，条形或条状披针形，先端不卷曲。花单朵，深紫色，有黄褐色小方格；叶状苞片 1 枚，先端不卷曲；花被片长 2.5~2.7 cm，内三片宽约 1 cm，外三片宽约 6 mm；蜜腺窝稍凸出或不很明显；雄蕊长约为花被片的一半，花药近基着生，花丝具或不具小乳突；柱头裂片很短，长约 0.5~1 mm，极少能长达 1.5 mm。蒴果长圆形，具六棱，棱上的翅很狭，宽约 1 mm。花期 6~7 月，果期 8 月。见图 4-286。

图4-286 暗紫贝母原植物（方清茂摄）

甘肃贝母：高 20~45 cm，鳞茎圆锥形。叶先端通常不卷曲或微卷。单花顶生，花被片黄色，具紫色或紫黑色斑点，蜜腺窝不很明显；叶状苞片 1 枚；花被片 6；雄蕊 6。花丝具小乳突，柱头浅裂。蒴果的棱上具宽约 1 mm 的翅。花期 6~7 月，果期 8 月。见图 4-287。

图4-287 甘肃贝母原植物（周先建摄）

梭砂贝母：高 20~40 cm，鳞茎卵圆形。叶互生，紧密着生于茎中部或上部 1/3 处，先端不卷曲。花单朵，花被片黄色，具红褐色斑点或小方格，蜜腺窝不很明显。花丝不具小乳突；柱头浅裂；蒴果的棱上具宽约 1 mm 的翅，宿存花被常多少包住蒴果。花期 6~7 月，果期 8~9 月。见图 4-288。

图4-288 梭砂贝母原植物（方清茂摄）

太白贝母：叶先端不卷曲；花被片先端近两侧边缘有紫色斑带，无方格斑；花被片外三片狭倒卵状矩圆形，内三片近匙形，最宽处在全长上端约4/5处；蜜腺窝几不凸出或稍凸出；蒴果长1.8~2.5 cm，棱上只有宽0.5~2 mm的狭翅。花期4~5月，果期5~6月。见图4-289。

图4-289 太白贝母原植物（周先建摄）

瓦布贝母：鳞茎扁球形，直径可达3 cm或更大，叶的两侧边缘不等长，略侧弯或近镰形，或披针状条形，宽9~20 mm；花初开时黄绿色至黄色，内面有或无黑紫色斑点，约4~5 d后，花被外面可出现紫色或浅橙色浸染；蒴果棱上翅宽2 mm。花期5~6月，果期7~8月。见图4-290。

图4-290 瓦布贝母原植物（方清茂摄）

【生物学特性】川贝母喜冷凉的气候条件，具有耐寒、喜湿、怕高温、喜荫蔽的特性。气温达到30 ℃或地温超过25 ℃，植株就会枯萎；海拔低、气温高的地区不能生存。

川贝母种子具有后熟特性，保持一定湿度和温度在5~25 ℃，胚胎继续分化。播种出苗的第一年，植株纤细，仅1匹叶，叶大如针，称"一匹叶"；第2年具单叶1~3片，叶面展开，称"双飘带"；第3年抽茎不开花，称"树儿子"；第4年抽茎开花，花期称"灯笼花"，果期称果实为"八卦锤"。

川贝母在幼苗期即开始生长鳞茎，仅米粒大，以后每年随植株发育而增大。当越冬鳞茎新芽长大出土时，消耗大量的养分，鳞片逐渐萎缩成膜壳，俗称"水壳"或"龙衣"。随着地上茎叶的生长发育，新鳞茎体积、体重不断增加并逐渐超过去年的老鳞茎。有些种的鳞茎可以形成一个以上的新芽，产生几个新的鳞茎。

川贝母植株年生长期90~120 d。春季4月出苗后，地上部分迅速生长；5~6月进入花期；7~8月初果实成熟；8月下旬以后，植株迅速枯萎、倒苗，进入休眠期。

暗紫贝母抽生走茎1~4枚，长5~14 cm，中间或末端长出新鳞茎或茎基上下长出两个鳞茎，如连珠状，老植株周围形成大量的一匹叶、双飘带新株。

【栽培技术】

1. 选地、整地

选背风的半阴半阳的坡地为宜，并远离麦类作物，防止锈病感染；以疏松、富含腐殖质的壤土为好，黏土、沙土均不适宜。结冻前整地，清除地面杂草，深耕细耙，作1.3 m宽的畦。每亩用厩肥1 500 kg、过磷酸钙50 kg、油饼100 kg，堆沤腐熟后撒于畦面并浅翻。畦面作成弓形。

2. 种子繁殖

种子成熟时胚尚处于原胚阶段，需用腐殖土或锯木末层积贮藏于室内，温度10~15 ℃进行后熟处理，保持一定温湿度，待种子发育成满胚后入冬前或翌年开春后播种。种子采用大棚育苗，撒播，密度为8 000~10 000粒/m²。

3. 鳞茎繁殖

7~9月间收获时，选择无创伤病斑的鳞茎作种。用条栽法，按行距20 cm开沟，株距3~4 cm，栽后覆土 5~6 cm。或在栽时分瓣，斜栽于穴内，栽后覆盖细土、灰肥 3~5 cm 厚，压紧镇平。

4. 田间管理

川贝母生长期需适当的遮荫。播种后，春季出苗前，揭去畦面覆盖物，分畦搭棚遮荫。搭高 15~20 cm 的矮棚，第一年郁闭度 50%~70%，第二年降为 50%，第三年降为 30%，收获当年不再遮荫。搭高棚，高约 1 m，郁闭度 50%。最好是晴天荫蔽，阴、雨天亮棚炼苗。川贝母幼苗纤弱，应勤除杂草，不伤幼苗。除草时带出的小贝母随即栽入土中。每年春季出苗前、秋季倒苗后应用镇草宁除草 1 次。秋季倒苗后，每亩用腐殖土、农家肥，加 25 kg 过磷酸钙混合后覆盖畦面 3 cm 厚，然后用搭棚树枝、竹梢等覆盖畦面，保护贝母越冬。有条件的每年追肥 3 次。

5. 病虫害防治

锈病为川贝母主要病害，病源多来自麦类作物，多发生于 5~6 月。防治方法：选远离麦类作物的地种植；整地时清除病残组织，减少越冬病原；增施磷、钾肥，降低田间湿度；发病初期喷甲基托布津可湿性粉剂 800~1 000 倍液或粉锈宁 1 000 倍液，7~10 d 喷 1 次，连喷 3~4 次。立枯病危害幼苗，发生于夏季多雨季节。防治方法：注意排水、调节郁闭度，以及阴雨天揭棚盖；发病前后用 1∶1∶100 的波尔多液喷洒。虫害以金针虫和蛴螬为主，4~6 月危害植株。防治方法：每亩用 50% 氯丹乳油 0.5~1 kg，于整地时拌上或出苗后掺水 500 kg 灌水防治。

【采收加工】野生川贝母药材 7 月下旬至 8 月上旬，地上部茎叶黄萎后，选晴天采挖。采挖时切勿碰伤鳞茎。将挖出的鳞茎用水清洗干净，然后摊开在竹篱或竹席上，连续暴晒。暴晒时不要翻动，直到贝母鳞片发白上粉后再翻动。没晒干的贝母不能堆放，否则贝母泛油发黄，品质变劣，成为"油子"。若遇阴雨天，可堆埋于含水较少的沙土中，待天晴后再晒干。也可用 40 ℃ 左右的温度烘干。

栽培川贝母药材，用种子繁育者，播后第 5 年或者第 6 年收获；鳞茎繁育者，栽培后第 3 年或者第 4 年收获。采挖时间为 7 下旬至 8 月上旬，地上部茎叶黄萎后，选晴天采挖。按大小分级，趁鲜切片，切片厚度为 3 mm，晒干或用 40 ℃ 左右的温度烘干。见图 4-291、图 4-292、图 4-293。

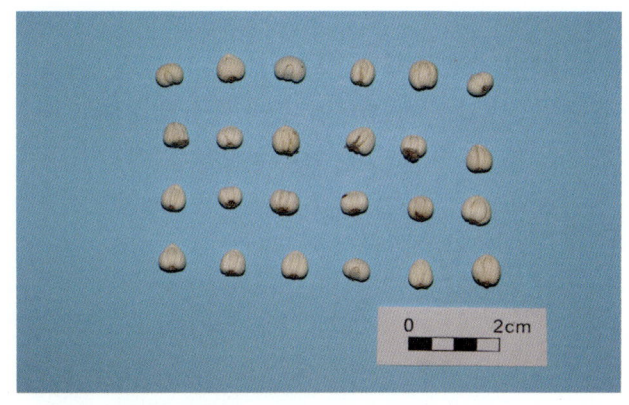

图 4-291 松贝药材（周先建摄）

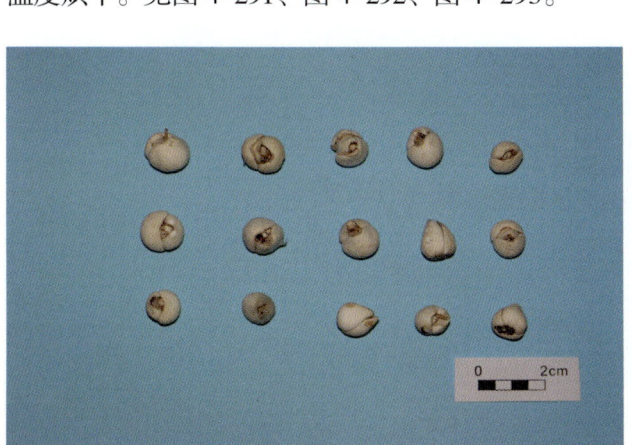

图 4-292 青贝药材（周先建摄）

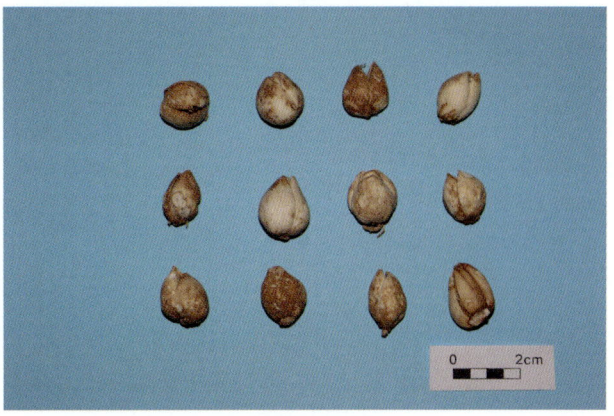

图 4-293 炉贝（梭砂贝母）药材（周先建摄）

【适宜区与最适宜区】

1. 生态环境

川贝母生于海拔 3 500~4 000 m 高寒地区阳光充足及土壤较湿润的地方。多生长在灌丛或林荫带下，伴生植物繁多，主要生于窄叶鲜卑花灌丛、杜鹃灌丛、硬叶柳灌丛、金露梅+绣线菊灌丛、香柏灌丛、珠芽蓼+圆穗蓼草甸等群落类型。

暗紫贝母是典型的高山植物，海拔一般为 3 200~4 500 m，分布范围十分狭窄。主要生于高山灌丛草甸如金露梅灌丛、窄叶鲜卑花灌丛、珠芽蓼草甸等生态环境。

甘肃贝母生于海拔 3 000~4 000 m 的高山灌丛草甸，主要群落有金露梅灌丛、窄叶鲜卑花灌丛、珠芽蓼草甸等生态环境。

梭砂贝母生于海拔 3 800~4 700 m 的沙石地或流沙岩石的缝隙中。

太白贝母生于海拔 1 800~3 100 m 的灌丛中或草丛中。

瓦布贝母生于海拔 2 700~3 300 m 的灌木林。

2. 生态因子

最高气温低于 30 ℃。年均气温 3 ℃，年降水量 700 mm，相对湿度 67%，无霜期约 100 d。

3. 适宜区

青贝（基源植物主要为甘肃贝母、暗紫贝母）道地产区为九寨沟、松潘、若尔盖、红原，此外，青海达日、班玛、久治、甘肃玛曲、碌曲等地亦产。见图 4-295。

松贝（基源植物主要为暗紫贝母）道地产区为四川松潘、红原，主产四川红原、若尔盖、九寨沟、茂县、黑水、马尔康。此外，青海班玛、久治等地亦产。见图 4-295。

炉贝（基源植物主要为梭砂贝母）因过去集散地为打箭炉（四川康定），故名炉贝。主产四川甘孜州、阿坝、壤塘、宝兴、芦山及青海玉树等地者，称"白炉贝"；此外，西藏昌都和云南西部亦产，称"黄炉贝"。见图 4-294。

瓦布贝母的适宜区为茂县、松潘、黑水。

太白贝母的适宜区为万源市。

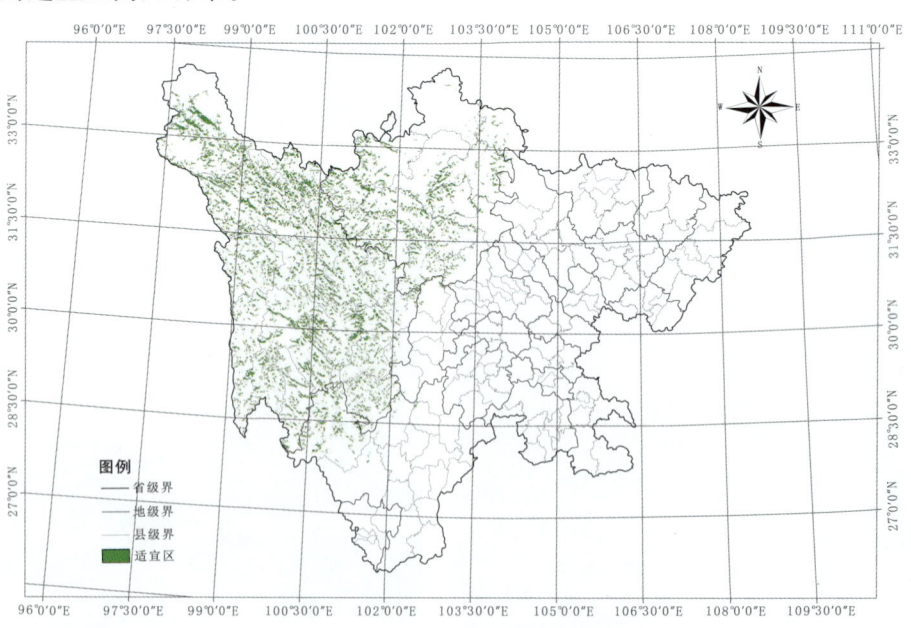

图 4-294 梭砂贝母适宜区示意图

表4-142 梭砂贝母适宜区面积（km²）

区县	面积	区县	面积	区县	面积	区县	面积
峨边县	1	盐源县	16	黑水县	318	甘孜县	922
甘洛县	1	石棉县	17	理县	343	壤塘县	931
北川县	2	平武县	44	松潘县	490	木里县	950
德昌县	2	冕宁县	51	巴塘县	496	白玉县	976
绵竹市	2	泸定县	72	金川县	500	雅江县	997
普格县	2	若尔盖县	79	乡城县	511	新龙县	1 019
彭州市	3	宝兴县	91	小金县	545	康定市	1 052
盐边县	3	茂县	110	炉霍县	546	色达县	1 396
什邡市	4	九寨沟县	141	九龙县	576	理塘县	1 538
大邑县	6	汶川县	150	稻城县	635	德格县	1 699
都江堰市	7	得荣县	183	马尔康市	635	石渠县	2 260
越西县	11	红原县	190	阿坝县	681		
芦山县	13	丹巴县	307	道孚县	803		

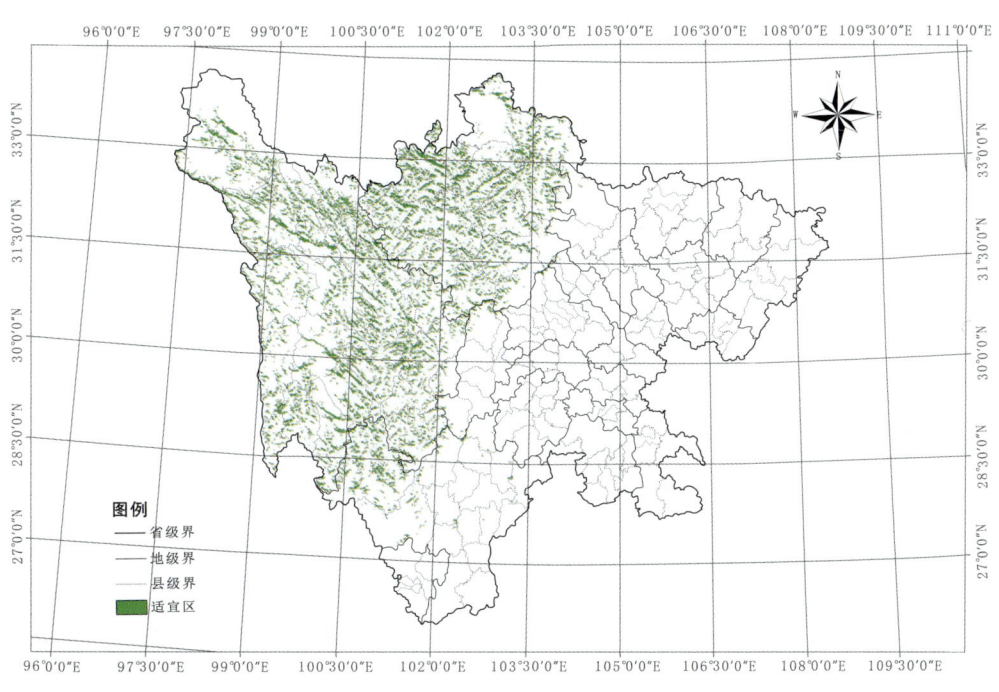

图4-295 暗紫贝母适宜区示意图

表4-143 暗紫贝母适宜区面积（km²）

区县	面积	区县	面积
红原县	1 290	阿坝县	2 512
松潘县	1 472	金川县	691
若尔盖县	886	小金县	854

续表

区县	面积	区县	面积
茂县	293	壤塘县	1 353
汶川县	301	理县	570
马尔康市	1 092	黑水县	589
九寨沟县	530	平武县	112
绵竹市	10	彭州市	21
什邡市	20	丹巴县	481

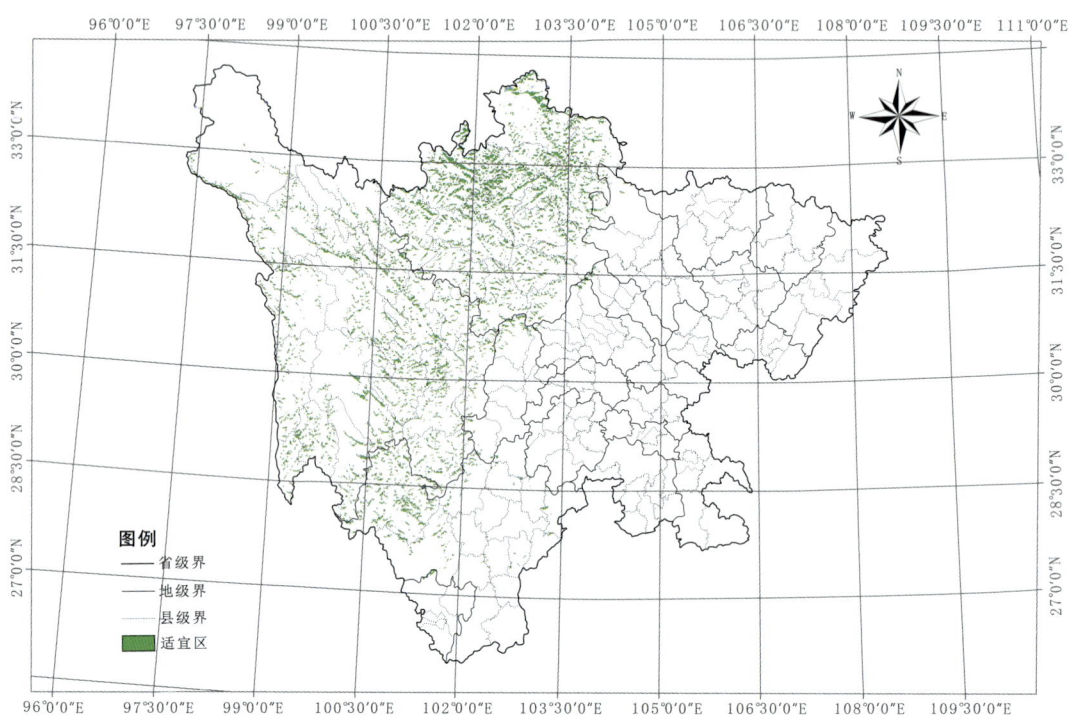

图4-296 卷叶贝母适宜区示意图

表4-144 卷叶贝母适宜区面积（km²）

区县	面积	区县	面积	区县	面积	区县	面积
仁和区	1	甘洛县	92	平武县	580	道孚县	1 734
天全县	1	雷波县	101	宝兴县	606	新龙县	1 742
崇州市	2	北川县	118	茂县	687	白玉县	1 748
洪雅县	2	西昌市	118	得荣县	721	壤塘县	1 801
金口河区	3	喜德县	131	汶川县	792	色达县	1 862
青川县	11	会理县	134	丹巴县	906	马尔康市	1 921
米易县	14	彭州市	136	理县	1 082	红原县	1 949
荥经县	14	金阳县	137	巴塘县	1 085	雅江县	2 209
马边县	43	普格县	159	乡城县	1 143	理塘县	2 344

续表

区县	面积	区县	面积	区县	面积	区县	面积
绵竹市	44	德昌县	167	黑水县	1 171	康定市	2 454
什邡市	60	布拖县	175	炉霍县	1 200	德格县	2 554
宁南县	67	昭觉县	188	金川县	1 298	松潘县	2 590
峨边县	68	越西县	191	稻城县	1 308	若尔盖县	2 598
大邑县	69	盐边县	195	盐源县	1 323	石渠县	2 619
芦山县	70	石棉县	213	甘孜县	1 373	阿坝县	3 270
汉源县	73	美姑县	253	九寨沟县	1 373	木里县	3 848
都江堰市	76	泸定县	321	小金县	1 418		
会东县	91	冕宁县	552	九龙县	1 571		

4. 最适宜区

川贝母（卷叶贝母）的最适宜区为康定，见图4-299；暗紫贝母的最适宜区为红原、若尔盖、松潘，见图4-298；甘肃贝母的最适宜区为九寨沟；梭砂贝母的最适宜区为康定、甘孜、德格、巴塘，见图4-297；瓦布贝母的最适宜区为茂县、松潘；太白贝母的最适宜区为万源。

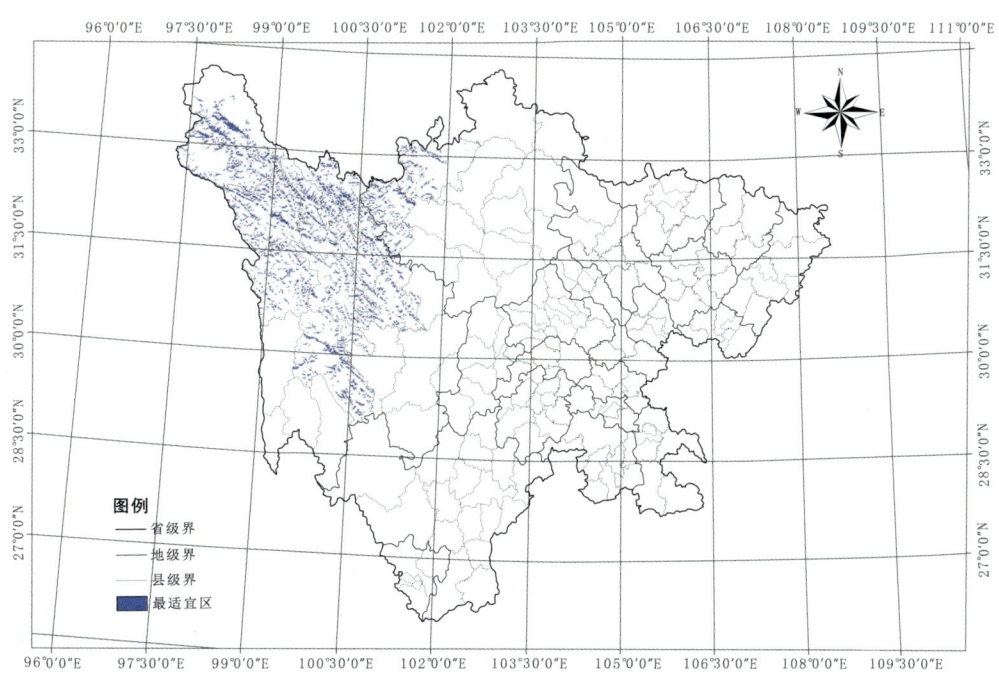

图4-297 梭砂贝母最适宜区示意图

表4-145 梭砂贝母最适宜区面积（km²）

区县	面积	区县	面积	区县	面积
炉霍县	510	白玉县	951	理塘县	1 500
阿坝县	657	新龙县	998	德格县	1 651
道孚县	753	色达县	1 364	石渠县	2 200

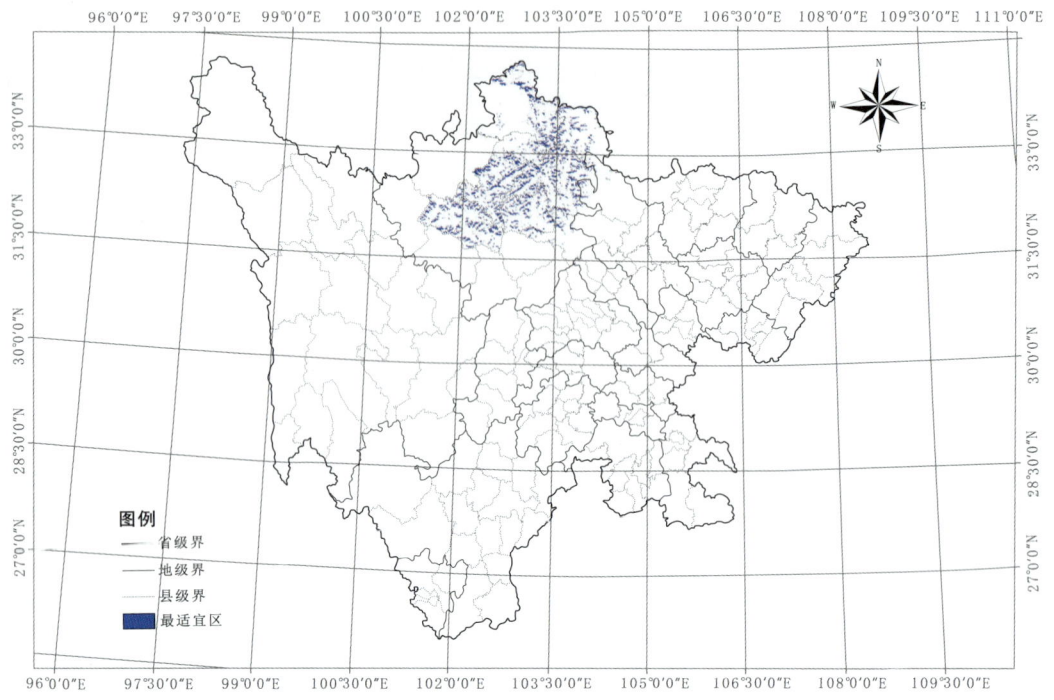

图4-298 暗紫贝母最适宜区示意图

表4-146 暗紫贝母最适宜区面积（km²）

区县	面积	区县	面积	区县	面积	区县	面积
茂　县	273	黑水县	573	马尔康市	1 054	松潘县	1 450
九寨沟县	500	若尔盖县	861	红原县	1 200		

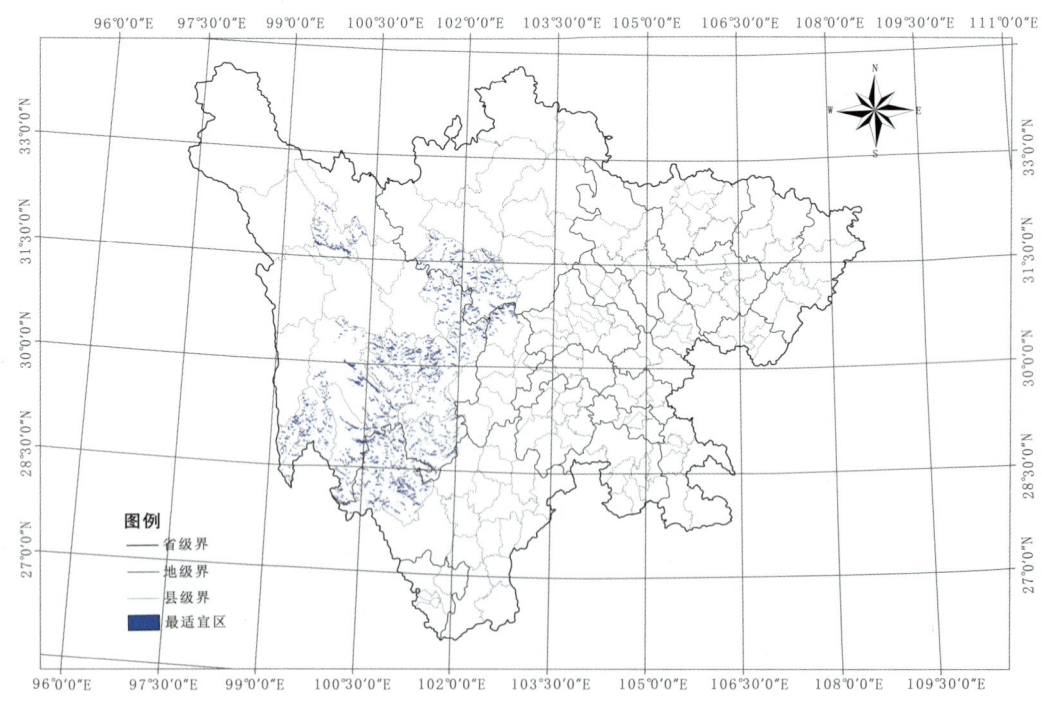

图4-299 卷叶贝母最适宜区示意图

表4-147 卷叶贝母最适宜区面积（km²）

区县	面积	区县	面积	区县	面积	区县	面积
茂　县	651	理　县	1 009	小金县	1 397	马尔康市	1 899
汶川县	760	黑水县	1 160	九龙县	1 510	雅江县	2 189
丹巴县	897	金川县	1 250	壤塘县	1 780	康定市	2 413

【基地建设】川贝母的规范化栽培基地在康定市新都桥；暗紫贝母的规范化栽培基地在松潘县水晶乡；瓦布贝母的规范化栽培基地在茂县。

六十九、黄芪生产区划

【来源】为豆科植物黄芪 *Astragalus membranaceus*（Fisch）Bge. 的干燥根。民国《北川县志》、清·光绪《盐源县志》记载产黄芪。同属植物梭果黄芪 *Astragalus ernestii* Comb.、多花黄芪 *Astragalus floridus* Bunge、金翼黄芪 *Astragalus chrysopterus* Bunge 以及岩黄芪属中华岩黄芪 *Hedysarum chinense*（B. Fedtsch.）Hand.–Mazz. 在四川也作黄芪使用，后四者主要在四川理塘县集中交易，又称为"理塘黄芪"，是广东、东南亚等地煲汤用的原料。

【道地沿革】黄芪亦称为"蜀脂"，始载于《神农本草经》，列为中品。《名医别录》："生蜀郡、白水（广元）、汉中，二月十月采，阴干。"《本草经集注》载："黄芪第一出陇西，色黄白、味甜美，今亦难得……。次用黑水（四川黑水县）、宕昌（四川松潘西北部）者，色白肌粗，新者亦甘而温补，又有蚕陵（今茂县西北部）、白水者，色理胜蜀中而冷补。"

以条粗、皱纹少、断面色黄白、粉性足，味甘者为佳。

【性味归经】甘，微温。归肺、脾经。

【功能主治】补气升阳，固表止汗，利水消肿，生津养血，行滞通痹，托毒排脓，敛疮生肌。用于气虚乏力，食少便溏，中气下陷，久泻脱肛，便血崩漏，表虚自汗，气虚水肿，内热消渴，血虚萎黄，半身不遂，痹痛麻木，痈疽难溃，久溃不敛。

【药理作用】

1. 调节免疫

黄芪超细微粉分别加入1日龄雏鸡饮水和饲料中喂食，均含1%黄芪超细微粉，连续42 d，结果与对照组相比，试验组鸡的体重增加，血清抗鸡新域疫病毒抗体效价平均值也有不同程度的提高。黄芪提取物给环磷酰胺致免疫抑制小鼠灌胃，每日25 mg/kg、50 mg/kg，连续21 d，能提高实验小鼠降低的单核细胞吞噬能力、T淋巴细胞增殖反应以及血中IFN-γ含量。黄芪生品和蜜制品水煎液给小鼠灌胃每日0.5 g/kg，连续5 d，结果在提高小鼠巨噬细胞吞噬能力方面，蜜炙黄芪强于生品。黄芪水浸出液给小鼠灌胃每日0.5 g/kg，连续10 d，可加强小鼠淋巴细胞增殖和IL-2的产生。黄芪总提物（15 mg/kg、50 mg/kg、150 mg/kg）灌胃给药，对环磷酰胺降低和二硝基氟苯（DNFB）升高诱导的小鼠迟发超敏（DTH）反应均能使其恢复或接近正常水平；在1~30 mg/L浓度范围内，可明显促进浓度脂多糖（LPS）（6.0 mg/L）诱导小鼠脾淋巴细胞的增殖反应，量效曲线均呈典型的钟罩型，而具有机能和浓度依赖性的双向免疫调节作用。

黄芪总黄酮给氢化可的松（HCT）致免疫功能低下模型小鼠尾静脉注射每日25 mg/kg，连续10 d，结果黄芪能够提高模型小鼠的CD_4^+T淋巴细胞水平，抑制CD_8^+T细胞的表达，升高CD_4^+/CD_8^+比值；能明显升高模型小鼠血清IFN-γ水平，而降低IL-4水平；重建免疫功能低下机体正常的免疫功能，促进机体Th0向Th1分化，维持Th1的优势状态，增强机体的细胞免疫功能。在12.5~100 μg/ml范围内，黄芪多糖、皂苷均能促进刀豆蛋白A（ConA）诱导的T淋巴细胞增殖，其中黄芪多糖的作用较显著。黄芪多糖给小鼠灌胃每日3 mg/kg，连续15 d，能明显提高小鼠的迟发型变态反应的足跖肿胀度、脾脏生成抗体细胞数、半数溶血值及巨噬细胞吞噬功能，对刀豆蛋白A诱导的小鼠淋巴细胞增殖无明显影响。

2. 抗应激

（1）耐缺氧、耐疲劳。黄芪冰冻微粉以2.0 g/kg、1.0 g/kg、0.5 g/kg，普通黄芪粉以1.0 g/kg给小鼠灌胃，黄芪冰冻微粉可明显延长小鼠在缺氧状态下的存活时间和转棒时间，说明其有明显的抗应激和抗疲劳作用，且效果优于普通粉。黄芪水煎剂给小鼠灌胃每日0.5 g/kg、0.25 g/kg、0.125 g/kg，连续7 d，可延长小鼠缺氧情况下的存活时间，游泳45 min后的小鼠肝糖原的含量明显增加，乳酸含量明显减少。1‰的黄芪浸提液可明显提高密封瓶中的泥鳅存活时间，而增强其抗缺氧能力。黄芪水提液给小鼠灌胃每日12 g/kg、24 g/kg，连续3周，可使小鼠负重游泳力竭时间延长，血清SOD活性增强，MDA值下降，而增强小鼠抗疲劳能力。黄芪水提液给大鼠灌胃每日6 g/kg、12 g/kg，连续3周，可使大鼠比目鱼肌单收缩的收缩幅度增强，潜伏期缩短，1/2舒张时间缩短，强直收缩的幅度增强，疲劳指数减小；使腓肠肌单收缩的幅度增强，潜伏期延长，1/2舒张时间延长，强直收缩的幅度增强，疲劳指数减小。黄芪注射液给大鼠灌胃每日10 g/kg、20 g/kg，连续5 d，可显著减轻应激状态下大鼠胃黏膜细胞损伤程度和毛细血管及其周围间质的水肿。

（2）抗辐射。黄芪水浸出液给小鼠灌胃0.5 g/只，连续6 d，有增强小鼠抗γ射线辐射作用。黄芪总黄酮在浓度为10 mg/L时，对紫外线所致细胞膜脂质过氧化反应有明显的抑制作用，浓度达100 mg/L时，对HaCaT细胞作用显著；对紫外线所致红细胞溶血有很好的防护作用，在浓度为30 mg/L时，其防护率可达50%。黄芪皂苷Ⅰ在终浓度为2 μg/ml时，可对抗中波紫外线致永生化角质形成的人皮肤永生角质形成细胞系HaCaT细胞损伤，可使细胞增殖活性下降，炎性细胞因子TNF-α、IL-6分泌显著增加。

3. 抗氧化、抗衰老

在果蝇基本培养基中加入黄芪粉，制成黄芪最终浓度为1.667 mg/ml、3.333 mg/ml、5.001 mg/ml、6.668 mg/ml、13.336 mg/ml的不同浓度样品培养基，均可明显延长果绳的寿命。黄芪总提取物给D-半乳糖（D-Gal）人工衰老模型和自然衰老模型小鼠灌胃每日40 mg/kg，连续10周，可明显降低D-Gal衰老小鼠过高的MDA含量，上调其过低的抗氧化酶（GSH-Px、Mn-SOD）活性和GSH/GSSG比值，对自然衰老模型小鼠作用相似。黄芪水提液在浓度为7.5~1.5 mg/ml时，对脂质自由基有清除能力；对超氧阴离子自由基清除的最终浓度为0.563 mg/ml。黄芪黄酮提取物给衰老小鼠尾静脉注射每日0.01 mg/kg、0.04 mg/kg、0.08 mg/kg，连续10 d，可使衰老小鼠胸腺组织、脑细织NO含量显著升高，SOD活性显著增强，MDA的含量显著下降，胸腺重量明显增加，且可延缓衰老过程中小鼠胸腺的萎缩，提高机体的免疫功能，改善大脑的微循环环境，而发挥抗衰老的作用。黄芪黄酮给自然衰老小鼠灌胃2.5 mg/只，连续6周，可明显降低衰老小鼠胸腺NO、MDA含量，提高SOD活性，抑制胸腺细胞凋亡，改善或延缓衰老小鼠胸腺细胞的退行性变化。黄芪多糖给D-半乳糖复制的衰老模型小鼠灌胃，每日1.5 ml/kg、3.0 ml/kg，连续30 d，可显著提高实验小鼠血SOD、CAT及GSH-Px活力，降低血浆、脑匀浆及肝匀浆中LPO水平。

4. 抗炎、镇痛

黄芪水煎剂给小鼠灌胃，每日 0.5 g/kg、0.25 g/kg、0.125 g/kg，连续 7 d，可抑制二甲苯所致小鼠耳廓肿胀，减少冰醋酸所致小鼠的扭体次数。黄芪皂苷 I 给大鼠灌胃 25 mg/kg、50 mg/kg、100 mg/kg，均有抑制角叉菜胶所致的足跖肿胀作用；黄芪皂苷 I 脂质体给大鼠灌胃 50 mg/kg 或者静脉注射 5 mg/kg，均有对抗组胺和 5-羟色胺引起的大鼠毛细血管通透性增加作用。黄芪皂苷 I 给小鼠静脉注射，对小鼠醋酸扭体反应的半数镇痛率为（47.81±3.38）mg/kg，由热板法测得的半数镇痛率为（25.4±1.5）mg/kg。

5. 对生殖系统的作用

黄芪水煎剂给去卵巢大鼠自然口服，浓度从 1% 渐进到 6%，连续 7 周，可显著降低因去卵巢引起的大鼠体重、Lee's 指数的增加及血清 FFA、MDA 水平的升高，提高血清 TAOC 水平，而可抑制去卵巢大鼠的肥胖，提高机体的抗氧化力。黄芪注液射（成都地奥九泓制药厂）在终浓度为 10 mg/kg 时，在体外可明显提高人精子的活力。黄芪注射液对单侧睾丸扭转/复位大鼠，睾丸复位前 30 min 腹腔注射 3 g/kg，后连续给药 3 d，7 d 后处死大鼠，发现黄芪注射液可明显减少大鼠双侧睾丸生殖细胞凋亡。黄芪多糖粉添加到妊娠后期母猪饲料中，添加量为 300 g/t，可提高妊娠母猪的窝均产仔数、窝均活仔数和窝均活仔质量。

【品质研究】王含彦等对药用黄芪的遗传多样性进行研究。采用随机扩增多态 DNA（RAPD）方法对 15 份黄芪基因组进行扩增，所获数据通过 NTSYS-pc v2.1 和 POPGENE v1.3 进行分析。结果：从 47 条引物中筛选出 12 条条带清晰且重复性好的引物用于实验和统计分析，共扩增出 85 个位点，多态性位点占 78.16%。聚类分析显示，所有供试黄芪可明显聚为三类。结论：来自四个省份的黄芪具有较高的遗传多样性；材料间遗传距离的远近与其地理来源有一定相关性，其中四川理塘的野生黄芪与其他材料遗传距离较大，推测与其独特的生境有关。说明保护黄芪多样性应尽可能广泛收集不同来源地的种质资源。

黄芪属植物在国内有明显的地域应用特点，刘洋等总结了 10 种具有代表性的黄芪属植物的化学成分以及药理作用研究进展，分属 5 个亚属。10 种黄芪属植物分别是乌拉特黄芪（*Astragalus hoantchy*）、背扁黄芪（*A.complanatus*）、梭果黄芪（*A.ernestii*）、膜荚黄芪（*A.membranaceus*）、蒙古黄芪（*A.momongholicus* var.*mongholicus*）、多花黄芪（*A.floridus*）、金翼黄芪（*A.chrysopterus*）、草木樨状黄芪（*A.melilotoidesll*）、华黄芪（*A.chinensis*）、斜茎黄芪（*A.adsurgens*）。47 种皂苷类化合物中，膜荚黄芪中发现 37 种、蒙古黄芪 10 种、梭果黄芪 6 种、多花黄芪 4 种。85 种黄酮类化合物中，蒙古黄芪 40 种、膜荚黄芪 31 种、斜茎黄芪 21 种、梭果黄芪 3 种、背扁黄芪 15 种、乌拉特黄芪 3 种、金翼黄芪 1 种、草木樨状黄芪 3 种。蒙古黄芪中得到 6 种生物碱。黄芪多糖类因为提取工艺不同，得到的结构有很大差异。

【原植物】多年生草本，高 50~150 cm。主根肥厚，直而长，稍带木质，常分枝，灰白色，有豆腥味。茎直立，具分枝，有细棱，被长柔毛。单数羽状复叶有 13~27 片小叶，长 5~10 cm；叶柄长 0.5~1 cm；托叶离生，卵形、披针形或线状披针形，长 4~10 mm，下面被白色柔毛或近无毛；小叶椭圆形或长圆状卵形，长 7~30 mm，宽 3~12 mm，先端钝圆或微凹，具小尖头或不明显，基部圆形，上面绿色，近无毛，下面被伏贴白色柔毛。总状花序腋生，稍密，有 10~20 朵花；总花梗与叶近等长或较长，至果期显著伸长；苞片线状披针形，长 2~5 mm，背面被白色柔毛；花梗长 3~4 mm，连同花序轴稍密被棕色或黑色柔毛；小苞片 2；花萼钟状，长 5~7 mm，外面被白色或黑色柔毛，有时萼筒近于无毛，仅萼齿有毛，萼齿短，三角形至钻形，长仅为萼筒的 1/4~1/5；蝶形花冠

图4-300 黄芪原植物（方清茂摄）

黄色或淡黄色，旗瓣三角状倒卵形，长12~20 mm，顶端微凹，基部具短瓣柄，翼瓣较旗瓣稍短；翼瓣和龙骨瓣均有柄状长爪；子房有柄，被细柔毛。荚果薄膜质，稍膨胀，半椭圆形，顶端具刺尖，两面被白色或黑色细短柔毛，果颈超出萼外；种子3~8颗。花期6~8月，果期7~9月。见图4-300。

【生物学特性】 喜凉爽气候，耐寒耐旱，怕热怕涝，喜干燥向阳山坡。幼苗怕强光，成年植株喜干旱和充足的阳光。

【栽培技术】

1. 栽培方法

（1）选地。山区、半山区选地势向阳、土层深厚、土质肥沃的沙壤土或棕色森林土。平地选地势较高、渗水力强、地下水位低的沙壤土或积土，忌白浆土、盐碱土、黏壤土及积水草甸土。

（2）整地。深耕并施厩肥或堆肥每亩2 500 kg，过磷酸钙25~30 kg。耕细后做畦，宽120 cm，高30 cm。

（3）繁殖。黄芪用种子繁殖。

2. 田间管理

（1）松土除草。人工除草同大田作物。还可使用除草剂，即在播种时或播种后施用氟乐灵每亩150 g，或施用拉索每亩200 g。

（2）追肥。5月上旬追硫酸铵，每亩5~15 kg、6月上旬追尿素，每亩7~10 kg、7月上旬追过磷酸钙，每亩50 kg，厩肥2 000 kg。

（3）打尖。7月下旬打尖，减少营养消耗。

（4）排灌。雨季注意排水。天旱时，苗期、返青期适当灌水。

（5）留种采种。留种选3年生以上（含3年）生长健壮、无病虫害地块作黄芪种子田。对种子田管理，在一般大田管理的基础上（切勿打掉花芽），于7月中旬增施一次磷肥、钾肥，每亩施过磷酸钙25 kg，氯化钾10 kg，促使花盛果多，籽粒饱满。结果种熟期间，如遇高温干旱，应及时灌水，降低种子硬实率，提高种子质量。黄芪种子的采收宜在8月果荚下垂黄熟、种子变褐色时立即进行，否则果荚开裂，种子散失，难以采收。因种子成熟期不一致，应随熟随采。若小面积留种，最好分期分批采收，并将成熟果穗逐个剪下，舍弃果穗先端未成熟的果实，留用中下部成熟的果实。若大面积留种，可待田里70%~80%果实成熟时一次采收。收后先将果枝倒挂阴干几天，使种子后熟，再晒干、脱粒、扬净、贮藏。

【采收加工】 栽培后3年采收，春、秋二季采挖，除去须根和根头，晒干。一般9月中下旬采收为佳。用工具小心挖取全根，避免碰伤外皮和断根，去净泥土，趁鲜切去芦头，修去须根，晒至半干，堆放1~2 d，使其回润，再摊开晾晒，反复晾晒，直至全干，将根理顺直，扎成小捆，即可。亩产干品300 kg左右。见图4-301。

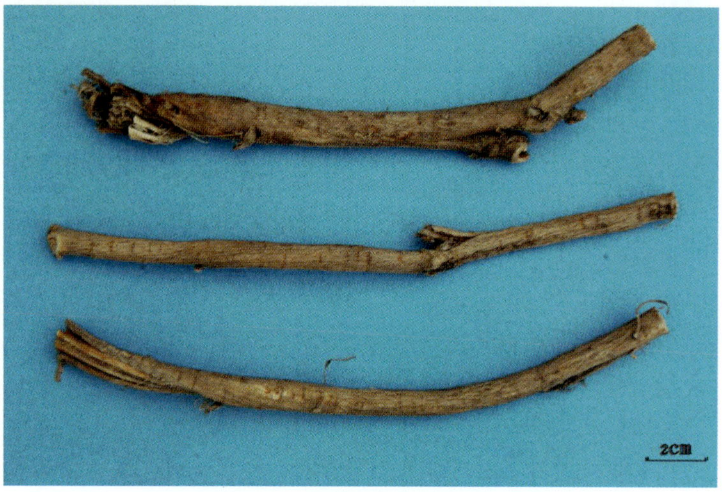

图4-301 黄芪药材（舒光明摄）

【适宜区与最适宜区】

1. 生态环境

生于海拔2 000~3 500 m的高山峡谷区的干燥向阳山坡。

2. 生态因子

年均气温0.8~4.3 ℃，1月平均气温 −5.2~1 ℃，7月平均气温13.4~17.6 ℃，年降水量600~900 mm。

3. 适宜区

黄芪的适宜区为甘孜州、阿坝州的高山峡谷区，包括甘孜、阿坝、茂县、松潘、理县、九寨沟等地。见图4-302。

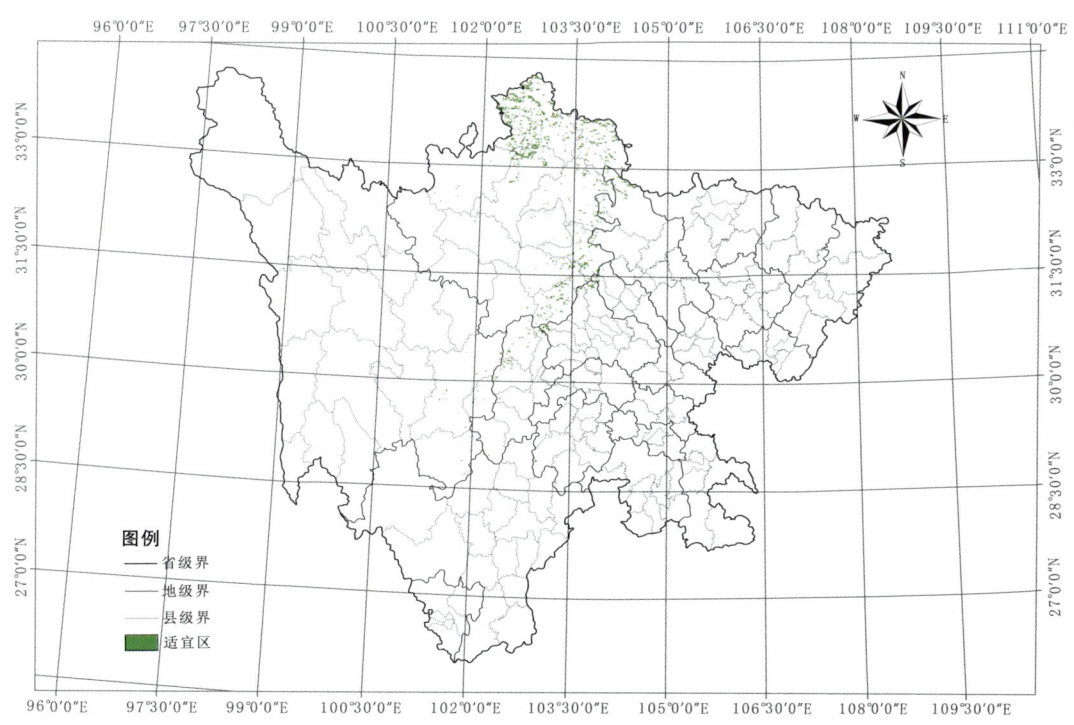

图4-302 黄芪适宜区示意图

表4-148 黄芪适宜区面积（km²）

区县	面积	区县	面积	区县	面积	区县	面积
峨眉山市	1	白玉县	29	松潘县	77	峨边县	146
甘孜县	3	洪雅县	29	稻城县	80	越西县	157
旺苍县	3	金口河区	29	都江堰市	83	石棉县	173
宣汉县	5	德格县	30	汉源县	89	美姑县	175
万源市	7	什邡市	30	马边县	89	泸定县	191
昭觉县	7	新龙县	30	绵竹市	90	九龙县	203
红原县	8	理塘县	31	甘洛县	91	小金县	206
南江县	9	乡城县	32	金阳县	91	天全县	241
色达县	9	会理县	40	北川县	93	冕宁县	246
盐边县	10	巴塘县	43	阿坝县	101	康定市	287
宁南县	14	普格县	49	雷波县	103	金川县	293
得荣县	16	道孚县	51	喜德县	104	马尔康市	312
西昌市	16	德昌县	52	彭州市	106	平武县	317
安县	18	壤塘县	64	雅江县	113	茂县	319
黑水县	25	布拖县	65	盐源县	114	理县	328
若尔盖县	26	大邑县	75	芦山县	129	宝兴县	431
崇州市	27	荥经县	75	九寨沟县	130	汶川县	490
炉霍县	27	青川县	77	丹巴县	137	木里县	591

4. 最适宜区

黄芪的最适宜区为海拔2 500~3 500 m的高山峡谷区、高原，包括松潘、茂县等地。见图4-303。

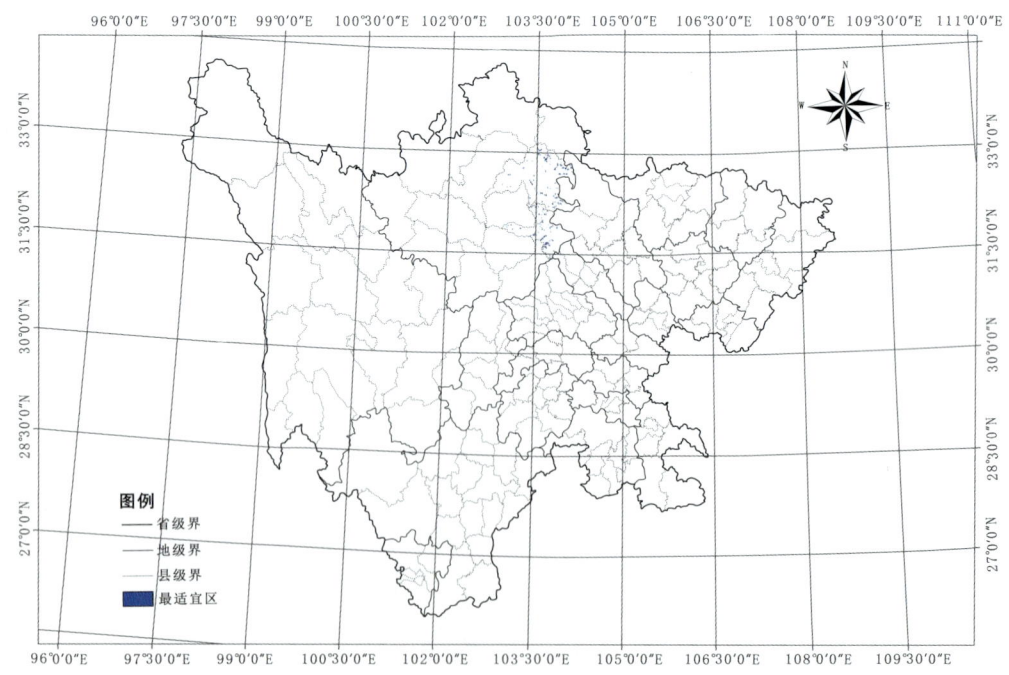

图4-303 黄芪最适宜区示意图

表4-149 黄芪最适宜区面积（km²）

区县	面积	区县	面积
茂县	120	松潘县	140

【基地建设】四川省黄芪主要为野生药材，茂县有人工栽培，无规模化的栽培基地。

七十、大黄生产区划

【来源】为蓼科植物掌叶大黄 Rheum palmatum L.、药用大黄 Rheum officinale Baill L. 与唐古特大黄 Rheum tanguticum Maxim. ex Regel 的干燥成熟根与根茎。

【道地沿革】始载于《神农本草经》，列为下品。魏《吴普本草》载：大黄"……或生蜀郡北部，或陇西"，这是古代本草著作中第一次提到大黄的产地。梁《本草经集注》曰：大黄"……生河西山谷及陇西，……今采益州（现四川的成都附近）北部汶山（今岷山）及西山（相当于今甘肃与青海交界的青藏高原地区）者，虽非河西及陇西，好者犹作紫地锦色，味甚苦涩……"唐朝苏敬在《新修本草》写道"……今出宕州、凉州、西羌、蜀地皆有，……陶称蜀地者不及陇西，误矣。"认为甘肃、四川产者均为佳。唐《新修本草》记载："幽（今河北）并以此者渐细，气力不及蜀中者。"可见唐代已发现河北产大黄与正品大黄不同。关于形态，苏颂曰："正月内生青叶，似蓖麻，大者如扇。根如芋，大者如碗，长一二尺。……四月开黄花（与今药用大黄相符），也有青红似芥麦花者（与今掌叶大黄及鸡爪大黄相符）。"宋代苏颂在《图经本草》则说："大黄生河西山谷及陇西。今蜀川河东、陕西州郡皆有之，以蜀川锦文者佳，其次秦陇来者，谓之土蕃大黄。"清《植物名实图考》载："今以四川产者为良，西南、西北诸国，皆持此为荡涤要药市贩甚广，北地亦多有之。"经傻以上记载大黄出产在四川西北、甘肃、青海、陕西北部等广大的地区。

以体重、质坚实、断面锦纹及星点明显、红棕色、有油性、气清香、味苦微涩、嚼之发黏者为佳。

【性味归经】苦、寒。归脾、胃、大肠、肝、心包经。

【功能主治】泻热通便，凉血解毒，逐瘀通经。用于实热便秘，积滞腹痛，泻痢不爽，湿热黄疸，血热吐衄，目赤，咽肿，肠痈腹痛，痈肿疔疮，瘀血经闭，跌打损伤，外治水火烫伤；上消化道出血。酒大黄善清上焦血分热毒。用于目赤咽肿，齿龈肿痛。熟大黄泻下力缓，泻火解毒。用于火毒疮疡。大黄炭凉血化瘀止血。用于血热有瘀出血症。

【药理作用】

1.对消化系统的作用

（1）对胃肠道的作用

①泻下作用。以大黄水煎液为阳性对照，按 0.3 ml/10 g〔浓度为 1 g（生药）/ml〕剂量给小鼠灌胃大黄溶剂工艺产物、SFE-CO_2 工艺产物、SFE-CO_2 及药渣树脂精制工艺产物，测得小鼠小肠墨汁推进率为：SFE-CO_2 及药渣树脂精制工艺组＞溶剂工艺组、SFE-CO_2 工艺组＞阳性对照组；按 4 g/kg 剂量给麻醉大鼠结肠内灌注以上 3 种工艺产物，测得大鼠大肠墨汁推进率为：SFE-CO_2 及药渣树脂精制工艺组＞溶剂工艺组＞SFE-CO_2 工艺组、阳性对照组；按 0.2 ml/10 g 剂量给小鼠灌胃以上 3 种工艺产物，小鼠小肠和大肠对水分吸收的阻碍作用强弱为：CO_2 及药渣树脂精制工艺组＞溶剂工

艺组＞SFE-CO$_2$工艺组。通过饲喂复方地芬诺酯建立大鼠慢传输型便秘模型，给便秘大鼠饲喂含大黄粉的饲料，使给药剂量为每日800 mg/kg，与便秘大鼠相比能缩短首粒黑便时间，能调整便秘大鼠结肠慢波存在的节律紊乱、频率及振幅异常。采用给大鼠饲料中添加大黄粉建立慢传输型便秘的动物模型，结果，模型组炭末推进长度、肠道传输功能低于对照组；模型组大鼠结肠肌间神经丛VIP含量较对照组明显下降，光镜及电镜下均可见结肠细胞结构明显退行性改变，结肠肌内神经丛内未找到Cajal间质细胞，提示大黄等蒽醌类致泻剂损伤结肠壁神经丛，使结肠传输功能下降。

②对肠道黏膜屏障的作用。给小鼠灌入10%的大黄煎剂0.3 ml，1次/8 h，24 h后取屈氏韧带到回盲部段（空肠和回肠），收集灌洗液并制备小肠组织匀浆，结果大黄灌洗液和组织匀浆中溶菌酶含量较空白组明显增高。表明大黄可促进小鼠小肠溶菌酶的分泌，其作用是保护肠道黏膜的机制之一。给正常小鼠灌胃10%大黄煎剂，50 mg/次，每日200 mg/只，结果大黄能使小肠灌洗液中IgA、总蛋白、补体C$_3$、溶菌酶含量以及Ⅱ型磷脂酶A$_2$（pLA$_2$-Ⅱ）活力显著升高，但对小肠灌洗液中高密度脂蛋白（HDL）和小肠组织匀浆中隐窝素-1（Cr1）基因扩增片段与隐窝素-4（Cr4）基因扩增片段含量的影响与正常组比较无统计学差别。给小鼠灌胃100 g/L的大黄汤剂0.3 ml/次，每日3次，也能使小肠灌洗液中Ⅰ型PLA$_2$活力和溶菌酶含量明显增高，但小肠匀浆中的Ⅱ型PLA$_2$活力、溶菌酶含量却明显降低，表明大黄能促进肠黏膜上皮分泌多种免疫相关物质，均为其保护肠道黏膜屏障的作用机制。

③对肠张力和平滑肌收缩活动的作用。体外给予生大黄、大黄炭、酒大黄、熟大黄、醋大黄，浸渍6 h、12 h、18 h，水煎液高、中、低剂量1.00 ml、0.50 ml、0.25 ml〔0.5 g（生药）/ml〕，其中生大黄、酒大黄、熟大黄、大黄水煎液对离体兔十二指肠张力有明显的抑制作用，而3种不同时间浸泡处理的大黄浸液和大黄炭水煎液高剂量对十二指肠张力有明显的增强作用。

（2）保肝、利胆。经鼻饲管给予大黄（精制大黄片，1 g相当于生药大黄4 g）50 mg/kg，对烫伤和内毒素"二次打击"模型大鼠肝细胞线粒体功能有改善作用，表现为能提高模型大鼠细胞内ATP含量和能荷值，减少肝细胞内细胞色素C的丢失，改善肝细胞线粒体的呼吸功能。

（3）抗肝纤维化。浓度为5~15 mg/L的大黄素干预大鼠肝星状细胞株（HSC-T6）24 h后，对T6细胞的增殖产生显著抑制作用，使增殖细胞核抗原（PCNA）标记指数随着药物浓度的增高，其表达阳性率反而逐渐降低，同时对T6细胞的周期产生阻滞作用，能升高G$_0$/G$_1$期细胞比例。

2. 改善肾功能

采用无菌条件下行左肾摘除，并分别于术后第7 d和第28 d注射多柔比星建立肾硬化大鼠模型，从摘除左肾当天起灌服大黄抽提液0.5 mg/kg，手术13周后处死大鼠得到，治疗组血尿素氮、血肌酐和24 h尿蛋白均较肾硬化组明显降低，病理损害明显减轻，肾小球截面积和平均体积明显减小，且使肾小球PCNA mRNA表达明显减弱，增殖指数下降，P27蛋白表达升高。表明大黄能通过上调肾硬化大鼠肾小球细胞周期P27蛋白的表达，抑制肾小球细胞增殖，从而延缓肾硬化的进展。

3. 镇痛、抗炎

复制多发性创伤兔的模型，创伤前30 min将20 ml大黄精片（相当于大黄剂量为50 mg/kg）溶液灌胃，治疗后8 h即能显著降低创伤兔血浆中TNF-α、IL-6和IL-8水平的增高，明显减轻机体的全身炎症反应程度。采用盲肠结扎穿孔术制备大鼠脓毒血症模型，给脓毒血症大鼠灌胃大黄粉50 mg/kg，3小时1次，连用3次，能显著抑制升高的核因子-κb（NF-κB）活性和肿瘤坏死因子-α（TNF-α）和单核细胞趋化蛋白-1（MCP-1）含量。

4. 对免疫功能的作用

给异育银鲫饲喂1%大黄的药饵，每日投喂量为鱼体重的2%~3%，连续投喂28 d，在投喂4 d

后白细胞吞噬百分比和吞噬指数显著增高,血清和体表黏液溶菌酶的活性也有明显提高。停给药饵后 10 d 白细胞吞噬百分比和吞噬指数与投喂普通饵料的异育银鲫相比仍有显著性差异。

5. 对物质代谢的作用

(1) 降血脂。给单纯性肥胖高胰岛素血症大鼠灌胃大黄提取片 2.5 g/100 g,能使肥胖大鼠体重下降,同时明显降低高胰岛素血症大鼠血清胰岛素及 C 肽,还可使血清 TNF-α 明显降低。表明大黄提取片使单纯性肥胖大鼠体重下降的同时还有改善高胰岛素血症的作用,其作用与血清 TNF-α 浓度降低有关。

(2) 降血糖。给链脲佐菌素加高脂膳食所致的 2 型糖尿病模型大鼠灌胃大黄醇提物高、低剂量 300 mg/kg、150 mg/kg,连续 5 周,能提高血清脂联素(APN)水平和胰岛素敏感性,降低肿瘤坏死因子 α(TNF-α)水平。

【品质研究】李喜香等利用基于变异系数的模糊物元模型评价不同产地大黄的质量。结合欧氏贴近度概念,构建基于变异系数权重的中药质量综合评价的模糊物元模型。选取大黄中没食子酸、游离蒽醌等 14 个评价指标,评价不同产地大黄的质量。结果 27 个产地大黄药材样品中,欧氏贴近度 ρHj > 0.220 9 的样品有 9 批,主要集中在四川和甘肃陇南,品质较优,均具有"红肉白筋,体重质坚,星点环列,味苦"的优良性状特征。ρHj < 0.160 4 的样品主要集中在青海达日和四川峨眉山等地,样品性状与"个头普遍较小,体轻质松,内部有糠心"的劣药特征一致。

不同产地大黄抑菌作用存在差异。应用微量热法研究不同产地大黄在 37 ℃对大肠杆菌生长代谢过程的热效应变化,根据热动力学参数,分析了湖北、贵州、四川产地大黄的药效差异。结果表明,不同产地的大黄对大肠杆菌的生长代谢均有不同程度的抑制作用,使大肠杆菌生长速率常数减小,传代时间延长,而且以川大黄的抑菌效果最佳。

【原植物】掌叶大黄:高大粗壮草本,高 1.5~2 m,根及根状茎粗壮木质,肥厚,黄褐色。茎直立中空,叶片长宽近相等,长达 40~60 cm,基部近心形,通常成掌状半裂,裂片 5(7),每一大裂片又分为近羽状的窄三角形小裂片,基出脉多为 5 条,叶上面粗糙到具乳突状毛,下面及边缘密被短毛;叶柄粗壮,圆柱状,与叶片近等长,密被锈乳突状毛;茎生叶向上渐小,柄亦渐短;托叶鞘大,长

图 4-304 掌叶大黄原植物(方清茂摄)

达 15 cm，内面光滑，外表粗糙。顶生大型圆锥花序，分枝较聚拢，密被粗糙短毛；花小，通常为紫红色，有时黄白色；花梗长 2~2.5 mm，关节位于中部以下；花被片 6，外轮 3 片较窄小，内轮 3 片较大，宽椭圆形到近圆形，长 1~1.5 mm；雄蕊 9，不外露；花盘薄，与花丝基部粘连；子房菱状宽卵形，花柱略反曲，柱头头状。果序的分枝直而聚拢，果实矩圆状椭圆形到矩圆形，长 8~9 mm，宽 7~7.5 mm，两端均下凹，翅宽约 2.5 mm，纵脉靠近翅的边缘。种子宽卵形，棕黑色。花期 6 月，果期 8 月。见图 4-304。

药用大黄：形态与掌叶大黄相似。本种叶浅裂，呈大齿形或宽三角形；花较大，呈黄白色，花蕾椭圆形，果枝展开。见图 4-305。

图4-305　药用大黄原植物（方清茂摄）

唐古特大黄：多年生高大草本，高 1.5~2 m。形态与掌叶大黄相似。本种叶片通常掌状深裂，具 3~7 裂片；裂片再次羽状深裂，小裂片窄，线状披针形。果序的分枝直而聚拢。见图 4-306。

图4-306　唐古特大黄原植物（方清茂摄）

【生物学特性】喜冷凉气候，耐寒，忌高温。忌连作，需经 4~5 年后再种。

【栽培技术】

1. 繁殖方法

大黄可用种子繁殖，也可用子芽（母株根茎上的芽）繁殖。

（1）种子繁殖。大黄品种易杂交变异，应选品种较纯的三年生植株作种株，7月中、下旬待种子大部变黑褐色时，连茎割回，阴干，脱粒，备用。用育苗移栽、直播法两种。分春播和秋播，一般以秋播为好。育苗，可条播或撒播。条播者横向开沟，沟距 25~30 cm，播幅 10 cm，深 3~5 cm，每亩用量 2~5 kg。撒播是将种子均匀撒在畦面，薄覆细土，盖草，每亩用种量 5~7 kg。

发芽后于阴天或晴天午后将盖草揭去。苗出齐后，及时除草、浇水。如幼苗太密，可结合第 1 次除草间苗。苗期追施稀薄人畜粪尿 2~3 次。初冬回苗后用土、草或落叶覆盖，至次年萌芽时揭去覆盖物。春播者于第 2 年 3~4 月移栽，秋播于第 2 年 9~10 月移栽。选有中指粗的幼苗，将侧根及主根的细长部分剪去，按行距 70 cm、株距 50 cm 开穴，穴深 30 cm 左右，每穴栽苗 1 株。春季移栽的盖土宜浅，使苗叶露出地面，以利生长；秋季移栽盖土宜厚，应高出芽嘴 5~7 cm，以免冬季遭受冻害。直播法，按行距 60~80 cm、株距 50~70 cm 穴播，穴深 3 cm 左右，每穴播种 5~6 粒，覆土 2 cm 左右。每亩用种子 1.5~2 kg，苗期管理与育苗移栽法相同。间苗 1~2 次，苗高 10~15 cm 时定苗，每穴 1 株。

（2）子芽繁殖。在收获大黄时，将母株根茎上的萌生健壮而较大子芽摘下，按行株距 55 cm×55 cm 挖穴，每穴放 1 子芽，芽眼向上，覆土 6~7 cm，踏实。栽种时在切割伤口涂上草木灰，以防腐烂。

2. 田间管理

栽后第 2 年进行中耕除草 3 次，第 3 年在春、秋季各进行 1 次，第 4 年在春季进行 1 次。追肥在每次中耕除草后进行，春夏季施油饼或人畜粪水，秋季施土杂肥及炕土灰壅蔸防冻，如堆肥中加入磷肥效果更好。大黄根茎肥大，不断向上生长，所以每次中耕除草、追肥时，都应培土，以促进根茎生长，又能防冻。大黄移栽后在第 3、4 年的 5~6 月间，抽薹开花，除留种以外，均应及时摘除花薹，以免消耗大量养料，以利根茎发育。

3. 病虫害防治

病害有极腐病、轮纹病、疮痂病、炭疽病、霜霉病等，可采用综合防治法，实行轮作；保持土壤排水良好；及早拔除病株烧毁，病株处的土壤用石灰消毒；清除枯枝落叶及杂草，消灭过冬病源；发病前或发病时用 1∶1∶120 波尔多液喷雾或浇灌。虫害有金龟子和蚜虫，可用化学药剂毒杀。金龟子为害亦可在早晨捕杀或夜晚点灯诱杀成虫。

【采收加工】唐古特大黄与掌叶大黄选择栽培 5 年以上者，在 9 月中、下旬地上部分枯黄时采收。采收时先将地上部分割去，刨开根茎四周泥土，将根与根茎全

图 4-307　大黄药材（方清茂摄）

部挖起，除去泥土及地上残茎，运回加工。药用大黄栽培后 2 年采挖。

先将根茎洗净泥沙，晒干，刮去粗皮，再横切成 7~10 cm 长的块，晾干或者烘干。见图 4-307。

【适宜区与最适宜区】

1. 生态环境

生于海拔 1 400~5 000 m 的盆地周围山区与青藏高原地区。

2. 生态因子

冬季最低气温为 -10 ℃ 以上，夏季气温不超过 30 ℃，无霜期 150~180 d，年降雨量为 500~1 000 mm 左右。对土壤要求较严，一般以土层深厚、富含腐殖质、排水良好的壤土或砂质壤土最好，黏重酸性土和低洼积水地区不宜栽种。

3. 适宜区

药用大黄的适宜区主要为海拔 1 300~3 200 m 的盆地周围山区，见图 4-308；掌叶大黄的适宜区为甘孜州、凉山州、阿坝州南部海拔 2 500~3 200 m 的山区，见图 4-309；唐古特大黄的适宜区为四川青藏高原北部海拔 3 100~4 400 m 的地区，包括石渠、色达、壤塘、阿坝、若尔盖，见图 4-310。

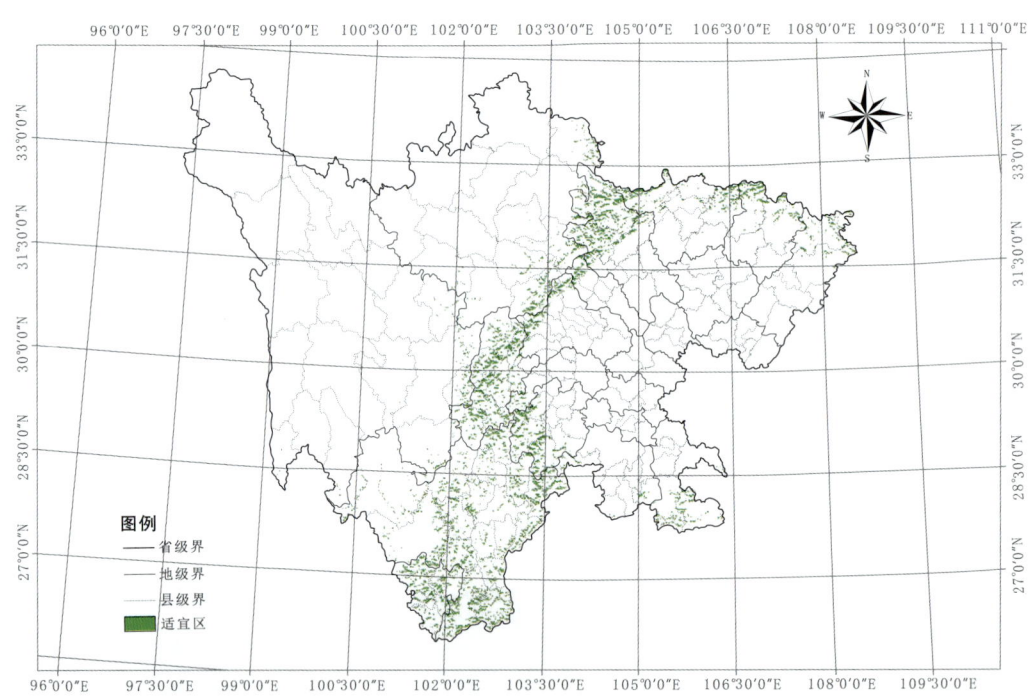

图 4-308　药用大黄适宜区示意图

表 4-150　药用大黄适宜区面积（km²）

区县	面积	区县	面积	区县	面积	区县	面积
苍溪县	1	东　区	32	绵竹市	135	万源市	269
雅江县	1	兴文县	38	都江堰市	136	德昌县	286
叙州区	1	邛崃市	40	安　县	139	甘洛县	291
昭化区	1	朝天区	45	大邑县	144	荥经县	291
巴塘县	2	丹巴县	53	泸定县	150	宝兴县	306

续表

区县	面积	区县	面积	区县	面积	区县	面积
夹江县	2	利州区	56	九寨沟县	164	米易县	309
名山区	2	康定市	67	喜德县	166	旺苍县	323
平昌县	2	普格县	75	宁南县	169	石棉县	337
开江县	3	什邡市	77	金口河区	170	汉源县	355
巴州区	7	昭觉县	77	叙永县	175	汶川县	355
马尔康市	7	理县	79	仁和区	188	南江县	374
筠连县	9	屏山县	82	茂县	191	马边县	384
邻水县	9	雨城区	89	金阳县	193	天全县	413
得荣县	10	崇州市	91	古蔺县	197	盐源县	421
黑水县	10	布拖县	95	通江县	197	青川县	447
合江县	11	九龙县	96	木里县	201	雷波县	514
稻城县	12	彭州市	102	冕宁县	223	盐边县	546
沐川县	13	越西县	110	江油市	225	北川县	557
沙湾区	20	峨眉山市	112	芦山县	229	会东县	583
小金县	22	宣汉县	117	西昌市	246	会理县	718
金川县	27	松潘县	128	美姑县	261	平武县	906
西区	29	洪雅县	132	峨边县	262		

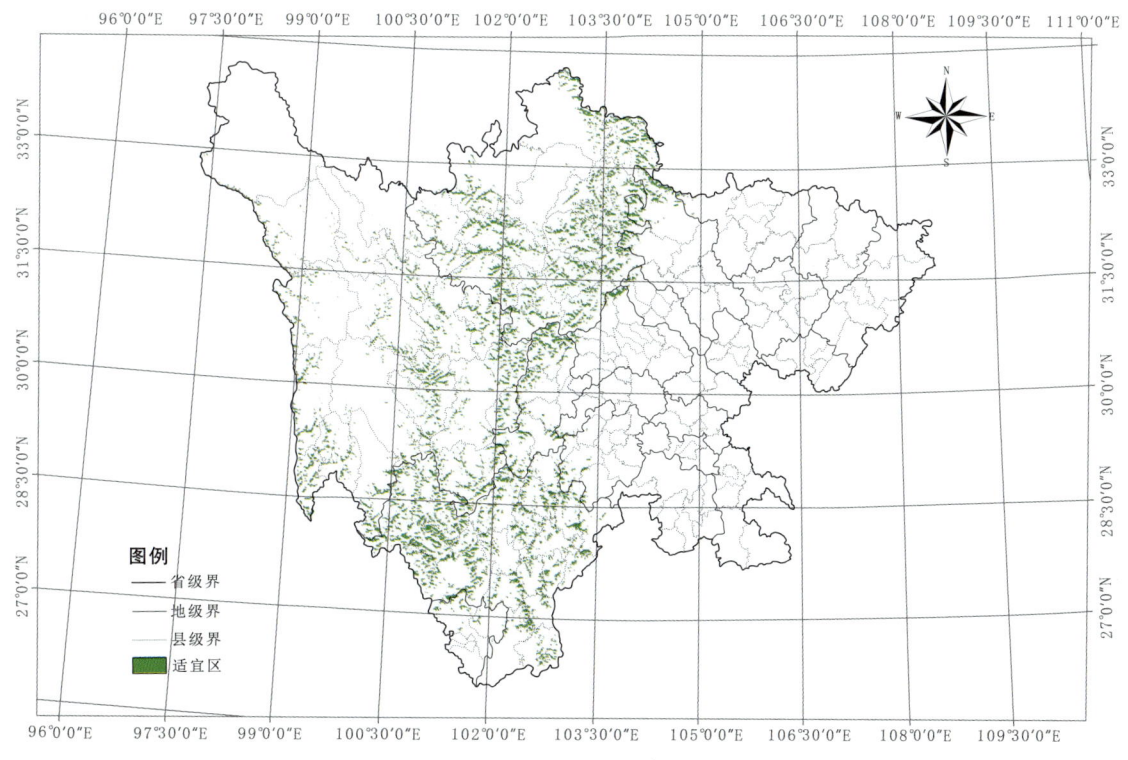

图4-309 掌叶大黄适宜区示意图

表4-151 掌叶大黄适宜区面积（km²）

区县	面积	区县	面积	区县	面积	区县	面积
峨眉山市	6	甘孜县	102	德昌县	266	若尔盖县	504
安 县	7	色达县	111	泸定县	270	汶川县	543
仁和区	7	宁南县	123	炉霍县	275	宝兴县	579
崇州市	11	峨边县	135	石棉县	284	茂 县	590
洪雅县	24	雷波县	145	白玉县	300	黑水县	593
什邡市	25	甘洛县	150	会理县	303	冕宁县	593
青川县	45	汉源县	161	壤塘县	306	小金县	614
金口河区	47	北川县	170	新龙县	319	理 县	640
大邑县	57	布拖县	200	美姑县	325	平武县	675
荥经县	58	西昌市	200	越西县	337	金川县	683
米易县	60	金阳县	201	乡城县	357	雅江县	750
石渠县	61	普格县	220	喜德县	378	康定市	752
绵竹市	66	天全县	223	巴塘县	389	九龙县	779
都江堰市	70	德格县	229	得荣县	392	九寨沟县	923
马边县	77	盐边县	238	稻城县	428	马尔康市	943
红原县	79	会东县	243	道孚县	442	松潘县	1 179
芦山县	101	理塘县	246	阿坝县	448	盐源县	1 239
彭州市	101	昭觉县	259	丹巴县	489	木里县	2 552

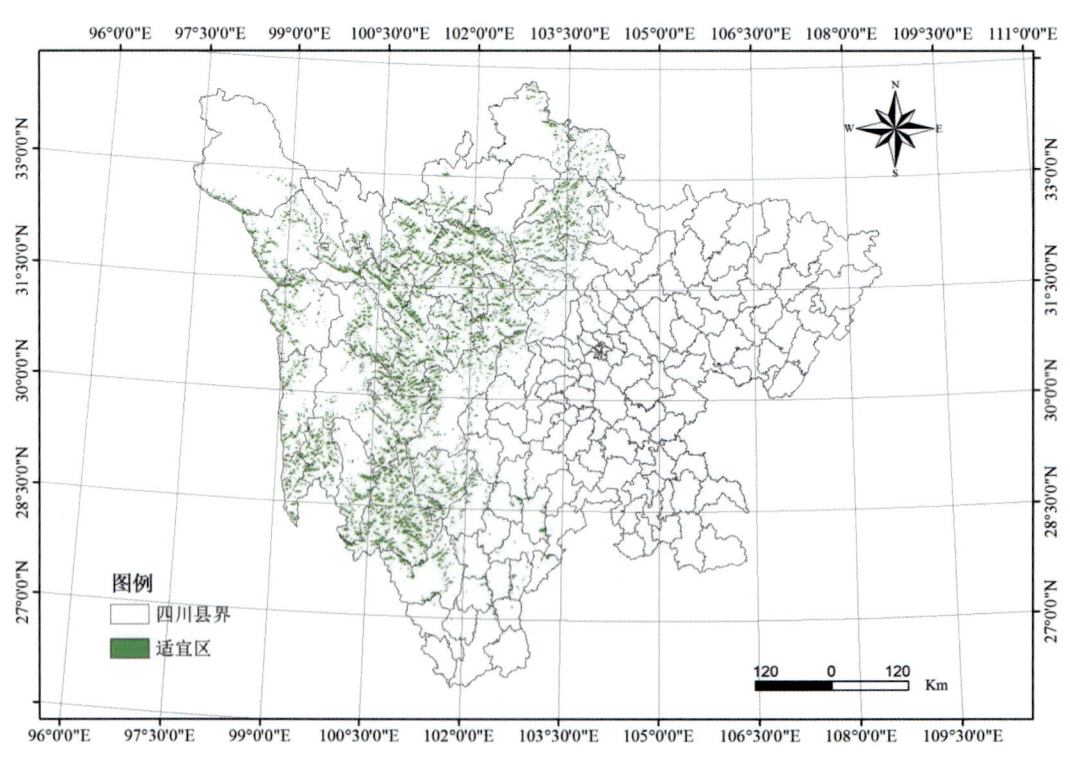

图4-310 唐古特大黄适宜区示意

表4-152　唐古特大黄适宜区面积（km²）

区　县	面　积	区　县	面　积	区　县	面　积
大邑县	1	普格县	45	阿坝县	444
洪雅县	1	金阳县	46	盐源县	486
什邡市	2	布拖县	51	甘孜县	493
都江堰市	2	德昌县	55	巴塘县	516
荥经县	2	石棉县	56	稻城县	614
米易县	2	泸定县	62	金川县	638
绵竹市	4	汶川县	64	小金县	660
汉源县	7	越西县	92	康定市	693
彭州市	8	美姑县	107	壤塘县	699
芦山县	9	平武县	120	九龙县	709
马边县	10	红原县	143	乡城县	727
天全县	15	宝兴县	170	白玉县	760
宁南县	15	茂　县	186	新龙县	765
昭觉县	21	冕宁县	221	炉霍县	783
雷波县	23	石渠县	224	理塘县	788
峨边县	26	九寨沟县	305	德格县	829
会理县	33	理　县	323	松潘县	844
甘洛县	35	若尔盖县	341	道孚县	870
喜德县	37	色达县	406	马尔康市	1 120
盐边县	37	黑水县	411	雅江县	1 170
北川县	38	丹巴县	428	木里县	2 524
西昌市	38	得荣县	428		

4. 最适宜区

药用大黄的最适宜区为北川、通江，见图4-311；掌叶大黄的最适宜区为理塘、康定，见图4-313；唐古特大黄的最适宜区为若尔盖、石渠，海拔3 300~4 200 m，见图4-313。

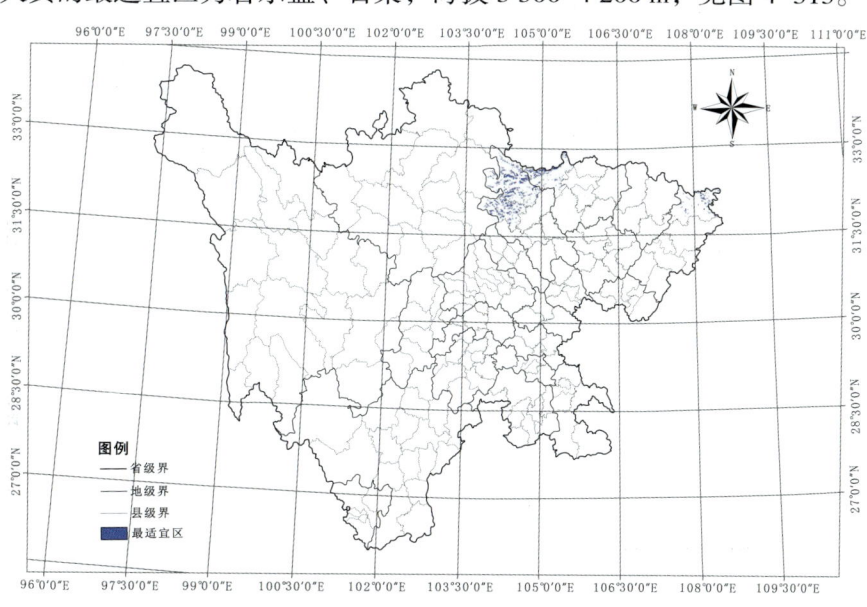

图 4-311　药用大黄最适宜区示意图

表4-153 药用大黄最适宜区面积（km²）

区县	面积	区县	面积	区县	面积	区县	面积
万源市	251	青川县	420	北川县	500	平武县	890

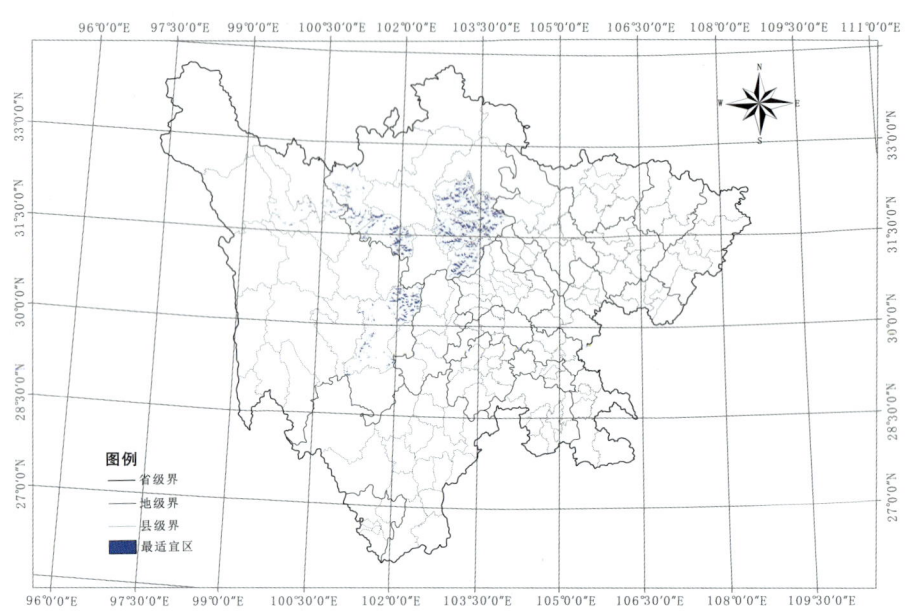

图4-312 掌叶大黄最适宜区示意图

表4-154 掌叶大黄最适宜区面积（km²）

区县	面积	区县	面积	区县	面积
汶川县	543	黑水县	593	金川县	683
茂县	590	理县	640	康定市	752

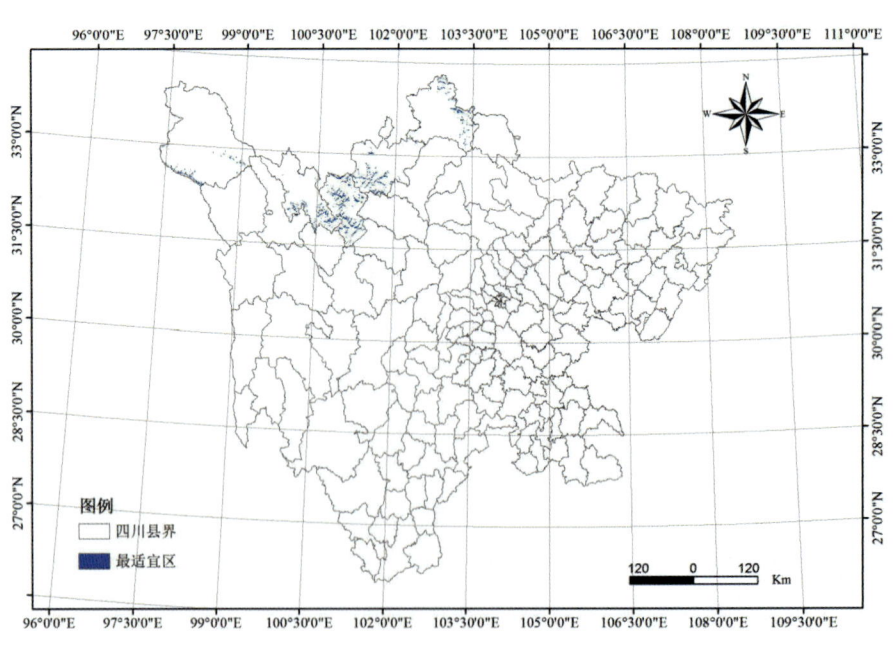

图4-313 唐古特大黄最适宜区示意图

表4-155 唐古特大黄最适宜区面积（km²）

区县	面积	区县	面积	区县	面积	区县	面积
石渠县	220	色达县	402	阿坝县	439	若尔盖县	398

【基地建设】 四川省在若尔盖阿西茸乡建立了唐古特大黄的规范化栽培基地。

七十一、川射干生产区划

【来源】 为鸢尾科植物鸢尾 *Iris tectorum* Maxim 的干燥根茎。

【道地沿革】 射干始载于《神农本草经》，列为下品。陶弘景曰："鸢尾，方家言是射干苗，主疗亦异。"恭曰："鸢尾叶都似射干，而花紫碧色，不抽高茎，根似高良姜而肉白，名鸢头。"陈藏器曰："射干、鸢尾二物相似，人多不分。射干即人间所种为花卉名凤翼者，叶如鸟翅，秋生红花，赤点。鸢尾亦人间所种，苗低下于射干，状如鸢尾，夏生紫碧花者是也。"陶弘景谓射干、鸢尾是一种。苏恭、陈藏器谓紫碧花者是鸢尾，红花者是射干。川射干长期以来在四川作射干药用。《植物名实图考》记载的鸢尾即为四川习用的川射干，而与射干不同。朱震亨曰："紫花者是射干，红花者非。""紫花者"即是鸢尾。《四川省中药材标准》（1987版）收载了川射干。《中国药典》2005版一部首次收载了川射干。

【性味归经】 苦、寒。归肺经。

【功能主治】 清热解毒，祛痰，利咽。用于热毒痰火郁结，咽喉肿痛，痰涎壅盛，咳嗽气喘。

【药理作用】

1. 解热

将川射干给由啤酒酵母羧甲基纤维素混悬液致体温异常小鼠灌胃 8g/kg，每隔 4 h 一次，测肛温，于第 5 小时测肛温时重复给药一次，以后每隔 1 h 测温 1 次，连续 3 次，结果显示其具有一定解热作用。0.500 g/kg、0.250 g/kg、0.125 g/kg 咽喉康药粉（川射干总黄酮）灌胃，对角叉菜胶致大鼠体温升高有明显的降低作用；1.0 g/kg、0.5 g/kg 咽喉康灌胃对干酵母致大鼠体温升高有显著降低的作用。

2. 抗炎

川射干给小鼠灌胃 13 g/kg，对巴豆油所致的小鼠耳廓肿胀有显著抑制作用，对组胺所致皮肤毛细血管通透性增高和对 H^+ 刺激所致小鼠腹腔毛细血管通透性增高有明显抑制作用，同等剂量连续给药 3 d，对透明质酸酶所致大鼠脚浮肿于致炎后 0.5 h、1.0 h、3.5 h 均有明显减轻作用；同等剂量连续给药 7 d，能促进甲醛所致大鼠足跖肿胀的消退，对棉球肉芽组织增生均有明显抑制作用。

3. 镇痛

1.0 g/kg、0.5 g/kg 咽喉康胶囊灌胃均能显著减少醋酸致小鼠的扭体次数，提高小鼠热板痛阈值。

4. 镇咳

1.0 g/kg、0.5 g/kg 咽喉康胶囊灌胃对浓氨水引咳小鼠和枸橼酸诱导豚鼠咳嗽均有显著的抑制作用。

5. 降血脂

川射干异黄酮提取物给高血脂模型小鼠灌胃每日 50 mg/kg、100 mg/kg、200 mg/kg，连续 3 周，可使模型小鼠血清总胆固醇和三酰甘油均明显降低，高密度脂蛋白显著升高，而显示良好的降血脂作用。

6. 抗氧化

川射干异黄酮提取物对四氧嘧啶致氧化损伤模型小鼠灌胃每日 50 mg/kg、100 mg/kg、200 mg/kg，连续 3 周，可使模型小鼠 SOD、GSH-Px 明显升高，同时对 MDA 生成有拮抗作用。

7. 抗癌

采用 MTT 法，研究川射干中鸢尾苷和鸢尾苷元对人胃癌细胞株 SGC-7901 的作用，结果发现其对人胃癌细胞株 SGC-7901 的生长有一定的抑制作用，鸢尾苷 IC_{50} 为 79.8 g/ml 作用强，鸢尾苷元 IC_{50} 为 176.2 μg/ml 作用稍弱，而鸢尾甲黄素 A 作用不显著。川射干提取物对小鼠灌胃的 LD_{50} 为 $39 g \cdot kg^{-1}$。

【品质研究】邱庆浩以鸢尾苷、鸢尾苷元、鸢尾新苷 B 及 5，7，4'-三羟基-6，3'-二甲氧基异黄酮四种活性成分为指标，采用高效液相法测定了川射干与射干中异黄酮类成分的含量。结果表明，川射干和射干化学成分十分相似，且川射干中异黄酮类成分含量较高。川射干在某些方面可能具有和射干相同的功效，甚至具有更好的疗效。川射干中四种异黄酮类化学成分的含量分别为：鸢尾苷 4.30%，鸢尾新苷 B 0.35%，鸢尾苷元 1.45%，5，7，4'-三羟基-6，3'-二甲氧基异黄酮 0.24%，可以用于开发相关的异黄酮类制剂。

【原植物】多年生草本，植株基部围有老叶残留的膜质叶鞘及纤维。根状茎粗壮，二歧分枝，直径约 1 cm，斜伸。叶基生，黄绿色，稍弯曲，中部略宽，宽剑形，长 15~50 cm，宽 1.5~3.5 cm，顶端渐尖或短渐尖，基部鞘状，有数条不明显的纵脉。花茎光滑，高 20~40 cm，顶部常有 1~2 个短侧枝，中、下部有 1~2 枚茎生叶；苞片 2~3 枚，绿色，草质，边缘膜质，色淡，披针形或长卵圆形，长 5~7.5 cm，宽 2~2.5 cm，顶端渐尖或长渐尖，内包含有 1~2 朵花；花蓝紫色，直径约 10 cm；花梗甚短；花被管细长，长约 3 cm，上端膨大成喇叭形，外花被裂片圆形或宽卵形，长 5~6 cm，宽约 4 cm，顶端微凹，爪部狭楔形，中脉上有不规则的鸡冠状附属物，成不整齐的缝状裂，内花被裂片椭圆形，长 4.5~5 cm，宽约 3 cm，花盛开时向外平展，爪部突然变细；雄蕊长约 2.5 cm，花药鲜黄色，花丝细长，白色；花柱分枝扁

图4-314 鸢尾原植物（方清茂摄）

平，淡蓝色，长约3.5 cm，顶端裂片近四方形，有疏齿，子房纺锤状圆柱形，长1.8~2 cm。蒴果长椭圆形或倒卵形，长4.5~6 cm，直径2~2.5 cm，有6条明显的肋，成熟时自上而下3瓣裂；种子黑褐色，梨形，无附属物。花期4~5月，果期6~8月。见图4-314。

【生物学特性】耐干旱，怕涝，较耐寒，夏季怕烈日直射，宜遮荫。喜肥沃、排水良好的土壤。

【栽培技术】

1. 露地栽培

以排水良好、适度湿润的土壤为宜。栽植前应施入腐熟的堆肥，亦可用油枯、草木灰等为基肥。植株栽植深度，在排水良好的疏松土壤上，根茎顶部低于地面5 cm，在黏土上根茎顶部则要略高于地面，以利植株生长。

2. 温度与光照

喜日光充足，亦稍耐阴。可露地栽培。适应性强，一般正常管理便能旺盛生长。

3. 浇水与施肥

植株栽植前可施入基肥，每年秋季施肥1次，生长期可追施化肥。浇水视情况而定，露地栽培生长期每周浇水1次，随着气温的降低浇水量逐渐减少。冬季较寒冷的地区，株丛上应覆盖厩肥或树叶等防寒。

【采收加工】栽培2年后采挖。在春、秋两季挖出根茎，除去茎叶和须根，洗净，晒干。见图4-315。

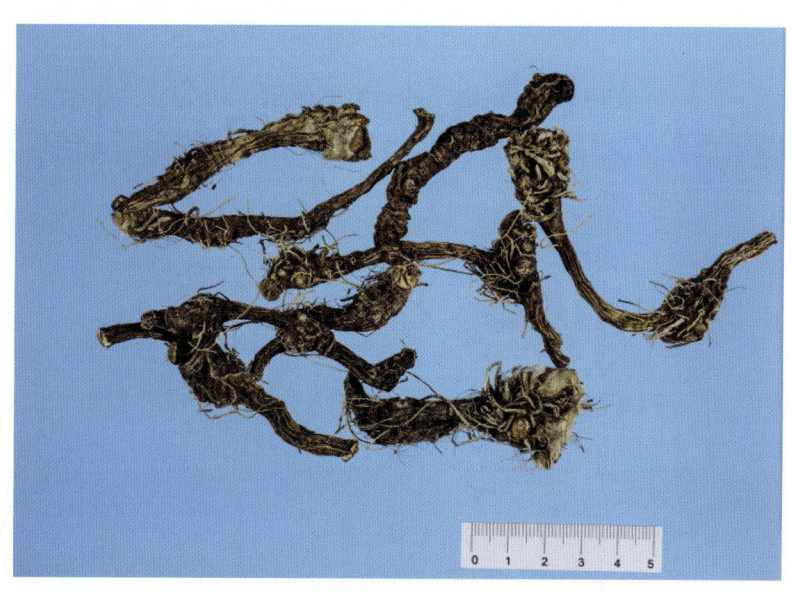

图4-315　川射干药材（舒光明摄）

【适宜区与最适宜区】

1. 生态环境

生于海拔400~3 200 m的向阳山坡、草地、林缘、灌丛。

2. 生态因子

年均气温11.2~17.2 ℃，年降水量490~1 260 mm，无霜期215~334 d。

3. 适宜区

川射干的适宜区为海拔800~2 600 m的向阳山坡、草地、林缘、灌丛。见图4-316。

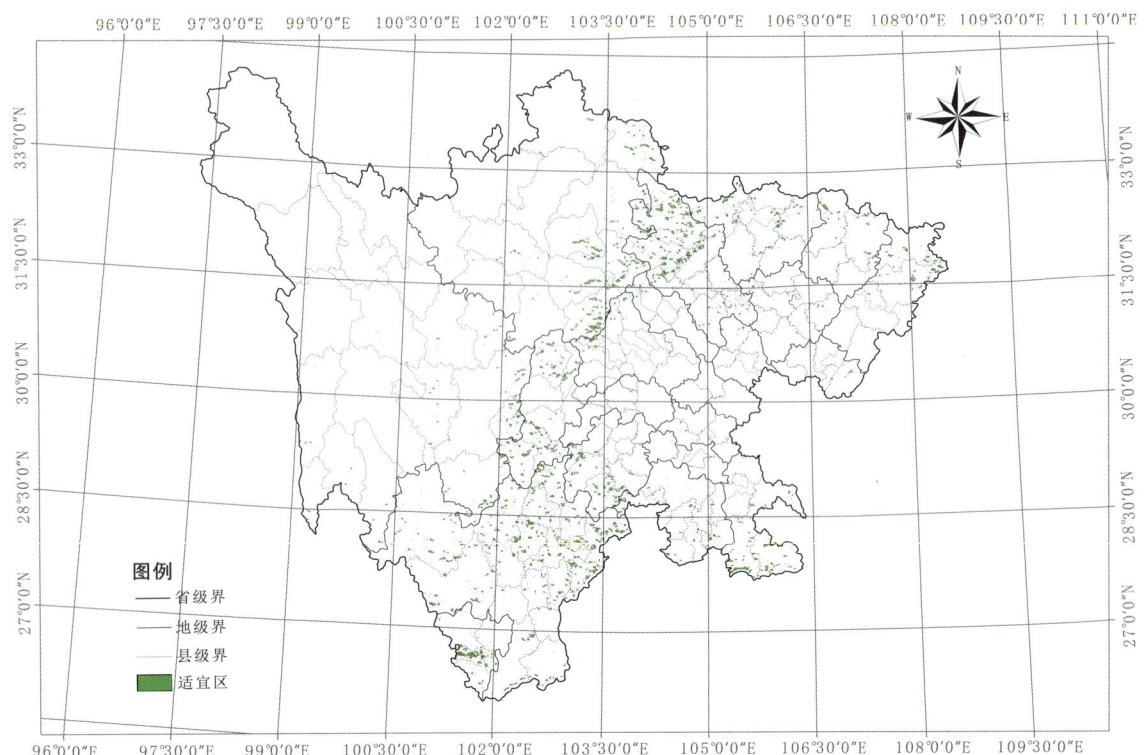

图4-316 川射干适宜区示意图

表4-156 川射干的适宜区面积（km²）

区县	面积	区县	面积	区县	面积	区县	面积
若尔盖县	19	汶川县	397	康定市	88	马边县	207
九寨沟县	166	小金县	45	理塘县	2	南溪县	7
阿坝县	6	绵竹市	59	乐至县	1	冕宁县	197
松潘县	161	白玉县	16	巴塘县	21	叙州区	5
色达县	6	仪陇县	16	邛崃市	2	合江县	35
平武县	910	什邡市	12	邻水县	44	越西县	132
青川县	214	南部县	73	雅江县	45	屏山县	157
广元市	129	道孚县	18	华蓥市	2	美姑县	200
南江县	82	新龙县	24	天全县	8	长宁县	5
德格县	6	盐亭县	116	泸定县	162	高县	25
旺苍县	106	三台县	82	洪雅县	4	雷波县	283
壤塘县	223	彭州市	23	荥经县	27	喜德县	244
黑水县	141	营山县	26	威远县	10	叙永县	244
通江县	82	丹巴县	61	乐山市	3	珙县	46
马尔康市	59	都江堰市	70	汉源县	217	兴文县	55
剑阁县	33	中江县	19	峨眉山市	11	昭觉县	233
万源市	160	蓬安县	9	稻城县	27	古蔺县	175

续表

区县	面积	区县	面积	区县	面积	区县	面积
江油市	234	渠县	4	乡城县	15	盐源县	311
茂县	260	西充县	18	荣县	8	筠连县	39
苍溪县	18	开江县	1	石棉县	162	西昌市	107
巴中市	4	射洪县	24	自贡市	2	金阳县	250
金川县	46	南充市	1	犍为县	6	布拖县	89
理县	231	金堂县	1	九龙县	134	普格县	96
梓潼县	40	宝兴县	193	泸县	3	德昌县	9
平昌县	17	龙泉驿区	2	甘洛县	183	盐边县	117
炉霍县	2	崇州市	71	宜宾市	37	宁南县	33
阆中市	10	广安区	1	沐川县	28	米易县	29
宣汉县	183	大邑县	51	得荣县	25	会东县	72
安县	112	芦山县	69	木里县	260	攀枝花市	286
绵阳市	20	岳池县	4	泸州市	21		

4. 最适宜区

川射干的最适宜区为海拔800~1 700 m的向阳山坡、草地、林缘、灌丛，包括绵阳市、甘孜州、阿坝州。见图4-317。

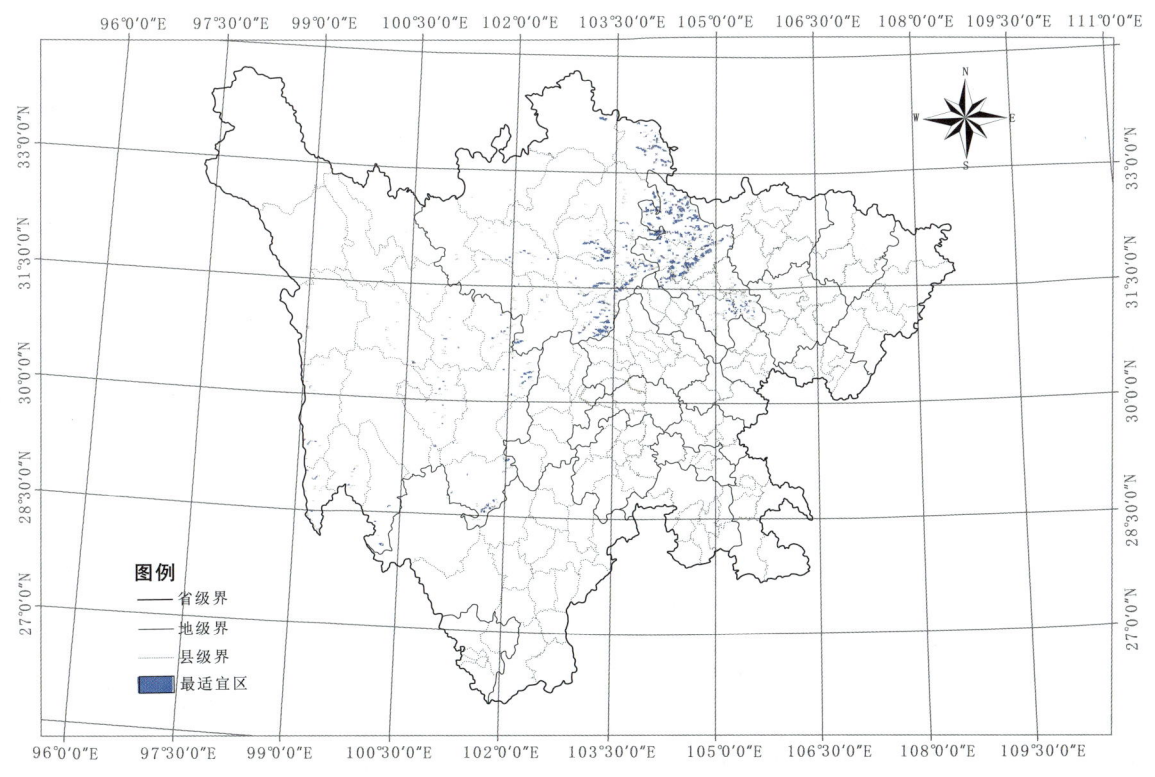

图4-317　川射干最适宜区示意图

表4-157　川射干最适宜区面积（km²）

区县	面积	区县	面积	区县	面积	区县	面积
若尔盖县	19	江油市	225	汶川县	398	康定市	89
九寨沟县	166	茂县	266	小金县	42	理塘县	8
阿坝县	3	金川县	50	白玉县	13	巴塘县	44
松潘县	169	理县	106	道孚县	18	雅江县	44
平武县	913	梓潼县	38	新龙县	19	稻城县	28
德格县	5	炉霍县	2	盐亭县	114	乡城县	16
壤塘县	3	安县	112	三台县	85	九龙县	125
黑水县	134	绵阳市	20	丹巴县	63	得荣县	53
马尔康市	58						

【基地建设】川射干药材主要为野生资源，农户有一些零星栽培，没有规范化栽培基地。金川、茂县等地种植面积较大。

七十二、川赤芍生产区划

【来源】为毛茛科植物川赤芍 Paeonia veitchii Lynch 的干燥根。

【道地沿革】芍药分为赤芍药、白芍药两种，始见于梁代陶弘景《本草经集注》。白芍、赤芍成为两种独立的药物，始于宋代王怀隐《太平圣惠方》。清·乾隆《直隶达州志》、清·光绪《盐源县志》、清·光绪《越西县志》等均记载产川赤芍（赤芍）。《药物出产辨》："赤芍原产陕西省汉中府，……四川亦有出，次之。"川赤芍历来为四川主产的道地药材，主要分布在中国四川、甘肃，新疆、云南、贵州、青海也有分布。集中生长在青藏高原的东南缘地带，主产于四川阿坝、色达、木里、理县、甘孜等地，甘肃、青海、贵州、新疆、云南也有分布。

以秋季采挖、皮宽、粉性足、断面有菊花心者为佳。

【性味归经】苦，微寒。归肝经。

【功能主治】清热凉血，散瘀止痛。用于温毒发斑，吐血衄血，目赤肿痛，肝郁胁痛，经闭痛经，癥瘕腹痛，跌扑损伤，痈肿疮疡。

【药理作用】

1. 抗病原微生物

赤芍水提物浓度范围为1%~7%时对金黄色葡萄球菌、猪粪链球菌、大肠杆菌、鼠伤寒沙门菌、李斯特菌、炭疽杆菌6种食源性微生物和致病菌的抑制效果不同，总体上其抑菌效果随浓度的增加呈递增趋势。其中，对李斯特菌、炭疽杆菌和鼠伤寒沙门菌抑制作用较强，MIC分别为0.10 mg/ml、0.19 mg/ml，对猪粪链球菌作用较弱。赤芍提取物对HSV-2的感染有抑制病毒生长和直接杀伤病毒颗粒的作用，有效抑制浓度为1.56 g/L。赤芍不同相的萃取物中以正丁醇相萃取物对肺炎克雷伯杆菌、鲍氏不动杆菌和黏质沙雷菌3种细菌抗菌活性最高，最低抑菌浓度（MIC）均为400 mg/L；多数萃取物对于测试的氯霉素（Cp）、四环素（Te）、红霉素（Em）及诺氟沙星（Nf）

具有协同作用，其中加赤芍正丁醇相萃取物的诺氟沙星对鲍氏不动杆菌的 MIC 降低了 97%。

2. 抗内毒素

通过生物传感器结合常规分离技术提取出赤芍拮抗内毒素（LPS）的有效成分，应用鲎实验和 ELISA 法检测该成分对 LPS 的中和作用，显示赤芍中的有效成分与 LPS 有较高的结合作用，能较强地中和 LPS 活性，在体外能显著抑制由 LPS 介导小鼠 RAW264.7 细胞释放的 TNF-α。通过将 2.5 mg/kg 的内毒素药液滴入气管中制备内毒素性急性肺损伤模型大鼠，分别在造模前、后给大鼠持续股静脉泵入赤芍注射液每 2 h 30 mg/kg，结果赤芍治疗组和预防组均能明显降低肺组织中 iNOS 的表达，明显升高 eNOS 的表达，还能明显降低肺组织中丙二醛（MDA）含量和血清中 NO 含量，明显减轻肺组织损伤程度。

3. 对血液系统的作用

（1）抑制血小板聚集。浓度为 0.5 g（生药）/ml 的六种产地（内蒙古多伦、黑龙江黑河、黑龙江克山、湖北恩施、陕西紫阳、浙江缙云）赤芍水煎液在体外有明显的对抗血小板聚集的作用，且以内蒙古多伦赤芍作用最优。给大鼠灌胃 50 mg/kg、100 mg/kg、200 mg/kg 赤芍总苷可使 ADP 诱导的血小板最大聚集强度降低，使大鼠血浆中血栓素 2（TXB2）浓度降低，同时升高血浆中 6-keto-PGF1α 的水平，调节大鼠血清中 NO/ET 的平衡。

（2）抗凝血。给予浓度为 125~250 mg/ml 的赤芍粗提液，能明显延长凝血酶原时间、部分凝血活酶时间，浓度达 250 mg/ml 时还可明显抑制凝血酶中纤维蛋白原。给家兔静脉滴注赤芍 3 g/kg，能使凝血酶时间（KPTT）、凝血酶原时间（PT）和凝血时间（TT）显著延长，赤芍的抗凝作用不依赖于抗凝血活酶Ⅲ（AT-Ⅲ），可能是对凝血酶发挥即时的直接抑制作用。

（3）对血液流变学的作用。按剂量 50 mg/kg、100 mg/kg、200 mg/kg 灌胃赤芍总苷，对皮下注射肾上腺素并附加冰浴的方法复制的血瘀模型大鼠有明显改善血液流变学的作用，能显著降低血瘀大鼠血液黏度、红细胞聚集指数、纤维蛋白原含量，并减小血细胞比容。

4. 对心血管系统的作用

（1）对心肌缺血的保护作用。将异丙肾上腺素加入到培养的乳鼠心肌细胞中造成缺血缺氧损伤模型，体外给予浓度为 0.625 mg/L、1.25 mg/L、2.50 mg/L 的赤芍总苷能抑制损伤细胞搏动加速，抑制 GOT、LDH、CK 等 3 种心肌酶活力的升高，使存活率增高，其中高剂量赤芍总苷对培养乳鼠心肌细胞损伤的保护作用优于辅酶 Q10。

（2）对心功能的作用。给大鼠灌胃赤芍提取物 10 g/kg，对烫伤大鼠早期心肌功能的改变有一定程度的保护作用，能不同程度地减少大鼠烫伤后 1~4 h 内左心室压峰值、左心室内最大变化速率、等容压、左心室内压最大变化速率与该瞬间左心室内压的比值、心力环等心功能指标的进行性降低。

（3）对血管内膜增殖的作用。采用高脂喂养 Clowes 方法建立家兔颈总动脉球囊损伤模型，给予赤芍高剂量 75 ml（含生药 75 g）加入 1 kg 饲料中，赤芍低剂量 25 ml（含生药 25 g）加入 1 kg 饲料中，均可减少增殖细胞核抗原（PCNA）阳性细胞数，抑制Ⅰ型胶原的增生，减轻新生内膜的形成。

5. 抗氧化

给予浓度为 0.4 μg/ml、2 μg/ml、10 μg/ml、50 μg/ml 的赤芍石油醚提取物、乙酸乙酯提取物、正丁醇提取物、水提液以及从乙酸乙酯提取物分离得到的几种单体化合物，结果显示乙酸乙酯提取物对 DPPH· 的清除能力最强，具有最高的抗氧化活性；当浓度为 50 μg/ml 时对 DPPH· 的清除率最大达82.89%。进一步分离得到抗氧化活性成分为没食子酸、儿茶精、没食子酸芍药苷和没食子酸氧化芍药苷，其抗氧化活性均大于同浓度的人工合成抗氧化剂BHT。

【品质研究】向楚兵等运用HPLC指纹图谱快速有效鉴别北赤芍与川赤芍，并开展了质量评价。采用高效液相色谱法，分别以北赤芍与川赤芍对照药材为参照图谱，对不同产地、不同采收期的12批北赤芍与29批川赤芍进行指纹图谱研究，同时对其进行相似度评价，并采用判别分析，建立北赤芍与川赤芍的Fisher线性判别函数。结果：北赤芍对照药材与川赤芍对照药材的相似度约为0.7，< 0.9，12批北赤芍与29批川赤芍与其相应对照药材的相似度都在0.9以上。采用HPLC指纹图谱，结合相似度评价或判别分析，可快速、有效鉴别北赤芍与川赤芍。川赤芍与北赤芍的化学成分既有共性，又存在差异，且川赤芍更复杂。物种来源不同是导致二者化学成分存在差异的主要因素，而产地及采收期对其影响不大。

【原植物】多年生草本。根圆柱形，分枝少，直径1.5~2 cm。茎高30~80 cm。叶为二回三出复叶，叶片轮廓宽卵形，长7.5~20 cm；小叶成羽状分裂，裂片窄披针形至披针形，宽4~16 mm，顶端渐尖，全缘，表面深绿色，沿叶脉疏生短柔毛，背面淡绿色，无毛；叶柄长3~9 cm。花2~4朵，生茎顶端及叶腋，有时仅顶端一朵开放，而叶腋有发育不好的花芽，直径4.2~10 cm；苞片2~3，分裂或不裂，披针形，大小不等；萼片4，宽卵形，长1.7 cm，宽1~1.4 cm；花瓣6~9，倒卵形，长3~4 cm，宽1.5~3 cm，紫红色或粉红色；花丝长5~10 mm；花药黄色，花盘肉质，仅包裹心皮基部；心皮2~3（5），离生，密生黄色绒毛。蓇葖2~5，长1~2 cm，密生黄色绒毛。花期5~6月，果期7月。见图4-318。

图4-318　川赤芍原植物（黎跃成摄）

【生物学特性】具有喜光、抗旱及耐寒的特性。4月末出芽，5~6月开花，8~9月种子成熟，这时根部生长迅速。10月植株逐渐枯萎，以休眠芽越冬，翌春返青再度生长。

种子特性：赤芍种子在萌发过程中，具有上胚轴休眠的特性。发根要求高温，胚根伸长后，需低温条件（1~10 ℃），以打破上胚轴的休眠，而发芽出土。

【栽培技术】

1. 选地整地

选择土质疏松、土层深厚，排水良好的平地或缓坡，耕翻30 cm左右，清除田间石块、杂草和草根，然后打垄或作畦。如砂质较重透水好的地块，宜采用平畦，土质较黏透水不良的地块，宜采用高畦。畦高15 cm左右，畦宽100~140 cm，畦间距35 cm。

2. 移栽

芽头栽法：可采用大垄栽培。在垄上开沟，将选好的芽头按株距30 cm栽种，芽朝上，用少量土固定芽头，再用腐熟饼肥或有机肥料施入沟内，覆土后稍压即可。

畦面顺向开浅沟，沟深5~7 cm，条播，将种子均匀撒入沟中，覆土5 cm左右，稍镇压。最好上盖厩肥。第2年5月开始出苗，每年5~6月追施农家肥1次，冬季在畦面铺圈肥或土杂肥，以保安全越冬。培育2年后作种苗进行移栽，移栽方法同芽头栽法。种子繁殖因生长年限长，一般需用5年左右才能收获，生产上多不采用。

3. 田间管理

（1）中耕除草。栽种后，头两年幼苗矮小，最好在畦面铺上圈肥，不仅增加肥力，并抑制杂草的生长。栽后第2年红芽露出后，应立即中耕除草，此时的赤芍根纤细，扎根不深，不宜深锄。5、6月各中耕除草一次。

（2）培土、灌溉。每年冬季在清理枯枝残叶的同时，应培土1次，以防止越冬芽露出地面枯死。在夏季高温干燥时期，也应适当培土抗旱。有条件的地区，可以灌溉。多雨季节，要及时排水。

（3）摘蕾。现蕾时，选晴天将花蕾全部摘除，以利根部生长。留种的植株，可适当去掉部分花蕾，使种子充实饱满。

（4）间作。栽后当年和第2年，可适当在赤芍空间栽种玉米、大豆，以降低夏季地表温度，又能收获粮食。

4. 病虫害防治

（1）灰霉病。由一种真菌引起的病害，叶、茎、花等部位均会被害。病菌主要以菌核随病叶脱落，在土中越冬。一般在开花以后发病，阴雨连绵时最重。防治方法：发病后，清除被害枝叶，集中烧毁或深埋。采取轮作或选用无病种芽，平时应加强田间管理，及时排水，保持通风透光。易发病期和发病初期用1:1:100波尔多液喷洒植株，每隔10~14 d喷1次，连续进行3~4次。

（2）锈病。由一种真菌引起的病害，危害叶片。7、8月病情加重。防治方法：芍药收获时将残株病叶集中烧毁，减少越冬菌源。在发病初期喷波美度0.3~0.4石硫合剂或97%敌锈钠400倍液效果良好。

（3）害虫。主要有蛴螬、地老虎、蝼蛄等危害根部。每亩可用辛硫磷2 kg，制成毒土，结合整地撒入土中毒杀。

【采收加工】春、秋二季采挖，除去根茎、须根及泥沙，晒干。见图4-319。

【适宜区与最适宜区】

1. 生态环境

气候温和、阳光充足、雨量适中，土壤多为高原棕壤和暗棕壤。主要包括甘孜州、阿坝州、凉山州。

2. 生态因子

高原地区与川西高山峡谷区。

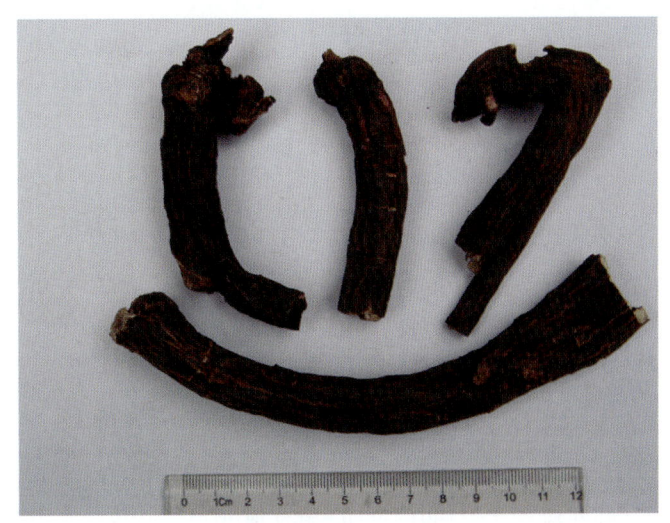

图4-319　川赤芍药材（周先建摄）

3. 适宜区

川赤芍的适宜区为海拔 1 400~4 500 m 的高原地区与川西高山峡谷区。见图 4-320。

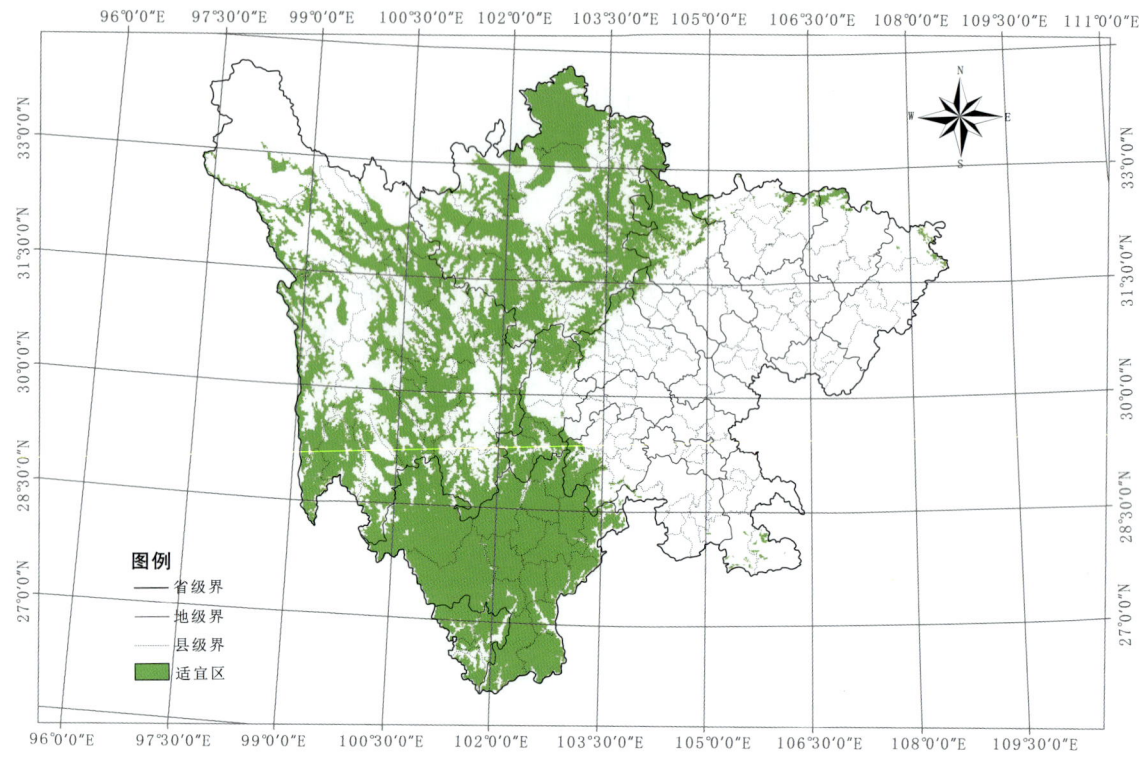

图4-320　川赤芍适宜区示意图

表4-158　川赤芍适宜区面积（km²）

区县	面积	区县	面积	区县	面积	区县	面积
若尔盖县	8 387	理县	6 541	邛崃市	54	屏山县	116
石渠县	1 327	炉霍县	3 460	邻水县	1	美姑县	2 544
九寨沟县	3 508	宣汉县	85	雅江县	5 244	雷波县	1 843
阿坝县	4 148	安县	264	华蓥市	1	喜德县	2 210
红原县	3 648	汶川县	2 307	天全县	253	叙永县	188
松潘县	4 829	小金县	3 493	泸定县	1 373	珙县	6
色达县	2 791	绵竹市	413	洪雅县	189	兴文县	28
平武县	5 840	白玉县	4 442	荥经县	472	昭觉县	2 672
青川县	842	什邡市	193	汉源县	1 765	古蔺县	227
甘孜县	2 758	道孚县	4 054	峨眉山市	18	盐源县	8 201
广元市	361	新龙县	3 335	稻城县	4 041	筠连县	10
南江县	631	彭州市	323	乡城县	3 864	西昌市	2 649
德格县	4 378	丹巴县	2 952	石棉县	2 172	金阳县	1 319
旺苍县	391	都江堰市	357	九龙县	4 242	布拖县	1 610
壤塘县	5 311	宝兴县	2 329	甘洛县	1 899	普格县	1 830

续表

区县	面积	区县	面积	区县	面积	区县	面积
黑水县	2 599	崇州市	280	沐川县	52	德昌县	2 106
通江县	102	广安区	2	得荣县	2 540	盐边县	2 783
马尔康市	4 784	大邑县	312	木里县	12 139	宁南县	1 272
万源市	405	芦山县	625	马边县	1 047	米易县	1 670
江油市	337	康定市	4571	冕宁县	4 171	会东县	2 906
茂县	2 754	理塘县	6 640	合江县	14	攀枝花市	1 301
金川县	3 717	巴塘县	4 032	越西县	2 166		

4. 最适宜区

川赤芍的最适宜区为甘孜州、阿坝州海拔2 500~3 600 m的山谷、林缘、灌丛。见图4-321。

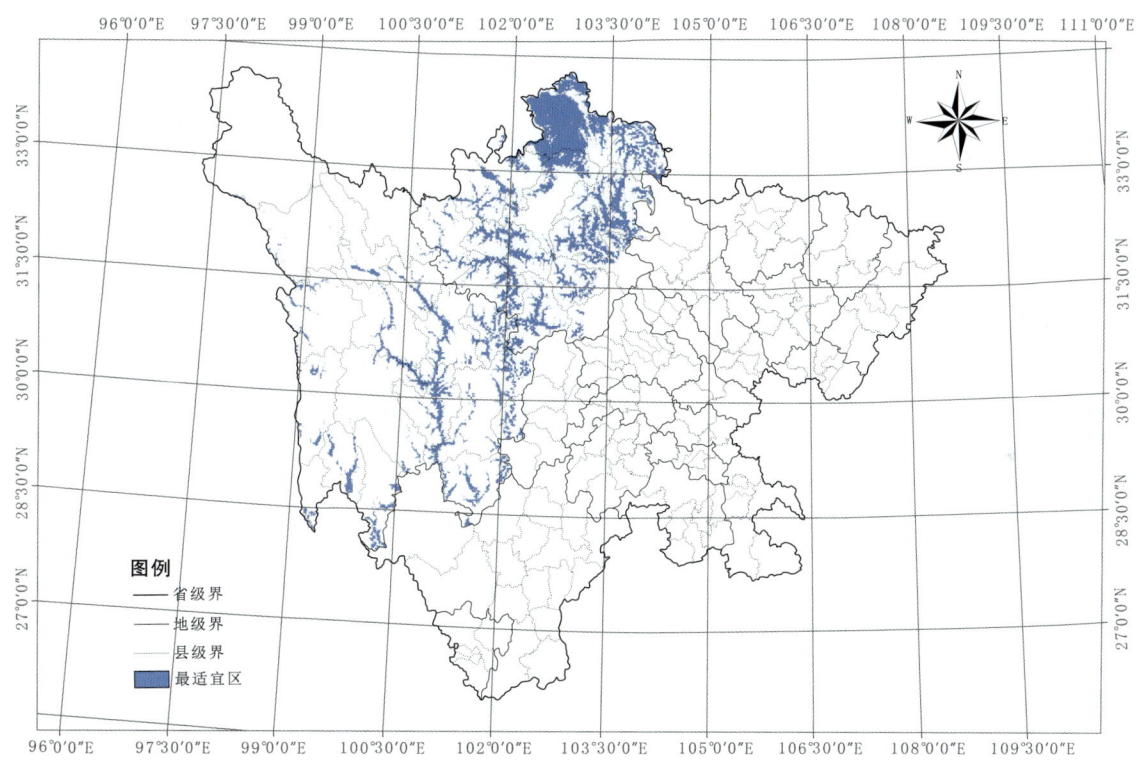

图4-321 川赤芍最适宜区示意图

表4-159 川赤芍最适宜区面积（km²）

区县	面积	区县	面积	区县	面积	区县	面积
若尔盖县	7 480	德格县	345	汶川县	263	巴塘县	408
石渠县	119	壤塘县	638	小金县	1 524	雅江县	1 716
九寨沟县	2 464	黑水县	1 800	白玉县	740	泸定县	518
阿坝县	2 076	马尔康市	2 090	道孚县	1 066	稻城县	840
红原县	2 223	茂县	837	新龙县	712	乡城县	653

续表

区县	面积	区县	面积	区县	面积	区县	面积
松潘县	3 196	金川县	1 635	丹巴县	1 329	九龙县	1 371
色达县	109	理县	1 171	康定市	1 792	得荣县	226
甘孜县	298	炉霍县	575	理塘县	662		

【基地建设】川赤芍药材主要为野生资源，农户有一些零星栽培，没有规范化栽培基地。

七十三、川续断生产区划

【来源】为川续断科植物川续断 Dipsacus asperoides C.Y.Cheng et T.M.Ai 的干燥根。

【道地沿革】始载于《神农本草经》，列为上品。唐·《理伤续断方》中提到川续断。宋·《普济本事方》中多次提到川续断，说明至少在宋代，川续断已经使用。在明·兰茂（1397—1476）时，川续断已经作为续断入药。到清·吴其濬时，川续断已经成为中药续断的唯一正品来源，并延续至今。李时珍曰："今人所用，以川中来，色赤而瘦，折之有烟尘起者为良焉。"《本草品汇精要》："以蜀川者为道地。"清·雍正《叙州府志》、清·光绪《雷波县志》、清·光绪《盐源县志》等均记载产川续断（续断）。《西昌中草药》："川续断分布于凉山州昭觉、会理、会东、冕宁。"

以条粗、质软、断面墨绿色、外色黄褐者为佳。

【性味归经】苦、辛，微温。归肝、肾经。

【功能主治】补肝肾，强筋骨，调血脉，止崩漏。用于腰膝酸软，风湿痹痛，崩漏，胎漏，跌扑损伤。酒续断多用于风湿痹痛，跌扑损伤。盐续断多用于腰膝酸软。

【药理作用】

1. 抗骨质疏松

续断95%乙醇萃取物在1 μg/ml、10 μg/ml、100 μg/ml三种浓度均能使成骨细胞的【^{3}H】-TdR掺入值升高，均能明显促进成骨细胞的增殖，且其效应随浓度递增而增加，而50%乙醇萃取物只在100 μg/ml时具有促增殖效应。浓度为10 μg/ml、100 μg/ml的续断苷培养液能促进成骨细胞碱性磷酸酶分泌，在一定浓度范围内能促进人成骨细胞的分化与增殖。川续断皂苷Ⅵ能明显提高MSCs分化为成骨细胞的碱性磷酸酶（ALP）活性和骨钙素的含量，且使Cbfα1 mRNA的表达升高。川续断皂苷Ⅵ具有促进大鼠体外MSCs向成骨细胞增殖和分化的作用，这一作用可能与其升高Cbfα1 mRNA的表达有关。

2. 对生殖系统的作用

2.5 mg/ml的续断挥发油可显著抑制未孕小鼠离体子宫平滑肌条的收缩幅度，给药后15 min左右起效，并持续15 min以上，2.5 mg/ml的挥发油亦可显著抑制妊娠小鼠子宫收缩幅度，作用较弱，持续时间25 min以上；挥发油还能抑制子宫的自发收缩频率，给药后10 min起效。5 mg/ml挥发油抑制妊娠大鼠子宫收缩的作用强度优于2.5 mg/ml，起效速率与剂量呈量效关系。100 mg/kg、200 mg/kg、400 mg/kg续断总生物碱十二指肠给药可显著降低在体子宫的自发收缩幅度，对张力有一定的降低作用，能拮抗0.25U/kg催产素诱发的妊娠大鼠在体子宫的收缩，400 mg/kg能抑制收缩强度、张力和频率的提高。总生物碱 0.4 g/kg、0.8 g/kg 每日 1 次灌胃，从妊娠第 2 日开始持续到妊娠后 20 d，具有一定的抗摘除卵巢导致流产的作用。

3. 调节免疫

续断水煎液灌胃 20 g/kg，能提高小鼠耐缺氧能力和耐寒能力，延长小鼠负重游泳持续时间，促进小鼠巨噬细胞吞噬功能。以每日 10 g（生药）/kg、20 g（生药）/kg、40 g（生药）/kg 的续断 75% 醇提液灌胃 7 d，对小鼠胸腺、脾脏重量无明显影响，但可显著抑制 2，4-二硝基氯苯（DNCB）诱发的小鼠迟发型超敏反应。向腹腔注射磷酰胺会造成血液中的白细胞减少，而这种情况可以使用川续断水煎剂来恢复，且能够达到 50% 以上的恢复程度。通过连续 5 d 的给药，大鼠的中性粒细胞吞噬酵母的作用得到了显著的提高。使用 20 g/kg 的川续断水煎液对小鼠进行灌胃，小鼠的耐缺氧能力得到了提高，其负重游泳的持续时间得到延长，巨噬细胞的吞噬功能有所加强。

4. 镇痛、抗炎

复方续断总皂苷可以显著降低由冰醋酸造成的大鼠扭体反应的次数。此外，复方续断总皂苷对二甲苯致小鼠耳廓肿胀有显著的抑制作用。续断 70% 乙醇提取物每日 10 g（生药）/kg、20 g（生药）/kg、40 g（生药）/kg 灌胃能显著抑制蛋清所致大鼠足跖肿胀、二甲苯所致小鼠耳部炎症、醋酸所致小鼠腹腔毛细血管通透性亢进以及纸片所致的肉芽组织增生。

5. 抗衰老、抗氧化

续断每只每日 2 g 对 Alzheimer's disease（AD）模型大鼠灌胃治疗 3 个月，可以改善模型大鼠的学习记忆缺损，有抑制和清除海马结构齿状回和 CA1 区 β-AP 沉积的作用。每 100 g 桑叶喷 20% 续断水煎剂药液 20 ml 制成药桑饲喂家蚕，每日 6 次，每隔 4 d 测量家蚕体重、身长，结果显示续断可使家蚕生存时限延长，身长、体重增加较对照组缓慢。每只每日 0.9 g（生药）/kg 续断水煎液灌胃 30 d 和 45 d 可显著提高老龄小鼠红细胞 SOD 和肝细胞膜 Na^+-K^+-ATP 酶活性，降低肝组织 MDA 含量，具有一定抗氧化作用。续断水提取物 20 g/kg 灌胃 49 d，能明显缩短小鼠迷宫游泳时间，降低脑组织和外周血 MDA 含量；每日 7.5 g（生药）/kg、10 g（生药）/kg 续断正丁醇提取物灌胃 49 d，对 D-半乳糖衰老小鼠氧化损伤有改善作用，能明显提高模型小鼠学习记忆能力，其中 10 g（生药）/kg 能明显升高脑组织 SOD 活性。以上结果提示续断正丁醇提取物和水提物具有明显抗氧化、抗衰老作用。

【品质研究】刘华宝在《道地药材川续断的产地考》一文中认为四川攀西地区是川续断的道地产区，他明确否定艾铁民教授关于川续断的主产地不在四川而在鄂西，以湖北长阳县居群为最优的结论。

卫莹芳等比较了不同产地续断的质量，采用 HPLC 法测定续断中川续断皂苷Ⅵ的含量，比色法测定续断总皂苷的含量。结果 14 个不同产地续断的总皂苷含量为 2.20%~19.91%，川续断皂苷Ⅵ含量为 0.51%~10.14%。各产地续断中川续断皂苷Ⅵ和总皂苷含量差异较大，以四川米易县所产川续断的川续断皂苷Ⅵ与总皂苷的含量均较高。

【原植物】多年生草本，高达 2 m；主根 1 条或数条，圆柱形，黄褐色，稍肉质；茎中空，具 6~8 条棱，棱上疏生下弯粗短的硬刺。基生叶稀疏丛生，叶片琴状羽裂，长 15~25 cm，宽 5~20 cm，顶端裂片大，卵形，两侧裂片 3~4 对，侧裂片一般为倒卵形或匙形，叶面被白色刺毛或乳头状刺毛，背面沿脉密被刺毛；叶柄长可达 25 cm；茎生叶在茎之中下部为羽状深裂，中裂片披针形，长 11 cm，宽 5 cm，先端渐尖，边缘具疏粗锯齿，侧裂片 2~4 对，披针形或长圆形，基生叶和下部的茎生叶具长柄，向上叶柄渐短，上部叶披针形，不裂或基部3裂。球形头状花序，径2~3 cm，总花梗长达55 cm；总苞片5~7枚，叶状，披针形或线形，被硬毛；小苞片倒卵形，长7~11 mm，先端稍平截，被短柔毛，具长3~4 mm的喙尖，喙尖两侧密生刺毛或稀疏刺毛，稀被短毛；小总苞四棱倒卵柱状、每个侧面具两条纵沟；花萼四棱、皿状，长约1 mm，不裂或4浅裂至深裂，外面被短毛；花冠淡黄色或白色，花冠管长9~11 mm，基部狭缩成细管，顶端4裂，1裂片稍大，外面被短柔毛；雄蕊4，着生于花冠管上，明显超出花冠，花丝扁平，花药椭圆形，紫色；子房下位，花柱通常短于雄蕊，柱头短棒状。瘦果长倒卵柱状，包藏于小总苞内，明显具4棱，长约4 mm，仅顶端外露于小总苞外。花期8~9月，果期9~10月。见图4-322。

【生物学特性】 喜凉爽湿润气候，耐寒，忌高温。种子萌发温度为20~25 ℃。

图4-322　川续断原植物（舒光明摄）

【栽培技术】

1. 定苗移栽

直播 当苗高10 cm时按株行距15 cm×20 cm进行定苗，间除的幼苗可用于补缺，也可移栽。

2. 中耕除草

除草主要在幼苗期，根据实际情况而定，一般种植当年除草2次，以后每年除草1次即可。川续断相对于其他药用植物来说，田间杂草不是很多，每年植株封行后不需除草。

3. 肥水管理

直播川续断出苗90 d以后，结合除草施尿素15 kg/亩，或用0.5%的云大120喷施叶面，喷施后6 h内淋雨需重喷。育苗移栽的川续断移栽20 d后苗返青，追施尿素20 kg/亩左右，所施尿素离苗5 cm左右，追肥应在阴雨天气进行。第2年开始萌芽生长时，有灌水条件的地方灌水1次，施一些磷肥，没有灌水条件的田地只能雨季追施，一般施50 kg/亩左右。

4. 摘花蕾

种植1年以上的川续断到了7月份抽薹开花，为了集中营养使根茎粗壮，不留种的植株应及时割除花茎，叶子太旺盛的植株也可以割除部分叶子。

【采收加工】秋播后，第三年秋季倒苗后采挖，洗净，除去根头、须根、尾梢。见图4-323。

【适宜区与最适宜区】

1. 生态环境

生于海拔700~4 500 m的山坡、草丛中。

2. 生态因子

夏季气温要求低于35 ℃，种子萌发温度为20~25 ℃。土壤要求疏松肥沃、排水良好、土层深厚的沙质土与腐殖土。

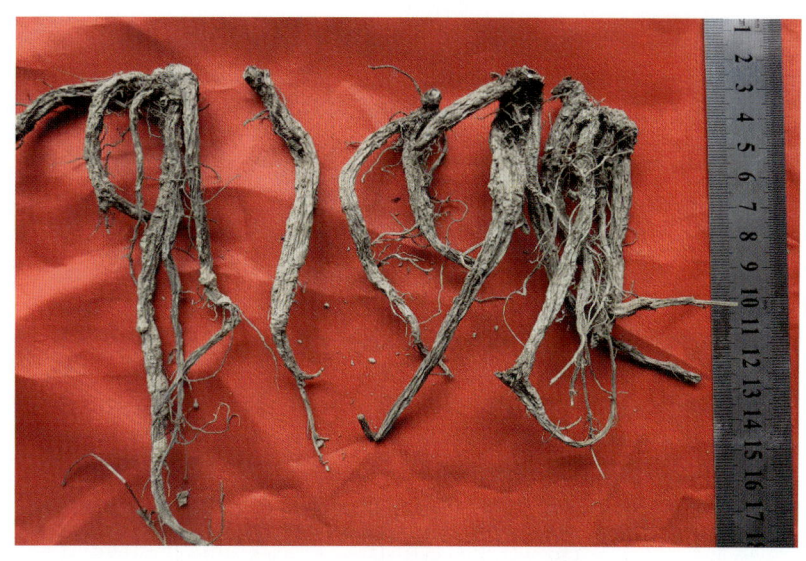

图4-323　川续断药材（周先建摄）

3. 适宜区

川续断的适宜区为海拔900~2 700 m的向阳山坡。见图4-324。

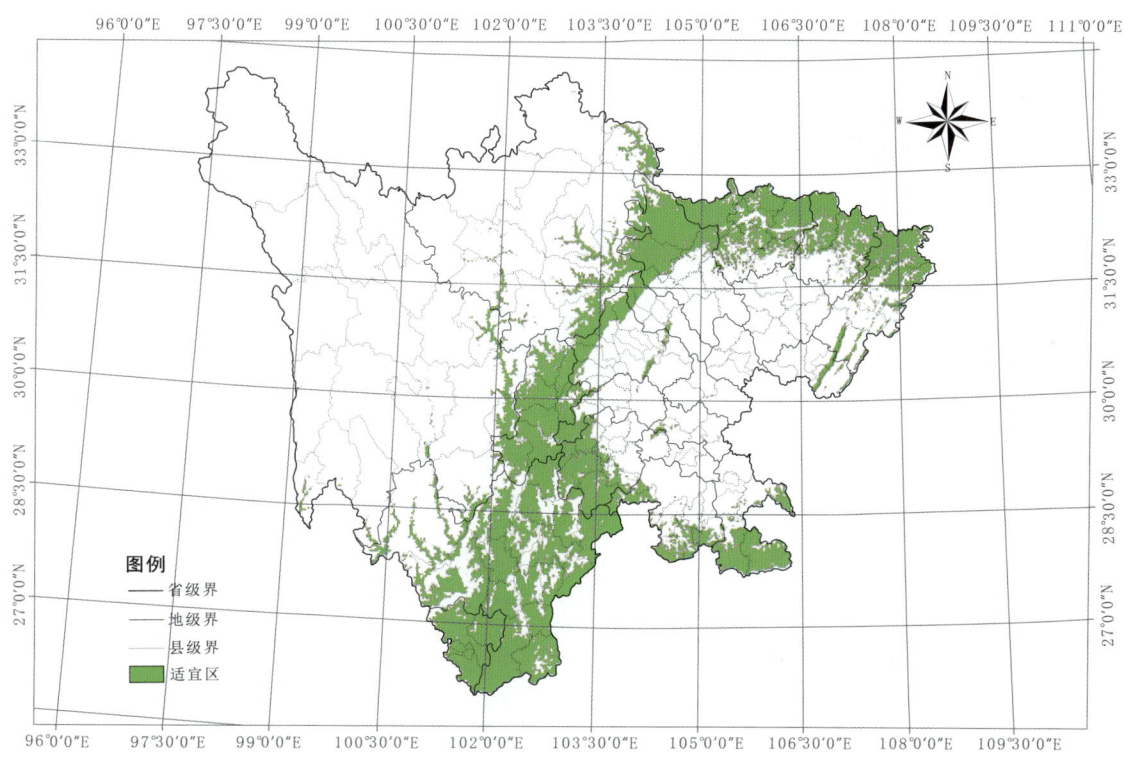

图4-324　川续断适宜区示意图

表4-160　川续断适宜区面积（km²）

区县	面积	区县	面积	区县	面积	区县	面积
若尔盖县	49	仪陇县	5	邻水县	355	泸州市	51
九寨沟县	1 233	什邡市	304	雅江县	104	马边县	2 114

续表

区县	面积	区县	面积	区县	面积	区县	面积
松潘县	559	南部县	2	华蓥市	47	冕宁县	2 332
色达县	227	盐亭县	3	天全县	1 748	叙州区	2
平武县	6 787	罗江县	1	蒲江县	41	合江县	653
青川县	2 958	彭州市	603	仁寿县	34	越西县	1 320
广元市	3 287	达川市	25	眉山市	26	屏山县	1 040
南江县	2 715	营山县	24	名山县	271	美姑县	1 604
旺苍县	2 391	丹巴县	454	雅安市	857	长宁县	57
壤塘县	2 842	都江堰市	699	丹棱县	111	高县	137
黑水县	379	德阳市	5	泸定县	899	雷波县	2 330
通江县	2 821	中江县	84	洪雅县	1 273	喜德县	1 316
马尔康市	159	蓬安县	8	荥经县	1 662	叙永县	1 961
剑阁县	1 293	渠县	98	夹江县	121	珙县	601
万源市	3 490	开江县	227	威远县	82	兴文县	632
江油市	1 355	广汉市	1	乐山市	240	昭觉县	1 639
茂县	1 356	金堂县	82	汉源县	1 904	古蔺县	2 865
苍溪县	809	宝兴县	1 411	峨眉山市	788	盐源县	3 883
巴中市	321	龙泉驿区	68	稻城县	141	筠连县	772
金川县	343	崇州市	428	乡城县	13	西昌市	2 138
理县	4 549	广安区	98	荣县	88	金阳县	1 107
梓潼县	86	大邑县	568	石棉县	1 701	布拖县	881
平昌县	440	芦山县	987	犍为县	22	普格县	1 143
阆中市	55	岳池县	6	九龙县	590	德昌县	1 736
宣汉县	2 206	康定市	617	甘洛县	1 679	盐边县	2 798
安县	614	理塘县	3	宜宾市	279	宁南县	1 363
汶川县	1 719	双流区	22	沐川县	590	米易县	2 047
小金县	154	简阳市	54	得荣县	308	会东县	2 799
绵竹市	530	巴塘县	136	木里县	1 772	攀枝花市	2 001
白玉县	10	邛崃市	408				

4. 最适宜区

川续断的最适宜区为海拔 1 200~2 500 m 的山区，包括木里、盐源、西昌、德昌等地。见图 4-325。

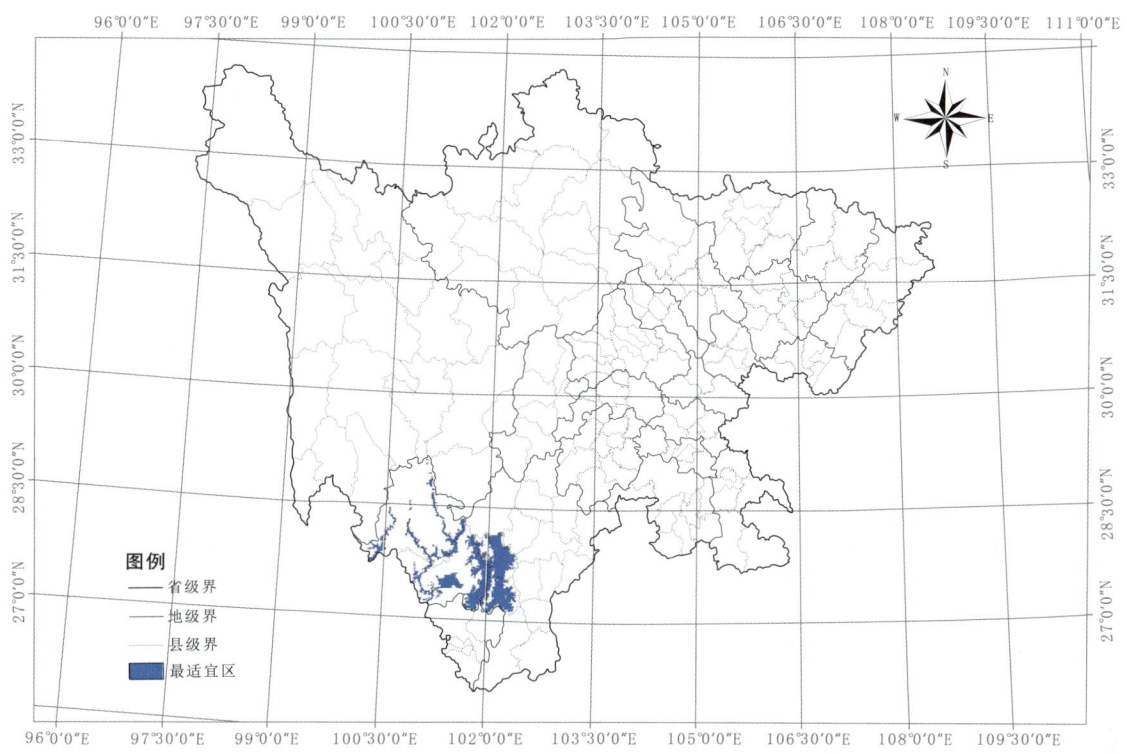

图4-325 川续断最适宜区示意图

表4-161 川续断最适宜区面积（km²）

区县	面积	区县	面积
木里县	1 154	西昌市	1 876
盐源县	2 460	德昌县	1 485

【基地建设】 川续断药材主要为野生资源，甘洛县等地农户有一些零星栽培，四川没有规范化栽培基地。

七十四、羌活生产区划

【来源】 为伞形科植物羌活 Notopterygium incisium Ting ex H. T. Chang 的干燥根与根茎。

【道地沿革】 始载《神农本草经》，列为上品，作为异名置独活项下。历代本草有关羌活产区的记载区域大体一致，"生雍州川谷，或陇西南安"，并强调"此州郡县并是羌地"（唐《新修本草》）。从地理分布看，即是以四川、甘肃、青海最为集中。唐代《千金翼方·药出州土》记载羌活药材产在剑南道茂州，即现四川省的茂汶、北川，自此将羌活道地产区明确在四川西部。宋《本草图经》首次指出"羌活、独活……今蜀汉出者佳"，后世的明清本草也多有诠释，如明代《本草蒙筌》称羌活"多出川蜀，亦产陇西"，清代《本草乘雅半偈》称独活、羌活"出蜀汉、西羌者良"。四川逐渐成为了羌活的主产区和优质药材的产地中心。

以节间短、具环状隆起、形似蚕、气香浓者为佳。

【性味归经】温，味辛。归膀胱、肾经。

【功能主治】解表散寒、祛风除湿、止痛、利关节。用于风寒感冒、头痛项强、风寒湿痹、肩背酸痛。

【药理作用】

1. 镇痛、消炎

热板法实验表明2%羌活注射液10 ml/kg腹腔注射，使小鼠痛阈值显著提高。羌活挥发油给小鼠灌胃1.328 ml/kg或腹腔注射0.133 ml/kg，亦使小鼠对热刺激的痛阈值明显提高。羌活水提液1.5 g/kg小鼠灌胃，可明显减少小鼠醋酸扭体反应次数，5.15 g/kg羌活75%醇提物给小鼠灌胃时，可延长痛刺激引起的小鼠甩尾反应潜伏期，对醋酸引起的扭体反应仅有抑制倾向。研究认为羌活的止痛成分为甲醇提取液中的正丁醇组分。质量浓度为50%的羌活水提醇沉物可不同程度地抑制二甲苯引起小鼠的耳廓肿胀及蛋清引起的大鼠足跖肿胀，对弗氏完全佐剂致大鼠Ⅰ、Ⅱ期足跖肿胀均有显著的抑制作用；羌活挥发油0.332 ml/kg、0.664 ml/kg、1.328 ml/kg灌胃，均可抑制二甲苯致小鼠耳廓肿胀。

2. 解热

2%羌活注射液2 m/kg腹腔注射给酵母致发热家兔，表现出明显解热作用，羌活挥发油大鼠灌胃1.328 ml/kg及腹腔注射0.133 ml/kg，对15%酵母混悬液致大鼠发热体温有明显解热作用。

3. 对心脏的作用

（1）抗心律失常。羌活水溶性部分按10 g（生药）/kg灌胃小鼠、大鼠，能对抗乌头碱所致心律失常；羌活醇溶性部分按5 g（生药）/kg灌胃家兔，对于氯仿－肾上腺素诱导的心律失常有显著的拮抗作用。羌活水提物20 g/kg亦可显著延缓由氯化钙诱导的大鼠室颤。羌活抗心律失常机理可能与抑制细胞膜Na^+内流及促进K^+外流、降低快反应细胞自律性相关。羌活提取物对乌头碱致大鼠心律失常有对抗作用，羌活小分子溶液的最佳作用浓度为12 g/kg，大分子溶液为22 g/kg。

（2）抗心肌缺血。羌活挥发油0.3~0.6 g/kg灌胃，对大鼠注射垂体后叶素引起的急性心肌缺血有明显保护作用。

3. 抗病原微生物

（1）抗菌。平皿法试验表明，羌活挥发油在稀释浓度为0.004~0.008 ml/ml时有抗菌作用，对痢疾杆菌、大肠杆菌、伤寒杆菌、绿脓杆菌、布氏杆菌有一定抑制作用，浓度为5%时对部分浅部真菌产生抑菌作用，平均MIC为11.88%。

（2）抗病毒。羌活水提液0.428 g（生药）/ml、0.176 g（生药）/ml、0.088 g（生药）/ml，按照0.14 ml/10 g容量给予病毒鼠肺适应株A/FM/1/47（HIN1）感染小鼠灌胃，连续7 d，提取物的高、中剂量组能有效降低病毒感染小鼠的死亡率，3个剂量的提取物均能直接杀灭小鼠肺内的流感病毒，降低肺内流感病毒的血凝滴度和感染力，中、高剂量的提取物对流感病毒的杀灭作用均优于利巴韦林和双黄连口服液，高剂量组较好地改善了由病毒导致的组织病理学变化。

4. 改善血流动力学

羌活水煎醇沉制剂0.25 g/kg、0.5 g/kg静脉注射使麻醉犬和麻醉猫脑血流量增加，且不加快心率，不升高血压。羌活75%醇提物3 g/kg、10 g/kg灌胃大鼠，每日1次，连续3 d，能延长电刺激大鼠颈总动脉的血栓形成时间和凝血时间。

【品质研究】现代研究表明，羌活资源分布高密集中心和药材高品质中心主要分布于道地产区四川省境内。日照时数、海拔、年降水量是影响羌活化学成分累积的主要因素，日照时数增加有利于羌活化学成分累积，在一定范围内，海拔越高，年降水量越大，越能促进羌活醇的积累，而不利于异欧前胡素含量富集。

周毅等对羌活药材的质量进行了研究，为制订羌活合理的质量标准提供科学依据。方法：采用《药典》方法和 HPLC 分别对 22 个羌活主产地的 29 份商品药材样品进行挥发油和异欧前胡素含量的检测和统计学分析。结果：29 份样品中仅 3 份的挥发油含量能达到 2005 年版《药典》的含量标准，产新药材中的不达标的比例达 87.0%；统计结果显示，欲达到 80% 以上合格率的控制指标的挥发油含量应为 1.63%，异欧前胡素为 0.17%；异欧前胡素在羌活和宽叶羌活间差异显著。结论：2005 年版《药典》羌活挥发油含量标准过高，建议标准为不低于 1.6%（ml/g）；建议增加异欧前胡素为羌活药材质量的定量指标含量之一，标准为不低于 0.17%。

【原植物】多年生草本，高 60~120 cm，全株有特殊香气。根茎粗壮，伸长呈竹节状或紧缩呈蚕状。茎直立，圆柱形，中空，有细纵纹，紫色或绿色。三出式三回羽状复叶，基生叶及茎下部叶有柄，柄长 1~22 cm，叶柄基部有膜质叶鞘，抱茎；末回裂片长圆状卵形至披针形，长 2~5 cm，宽 0.5~2 cm，小叶边缘缺刻状浅裂至羽状深裂。复伞形花序，直径 3~13 cm；总苞片线形 3~6，早落；小伞形花序直径 1~2 cm；小总苞片线形；萼齿明显；花瓣倒卵形或倒心形，淡黄至白色，顶端凹入，有内折小舌片；花柱 2，短，花柱基平压。

图 4-326　羌活原植物（舒光明摄）

分生果长圆状，背腹稍压扁，主棱均扩展为翅；心皮柄 2 裂；油管明显；胚乳内凹。花期 7 月，果期 8~9 月。见图 4-326。

【生物学特性】羌活喜荫，耐寒，怕强光，喜肥，适宜栽培于海拔 2 700 m 以上冷凉、肥沃的酸性或中性土壤。

【栽培技术】主要有种子育苗繁殖、根茎移栽繁殖两种。大田移栽定植宜在春季（4 月）或夏末秋初（8~9 月），移栽后应注意遮阴保湿。

【采收加工】野生品，春、秋两季采挖，以秋季（8~10 月）为主；栽培品，移栽后 4 年秋季 10~11 月采挖。除去须根及泥沙，晒干或烘干。见图 4-327。

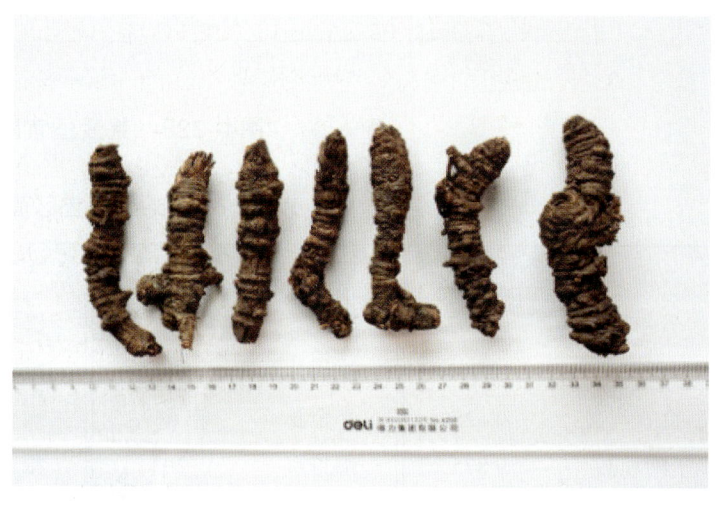

图 4-327　羌活药材（周毅摄）

【适宜区与最适宜区】

1. 生态环境

生于海拔 3 400~4 200 m 的高山灌木林、亚高山灌丛、高山林缘地及高山草甸。

2. 生态因子

土壤以亚高山灌丛草甸土、山地森林土为主，尤以土壤疏松、含腐殖质较多阴湿的地方多见。乔木稀疏，灌木单纯，植被以针阔叶混交林、硬叶常绿阔叶林、暗针叶林为主，伴生灌木多为杜鹃属和柳属植物。

3. 适宜区

主要分布在四川西北的青藏高原东南缘高海拔山地，包括阿坝州、甘孜州北部及东南部各县、凉山州西北毗邻甘孜州几个县、绵阳市紧邻阿坝州的地区（北川、平武等）。见图 4-328。

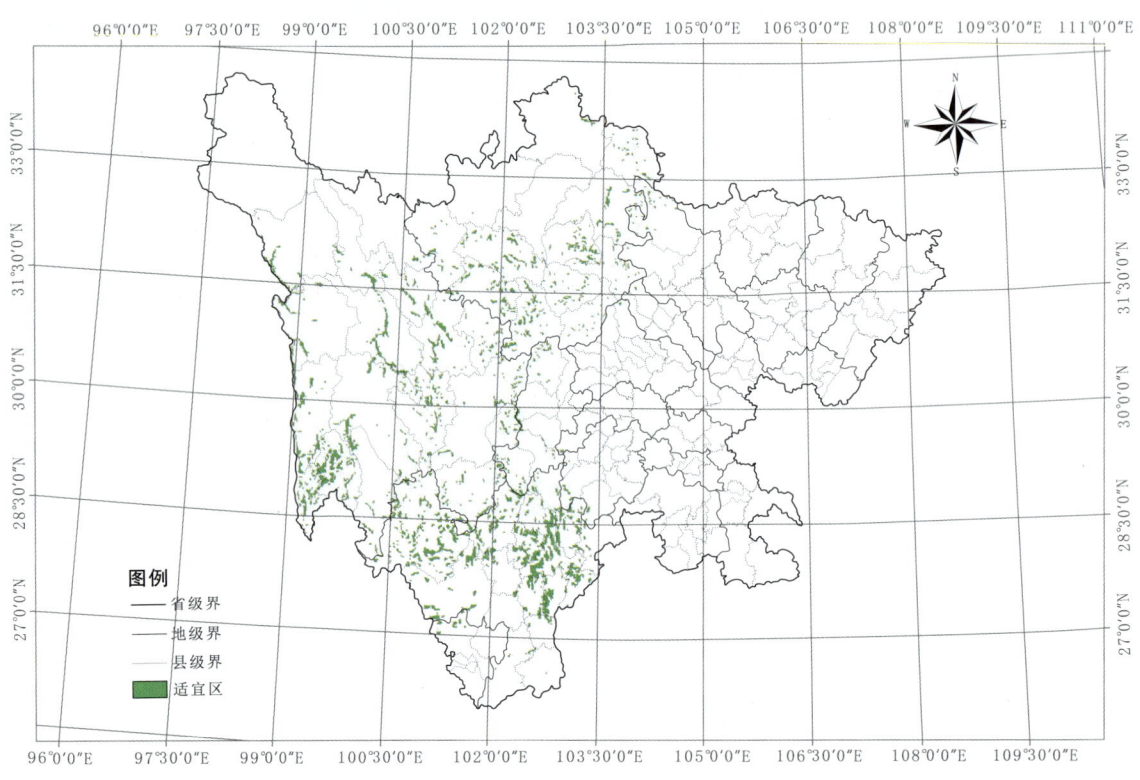

图 4-328　羌活适宜区示意图

表 4-162　羌活适宜区面积（km²）

区县	面积	区县	面积	区县	面积	区县	面积
若尔盖县	10 102	安县	14	巴塘县	4 295	冕宁县	2 489
石渠县	10 054	汶川县	2 407	雅江县	6 558	越西县	1 261
九寨沟县	4 425	小金县	4 699	天全县	701	美姑县	1 347
阿坝县	9 875	绵竹市	202	雅安市	2	雷波县	377
红原县	8 342	白玉县	6 711	泸定县	1 105	喜德县	1 346

续表

区县	面积	区县	面积	区县	面积	区县	面积
松潘县	7 795	什邡市	193	洪雅县	135	昭觉县	1 640
色达县	7 351	道孚县	5 733	荥经县	208	盐源县	5 887
平武县	2 403	新龙县	5 644	汉源县	424	西昌市	760
青川县	104	彭州市	235	峨眉山市	18	金阳县	625
甘孜县	5 152	丹巴县	3 650	稻城县	4 653	布拖县	1 051
德格县	7 578	都江堰市	150	乡城县	3 901	普格县	946
壤塘县	6 629	宝兴县	1 923	石棉县	1 187	德昌县	752
黑水县	3 775	崇州市	66	九龙县	5 130	盐边县	698
马尔康市	6 381	大邑县	118	甘洛县	651	宁南县	409
茂县	2 758	芦山县	288	得荣县	2 427	米易县	202
金川县	4 833	康定市	8 617	木里县	1 1658	会东县	784
理县	4 272	理塘县	8 578	马边县	209	攀枝花市	21
炉霍县	4 085						

4. 最适宜区

以阿坝州、甘孜州诸县量大质优，是传统"川羌"主产区。羌活最适宜区为海拔 3 200~4 200 m 的地区，包括小金、松潘、康定、红原、金川、九寨沟、德格、黑水等地。见图 4-329。

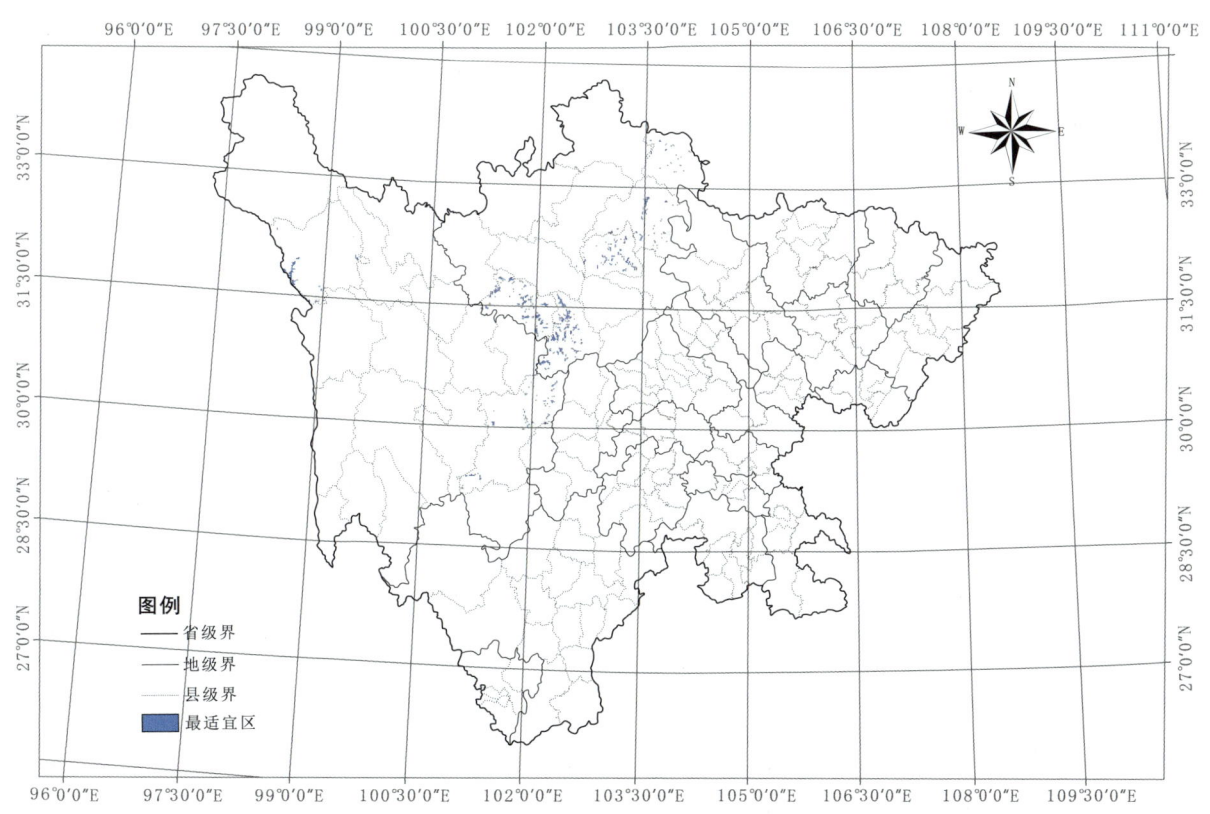

图 4-329　羌活最适宜区示意图

表4-163　羌活最适宜区面积（km²）

区县	面积	区县	面积
九寨沟县	2 655	黑水县	2 379
红原县	7 841	金川县	2 597
松潘县	6 068	小金县	2 871
德格县	4 067	康定市	5 333

【基地建设】阿坝州小金县最早开展羌活的规模化人工种植，形成了一定的种植规模。

七十五、升麻生产区划

【来源】为毛茛科植物升麻 Cimicifuga foetida L. 的干燥根。

【道地沿革】始载于《神农本草经》，列为上品。《本草图经》附有茂州（今四川茂县）升麻图。宋代苏颂："生益州山谷，今蜀汉、陕西、淮南州郡皆有之，以蜀川者为胜。"《本草品汇精要》："以益州川谷及蜀川者为道地。"《本草经集注》："出宁州、益州的升麻为佳。"，即今天的四川、云南、贵州所产的升麻品质优。清·雍正《叙州府志》、民国《四川通志》、明清《营山县志》、民国《北川县志》、清·光绪《雷波县志》、清·光绪《越西县志》等均记载产升麻。

以个大、外皮绿黑色、断面深绿色者为佳。

【性味归经】辛、甘，微寒。归肺、脾、大肠、胃经。

【功能主治】发表透疹，清热解毒，升举阳气。用于风热头痛，齿痛，口疮，咽喉肿痛，麻疹不透，阳毒发斑，脱肛，子宫脱垂。

【药理作用】

1. 解热

给大鼠灌胃升麻提取物 1 g/kg、异阿魏酸 1~2 g/kg，具有拮抗伤寒混合疫苗所致大鼠体温升高的作用，并能降低正常大鼠体温。

2. 镇痛、镇静

给小鼠灌胃升麻水煎液 17.5 g（生药）/kg，升麻提取物 1 g/kg、5 g/kg，均能明显减少醋酸所致小鼠扭体反应的次数。给小鼠灌胃升麻、蜜制升麻、兴安升麻、蜜制兴安升麻甲醇提取物 5 g（生药）/kg，能够明显减轻甲醛溶液所致疼痛反应的第一时相（0~5 s）、第二时相（20~30 s）评分，明显提高热板痛阈值，能够明显减少醋酸所致小鼠扭体反应的次数，其镇痛强度依次为：蜜制升麻 > 蜜制兴安升麻 > 升麻生药 > 兴安升麻，说明不同品种升麻其镇痛活性经过蜜制后显著增强。

给小鼠灌胃升麻、蜜制升麻、兴安升麻、蜜制兴安升麻甲醇提取物 5 g（生药）/kg，能够明显缩短小鼠走动时间和减少举双肢次数，其镇静强度依次为：蜜制升麻 > 蜜制兴安升麻 > 升麻生药 > 兴安升麻，说明不同品种升麻其镇静活性经过蜜制后显著增强。

3. 抑制病原微生物

（1）抗菌。给豚鼠背部皮肤外涂 10% 升麻素乙醇溶液 5 ml/kg，每日 2 次，连续 7 d，对石膏样毛癣菌所致豚鼠具有较好的治疗作用；10% 升麻素乙醇溶液对白色念珠菌、石膏样毛癣菌、红色毛癣菌、新型隐球菌、犬小芽胞菌、铁锈色小孢子菌、毛癣菌、石膏样小孢子菌、絮状表皮癣菌、羊毛状小孢子菌、热带念珠菌具有抑制作用，其中对铁锈色小孢子菌的最小抑菌浓度（MIC）为 300 μg/ml，对其他真菌的 MIC 为 100 μg/ml。

（2）抗病毒。升麻总皂苷（Cd-S）在 Hut-SIV 体外培养系统对猴艾滋病病毒（SIV）具有抑制作用，200 mg/ml 的抑制率为 24.0%，可使 SIV 数量下降 2~3 个单位，其作用机理可能是 Cd-S 通过抑制细胞膜的核苷转运，导致 SIV 在宿主细胞内自身 DNA 合成受限。升麻苷（eimieifuoside）具有抑制核苷转运的作用，能明显抑制植物血凝素刺激的淋巴细胞对核苷的转运，其 IC_{50} 为 4 ng/ml；175.0 μg/ml 的升麻总皂苷（Cd-S）在体外能显著抑制 PHA 刺激的淋巴细胞对 ^{3}H-TdR 的转运，抑制率达 93.85%。

4. 抗肿瘤、抗突变

MTT 法试验表明，兴安升麻总苷在 7.812 5~250 μg/ml 剂量范围内能够抑制人肝癌细胞（HepG2）、人乳腺癌细胞（MCF-7）、人神经胶质瘤细胞（SF-268）、人急性早幼粒白血病细胞（HL-60）的增殖，且呈剂量依赖关系，升麻总苷的 IC_{50} 分别为 20 μg/ml、72 μg/ml、46 μg/ml、19 μg/ml。升麻总苷在体内体外均具有抗肿瘤活性，其体内抑制肿瘤生长可能与诱导细胞凋亡相关。给 ICR 小鼠灌胃升麻总苷 100 mg/kg、200 mg/kg，每日 1 次，连续 10 d，可明显抑制 S180 肉瘤，抑瘤率分别为 42.8% 和 54.6%；给 BALB/C 小鼠灌胃升麻总苷 100 mg/kg、200 mg/kg，每日 1 次，连续 18 d，对裸鼠移植人肺腺癌 A549 生长的 T/C 值分别为 58.1% 和 52.2%，能够明显促进裸鼠 A549 肿瘤细胞凋亡，凋亡细胞百分率分别为 15.69% 和 25.55%。升麻总苷在体外对人肺腺癌细胞（A549）、人肝癌细胞（HepG2）、人白血病细胞（HL-60）、人食道癌细胞（Eca-109）、人乳腺癌细胞（MDA-MB231）的半数抑制浓度 IC_{50} 分别为 20.3 μg/ml、27.1 μg/ml、21.2 μg/ml、23.4 μg/ml 和 32.7 μg/ml。23-O-乙酰升麻醇-3-O-β-D-木糖苷和 24-O-乙酰升麻醇-3-O-β-D-木糖苷在体外浓度为 20 μmol/L 时均可诱导人肝癌细胞（HepG2）凋亡和使 HepG2 细胞阻滞在 G2/M 周期，其凋亡机制为 Caspases 家族激活，Bcl-2 和 Bax 表达改变，而 G2/M 周期阻滞与 cdc2 和 cyclin B 下调直接相关。23-O-乙酰升麻醇-3-O-β-D-木糖苷 1.6~100 μmol/L 和 24-O-乙酰升麻醇-3-O-β-D-木糖苷 1.562 5~100 μmol/L 能够显著抑制 HepG2 细胞增殖，并呈剂量依赖关系，其 IC_{50} 分别为 16 μmol/L、13 μmol/L。23-O-乙酰升麻醇-3-O-β-D-木糖苷和 24-O-乙酰升麻醇-3-O-β-D-木糖苷 20 μmol/L 作用于 HepG2 细胞 6 h、12 h、24 h、48 h，均能够显著下调 Bcl-2 蛋白表达，明显增加凋亡蛋白 Bax 表达。

升麻总皂苷 10.94 μg/ml、43.75 μg/ml、175 μg/ml 在体外具有拮抗诱变剂丝裂霉素 C（MMC）对人外周血细胞的致突变作用，能够明显降低 MMC 所致外周血突变细胞的 CPM 值和外周血细胞姐妹染色单体交换（SCE）频率。

5. 降血脂、抗动脉粥样硬化

给大鼠灌胃兴安升麻总皂苷 10 g/kg，能够明显降低维生素所致高血脂大鼠血中胆固醇、甘油三酯的含量，分别降低 21%、30%；降低吐温所致高血脂大鼠血中胆固醇含量达 44%。作用机理是总皂苷竞争性抑制胆固醇的生成。

升麻苷在体外能够保护氧化低密度脂蛋白（ox-LDL）所致乳鼠心脏微血管内皮细胞的损伤，在浓度为 50 μg/ml、100 μg/ml、200 μg/ml 时能够明显抑制 ox-LDL 引起的内皮细胞 IL-6、TNF-α 分泌，并呈剂量依赖性。升麻苷 50 μg/ml、100 μg/ml、200 μg/ml 在体外能够明显抑制 TNF-α 所致的大鼠胸主动脉平滑肌细胞增殖，使 G1/G0 期细胞比例增加，使 S 期、G2/M 期细胞比例减少。

【品质研究】勒波采用HPLC法测定了四川、云南、内蒙古、东北、安徽、河北等地升麻药材中阿魏酸、异阿魏酸和咖啡酸的含量。不同品种的升麻药材中阿魏酸、异阿魏酸和咖啡酸的含量差异显著。同一品种不同批次的升麻药材中阿魏酸、异阿魏酸和咖啡酸的含量也存在差异。

【原植物】根状茎粗壮，坚实，黑色，有许多圆洞状老茎残迹。茎高1~2 m，基部粗达1.4 cm，微具槽，分枝，被短柔毛。叶为二至三回三出状羽状复叶；茎下部叶的叶片三角形，宽达30 cm；顶生小叶具长柄，菱形，长7~10 cm，宽4~7 cm，常浅裂，边缘有锯齿，侧生小叶具短柄或无柄，斜卵形，比顶生小叶略小，表面无毛，背面沿脉疏被白色柔毛；叶柄长达15 cm。上部的茎生叶较小，具短柄或无柄。花序复总状，具分枝3~20条，长达45 cm，下部的分枝长达15 cm；轴密被灰色或锈色的腺毛及短毛；苞片钻形，比花梗短；花两性；萼片倒卵状圆形，白色或绿白色，长3~4 mm；退化雄蕊宽椭圆形，长约3 mm，顶端微凹或二浅裂，几膜质；雄蕊长4~7 mm，花药黄色或黄白色；心皮2~5，密被灰色毛，无柄或有极短的柄。蓇葖果长圆形，长8~14 mm，宽2.5~5 mm，有伏毛，基部渐狭成长2~3 mm的柄，顶端有短喙；种子椭圆形，褐色，长2.5~3 mm，有横向的膜质鳞翅，四周有鳞翅。8~9月开花，9~10月结果。见图4-330。

图4-330 升麻原植物（方清茂摄）

【生物学特性】喜温暖湿润气候。耐寒，当年幼苗在-25 ℃低温下能安全越冬。幼苗期怕强光直射，开花结果期需要充足光照，怕涝，忌土壤干旱，喜微酸性或中性的腐殖质土，在碱性或重黏土中栽培生长不良。

【栽培技术】

1. 种子繁殖

种子采收后室内干燥贮存2个月，发芽率10%以下，贮存1年后多数不能发芽。采种后，将种子进行湿沙层积低温（-5 ℃）处理2个月，可以提高发芽率。播种育苗春、秋两季均可。秋播在10月中旬~11月上旬，春播则在4月中旬~5月上旬。按行株距20 cm×25 cm顺畦开沟，将种子均匀播入沟内，覆土，稍加镇压。育苗期注意浇水、除草、追肥、遮阴。育苗1年，在秋季地上部枯萎后或春季返青前移栽，按行距 40~50 cm、株距 25~30 cm 开穴，定植于大田，栽后浇 1 次透水。

2. 选地整地

选择土层深厚、富含腐殖质的半阴半阳山坡地或排水良好的沙质壤土平地。选好地后，应除去田间杂物，深翻 30~40 cm。施底肥，每亩 1 000~2 000 kg，打碎土块，耙细整平，做畦，畦高 20 cm，畦宽 100~130 cm。移栽地也可做成 60~70 cm 宽的大垄。

3. 繁殖方法

种子采收、处理：由于升麻花期较长，种子成熟时间长短不等，果实成熟时果瓣自然开裂，种子随风飘落，因此，要随熟随采。当果实由绿开始变黄，果皮开始枯干，果瓣快开裂时将果穗剪下，晒干后果皮全部裂开，除去果皮及杂质，种子再晒干后即可秋季播种。若来年春季播种，将种子与细沙按 1∶3 的比例混合进行沙藏，浇水保持湿润，放在室外低温贮存。注意栽培中不能选用隔年的陈种子，这是由于种子采收后室内干燥贮存 2 个月，发芽率 10% 以下，贮存一年后多数不能发芽。

4. 播种

春、秋两季均可。春季在 3 月下旬~4 月中旬，播种时先在畦面上按行距 20~25 cm 顺畦开沟，沟深 4~5 cm，把种子均匀地条播在沟内，盖细土 1.5~2 cm，稍镇压，土壤干旱时用喷壶浇 1 次透水，畦面盖一层稻草保湿。秋季在 10 月中旬~11 月上旬，播种方法与春季相同。

春季播种，当气温 15~20 ℃时，18~20 d 就可出苗，逐次除去畦面稻草，保持苗床土壤湿润，干旱时，早、晚用喷壶浇水。幼苗因怕强光，在畦面上部用简易苇帘遮荫。当幼苗生长 1 年后进行移栽，移栽时间在秋季地上部分枯萎后或春季返青之前。在整好的大田按株距 30 cm、行距 45 cm 开穴，穴深 15 cm，每穴栽苗 1 株，覆土以盖上顶芽 4~5 cm 为度，栽后浇 1 次透水。

5. 田间管理

若遇干旱要及时浇水，保持土壤湿润，促进苗子生长；在苗期要经常中耕除草，锄的深度要浅，以防损伤根茎。同时结合松土除草，6~7 月份根据幼苗生长情况适量追施氮肥。2 年生升麻结果较少，种子质量差，在花蕾初期可剪去花序，以利根茎生长。以后每年中耕除草 1~2 次。在每年 7~8 月多雨季节向根部适当培土，以防积水。这是由于夏季高温多雨季节植株多因根部腐烂而枯死。

6. 病虫害防治

升麻病虫害很少，仅有少量蛴螬，主要危害根茎，一般发生在 5~6 月，可用 800 倍 40% 乐果乳油浇灌根防治。病害有灰斑病，危害叶片，发生在 8~9 月，可在发病前喷波尔多液 1∶1∶120 倍液预防，发病初期用 65% 代森锌 500 倍液防治。

【采收加工】栽培后 4 年采收，以秋季采挖为佳，除去泥沙，晒至须根干时，燎去或除去须根，晒干。见图 4-331。

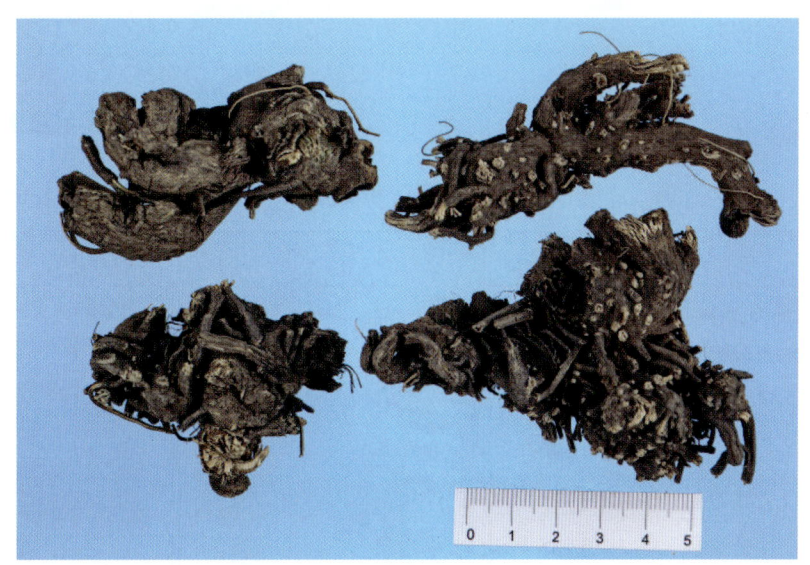

图 4-331　升麻药材（舒光明摄）

【适宜区与最适宜区】

1. 生态环境

生于海拔 1 500~4 500 m 间的山地林缘、林中或路旁草丛中。

2. 生态因子

年降水量 400 mm 以上。对光线要求严格,大多数是散射光,占生长发育期 55%~65%,少数是直射光。光照度强不利于苗期生长。

3. 适宜区

升麻的适宜区为年降水量 400 mm 以上的林缘、草丛,包括甘孜州、阿坝州、凉山州的大部分地区。见图 4-332。

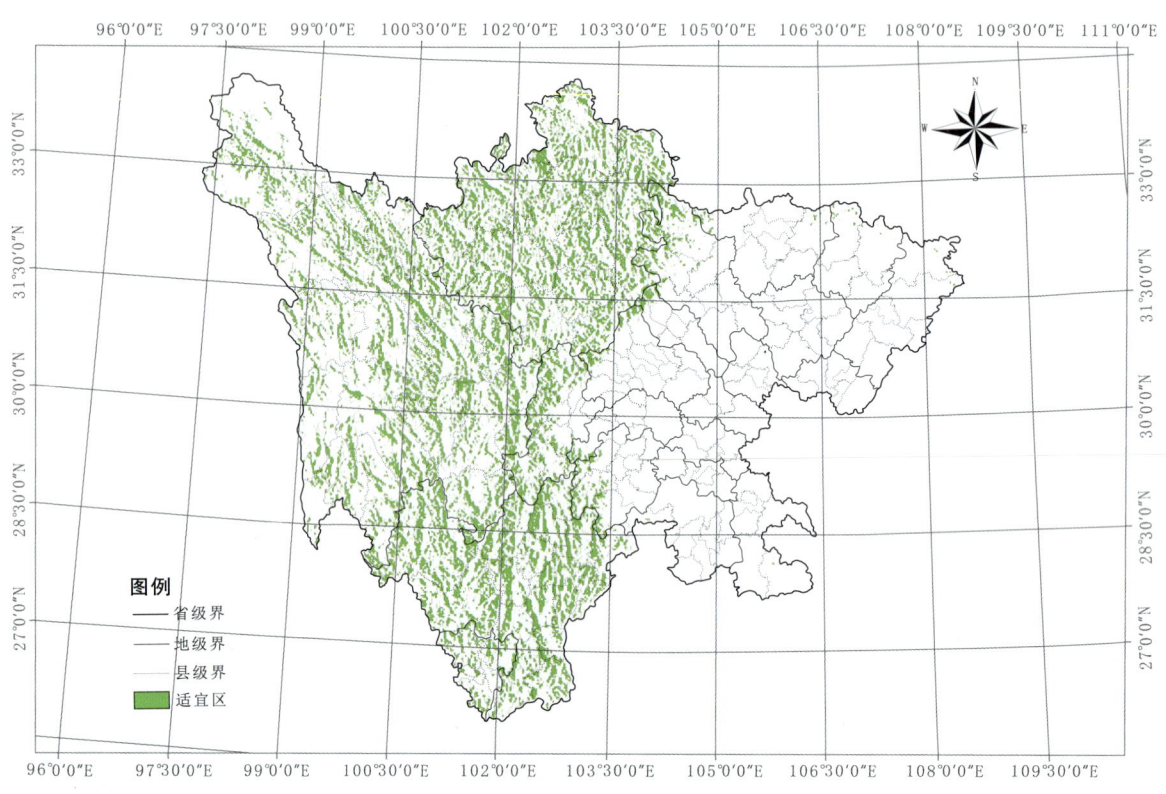

图4-332　升麻适宜区示意图

表4-164　升麻适宜区面积（km²）

区　县	面　积	区　县	面　积	区　县	面　积	区　县	面　积
若尔盖县	4 007	理　县	3 540	邛崃市	26	越西县	1 112
石渠县	4 367	炉霍县	2 031	邻水县	1	屏山县	29
九寨沟县	2 459	宣汉县	42	雅江县	2 968	美姑县	1 065
阿坝县	4 590	安　县	129	天全县	918	雷波县	957
红原县	3 725	汶川县	1 752	雅安市	58	喜德县	783
松潘县	3 785	小金县	1 981	泸定县	899	叙永县	21
色达县	3 445	绵竹市	251	洪雅县	401	兴文县	3

续表

区 县	面 积	区 县	面 积	区 县	面 积	区 县	面 积
平武县	2 902	白玉县	2 664	荥经县	611	昭觉县	1 368
青川县	331	什邡市	219	乐山市	2	古蔺县	46
甘孜县	2 444	道孚县	2 656	汉源县	763	盐源县	3 591
广元市	33	新龙县	2 550	峨眉山市	135	筠连县	5
南江县	191	彭州市	244	稻城县	2 177	西昌市	1 092
德格县	3 114	丹巴县	1 928	乡城县	1 619	金阳县	596
旺苍县	175	都江堰市	169	石棉县	1 122	布拖县	937
壤塘县	3 758	宝兴县	1 346	九龙县	2 571	普格县	833
黑水县	1 822	崇州市	172	甘洛县	887	德昌县	702
通江县	53	广安区	1	沐川县	18	盐边县	1 257
马尔康市	2 860	大邑县	181	得荣县	449	宁南县	773
万源市	119	芦山县	398	木里县	6 066	米易县	670
江油市	137	康定市	4 005	马边县	608	会东县	1 375
茂 县	1 792	理塘县	4 385	冕宁县	1 943	攀枝花市	607
金川县	2 364	巴塘县	1 520	合江县	2		

4. 最适宜区

升麻的最适宜区为海拔 1 800~3 500 m 的山谷,包括汶川、茂县、九寨沟等地。见图 4-333。

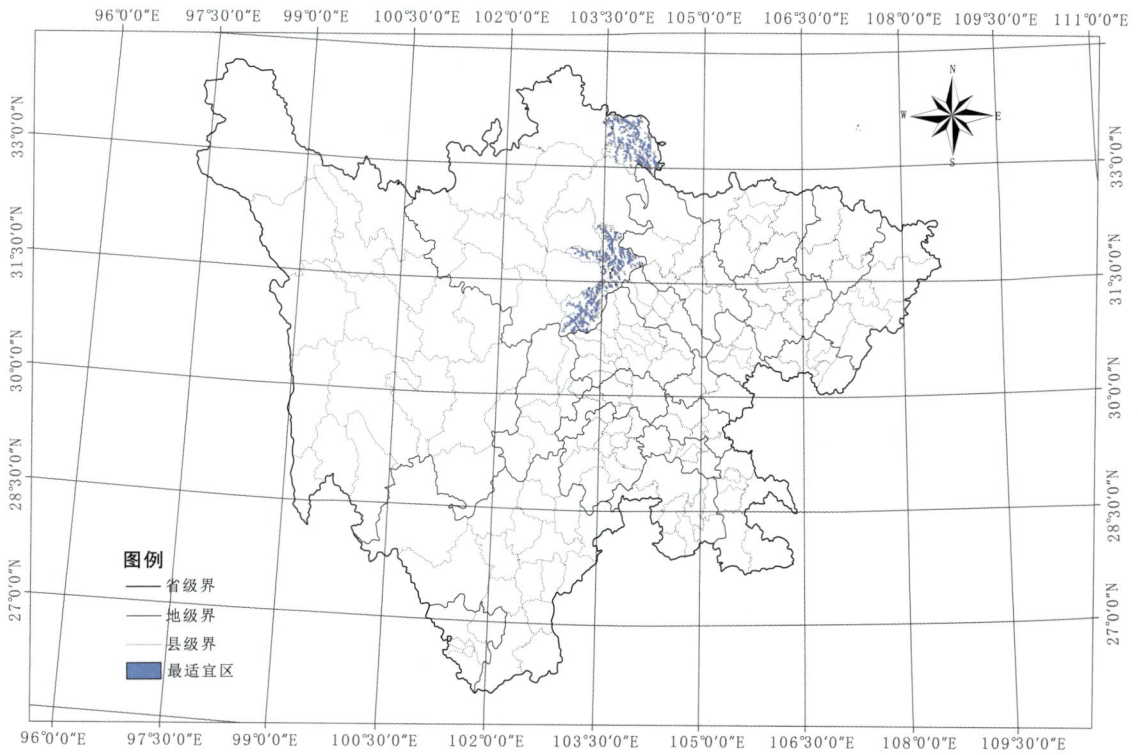

图 4-333 升麻最适宜区示意图

表4-165 升麻最适宜区面积（km²）

区县	面积	区县	面积
九寨沟县	1 512	汶川县	1 098
茂县	1 134		

【基地建设】升麻药材在四川省主要为野生资源，农户有一些零星栽培，四川没有规范化栽培基地。

七十六、甘松生产区划

【来源】为败酱科植物甘松 Nardostachys jatamansi（D. Don）Candollei 的干燥根及根茎。

【道地沿革】甘松以甘松香之名始载于唐《本草拾遗》："丛生，叶细，出凉州（甘肃凉州一带）。"宋《嘉祐本草辑复本》载："甘松香出姑臧（甘肃凉州、武威一带）。"明《本草纲目》云："（甘松香）产于川西松州（四川松潘县），其味甘，故名。"明《本草原始》记载："今黔、蜀州郡及辽州亦有之……始产于川西松州。"清朝的《本草备要》和《本草从新》均记载："出凉州及黔蜀。"甘松历史上的主产地与现今主产地基本吻合，按照《本草纲目》和《本草原始》的记载，甘松因松州而得名，并始产于松州，据《松潘县志》记载松州在历史上是川西北的一个重镇，是商品集散中心，可推断甘松商品药材主要集中到松州，而后销往全国各地。四川松潘县及周边地区包括甘肃西北部凉州、武威一带也是甘松的道地产区，目前甘松商品药材也主要来源于四川西部、甘肃西北部及青海地区等地。民国《北川县志》记载药材有甘松。

甘松也是常用藏药，在《晶珠本草》《蓝琉璃》及《宇妥本草》等经典藏医药本草中均有记载，名为邦贝，具有清热解毒、祛寒消肿的功效，主治瘟疫症、久热症。

以条长、根粗、香气浓者为佳。

【性味归经】辛、甘，温。归脾、胃经。

【功能主治】理气止痛，开郁醒脾。用于脘腹胀满，食欲不振，呕吐。外用祛湿消肿，用于牙痛，脚气肿毒。

【药理作用】

1. 抗心律失常

甘松醇提取物 2 ml/kg（1.2 g/ml）颈静脉注入对氯化钡引起的大鼠心律失常有对抗作用；2 ml/kg（0.25 g/ml）对氯仿肾上腺素诱发的家兔心律失常有对抗作用，并能延长家兔离体心房不应期（0.05%）。甘松水提液、石油醚提取物、乙酸乙酯提取物（0.6 g/kg）连续灌胃 15 d 对氯化钡引起的心律失常有明显的对抗作用。甘松挥发油 1 μg/g、3 μg/g、5 μg/g、10 μg/g、20 μg/g、100 μg/g 可浓度依赖性地抑制大鼠心室肌细胞钠电流，EC_{50} 为（4.95±0.61）μg/g。甘松挥发油可呈浓度依赖性和电压依赖性抑制大鼠心室肌细胞膜瞬时外向钾电流（Ito），在 +70 mV 时，3 μg/g、6 μg/g、10 μg/g、20 μg/g 甘松挥发油对 Ito 峰值电流的抑制率为 27.01%±6.93%，51.13%±9.82%，80.86%±4.63%，94.81%±4.30%。

2. 抗心肌缺血

静脉注射甘松（2 g/kg）后 4.5 min，家兔心律显著减慢，并对静注垂体后叶素（2 U/kg）所致实验性急性心肌缺血有显著保护作用，在 30 min 内大部分时间显著减轻波升高，对 S-T 段抬高也有所减轻。甘松对垂体后叶素所致家兔心动过缓有一定的预防作用，但未能防止垂体后叶素所致心律失常的发生。

3. 抑菌

甘松挥发油（3.12×10^{-2} ml/ml、1.56×10^{-2} ml/ml）体外对乙型链球菌和铜绿假单胞菌均有较强的抑菌杀菌作用，而且对铜绿假单胞菌的抑杀作用强于金黄色葡萄球菌、大肠杆菌、变形杆菌、乙型链球菌。1:80 浓度的甘松在试管内对结核杆菌有抑制作用。甘松过氧化物和异甘松过氧化物对恶性疟原虫有抗疟活性，EC_{50} 分别为 1.5×10^{-6} mol/L、6.0×10^{-7} mol/L，后者活性与奎宁相当。

4. 抗氧化

甘松多糖溶液（浓度为 5 mg/ml、6 mg/ml、7 mg/ml、8 mg/ml、9 mg/ml）在体外具有较强的还原能力，对超氧阴离子自由基、羟基自由基均有较强的清除能力，呈现一定的量效关系。

5. 耐缺氧

腹腔注射甘松（16.7 mg/kg、40 mg/kg、60 mg/kg）能显著增强小鼠常压耐缺氧能力，大剂量组（60 mg/kg）作用显著优于小剂量组（16.7 mg/kg）及双嘧达莫组（100 mg/kg）。甘松（40 mg/kg）与普萘洛尔（20 mg/kg）增强缺氧耐力的作用无显著差别。

6. 中枢抑制作用

甘松新酮小鼠灌胃给药有中枢抑制作用。缬草酮对多种动物有镇静作用，能拮抗电休克性惊厥，但对戊四氮导致的惊厥无保护作用。可增强利舍平降低体温的作用。

7. 对平滑肌的作用

甘松醇提取物对离体小肠、大肠、子宫、支气管等平滑肌器官，均能拮抗组胺、5-羟色胺及乙酰胆碱的作用，还能拮抗氯化钡引起的痉挛，故对平滑肌有直接作用。甘松水提物 6.4 mg/kg、挥发油 6.4 mg/kg、水提物加挥发油 6.4 mg/kg 灌胃给药对小鼠胃肠推进运动有较好的促进作用。

8. 促神经细胞生长

甘松中的糖苷类成分能诱导大鼠嗜铬细胞瘤 PC12 细胞 neuronal 特征的分化。甘松新酮能通过放大 Staurosporine 和 dbcAMP 诱导的 MAP 激酶依赖或不依赖于 MAP 激酶的信号途径，加强 PC12 细胞中的神经轴突增长，对 NGF 和神经基因物质研究具有一定的价值。

【品质研究】武姣姣等采用水蒸气蒸馏法提取甘松挥发油，用气相色谱-质谱联用技术分析、鉴定出 52 个甘松的化学成分，其中共有成分 6 个，分别是：1, 1, 3 a, 7-四甲基-1, 2, 3, 5, 6, 7, 8, 8 a-八氢甘菊环烃；马兜铃烯；1, 1, 7, 7 a-四甲基-1 a, 2, 3, 5, 6, 7, 7 a, 7 b-八氢甘菊环烃；β-紫罗酮；α-古芸烯；喇叭茶醇。共有成分占总挥发油含量的 23.18%~45.98%。9 个不同产地甘松挥发油中含量较大的化学成分基本相同，其余化学成分在含量和种类上有较大差别。

【原植物】多年生草本，高 7~30（46）cm；根状茎歪斜，覆盖片状老叶鞘，有浓烈香气。基生叶丛生，线状狭倒卵形，长 4~14 cm，宽 0.5~1.2 cm，主脉平行 3~5 出，前端钝，基部渐狭，下延为叶柄，全缘，仅边缘有时具疏睫毛。花茎旁出，茎生叶 1~2 对，对生，无柄，长圆状线形。聚伞花序头状，顶生，花后主轴及侧轴常明显伸长，使聚伞花序成总状排列。总苞片披针形，长0.5~2 cm，宽0.2~0.4 cm，苞片和小苞片常为披针状卵形或宽卵形。花萼小，5裂，裂片半圆形，无毛，全缘，厚，脉不明显。花冠紫红色，钟形，长7~11 mm，筒外微被毛，基部偏突；花冠裂片5，宽卵形，前端钝圆，长3~4.5 mm，宽2~4 mm；花冠筒喉部具长髯毛；雄蕊4，伸出花冠裂片外，花丝具柔毛；子房下位，花柱与雄蕊近等长，柱头头状。瘦果倒卵形，长约3 mm，无毛；宿萼不等5裂，裂片半圆形至宽三角形，长0.8~1.2 mm，光滑无毛。见图4-334。

【生物学特性】喜冷凉湿润气候，播种后当年发芽，长出根和叶，第二年开花。春天出苗，11月后地上部分枯萎。

【栽培技术】当种子成熟后播种在防寒大棚里，需要充足的光照萌发；幼苗长出后移栽到温室越冬。翌年春末夏初移栽室外。也可用根茎切断后繁殖，且生长快于种子繁殖；繁殖材料选用秋季成熟的根茎，夏季采收的则易腐烂。

【采收加工】播种后第二年，在春季开花前和秋季9~10月叶枯萎后采挖。挖后，抖尽泥沙，去净地上茎叶阴干或晒干。甘松在大多数地方都不水洗，直接干燥，个别地方经过水洗，称"洗松"。见图4-335。

【适宜区与最适宜区】

1. 生态环境

生于海拔2 500~5 000 m的高山草地或高山灌丛或疏林中，多密集成片生长。

2. 生态因子

种子最适宜发芽温度为20~30 ℃。

3. 适宜区

甘松的适宜区为海拔2 500~5 000 m的高山草地或高山灌丛或疏林中，包括甘孜州、阿坝州等地。见图4-336。

图4-334 甘松原植物（周毅摄）

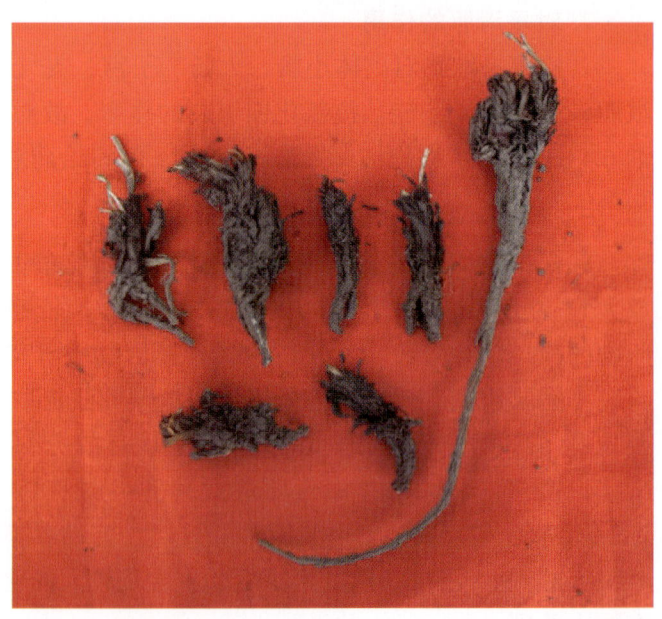

图4-335 甘松药材（周毅摄）

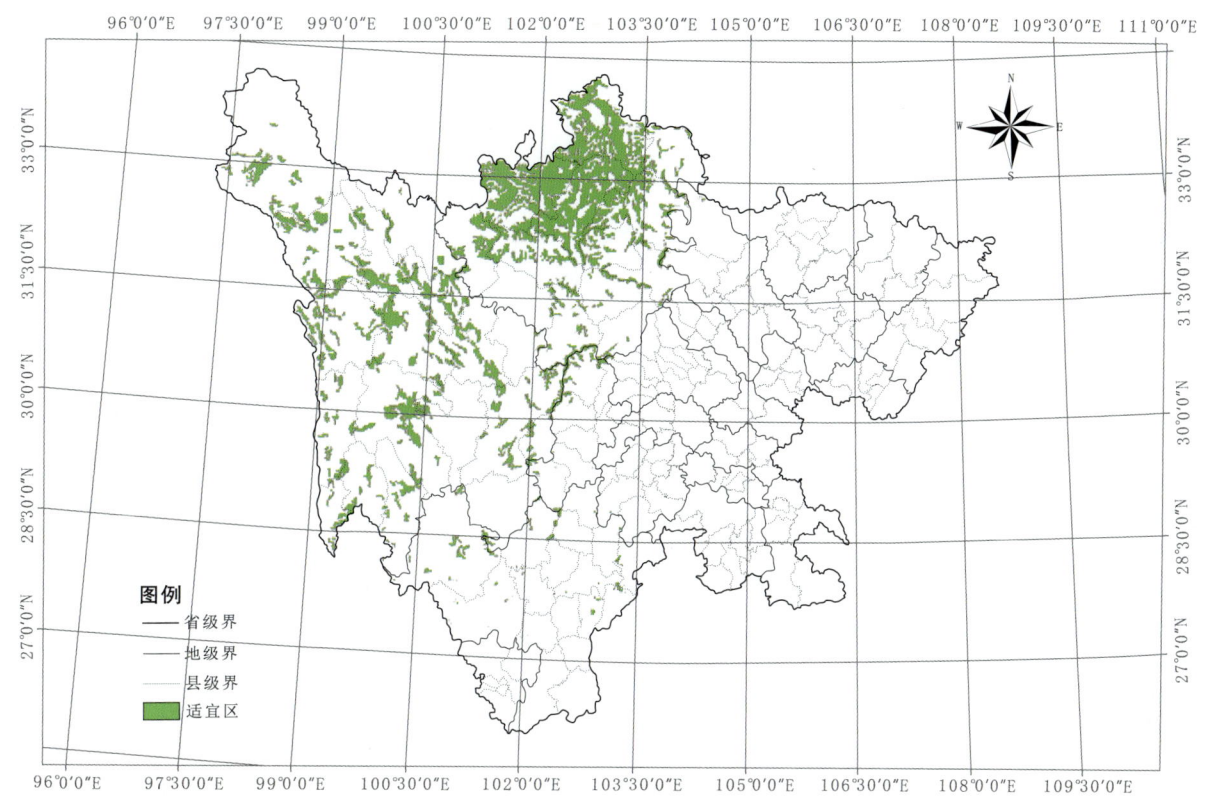

图4-336 甘松适宜区示意图

表4-166 甘松适宜区面积（km²）

区县	面积	区县	面积	区县	面积	区县	面积
若尔盖县	9 564	甘孜县	7 186	炉霍县	4 531	理塘县	13 217
石渠县	20 623	德格县	10 723	汶川县	1 593	巴塘县	6 901
九寨沟县	2 793	壤塘县	6 510	小金县	4 893	雅江县	6 799
阿坝县	9 839	黑水县	3 047	白玉县	10 107	泸定县	714
红原县	8 373	马尔康市	5 764	道孚县	6 787	洪雅县	2
松潘县	6 777	茂县	1 588	新龙县	8 410	稻城县	6 824
色达县	8 501	金川县	4 413	丹巴县	3 619	乡城县	4 720
平武县	791	理县	3 176	康定市	9 767	九龙县	5 324
得荣县	2 100						

4. 最适宜区

甘松的最适宜区为海拔3 300~4 300 m的高山草甸，包括康定、理县、松潘、九寨沟、平武等地。见图4-337。

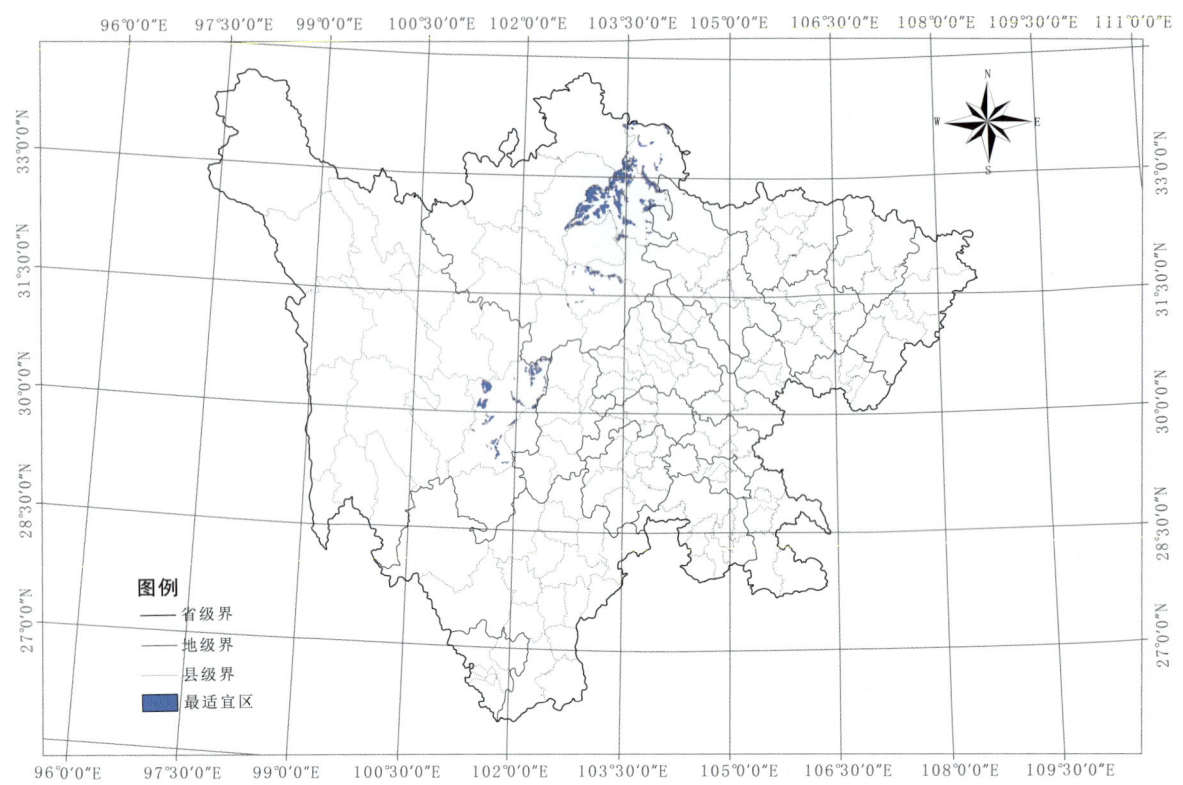

图4-337 甘松最适宜区示意图

表4-167 甘松最适宜区面积（km²）

区县	面积	区县	面积
九寨沟县	2 419	理县	2 094
松潘县	5 896	康定市	5 958
平武县	671		

【基地建设】 甘松药材在四川省主要为野生资源，农户有一些零星栽培，四川没有规范化栽培基地。

七十七、党参生产区划

【来源】 为桔梗科植物素花党参 Codonopsis pilosula（Franch.）Nannf. var. modesta（Nannf.）L. T. Shen 的干燥根。同属植物党参 Codonopsis pilosula（Franch.）Nannf. 与川党参 Codonopsis tangshen Oliv. 在四川也有分布。

【道地沿革】 党参始载于《本草从新》。素花党参主要分布于甘肃、陕西、青海与四川省西北部，商品名为"西党"。民国《北川县志》记载药材有党参。四川省素花党参主产于平武、九寨沟，称为"西党"；产于平武、青川、九寨沟、理县、松潘的党参称为"晶党"；产于九寨沟县刀口坝的党参称为"刀党"，为著名的川产道地药材。

以条粗壮、皮松肉紧、有"狮子盘头"及横纹、油润、味香甜、嚼之无渣者为佳。

【性味归经】甘，平。归脾、肺经。

【功能主治】补中益气，健脾益肺。用于脾肺虚弱，气短心悸，食少便溏，虚喘咳嗽，内热消渴。

【药理作用】

1. 对呼吸系统的作用

党参水提物 5 g（生药）/kg 灌胃，连续 3 d，能提高油酸型呼吸窘迫综合征（RDS）大鼠动脉血氧分压、血氧饱和度，降低二氧化碳分压，并能纠正大鼠酸碱平衡紊乱，从而对党参治疗呼吸窘迫综合征提供了理论依据。进一步研究表明其能使油酸型大鼠呼吸窘迫综合征肺泡 – 动脉血氧分压差 $[P(A-a)DO_2]$ 减小，维持肺有效的摄氧功能，能保护大鼠肺泡上皮细胞和毛细血管内皮细胞，使气体通过气 – 血屏障的弥散基本正常。研究表明其作用机理为：党参能提高大鼠 RDS 支气管肺泡灌洗液和肺细胞表面活性物质（DS），有稳定 II 型肺泡细胞内板层小体结构和保护细胞的作用，使其恢复产生和释放肺表面活性物质的功能。

2. 对免疫系统的作用

灌胃给予党参煎液（25 g/kg、15 g/kg、5 g/kg）连续 7 d，可提高环磷酰胺注射后小鼠的骨髓造血机能，使其白细胞和红细胞数值上升，使骨髓嗜多染红细胞（PCE）微核率（MNR）下降，并提高小鼠腹腔巨噬细胞（Mφ）的功能。口服党参水煎醇沉液（1 g/ml，60 ml/d，分三次口服）1 个月可明显提高冠心病患者辅助型 T 淋巴细胞（OKT_4）数量。2% 的党参醇提液胸腔注射鲫鱼，连续 5 次，每次 0.2 ml，能明显提高鲫鱼白细胞吞噬活性，使血清溶菌酶和抗菌活性增强，降低经嗜水气单胞菌中毒后鲫鱼的死亡率。党参乙酸乙酯和乙醇部位提取物及水提物按 6 g（生药）/kg 灌胃给药，给药体积为 0.2 ml/kg，每日 1 次，共 10 d，能提高小鼠网状内皮系统 RES 吞噬功能。

3. 对血液系统和造血系统的作用

党参药粉混悬液灌胃每日 1.25 g/kg，连续 5 d，可降低小鼠血小板计数；党参药粉混悬液每日灌胃 0.75 g/kg，连续 2 周，能延长鹌鹑凝血时间；大鼠股静脉注射 1:1 党参注射液 3.3 g/kg，可降低大鼠血压；家兔静脉注射 1:1 党参注射液 1 ml/kg，可减少血栓长度，减轻血栓湿重和干重。党参水溶物 36 g/kg 对 ADP 诱导的大鼠血小板聚集具有明显的抑制聚集和解聚作用。家兔静脉注射党参注射液 1 g/kg，能抑制体外血栓形成，减少血细胞比容，降低红细胞电泳值和血液黏度。灌胃 4 g（生药）/100 g 的党参醚提取部位、总皂苷、生物碱和水煎醇沉液，结果表明水煎醇沉液有降低大鼠全血黏度的作用，党参总皂苷可显著降低 TXB_2，而不影响前列环素的合成。党参水煎剂 20 g/kg 灌胃、皮下、腹腔给药，正丁醇提取部位 0.6 g/kg 静脉给药，均能使小鼠血浆皮质酮含量显著升高。

4. 对心血管系统的作用

党参 10% 水煎液能改善心功能，降低心肌供血率。党参浸膏对肾上腺素的升压反应有明显的对抗作用。党参碱具有明显的降压作用，其提取物能提高心排血量而不增加心率，并能增加脑、下肢和内脏的血液量。小鼠灌胃 100% 党参口服液每日 0.2 ml，连续 5 d，小鼠心肌中的糖原、SDH、LDH 的含量明显提高，说明党参可以改善心肌代谢，提高酶的活性，增强心肌线粒体功能，这对解除运动性心肌疲劳有着重要的作用。

党参灌流液〔5 mg（生药）/ml〕能提高缺血 / 再灌注损伤心肌的超氧化物歧化酶（SOD）活

性，降低丙二醛（MDA）含量，减少肌酸激酶的释放，使心肌的收缩和舒张功能得到明显改善，并能促进心输出量、冠脉流量、每搏输出量及心率的恢复。党参水提物〔1 g（生药）/ml〕腹腔注射 30 g/kg，对垂体后叶素（Pit）致实验性心肌缺血有明显保护作用；党参可减轻实验性心肌缺血大鼠心电图的 T 波抬高，并能减慢心率，但对心电图 S-T 段的位移无明显作用。党参液可以增加冠心病患者的左心收缩力和左室排血量，表现为排血前期（PEP）缩短，左室排血时间（LVET）延长，心室射血分数（EF）增加；党参液（1 g/ml）还可以降低冠心病患者 PEP/LVET 比值，增强左心功能，具有抑制血小板黏附和聚集、抑制血栓素 B 合成而不影响 6-Keto-PGF12 的合成的作用。20 例冠心病心绞痛患者每日分两次共口服相当于含生药 20 g 的党参提取物，连续 14 d 后明显提高了左室舒张期 E 波峰值和左心房间压力阶差，显著缩短了左室舒张早期充盈时间，明显增加左室收缩功能的心输出量，但心率无改变；小鼠灌胃上述提取液 0.2 ml/10 g，每日分 2 次灌胃，连续 2 周，可明显提高小鼠心肌糖原、琥珀酸脱氢酶的含量。

5. 抗应激

党参水煎液灌胃（0.4 g/ml，0.5 ml/只）可增加小鼠负重游泳时间；腹腔注射（0.4 g/ml，0.5 ml/只）可使缺氧小鼠存活时间显著延长。党参水提浸膏溶液按 1 g/kg、2.5 g/kg、6.25 g/kg 灌胃能显著延长小鼠负重游泳时间，党参多糖按 0.1 g/kg、0.2 g/kg 灌胃，能明显延长小鼠常压耐缺氧时间和脑缺血性缺氧存活时间，对脑、心脏等重要器官损伤的小鼠，能延长其存活时间；减少由亚硝酸钠和氰化钾引起的小鼠组织细胞缺氧程度，增加组织耐缺氧能力。综合而言，党参多糖对多种缺氧动物模型均显示了良好的作用。

【品质研究】谷聪等采用 AFLP 分子标记与 HPLC 指纹图谱技术分别对 3 个种群 24 个居群和 10 批党参药材进行遗传多样性和指纹图谱分析。结果 UPGMA 方法聚类分析结果显示 24 个居群按照物种分类聚为 3 类：自甘肃文县和四川九寨沟县迁地引种的素花党参居群聚为第 I 类，自湖北省板桥镇引种的川党参居群单独归为第 II 类，迁地引种的党参居群与山西不同地理分布的野生及家种党参居群聚为第 III 类。迁地引种的 3 个基原 10 批党参药材与对照图谱之间的相似度大于 0.8，其化学成分趋于相似，有较好的一致性。结论：不同基原党参种群间遗传差异由其物种内在的遗传特性引起，党参种内居群间遗传相似性与地理分布又呈一定相关性，而党参药材的化学成分则更易受到栽培环境因素的影响。

邹元锋采用盐酸水解法，使用日立 L-8800 全自动氨基酸分析仪测定了九寨沟县所产不同生长年限党参氨基酸组分及含量。结果九寨沟县所产党参所含氨基酸种类有 15~16 种，其中 7 种为人体必需氨基酸。总氨基酸含量较高，并随生长年限的增加而增加。多数必需氨基酸的含量低于 FAO/WHO 氨基酸模式谱中的必需氨基酸含量，且随生长年限的增加，符合 FAO/WHO 氨基酸模式谱中要求的氨基酸种类不断减少；1~3 年生党参样品的蛋白质较接近理想蛋白质的要求。通过分析得出，以 FAO/WHO 氨基酸模式谱为标准以 3 年生党参较好；以 FAO/WHO 提出的理想蛋白质为标准，则以 2 年生党参为好；而以特殊功效及味觉氨基酸为开发目标，则以 4 年生党参较好。

【原植物】缠绕草本，茎基具多数瘤状茎痕，根肥大，纺锤状圆柱形，较少分枝或中部以下略有分枝，长 15~30 cm，直径 1~3 cm，表面灰黄色，上端 5~10 cm 部分有细密环纹，而下部则疏生横长皮孔，肉质。茎长 1~2 m，直径 2~3 mm，有多数分枝，侧枝 15~50 cm，小枝 1~5 cm，具叶，不育或先端着花，黄绿色或黄白色，无毛。叶在主茎及侧枝上的互生，在小枝上的近于对生，叶柄长 0.5~2.5 cm，有疏短刺毛，叶片卵形或狭卵形，长 1~6.5 cm，宽 0.8~5 cm，端钝或微尖，基部近于心

图4-338 素花党参原植物（方清茂摄）

形，边缘具波状钝锯齿，分枝上叶片渐趋狭窄，叶基圆形或楔形，上面绿色，下面灰绿色，两面疏或密地被贴伏的长硬毛或柔毛，少为无毛。花单生于枝端，与叶柄互生或近于对生，有梗。花萼贴生至子房中部，筒部半球状，裂片宽披针形或狭矩圆形，长1~2 cm，宽6~8 mm，顶端钝或微尖，微波状或近于全缘，其间弯缺尖狭；花冠上位，阔钟状，长1.8~2.3 cm，直径1.8~2.5 cm，黄绿色，内面有明显紫斑，浅裂，裂片正三角形，端尖，全缘；花丝基部微扩大，长约5 mm，花药长形，长5~6 mm；柱头有白色刺毛。蒴果下部半球状，上部短圆锥状。种子多数，卵形，无翼，细小，棕黄色，光滑无毛。花果期8~10月。见图4-338。

【生物学特性】 3~4月出苗，8~10月开花结果，10月下旬地上部分枯萎。当年生种子发芽率高。喜温和凉爽气候，怕热，较耐寒。对光照要求较严格，幼苗喜荫，成年植株喜光。土壤为深厚、疏松、排水良好、富含腐殖质的砂质壤土，pH值为5.5~7.5。

【栽培技术】

1. 育苗

春季育苗在地温稳定在10~15 ℃时播种。一般在4月中旬至5月上旬土壤墒情较好时播种。将种子与等量细沙或细土混拌均匀，用手均匀撒播在地中，若遇风，应手放低轻轻顺风向撒种子，要尽可能避免风吹走种子。然后轻轻镇压，使种子和土壤充分接触。播种量为1.5~2 kg/亩。播种后用过0.3~0.5 cm筛的细沙土覆盖0.5~0.8 cm，以保持水分。

2. 定植

参苗生长一年后，春季或秋季定植。春季3月中、下旬至4月上旬，秋季10月中、下旬至11月上旬，移栽时将参苗挖起，剔除损伤、病弱苗，按行距20~30 cm开沟深16~18 cm，株距7~10 m，将参根斜放于沟内，使根头抬起，根梢伸直，然后盖土填实，盖土以超过芦头7 cm为宜。

3. 田间管理

（1）中耕除草。出苗后开始松土除草，清除杂草是保证产量的主要措施之一。

（2）追肥。定植成活后，苗高 15 cm 左右，可追肥人粪尿每亩 1 000~1 500 kg，以后因茎、叶、蔓长不再追肥。

（3）排灌。定植后应灌水，苗活后少灌水或不灌水，雨季及时排水，防止烂根。

（4）搭架。平地种植的参苗高 30 cm 时，设立支架，以便顺架生长，可提高抗病力，少染病害。有利参根生长和结实。

（5）疏花。党参开花较多，除留种外，其他植株应及时疏花，减少养分的消耗，以利于根部的生长。疏花不仅能够提高产量，而且能够提升质量。

【采收加工】 移栽以后 3~4 年的秋季地上部分枯萎后采挖。党参采收，选择晴天，先除去支架，割掉参蔓，再在采挖地的一侧用锄头开 30 cm 左右深的沟，小心刨挖，扒出参根。鲜党参根质脆嫩，易破，易断裂，参根破裂会造成根中乳汁外溢，影响品质，故应注意避免伤其根。较大的根条运回加工，较细小的参根可作移植材料。

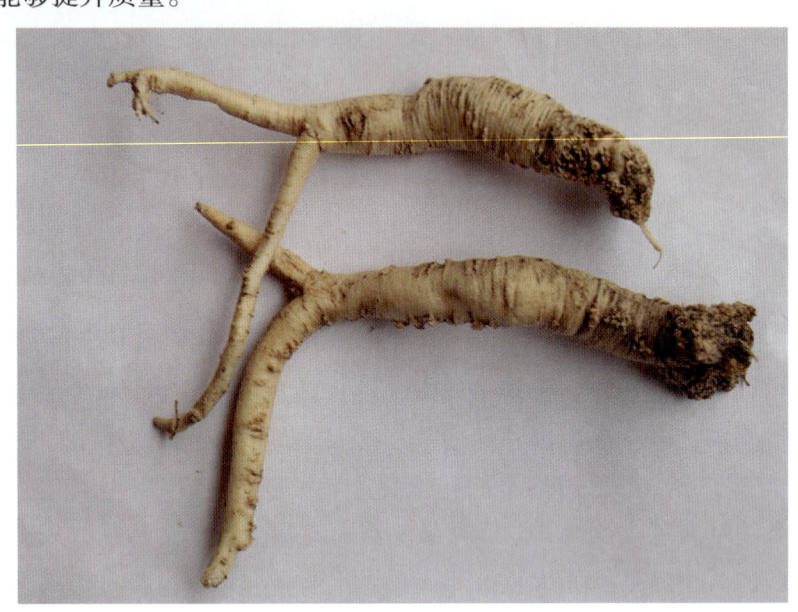

图4-339　党参药材（方清茂摄）

将挖出的参根抖去泥土，加水洗涤，先按大小、长短、粗细分为老、大、中条，分别晾晒至柔软（绕指而不断）时，后将党参一把把地顺握或放木板上揉搓，如参梢太干可先放水中浸泡后再搓，握或搓后再晒，反复 3~4 次，使皮肉紧贴、充实饱满并富有弹性。搓的次数过多会变成油条，影响质量。搓过后置室外摊晒，以防霉烂，晒至八成干后即可收藏。一般干鲜比为 1∶2。见图 4-339。

【适宜区与最适宜区】

1. 生态环境

生于海拔 1 500~3 400 m 的山区向阳山坡、疏林、灌丛。

2. 生态因子

土层深厚超过 1 m 的黄壤土，山区向阳山坡，坡度为 20~30°，年降水量 1 200~1 800 mm，相对湿度 70%。

3. 适宜区

党参的适宜区为四川省西北部海拔 1 500~3 400 m 的山区向阳山坡、疏林、灌丛，包括九寨沟、平武、松潘、若尔盖、青川、理县等地。见图 4-340。

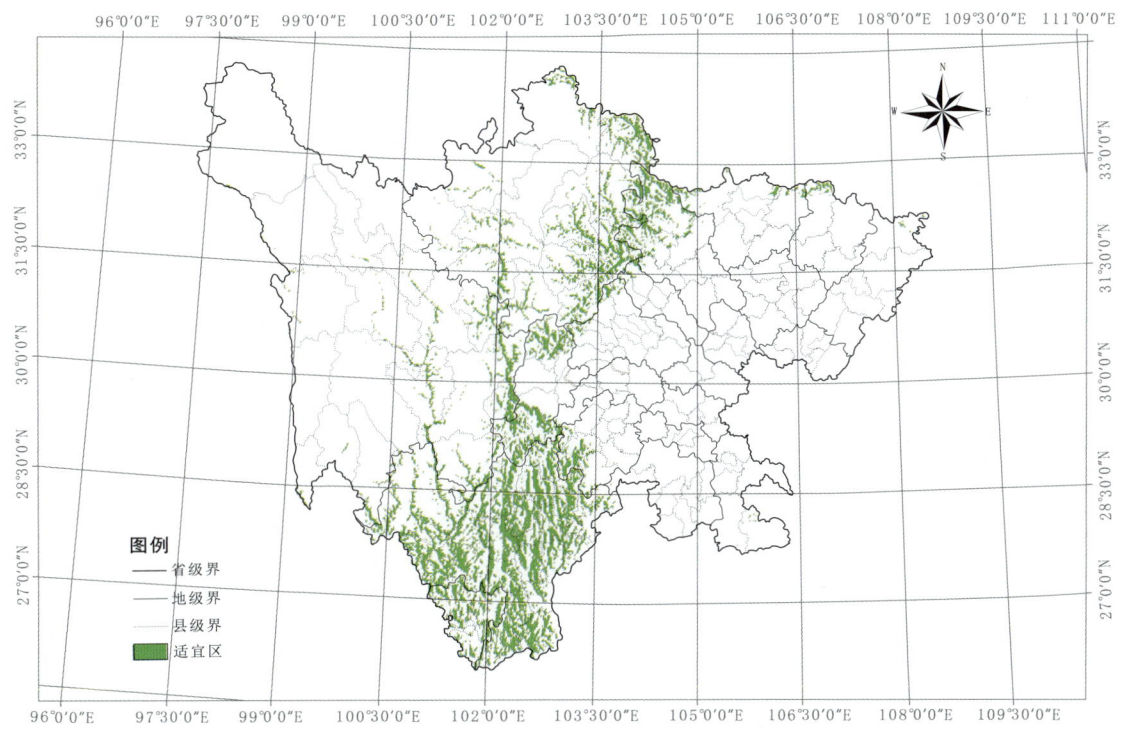

图4-340 党参适宜区示意图

表4-168 党参适宜区面积（km²）

区 县	面 积	区 县	面 积	区 县	面 积	区 县	面 积
若尔盖县	643	茂 县	1 331	理塘县	106	越西县	1 051
石渠县	51	金川县	714	邛崃市	20	屏山县	35
九寨沟县	1 579	理 县	3 093	雅江县	664	美姑县	1 335
阿坝县	318	炉霍县	114	天全县	33	雷波县	715
红原县	15	安 县	92	泸定县	660	喜德县	1 416
松潘县	1 259	汶川县	1 221	洪雅县	47	叙永县	25
色达县	16	小金县	620	荥经县	113	珙 县	1
平武县	2 678	绵竹市	158	汉源县	906	昭觉县	1 284
青川县	336	白玉县	280	峨眉山市	1	古蔺县	50
甘孜县	45	什邡市	49	稻城县	331	盐源县	3 942
广元市	142	道孚县	318	乡城县	65	西昌市	1 364
南江县	299	新龙县	201	石棉县	1 009	金阳县	627
德格县	124	彭州市	103	九龙县	926	布拖县	618
旺苍县	125	营山县	646	甘洛县	893	普格县	922
壤塘县	1 113	都江堰市	155	沐川县	6	德昌县	1 204
黑水县	849	宝兴县	1 040	得荣县	131	盐边县	1 330
通江县	12	崇州市	103	木里县	2 811	宁南县	422
马尔康市	837	大邑县	131	马边县	319	米易县	869
万源市	91	芦山县	235	冕宁县	1 918	会东县	1 471
江油市	116	康定市	1 026	合江县	2	攀枝花市	509

4. 最适宜区

党参的最适宜区为海拔 1 800~3 000 m 的山区，年平均气温 12.7 ℃，年平均降水量 550 mm，年平均日照 1 600 h，年平均相对湿度 65%。主要包括九寨沟、松潘等地。见图 4-341。

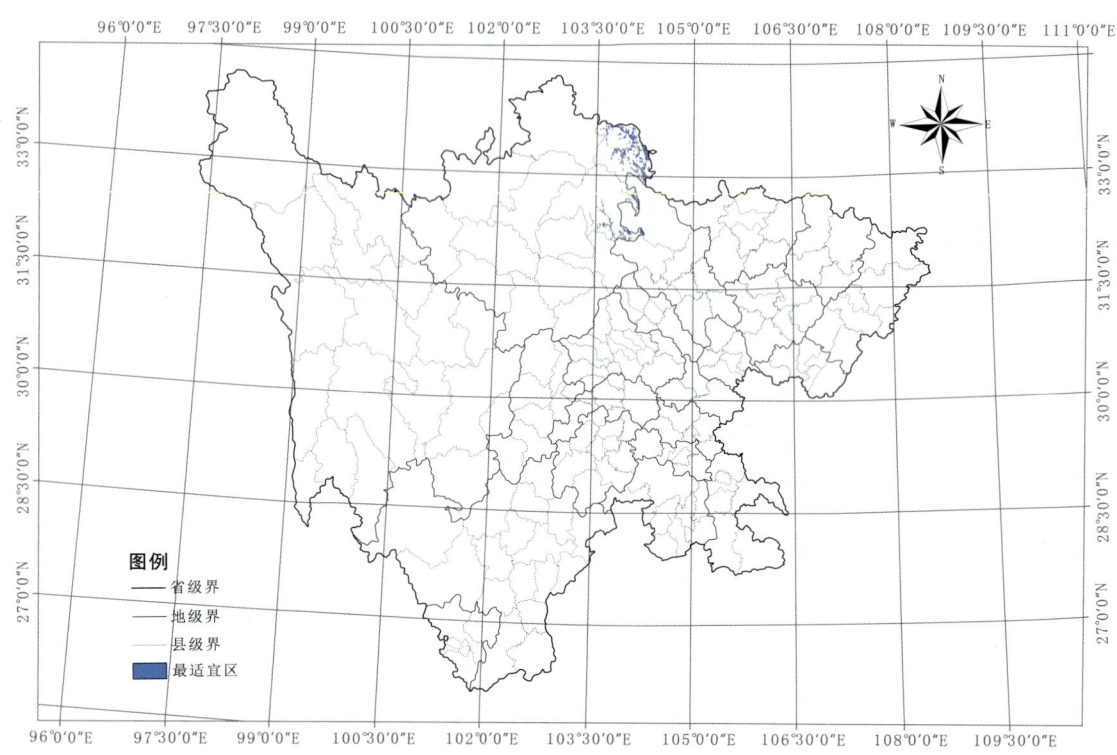

图4-341　党参最适宜区示意图

表4-169　党参最适宜区面积（km²）

区　县	面　积	区　县	面　积
九寨沟县	845	松潘县	427

【基地建设】　四川省在九寨沟县建立了素花党参的人工栽培基地，面积超过 4 000 亩，栽培 4 年后采收，所产党参粗壮、皮松肉紧、有"狮子盘头"，品质优。

七十八、藁本生产区划

【来源】　为伞形科植物藁本 Ligusticum sinense Oliv. 的干燥根茎和根。

【道地沿革】　始载于《神农本草经》，列为中品。《本草图经》："今西川、河东州郡及兖州、杭州有之。叶似白芷香。"元代危亦林《世医得效方》卷15神应圆处方提到"川藁本"。藁本宋元以来，以四川产者为道地。清·光绪《雷波县志》、清·光绪《盐源县志》、清·光绪《越西县志》记载"药材有藁本"。川产者其基源为当归属植物藁本 Ligusticum sinense Oliv.。

以身干、无杂质、香气浓者为佳。

【性味归经】　辛，温。归膀胱经。

【功能主治】 祛风，散寒，除湿，止痛。用于风寒感冒，巅顶疼痛，风湿痹痛。

【药理作用】

1. 抗炎

将75%藁本乙醇提取物以5 g（生药）/kg、15 g（生药）/kg灌胃连续3 d，能明显对抗二甲苯所致的小鼠耳廓肿胀，4 h平均抑制率分别为26.9%、32.4%；明显抑制醋酸所致的小鼠腹腔毛细血管通透性增高。此外，将藁本和辽藁本乙醇提取物以7 g/kg灌胃，对小鼠角叉菜胶性足跖肿胀具有较强的抑制作用，抑制率分别为49.4%和62.5%，辽藁本的作用强度强于藁本。

2. 解热、镇痛

将藁本醇提物以5 g/kg、10 g/kg、15 g/kg剂量给热板法致痛的小鼠一次性灌胃，结果明显提高痛阈值；与阴性对照组比较，藁本醇提物中、高剂量组能明显提高痛阈值。将藁本中性油以7 g（生药）/kg、14 g（生药）/kg给家兔灌胃，结果表明其对伤寒-副伤寒甲、乙混合菌苗所致家兔体温升高有显著解热作用，作用持续4 h以上。

3. 中枢抑制

将藁本、辽藁本分别以7 g/kg给小鼠灌胃，结果表现出较强的抗醋酸扭体作用，辽藁本的作用强度较藁本更强；观察两者对戊巴比妥钠睡眠时间的影响，发现两者皆能明显促进动物进入睡眠状态，表现出较强的镇静催眠作用，辽藁本与中国藁本作用强度相当。藁本中性油〔（7 g（生药）/kg、14 g（生药）/kg〕给小鼠灌胃，对小鼠无催眠作用，但能加强硫喷妥钠对小鼠的催眠作用，并能减少小鼠自发活动和对抗苯丙胺的中枢兴奋作用，明显减少苯丙胺增加小鼠活动的次数。

4. 抗血栓形成

将75%藁本乙醇提取物以3 g（生药）/kg、10 g（生药）/kg给大鼠灌胃，能明显延长电刺激大鼠颈动脉血栓形成，延长率分别为22.3%和47.1%，但不延长凝血时间、凝血酶原时间和部分凝血活酶时间。体外实验发现，藁本水提液在浓度为0.01~0.04 g（生药）/ml时能显著延长凝血酶凝聚人血纤维蛋白原时间。

5. 对消化系统的作用

（1）利胆。分别给大鼠十二指肠注射75%藁本乙醇提取物3 g（生药）/kg、10 g（生药）/kg，结果显示两剂量组都能显著促进胆汁分泌，3 h的平均增加率分别为25.5%、34.5%。

（2）抗溃疡。藁本75%乙醇提取物（5 g/kg、15 g/kg）分别给应激性溃疡小鼠、盐酸性溃疡小鼠和吲哚美辛-乙醇性溃疡小鼠灌胃，结果显示藁本对以上各型溃疡模型有显著抑制作用，且高剂量组作用更强。

（3）抗腹泻。将藁本75%乙醇提取物以5 g（生药）/kg、15 g（生药）/kg，对小鼠灌胃能明显减少蓖麻油引起的小肠性腹泻次数，也能明显减少番泻叶引起的大肠性腹泻次数，15 g/kg组抗番泻叶性腹泻作用持续4 h，弱于抗蓖麻油性腹泻。

（4）对肠运动的作用。藁本中性油1.4×10^{-3} g/ml、2.8×10^{-3} g/ml、5.6×10^{-3} g/ml按动物离体肠管实验法分别作用于家兔和豚鼠离体回肠以及家兔空肠，结果发现有抑制离体家兔小肠收缩振幅、抑制离体豚鼠回肠张力的作用，还可以对抗组胺、乙酰胆碱、烟碱等引起的肠活动兴奋。另外，将藁本中性油以0.7 g/10 g、1.4 g/10 g给小鼠灌胃可抑制小鼠小肠推进运动。

6. 对细胞生长的影响

藁本乙醇提取物在25 mg/ml浓度下对L-M细胞的NGF的产生有较强的促进作用；藁本和辽藁

本乙醇提取物在 50 mg/ml 浓度下对 HL-60 细胞的生长有中等抑制效果。

采用 bFGF 诱导平滑肌细胞增殖，以 MTT 比色法检测藁本内酯对平滑肌细胞增殖的抑制作用，结果发现藁本内酯与大鼠主动脉平滑肌细胞膜有亲和性，且不会引起正常大鼠主动脉平滑肌细胞增殖，但能明显抑制 bFGF 诱导的大鼠主动脉平滑肌细胞的增殖，有效浓度为 5.5 μmol/L。

【品质研究】冷天平等采用水蒸气蒸馏提取、GC-MS 联用技术对藁本药材挥发油化学成分进行研究。通过 GC-MS 联用技术数据检索与相关文献鉴定出 29 个成分，12 批不同产地不同品种藁本药材挥发油化学成分主要含有的烯丙基苯类衍生物和苯酞类衍生物是相同的。但是不同产地藁本挥发油的组分与含量存在显著的差异。

【原植物】多年生草本，高达 1 m，有特殊香气。根茎发达，具膨大的结节。茎直立，圆柱形，中空，具条纹，基生叶具长柄，柄长可达 20 cm；叶片轮廓宽三角形，长 10~15 cm，宽 15~18 cm，二回三出式羽状全裂；第一回羽片轮廓长圆状卵形，长 6~10 cm，宽 5~7 cm，下部羽片具柄，柄长 3~5 cm，基部略扩大，小羽片卵形，长约 3 cm，宽约 2 cm，边缘齿状浅裂，具小尖头，顶生小羽片先端渐尖至尾状；茎中部叶较大，上部叶简化。复伞花序顶生或侧生，果时直径 6~8 cm；总苞片 6~10，线形，长约 6 mm；伞辐 14~30，长达 5 cm，四棱形，粗糙；小总苞片 10，线形，长 3~4 mm；花白色，花柄粗糙；萼齿不明显；花瓣倒卵形，先端微凹，具内折小尖头；花柱基隆起，花柱长，向下反曲。双悬果椭圆形，分生果幼嫩时宽卵形，稍两侧扁压，成熟时长圆状卵形，背腹扁压，长 4 mm，宽 2~2.5 mm，背棱突起，侧棱略扩大呈翅状；背棱槽内油管 1~3，侧棱槽内油管 3，合生面油管 4~6；胚乳腹面平直。花期 7~9 月，果期 9~10 月。见图 4-342。

图 4-342　藁本原植物（方清茂摄）

【生物学特性】喜凉爽、湿润气候，返青早，枯萎期晚，生长期约220 d。耐严寒，怕高温，怕水渍，忌连作。对土壤要求不严，但以土层深厚、疏松肥沃、富含有机质的砂质壤土为好。

【栽培技术】

1. 整地与施肥

选地势高、排水好的田块精耕细作。结合整地，施足基肥：每亩施土杂肥3 000 kg，尿素20 kg，磷钾肥50 kg。然后作畦，等待播种。

2. 繁殖方法

用种子或根芽繁殖，生产上以根芽繁殖为主。

（1）种子繁殖。春播于4月上、中旬，冬播于封冻前，按行距20 cm×2 cm深的沟，选饱满种子均匀撒于沟内，覆土稍作镇压，浇水。秋种一般当年不出苗。每亩用种1~2 kg。

（2）根芽繁殖。于早春萌发前或晚秋地上部枯萎后，将根刨出，按大小分株，一般每窝可分3~4株，分好后按株行距15 cm×10 cm，开10 cm左右深的穴，每穴栽1~2株，栽后覆土压实，浇水，春栽覆土至根茎上2~3 cm，秋栽覆土宜4~5 cm。春栽10~15 d出苗，秋栽翌年春发芽。

3. 田间管理

（1）排灌、除草。苗期注意及时浇水，并中耕除草、松土。雨季注意排水防涝。

（2）间苗、定苗。苗高3~4 cm时可适当间苗、补苗，待苗高7~8 cm时定苗。

（3）施肥、间作。早春返青后，可适当施入土杂肥，每亩1 500 kg，开沟施入或用10 kg尿素结合浇水施入，8月上旬生长盛期可适施腐熟圈肥或厩肥2 000 kg，配施15 kg过磷酸钙做成复合肥施入。为增加经济收入，可适当间作玉米，且可作为遮荫、保湿之用。

【采收加工】栽培后2~3年采收。秋季茎叶枯萎或次春出苗前采挖，除去泥沙，晒干或烘干。见图4-343。

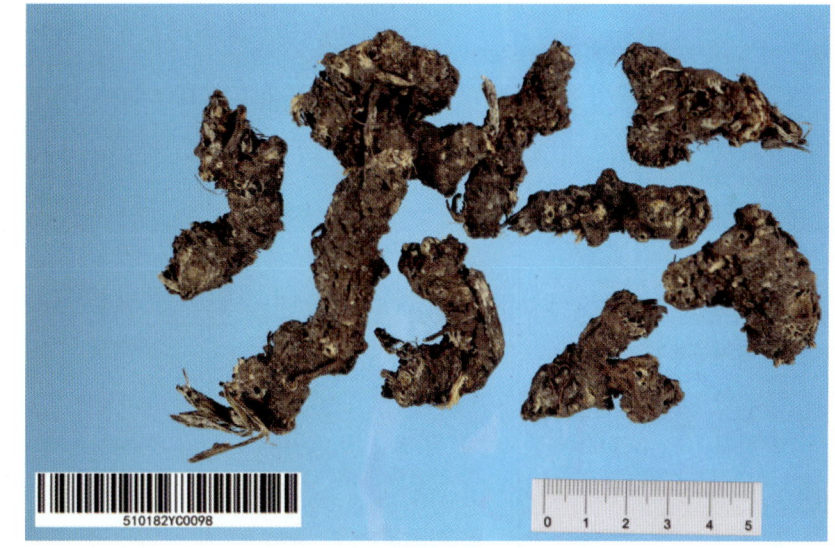

图4-343　藁本药材（舒光明摄）

【适宜区与最适宜区】

1. 生态环境

生于海拔1 000~2 700 m的林下、草甸、阴湿山坡、河滩。

2. 生态因子

海拔1 000~2 700 m的凉爽、湿润地区。

3. 适宜区

藁本的适宜区为海拔1 000~2 700 m的林下、草甸、阴湿山坡、河滩，包括绵阳、广元、雅安、阿坝州、凉山州等地。见图4-344。

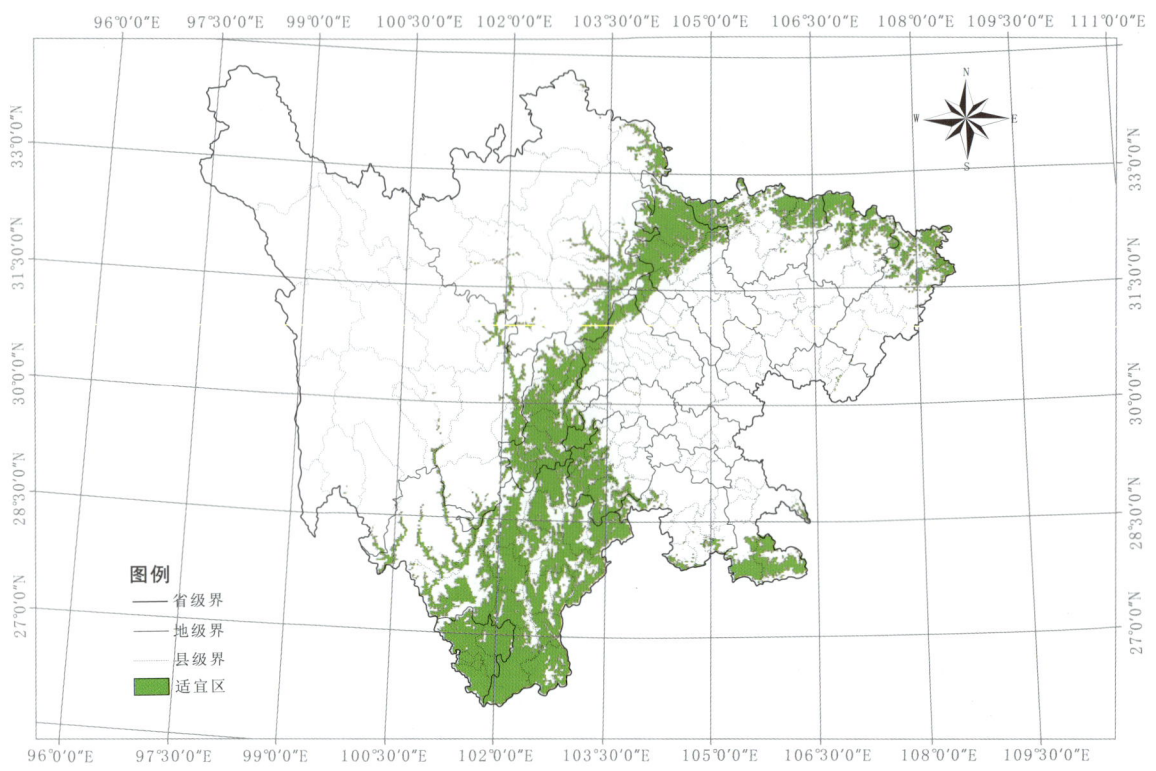

图4-344 藁本适宜区示意图

表4-170 藁本适宜区面积（km²）

区县	面积	区县	面积	区县	面积	区县	面积
若尔盖县	49	汶川县	1 687	名山县	15	屏山县	516
九寨沟县	1 233	小金县	154	雅安市	527	美姑县	1 602
松潘县	559	绵竹市	440	丹棱县	5	长宁县	7
色达县	1	白玉县	10	泸定县	899	高县	4
平武县	6 221	什邡市	237	洪雅县	1 062	雷波县	2 148
青川县	2 021	彭州市	391	荥经县	1 531	喜德县	1 316
广元市	1 383	丹巴县	454	夹江县	30	叙永县	1 398
南江县	1 589	都江堰市	470	乐山市	79	珙县	118
旺苍县	1 640	渠县	3	汉源县	1 753	兴文县	265
壤塘县	2 270	开江县	19	峨眉山市	564	昭觉县	1 634
黑水县	379	金堂县	1	稻城县	141	古蔺县	1 958
通江县	1 417	宝兴县	1 381	乡城县	13	盐源县	3 883
马尔康市	159	崇州市	351	石棉县	1 635	筠连县	311
剑阁县	43	广安区	26	犍为县	1	西昌市	2 138
万源市	1 852	大邑县	428	九龙县	590	金阳县	1 024
江油市	766	芦山县	832	甘洛县	1 655	布拖县	864
茂县	1 353	康定市	617	宜宾市	77	普格县	1 143

续表

区县	面积	区县	面积	区县	面积	区县	面积
苍溪县	86	理塘县	3	沐川县	245	德昌县	1 736
巴中市	59	巴塘县	136	得荣县	308	盐边县	2 793
金川县	343	邛崃市	207	木里县	1 772	宁南县	1 264
理县	4 522	邻水县	74	马边县	1 629	米易县	2 046
平昌县	22	雅江县	104	冕宁县	2 332	会东县	2 705
宣汉县	949	华蓥市	13	合江县	210	攀枝花市	1 981
安县	456	天全县	1 451	越西县	1 320		

4. 最适宜区

藁本的最适宜区为海拔 1 200~2 400 m 的林下、草甸、阴湿山坡、河滩，包括阿坝州、绵阳、雅安等地。见图4-345。

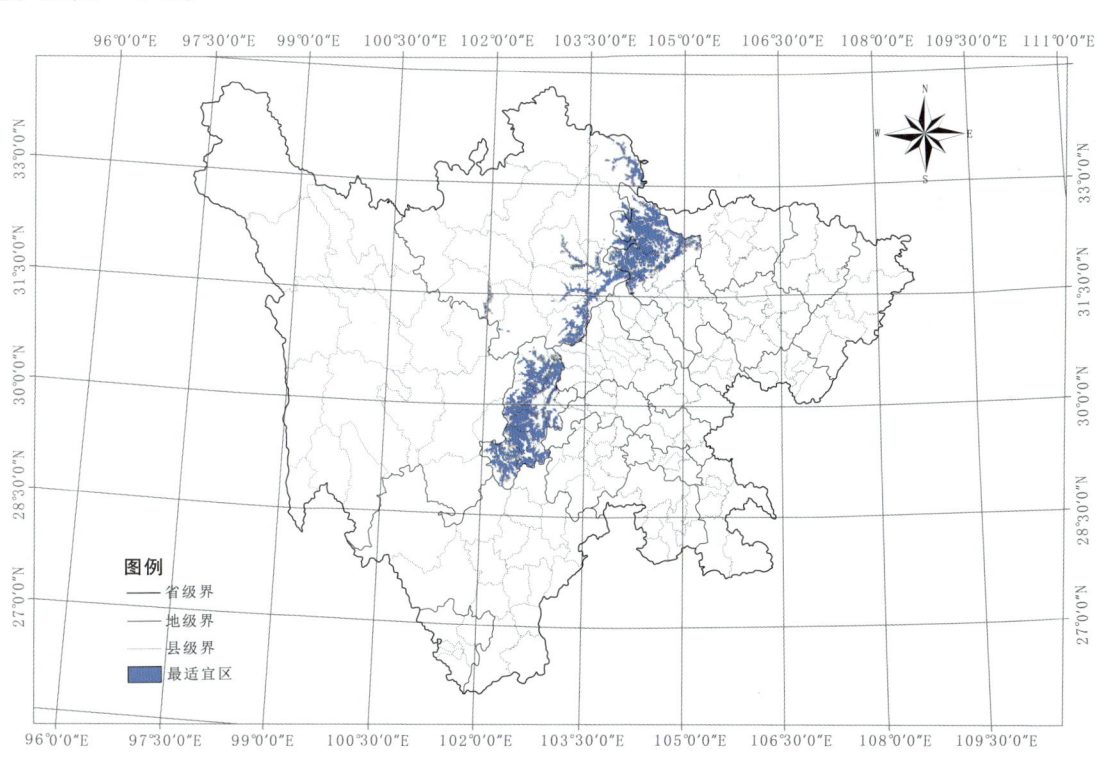

图4-345　藁本最适宜区示意图

表4-171　藁本最适宜区面积（km²）

区县	面积	区县	面积	区县	面积	区县	面积
九寨沟县	703	江油市	497	汶川县	1 155	名山县	1
松潘县	346	茂县	911	小金县	35	雅安市	316
平武县	4 738	金川县	132	宝兴县	948	荥经县	1 194
黑水县	139	理县	270	芦山县	648	汉源县	1 399
马尔康市	20	安县	334	天全县	1 087	石棉县	1 153

【基地建设】藁本药材在四川省主要为野生资源，农户有一些零星栽培，四川没有规范化栽培基地。

七十九、秦艽生产区划

【来源】为龙胆科麻植物花艽 Gentiana straminea Maxim 的干燥根。同属植物粗茎秦艽 Gentiana crassicaulis Duthie ex Burk. 在四川的分布十分广泛，也是常用中药材。

【道地沿革】秦艽，又名麻花艽，左秦艽，始载于《神农本草经》，谓"生飞鸟山谷"。《药物出产辨》："以陕西省汉中产者为正地道，名曰西秦艽；其次云南产者多，四川产者少，总其名曰川秦艽，气味不及西秦艽之佳也"。而四川省的阿坝州与甘肃省甘南自治州接壤，川产秦艽也称为"西秦艽"。清·光绪《雷波县志》记载"药材有秦艽"。四川甘孜州、凉山州所产的秦艽为川秦艽。阿坝州所产的秦艽为川产道地药材。

以粗壮、小根多、质松脆、断面枯朽者为佳。

【性味归经】辛、苦，平。归胃、肝、胆经。

【功能主治】祛风湿、清湿热、止痹痛，退虚热。用于风湿痹痛、中风半身不遂、筋脉拘挛、骨节酸痛、湿热黄疸、骨蒸潮热、小儿疳积发热。

【药理作用】

1. 抗炎

秦艽乙醇提取物按照 1.5 ml/100 g（生药 10 g/100 ml）给大鼠灌胃给药，每日 1 次，连续 7 d，能明显对抗弗氏完全佐剂所引起的大鼠关节肿胀程度以及减少踝关节滑膜细胞层数，减弱滑膜组织增生，降低炎症细胞浸润。秦艽乙醇提取液按照 40%、20 g/kg 剂量给小鼠灌胃给药，每日 1 次，连续 3 d，结果发现，2 个剂量均可明显抑制二甲苯所致小鼠耳廓肿胀以及蛋清所致小鼠足跖肿胀的程度，同时能明显对抗冰醋酸引起小鼠的腹腔毛细血管通透性增加。

龙胆苦苷按照 0.6 g/kg 剂量灌胃，每日 1 次，连续 4 d，能抑制二甲苯所致小鼠耳廓肿胀、醋酸引起的小鼠腹腔毛细血管通透性增加，对抗酵母多糖 A、角叉菜胶所致的大鼠足跖肿胀，并有一定的剂量依赖关系，但对制霉菌素所致的炎症模型无明显的改善作用。给大鼠腹腔注射秦艽碱甲 90 mg/kg，连续 10 d，可抑制大鼠甲醛性及蛋清性关节肿和足肿，肿胀消退速度与水杨酸钠 200 mg/kg 相似。

2. 镇痛

秦艽水煎液、秦艽乙醇提取物按照每日 10 g（生药）/kg 剂量给小鼠灌胃，连续 7 d，均能明显减少冰醋酸引起的小鼠扭体次数，具有镇痛作用。龙胆苦苷 50 mg/kg、100 mg/kg、150 mg/kg 给小鼠皮下注射，能明显减轻小鼠由于腹腔注射冰醋酸引起急性腹膜炎而产生的持久疼痛刺激，同时还可以提高小鼠痛阈值，对热板法中的热刺激引起的疼痛有一定缓解作用。

3. 抗病毒

药物浓度为 1 g（生药）/ml 的秦艽水提液和秦艽乙醇提取物按照 10 ml/kg 剂量灌胃小鼠，每日 1 次，连续 5 d，观察其对于流感病毒感染小鼠的保护作用，结果显示均能明显延长甲型流感病毒感染小鼠存活天数，提高存活率。组织形态学照片观察发现，秦艽醇提物组总体病变程度轻于模型组,肺脓肿病变已经消退,肺泡炎也基本消退,肺组织病变以轻、中度支气管炎及间质性肺炎为主。

4. 保肝

麻花秦艽水煎液组按照 4 g/kg 剂量给小鼠灌胃,连续 7 d,能明显对抗 10% 四氯化碳花生油溶液 10 ml/kg 腹腔注射造成的小鼠急性肝损伤,降低血清肿瘤坏死因子 α(TNF-α)、丙氨酸氨基转移酶(ALT)的含量,升高白细胞介素 10(IL-10)表达水平。

5. 抗肿瘤

秦艽总苷浓度为 125 μg/ml、250 μg/ml、500 μg/ml、1 000 μg/ml 时,对于人肝癌 SMMC-7721 细胞的生长有不同程度的抑制作用,且有时间和浓度依赖性,可诱导 SMMC-7221 细胞凋亡。秦艽总苷浓度为 250 μg/ml、500 μg/ml、1 000 μg/ml 时,对于淋巴癌 U937 细胞的生长发挥不同程度的抑制作用,且有时间和浓度依赖性。

6. 升高血糖

大鼠腹腔注射秦艽碱甲 150~250 mg/kg,半小时后可使血糖显著升高,维持约 3 h。对小鼠亦有相同作用,同时肝糖原显著降低。切除肾上腺或用肾上腺素阻滞剂(双苄氯乙胺)后,即失去此作用,故认为升高血糖作用可能是通过肾上腺素的释放所致。

【品质研究】 李琼等利用双指标分析法(共有峰率和变异峰率)和聚类分析法,对不同产地及品种的秦艽红外指纹图谱进行分析。结果与产地、品种之间存在相关性;4 种秦艽可分为 3 类,即粗茎秦艽与麻花秦艽为一类,其余各为一类。

【原植物】 多年生铺散草本,高 10~35 cm,全株光滑无毛,基部被枯存的纤维状叶鞘包裹。须根多数,扭结成一个粗大、圆锥形的根。枝多数丛生,斜升,黄绿色,稀带紫红色,近圆形。莲座丛叶宽披针形或卵状椭圆形,长 6~20 cm,宽 0.8~4 cm,两端渐狭,边缘平滑或微粗糙,叶

图4-346 麻花艽原植物(花)(方清茂摄)

脉3~5条，在两面均明显，并在下面突起，叶柄宽，膜质，长2~4 cm，包被于枯存的纤维状叶鞘中；茎生叶小，线状披针形至线形，长2.5~8 cm，宽0.5~1 cm，两端渐狭，边缘平滑或微粗糙，叶柄宽，长0.5~2.5 cm，愈向茎上部叶愈小，柄愈短。聚伞花序顶生及腋生，排列成疏松的花序；花梗斜伸，黄绿色，稀带紫红色，不等长，总花梗长达9 cm，小花梗长达4 cm；花萼筒膜质，黄绿色，长1.5~2.8 cm，一侧开裂呈佛焰苞状，萼齿2~5个，甚小，钻形，长0.5~1 mm，稀线形，不等长，长3~10 mm；花冠黄绿色，喉部具多数绿色斑点，有时外面带紫色或

图4-347　麻花艽原植物（果）（方清茂摄）

蓝灰色，漏斗形，长（3）3.5~4.5 cm，裂片卵形或卵状三角形，长5~6 mm，先端钝，全缘，褶偏斜，三角形，长2~3 mm，先端钝，全缘或边缘啮蚀形；雄蕊着生于冠筒中下部，整齐，花丝线状钻形，长11~15 mm，花药狭矩圆形，长2~3 mm；子房披针形或线形，长12~20 mm，两端渐狭，柄长5~8 mm，花柱线形，连柱头长3~5 mm，柱头2裂。蒴果内藏，椭圆状披针形，长2.5~3 cm，先端渐狭，基部钝，柄长7~12 mm；种子细小，褐色，有光泽，狭矩圆形，长1.1~1.3 mm，表面有细网纹。花果期7~10月。见图4-346、图4-347。

【生物学特性】喜湿润、凉爽气候，耐寒，怕积水，忌强光。适宜在土层深厚、肥沃的壤土或沙壤土生长，积水涝洼盐碱地不宜栽培。种子宜在较低温条件下萌发，发芽适温20 ℃左右。通常每年5月下旬返青，6月下旬开花，8月种子成熟，年生育期100 d左右。种子寿命1年。

【栽培技术】

1. 选地

选择靠近水源、平地或缓坡地；土质以沙壤土、森林腐殖土、棕壤土为宜，要求土层深厚，土质肥沃、疏松、湿润，土壤pH为5.5~6.5。前茬作物以豆科、玉米等为宜。

2. 整地

播种或移栽的前一年秋天整地，整地前先施入腐熟有机肥3 000~5 000 kg/亩，深翻20 cm，耙碎，土、肥均匀混合，做宽1.2~1.5 m、高20 cm的畦；作业道宽50 cm。畦土要求疏松、细碎、无树根、草根、石块等杂物。

3. 繁殖方法

秋播或春播。秋播在10月上旬至封冻前进行，春播在4月上旬、地面无雪、土壤解冻3~5 cm

时进行。播种可采取撒播和条播的方法，在床上开沟，沟宽10 cm，深3~5 cm，沟距20 cm。每亩用种量500~750 g，播种后畦面覆松针或稻草，厚度1~2 cm。苗高6~9 cm时间苗，株距9 cm左右，不宜移栽。

4. 育苗移栽

（1）育苗准备。育苗前首先要施肥整地，施优质腐熟农家肥1 500~2 000 kg/亩，耕翻20~30 cm，精细整地，做到地松软墒足。其次耙畦，每畦宽300 cm。常按育苗地宽窄而定。

（2）种子处理。用当年新种子1.50~2 kg/亩和细砂10 kg/亩，用手揉搓，通过砂子和种皮摩擦，破坏种皮表面保护层，以利发芽。

（3）播种。在4月5~15日为秦艽最佳播种期。将处理好的种子均匀撒在苗床上，浅耙后稍压实，种子覆土1.50~2 cm。再覆盖植物秸秆，经常保持地面湿润，15~25 d出苗。

（4）移栽。秦艽苗出齐后，揭去覆盖物，清除杂草，防治病虫危害，生长1年即可移栽。

选择前茬为禾本科作物为宜、土层深厚、排水良好、易耕作的地块，施优质农家肥1 500~2 000 kg/亩，过磷酸钙50 kg/亩，精细整地后进行栽植。

在10月上旬到中旬，开沟栽植。株距15~20 m，行距20~25 cm。保苗0.09~0.14万株/亩，每栽一行覆土压实，再继续栽。春季栽植在土壤解冻后进行，种苗一定不能露芽，种苗露芽后成活率不高。所以按当地自然条件，土壤解冻后越早越好。

【采收加工】栽培后第3年秋季或第4年春季采挖，除去泥沙，堆置"发汗"至表面呈红黄色或灰黄色时，摊开晒干。见图4-348。

图4-348　麻花艽药材（方清茂摄）

【适宜区与最适宜区】

1. 生态环境

生于海拔2 700~4 400 m的高山草甸、灌丛、林下、林间空地、山沟、多石山坡及河滩等地。

2. 生态因子

年平均气温1.1 ℃，年降水量648.5 mm，年均相对湿度69%。

3. 适宜区

秦艽的适宜区为海拔2 700~4 400 m的草甸、林地、河滩，包括甘孜州、阿坝州、绵阳等地。见图4-349。

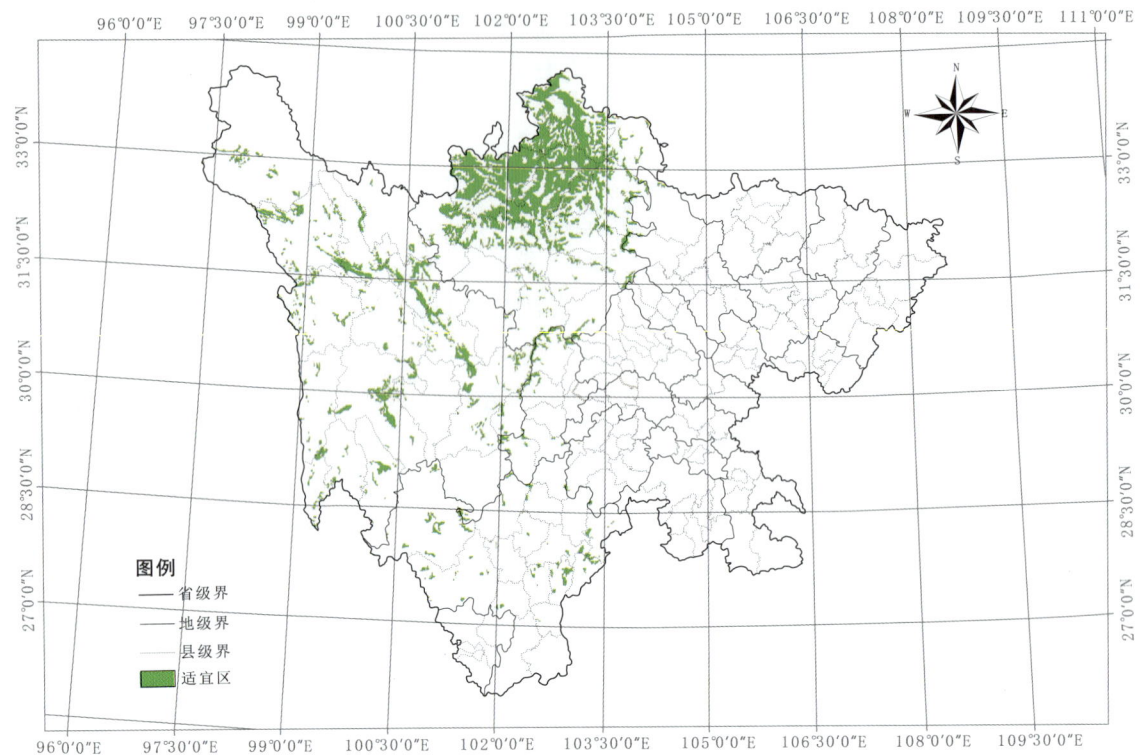

图4-349 秦艽适宜区示意图

表4-172 秦艽适宜区面积（km²）

区县	面积	区县	面积	区县	面积	区县	面积
若尔盖县	1 699	炉霍县	1 206	理塘县	2 675	冕宁县	1 304
石渠县	1 212	安　县	5	巴塘县	2 149	越西县	416
九寨沟县	1 321	汶川县	1 112	雅江县	3 516	美姑县	460
阿坝县	2 200	小金县	2 120	天全县	217	雷波县	133
红原县	1 022	绵竹市	119	泸定县	505	喜德县	386
松潘县	2 887	白玉县	2 547	洪雅县	44	昭觉县	325
色达县	1 424	什邡市	94	荥经县	78	盐源县	2 957
平武县	593	道孚县	2 345	汉源县	236	西昌市	399
青川县	6	新龙县	1 882	峨眉山市	7	金阳县	184
甘孜县	945	彭州市	131	稻城县	2 071	布拖县	342
德格县	3 456	丹巴县	1 771	乡城县	2 369	普格县	424
壤塘县	2 341	都江堰市	110	石棉县	665	德昌县	430
黑水县	1 697	宝兴县	545	九龙县	2 779	盐边县	294
马尔康市	3 066	崇州市	19	甘洛县	352	宁南县	231
茂　县	1 232	大邑县	50	得荣县	1 291	米易县	76
金川县	2 158	芦山县	48	木里县	7 937	会东县	307
理　县	2 150	康定市	3 567	泸州市	92	攀枝花市	4

4. 最适宜区

秦艽的最适宜区为海拔 2 800~3 800 m 的草甸、山坡，包括若尔盖、壤塘、阿坝、松潘等地。见图 4-350。

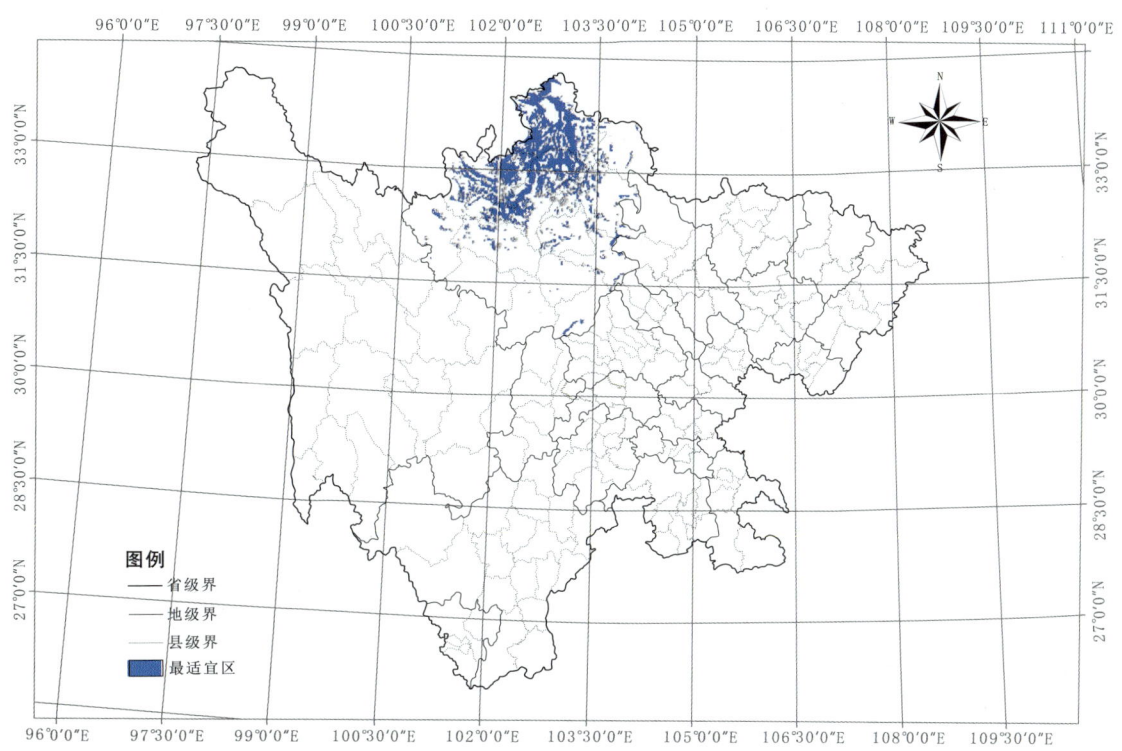

图 4-350　秦艽最适宜区示意图

表 4-173　秦艽最适宜区面积（km²）

区县	面积	区县	面积
若尔盖县	5 036	马尔康市	323
九寨沟县	283	茂县	201
阿坝县	3 158	金川县	1
红原县	3 956	理县	17
松潘县	1 180	汶川县	136
壤塘县	130	小金县	12
黑水县	254		

【基地建设】秦艽药材在四川省主要为野生，松潘县与金川县农户有一些零星栽培，四川没有规范化栽培基地。

八十、川木香生产区划

【来源】为菊科植物川木香 *Vladimiria souliei*（Franch.）Ling 或灰毛川木香 *Vladimiria souliei*（Franch.）Ling var. *cinerea* Ling 的干燥根。

【道地沿革】 木香的用药历史悠久，最早称为"青木香"。《药物出产辨》："有产四川，名川木香，味清轻。"《中国药典》（1963版）收载川木香，以后各版均有收载。

以条粗、质硬、香气浓者为佳。

【性味归经】 辛、苦，温。归脾、胃、大肠、胆经。

【功能主治】 行气止痛。用于胸胁，脘腹胀痛，肠鸣腹泻，里急后重。

【药理作用】

1. 调节胃肠运动

15 g/kg、9 g/kg川木香及其煨制品水煎剂灌胃可明显促进正常小鼠的小肠运动，并能拮抗硫酸阿托品所致小鼠的小肠抑制作用；可促进正常小鼠的胃排空，并对肾上腺素所致小鼠胃排空的抑制有明显的拮抗作用。其中，15 g/kg煨制品对新斯的明所致小鼠的胃排空亢进有明显的拮抗作用。

2. 抑制胃溃疡形成

川木香单体提取物（去氢木香内酯 15 mg/kg、45 mg/kg、90 mg/kg）、乙酸乙酯提取物（4.5 mg/kg、9 g/kg）、乙醇提取物（9 g/kg）对利舍平胃溃疡模型小鼠及乙酸型慢性实验性胃溃疡大鼠有明显抑制作用，其中乙酸乙酯提取物（9 g/kg）作用最为显著。提示川木香具有抑制实验性胃溃疡的形成作用，乙酸乙酯提取物可以作为川木香抑制胃溃疡形成的有效部位。用幽门结扎法制备大鼠胃溃疡模型，通过观察溃疡指数，测定胃液量、胃液总酸度、胃蛋白酶活性，制备胃组织匀浆，测其一氧化氮（NO）水平、超氧化物歧化酶（SOD）活性及丙二醛（MDA）的量，研究川木香醋酸乙酯萃取物（100 mg/kg、200 mg/kg、500 mg/kg）对胃溃疡的影响。结果显示川木香醋酸乙酯萃取物高剂量（500 mg/kg）对幽门结扎型胃溃疡大鼠胃组织溃疡程度、胃液量、总酸度及胃蛋白酶活性均有明显的抑制作用，且能显著增加其胃组织中NO量和SOD活性，降低MDA量。结果表明川木香醋酸乙酯萃取物抗幽门结扎型胃溃疡的作用机制可能是通过抑制攻击因子与促进防御因子水平，提高机体抗氧化能力实现的。以抗胃溃疡药奥美拉唑为对照，研究木香烃内酯（5 mg/kg、20 mg/kg）和去氢木香内酯（5 mg/kg、20 mg/kg）的抗胃溃疡活性以及对乙醇诱导的小鼠胃溃疡的作用机制。结果表明，木香烃内酯（20 mg/kg）和去氢木香内酯（20 mg/kg）可以明显抑制乙醇诱导的小鼠胃溃疡的形成，改善氧化应激和促进细胞增殖，木香烃内酯抗胃溃疡活性优于去氢木香内酯。

3. 抗炎、镇痛

15 g/kg生川木香和煨川木香水煎剂灌胃对二甲苯所致小鼠耳廓炎症模型均具显著抑制作用，15 g/kg、9 g/kg生川木香和煨川木香水煎剂灌胃可显著抑制乙酸所致小鼠腹腔毛细血管通透性增加。对醋酸所致疼痛，15 g/kg、9 g/kg生川木香和煨川木香水煎剂可减少小鼠扭体次数，且生品较强；对热板法所致小鼠疼痛，15 g/kg生品有显著的镇痛作用且强于煨川木香。木香烃内酯和去氢木香烃内酯对注射卡拉胶诱导的小鼠肺炎模型的影响，结果表明木香烃内酯（15 mg/kg）和去氢木香烃内酯（15 mg/kg）均能通过下调细胞间黏附分子-1（ICAM-1）、硝基酪氨酸、P-选择素等促进核转录因子-κB（NF-κB）和信号传导及转录激活因子3（STAT3）的活化，从而具有抗肺炎的作用。川木香中的4种罕见的倍半萜内酯 vlasouliolide A–D（33–36，IC_{50}=1.14 μmol/L、2.53 μmol/L、1.57 μmol/L、3.19 μmol/L）在脂多糖（LPS）刺激的 RAW 264.7 细胞中能显著地抑制 NO 的产生。此外，vlasouliolide A–B 能抑制 LPS 诱导的 κ293T 细胞 NF-κB 的活化，证明其具有潜在的抗炎活性。

4. 抗肿瘤

MTT法证明西藏产土木香中分离得到的土木香内酯等四种倍半萜类化合物对人胃癌细胞（MK-1）、人子宫癌细胞（HeLa）以及小鼠黑色素瘤细胞（B16F10）的增殖具有显著抑制作用。木香烯内酯通过诱导ROS（活性O）作为递质的线粒体通过转移及细胞色素C释放从而强烈诱导癌细胞凋亡。通过用MTT法测定木香中18种倍半萜单体化合物对6种人源肿瘤细胞增殖的抑制作用，并经过实验得出Δ11（13）环外双键结构可能是木香倍半萜化合物具有显著抗肿瘤活性的重要结构单元，而不具有Δ11（13）环外双键结构的木香倍半萜化合物大多无细胞毒活性或其作用很弱。

5. 抗菌

从四川木里产木里木香根中分离得到了6个乌苏烷型三萜，进行了抗大肠杆菌（E. coli）、人白色念珠菌（C. albicans）、绿脓杆菌（P.aeruginosa）、粪肠球变异株（E. faecalis）、芽孢杆菌（B. cereus）和金黄色葡萄球菌（S. aureus）等抗菌活性筛选，结果显示化合物40和42对上述5种菌株都具有中等抗菌活性，化合物43对粪肠球变异株和金黄色葡萄球菌也显示了中等抑菌活性，化合物40显示了较好的抑制金黄色葡萄球菌活性（MIC=14.9 μmol/L），化合物39、41、44仅显示了弱抗菌活性。

【品质研究】 彭镰心采用RP-HPLC法测定了木香与川木香中木香烃内酯的含量。结果在0.4~1.4 μg之间，峰面积与进样量的线性关系为A=671 028.286 4C-65 332.703 6（r=0.999 9），平均回收率为97.3%。结论：该方法简便、准确、重复性好，可用于木香与川木香中木香烃内酯的含量测定。

【原植物】 川木香：多年生莲座状草本。根粗壮，直径1.5 cm，直伸。叶基生，莲座状，全形椭圆形、长椭圆形、披针形或倒披针形，长10~30 cm，宽5~13 cm，质地厚，羽状半裂，有长2~6（16）cm的宽扁叶柄，两面同色，绿色或下面色淡，两面被稀疏的糙伏毛及黄色小腺点，下面沿脉常有较多的蛛密毛，中脉在叶下面高起，叶柄两面被稠密的蛛丝状绒毛及硬糙毛和黄色腺点；侧裂片4~6对，斜三角形或宽披针形，长2~5 cm，宽2~3 cm，顶裂片与侧裂同形，但较小，全部裂片边缘刺齿或齿裂，齿裂顶端有短针刺。或叶不裂，边缘锯齿或刺尖或不规则的犬齿状浅裂。头状花序6~8个集生于茎基顶端的莲座状叶丛中。总苞宽钟状，直径6 cm。总苞片6层，外层卵形或卵状椭圆形，长2~2.5 cm，宽约1 cm；中层偏斜椭圆形或披针形，长约3 cm，

图4-351 川木香原植物（方清茂摄）

宽 0.6~1.1 cm；内层长披针形，长 3.5 cm，宽 0.5 cm。全部苞片质地坚硬，先端尾状渐尖成针刺状，边缘有稀疏的缘毛。小花红色，花冠长 4 cm，檐部长 1 cm，5 裂，花冠裂片长 6 mm，细管部长 3 cm。瘦果圆柱状，稍扁，长 7~8 mm，顶端有果缘。冠毛黄褐色，多层，等长，长 3 cm，外层向下皱曲反折包围并紧贴瘦果，内层直立，不向下皱曲反折；全部冠毛刚毛短羽毛状或糙毛状，基部粗扁，向顶端渐细。花果期 7~10 月。见图 4-351。

灰毛川木香：本变种主要特点在于叶下面灰白色，被薄蛛丝状毛或棉毛。见图 4-352。

图4-352　灰毛川木香原植物（方清茂摄）

【生物学特性】耐寒，在夏季温度高于 30 ℃会影响其正常生长。土壤以疏松、排水良好的砂质壤土或腐殖土为宜。

【栽培技术】四川省川木香为野生，无人工栽培。

【采收加工】秋季地上部分枯萎后采挖，除去须根、泥沙及根头上的胶状物，切断，干燥。见图 4-353。

【适宜区与最适宜区】

1. 生态环境

生于海拔 2 700~4 500 m 的阴山草坡、灌丛。

2. 生态因子

海拔 2 700~4 500 m 高山灌丛、草甸，最低气温 –14 ℃，最高气温 30 ℃。

图4-353　川木香药材（周先建摄）

3. 适宜区

四川省川木香的适宜区为海拔 3 700~4 500 m 的阴山草坡、灌丛，见图 4-354。

四川省灰毛川木香的适宜区为海拔 3 000~4 000 m 的阴山草坡、灌丛，见图 4-355。

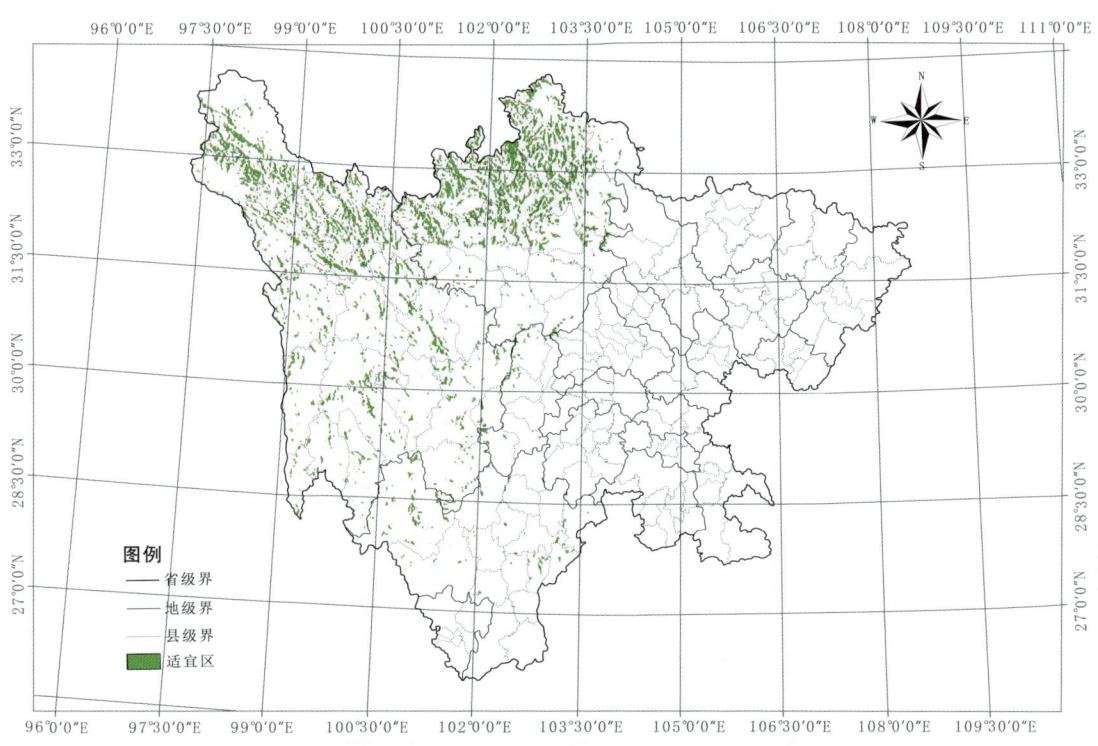

图 4-354　川木香适宜区示意图

表 4-174　川木香适宜区面积（km^2）

区县	面积	区县	面积	区县	面积	区县	面积
若尔盖县	2 759	金川县	185	芦山县	45	木里县	628
石渠县	3 799	理县	83	康定市	774	马边县	28
九寨沟县	352	炉霍县	590	理塘县	1 059	冕宁县	56
阿坝县	3 445	安县	1	巴塘县	343	越西县	68
红原县	2 869	汶川县	118	雅江县	374	美姑县	23
松潘县	1 582	小金县	122	天全县	130	雷波县	61
色达县	2 317	绵竹市	6	泸定县	117	喜德县	35
平武县	139	白玉县	742	洪雅县	5	昭觉县	75
青川县	8	什邡市	28	汉源县	62	盐源县	105
甘孜县	1 561	道孚县	769	稻城县	342	西昌市	14
德格县	1 858	新龙县	580	乡城县	236	金阳县	54
壤塘县	1 364	丹巴县	105	石棉县	142	布拖县	145
黑水县	524	宝兴县	216	九龙县	276	普格县	23
马尔康市	789	崇州市	13	甘洛县	2	德昌县	24
茂县	283	大邑县	15	得荣县	184	宁南县	13

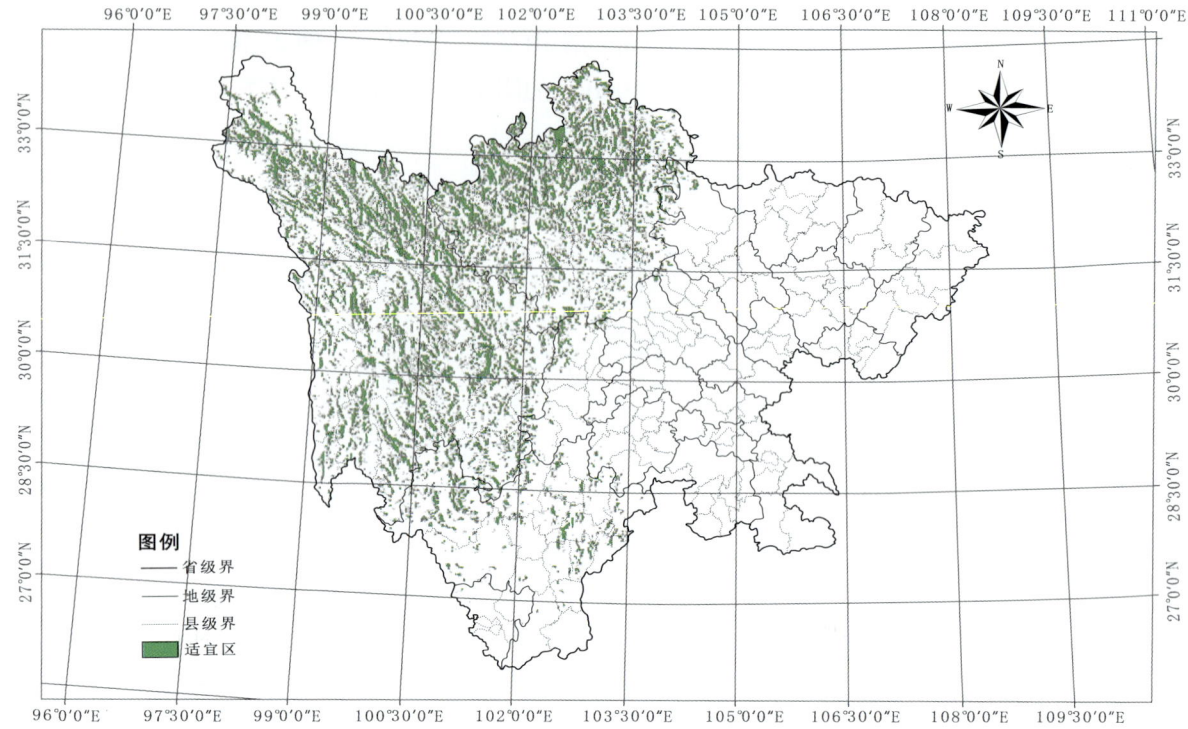

图4-355 灰毛川木香适宜区示意图

表4-175 灰毛川木香适宜区面积（km²）

区县	面积	区县	面积	区县	面积	区县	面积
若尔盖县	3 021	炉霍县	1 566	康定市	2 364	马边县	66
石渠县	4 355	安县	1	理塘县	3 578	冕宁县	406
九寨沟县	1 105	汶川县	556	巴塘县	891	越西县	213
阿坝县	4 276	小金县	1 065	雅江县	1 924	美姑县	178
红原县	3 315	绵竹市	46	天全县	186	雷波县	100
松潘县	2 703	白玉县	2 086	泸定县	313	喜德县	233
色达县	3 285	什邡市	74	洪雅县	12	昭觉县	354
平武县	566	道孚县	1 904	荥经县	17	盐源县	306
青川县	8	新龙县	1 955	汉源县	68	西昌市	94
甘孜县	2 377	彭州市	60	稻城县	1 469	金阳县	154
德格县	2 880	丹巴县	845	乡城县	941	布拖县	288
壤塘县	2 239	都江堰市	17	石棉县	249	普格县	134
黑水县	1 156	宝兴县	458	九龙县	1 369	德昌县	31
马尔康市	1 686	崇州市	13	甘洛县	76	盐边县	37
茂县	708	大邑县	23	得荣县	458	宁南县	42
金川县	1 153	芦山县	66	木里县	2 029	攀枝花市	1
理县	650						

4. 最适宜区

川木香的最适宜区为海拔 3 700~4 000 m 的草甸，见图 4-356。灰毛川木香的最适宜区为海拔 3 000~3 200 m 的草甸、灌丛，见图 4-357。

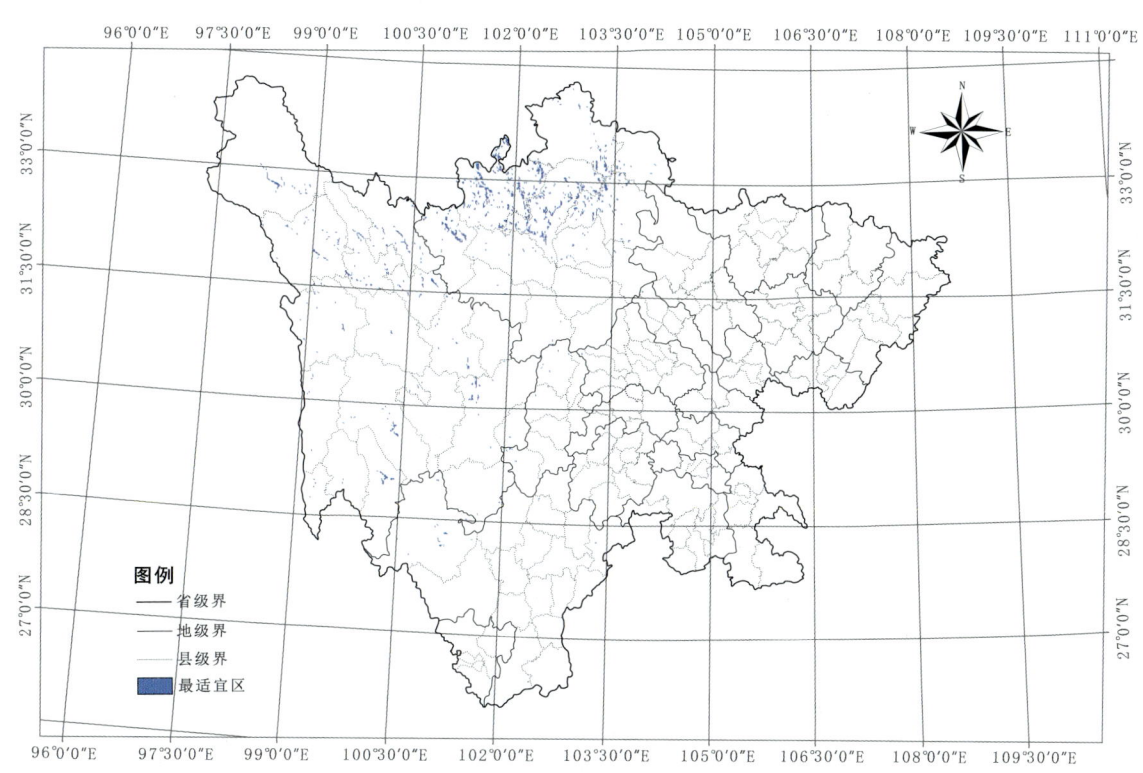

图4-356　川木香最适宜区示意图

表4-176　川木香最适宜区面积（km²）

区县	面积	区县	面积	区县	面积	区县	面积
若尔盖县	334	茂县	66	大邑县	4	得荣县	46
石渠县	193	金川县	14	芦山县	12	木里县	140
九寨沟县	111	理县	10	康定市	182	马边县	3
阿坝县	1 468	炉霍县	157	理塘县	166	冕宁县	17
红原县	1 086	汶川县	16	巴塘县	48	越西县	18
松潘县	611	小金县	21	雅江县	32	美姑县	6
色达县	283	绵竹市	2	天全县	29	雷波县	4
平武县	22	白玉县	100	泸定县	28	喜德县	5
甘孜县	223	什邡市	10	稻城县	86	昭觉县	1
德格县	273	道孚县	126	乡城县	39	盐源县	1
壤塘县	303	新龙县	33	石棉县	26	金阳县	2
黑水县	103	丹巴县	11	九龙县	50	布拖县	1
马尔康市	150	宝兴县	58				

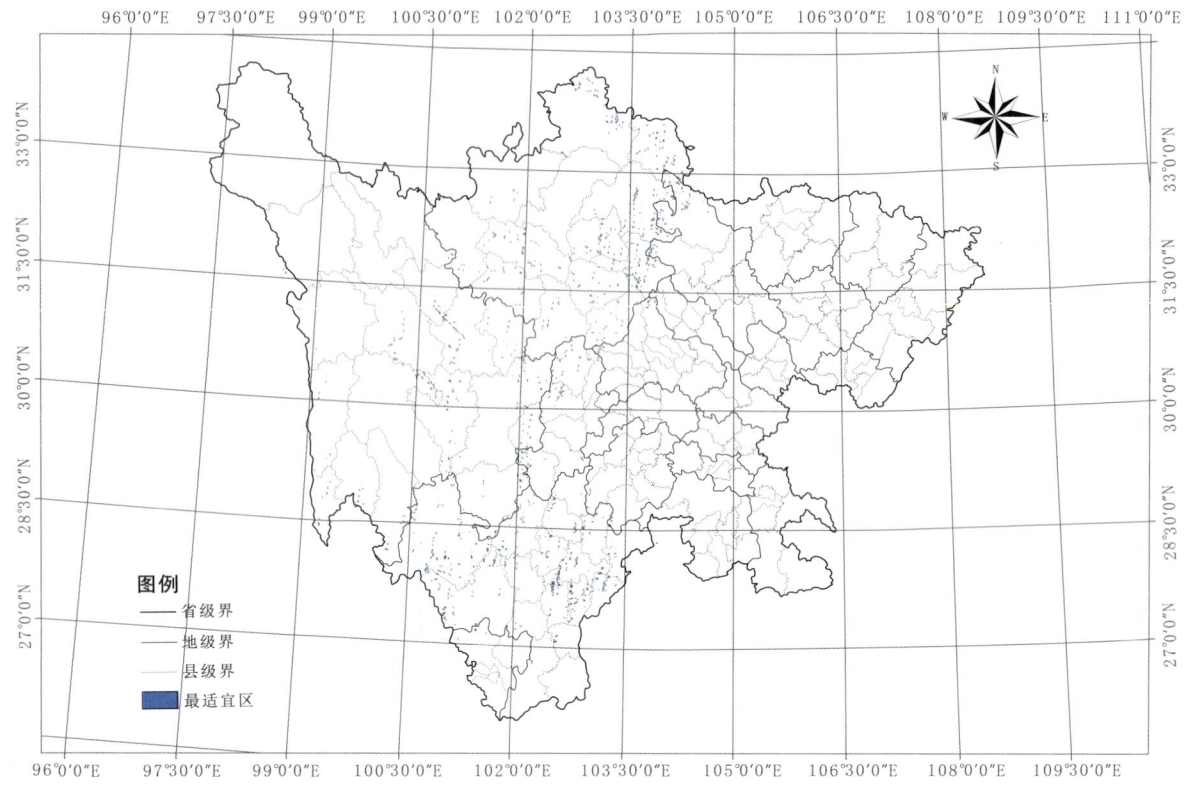

图4-357 灰毛川木香最适宜区示意图

表4-177 灰毛川木香最适宜区面积（km²）

区县	面积	区县	面积	区县	面积	区县	面积
若尔盖县	56	汶川县	63	理塘县	32	马边县	8
九寨沟县	79	小金县	30	巴塘县	26	冕宁县	55
阿坝县	14	绵竹市	5	雅江县	38	越西县	31
松潘县	98	白玉县	12	天全县	28	美姑县	27
色达县	4	什邡市	6	泸定县	31	雷波县	22
平武县	82	道孚县	45	洪雅县	1	喜德县	38
青川县	2	新龙县	31	荥经县	2	昭觉县	83
德格县	4	彭州市	10	汉源县	11	盐源县	70
壤塘县	25	丹巴县	28	稻城县	20	西昌市	16
黑水县	61	都江堰市	2	乡城县	13	金阳县	40
马尔康市	56	宝兴县	39	石棉县	34	布拖县	77
茂县	82	崇州市	3	九龙县	42	普格县	46
金川县	29	大邑县	2	甘洛县	15	德昌县	6
理县	37	芦山县	12	得荣县	16	盐边县	5
炉霍县	23	康定市	37	木里县	131	宁南县	10

【基地建设】川木香药材为野生资源，四川没有规范化栽培基地。

八十一、猪苓生产区划

【来源】 为多孔菌科真菌猪苓 Polyporus umbellatus（Pers.）Fries 的干燥菌核。

【道地沿革】 始载于《神农本草经》，列为中品。《本草图经》附有龙州（平武）猪苓图。苏颂记载："今蜀州（崇州市）、眉州（眉山市）亦有之。"可见在宋代，四川是猪苓主产区之一。《本草品要精汇》赞同苏颂的看法，并提出龙州（平武）者为良，即四川平武、九寨沟所产猪苓为佳。清·光绪《盐源县志》记载产猪苓。猪苓历代以四川、山东为道地产区。

以个大、皮黑、肉白、体重者为佳。

【性味归经】 甘、淡，平。归肾、膀胱经。

【功能主治】 利水渗湿。用于小便不利，水肿，泄泻，淋浊，带下。

【药理作用】

1. 利尿

猪苓煎剂静脉注射或肌肉注射 0.25~0.5 g/kg，对不麻醉犬具有比较明显的利尿作用，并能促进钠、氯、钾等电解质的排出，这种作用可能主要是抑制了肾小管重吸收机能的结果。2% 的猪苓水煎醇提物 5 ml/100 g（含（生药）1 g/kg）灌胃，可使健康雄性 SD 大鼠尿量明显增加，作用维持时间可高达 6 h 以上，且随药量的增加利尿作用增强。

2. 抗肿瘤

猪苓提取物灌胃，每日 200 mg/kg，连续 7 d，对肉瘤 180 腹水瘤小鼠腹水瘤细胞增殖具有抑制作用，明显减少处于合成期细胞的数目，同时腹水瘤细胞内 3，5'cAMP-PDE 的活性也受到抑制。猪苓多糖腹腔注射 20 mg/kg，每日 1 次，连续 15 d，对 S180 荷瘤小鼠瘤体的生长有抑制作用，可提高荷瘤小鼠脾淋巴细胞转化率，增强荷瘤小鼠脾细胞 NK 活性，提高实验小鼠脾组织 IL-15 mRNA 表达水平。对清洁级 NIH 小鼠建立荷瘤小鼠模型，每日注射 200 μl 猪苓多糖（PPS）/只，可增加荷瘤小鼠腹腔巨噬细胞释放 NO 的能力，且可明显抑制肿瘤生长。

猪苓多糖（2 mg/ml）和卡介苗（250 μg/ml）作用 48 h 可诱导 T24 膀胱癌细胞产生危险信号热休克蛋白，且热休克蛋白可通过激活小鼠 J774A.1 巨噬细胞 TLR4 信号通路，上调其表面分子的表达，启动抗膀胱癌天然免疫应答，猪苓多糖可抵消肿瘤细胞系 S180 细胞培养上清的免疫抑制作用，下调肿瘤细胞 S180 合成和/或分泌免疫抑制物质，5 mg/ml 的猪苓多糖在体外有抑制膀胱癌 T24 细胞增殖的作用，可能与通过阻止 T24 细胞由 S 期进入 G2 期有关。猪苓多糖对膀胱癌 T24 细胞 P53 基因蛋白表达有一定的调节作用，作用 24 h 可使 P53 基因蛋白表达达到最高，呈弥漫性分布，随后逐渐下降。猪苓多糖对白血病细胞株的诱导分化作用是有选择性的，当猪苓多糖浓度为 30 μg/ml 时，43/50 例 HL-60 细胞平行样本不同程度地向成熟单核细胞分化，主要表现为培养 72 h 后细胞明显贴壁，形成丝状突起，吞噬墨汁能力和 NBT 还原能力增强，电镜下呈现单核细胞特征；在同等浓度下，对 K562 细胞株的诱导分化作用不明显。

3. 调节免疫

猪苓多糖腹腔注射每日 2 mg/只，连续 7 d，对小鼠血液 ANAE 阳性 T 淋巴细胞总数无影响，可减少颗粒型阳性 T 淋巴细胞，而对分散颗粒型阳性 T 淋巴细胞有显著增加作用。猪苓多糖单剂给小鼠每日喂饲 0.2 ml（100 μg/只），连续 15 d，可提高小鼠 T、B 淋巴细胞转化能力，增强 NK 细胞杀伤肿瘤细胞的能力，上调 CD4$^+$T 细胞量，对小鼠的 IgG 产生具有一定的正向调节作用。猪苓多糖腹腔注射每日 100 mg/kg，连续 7 d，可提高小鼠腹腔巨噬细胞吞噬指数，提高血液 ANAE T 淋巴细胞百分率，促进 B 细胞产生抗体。猪苓多糖腹腔注射每日 25 mg/kg，连续 7 d 后，可使小鼠腹腔巨噬细胞吞噬功能增强，且白介素 1（IL-1）和白介素 2（IL-2）的活性增强。猪苓多糖（腹腔注射 2 mg/只）不能促进小鼠腹腔巨噬细胞 TLR 分子的表达，联合卡介苗（腹腔注射 1 mg/只）可促进小鼠腹腔巨噬细胞 TLR 分子和黏附分子 CD11 b 的表达。

猪苓多糖在体外能明显促进小鼠刀豆蛋白（ConA）和脂多糖（LPS）刺激的脾细胞的增殖，腹腔注射 12.5 mg/kg 可明显增加小鼠对绵羊红细胞（SRBC）的特异抗体分泌细胞数，明显增强小鼠对异型脾细胞的迟发型超敏反应，30~240 μg/ml 能明显促进异型脾细胞激活的细胞毒 T 细胞对靶细胞的杀伤活性，100 μg/ml、200 μg/ml、500 μg/ml 的猪苓多糖在体外作用小鼠腹腔巨噬细胞后，可诱导细胞 IL-1 的产生，其培养上清在 12 h 时即可表现白介素 1（IL-1）活性，48 h 达高峰，此后即开始下降。在体外，猪苓多糖 0.5 mg/ml、1.2 mg/ml 可促进大鼠外周血单核细胞和派伊尔结淋巴细胞培养上清液中肿瘤坏死因子 α（TNF-α）和干扰素 γ（IFN-γ）水平升高，2 mg/ml 可使黏膜固有层淋巴细胞培养上清液中 TNF-α 和 IFN-γ 水平降低。猪苓多糖 20 mg/L、17.5 mg/L、12 5 mg/L、7.5 mg/L 在体外对脐血造血干细胞有明显扩增作用，其中以 12.5 mg/L 作用最为突出，腹腔注射 10 g/只能明显促进脐血造血干细胞移植小鼠的免疫和造血重建。

4. 保肝

猪苓多糖（200 mg/kg）对四氯化碳实验性肝病变小鼠肝脏有保护作用，表现为下降四氯化碳中毒小鼠血清谷丙转氨酶（GPT），增加肝糖原积累，上升肝脏葡萄糖-6-磷酸酯酶、果糖-1，6-二磷酸酶、酸性磷酸酶活力。猪苓多糖注射液腹腔注射每日 100 mg/kg，连续 2 周，能增加和回升正常及四氯化碳致肝损伤小鼠的腹腔巨噬细胞数量和释放 H_2O_2 能力。

5. 抗辐射

在小鼠全身照射致死剂量（800 rad）紫外线前 2 h 和 48 h 时，腹腔注射猪苓多糖 8 mg/只，可使照射小鼠存活率明显提高。

【品质研究】夏琴等采用 HPLC 法测定麦角甾醇的含量，采用蒽酮-硫酸比色法测定猪苓多糖含量。结果：麦角甾醇以四川南江栽培猪苓样品含量较高，为 0.07%~0.18%；四年生最高，达 0.18%；云南云龙、陕西太白野生猪苓及河南西峡鸡爪苓的麦角甾醇含量最低，为 0.04%~0.06%，低于《中国药典》标准。多糖含量范围为 1.10%~2.30%，其中四川南江栽培三年生猪苓样品含量最高，为 2.30%；南江栽培四年猪苓的多糖含量最低，为 1.10%。猪苓的麦角甾醇及多糖的含量均高于鸡爪苓；栽培猪苓麦角甾醇的含量高于野生猪苓，多糖含量与野生相差不大。同一产地（四川南江）猪苓麦角甾醇及多糖随着生长年限的增长而变化。不同产地、不同商品规格及生长年限猪苓药材中麦角甾醇及多糖的含量存在较大差异，猪苓药材的质量受自然环境、来源、生长年限的影响，应在适宜产区种植猪苓。

【原植物】菌核体呈块状或不规则形状，表面为棕黑色或黑褐色，有许多凸凹不平的瘤状突起及皱纹。内面近白色或淡黄色，干燥后变硬，整个菌核体由多数白色菌丝交织而成；菌丝中空，直径约 3 mm，极细而短。子实体生于菌核上，伞形或伞状半圆形，常多数合生，半木质化，直径 5~15 cm 或更大，表面深褐色，有细小鳞片，中部凹陷，有细纹，呈放射状，孔口微细，近圆形；担孢子广卵圆形至卵圆形。见图 4-358。

图4-358 猪苓原植物（方清茂摄）

【生物学特性】 需要蜜环菌提供营养。喜冷凉、阴郁、湿润，怕干旱、怕涝。在地温5~25℃条件下均生长。地温在17~19℃时生长良好，10℃时萌发，12℃左右时新苓生长膨大，14℃左右时新苓萌发多，个体增长快。22℃时子实体开放。土壤含水量在30%~50%，pH值5~7的腐殖质土、沙壤土为宜。

【栽培技术】

1. 选地整地

选择海拔1 000~2 400 m的林下，坡向东南或西南即半荫坡，土层深厚、腐殖质多、疏松的砂质壤上。植被为桦木、橡、械、青冈等林下。

2. 繁殖方法

多用白色小猪苓作为苓种进行繁殖。

3. 栽培时间

最好在春季3~4月或秋季7~8月，这时猪苓正度过休眠期进入生长期，蜜环菌也处在生长期，两者可相互建立良好共生关系。

4. 栽培方法

采用坑栽，一般坑深50 cm，长宽各70 cm。林下栽培，既防止破坏森林，又能给猪苓创造适宜的环境和防止水土流失。栽培前首先要培育好蜜环菌的菌床或菌材，一般用长有蜜环菌的朽树根、树枝、树皮作菌种，和砍的新树棒（粗约10 cm，长50~60 cm的短节）一起堆放在坑内，盖土20~25 cm，温度适宜，经过1~2个月即可使用。也可使用培育好准备栽天麻的菌材，或栽过天麻尚未腐烂又没长杂菌的老棒来栽培猪苓。一窝用5根菌棒，下种菌核0.18 kg。栽时选完整无伤的新鲜野生小猪苓，或把猪苓核分成小块，每块大小如核桃一般，用手指压紧使菌核扯断的菌丝断面与菌材紧密结合。一根菌材上可压放苓块7~8个，栽好一根，用腐殖质土把四周培好，不留空隙。以此类推，一般只栽一层，最好盖腐殖质土20~25 cm，略高出地面，3~4年后可以采挖。

【采收加工】采挖在春、秋两季进行，于休眠期采挖，一般10月底至翌年4月初。收获时轻挖轻放，取出色黑质硬的菌核作商品。将色泽淡、体质松软的作苓种继续培养，连续使用3代后，其生长力减退应更换新的野生幼苓种。收获后，除去砂土等杂物，晒干即可。见图4-359。

【适宜区与最适宜区】

1. 生态环境

生于海拔2 900 m以下的较为干旱的山区。

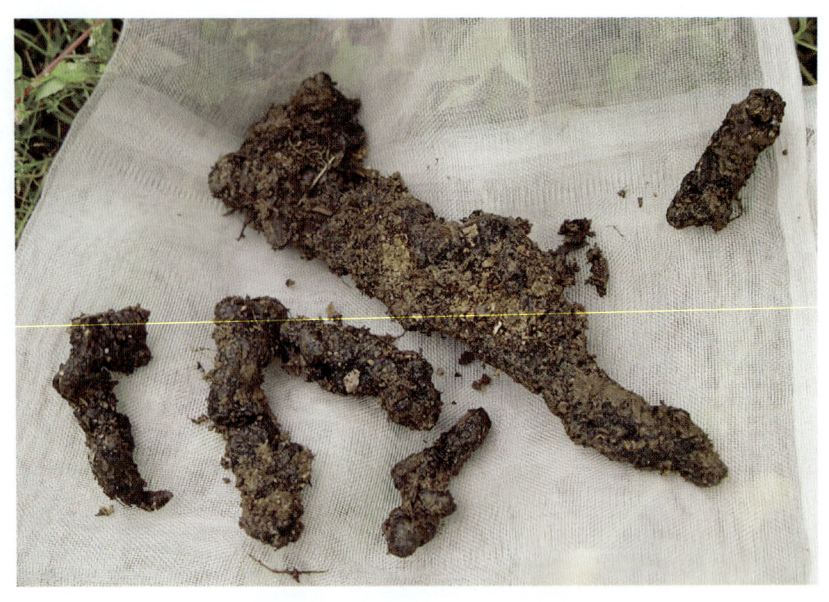

图4-359 猪苓药材（方清茂摄）

2. 生态因子

生于杂木林的腐烂木材上。土壤含水量30%~40%。肥沃湿润、富含腐殖质、排水良好的阴坡熟地。

3. 适宜区

猪苓适宜区为海拔600~2 500 m的山区杂木林中，包括北川、旺苍、峨边、荥经、理县、金川、小金、美姑、平武、九寨沟、南江等地。见图4-360。

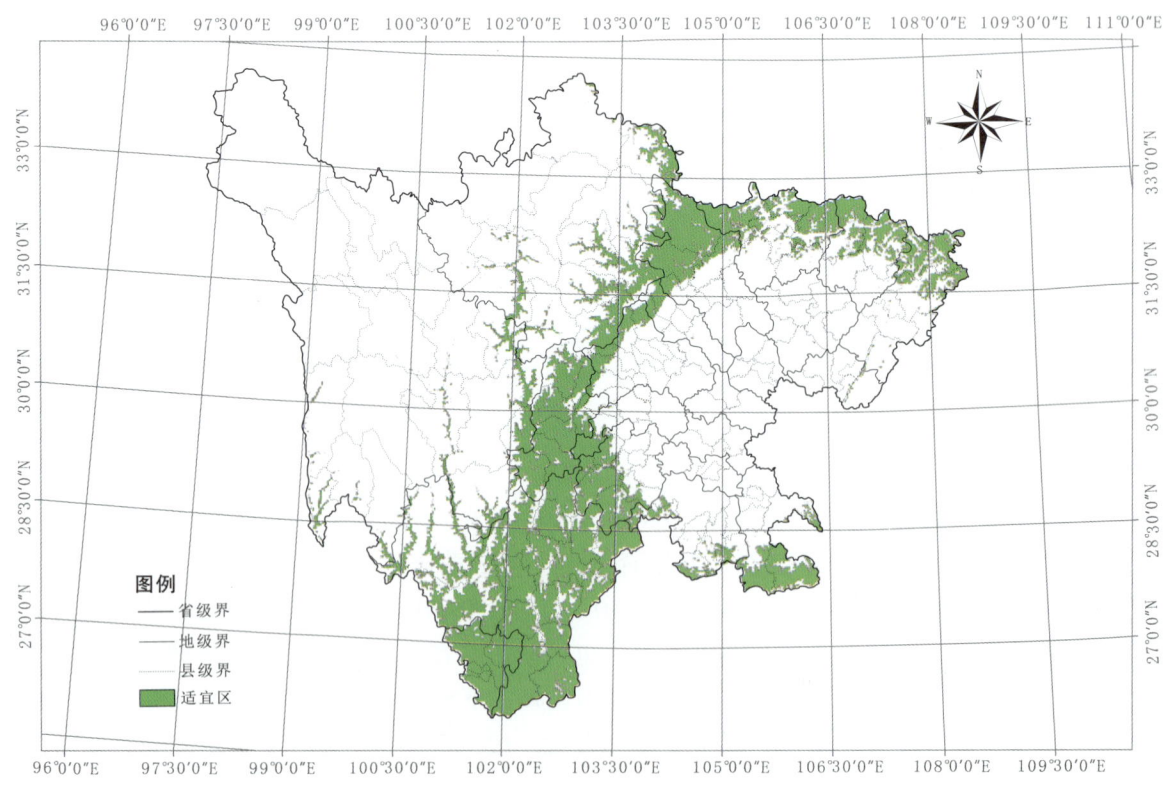

图4-360 猪苓适宜区示意图

表4-178 猪苓适宜区面积（km²）

区县	面积	区县	面积	区县	面积	区县	面积
若尔盖县	147	绵竹市	506	华蓥市	20	合江县	364
九寨沟县	1 671	白玉县	42	天全县	1 686	越西县	1 609
松潘县	824	什邡市	285	蒲江县	3	屏山县	689
色达县	11	道孚县	42	名山县	34	美姑县	1 882
平武县	6 924	新龙县	9	雅安市	677	长宁县	12
青川县	2 422	彭州市	473	丹棱县	29	高县	22
广元市	1 900	达川市	2	泸定县	1 045	雷波县	2 316
南江县	1 907	丹巴县	647	洪雅县	1 172	喜德县	1 750
旺苍县	1 867	都江堰市	542	荥经县	1 656	叙永县	1 590
壤塘县	2 646	中江县	6	夹江县	45	珙县	254
黑水县	598	渠县	13	乐山市	119	兴文县	384
通江县	1 858	开江县	53	汉源县	1 943	昭觉县	2 110
马尔康市	344	金堂县	5	峨眉山市	660	古蔺县	2 359
剑阁县	133	宝兴县	1 651	稻城县	251	盐源县	5 095
万源市	2 428	龙泉驿区	2	乡城县	67	筠连县	450
江油市	907	崇州市	396	石棉县	1 919	西昌市	2 338
茂县	1 710	广安区	44	犍为县	3	金阳县	1 213
苍溪县	208	大邑县	504	九龙县	833	布拖县	1 154
巴中市	117	芦山县	925	甘洛县	1 807	普格县	1 359
金川县	533	康定市	854	宜宾市	126	德昌县	1 928
理县	4 958	理塘县	26	沐川县	320	盐边县	3 001
平昌县	59	简阳市	1	得荣县	460	宁南县	1 422
宣汉县	1 330	巴塘县	251	木里县	2 594	米易县	2 105
安县	534	邛崃市	248	泸州市	2	会东县	3 009
汶川县	1 980	邻水县	135	马边县	1 871	攀枝花市	2 005
小金县	294	雅江县	304	冕宁县	2 723		

4. 最适宜区

猪苓的最适宜区为海拔 1 000～2 300 m 的山区杂木林中，包括九寨沟、南江等地。见图 4-361。

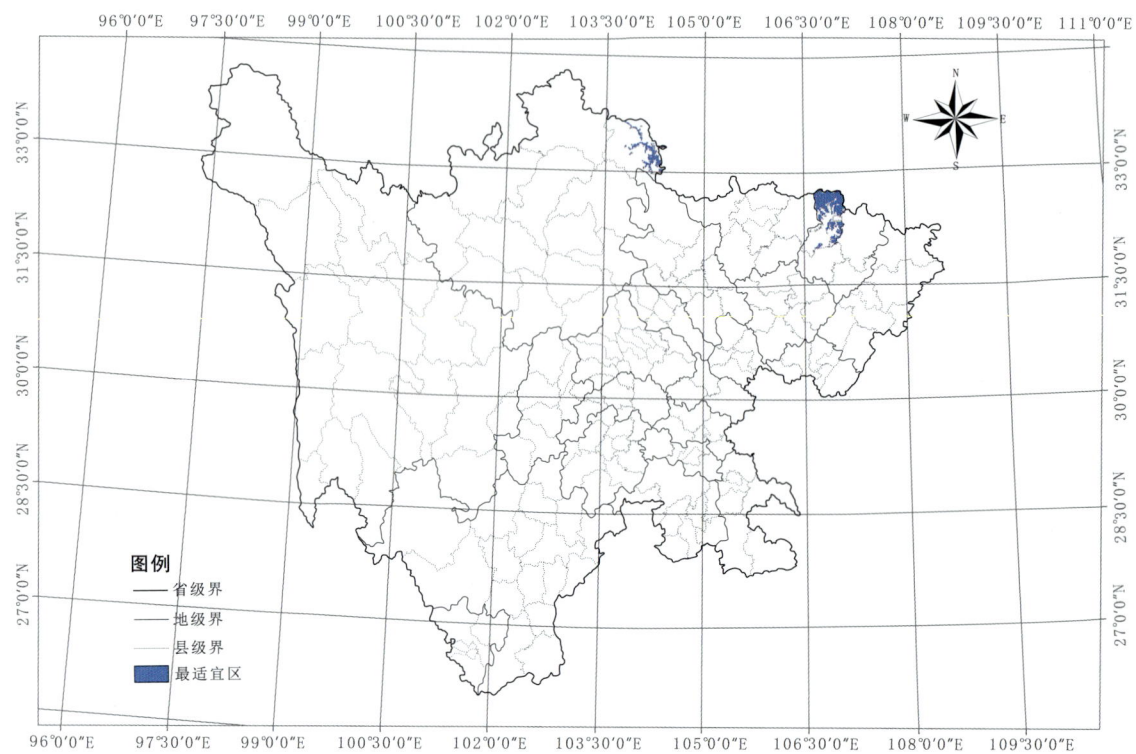

图4-361 猪苓最适宜区示意图

表4-179 猪苓最适宜区面积（km²）

区 县	面 积	区 县	面 积
九寨沟县	563	南江县	1 574

【基地建设】四川省在九寨沟、南江等地建立了面积较大的规范化人工栽培基地。

第四节 攀西药材生产区

八十二、葛根生产区划

【来源】为豆科植物葛 *Pueraria lobata* (Willd.) Ohwi 的干燥根。

【道地沿革】《神农本草经》："生汶山（今茂县）川谷。"《新唐书·地理志》："土贡葛粉的州郡有眉州通义郡、剑州普安郡、龙州应灵郡"，即今天的眉山市、剑阁县、平武县。清·雍正《叙州府志》、清·乾隆《直隶达州志》、民国《四川通志》、民国《犍为县志》、清·同治《仁寿县志》、明清《营山县志》、民国《北川县志》、清·光绪《雷波县志》、清·光绪《盐源县志》、清·光绪《越西县志》等均记载产葛根（干葛、乾葛、粉葛、葛花、甘葛）。说明葛根自古就是四川的道地药材。

【性味归经】甘、辛，凉。归肺、胃经。

【功能主治】解肌退热，透疹，生津止渴，升阳止泻。用于表证发热，项背强痛，麻疹不透，热病口渴，阴虚消渴，热泻热痢，脾虚泄泻。

【药理作用】

1. 解热

葛根素注射液 40 mg/kg、30 mg/kg、20 mg/kg 耳缘静脉注射对大肠杆菌内毒素致热家兔有降低直肠温度的作用，且与剂量相关；40 mg/kg 对正常家兔也有解热作用，且能降低脑脊液 cAMP 含量。

2. 降血糖、降血脂

葛根素每日 10 mg/kg 腹腔注射连续 4 周，有类似胰岛素作用，能够增加链脲佐菌素诱导的糖尿病大鼠脂肪细胞葡萄糖运转蛋白 4 的含量。葛根素 20 mg/kg、40 mg/kg、80 mg/kg 腹腔注射连续 16 周，能改善链脲佐菌素腹腔注射法诱导的糖尿病大鼠的基本状况，降低糖化血红蛋白含量，降低主动脉Ⅳ型胶原基因表达，且呈一定的剂量依赖关系，80 mg/kg 能降低糖尿病大鼠的尿素氮、血肌酐、24 h 尿白蛋白排泄率，增加内生肌酐清除率，显著升高降钙素相关肽分泌，对糖尿病大鼠的肾脏起保护作用；还可降低甘油三酯、胆固醇、低密度脂蛋白、糖化血红蛋白、低密度脂蛋白水平，升高高密度脂蛋白水平，增强主动脉硫酸肝素蛋白表达；连续给药 8 周能降低四氯嘧啶腹腔注射复制糖尿病大鼠血糖及 MDA 含量，升高血清胰岛素、SOD、Na^+-K^+-ATP 酶和 Ca^{2+}-ATP 酶活性，对糖尿病大鼠胰腺有保护作用。

葛根素 100 mg/kg、50 mg/kg 腹腔注射连续 6 周，能明显升高实验性高脂血症模型大鼠灌胃葡萄糖耐受量，明显降低甘油三酯、总胆固醇、低密度脂蛋白胆固醇水平，升高高密度脂蛋白胆固醇水平，对果糖诱导的代谢综合征大鼠血脂紊乱有改善作用。

3. 抗缺血后再灌注损伤

（1）抗肺缺血再灌注损伤。浓度为 2 ml/mg 的葛根素注射液 30 mg/kg 静脉注射能显著提高单侧肺缺血再灌注损伤模型兔血浆 COHb 浓度、cGMP 含量和肺组织 cGMP 含量，且能抑制肺超微结构损伤，通过提高内源性 CO 水平对缺血再灌注损伤肺组织发挥保护作用。

（2）抗肠缺血再灌注损伤。葛根素注射液 70 mg/kg、140 mg/kg 灌胃给药连续 7 d，能明显升高肠缺血再灌注损伤模型大鼠肠黏膜 GSH 水平，降低 MDA、NO、LDH 和 MPO 活性，从而对肠黏膜起保护作用。

（3）抗视网膜缺血再灌注损伤。葛根素 40 mg/kg 腹腔注射能增强视网膜缺血再灌注损伤大鼠单核细胞趋化因子 1 的表达，且能提高模型大鼠各时段视网膜电图 a、b 波波幅，从而对视网膜缺血再灌注损伤起到保护作用。

（4）抗肾脏急性缺血再灌注损伤。浓度为 15 mg/kg 的葛根素注射液按 30 mg/kg 尾静脉注射急性肾缺血再灌注模型大鼠，增加血肌酐、肾组织丙二醛含量，增加 Na^+-K^+-ATP 酶活性，电镜下葛根素能使肾脏细胞线粒体大部分恢复正常，细胞肿胀明显好转，肾脏形态结构和功能有所改善。

4. 对心血管系统的作用

（1）抗心律失常。葛根素 0.1 mmol/L 在体外对豚鼠乳头肌动作电位幅度、超射值、静息电位等指标均无明显影响，但可明显延长 2 Hz 刺激频率下动作电位复极至 50% 和 90% 的时间，具有抗心律失常作用。葛根素 0.003 6 mmol/L、0.012 mmol/L、0.036 mmol/L、0.12 mmol/L、0.36 mmol/L、1.2 mmol/L、3.6 mmol/L 可抑制豚鼠离体右心房的自律性，明显降低豚鼠离体右心房的收缩幅度、收缩速度、舒张速度,且呈明显的剂量依赖性。

(2)降血压、改善心脏重塑。0.1 g/ml 葛根提取物 2 ml/kg、4 ml/kg 灌胃给药,连续 20 d,能显著降低"二肾一夹"法所致肾性高血压模型大鼠血压,显著升高血清 NO 水平。葛根素每日 10 mg/kg 腹腔注射,连续 8 周,能明显改善高血压大鼠的左心室肥厚,显著降低高血压大鼠的血小板胞浆 Ca^{2+} 和 Pag,对高血压的心脏重塑有改善作用。

(3)保护心肌细胞。葛根素 0.02 g/kg 腹腔注射连续 30 d,能显著降低腹主动脉缩窄心衰模型大鼠心肌细胞凋亡指数和凋亡百分率,使 Bcl-2 表达明显上升,Bax 表达明显下降,具有抗心肌细胞凋亡的作用。葛根素 1.2 mmol/L、2.4 mmol/L、4.8 mmol/L、9.6 mmol/L 在 500 ms 去极化的实验条件下能使大鼠心肌细胞不同去极化水平时的 IKI 瞬间流及稳态电流明显下降,并呈剂量依赖性。

5. 解酒、保肝

葛根提取物每日 10 ml/kg 灌胃给药连续 4 周,能使酒精性肝损伤大鼠体重增长较快,血清中 ALT、AST 和铁含量明显下降,血清和肝组织中 SOD 活力增加、MDA 含量减少。葛根总黄酮 500 mg/kg、250 mg/kg、125 mg/kg 一次性皮下注射给药能延长乙醇灌胃小鼠的睡眠潜伏时间,缩短睡眠时间。葛根素注射液每日 2 ml 肌肉注射连续 6 个月,能明显降低烈性白酒致股骨头坏死小鼠血清甘油三酯、总胆固醇含量,在浓度为 0.01 mg/ml 时能抑制酒精诱导骨髓基质细胞向成脂肪细胞分化,维持其成骨分化。

【品质研究】黄再强等用紫外分光光度法(UV)测定葛根类药材中总黄酮、多糖含量,分析了不同品种、不同产地葛根类药材在总黄酮及多糖类成分上的差异。不同产地、不同来源的葛根、粉葛药材总黄酮和多糖含量存在差异。野生峨眉葛总黄酮含量比栽培峨眉葛高,栽培峨眉葛多糖高于野生峨眉葛,栽培峨眉葛总黄酮和多糖含量与粉葛接近。葛根总黄酮含量比粉葛和峨眉葛高,而粉葛、峨眉葛多糖含量均比葛根高。

采用 UPLC-DAD 法测定葛根类药材中多成分含量。苍溪、旺苍、渠县、江油、简阳、绵阳、射洪的粉葛样品含量较高,符合药典规定。商品粉葛样品 45、47、50、51、55、58、61 符合标准,其中以样品 50、55、57、58 含量较高;熏硫粉葛与未熏硫粉葛含量没有明显差异。野生峨眉葛样品 21~27 含量较高,高于 0.3%,种植峨眉葛 19、20、29、30、31 样品及商品峨眉葛 49、52 中葛根素含量与粉葛相近,样品 52 含量高于 0.3%;葛根样品除 38、39、70 样品含量低于 2.4% 外,其余葛根样品含量均符合药典要求,平武、青川、北川的葛根素含量较高。

【原植物】粗壮藤本,长可达 8 m,全体被黄色长硬毛,茎基部木质。根肥大。羽状复叶具 3 小叶;托叶背着,卵状长圆形,具线条;小托叶线状披针形,与小叶柄等长或较长;小叶三裂,偶尔全缘,顶生小叶宽卵形或斜卵形,长 7~15(19) cm,宽 5~12(18) cm,先端长渐尖,侧生小叶斜卵形,稍小,上面被淡黄色、平伏的疏柔毛。下面较密;小叶柄被黄褐色绒毛。总状花序长 15~30 cm,中部以上有颇密集的花;苞片线状披针形至线形,远比小苞片长,早落;小苞片卵形,长不及 2 mm;花 2~3 朵聚生于花序轴的节上;花萼钟形,长 8~10 mm,被黄褐色柔毛,裂片披针形,渐尖,比萼管略长;花冠长 10~12 mm,紫色,旗瓣倒卵形,基部有 2 耳及一黄色硬痂状附属体,具短瓣柄,翼瓣镰状,较龙骨瓣为狭,基部有线形、向下的耳,龙骨瓣镰状长圆形,基部有极小、急尖的耳;对旗瓣的 1 枚雄蕊仅上部离生;子房线形,被毛。荚果条状,扁平,被褐色长硬毛。花期 9~10 月,果期 11~12 月。见图 4-362。

【生物学特性】喜温暖湿润气候,耐寒,耐旱,但不耐水淹和霜冻。土壤以深厚、腐殖土和沙壤土为好。种子容易发芽。

图4-362 葛原植物（方清茂摄）

【栽培技术】

1. 培育种苗

茎、节无性繁殖，在确定繁殖品种后，利用葛节不定根发达的特性进行压节培蔸育苗，葛藤长达10节以上时，撒细肥土压节，以后每20~30 d压1次，促进不定根发育成小葛或细根。来年移栽时则挖节取苗，每亩可培育2万~3万株根系完好带有小葛或根系完好有2个节的葛苗。

2. 适期移栽

葛的移栽在2~5月均可进行，但移栽越早，因生长期延长产量越高。以2~3月为移栽适期，成活率高。栽葛时，要浅栽，盖土不超过3.3 cm，做到小葛平直伸展，节、芽出土，压紧，浇定根水。移栽后1个月内要做好查苗补蔸工作，做到苗齐苗壮。

3. 确保栽植密度

葛的产量是由蔸数、每蔸块根数和单块根重构成的。采用"双行窄株"法，适当增加密度，做到单位面积内有足够的蔸数，块根多、大、重是提高单产的有效措施。

4. 病虫害防治

主要病害有黄粉病、红粉病、纹枯病、黑斑病。虫害有褐绿天蛾、卷叶虫、蚜虫、尺蠖、天牛、吉丁虫、白蚁等。在防治上以农业防治为主，主要办法是：选用抗病品种。苗期及时中耕除草，减少荫蔽和草害及病虫滋生场所。搭架领苗，增施农家肥料，使苗壮成长，通风透光。做好清园工作。在病虫危害严重的情况下，使用高效低毒残留期短的化学农药进行防治。

【采收加工】栽培后2~3年的秋、冬季采挖，趁鲜切成厚片或小块，晒干或者烘干。采挖后不能水洗，否则会很快溃烂。采挖时，挖大留小，留下的小块根继续生长，2~3年后采挖。见图4-363。

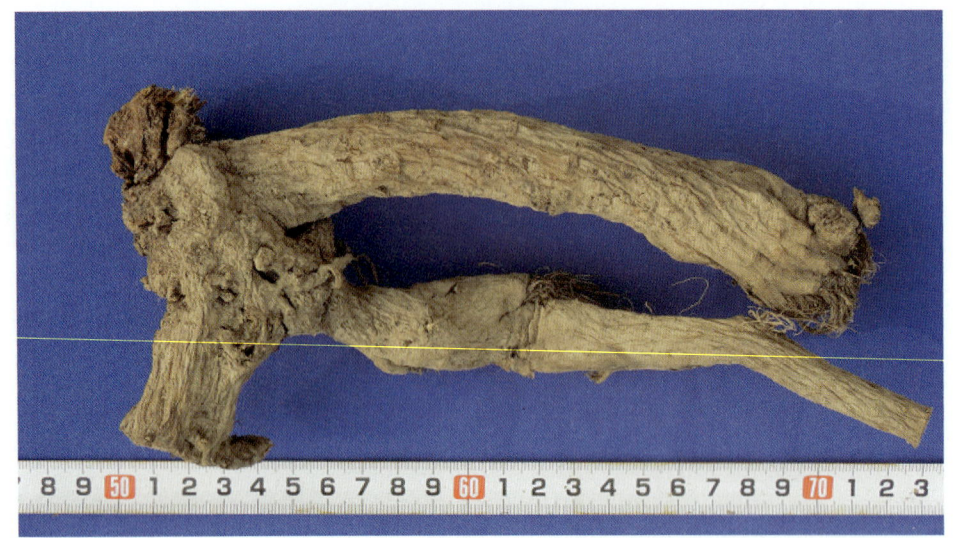

图4-363 葛根药材（舒光明摄）

【适宜区与最适宜区】

1. 生态环境

生于海拔2 500 m以下潮湿山坡、沟谷、灌丛。

2. 生态因子

年平均气温12~16 ℃、相对湿度60%以上的荫凉坡地。

3. 适宜区

葛根的适宜区为四川省海拔1 700 m以下的丘陵地区。见图4-364。

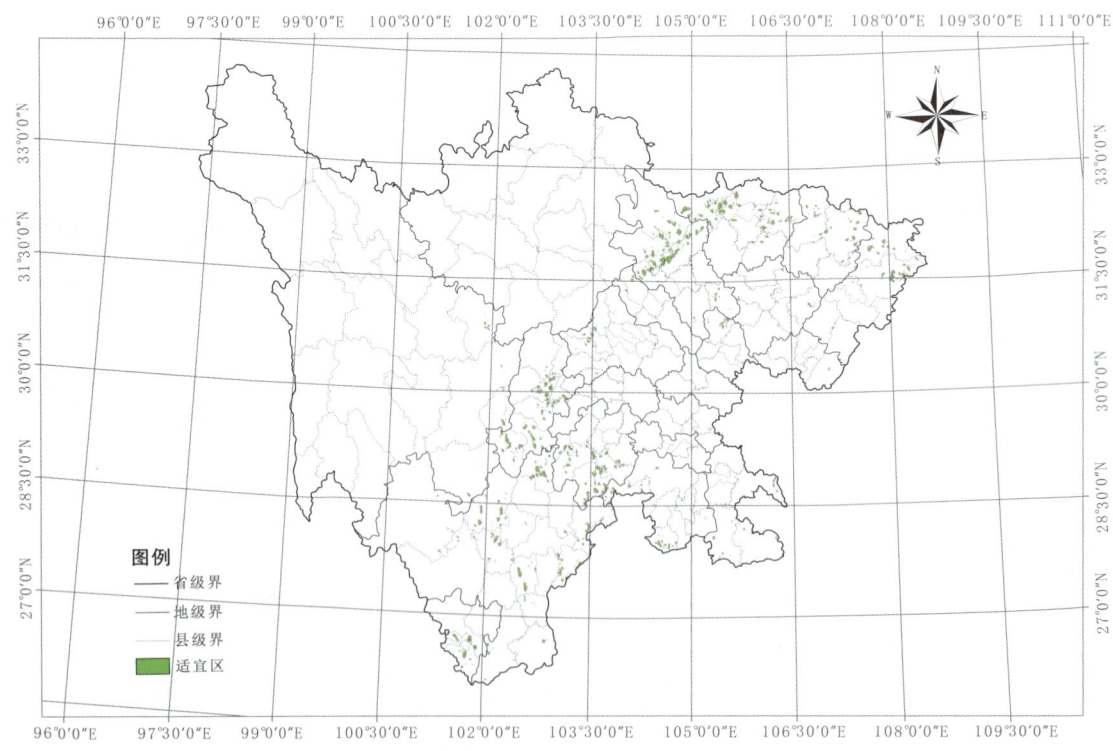

图4-364 葛根适宜区示意图

表4-180 葛根适宜区面积（km²）

区 县	面 积	区 县	面 积	区 县	面 积	区 县	面 积
九寨沟县	56	营山县	1 316	华蓥市	287	沐川县	796
松潘县	21	都江堰市	404	彭山县	315	木里县	9
色达县	1 909	德阳市	490	天全县	447	泸州市	2 237
平武县	1 433	中江县	1 991	蒲江县	409	马边县	629
青川县	1 820	蓬安县	1 169	仁寿县	2 088	南溪县	583
广元市	3 216	渠 县	1 585	安岳县	2 564	冕宁县	149
南江县	1 461	西充县	987	资阳市	1 434	叙州区	892
旺苍县	1 276	开江县	751	眉山市	1 025	合江县	1 543
壤塘县	2 131	射洪县	1 135	名山县	449	越西县	60
通江县	2 402	广汉市	420	雅安市	692	屏山县	569
剑阁县	2 118	南充市	2 157	丹棱县	341	美姑县	93
万源市	1 629	新都区	313	泸定县	150	长宁县	753
江油市	1 550	郫都区	299	资中县	1 561	高 县	872
茂 县	109	金堂县	946	洪雅县	813	雷波县	643
苍溪县	1 786	宝兴县	173	荥经县	338	喜德县	16
巴中市	1 972	蓬溪县	1 040	夹江县	504	叙永县	1 359
理 县	489	龙泉驿区	602	青神县	301	珙 县	582
梓潼县	1134	崇州市	471	井研县	785	兴文县	716
平昌县	1 440	温江区	169	内江市	1 396	昭觉县	45
阆中市	1 581	广安区	1 220	威远县	949	古蔺县	1 409
宣汉县	2 369	大邑县	488	乐山市	1 273	盐源县	181
安 县	716	芦山县	372	汉源县	402	筠连县	724
绵阳市	1 248	岳池县	1 278	峨眉山市	453	西昌市	570
汶川县	157	康定市	12	荣 县	1 679	金阳县	289
绵竹市	527	大英县	578	隆昌市	729	布拖县	80
仪陇县	1 470	双流区	707	石棉县	204	普格县	123
什邡市	336	遂宁县	1 629	富顺县	1 413	德昌县	338
南部县	1 993	简阳市	1 886	自贡市	685	盐边县	446
盐亭县	1 293	乐至县	1 274	犍为县	1 078	宁南县	412
三台县	2 238	邛崃市	709	九龙县	1	米易县	405
罗江县	409	武胜县	801	泸 县	1 343	会东县	319
彭州市	591	邻水县	1 217	甘洛县	324	攀枝花市	616
达川市	231	新津县	206	宜宾市	2 151		

4. 最适宜区

葛根的适宜区为四川省海拔300~1 400 m的潮湿地区，包括绵阳、西昌、宜宾、茂县、汶川等地。见图4-365。

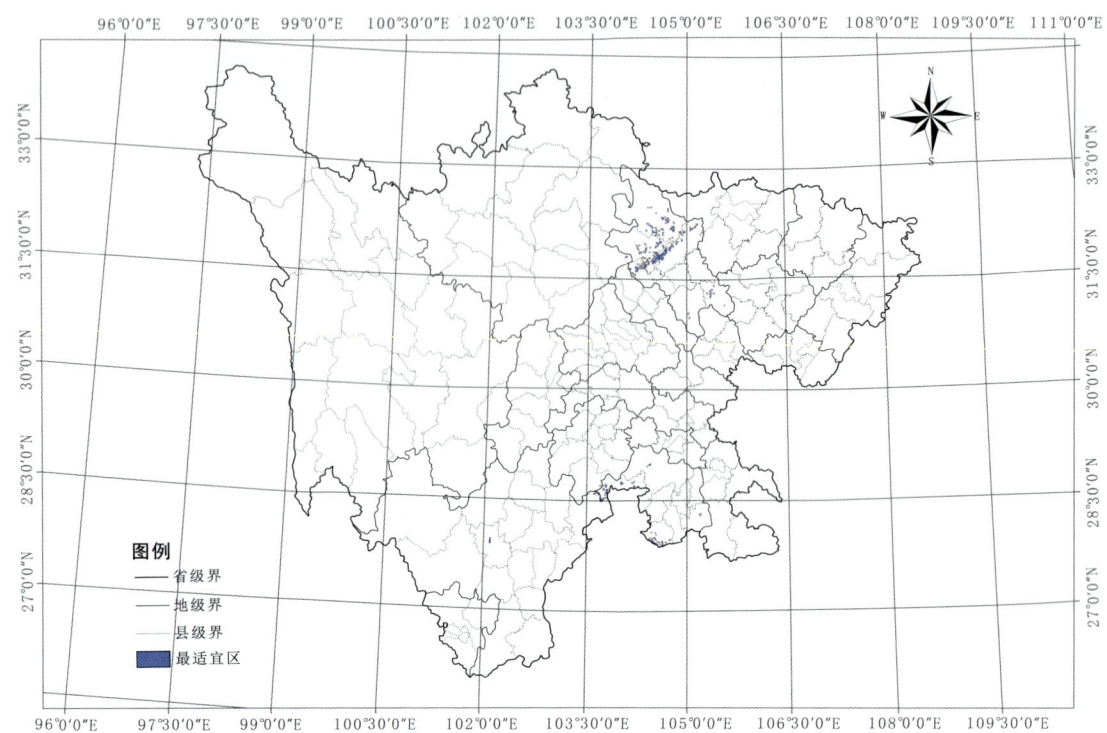

图4-365 葛根最适宜区示意图

表4-181 葛根最适宜区面积（km²）

区 县	面 积	区 县	面 积
平武县	1 444	南溪县	466
江油市	1 606	江安县	524
茂 县	111	屏山县	585
梓潼县	1 120	长宁县	660
安 县	726	高 县	872
绵阳市	1 246	珙 县	570
汶川县	160	兴文县	713
盐亭县	1 295	筠连县	737
三台县	2 231	西昌市	556
宜宾市	2 107		

【基地建设】四川省在达州市、米易县建立了面积较大的葛根栽培基地。

八十三、益母草生产区划

【来源】为唇形科植物益母草 Leonurus artemisia（Laur.）S.Y.Hu F 的干燥地上部分，其种子也是中药，名为茺蔚子。

【道地沿革】益母草，又名萑、茺蔚、坤草、月母草。始载于《神农本草经》，列为上品。陶弘景谓："今处处有之，叶如荏，方茎，子形细长，三棱。"《尔雅·萑蓷》部注："今茺蔚也。

叶瓜荏，方茎，白花，花生节间。又名益母。"可见晋、南北朝以开白花的作益母草。四川在地理方位属于西南方，西南方对应于《易经》后天八卦的"坤卦"。清·雍正《叙州府志》、清·乾隆《直隶达州志》、清·蒋超《峨眉山志》、民国《四川通志》、民国《犍为县志》、清·同治《仁寿县志》、民国《北川县志》、清·光绪《雷波县志》、清·光绪《盐源县志》均记载产益母草（茺蔚）。因此，四川是益母草（坤草）的道地产区。

以开花前几天所产的药材为佳，称为"童子益母草"。

【性味归经】 益母草味苦、辛，微寒。归肝、心包、膀胱经。茺蔚子辛、苦，微寒。归肝、心包经。

益母草活血调经，利尿消肿。用于月经不调，痛经，经闭，恶露不尽，水肿尿少，急性肾炎水肿。茺蔚子活血调经，清肝明目。用于月经不调，经闭，痛经，目赤翳障，头晕胀痛。

【药理作用】

1. 改善血液流变学

益母草水煎液灌胃给药 5 g/（kg·d），对链脲佐菌素腹腔注射所致糖尿病肾病大鼠有降低全血高切黏度、全血低切黏度、红细胞聚集指数、显微蛋白原含量的作用，明显改善血液流变学。10.0 g/kg 益母草注射液静脉给药，对静脉注射高分子右旋糖酐复制的实验性弥散性血管内凝血模型大鼠有扩张微血管，增加器官血流量，降低血黏度、血小板黏附率和聚集率，增强红细胞变形能力的作用，对失血性休克大鼠有改善血流动力学异常的作用。

2. 兴奋子宫

在体外实验中，益母草水提物 0.5~4.0 mg/ml 能显著加快小鼠产后子宫收缩频率，增强子宫活动力，明显抑制缩宫素诱发的子宫收缩频率加快和幅度增强，解除缩宫素诱发的子宫痉挛。给大鼠腹腔注射益母草水煎液每只 0.1 g、0.2 g、0.4 g，可使雌性未孕大鼠子宫肌电的慢波频率加快，平均振幅增大，单波频率加快，最大振幅增大，爆发波时程延长，串间隔缩小。

3. 对心脑血管系统的作用

益母草注射液尾静脉注射给药，20 ml/kg、5 ml/kg 对双侧颈总动脉结扎所致急性脑缺血模型小鼠有降低脑指数的作用，20 mg/kg、10 mg/kg、5 mg/kg 对氰化钾所致急性脑缺血模型小鼠有缩短翻正反射消失时间的作用，对缺血再灌注损伤模型大鼠则有降低脑组织内丙二醛含量、提高超氧化物歧化酶及乳酸脱氢酶活力的作用。益母草生药灌胃每只给药 60 g/kg、30 g/kg、6 g/kg，连续 3 周，中剂量组对大鼠急性心肌梗死后的左室舒张末压增加、左室内压最大收缩和舒展速率降低有显著改善作用，从而改善大鼠急性心肌梗死后的心功能。益母草碱灌胃给药 3 mg/kg、5 mg/kg、7 mg/kg、9 mg/kg，可防止垂体后叶素腹腔注射法诱导的急性心肌缺血大鼠心电图 J 点及 T 波的抬高，并能降低血清和心肌肌钙蛋白 T 含量，在一定范围内存在量效关系。体外实验中，0.05 g/L、0.1 g/L、0.5 g/L 益母草碱可浓度依赖性地拮抗去甲肾上腺素诱导的大鼠心肌细胞的肥大反应。

4. 改善肾脏功能

益母草水煎液灌胃每日给药 10 g/kg、20 g/kg、40 g/kg，中剂量组和低剂量组对腺嘌呤所致慢性肾功能衰竭大鼠有改善作用。益母草碱溶液灌胃给药 25 ml/100 g，能增加大鼠尿量，且能增加尿液中 Na^+ 的排出量，减少 K^+ 的排出量，Cl^- 排出也有所增加，其作用在 2 h 内达到高峰。

5. 抗炎、镇痛

益母草水煎液灌胃每日 60 g（生药）/kg、90 g（生药）/kg，能延长小鼠对热刺激疼痛反应潜伏期，减少小鼠 10 min、20 min 内扭体次数，并明显减轻二甲苯所致的小鼠耳廓肿胀和角叉菜胶致大鼠足跖肿胀，具有明显的抗炎镇痛作用。

6. 其他

益母草具有抗诱变作用，其水煎液 2.0 g/kg 灌胃对环磷酰胺引起的小鼠遗传物质损伤具有防护作用，可降低其微核率。益母草鲜汁具有抑制皮肤黑色素形成、抗皮肤衰老作用。益母草鲜汁 33 mg（生药）/ml、3.3 mg（生药）/ml、0.33 mg（生药）/ml 具有体外抑制酪氨酸酶活性和 B16 黑色素瘤细胞增殖的作用；0.5 ml〔6.65 g（生药）/ml〕外涂于小鼠脱毛处皮肤，具有增加皮下注射 D-半乳糖致衰老模型小鼠皮肤和尾腱中羟脯氨酸含量的作用；0.2 ml 外涂于衰老大鼠脱毛处皮肤能增加皮肤中成纤维细胞含量，呈现美容功效。对逆行胰胆管注射 5% 牛磺胆酸钠致重症急性胰腺炎模型大鼠静脉注射益母草注射液 1.0 mg/100 g 可干预其凝血过程，有效地阻止 DIC 的发生和发展。

【品质研究】罗远鸿等采用 HPLC 法测定了四川不同地区栽培及野生益母草的有效成分含量。四川 11 个产地的 18 批益母草盐酸水苏碱和盐酸益母草碱含量范围分别为 0.69%~2.31% 和 0.070%~0.454%。而凉山州所产益母草的盐酸水苏碱和盐酸益母草碱含量最高，分别为 1.71% 和 0.263%，不仅含量是《中华人民共和国药典》2010 版规定的 3~5 倍，产量也最高，为 7 258.55 kg/hm²。四川凉山州益母草产量及有效成分含量均较高，可作为益母草的适宜栽培区。

【原植物】一年生或二年生草本，有于其上密生须根的主根。茎直立，四棱形，每边有一条纵沟，有倒向糙伏毛，在节及棱上尤为密集，在基部有时近于无毛，多分枝，或仅于茎中部以上有能育的小枝条。叶轮廓变化很大，茎下部叶轮廓为卵形，基部宽楔形，掌状 3 裂，裂片呈长圆状菱形至卵圆形，通常长 2.5~6 cm，宽 1.5~4 cm，裂片上再分裂，上面绿色，有糙伏毛，叶脉稍下陷，下面淡绿色，被疏柔毛及腺点，叶脉突出，叶柄纤细，长 2~3 cm，由于叶基下延而在上部略具翅，腹面具槽，背面圆形，被糙伏毛；茎中部叶轮廓为菱形，较小，通常分裂成 3 个或偶有多个长圆状线形的裂片，基部狭楔形，叶柄长 0.5~2 cm；花序最上部的苞叶近于无柄，线形或线状披针形，长 3~12 cm，宽 2~8 mm，全缘或具稀少牙齿。轮伞花序腋生，具 8~15 花，轮廓为圆球形，径 2~2.5 cm，多数远离而组成长穗状花序；小苞片刺状，向上伸出，基部略弯曲，比萼筒短，长约 5 mm，有贴生的微柔毛；花梗无。花萼管状钟形，长 6~8 mm，外面有贴生微柔毛，内面于离基部 1/3 以上被微柔毛，5 脉，显著，齿 5，前 2 齿靠合，长约 3 mm，后 3 齿较短，等长，长约 2 mm，齿均宽三角形，先端刺尖。花冠粉红至淡紫红色，长 1~1.2 cm，外面于伸出萼筒部分被柔毛，冠筒长约 6 mm，等大，内面在离基部 1/3 处有近水平向的不明显鳞毛毛环，毛环在背面间断，其上部多少有鳞状毛，冠檐二唇形，上唇直伸，内凹，长圆形，长约 7 mm，宽 4 mm，全缘，内面无毛，边缘具纤毛，下唇略短于上唇，内面在基部疏被鳞状毛，

图 4-366　益母草原植物（方清茂摄）

3裂，中裂片倒心形，先端微缺，边缘薄膜质，基部收缩，侧裂片卵圆形，细小。雄蕊4，均延伸至上唇片之下，平行，前对较长，花丝丝状，扁平，疏被鳞状毛，花药卵圆形，二室。花柱丝状，略超出于雄蕊而与上唇片等长，无毛，先端相等2浅裂，裂片钻形。花盘平顶。子房褐色，无毛。小坚果三角形，淡褐色，顶端截平而略宽大，基部楔形。花期通常在5~8月，果期6~9月。见图4-366。

【生物学特性】喜温暖湿润气候，喜阳光，怕涝生长期需要充足的水分。

【栽培技术】

1. 留种

益母草采用种子繁殖，以直播方法种植。播种前将种子混入火灰或细土杂肥，再用人畜粪尿和新高脂膜拌种。驱避地下病虫，隔离病毒感染，加强呼吸强度，提高种子发芽率。选当年新鲜的、发芽率一般在80%以上的籽种。穴播者每亩一般备种400~450 g，条播者每亩备种500~600 g。

2. 整地

播种前整地，每亩施堆肥或腐熟厩肥1500~2 000 kg作底肥，施后耕翻，耙细整平。条播者整130 cm宽的高畦，穴播者可不整畦，但均要根据地势，因地制宜地开好大小排水沟。

3. 播种

整地下种后，再用新高脂膜600~800倍液喷雾土壤表面，可保墒防水分蒸发，防晒抗旱，防土层板结，窒息和隔离病虫源，提高出苗率。也应及时间苗补苗，中耕除草，追肥浇水，雨季雨水集中时，要防止积水，应注意适时排水。并在植物表面喷施新高脂膜，增强肥效，防止病菌侵染，提高抗自然灾害能力，提高光合作用效能，保护幼苗茁壮成长。并适时喷施蔬菜壮茎灵使植物杆茎粗壮、植株茂盛，同时可提升抗灾害能力，减少农药化肥用量，降低残毒。同时要加强对病虫害的综合防治，应遵循有病治病、有虫杀虫、无者则防的原则并喷施新高脂膜增强防治效果。

早熟益母草秋播、春播均可。春播以雨水至惊蛰期间（2月下旬至3月上旬）为宜；低温地区多采取秋播，以秋分至寒露期间（9月下旬至10月上旬）土壤湿润时最好。秋播播种期的选择，直接关系到产品的产量和质量，过早易受蚜虫侵害，过迟则受气温低和土壤干燥等影响，当年不能发芽，翌年春分至清明才能发芽，且发芽不整齐，多不能抽薹开花。

播种分条播、穴播和撒播。平原地区多采用条播，坡地多采用穴播，撒播管理不方便，多不采用。播种前，将种子混入火灰或细土杂肥，再用人畜粪尿拌种，湿度以能够散开为度，一般每亩用火灰或土杂肥250~300 kg、人畜粪尿35~40 kg。条播者，在畦内开横沟，沟心距约25 cm，播幅10 cm左右，深4~7 cm，沟底要平，播前在沟中施人畜粪尿2 500~3 000 kg，然后将种子灰均匀撒入，不必盖土。穴播者，按穴行距各约25 cm开穴，穴直径10 cm左右，深3~7 cm，穴底要平，先在穴内每亩施1 000~1 200 kg人畜粪尿后，再均匀撒入种子灰，不必盖土。

4. 田间管理

间苗补苗：苗高5 cm左右开始间苗，以后陆续进行2~3次，当苗高15~20 cm时定苗。条播者采取错株留苗，株距在10 cm左右；穴播者每穴留苗2~3株。间苗时发现缺苗，要及时移栽补植。

中耕除草：春播者，中耕除草3次，分别在苗高5 cm、15 cm、30 cm左右时进行；秋播者，在当年幼苗长出3~4片真叶时进行第一次中耕除草，翌年再中耕除草三次，方法与春播相同。中耕除草时，耕翻不要过深，以免伤根；幼苗期中耕，要保护好幼苗，防止被土块压迫，更不可碰伤苗茎；最后一次中耕后，要培土护根。

追肥：每次中耕除草后，要追肥一次，以施氮肥为佳，用尿素、硫酸铵、饼肥或人畜粪尿均可，追肥时要注意浇水，切忌肥料过浓，以免伤苗。尤其是在施饼肥时，强调打碎后，用水腐熟透加水稀释后再施用。雨季雨水集中时，要防止积水，应注意适时排水。

【采收加工】 益母草在夏季茎叶茂盛、花初开时采割，晒干，或切段晒干。茺蔚子在果实成熟时采收，晒干。见图4-367。

图4-367　益母草药材（周先建摄）

【适宜区与最适宜区】

1. 生态环境

生于海拔3 000 m以下的向阳、肥沃、潮湿的野荒地、路旁、田埂、山坡草地、河边。

2. 生态因子

气温22~30℃适宜生长，35℃以上植株仍然生长良好，15 ℃以下生长缓慢，0 ℃以下植株会受冻害。

3. 适宜区

益母草的适宜区为四川省海拔1 000m以下的地区，包括通江、邛崃、大邑、凉山州等地。见图4-368。

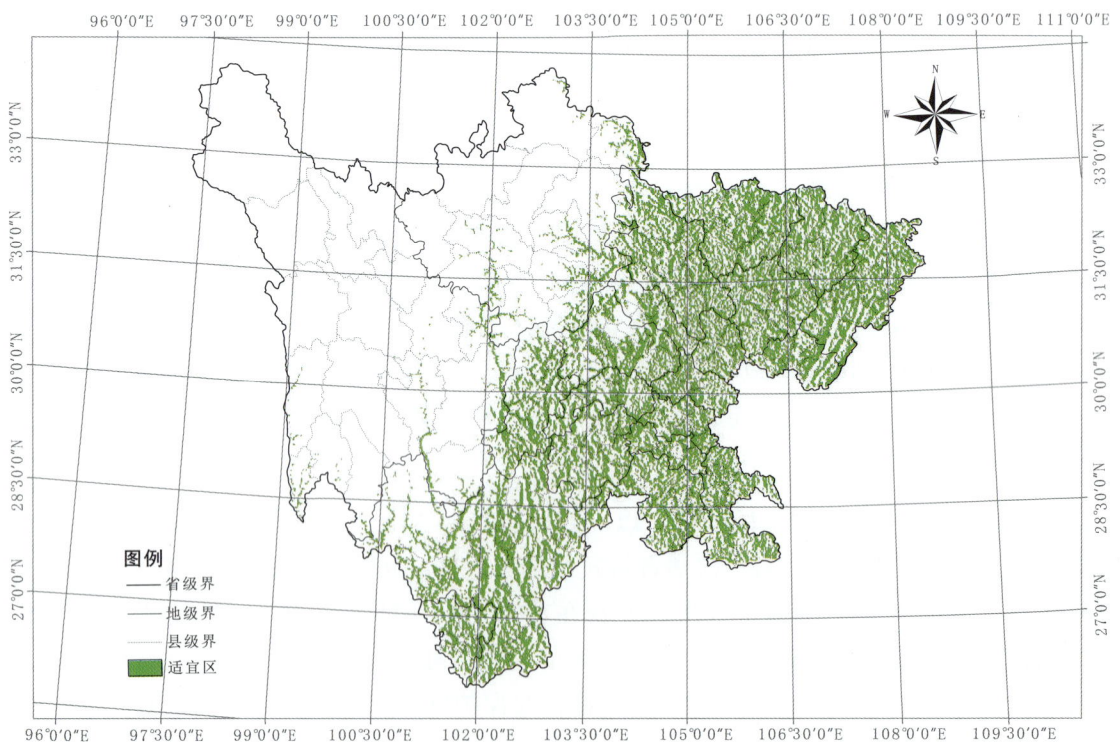

图4-368　益母草适宜区示意图

表4-182 益母草适宜区面积（km²）

区县	面积	区县	面积	区县	面积	区县	面积
若尔盖县	130	盐亭县	917	邛崃市	425	泸县	848
九寨沟县	1 020	三台县	1 420	武胜县	567	甘洛县	980
阿坝县	6	罗江县	233	邻水县	983	宜宾市	1 594
松潘县	519	彭州市	404	雅江县	230	沐川县	660
色达县	1 624	达川市	184	新津县	191	得荣县	414
平武县	3 878	营山县	941	华蓥市	323	木里县	1 483
青川县	1 669	丹巴县	376	彭山县	233	泸州市	1 785
广元市	2 820	都江堰市	425	天全县	905	马边县	1 062
南江县	2 057	德阳市	428	蒲江县	199	南溪县	393
旺苍县	1 713	中江县	1 145	仁寿县	1 380	冕宁县	1 597
壤塘县	2 505	蓬安县	781	安岳县	1 474	叙州区	619
黑水县	408	渠县	1 236	资阳市	932	合江县	1 360
通江县	2 349	西充县	567	眉山市	573	越西县	878
马尔康市	302	开江县	648	名山县	259	屏山县	715
剑阁县	1 622	射洪县	812	雅安市	489	美姑县	1 132
万源市	2 373	广汉市	156	丹棱县	209	长宁县	481
江油市	1 385	南充市	1 354	泸定县	602	高县	770
茂县	1 011	新都区	25	资中县	831	雷波县	1 087
苍溪县	1 262	郫都区	6	洪雅县	888	喜德县	1 250
巴中市	1 451	金堂县	654	荥经县	820	叙永县	1 684
金川县	340	宝兴县	927	夹江县	345	珙县	713
理县	2 903	蓬溪县	754	青神县	212	兴文县	731
梓潼县	854	龙泉驿区	710	井研县	522	昭觉县	1 111
平昌县	1 304	崇州市	461	内江市	852	古蔺县	1 714
阆中市	1 054	温江区	118	威远县	690	盐源县	3 028
宣汉县	2 622	广安区	846	乐山市	953	筠连县	636
安县	569	大邑县	429	汉源县	1 158	西昌市	1 377
绵阳市	787	芦山县	545	峨眉山市	438	金阳县	666
汶川县	1 118	岳池县	971	稻城县	159	布拖县	497
小金县	242	康定市	583	乡城县	62	普格县	791
绵竹市	360	大英县	356	荣县	1 147	德昌县	1 235
白玉县	71	理塘县	13	隆昌市	528	盐边县	1 645
仪陇县	947	双流区	692	石棉县	1 064	宁南县	560
什邡市	115	遂宁县	963	富顺县	944	米易县	1 218
南部县	1 185	简阳市	1 091	自贡市	354	会东县	1 552
道孚县	53	乐至县	777	犍为县	699	攀枝花市	912
新龙县	16	巴塘县	277	九龙县	528		

4. 最适宜区

益母草的最适宜区为四川省海拔 300~1 000 m 的地区，包括普格、会理、会东等地。见图 4-369。

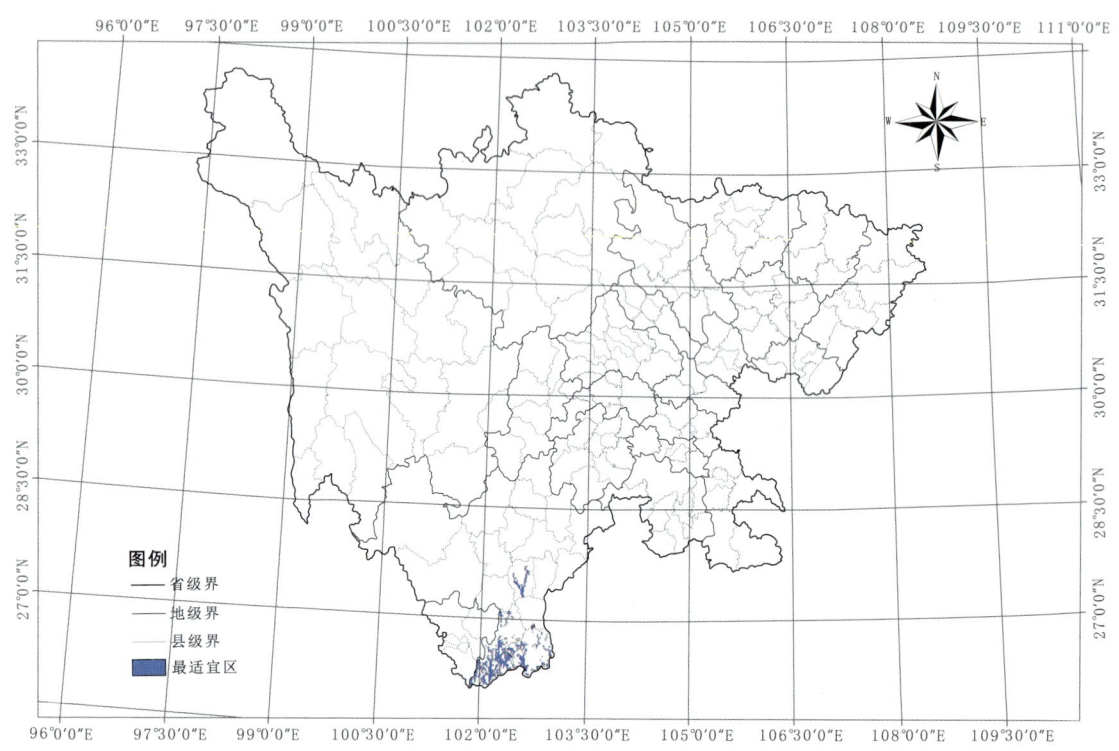

图4-369　益母草最适宜区示意图

表4-183　益母草最适宜区面积（km²）

区县	面积	区县	面积
普格县	192	会东县	564
会理县	1 264		

【基地建设】四川省益母草药材主要为野生，在凉山州会理、普格等县有人工栽培。

八十四、补骨脂生产区划

【来源】为豆科植物补骨脂 *Psoralea corylifolia* L. 的干燥成熟果实。

【道地沿革】补骨脂，别名破故纸，是外来中药，始载于《开宝本草》。补骨脂丸，乃唐宣宗时，张寿太尉知广州，得方于南番人。有诗云："三年时节向边隅，人信方知药力殊。夺得春光来在手，青娥休笑白髭须。"清·光绪《雷波县志》记载雷波县产药材补骨脂。晚近则完全以川产为正宗，《药物出产辨》："故纸产四川为最，河南安徽次之。"《中国道地药材原色图说》把补骨脂列为四川道地药材。《中药大辞典》记载我国的主产区将四川省列为第一。

以身干、颗粒饱满均匀、色黑褐、纯净、无杂质者为佳。

【性味归经】苦、辛，温。归肾、脾经。

【功能主治】 温肾助阳，纳气，止泻。用于阳痿遗精，遗尿尿频，腰膝冷痛，肾虚作喘，五更泄泻。外用治白癜风、斑秃。

【药理作用】

1. 平喘

补骨脂95%乙醇提取物组浸膏0.9 g/100 g、石油醚萃取物组2.5 g/100 g、乙酸乙酯萃取物组药材1.7 g/100 g、水萃取物组药材2.5 g/100 g、水提取物组药材10.0 g/100 g、甲醇洗脱物组药材2.5 g/100 g给卵白蛋白致哮喘模型大鼠灌胃10 d，每日1次，结果：醇提浸膏、醇提水萃取物、水提取物和醇提甲醇洗脱物对血清IL-5含量抑制明显，而醇提石油醚萃取物、醇提乙酸乙酯萃取物抑制作用不明显；醇提浸膏、醇提石油醚萃取物和水提取物对血清IL-4含量有较强的升高作用，而醇提乙酸乙酯萃取物、醇提水萃取物和醇提甲醇洗脱物作用不明显；醇提浸膏和醇提石油醚萃取物明显提高IFN-γ含量，而醇提乙酸乙酯萃取物、醇提水萃取物和醇提甲醇洗脱物却降低大鼠体内血清IFN-γ含量，水提取物对IFN-γ含量影响不明显，可见补骨脂乙醇提取物浸膏、石油醚萃取物和甲醇洗脱物是补骨脂平喘主要有效部位。

补骨脂总香豆素组、补骨脂黑色黏稠物（补骨脂总香豆素浓缩）组分别按每日23.3 g/kg、25.0 g/kg给卵白蛋白致敏哮喘大鼠灌胃10 d，结果补骨脂各组对哮喘大鼠血清cGMP含量无明显影响，但可明显提高哮喘大鼠血清cAMP含量，以补骨脂黑色黏稠物作用最为明显；哮喘大鼠血清cAMP/cGMP比值有降低的趋势，给总香豆素后，血清cAMP/cGMP比值明显增加，其中以补骨脂黑色黏稠物作用最为明显。

2. 对骨的作用

（1）破骨细胞。补骨脂生药在终浓度1×10^{-1} mol/L时，能抑制兔四肢长骨分离的破骨细胞在牛骨片上形成的吸收陷窝的增加与扩张。

（2）成骨细胞。不同补骨脂水提液（$10^{-4}\sim10^{-1}$ mol/L）及补骨脂素（$10^{-8}\sim10^{-4}$ mol/L）加入体外培养小鼠成骨细胞中，测得10^{-1} mg/ml、10^{-3} mg/ml补骨脂水提液对成骨细胞有明显的促增殖作用；10^{-4} mol/L、10^{-5} mol/L补骨脂素抑制细胞增殖，10^{-7} mol/L、10^{-8} mol/L补骨脂素能够促进增殖；10^{-4} mol/L、10^{-6} mol/L、10^{-8} mol/L补骨脂素均能使成骨细胞碱性磷酸酶活性明显上升；各浓度的补骨脂水提液及补骨脂素使细胞G_1期百分比降低，而S期、G_2期百分比显著增加。补骨脂乙酸乙酯提取物和乙醇提取物能促进新生大鼠颅骨成骨细胞ALP活性及其增殖，最佳浓度为2.0×10^{-3} mg/ml。对大鼠成骨细胞的增殖与分化，补骨脂素体外在浓度1 μmol/L（24 h），5~20 μmol/L浓度范围内（48 h），1 μmol/L、10 μmol/L、20 μmol/L浓度范围内（72 h），可促进成骨细胞增殖，在10~15 μmol/L范围内作用48 h及72 h，可提高成骨细胞内碱性磷酸酶的活性。另外，补骨脂素加锌后可促进培养的大鼠成骨细胞的增殖，提高成骨细胞碱性磷酸酯酶的活性。

3. 免疫调节

补骨脂粗提物（2%）加入饲料中，饲喂1日龄健康雌性粤黄鸡，粤黄鸡自由采食及饮水，在4.8周时能使实验动物胸腺指数减少，脾脏指数、法氏囊指数、T淋巴细胞百分率、NDV抗体滴度、甲状腺指数增大。补骨脂水煎液按0.1 g/只给用绵羊红细胞和卵白蛋白制作的激发态小鼠模型灌胃，灌胃7 d，能显著提高小鼠相应的抗体滴度，提高小鼠的特异性体液免疫。补骨脂水煎剂给卡氏肺孢子虫肺炎（PCP）大鼠以每日10 mg/kg灌胃给药，连续5 d，可使大鼠血清IL-2诱生水平和脾NK细胞活性显著升高。补骨脂多糖给用绵羊红细胞和卵白蛋白制作的激发态模型小鼠灌胃，每日

100 mg/kg，连续 7 d，可使血清 IFN-γ 和 IL-2 激发水平增加。

4. 雌激素样作用

在不影响去卵巢大鼠日摄食量和饮水量的情况下，补骨脂水煎剂浓度由 1% 逐渐增加到 12%，该浓度一直维持到 55 d，可降低去卵巢大鼠的体重和血 TG 水平，对去卵巢引起的脂代谢紊乱有一定的调节作用。补骨脂水煎剂〔1 g（生药）/ml〕对切除双侧卵巢的方法制备的骨质疏松模型大鼠以每日早晚各 3 ml 灌胃，连续 12 周，大鼠正常摄食和饮水，可使实验大鼠骨密度、血清 1，25-二羟基维生素 D3、骨钙素水平明显升高，血清肿瘤坏死因子-α 水平显著降低，显示其可改善去卵巢骨质疏松大鼠骨代谢指标和血清细胞因子水平。补骨脂提取物加入 12 日龄粤黄鸡日粮中，使药物浓度为 2%，饲养管理按常规进行，喂食 70 d，测得 83 日龄时，雌鸡血浆雌二醇浓度显著升高，雄鸡和雌鸡血浆尿促卵泡素（FSH）浓度显著升高。补骨脂石油醚提取部位给小鼠灌胃给药 5 g/kg，连续 7 d，能显著增加子宫重量和子宫系数，补骨脂黄酮注射液给小鼠以 0.1 425 g/kg、0.07135 g/kg 每日腹腔注射 1 次，连续 7 d，可使去卵巢小鼠和未成熟小鼠的子宫指数明显增大，并逐渐恢复成熟雌小鼠因为摘除卵巢而消失的动情周期。补骨脂素在 10 μmol/L 时，可使雌激素依赖性乳腺癌细胞（MCF-7）增殖指数明显升高，增加其 S 期细胞的比例，上调 MCF-7 细胞 ERα 蛋白水平。

5. 抑制前列腺增生

补骨脂素以 40 mg/kg，连续 30 d 灌胃，可使去势大鼠前列腺湿重、前列腺指数和 PCN 指数均显著减少。补骨脂素给丙酸睾酮所致大鼠前列腺增生模型灌胃给药，每日 45.00 mg/kg、15.00 mg/kg，连续 30 d，可使实验大鼠的前列腺湿重、体积指数、增生程度显著降低。

【品质研究】丁家欣等应用高效液相色谱法测定了不同产地补骨脂中补骨脂素和异补骨脂素的含量。补骨脂素含量较高的产地有四川、云南、江西、河南，高于 12%，异补骨脂素含量较高的有四川、云南，高于 11%。

【原植物】一年生直立草本，高 40~100 cm。枝坚硬，疏被白色绒毛，有明显腺点。叶为单叶，有时有 1 片长 1~2 cm 的侧生小叶；托叶镰形，长 7~8 mm；叶柄长 2~4.5 cm，有腺点；小叶柄长 2~3 mm，被白色绒毛；叶宽卵形，长 4.5~9 cm，宽 3~6 cm，先端钝或锐尖，基部圆形或心形，边缘有粗而不规则的锯齿，质地坚韧，两面有明显黑色腺点，被疏毛或近无毛。花序腋生，有花 10~30 朵，组成密集的穗状总状花序，总花梗长 3~7 cm，被白色柔毛和腺点；苞片膜质，披针形，长 3 mm，被绒毛和腺点；花梗长约 1 mm；花萼长

图 4-370 补骨脂原植物（舒光明摄）

4~6 mm，被白色柔毛和腺点，萼齿披针形，下方一个较长，花冠黄色或蓝紫色，花瓣明显具瓣柄，旗瓣倒卵形，长 5.5 mm；雄蕊 10，上部分离。荚果卵形，长 5 mm，具小尖头，黑色，表面具不规则网纹，不开裂，果皮与种子不易分离；种子扁。花期 7~8 月，果期 8~10 月。见图 4-370。

【生物学特性】喜温暖湿润气候，宜向阳平坦、日光充足的环境。要求土层深厚、排水良好、富含有机质的壤土或沙质土。

【栽培技术】

1. 选地整地

选择向阳、地势高燥、排水良好的二荒地或缓坡地种植。秋作收获后，每亩施畜厩粪、土杂肥 3~4 t，普钙 50~60 kg，施匀后深耕翻地，整平耙细后，以坡向或阳向开墒种植。坡地墒宽 1.5~2 m，平地 1~1.3 m；坡地墒高 10~15 cm，平地 15~20 cm。墒面整成龟背形，墒平土细。

2. 种子处理

播种前先将种子用 1 mg/kg 三十烷醇或 1 mg/kg 赤霉素水溶液浸种 12 h。种子经过处理后，能促进补骨脂的生长和发育，减少落花、落果，达到增产的效果。

3. 播种

（1）直播。在适宜种植区，于清明至谷雨在整好的墒上播种。播种前种子用冷水浸泡 48~72 h，使其充分吸水，捞出晾干。条播，在墒面上挖行距 40~45 cm，窄墒 3 行，宽墒 5 行条沟。塘播，按行距（40~45）×（15~20）cm 打塘。沟、塘深 5~7 cm，在沟中每 10 cm 放种 1~2 粒，塘播每塘下种 3~5 粒，覆盖约 5 cm 厚的土，浇透水后再盖 1~2 cm 厚的干土。覆盖地膜保温保湿，7~10 d 即可出苗。

（2）育苗移栽。清明前后采取苗床育苗，加盖地膜或加罩小拱棚保温保湿，7~10 d 出苗，30~40 d 即可移栽。按直播规格移栽，条栽行株距为（40~45）cm×（15~20）cm 栽 1 株；塘栽以（40~45）cm×（15~20）cm 每塘栽双株（分开栽），栽时压实根部，浇定根水。

4. 田间管理

（1）间苗定植。5 月中、下旬进行间苗。以株距 15~20 cm 留苗 1~2 株，间苗时，留大间小补缺，留壮间弱，保证全苗。

（2）中耕除草。移栽苗成活后或大雨后，要注意中耕松土除草，全生育期进行 3~5 次，保持土壤疏松无杂草。

（3）水肥管理。苗期注意浇水，保持土壤湿润，中、后期注意排水。全生育期必须保证两次追肥，第 1 次在苗期 5~10 cm 时，每亩施人粪尿 1~1.5 t 作为提苗肥；第 2 次在植株中部叶腋花芽冒出时，每亩用畜厩肥 2~3 t、普钙 20~30 kg 施于根部，作为促花肥。结合清沟培土盖粪。有条件时，在花蕾初期喷施两次 0.2% 磷酸二氢钾，作为壮籽肥。

【采收加工】7~10 月果实陆续成熟，

图 4-371　补骨脂药材（周先建摄）

分批采收。当小穗上的果实80%变黑时即可采收，一般每隔7~10 d采一次。见图4-371。

【适宜区与最适宜区】

1. 生态环境

生于海拔300~1 400 m的平坝、丘陵、田边。

2. 生态因子

喜阳光，年均气温17.2 ℃，年降雨量1 000 mm左右，土层深厚、排水良好。

3. 适宜区

补骨脂的适宜区为海拔300~1 400 m的地区，包括仁寿、简阳、安岳、金堂、都江堰、广元、平昌、叙永、西昌、甘洛、宁南、会理。见图4-372。

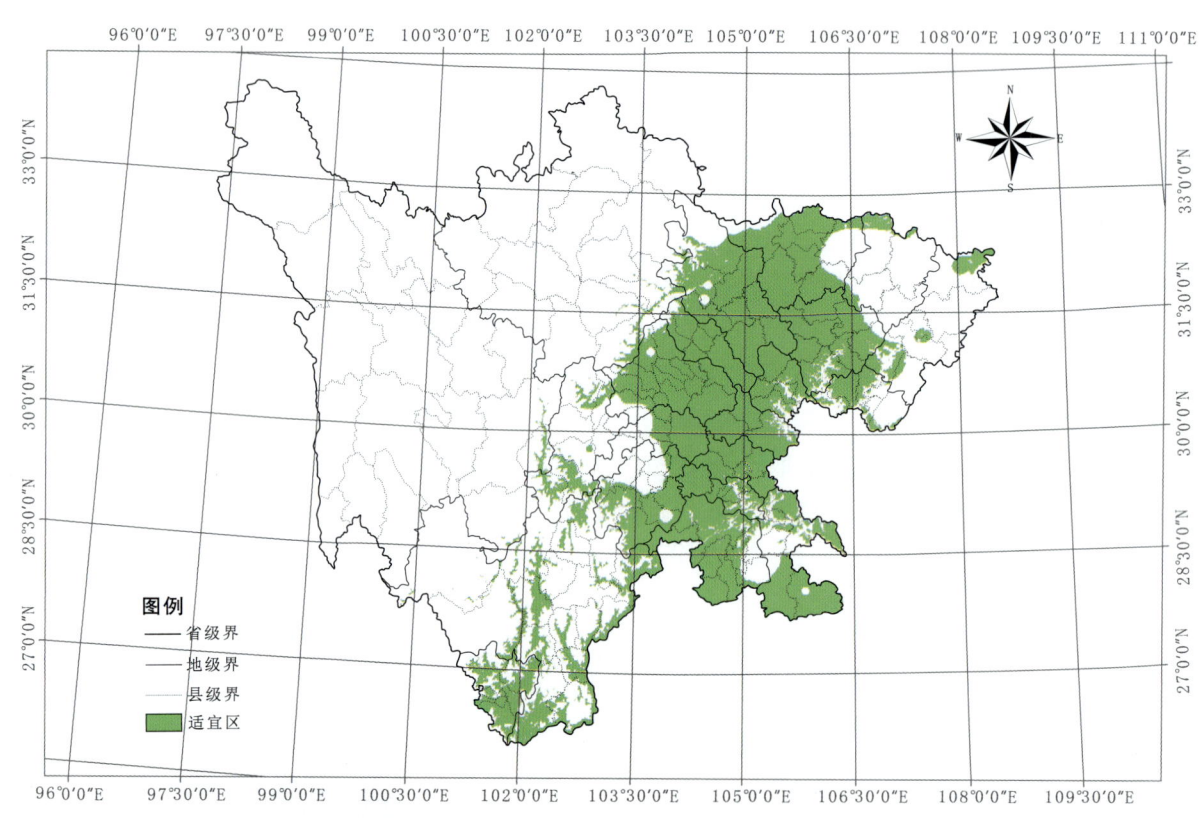

图4-372 补骨脂适宜区示意图

表4-184 补骨脂适宜区面积（km²）

区县	面积	区县	面积	区县	面积	区县	面积
松潘县	114	营山县	1 257	新津县	328	泸州市	893
色达县	195	都江堰市	869	华蓥市	94	马边县	1 891
平武县	3 901	德阳市	648	彭山县	464	南溪县	559
青川县	2 025	中江县	2 184	蒲江县	42	冕宁县	759
广元市	4 455	蓬安县	1 290	仁寿县	2 585	叙州区	1 014

续表

区县	面积	区县	面积	区县	面积	区县	面积
南江县	872	渠县	1 154	安岳县	2 264	合江县	1 431
旺苍县	740	西充县	1 126	资阳市	1 629	越西县	351
壤塘县	1 942	射洪县	1 488	眉山市	773	屏山县	1 433
黑水县	13	广汉市	548	泸定县	377	美姑县	355
通江县	149	南充市	2 011	资中县	1 731	长宁县	710
剑阁县	3 193	新都区	485	洪雅县	9	高县	1 301
万源市	1 067	郫都区	431	荥经县	129	雷波县	1 756
江油市	2 693	金堂县	1 175	青神县	196	喜德县	162
茂县	457	宝兴县	519	井研县	804	叙永县	2 418
苍溪县	1 632	蓬溪县	1 163	内江市	1 512	珙县	1 160
巴中市	422	龙泉驿区	1 370	威远县	1 295	兴文县	335
理县	2 346	崇州市	937	乐山市	238	昭觉县	145
梓潼县	1 435	温江区	283	汉源县	1 135	古蔺县	3 048
阆中市	1 872	广安区	867	峨眉山市	78	盐源县	704
安县	1 196	大邑县	1 018	荣县	1 957	筠连县	1 217
绵阳市	1 570	芦山县	403	隆昌市	787	西昌市	1 224
汶川县	767	岳池县	1 294	石棉县	842	金阳县	614
绵竹市	968	康定市	111	富顺县	1 071	布拖县	248
仪陇县	1 292	大英县	689	自贡市	716	普格县	391
什邡市	627	双流区	1 115	犍为县	1 273	德昌县	906
南部县	2 289	遂宁县	1 479	九龙县	73	盐边县	1 743
盐亭县	1 641	简阳市	2 223	泸县	1 226	宁南县	910
三台县	2 654	乐至县	1 418	甘洛县	816	米易县	1 376
罗江县	447	邛崃市	911	宜宾市	2 901	会东县	1 264
彭州市	1 139	武胜县	419	沐川县	1 114	攀枝花市	1 711
达川市	164	邻水县	262	木里县	168		

4. 最适宜区

补骨脂的最适宜区为海拔 300~1 200 m 的地区，年均气温 17 ℃，1 月平均气温 9.4 ℃，7 月平均气温 22.5 ℃，年降雨量 1 039 mm，包括金堂、会理、甘洛、西昌等地。见图 4-373。

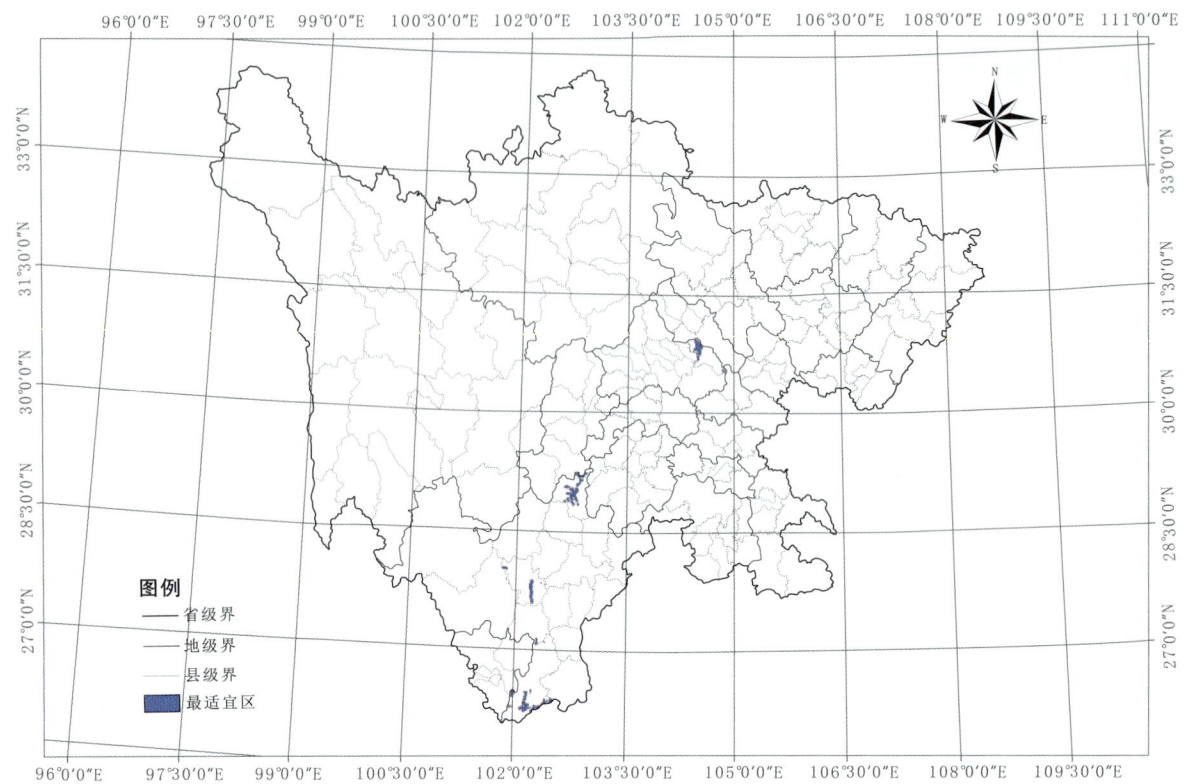

图4-373 补骨脂最适宜区示意图

表4-185 补骨脂最适宜区面积（km²）

区 县	面 积	区 县	面 积
金堂县	202	西昌市	157
甘洛县	292	会理县	272

【基地建设】四川省在凉山州的西昌、会理等地建立了栽培实验基地，在其周边地区也有大面积栽培。

八十五、牡丹皮生产区划

【来源】为毛茛科植物牡丹 Paeonia suffruticosa Andr. 的干燥根皮。

【道地沿革】始载于《神农本草经》，列为中品。《名医别录》："生巴郡山谷及汉中。"《日华子本草》："巴、蜀、合州者上，海盐者次之。"《唐本草》："生汉中。剑南（成都附近地区）所出者凌冬不雕，根似芍药。"《本草品汇精要》称："道地巴蜀、剑南、合州、和州、宣州并良"。四川灌县所产称川丹皮；甘肃、陕西及四川康定、泸定所产称西丹皮；四川西昌所产称西昌丹皮。清·蒋超《峨眉山志》、清·同治《仁寿县志》、清·光绪《盐源县志》等均记载产牡丹皮。明·贾所学《药品化义》："川丹皮内外俱紫，气香甚，治肝之有余。"

牡丹皮以条粗长、无木心、皮厚、断面粉白色、粉性足、亮星多、香气浓者为佳。

【性味归经】苦、辛，微寒。归心、肝、肾经。

【功能主治】 清热凉血，活血化瘀。用于热入营血，温毒发斑，吐血衄血，夜热早凉，无汗骨蒸，经闭痛经，跌扑伤痛，痈肿疮毒。

【药理作用】

1. 抗炎、抗过敏

牡丹皮水煎液（40 g/kg、20 g/kg、10 g/kg）灌胃，能抑制二甲苯所致的小鼠耳廓肿胀，对角叉菜胶、甲醛和新鲜蛋清所致的大鼠足跖炎症均有不同程度的抑制作用。牡丹皮水煎液 15 g/kg 灌胃对大鼠同种被动皮肤过敏反应（PCA）有显著的抑制作用；15 g/kg、20 g/kg 对大鼠反向皮肤过敏反应（RCA）有显著的抑制作用；5 g/kg、15 g/kg、30 g/kg 对 Arthus 型足跖肿胀有显著的抑制作用。牡丹皮 70% 甲醇提取物也具有抗炎作用。

牡丹皮总苷 25 mg/kg、50 mg/kg、100 mg/kg 灌胃给药可显著抑制角叉菜胶诱导的大鼠急性足跖肿胀和二甲苯诱导的小鼠耳廓肿胀，且呈明显的剂量依赖性关系；致炎前 1 h 灌胃牡丹皮总苷（TGM）25~100 mg/kg 对佐剂性关节炎大鼠原发性炎症有明显的抑制作用；而致炎后 12 d 开始灌胃同等剂量 TGM 治疗，连续 11 d，可显著抑制佐剂性关节炎大鼠的继发性炎症反应。牡丹皮总苷 25 mg/kg、50 mg/kg、100 mg/kg 灌胃给药对 AA 大鼠（继发性炎症反应、继发性足肿胀、多发性关节炎、继发炎症反应的踝关节病理组织学改变）有明显治疗作用，且以每日 50 mg/kg 疗效最佳，并可使 AA 大鼠萎缩的胸腺器官重量恢复至正常。

丹皮酚 150 mg/kg、75 mg/kg 腹腔注射能显著抑制豚鼠 Forssman 皮肤血管炎性反应、大鼠反向皮肤过敏反应、大鼠主动和被动 Arthus 型足跖肿胀；对绵羊红细胞、牛血清白蛋白诱导的小鼠迟发型足跖肿胀，对二硝基氯苯引起的小鼠接触性皮炎均有明显的抑制作用。丹皮酚 100 mg/kg、200 mg/kg 腹腔注射，对小鼠二甲苯耳廓肿胀有显著抑制作用。

2. 增强免疫

牡丹皮煎剂每日 20 mg/kg 连续灌胃 14 d，能促进小鼠单核巨噬细胞的吞噬功能，提高特异性免疫功能，增加免疫器官重量。牡丹皮水煎液 52 mg/kg、26 mg/kg、13 mg/kg 灌胃小鼠，中、高剂量组抗体指数显著增加，高剂量组耳廓肿胀度和中、高剂量组淋巴细胞转化试验吸光度差值显著增加，高剂量组单核 - 巨噬细胞的吞噬指数和 NK 细胞活性均显著增加。

连续吸入丹皮酚雾化剂 14 d，每日 4 ml/kg，从第 10 d 起给药剂量增加为 6 ml/kg，可提高大鼠肺巨噬细胞吞噬率、外周血淋巴细胞酸性 α- 醋酸萘酯酶阳性百分率和脾细胞花环形成百分率。50.27 mg/kg、25.14 mg/kg、12.57 mg/kg 丹皮酚灌胃能提高小鼠巨噬细胞的吞噬功能，使小鼠血清溶血素含量明显增加，减轻二硝基氯苯（DNCB）所导致的皮肤迟发型变态反应，牡丹皮水煎液 1 g（生药）/ml、0.25 g（生药）/ml 体外能显著调节抗淋巴细胞血清（ALS）所致细胞免疫功能低下小鼠的 Ts 功能异常，对 ALS 所致小鼠的 B 淋巴细胞转化率和 NK 细胞活性都是有显著的增强作用。

丹皮总苷（TGM）灌胃对 AA 大鼠低下的 ConA 诱导的增殖反应和 IL-2 产生以及对 AA 大鼠腹腔巨噬细胞（PMφ）过高的 IL-1 和 PGE2 有明显的抑制作用。体外培养发现，TGM 对 LPS 诱导正常大鼠 PMφ 产生 IL-1 具有低浓度（0.4~10 mg/L）促进和高浓度（50~250 mg/L）抑制的双向作用，对 PMφ 产生 PGE_2 呈浓度依赖性地升高，其中 IL-1 产生曲线的下降支与 PGE2 释放曲线两线呈负相关（$r=-0.998$）；同时发现 TGM 在 10~250 mg/L 范围内能显著抑制 AA 大鼠 PMφ 产生 IL-1 和 PGE_2，同时显著促进 AA 大鼠脾淋巴细胞 ConA 增殖反应和 IL-2 的产生。

3. 抑制中枢神经系统

（1）镇痛。丹皮酚 50.27 mg/kg、25.14 mg/kg 和 12.57 mg/kg 连续灌胃 3 d，能明显减少醋酸所

致小鼠的扭体反应次数，使热刺激所致小鼠疼痛的痛阈值明显提高。

（2）解热。丹皮酚 200 mg/kg 或丹皮酚磺酸钠 3 g/kg 腹腔注射正常小鼠，30 min 后动物体温分别降低 2.9 ℃和 0.9 ℃；同等剂量的丹皮酚或丹皮酚磺酸钠对三联疫苗（霍乱、伤寒、副伤寒）致热家兔有显著解热作用，丹皮酚的解热作用优于丹皮酚磺酸钠。

（3）抗惊厥。牡丹皮流浸膏 375 mg（生药）/kg、500 mg（生药）/kg 灌胃，对电惊厥及戊四氮、士的宁、氨基脲型小鼠惊厥有对抗作用，其抗惊厥作用强度与剂量相关。牡丹皮流浸膏 250 mg/kg 灌胃，对小鼠苯巴比妥抗电惊厥具协同作用。

4. 保护脑组织

丹皮酚 100 mg/kg、50 mg/kg 连续腹腔注射 7 d，均能不同程度抑制大鼠反复性短暂脑缺血再灌注模型脑缺血引起的脑组织 Ca^{2+} 聚集，提高 Ca^{2+}-ATP 酶活性，抑制 SOD 活性下降及 MDA 含量增加。在大鼠脑出血前 30 min，按 50 mg/kg 腹腔注射丹皮酚可干预立体定向术和新鲜未肝素化血液注入尾状核而建立的大鼠脑出血模型，使脑出血组血肿周围远隔部位的 rCBF 明显增加，脑组织水分含量降低，神经行为学明显改善，与单纯出血组比较有显著差异性。腹腔注射丹皮酚注射液（100 mg/kg）能够使线栓法制备大鼠大脑中动脉缺血 2 h 再灌注 24 h 模型大鼠脑缺血再灌注后中性粒细胞浸润数目较对照组明显减少，细胞间黏附分子 1（ICAM-1）阳性微血管数少于对照组。体外实验表明：0.2~5 mmol/L 的丹皮酚注射液可显著降低大鼠神经元缺糖缺氧时细胞死亡率，减弱 NMDA 受体结合力。

5. 对心血管系统的作用

丹皮酚 50 mg/kg、100 mg/kg 十二指肠给药，可显著降低结扎冠状动脉制作的心梗模型大鼠心肌梗死占全心面积的百分比，对结扎导致的 S-T 段的升高有降低作用；使心电图 S-T 段明显降低，CK、TXB2 也明显降低。丹皮酚 75 mg/kg、150 mg/kg 灌胃，可明显升高高脂饮食法复制的 AS 病理模型家兔血清及主动脉组织中 TNF-α 含量；丹皮酚（150 mg/L，200 mg/L）体外可显著抑制体外培养由 TNF-α 所诱导的家兔血管平滑肌细胞增殖。丹皮酚磺酸钠 50~400 μg/ml 能显著抑制正常乳鼠心肌细胞 Ca^{2+} 快相（5 min）和慢相（120 min）摄取及搏动频率，显著抑制钙反常心肌细胞 $^{45}Ca^{2+}$ 摄取和降低胞内过氧化脂质含量，且呈剂量依赖性。

【品质研究】 张留记等采用 RP-HPLC 方法建立了测定牡丹皮中丹皮酚和芍药苷含量的方法。结果表明，牡丹皮中两种成分明显正相关，其中四川牡丹皮中两种成分含量最高。

【原植物】 落叶灌木。高 1~2 m；主根粗而长，有香气。分枝短而粗。叶通常为二回三出复叶，偶尔近枝顶的叶为 3 小叶；顶生小叶宽卵形，长 7~8 cm，宽 5.5~7 cm，3 裂至中部，裂片不裂或 2~3 浅裂，表面绿色，无毛，背面淡绿色，有时具白粉，沿叶脉疏生短柔毛或近无毛，小叶柄长 1.2~3 cm；侧生小叶狭卵形或长圆状卵形，长 4.5~6.5 cm，宽 2.5~4 cm，不等 2 裂至 3 浅裂或不裂，近无柄；叶柄长 5~11 cm，和叶轴均无毛。花单生枝顶，直径 10~17 cm；花梗长 4~6 cm；苞片 5，长椭圆形，大小不等；萼片 5，绿色，宽

图4-374 牡丹原植物（方清茂摄）

卵形，大小不等；花瓣5，或为重瓣，玫瑰色、红紫色、粉红色至白色，通常变异很大，倒卵形，长5~8 cm，宽4.2~6 cm，顶端呈不规则的波状；雄蕊长1~1.7 cm，花丝紫红色、粉红色，上部白色，长约1.3 cm，花药长圆形，长4 mm；花盘革质，杯状，紫红色，顶端有数个锐齿或裂片，完全包住心皮，在心皮成熟时开裂；心皮5，稀更多，密生柔毛。蓇葖果长圆形，密生黄褐色硬毛。花期4~5月；果期5~8月。见图4-374。

【生物学特性】喜温暖湿润气候，较耐寒，耐旱，怕涝，怕高温，忌强光。喜上层深厚、排水良好、肥沃疏松的沙质壤土或粉沙壤土。种子寿命短，隔年发芽率仅为30%左右。

【栽培技术】

1. 选地整地

应选阳光充足、排水良好及地下水位较低的地方种植，土壤以肥沃的夹沙土或泥沙土为最好，黏土、盐碱地及低洼地均不宜栽培；前作以芝麻、花生、黄豆为好，忌连作，要间隔3~5年再种。整地要求深耕细作，耕翻3次，深60~75 cm，注意翻地时要保证平整，以防积水腐烂。

2. 繁殖方法

牡丹品种较多，由于品种和栽培目的不同，繁殖方法也不一样，分有性（种子）繁殖和无性（分株、嫁接、扦插）繁殖。

（1）种子繁殖。7月底~8月初种子陆续成熟时，分批采收，当果实呈蟹黄色时摘下，放室内阴凉潮湿地，使种子在壳内后熟，并经常翻动，以免发热，待大部分果实开裂，种子脱出，即可进行播种。

播前选粒大饱满者作种子，用50℃温水浸种24~30 h，使种皮变软脱胶、吸水膨胀易于萌发。一般在9月中、下旬播种，不可晚于9月下旬，过晚当年发根少而短，第2年出苗率低，生长差。播种前，施足基肥，将土地深耕细耙，作120~150 cm宽的平畦，用当年采收的新鲜种子，用湿草木灰拌后播下，条播或撒播均可。条播行距6~9 cm，沟深3 cm左右，将1粒种子每隔0.9~1.5 cm均匀播于沟内，然后覆土盖平，稍加镇压，每亩用种量25~35 kg；撒播时先将畦面表土扒去3 cm深，再将种子均匀地撒入畦面，然后用湿土覆盖3 cm左右，稍加镇压，每亩用种量约50 kg左右。为防止冬季干旱，可在覆土后，用高粱秆顺畦放两根作标记，在上面再加覆土6 cm厚，或盖1.5~3 cm厚的牛马粪或厩肥，以防寒保湿。

翌年早春，扒去覆盖的牛马粪或茅草，幼苗出土前浇1次水，以后若遇干旱浇水，雨季注意排除积水，并经常松土除草。出苗后于春季及夏季各追腐熟的饼肥或人粪尿1次，并注意防治苗期病虫害。管理好、长势强的小苗，当年秋季可移栽；生长不良的小苗须2年后移栽。移栽也须施足底肥，按行株距45 cm×（30 cm~45 cm）刨坑，深24~30 cm，每坑栽大苗1株或小苗2株，填土时注意使根伸直，填一半时将苗轻轻往上提一下，使根舒展不弯曲，将周围泥土压实，并在顶芽上培土2~9 cm成小堆，以防寒越冬。

（2）分株繁殖。于9月下旬~10月上旬收获牡丹皮时，将刨出的根，大的切下作药，选部分生长健壮无病虫害的中小根，从根状茎处劈开分成数棵，每棵留芽2~3个。在整好的土地上按行株距60 cm刨坑，坑深45 cm左右，坑直径18~24 cm，栽法同小苗移栽，并用土将保留的枝条埋住，最后封土成堆，高15 cm左右。栽后半月浇水。

3. 田间管理

在生长期要经常松土除草，每年7~10次，雨后及时除草，保持土表不板结，地内无杂草。牡丹喜肥，除施足底肥外，每年春、秋季各追肥1次，每次每亩可施土杂肥2 500~3 000 kg，也可施饼肥150~250 kg，在行间开15 cm左右的沟，将肥料撒在沟内，松土盖好。如天旱，施肥后应浇水，浇水在傍晚进行，雨季注意及时排除积水。每年春季现蕾后，除留种子者外，及时摘除花蕾，使养分供根系生长发育。秋后封冻前可培土 15 cm 左右或盖茅草，防寒过冬。

【采收加工】分株繁殖生长 3~4 年，种子播种 4~6 年即可收获。9 月下旬将根部深挖起，去净泥土，去掉须根，用手紧握鲜根，抽出木心，按根条粗细分成三级，晒干。用竹刀或碎碗片刮去外皮，即成刮丹皮（粉丹皮）；不去外皮只抽木心晒干者为连丹。一般每 1.5 kg 鲜根可加工 0.25 kg 丹皮，正常产量每亩收丹皮可达 500 kg 以上。因丹皮易断碎，收获后要分等级用竹筐或柳条筐包装，其内垫上防潮纸，然后将筐封好，置放于干燥通风处。见图 4-375。

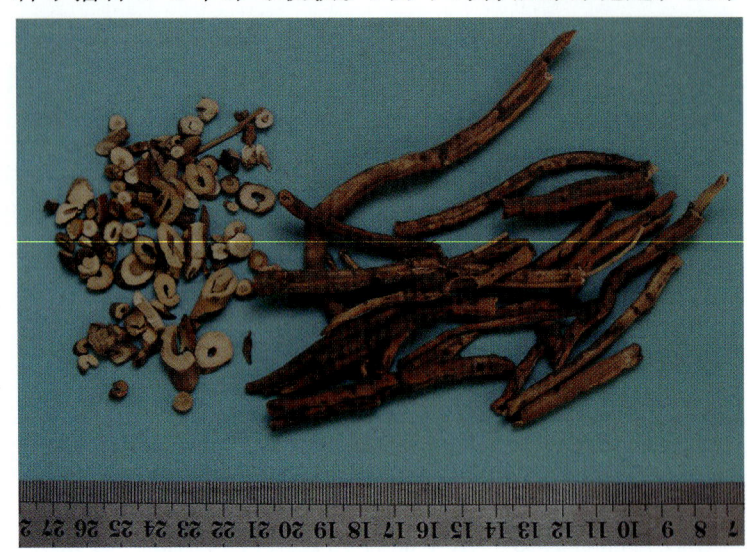

图 4-375　牡丹皮药材（税丕先摄）

【适宜区与最适宜区】

1. 生态环境

生于海拔 2 800 m 以下的地区。

2. 生态因子

年均气温高于 15.8 ℃，1 月平均气温 4.5 ℃，7 月平均气温 26 ℃。

3. 适宜区

牡丹皮的适宜区为海拔 400~2 800 m 的坪坝与山区，包括盐源、木里、西昌、甘孜州、阿坝州、都江堰、绵竹、什邡、彭州等地。见图 4-376。

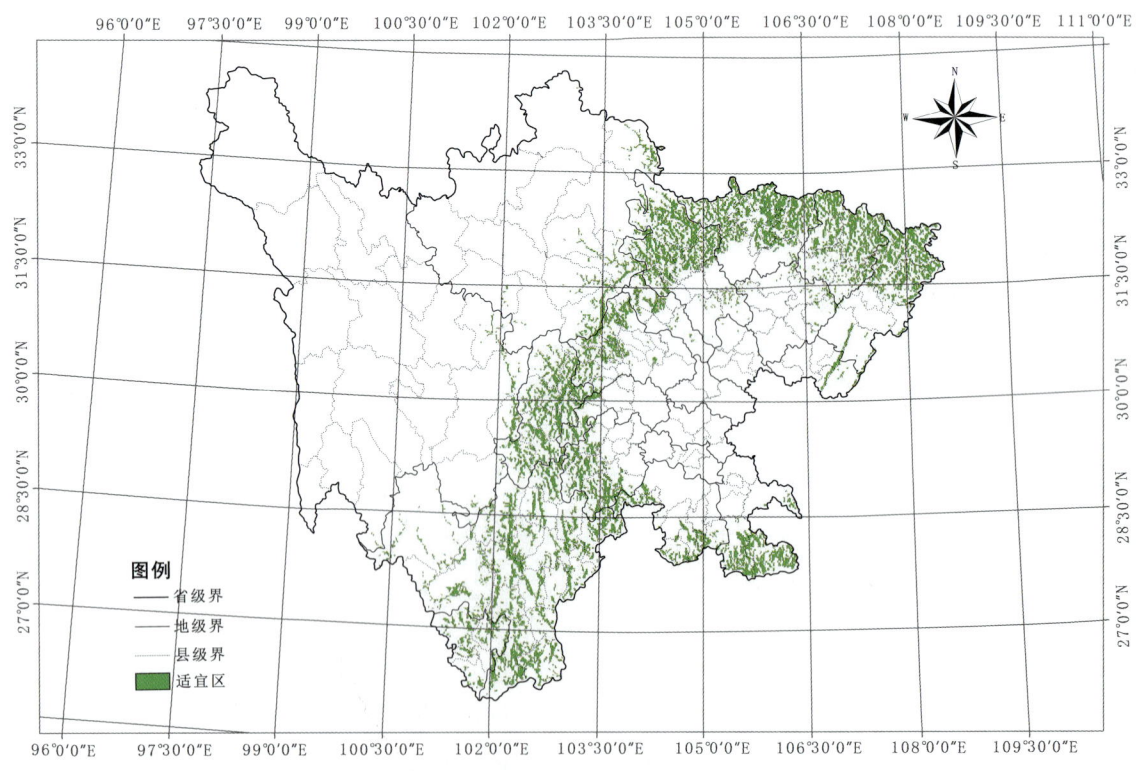

图 4-376　牡丹皮适宜区示意图

表4-186　牡丹皮适宜区面积（km²）

区县	面积	区县	面积	区县	面积	区县	面积
若尔盖县	43	达川市	101	名山县	259	金阳县	598
九寨沟县	771	营山县	422	雅安市	489	布拖县	374
松潘县	362	丹巴县	268	丹棱县	209	普格县	672
色达县	1 003	都江堰市	409	泸定县	539	德昌县	1 129
平武县	3 674	德阳市	428	洪雅县	882	盐边县	1 530
青川县	1 659	中江县	983	荥经县	796	宁南县	525
广元市	2 820	蓬安县	228	夹江县	316	米易县	1 193
南江县	2 052	渠县	300	乐山市	49	会东县	1 448
旺苍县	1 713	西充县	221	汉源县	1 105	攀枝花市	911
壤塘县	1 926	开江县	647	峨眉山市	426	白玉县	25
黑水县	255	射洪县	391	稻城县	95	道孚县	6
通江县	2 312	南充市	207	石棉县	960	新龙县	1
马尔康市	155	新都区	25	犍为县	375	广汉市	156
剑阁县	1 621	郫都区	6	九龙县	367	岳池县	364
万源市	2 369	金堂县	651	甘洛县	911	大英县	19
江油市	1 385	宝兴县	801	宜宾市	582	理塘县	4
茂县	835	蓬溪县	155	沐川县	628	遂宁县	20
苍溪县	1 220	龙泉驿区	710	得荣县	294	乐至县	669
巴中市	1 205	崇州市	458	木里县	1 035	仁寿县	1 149
金川县	213	温江区	118	马边县	1 052	安岳县	604
理县	2 667	广安区	289	合江县	95	资阳市	619
梓潼县	854	大邑县	419	越西县	1 385	资中县	295
平昌县	1 089	芦山县	532	屏山县	691	青神县	157
阆中市	814	康定市	424	美姑县	982	井研县	330
宣汉县	2 428	双流区	692	长宁县	195	威远县	421
安县	569	简阳市	1 008	高县	603	乐山市	608
绵阳市	787	巴塘县	165	雷波县	1 057	乡城县	15
汶川县	960	邛崃市	425	喜德县	1 037	荣县	531
小金县	138	邻水县	495	叙永县	1 475	隆昌市	44
绵竹市	354	雅江县	87	珙县	699	富顺县	42
仪陇县	727	新津县	191	兴文县	622	自贡市	30
什邡市	112	华蓥市	125	昭觉县	930	泸县	58
南部县	622	彭山县	233	古蔺县	1 706	泸州市	464
盐亭县	803	天全县	847	盐源县	2 386	叙州区	130
三台县	1 273	蒲江县	199	筠连县	636	合江县	674
罗江县	233	眉山市	566	西昌市	1 291	越西县	725
彭州市	391						

4. 最适宜区

牡丹皮的最适宜区为彭州海拔 400~1 500 m 的地区、西昌海拔 1 400~2 500 m 的地区。见图 4-377。

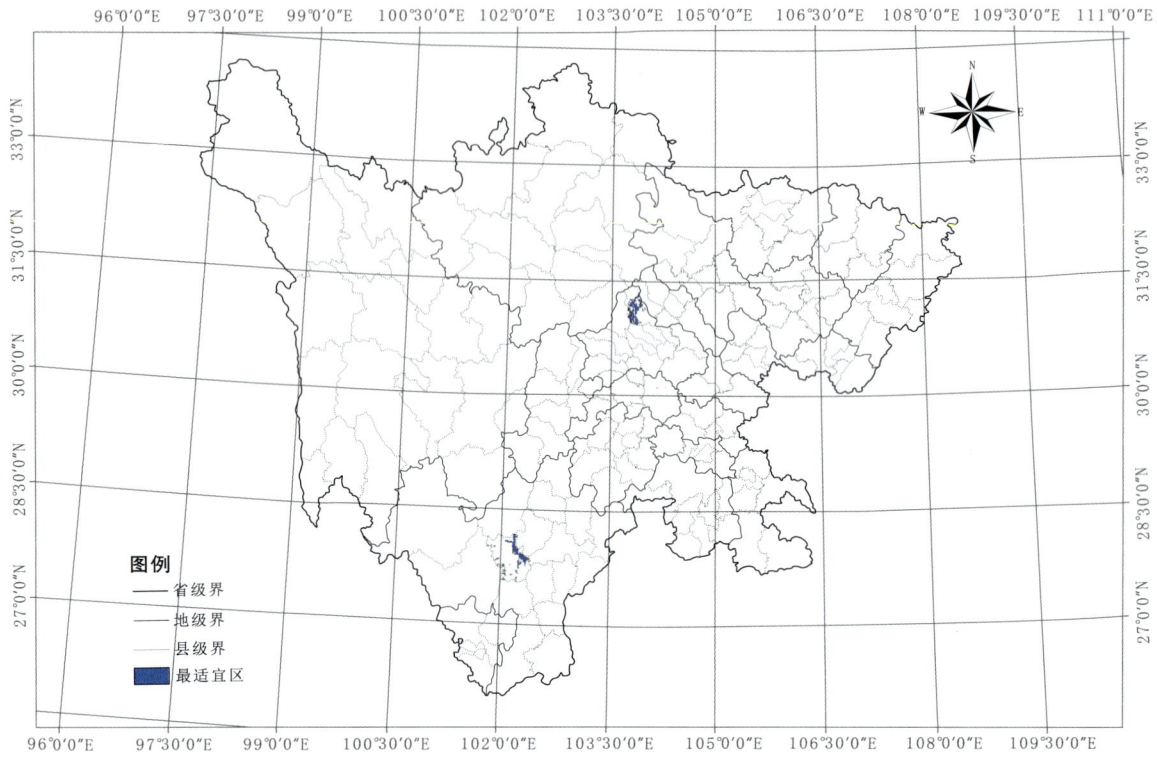

图4-377 牡丹皮最适宜区示意图

表 4-187 牡丹皮最适宜区面积（km^2）

区 县	面 积	区 县	面 积
彭州市	329	西昌市	1 072

【基地建设】四川省在彭州有大面积牡丹栽培基地。

八十六、重楼生产区划

【来源】为百合科植物华重楼 Paris polyphylla Smith var. chinensis（Franch.）Hara 或宽瓣重楼 Paris polyphylla Smith var. yunnanensis（Franch.）Hand.-Mazz. 的干燥根茎。

【道地沿革】重楼，一名蚤休，始载于《神农本草经》，列为下品。《新修本草》："今谓重楼者是也。一名重台，南人名草甘遂，苗似王孙、鬼臼等，有二、三层。根如肥大菖蒲，细肌脆白，醋摩疗痈肿，敷蛇毒，有效。"王强《道地药材图典》："滇重楼主产于云南、贵州、四川、广西。"《中华道地药材》："七叶一枝花分布于四川、贵州、云南、西藏东南部。"四川的重楼根据产区分为两个部分，一种是气候较为干旱的凉山州与攀枝花地区，所产重楼为宽瓣重楼，当地习称"滇重楼"；一种是生于湿度较大的四川盆地周围山区的华重楼。

以身干、根茎粗大、质坚实、断面色白、粉性足者为佳。

【性味归经】 苦,微寒,有小毒。归肝经。

【功能主治】 清热解毒,消肿止痛,凉肝定惊。用于疔疮痈肿,咽喉肿痛,毒蛇咬伤,跌扑伤痛,惊风抽搐。

【药理作用】

1. 镇静、镇痛

据报道,重楼浸液湿敷对人恶性肿瘤化疗渗漏、镇痛、消肿有显著疗效。七叶一枝花、滇重楼甲醇提取物灌胃 9 g/kg,对电刺激和热板法致痛的雌性小鼠有明显镇痛作用;可明显减少小鼠的自发活动数。小鼠在急性单次皮下注射盐酸吗啡(6 mg/kg)后,海马 ACTH 和 β-EP 含量升高,而当连续 5 次皮下注射盐酸吗啡(6 mg/kg,间隔 2 h)后,海马 ACTH 和 β-EP 含量回降,重楼皂苷给小鼠灌胃 300 mg/kg 对这一回降过程有抑制作用,并有增强吗啡对急性吗啡耐受大鼠痛阈的提高作用。

2. 对血液系统的作用

从七叶一枝花常用的 6 个种和变种提取的乙醚回流脱脂甲醇提取物给小鼠灌胃 6 g/kg,毛细玻管法测定,结果显示均对小鼠有明显的止血作用。体内外血小板聚集模型研究表明,重楼甾体总皂苷 75 mg/kg、150 mg/kg、300 mg/kg 连续灌胃给药 7 次,能够增强 ADP 诱导的大鼠血小板聚集;体外能够直接诱导血小板聚集,100 μg/ml 的重楼甾体总皂苷没有明显促血小板聚集作用,150 μg/ml 可明显促进血小板聚集,当重楼甾体总皂苷浓度达到 300 μg/ml 时,聚集强度基本达到饱和状态,其 EC_{50} 值约为 167.34 μg/ml,并呈明显量效关系;电镜观察表明重楼甾体总皂苷能够引起血小板超微结构发生改变,血小板膜结构破坏;且研究发现肾上腺素能够增强重楼甾体总皂苷诱导的血小板聚集,且该增强作用能被酚妥拉明所拮抗,蛋白酪氨酸磷酸酶抑制剂过钒酸钠能够增强重楼甾体总皂苷诱导血小板聚集的作用。

3. 抑制病原微生物

体外试验表明七叶一枝花水煎剂有很强的抗白色念珠菌作用,MIC 为 1.5 mg/ml,效价为 6.25 mg/ml。对从七叶一枝花常用的 6 个种和变种提取的乙醚回流脱脂甲醇提取物进行抑菌实验,结果显示各药对宋氏痢疾杆菌、黏质沙雷杆菌、大肠杆菌、金黄色葡萄球菌(敏感和耐药)均有一定的抑制作用,对绿脓杆菌有扩散色素作用。采用 TLC-生物自显影-MTT 法检测 3 株滇重楼内生真菌即芬芳镰刀菌、季氏毕赤酵母和烟曲霉菌液及菌丝的正丁醇提取物对大肠杆菌、枯草芽孢杆菌、白色念珠菌和稻瘟病菌的抗菌活性和成分,菌液提取物的抑制活性要强于菌丝提取物成分;以芬芳镰刀菌和季氏毕赤酵母菌液提取物中含有的抗菌活性成分居多。从云南重楼块状茎中分离出 166 株内生真菌,其中分属于青霉属、木霉属、组丝核菌属和根霉属的 4 株内生真菌对细菌、植物致病真菌、皮肤致病真菌多种病原微生物具有显著抑制生长的作用。

4. 抗肿瘤

不同浓度(10 μg/ml、20 μg/ml、40 μg/ml、80 μg/ml)的重楼水煎液,可能通过抑制肿瘤细胞的蛋白质与 DNA 合成,抑制肿瘤细胞的有丝分裂,进而抑制人结肠癌 SW480 细胞增殖。重楼水提物能抑制人肝癌 SMMC-7721 细胞的增殖,并呈浓度和剂量依赖性,作用于人肝癌 SMMC-7721 细胞 72 h 的 IC_{50} 为 0.17 mg/ml;重楼水提物 0.1~0.8 mg/ml 与土鳖虫水提物 1~4 mg/ml 同时给药对人肝癌 SMMC-7721 细胞可产生单纯相加至协同杀伤作用。另外,重楼提取物(含总皂苷 3%)在 62.5~2 000 ug/ml 时,对肝癌 HepG2 细胞有杀伤作用。重楼的水、甲醇和乙醇提取物对人肺癌 A-549、人乳腺癌 MCF-7、人结肠腺癌 HT-29、人肾癌 A-496、人胰腺癌 PACA-2、人前列腺癌 P-3 等 6 种肿瘤细胞均有明显的抑制作用。重楼醇提物对人胃癌、肝癌、肺癌、大肠癌等 4 株细胞系的 IC_{50} 平均值为 41.13 μg/ml；利用反转录－聚合酶链反应（RT-PCR）法检测重楼醇提物对凋亡相关蛋白 survivin mRNA 表达的影响，发现重楼醇提物对部分细胞系及原代细胞中凋亡相关蛋白 survivir mRNA 有下调作用。

5. 保护肾脏

重楼煎剂灌胃每日 2 g/kg，连续 4 周，对阳离子化牛血清白蛋白（C-BSA）复制的膜性肾病模型大鼠有保护作用，能明显抑制模型大鼠的肾小球 NF-κB 活化及 Col Ⅳ 分泌，降低模型大鼠的 NF-κB 的 mRNA 表达，能明显改善造模引起的大鼠蛋白尿和高胆固醇血症，明显减低肾小球 IgG 和 C3 荧光强度，明显减低纤维连接蛋白（FN）的 mRNA 表达。重楼煎剂灌胃每次 2 g/kg、1 g/kg、0.5 g/kg，每日 2 次，连续 3 d，于第 4 日分离小鼠血清，可抑制大鼠肾小球系膜细胞 MC 的异常增殖，诱导 MC 凋亡，呈剂量依赖性；可抑制 MC 抗凋亡基因 Bcl-2 mRNA 的表达。进一步研究表明，重楼含药血清可抑制 MC 的异常增生及 MC 过度分泌 FN。

【品质研究】陈铁柱等比较分析了华重楼皂苷类成分与生态因子的相关性。采用 HPLC 法测定了不同华重楼样品中重楼皂苷的含量，利用数字高程模型和 ArcGIS 软件提取生态因子数据，应用主成分分析确定了偏诺皂苷-3-O-β-D-glu（1→3）[α-L-rha（1→2）]-β-D-glu（PGGR），重楼皂苷 Ⅶ、H、I 和 V 是华重楼的主要有效成分；采用回归分析法分析了这些生态因子与重楼药材皂苷类化学成分之间的相关性和变量投影重要性，应用 SPSS 22.0 偏最小二乘回归方法建立了回归方程。结果青川、洪雅、巴中的重楼皂苷 Ⅰ、Ⅱ、Ⅵ、Ⅶ 的总量达到了 2015 年版《中国药典》最低限量标准，这几个产地华重楼品质较优。生态因子中日照时数、7月最高气温、7月平均温度与重楼皂苷 Ⅶ 和 PGGR 呈负相关关系，1月最低气温和1月平均气温与重楼皂苷 Ⅶ 和 PGGR 呈正相关关系。日照时数、7月最高气温、7月平均气温与重楼皂苷 H、I 和 V 呈正相关关系；海拔高度、相对湿度、年均降水量、1月平均气温与重楼皂苷 H、I 和 V 呈负相关关系。

【原植物】**七叶一枝花：**植株高 35~100 cm，无毛；根状茎粗厚，直径达 1~2.5 cm，外面棕褐色，密生多数环节和许多须根。茎通常带紫红色，直径（0.8）1~1.5 cm，基部有灰白色干膜质的鞘 1~3 枚。叶轮生，（5）7~10 枚，矩圆形、椭圆形或倒卵状披针形，长 7~15 cm，宽 2.5~5 cm，先端短尖或渐尖，基部圆形或宽楔形；叶柄明显，长 2~6 cm，带紫红色。花梗长 5~16（30）cm；外轮花被片绿色，轮生，（3）4~6 枚，狭卵状披针形，长（3）4.5~7 cm；内轮花被片狭条形，通常比外轮长；雄蕊 8~12 枚，花药短，长 5~8 mm，与花丝近等长或稍长，药隔突出部分长 0.5~1（2）mm；子房近球形，具棱，顶端具一盘

图4-378 华重楼原植物（黎跃成摄）

状花柱基，花柱粗短，具4~5分枝。蒴果紫色，直径1.5~2.5 cm，3~6瓣裂开。种子多数，具鲜红色多浆汁的外种皮。花期4~7月，果期8~11月。

华重楼：叶轮生，5~8枚，通常7枚，倒卵状披针形、矩圆状披针形或倒披针形，基部通常楔形。内轮花被片狭条形，通常中部以上变宽，宽1~1.5 mm，长1.5~3.5 cm，长为外轮的1/3至近等长或稍超过；雄蕊8~10枚，花药长1.2~1.5（2）cm，长为花丝的3~4倍，药隔突出部分长1~1.5（2）mm。花期5~7月，果期8~10月。见图4-378。

宽瓣重楼：叶轮生，（6）8~10（12）枚，厚纸质，披针形、卵状矩圆形或倒卵状披针形，叶柄长0.5~2 cm。外轮花被片披针形或狭披针形，长3~4.5 cm，内轮花被片6~8（12）枚，条形，中部以上宽达3~6 mm，长为外轮的1/2或近等长；雄蕊（8）10~12枚，花药长1~1.5 cm，花丝极短，药隔突出部分长1~2（3）mm；子房球形，花柱粗短，上端具5~6（10）分枝。花期6~7月，果期9~10月。

【**生物学特性**】 重楼有"宜荫畏晒，喜湿忌燥"的习性，喜生于森林腐殖土中。喜湿润、荫蔽的环境，在地势平坦、灌溉方便、排水良好、含腐殖质多、有机质含量较高的疏松肥沃的砂质壤土中生长良好。

【**栽培技术**】

1. 选地

选择地势平坦、灌溉方便、排水良好、含腐殖质较多、有机质含量较高的疏松肥沃的砂质黑壤土或红壤土，在这样的地块中种植重楼产量高、品质好，切忌在贫瘠易板结的土壤中种植。

2. 搭建荫棚

重楼属喜阴植物，忌强光直射，应在播种或移栽前搭建好遮荫棚。按4 m×4 m打穴栽桩，可用木桩或水泥桩，桩的长度为2.2 m，直径为5~8 cm，桩栽入土中的深度为30 cm，桩与桩的顶部用铁丝固定，边缘的桩子都要用铁丝拴牢，并将铁丝的另一端拴在小木桩上斜拉打入土中固定。在拉好铁丝的桩子上，铺盖遮荫度为70%的遮阳网，在固定遮阳网时应考虑以后易收拢和展开。在冬季风大和下雪的地区种植重楼，植株倒苗后（10月中旬），应及时将遮阳网收拢，第二年4月出苗前，再把遮阳网展开盖好。

3. 整地

（1）土地整理。选好种植地后要进行土地清理，收获前茬作物后认真清除杂质、残渣，并用火烧净，防止或减少来年病虫害的发生。清理后，将腐熟的农家肥均匀地撒在地面上，每亩施用2 000~3 000 kg，再用牛犁或机耕深翻40 cm以上，暴晒一个月，以消灭虫卵、病菌。然后细碎耙平土壤。

（2）平地作畦。土壤翻耕耙平后开畦。根据地块的坡向山势作畦，以利于雨季排水。为了便于管理，畦面不宜太宽，按宽1.2 m、高15 cm作畦，畦沟和围沟宽30 cm，使沟沟相通，并有出水口。

4. 繁殖技术

（1）种子繁殖。重楼种子具有明显的后熟作用，胚需要休眠完成后熟才能萌发。在自然情况下经过两个冬天才能出土成苗，且出苗率较低。重楼的种子大多在9、10月份成熟，为增进种子萌发力，待蒴果开裂后种皮变成酱红色时进行采收。把采收的果实洗去果肉，稍晾水分，作湿砂或土层积催芽。具体方法是：种子与砂（土）的比例为1∶5，再施用种子重量的1%的多菌灵可湿性粉剂并拌匀，装催苗框中，置于室内，催芽温度保持在18~22 ℃，每15 d检查一次，保持砂子的湿度在30%~40%之间（用手抓一把砂子紧握能成团，松开后即散开为宜）。第二年5月有超过50%的种子胚根萌发时便可播种。将处理好的种子按 1 cm×10 cm 的株行距播于做好的苗床上，苗床宽 1.2 m，高 15 cm，沟宽 30 cm。种子播后覆盖 1∶1 的腐殖土和草木灰，覆土厚约 3 cm，再在墒面上盖一层松针或碎草，厚度以不露土为宜，浇透水，保持湿润。这一年的 8 月有少部分出苗，大部分苗要到第三年 5 月后才能长出。种子繁育出来的种苗生长缓慢，3 年后，重楼苗形成明显根茎时方可进行移栽。

（2）根茎切块繁殖。根茎切块繁殖生产上主要以带顶芽切块繁殖为主。带顶芽切块繁殖的方法为：重楼倒苗后，取重楼根茎，按垂直于根茎主轴方向，在带顶芽部分节长 2~3 cm 处切割，伤口蘸草木灰或生石灰，随后按照大田种植的标准栽培，第二年春季便可出苗，其余部分可晒干作商品出售。

（3）移栽定植。移栽时间为 10 月中旬至 11 月上旬。此时移栽的重楼根系生长较快，花、叶等器官在芽鞘内发育完全，出苗后生长旺盛。按株行距 10 cm×15 cm 进行移栽，每亩种植 1.8~2.0 万株。在畦面横向开沟，沟深 5~15 cm，根据种植规格放置种苗，一定要将顶芽芽尖向上放置，用开第二沟的土覆盖前一沟，如此类推。播完后，用松针或稻草覆盖畦面，厚度以不露土为宜，起到保温、保湿和防杂草的作用。栽后浇透一次定根水，以后根据土壤墒情浇水，保持土壤湿润。

5. 田间管理

（1）合理灌溉。重楼移栽后每 10~15 d 应及时浇水 1 次，使土壤水分保持在 30%~40% 之间。出苗后，有条件的地方可采用喷灌，以增加空气湿度，促进重楼的生长。雨季来临前要注意理沟，以保持排水畅通。多雨季节要注意排水，切忌畦面积水。遭水涝的重楼根茎易腐烂，导致植株死亡，产量减少。

（2）中耕除草。移栽后，应抓紧时机，见草就除。先用手拔除重楼植株周围杂草，再用专用小锄轻轻除去其他杂草。锄草时不能伤及重楼的地上部分与须根。一般是中耕除草和松土结合进行。

（3）追肥。重楼的施肥以有机肥为主，辅以复合肥和各种微量元素肥料。有机肥包括充分腐熟的农家肥、家畜粪便、油枯及草木灰、作物秸秆等，禁止施用人粪尿。有机肥在施用前应堆沤 3 个月以上（可拌过磷酸钙），以充分腐熟。追肥每亩每次 1 500 kg，于 5 月中旬和 8 月下旬各追施 1 次。在施用有机肥的同时，应根据重楼的生长情况配合施用 N、P、K 肥料。重楼的 N、P、K 施肥比例一般为 1∶0.5∶1.2，每亩共施用尿素、过磷酸钙、硫酸钾各 10 kg、20 kg、12 kg；施肥采用撒施或兑水浇施，施肥后应浇一次水或在下雨前追施。重楼的叶面积较大，在其生长旺盛期（7~8 月）可进行叶面施肥促进植株生长，用 0.5% 尿素和 0.2% 磷酸二氢钾喷施，每 15 d 喷 1 次，共 3 次。喷施应在晴天傍晚进行。

（4）摘除花蕾。重楼的非采种田应在其花萼片展开后用手摘去花蕾，让养分集中在其营养生长上，促进根茎生长。

【采收加工】种子繁育种苗的重楼在移栽后 6 年以上采收最佳；带顶芽根茎的种苗在移栽后第 3 年以上采收。秋末 9~10 月重楼地上茎枯萎后采挖。挖取的重楼，去净泥土和茎叶，把带顶芽部分切下留作种苗，其余部分晾晒干燥或烘干，打包或装麻袋贮藏。见图 4-379。

图4-379　滇重楼药材（方清茂摄）

【适宜区与最适宜区】

1. 生态环境

生于海拔 900~3 100 m，四川盆地周围山区、攀西地区。

2. 生态因子

宽瓣重楼（滇重楼）年平均气温为 12~13℃，无霜期 270 d 以上，年降雨量 850~1 200 mm，光照度为 35%~60%。

3. 适宜区

重楼的适宜区为海拔 900~3 100 m 的山区，包括盆地周围山区、攀西地区、甘孜州、阿坝州。见图 4-380、图 4-381。

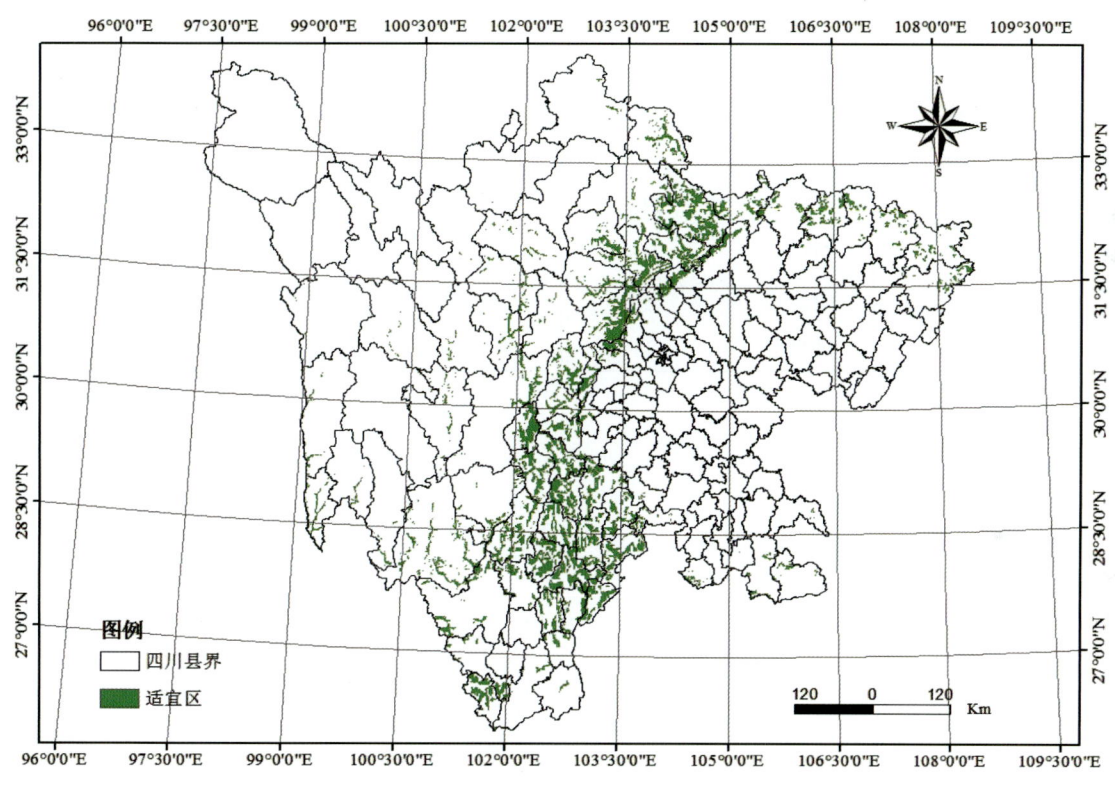

图4-380　华重楼适宜区示意图

表4-188　华重楼适宜区面积（km²）

区县	面积	区县	面积	区县	面积	区县	面积
若尔盖县	53	平昌县	3	巴塘县	306	合江县	31
九寨沟县	529	宣汉县	303	邛崃市	16	越西县	741
阿坝县	4	安县	280	邻水县	1	屏山县	181
松潘县	444	汶川县	1 293	雅江县	153	美姑县	789
色达县	4	小金县	82	天全县	378	雷波县	746
平武县	2 836	绵竹市	207	雅安市	150	喜德县	897
青川县	608	白玉县	75	泸定县	785	叙永县	145

续表

区 县	面 积	区 县	面 积	区 县	面 积	区 县	面 积
广元市	357	什邡市	58	洪雅县	63	兴文县	2
南江县	232	道孚县	67	荥经县	444	昭觉县	1 173
德格县	9	新龙县	54	内江市	9	古蔺县	128
旺苍县	554	彭州市	38	汉源县	728	盐源县	659
壤塘县	768	丹巴县	242	峨眉山市	31	筠连县	112
黑水县	380	都江堰市	252	稻城县	105	西昌市	384
通江县	322	渠 县	4	乡城县	84	金阳县	678
马尔康市	200	开江县	6	石棉县	749	布拖县	318
剑阁县	4	宝兴县	617	九龙县	325	普格县	479
万源市	264	崇州市	245	甘洛县	930	德昌县	13
江油市	410	广安区	2	沐川县	51	盐边县	353
茂 县	1 047	大邑县	113	得荣县	395	宁南县	179
苍溪县	26	芦山县	368	木里县	917	米易县	1
金川县	247	康定市	464	马边县	568	会东县	47
理 县	458	理塘县	23	冕宁县	995	攀枝花市	605

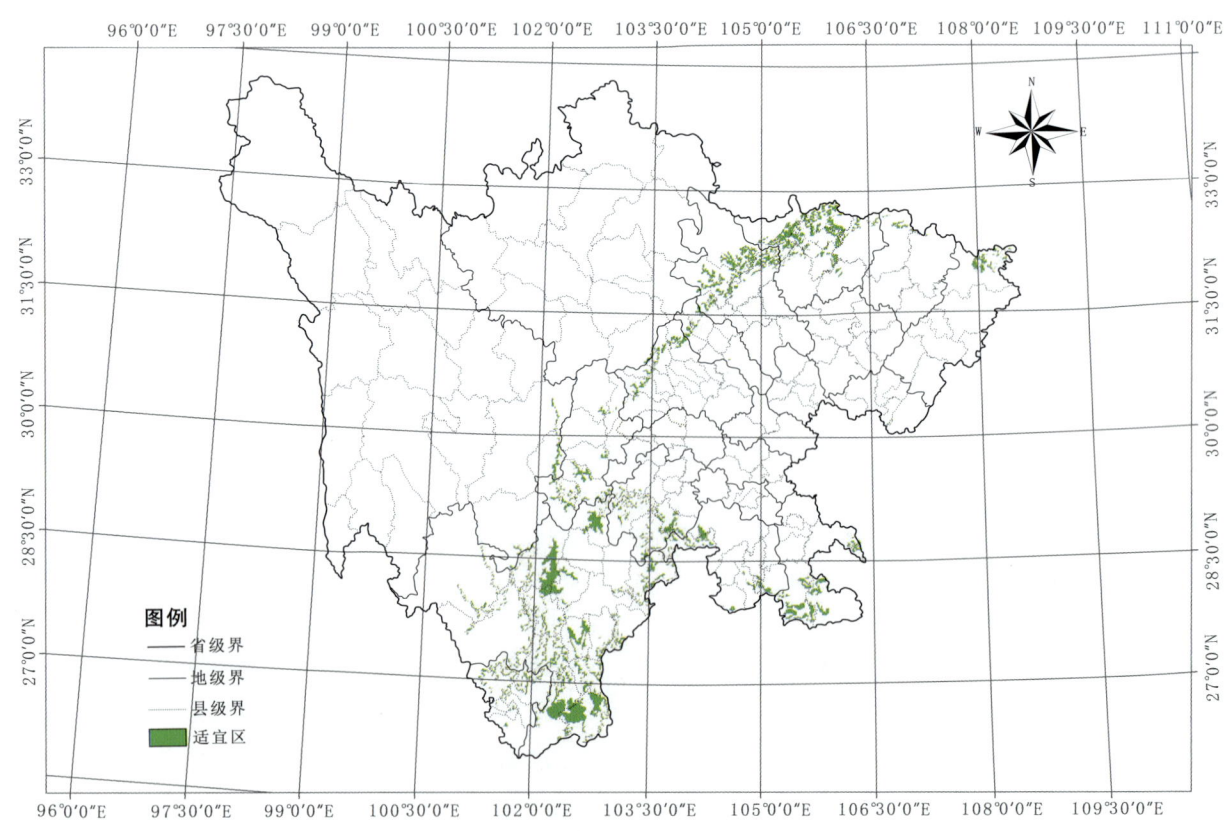

图4-381　滇重楼适宜区示意图

表4-189 滇重楼适宜区面积（km²）

区县	面积	区县	面积	区县	面积	区县	面积
甘洛县	413	雷波县	418	金阳县	125	宁南县	319
木里县	259	喜德县	263	布拖县	130	米易县	243
冕宁县	991	昭觉县	65	普格县	373	会理县	936
越西县	32	盐源县	393	德昌县	389	会东县	1 110
美姑县	48	西昌市	445	盐边县	335	攀枝花市	58

4. 最适宜区

华重楼的最适宜区为海拔900~2 000 m的山区，包括彭州、汶川、安县、崇州，见图4-382。宽瓣重楼（滇重楼）的最适宜区为海拔1 600~3 100 m的地区，包括凉山州、攀枝花等地，见图4-383。

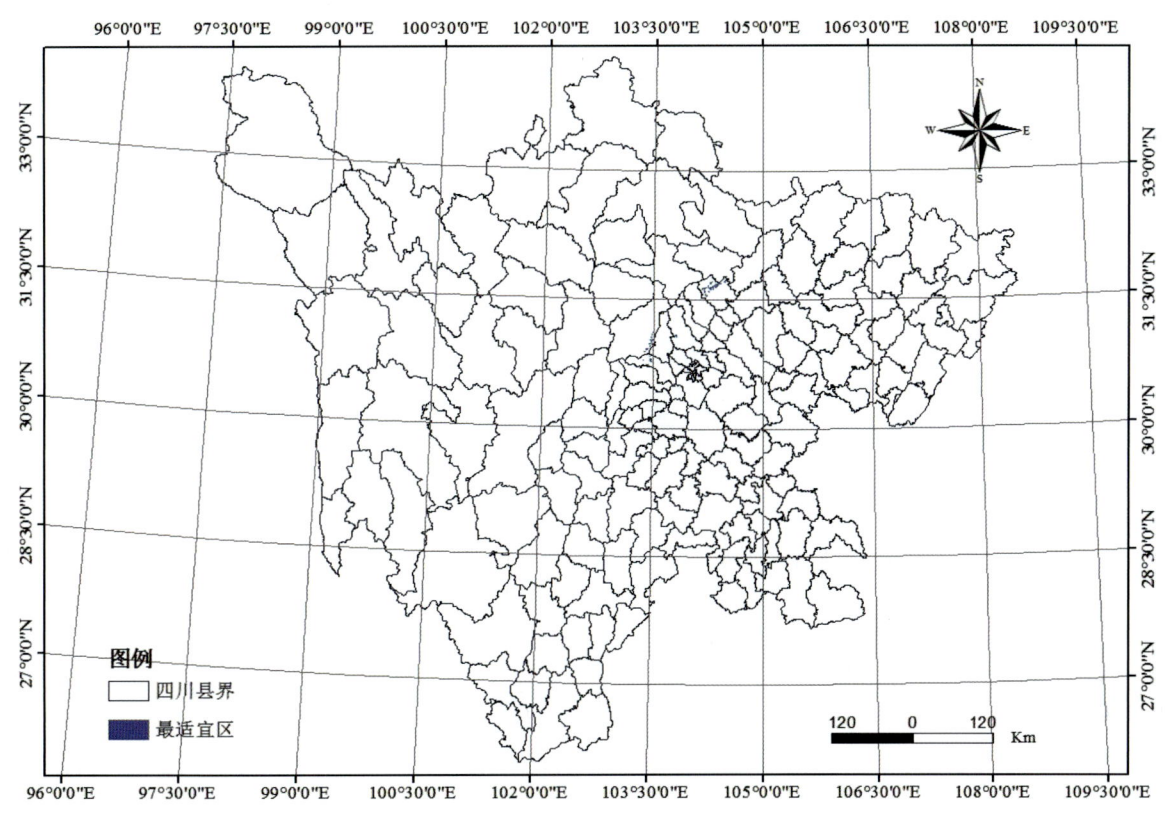

图4-382 华重楼最适宜区示意图

表4-190 华重楼最适宜区面积（km²）

区县	面积	区县	面积
安县	107	彭州市	7
汶川县	53	崇州市	19

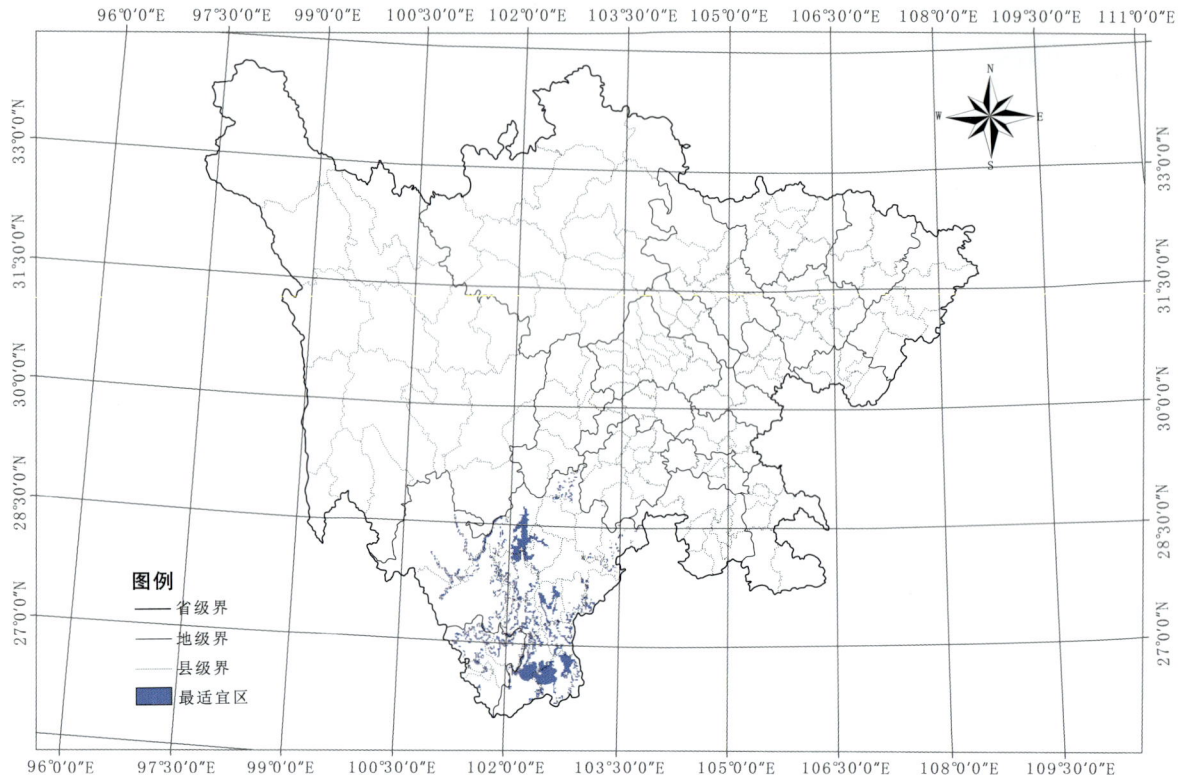

图4-383 滇重楼最适宜区示意图

表4-191 滇重楼最适宜区面积（km²）

区县	面积	区县	面积	区县	面积	区县	面积
甘洛县	278	雷波县	207	金阳县	118	宁南县	315
木里县	190	喜德县	260	布拖县	126	米易县	220
冕宁县	947	昭觉县	65	普格县	373	会理县	921
越西县	27	盐源县	332	德昌县	375	会东县	1 096
美姑县	46	西昌市	425	盐边县	304	攀枝花市	55

【基地建设】 四川省重楼药材为农户种植，在崇州鸡冠山、石棉、九寨沟、安县等地有较大面积的栽培。

参考文献

[1] 国家药典委员会.中华人民共和国药典（2015年版一部）.北京：中国医药科技出版社，2015.

[2] 中国科学院植物志编辑委员会.中国植物志［M］.55卷（2）.北京：科学出版社，1985.239.

[3] 中国药材公司.中国常用中药材［M］.北京：科学出版社，1995.

[4] 万德光.四川道地中药志［M］.成都：四川科学技术出版社.2005.

[5] 彭成.中华道地药材［M］.北京：中国中医药出版社，2011.

[6] 王岚，肖海波，马逾英，等.川芎道地性的ISSR分析.四川大学学报（自然科学版），2008，45（6）：1472-1476.

[7] 陈林，彭成，刘友平，等.川芎道地药材形成模式的探讨.中国中药杂志，2011，36（16）：2303-2305.

[8] 王瑀，魏建和，陈士林，等.基于GIS的川芎产地适宜性分析.中国现代中药，2006，8（6）：7-9.

[9] 吉国辉，江斌，朱怡洁，等.不同前处理方法对川芎药材中藁本内酯含量的影响.食品与药品，2014，16（1）：15-17.

[10] 蒋桂华，贾敏如，马逾英，等.川芎的适宜采收期和加工方法.华西药学杂志，2008，23（3）：312-314.

[11] 李丽，张村，肖永庆，等.川芎饮片产地加工可行性探索.中国实验方剂学杂志，2010，16（3）：24-26.

[12] 中国科学院植物志编辑委员会.中国植物志［M］.66卷.北京：科学出版社，1977：145.

[13] 郭兰萍，黄璐琦，等.丹参地理变异及其道地性探讨［J］.现代中药研究与实践，2006，20（5）：3-6.

[14] 徐红，王燕燕，等.不同产地丹参遗传关系的DNA标记分析［J］.时珍国医国药，2008，12.

[15] 张兴国，王义明，等.丹参品种资源特性的研究［J］.中草药，2002，33（8）：742-747.

[16] 张磊，杨薇，吴诗惠，等.不同产地丹参所组成的复方丹参影响大鼠血液流变及血栓形成的比较研究［J］.中药药理与临床，2014，（2）：104-107.

[17] 陈彻，王勇，王晶，等.不同产地丹参药材中丹参酮ⅡA和丹酚酸B含量比较［J］.中医药学报，2014，42（1）：32-34.

[18] 中国科学院植物志编辑委员会.中国植物志［M］.55卷（3）.北京：科学出版社，1992.35.

[19] 郭丁丁，马逾英，等.不同产地白芷中欧前胡素含量及HPLC指纹图谱的对比研究［J］.中药材，2010，33（1）：22-25.

[20] 中国科学院植物志编辑委员会.中国植物志［M］.27卷.北京：科学出版社，1979.51.

[21] 刘瑾，倪嘉纳，等.不同产地白芍的质量分析［J］.时珍国医国药，2004，15（4）：207-208.

[22] 胡建焜，等.不同产地白芍中芍药苷含量比较［J］.临床医学工程，2009，16（2）：89-90.

[23] 中国科学院植物志编辑委员会.中国植物志［M］.15卷.北京：科学出版社，1978.163.

[24] 江洪波，姜建辉，田仁君，等.绵阳道地麦冬1H-NMR指纹图谱研究［J］.亚太传统医药，2011，7（4）：26-28.

[25] 王玉霞.麦冬药材质量评价及道地性初步研究［D］.北京协和医院，2014，19-23.

[26] 中国科学院植物志编辑委员会.中国植物志［M］.43卷（3）.北京：科学出版社，1997.102.

[27] 孟杰，朱文俊，王礼均，等.HPLC-ELSD测定川楝子中川楝素含量［J］.中国现代中药，2016，4

（18）：444-447.

[28] 夏海涛.药用川楝遗传多样性ISSR分析和遗传变异[D].福州：福建农林大学，2009.

[29] 中国科学院植物志编辑委员会.中国植物志[M].78卷（1）.北京：科学出版社，1987：187.

[30] 宋玉龙，石明辉，贾月梅，等.我国不同产地红花的质量分析[J].吉林中医药，2014，34（12）：1286-1288.

[31] 中国科学院植物志编辑委员会.中国植物志[M].25卷（1）.北京：科学出版社，1998.133.

[32] 梅超南，曾瑾，赵军宁.不同产地附子炮制品对急性心衰大鼠心功能指标作用的比较研究[J].世界科学技术-中医药现代化，2014，16（12）：2652-2657.

[33] 邓朝晖，田孟良.生附子中次乌头碱的含量测定及其道地性研究[J].中国实验方剂学杂志，2012，18（16）：61-65.

[34] 中国科学院植物志编辑委员会.中国植物志[M].25卷（1）.北京：科学出版社，1998.133.

[35] 李计萍，王跃生，马华，等.干姜与生姜的主要化学成分的比较研究[J].中国中药杂志，2001，26（11）：748.

[36] 中国科学院植物志编辑委员会.中国植物志[M].16卷（2）.北京：科学出版社，1981.62.

[37] 仁寿县地方志办公室.仁寿县旧志集成（第四册）[M].北京：中国文史出版社，2014.

[38] 四川地方志编辑委员会.四川历代方志集成（8清.光绪盐源县志）[M].北京：国家图书馆出版社，2017.

[39] 唐宜轩，马旻新，朱宁，等.不同产地姜黄中挥发油及姜黄色素的含量分析[J].中国实验方剂学杂志，2016，22（5）：30-35.

[40] 中国科学院植物志编辑委员会.中国植物志[M].16卷（2）.北京：科学出版社，1981.61-62.

[41] 翁金月，张春椿，林君，等.HPLC分析比较不同产地郁金姜黄素的化学组分[J].中华中医药学刊，2015，33（6）：1393-1395

[42] 章碧忠，章可谓，刘英，等.不同产地郁金的挥发油和吉马酮含量比较[J].按摩与康复医学，2017，8（6）：74-75.

[43] 中国科学院植物志编辑委员会.中国植物志[M].55卷（3）.北京：科学出版社，1992.176.

[44] 张梅，雨田，苏筱琳，等.川明参镇咳祛痰药理作用研究[J].时珍国医国药，2006（07）：1121-1122.

[45] 陈丹丹，彭成.川明参的药理作用及开发前景[J].中药与临床，2011，02（2）：35-37.

[46] 张梅，苏筱琳，雨田，等.川明参药理作用初步研究[J].中药药理与临床，2007，（2）：49-50.

[47] 赵兴洪，殷中琼，贾仁勇，等.川明参多糖及其硫酸化物对小鼠脾淋巴细胞增殖的影响[J].中国免疫学杂志，2014，30（2）：213-215.

[48] 陈朝霞，张梅，陈璐，等.川明参对大鼠内分泌激素水平影响的实验研究[J].时珍国医国药，2014，25（03）：583-584。

[49] 贾艳，马改霞，朱慧芳，等.川明参香豆素的提取及抗氧化活性研究[J].食品工业，2016，37（07）：185-187.

[50] 彭彬.川明参皂苷的大孔树脂纯化及其抑菌性研究[J].食品工业，2015，36（10）：93-96.

[51] 曹柳，王晓宇，周先建，等.四川省不同产地川明参中多糖和欧前胡素的测定[J].中成药，2016，38（2）：373-377.

[52] 中国科学院植物志编辑委员会.中国植物志[M].53卷（1）.北京：科学出版社，1984.16.

[53] 陈芝华, 李梦璐, 吕伟旗, 等. 18个产地使君子果实葫芦巴碱含量测定与相关性分析. 浙江中西医结合杂志[J], 2018, 28（11）: 972-975.

[54] 全健, 索风梅, 谢彩香, 等. 使君子药材产地生态适宜性研究. 世界科学技术-中医药现代化[J], 2014,（2）: 339-345.

[55] 中国科学院植物志编辑委员会. 中国植物志[M]. 15卷. 北京: 科学出版社, 1978.106.

[56] 宫兆燕, 张君利. 天冬活性化合物的提取及其药理活性研究进展[J]. 医学综述, 2018, 24（24）: 4938-4942.

[57] 张闽光, 陈刚, 刘力. 天冬多糖的提取及其对人肝癌SMMC-7721细胞生长影响的研究[J]. 介入放射学杂志, 2011, 20（6）: 465-469.

[58] 中国科学院植物志编辑委员会. 中国植物志[M]. 71卷（1）. 北京: 科学出版社, 1999.332.

[59] 王利国, 唐灿, 刘艳, 等. 巴中产栀子利胆退黄药理效应比较研究[J]. 江西中医药, 2014, 45（06）: 65-67.

[60] 李敏, 王琦, 费曜, 等. 四川内江产天冬与其他产地天冬的生药学比较研究[J]. 成都中医药大学学报, 2003, 26（3）: 37-39.

[61] 吴灵静, 马灵芝, 施猛. 不同产地的天冬药材中多糖含量的比较研究[J]. 中国药业, 2004, 13（2）: 50-51.

[62] 中国科学院植物志编辑委员会. 中国植物志[M]. 13卷（2）. 北京: 科学出版社, 1979.203.

[63] 甫志锦, 黄涛, 陈后江, 等. 聚类分析法对不同产地半夏药材质量的综合评价[J]. 大理学院学报, 2014, 13（2）: 15-19.

[64] 李敏, 李婷, 王兵, 等. 全国不同产地半夏种质评价初步研究[J]. 成都中医药大学学报, 2008, 31（3）: 59-61.

[65] 中国科学院植物志编辑委员会. 中国植物志[M]. 15卷. 北京: 科学出版社, 1978.15, 64, 78.

[66] 左应梅, 杨天全, 杨维泽, 等. 3个地理种源滇黄精光合日变化及其影响因子分析[J]. 广东农业科学, 2018, 45（8）: 25-31.

[67] 中国科学院植物志编辑委员会. 中国植物志[M]. 18卷. 北京: 科学出版社, 1986.50.

[68] 黄良永, 毛闪闪, 陈黎. HPLC测定不同产地白及药材中1, 4-二[4-（葡萄糖氧）苄基]-2-异丁基苹果酸酯的含量[J]. 现代中药研究与实践, 2013, 27（5）: 17-19.

[69] 中国科学院植物志编辑委员会. 中国植物志[M]. 43卷（2）. 北京: 科学出版社, 1997.194.

[70] 赵晶珊, 侯雅竹, 王贤良, 等. 中药枳壳治疗心血管疾病的药理学作用研究进展[J]. 中西医结合心脑血管病杂志, 2019, 17（08）: 1162-1165.

[71] 李陈雪, 杨玉赫, 冷德生, 等. 枳壳化学成分及药理作用研究进展[J]. 辽宁中医药大学学报, 2019, 21（2）: 158-161.

[72] 谭辉. 中药枳壳的化学成分及药理作用探析[J]. 中国医药指南, 2017, 15（27）: 14-15.

[73] 罗光明, 陈岩, 李霞, 等. 枳壳道地产区主流品种遗传多样性的ISSR分析[J]. 江西农业大学学报[J], 2007, 29（1）: 124-129.

[74] 中国科学院植物志编辑委员会. 中国植物志[M]. 19卷. 北京: 科学出版社, 1999.89.

[75] 张雪琴, 赵庭梅, 刘静, 等. 石斛化学成分及药理作用研究进展[J]. 中草药, 2018, 49（13）: 3174-3182.

[76] 刘敬, 邓仙梅, 赵斌, 等. 铁皮石斛药理作用研究进展[J]. 亚太传统医药, 2017, 13（15）:

27-30.

[77] 李成, 刘晓龙, 张璐, 等. 石斛化学成分及药理作用研究进展 [J]. 生物化工, 2019, 5 (01): 149-152.

[78] 满林华. 铁皮石斛保健养生的药理作用研究进展 [J]. 中国药物经济学, 2018, 13 (06): 125-128.

[79] 李华云, 黄群莲, 代勇等. 泸州、赤水两地金钗石斛中石斛碱含量比较 [J]. 中药材, 2016, 39 (11): 2474-2478.

[80] 颜寿, 赵庭梅, 张雪琴, 等. 合江金钗石斛在不同采收期时多糖和石斛碱含量的比较 [J]. 中国药房, 2018, 29 (1): 73-77.

[81] 中国科学院植物志编辑委员会. 中国植物志 [M]. 16卷 (1). 北京: 科学出版社, 1985.37.

[82] 董国明, 张汉明. 不同产地仙茅药材薄层层析鉴别及仙茅苷的含量测定. 中国现代应用药学 [J], 1998, 15 (6): 18-19.

[83] 中国科学院植物志编辑委员会. 中国植物志 [M]. 43卷 (2). 北京: 科学出版社, 1997.201.

[84] 陈彤, 曹庸, 刘飞等. GC-MS指纹图谱结合主成分分析法评价不同产地陈皮挥发油的质量. 现代食品科技 [J], 2017, 33 (2): 216-222.

[85] 中国科学院植物志编辑委员会. 中国植物志 [M]. 8卷. 北京: 科学出版社, 1992.141.

[86] 张树平, 陈兴福, 杨文钰, 等. 不同产地川泽泻中人体必需微量元素的含量分析 [J]. 药物分析杂志, 2010, 30 (7): 1213-1217.

[87] 高喜凤. 对比不同产地的泽泻中氨基酸的种类和含量 [J]. 当代医药论丛, 2017, 15 (13): 39-40.

[88] 中国科学院植物志编辑委员会. 中国植物志 [M]. 43卷 (2). 北京: 科学出版社, 1997: 65.

[89] 滕杰, 杨秀伟, 等. 不同产地吴茱萸挥发油气相色谱-质谱联用分析 [J]. 中国现代中药, 2009, 11 (11): 17-20.

[90] 任雪松, 周先建, 张美, 等. 川渝两地吴茱萸的有效成分测定分析 [J]. 资源开发与市场, 2011, 27 (4): 292-294.

[91] 中国科学院植物志编辑委员会. 中国植物志 [M]. 43卷 (2). 北京: 科学出版社, 1997.186.

[92] 严玮. 佛手化学成分和药理作用研究进展 [J]. 实用中医药杂志, 2015, 31 (08): 788-790.

[93] 钟艳梅, 田庆龙, 肖海文, 等. 不同产地佛手药材的化学成分比较研究 [J]. 中南药学, 2014, 12 (1): 63-66.

[94] 金晓玲, 徐丽珊, 施潇, 等. 4种佛手挥发油化学成分的研究 [J]. 中国药学杂志, 2002, 37 (10): 737-739.

[95] 中国科学院植物志编辑委员会. 中国植物志 [M]. 61卷. 北京: 科学出版社, 1992.23, 26, 30.

[96] 聂安政, 林志健, 张冰. 秦皮化学成分和药理作用研究进展 [J]. 中草药, 2016, 47 (18): 3332-3341.

[97] 李晓尧, 张丹, 汤丽芝, 等. HPLC法同时测定秦皮中四种成分含量的研究 [J]. 陕西中医, 2016, 37 (9): 1238-1240.

[98] 中国科学院植物志编辑委员会. 中国植物志 [M]. 73卷 (1). 北京: 科学出版社, 1986.243.

[99] 郝变, 袁少雄, 潘丽丽, 等. 瓜蒌皮多糖的单糖组成及含量测定方法研究 [J]. 中华中医药杂志, 2015, 30 (6): 2153-2156.

[100]沈俊剑，庄贺，唐春蓉，等.不同产地瓜蒌子中脂肪酸GC-MS分析［J］.湖北农业科学，2013，52（10）：2414-2416.

[101]中国科学院植物志编辑委员会.中国植物志［M］.61卷.北京：科学出版社，1992.277.

[102]崔颖，张永旺.密蒙花研究进展［J］.甘肃中医学院学报，2010，27（02）：65-68.

[103]石璐，谢国勇，王飒，等.密蒙花的药学研究进展［J］.中国野生植物资源，2016，35（03）：34-40.

[104]许龙，姚小磊，贺晓华，等.HPLC法测定密蒙花中3种黄酮类成分的含量［J］.湖南中医药大学学报，2008，28（5）：21-23.

[105]中国科学院植物志编辑委员会.中国植物志［M］.54卷.北京：科学出版社，1978.13.

[106]郭建喜，查振道，白芳芳，等.通脱木引种栽培试验［J］.陕西林业科技，2008，（1）：82-83.

[107]中国科学院植物志编辑委员会.中国植物志［M］.2卷.北京：科学出版社，1959.113.

[108]徐海星，刘小平，张成伟.中药材海金沙的红外光谱鉴别［J］.武汉理工大学学报，2006，28（2）：137-140.

[109]中国科学院植物志编辑委员会.中国植物志［M］.76卷（1）.北京：科学出版社，1983.35.

[110]罗进，杨葵华，边清泉.五种菊花中绿原酸含量的检测和比较［J］.绵阳师范学院学报，2005，24（5）：74-76.

[111]中国科学院植物志编辑委员会.中国植物志［M］.44卷（2）.北京：科学出版社，1996.133.

[112]曾宝，李生梅，古俊辉，等.酸性染料比色法测定巴豆中总生物碱的含量[J].广东药学院学报，2012，28（2）：170-172.

[113]缪珠雷，杨鸣泽.不同产地蟾蜍品种来源蟾酥华蟾酥毒基和脂蟾毒配基测定与比较［J］.中华中医药杂志，2017，32（2）：828-830.

[114]中国科学院植物志编辑委员会.中国植物志［M］.30卷（1）.北京：科学出版社，1996.119.

[115]郭宝林，吴勐，斯金平，等.厚朴道地性的遗传学证据［J］.药学实践杂志，2000，18（5）：314-316.

[116]石磊，张承程，明孟碟，等.基于GIS的全国厚朴质量适宜性研究［J］.中药材，2015，38（4）：706-710.

[117]熊璇，于晓英，魏湘萍，等.厚朴资源综合应用研究进展［J］.林业调查规划，2009，34（4）：88-92.

[118]中国科学院植物志编辑委员会.中国植物志［M］.13卷（2）.北京：科学出版社，1979.7.

[119]曾志，叶雪宁，沈妙婷，等.不同产地石菖蒲的挥发性成分研究［J］.分析测试学报，2011，30（4）：407-412，417.

[120]章晓娟，石书婷，易伦朝.四川产石菖蒲挥发性成分的GC-MS定量指纹图谱［J］.中华中医药杂志，2016，（2）：459-462.

[121]张晖，王军，杨道友，等.不同产区石菖蒲挥发油含量及成分考察［J］.药学通报，1981，16（4）：15-17.

[122]中国科学院植物志编辑委员会.中国植物志［M］.27卷.北京：科学出版社，1979.264.

[123]张聿梅，鲁静，蒋渝，等.川乌和制川乌中单酯及双酯型生物碱成分的含量测定［J］.药物分析杂志，2005，25（07）：807-812.

[124]区炳雄，邓广海，罗锐.川乌总生物碱含量测定［J］.中药材，2013，36（06）：946-947.

[125] 林华, 邓广海. 川乌HPLC指纹图谱的研究 [J]. 中国实验方剂学杂志, 2011, 17 (03):73-76.

[126] 黄志芳, 易进海, 陈东安, 等. 制川乌HPLC特征图谱研究和6种酯型生物碱的含量测定 [J]. 药物分析杂志, 2011, 31 (02): 217-221.

[127] 中国科学院植物志编辑委员会. 中国植物志 [M]. 73卷 (2). 北京: 科学出版社, 1983.77.

[128] 曾静凯, 郭青. 不同产地桔梗性状、浸出物、桔梗皂苷D含量及HPLC指纹图谱比较 [J]. 中国实验方剂学杂志, 2017, 23 (24): 62-70.

[129] 中国科学院植物志编辑委员会. 中国植物志 [M]. 15卷. 北京: 科学出版社, 1978.212.

[130] 杜洪志, 农亨, 董立莎, 等. 不同采集地土茯苓中 (切面红色、白色) 总糖及多糖含量分析与体外抗氧化作用 [J]. 中国实验方剂学杂志, 2015, 21 (14): 39-43.

[131] 中国科学院植物志编辑委员会. 中国植物志 [M]. 28卷. 北京: 科学出版社, 1980.175, 220.

[132] 万德光, 国锦琳, 唐远, 等. 川木通的资源分布与商品初步调查 [J]. 成都中医药大学学报, 2007, 30 (1): 44-46.

[133] 董丽君, 尚雪, 文路军, 等. 基于遥感与GIS技术的四川道地药材川木通分布研究—以小木通为例 [J]. 世界科学技术-中医药现代化, 2015, 17 (11): 2398-2404.

[134] 楼之岑, 秦波. 常用中药材品种整理和质量研究 (第3册) [M]. 北京: 北京医科大学中国协和医科大学联合出版社, 1996.47.

[135] 中国科学院植物志编辑委员会. 中国植物志 [M]. 43卷 (2). 北京: 科学出版社, 1997.39.

[136] 蒲凤琳. 不同产地花椒风味分析及其特征香气指纹图谱的构建 [D]. 西华大学硕士论文集. 2017.

[137] 房信胜, 穆向山, 李明会. 莱芜花椒和川椒挥发油的GC-MS分析比较 [J]. 中药材, 2011, 34 (4): 555-559.

[138] 梁辉, 赵镭, 杨静. 花椒化学成分及药理作用的研究进展 [J]. 华西药学杂志, 2014, 29 (1): 91-94.

[139] 中国科学院植物志编辑委员会. 中国植物志 [M]. 35卷 (2). 北京: 科学出版社, 1979.116.

[140] 贾智若, 马雯芳, 甑汉深, 等. 杜仲皮和叶中儿茶素含量差异的研究 [J]. 安徽农业科学, 2012, (19): 10063-10064.

[141] 贾智若, 朱小勇, 李兵, 等. 不同产地杜仲叶挥发油成分的GC-MS分析 [J]. 中国实验方剂学杂志, 2013, 19 (19): 118-122.

[142] 中国科学院植物志编辑委员会. 中国植物志 [M]. 43卷 (2). 北京: 科学出版社, 1997.101.

[143] 可维, 马春辉, 季宇彬. 不同产地川黄柏HPLC指纹图谱的研究 [J]. 上海中医药大学学报, 2008, 22 (1): 62-65.

[144] 方清茂, 曹浩, 舒光明. 川黄柏中盐酸小檗碱的含量及其道地性研究 [J]. 华西药学杂志, 2004, 19 (4): 275-276.

[145] 中国科学院植物志编辑委员会. 中国植物志 [M]. 45卷 (1). 北京: 科学出版社, 1980.104.

[146] 宋巧, 张耀春, 胡秋颖, 等. 不同产地五倍子有效成分的研究 [J]. 畜牧市场, 2007, (7): 56-58.

[147] 中国科学院植物志编辑委员会. 中国植物志 [M]. 29卷 (1). 北京: 科学出版社, 2001.271, 272.

[148] 麻浩, 张亚欣, 张贵强, 等. 不同产地淫羊藿总多糖的理化性质比较 [J], 国际药学研究杂志, 2014, 41 (2): 249-253.

[149] 吴文辉, 冯建, 耿媛媛, 等. 十四个产地淫羊藿中淫羊藿苷含量测定 [J]. 亚太传统医药, 2014,

10（18）：8-9.

[150] 中国科学院植物志编辑委员会．中国植物志［M］.20卷（1）.北京：科学出版社，1982.8.

[151] 印小红，金汉台，谭林威，等．不同产地鱼腥草中槲皮苷含量测定［J］.中国中医药信息杂志［J］，2016，23（12）：78-80.

[152] 中国科学院植物志编辑委员会．中国植物志［M］.59卷（1）.北京：科学出版社，1989.54.

[153] 杨一令，来平凡，蒋士鹏，等．不同产地金钱草的鉴别研究［J］.中国中医药科技，2008，15（3）：200-201.

[154] 中国科学院植物志编辑委员会．中国植物志［M］.72卷．北京：科学出版社，1988.19，226，236，244，248.

[155] 罗明华，谢天资，张卢水，等．四川省不同种质金银花绿原酸含量的比较［J］.江苏农业科学，2015，（1）：311-313.

[156] 李江．川产药材细毡毛忍冬与药典收载金银花和山银花的比较研究［D］.成都中医药大学硕士论文集．2015.

[157] 中国科学院植物志编辑委员会．中国植物志［M］.56卷．北京：科学出版社，1990.84.

[158] 闫润红，赵平，刘养清，等．不同产地山茱萸中莫诺苷和马钱素含量的研究［J］.山西中医学院学报，2009，10（2）：21-23.

[159] 中国科学院植物志编辑委员会．中国植物志［M］.34卷（2）.北京：科学出版社，1992.2.

[160] 王国强．全国中草药汇编（第三版）卷2.北京：人民卫生出版社，2014.768.

[161] 龚锡麟．天宝本草新编［M］.北京：中药古籍出版社，2001.

[162] 王萌，吴霞，江云，等．赶黄草的研究进展［J］.食品与药品，2013，15（03）：202-205.

[163] 袁叶飞，胡祥宇，欧贤红．赶黄草提取物对大鼠酒精性脂肪肝的保护作用研究［J］.中国药房，2012，23（11）：976-978.

[164] 贺劲松，郑颖俊，陈亮，等．肝苏颗粒治疗慢性乙型肝炎肝纤维化的临床研究［J］.中西医结合肝病杂志，2007，17（3）：136-138.

[165] 贺劲松，周大桥，童光东，等．扯根菜浸膏对TGF-β1肝星状细胞胞内信号转导通路的影响［J］.国际消化病杂志，2009，29（3）：224-226.

[166] 胡杨洋，王胜鹏，陈锐娥，等．赶黄草的药学研究和应用［J］.中药药理与临床，2012，28（03）：136-140.

[167] 贺晓华，许龙，谈满良，等．不同提取方法赶黄草提取物清除DPPH自由基的作用研究［J］.时珍国医国药，2009，20（8）：1924-1926。

[168] 舒刚，曹航，林居纯，等．赶黄草提取液与抗菌药联用对金黄色葡萄球菌的体外抑菌研究［J］.安徽农业科学，2012，40（2）：836-837，926.

[169] 覃俊媛，谢晓芳，杨雪，等．2个产地赶黄草对四氯化碳致大鼠急性肝损伤的保护作用［J］.中成药，2018，40（7）：1592-1594.

[170] 王兴，张卫国，李晓倩，等．乙肝清HPMC K4M/PVP K30骨架缓释片的研制与体外评价［J］.中国现代应用药学，2012，1（29）：50-55.

[171] 中国科学院植物志编辑委员会．中国植物志［M］.13卷（2）.北京：科学出版社，1979.96.

[172] 谢志华．魔芋的药理研究［J］.广西中医药，1990，（01）：46.

[173] 吴雪卿，朱卫丰．魔芋药用研究刍议［J］.时珍国医国药，1999，（08）：76-77.

[174] 王慧, 夏晴. 魔芋葡甘露聚糖药理作用研究进展 [J]. 西北药学杂志, 2011, 26 (01): 77-78.

[175] 黄琼, 陈龙全. 魔芋葡甘聚糖的药理作用 [J]. 湖北民族学院学报（医学版）, 2008, (02): 85-86.

[176] 古元冬, 史建勋, 胡卓逸. 魔芋多糖的抗衰老作用 [J]. 中草药, 1999, 30 (2): 127-128.

[177] 可燕, 车生泉, 周秀佳. 魔芋葡苷聚糖的研究进展 [J]. 中国中药杂志, 1999, 24 (1): 7.

[178] 张展, 文健, 龚晓燕, 等. 魔芋精粉中葡甘露聚糖含量检测与SEM分析 [J]. 武汉大学学报（理学版）, 2001, 47 (2): 150-152.

[179] 郑林用, 黄晓琴, 曾瑾等. 不同灵芝菌株多糖、三萜化合物比较分析 [J], 四川大学学报（自然科学版）, 2007, 44 (5): 1121-1124.

[180] 陈肖珍, 曾灶昌. 不同产地银耳的多糖含量及体外透皮吸收性能研究, 广州中医药大学学报, 2018, 35 (6): 1084-1088.

[181] 中国科学院植物志编辑委员会. 中国植物志 [M]. 71卷 (1). 北京: 科学出版社, 1999.250, 255.

[182] 王盟, 商林林, 刘卫. 不同产地及不同采收期钩藤中异钩藤碱的含量分析 [J]. 国际中医中药杂志, 2015, (5): 443-445.

[183] 中国科学院植物志编辑委员会. 中国植物志 [M]. 2卷. 北京: 科学出版社, 1959.197.

[184] 杨成梓, 刘小芬, 贾沓栗. 狗脊的资源调查及质量评价. 中国中药杂志, 2015, 40 (10): 1919-1924.

[185] 彭禄, 余岩, 王志新, 等. 基于ITS序列对独活17个种的分子鉴定 [J]. 中草药, 2013, 44 (12): 1648-1653.

[186] 中国科学院植物志编辑委员会. 中国植物志 [M]. 55卷 (1). 北京: 科学出版社, 1979.284.

[187] 刘茹, 余马, 舒晓燕, 等. 不同产地三种柴胡总黄酮及微量元素含量分析 [J]. 湖北农业科学, 2016, (3): 670-672.

[188] 中国科学院植物志编辑委员会. 中国植物志 [M]. 38卷. 北京: 科学出版社, 1986.31.

[189] 史克莉, 黄凤桥. 不同产地乌梅的SDS-PAGE的电泳鉴别 [J]. 中医药学刊, 2005, 23 (11): 2079-2080.

[190] 任少红, 郭英, 肖朝红, 等. 不同产地乌梅挥发油成分的GC-MS分析 [J]. 中药材, 2004, 27 (1): 18-19.

[191] 中国科学院植物志编辑委员会. 中国植物志 [M]. 25卷 (1). 北京: 科学出版社, 1998.105.

[192] 万德光, 王科, 马云桐. 环境因素对虎杖的品质和药效影响的模型讨论 [J]. 四川农业大学学报, 2007, 25 (1): 68-70.

[193] 杨玉霞, 陈雪飞, 张美, 等. 基于主成分及聚类分析的虎杖产量与品质的综合评价 [J]. 江苏农业科学, 2018, 46 (2): 96-99.

[194] 中国科学院植物志编辑委员会. 中国植物志 [M]. 27卷. 北京: 科学出版社, 1979.596, 593.

[195] 曾洁萍, 闫博华, 李继书, 等. 雅连、味连治疗急性感染性腹泻疗效差异性研究——分层区组、随机双盲、平行对照、多中心临床试验报告 [J]. 中药与临床, 2014, 5 (5): 50-53.

[196] 中国科学院植物志编辑委员会. 中国植物志 [M]. 25卷 (2). 北京: 科学出版社, 1979.221.

[197] 刘维, 裴瑾, 等. 川产道地药材川牛膝产地变迁探讨 [J]. 中草药, 2016, 47 (9): 1625-1628.

[198] 中国科学院植物志编辑委员会. 中国植物志 [M]. 18卷. 北京: 科学出版社, 1999.31.

[199] 乔怀耀, 张兴国, 郭健, 等. 高效液相色谱法测定不同产地天麻中天麻素含量 [J]。时珍国医国

药，2009，20（4）：921-922.

［200］黄先敏，凌敏，杨正贤，等.不同产地天麻多糖含量测定分析［J］.现代农业科技，2017，（6）：259，263.

［201］中国科学院植物志编辑委员会.中国植物志［M］.30卷（1）.北京：科学出版社，1996.23.

［202］张君房.现代中药材商品通鉴［M］.北京：中国中医药出版社，2001.587.

［203］中国科学院四川分院中医中药研究所.四川中药志［M］.成都：四川人民出版社，1960.

［204］李一圣，李文周，卫平，等.不同产地金果榄药材中古伦宾含量测定［J］.药学研究，2016，35（6）：328-330.

［205］中国科学院植物志编辑委员会.中国植物志［M］.6（2）.北京：科学出版社，2000.284.

［206］李铃，樊学敏，赵燚，等.不同产地骨碎补微量元素含量的比较研究［J］.宁夏医学杂志，2014，36（9）：812-814.

［207］中国科学院植物志编辑委员会.中国植物志［M］.25卷（1）.北京：科学出版社，1998.102.

［208］黄晓斌，黄霭霞，王光宁，等.HPLC测定不同产地何首乌中二苯乙烯苷和蒽醌类成分的含量［J］.食品与药品，2019，21（2）：111-115.

［209］中国科学院植物志编辑委员会.中国植物志［M］.13卷（2）.北京：科学出版社，1979.157，188.

［210］杜树山，林宏英，周玉新，等.紫外分光光度法对天南星药材的定量评价研究［J］.中国中药杂志，2001，26（6）：411-412.

［211］万德光.四川道地中药志［M］.成都：四川科学技术出版社.2005.552-561.

［212］郭妍妍，周杨，蔡永华.川西高原圈养林麝（Moschus berezovskii）的麝香分泌及影响因素研究［J］.四川农业大学学报，2018，36（2）：273-278.

［213］李岚，李文贵，唐立跃.不同产地冬虫夏草品质分析［J］.江西中医药，2017，48（3）：52-55.

［214］中国科学院植物志编辑委员会.中国植物志［M］.14卷.北京：科学出版社，1980.104，107，109，112.

［215］肖灿鹏，赵浩如，李萍，等.中药贝母几种主要成分的体外抗菌活性［J］.中国药科大学学报，1992，23（3）：188.

［216］Oh H，Kang DG，Lee SY，et al.Angiotensin converting enzyme inhibitory alkaloids from Fritillaria ussuriensis［J］.Planta Med，2003，69（6）：564.

［217］颜晓燕，彭成.川贝母药理作用研究进展［J］.中国药房，2011，22（31）：2963-2965.

［218］Kang DG，Sohn EJ，Lee YM，et al.Effects of bulbus Fritillaria water extract on blood pressure and renal functions in the L-NAME-induced hypertensive rats.［J］.J Eth-nopharcol，2004，91（1）：51.

［219］李玉峰，唐琳，等.8种川贝母的RAPD分析［J］.中成药，2006，28（10）：1528-1529.

［220］马利琼，王晓铭，王化远.17个不同产地的川贝母总生物碱的含量测定［J］.华西药学杂志，2001，16（1）：60-61.

［221］中国科学院植物志编辑委员会.中国植物志［M］.42卷（1）.北京：科学出版社，1993.131.

［222］王含彦，陈瑾歆，胥正敏，等.药用黄芪的遗传多样性RAPD分析［J］.四川中医，2010，28（6）：56-58.

［223］刘洋，杜婧，沈颜红.10种药用黄芪属植物化学成分及药理作用的研究进展［J］.中国实验方剂学杂志，2017，23（18）：222-234.

［224］中国科学院植物志编辑委员会.中国植物志［M］.44卷（2）.北京：科学出版社，1996.182，184.

[225] 李喜香, 刘书斌, 黄清杰, 等. 基于变异系数的模糊物元模型评价不同产地大黄药材质量 [J]. 中国中医药信息杂志, 2019, 26 (8): 76-82.

[226] 中国科学院植物志编辑委员会. 中国植物志 [M]. 21卷. 北京: 科学出版社, 1979.56.

[227] 张琳, 张妮. 川射干的化学及药理研究进展 [J]. 陕西中医学院学报, 2014, 37 (05): 91-93.

[228] 潘静. 川射干化学成分及体外抗肿瘤活性的研究 [D]. 湖北中医学院, 2009.19.

[229] 吴芳泽, 熊朝敏. 射干与白射干、川射干（鸢尾）的药理作用比较研究 [J]. 中药药理与临床, 1990, 16 (6): 28-30.

[230] 中国科学院植物志编辑委员会. 中国植物志 [M]. 16卷 (1). 北京: 科学出版社, 1985.180.

[231] 向楚兵, 刘友平, 陈鸿平, 等. 赤芍二基源药材的HPLC指纹图谱鉴别及质量评价 [J]. 中国实验方剂学杂志, 2011, 17 (23): 43-48.

[232] 中国科学院植物志编辑委员会. 中国植物志 [M]. 73卷 (1). 北京: 科学出版社, 1986.83.

[233] 汪文来, 鞠大宏, 刘梅洁, 等. 续断有效成分药理学研究进展 [J]. 中国医药导刊, 2015, 17 (10): 1059-1060.

[234] 武密山, 赵素芝, 任立中, 等. 川续断皂苷Ⅵ诱导大鼠骨髓间充质干细胞向成骨细胞方向分化的研究 [J]. 中国药理学通报, 2012, 28 (2): 222-226.

[235] 罗鹏. 川续断化学成分及药理作用研究进展 [J]. 化工管理, 2015, (19): 199.

[236] 张琪, 汪仙阳, 马博, 等. 复方续断总皂苷镇痛抗炎及预防骨质疏松症的实验研究 [J]. 时珍国医国药, 2010, 21 (7): 1683-1684.

[237] 刘华宝. 道地药材川续断的产地考 [J]. 攀枝花医学院学报, 2005, 22 (6): 118-119.

[238] 卫莹芳, 刘永, 谢达温, 等. 不同产地续断的质量比较 [J]. 华西药学杂志, 2010, 25 (2): 173-174.

[239] 中国科学院植物志编辑委员会. 中国植物志 [M]. 55卷 (1). 北京: 科学出版社, 1979.190.

[240] 孙洪兵, 孙辉, 蒋舜媛, 等. 基于3S技术的羌活区划研究Ⅰ. 基于MaxEnt和ArcGIS的羌活生长适宜性分析及评价 [J]. 中国中药杂志, 2015, 40 (5): 33-42.

[241] 蒋舜媛, 孙辉, 周毅, 等. 宽叶羌活适生地分析及数值区划研究 [J]. 中草药, 2009, 40 (4): 638-643.

[242] 周毅, 蒋舜媛, 孙辉, 等. 羌活中挥发油和异欧前胡素的含量测定 [J]. 中国中药杂志, 2007, 32 (7): 566-569.

[243] 中国科学院植物志编辑委员会. 中国植物志 [M]. 27卷. 北京: 科学出版社, 1979.101.

[244] 勒波, 刘友平, 陈鸿平, 等. RP-HPLC法同时测定升麻药材阿魏酸、异阿魏酸和咖啡酸含量 [J]. 辽宁中医杂志, 2011, 38 (5): 950-952.

[245] 中国科学院植物志编辑委员会. 中国植物志 [M]. 73卷 (1). 北京: 科学出版社, 1986.25.

[246] 武姣姣, 石普丽, 刘绍云, 等. 不同产地甘松挥发油成分的GC-MS分析 [J]. 中华中医药学刊, 2012, 30 (10): 2196-2200.

[247] 中国科学院植物志编辑委员会. 中国植物志 [M]. 73卷 (2). 北京: 科学出版社, 1983.41.

[248] 谷聪, 曹玲亚, 苏强, 等. 党参原产地及其迁地引种后AFLP与HPLC指纹图谱分析 [J]. 中药材, 2016, 39 (8): 1716-1722.

[249] 邹元锋, 陈兴福, 杨文钰. 不同生长年限党参氨基酸组分分析及营养价值评价 [J]. 食品与发酵工业, 2010, 36 (6): 146-150.

[250] 中国科学院植物志编辑委员会. 中国植物志 [M]. 55卷（2）. 北京：科学出版社，1985.252.

[251] 冷天平，张凌，许怀远. 不同产地不同品种藁本挥发性成分研究 [J]. 江西中医学院学报，2008，20（5）：63-65.

[252] 中国科学院植物志编辑委员会. 中国植物志 [M]. 62卷. 北京：科学出版社，1988.62.

[253] 李琼，曾锐，瞿燕. 基于双指标序列分析和化学计量法的秦艽红外指纹图谱研究. 第四届中医药现代化国际科技大会会议论文. 2013.

[254] 中国科学院植物志编辑委员会. 中国植物志 [M]. 78卷（1）. 北京：科学出版社，1987.146.

[255] 毛景欣，王国伟，易墁，等. 川木香化学成分及药理作用研究进展 [J]. 中草药，2017，48（22）：4797-4803.

[256] 何瑶，胡慧玲，傅超美，等. 川木香乙酸乙酯萃取物抗大鼠幽门结扎型胃溃疡作用机理的实验研究 [J]. 成都中医药大学学报，2011，34（3）：72-74.

[257] Zheng H, Chen Y L, Zhang J Z, et al. Evaluation of protective effects of costunolide and dehydrocostuslactone on ethanol-induced gastric ulcer in mice based on multi-pathway regulation [J]. Chem Biol Interact, 2016, 250: 68-77.

[258] Butturini E, Paola R D, Suzuki H, et al. Costunolide and dehydrocostuslactone, two natural sesquiterpene lactones, ameliorate the inflammatory process associated to experimental pleurisy in mice [J]. Eur J Pharmacol, 2014, 730（1）：107-115.

[259] Chen L P, W G Z, Zhang J P, et al. Vlasouliolides A-D, four rare C-17/C-15 sesquiterpene lactone dimers with potential anti-inflammatory activity from Vladimiriasouliei [J]. Sci Rep, 2017, 7: 1-7.

[260] 王绪颖，贾晓斌，陈彦. 木香类药材的研究进展 [J]. 中药材，2010，33（01）：153-157.

[261] 小西天二. 土木香中抑制肿瘤细胞增殖的成分 [J]. 国外医学·中医中药分册，2003，25（3）：174.

[262] Lee MG, Lee KT, Chi SG, et al. Costunolide inducesapoptosis by ROS mediated mitochondrial permeabilitytransition and cytochrome C release [J]. Biol Pharm Bull, 2001, 24: 303-306.

[263] 王璐，赵峰，何恩其，等. 18种木香倍半萜对6种人源肿瘤细胞增殖的影响 [J]. 天然产物研究与开发，2008，（20）：808-812.

[264] 周林宗，蒋金和，李玉鹏，等. 藏药川木香属植物化学成分及药理作用研究 [J]. 云南化工，2010，37（02）：57-62.

[265] Chen J J, Fei D Q, Chen S G, et al. Antimicrobial triterpe-noids fromVladimiria muliensis [J]. J.Nat.Prod, 2008, 71（4）：547.

[266] 彭镰心，刘圆，孙卓然，等. RP-HPLC法测定木香与川木香中木香烃内酯的含量 [J]. 西南民族大学学报（自然科学版），2007，33（2）：337-339.

[267] 夏琴，李敏，周进等. 不同产地、商品规格及生长年限猪苓麦角甾醇及多糖的含量分析 [J]. 中药材，2015，38（1）：45-48.

[268] 中国科学院植物志编辑委员会. 中国植物志 [M]. 41卷. 北京：科学出版社，1995.224.

[269] 黄再强，马逾英. 几种川产葛根类药材的品质评价研究 [D]. 成都中医药大学，2017.

[270] 中国科学院植物志编辑委员会. 中国植物志 [M]. 65卷（2）. 北京：科学出版社，1977.508.

[271] 罗远鸿，李敏，俸世洪，等. 川产益母草质量分析研究 [J]. 中国现代中药，2015，17（5）：462-465.

［272］中国科学院植物志编辑委员会.中国植物志［M］.41卷.北京：科学出版社，1999.344.

［273］丁家欣，张秋海，张玲，等.不同产地补骨脂中补骨脂素和异补骨脂素的含量测定［J］.中药材，2004，27（11）：817-818.

［274］中国科学院植物志编辑委员会.中国植物志［M］.27卷.北京：科学出版社，1979.41.

［275］张留记，屠万倩，屈凌波，等.不同产地牡丹皮中丹皮酚和芍药苷含量的HPLC法测定［J］.信阳师范学院学报（自然科学版），2007，20（2）：223-225.

［276］中国科学院植物志编辑委员会.中国植物志［M］.15卷，北京：科学出版社，1978.95.

［277］陈铁柱，文飞燕，张浩，等.华重楼皂苷类化学成分与生态因子的相关性［J］.中国实验方剂学杂志，2018，24（9）：46-51.

［278］神农本草经［M］.孙星衍，孙冯翼辑.太原：山西科学技术出版社，2018.

［279］苏颂.图经本草［M］.胡乃长等辑注.福州：福建科学技术出版社，1987.

［280］李时珍.本草纲目［M］.上海：上海科学技术出版社，1990.

［281］郭秀梅，王少丽.本草经集注［M］.北京：学苑出版社，2013.

［282］刘文泰.本草品汇精要［M］.北京：人民卫生出版社，1990.

［283］陈仁山.药物出产辩［M］.北京：新医药出版社，1977.

［284］王麟祥.雍正叙州府志［M］.北京：光明日报出版社，2014.

［285］达州市人民政府地方志办公室.乾隆直隶达州志［M］.陈庆门纂修，宋名立续纂.北京：国家图书馆出版社，2017.

［286］蒋超.《峨眉山志》编纂委员会.峨眉山志［M］.成都：四川科学技术出版社，1997.

［287］宋育仁，王嘉陵.重修四川通志稿.第十一册［M］.北京：国家图书馆出版社，2015.

［288］犍为县地方志办公室.民国·犍为县志.第六册［M］.成都：四川人民出版社，1991.

［289］仁寿县地方志办公室.仁寿县旧志集成.第四册［M］.北京：中国文史出版社，2014.

［290］杨钧衡.民国·北川县志［M］.北川县：北川县党史地方志办公室，2016.

［291］四川地方志编辑委员会.四川历代方志集成（8清·光绪雷波县志）［M］.北京：国家图书馆出版社，2017.

［292］四川地方志编辑委员会.四川历代方志集成（8清·光绪盐源县志）［M］.北京：国家图书馆出版社，2017.

［293］四川地方志编辑委员会.四川历代方志集成（8清·光绪越西县志）［M］.北京：国家图书馆出版社，2017.

［294］四川省中江县志编纂委员会.中江县志［M］.成都：四川人民出版社，1994.

［295］严用和.济生方［M］.北京：人民卫生出版社影印，1956.

［296］遂宁地方志编辑委员会.遂宁县志［M］.成都：巴蜀书社，1993.

［297］四川省三台县志编纂委员会.三台县志［M］.成都：四川人民出版社，1992.

［298］唐慎微.证类本草［M］.上海：上海古籍出版社，1991.

［299］刘翰，马志.开宝本草［M］.合肥：安徽科学技术出版社，1998.

［300］四川地方志编辑委员会.四川历代方志集成（25清·咸丰简州志）［M］，北京：国家图书馆出版社，2017.

［301］陶弘景.名医别录［M］.尚志钧辑校.北京：中国中医药出版社，2013.

［302］苏敬.新修本草［M］.尚志钧辑校.合肥：安徽科学技术出版社，1981.

［303］赵学敏.本草纲目拾遗［M］.北京：中医古籍出版社，2017.

［304］甄权.药性论［M］.合肥：安徽科学技术出版社，2006.

［305］张璐.本草逢原［M］.北京：中国医药科技出版社，2011.

［306］谢惟杰，黄烈，陈一津.金堂县志［M］.北京：北京章和文化传播有限公司，嘉庆16年（1811）刻本，2017.

［307］欧阳修等.新唐书［M］.北京：中华书局，1975.

［308］纳溪县志编委会.纳溪县志［M］.成都：四川科学技术出版社，1992.

［309］李甘亭.药材行规［M］.西京（西安）：西京东关通盛和印刷部，1940.

［310］四川省南充县志编纂委员会.南充县志［M］.成都：四川人民出版社，1993.

［311］合江县志编纂委员会.合江县志［M］.成都：四川科学技术出版社，1993.

［312］凤凰出版社编纂.中国地方志集成·省志辑（四川）［M］.南京：凤凰出版社，2011.

［313］吴其濬.植物名实图考长编［M］.上海：商务印书馆，1959.

［314］祁韵士.万里行程记陇蜀余闻［M］.上海：商务印书馆，1936.

［315］四川省金堂县志编纂委员会.金堂县志［M］.成都：四川人民出版社，1994.

［316］危亦林.世医得效方［M］.北京：中国中医药出版社，2009.

［317］国家药典委员会.中华人民共和国药典（一部）［S］.1964.

［318］常敏毅.日华子本草辑注［M］.北京：中国医药科技出版，2015.

［319］黎跃成.道地药与地方标准药原色图谱［M］.成都：四川科学技术出版社，2002.

［320］王家葵.中药材品种沿革及道地性［M］.北京：中国中医药出版社，2007.

［321］李珣.海药本草［M］.北京：人民卫生出版社，1997.

［322］杜甫.杜甫诗集［M］.长春：吉林大学出版社，2011.

［323］胡世林.中国道地药材原色图说［M］.济南：山东科学技术出版社，1998.

［324］唐慎微.大观本草［M］.合肥：安徽科学技术出版社，2003.

［325］徐国钧，王强.道地药材图典（西南卷）［M］.福州：福建科学技术出版社，2003.

［326］胡世林.中国道地药材［M］.哈尔滨：黑龙江科学技术出版社，1989.

［327］南怀瑾.正统谋略学汇编（范子计然）［M］.上海：复旦大学出版社，2019.

［328］常璩.华阳国志（卷3）［M］.济南：齐鲁书社，2010.

［329］吴越.日华子集.蜀本草日华子本草［M］.尚志钧辑释.合肥：安徽科学技术出版社，2005.

［330］四川省巴中县志编纂委员会.巴中县志［M］.成都：巴蜀书社，1994.

［331］方以智.物理小识［M］.上海：商务印书馆，1937.

［332］龚锡麟等原著.天宝本草新编［M］.谢宗万，邹家林新编.北京：中医古籍出版社，2001.

［333］孔丘.诗经［M］.长春：吉林出版集团有限责任公司，2016.

［334］马端临.文献通考［M］.上海：中华书局，2011.

［335］赵燏黄.本草药品实地之观察［M］.樊菊芬校.福州：福建科学技术出版社，2006.

［336］杨时泰.本草述钩元［M］.上海：上海科学技术出版社，1958.

［337］兰茂.滇南本草［M］.昆明：云南科技出版社，2004.

［338］冉德先.中华药海.上册［M］.哈尔滨：哈尔滨出版社，1993.157

［339］南京中医药大学.中药大辞典［M］.上海：上海科学技术出版社，2006.

［340］四川省叙州区志编纂委员会编.叙州区志［M］.成都：巴蜀书社，1991.

［341］四川省安县县志编纂委员会.安县志［M］.成都：巴蜀书社，1991.

［342］四川地方志编辑委员会.四川历代方志集成（10清·光绪资州直隶州志）［M］，北京：国家图书馆出版社，2017.

［343］四川省通江县志编纂委员会.通江县志［M］.成都：四川人民出版社，1998.

［344］乐史.太平寰宇记［M］.王文楚等点校.上海：中华书局，2007.

［345］陈嘉谟.本草蒙筌［M］.北京：中医古籍出版社，2009.

［346］卢之颐.本草乘雅半偈［M］.张永鹏注.北京：中国医药科技出版社，2014.

［347］四川省剑阁县志编纂委员会.剑阁县志［M］.成都：巴蜀书社，1992.

［348］蔺道人.理伤续断方［M］.南京：江苏科学技术出版社，1989.

［349］中国科学院四川分院中医中药研究所.四川中药志［M］.成都：四川人民出版社，1960.

［350］常明.四川通志［M］.杨芳灿等纂修.成都：巴蜀书社，1984.

［351］朱橚.救荒本草［M］.北京：中国书店，2018.

［352］吴仪洛.本草从新［M］.太原：山西科学技术出版社，2015.

［353］倪朱谟.本草汇言［M］.北京：中医古籍出版社，2005.

［354］吴普.吴普本草［M］.北京：人民卫生出版社，1987.

［355］四川省食品药品监督管理局编.四川省中药材标准［M］.成都：四川科学技术出版社，2011.

［356］曹晖，王孝涛.中国传统道地药材图典［M］.北京：中国中医药出版社，2017.

［357］徐春波.本草古籍常用道地药材考［M］.北京：人民卫生出版社，2007.